鲁棒优化

[以] 阿哈龙·本-塔尔（Aharon Ben-Tal）
[美] 洛朗·艾尔·加豪伊（Laurent El Ghaoui） 著
[美] 阿尔卡迪·涅米洛夫斯基（Arkadi Nemirovski）
周福辉 译

Robust Optimization

机械工业出版社
CHINA MACHINE PRESS

图书在版编目（CIP）数据

鲁棒优化 /（以）阿哈龙·本-塔尔（Aharon Ben-Tal），（美）洛朗·艾尔·加豪伊（Laurent El Ghaoui），（美）阿尔卡迪·涅米洛夫斯基（Arkadi Nemirovski）著；周福辉译．—北京：机械工业出版社，2024.6

（计算机科学丛书）

书名原文：Robust Optimization

ISBN 978-7-111-75497-8

Ⅰ．①鲁…　Ⅱ．①阿…　②洛…　③阿…　④周…　Ⅲ．①鲁棒控制　Ⅳ．①TP273

中国国家版本馆 CIP 数据核字（2024）第 066496 号

机械工业出版社（北京市百万庄大街 22 号　邮政编码 100037）

策划编辑：李永泉　　　　责任编辑：李永泉

责任校对：孙明慧　梁　静　　责任印制：常天培

北京科信印刷有限公司印刷

2024 年 8 月第 1 版第 1 次印刷

185mm×260mm · 26.75 印张 · 676 千字

标准书号：ISBN 978-7-111-75497-8

定价：139.00 元

电话服务　　　　网络服务

客服电话：010-88361066　　机　工　官　网：www.cmpbook.com

010-88379833　　机　工　官　博：weibo.com/cmp1952

010-68326294　　金　　书　　网：www.golden-book.com

封底无防伪标均为盗版　　机工教育服务网：www.cmpedu.com

在这个经济、社会和科技不断变革的时代，优化作为一门学科一直在不断演变和适应。从早期的线性规划到非线性优化，再到考虑不确定性和风险的鲁棒优化，这一领域的发展始终保持着前沿性。传统的优化方法在问题建模和求解方面取得了显著成就，但随着社会复杂性和不确定性的增加，人们逐渐认识到传统方法的局限性。鲁棒优化作为对这些挑战的回应，不仅着眼于在给定条件下寻找最优解，更注重在不确定条件下寻找具有稳健性的解，使其能够经受真实世界反复无常的考验。这种方法的引入不仅使得优化更贴近实际问题，也为决策者提供了更可靠、更具韧性的方案。

鲁棒优化的起源可以追溯到20世纪50年代现代决策理论的创建，它在20世纪70年代成为一门独立的学科，并在多个科学和技术领域中得到并行发展。多年来，鲁棒优化一直在不断演变，应用领域包括统计学、运筹学、电气工程、控制理论、金融、投资组合管理、物流、制造工程、化学工程、医学和计算机科学。鲁棒优化扎根于数学的严谨性，引导着新概念和前沿技术穿越决策过程中的变量、约束及随机元素的错综复杂的相互作用。

本书通过鲁棒优化的核心原理和应用，揭开不确定性的神秘面纱，为读者提供应对不可预测的挑战所需的见解和工具。作者首先简要介绍了不确定线性规划，然后深入分析了适当不确定性集的构建与经典机会约束(概率)方法之间的相互联系。接着，提出了针对不确定的锥二次优化和半定优化问题以及动态(多阶段)问题的鲁棒优化理论。最后，通过来自金融、物流和工程等不同领域的真实案例研究说明了鲁棒优化的多功能性和相关性。本书是从事不确定性优化和决策工作的人员的必备书籍，也是该方向很好的研究生教科书。

本书由南京航空航天大学周福辉教授翻译，天地一体频谱认知实验室的多名师生参与了部分章节的初稿翻译和文字校对等工作，包括田晴、余真豪、郝书亭、王梓、梁宏韬、王锐韬、王奕乾、周可颐、温昕、王凌奕、方梦卿、童子恒、刘佳钰、杨顺滨等，南京航空航天大学吴启晖教授审阅了全文。在此对大家的辛勤付出表示衷心的感谢。另外特别感谢机械工业出版社的编辑在本书准备过程中给予的全力支持与专业指导。

最后，向作者表达由衷的敬意，感谢他们在鲁棒优化领域的卓越贡献。愿这本书能够成为读者学习和探索鲁棒优化的重要指南，为他们在科学研究和实际应用中引领方向。

不确定让人不舒服，可确定又是荒谬的。

——谚语

这本书致力于讨论鲁棒优化——一种用于处理不确定数据优化问题的特定及相对新颖的方法。此前言的第一个目标是让读者更清楚地理解以下两个问题：

- 什么是数据不确定性，以及为什么要专门对它进行处理?
- 在鲁棒优化中如何处理这一现象，以及这种处理方法和那些对不确定数据进行处理的传统方法相比如何?

第二个目标是概述本书主题以及描述相关内容。

A. 优化中的数据不确定性

在本书中，我们打算解决的第一个问题是潜在现象(数据不确定性)是否值得专门处理。为了回答这个问题，考虑一个简单的示例——来自著名的 NETLIB 库中的问题 PILOT4。这是一个线性规划问题，具有 1000 个变量和 410 个约束条件，其中一个约束条件(#372)是

$$\begin{aligned}\boldsymbol{a}^{\mathrm{T}}\boldsymbol{x}\equiv &-15.79081x_{826}-8.598819x_{827}-1.88789x_{828}-1.362417x_{829}-1.526049x_{830}-\\&0.031883x_{849}-28.725555x_{850}-10.792065x_{851}-0.19004x_{852}-2.757176x_{853}-\\&12.290832x_{854}+717.562256x_{855}-0.057865x_{856}-3.785417x_{857}-78.30661x_{858}-\\&122.163055x_{859}-6.46609x_{860}-0.48371x_{861}-0.615264x_{862}-1.353783x_{863}-\\&84.644257x_{864}-122.459045x_{865}-43.15593x_{866}-1.712592x_{870}-0.401597x_{871}+\\&x_{880}-0.946049x_{898}-0.946049x_{916}\geqslant b\equiv 23.387405\end{aligned}\tag{C}$$

根据 CPLEX 报告，该问题的最优解 $\boldsymbol{x}^*$ 的相关非零坐标如下：

$x_{826}^*=255.6112787181108$　$x_{827}^*=6240.488912232100$　$x_{828}^*=3624.613324098961$

$x_{829}^*=18.20205065283259$　$x_{849}^*=174397.0389573037$　$x_{870}^*=14250.00176680900$

$x_{871}^*=25910.00731692178$　$x_{880}^*=104958.3199274139$

注意，机器保真度 $\boldsymbol{x}^*$ 使式（C）为等式。

我们可以观察到，式（C）中的大多数系数是“丑陋的实数”，如 -15.79081 或 -84.644257。这类系数（PILOT4 也不例外）通常描述某些技术设备/过程、预测未来需求等，因此很难确切地知道它们的值。可以很自然地假设，“丑陋的实数”实际上是不确定的——它们与相应数据的“真实”值相符，精度最多在 3～4 位之间。唯一例外的是 $\boldsymbol{x}_{880}$ 的系数 1，可以肯定的是，它可能反映了问题的结构，因此是严谨的。

假设 $\boldsymbol{a}$ 的不确定项是系数 $\widetilde{\boldsymbol{a}}$ “真实”向量的未知项中精度为 0.1%的近似值，让我们看看这种不确定性在 $\boldsymbol{x}^*$ 情况下对“真实”约束 $\widetilde{\boldsymbol{a}}^{\mathrm{T}}\boldsymbol{x}\geqslant b$ 的影响是什么。情况如下：

- 在系数 $\widetilde{\boldsymbol{a}}$ 与我们的不确定性为 0.1%的假设相一致的所有向量中，$\widetilde{\boldsymbol{a}}^{\mathrm{T}}\boldsymbol{x}^*-b$ 的最小值＜-104.9；换句话说，对约束条件的违背达到不等式右侧的 4.5 倍。

- 将上述最坏情况下的违背视为“最差情况”（为什么所有不确定系数的真实值应与式（C）中“最危险”的值不同?），考虑一种不那么极端的违背处理。具体来说，假设式（C）中不确定系数的真实值是通过随机扰动 $a_j \mapsto \widetilde{a}_j=(1+\xi_j)a_j$ 从“标准值”［如式（C）所示］获得的。$a_j \mapsto \widetilde{a}_j=(1+\xi_j)a_j$ 在范围为［$-0.001,0.001$］的“相对扰动”ξ_j 上是独立且均匀分布的。典型的相对违背可以定义如下：

$$V=\max\left\{\frac{b-\widetilde{\boldsymbol{a}}^{\mathrm{T}}\boldsymbol{x}^*}{b},0\right\}\times 100\%$$

在 $\boldsymbol{x}^*$ 下，“真实”（现在为随机）约束 $\widetilde{\boldsymbol{a}}^{\mathrm{T}}\boldsymbol{x}\geqslant b$ 的相对违背是多少？答案几乎和最坏的情况一样糟糕（见表 1）。

表 1　PILOT4 中约束 372 的相对违背（不确定数据中扰动为 0.1%的 1000 个元素样本）

$\mathrm{Prob}\{V>0\}$	$\mathrm{Prob}\{V>150\%\}$	$\mathrm{Mean}(V)$
0.50	0.18	125%

我们看到，“明显不确定”的数据系数的扰动非常小（仅 0.1%），这使得“标准”最优解 $\boldsymbol{x}^*$ 严重不可行，因此实际上毫无意义。

文献［7］的“案例研究”报告中显示，我们刚才描述的现象并不例外——在 90 个 NETLIB 线性规划问题中，有 13 个“丑陋”系数的 0.01%扰动导致某些约束违背，在标准最优解中评估超过 50%。在这 13 个问题中，有 6 个问题的约束违背幅度超过 100%，在 PILOT4（“冠军”）中，其规模高达 210000%，也就是说，达到数据中的相对扰动的 7 个数量级。

本书中介绍的应用于 NETLIB 问题的技术可以使人们通过将标准最优解传递给鲁棒最优解来消除前文所述的现象。在 0.1%的不确定性下，对于 NETLIB 中的每一个问题，这种“对不确定性的免疫”（从标准解到鲁棒解时目标值的增加）的代价不到 1%（详情见文献［7］)。

从概述的案例研究和许多其他示例中可得出以下几个观察结果。

A. 实际优化问题的数据往往是不确定的——不知道问题解决时的确切时间。数据存在不确定性的原因包括：由于不可能准确测量/估计代表物理系统/技术过程/环境条件等特征的数据项而产生的测量/估计错误等。

实现过程中的错误来自无法完全按照计算的方式实现解。例如，无论上述 PILOT4 中的标准解 $\boldsymbol{x}^*$ 中的“实际”项是什么——物理系统的控制输入、用于各种目的分配的资源等——很显然它们无法达到与计算时相同的高精度。实现错误的影响，如 $x_j^* \mapsto (1+\epsilon_j)x_j^*$，就好像没有实现错误一样，但 PILOT4 约束中的系数 a_{ij} 受 $a_{ij} \mapsto (1+\epsilon_j)a_{ij}$ 的扰动。

B. 在优化的实际应用中，人们不能忽视这样一种可能性，即使数据中的一个小的不确定性，也有可能使标准最优解在实际中失去意义。

C. 因此，在优化中，确实需要一种能够在数据不确定情况下，检测严重影响标准最优解质量的方法，并在这些情况下生成一个对数据不确定影响产生免疫的鲁棒解。

鲁棒优化提供了满足这种需求的方法，同时这也是本书的内容。

B. 鲁棒优化——范式

为了解释鲁棒优化（RO）的范式，我们首先讨论线性规划的特殊案例——通用优化问题，这可能是最知名以及在应用中最常用的。除了它的重要性，这个通用问题也非常适合我们目前的目的，因为线性规划（LP）程序 $\min_x \{c^{\mathrm{T}}x : Ax \leqslant b\}$ 的结构和数据是清楚的。给定规划的形式，结构是约束矩阵 A 的大小，而数据则由(c,A,b)中的数值组成。在鲁棒优化中，将不确定 LP 问题定义为在给定不确定性集 $\mathcal{U}$ 中数据(c,A,b)变化的情况下，一种通用结构的 LP 程序的集合$\{\min_x\{c^{\mathrm{T}}x : Ax \leqslant b\} : (c,A,b) \in \mathcal{U}\}$。后者总结了解决问题时可用的“真实”数据的所有信息。从概念上讲，最重要的是要解决不确定 LP 问题意味着什么。这个问题的答案，正如鲁棒优化在其最基本的形式中所提及的，取决于三个隐含的“决策环境”假设。

A. 1. 决策向量 x 中的所有项都表示“此时此地”的决策：在实际数据“显示”之前，它们应作为解决问题的结果而获得特定的数值。

A. 2. 当且仅当实际数据在预先指定的不确定性集 $\mathcal{U}$ 的范围内时，决策者对所做出决策的结果负责。

A. 3. 问题中不确定 LP 的约束是“严格的”——当数据在 $\mathcal{U}$ 内时，决策者不能容忍约束违背的行为。

这些假设直接决定了对不确定问题的“不确定性免疫”解的定义。事实上，根据 A. 1，这样的解应该是一个固定的向量，根据 A. 2 和 A. 3，无论 $\mathcal{U}$ 内的数据实现如何，这些约束条件都应保持可行；我们称其为鲁棒可行解。因此，在我们的决策环境中，一个不确定问题有意义的解就是它的鲁棒可行解。在这样的解中，仍然需要决定如何解释目标的值（也可能是不确定的）。应用到目标时，“以最坏情况为导向”的理念使我们很自然地通过原始目标的确定值来量化一个鲁棒可行解的质量，也就是通过它的最大 $\sup\{c^{\mathrm{T}}x : (c,A,b) \in \mathcal{U}\}$。因此，最优鲁棒可行解就是解决下列优化问题的可行解：

$$\min_x\{\sup_{(c,A,b)\in\mathcal{U}} c^{\mathrm{T}}x : Ax \leqslant b, \forall (c,A,b) \in \mathcal{U}\}$$

或者，以下优化问题的可行解：

$$\min_{x,t}\{t : c^{\mathrm{T}}x \leqslant t, Ax \leqslant b, \forall (c,A,b) \in \mathcal{U}\} \tag{RC}$$

后一个问题称为原始不确定问题的鲁棒对等（RC）。RC 的可行/最优解称为不确定问题的鲁棒可行/最优解。鲁棒优化方法（在其最简单的版本中）建议与一个不确定问题的鲁棒对等相关联，并将鲁棒最优解作为我们“实际生活”的决策。

在这一点上，将 RO 范式与更传统的方法进行比较，特别是将优化中的数据不确定性处理方法与随机优化和灵敏度分析进行比较，是具有指导意义的。

鲁棒优化与随机优化。在随机优化（SO）中，不确定的数值数据被假定为随机数据。在最简单的情况下，这些随机数据服从事先已知的概率分布，而在更高级的设置中，分布仅部分已知。一个不确定的 LP 问题再次与一个确定的对等问题相关，特别是与下列机会约束问题相关[⊖]：

$$\min_{x,t}\{t : \mathop{\mathrm{Prob}}_{(c,A,b)\sim P}\{c^{\mathrm{T}}x \leqslant t, Ax \leqslant b\} \geqslant 1-\epsilon\} \tag{ChC}$$

其中 $\epsilon \ll 1$ 是给定的容差，P 是数据（c,A,b）的分布。当此分布仅部分已知时——众所

[⊖] 机会约束的概念可以追溯到 A. Charnes、W. W. Copper 和 G. H. Symonds 于 1958 年发表的论文（见文献［40］）。机会约束设置的另一种选择是，我们希望在原始约束的某些部分中优化目标的期望值（后者可以包含违反不确定约束的惩罚项）。然而，这种方法关注的是“软”约束，而我们主要感兴趣的是硬约束。

周知，P 属于数据空间上概率分布的给定集合 $\mathcal{P}$——上述设置被模糊的机会约束设置所取代，

$$\min_{x,t}\{t:\underset{(c,A,b)\sim P}{\text{Prob}}\{\boldsymbol{c}^{\mathrm{T}}\boldsymbol{x}\leqslant t,\boldsymbol{A}\boldsymbol{x}\leqslant\boldsymbol{b}\}\geqslant 1-\epsilon,\forall P\in\mathcal{P}\} \tag{Amb}$$

SO 方法似乎没有面向最坏情况的 RO 方法保守。然而，这一结论的前提是，如果不确定数据确实具有随机性，如果我们足够聪明地指出相关的概率分布（或者至少是真实数据所属的一个“狭窄”分布族），如果我们确实准备接受由机会约束给出的概率保证。在信号处理、业务系统分析与综合等应用中，上述三个条件确实得到了满足[㊀]。与此同时，在许多应用中，上述三个“如果”都过于严格。考虑个别问题的测量/估计错误，例如 PILOT4。即使假设为 PILOT4 准备数据项确实涉及一些随机的东西，我们也许可以考虑在给定真实数据的情况下标准数据的分布，而不是我们实际需要的——在给定标准数据的情况下真实数据的分布。后者很可能没有意义——PILOT4 代表一种具有特定决策数据（尽管我们不确定）的特定决策问题，对于给定标准数据的真实数据，我们只能说，真实数据位于标准数据的置信区间内（即使是这样，也可以假设，当测量真实数据以获得标准数据时，没有“罕见事件”发生）。此外，即使真实数据确实具有随机性，通常也很难正确识别其潜在分布。除非有充分的理由事先指定这些分布，只需要少数几个参数。[㊁]（这些参数进一步可以从观测中估计出来），否则，要准确地确定“一般类型”的多维概率分布，通常需要的观测次数是完全不现实的。因此，随机优化往往被迫对实际分布进行过于简单的猜测（如股票收益的对数正态因子模型），而且通常很难评估这一新的不确定性的影响，即在概率分布中对基于 SO 决策质量的影响。

上述第三个“如果”——我们愿意接受概率保证，也可能引起争议。为了便于讨论，试想一下，我们拥有一个完美的股市随机模型，就像许多国家每周播放的透明彩票模型一样可靠。股市随机模型的相关性是否使养老基金绩效的相关概率保证对个人客户真的有意义，就像彩票案例中的类似保证一样有意义？我们相信，许多客户会对这个问题做出否定的回答，这是理所当然的。有些人经常买彩票，参与购买了数百次彩票，因此可以把大数定律作为一种迹象，表明概率保证对他们来说确实有意义。与此相反，每个人只购买一次“养老基金彩票”，这使得对概率保证的解释更加成问题。当然，当从不确定数据确切分布的机会约束问题（ChC）过渡到模糊的机会约束问题（Amb）时，上述三个“如果”的约束就变得没有那么严格，并且我们准备考虑的更广的分布族 $\mathcal{P}$ 变得限制更少。但是，请注意，从 ChC 到 Amb 的转换，从概念上来说，是朝着鲁棒对等方向迈出的一步——后者只不过是与给定集合 $\mathcal{U}$ 支持的所有分布中的族 $\mathcal{P}$ 相关的模糊的机会约束问题。

事实上，上述三个“如果”应该增加第四个，甚至是更严格的“如果”——只有当这些问题是计算可处理的情况时，机会约束设置 ChC 和 Amb 可以被视为“对不确定性免

㊀ 事实上，在这些领域中，随机因素（如信号处理中的观测噪声或服务系统中的间隔/服务时间）具有随机性质，其分布或多或少易于识别，尤其是当我们有理由相信随机数据下的不同组成部分（如观测噪声中的不同项，或单个到达间隔和服务时间）相互独立时。在这种情况下，识别数据分布可简化为识别一系列低维分布，这是相对容易的。此外，所讨论的系统旨在长期为许多客户提供服务，因此概率保证是有意义的。例如，每天有成千上万的用户发送/接收电子邮件或联系呼叫中心，对服务水平的概率描述（电子邮件丢失的概率，或因操作员的回应时间很长而无法接受的概率）很有意义，从长远来看，一定比例的用户/客户会不满意。

㊁ 例如，可以参考中心极限定理来证明通信噪声的标准高斯模型。

疫”决策的实际来源；当情况并非如此时，这些设置就更像是一厢情愿的想法，而不是实际的决策工具。事实上，机会约束问题的计算可处理性是一种非常罕见的途径——除了一些非常特殊的情况，对于机会约束问题，它很难验证给定的候选解是否可行（特别是当ϵ确实很小的时候）。此外，机会约束往往导致非凸可行集，这使得在 ChC 和 Amb 中需要的优化有很大问题。与此形成鲜明对比的是，无法确定的线性规划问题的鲁棒对等是可被计算处理的，这提供了潜在的不确定性集$\mathcal{U}$，同时，集$\mathcal{U}$满足弱凸性和可计算性假设（例如，通过有效计算凸不等式的显式系统给出）。

应该补充的是，与 SO 相比，RO 的“保守”在某些方面是优势而不是劣势。在设计建筑物（如铁路桥）时，通过应用定量技术，工程师通常通过合理的余量增加与安全相关的设计参数（如杆增粗 30%～50%），以考虑建模不准确、罕见但重要的环境条件等。借由鲁棒优化方法，通过扩大不确定性集，可以轻松实现“继续停留在保守状态”的愿望。在机会约束问题（ChC）中，情况并非如此，即“不确定性预算”总额是固定的——不确定数据所有实现的总概率质量必须为 1，因此，当增加某些“场景”的概率使其更“可见”时，必须降低其他场景的概率，在有些情况下，这种现象是难以处理的。总之，为了保持“保守状态”，人们需要从机会约束问题转移到模糊的机会约束修改，即转向鲁棒对等。

在我们看来，随机优化和鲁棒优化是处理优化中数据不确定性的互补方法，两种方法都具有自己的优点和缺点。例如，如果存在数据不确定性的随机性信息，则可以在 RO 框架中加以利用，作为一种参考来构建不确定性集$\mathcal{U}$。事实证明，后者可以以这样一种方式建立，通过使候选解对来自$\mathcal{U}$的数据的所有实现免疫，我们自动使它对几乎所有（即实现总概率质量$\leqslant\epsilon$）随机扰动免疫，从而使得机会约束问题的解可行。实现这个目标的一个简单方法是选择$\mathcal{U}$作为可计算的凸集，“$(1-\epsilon)$ 支撑”来自$\mathcal{P}$中所有分布（即对于所有$P\in\mathcal{P},P(\mathcal{U})\geqslant 1-\epsilon$）。然而，在这本书中，我们表明，在不精确的假设下，为实现上述目标，有不明显和更不保守的方法来提出不确定性集。

鲁棒优化和灵敏度分析。与随机优化一样，另一种处理优化中数据不确定性的传统知识体系是灵敏度分析。这里最重要的问题是通常（标准）的最优解作为潜在标准数据函数的连续性。可以看到，鲁棒优化和随机优化都旨在回答同一个问题（尽管设置不同），建立不确定性数据优化问题对于不确定性免疫的解，而灵敏度分析旨在分析完全不同的问题。

鲁棒优化的历史。鲁棒优化在应用科学中有许多根源和前驱。其中有的联系是明确的，而有的联系则是一种具有前瞻性的方法，这种方法旨在解释在不同想法下发展起来的方法。我们提到了三个领域，在这些领域中，鲁棒性将继续发挥重要作用。

鲁棒控制。20 世纪 90 年代，控制系统设计者为了保证控制系统的稳定性对鲁棒控制进行了优化。从历史上看，对鲁棒性的追求可以追溯到 20 世纪 30 年代初，Bode 等人在反馈放大器的背景下提出的稳定裕度概念。诸如“稳定裕度”这样的问题，即控制系统失稳所需的反馈增益量，自然会引出“最坏情况”的观点，在这种观点中，“坏”参数值太危险，即使概率低也不允许。20 世纪 80 年代后期，当时基于随机优化理念的大规模反馈系统的经典控制方法受到批评，因为它无法保证提供任何稳定裕度。20 世纪 90 年代初，H_∞控制的方法发展为对稳定裕度的多元推广。后来，该方法被扩展为μ-控制，以处理更普遍的参数扰动（H_∞范数度量了一种非常特殊的扰动的鲁棒性）。相应的鲁棒控制设计问题很难解决，但基于锥（精确、半定）优化的松弛方法是在线性矩阵不等式的基础上引入的。

鲁棒统计。在统计学中，鲁棒性通常是指对异常值的不敏感性。Huber（文献［65］）提出了一种通过修改损失函数来处理异常值的方法。这与鲁棒优化的精确联系还有待建立。

机器学习。最近，机器学习领域在支持向量机方面掀起了巨大热潮，支持向量机是一种分类算法，它能最大限度地提高对一种特殊不确定性的鲁棒性。我们将在第12章中具体说明。

鲁棒线性和凸优化。除了前面所概述的，这里考虑的形式中，鲁棒优化本身的范式可以追溯到A. L. Soyster[109]，早在1973年，他就率先考虑了现在所谓的“鲁棒线性规划”问题。据我们所知，在随后的二十年里，关于这一内容的出版物只有两本，即文献［52，106］。在此领域内的研究活动大约在1997年恢复，包括在整数规划（Kouvelis和Yu[70]）和凸规划（Ben-Tal和Nemirovski[3,4]，El Ghaoui等[49,50]）领域中。自2000年以来，RO领域的理论和应用研究蓬勃发展，全球范围内的研究人员众多，相关贡献的规模和多样性使我们无法在此具体说明。读者可以从文献［9，16，110，89］和其中的参考文献中获得相关研究信息。

C. 鲁棒优化的研究范围与本书重点

就其本身而言，RO方法可以应用于每个通用优化问题，其中可以将数值数据（部分不确定且仅属于给定已知的不确定性集）与问题结构（事先知道并且对于不确定问题的所有实例都很常见）分开。特别地，该方法完全适用于以下问题。

- 锥问题，即以下形式的凸问题：

$$\min_{x}\{\boldsymbol{c}^{\mathrm{T}}\boldsymbol{x}:\boldsymbol{b}-\boldsymbol{A}\boldsymbol{x}\in K\} \tag{C}$$

  其中K是给定的“结构良好”的凸锥体，与$\boldsymbol{A}$的大小一起表示问题结构，而数值项（$\boldsymbol{c},\boldsymbol{A},\boldsymbol{b}$）则构成问题的数据。锥问题看起来非常类似于LP程序，当K被指定为非负象限$\mathbb{R}_+^m$时恢复。锥K的另外两个常见选择是：

  - 不同维数的洛伦兹锥的直积。k维洛伦兹锥（也称为二阶锥或冰激凌锥）定义为

$$L^k=\{\boldsymbol{x}\in\mathbb{R}^k:x_k\geqslant\sqrt{x_1^2+\cdots+x_{k-1}^2}\}$$

  问题（C）与洛伦兹锥的直积在K的作用下被称为锥二次或者二阶曲线规划问题。

  - 不同大小的半定锥的直积。大小为k的半定锥由S_+^k表示，是所有对称半正定$k\times k$矩阵的集合，它“存在”于所有对称$k\times k$矩阵的线性空间S^k中。问题（C）与半定锥的直积在K的作用下被称为半定规划。

  锥二次问题，特别是半定规划问题具有极其丰富的“表达能力”，事实上，半定规划“几乎捕获”了应用中出现的所有凸问题，参见文献［8，32，33］。

- 整数和混合整数线性规划，即所有或部分变量进一步被限制为整数的线性规划问题。

  与鲁棒优化相关的研究广泛的问题可分为三大类。

- RO范式的扩展。事实证明，A.1、A.2、A.3的隐含假设使我们提出了不确定优化问题鲁棒对等的核心概念，这个概念虽然在许多应用中有意义，但在其他一些应

用中并不能充分反映处理不确定数据的可能性。目前，以下两个扩展解决了这个灵活性问题。

■ 全局鲁棒对等。RC 概念的扩展与我们修正假设 A.2 时的情况相对应。具体来说，现在我们需要一个候选解 $\boldsymbol{x}$ 来满足不确定数据在 $\mathcal{U}$ 中的所有实例的约束，此外，寻求当 $\mathcal{U}$ 中的不确定数据耗尽时，在 $\boldsymbol{x}$ 处评估的约束条件的受控恶化。与不确定（锥）问题的鲁棒对等相对应的是一种优化程序，称为全局鲁棒对等（GRC）：

$$\min_{x,t}\left\{t:\begin{array}{c}\boldsymbol{c}^{\mathrm{T}}\boldsymbol{x}-t\leqslant\alpha_{\mathrm{obj}}\operatorname{dist}((\boldsymbol{c},\boldsymbol{A},\boldsymbol{b}),\mathcal{U})\\ \operatorname{dist}(\boldsymbol{b}-\boldsymbol{A}\boldsymbol{x},K)\leqslant\alpha_{\mathrm{cons}}\operatorname{dist}((\boldsymbol{c},\boldsymbol{A},\boldsymbol{b}),\mathcal{U})\end{array}\forall(\boldsymbol{c},\boldsymbol{A},\boldsymbol{b})\right\}\qquad\text{(GRC)}$$

其中，距离来自相应空间的给定范数，α_{obj}、α_{cons} 是给定的非负全局灵敏度。

■ 可调鲁棒对等。RC 概念的扩展与以下情况相对应：当某些决策变量 x_j 表示真实数据部分显示时将要做出的“观望”决策，或者分析变量不代表决策时（例如，引入松弛变量，将原始问题转换为规定格式，比如说 LP），允许这些可调变量根据真实数据进行调整。具体来说，我们可以假设每个决策变量 x_j 都依赖于（锥）问题的真实数据（$\boldsymbol{c},\boldsymbol{A},\boldsymbol{b}$）的给定“部分”$P_j(\boldsymbol{c},\boldsymbol{A},\boldsymbol{b})$：

$$x_j=X_j(P_j(\boldsymbol{c},\boldsymbol{A},\boldsymbol{b}))$$

其中 $X_j(\cdot)$ 可以是任意函数。然后，我们要求得到的决策规则满足 $\mathcal{U}$ 中数据所有实现的不确定锥问题的约束。不确定锥问题的可调鲁棒对等（ARC）就是优化程序

$$\min_{X_1(\cdot),\cdots,X_n(\cdot),t}\left\{t:\boldsymbol{b}-\boldsymbol{A}\begin{bmatrix}X_1(P_1(\boldsymbol{c},\boldsymbol{A},\boldsymbol{b}))\\ \vdots\\ X_n(P_n(\boldsymbol{c},\boldsymbol{A},\boldsymbol{b}))\end{bmatrix}\in K,\forall(\boldsymbol{c},\boldsymbol{A},\boldsymbol{b})\in\mathcal{U}\right\}\qquad\text{(ARC)}$$

需要强调的是，式（ARC）中的优化不像 RC 和 GRC 中的优化那样是在有限维向量上进行的，而是在无限维决策规则——相应的有限维向量空间上的任意函数 $X_j(\cdot)$ 上进行的。在某种程度上，为了应对 ARC 的计算可处理性，可以限制决策规则的结构，最主要的是使它们在论证中变得合理：

$$X_j(\boldsymbol{p}_j)=q_j+\boldsymbol{r}_j^{\mathrm{T}}\boldsymbol{p}_j$$

当局限于仿射决策规则时，ARC 就成为在有限的许多真实变量 $q_j,\boldsymbol{r}_j,1\leqslant j\leqslant n$ 中的优化问题，该问题称为与信息库 $P_1(\cdot),\cdots,P_n(\cdot)$ 对应的原不确定锥问题的仿射可调鲁棒对等（AARC）。

● 鲁棒对等的可处理性问题。

对于不确定锥问题

$$\{\min_{x}\{\boldsymbol{c}^{\mathrm{T}}\boldsymbol{x}:\boldsymbol{b}-\boldsymbol{A}\boldsymbol{x}\in K\}:(\boldsymbol{c},\boldsymbol{A},\boldsymbol{b})\in\mathcal{U}\}$$

普通的鲁棒对等

$$\min_{x,t}\{t:\boldsymbol{c}^{\mathrm{T}}\boldsymbol{x}\leqslant t,\boldsymbol{b}-\boldsymbol{A}\boldsymbol{x}\in K,\forall(\boldsymbol{c},\boldsymbol{A},\boldsymbol{b})\in\mathcal{U}\}\qquad\text{(RC)}$$

的结构比不确定问题本身的实例更为复杂：式（RC）是所谓的半无限锥问题，它由不确定性集的不确定数据（$\boldsymbol{c},\boldsymbol{A},\boldsymbol{b}$）参数化无限多的锥约束 $\begin{bmatrix}t-\boldsymbol{c}^{\mathrm{T}}\boldsymbol{x}\\ \boldsymbol{b}-\boldsymbol{A}\boldsymbol{x}\end{bmatrix}\in K_+=\mathbb{R}_+\times K$ 得出。虽然式（RC）仍然是凸的，但半无限性质使它比相关的不确定问题的实例更

难计算。式（RC）很有可能是难以计算的，即使不确定性集$\mathcal{U}$是一个很好的凸集（例如，球或多面体），而锥K像锥二次和半定规划的情况一样简单。同时，为了让RO成为实用的工具，而不是一厢情愿的想法，我们需要RC在计算上是易处理的。毕竟，将问题简化为我们不知道如何计算的优化问题有什么意义呢？在我们看来，这激发了鲁棒优化的主要理论挑战：识别不确定锥问题的RC（GRC、AARC、ARC）允许计算上易于处理的等效重新表述，或者至少是一个计算上易处理的保守近似。在这里，保守意味着对于"真实"鲁棒对等，每个近似的可行解都是可行的。

就我们目前的知识水平而言，这里的"重点"如下：

- 当锥K"尽可能简单"时，即一个非负象限（不确定线性规划的情况），鲁棒对等（在温和的附加结构条件下，还有GRC和AARC）是可计算的，前提是潜在（凸）不确定性集$\mathcal{U}$也是如此。后者意味着$\mathcal{U}$是一个由有效可计算的凸约束显式系统给出的凸集（比如，一个由线性不等式显式列表给出的多面体）。
- 当（凸）不确定性集$\mathcal{U}$"尽可能简单"时，也就是，一个多面体作为有限合理基数集的凸包（场景不确定性），每当K是计算易处理的凸锥时，和线性、锥二次和半定规划的情况一样，RC都是可计算的。
- 在上述两个极端之间，例如，在不确定性集作用下的不确定锥二次和半定问题的情况下，RC一般是难以计算的。然而，也有一些对于应用来说很重要的特殊情况，其中RC是易处理的，甚至在更多时候，它允许保守易处理的近似值，这在一定意义上是严格的。

- 应用。RO研究的这一途径旨在构建和处理在各种应用中出现的特定优化问题的鲁棒对等。

本书关于鲁棒优化以上三个主要研究领域的内容如下：重点是全面介绍鲁棒优化范式（包括上文提到的扩展，以及与机会约束随机优化的连接）和易处理性问题，主要针对不确定线性、锥二次和半定规划。

D. 预备知识和本书主要内容

阅读这本书的前提条件相当简单——从本质上讲，期望读者掌握基本的分析、线性代数和概率知识，以及一般的数学知识。初步的"内容特定"知识（在我们的例子中，这种知识相当于凸优化的基础知识，主要是锥规划和锥对偶，以及凸规划中的可处理性问题）虽然受到高度欢迎，但不是必要的。所有必需的基本知识都可以在补充本书主体内容的附录中找到。

内容。这本书的主要内容分为以下四个部分。

- 第一部分是"此时此地"（即不可调的）鲁棒线性规划的基本理论，这一部分首先详细讨论不确定线性规划问题的概念及其鲁棒/全局鲁棒对等问题的概念。与其他结果一起，我们证明不确定LP问题的RC/GRC是计算易处理的，前提是不确定性集是易处理的。如前所述，这种一般易处理性结果是不确定LP的一个具体特征。第一部分的另一个主要内容是计算保守易处理的近似，它们是带有随机扰动数据的机会约束不确定LP问题的近似解。

第一部分（也许可跳过第 4 章）可以作为一本关于鲁棒线性规划的独立研究生教科书，或者作为一学期研究生鲁棒优化课程的基础。

- 第二部分可以看作第一部分的“锥版本”，其中不可调的鲁棒优化的主要概念扩展到锥形式的不确定凸规划问题，重点讨论不确定锥二次和半定规划问题。正如前面提到的，除了（琐碎的）场景不确定性的情况，不确定 CQP/SDP 问题的鲁棒/全局鲁棒对等一般是在计算上难以处理的。这就是为什么将重点放在识别和说明一般情况的重要性上，即不确定锥二次/半定问题的 RC/GRC 允许易处理的重新表述，或保守易处理紧近似。第二部分中考虑的另一个内容是随机扰动数据的机会约束不确定锥二次和半定问题的保守易处理近似。与第一部分的“LP 前身”相比，这个内容现在有了一个意外转折：事实证明，机会约束的锥二次/半定不等式的保守易处理近似比锥不等式的 RC 的严格保守易处理近似更容易构建和处理。这与不确定 LP 问题的情况完全相反，很容易精确处理 RC，但不容易处理不确定线性不等式约束的机会约束。

  第二部分的最后研究了在机器学习和线性回归模型中产生的特定“结构良好”不确定凸约束的鲁棒对等。由于在这种情况下出现的最有趣的不确定约束既不是锥二次约束，也不是半定约束，因此与这些约束的 RC 相关的易处理性问题需要专门处理，这是其他相应章节中的主要目标。
- 第三部分致力于鲁棒的多阶段决策，特别是鲁棒动态规划，以及不确定锥问题的可调（重点是仿射可调）鲁棒对等，主要是不确定的多阶段 LP。一如既往，我们强调的重点是易处理性问题。我们特别证明，AARC 方法允许有效处理具有特定（且事先已知）动态的受不确定性影响的线性动态系统的线性控制器的有限阶段综合。此综合系统的设计规范可以通过对状态和控制的线性约束的通用系统给出，该系统在初始状态和外部输入方面具有鲁棒性。
- 第四部分包含三个实例，详细阐述了 RO 方法的应用。虽然这些例子并不是假装给人一种 RO 应用广泛的印象，但我们相信，这些例子为我们对主要理论的处理增加了“一点现实”因素。

阅读模式。我们认为，熟悉第一部分是阅读第二部分和第三部分的自然前提，然而，后两部分也可以独立阅读。此外，对机会约束内容不感兴趣的读者可以跳过第 2、4 和 10 章，对这部分内容感兴趣的读者可以在第一次阅读中跳过第 4 章。

致谢。在关于鲁棒优化的长达十年的研究中，我们曾与许多优秀的同事和优秀的学生合作，这些合作对本书的内容贡献巨大。非常感谢那些有幸与我们在 RO 相关研究中以各种方式合作的人：A. Beck、D. Bertsimas、S. Boyd、O. Boni、D. Brown、G. Calafiore、M. Campi、F. DanBarb、Y. Eldar、B. Golany、A. Goryashko、E. Guslitzer、R. Hildenbrand、G. Iyengar、A. Juditsky、M. Kočvara、H. Lebret、T. Margalit、Yu. Nesterov、A. Nilim、F. Oustry、C. Roos、A. Shapiro、S. Shtern、M. Sim、T. Terlaky、U. Topcu、L. Tuncel、J.-Ph. Vial、J. Zowe。特别感谢 D. den Hertog 和 E. Stinstra 允许我们使用他们在电视管制造中关于鲁棒模型的研究结果（15.1 节）。

感谢以下几个机构的相关财政支持：以色列科技部（0200-1-98）、以色列科学基金会

(306/94-3，683/99-10.0)、德国-以色列研发基金会（I0455-214.06/95）、德国密涅瓦基金会、美国国家科学基金会（DMS-0510324、MSPA-MCS-0625371、SES-0835531）和美国-以色列国家科学基金会（2002038）。

Aharon Ben-Tal
Laurent El Ghaoui
Arkadi Nemirovski
2008 年 11 月

目　录

Robust Optimization

译者序

前言

第一部分　鲁棒线性优化

第 1 章　不确定线性优化问题及其鲁棒对等 …… 2

1.1　线性优化中的数据不确定性 …… 2

1.1.1　示例介绍 …… 3

1.1.2　数据不确定性及其后果 …… 3

1.2　不确定线性问题及其鲁棒对等 …… 4

1.2.1　鲁棒对等的更多信息 …… 7

1.2.2　未来 …… 10

1.3　鲁棒对等的易处理性 …… 11

1.3.1　策略 …… 11

1.3.2　式（1.3.6）的易处理表示：简单情况 …… 13

1.3.3　式（1.3.6）的易处理表示：一般情况 …… 14

1.4　非仿射扰动 …… 16

1.5　练习 …… 17

1.6　备注 …… 18

第 2 章　标量机会约束下的鲁棒对等近似问题 …… 19

2.1　如何指定一个不确定性集 …… 19

2.2　机会约束及其保守易处理近似 …… 20

2.2.1　模糊机会约束 …… 21

2.3　标量机会约束的保守易处理近似：基本示例 …… 21

2.3.1　实例：单期投资组合选择问题 …… 25

2.3.2　实例：蜂窝通信 …… 27

2.4　扩展 …… 32

2.4.1　有界扰动情况下的改进 …… 35

2.4.2　实例 …… 38

2.4.3　更多实例 …… 43

2.4.4　总结 …… 46

2.5　练习 …… 48

2.6　备注 …… 49

第 3 章　不确定 LO 问题的全局鲁棒对等 …… 51

3.1　全局鲁棒对等——动机和定义 …… 51

3.2　GRC 的计算易处理性 …… 52

3.3　实例：天线阵列的综合问题 …… 54

3.3.1　建立模型 …… 54

3.3.2　标准解：梦想和现实 …… 56

3.3.3　对不确定性的免疫能力 …… 58

3.4　练习 …… 60

3.5　备注 …… 60

第 4 章　关于标量机会约束的保守易处理近似 …… 61

4.1　标量机会约束的保守凸近似的鲁棒对等表示 …… 61

4.2　机会约束的 Bernstein 近似 …… 62

4.2.1　Bernstein 近似：基本观察 …… 62

4.2.2　Bernstein 近似：对偶化 …… 63

4.2.3　Bernstein 近似：主要结果 …… 64

4.2.4　Bernstein 近似：示例 …… 65

4.3 在风险与收益方面从 Bernstein 近似值到条件值 …………… 68
4.3.1 基于生成函数的近似方案 ………………… 68
4.3.2 Γ_ϵ 的鲁棒对等表示 ………… 69
4.3.3 风险条件下生成函数和条件值的最优选择 ………… 70
4.3.4 易处理的问题 ………… 72
4.3.5 向量不等式的扩展 ………… 73
4.3.6 在 Bernstein 近似和 CVaR 近似之间架起桥梁 ………… 74
4.4 优化 ………………………… 80
4.4.1 优化定理 ………………… 82
4.5 超出独立线性扰动的情况 ………… 83
4.5.1 相关线性扰动 ………… 83
4.5.2 修正 ………………… 85
4.5.3 利用协方差矩阵 ………… 87
4.5.4 说明 ………………… 89
4.5.5 二次扰动的机会约束的扩展 ………………… 91
4.5.6 利用域和矩信息 ………… 94
4.6 练习 ………………………… 104
4.6.1 混合不确定性模型 ………… 106
4.7 备注 ………………………… 111

第二部分 鲁棒锥优化

第 5 章 不确定锥优化：概念 …… 114
5.1 不确定锥优化：初步研究 …… 114
5.1.1 锥规划 ………………… 114
5.1.2 不确定锥问题及其鲁棒对等 ………………… 115
5.2 不确定锥问题的鲁棒对等：易处理性 ………………… 116
5.3 不确定锥不等式 RC 的保守易处理近似 ………………… 117
5.4 练习 ………………………… 119
5.5 备注 ………………………… 119
第 6 章 具有易处理鲁棒对等的不确定锥二次问题 ……… 121
6.1 一般可解情况：场景不确定性 ………………… 121
6.2 可解情况Ⅰ：简单的区间不确定性 ………………… 122
6.3 可解情况Ⅱ：非结构化范数有界不确定性 ………………… 122
6.4 可解情况Ⅲ：具有非结构化范数有界不确定性的凸二次不等式 ………………… 126
6.5 可解情况Ⅳ：简单椭球不确定性的锥二次不等式 …… 127
6.5.1 具有简单椭球不确定性的不确定锥二次不等式的鲁棒对等的半定表示 …… 130
6.6 实例：鲁棒线性估计 ………… 131
6.7 练习 ………………………… 135
6.8 备注 ………………………… 135
第 7 章 不确定锥二次问题的鲁棒对等近似 ……………… 136
7.1 结构化范数有界不确定性 …… 136
7.1.1 不确定最小二乘不等式鲁棒对等的近似 ………… 137
7.1.2 具有结构化范数有界不确定性的最小二乘不等式——复数情况 …… 140
7.1.3 从不确定最小二乘到不确定锥二次不等式 …… 144
7.1.4 具有结构化范数有界不确定性的凸二次约束 … 146
7.2 ∩-椭球不确定性的情况 ……… 149
7.2.1 不确定最小二乘不等式鲁棒对等的近似 ………… 149
7.2.2 从不确定最小二乘到不确定锥二次不等式 …… 151
7.2.3 带∩-椭球不确定性的凸二次约束 ………………… 152

7.3 练习 …… 154

7.4 备注 …… 154

第8章 具有易处理鲁棒对等的不确定半定问题 …… 155

8.1 不确定半定问题 …… 155

8.2 不确定半定问题鲁棒对等的易处理性 …… 156

8.2.1 非结构化范数有界扰动 … 157

8.2.2 应用：鲁棒的结构设计 … 158

8.2.3 鲁棒控制中的应用 …… 166

8.3 练习 …… 169

8.4 备注 …… 169

第9章 不确定半定问题的鲁棒近似 …… 170

9.1 具有结构化范数有界不确定性的不确定半定问题鲁棒对等的易处理紧近似 …… 170

9.1.1 具有结构化范数有界扰动的不确定线性矩阵不等式 … 170

9.1.2 应用：回顾李雅普诺夫稳定性分析/综合 …… 171

9.2 练习 …… 176

9.3 备注 …… 177

第10章 近似机会约束的锥二次不等式和线性矩阵不等式 …… 178

10.1 机会约束的线性矩阵不等式 …… 178

10.1.1 近似机会约束的线性矩阵不等式：初步研究 …… 178

10.2 近似方案 …… 182

10.2.1 基于模拟的式（10.2.4）的证明 …… 185

10.2.2 修正 …… 187

10.2.3 实例：重新审视例8.2.7 …… 189

10.3 高斯优化 …… 190

10.4 机会约束线性矩阵不等式：特殊情况 …… 193

10.4.1 对角情况：机会约束线性优化 …… 194

10.4.2 箭头情况：机会约束锥二次优化 …… 198

10.4.3 应用：从间接噪声观测中恢复信号 …… 202

10.5 备注 …… 210

第11章 不确定锥问题的全局鲁棒对等 …… 211

11.1 不确定锥问题的全局鲁棒对等：定义 …… 211

11.2 全局鲁棒对等的保守且易处理近似 …… 213

11.3 不确定约束的全局鲁棒对等：分解 …… 213

11.3.1 预备知识 …… 213

11.3.2 主要结果 …… 214

11.4 全局鲁棒对等的易处理性 …… 215

11.4.1 预备知识 …… 215

11.4.2 $\Psi(\cdot)$ 的有效边界问题 … 217

11.5 实例：非扩张动态系统的鲁棒分析 …… 221

11.5.1 预备知识：非扩张线性动态系统 …… 222

11.5.2 鲁棒非扩张性：通过全局鲁棒对等进行分析 …… 223

第12章 鲁棒分类与估计 …… 228

12.1 鲁棒支持向量机 …… 228

12.1.1 支持向量机 …… 228

12.1.2 最小化最坏情况下的已实现损失 …… 229

12.1.3 从测量角度考虑不确定性模型 …… 230

12.1.4 耦合不确定性模型 …… 231

12.1.5 最坏情况下的损失和可调变量 …… 232

12.2 鲁棒分类与回归 …… 233
12.2.1 标准问题与鲁棒对等 …… 233
12.2.2 一些简单的例子 …… 234
12.2.3 广义有界加性不确定性 …… 236
12.2.4 例子 …… 240
12.3 仿射不确定性模型 …… 245
12.3.1 范数有界仿射不确定性模型 …… 245
12.3.2 伪最坏情况损失函数 …… 245
12.3.3 主要结果 …… 246
12.3.4 全局鲁棒对等 …… 248
12.4 随机仿射不确定性模型 …… 249
12.4.1 问题公式化 …… 249
12.4.2 矩约束 …… 250
12.4.3 独立扰动的 Bernstein 近似 …… 252
12.5 练习 …… 253
12.6 备注 …… 254

第三部分　鲁棒多阶段优化

第 13 章　鲁棒马尔可夫决策过程 …… 256
13.1 马尔可夫决策过程 …… 256
13.1.1 标准控制问题 …… 256
13.1.2 解决标准问题 …… 257
13.1.3 不确定性的诅咒 …… 258
13.2 鲁棒 MDP 问题 …… 258
13.2.1 不确定性模型 …… 258
13.2.2 鲁棒对等 …… 260
13.3 有限阶段上的鲁棒 Bellman 递归 …… 260
13.3.1 易处理问题 …… 261
13.4 备注 …… 264

第 14 章　鲁棒可调多阶段优化 …… 265
14.1 可调鲁棒优化：动机 …… 265
14.2 可调鲁棒对等 …… 266
14.2.1 举例 …… 267
14.2.2 对于可调鲁棒对等 (ARC) 的好消息 …… 270
14.2.3 对于可调鲁棒对等 (ARC) 的坏消息 …… 271
14.3 仿射可调鲁棒对等 …… 274
14.3.1 仿射可调鲁棒对等 (AARC) 的易处理性 …… 275
14.3.2 仿射性是一个实际的限制吗 …… 276
14.3.3 无固定资源的不确定线性优化问题的 AARC …… 291
14.3.4 实例：不确定需求影响下的多周期库存 AARC …… 291
14.4 可调鲁棒优化和线性控制器的综合 …… 294
14.4.1 有限时间阶段上的鲁棒仿射控制 …… 294
14.4.2 基于纯输出的仿射控制律表示与有限时间阶段线性控制器的有效设计 …… 295
14.4.3 处理无限阶段设计规范 …… 301
14.4.4 整合：无限和有限阶段的设计规范 …… 304
14.5 练习 …… 307
14.6 备注 …… 308

第四部分　典型应用

第 15 章　典型示例 …… 312
15.1 鲁棒线性回归和电视管的制造 …… 312
15.2 拥有灵活承诺合同的库存管理 …… 316
15.2.1 问题 …… 316
15.2.2 具体说明不确定性和可调性 …… 318
15.2.3 构建一个式 (15.2.3) 的仿射可调鲁棒对等 …… 318

15.2.4 数值结果 ………………… 320
15.3 控制一个多级多周期供应链 ………………… 323
15.3.1 问题 ………………… 324
15.3.2 说明牛鞭效应 ………………… 326
15.3.3 构建供应链问题的仿射可调全局鲁棒对等(AAGRC) ………………… 326
15.3.4 计算结果 ………………… 328
附录 A 符号与预备知识 ………………… 333
附录 B 一些辅助证明 ………………… 348
附录 C 部分练习的答案 ………………… 382
参考文献 ………………… 401

第一部分
Robust Optimization

鲁棒线性优化

第 1 章
Robust Optimization

不确定线性优化问题及其鲁棒对等

本章介绍了不确定线性优化问题及鲁棒对等的概念，并研究了与新兴优化问题相关的计算问题。

1.1 线性优化中的数据不确定性

回想一下线性优化（LO）问题的形式：

$$\min_{x}\{\boldsymbol{c}^{\mathrm{T}}\boldsymbol{x}+d:\boldsymbol{A}\boldsymbol{x}\leqslant\boldsymbol{b}\} \tag{1.1.1}$$

其中 $\boldsymbol{x}\in\mathbb{R}^n$ 是决策变量的向量，$\boldsymbol{c}\in\mathbb{R}^n$ 和 $d\in\mathbb{R}$ 形成目标函数，$\boldsymbol{A}$ 是 $m\times n$ 的约束矩阵，$\boldsymbol{b}\in\mathbb{R}^m$ 是不等式右侧向量。

显然，目标函数中的常数项 d 虽然影响最优值，但不影响最优解，这就是一般跳过它的原因。我们看到，在处理具有不确定数据的 LO 问题时，有充足理由不去忽略这个常数项。

问题（1.1.1）的结构由约束数量 m 和变量数量 n 给出，问题的数据是集合$(\boldsymbol{c},d,\boldsymbol{A},\boldsymbol{b})$，我们将其排列成一个 $(m+1)\times(n+1)$ 的数据矩阵

$$\boldsymbol{D}=\left[\begin{array}{c|c}\boldsymbol{c}^{\mathrm{T}} & d\\ \hline \boldsymbol{A} & \boldsymbol{b}\end{array}\right]$$

通常，在应用程序中出现的 LO 程序的约束并不都以“$\boldsymbol{a}^{\mathrm{T}}\boldsymbol{x}\leqslant$常数”的形式出现：可以有线性“$\geqslant$”不等式和线性等式。显然，后两种类型的约束可以等价地用线性“$\leqslant$”不等式表示，并且今后我们将假设这是问题中唯一的约束。

通常，实际线性优化问题的数据是不确定的。数据不确定最常见的原因如下：

- 当问题被解决时，某些数据项（未来需求、回报等）并不存在，从而被它们的预测值所取代。因此，这些数据项会受到预测错误的约束。
- 一些数据（技术设备/过程的参数、与原材料相关的内容等）无法精确测量——实际上，它们的值会在测量的“标准”值附近浮动，这些数据会受测量错误影响。
- 一些决策变量（我们打算使用各种技术过程的强度、所设计的物理设备的参数等）无法完全按照计算实现。由此产生的实现错误相当于适当的人为数据不确定性。事实上，一个特定的决策变量 x_j 使约束 i 的左侧为 $a_{ij}x_j$。因此，附加实现错误 $x_j\mapsto x_j+\epsilon$的结果好像根本没有实现错误，但约束的左侧得到了一个额外的附加项 $a_{ij}\epsilon$，反过来，它又相当于扰动 $b_i\mapsto b_j-a_{ij}\epsilon$约束的右侧。一个更典型的乘法实现错误是 $x_j\mapsto(1+\epsilon)x_j$，它似乎没有造成实现错误，但每个数据系数 a_{ij} 都会受到干扰 $a_{ij}\mapsto(1+\epsilon)a_{ij}$ 的影响。同样，x_j 中的附加和乘法实现错误对目标函数值的影响可以通过 d 或 c_j 中适当的扰动来模仿。

在传统的 LO 方法中，只是忽略了小数据不确定性（比如 1%或更少）。如果给定的(“标准”）数据是准确的，那么问题就解决了，因此标准最优解是建议使用的，希望小数据的不确定性不会显著影响这个解的可行性和最优性，或者对标准解进行微调就能使其可行。我们要证明的是，这些希望不一定是合理的，有时甚至是极小数据的不确定性也值得重视。

1.1.1　示例介绍

考虑以下非常简单的线性优化问题。

例 1.1.1 某家公司生产两种药物，Drug Ⅰ 和 Drug Ⅱ 含有从市场上购买的原料中提取的特定活性剂 A。Raw Ⅰ 和 Raw Ⅱ 两种原料可以作为活性剂的来源。表 1-1 给出了相关的生产、成本和资源数据。目标函数是找出能使公司利润最大化的生产计划。

表 1-1　例 1.1.1 的数据

参数	Drug Ⅰ	Drug Ⅱ
售价（$/1000 包）	6200	6900
活性剂 A 含量（g/1000 包）	0.500	0.600
所需劳动力（时/1000 包）	90.0	100.0
所需设备（时/1000 包）	40.0	50.0
运营成本（$/1000 包）	700	800

a）药品生产数据

原材料	收购价（$/kg）	活性剂 A 的含量（g/kg）
Raw Ⅰ	100.00	0.01
Raw Ⅱ	199.90	0.02

b）原材料成分

预算（$）	劳动力（时）	设备（时）	原材料储存容量（kg）
100000	2000	800	1000

c）资源

这个问题由下面线性规划的程序给出：

(Drug)：

$$\text{Opt}=\min\{\overbrace{[100\cdot\text{Raw I}+199.90\cdot\text{Raw II}+700\cdot\text{Drug I}+800\cdot\text{Drug II}]}^{\text{收购和运营成本}}-\underbrace{[6200\cdot\text{Drug I}+6900\cdot\text{Drug II}]}_{\text{售卖药物的收入}}\}\quad[\text{减去总利润}]$$

受限于

$$\begin{aligned}
&0.01\cdot\text{Raw I}+0.02\cdot\text{Raw II}-0.500\cdot\text{Drug I}-0.600\cdot\text{Drug II}\geqslant 0 &&[\text{活性剂平衡}]\\
&\text{Raw I}+\text{Raw II}\leqslant 1000 &&[\text{储存约束}]\\
&90.0\cdot\text{Drug I}+100.0\cdot\text{Drug II}\leqslant 2000 &&[\text{劳动力约束}]\\
&40.0\cdot\text{Drug I}+50.0\cdot\text{Drug II}\leqslant 800 &&[\text{设备约束}]\\
&100.0\cdot\text{Raw I}+199.90\cdot\text{Raw II}+700\cdot\text{Drug I}+800\cdot\text{Drug II}\leqslant 100000 &&[\text{预算约束}]\\
&\text{Raw I},\text{Raw II},\text{Drug I},\text{Drug II}\geqslant 0
\end{aligned}$$

这个问题有四个变量——收购原材料 Raw Ⅰ 和 Raw Ⅱ 的量（单位：kg）和生产药物 Drug Ⅰ 和 Drug Ⅱ 的量（单位：1000 包）。

LO 问题的最优解是

$$\text{Opt}=-8819.658;\quad \text{Raw I}=0,\quad \text{Raw II}=438.789,\quad \text{Drug I}=17.552,\quad \text{Drug II}=0$$

注意，预算和平衡约束都是可变的（即生产过程利用全部预算和原材料中活性剂的全部量）。这个最优解为该公司带来了 8.8%的利润，虽然不多，但相当可观。

1.1.2　数据不确定性及其后果

显然，即使在上述简单的问题中，有些数据也不可能是“绝对可靠的”，例如，人们很难相信原材料 RawⅠ中活性剂的含量为 0.01g/kg，RawⅡ为 0.02g/kg。实际上，这些内容因指示值而异。这里的一个自然假设是，RawⅠ中的活性剂 aⅠ和 RawⅡ中的活性剂aⅡ的实际含量是随机变量，这些变量以某种方式分布在“标准含量” anⅠ=0.01 和 anⅡ=0.02 周围。更具体地说，假设 aⅠ在 anⅠ的 0.5%边际范围内浮动，因此取区间［0.00995，0.01005］中的值。同样，假设 aⅡ在 anⅡ的 2%边际范围内浮动，因此取区间［0.0196，0.0204］中的值。此外，假设 aⅠ、aⅡ在各自的段取极端值，概率分别为 0.5。活性剂含量的这些浮动是如何影响生产过程的？最优解规定购买 438.8kg 的 RawⅡ和生产 17.552K 包 DrugⅠ（K 代表“千”）。在 RawⅡ中活性剂含量出现上述随机波动的情况下，该生产计划将不可行的概率为 0.5，即原材料中活性剂的实际含量将低于 DrugⅠ计划生产的量所需的含量。这可以用最简单的方式解决：当原料活性剂的实际含量不足时，药物的产量就会相应减少。有了这个策略，DrugⅠ的实际生产就变成了一个随机变量，以相等的概率取 17.552K 包的标准值和 17.201K 包（少 2%）。生产过程中这 2%的波动也会影响利润：它成为一个随机的变量，概率为 0.5，标准值为 8820，而少于 21%（！）的值为 6929。期望利润为 7843，比标准问题的最优解所承诺的标准利润 8820 少 11%。

我们看到，在这个简单示例中，一个相当小的（在现实中是不可避免的）数据扰动，可能会使标准最优解不可行。此外，对实际数据标准最优解直接进行调整可能会严重影响解的质量。

在许多实用的线性程序中也会遇到类似的现象，其中至少有部分数据是不确切的，并且可能会围绕其标准值而变化。数据不确定性的后果可能比上述示例要严重得多。文献［7］的 NETLIB 集[⊖]中对线性优化问题的分析表明，对于 94 个 NETLIB 问题中的 13 个，不确定数据的随机 0.01%的扰动就会使标准最优解严重不可行：具有不可忽略的概率，它违背了一些约束条件的 50%甚至更高。应当补充的是，在一般情况下（与我们的示例相反），没有明确的方法通过简单修改来调整数据实际值的最优解，而且在某些情况下，这种调整实际上是不可能的：为了使扰动数据变得可行，标准最优解应“完全重构”。

结论如下：在 LO 的应用中，确实需要一种技术，在数据不确定性会严重影响标准解的质量时，能够检测出这种情况，并且在这种情况下，可以生成一个“可靠”的、不受不确定性影响的解。

我们即将引入针对不确定 LO 问题的鲁棒对等方法，以应对数据不确定性。

1.2　不确定线性问题及其鲁棒对等

定义 1.2.1　不确定线性优化问题是集合

$$\left\{\min_{x}\left\{\boldsymbol{c}^{\mathrm{T}}\boldsymbol{x}+d:\boldsymbol{A}\boldsymbol{x}\leqslant\boldsymbol{b}\right\}\right\}_{(\boldsymbol{c},d,\boldsymbol{A},\boldsymbol{b})\in\mathcal{U}} \tag{LO$_{\mathcal{U}}$}$$

在给定的不确定性集 $\mathcal{U}\subset\mathbb{R}^{(m+1)\times(n+1)}$ 中，数据变化时的共同结构（即具有共同数量的 m 个约束和 n 个变量）的 LO 问题（实例）为 $\min\limits_{x}\{\boldsymbol{c}^{\mathrm{T}}\boldsymbol{x}+d:\boldsymbol{A}\boldsymbol{x}\leqslant\boldsymbol{b}\}$。

我们总假设不确定性集是通过扰动向量 $\boldsymbol{\zeta}$ 在给定的扰动集 $\mathcal{Z}$ 中以仿射形式参数化的：

$$\mathcal{U}=\left\{\left[\begin{array}{c|c}\boldsymbol{c}^{\mathrm{T}} & d\\ \hline \boldsymbol{A} & \boldsymbol{b}\end{array}\right]=\underbrace{\left[\begin{array}{c|c}\boldsymbol{c}_0^{\mathrm{T}} & d_0\\ \hline \boldsymbol{A}_0 & \boldsymbol{b}_0\end{array}\right]}_{\text{标准数据}\boldsymbol{D}_0}+\sum_{\ell=1}^{L}\zeta_\ell\underbrace{\left[\begin{array}{c|c}\boldsymbol{c}_\ell^{\mathrm{T}} & d_\ell\\ \hline \boldsymbol{A}_\ell & \boldsymbol{b}_\ell\end{array}\right]}_{\text{基本转化}\boldsymbol{D}_\ell}:\boldsymbol{\zeta}\in\mathcal{Z}\subset\mathbb{R}^{L}\right\} \tag{1.2.1}$$

⊖　LP 程序的集合包括源自现实世界的程序，用作测试 LP 解算器的标准基准。

例如，1.1.2 节的例子中使（Drug）成为一个不确定的 LO 问题，如下：

- 决策向量：$\boldsymbol{x}=[\mathrm{Raw\,I};\mathrm{Raw\,II};\mathrm{Drug\,I};\mathrm{Drug\,II}]$；
- 标准数据：

$$\boldsymbol{D}_0=\left[\begin{array}{cccc|c} 100 & 199.9 & -5500 & -6100 & 0 \\ \hline -0.01 & -0.02 & 0.500 & 0.600 & 0 \\ 1 & 1 & 0 & 0 & 1000 \\ 0 & 0 & 90.0 & 100.0 & 2000 \\ 0 & 0 & 40.0 & 50.0 & 800 \\ 100.0 & 199.9 & 700 & 800 & 100000 \\ -1 & 0 & 0 & 0 & 0 \\ 0 & -1 & 0 & 0 & 0 \\ 0 & 0 & -1 & 0 & 0 \\ 0 & 0 & 0 & -1 & 0 \end{array}\right]$$

- 两种基本转化：

$$\boldsymbol{D}_1=5.0\mathrm{e}-5\cdot\left[\begin{array}{cccc|c} 0&0&0&0&0 \\ \hline 1&0&0&0&0 \\ 0&0&0&0&0 \\ 0&0&0&0&0 \\ 0&0&0&0&0 \\ 0&0&0&0&0 \\ 0&0&0&0&0 \\ 0&0&0&0&0 \\ 0&0&0&0&0 \\ 0&0&0&0&0 \end{array}\right],\quad \boldsymbol{D}_2=4.0\mathrm{e}-4\cdot\left[\begin{array}{cccc|c} 0&0&0&0&0 \\ \hline 0&1&0&0&0 \\ 0&0&0&0&0 \\ 0&0&0&0&0 \\ 0&0&0&0&0 \\ 0&0&0&0&0 \\ 0&0&0&0&0 \\ 0&0&0&0&0 \\ 0&0&0&0&0 \\ 0&0&0&0&0 \end{array}\right]$$

- 扰动集：

$$\mathcal{Z}=\{\boldsymbol{\zeta}\in\mathbb{R}^2:-1\leqslant\zeta_1,\zeta_2\leqslant 1\}$$

该描述特别指出，（Drug）中唯一不确定的数据是平衡不等式中变量 Raw Ⅰ 和 Raw Ⅱ 的系数 an Ⅰ 和 an Ⅱ（这是（Drug）中的第一个约束），并且这些系数在各自的段$[0.01\cdot(1-0.005),0.01\cdot(1+0.005)]$和$[0.02\cdot(1-0.02),0.02\cdot(1+0.02)]$中变化，系数的标准值是 0.01 和 0.02，这正是 1.1.2 节所述的。

评注 1.2.2 如果式（1.2.1）中的扰动集 $\mathcal{Z}$ 本身表示另一个集合 $\hat{\mathcal{Z}}$ 在仿射映射 $\boldsymbol{\xi}\mapsto\boldsymbol{\zeta}=p+P\boldsymbol{\xi}$ 下的像，那么我们可以将扰动 $\boldsymbol{\zeta}$ 传递到扰动 $\boldsymbol{\xi}$：

$$\begin{aligned}\mathcal{U}&=\left\{\left[\begin{array}{c|c}\boldsymbol{c}^{\mathrm{T}} & d\\ \hline \boldsymbol{A} & \boldsymbol{b}\end{array}\right]=\boldsymbol{D}_0+\sum_{\ell=1}^{L}\zeta_\ell\boldsymbol{D}_\ell:\boldsymbol{\zeta}\in\mathcal{Z}\right\}\\ &=\left\{\left[\begin{array}{c|c}\boldsymbol{c}^{\mathrm{T}} & d\\ \hline \boldsymbol{A} & \boldsymbol{b}\end{array}\right]=\boldsymbol{D}_0+\sum_{\ell=1}^{L}\left[p_\ell+\sum_{k=1}^{K}P_{\ell k}\xi_k\right]\boldsymbol{D}_\ell:\boldsymbol{\xi}\in\hat{\mathcal{Z}}\right\}\\ &=\left\{\left[\begin{array}{c|c}\boldsymbol{c}^{\mathrm{T}} & d\\ \hline \boldsymbol{A} & \boldsymbol{b}\end{array}\right]=\underbrace{\left[\boldsymbol{D}_0+\sum_{\ell=1}^{L}p_\ell\boldsymbol{D}_\ell\right]}_{\hat{\boldsymbol{D}}_0}+\sum_{k=1}^{K}\xi_k\underbrace{\left[\sum_{\ell=1}^{L}p_{\ell k}\boldsymbol{D}_\ell\right]}_{\hat{\boldsymbol{D}}_k}:\boldsymbol{\xi}\in\hat{\mathcal{Z}}\right\}\end{aligned}$$

由此可见，当讨论具有简单几何（超平行体、椭球等）的扰动集时，我们可以将这些集规范化为“标准”。例如，根据定义，平行体是单位盒$\{\boldsymbol{\xi}\in\mathbb{R}^k:-1\leqslant\xi_j\leqslant 1,j=1,\cdots,k\}$的仿射像，这使我们有可能使用单位盒，而不是一般的平行体。类似地，根据定义，椭球是单

位欧几里得球$\{\xi\in\mathbb{R}^k:\|x\|_2^2\equiv x^{\mathrm{T}}x\leqslant 1\}$在仿射映射下的像，因此，我们可以使用标准球，而不是椭球等。我们将尽可能使用这种规范化。

注意，与单个优化问题相比，像（$\mathrm{LO}_{\mathcal{U}}$）这样的优化问题本身并不与可行/最优解和最优值的概念相关联。如何定义这些概念当然取决于潜在的“决策环境”。这里我们关注的环境具有以下特点：

A.1.（$\mathrm{LO}_{\mathcal{U}}$）中的所有决策变量都代表“此时此地”的决策；在实际数据显示之前，所有的决策都应作为解决问题的结果而获得特定的数值。

A.2. 当且仅当实际数据在式（1.2.1）给出的预先指定的不确定性集$\mathcal{U}$的范围内时，决策者对所做出决策的后果完全负责。

A.3.（$\mathrm{LO}_{\mathcal{U}}$）中的约束是“严格的”——当数据在$\mathcal{U}$内时，我们不能容忍约束违背，即使是小的约束。

上述假设以或多或少独特的方式确定了不确定问题（$\mathrm{LO}_{\mathcal{U}}$）有意义的可行解。根据A.1，这些应该是固定的向量；根据A.2和A.3，它们应该是鲁棒可行的，也就是说，无论不确定性集的数据实现如何，它们应该满足所有的约束情况。因此我们可得出以下定义。

定义 1.2.3　向量$x\in\mathbb{R}^n$是（$\mathrm{LO}_{\mathcal{U}}$）的鲁棒可行解，如果它满足不确定性集的所有约束，即

$$Ax\leqslant b,\ \forall(c,d,A,b)\in\mathcal{U}\tag{1.2.2}$$

对于与有意义的（即鲁棒可行）解相关联的目标函数值，假设A.1～A.3不以独特的方式来规定它。然而，这些可能导致最坏情况的假设“本质上”自然会导致以下定义。

定义 1.2.4　给定一个候选解x，在x处（$\mathrm{LO}_{\mathcal{U}}$）中目标函数的鲁棒值$\hat{c}(x)$是“真实”目标函数$c^{\mathrm{T}}x+d$在以下不确定性集所有数据中的最大值：

$$\hat{c}(x)=\sup_{(c,d,A,b)\in\mathcal{U}}[c^{\mathrm{T}}x+d]\tag{1.2.3}$$

在就不确定问题（$\mathrm{LO}_{\mathcal{U}}$）的有意义的候选解以及如何评估它们的质量达成共识之后，我们可以在问题的所有鲁棒可行解中寻找目标函数的最优鲁棒值。这就是本书的中心概念，即不确定优化问题的鲁棒对等，其定义如下。

定义 1.2.5　不确定LO问题（$\mathrm{LO}_{\mathcal{U}}$）的鲁棒对等是在不确定问题的所有鲁棒可行解中，最小化目标函数的鲁棒值的优化问题：

$$\min_x\{\hat{c}(x)=\sup_{(c,d,A,b)\in\mathcal{U}}[c^{\mathrm{T}}x+d]:Ax\leqslant b,\ \forall(c,d,A,b)\in\mathcal{U}\}\tag{1.2.4}$$

鲁棒对等的最优解称为（$\mathrm{LO}_{\mathcal{U}}$）的鲁棒最优解，而鲁棒对等的最优值称为（$\mathrm{LO}_{\mathcal{U}}$）的鲁棒最优值。

简而言之，鲁棒最优解是我们可以与不确定问题关联起来的“最优不确定性免疫”解。

例 1.1.1 续　让我们找到解决不确定问题（Drug）的鲁棒最优解。数据中正好有一个受不确定性影响的“块”，即平衡约束中的RawⅠ系数、RawⅡ系数。因此，如果候选解满足（Drug）除了平衡约束的所有约束和平衡约束的“最差”实现，那么候选解是鲁棒可行的。由于RawⅠ、RawⅡ是非负的，平衡约束的最差实现条件是不确定系数anⅠ、anⅡ设置为不确定性集中的最小值（这些值分别为0.00995和0.0196）。由于目标函数不受不确定性的影响，鲁棒目标函数值与原始目标函数值相同。因此，我们的不确定问题的RC（鲁棒对等）是LO问题：

RC(Drug)：

RobOpt$=\min\{-100\cdot$RawⅠ$-199.9\cdot$RawⅡ$+5500\cdot$DrugⅡ$+6100\cdot$DrugⅡ$\}$

subject to

$$
\begin{aligned}
0.00995\cdot\text{Raw I}+0.0196\cdot\text{Raw II}-0.500\cdot\text{Drug I}-0.600\cdot\text{Drug II}&\geqslant 0\\
\text{Raw I}+\text{Raw II}&\leqslant 1000\\
90.0\cdot\text{Drug I}+100.0\text{Drug II}&\leqslant 2000\\
40.0\cdot\text{Drug I}+50.0\text{Drug II}&\leqslant 800\\
100.0\cdot\text{Raw I}+199.90\cdot\text{Raw II}+700\cdot\text{Drug I}+800\cdot\text{Drug II}&\leqslant 100000\\
\text{Raw I},\text{Raw II},\text{Drug I},\text{Drug II}&\geqslant 0
\end{aligned}
$$

解决此问题，我们得到：

RobOpt＝－8294.567； Raw Ⅰ＝877.732， Raw Ⅱ＝0， Drug Ⅰ＝17.467， Drug Ⅱ＝0

鲁棒性的“代价”是将期望利润从标准最优值8819.658减少到鲁棒最优值8294.567，即减少了5.954％。这远低于实际利润减少21％（值为6929），当“真实”数据“反对”它时，我们在坚持标准最优解时可能会遭受这种损失。还要注意的是，鲁棒最优解的结构与标准最优解有很大的不同：对于鲁棒解，我们将只购买原材料Raw Ⅰ，而对于标准最优解，我们将只购买原材料Raw Ⅱ。以下解释很清楚：根据标准数据，Raw Ⅱ比Raw Ⅰ的活性剂的单位价格略低（9995＄/g与10000＄/g）。这就是为什么对标准数据使用Raw Ⅰ没有意义。鲁棒最优解考虑到an Ⅰ的不确定性（即Raw Ⅰ中活性剂含量的可变性）为an Ⅱ的1/4（0.5％与2％），最终使用Raw Ⅰ。

1.2.1 鲁棒对等的更多信息

我们从几个有用的观察开始。

A. $\mathrm{LO}_{\mathcal{U}}$ 的鲁棒对等（1.2.4）同样可以改写为问题：

$$\min_{x,t}\left\{t:\begin{matrix}\boldsymbol{c}^{\mathrm{T}}\boldsymbol{x}-t & \leqslant & -d\\ \boldsymbol{A}\boldsymbol{x} & \leqslant & \boldsymbol{b}\end{matrix}\ \forall(\boldsymbol{c},d,\boldsymbol{A},\boldsymbol{b})\in\mathcal{U}\right\}\tag{1.2.5}$$

请注意，我们可以以另一种方式得出此问题：首先引入额外的变量 t，并将不确定问题（$\mathrm{LO}_{\mathcal{U}}$）的重写实例等价为

$$\min_{x,t}\left\{t:\begin{matrix}\boldsymbol{c}^{\mathrm{T}}\boldsymbol{x}-t & \leqslant & -d\\ \boldsymbol{A}\boldsymbol{x} & \leqslant & \boldsymbol{b}\end{matrix}\right\}$$

因此，在变量 $\boldsymbol{x}$，t 中得出等价于（$\mathrm{LO}_{\mathcal{U}}$）的不确定问题，目标函数 t 完全不受不确定性的影响。重新表述的问题的RC正好是式（1.2.5）。我们看到了：一个不确定的LO问题总是可以重新表述为具有特定目标函数的不确定LO问题。重构问题的鲁棒对等与此问题具有相同的目标函数，等价于原始不确定问题的RC。

因此，当我们用不确定的LO程序和特定的目标函数作为约束时，是没有任何损失的，我们以后将经常使用此选择。

我们现在明白为什么不应忽视目标函数（1.1.1）的常数项 d，或者更确切地说，如果不确定它的值，则不应忽视。若 d 是确定的，我们可以通过在松弛变量 t 中的变化 $t\mapsto t-d$ 来解释它，它只影响最优值，而不影响鲁棒对等（1.2.5）的最优解。当 d 不确定时，没有一种“通用”的方法在不影响鲁棒对等最优解（其中 d 在原始约束的右侧发挥相同的作用）的情况下消除 d。

B. 假设（$\mathrm{LO}_{\mathcal{U}}$）具有特定的目标函数，则问题的鲁棒对等是

$$\min_{x}\{\boldsymbol{c}^{\mathrm{T}}\boldsymbol{x}+d:\boldsymbol{A}\boldsymbol{x}\leqslant\boldsymbol{b},\forall(\boldsymbol{A},\boldsymbol{b})\in\mathcal{U}\}\tag{1.2.6}$$

（请注意，不确定性集现在是约束数据 $[\boldsymbol{A},\boldsymbol{b}]$ 空间中的一组集合）。

我们看到具有特定目标函数的不确定LO问题的鲁棒对等具有纯粹的“约束性”结构：为

了获得 RC，我们采取以下步骤：

- 保留原有的特定目标函数
- 替换所有原始约束条件

$$(\boldsymbol{A}\boldsymbol{x})_i \leqslant b_i \Leftrightarrow \boldsymbol{a}_i^{\mathrm{T}}\boldsymbol{x} \leqslant b_i \qquad (C_i)$$

($\boldsymbol{a}_i^{\mathrm{T}}$ 是 $\boldsymbol{A}$ 的第 i 行)，其鲁棒对等为

$$\boldsymbol{a}_i^{\mathrm{T}}\boldsymbol{x} \leqslant b_i,\ \forall [\boldsymbol{a}_i; b_i] \in \mathcal{U}_i \qquad \mathrm{RC}(C_i)$$

其中，$\mathcal{U}_i$ 是 $\mathcal{U}$ 在第 i 个约束的数据空间下的投影：

$$\mathcal{U}_i = \{[\boldsymbol{a}_i; b_i] : [\boldsymbol{A}, \boldsymbol{b}] \in \mathcal{U}\}$$

特别地，当不确定性集 $\mathcal{U}$ 扩展为直积

$$\hat{\mathcal{U}} = \mathcal{U}_1 \times \cdots \times \mathcal{U}_m$$

即其在各自约束的数据空间下的投影的直积时，具有确定目标函数的不确定 LO 问题的 RC 保持不变。

例 1.2.6 在变量 x_1，x_2 处，不确定约束组

$$\{x_1 \geqslant \zeta_1, x_2 \geqslant \zeta_2\},\quad 其中\ \boldsymbol{\zeta} \in \mathcal{U} := \{\zeta_1 + \zeta_2 \leqslant 1, \zeta_1, \zeta_2 \geqslant 0\} \qquad (1.2.7)$$

的 RC 是无限约束组

$$x_1 \geqslant \zeta_1,\quad x_2 \geqslant \zeta_2, \forall \boldsymbol{\zeta} \in \mathcal{U}$$

后者显然等同于以下这组约束

$$x_1 \geqslant \max_{\zeta \in \mathcal{U}} \zeta_1 = 1,\quad x_2 \geqslant \max_{\zeta \in \mathcal{U}} \zeta_2 = 1 \qquad (1.2.8)$$

两个不确定约束（1.2.7）的数据空间的 $\mathcal{U}$ 的投影是分段 $\mathcal{U}_1 = \{\zeta_1 : 0 \leqslant \zeta_1 \leqslant 1\}$，$\mathcal{U}_2 = \{\zeta_2 : 0 \leqslant \zeta_2 \leqslant 1\}$，式（1.2.7）关于不确定性集 $\hat{\mathcal{U}} = \mathcal{U}_1 \times \mathcal{U}_2 = \{\boldsymbol{\zeta} \in \mathbb{R}^2 : 0 \leqslant \zeta_1, \zeta_2 \leqslant 1\}$ 的 RC 显然是式（1.2.8）。

我们得出的结论似乎是反常理的：不同约束条件下的数据扰动是否相互关联无关紧要，而按照常理，这种关联应该是重要的。我们将在后面（第 14 章）看到，当考虑更高级的可调鲁棒对等的概念时，这种直觉是有效的。

C. 如果 $\boldsymbol{x}$ 是（C_i）的鲁棒可行解，那么我们将不确定性集 $\mathcal{U}_i$ 扩展到其凸包 $\mathrm{Conv}(\mathcal{U}_i)$ 时 $\boldsymbol{x}$ 仍是鲁棒可行解。的确，如果 $[\overline{\boldsymbol{a}}_i; \overline{b}_i] \in \mathrm{Conv}(\mathcal{U}_i)$，则

$$[\overline{\boldsymbol{a}}_i; \overline{b}_i] = \sum_{j=1}^{J} \lambda_j [\boldsymbol{a}_i^j; b_i^j]$$

其中适当的选择$[\boldsymbol{a}_i^j; b_i^j] \in \mathcal{U}_i$，$\lambda_j \geqslant 0$，比如 $\sum_j \lambda_j = 1$。我们现在有

$$\overline{\boldsymbol{a}}_i^{\mathrm{T}}\boldsymbol{x} = \sum_{j=1}^{J} \lambda_j [\boldsymbol{a}_i^j]^{\mathrm{T}}\boldsymbol{x} \leqslant \sum_j \lambda_j b_i^j = \overline{b}_i$$

其中不等式由以下事实给出：对于 $\mathrm{RC}(C_i)$ 和 $[\boldsymbol{a}_i^j; b_i^j] \in \mathcal{U}_i$ 来说，$\boldsymbol{x}$ 是可行的。我们看到，对于所有 $\overline{\boldsymbol{a}}_i^{\mathrm{T}}\boldsymbol{x} \leqslant \overline{b}_i$，$[\overline{\boldsymbol{a}}_i; \overline{b}_i] \in \mathrm{Conv}(\mathcal{U}_i)$，证明完毕。

基于类似的原因，我们扩展 $\mathcal{U}_i$ 到其闭包时，（C_i）的鲁棒可行解保持不变。将这些观察和观察 B 相结合时，我们得出以下结论：当我们将相关约束的不确定数据集 $\mathcal{U}_i$ 扩展到其封闭凸包，并扩展 $\mathcal{U}$ 到结果集的直积时，具有特定目标函数的不确定 LO 问题的鲁棒对等保持不变。换句话说，我们从一开始就假设约束不确定数据集 $\mathcal{U}_i$ 是封闭和凸的，而 $\mathcal{U}$ 是这些集的直积，因此我们不会损失任何东西。

就不确定性集的参数化（1.2.1）而言，后一个结论意味着：当谈到具有特定目标函数的不确定 LO 问题的鲁棒对等时，假设第 i 个约束的不确定数据集 $\mathcal{U}_i$ 为

$$\mathcal{U}_i=\left\{[\boldsymbol{a}_i;b_i]=[\boldsymbol{a}_i^0;b_i^0]+\sum_{\ell=1}^{L_i}\zeta_\ell[\boldsymbol{a}_i^\ell;b_i^\ell],\boldsymbol{\zeta}\in\mathcal{Z}_i\right\} \tag{1.2.9}$$

其中有封闭的和凸扰动集 $\mathcal{Z}_i$。

D. 一个重要的建模问题。 在通常（具有特定数据）的线性优化中，约束可以用各种等价形式建模。例如，我们可以写出：

$$\begin{aligned}&(a)\quad a_1x_1+a_2x_2\leqslant a_3\\&(b)\quad a_4x_1+a_5x_2=a_6\\&(c)\quad x_1\geqslant 1,x_2\geqslant 2\end{aligned} \tag{1.2.10}$$

或者，等价地

$$\begin{aligned}&(a)\quad\quad a_1x_1+a_2x_2\leqslant a_3\\&(b.1)\quad a_4x_1+a_5x_2\leqslant a_6\\&(b.2)\quad -a_4x_1-a_5x_2\leqslant -a_6\\&(c)\quad\quad x_1\geqslant 0,x_2\geqslant 0\end{aligned} \tag{1.2.11}$$

或者，等价地，通过添加一个松弛变量 s，

$$\begin{aligned}&(a)\quad a_1x_1+a_2x_2+s\leqslant a_3\\&(b)\quad a_4x_1+a_5x_2=a_6\\&(c)\quad x_1\geqslant 0,x_2\geqslant 0,s\geqslant 0\end{aligned} \tag{1.2.12}$$

但是，当（部分）数据 $a_1,\cdots,a_6$ 变得不确定时，并非所有这些等价都有效：目前受不确定性影响的约束组的 RC 并不是等价的。实际上，用 $\mathcal{U}$ 表示不确定性集，RC 分别为：

$$\left.\begin{aligned}&(a)\quad a_1x_1+a_2x_2\leqslant a_3\\&(b)\quad a_4x_1+a_5x_2=a_6\\&(c)\quad x_1\geqslant 0,x_2\geqslant 0\end{aligned}\right\}\forall\,\boldsymbol{a}=[a_1;\cdots;a_6]\in\mathcal{U} \tag{1.2.13}$$

$$\left.\begin{aligned}&(a)\quad\quad a_1x_1+a_2x_2\leqslant a_3\\&(b.1)\quad a_4x_1+a_5x_2\leqslant a_6\\&(b.2)\quad -a_4x_1-a_5x_2\leqslant -a_6\\&(c)\quad\quad x_1\geqslant 0,x_2\geqslant 0\end{aligned}\right\}\forall\,\boldsymbol{a}=[a_1;\cdots;a_6]\in\mathcal{U} \tag{1.2.14}$$

$$\left.\begin{aligned}&(a)\quad a_1x_1+a_2x_2+s\leqslant a_3\\&(b)\quad a_4x_1+a_5x_2=a_6\\&(c)\quad x_1\geqslant 0,x_2\geqslant 0,s\geqslant 0\end{aligned}\right\}\forall\,\boldsymbol{a}=[a_1;\cdots;a_6]\in\mathcal{U} \tag{1.2.15}$$

可以立刻看到，虽然第一个和第二个 RC 彼此等价[㊀]，但是它们与第三个 RC 不等价。后一个 RC 比前两个 RC 更加保守，这意味着无论何时（x_1,x_2）可以通过适当选择 s 扩展到式（1.2.15）的可行解，（x_1,x_2）对于式（1.2.13）≡式（1.2.14）是可行的（这是明显的），但是反过来不一定。实际上，式（1.2.15）和式（1.2.13）≡式（1.2.14）之间的差距相当大。为了说明后一种说法，考虑不确定性集的情况：

$$\mathcal{U}=\{\boldsymbol{a}=\boldsymbol{a}_\zeta=[1+\zeta;2+\zeta;4-\zeta;4+\zeta;5-\zeta;9]:-\rho\leqslant\zeta\leqslant\rho\}$$

其中 ζ 是数据扰动。在这种情况下，$x_1=1$，$x_2=1$ 是式（1.2.13）≡式（1.2.14）的一个可行解，条件是不确定性 $\rho\leqslant 1/3$：

$$(1+\zeta)\cdot 1+(2+\zeta)\cdot 1\leqslant 4-\zeta,\forall(\zeta:|\zeta|\leqslant\rho\leqslant 1/3)$$

㊀ 显然，当一个等式约束（不管是确定的还是不确定的）被一对相反的不等式所取代时，总是等价。

$$(4+\zeta)\cdot 1+(5-\zeta)\cdot 1=9, \forall \zeta$$

同时，当$\rho>0$时，我们的解（$x_1=1, x_2=1$）不能推广到式（1.2.15）的一个可行解，因为后一个约束系统是不可行的，即使消除等式（1.2.15.b）后仍然是不可行的。

的确，对于所有的$\boldsymbol{a}\in\mathcal{U}$，为了使$x_1$，$x_2$满足式（1.2.15.$a$），应该有

$$x_1+2x_2+s+\zeta[x_1+x_2]=4-\zeta, \forall(\zeta:|\zeta|\leqslant\rho)$$

当$\rho>0$时，应该得到$x_1+x_2=-1$，与式（1.2.15.c）矛盾。

上述现象的根源是很清楚的。显然，不等式$a_1x_1+a_2x_2\leqslant a_3$，其中所有$a_i$和$x_i$是固定实数，当且仅当我们可以通指出一个实数$s\geqslant 0$来“证明”不等式，使$a_1x_1+a_2x_2+s=a_3$。当数据$a_1$，$a_2$，$a_3$变得不确定时，对于所有$\boldsymbol{a}\in\mathcal{U}$的不确定等式$a_1x_1+a_2x_2\leqslant a_3$，$(x_1,x_2)$的约束变得鲁棒可行，“在证明方面”，依照

$$\forall \boldsymbol{a}\in\mathcal{U}, \exists s>0: a_1x_1+a_2x_2+s=a_3$$

也就是说，应该证明s依赖于真实数据。与此相反，在式（1.2.15）中，我们要求决策变量x和松弛变量（“证明”）s都独立于真实数据，这是非常保守的。

从上面的例子中可以学到的是，当建模一个不确定的LO问题时，应该尽可能避免将不等式约束转换为等式，除非问题约束中的所有数据都是确定的。除了避免松弛变量㊀，这意味着像“总支出不能超过预算”或者“供给应该至少是需求”这样的约束，在具有特定数据的LO问题中，可以利用等式来建模，在数据不确定的情况下，则应该用不等式来建模。这完全符合常识，例如，若需求是不确定的，则满足需求是必然的，禁止供应过剩是不明智的。有时候，RO方法建模需要通过相应的“状态方程”消除“状态变量”——这些变量很容易由代表实际决策的变量给出。例如，在最简单的情况下，用状态方程给出了库存的时间动态：

$$x_0=c$$
$$x_{t+1}=x_t+q_t-d_t, \quad t=0,1,\cdots,T$$

其中，x_t是在时间t的库存水平，d_t为$[t,t+1)$时期的（不确定）需求，变量q_t表示实际决策——在$t=0,1,\cdots,T$时按照指令补充。对于此类库存问题进行RO处理的明智方法是通过设置

$$x_t=c+\sum_{\tau=1}^{t-1}q_\tau, \quad t=0,1,2,\cdots,T+1$$

来消除状态变量x_t以及消除状态方程。因此，典型的约束状态变量（例如“x_t应该保持在给定的范围内”或“总持有成本不超过一个给定的值”）将成为实际决策q_t的不确定影响的不等式约束，通过其RC，我们可以处理由此产生的不等式约束的不确定LO问题㊁。

1.2.2　未来

在引入不确定LO问题的鲁棒对等概念之后，我们面临两个主要问题：

- RC的“计算状态”是什么？什么时候才能有效地处理RC？
- 如何产生有意义的不确定性集？

第一个问题是一个“结构”问题，将在1.3节中深入讨论：为了使RC在计算上易于处理，不确定性集的结构应该是什么？注意到，由式（1.2.5）和式（1.2.6）给出的是半无

㊀ 请注意，松弛变量并不代表实际决策，因此，它们在LO模型中的存在与假设A.1相矛盾，因此可能导致过于保守甚至不可行的RC。

㊁ 有关受不确定性影响的多阶段库存的更高级鲁棒建模，请参见第14章。

限 LO 规划，即一个优化规划具有简单的线性目标函数和无限多线性约束。原则上，这样的问题可能是“计算上难以处理的”——NP 难问题。

例 1.2.7 考虑一个不确定“本质是线性”的约束

$$\{\|Px-p\|_1\leqslant 1\}_{[P;p]\in\mathcal{U}} \tag{1.2.16}$$

其中，$\|z\|_1=\sum_j|z_j|$，并假设矩阵 P 是确定的，而向量 p 是不确定的，并由单位盒的扰动参数化：

$$p\in\{p=B\zeta:\|\zeta\|_\infty\leqslant 1\}$$

其中，$\|\zeta\|_\infty=\max_\ell|\zeta_\ell|$，$B$ 是一个给定的半正定矩阵。检验 $x=0$ 是否鲁棒可行与当 $\|\zeta\|_\infty\leqslant 1$ 时验证 $\|B\zeta\|_1\leqslant 1$ 与否相同，或者，由于明显关系 $\|u\|_1=\max_{\|\eta\|_\infty\leqslant 1}\eta^{\mathrm{T}}u$，与检验 $\max_{\eta,\zeta}\{\eta^{\mathrm{T}}B\zeta:\|\eta\|_\infty\leqslant 1,\|\zeta\|_\infty\leqslant 1\}\leqslant 1$ 与否相同。当 $\eta=\zeta$ 时$\left(\text{也许利用极化恒等式 }\eta^{\mathrm{T}}B\zeta=\frac{1}{4}(\eta+\zeta)^{\mathrm{T}}\cdot B(\eta+\zeta)-\frac{1}{4}(\eta-\zeta)^{\mathrm{T}}B(\eta-\zeta)\text{来检查}\right)$，双线性型 $\eta^{\mathrm{T}}B\zeta$ 的最大值总是在原点的凸对称邻域中取得，该双线性形式具有在 η，ζ 上的半正定矩阵 B。因此，对于式（1.2.16）检查 $x=0$ 是否鲁棒可行与检查给定的非负二次型 $\zeta^{\mathrm{T}}B\zeta$ 在单位盒上的最大值是否$\leqslant 1$ 相同。后一个问题是熟知的 NP 难问题㊀，因此，式（1.2.16）的鲁棒可行性检验问题也是如此。

上述第二个问题是一个建模问题，因而超出了纯理论考虑的范围。然而，正如我们将在 2.1 节中看到的，理论对这个建模问题有重要贡献。

1.3　鲁棒对等的易处理性

在本节中，我们研究了不确定 LO 问题的 RC 的“计算状态”。这样的情况是尽可能好的：我们将看到，本质上，只要凸不确定性集 $\mathcal{U}$ 本身是计算易处理的，具有不确定性集的不确定 LO 问题的 RC 是计算易处理的。前者意味着我们预先知道 $\mathcal{U}$ 的仿射包，一个点来自 $\mathcal{U}$ 的内部，我们可以访问一个有效成员 oracle，给定输入点 u，记录是否 $u\in\mathcal{U}$。这可以重新表述为一个精确的数学表述；然而，我们将证明这个表述的一个稍受限制的版本，它不需要对复杂性理论进行长时间探索。

1.3.1　策略

我们的策略如下。首先，我们将自己约束在具有特定目标函数的不确定 LO 问题——回忆 1.2.1 节中的 A 部分，通过这个约束我们没有任何损失。其次，我们所需要的是一个不确定线性约束的 RC 的“计算易处理”表示，也就是说，通过一个有效可验证的凸不等式的显式（和“短”）组对 RC 的等价表示。给定不确定问题的每个约束条件的 RC 的表示，并将它们放在一起（参见 1.2.1 节中的 B 部分），我们将问题的 RC 重新表述为在显式凸约束的有限（和短）约束组下最小化原始线性目标函数的问题，以此作为一个计算易处理问题。

接下来，我们首先解释一下用凸不等式组表示约束意味着什么。每个人都明白 2 个变量的 4 个约束：

$$x_1+x_2\leqslant 1,\quad x_1-x_2\leqslant 1,\quad -x_1+x_2\leqslant 1,\quad -x_1-x_2\leqslant 1 \tag{1.3.1}$$

表示非线性不等式

㊀ 事实上，计算单位盒上的非负二次型的最大值是 NP 难问题，误差小于 4%[61]。

$$|x_1|+|x_2|\leqslant 1 \tag{1.3.2}$$

从这个意义上说，式（1.3.2）和式（1.3.1）定义了相同的可行集。那么，以下关于5个不等式的线性不等式组

$$-u_1\leqslant x_1\leqslant u_1,\quad -u_2\leqslant x_2\leqslant u_2,\quad u_1+u_2\leqslant 1 \tag{1.3.3}$$

是否表示与式（1.3.2）相同的集合？在这里，每个人都同意表示成相同集合这一观点，尽管我们不能以前一种方式证明这个观点，因为式（1.3.2）和式（1.3.3）的可行集处在不同空间，因此不能彼此等同。

当谈到优化中的“问题/约束的等价表示”时，其实际含义可以形式化如下。

定义 1.3.1　集合 $X^+\subset\mathbb{R}^n_x\times\mathbb{R}^k_u$ 代表集合 $X\subset\mathbb{R}^n_x$，如果 X^+ 投影到 $\boldsymbol{x}$ 变量的空间正好是 X，即 $\boldsymbol{x}\in X$，当且仅当存在 $\boldsymbol{u}\in\mathbb{R}^k_u$ 时，$(\boldsymbol{x},\boldsymbol{u})\in X^+$：

$$X=\{\boldsymbol{x}:\exists\boldsymbol{u}:(\boldsymbol{x},\boldsymbol{u})\in X^+\}$$

一个约束组 $\mathcal{S}^+$（其变量 $\boldsymbol{x}\in\mathbb{R}^n_x$，$\boldsymbol{u}\in\mathbb{R}^k_u$）表示另一个约束组 $\mathcal{S}$（其变量 $\boldsymbol{x}\subset\mathbb{R}^n_x$），如果前一个组的可行集代表后一个组的可行集。

有了这个定义，很明显组（1.3.3）确实代表约束（1.3.2），更一般地说，是 $2n+1$ 个线性不等式的组：

$$-u_j\leqslant x_j\leqslant u_j,j=1,\cdots,n,\sum_j u_j\leqslant 1$$

变量 $\boldsymbol{x}$，$\boldsymbol{u}$ 表示约束

$$\sum_j|x_j|\leqslant 1$$

要理解这种表示有多强大，请注意，要以式（1.3.1）的方式表示相同的约束，也就是说，在没有额外变量的情况下，它将需要多达 2^n 个线性不等式。

回到一般情况，假设我们给定一个优化问题

$$\min_{\boldsymbol{x}}\{f(\boldsymbol{x})\text{使 }\boldsymbol{x}\text{ 满足 }\mathcal{S}_i,i=1,\cdots,m\} \tag{P}$$

其中 $\mathcal{S}_i$ 是变量 $\boldsymbol{x}$ 的约束组，在我们的处理过程中，约束组 $\mathcal{S}_i^+$ 的变量为 $\boldsymbol{x}$，v^i，这表示组 $\mathcal{S}_i$。显然，问题

$$\min_{\boldsymbol{x},v^1,\cdots,v^m}\{f(\boldsymbol{x})\text{使}(\boldsymbol{x},v^i)\text{满足 }\mathcal{S}_i^+,i=1,\cdots,m\} \tag{P$^+$}$$

等价于式（P）：对于目标函数值相同的（P），每个（P^+）可行解的 $\boldsymbol{x}$ 分量都是可行的，并且问题中的最优值彼此相等，因此（P^+）的 ϵ-最优（根据目标函数）可行解的 $\boldsymbol{x}$ 分量是（P）的 ϵ-最优可行解。我们应该说，（P^+）同样代表原始问题（P）。重要的是，表示可以得到原始问题中不存在的期望属性。例如，适当的表示可以将形如 $\min\limits_{\boldsymbol{x}}\{\|\boldsymbol{Px}-\boldsymbol{p}\|_1:\boldsymbol{Ax}\leqslant\boldsymbol{b}\}$（具有 n 个变量、m 个线性约束和 k 维向量 $\boldsymbol{p}$）的问题转换为具有 $n+k$ 个变量和 $m+2k+1$ 个线性不等式约束的 LO 问题等。我们现在的目标是建立一个能够将半无限线性约束（特别是不确定线性不等式的鲁棒对等项）等价表示为显式凸约束有限组的表示，最终目标函数使用这些表示，以便将不确定 LO 问题的 RC 转换为显式（计算上易处理的）凸规划。

概述的策略使得我们能够专注于单个受不确定性影响的线性不等式——数据在不确定性集中变化的线性不等式族

$$\{\boldsymbol{a}^{\mathrm{T}}\boldsymbol{x}\leqslant b\}_{[\boldsymbol{a};b]\in\mathcal{U}} \tag{1.3.4}$$

其中不确定性集为

$$\mathcal{U}=\left\{[\boldsymbol{a};b]=[\boldsymbol{a}^0;b^0]+\sum_{\ell=1}^{L}\zeta_\ell[\boldsymbol{a}^\ell;b^\ell]:\boldsymbol{\zeta}\in\mathcal{Z}\right\} \tag{1.3.5}$$

以及这种不确定不等式的 RC 的“易处理表示”

$$\boldsymbol{a}^{\mathrm{T}}\boldsymbol{x}\leqslant b,\forall\left([\boldsymbol{a};b]=[\boldsymbol{a}^{0};b^{0}]+\sum_{\ell=1}^{L_i}\zeta_{\ell}[\boldsymbol{a}^{\ell};b^{\ell}]:\boldsymbol{\zeta}\in\mathcal{Z}\right) \tag{1.3.6}$$

根据 1.2.1 节中的 C 部分所述，从现在起，我们假设相关扰动集 $\mathcal{Z}$ 是凸的。

1.3.2　式 (1.3.6) 的易处理表示：简单情况

本节从一些案例开始，在这些案例中我们可以“徒手”找到所需表示，具体地说，我们将讨论区间和简单椭球不确定性的案例。

例 1.3.2 考虑区间不确定性的情况，其中 $\mathcal{Z}$ 在式（1.3.6）中是一个盒。不失一般性，我们可以通过以下假设使情况规范化：

$$\mathcal{Z}=\mathrm{Box}_1\equiv\{\boldsymbol{\zeta}\in\mathbb{R}^L:\|\boldsymbol{\zeta}\|_\infty\leqslant 1\}$$

在这种情况下，式（1.3.6）写为

$$\begin{aligned}
&[\boldsymbol{a}^{0}]^{\mathrm{T}}\boldsymbol{x}+\sum_{\ell=1}^{L}\zeta_{\ell}[\boldsymbol{a}^{\ell}]^{\mathrm{T}}\boldsymbol{x}\leqslant b^{0}+\sum_{\ell=1}^{L}\zeta_{\ell}b^{\ell} && \forall(\boldsymbol{\zeta}:\|\boldsymbol{\zeta}\|_\infty\leqslant 1)\\
\Leftrightarrow\quad &\sum_{\ell=1}^{L}\zeta_{\ell}[[\boldsymbol{a}^{\ell}]^{\mathrm{T}}\boldsymbol{x}-b^{\ell}]\leqslant b^{0}-[\boldsymbol{a}^{0}]^{\mathrm{T}}\boldsymbol{x} && \forall(\boldsymbol{\zeta}:|\zeta_{\ell}|\leqslant 1,\ell=1,\cdots,L)\\
\Leftrightarrow\quad &\max_{-1\leqslant\zeta_{\ell}\leqslant 1}\left[\sum_{\ell=1}^{L}\zeta_{\ell}[[\boldsymbol{a}^{\ell}]^{\mathrm{T}}\boldsymbol{x}-b^{\ell}]\right]\leqslant b^{0}-[\boldsymbol{a}^{0}]^{\mathrm{T}}\boldsymbol{x}
\end{aligned}$$

一连串最终最大值显然是 $\sum_{\ell=1}^{L}|[\boldsymbol{a}^{\ell}]^{\mathrm{T}}\boldsymbol{x}-b^{\ell}|$，通过显式凸约束，我们得到了式（1.3.6）的表示：

$$[\boldsymbol{a}^{0}]^{\mathrm{T}}\boldsymbol{x}+\sum_{\ell=1}^{L}|[\boldsymbol{a}^{\ell}]^{\mathrm{T}}\boldsymbol{x}-b^{\ell}|\leqslant b^{0} \tag{1.3.7}$$

这反过来又可以得到一个线性不等式组的表示：

$$\begin{cases}-u_{\ell}\leqslant[\boldsymbol{a}^{\ell}]^{\mathrm{T}}\boldsymbol{x}-b^{\ell}\leqslant u_{\ell},\ell=1,\cdots,L\\ [\boldsymbol{a}^{0}]^{\mathrm{T}}\boldsymbol{x}+\sum_{\ell=1}^{L}u_{\ell}\leqslant b^{0}\end{cases} \tag{1.3.8}$$

例 1.3.3 考虑椭球不确定性的情况下，$\mathcal{Z}$ 在式（1.3.6）中是一个椭球。我们可以通过假设 $\mathcal{Z}$ 近似为以原点为中心、半径为 Ω 的球，来规范化这种情况：

$$\mathcal{Z}=\mathrm{Ball}_{\Omega}=\{\boldsymbol{\zeta}\in\mathbb{R}^L:\|\boldsymbol{\zeta}\|_2\leqslant\Omega\}$$

在这种情况下，式（1.3.6）为

$$\begin{aligned}
&[\boldsymbol{a}^{0}]^{\mathrm{T}}\boldsymbol{x}+\sum_{\ell=1}^{L}\zeta_{\ell}[\boldsymbol{a}^{\ell}]^{\mathrm{T}}\boldsymbol{x}\leqslant b^{0}+\sum_{\ell=1}^{L}\zeta_{\ell}b^{\ell} && \forall(\boldsymbol{\zeta}:\|\boldsymbol{\zeta}\|_2\leqslant\Omega)\\
\Leftrightarrow\quad &\max_{\|\boldsymbol{\zeta}\|_2\leqslant\Omega}\left[\sum_{\ell=1}^{L}\zeta_{\ell}[[\boldsymbol{a}^{\ell}]^{\mathrm{T}}\boldsymbol{x}-b^{\ell}]\right]\leqslant b^{0}-[\boldsymbol{a}^{0}]^{\mathrm{T}}\boldsymbol{x}\\
\Leftrightarrow\quad &\Omega\sqrt{\sum_{\ell=1}^{L}([\boldsymbol{a}^{\ell}]^{\mathrm{T}}\boldsymbol{x}-b^{\ell})^{2}}\leqslant b^{0}-[\boldsymbol{a}^{0}]^{\mathrm{T}}\boldsymbol{x}
\end{aligned}$$

我们通过显式凸约束（“锥二次不等式”）得到了式（1.3.6）的表示：

$$[\boldsymbol{a}^0]^{\mathrm{T}}\boldsymbol{x}+\Omega\sqrt{\sum_{\ell=1}^{L}([\boldsymbol{a}^\ell]^{\mathrm{T}}\boldsymbol{x}-b^\ell)^2}\leqslant b^0 \tag{1.3.9}$$

1.3.3　式 (1.3.6) 的易处理表示：一般情况

现在考虑一个相当一般的情况，若在式（1.3.6）中的扰动集 $\mathcal{Z}$ 由一个锥表示（参考附录 A.2.4）：

$$\mathcal{Z}=\{\boldsymbol{\zeta}\in\mathbb{R}^L:\exists\,\boldsymbol{u}\in\mathbb{R}^K:\boldsymbol{P\zeta}+\boldsymbol{Qu}+\boldsymbol{p}\in K\} \tag{1.3.10}$$

其中 K 是 $\mathbb{R}^N$ 中的封闭凸尖锥体，$\mathbb{R}^N$ 内部非空，$\boldsymbol{P}$，$\boldsymbol{Q}$ 是给定矩阵，$\boldsymbol{p}$ 是给定向量。在这种情况下，如果 K 不是一个多面体锥，假设这种表示是严格可行的：

$$\exists(\bar{\boldsymbol{\zeta}},\bar{\boldsymbol{u}}):\boldsymbol{P}\bar{\boldsymbol{\zeta}}+\boldsymbol{Q}\bar{\boldsymbol{u}}+\boldsymbol{p}\in\operatorname{int}K \tag{1.3.11}$$

定理 1.3.4　扰动集 $\mathcal{Z}$ 由式（1.3.10）给出，在非多面体 K 的情况下，令式（1.3.11）也成立。则半无限约束（1.3.6）可以表示为变量 $\boldsymbol{x}\in\mathbb{R}^n$，$\boldsymbol{y}=\mathbb{R}^N$ 的下列锥不等式组：

$$\begin{aligned}&\boldsymbol{p}^{\mathrm{T}}\boldsymbol{y}+[\boldsymbol{a}^0]^{\mathrm{T}}\boldsymbol{x}\leqslant b^0,\\&\boldsymbol{Q}^{\mathrm{T}}\boldsymbol{y}=\boldsymbol{0},\\&(\boldsymbol{P}^{\mathrm{T}}\boldsymbol{y})_\ell+[\boldsymbol{a}^\ell]^{\mathrm{T}}\boldsymbol{x}=b^\ell,\ell=1,\cdots,L,\\&\boldsymbol{y}\in K_*\end{aligned} \tag{1.3.12}$$

其中 $K_*=\{\boldsymbol{y}:\boldsymbol{y}^{\mathrm{T}}\boldsymbol{z}\geqslant 0,\forall\,\boldsymbol{z}\in K\}$ 是 K 的对偶锥。

证明　我们有

$\boldsymbol{x}$ 对式（1.3.6）是可行的

$$\begin{aligned}&\Leftrightarrow\ \sup_{\zeta\in\mathcal{Z}}\left\{[\boldsymbol{a}^0]^{\mathrm{T}}\boldsymbol{x}-b^0+\sum_{\ell=1}^{L}\zeta_\ell[[\boldsymbol{a}^\ell]^{\mathrm{T}}\boldsymbol{x}-b^\ell]\right\}\leqslant 0\\&\Leftrightarrow\ \sup_{\zeta\in\mathcal{Z}}\{\boldsymbol{c}^{\mathrm{T}}[\boldsymbol{x}]\boldsymbol{\zeta}+d[\boldsymbol{x}]\}\leqslant 0\\&\Leftrightarrow\ \sup_{\zeta\in\mathcal{Z}}\boldsymbol{c}^{\mathrm{T}}[\boldsymbol{x}]\boldsymbol{\zeta}\leqslant -d[\boldsymbol{x}]\\&\Leftrightarrow\ \max_{\zeta,v}\{\boldsymbol{c}^{\mathrm{T}}[\boldsymbol{x}]\boldsymbol{\zeta}:\boldsymbol{P\zeta}+\boldsymbol{Q}\boldsymbol{v}+\boldsymbol{p}\in K\}\leqslant -d[\boldsymbol{x}]\end{aligned}$$

最后一个式子表明当且仅当锥规划

$$\max_{\zeta,v}\{\boldsymbol{c}^{\mathrm{T}}[\boldsymbol{x}]\boldsymbol{\zeta}:\boldsymbol{P\zeta}+\boldsymbol{Q}\boldsymbol{v}+\boldsymbol{p}\in K\} \tag{CP}$$

的最优值 $\leqslant -d[\boldsymbol{x}]$ 时，$\boldsymbol{x}$ 对式（1.3.6）来说是可行的。首先，假设式（1.3.11）成立。然后式（CP）是严格可行的，因此，应用锥对偶定理（定理 A.2.1），当且仅当（CP）问题

$$\min_{y}\{\boldsymbol{p}^{\mathrm{T}}\boldsymbol{y}:\boldsymbol{Q}^{\mathrm{T}}\boldsymbol{y}=\boldsymbol{0},\boldsymbol{P}^{\mathrm{T}}\boldsymbol{y}=-\boldsymbol{c}[\boldsymbol{x}],\boldsymbol{y}\in K_*\} \tag{CD}$$

的锥对偶的最优值 $\leqslant -d[\boldsymbol{x}]$ 时，式（CP）中的最优值 $\leqslant -d[\boldsymbol{x}]$。现在假设 K 是多面体锥。在这种情况下，通常的 LO 对偶定理（不需要式（1.3.11）的有效性）得出了完全相同的结论：当且仅当式（CD）达到了最优值，并且 $\leqslant -d[\boldsymbol{x}]$，式（CP）的最优值 $\leqslant -d[\boldsymbol{x}]$。换句话说，在定理的前提下，当且仅当式（CD）有 $\boldsymbol{p}^{\mathrm{T}}\boldsymbol{y}\leqslant -d[\boldsymbol{x}]$ 的可行解 $\boldsymbol{y}$ 时，$\boldsymbol{x}$ 对式（1.3.6）来说是可行的。■

观察到非负象限、洛伦兹以及半定锥是自对偶的，我们从定理 1.3.4 得到如下推论。

推论 1.3.5　设式（1.3.6）中的非空扰动集为：

(i) 多面体，由式（1.3.10）给出，在 K 的作用下有一个非负象限 $\mathbb{R}_+^N$。

(ii) 可表示的锥二次，比如，由式（1.3.10）给出，在 K 的作用下有洛伦兹锥 $L^k=$

$\{\boldsymbol{x}\in\mathbb{R}^k: x_k \geqslant \sqrt{x_1^2+\cdots+x_{k-1}^2}\}$的一个直积$L^{k_1}\times\cdots\times L^{k_m}$。

(iii) 可表示的半正定，由式(1.3.10)给出，在K的作用下有半正定锥S_+^k。

在(ii)和(iii)的情况下还假定式(1.3.11)成立。然后将具有扰动集$\mathcal{Z}$的不确定线性不等式(1.3.4)~(1.3.5)的鲁棒对等(1.3.6)进行等价重新表述，表示为以下显式组：

- 线性不等式，在情况(i)下；
- 锥二次不等式，在情况(ii)下；
- 线性矩阵不等式，在情况(iii)下。

在所有情况下，重新表述的大小是式(1.3.6)中变量的个数和$\mathcal{Z}$的锥二次描述的大小，而重新表述的数据很容易通过式(1.3.10)扰动集$\mathcal{Z}$的描述数据得到。

评注 1.3.6 **A.** 通常，式(1.3.10)中的锥K是更简单的$K^1,\cdots,K^S$的直积，因此采用以下形式表示式(1.3.10)：

$$\mathcal{Z}=\{\boldsymbol{\zeta}: \exists \boldsymbol{u}^1,\cdots,\boldsymbol{u}^S: \boldsymbol{P}_s\boldsymbol{\zeta}+\boldsymbol{Q}_s\boldsymbol{u}^s+\boldsymbol{p}_s\in K^s, s=1,\cdots,S\} \tag{1.3.13}$$

在这种情况下，式(1.3.12)成为变量为$\boldsymbol{x},\boldsymbol{y}^1,\cdots,\boldsymbol{y}^S$的锥约束组：

$$\begin{aligned}
&\sum_{s=1}^{S}\boldsymbol{p}_s^{\mathrm{T}}\boldsymbol{y}^s+[\boldsymbol{a}^0]^{\mathrm{T}}\boldsymbol{x}\leqslant b^0,\\
&\boldsymbol{Q}_s^{\mathrm{T}}\boldsymbol{y}^s=\boldsymbol{0}, s=1,\cdots,S,\\
&\sum_{s=1}^{S}(\boldsymbol{P}_s^{\mathrm{T}}\boldsymbol{y}^s)_\ell+[\boldsymbol{a}^\ell]^{\mathrm{T}}\boldsymbol{x}=b^\ell,\quad \ell=1,\cdots,L,\\
&\boldsymbol{y}^s\in K_*^s, s=1,\cdots,S
\end{aligned} \tag{1.3.14}$$

其中K_*^s是K^s的对偶锥。

B. 线性矩阵不等式给出的不确定性集似乎是“奇异的”，然而，它们可以在相当实际的情况下出现，见1.4节。

1.3.3.1 例子

在两种特殊情况下，我们应用定理1.3.4来建立半无限不等式(1.3.6)易于处理的新公式。虽然乍一看，并不自然的“不确定模型”会导致我们去考虑“奇怪的”的扰动集，但稍后就会明白，这些集合是非常重要的——它们支持为随机不确定建模。

例 1.3.7 $\mathcal{Z}$是同心共轴盒和椭球的交点，

$$\mathcal{Z}=\left\{\boldsymbol{\zeta}\in\mathbb{R}^L: -1\leqslant\zeta_\ell\leqslant 1, \ell\leqslant L, \sqrt{\sum_{\ell=1}^{L}\zeta_\ell^2/\sigma_\ell^2}\leqslant\Omega\right\} \tag{1.3.15}$$

其中给定参数$\sigma_\ell>0$以及$\Omega>0$。

这里式(1.3.13)变为

$$\mathcal{Z}=\{\boldsymbol{\zeta}\in\mathbb{R}^L: \boldsymbol{P}_1\boldsymbol{\zeta}+\boldsymbol{p}_1\in K^1, \boldsymbol{P}_2\boldsymbol{\zeta}+\boldsymbol{p}_2\in K^2\}$$

其中

- $\boldsymbol{P}_1\boldsymbol{\zeta}\equiv[\boldsymbol{\zeta};0]$，$\boldsymbol{p}_1=[\boldsymbol{0}_{L\times 1};1]$，$K^1=\{(\boldsymbol{z},t)\in\mathbb{R}^L\times\mathbb{R}: t\geqslant\|\boldsymbol{z}\|_\infty\}$，由此，$K_*^1=\{(\boldsymbol{z},t)\in\mathbb{R}^L\times\mathbb{R}: t\geqslant\|\boldsymbol{z}\|_1\}$；
- $\boldsymbol{P}_2\boldsymbol{\zeta}=[\boldsymbol{\Sigma}^{-1}\boldsymbol{\zeta};0]$，其中$\boldsymbol{\Sigma}=\mathrm{Diag}\{\sigma_1,\cdots,\sigma_L\}$，$\boldsymbol{p}_2=[\boldsymbol{0}_{L\times 1}:\Omega]$，$K^2$是维度为$L+1$的洛伦兹锥(由此$K_*^2=K^2$)。

设$\boldsymbol{y}^1=[\boldsymbol{\eta}_1;\tau_1]$，$\boldsymbol{y}^2=[\boldsymbol{\eta}_2;\tau_2]$，其中$\tau_1$，$\tau_2$为1维，$\boldsymbol{\eta}_1$，$\boldsymbol{\eta}_2$为$L$维，式(1.3.14)成为变量$\boldsymbol{\tau}$，$\boldsymbol{\eta}$，$\boldsymbol{x}$的约束组：

$$(a)\quad \tau_1+\Omega\tau_2+[\boldsymbol{a}^0]^{\mathrm T}\boldsymbol{x}\leqslant b^0,$$
$$(b)\quad (\boldsymbol{\eta}_1+\boldsymbol{\Sigma}^{-1}\boldsymbol{\eta}_2)_\ell=b^\ell-[\boldsymbol{a}^\ell]^{\mathrm T}\boldsymbol{x},\ell=1,\cdots,L,$$
$$(c)\quad \|\boldsymbol{\eta}_1\|_1\leqslant\tau_1[\Leftrightarrow[\boldsymbol{\eta}_1;\tau_1]\in K_*^1],$$
$$(d)\quad \|\boldsymbol{\eta}_2\|_2\leqslant\tau_2[\Leftrightarrow[\boldsymbol{\eta}_2;\tau_2]\in K_*^2]$$

我们可以从这个组中消除变量 τ_1，τ_2——对于组的每个可行解，我们有 $\tau_1\geqslant\bar{\tau}_1\equiv\|\boldsymbol{\eta}_1\|_1$，$\tau_2\geqslant\bar{\tau}_2\equiv\|\boldsymbol{\eta}_2\|_2$，而用 $\bar{\tau}_1$，$\bar{\tau}_2$ 来代替 τ_1，τ_2 仍是可行的。用变量 $\boldsymbol{x}$，$\boldsymbol{z}=\boldsymbol{\eta}_1$，$\boldsymbol{w}=\boldsymbol{\Sigma}^{-1}\boldsymbol{\eta}_2$ 简化组

$$\sum_{\ell=1}^{L}|z_\ell|+\Omega\sqrt{\sum_\ell\sigma_\ell^2w_\ell^2}+[\boldsymbol{a}^0]^{\mathrm T}\boldsymbol{x}\leqslant b^0,$$
$$z_\ell+w_\ell=b^\ell-[\boldsymbol{a}^\ell]^{\mathrm T}\boldsymbol{x},\ell=1,\cdots,L \tag{1.3.16}$$

这也是式（1.3.6）和式（1.3.15）的表示。

例 1.3.8【不确定性预算】 考虑这种情况，$\mathcal{Z}$ 是 $\|\cdot\|_\infty$ 球和 $\|\cdot\|_1$ 球的交叉点，具体地说，

$$\mathcal{Z}=\{\boldsymbol{\zeta}\in\mathbb{R}^L:\|\boldsymbol{\zeta}\|_\infty\leqslant1,\|\boldsymbol{\zeta}\|_1\leqslant\gamma\} \tag{1.3.17}$$

其中，γ，$1\leqslant\gamma\leqslant L$ 是给定的“不确定性预算”。

这里式（1.3.13）变为

$$\mathcal{Z}=\{\boldsymbol{\zeta}\in\mathbb{R}^L:\boldsymbol{P}_1\boldsymbol{\zeta}+\boldsymbol{p}_1\in K^1,\boldsymbol{P}_2\boldsymbol{\zeta}+\boldsymbol{p}_2\in K^2\}$$

其中

- $\boldsymbol{P}_1\boldsymbol{\zeta}\equiv[\boldsymbol{\zeta};0]$，$\boldsymbol{p}_1=[\boldsymbol{0}_{L\times1};1]$，$K^1=\{[\boldsymbol{z},t]\in\mathbb{R}^L\times\mathbb{R}:t\geqslant\|\boldsymbol{z}\|_\infty\}$，由此，$K_*^1=\{[\boldsymbol{z},t]\in\mathbb{R}^L\times\mathbb{R}:t\geqslant\|\boldsymbol{z}\|_1\}$；
- $\boldsymbol{P}_2\boldsymbol{\zeta}\equiv[\boldsymbol{\zeta};0],\boldsymbol{p}_2=[\boldsymbol{0}_{L\times1};\gamma]$，$K^2=K_*^1=\{[\boldsymbol{z},t]\in\mathbb{R}^L\times\mathbb{R}:t\geqslant\|\boldsymbol{z}\|_1\}$，由此 $K_*^2=K^1$。

设 $\boldsymbol{y}^1=[\boldsymbol{z};\tau_1]$，$\boldsymbol{y}^2=[\boldsymbol{w};\tau_2]$，其中 $\boldsymbol{\tau}$ 为 1 维，$\boldsymbol{z}$ 和 $\boldsymbol{w}$ 为 L 维，组（1.3.14）成为变量 $\tau_1,\tau_2,\boldsymbol{z},\boldsymbol{w},\boldsymbol{x}$ 的约束组：

$$(a)\quad \tau_1+\gamma\tau_2+[\boldsymbol{a}^0]^{\mathrm T}\boldsymbol{x}\leqslant b^0,$$
$$(b)\quad (\boldsymbol{z}+\boldsymbol{w})_\ell=b^\ell-[\boldsymbol{a}^\ell]^{\mathrm T}\boldsymbol{x},\ell=1,\cdots,L,$$
$$(c)\quad \|\boldsymbol{z}\|_1\leqslant\tau_1\,[\Leftrightarrow[\boldsymbol{\eta}_1;\tau_1]\in K_*^1],$$
$$(d)\quad \|\boldsymbol{w}\|_\infty\leqslant\tau_2\,[\Leftrightarrow[\boldsymbol{\eta}_2;\tau_2]\in K_*^2]$$

同例 1.3.7 一样。我们可以消除变量 $\boldsymbol{\tau}$，得到式（1.3.6）和式（1.3.17）的表示，由变量为 $\boldsymbol{x},\boldsymbol{z},\boldsymbol{w}$ 的约束组表示：

$$\sum_{\ell=1}^{L}|z_\ell|+\gamma\max_\ell|w_\ell|+[\boldsymbol{a}^0]^{\mathrm T}\boldsymbol{x}\leqslant b^0,$$
$$z_\ell+w_\ell=b^\ell-[\boldsymbol{a}^\ell]^{\mathrm T}\boldsymbol{x},\ell=1,\cdots,L \tag{1.3.18}$$

它可以进一步转化为 $\boldsymbol{z}$，$\boldsymbol{w}$ 以及额外变量的线性不等式组。

1.4　非仿射扰动

在第一次阅读时，可以跳过此部分。

到目前为止，我们假设一个不确定 LO 问题的不确定数据是由一个封闭凸集 $\mathcal{Z}$ 中的扰动向量 $\boldsymbol{\zeta}$ 仿射参数化的。我们已经看到，这个假设，加上 $\mathcal{Z}$ 是计算易处理的假设，意味着 RC 的可处理性。当扰动以非线性方式输入不确定数据时会发生什么？不失一般性，假设不确定数据中每项 a 都是以下形式

$$a=\sum_{k=1}^{K}c_k^af_k(\boldsymbol{\zeta})$$

其中 c_k^a 是给定系数（取决于相关数据项），$f_1(\zeta),\cdots,f_K(\zeta)$ 是某些基础函数，定义在扰动集 $\mathcal{Z}$ 上的函数可能是非仿射的。不失一般性地假设目标函数是确定的，我们仍然可以定义不确定问题的 RC 作为最小化原始目标函数问题的鲁棒可行解，那些对任何值的数据都可行的解来自 $\zeta\in\mathcal{Z}$，但这个 RC 的易处理性呢？一个直接的观察结果是，非线性扰动数据的情况可以立即简化为数据受到仿射扰动的情况。为此，只要从原始扰动向量 ζ 传递到以下新的向量就足够了。

$$\hat{\zeta}[\zeta]=[\zeta_1;\cdots;\zeta_L;f_1(\zeta);\cdots;f_K(\zeta)]$$

因此，不确定数据成为新的扰动向量 $\hat{\zeta}$ 的仿射函数，该扰动向量 $\hat{\zeta}$ 在映射 $\zeta\mapsto\hat{\zeta}[\zeta]$ 下穿过原始不确定性集 $\mathcal{Z}$ 的像 $\widetilde{\mathcal{Z}}=\hat{\zeta}[\mathcal{Z}]$。正如我们所知，在仿射数据扰动的情况下，当用其封闭凸包替换一个给定的扰动集时，RC 保持完整。因此，我们可以将不确定 LO 问题看作仿射扰动问题，其中扰动向量是 $\hat{\zeta}$，该向量通过封闭凸集 $\hat{\mathcal{Z}}=\text{cl Conv}(\hat{\zeta}[\mathcal{Z}])$。可以看到，从形式上讲，一般型扰动的情况可以简化为仿射扰动之一。不幸的是，这并不意味着非仿射扰动不会造成困难。事实上，为了最终得到一个计算上易于处理的 RC，我们需要的不只是扰动的仿射性和扰动集的凸性——我们需要这个集合在计算上是易于处理的。即使 $\mathcal{Z}$ 和非线性映射 $\zeta\mapsto\hat{\zeta}[\zeta]$ 都很简单，集合 $\hat{\mathcal{Z}}=\text{cl Conv}(\hat{\zeta}[\mathcal{Z}])$ 可能无法满足这一要求，例如，当 $\mathcal{Z}$ 是一个盒且 $\hat{\zeta}=[\zeta;\{\zeta_\ell\zeta_r\}_{\ell,r=1}^L]$ 时（当不确定数据被原始扰动 ζ 二次扰动时）。

我们将介绍两个一般的情况，其中没有发生刚刚概述的困难（关于理由和更多的例子，请参见 14.3.2 节）。

椭球扰动集 $\mathcal{Z}$，二次扰动。 这里 $\mathcal{Z}$ 是一个椭球，基本函数 f_k 是常数、ζ 的坐标和这些坐标的两两乘积。这意味着不确定的数据项是扰动的二次函数。我们可以假设椭球 $\mathcal{Z}$ 以原点为中心：$\mathcal{Z}=\{\zeta:\|Q\zeta\|_2\leqslant1\}$，其中 $\text{Ker}\boldsymbol{Q}=\{0\}$。在这种情况下，将 $\hat{\zeta}[\zeta]$ 作为矩阵

$$\left[\begin{array}{c|c} & \zeta^{\mathrm{T}} \\ \hline \zeta & \zeta\zeta^{\mathrm{T}}\end{array}\right]$$

我们可以得到下列的半定表示 $\hat{\mathcal{Z}}=\text{cl Conv}(\hat{\zeta}[\mathcal{Z}])$：

$$\hat{\mathcal{Z}}=\left\{\left[\begin{array}{c|c} & \boldsymbol{w}^{\mathrm{T}} \\ \hline \boldsymbol{w} & \boldsymbol{W}\end{array}\right]:\left[\begin{array}{c|c}1 & \boldsymbol{w}^{\mathrm{T}} \\ \hline \boldsymbol{w} & \boldsymbol{W}\end{array}\right]\succeq0,\ \text{Tr}\ (\boldsymbol{QWQ}^{\mathrm{T}})\ \leqslant1\right\}$$

（关于证明，请参阅引理 14.3.7。）

可分离的多面体扰动。 扰动结构如下：ζ 通过盒 $\mathcal{Z}=\{\zeta\in\mathbb{R}^L:\|\zeta\|_\infty\leqslant1\}$ 运行，不确定数据项的形式是

$$a=p_1^a(\zeta_1)+\cdots+p_L^a(\zeta_L)$$

其中 $p_\ell^a(s)$ 是给定次数不超过 d 的代数多项式；换句话说，基本函数可以分为 L 组，第 ℓ 组的函数为 $1=\zeta_\ell^0,\zeta_\ell,\zeta_\ell^2,\cdots,\zeta_\ell^d$。因此，函数 $\hat{\zeta}[\zeta]$ 由下式给定：

$$\hat{\zeta}[\zeta]=[[1;\zeta_1;\zeta_1^2;\cdots;\zeta_1^d];\cdots;[1;\zeta_L;\zeta_L^2;\cdots;\zeta_L^d]]$$

设置 $P=\{\hat{s}=[1;s;s^2;\cdots;s^d]:-1\leqslant s\leqslant1\}$，我们得出结论 $\widetilde{\mathcal{Z}}=\hat{\zeta}[\mathcal{Z}]$ 可以与集合 $P^L=\underbrace{P\times\cdots\times P}_{L}$ 一起定义，由此 $\hat{\mathcal{Z}}$ 是集合 $\underbrace{\mathcal{P}\times\cdots\times\mathcal{P}}_{L}$，其中 $\mathcal{P}=\text{Conv}(P)$。需要注意的是，设置 $\mathcal{P}$ 是一个显式半定表示，参见引理 14.3.4。

1.5 练习

练习 1.1 考虑实例的一个不确定的 LO 问题

$$\min_x\{\boldsymbol{c}^{\mathrm{T}}\boldsymbol{x}:\boldsymbol{Ax}\leqslant\boldsymbol{b}\}\qquad[\boldsymbol{A}:m\times n]$$

具有简单的区间不确定性：

$$\mathcal{U}=\{(\boldsymbol{c},\boldsymbol{A},\boldsymbol{b}):|c_j-c_j^{\mathrm{n}}|\leqslant\sigma_j,|A_{ij}-A_{ij}^{\mathrm{n}}|\leqslant\alpha_{ij},|b_i-b_i^{\mathrm{n}}|\leqslant\beta_i,\forall i,j\}$$

（^{n} 标记标准数据。）将问题的 RC 简化为具有 m 个约束（不包括变量的符号约束）和 $2n$ 个非负变量的 LO 问题。

练习 1.2　表示以下给出的每个不确定线性约束的 RC：

$$\boldsymbol{a}^{\mathrm{T}}\boldsymbol{x}\leqslant\boldsymbol{b},[\boldsymbol{a};\boldsymbol{b}]\in\mathcal{U}=\{[\boldsymbol{a};\boldsymbol{b}]=[\boldsymbol{a}^{\mathrm{n}};\boldsymbol{b}^{\mathrm{n}}]+\boldsymbol{P}\boldsymbol{\zeta}:\|\boldsymbol{\zeta}\|_p\leqslant\rho\}\qquad[p\in[1,\infty]]\qquad(a)$$

$$\boldsymbol{a}^{\mathrm{T}}\boldsymbol{x}\leqslant\boldsymbol{b},[\boldsymbol{a};\boldsymbol{b}]\in\mathcal{U}=\{[\boldsymbol{a};\boldsymbol{b}]=[\boldsymbol{a}^{\mathrm{n}};\boldsymbol{b}^{\mathrm{n}}]+\boldsymbol{P}\boldsymbol{\zeta}:\|\boldsymbol{\zeta}\|_p\leqslant\rho,\boldsymbol{\zeta}\geqslant0\}\qquad[p\in[1,\infty]]\qquad(b)$$

$$\boldsymbol{a}^{\mathrm{T}}\boldsymbol{x}\leqslant\boldsymbol{b},[\boldsymbol{a};\boldsymbol{b}]\in\mathcal{U}=\{[\boldsymbol{a};\boldsymbol{b}]=[\boldsymbol{a}^{\mathrm{n}};\boldsymbol{b}^{\mathrm{n}}]+\boldsymbol{P}\boldsymbol{\zeta}:\|\boldsymbol{\zeta}\|_p\leqslant\rho\}\qquad[p\in(0,1)]\qquad(c)$$

作为显式凸约束。

练习 1.3　以易处理的形式表示不确定线性约束

$$\boldsymbol{a}^{\mathrm{T}}\boldsymbol{x}\leqslant\boldsymbol{b}$$

其具有∩-椭球不确定性集

$$\mathcal{U}=\{[\boldsymbol{a},\boldsymbol{b}]=[\boldsymbol{a}^{\mathrm{n}};\boldsymbol{b}^{\mathrm{n}}]+\boldsymbol{P}\boldsymbol{\zeta}:\boldsymbol{\zeta}^{\mathrm{T}}\boldsymbol{Q}_j\boldsymbol{\zeta}\leqslant\rho^2,1\leqslant j\leqslant J\}$$

其中 $\boldsymbol{Q}_j\succeq0$，$\sum_j\boldsymbol{Q}_j\succ0$。

1.6　备注

备注 1.1　本书所考虑的鲁棒线性优化的范式可以追溯到 A. L. Soyster[109]（1973）。据我们所知，在随后的 20 年里，关于这个主题的出版物只有两篇［52，106］。大约在 1997 年，在整数规划（Kouvelis 和 Yu[70]）和凸规划（Ben-Tal 和 Nemirovski[3,4]，El Ghaoui 等人[49,50]）的框架下，该领域的研究活动独立且基本上同时恢复。自 2000 年以来，RO 领域的理论和应用研究活动蓬勃发展，全球范围内的研究人员众多。相关贡献的规模和多样性超出了我们在这里讨论的能力。读者可以从文献［9，16，110，89］和其中的参考文献中获得一些研究的相关信息。

备注 1.2　就其本身而言，RO 方法可以应用于每个优化问题，其中人们可以将数值数据（可能是部分不确定的）与问题结构（这是预先已知的，对于不确定问题的所有实例都是通用的）分离。特别地，该方法完全适用于不确定混合整数 LO 问题，其中部分决策变量被约束为整数。然而，请注意，易处理性问题（这是本书的重点），在具有实变量的不确定 LO 和不确定混合整数 LO 中需要进行完全不同的处理。虽然定理 1.3.4 完全适用于混合整数的情况，特别地，具有多面体不确定性集的混合整数 LO 问题 $\mathcal{P}$ 的 RC 是一个显式的混合整数 LO 程序，有与 $\mathcal{P}$ 的实例完全相同的整数变量，这个事实的“易处理结果”完全不同于我们在本章中的主体部分所做的。在没有整数变量的情况下，RC 是一个 LO 程序的事实直接暗示了 RC 的易处理性，而在有整数变量存在的情况下，则不能得出这样的结论。事实上，在混合整数的情况下，不确定问题 $\mathcal{P}$ 的实例通常是难以处理的，当然，这也意味着 RC 的难以处理性。在 $\mathcal{P}$ 的实例是易于处理的情况下，当传递到 RC 的混合整数重新形成时，通常导致这种具有罕见现象实例的“精细结构”被破坏。这条规则有一些例外（见文献［25］），然而，一般来说，不确定混合整数 LO 在计算上比具有实变量的不确定 LO 要复杂得多。如前所述，本书主要集中在 RO 的可处理性问题上，为了在这个方向上获得积极成果，我们将自己约束在结构良好的（因此易于处理的）凸实例的不确定问题上。

备注 1.3　在最早的凸 RO 的文献中，建立了具有易处理不确定性集的不确定 LO 问题的 RC 易处理性。定理 1.3.4 和推论 1.3.5 取自文献［5］。

标量机会约束下的鲁棒对等近似问题

2.1 如何指定一个不确定性集

本节标题中提出的问题已经超出了一般类型的理论考虑范围，这主要是一个应该基于应用驱动来考虑解决的建模问题。然而，在一种特殊情况下，这个问题变得有意义，并且在某种程度上具备解决办法。在这种情况下，我们的目标不是“从零开始”建立一个不确定性模型，而是将一个已经存在的不确定性模型（即随机模型）转换为一个“不确定但有界”的扰动集和相关的鲁棒对等。基于和上一章相同的原因，我们可以考虑将范围限制在单个受不确定性影响的线性不等式（1.3.4）和式（1.3.5）的情况中。

概率性扰动与“不确定但有界”扰动之间的比较。 当建立不确定线性不等式（1.3.4）的 RC(1.3.6) 时，我们使用了所谓的“不确定但有界”的数据模型（1.3.5），其中，我们所知道的数据 $[\boldsymbol{a};b]$ 的可能值即为该模型的域 $\mathcal{U}$，域 $\mathcal{U}$ 是由在给定扰动集 $\mathcal{Z}$ 中变化的扰动向量 $\boldsymbol{\zeta}$ 对数据的给定仿射参数化定义的。需要强调的是，由于我们没有假设这种扰动是自然随机发生的，因此我们使用了在这种情况下唯一有意义的解决方法，即寻找到一种方法，无论扰动集中的数据扰动形式是怎样的，该方法始终具有可行性。这种方法具有如下优点。

- 通常情况下，我们没有理由认为扰动是随机的。事实上，随机性只在某一事件多次重复发生或者其大量相似事件同时发生时才具有考虑意义；在这一前提条件下，我们对某一事件成功频率等情况的考虑才具有合理性。从方法论的角度来讲，对于某个没有二次发生可能的唯一性事件，从概率角度考虑的解决方法便会存在问题。
- 即使未知数据可以被认为是随机数据，我们也可能很难指定其可靠的数据分布，尤其是在大量数据的情况下。实际上，只有当我们至少掌握了数据总体分布的部分信息时，随机性数据才能在解决问题的过程中起到一定的帮助作用。

  当然，不确定但有界的不确定性模型也需要先验知识，即知道什么是不确定性集（从概率角度考虑，可以把这个集合看作数据分布的支持，即数据空间中最小的封闭集合，使得数据在该集合之外取值的概率为零）。然而，值得注意的是，指出数据的相关分布的支持比指出数据本身的分布要容易得多。

通过不确定性的不确定但有界模型，我们可以对问题做出明确的预测，比如“通过某某行为，当未知参数与其标称值的差异达到 15.1%时，我们可能会死亡，而当未知参数与其标称值的差异不超过 15%时，我们则一定能生存下去”。如果我们认为 15.1%的变化也确实值得考虑，那么可以选择增加扰动集来处理数据中 30%的扰动。如果幸运的话，我们将能够找到增加扰动集的鲁棒可行解。这是一种典型的工程方法——在找到支撑某一荷载所需的杆的厚度后，土木工程师会将其增加 1.2 或 1.5 倍（为了安全起见）——以解释模型不准确、材料缺陷等问题。在随机不确定性模型中，这种“为了安全起见”的方法是不可能实现的——因为“总的概率预算”永远是固定的，所以增加某些事件的概率，就必须同时降低其他事件的概率。所有这些论点都表明，在现实中存在这样的情况，即数据扰动的不确定但有界模型比不确定性的随机模型具有显著的方法优势，当然，在某些领域的应用中（如通信、天气预报、大规模生产，以及金融领域的某些应用），人们可以依赖不确定性概率模型。在这种情况下，信息少得多的不确定但有界模型和相关的面向最坏情况的决策方法可能过于保守，因此不切实际。最重要的是，尽管数据不确定性的随机模型并不是迄今为止唯一有意义的模型，但它们绝对值得关注。在这一章中，我们的目标是找到一种方法，在构建不确定性免疫解时，能够利用某种程度上的数据扰动随机性知识。这一目标通过将不确定性的随机模型具体“转换”为不确定但有界的扰动和相关鲁棒对等来实现。在详细研究该方法之前，我们将解释为什么要选择这样一种隐式的方法来处理随机不确定性模型，而不是采用直接的方法对其进行处理。

2.2　机会约束及其保守易处理近似

在不确定线性优化问题的背景下，处理随机数据不确定性最直接的方法是由年代久远的机会约束概念（见文献［40］）提出的。考虑一个不确定线性不等式

$$\boldsymbol{a}^{\mathrm{T}}\boldsymbol{x}\leqslant b,[\boldsymbol{a};b]=[\boldsymbol{a}^{0};b^{0}]+\sum_{\ell=1}^{L}\zeta_{\ell}[\boldsymbol{a}^{\ell};b^{\ell}] \tag{2.2.1}$$

（参考式（1.3.4）和式（1.3.5））并假设扰动向量 $\boldsymbol{\zeta}$ 是随机的，概率分布 P 是完全已知的。理想情况下，我们希望使用候选解 $\boldsymbol{x}$，使有效约束的概率为1。然而，这个“理想目标”意味着要回到扰动的不确定但有界模型上；事实上，很容易看出，当且仅当 $\boldsymbol{x}$ 是鲁棒可行解且扰动集是以 P 支持的闭凸包时，可以为几乎所有 $\boldsymbol{\zeta}$ 的实现找到一个满足式（2.2.1）要求的 $\boldsymbol{x}$。利用随机性扰动的唯一有意义的方法是，对于一个候选解 $\boldsymbol{x}$，要求其能满足 $\boldsymbol{\zeta}$ 的“几乎所有”实现的约束条件，具体来说，至少需要以 $1-\epsilon$的概率满足约束，其中$\epsilon\in(0,1)$是预先指定的较小容差。该方法与随机扰动约束（2.2.1）以及机会约束

$$p(\boldsymbol{x})\equiv\underset{\boldsymbol{\zeta}\sim P}{\mathrm{Prob}}\left\{\boldsymbol{\zeta}:[\boldsymbol{a}^{0}]^{\mathrm{T}}\boldsymbol{x}+\sum_{\ell=1}^{L}\zeta_{\ell}[\boldsymbol{a}^{\ell}]^{\mathrm{T}}\boldsymbol{x}>b^{0}+\sum_{\ell=1}^{L}\zeta_{\ell}b^{\ell}\right\}\leqslant\epsilon \tag{2.2.2}$$

相关，其中$\underset{\zeta\sim P}{\mathrm{Prob}}$是与分布 P 有关的概率。注意式（2.2.2）是一个普通的确定性约束。将不确定 LO 问题中所有受不确定性影响的约束替换为机会约束，并最小化这些约束下的目标函数（不失一般性地，我们可以假设是确定的），最终得到（$\mathrm{LO}_{\mathcal{U}}$）的机会约束问题，即一个确定性优化问题。

上述方法似乎很自然，但它有一个严重的缺点——通常会导致 NP 难问题。原因有两个方面：

- 通常，即使在P很简单的情况下，也很难高精度估计约束（2.2.2）左边的概率。

  例如，文献［68］中表明，当 ζ_{ℓ} 独立且均匀分布在［－1，1］上时，对约束（2.2.2）左边概率的计算已经是NP难问题了。这意味着，除非P＝NP，否则没有算法可以做到在输入一个给定的有理数 $\boldsymbol{x}$，有理数 $\{[\boldsymbol{a}^{\ell};b^{\ell}]\}_{\ell=0}^{L}$ 和有理数 $\delta\in(0,1)$时，可以在给定精度 δ 的范围内，以多项式的时间估计 $p(\boldsymbol{x})$。除非 $\boldsymbol{\zeta}$ 在一个中等基数的有限集中取值，否则唯一已知估计 $p(\boldsymbol{x})$ 的一般方法是基于蒙特卡罗模拟的；然而，这种方法要求样本的基数为 $1/\delta$，其中 δ 是所需的估计精度。由于该精度有意义的取值范围是小于等于ϵ的，因此，我们得出结论，在实际情况下，当ϵ大概为0.0001或更小时，蒙特卡罗方法使用起来较为困难。

- 通常情况下，约束（2.2.2）的可行集是非凸的，这使得机会约束下的优化问题非常棘手。

注意，虽然上述第一个难题只会在ϵ非常小的情况下出现，但是第二个难题使

得机会约束优化对于“大”ϵ来说也是难以实现的。

本质上，唯一已知没有出现上述困难的情况是 ζ 为一个高斯随机向量且ϵ小于 1/2。

由于与机会约束相关的计算难以实现，那么，一个很自然的做法是用其计算上易处理的保守近似来代替机会约束。保守近似的概念定义如下。

定义 2.2.1　令$[\{[\boldsymbol{a}^\ell;b^\ell]\}_{\ell=0}^L]$，$P$，$\epsilon$是机会约束（2.2.2）的数据，并令$\mathcal{S}$是 $\boldsymbol{x}$ 和附加变量 v 上的一个凸约束组。如果$\mathcal{S}$的每一对可行解（$\boldsymbol{x}$,v）中的 $\boldsymbol{x}$ 分量是满足机会约束的可行解，那么，我们认为$\mathcal{S}$是机会约束（2.2.2）的保守凸近似。

如果形成$\mathcal{S}$的凸约束可以被高效计算的话，那么约束（2.2.2）的保守凸近似$\mathcal{S}$可理解为易于计算的。

很明显，将给定机会约束优化问题中的机会约束替换为其保守凸近似，我们最终得到了关于 $\boldsymbol{x}$ 和附加变量的凸优化问题，即机会约束问题的“保守近似”模型：对于机会约束问题，每个近似可行解的 $\boldsymbol{x}$ 分量都是可行的。如果所讨论的保守凸近似是易处理的，则上述近似是可高效计算约束的凸规划，因此可以被高效处理。

在接下来的内容中，当谈到保守凸近似问题时，为了简洁起见，我们将“凸”视为“默认”条件并省略不写。

2.2.1　模糊机会约束

机会约束（2.2.2）与随机扰动约束（2.2.1）以及给定的随机扰动分布 P 是相关联的，并且当我们知道这个分布时，使用这个约束便是合理的。事实上，我们通常只知道 P 的部分信息，也就是说，我们只知道 P 属于一个给定的分布族 $\mathcal{P}$。在这种情况下，将式（2.2.2）变为模糊机会约束

$$\forall (P\in\mathcal{P}):\operatorname*{Prob}_{\zeta\sim P}\left\{\zeta:[\boldsymbol{a}^0]^{\mathrm{T}}\boldsymbol{x}+\sum_{\ell=1}^{L}\zeta_\ell[\boldsymbol{a}^\ell]^{\mathrm{T}}\boldsymbol{x}>b^0+\sum_{\ell=1}^{L}\zeta_\ell b^\ell\right\}\leqslant\epsilon \tag{2.2.3}$$

是有意义的。

当然，对机会约束的保守易处理近似的定义可以直接扩展到模糊机会约束的情况。在接下来的内容中，我们通常跳过形容词“模糊”，其确切含义取决于我们讨论的分布 P 的信息是部分已知还是完全已知的。

接下来，我们提出了一个简单的方法来实现机会约束问题的保守近似。

2.3　标量机会约束的保守易处理近似：基本示例

考虑机会约束（2.2.3）的情况，其中，关于随机变量 ζ_ℓ，我们知道

$$E\{\zeta_\ell\}=0;|\zeta_\ell|\leqslant 1,\ell=1,\cdots,L;\{\zeta_\ell\}_{\ell=1}^L \tag{2.3.1}$$

是独立的（即$\mathcal{P}$是由满足式（2.3.1）的所有分布组成的）。注意，在更为一般的情况下，从给定的以 ζ_ℓ 期望值为中心的有限区间段上取值的独立随机变量 ζ_ℓ 可以通过确定性参数 α_ℓ，β_ℓ 进行“缩放”，即 $\zeta_\ell\mapsto\xi_\ell=\alpha_\ell\zeta_\ell+\beta_\ell$，进而简化为式（2.3.1）（参考评注 1.2.2）。

注意机会约束（2.2.2）的主要部分可以重写为

$$\eta\equiv\sum_{\ell=1}^{L}[[\boldsymbol{a}^\ell]^{\mathrm{T}}\boldsymbol{x}-b^\ell]\zeta_\ell\leqslant b^0-[\boldsymbol{a}^0]^{\mathrm{T}}\boldsymbol{x} \tag{2.3.2}$$

在式（2.3.1）的情况下，对于固定值 $\boldsymbol{x}$，随机变量 η 的均值为零，标准差为

$$\mathrm{StD}[\eta]=\sqrt{\sum_{\ell-1}^{L}([\boldsymbol{a}^\ell]^{\mathrm{T}}\boldsymbol{x}-b^\ell)^2E\{\zeta_\ell^2\}}\leqslant\sqrt{\sum_{\ell=1}^{L}([\boldsymbol{a}^\ell]^{\mathrm{T}}\boldsymbol{x}-b^\ell)^2}$$

机会约束要求式（2.3.2）满足概率大于等于 $1-\epsilon$。工程师将会对这个要求给予回应，认为一个随机变量“从不”会大于它的均值加上 3 倍标准差，所以 η“从不”大于 $3\sqrt{\sum_{\ell=1}^{L}([\boldsymbol{a}^{\ell}]^{\mathrm{T}}\boldsymbol{x}-b^{\ell})^2}$。我们不需要像工程师那样明确地说，只需说 η“几乎从不”大于 $\Omega\sqrt{\sum_{\ell=1}^{L}([\boldsymbol{a}^{\ell}]^{\mathrm{T}}\boldsymbol{x}-b^{\ell})^2}$，其中，$\Omega$ 是数量级为 1 的“可靠参数”，Ω 越大，η 大于上述值的可能性就越小。因此我们得到了随机扰动约束（2.3.2）的一个参数化“保守”版本：

$$\Omega\sqrt{\sum_{\ell=1}^{L}([\boldsymbol{a}^{\ell}]^{\mathrm{T}}\boldsymbol{x}-b^{\ell})^2}\leqslant b^0-[\boldsymbol{a}^0]^{\mathrm{T}}\boldsymbol{x} \tag{2.3.3}$$

看上去，似乎通过正确定义 Ω，该约束中的每个可行解都至少以 $1-\epsilon$的概率满足了式（2.3.2）中不等式的要求。事实确实如此，稍后将通过简单的分析表明，我们的“工程论证”是合理的。

具体来说，以下步骤是正确的（证明见评注 2.4.10 和命题 2.4.2）。

命题 2.3.1 令 z_ℓ，$\ell=1,\cdots,L$ 是确定性系数，$\zeta_\ell,\ell=1,\cdots,L$ 是在 $[-1,1]$ 上取值的均值为零的独立随机变量。对于所有 $\Omega\geqslant 0$，有

$$\mathrm{Prob}\left\{\boldsymbol{\zeta}:\sum_{\ell=1}^{L}z_\ell\zeta_\ell>\Omega\sqrt{\sum_{\ell=1}^{L}z_\ell^2}\right\}\leqslant\exp\{-\Omega^2/2\} \tag{2.3.4}$$

作为一个直接的结论，我们得到

$$\text{式}(2.3.1)\Rightarrow\mathrm{Prob}\left\{\eta>\Omega\sqrt{\sum_{\ell=1}^{L}([\boldsymbol{a}^{\ell}]^{\mathrm{T}}\boldsymbol{x}-b^{\ell})^2}\right\}\leqslant\exp\{-\Omega^2/2\},\forall\,\Omega\geqslant 0 \tag{2.3.5}$$

进而，我们可以得到如下结果。

推论 2.3.2 在式（2.3.1）的情况下，锥二次约束（2.3.3）是机会约束

$$\mathrm{Prob}\left\{[\boldsymbol{a}^0]^{\mathrm{T}}\boldsymbol{x}+\sum_{\ell=1}^{L}\zeta_\ell[\boldsymbol{a}^{\ell}]^{\mathrm{T}}\boldsymbol{x}>b^0+\sum_{\ell=1}^{L}\zeta_\ell b^{\ell}\right\}\leqslant\exp\{-\Omega^2/2\} \tag{2.3.6}$$

可计算的易处理保守近似。

特别地，当 $\Omega\geqslant\sqrt{2\ln(1/\epsilon)}$时，约束（2.3.3）是机会约束（2.2.2）的一个易处理保守近似。

现在让我们进行以下重要观察：

鉴于例 1.3.3 可知，不等式（2.3.3）只不过是不确定线性不等式（2.2.1）和式（1.3.5）的 RC，其中式（1.3.5）中的扰动集 $\mathcal{Z}$ 为球

$$\mathrm{Ball}_\Omega=\{\boldsymbol{\zeta}:\|\boldsymbol{\zeta}\|_2\leqslant\Omega\} \tag{2.3.7}$$

这一观察值得深入讨论。

A. 就其本身而言，假设 ζ_ℓ 在 $[-1,1]$ 上变化（这是式（2.3.1）中假设的一部分内容），作为式（1.3.5）中的扰动集 $\mathcal{Z}$，建议考虑盒

$$\mathrm{Box}_1=\{\boldsymbol{\zeta}:-1\leqslant\zeta_\ell\leqslant 1,\ell=1,\cdots,L\}$$

对于这个扰动集 $\mathcal{Z}$，其不确定线性不等式（2.2.1）和式（1.3.5）的相关 RC 为

$$\sum_{\ell=1}^{L}|[\boldsymbol{a}^{\ell}]^{\mathrm{T}}\boldsymbol{x}-b^{\ell}|\leqslant b^0-[\boldsymbol{a}^0]^{\mathrm{T}}\boldsymbol{x} \tag{2.3.8}$$

（见例 1.3.2。）在式（2.3.1）的情况下，“盒 RC”保证了“对扰动具有 100%的免疫”，这意味着盒 RC 的每个可行解对于问题中概率为 1 的随机扰动不等式是可行的。对于和不确定性（2.3.1）相同的随机模型，“球 RC”即锥约束（2.3.3）所能保证的“免疫能力”

较弱，可以保证“$(1-\exp\{-\Omega^2/2\})\cdot 100\%$免疫”。注意，请使用适当的 Ω，“不可靠” $\exp\{-\Omega^2/2\}$值可忽略不计：当 $\Omega=5.26$ 时，该值小于 10^{-6}；当 $\Omega=7.44$ 时，该值小于 10^{-12}。在实际应用中，大小为 10^{-12} 的概率和零概率的情况是相同的，所以我们有充分的理由认为，当 $\Omega=7.44$ 时，球 RC 与盒 RC 一样“实际可靠”[㊀]。鉴于两个 RC 模型的“免疫能力”基本相同，那么比较潜在的扰动集 Box_1 和 Ball_Ω 的大小便非常有意义。这个比较为我们带来了惊喜：当扰动集的维数 L 并非很小时，具有“一级的”Ω 的球 Ball_Ω，即 $\Omega=7.44$，就直径、体积等所有自然尺寸测量而言，比单位盒 Box_1 小得多。例如，

- Ball_Ω 和 Box_1 的欧氏直径分别为 2Ω 和 $2\sqrt{L}$；当 $\Omega=7.44$ 时，从 $L=56$ 开始，第二个模型的直径比第一个模型的直径大，并且随着 L 的增大，第二个模型的直径与第一个模型的直径的比率逐渐增大至∞；
- 球和盒的体积比为

$$\frac{\text{Vol}(\text{Ball}_\Omega)}{\text{Vol}(\text{Box}_1)}=\frac{(\Omega\sqrt{\pi})^L}{2^L\Gamma(L/2+1)}\leqslant\left(\frac{\Omega\sqrt{e\pi/2}}{\sqrt{L}}\right)^L$$

其中，Γ 是 Euler Gamma 函数。当 $\Omega=7.44$ 时，该比率从 $L=237$ 开始小于 1，并在 $L\to\infty$ 时，以超指数速率变为 0。

B. 作为一个与 A 中所述内容相反的论点，我们可以认为当 L 很小时，不确定性集 $\text{Ball}_{7.44}$ 基本大于不确定性集 Box_1。当然，这里有一个有趣的对球 RC 的“修正”，它使这个反论点无效。考虑到当扰动集 $\mathcal{Z}$ 是单位盒与以原点为中心、半径为 Ω 的球的交点：

$$\mathcal{Z}=\{\zeta\in\mathbb{R}^L:\|\zeta\|_\infty\leqslant 1,\|\zeta\|_2\leqslant\Omega\}=\text{Box}_1\cap\text{Ball}_\Omega \tag{2.3.9}$$

命题 2.3.3　不确定线性约束（2.2.1）与不确定性集（2.3.9）的 RC 等价于锥二次约束模型

$$\begin{aligned}&(a)\quad z_\ell+w_\ell=b^\ell-[\boldsymbol{a}^\ell]^{\mathrm{T}}\boldsymbol{x},\ell=1,\cdots,L,\\&(b)\quad \sum_\ell|z_\ell|+\Omega\sqrt{\sum_\ell w_\ell^2}\leqslant b^0-[\boldsymbol{a}^0]^{\mathrm{T}}\boldsymbol{x}\end{aligned} \tag{2.3.10}$$

在式（2.3.1）的情况下，这个模型中每一个可行解的 $\boldsymbol{x}$ 分量至少以 $1-\exp\{-\Omega^2/2\}$ 的概率满足随机扰动不等式（2.2.1）。

证明　式（2.2.1）的 RC 可表示为式（2.3.10）且扰动集为（2.3.9）的这一事实很容易由例 1.3.7 给出，其中，$\sigma_\ell\equiv 1$。现在让我们证明如果式（2.3.1）发生，且 $\boldsymbol{x},\boldsymbol{z},\boldsymbol{w}$ 是式（2.3.10）的可行解，那么 $\boldsymbol{x}$ 是至少以 $1-\exp\{-\Omega^2/2\}$的概率满足式（2.2.1）的可行解。事实上，当$\|\zeta\|_\infty\leqslant 1$ 时，我们有

$$\begin{aligned}&\sum_{\ell=1}^L[[\boldsymbol{a}^\ell]^{\mathrm{T}}\boldsymbol{x}-b^\ell]\zeta_\ell>b^0-[\boldsymbol{a}^0]^{\mathrm{T}}\boldsymbol{x}\\ \Rightarrow\quad&-\sum_{\ell=1}^L z_\ell\zeta_\ell-\sum_{\ell=1}^L w_\ell\zeta_\ell>b^0-[\boldsymbol{a}^0]^{\mathrm{T}}\boldsymbol{x}\quad[\text{通过式}(2.3.10.a)]\\ \Rightarrow\quad&\sum_{\ell=1}^L|z_\ell|-\sum_{\ell=1}^L w_\ell\zeta_\ell>b^0-[\boldsymbol{a}^0]^{\mathrm{T}}\boldsymbol{x}\quad[\text{由于}\|\zeta\|_\infty\leqslant 1]\\ \Rightarrow\quad&-\sum_{\ell=1}^L w_\ell\zeta_\ell>\Omega\sqrt{\sum_{\ell=1}^L w_\ell^2}\quad[\text{通过式}(2.3.10.b)]\end{aligned}$$

㊀ 这一结论默认假设，即使当谈论的概率低至 1. e-12 时，潜在的随机不确定性模型也是足够精确且值得信任的；这类担心似乎是使用不确定性随机模型的必然代价。

因此，对于每一个与式（2.3.1）匹配的分布 P，我们有

$$\underset{\zeta\sim P}{\text{Prob}}\{\text{对于式(2.2.1)}\boldsymbol{x}\text{ 是不可行的}\}\leqslant\underset{\zeta\sim P}{\text{Prob}}\left\{-\sum_{\ell=1}^{L}w_\ell\zeta_\ell>\Omega\sqrt{\sum_{\ell=1}^{L}w_\ell^2}\right\}\leqslant\exp\{-\Omega^2/2\}$$

其中，最后一个不等式是由命题 2.3.1 得到的。■

注意，扰动集（2.3.9）从不比扰动集 Box_1 大，正如 A 中所述，对于每一个固定的 Ω，当扰动向量 $\boldsymbol{\zeta}$ 的维数 L 较大时，它比后一个集合小得多。然而，命题 2.3.3 认为，当扰动向量是随机的且服从扰动集（2.3.1），$\Omega=7.44$ 时，与小扰动集（2.3.9）相关的 RC 的“免疫能力”基本上与 100%可靠的盒 RC 的相同。当我们考虑式（2.2.1）接下来的特殊情况时，这一现象变得更加引人注目：ζ_ℓ 是独立的，且其中每一个值以 1/2 的概率取值 ±1。在这种情况下，当 $L>\Omega^2$ 时，扰动集（2.3.9）甚至不包含随机扰动向量的单个实现。因此，RC(2.3.10）的“免疫能力”不能用基本扰动集包含“几乎所有”随机扰动向量的实现来解释。

C. 我们的考虑证明了使用“奇怪”扰动集（如椭球和椭球与超平行体的交点）的合理性：虽然似乎很难想象出从这些扰动集产生扰动的自然扰动机制，但我们的分析表明，在“免疫”时，这些扰动集确实会自然出现针对式（2.3.1）中所述的随机扰动的解。例 1.3.8 中考虑的“预算”扰动集也是如此。

命题 2.3.4　考虑不确定线性约束（2.2.1）在预算不确定情况下的 RC：

$$\mathcal{Z}=\left\{\zeta\in\mathbb{R}^L:-1\leqslant\zeta_\ell\leqslant1,\ell=1,\cdots,L,\sum_{\ell=1}^{L}|\zeta_\ell|\leqslant\gamma\right\}\tag{2.3.11}$$

根据例 1.3.8，这时 RC 模型可以由变量 $\boldsymbol{x},\boldsymbol{z},\boldsymbol{w}$ 上的约束组

$$\begin{aligned}&(a)\quad\sum_{\ell=1}^{L}|z_\ell|+\gamma\max_\ell|w_\ell|+[\boldsymbol{a}^0]^{\mathrm{T}}\boldsymbol{x}\leqslant b^0,\\&(b)\quad z_\ell+w_\ell=b^\ell-[\boldsymbol{a}^\ell]^{\mathrm{T}}\boldsymbol{x},\ell=1,\cdots,L\end{aligned}\tag{2.3.12}$$

表示。在式（2.3.1）的情况下，该组的每个可行解的 $\boldsymbol{x}$ 分量至少以 $1-\exp\left\{-\dfrac{\gamma^2}{2L}\right\}$ 的概率满足随机扰动不等式（2.2.1）。

因此，目前的解中 $\dfrac{\gamma}{\sqrt{L}}$ 起的作用与 Ω 在命题 2.3.3 的解中起到的作用是相同的。

证明　令 $(\boldsymbol{x},\boldsymbol{z},\boldsymbol{w})$ 对式（2.3.12）是可行的，我们有

$$\|\boldsymbol{w}\|_2^2=\sum_{\ell=1}^{L}w_\ell^2\leqslant\sum_{\ell=1}^{L}|w_\ell|\,\|\boldsymbol{w}\|_\infty\leqslant\|\boldsymbol{w}\|_\infty\sum_{\ell=1}^{L}|w_\ell|\leqslant\|\boldsymbol{w}\|_\infty\sqrt{L}\,\|\boldsymbol{w}\|_2$$

其中，最后一个 $\leqslant$ 是通过柯西不等式得到的。因此，$\|\boldsymbol{w}\|_2\leqslant\sqrt{L}\,\|\boldsymbol{w}\|_\infty$。由于 $\boldsymbol{x},\boldsymbol{z},\boldsymbol{w}$ 满足式（2.3.12），我们有 $\sum_{\ell=1}^{L}|z_\ell|+\dfrac{\gamma}{\sqrt{L}}\|\boldsymbol{w}\|_2\leqslant b^0-[\boldsymbol{a}^0]^{\mathrm{T}}\boldsymbol{x}$，该式与式（2.3.12）相结合，表明 $\boldsymbol{x},\boldsymbol{z},\boldsymbol{w}$ 满足式（2.3.10）且 $\Omega=\dfrac{\gamma}{\sqrt{L}}$。现在我们可以应用命题 2.3.3 得出结论，在式（2.3.1）的情况下，$\boldsymbol{x}$ 能够以大于等于 $1-\exp\left\{-\dfrac{\gamma^2}{\sqrt{2L}}\right\}$ 的概率满足式（2.2.1）。■

评注 2.3.5　命题 2.3.4 的证明表明，“预算”RC(2.3.11）比球 RC(2.3.3）更为保守（即与更大的扰动集相关），前提是，根据 $\Omega=\gamma/\sqrt{L}$，预算 RC 中的不确定性预算 γ 与

球 RC 中的可靠性参数 Ω 相关。问题是：我们为什么要对预算 RC 感兴趣？命题 2.3.4 中所表达的关于该 RC 模型唯一的“好消息”，对于不太保守的球 RC 来说成立吗？答案是，预算 RC 可以用线性约束组表示，也就是说，它与潜在的不确定约束（2.2.1）的例子具有相同的“复杂水平”。因此，当对不确定 LO 问题中的每一个不确定约束使用预算不确定性模型时，该问题的 RC 本身就是 LO 问题，因此可以由已经完善的商业 LO 求解器进行处理。与此相反，球 RC（2.3.3）导致了一个锥二次问题，这对计算的要求更高（尽管该问题可以被高效处理）。

2.3.1　实例：单期投资组合选择问题

例 2.3.6 让我们将概述的方法应用于下列单期投资组合选择问题上。

现在一共有 200 份资产。第 200 份资产（银行存款）的年回报率为 $r_{200}=1.05$，变动可能性为零。其余资产的年回报率 $r_\ell,\ell=1,\cdots,199$ 是从期望值为 μ_ℓ 的区间段 $[\mu_\ell-\sigma_\ell,\mu_\ell+\sigma_\ell]$ 中取值的独立随机变量；其中，

$$\mu_\ell=1.05+0.3\,\frac{200-\ell}{199},\quad \sigma_\ell=0.05+0.6\,\frac{200-\ell}{199},\quad \ell=1,\cdots,199$$

我们的目标是在资产之间分配 1 美元，以最大化所产生投资组合的风险值，所要求的风险水平是 $\epsilon=0.5\%$。

我们希望解决不确定 LO 问题

$$\max_{y,t}\left\{t:\sum_{\ell=1}^{199}r_\ell y_\ell+r_{200}y_{200}-t\geqslant 0,\sum_{\ell=0}^{200}y_\ell=1,y_\ell\geqslant 0,\forall\,\ell\right\}$$

其中，y_ℓ 是投资于第 ℓ 份资产的资金。不确定数据是年回报率 $r_\ell,\ell=1,\cdots,199$，它们的自然参数是

$$r_\ell=\mu_\ell+\sigma_\ell\zeta_\ell$$

其中，$\zeta_\ell,\ell=1,\cdots,199$ 是在 $[-1,1]$ 上变化的均值为零的独立随机扰动。设 $\boldsymbol{x}=[\boldsymbol{y};-t]\in\mathbb{R}^{201}$，问题变成了最小化 x_{201}，受以下约束

$$\begin{aligned}&(a)\quad \left[\boldsymbol{a}^0+\sum_{\ell=1}^{199}\zeta_\ell\boldsymbol{a}^\ell\right]^{\mathrm{T}}\boldsymbol{x}-\left[b^0+\sum_{\ell=1}^{199}\zeta_\ell b^\ell\right]\leqslant 0,\\&(b)\quad \sum_{\ell=1}^{200}x_\ell=1,\\&(c)\quad x_\ell\geqslant 0,\ell=1,\cdots,200\end{aligned}\tag{2.3.13}$$

其中，

$$\begin{aligned}&\boldsymbol{a}^0=[-\mu_1;-\mu_2;\cdots;-\mu_{199};-r_{200};-1];\\&\boldsymbol{a}^\ell=\sigma_\ell\cdot[\mathbf{0}_{\ell-1,1};1;\mathbf{0}_{201-\ell,1}],1\leqslant\ell\leqslant 199;\\&b^\ell=0,0\leqslant\ell\leqslant 199\end{aligned}\tag{2.3.14}$$

这个问题中唯一的不确定约束是不等式（2.3.13.a）。我们考虑了 3 个扰动集以及与式（2.3.13）相关的鲁棒对等。

（i）盒 RC 忽略了影响不确定不等式的扰动集的随机性信息，仅仅利用了扰动集在 $[-1,1]$ 上变化的信息。式（2.3.13.a）的基本扰动集 $\mathcal{Z}$ 为

$$\{\boldsymbol{\zeta}:\|\boldsymbol{\zeta}\|_\infty\leqslant 1\}$$

（ii）由命题 2.3.3 给出的球-盒 RC，其保守参数为

$$\Omega=\sqrt{2\ln(1/\epsilon)}=3.255$$

该式确保鲁棒最优解至少以 $1-\epsilon=0.995$ 的概率满足受不确定性影响的约束。式（2.3.13.a）的基本扰动集 $\mathcal{Z}$ 是

$$\{\boldsymbol{\zeta}:\|\boldsymbol{\zeta}\|_\infty\leqslant 1,\|\boldsymbol{\zeta}\|_2\leqslant 3.255\}$$

（iii）由命题 2.3.4 给定的预算 RC，其中，不确定性预算

$$\gamma=\sqrt{2\ln(1/\epsilon)}\sqrt{199}=45.921$$

其所能保证的概率结果与球-盒 RC 相同。式（2.3.13.a）的基本扰动集 $\mathcal{Z}$ 是

$$\{\boldsymbol{\zeta}:\|\boldsymbol{\zeta}\|_\infty\leqslant 1,\|\boldsymbol{\zeta}\|_1\leqslant 45.921\}$$

盒 RC。不确定不等式的相关 RC 由式（2.3.8）给出；经过直接计算，由式（2.3.13）得到的 RC 模型就变成了 LO 问题

$$\max_{y,t}\left\{t:\sum_{\ell=1}^{199}(\mu_\ell-\sigma_\ell)y_\ell+1.05y_{200}\geqslant t,\sum_{\ell=1}^{200}y_\ell=1,y_\ell\geqslant 0\right\} \tag{2.3.15}$$

正如预期的那样，这只是我们不确定问题的实例，对应于不确定年回报率最坏的可能值 $r_\ell=\mu_\ell-\sigma_\ell$，$\ell=1,\cdots,199$。由于这些值小于保证的资金回报率，鲁棒最优解规定将我们的初始资金存放在银行，保证年回报率为 1.05，即保证 5%的收益。

球-盒 RC。不确定不等式的相关 RC 由命题 2.3.3 给出。由式（2.3.13）得到的 RC 是如下锥二次问题

$$\max_{y,z,w,t}\left\{t:\begin{array}{c}\sum_{\ell=1}^{199}\mu_\ell y_\ell+1.05y_{200}-\sum_{\ell=1}^{199}|z_\ell|-3.255\sqrt{\sum_{\ell=1}^{199}w_\ell^2}\geqslant t,\\ z_\ell+w_\ell=\sigma_\ell y_\ell,\ell=1,\cdots,199,\sum_{\ell=1}^{200}y_\ell=1,y_\ell\geqslant 0\end{array}\right\} \tag{2.3.16}$$

鲁棒最优解的值为 1.1200，意味着在风险值低至 $\epsilon=0.5\%$ 时，可以获得 12.0%的收益。资金之间的资产分配如图 2-1 所示。

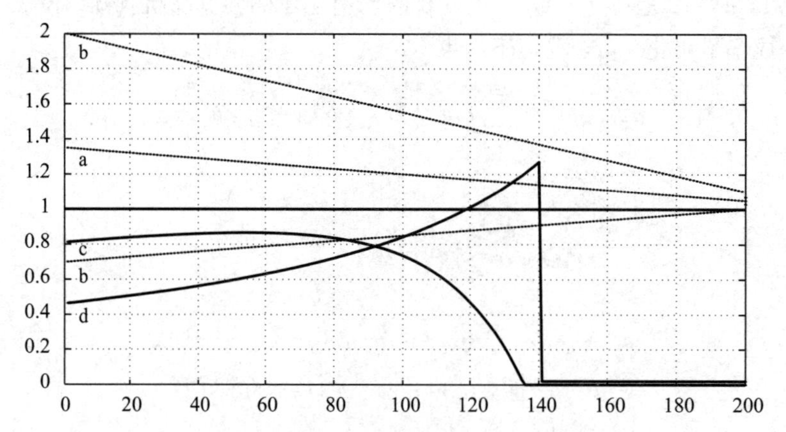

图 2-1　展示了例 2.3.6 单期投资组合选择问题的鲁棒最优解。沿着 x 轴：坐标 1，2，…，200 表示资产。a：预期的回报率，b：回报率值域的上下端点，c：球-盒 RC 模型的投资资金，%，d：预算 RC 模型的投资资金，%

预算 RC。不确定不等式的相关 RC 由命题 2.3.4 给出。由式（2.3.13）得到的 RC 是如下 LO 问题

$$\max_{y,z,w,t}\left\{t: \begin{array}{c}\sum_{\ell=1}^{199}\mu_\ell y_\ell+1.05y_{200}-\sum_{\ell=1}^{199}|z_\ell|-45.921\max_{1\leqslant\ell\leqslant 199}|w_\ell|\geqslant t\\ z_\ell+w_\ell=\sigma_\ell y_\ell,\ell=1,\cdots,199,\sum_{\ell=1}^{200}y_\ell=1,y_\ell\geqslant 0\end{array}\right\} \tag{2.3.17}$$

鲁棒最优解的值为 1.1014，意味着在风险值低至 $\epsilon=0.5\%$时，可以获得 10.1%的收益。资金之间的资产分配如图 2.1 所示。

讨论。首先，我们看到随机性信息是多么有用——在风险低至 0.5%的情况下，球-盒 RC(12%) 和预算 RC(10%) 产生的投资组合收益的风险值是盒 RC(5%) 所保证收益的两倍。还请注意，球-盒 RC 和预算 RC 都建议采用“积极的”投资决策，而盒 RC 建议将初始资金保留在银行中。另外，预算 RC 比球-盒 RC 更加保守。最后，我们应该记住，球-盒 RC 和预算 RC 提供的投资组合设计相关的实际风险（即，实际年总回报低于相应鲁棒最优解计算得到的回报的概率）大部分为 0.5%，且可能低于该值；实际上，问题中这两种 RC 都利用了机会约束

$$\text{Prob}\left\{\sum_{\ell=1}^{199}r_\ell y_\ell+r_{200}y_{200}<t\right\}\leqslant\epsilon$$

的保守近似。

发现实际风险有多小是件很有趣的事。当然，答案取决于不确定回报率的实际概率分布（回想一下，在我们的模型中，我们只假设了已知这些分布的部分信息，特别是这些分布的支持和期望信息）。假设“现实中”的 $\zeta_\ell,\ell=1,\cdots,199$，仅取极值$\pm1$，概率各为 1/2，并利用 1000000 个实例作为样本进行蒙特卡罗模拟，我们发现，按系数为 10 来计算时，“球-盒”的投资组合的实际风险小于要求的 0.5%的风险值，“预算”模型的投资组合，按系数为 50 来计算时，其实际风险也小于要求的 0.5%的风险值。根据这一观察结果，我们似乎可以通过“调整”参数来降低模型的保守性，也就是说，用更大的值替换 RC 中所要求的风险值，并且希望由此产生的实际风险（可以通过模拟来估计）仍然低于所要求的水平。通过这种调整，将式（2.3.16）中的可靠性参数 $\Omega=3.255$ 降低至 $\Omega=2.589$，最后得到鲁棒最优解的值为 1.1470（即，得到了 14.7%的收益，而不是最初的 12.0%），同时保证经验风险（根据 500000 个以上的实际样本进行估计）仍然低至 0.47%。同样，将式（2.3.17）中的不确定性预算 $\gamma=45.921$ 降低至 $\gamma=30.349$（即，将收益由 10.12%增加至 13.95%），同时经验风险降低至 0.42%。

2.3.2　实例：蜂窝通信

例 2.3.7 考虑以下问题。

信号恢复。给定信号 $\boldsymbol{s}\in\mathcal{S}=\{\boldsymbol{s}\in\mathbb{R}^n:s_i=\pm1,i=1,\cdots,n\}$的间接观测值

$$\boldsymbol{u}=\boldsymbol{A}\boldsymbol{s}+\rho\boldsymbol{\xi} \tag{2.3.18}$$

（$\boldsymbol{A}$ 是一个给定的 $m\times n$ 矩阵，$\boldsymbol{\xi}\sim\mathcal{N}(\boldsymbol{0},\boldsymbol{I}_m)$是观测噪声，$\rho\geqslant 0$ 是一个确定性的噪声水平），求信号的一个估计值 $\hat{\boldsymbol{s}}$：

$$\hat{\boldsymbol{s}}=\text{sign}[\boldsymbol{G}\boldsymbol{u}] \tag{2.3.19}$$

如下要求应当被满足：

$$\forall(\boldsymbol{s}\in\mathcal{S},i\leqslant n):\text{Prob}\{\hat{s}_i\neq s_i\}\equiv\text{Prob}\{(\text{sign}[\boldsymbol{G}\boldsymbol{A}\boldsymbol{s}+\rho\boldsymbol{G}\boldsymbol{\xi}])_i\neq s_i\}\leqslant\epsilon \tag{2.3.20}$$

这里的 $\epsilon\ll 1$ 是给定的容差，且 $\text{sign}[\boldsymbol{v}]$ 以坐标态的方式作用：$\text{sign}[[v_1;\cdots;v_n]]=$

$[\mathrm{sign}(v_1);\cdots;\mathrm{sign}(v_n)]$。

根据式（2.3.18），被观测信号 $s\in\mathcal{S}$ 可以被当作一个有意义的蜂窝通信模型（在一定程度上有所简化）。还请注意一下，式（2.3.19）形式的信号估计是具有一定实用性的——虽然从对噪声的敏感性角度来看，这不是最好的估计方法，但由于其计算简单，这一方法在实际中经常被使用。最后，让我们解释一下式（2.3.19）背后的原理。假设 $\boldsymbol{s}$ 是随机高斯信号（与 $\boldsymbol{\xi}$ 无关），且均值为零，从均方误差的角度出发，最佳信号恢复方法实际上是线性的：$\hat{\boldsymbol{s}}=\boldsymbol{Gu}$，$\boldsymbol{G}$ 是定义的适当矩阵（也叫作维纳滤波器）。工程师经常把简单问题的最优解作为更复杂问题的"实际解"，维纳滤波器也不例外。根据式（2.3.18）得到的线性估计量 $\boldsymbol{Gu}$ 通常应用于不是零均值高斯信号 $\boldsymbol{s}$ 的情况中。现在，当我们提前知道 $\boldsymbol{s}$ 是一个 ±1 向量时，我们尝试用如下方法来改进线性估计量 $\boldsymbol{Gu}$：假设 $\boldsymbol{Gu}$ 与 $\boldsymbol{s}$ 之间的距离并非太远（即，$\boldsymbol{Gu}$ 与 $\boldsymbol{s}$ 之间典型欧几里得距离小于 1），则向量 $\mathrm{sign}[\boldsymbol{Gu}]$"等典型地"将是精确的 $\boldsymbol{s}$。综上所述，让我们把信号恢复问题作为一个数学难题来对待。我们的第一个观察是直接的：

式（2.3.20）的一个充要条件是

$$\forall i\leqslant n:\sum_{j\neq i}|(\boldsymbol{GA})_{ij}|-(\boldsymbol{GA})_{ii}+\rho\|\boldsymbol{g}_i\|_2\mathrm{ErfInv}(\epsilon)\leqslant 0,\boldsymbol{g}_i\neq\boldsymbol{0} \tag{2.3.21}$$

其中，$\boldsymbol{g}_i^{\mathrm{T}}$ 是 $\boldsymbol{G}$ 的第 i 行，ErfInv 是由以下关系式定义的逆误差函数：

$$\begin{gathered}0<\delta<1\Rightarrow\mathrm{Erf}(\mathrm{ErfInv}(\delta))=\delta\\ \left[\mathrm{Erf}(s)=\int_s^{\infty}\frac{1}{\sqrt{2\pi}}\exp\{-r^2/2\}\mathrm{d}r\text{ 是误差函数}\right]\end{gathered} \tag{2.3.22}$$

事实上，假设 $\boldsymbol{G}$ 满足式（2.3.20）。那么对于所有 $i\leqslant n$，我们有

$$\forall(\boldsymbol{s}\in\mathcal{S},s_i=-1):\mathrm{Prob}\left\{\sum_{j\neq i}(\boldsymbol{GA})_{ij}s_j-(\boldsymbol{GA})_{ii}+\rho(\boldsymbol{g}_i^{\mathrm{T}}\boldsymbol{\xi})\geqslant 0\right\}\leqslant\epsilon$$

仅当 $\boldsymbol{g}_i\neq\boldsymbol{0}$ 时，后者是成立的（否则该式左边的概率为 1），且等价于

$$\forall(\boldsymbol{s}\in\mathcal{S},s_i=-1):\mathrm{Prob}\left\{-\rho(\boldsymbol{g}_i^{\mathrm{T}}\boldsymbol{\xi})\leqslant\sum_{j\neq i}(\boldsymbol{GA})_{ij}s_j-(\boldsymbol{GA})_{ii}\right\}\leqslant\epsilon$$

由于 $\rho(\boldsymbol{g}_i^{\mathrm{T}}\boldsymbol{\xi})\sim\mathcal{N}(0,\rho^2\|\boldsymbol{g}_i\|_2^2)$，该式又等价于

$$\begin{gathered}\forall(\boldsymbol{s}\in\mathcal{S},s_i=-1):\sum_{j\neq i}(\boldsymbol{GA})_{ij}s_j-(\boldsymbol{GA})_{ii}+\rho\mathrm{ErfInv}(\epsilon)\|\boldsymbol{g}_i\|_2\leqslant 0\\ \Updownarrow\\ \sum_{j\neq i}|(\boldsymbol{GA})_{ij}|-(\boldsymbol{GA})_{ii}+\rho\|\boldsymbol{g}_i\|_2\mathrm{ErfInv}(\epsilon)\\ \equiv\max_{s\in\mathcal{S},s_i=\lambda}\left[\sum_{j\neq i}(\boldsymbol{GA})_{ij}s_j-(\boldsymbol{GA})_{ii}\right]+\rho\mathrm{ErfInv}(\epsilon)\|\boldsymbol{g}_i\|_2\leqslant 0\end{gathered}$$

我们可以看到式（2.3.21）在其中体现出来了。反之亦然，如果产生了后一种关系式，那么，将上述推理颠倒过来，我们就会看到

$$\forall(i\leqslant n,\boldsymbol{s}\in\mathcal{S}:s_i=-1):\mathrm{Prob}\{(\mathrm{sign}[\boldsymbol{GAs}+\rho\boldsymbol{G\xi}])_i\neq s_i\}\leqslant\epsilon$$

由于 $\boldsymbol{\xi}$ 是对称分布的，所以后一个关系式等价于式（2.3.20）。观察到当 $\rho>0$ 时，式（2.3.21）清楚地表明 $(\boldsymbol{GA})_{ii}>0$。将 $\boldsymbol{G}$ 中的行乘以适当的正值常数，我们可以将 $\boldsymbol{G}$ 归一化，对所有的 i，有 $(\boldsymbol{GA})_{ii}=1$ 成立，而且这种归一化显然不会影响式（2.3.21）的有效性。由此可知，我们所关心的问题等价于如下优化问题

$$\max_{\rho,G}\left\{\rho:\sum_j |(GA-I)_{ij}|+\rho\sqrt{\sum_j G_{ij}^2}\,\mathrm{ErfInv}(\epsilon)\leqslant 1=(GA)_{ii},1\leqslant i\leqslant n\right\} \tag{2.3.23}$$

注意，虽然这个问题不是完全凸的，但其在计算上是易处理的：对于每一个正的 ρ，右边的约束模型是 G 中有效可计算的凸约束模型，我们可以有效地检查它是否可行。如果它对一个给定的 ρ 是可行的，那么它对所有更小的 ρ 也是可行的，所以对于这个组可行的最大 ρ 值（这正是我们想要找到的 ρ）可以很容易地通过二分法求得其高精度的近似值。我们将要证明实际上不需要使用二分法——我们的问题有一个封闭形式的解。具体来说，以下方法是正确的。

命题 2.3.8　当且仅当矩阵 A 的秩等于 n（信号 s 的维数），$\rho>0$ 时，问题（2.3.23）有一个可行解，在这种情况下式（2.3.23）的最优解如下：

- G 是 A 的伪逆矩阵，也就是说，$n\times m$ 矩阵转置的行属于 A 的像空间，且 $GA=I$（这些条件唯一定义 G 矩阵）；
- $\rho=\left(\mathrm{ErfInv}(\epsilon)\max_i\sqrt{\sum_j G_{ij}^2}\right)^{-1}$。

证明　首先，通过观察，我们发现，如果 $\mathrm{Rank}(A)<n$，则问题（2.3.23）没有 $\rho>0$ 条件下的可行解。事实上，假设 $\mathrm{Rank}(A)<n$ 并且$(\rho>0,G)$是这个问题的一种可行解，那么矩阵 GA 的像 $L\subset\mathbb{R}^n$ 是 $\mathbb{R}^n$ 的一个固有线性子空间，因此它不与 2^n 个象限 $\mathbb{R}_\kappa=\{s:\kappa_i s_i\geqslant 0,1\leqslant i\leqslant n\}$，$\kappa_i=\pm 1$ 中至少一个象限存在内部相交情况。事实上，存在一个与 L 正交的非零向量 e；当 $e_i\neq 0$ 时，设 $\kappa_i=\mathrm{sign}(e_i)$，当 $e_i=0$ 时，$\kappa_i=1$，我们确保对所有的 $f\in\mathrm{int}\mathbb{R}_\kappa$，有 $e^{\mathrm{T}}f>0$，使得 L 不能与 $\mathrm{int}\mathbb{R}_\kappa$ 相交。因此，存在 $\boldsymbol{\kappa}\in\mathcal{S}$ 时，L 不与 $\mathrm{int}\mathbb{R}_\kappa$ 相交的情况，这意味着，至少有一个 i 满足（$(\boldsymbol{\kappa}-GA\boldsymbol{\kappa})_i\geqslant 1$）。另外，（$G,\rho$）是式（2.3.23）的可行解，意味着$(GA)_i=\mathbf{1}$ 且 $\sum_{j\neq i}|(GA)_{ij}|<1$；这些关系清楚地表明了我们想要的矛盾 $(\boldsymbol{\kappa}-GA\boldsymbol{\kappa})_i=-\sum_{j\neq i}(GA)_{ij}\kappa_j<1$。

现在假设 $\mathrm{Rank}(A)=n$，因此存在 A 的伪逆矩阵，记为 $G^\dagger$。设 $\rho_*=(\mathrm{ErfInv}(\epsilon)\cdot\max_i\sqrt{\sum_j(G_{ij}^\dagger)^2})^{-1}$，我们可以得到式（2.3.23）的一个可行解$(\rho_*,G^\dagger)$。让我们来证明这个解是最优的。为此，假设式（2.3.23）存在一个可行解$(\rho,\hat{G})$，$\rho>\rho_*$，让我们将这个假设引入到一个矛盾中。令 $a_i,i=1,\cdots,n$ 为 A 的列，$g_i^{\mathrm{T}},i=1,\cdots,n$ 是 $G^\dagger$ 的行。由于 $G^\dagger A=I$，因此

$$g_i^{\mathrm{T}}a_j=\delta_{ij}\equiv\begin{cases}1, & i=j\\0, & i\neq j\end{cases}$$

令 $\hat{g}_i^{\mathrm{T}}$ 是 $\hat{G}$ 的行。我们可以观察到，不失一般性地假设 $\hat{g}_i$ 属于 A 的像空间。事实上，可以通过在 A 像空间上的正交投影来替换 $\hat{G}$ 中的（转置的）行。我们不改变 $\hat{G}A$ 而且不增加 $\hat{G}$ 中行的欧几里得范数并因此保留了（$\rho,\hat{G}$）对式（2.3.23）的可行性。进一步，由 $(\hat{G}A)_{ii}=1,i=1,\cdots,n$ 可得 $\hat{g}_i^{\mathrm{T}}a_i=1$，因此对所有的 i，有 $\hat{g}_i\neq\mathbf{0}$。现在到了最后一步：对每一个 i，我们都有 $\underbrace{\rho_*\,\mathrm{ErfInv}(\epsilon)}_{\nu_*}\|g_i\|_2\leqslant 1$，对于部分 i 而言，不等关系为等式关系；不失一般性地，我们假设

$$\nu_*\|g_i\|_2\leqslant\nu_*\|g_1\|_2=1,i=1,\cdots,n$$

现在，令

$$f(\boldsymbol{g})=\sum_{j\neq 1}|\boldsymbol{g}^{\mathrm{T}}\boldsymbol{a}_j|+\nu_*\|\boldsymbol{g}\|_2$$

则 $f(\boldsymbol{g}_1)=1$。我们认为 $f(\hat{\boldsymbol{g}}_1)<1$。事实上，设 $\nu=\rho\mathrm{ErfInv}(\epsilon)$，有

$$f(\hat{\boldsymbol{g}}_1)=\sum_{j\neq 1}|(\hat{\boldsymbol{G}}\boldsymbol{A})_{1j}|+\nu_*\|\hat{\boldsymbol{g}}_1\|_2<\sum_{j\neq 1}|(\hat{\boldsymbol{G}}\boldsymbol{A})_{1j}|+\nu\|\hat{\boldsymbol{g}}_1\|_2\leqslant 1$$

该严格不等式由 $\hat{\boldsymbol{g}}_1\neq\boldsymbol{0}$ 和 $\nu>\nu_*$ 得到，且该结论不等式从$(\nu,\hat{\boldsymbol{G}})$出发，对式（2.3.23）是可行的。现在，向量 $\hat{\boldsymbol{g}}_1$ 属于 $\boldsymbol{A}$ 的像空间，而且该像空间是由向量 $\boldsymbol{g}_1,\cdots,\boldsymbol{g}_n$ 张成的。实际上，根据伪逆矩阵的定义，向量 $\boldsymbol{g}_i$ 属于这个空间；根据 $\boldsymbol{G}^{\dagger}\boldsymbol{A}\boldsymbol{s}=\boldsymbol{0}$ 而不是 $\boldsymbol{G}^{\dagger}\boldsymbol{A}\boldsymbol{s}=\boldsymbol{s}\neq\boldsymbol{0}$，若它们线性张成的空间小于 $\boldsymbol{A}$ 的像空间，则存在向量 $\boldsymbol{A}\boldsymbol{s}$，$\boldsymbol{s}\neq\boldsymbol{0}$，正交于 $\boldsymbol{g}_1,\cdots,\boldsymbol{g}_n$。由此可见，对于部分 r_k，有

$$\hat{\boldsymbol{g}}_1=\boldsymbol{g}_1+\sum_k r_k\boldsymbol{g}_k$$

由于 $(\hat{\boldsymbol{G}}\boldsymbol{A})_{11}=\hat{\boldsymbol{g}}_1^{\mathrm{T}}\boldsymbol{a}_1=1$，$\boldsymbol{g}_k^{\mathrm{T}}\boldsymbol{a}_1=\delta_{k1}$，我们有 $r_1=0$，也就是说，$\hat{\boldsymbol{g}}_1=\boldsymbol{g}_1+\sum_{k\neq 1}r_k\boldsymbol{g}_k$。我们现在得到了想要的矛盾

$$\begin{aligned}1>f(\hat{\boldsymbol{g}}_1)&=f\left(\boldsymbol{g}_1+\sum_{k\neq 1}r_k\boldsymbol{g}_k\right)=\sum_{j\neq 1}\left|\left(\boldsymbol{g}_1+\sum_{k\neq 1}r_k\boldsymbol{g}_k\right)^{\mathrm{T}}\boldsymbol{a}_j\right|+\nu_*\left\|\boldsymbol{g}_1+\sum_{k\neq 1}r_k\boldsymbol{g}_k\right\|_2\\&=\sum_{j\neq 1}\left|\sum_{k\neq 1}r_k\underbrace{\boldsymbol{g}_k^{\mathrm{T}}\boldsymbol{a}_j}_{\delta_{kj}}\right|+\nu_*\left\|\boldsymbol{g}_1+\sum_{k\neq 1}r_k\boldsymbol{g}_k\right\|_2\\&=\sum_{k\neq 1}|r_k|+\nu_*\left\|\boldsymbol{g}_1+\sum_{k\neq 1}r_k\boldsymbol{g}_k\right\|_2\geqslant\sum_{k\neq 1}|r_k|+\underbrace{\nu_*\|\boldsymbol{g}_1\|_2}_{1}-\sum_{k\neq 1}\underbrace{\nu_*\|\boldsymbol{g}_k\|_2}_{\leqslant 1}|r_k|\geqslant 1\end{aligned}$$

■

命题 2.3.8 给我们带来了好消息和坏消息。好消息是，解决这个问题的方法简单而自然；坏消息是，当 $\boldsymbol{A}$ 是病态时，该命题所建议的最优方案得到的最优恢复结果仍然较差，因为“直接恢复” $\boldsymbol{u}\mapsto\boldsymbol{G}^{\dagger}\boldsymbol{u}$ 将会增大噪声。在表 2-1 中，我们给出了目前对两个随机生成的 32×32 的矩阵 $\boldsymbol{A}$ 的数值结果：首先，从 $\mathcal{N}(0,1)$分布中进行条目抽样，然后，我们用相同的方式生成矩阵，但是需要将该矩阵的某一列乘以一个较小的数使得该矩阵处于病态。这个实验表明了我们的近似值有多精确：对于第一个矩阵，$\rho=0.0122$（这保证了精确恢复的概率至少达到 0.999），100000 份实验样本中有 3 份恢复错误，这意味着在这种噪声水平条件下，真正的错误概率几乎不低于 10^{-5}；同时，在噪声水平为 $0.75\rho(10^{-3})$ 的条件下，错误概率被证明是小于 10^{-6} 的。

表 2-1　信号恢复问题中两个实例的噪声临界水平值

cond($\boldsymbol{A}$)	$\rho(10^{-3})$	$\rho(10^{-6})$
3.7e2	0.0122	0.009219
1.46e4	5.5e-4	4.16e-4

我们能“打败”由 $\boldsymbol{A}$ 的伪逆矩阵给出的直接恢复吗？答案是肯定的，只要我们稍微限制一下实验信号集合 $\mathcal{S}$ 即可。例如，假设我们的信号 $\boldsymbol{s}$ 是坐标为±1 的向量，并且在 $\boldsymbol{s}$ 的项中，至少有 k 个 1 和 k 个−1；这里 $k\leqslant n/2$ 是一个给定的整数。令 $\mathcal{S}_k$ 是所有这种类型信号的集合（在这种表示法中，$\mathcal{S}_0$ 表示 $\mathcal{S}$）。对式（2.3.23）的推导过程可以由 $\mathcal{S}_k$ 替换 $\mathcal{S}$，得到问题的等价重新表述是

$$\max_{\rho,G}\left\{\max_{s\in\mathcal{S}_k:s_i=-1}\sum_{j\neq i}(GA)_{ij}s_j+\rho\mathrm{ErfInv}(\epsilon)\sqrt{\sum_j G_{ij}^2}\leqslant 1=(GA)_{ii},1\leqslant i\leqslant n\right\} \tag{2.3.24}$$

与 $k=0$ 的情况唯一的区别是在计算方面

$$\Phi_i(G)=\max_{s\in\mathcal{S}_k:s_i=-1}\sum_{j\neq i}(GA)_{ij}s_j$$

当 $k=0$ 时，该计算值为 $\sum_{j\neq i}|(GA)_{ij}|$。现在，这个计算值的形式为

$$F(z_1,\cdots,z_{n-1})=\max_{s\in\mathcal{S}_k^*}\sum_{j=1}^{n-1}z_js_j$$

其中，$\mathcal{S}_k^*$ 是 $\mathbb{R}^{n-1}$ 中的坐标为 ±1 且至少有 $k-1$ 个坐标为 -1 以及至少有 k 个坐标为 1 的所有向量的集合。事实上，我们有

$$\Phi_i(G)=F((GA)_{i1},\cdots,(GA)_{i,i-1},(GA)_{i,i+1},\cdots,(GA)_{in})$$

为了计算 F，请注意 $\mathcal{S}_k^*$ 是多面体

$$\left\{s\in\mathbb{R}^{n-1}:-1\leqslant s_j\leqslant 1,\forall j,\sum_j s_j\leqslant n+1-2k,\sum_j s_j\geqslant -n+1+2k\right\}$$

极值点的集合。

因此，

$$F(z)=\max_{s\in\mathbb{R}^{n-1}}\left\{\sum_{j=1}^{n-1}z_js_j:\begin{array}{c}-1\leqslant s_j\leqslant 1,\sum_j s_j\leqslant n+1-2k,\\ \sum_j s_j\geqslant -n+1+2k\end{array}\right\}$$

$$=\min_{\{\mu_j\geqslant 0,\nu_j\geqslant 0\}_{j=0}^{n-1}}\left\{\sum_{j=1}^{k}[\mu_j+\nu_j]+(n+1-2k)\mu_0+(n-1-2k)\nu_0:\right.$$
$$\left.\mu_j-\nu_j+\mu_0-\nu_0=z_j,1\leqslant j\leqslant n-1\right\}$$

其中，结论等式由线性规划对偶定理给出。由此可知式（2.3.24）等价于显式计算易处理的优化问题

$$\max_{\rho,G}\left\{\rho:\begin{array}{c}\sum\limits_{\substack{1\leqslant j\leqslant n\\ j\neq i}}[\mu_{ij}+\nu_{ij}]+(n+1-2k)\mu_{i0}+(n-1-2k)\nu_{i0}+\\ \rho\mathrm{ErfInv}(\epsilon)\sqrt{\sum_j G_{ij}^2}\leqslant 1=(GA)_{ii},i=1,\cdots,n\\ \mu_{ij}-\nu_{ij}+\mu_{i0}-\nu_{i0}=(GA)_{ij},1\leqslant i\leqslant n,1\leqslant j\leqslant n,j\neq i\\ \mu_{ij},\nu_{ij}\geqslant 0,1\leqslant i\leqslant n,0\leqslant j\leqslant n,i\neq j\end{array}\right\} \tag{2.3.25}$$

对于这个问题，封闭解似乎是不可能实现的；然而，在命题 2.3.8 之前提出的基于二分法的方法可以有效地解决这个问题。该问题的最优解得到的恢复结果是否“优于”基于 **A** 伪逆矩阵的直接恢复结果，取决于 **A** 的“几何结构”。实验表明，对于随机生成的矩阵 **A**，这两个解的效果基本相同。同时，对于特殊的矩阵 **A**，基于式（2.3.25）的最优解的恢复方法大大优于“直接”恢复方法。例如，考虑这种情况：**A** 靠近超平面 $\sum_i s_i=0$ 上的正交投影 **P**，具体来说，

$$A=A_\gamma=P+\gamma\frac{\mathbf{1}\cdot\mathbf{1}^{\mathrm{T}}}{n}$$

其中，**1** 是全 1 向量。该矩阵与 **P** 的靠近程度由 γ 控制——这个参数越接近于 0，则 **A** 越

接近于$\boldsymbol{P}$。在表 2-2 中，我们给出了当$n=32$，$k=1$，$\boldsymbol{A}=\boldsymbol{A}_\gamma$，$\gamma=0.005$ 和 $\gamma=0.001$ 时的实验数值结果。

表 2-2 $\boldsymbol{A}$ 在超平面$\left\{s\in\mathbb{R}^{32}:\sum_i s_i=0\right\}$及 $k=1$ 上近距离投影的实验

γ	$\rho(10^{-4})$，$\boldsymbol{G}$ 由式（2.3.25）给定	$\rho(10^{-4})$，$\boldsymbol{G}=\boldsymbol{G}^\dagger$
0.005	0.0146	0.00606
0.001	0.0135	0.00121

我们可以看出，为了确保恢复的可靠性达到 0.9999，基于$\boldsymbol{G}^\dagger=\boldsymbol{A}^{-1}$的方法所要求的噪声水平本质上比基于式（2.3.25）的最优解所要求的噪声水平更小。例如，在$\gamma=0.001$，噪声水平在 0.0135 的条件下，基于$\boldsymbol{G}^\dagger$的方法在 10000 个实例样本上估计，恢复的错误率高达 0.68（即使噪声水平降低 1/2，恢复的错误率也仍然达到了 0.42）。与此相反，在噪声水平为 0.0135 的条件下，基于式（2.3.25）的方法被证明可以实现可靠性达到 0.9999 的恢复。注意，这种明显的性能优势是通过禁止$2^{32}=4294967296$个坐标为±1的信号而得到的，即所有坐标为 1 的信号和所有坐标为-1的信号。

需要补充的是，“缺陷”观测式（2.3.18）（例如，$\text{Rank}(\boldsymbol{A})<n$）的信号$\boldsymbol{s}\in\mathcal{S}_0$高度可靠恢复的问题本身并不一定是病态的。例如，考虑$m=\text{Rank}(\boldsymbol{A})=n-1$这种情况。然后通过以下序列变换方法获得$\boldsymbol{s}$的观测值：（a）投影到超平面上（$\boldsymbol{A}$ 零空间的正交补），（b）对投影应用可逆线性变换，（c）对结果添加噪声。从观测结果中恢复$\boldsymbol{s}\in\mathcal{S}_0$的可能性取决于（a）中的投影限定在单位立方体的顶点集上时是否为一对一的映射。无论这种情况是否为真实的（当$\boldsymbol{A}$处于“一般位置”时确实如此），只要没有噪声，我们就可以从观测中准确地恢复信号，因此，只要噪声水平足够低，我们就可以以任意高的可靠性恢复信号。什么是不可能的呢？——将噪声水平独立开来！——对式（2.3.19）形式的信号做到无差错恢复。

2.4 扩展

在上一节中，我们重点关注了如何构建随机扰动线性约束（2.2.1）的机会（2.2.3）的保守近似。在式（2.3.1）的特定假设情况下，我们选择了适当的扰动集$\mathcal{Z}$，以式（2.2.1）中的 RC 形式构建了一个近似。我们把这种近似结构推广到比式（2.3.1）关注的范围更为广泛的随机扰动族。具体来说，我们假设影响式（2.2.1）的随机扰动$\boldsymbol{\zeta}$具有以下性质。

P.1. $\zeta_\ell,\ell=1,\cdots,L$ 是独立的随机变量；

P.2. 由ζ_ℓ组成的分布P_ℓ为

$$\int\exp\{ts\}\mathrm{d}P_\ell(s)\leqslant\exp\left\{\max[\mu_\ell^+t,\mu_\ell^-t]+\frac{1}{2}\sigma_\ell^2t^2\right\},\forall t\in\mathbb{R}\tag{2.4.1}$$

其中，已知常数$\mu_\ell^-\leqslant\mu_\ell^+$，$\sigma_\ell\geqslant0$。

性质 P.2 可以在稍后将要考虑的几个有趣例子中得到验证。现在，我们来推导性质 P.1～P.2 的一些结果。

给定 P.1～P.2，考虑事件$z_0+\sum_{\ell=1}^L z_\ell\zeta_\ell>0$的概率$p(\boldsymbol{z})$的边界问题，其中$\boldsymbol{z}=[z_0;z_1;\cdots;z_L]$是一个给定的确定性向量。我们设

$$\Phi(w_1,\cdots,w_L)=\sum_{\ell=1}^{L}\left[\max[\mu_\ell^+ w_\ell,\mu_\ell^- w_\ell]+\frac{1}{2}\sigma_\ell^2 w_\ell^2\right] \tag{2.4.2}$$

进而，通过 P.1～P.2，对所有确定性实数 $w_1,\cdots,w_L$ 有

$$E\left\{\exp\left\{\sum_{\ell=1}^{L}\zeta_\ell w_\ell\right\}\right\}\leqslant\exp\{\Phi(w_1,\cdots,w_L)\} \tag{2.4.3}$$

我们有

$$\begin{aligned}
& z_0+\sum_{\ell=1}^{L}z_\ell\zeta_\ell>0\\
\Leftrightarrow\quad & \exp\left\{\alpha\left[z_0+\sum_{\ell=1}^{L}z_\ell\zeta_\ell\right]\right\}>1,\forall\alpha>0\\
\Rightarrow\quad & \forall\alpha>0:E\left\{\exp\left\{\alpha\left[z_0+\sum_{\ell=1}^{L}z_\ell\zeta_\ell\right]\right\}\right\}\geqslant p(z)\\
\Rightarrow\quad & \forall\alpha>0:\exp\left\{\alpha z_0+\Phi(\alpha z_1,\alpha z_2,\cdots,\alpha z_L)\right\}\geqslant p(z)\\
\Leftrightarrow\quad & \forall\alpha>0:\alpha z_0+\Phi(\alpha[z_1;\cdots;z_L])\geqslant\ln p(z)
\end{aligned}$$

我们已经得到不等式

$$\forall\alpha>0:\ln p(z)\leqslant\alpha z_0+\Phi(\alpha[z_1;\cdots;z_L])$$

如果，对于某个 $\alpha>0$，这个不等式的右边小于或等于 $\ln(\epsilon)$，则这个不等式表明 $p(z)\leqslant\epsilon$。我们可以得出以下结论。

（*）无论何时，对于给定的 $\epsilon\in(0,1)$ 和 z，则存在 $\alpha>0$ 使得

$$\alpha z_0+\Phi(\alpha[z_1;\cdots;z_L])\leqslant\ln(\epsilon) \tag{2.4.4}$$

有

$$\text{Prob}\left\{\zeta:z_0+\sum_{\ell=1}^{L}z_\ell\zeta_\ell>0\right\}\leqslant\epsilon \tag{2.4.5}$$

换言之，集合

$$Z_\epsilon^o=\{z=[z_0;\cdots;z_L]:\exists\alpha>0:\alpha z_0+\Phi(\alpha[z_1;\cdots;z_L])\leqslant\ln(\epsilon)\}$$

包含在机会约束（2.4.5）的可行集中。

现在，式（2.4.5）的可行集是明确闭合的，由于该可行集包含集合 Z_ϵ^o，所以它也包含集合

$$Z_\epsilon=\text{cl}Z_\epsilon^o \tag{2.4.6}$$

我们需要寻找到对集合 Z_ϵ 更加清楚的描述。首先，我们应该了解当一个给定的点 z 是属于集合 Z_ϵ^o 的情况。根据后一个集合的定义，当且仅当

$$\exists\alpha>0:\ln(\epsilon)\geqslant f_z(\alpha)\equiv\alpha z_0+\Phi(\alpha[z_1;\cdots;z_L])=\alpha\underbrace{\left(z_0+\sum_{\ell=1}^{L}\max[\mu_\ell^- z_\ell,\mu_\ell^+ z_\ell]\right)}_{a(z)}+\frac{\alpha^2}{2}\sum_{\ell=1}^{L}\sigma_\ell^2 z_\ell^2 \tag{2.4.7}$$

假设 $b(z)\equiv\sum_\ell\sigma_\ell^2 z_\ell^2>0$，函数 $f_z(\alpha)$ 在 $[0,\infty)$ 上达到它的最小值，并且这个最小值是 $f_z(0)=0$（当 $a(z)\geqslant0$ 时）或 $-\frac{1}{2}\frac{a^2(z)}{b(z)}$（当 $a(z)<0$ 时）。由于 $\ln(\epsilon)<0$，所以我们得

出结论，在 $b(z)>0$ 的情况下，关系式（2.4.7）成立的充要条件是 $a(z)+\sqrt{2\ln(1/\epsilon)}\,b(z)\leqslant 0$，即

$$z_0+\sum_{\ell=1}^{L}\max[\mu_\ell^+ z_\ell,\mu_\ell^- z_\ell]+\sqrt{2\ln(1/\epsilon)}\sqrt{\sum_{\ell=1}^{L}\sigma_\ell^2 z_\ell^2}\leqslant 0 \tag{2.4.8}$$

当 $b(z)=0$ 时，当且仅当 $a(z)<0$ 时，关系式（2.4.7）成立。总结：当且仅当 $\boldsymbol{z}$ 满足式（2.4.8），且 $a(z)<0$ 时，$\boldsymbol{z}\in Z_\epsilon^o$。这个集合的闭包 Z_ϵ 正是式（2.4.8）的解的集合。我们已经证明了以下几点。

命题 2.4.1　在假设 P.1～P.2 的条件下，关系式（2.4.8）是式（2.4.5）成立的一个充分条件。换句话说，变量 $\boldsymbol{z}$ 的显式凸约束（2.4.8）是机会约束（2.4.5）的保守近似。

作为直接推论，我们得到以下有用的陈述。

命题 2.4.2　令 $\zeta_\ell,\ell=1,\cdots,L$ 是满足 P.2 分布的独立随机变量。然后，对于每个确定性向量 $[z_1;\cdots;z_L]$ 和常数 $\Omega\geqslant 0$，有

$$\mathrm{Prob}\left\{\sum_{\ell=1}^{L}z_\ell\zeta_\ell>\sum_{\ell=1}^{L}\max[\mu_\ell^- z_\ell,\mu_\ell^+ z_\ell]+\Omega\sqrt{\sum_{\ell=1}^{L}\sigma_\ell^2 z_\ell^2}\right\}\leqslant\exp\{-\Omega^2/2\} \tag{2.4.9}$$

证明　设

$$z_0=-\max[\mu_\ell^- z_\ell,\mu_\ell^+ z_\ell]-\Omega\sqrt{\sum_{\ell=1}^{L}\sigma_\ell^2 z_\ell^2},\ \epsilon=\exp\{-\Omega^2/2\}$$

我们保证式（2.4.8）是有效的；根据命题 2.4.1，有

$$\mathrm{Prob}\left\{z_0+\sum_{\ell=1}^{L}z_\ell\zeta_\ell<0\right\}\leqslant\epsilon=\exp\{-\Omega^2/2\}$$

考虑到 z_0 的初始值，该式即为式（2.4.9）。 ■

现在让我们做以下观察。

（**）考虑由以下锥二次表示式给出的扰动集 $\mathcal{Z}$：

$$\mathcal{Z}=\left\{\boldsymbol{\eta}\in\mathbb{R}^L:\exists\boldsymbol{u}\in\mathbb{R}^L:\begin{array}{c}\mu_\ell^-\leqslant\eta_\ell-u_\ell\leqslant\mu_\ell^+,\ell=1,\cdots,L\\ \sqrt{\sum_{\ell=1}^{L}u_\ell^2/\sigma_\ell^2}\leqslant\sqrt{2\ln(1/\epsilon)}\end{array}\right\} \tag{2.4.10}$$

其中，根据定义，$a^2/0^2$ 为 0 或 $+\infty$ 取决于 $a=0$ 或 $a\neq 0$。那么对于每个向量 $\boldsymbol{y}\in\mathbb{R}^L$ 有

$$\sum_{\ell=1}^{L}\max[\mu_\ell^+ y_\ell,\mu_\ell^- y_\ell]+\sqrt{2\ln(1/\epsilon)}\sqrt{\sum_{\ell=1}^{L}\sigma_\ell^2 y_\ell^2}=\max_{\boldsymbol{\eta}\in\mathcal{Z}}\boldsymbol{\eta}^{\mathrm{T}}\boldsymbol{y}。$$

事实上，我们有 $\mathcal{Z}=\left\{\boldsymbol{\eta}=\boldsymbol{u}+\boldsymbol{v}:\mu_\ell^-\leqslant v_\ell\leqslant\mu_\ell^+,\ \sqrt{\sum_{\ell=1}^{L}\mu_\ell^2/\sigma_\ell^2}\leqslant\sqrt{2\ln(1/\epsilon)}\right\}$，来源于

$$\begin{aligned}\max_{\boldsymbol{\eta}\in\mathcal{Z}}\boldsymbol{\eta}^{\mathrm{T}}\boldsymbol{y}&=\max_{\boldsymbol{u},\boldsymbol{v}}\left\{(\boldsymbol{u}+\boldsymbol{v})^{\mathrm{T}}\boldsymbol{y}:\mu_\ell^-\leqslant v_\ell\leqslant\mu_\ell^+,\forall\ell,\sqrt{\sum_{\ell=1}^{L}u_\ell^2/\sigma_\ell^2}\leqslant\sqrt{2\ln(1/\epsilon)}\right\}\\&=\max_{\boldsymbol{v}}\{\boldsymbol{v}^{\mathrm{T}}\boldsymbol{y}:\mu_\ell^-\leqslant v_\ell\leqslant\mu_\ell^+,\forall\ell\}+\max_{\boldsymbol{u}}\left\{\boldsymbol{u}^{\mathrm{T}}\boldsymbol{y}:\sqrt{\sum_{\ell=1}^{L}u_\ell^2/\sigma_\ell^2}\leqslant\sqrt{2\ln(1/\epsilon)}\right\}\\&=\sum_{\ell=1}^{L}\max[\mu_\ell^- y_\ell,\mu_\ell^+ y_\ell]+\sqrt{2\ln(1/\epsilon)}\sqrt{\sum_{\ell=1}^{L}\sigma_\ell^2 y_\ell^2}\end{aligned}$$

■

我们可以将我们的发现总结如下。

定理 2.4.3　令影响式（2.2.1）的随机扰动服从 P.1～P.2，并考虑对应于扰动集（2.4.10）的（2.2.1）RC。这个 RC 可以用显式凸不等式等价表示为

$$[[\boldsymbol{a}^0]^{\mathrm{T}}\boldsymbol{x}-b^0]+\sum_{\ell=1}^{L}\max[\mu_\ell^-([\boldsymbol{a}^\ell]^{\mathrm{T}}\boldsymbol{x}-b^\ell),\mu_\ell^+([\boldsymbol{a}^\ell]^{\mathrm{T}}\boldsymbol{x}-b^\ell)]+ \\ \sqrt{2\ln(1/\epsilon)}\sqrt{\sum_{\ell=1}^{L}\sigma_\ell^2([\boldsymbol{a}^\ell]^{\mathrm{T}}\boldsymbol{x}-b^\ell)^2}\leqslant 0 \tag{2.4.11}$$

对于机会约束（2.2.3），该不等式的每个可行解都是可行的。

证明　根据定义，当且仅当

$$\underbrace{[\boldsymbol{a}^0]^{\mathrm{T}}\boldsymbol{x}-b^0}_{z_0}+\sum_{\ell=1}^{L}\eta_\ell\underbrace{([\boldsymbol{a}^\ell]^{\mathrm{T}}\boldsymbol{x}-b^\ell)}_{z_\ell}\leqslant 0,\forall\boldsymbol{\eta}\in\mathcal{Z}$$

或者

$$z_0+\sup_{\boldsymbol{\eta}\in\mathcal{Z}}\boldsymbol{\eta}^{\mathrm{T}}[z_1;\cdots;z_L]\leqslant 0$$

时，$\boldsymbol{x}$ 对所讨论的 RC 是可行的。

根据（**），后一个不等式就是式（2.4.11），并且根据命题 2.4.1，对于这个不等式的每一个解，我们都有

$$\mathrm{Prob}\left\{z_0+\sum_{\ell=1}^{L}\zeta_\ell z_\ell>0\right\}\leqslant\epsilon$$

其中，随机向量 $\boldsymbol{\zeta}$ 服从 P.1～P.2。■

2.4.1　有界扰动情况下的改进

除假设 P.1～P.2 之外，我们假设 ζ_ℓ 具有有界范围：

$$\mathrm{Prob}\{a_\ell^-\leqslant\zeta_\ell\leqslant a_\ell^+\}=1,\ell=1,\cdots,L \tag{2.4.12}$$

其中，$-\infty<a_\ell^-\leqslant a_\ell^+<\infty$ 是确定性的。在这种情况下，定理 2.4.3 允许进行以下改进（参见命题 2.3.3）。

定理 2.4.4　假设影响式（2.2.1）的随机扰动服从 P.1～P.2 和式（2.4.12），且对于所有的 ℓ，有 $a_\ell^-\leqslant\mu_\ell^-\leqslant\mu_\ell^+\leqslant a_\ell^+$，并考虑对应于以下扰动集的（2.2.1）的 RC（参考式（2.4.10））：

$$\mathcal{Z}=\left\{\boldsymbol{\eta}\in\mathbb{R}^L:\exists\boldsymbol{u}\in\mathbb{R}^L:\begin{array}{c}\mu_\ell^-\leqslant\eta_\ell-u_\ell\leqslant\mu_\ell^+,1\leqslant\ell\leqslant L\\ \sqrt{\sum_{\ell=1}^{L}u_\ell^2/\sigma_\ell^2}\leqslant\sqrt{2\ln(1/\epsilon)}\\ a_\ell^-\leqslant\eta_\ell\leqslant a_\ell^+,1\leqslant\ell\leqslant L\end{array}\right\} \tag{2.4.13}$$

其中，根据定义，$a^2/0^2$ 为 0 或 $+\infty$ 取决于 $a=0$ 或 $a\neq 0$。这个 RC 可以用凸不等式组等价表示为

$$\begin{aligned}&(a)\quad [\boldsymbol{a}^\ell]^{\mathrm{T}}\boldsymbol{x}-b^\ell=u_\ell+v_\ell,\ell=0,1,\cdots,L,\\ &(b)\quad u_0+\sum_{\ell=1}^{L}\max[a_\ell^-u_\ell,a_\ell^+u_\ell]\leqslant 0,\\ &(c)\quad v_0+\sum_{\ell=1}^{L}\max[\mu_\ell^-v_\ell,\mu_\ell^+v_\ell]+\sqrt{2\ln(1/\epsilon)}\sqrt{\sum_{\ell=1}^{L}\sigma_\ell^2v_\ell^2}\leqslant 0\end{aligned} \tag{2.4.14}$$

其中，$\boldsymbol{x},\boldsymbol{u},\boldsymbol{v}$ 为变量。此外，任何 $\boldsymbol{x}$ 都可以扩展为后一个组的可行解 $(\boldsymbol{x},\boldsymbol{u},\boldsymbol{v})$，对于机会约束（2.2.2）而言都是可行的。

证明　**1⁰** 让我们来证明一下当 $\Omega=2\sqrt{\ln(1/\epsilon)}$ 时，每个向量 $\boldsymbol{z}=[z_0;z_1;\cdots;z_L]$ 可等价为

$$(a)\quad \max_{\boldsymbol{\eta}\in\mathcal{Z}}\left[z_0+\sum_{\ell=1}^{L}\eta_\ell z_\ell\leqslant 0\right],$$

$$\Updownarrow$$

$$(b)\quad \exists\, \boldsymbol{u},\boldsymbol{v}:\begin{cases}\boldsymbol{u}+\boldsymbol{v}=\boldsymbol{z} & (b.1)\\ u_0+\sum_{\ell=1}^{L}\max[a_\ell^- u_\ell,a_\ell^+ u_\ell]\leqslant 0 & (b.2)\\ v_0+\sum_{\ell=1}^{L}\max[\mu_\ell^- v_\ell,\mu_\ell^+ v_\ell]+\Omega\sqrt{\sum_{\ell=1}^{L}\sigma_\ell^2 v_\ell^2}\leqslant 0 & (b.3)\end{cases}\qquad(2.4.15)$$

可以立即看出，这种等价方式的有效性在系数“位移”$(a_\ell^\pm,\mu_\ell^\pm)\mapsto(a_\ell^\pm+c_\ell,\mu_\ell^\pm+c_\ell)$ 情况下保持不变，因此，我们可以假设，不失一般性地，有

$$\forall\,\ell: a_\ell^-\leqslant\mu_\ell^-\leqslant 0\leqslant\mu_\ell^+\leqslant a_\ell^+\qquad(2.4.16)$$

我们首先证明式（2.4.15.b）可以表明式（2.4.15.a）；令 $\boldsymbol{u}$，$\boldsymbol{v}$ 满足关系式（2.4.15.b），并令 $\boldsymbol{\eta}\in\mathcal{Z}$。然后，对于每一个 ℓ，有 $\eta_\ell\in[a_\ell^-,a_\ell^+]$，它与式（2.4.15.$b$.2）结合在一起可以表明

$$u_0+\sum_{\ell=1}^{L}\mu_\ell u_\ell\leqslant 0\qquad(2.4.17)$$

除此之外，由于 $\mathcal{Z}$ 的定义条件中的限制，我们有 $\boldsymbol{\eta}=\boldsymbol{\eta}^0+\boldsymbol{\eta}^1$ 并且 $\eta_\ell^0\in[\mu_\ell^-,\mu_\ell^+]$，$\sum_{\ell=1}^{L}(\eta_\ell^1)^2/\sigma_\ell^2\leqslant\Omega^2$。因此，

$$\begin{aligned}v_0+\sum_{\ell=1}^{L}\eta_\ell v_\ell&=v_0+\sum_{\ell=1}^{L}\eta_\ell^0 v_\ell+\sum_{\ell=1}^{L}\eta_\ell^1 v_\ell\\&\leqslant v_0+\sum_{\ell=1}^{L}\max[\mu_\ell^- v_\ell,\mu_\ell^+ v_\ell]+\sum_{\ell=1}^{L}[\sigma_\ell v_\ell][\eta_\ell^1/\sigma_\ell]\\&\leqslant v_0+\sum_{\ell=1}^{L}\max[\mu_\ell^- v_\ell,\mu_\ell^+ v_\ell]+\Omega\sqrt{\sum_{\ell=1}^{L}\sigma_\ell^2 v_\ell^2}\leqslant 0\end{aligned}\qquad(2.4.18)$$

其中结论不等式由式（2.4.15.b.3）给出。结合式（2.4.17），式（2.4.18）和式（2.4.15.b.1），我们得到式（2.4.15.a）。

接下来我们证明式（2.4.15.a）可以表明式（2.4.15.b）。令

$$\mathcal{P}=\{\boldsymbol{\eta}: a_\ell^-\leqslant\eta_\ell\leqslant a_\ell^+,1\leqslant\ell\leqslant L\},$$

$$\mathcal{Q}=\left\{\boldsymbol{\eta}:\exists\,\boldsymbol{v}:\mu_\ell^-\leqslant\eta_\ell-v_\ell\leqslant\mu_\ell^+,1\leqslant\ell\leqslant L,\sqrt{\sum_{\ell=1}^{L}v_\ell^2/\sigma_\ell^2}\leqslant\Omega\right\}$$

使得 $\mathcal{P}$，$\mathcal{Q}$ 是凸紧集且 $\mathcal{Z}=\mathcal{P}\cap\mathcal{Q}$；除此之外，我们显然有 $\mathcal{Z}\supset\{\boldsymbol{\eta}:\mu_\ell^-\leqslant\eta_\ell\leqslant\mu_\ell^+,1\leqslant\ell\leqslant L\}$。首先，假设，对于所有 ℓ，有 $\mu_\ell^-<\mu_\ell^+$，因此 $\mathrm{int}\mathcal{P}\cap\mathrm{int}\mathcal{Q}\neq\varnothing$。在这种情况下，根据众所周知的凸分析结果，向量 $\boldsymbol{z}=[z_0;\cdots;z_L]$ 满足关系式

$$z_0+\max_{\boldsymbol{\eta}\in\mathcal{P}\cap\mathcal{Q}}\boldsymbol{\eta}^{\mathrm{T}}[z_0;\cdots;z_L]\leqslant 0$$

当且仅当存在一种分解方式 $\boldsymbol{z}=\boldsymbol{u}+\boldsymbol{v}$ 且

$$u_0+\max_{\boldsymbol{\eta}\in\mathcal{P}}\boldsymbol{\eta}^{\mathrm{T}}[u_1;\cdots;u_L]\leqslant 0,v_0+\max_{\boldsymbol{\eta}\in\mathcal{Q}}\boldsymbol{\eta}^{\mathrm{T}}[v_1;\cdots;v_L]\leqslant 0$$

第一个不等式清楚地表明 $\boldsymbol{u}$ 满足式（2.4.15.b.2），而第二个不等式通过（＊＊），表明 $\boldsymbol{v}$ 满足式（2.4.15.b.3）。因此，$\boldsymbol{z}$ 满足式（2.4.15.b），如证明要求所述。

我们证明了若 $\boldsymbol{z}$ 满足式（2.4.15.a）并且所有不等式 $\mu_\ell^-\leqslant\mu_\ell^+$ 严格成立，则 $\boldsymbol{z}$ 满足式（2.4.15.b）；为了完成式（2.4.15）的证明，我们所需要做的就是证明在某些情况下，不等式 $\mu_\ell^-\leqslant\mu_\ell^+$ 是等式时，后一个结论仍然有效。为此，假设 $\boldsymbol{z}$ 满足式（2.4.15.a），令 t 为一个正整数，令 $\mu_{t,\ell}^-=\mu_\ell^--1/t$，$\mu_{t,\ell}^+=\mu_\ell^++1/t$，并且对 $a_{t,\ell}^\pm$ 进行与之同理的假设。令

$$\mathcal{Z}^t=\left\{\boldsymbol{\eta}\in\mathbb{R}^L:\exists\,\boldsymbol{u}\in\mathbb{R}^L:\begin{array}{c}\mu_{t,\ell}^-\leqslant\eta_\ell-u_\ell\leqslant\mu_{t,\ell}^+,1\leqslant\ell\leqslant L\\ \sqrt{\sum_{\ell=1}^L u_\ell^2/\sigma_\ell^2}\leqslant\sqrt{2\ln(1/\epsilon)}\\ a_{t,\ell}^-\leqslant\eta_\ell\leqslant a_{t,\ell}^+,1\leqslant\ell\leqslant L\end{array}\right\}$$

根据 $\boldsymbol{z}$ 满足式（2.4.15.a）的事实，通过标准的紧性参数，可以得出如下结论：

$$\delta_t:=\max_{\boldsymbol{\eta}\in\mathcal{Z}^t}[z_0+\boldsymbol{\eta}^{\mathrm{T}}[z_1;\cdots;z_L]]\to 0,t\to\infty$$

令 $z_0^t=z_0-\delta_t$，$z_\ell^t=z_\ell$，$1\leqslant\ell\leqslant L$，有

$$\max_{\boldsymbol{\eta}\in\mathcal{Z}^t}[z_0+\boldsymbol{\eta}^{\mathrm{T}}[z_1^t;\cdots;z_L^t]]\leqslant 0,t=1,2,\cdots$$

根据（2.4.15.a）⇒（2.4.15.b）的证明过程，当用 $\mu_{t,\ell}^\pm$，$a_{t,\ell}^\pm$ 代替 $\mu_\ell^\pm$，$a_\ell^\pm$，用 $\boldsymbol{z}^t$ 代替 $\boldsymbol{z}$ 时，从不等式（2.4.15.b）中获得的由变量 $\boldsymbol{u}$，$\boldsymbol{v}$ 约束的组 $\mathcal{S}^t$ 允许 $\boldsymbol{u}^t$，$\boldsymbol{v}^t$ 作为可行解。从式（2.4.16）可以得出，如果 $\boldsymbol{u}$，$\boldsymbol{v}$ 是 $\mathcal{S}^t$ 的解，且 $\boldsymbol{u}',\boldsymbol{v}'$ 满足 $u_0'=u_0,v_0'=v_0$，$\boldsymbol{u}'+\boldsymbol{v}'=\boldsymbol{u}+\boldsymbol{v}$ 的形式，以及 u_ℓ',v_ℓ'，$1\leqslant\ell\leqslant L$ 与 $\boldsymbol{u}$，$\boldsymbol{v}$ 对应的项的符号相同且数值较小，那么 $\boldsymbol{u}'$，$\boldsymbol{v}'$ 也是 $\mathcal{S}^t$ 的解。由此可知，上述 $\boldsymbol{u}^t$，$\boldsymbol{v}^t$ 可以选择一致有界。

事实上，如果对于某一 $\ell\geqslant 1$，我们有 $u_\ell^t>|z_\ell^t|$，那么，用 $|z_\ell^t|$ 和 $z_\ell^t-|z_\ell^t|$ 代替 $\boldsymbol{u}^t$，$\boldsymbol{v}^t$ 中的第 ℓ 个坐标，并保持 $\boldsymbol{u}^t$，$\boldsymbol{v}^t$ 其余的项不变，我们可以得到一个 $\boldsymbol{u}$，$\boldsymbol{v}$ 中的第 ℓ 个坐标以 $2|z_\ell^t|$ 大小为界的 $\mathcal{S}^t$ 的新的可行解。类似 $u_\ell^t\leqslant-|z_\ell^t|$ 的修正是可能被采用的；应用这些修正，对于任一 $\ell\geqslant 1$，我们可以确保 $|u_\ell^t|$，$|v_\ell^t|$ 不超过 $2|z_\ell^t|$。当然，在这种归一化的情况下，$\mathcal{S}^t$ 的解不需要具有太大数值的项 u_0^t，v_0^t。

对于 $\boldsymbol{u}^t$，$\boldsymbol{v}^t$ 一致有界，传递到一个子序列的情况，我们可以假设随着 $t\to\infty$，有 $\boldsymbol{u}^t\to\boldsymbol{u}$，$\boldsymbol{v}^t\to\boldsymbol{v}$；因为随着 $t\to\infty$，$\boldsymbol{z}^t=\boldsymbol{u}^t+\boldsymbol{v}^t\to\boldsymbol{z}$，由于 $d_t\to 0$，$t\to\infty$，所以"扰动"数据 $a_{t,\ell}^\pm$，$\mu_{t,\ell}^\pm$ 收敛于"真实"数据 $a_\ell^\pm$，$\mu_\ell^\pm$，$\boldsymbol{u}$，$\boldsymbol{v}$ 的事实证明了 $\boldsymbol{z}$ 满足式（2.4.15.b）。

2⁰　由式（2.4.15）可知，式（2.4.14）中的约束组等价于表示 $\boldsymbol{x}$ 对于不确定不等式（2.2.1）是鲁棒可行的，扰动集为（2.4.13）。我们需要证明的是，当 $\boldsymbol{x}$ 可以扩展为式（2.4.14）的可行解$(\boldsymbol{x},\boldsymbol{u},\boldsymbol{v})$时，$\boldsymbol{x}$ 对于机会约束（2.2.2）是可行的。设 $z_\ell=[\boldsymbol{a}^\ell]^{\mathrm{T}}\boldsymbol{x}-b^\ell$，$\ell=0,1,\cdots,L$，并调用式（2.4.14.$a$），我们可以得到

$$z_0+\sum_{\ell=1}^L\zeta_\ell z_\ell=\underbrace{u_0+\sum_{\ell=1}^L\zeta_\ell u_\ell}_{A}+\underbrace{v_0+\sum_{\ell=1}^L\zeta_\ell v_\ell}_{B}$$

由于 $\boldsymbol{\zeta}$ 从盒 $\{a_\ell^-\leqslant\zeta_\ell\leqslant a_\ell^+,1\leqslant\ell\leqslant L\}$ 中取值的概率为 1，根据式（2.4.14.b），我

们一定有 $A\leqslant 0$。将命题 2.4.1 应用于 $\boldsymbol{v}$，作为 $\boldsymbol{z}$，并调用式（2.4.14.c）。我们得出结论 $\mathrm{Prob}\{B>0\}\leqslant\epsilon$。因此，$\mathrm{Prob}\{A+B>0\}$的值，即 $\boldsymbol{x}$ 违反机会约束（2.2.2）的概率，是小于或等于ϵ的。 ■

2.4.2　实例

为了使定理 2.4.3、2.4.4 中提出的结构有用，我们应该理解如何将扰动向量 $\boldsymbol{\zeta}$ 中 ζ_ℓ 分布的部分先验知识“转换”为 P.2 中的参数 $\mu_\ell^{\pm}$，σ_ℓ 的具体值。我们将举出几个具有启发性的实例来说明这种“转换”方法（其中大多数源自文献［83］）。

2.4.2.1　关于归一化的说明

为了避免公式出现混乱，我们对 ζ_ℓ 的分量进行适当的归一化。我们感兴趣的是一个随机扰动不等式

$$z_0+\sum_{\ell=1} z_\ell\zeta_\ell\leqslant 0 \tag{2.4.19}$$

根据满足 P.1～P.2 的随机量 $\boldsymbol{\zeta}=[\zeta_1;\cdots;\zeta_L]$，以及命题 2.4.1 给出的特定界限，这个不等式将被违反。现在假设我们对每个分量 ζ_ℓ 进行确定性仿射变换，设

$$\zeta_\ell=\alpha_\ell+\beta_\ell\hat{\zeta}_\ell \tag{2.4.20}$$

其中，$\beta_\ell>0$，α_ℓ 是确定性的。通过这种替换，式（2.4.19）中的左边部分变为

$$\hat{z}_0+\sum_{\ell=1}^{L}\hat{z}_\ell\hat{\zeta}_\ell,\quad \hat{z}_0=z_0+\sum_{\ell=1}^{L}\alpha_\ell z_\ell,\quad \hat{z}_\ell=\beta_\ell z_\ell,1\leqslant\ell\leqslant L \tag{2.4.21}$$

当然，还有

$$\mathrm{Prob}\left\{\boldsymbol{\zeta}:z_0+\sum_{\ell=1}^{L}z_\ell\zeta_\ell>0\right\}=\mathrm{Prob}\left\{\hat{\boldsymbol{\zeta}}:\hat{z}_0+\sum_{\ell=1}^{L}\hat{z}_\ell\hat{\zeta}_\ell>0\right\} \tag{2.4.22}$$

现在，如果 $\boldsymbol{\zeta}$ 满足 P.1～P.2 中的某些参数$\{\mu_\ell^{\pm},\sigma_\ell\}$，那么 $\hat{\boldsymbol{\zeta}}$ 满足相同的假设，且参数$\{\mu_\ell^{\pm},\sigma_\ell\}$由下式给定

$$\mu_\ell^{\pm}=\alpha_\ell+\beta_\ell\hat{\mu}_\ell^{\pm},\quad \sigma_\ell=\beta_\ell\hat{\sigma}_\ell \tag{2.4.23}$$

由此可见，命题 2.4.1、2.4.2 和定理 2.4.3、2.4.4 遵循了替换（2.4.20）：当我们使用这种机制时，关于概率（2.4.22）的结论是，使用^量得出的结论与我们在使用原始量时相同。例如，原始量中的关键条件（2.4.8）与^的量完全相同。因为对应于式（2.4.21）和式（2.4.23），我们有

$$z_0+\sum_{\ell=1}^{L}\max[\mu_\ell^{+}z_\ell,\mu_\ell^{-}z_\ell]\equiv\hat{z}_0+\sum_{\ell=1}^{L}\max[\hat{\mu}_\ell^{+}\hat{z}_\ell,\hat{\mu}_\ell^{-}\hat{z}_\ell]$$

$$\sum_{\ell=1}^{L}\sigma_\ell^2 z_\ell^2\equiv\sum_{\ell=1}^{L}\hat{\sigma}_\ell^2\hat{z}_\ell^2$$

底线是：当原始随机变量从 ζ_ℓ 按比例缩放至 $\hat{\zeta}_\ell$ 时，我们没有任何损失。下面，我们主要研究变量 ζ_ℓ 在给定的有限范围$[a_\ell,b_\ell]$，$a_\ell<b_\ell$ 内的变化情况。当 $\hat{\zeta}_\ell$ 变量的变化范围在$[-1,1]$上时，对 ζ_ℓ 进行缩放是很方便的。我们总是假设这个缩放是提前进行过的，所以变量 ζ_ℓ 本身的取值范围即限定在$[-1,1]$上。

2.4.2.2　高斯扰动

例 2.4.5　假设 $\zeta_1,\cdots,\zeta_L$ 是已知部分期望 μ_ℓ 和方差 s_ℓ^2 信息的独立高斯随机变量；具体来说，我们所知道的是 $\mu_\ell\in[\mu_\ell^-,\mu_\ell^+]$，$s_\ell^2\leqslant\sigma_\ell^2$，且 $\mu_\ell^{\pm}$ 和 σ_ℓ，$1\leqslant\ell\leqslant L$ 是已知的。对于 $\mu\in[\mu^-,\mu^+]$且 $\boldsymbol{\zeta}\sim\mathcal{N}(\mu,\sigma^2)$，我们有

$$
\begin{aligned}
E\{\exp\{t\boldsymbol{\zeta}\}\} &= \frac{1}{\sqrt{2\pi}\sigma}\int \exp\{ts\}\exp\{-(s-\mu)^2/(2\sigma^2)\}\mathrm{d}s \\
&= \exp\{\mu t\}\frac{1}{\sqrt{2\pi}\sigma}\int \exp\{tr\}\exp\{-r^2/(2\sigma^2)\}\mathrm{d}r \quad [r=s-\mu] \\
&= \exp\{\mu t\}\frac{1}{\sqrt{2\pi}\sigma}\int \exp\{t^2\sigma^2/2\}\exp\{-(r-t\sigma^2)^2/(2\sigma^2)\}\mathrm{d}r \\
&= \exp\{t\mu+t^2\sigma^2/2\}\leqslant \exp\{\max[\mu^- t,\mu^+ t]+t^2\sigma^2/2\}
\end{aligned}
$$

我们发现 $\boldsymbol{\zeta}$ 满足 P.1～P.2 的参数为 $\mu_\ell^\pm$，σ_ℓ，$\ell=1,\cdots,L$。由定理 2.4.3 给出的式（2.2.3）的保守易处理近似为

$$
\begin{aligned}
&[[\boldsymbol{a}^0]^{\mathrm{T}}\boldsymbol{x}-b^0]+\sum_{\ell=1}^{L}\max[\mu_\ell^-([\boldsymbol{a}^\ell]^{\mathrm{T}}\boldsymbol{x}-b^\ell),\mu_\ell^+([\boldsymbol{a}^\ell]^{\mathrm{T}}\boldsymbol{x}-b^\ell)]+ \\
&\sqrt{2\ln(1/\epsilon)}\sqrt{\sum_{\ell=1}^{L}\sigma_\ell^2([\boldsymbol{a}^\ell]^{\mathrm{T}}\boldsymbol{x}-b^\ell)^2}\leqslant 0
\end{aligned}
\tag{2.4.24}
$$

当 $\mu_\ell^\pm=0$，$\sigma_\ell=1$，$\ell=1,\cdots,L$ 时，该式即为式（2.2.1）在 $\Omega=\sqrt{2\ln(1/\epsilon)}$ 时的球 RC（2.2.3）。

请注意，在所讨论的简单情况下，模糊的机会约束（2.2.3）不需要近似值：当 $\epsilon\leqslant 1/2$ 时，它完全等价于凸约束

$$
\begin{aligned}
&[[\boldsymbol{a}^0]^{\mathrm{T}}\boldsymbol{x}-b^0]+\sum_{\ell=1}^{L}\max[\mu_\ell^-([\boldsymbol{a}^\ell]^{\mathrm{T}}\boldsymbol{x}-b^\ell),\mu_\ell^+([\boldsymbol{a}^\ell]^{\mathrm{T}}\boldsymbol{x}-b^\ell)]+ \\
&\mathrm{ErfInv}(\epsilon)\sqrt{\sum_{\ell=1}^{L}\sigma_\ell^2([\boldsymbol{a}^\ell]^{\mathrm{T}}\boldsymbol{x}-b^\ell)^2}\leqslant 0
\end{aligned}
\tag{2.4.25}
$$

其中，ErfInv 是逆误差函数（2.3.22）。当我们假设 $\boldsymbol{\zeta}$ 是高斯分布时，情况也是如此，我们所知道的关于 $\boldsymbol{\zeta}$ 的期望 μ 和协方差矩阵 $\boldsymbol{\Sigma}$ 的所有信息是 $\mu^-\leqslant\mu\leqslant\mu^+$ 和 $\boldsymbol{\Sigma}\preceq \mathrm{Diag}\{\sigma_1^2,\cdots,\sigma_L^2\}$。请注意，式（2.4.25）的结构与式（2.4.24）完全相同，唯一的区别在 $\sqrt{\cdot}$ 因子上。在式（2.4.24）中，该因子是 $\Omega(\epsilon)=\sqrt{2\ln(1/\epsilon)}$，而在式（2.4.25）中，该因子是 $\mathrm{ErfInv}(\epsilon)<\Omega(\epsilon)$。但是，这个区别并没有那么大，从下面的比较中可以看出来：

ϵ	10^{-1}	10^{-2}	10^{-3}	10^{-4}	10^{-5}	10^{-6}	$\to +0$
$\dfrac{\mathrm{ErfInv}(\epsilon)}{\Omega(\epsilon)}$	0.597	0.767	0.831	0.867	0.889	0.904	$\to 1$

2.4.2.3　有界扰动

例 2.4.6　假设我们所知道的概率分布 P 的支持范围是 $[-1,1]$。那么

$$
\int \exp\{st\}\mathrm{d}P(s)\leqslant\int \exp\{|t|\}\mathrm{d}P(s)=\exp\{|t|\}
$$

因此，P 满足 P.2 且 $\mu^-=-1$，$\mu^+=1$，$\sigma=0$。

特别地，如果我们知道影响式（2.2.1）的随机扰动 $\boldsymbol{\zeta}$ 是在 $[-1,1]$ 中独立变化的 ζ_ℓ，即，对于所有的 ℓ，有 $\mu_\ell^-=-1$，$\mu_\ell^+=1$，$\sigma_\ell=0$，那么 RC（2.4.11）变为

$$
[\boldsymbol{a}^0]^{\mathrm{T}}\boldsymbol{x}-b^0+\sum_{\ell=1}^{L}|[\boldsymbol{a}^\ell]^{\mathrm{T}}\boldsymbol{x}-b^\ell|\leqslant 0
$$

这只不过是盒 RC（2.3.15），它提供了对不确定性 100%的免疫。注意，由于有了先验信息，ζ 可以是来自单位盒的任意确定性扰动，因此在这种情况下，这个 RC 是我们能够构建的最佳 RC。

2.4.2.4　有界单峰扰动

例 2.4.7 假设我们所知道的概率分布 P 的支持范围是 $[-1,1]$，并且是关于 0 的单峰分布，也就是说，具有关于 0 的单峰分布密度 $p(s)$（即，当 $s<0$ 时为非递减，当 $s>0$ 时为非递增）。在这种情况下，假设 $t\geqslant 0$，我们有

$$\int \exp\{ts\}\mathrm{d}P(s)=\int_{-1}^{1}\exp\{ts\}p(s)\mathrm{d}s$$

可以明显看出后一个 $p(\cdot)$ 的泛函数，仅限于关于 0 的单峰分布密度，当 $p(s)$ 在 $[-1,0]$ 上取零时获得它的最大值，并且在 $[0,1]$ 上 $p(s)\equiv 1$。因此

$$t\geqslant 0\Rightarrow\int \exp\{ts\}\mathrm{d}P(s)\leqslant f(t)=\int_{0}^{1}\exp\{ts\}\mathrm{d}s=\frac{\exp\{t\}-1}{t} \tag{2.4.26}$$

事实上，假设 P 拥有仅存在于 $[-1,1]$ 上，且当 $s<0$ 时不减，$s>0$ 时不增的平滑密度 $p(s)$，并且设 $F(s)=\int_{0}^{s}\exp\{tr\}\mathrm{d}r$。我们有

$$\begin{aligned}\int \exp\{ts\}\mathrm{d}P(s)&=\int \exp\{ts\}p(s)\mathrm{d}s=\int F'(s)p(s)\mathrm{d}s=\int F(s)(-p'(s))\mathrm{d}s\\&=\int (F(s)/s)(-sp'(s))\mathrm{d}s\end{aligned}$$

其中，$F(0)/0=\lim\limits_{s\to+0}F(s)/s=1$。由于 p 是上述提到的关于 0 的单峰分布，并且仅存在于 $[-1,1]$ 上，函数 $q(s)=-sp'(s)$是非负的，并且也仅存在于 $[-1,1]$ 上；除此之外，$\int q(s)\mathrm{d}s=\int(-sp'(s))\mathrm{d}s=\int p(s)\mathrm{d}s=1$，即，$q(\cdot)$ 表示分布在 $[-1,1]$ 上的概率分布密度。此外，函数 $F(s)/s$ 在 s 定义域上显然是非递减的（回顾一下 $t\geqslant 0$ 的情况）。因此

$$\int (F(s)/s)(-sp'(s))\mathrm{d}s=\int_{-1}^{1}(F(s)/s)q(s)\mathrm{d}s\leqslant F(1)=\int_{0}^{1}\exp\{tr\}\mathrm{d}r=\frac{\exp\{t\}-1}{t}$$

正如式（2.4.26）中所要求的。

我们已经证明了，当 P 的分布密度是仅存在于 $[-1,1]$ 上，平滑的关于 0 的单峰分布密度函数时，式（2.4.26）是成立的。现在，对于每一个连续函数 $\phi(\cdot)$，每一个分布在 $[-1,1]$ 上的关于 0 的单峰分布概率密度函数 $p(s)$ 都可以近似为一个仅存在于 $[-1,1]$ 上的平滑的单峰序列，这里的意义体现为 $\int\phi(s)p_i(s)\mathrm{d}s\to\int\phi(s)p(s)\mathrm{d}s, i\to\infty$。指定 $\phi(s)=\exp\{ts\}$，并注意到，正如我们已经看到的，$\int\exp\{ts\}p_i(s)\leqslant t^{-1}(\exp\{t\}-1)$，我们总结出式（2.4.26）对于每一个仅存在于 $[-1,1]$ 上的关于 0 的单峰分布 P 都是有效的。

根据对称性，我们从式（2.4.26）中得到

$$\int \exp\{ts\}\mathrm{d}P(s)\leqslant f(t)\equiv\frac{\exp\{|t|\}-1}{|t|},\forall t$$

由此可得

$$\ln\left(\int \exp\{ts\}\mathrm{d}P(s)\right)\leqslant h(|t|),\quad h(t)=\ln f(t)$$

现在，直接计算表明，$h(0)=0$，$h'(0)=\frac{1}{2}$并且$h''(0)=\frac{1}{12}$。对于所有 $t\geqslant 0$ 的情况，有一个很自然的猜测是

$$h(t)\leqslant h(0)+h'(0)t+\frac{1}{2}h''(0)t^2\equiv\frac{1}{2}t+\frac{1}{24}t^2$$

这个猜测的确是正确的：

$$\begin{aligned} & h(t)?\leqslant?\ \frac{1}{2}t+\frac{1}{24}t^2,\forall t\geqslant 0 \\ \Leftrightarrow\quad & \int_0^1 \exp\{ts\}\,\mathrm{d}s?\leqslant?\exp\left\{\frac{1}{2}t+\frac{1}{24}t^2\right\},\forall t>0 \\ \Leftrightarrow\quad & \int_{-1/2}^{1/2}\exp\{tr\}\,\mathrm{d}r?\leqslant?\exp\left\{\frac{1}{24}t^2\right\} \\ \Leftrightarrow\quad & \sum_{k=0}^{\infty}\frac{t^{2k}}{(2k+1)!\,2^{2k}}?\leqslant?\sum_{k=0}^{\infty}\frac{t^{2k}}{24^k k!}\quad (*) \end{aligned}$$

其中，将 $\exp\{ts\}$ 和 $\exp\left\{\frac{1}{24}t^2\right\}$ 展开成泰勒级数得到结论式。可以看出，式（*）右边的级数在项上优于左边的级数，因此最后一个“? ⩽?”的确是“⩽”。

我们得出结论，P 满足 P. 2 且 $\mu^-=-\frac{1}{2}$，$\mu^+=\frac{1}{2}$，$\sigma^2=\frac{1}{12}$。

2.4.2.5　有界对称单峰扰动

例 2.4.8 假设我们所知道的概率分布 P 的支持范围为 $[-1,1]$，且是关于 0 的单峰分布和关于 0 的对称分布。在这种情况下，我们有

$$\int\exp\{ts\}\,\mathrm{d}P(s)=\int_0^1 2\cosh(ts)p(s)\,\mathrm{d}s$$

这里很容易看出，当 $p(s)\equiv\frac{1}{2}$，$-1\leqslant s\leqslant 1$ 时，后一个泛函数在 $[-1,1]$ 上的单峰对称概率密度值达到最大，因此

$$\int\exp\{ts\}\,\mathrm{d}P(s)\leqslant\int_0^1\cosh(ts)\,\mathrm{d}s=f(t):=\frac{\sinh(t)}{t}\tag{2.4.27}$$

事实上，正如式（2.4.26）中的证明，当 $p(s)$ 为光滑均匀密度，仅存在于 $s<1$ 上且在 $s>0$ 上为非增函数时，就足以证明式（2.4.27）成立。设 $F(s)=\int_0^s\cosh(ts)\,\mathrm{d}s$ 且 $q(s)=-2sp'(s)$，正如式（2.4.26）的证明内容，我们有 $\int_0^1 2\cosh(ts)p(s)\,\mathrm{d}s=\int_0^1(F(s)/s)q(s)\,\mathrm{d}s$，函数 $F(s)/s$ 是非减函数，并且 $q(s)$是 $[0,1]$ 上的概率密度函数，此时 $\int_0^1(F(s)/s)q(s)\,\mathrm{d}s\leqslant F(1)=f(t)$。

直接计算表明，函数 $h(t)=\ln f(t)$满足 $h(0)=0$，$h'(0)=0,h''(t)=\frac{1}{3}$，一个很自然的猜测是

$$h(t)\leqslant h(0)+h'(0)t+\frac{1}{2}h''(0)t^2\equiv\frac{1}{6}t^2$$

对于所有 t，下式也成立：

$$h(t)?\leqslant?\frac{1}{6}t^2,\forall t$$

$$\Leftrightarrow\quad \frac{1}{2}\int_{-1}^{1}\exp\{ts\}\,\mathrm{d}s?\leqslant?\exp\left\{\frac{1}{6}t^2\right\},\forall t$$

$$\Leftrightarrow\quad \sum_{k=0}^{\infty}\frac{t^{2k}}{(2k+1)!}?\leqslant?\sum_{k=0}^{\infty}\frac{t^{2k}}{6^k k!}\quad (*)$$

由例 2.4.7 中相同的参数可知，式（*）确实成立。我们得出结论，P 满足 P.2 且 $\mu^-=\mu^+=0$，$\sigma^2=\frac{1}{3}$。

2.4.2.6　范围和期望信息

例 2.4.9 假设我们所知道的概率分布 P 的支持范围为 $[-1,1]$，并且相关随机变量的期望属于给定的区间 $[\mu^-,\mu^+]$ 中；当然，我们可以假设 $-1\leqslant\mu^-\leqslant\mu^+\leqslant 1$。令 μ 是 P 的均值。给定 t，考虑以下函数

$$\phi(s)=\exp\{ts\}-\sinh(t)s,-1\leqslant s\leqslant 1$$

这个函数在 $[-1,1]$ 上是凸的，因此在这段区间的端点处达到最大值。由于 $\phi(1)=\phi(-1)=\cosh(t)$，我们有

$$\int\exp\{ts\}\mathrm{d}P(s)=\int\phi(s)\mathrm{d}P(s)+\mu\sinh(t)\leqslant\max_{-1\leqslant s\leqslant 1}\phi(s)+\mu\sinh(t)$$
$$=\cosh(t)+\mu\sinh(t)$$

因此，

$$\int\exp\{ts\}\mathrm{d}P(s)\leqslant f_\mu(t):=\cosh(t)+\mu\sinh(t)\tag{2.4.28}$$

注意，在这种情况下——当 P 是一个两点分布，分配 $(1+\mu)/2$ 给点 $s=1$，分配 $(1-\mu)/2$ 给点 $s=-1$ 时，边界（2.4.28）是最好的；事实上，这种分布的支持范围在 $[-1,1]$ 上且数学期望为 μ。

设 $h_\mu(t)=\ln f_\mu(t)$，我们有

$$h_\mu(0)=0,\quad h'_\mu(t)=\frac{\sinh(t)+\mu\cosh(t)}{\cosh(t)+\mu\sinh(t)},$$

$$h'_\mu(0)=\mu,\quad h''_\mu(t)=1-\left(\frac{\sinh(t)+\mu\cosh(t)}{\cosh(t)+\mu\sinh(t)}\right)^2,$$

以及对所有 t，均有 $h''_\mu(t)\leqslant 1$。我们得出这样的结论

（!）当 $\mu^-\leqslant\mu\leqslant\mu^+$ 时，我们有 $h_\mu(t)\leqslant\max[\mu^-t,\mu^+t]+\frac{1}{2}t^2,\forall t$。

现在我们设

$$\Sigma_{(1)}(\mu^-,\mu^+)=\min\left\{c\geqslant 0:h_\mu(t)\leqslant\max[\mu^-t,\mu^+t]+\frac{c^2}{2}t^2,\forall(\mu\in[\mu^-,\mu^+],t)\right\}\tag{2.4.29}$$

图 2-2a 中绘制了 $\Sigma_{(1)}(\mu^-,\mu^+)$，$-1\leqslant\mu^-\leqslant\mu^+\leqslant 1$ 的图像。通过（!），$\Sigma_{(1)}(\mu^-,\mu^+)$ 有了较好的定义且小于或等于 1，回顾式（2.4.28），

$$\ln\left(\int\exp\{ts\}\mathrm{d}P(s)\right)\leqslant\max[\mu^-t,\mu^+t]+\frac{\Sigma_{(1)}^2(\mu^-,\mu^+)}{2}t^2,\forall t$$

因此，P 满足 P.2 且参数 $\mu^\pm$，$\sigma=\Sigma_{(1)}(\mu^-,\mu^+)\leqslant 1$。

评注 2.4.10 我们已经证明了命题 2.3.1。事实上，在这个命题的前提下，例 2.4.9（此处设 $\mu^{\pm}=0$）表明随机变量 ζ_ℓ 满足 P.1～P.2 且参数 $\mu_\ell^{\pm}=0$，$\sigma_\ell=1$，$\ell=1,\cdots,L$，这使得命题 2.3.1 成为命题 2.4.2 的一个特例。

2.4.3 更多实例

例 2.4.9 是非常有意义的，我们可以继续从这个例子中概述的方向出发，利用越来越详细的 ζ_ℓ 分布信息。

在进一步讨论这种类型的实例之前，让我们先理清例 2.4.9 中所使用的主要推理因素，即我们建立关键不等式（2.4.28）的方式。类似的推理可以用于下面所有实例中。这个问题的本质是：给定轴上的函数 $w_t(s)$（在例 2.4.9 中是 $\exp\{ts\}$）和“矩型”信息

$$\int g_j(s)\mathrm{d}P(s)\begin{cases}=\mu_j, & j\in J_=\\ \leqslant\mu_j, & j\in J_\leqslant\end{cases}$$

其中，概率分布 P 的范围是给定轴上的 Δ 区域（在例 2.4.9 中，$J_=\{1\}$，$J_\leqslant=\varnothing$，$\mu_1=\mu$，$g_1(s)\equiv s$，且 $\Delta=[-1,1]$），我们希望从 $\int w_t(s)\mathrm{d}P(s)$ 的值以上限定边界。我们使用的是一种拉格朗日松弛方法：我们观察发现 P 的分布信息表明，当 λ_j，$j\in J_=\cup J_\leqslant$ 时，$\lambda_j\geqslant 0$ 对所有的 $j\in J_\leqslant$ 均成立，我们有

$$\begin{aligned}\int w_t(s)\mathrm{d}P(s)&=\int\Big[w_t(s)-\sum_j\lambda_j g_j(s)\Big]\mathrm{d}P(s)+\sum_j\lambda_j\int g_j(s)\mathrm{d}P(s)\\&\leqslant\max_{s\in\Delta}\Big[w_t(s)-\sum_j\lambda_j g_j(s)\Big]+\sum_j\lambda_j\mu_j\end{aligned}\tag{2.4.30}$$

其中，结论不等式由以下事实给出：P 是一个支持范围为 Δ 的概率分布，与我们的先验矩信息一致。

在接下来的例子中，当证明类似于式（2.4.28）的不等式时，我们选择了恰当 λ_j（在式（2.4.28）的情况下，$\lambda_1=\sinh(t)$）的概述边界方案。事实上，使用的 λ 是由 λ 内所得的界的极小化给出的，但我们不妨直接证明这个事实；我们只是证明所得的界是不可改进的，因为它在某些分布 P 上是相等的，与我们的先验信息一致。

2.4.3.1 范围、均值和方差信息

例 2.4.11 假设我们所知道的概率分布 P 的支持范围是 $[-1,1]$ 且 $\mathrm{Mean}[P]\in[\mu^-,\mu^+]$，$\mathrm{Var}[P]\leqslant\nu^2$，其中 ν 和 $\mu^{\pm}$ 都是已知的。不失一般性地，我们可以关注 $|\mu^{\pm}|\leqslant\nu\leqslant 1$。

(i) 在 $\mu=\mathrm{Mean}[P]$ 条件下，有

$$\int\exp\{ts\}\mathrm{d}P(s)\leqslant f_{\mu,\nu}(t)\equiv\begin{cases}\dfrac{(1-\mu)^2\exp\left\{t\dfrac{\mu-\nu^2}{1-\mu}\right\}+(\nu^2-\mu^2)\exp\{t\}}{1-2\mu+\nu^2}, & t\geqslant 0\\[2ex] \dfrac{(1+\mu)^2\exp\left\{t\dfrac{\mu+\nu^2}{1+\mu}\right\}+(\nu^2-\mu^2)\exp\{-t\}}{1+2\mu+\nu^2}, & t\leqslant 0\end{cases}\tag{2.4.31}$$

而边界（2.4.31）在以下情况下是最可能的：当 $t>0$ 时，它是两点分布，分别将 $(1-\mu)^2/$

$(1-2\mu+\nu^2)$和$(\nu^2-\mu^2)/(1-2\mu+\nu^2)$分配给点$\bar{s}=\dfrac{\mu-\nu^2}{1-\mu}$和 1。这种$P_+^\mu$分布和我们的先验信息：$\text{Mean}[P_+^\mu]=\mu$，$\text{Var}[P_+^\mu]=\nu^2$是一致的。当$t<0$时，当$P$是$P_+^{(-\mu)}$关于 0 的“反射”$P_-^\mu$时，达到边界（2.4.31）。

(ii) 对所有t，函数$h_{\mu,\nu}(t)=\ln f_{\mu,\nu}(t)$满足$h_{\mu,\nu}(t)\leqslant\mu t+\dfrac{1}{2}t^2$。因此，函数

$$\Sigma_{(2)}(\mu^-,\mu^+,\nu)=\min\left\{c\geqslant 0: h_{\mu,\nu}(t)\leqslant\max[\mu^- t,\mu^+ t]+\frac{c^2}{2}t^2 \quad \forall(\mu\in[\mu^-,\mu^+],t)\right\} \tag{2.4.32}$$

有了较好的定义并且小于或等于 1，而且P满足 P.2 且具有参数$\mu^\pm$，$\sigma=\Sigma_{(2)}(\mu^-,\mu^+,\nu)$。

注意，函数$\Sigma_{(1)}(\mu^-,\mu^+)$即为函数$\Sigma_{(2)}(\mu^-,\mu^+,1)$。图 2-2b 绘制了$\Sigma_{(2)}(\mu^-,\mu^+,\nu)$的图像。

事实上，通过连续性，在$|\mu|<\nu\leqslant 1$的情况下证明式（2.4.31）成立就足以证明（i）成立了；根据对称性，我们可以假设$t>0$。设$\bar{s}=\dfrac{\mu-\nu^2}{1-\mu}$，由于$|\mu|<\nu<1$，因此，$-1<\bar{s}<1$。考虑函数

$$\phi(s)=\exp\{ts\}-\lambda_1 s-\lambda_2 s^2$$

其中，λ_1和λ_2的值通过以下方式选择

$$\phi(\bar{s})=\phi(1),\quad \phi'(\bar{s})=0$$

即，

$$\lambda_1=t\exp\{t\bar{s}\}-2\lambda_2\bar{s},\quad \lambda_2=\frac{\exp\{t\bar{s}\}[\exp\{t(1-\bar{s})\}-1-t(1-\bar{s})]}{(1-\bar{s})^2}$$

对$\lambda_2\geqslant 0$的结构进行观察。对于$-1\leqslant s\leqslant 1$，我们认为$\phi(s)\leqslant\phi(1)$，因此

$$\int\exp\{ts\}\mathrm{d}P(s)=\int\phi(s)\mathrm{d}P(s)+\int[\lambda_1 s+\lambda_2 s^2]\mathrm{d}P(s)\leqslant\phi(1)+\lambda_1\mu+\lambda_2\nu^2$$

（比较式（2.4.30）），将$\bar{s}$，λ_1和λ_2的值代入，得到的边界为（2.4.31）。

我们仍然需要证明在$[-1,1]$上$\phi(s)\leqslant\phi(1)$。我们很快发现$\phi''(\bar{s})<0$。因此，当s从$\bar{s}$增加到 1，函数$\phi(s)$首先会减小，且初始值为$\phi(\bar{s})=\phi(1)$；接下来会发生什么，我们并不清楚，但当s的值达到 1 时，ϕ恢复到它的初始值$\phi(\bar{s})=\phi(1)$。由此得出，$\phi'(s)$在开区间$(\bar{s},1)$中为零。进一步，假设$\max\limits_{\bar{s}\leqslant s\leqslant 1}\phi(s)>\phi(\bar{s})$，函数$\phi'(s)$在$(\bar{s},1)$上至少有 2 个不同的零解；除此之外，由$\phi'(\bar{s})=0$可以得到$\phi'(s)$至少有 3 个不同的零解。但是$\phi'(s)$是$s$的凸函数；有至少 3 个不同的零解，显然，在非平凡线段上，它并非一直为零。因此，当$\bar{s}\leqslant s\leqslant 1$时，$\phi(s)\leqslant\phi(\bar{s})=\phi(1)$。为了证明当$-1\leqslant s\leqslant\bar{s}$时，同样的不等式成立，观察到随着$s$从$\bar{s}$减小至$-1$，$\phi(s)$先减小（由于$\phi'(\bar{s})=0$，$\phi''(\bar{s})<0$）。接下来会发生什么，我们并不知道，但根据刚才所说的，可以得出结论：如果在$[-1,\bar{s}]$上的某个范围内，$\phi(s)>\phi(\bar{s})$，那么，$\phi'(s)$在$(-1,\bar{s})$上有一个零解；当零解在$\bar{s}$上（根据结构）或者在$(\bar{s},1)$上的某一处（我们已经看到了这一种情况），这至少给出了ϕ'的 3 个不同的零解，根据我们刚才的解释，这是不可能发生的情况。因此，如上文所述，在整段区间$[-1,1]$上，$\phi(s)\leqslant\phi(\bar{s})=\phi(1)$。

请注意，为了验证（ii），正如我们已经看到的，$f_{\mu,\nu}(t)$是分布在［$-1,1$］上的所有概率分布 P 的 $\int \exp\{ts\}\mathrm{d}P(s)$的最大值，使得 $\mathrm{Mean}[P]=\mu,\mathrm{Var}[P]\leqslant\nu^2$；但后一个最大值在 ν 中显然是不减的。至于 $f_{\mu,1}(t)$，当然，这只是例 2.4.9 中的函数 $f_\mu(t)$；正如我们在这个例子中所看到的，$\ln f_\mu(t)\leqslant\mu t+\frac{1}{2}t^2$，所以同一个上界对 $h_{\mu,\nu}(t)$ 有效。■

2.4.3.2　范围、对称性和方差

例 2.4.12 假设我们所知道的概率分布 P 的支持范围是［$-1,1$］并且是关于 0 的对称分布，且 $\mathrm{Var}[P]\leqslant\nu^2$，$0\leqslant\nu\leqslant1$，$\nu$ 已知。我们有以下结论。

(i)
$$\int \exp\{ts\}\mathrm{d}P(s)\leqslant f(t)\equiv\nu^2\cosh(t)+1-\nu^2 \tag{2.4.33}$$

在这种情况下，即：当 P 为三点分布时，将 $\nu^2/2$ 赋给点 ±1，将 $1-\nu^2$ 赋给点 0 的情况下，这个边界是最佳的可能情况。

(ii) 函数 $h(t)=\ln f(t)$是凸函数，并且也是偶函数和二阶可微的，其二阶导数在整个实轴上以 1 为边界，且 $h(0)=0$，$h'(0)=0$。因此，函数

$$\Sigma_{(3)}(\nu)\equiv\min_c\left\{c\geqslant0:\frac{c^2}{2}t^2\geqslant h(t):=\ln(\nu^2\cosh(t)+1-\nu^2),\forall t\right\}\leqslant1 \tag{2.4.34}$$

在 $0\leqslant\nu\leqslant1$ 上有较好的定义，同时，P 满足 P.2 且 $\mu^{\pm}=0,\sigma=\Sigma_{(3)}(\nu)$。

图 2-2c 中绘制了 $\Sigma_{(3)}(\cdot)$的图像。我们将要求的证明留作练习 2.1。

2.4.3.3　范围、对称性、单峰性和方差

例 2.4.13 假设我们所知道的概率分布 P 的支持范围是［$-1,1$］，并且是关于 0 的对称分布和单峰分布，另外，$\mathrm{Var}[P]\leqslant\nu^2\leqslant1/3$（$\nu$ 的上界是自然的——可以看出这是由 P 的其他假设所隐含的）。我们有以下结论。

(i)
$$\int \exp\{ts\}\mathrm{d}P(s)\leqslant1-3\nu^2+3\nu^2\frac{\sinh(t)}{t} \tag{2.4.35}$$

并且在这种情况下，这个边界是最佳的可能情况。（要知道边界为什么不能被改进，可以看一下当［$-1,1$］上 P 的密度等于 $3\nu^2/2$ 时发生了什么，除了原点的小邻域$[-\epsilon,\epsilon]$，其中密度等于 $3\nu^2/2+(1-3\nu^2)/(2\epsilon)$。）

(ii) 函数 $h(t)=\ln\left(1-3\nu^2+3\nu^2\frac{\sinh(t)}{t}\right)$是均匀平滑的，同时其二阶导数在整个实轴上有界且为 1，因此函数

$$\Sigma_{(4)}(\nu)=\min\left\{c\geqslant0:\ln\left(1-3\nu^2+3\nu^2\frac{\sinh(t)}{t}\right)\leqslant\frac{c^2}{2}t^2,\forall t\right\},0\leqslant\nu\leqslant\sqrt{1/3} \tag{2.4.36}$$

有较好的定义，且小于或等于 1。因此，P 满足 P.2 且参数 $\mu^{\pm}=0,\sigma=\Sigma_{(4)}(\nu)$。

要证明（i），只需验证当 P 的密度 $p(s)$ 是平滑、均匀、关于 0 的单峰分布且仅存在于［$-1,1$］上的式（2.4.35）即可（参考式（2.4.26）的证明）。除此之外，根据连续性，我们可以假设 $t\neq0$。我们有

$$\int \exp\{ts\}\mathrm{d}P(s)=\int_{-1}^{1}\exp\{ts\}p(s)\mathrm{d}s=\int_0^1\cosh(ts)(2p(s))\mathrm{d}s \tag{2.4.37}$$

现在，令 λ 为如下函数

$$\phi(s)=\frac{\sinh(ts)}{ts}-\lambda s^2$$

满足 $\phi(0)=\phi(1)$时的值，即

$$\lambda=\frac{\sinh(t)-t}{t}$$

设 $F(s)=\int_0^s \cosh(tr)\mathrm{d}r=\sinh(ts)/t$ 且 $q(s)=-2sp'(s)$，以及例 2.4.8，我们观察到，当 $0\leqslant s\leqslant 1$ 时，$q(s)$是一个概率密度，且

$$\int_0^1 \cosh(ts)(2p(s))\mathrm{d}s=\int_0^1 (F(s)/s)(-2sp'(s))\mathrm{d}s=\int_0^1 (F(s)/s)q(s)\mathrm{d}s$$

除此之外，我们有

$$\int_0^1 s^2 q(s)\mathrm{d}s=\int_0^1 (-2s^3)p'(s)\mathrm{d}s=\int_0^1 (6s^2)p(s)\mathrm{d}s=3\int_{-1}^1 s^2 p(s)\mathrm{d}s\leqslant 3\nu^2$$

通过观察，由于 q 是 $[0,1]$ 上的概率密度函数，后一个链式中的等式表明 $3\int_{-1}^1 s^2\cdot p(s)\mathrm{d}s=\int_0^1 s^2 q(s)\leqslant 1$，这就证明了 $\mathrm{Var}[P]$的上界 1/3，并且因此得到边界 $\nu^2\leqslant 1/3$。

我们现在可以按以下步骤进行：正如我们所见到的，

$$\int \exp\{ts\}\mathrm{d}P(s)=\int_0^1 (\sinh(ts)/(ts))q(s)\mathrm{d}s$$

来源于

$$\int \exp\{ts\}\mathrm{d}P(s)=\int_0^1 \left[\frac{\sinh ts}{ts}-\lambda s^2\right]q(s)\mathrm{d}s+\int_0^1 \lambda s^2 q(s)\mathrm{d}s\leqslant \max_{0\leqslant s\leqslant 1}\phi(s)+3\lambda\nu^2 \tag{2.4.38}$$

（这里考虑 $\lambda>0$）。我们现在认为 $\max\limits_{0\leqslant s\leqslant 1}\phi(s)=\phi(0)\equiv\phi(1)$，其与式（2.4.38）结合表明

$$\int \exp\{ts\}\mathrm{d}P(s)\leqslant\phi(0)+3\lambda\nu^2=1+3\lambda\nu^2$$

从 λ 的表达式来看，后一个边界正好是式（2.4.35）。

我们认为当 $0\leqslant s\leqslant 1$ 时，$\phi(s)\leqslant\phi(0)=\phi(1)=1$ 的说法仍然需要被证明。我们可以看到

$$\phi'(0)=0,\quad \phi''(0)=\frac{1}{3}t^2-2\,\frac{\sinh(t)-t}{t}=-2\,\frac{\sinh(t)-t-t^3/6}{t}<0$$

由此可知，当 s 从 0 增加到 1 时，函数 $\phi(s)$ 从 $\phi(0)=1$ 首先开始减小。接下来会发生的情况，除了当 s 达到 1 时，$\phi(s)$恢复其初始值 $\phi(1)=\phi(0)=1$ 之外，其他的我们并不能确切地知道。结果表明，如果 $\max\limits_{0\leqslant s\leqslant 1}\phi(s)>1$，那么 $\phi'(s)$在 $(0,1)$ 上至少有 2 个不同的零解，当 $\phi'(0)=0$ 时，ϕ'至少有 3 个不同的零解。但是 $\phi'(s)$是一个凸函数，为了使它具有 3 个不同的零解，它必须在一个非平凡的区间上为零，但实际情况显然不是这样。 ■

2.4.4　总结

表 2-3 和图 2-2 给出了我们所考虑的实例的总结。

表 2-3　例 2.4.6～例 2.4.9 和例 2.4.11～例 2.4.13 的总结。在实轴上的 P 概率分布表中，我们用 $\mathrm{Mean}[P]=\int s\mathrm{d}P(s)$ 和 $\mathrm{Var}[P]=\int s^2\mathrm{d}P(s)$ 表示分布的均值和方差

关于 P 的先验信息	P 满足 P.2 的参数情况			备注
	μ^-	μ^+	σ	
$\mathrm{supp}(P)\subset[-1,1]$	-1	1	0	
$\mathrm{supp}(P)\subset[-1,1]$ P 是关于 0 的单峰分布	$-\frac{1}{2}$	$\frac{1}{2}$	$\sqrt{\frac{1}{12}}$	
$\mathrm{supp}(P)\subset[-1,1]$ P 是关于 0 的单峰分布 P 是关于 0 的对称分布	0	0	$\sqrt{\frac{1}{3}}$	
$\mathrm{supp}(P)\subset[-1,1]$ $[-1<]\mu^-\leqslant\mathrm{Mean}[P]\leqslant\mu^+[<1]$	μ^-	μ^+	$\Sigma_{(1)}(\mu^-,\mu^+)$	式 (2.4.29)
$\mathrm{supp}(P)\subset[-1,1]$ $[-\nu<]\mu^-\leqslant\mathrm{Mean}[P]\leqslant\mu^+[\leqslant\nu]$ $\mathrm{Var}[P]\leqslant\nu^2\leqslant1$	μ^-	μ^+	$\Sigma_{(2)}(\mu^-,\mu^+,\nu)$	式 (2.4.32)
$\mathrm{supp}(P)\subset[-1,1]$ P 是关于 0 的对称分布 $\mathrm{Var}[P]\leqslant\nu^2\leqslant1$	0	0	$\Sigma_{(3)}(\nu)$	式 (2.4.34)
$\mathrm{supp}(P)\subset[-1,1]$ P 是关于 0 的对称分布 P 是关于 0 的单峰分布 $\mathrm{Var}[P]\leqslant\nu^2\leqslant1/3$	0	0	$\Sigma_{(4)}(\nu)$	式 (2.4.36)

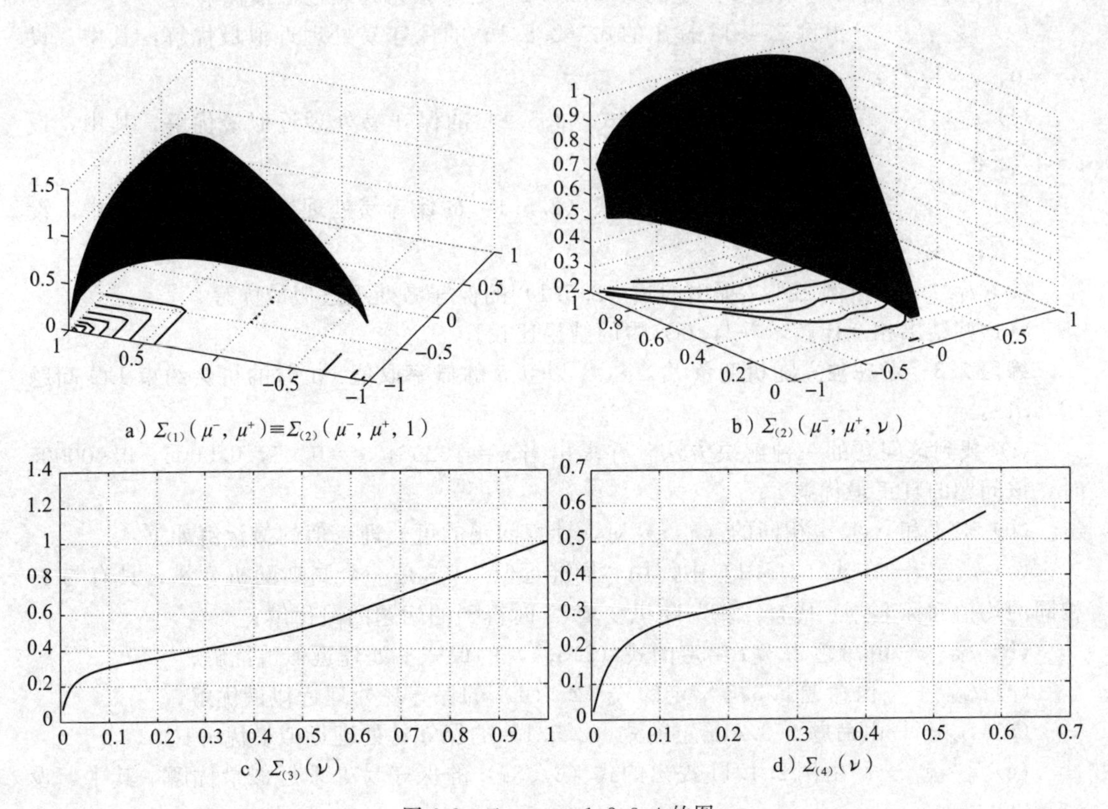

图 2-2　$\Sigma_{(\kappa)}$，$\kappa=1,2,3,4$ 的图

2.5　练习

练习 2.1　证明例 2.4.12 中的想法。

练习 2.2　考虑简单机会约束的 LO 问题：

$$\min_{x,t}\left\{t:\text{Prob}\left\{\underbrace{\sum_{j=1}^{n}\zeta_j x_j}_{\xi^n[x]}\leqslant t\right\}\geqslant 1-\epsilon, 0\leqslant x_i\leqslant 1, \sum_j x_j=n\right\} \tag{2.5.1}$$

其中，$\zeta_1,\cdots,\zeta_n$ 是均匀分布在 $[-1,1]$ 上的独立随机变量。

(i) 找到该问题的一种解决办法，并求出当 $n=16256$，$\epsilon=0.05$，0.0005，0.000005 时，该问题的真正最优解 t_{tru}。

提示：$x_1=\cdots=x_n=1$ 表示确定性约束。我们需要的是用一种有效的方法来计算均匀分布在 $[-1,1]$ 上的 n 个非独立随机变量之和 ξ^n 的概率分布 $\text{Prob}\{\xi^n<t\}$。ξ^n 的分布密度明显在 $[-n,n]$ 上，并且在每一个分段区间 $[-n+2i,-n+2i+2]$，$0\leqslant i\leqslant n$ 上是一个 $n-1$ 次多项式。这些多项式的系数可以通过 n 次简单的递归运算得到。

(ii) 对于和 (i) 中相同的 (n,ϵ) 对，计算问题的可处理近似的最优解如下：

(a) t_{Nrm}——在式 (2.5.1) 中，用“标准近似”(这是一个高斯随机变量，具有与 $\xi^n[\boldsymbol{x}]$ 相同的均值和标准差) 代替“真”随机变量 $\xi^n[\boldsymbol{x}]$ 时得到的问题的最优解；

(b) t_{Bll}——由命题 2.3.1 给定的式 (2.5.1) 的保守易处理近似最优解；

(c) t_{BllBx}——由命题 2.3.3 给定的式 (2.5.1) 的保守易处理近似最优解；

(d) t_{Bdg}——由命题 2.3.4 给定的式 (2.5.1) 的保守易处理近似最优解；

(e) $t_{\text{E.2.4.11}}$——由例 2.4.11 提出的式 (2.5.1) 的保守易处理近似最优解，其中，设 $\mu^{\pm}=0$，$\nu=1/\sqrt{3}$；

(f) $t_{\text{E.2.4.12}}$——由例 2.4.12 提出的式 (2.5.1) 的保守易处理近似最优解，其中，设 $\nu=1/\sqrt{3}$；

(g) $t_{\text{E.2.4.13}}$——由例 2.4.13 提出的式 (2.5.1) 的保守易处理近似最优解，其中，设 $\nu=1/\sqrt{3}$；

(h) t_{Unim}——由例 2.4.7 提出的式 (2.5.1) 的保守易处理近似最优解。

将这些结果相互比较，并与 (i) 中的结果比较。

练习 2.3　考虑独立随机变量 $\zeta_1,\cdots,\zeta_n$ 以 0.5 的概率取值 ± 1 时的机会约束 LO 问题 (2.5.1)。

(i) 找到该问题的一种解决方法，并求出当 $n=16256$，$\epsilon=0.05$，0.0005，0.000005 时，该问题的真正最优解 t_{tru}。

(ii) 对于和 (i) 中相同的 (n,ϵ) 对，计算问题的可处理近似的最优解如下：

(a) t_{Nrm}——在式 (2.5.1) 中，用“标准近似”(这是一个高斯随机变量，具有与 ξ^n 相同的均值和标准差) 代替“真”随机变量 ξ^n 时得到的问题的最优解；

(b) t_{Bll}——由命题 2.3.1 给定的式 (2.5.1) 的保守易处理近似最优解；

(c) t_{BllBx}——由命题 2.3.3 给定的式 (2.5.1) 的保守易处理近似最优解；

(d) t_{Bdg}——由命题 2.3.4 给定的式 (2.5.1) 的保守易处理近似最优解；

(e) $t_{\text{E.2.4.11}}$——由例 2.4.11 提出的式 (2.5.1) 的保守易处理近似最优解，其中，设 $\mu^{\pm}=0$，$\nu=1$；

(f) $t_{E.2.4.12}$——由例 2.4.12 提出的式 (2.5.1) 的保守易处理近似最优解，其中，设 $\nu=1$。

将这些结果相互比较，并与 (i) 中的结果比较。

练习 2.4　A) 验证当 $n=2^k$ 是 2 的整数次幂时，构建一个所有项均为 ±1 的 $n\times n$ 矩阵 $\boldsymbol{B}_n$，其中，第一列的所有项均等于 1，且行相互正交。

提示： 使用递归 $\boldsymbol{B}_{2^0}=[1]$；$\boldsymbol{B}_{2^{k+1}}=\begin{bmatrix}\boldsymbol{B}_{2^k} & \boldsymbol{B}_{2^k}\\ \boldsymbol{B}_{2^k} & -\boldsymbol{B}_{2^k}\end{bmatrix}$。

B) 设 $n=2^k$ 且 $\hat{\boldsymbol{\zeta}}\in\mathbb{R}^n$ 为如下所示的随机向量。我们从 (A) 中固定一个向量 $\boldsymbol{B}_n$。为了得到 $\boldsymbol{\zeta}$ 的一个实现，我们生成随机变量 $\eta\sim\mathcal{N}(0,1)$，并在矩阵 $\eta\boldsymbol{B}_n$ 中随机选取（根据 $\{1,\cdots,n\}$ 上的均匀分布）一列，所得到的向量即为我们生成的 $\hat{\boldsymbol{\zeta}}$。

B.1) 证明 ζ_j 的边际分布和 $\hat{\boldsymbol{\zeta}}$ 的协方差矩阵与随机向量 $\widetilde{\boldsymbol{\zeta}}\sim\mathcal{N}(\boldsymbol{0},\boldsymbol{I}_n)$ 的完全相同。由此可见，最原始的检验分布也无法区分 $\hat{\boldsymbol{\zeta}}$ 和 $\widetilde{\boldsymbol{\zeta}}$ 的差别。

B.2) 考虑在 $\epsilon<1/(2n)$ 条件下的问题 (2.5.1)，并计算出当 (a) $\boldsymbol{\zeta}$ 是 $\widetilde{\boldsymbol{\zeta}}$，(b) $\boldsymbol{\zeta}$ 是 $\hat{\boldsymbol{\zeta}}$ 情况下的最优解。比较 $n=10$，$\epsilon=0.01$；$n=100$，$\epsilon=0.001$；$n=1000$，$\epsilon=0.0001$ 条件下的结果。

2.6　备注

备注 2.1　机会约束的概念可以追溯到 Charnes、Cooper 和 Symonds[40]，Miller 和 Wagner[79]，以及 Prékopa[96]。关于这些约束的重要凸性结果，参见 [97, 71]。对于可以有效处理标量机会约束的特殊情况，参见 [98, 45]。据我们所知，除了这些特殊情况，只有两种计算效率高的方法可以处理机会约束：场景近似方法和本章正文中所定义的保守易处理近似方法。

机会约束问题的场景近似模型

$$\min_{x}\{f_0(\boldsymbol{x}):\mathop{\mathrm{Prob}}_{\zeta\sim P}\{f_i(\boldsymbol{x},\boldsymbol{\zeta})\leqslant0,i=1,\cdots,m\}\geqslant1-\epsilon\}\qquad(*)$$

在概念上是非常简单的：生成 $\boldsymbol{\zeta}$ 的 N 个独立实现样本 $\boldsymbol{\zeta}^1,\cdots,\boldsymbol{\zeta}^N$，作为近似使用，问题

$$\min_{x}\{f_0(\boldsymbol{x}):f_i(\boldsymbol{x},\boldsymbol{\zeta}^t)\leqslant0,i=1,\cdots,m,t=1,\cdots,N\}\qquad(!)$$

当 $f_i,i=0,1,\cdots,m$ 是 $\boldsymbol{x}$ 的有效可计算的凸函数且 N 取适当值时，其近似是易于计算的；然而，这并不一定保守的 (!) 的可行集（其本身是随机的），它也不一定包含在 (*) 的可行集中。即使是 (!) 最优解（它是随机的）的较弱属性（充分满足所有的目标）也不能保证在 (*) 中可行。然而，当 N 足够大时，可以希望此解以接近于 1 的概率对 (*) 是可行的。Calafiore 和 Campi[37,38] 的更深层次的结论证明了上述情况在凸情况下是成立的；特别地，如果 $f_0,f_1,\cdots,f_m$ 在 $\boldsymbol{x}$ 上是凸的，则对于每一个 $\epsilon,\delta\in(0,1)$，样本量

$$N\geqslant N^*:=\mathrm{Ceil}(2n\,\epsilon^{-1}\log(12/\epsilon)+2\,\epsilon^{-1}\log(2/\delta)+2n),n=\dim\boldsymbol{x}$$

保证 (!) 的最优解 $\widetilde{\boldsymbol{x}}$ 以大于或等于 $1-\delta$ 的概率对于 (*) 是可行的。关于机会约束问题的场景近似方法的其他有趣和重要结果可以在文献 [44, 66]（后一篇论文讨论了模糊机会约束的情况）中找到。场景近似最吸引人的特点在于它的通用性。除了需要在 $\boldsymbol{x}$ 上保持凸性之外，它不需要对 $f_i(\boldsymbol{x},\boldsymbol{\zeta})$ 上的结构进行假设，也不需要对 P 进行假设（后者本身甚至是没有必要的——我们需要的只是从 P 中取样的可能性）。不足的一面是，为了使场景近似保守的概率接近于 1（换言之，$\widetilde{\boldsymbol{x}}$ 对 (*) 而言是可行的），样本量 N 应该足够大，

具体来说，大约是$\frac{1}{\epsilon}$。[1]在现实中，这意味着在ϵ很小，比如 1.e-4 或者更少[2]的情况下，场景近似方法是不切实际的。

在本书中，我们采用了另一种方法：机会约束的无须模拟分析的保守易处理近似方法。而这些近似方法需要对所讨论的机会约束的结构进行严格的假设（我们几乎从来没有超越$\boldsymbol{\zeta}$带有独立的“薄尾”分量的双仿射函数 $f_i(\boldsymbol{x},\boldsymbol{\zeta})$的情况），它们的优点是，近似的复杂性与$\epsilon$的取值无关（因此，$\epsilon$可以任意小）。

备注 2.2　2.3 节的理论结果来源于文献［5，7］（命题 2.3.1，命题 2.3.3）和［24］（命题 2.3.4）。几乎 2.4 节中给出的所有结果都是基于文献［83］中提出的 Bernstein 近似方法；第 4 章将对该方法进行更详细的研究。

---

[1] 不难看出，这一要求反映出了问题的本质，而不是一个“坏边界”的结果。

[2] 当 f_i 是 $\boldsymbol{x}$ 和 $\boldsymbol{\zeta}$ 中的双仿射，且 $\boldsymbol{\zeta}$ 中的项是“薄尾”独立随机变量时，这一短板问题可以被克服，参见文献［84］。

不确定LO问题的全局鲁棒对等

在本章中，我们扩展了鲁棒对等概念的范围，以便在实际扰动超出假定扰动集范围时，能够获得一定的控制。

3.1 全局鲁棒对等——动机和定义

让我们回到鲁棒对等的基础概念，即，假设A.1～A.3，并重点关注A.3。这一假设不是“普遍真理”——事实上，确实有一些约束要求是不能被违反的（例如，你不能要求一个负的供应），但是某些对约束的违反，虽然是不可取的，但在某种程度上它们是被允许存在的（例如，有时你可以通过一些“紧急措施”容忍某种资源短缺，如在市场购买它、雇用分包商、办理贷款等）。对这种针对数据不确定性的“软”约束进行免疫，也许应该用一种比一般的鲁棒对等方法更灵活的方式来完成。在前一种情况下，我们需要确保约束对来自给定不确定性集的所有数据都具有有效性，而不关心数据在该集合之外时会发生什么。对于软约束，我们也可以考虑在后一种情况下会发生什么，也就是说，当数据远离不确定性集时，通过确保约束的控制恶化来考虑。下面是针对上述要求的一个简单数学模型。

考虑变量 $\boldsymbol{x}$ 中的不确定线性约束

$$\left[\boldsymbol{a}^0+\sum_{\ell=1}^{L}\zeta_\ell\boldsymbol{a}^\ell\right]^{\mathrm{T}}\boldsymbol{x}\leqslant\left[b^0+\sum_{\ell=1}^{L}\zeta_\ell b^\ell\right] \tag{3.1.1}$$

其中，$\boldsymbol{\zeta}$ 是扰动向量（参考式（1.3.4）和式（1.3.5））。令 $\mathcal{Z}_+$ 是所有“物理上可能的”扰动的集合，$\mathcal{Z}\subset\mathcal{Z}_+$ 是扰动的“正常范围”——满足约束条件的范围。使用一般的鲁棒对等方法，我们处理唯一的扰动集 $\mathcal{Z}$，并要求一个候选解 $\boldsymbol{x}$ 来满足所有 $\boldsymbol{\zeta}\in\mathcal{Z}$ 的约束。在我们的新方法中，我们增加了这样一个要求：当 $\boldsymbol{\zeta}\in\mathcal{Z}_+\backslash\mathcal{Z}$（这是超出正常范围的“物理上可能的”扰动）时，对约束的违反程度应该以一个常数乘以 $\boldsymbol{\zeta}$ 到 $\mathcal{Z}$ 的距离为界限。这两个要求——对 $\boldsymbol{\zeta}\in\mathcal{Z}$ 的约束的有效性以及在 $\boldsymbol{\zeta}\in\mathcal{Z}_+\backslash\mathcal{Z}$ 时违反约束的界限，可以由

$$\left[\boldsymbol{a}^0+\sum_{\ell=1}^{L}\zeta_\ell\boldsymbol{a}^\ell\right]^{\mathrm{T}}\boldsymbol{x}-\left[b^0+\sum_{\ell=1}^{L}\zeta_\ell b^\ell\right]\leqslant\alpha\,\mathrm{dist}(\boldsymbol{\zeta},\mathcal{Z}),\quad\forall\boldsymbol{\zeta}\in\mathcal{Z}_+$$

表示，其中，$\alpha\geqslant0$ 是给定的“全局灵敏度”。

为了让这一个要求易于处理，我们在处理步骤中添加了一些结构。具体来说，我们有如下假设。

(G.a) 扰动向量 $\boldsymbol{\zeta}$ 的正常范围 $\mathcal{Z}$ 是一个非空闭凸集；

(G.b) 所有“物理上可能的”扰动的集合 $\mathcal{Z}_+$ 是一个 $\mathcal{Z}$ 和闭凸锥 $\mathcal{L}$ 的和：

$$\mathcal{Z}_+=\mathcal{Z}+\mathcal{L}=\{\boldsymbol{\zeta}=\boldsymbol{\zeta}'+\boldsymbol{\zeta}'':\boldsymbol{\zeta}'\in\mathcal{Z},\boldsymbol{\zeta}''\in\mathcal{L}\} \tag{3.1.2}$$

(G.c) 我们测量从点 $\boldsymbol{\zeta}\in\mathcal{Z}_+$ 到扰动集 $\mathcal{Z}$ 的正常范围的距离，这种方法和 $\mathcal{Z}_+$ 的结构（3.1.2）一致，具体如下式

$$\mathrm{dist}(\boldsymbol{\zeta},\mathcal{Z}\mid\mathcal{L})=\inf_{\boldsymbol{\zeta}'}\{\|\boldsymbol{\zeta}-\boldsymbol{\zeta}'\|:\boldsymbol{\zeta}'\in\mathcal{Z},\boldsymbol{\zeta}-\boldsymbol{\zeta}'\in\mathcal{L}\} \tag{3.1.3}$$

其中，$\|\cdot\|$ 是 $\mathbb{R}^L$ 的固定范数。

在接下来的内容中，我们将（G. a～G. c）中的三重算子（$\mathcal{Z},\mathcal{L},\|\cdot\|$）作为不确定约束（3.1.1）的一个扰动结构。

定义 3.1.1　给定 $\alpha\geqslant 0$ 和扰动结构（$\mathcal{Z},\mathcal{L},\|\cdot\|$），如果 $\boldsymbol{x}$ 满足半无限约束

$$\left[\boldsymbol{a}^0+\sum_{\ell=1}^{L}\zeta_\ell\boldsymbol{a}^\ell\right]^{\mathrm{T}}\boldsymbol{x}\leqslant\left[b^0+\sum_{\ell=1}^{L}\zeta_\ell b^\ell\right]+\alpha\,\mathrm{dist}(\boldsymbol{\zeta},\mathcal{Z}|\mathcal{L}),\ \forall\boldsymbol{\zeta}\in\mathcal{Z}_+=\mathcal{Z}+\mathcal{L}\quad(3.1.4)$$

我们认为向量 $\boldsymbol{x}$ 是不确定线性约束（3.1.1）的全局鲁棒可行解，具有全局灵敏度 α。我们将半无限约束（3.1.4）称为不确定约束（3.1.1）的全局鲁棒对等（GRC）。

注意，全局灵敏度 $\alpha=0$ 对应于最保守的状态，其中约束必须满足所有物理上可能的扰动；当 $\alpha=0$ 时，GRC 成为 $\mathcal{Z}_+$ 在扰动集作用下的不确定约束的一般 RC。α 越大，GRC 的保守性越小。

现在，给出了一个含仿射扰动数据的不确定线性优化规划

$$\left\{\min_{\boldsymbol{x}}\{\boldsymbol{c}^{\mathrm{T}}\boldsymbol{x}:\boldsymbol{A}\boldsymbol{x}\leqslant\boldsymbol{b}\}:[\boldsymbol{A},\boldsymbol{b}]=[\boldsymbol{A}^0,\boldsymbol{b}^0]+\sum_{\ell=1}^{L}\zeta_\ell[\boldsymbol{A}^\ell,\boldsymbol{b}^\ell]\right\}\quad(3.1.5)$$

（不失一般性地，我们假设目标是确定的）和扰动结构（$\mathcal{Z},\mathcal{L},\|\cdot\|$），我们可以用它的全局鲁棒对等替换每一个约束，从而以式（3.1.5）的 GRC 结束。在这个构造中，我们可以将不同灵敏度参数 α 与不同约束联系起来。此外，我们可以将这些灵敏度作为设计变量而不是固定参数，在这些变量上添加线性约束，并且 $\boldsymbol{x}$ 和 α 的优化函数都是原始目标和灵敏度加权和的混合目标函数。

3.2　GRC 的计算易处理性

在一般的鲁棒对等情况下，一个不确定 LO 问题的全局 RC 的计算易处理性问题，可简化为单个不确定线性约束（3.1.1）的 GRC（3.1.4）的类似问题。后一个问题在很大程度上可以通过下列观察来解决：

命题 3.2.1　当且仅当 $\boldsymbol{x}$ 满足以下半无限约束对时：

$$\begin{aligned}&(a)\quad\left[\boldsymbol{a}^0+\sum_{\ell=1}^{L}\zeta_\ell\boldsymbol{a}^\ell\right]^{\mathrm{T}}\boldsymbol{x}\leqslant\left[b^0+\sum_{\ell=1}^{L}\zeta_\ell b^\ell\right],\quad\forall\boldsymbol{\zeta}\in\mathcal{Z},\\&(b)\quad\left[\sum_{\ell=1}^{L}\Delta_\ell\boldsymbol{a}^\ell\right]^{\mathrm{T}}\boldsymbol{x}\leqslant\left[\sum_{\ell=1}^{L}\Delta_\ell b^\ell\right]+\alpha,\ \forall\boldsymbol{\Delta}\in\widetilde{\mathcal{Z}}\equiv\{\boldsymbol{\Delta}\in\mathcal{L}:\|\boldsymbol{\Delta}\|\leqslant 1\}\end{aligned}\quad(3.2.1)$$

向量 $\boldsymbol{x}$ 满足半无限约束（3.1.4）。

评注 3.2.2　命题 3.2.1 表明，一个不确定线性不等式的 GRC 等价于一般 RC 中出现的一类半无限线性不等式。因此，我们可以调用 1.3 节的表示结果来说明在扰动结构的适当假设下，GRC（3.1.4）可以用“简短的”显式凸约束组来表示。

命题 3.2.1 的证明。令 $\boldsymbol{x}$ 满足式（3.1.4）。对 $\boldsymbol{\zeta}\in\mathcal{Z}$，由于 $\mathrm{dist}(\boldsymbol{\zeta},\mathcal{Z}|\mathcal{L})=0$，则 $\boldsymbol{x}$ 满足式（3.2.1.a）。为了证明 $\boldsymbol{x}$ 也满足式（3.2.1.b），令 $\bar{\boldsymbol{\zeta}}\in\mathcal{Z}$ 且 $\boldsymbol{\Delta}\in\mathcal{L}$，$\|\boldsymbol{\Delta}\|\leqslant 1$。通过式（3.1.4），由于 $\mathcal{L}$ 是一个锥，因此对所有 $t>0$，我们有 $\boldsymbol{\zeta}_t:=\bar{\boldsymbol{\zeta}}+t\boldsymbol{\Delta}\in\mathcal{Z}+\mathcal{L}$ 且 $\mathrm{dist}(\boldsymbol{\zeta}_t,\mathcal{Z}|\mathcal{L})\leqslant\|t\boldsymbol{\Delta}\|\leqslant t$；将式（3.1.4）应用到 $\boldsymbol{\zeta}=\boldsymbol{\zeta}_t$，因此，我们得到

$$\left[\boldsymbol{a}^0+\sum_{\ell=1}^{L}\bar{\zeta}_\ell\boldsymbol{a}^\ell\right]^{\mathrm{T}}\boldsymbol{x}+t\left[\sum_{\ell=1}^{L}\Delta_\ell\boldsymbol{a}^\ell\right]^{\mathrm{T}}\boldsymbol{x}\leqslant\left[b^0+\sum_{\ell=1}^{L}\bar{\zeta}_\ell b^\ell\right]+t\left[\sum_{\ell=1}^{L}\Delta_\ell b^\ell\right]+\alpha t$$

在这个不等式的两边除以 t，然后通过求极限 $t\to\infty$，我们可以看到式（3.2.1.b）中的不等式在我们的 $\boldsymbol{\Delta}$ 中是有效的。由于 $\boldsymbol{\Delta}\in\widetilde{\mathcal{Z}}$ 是任意的，所以 $\boldsymbol{x}$ 满足式（3.2.1.b），如证明要求所述。

还需要证明若 $\boldsymbol{x}$ 满足式（3.2.1），则 $\boldsymbol{x}$ 满足式（3.1.4）。事实上，令 $\boldsymbol{x}$ 满足式（3.2.1）。给定 $\boldsymbol{\zeta}\in\mathcal{Z}+\mathcal{L}$ 且考虑到 $\mathcal{Z}$ 和 $\mathcal{L}$ 是封闭的，我们可以找到 $\bar{\boldsymbol{\zeta}}\in\mathcal{Z}$ 和 $\boldsymbol{\Delta}\in\mathcal{L}$ 使 $\bar{\boldsymbol{\zeta}}+\boldsymbol{\Delta}=\boldsymbol{\zeta}$ 以及 $t:=\mathrm{dist}(\boldsymbol{\zeta},\mathcal{Z}|\mathcal{L})=\|\boldsymbol{\Delta}\|$。

用 $\boldsymbol{e}\in\mathcal{L}$，$\|\boldsymbol{e}\|\leqslant 1$ 代替 $\boldsymbol{\Delta}=t\boldsymbol{e}$，我们有

$$\begin{aligned}&\left[\boldsymbol{a}^0+\sum_{\ell=1}^{L}\zeta_\ell\boldsymbol{a}^\ell\right]^{\mathrm{T}}\boldsymbol{x}-\left[b^0+\sum_{\ell=1}^{L}\zeta_\ell b^\ell\right]\\&=\underbrace{\left[\boldsymbol{a}^0+\sum_{\ell=1}^{L}\bar{\zeta}_\ell\boldsymbol{a}^\ell\right]^{\mathrm{T}}\boldsymbol{x}-\left[b^0+\sum_{\ell=1}^{L}\bar{\zeta}_\ell b^\ell\right]}_{\leqslant 0,\text{通过式}(3.2.1.a)}+\underbrace{\left[\sum_{\ell=1}^{L}\Delta_\ell\boldsymbol{a}^\ell\right]^{\mathrm{T}}\boldsymbol{x}-\left[\sum_{\ell=1}^{L}\Delta_\ell b^\ell\right]}_{=t\left[\left[\sum_{\ell=1}^{L}e_\ell\boldsymbol{a}^\ell\right]^{\mathrm{T}}\boldsymbol{x}-\left[\sum_{\ell=1}^{L}e_\ell b^\ell\right]\right]\leqslant t\alpha\ \text{通过式}(3.2.1.b)}\\&\leqslant t\alpha=\alpha\,\mathrm{dist}(\boldsymbol{\zeta},\mathcal{Z}|\mathcal{L})\end{aligned}$$

由于 $\boldsymbol{\zeta}\in\mathcal{Z}+\mathcal{L}$ 是任意的，所以 $\boldsymbol{x}$ 满足式（3.1.4）。■

例 3.2.3 考虑以下 3 种扰动结构 $(\mathcal{Z},\mathcal{L},\|\cdot\|)$：

(a) $\mathcal{Z}$ 是一个盒 $\{\boldsymbol{\zeta}:|\zeta_\ell|\leqslant\sigma_\ell,1\leqslant\ell\leqslant L\}$，$\mathcal{L}=\mathbb{R}^L$ 且 $\|\cdot\|=\|\cdot\|_1$；

(b) $\mathcal{Z}$ 是一个椭球 $\left\{\boldsymbol{\zeta}:\sum_{\ell=1}^{L}\zeta_\ell^2/\sigma_\ell^2\leqslant\Omega^2\right\}$，$\mathcal{L}=\mathbb{R}_+^L$ 且 $\|\cdot\|=\|\cdot\|_2$；

(c) $\mathcal{Z}$ 是一个盒和椭球的交集：$\mathcal{Z}=\left\{\boldsymbol{\zeta}:|\zeta_\ell|\leqslant\sigma_\ell,\ 1\leqslant\ell\leqslant L,\ \sum_{\ell=1}^{L}\zeta_\ell^2/\sigma_\ell^2\leqslant\Omega^2\right\}$，$\mathcal{L}=\mathbb{R}^L$，$\|\cdot\|=\|\cdot\|_\infty$。

在这些情况下（3.1.1）的 GRC 等价于如下有限的显式凸不等式组：

情况（a）：

$$\begin{aligned}&(a)\quad[\boldsymbol{a}^0]^{\mathrm{T}}\boldsymbol{x}+\sum_{\ell=1}^{L}\sigma_\ell|[\boldsymbol{a}^\ell]^{\mathrm{T}}\boldsymbol{x}-b^\ell|\leqslant b^0,\\&(b)\quad|[\boldsymbol{a}^\ell]^{\mathrm{T}}\boldsymbol{x}-b^\ell|\leqslant\alpha,\ell=1,\cdots,L\end{aligned}$$

这里的（a）表示约束（3.2.1.a）（参考例 1.3.2），（b）表示约束（3.2.1.b）（为什么呢?）

情况（b）：

$$\begin{aligned}&(a)\quad[\boldsymbol{a}^0]^{\mathrm{T}}\boldsymbol{x}+\Omega\left(\sum_{\ell=1}^{L}\sigma_\ell^2([\boldsymbol{a}^\ell]^{\mathrm{T}}\boldsymbol{x}-b^\ell)^2\right)^{1/2}\leqslant b^0,\\&(b)\quad\left(\sum_{\ell=1}^{L}\max{}^2[[\boldsymbol{a}^\ell]^{\mathrm{T}}\boldsymbol{x}-b^\ell,0]\right)^{1/2}\leqslant\alpha\end{aligned}$$

这里的（a）表示约束（3.2.1.a）（参考例 1.3.3），（b）表示约束（3.2.1.b）。

情况（c）：

$$\begin{aligned}&(a.1)\quad[\boldsymbol{a}^0]^{\mathrm{T}}\boldsymbol{x}+\sum_{\ell=1}^{L}\sigma_\ell|z_\ell|+\Omega\left(\sum_{\ell=1}^{L}\sigma_\ell^2w_\ell^2\right)^{1/2}\leqslant b^0,\\&(a.2)\quad z_\ell+w_\ell=[\boldsymbol{a}^\ell]^{\mathrm{T}}\boldsymbol{x}-b^\ell,\ell=1,\cdots,L,\\&(b)\quad\sum_{\ell=1}^{L}|[\boldsymbol{a}^\ell]^{\mathrm{T}}\boldsymbol{x}-b^\ell|\leqslant\alpha\end{aligned}$$

这里的（$a.1\sim a.2$）表示约束（3.2.1.a）（参考例 1.3.7），（b）表示约束（3.2.1.b）。

3.3 实例：天线阵列的综合问题

为了说明全局鲁棒对等的概念，我们考虑一个与天线阵列综合问题有关的实例。

3.3.1 建立模型

天线阵列。发射天线最基本的元件是发射波长为 λ 和频率为 ω 的球形单色电磁波的各向同性谐波振荡器。当它们被调用时，振荡器产生一个电磁场，其在点 $\boldsymbol{P}$ 处的电分量为

$$d^{-1}\Re\{z\exp\{\imath(\omega t-2\pi d/\lambda)\}\}$$

其中，权重 z 是一个复数，它负责如何调用振荡器，t 是时间，d 是 $\boldsymbol{P}$ 和振荡器放置点之间的距离，$\imath$是一个虚数单位。由放置在 $\boldsymbol{P}$ 点的 n 个相干（即具有相同频率）各向同性振荡器阵列所产生的电磁场的电分量 $\boldsymbol{P}_1,\cdots,\boldsymbol{P}_n$ 为

$$\begin{aligned}E&=\sum_{k=1}^{n}\Re\{\|\boldsymbol{P}-\boldsymbol{P}_k\|^{-1}z_k\exp\{\imath(\omega t-2\pi\|\boldsymbol{P}-\boldsymbol{P}_k\|/\lambda)\}\}\\&=\Re\left\{\exp\{\imath\omega t\}\sum_{k=1}^{n}\|\boldsymbol{P}-\boldsymbol{P}_k\|^{-1}z_k\exp\{-2\pi\imath\|\boldsymbol{P}-\boldsymbol{P}_k\|/\lambda\}\right\}\end{aligned}\tag{3.3.1}$$

其中，$z_k\in\mathbb{C}$ 是第 k 个振荡器的权重。当 $\boldsymbol{P}$ 距原点的距离 r 较大时：

$$\boldsymbol{P}=r\boldsymbol{e},\quad \|\boldsymbol{e}\|_2=1$$

忽略 r^{-2} 的项，E 的表达式就变成

$$\Re\left\{r^{-1}\exp\{\imath(\omega t-2\pi r/\lambda)\}\underbrace{\sum_{k=1}^{n}z_k\exp\{2\pi\imath d_k\cos(\phi_k(\boldsymbol{e}))/\lambda\}}_{D(\boldsymbol{e})}\right\}$$

其中，$d_k=\|\boldsymbol{P}_k\|_2$ 且 $\phi_k(\boldsymbol{e})$ 为方向 $\boldsymbol{e}$（从原点出发到 $\boldsymbol{P}_k$）和 $\boldsymbol{e}_k$（从原点出发到 $\boldsymbol{P}$）之间的角度。一个单位三维方向 $\boldsymbol{e}$ 的复值函数 $D(\boldsymbol{e})$ 称为天线阵列图。结果表明，图中的平方模 $|D(\boldsymbol{e})|^2$ 与天线发出的电磁能量的方向密度成正比。[⊖]

在一个典型的天线设计问题中，给定了各向同性单色振荡器的数目和位置，并用复杂的权重 z_k 来分配它们，从而得到的图（或其模）尽可能接近所希望的“目标”。在简单的情况下，这样的问题可以用线性优化程序来建模。

例 3.3.1 考虑一个沿轴放置的 n 个元素组成的等距振子单元网格 $\boldsymbol{P}_k=k\boldsymbol{i}$，其中，$\boldsymbol{i}$ 表示 x 轴的基向量。这种天线的图只取决于三维方向 $\boldsymbol{e}$ 与 x 轴方向 $\boldsymbol{i}$ 之间的夹角 ϕ，$0\leqslant\phi\leqslant\pi$，且给定

$$D(\phi)=\sum_{k=1}^{n}z_k\exp\{2\pi\imath d_k\cos(\phi)/\lambda\},\quad d_k=k\tag{3.3.2}$$

（从这里开始，我们将 $D(\boldsymbol{e})$ 写成 $D(\phi)$）。现在考虑设计问题，给定一个“感兴趣的角度”$\Delta\in(0,\pi)$，应该选择权重 z_k 以便从天线发射的大部分能量沿着锥 K_Δ 发送，锥由所有 $0\leqslant\phi\leqslant\Delta$ 的三维方向组成（即沿着普通的三维锥，x 轴的非负射线受到中心射线和“角宽”2Δ 的作用）。有很多方法可以为我们的设计规范建模；我们选择如下简单的方法。首先注意，当所有权重乘以一个普通的非零复数时，我们不改变能量的方向分布；因此，

⊖ 对于接收天线，其图（在数学上，完全类似于发射天线图）的平方模 $|D(\boldsymbol{e})|^2$ 与天线对沿某一方向 $\boldsymbol{e}$ 入射的频率为 ω 的平面波的灵敏度成正比。

我们通过要求 $D(0)$ 的实部大于或等于 1 对权值进行归一化，这样不会有损失。我们现在可以由以下量量化旁瓣角（K_Δ 的补集）发送的能量：

$$\max_{\Delta<\phi\leqslant\pi}|D(\phi)|$$

（旁瓣电平），并将我们的问题作为半无限优化问题

$$\min_{z_1,\cdots,z_n\in\mathbb{C},\tau\in\mathbb{R}}\left\{\tau:\begin{array}{l}\tau\geqslant|D(\phi)|\equiv\left|\sum_{k=1}^{n}z_k\exp\{2\pi\imath d_k\cos(\phi)/\lambda\}\right| \\ \qquad\qquad\qquad\qquad\forall\phi\in[\Delta,\pi] \\ \Re D(0)\equiv\Re\left\{\sum_{k=1}^{n}z_k\exp\{2\pi\imath d_k/\lambda\}\right\}\geqslant 1\end{array}\right\},\quad d_k=k$$

这个天线设计模型（简化了的）有一个重要的优点：虽然它是半无限问题，但也是一个凸问题。我们可以通过将区间 $[\Delta,\pi]$ 替换为该区间的精细有限网格 Φ 来消除半无限，从而得到凸规划

$$\min_{z_1,\cdots,z_n\in\mathbb{C},\tau\in\mathbb{R}}\left\{\tau:\begin{array}{l}\tau\geqslant|D(\phi)|\equiv\left|\sum_{k=1}^{n}z_k\exp\{2\pi\imath d_k\cos(\phi)/\lambda\}\right| \\ \qquad\qquad\qquad\qquad\forall\phi\in\Phi \\ \Re D(0)\equiv\Re\left\{\sum_{k=1}^{n}z_k\exp\{2\pi\imath d_k/\lambda\}\right\}\geqslant 1\end{array}\right\},\quad d_k=k$$

这不是一个精确的 LO 规划，因为所讨论的绝对值是复数的模（即二维向量的欧几里得范数）。为了克服这个困难，让我们用“多面体范数”来近似一个复数 z 的模 $|z|=\sqrt{\Re^2(z)+\Im^2(z)}$，具体来说，所用范数为

$$p_d(z)=\max_{1\leqslant\ell\leqslant L}\Re\{z\mu_\ell\},\quad \mu_\ell=\exp\{\imath\ell/L\}$$

几何上，我们用外切 L 边完美多边形逼近单位二维圆盘。我们显然有

$$p_L(z)\leqslant|z|\leqslant p_L(z)/\cos(\pi/L)$$

例如，$p_{12}(z)$ 近似于 $|z|$ 的相对精度为 3.5%，已经足够准确了。用 $p_{12}(\cdot)$ 代替 $|\cdot|$，我们得到如下 LO 规划：

天线设计问题：给定振荡器个数 n，波长 λ，在区间 $[\Delta,\pi]$ 上感兴趣的角度 Δ 和一个有限的网格 Φ，解决如下 LO 规划

$$\min_{z_1,\cdots,z_n\in\mathbb{C},\tau}\left\{\tau:\begin{array}{l}\Re\left\{\sum_{k=1}^{n}\mu_\ell\exp\{2\pi\imath d_k\cos(\phi)/\lambda\}z_k\right\}\leqslant\tau \\ \qquad\qquad\qquad\qquad\forall(\phi\in\Phi,\ell\leqslant 12) \\ \Re\left\{-\sum_{k=1}^{n}\exp\{2\pi\imath d_k/\lambda\}z_k\right\}\leqslant -1\end{array}\right\}\tag{3.3.3}$$

不确定性的来源。在天线设计问题中，至少有两个数据不确定性来源要考虑。

i）*定位误差*。制造天线时，振荡器不能沿理想的等距网格放置。此外，由于温度、风等影响因素的变化导致天线变形，它们的位置随时间变化而变化。为了简化问题，假设定位误差只影响从原点到振荡器的距离，而不影响从原点到振荡器的方向，因此后者属于 x 轴。我们可以用集合 $\{\delta d_k\in\mathbb{R}\}_{k=1}^n$ 来模拟定位扰动，其中，δd_k 是第 k 个振荡器到原点的实际距离 d_k 与该距离的标准值 $d_k^n=k$ 的偏差，并且我们假设定位扰动穿过盒 $\Delta_p=\{\{\delta d_k\}_{k=1}^n:|\delta d_k|\leqslant\epsilon,1\leqslant k\leqslant n\}$。

ii）驱动误差。实际上，权重 z_k 是某些物理设备的特定参数，因此它们在计算时不能被精确地估计。可以将这些不可避免的驱动误差建模为乘性扰动 $z_k \mapsto (1+\xi_k)z_k$，其中，$\xi_k \in \mathbb{C}$；我们把 $\rho = \max\limits_k |\xi_k|$ 作为驱动误差的水平。

显然，这两种不确定性来源都可以被认为是不确定性数据的来源。实际上，式（3.3.3）中的所有约束都是如下这种形式的

$$\Re\left\{\sum_{k=1}^{n} \zeta_k z_k\right\} \leqslant p\tau + q \tag{3.3.4}$$

其中，p，q 是确定的。扰动 $d_k \mapsto d_k + \delta d_k$，$z_k \mapsto (1+\xi_k)z_k$ 的结果与没有定位扰动和驱动误差的结果是完全相同的，但是系数 $\zeta_k = \zeta_k(d_k)$ 会受到扰动

$$\zeta_k(d_k^{\mathrm{n}}) \mapsto \zeta_k(d_k^{\mathrm{n}} + \delta d_k)(1+\xi_k) \tag{3.3.5}$$

3.3.2　标准解：梦想和现实

在考虑如何使解免受数据不确定性的影响之前，有必要先思考一下我们是否需要考虑这种不确定性。毕竟，定位扰动和驱动误差都是相当小的（比如说，大约是相应标准值的1%）。此外，这个问题很明显是属于软约束范畴的——无论数据的扰动如何，标准解仍然具有物理意义（可以这么说，设计的天线不会爆炸）。唯一可能发生的糟糕事情是旁瓣电平的实际值将比标准值更差。如果这一水平的恶化与数据扰动是“相同量级”的（例如，在振荡器的位置和权重中1%的扰动导致旁瓣电平增加3%～5%），我们仍然可以满足于标准解的方案。不幸的是，情况并非如此——在天线设计问题中，即使很小（0.01%）的数据扰动也会导致设计标准的巨大（数百个百分比）变化。情况是否真的如此，取决于标准数据。下面是一个非常糟糕的参数示例：

$$n=16,\quad \lambda=8,\quad \Delta=\pi/6 \tag{3.3.6}$$

在这种参数条件下，连续振荡器之间的距离等于波长的1/8，而感兴趣的空间角度——我们想要发送尽可能多能量的空间角度——由与轴向 $\boldsymbol{i}$ 的角度距离最多为30°的方向组成。注意，这些方向[㊀]集合的相对球面度量是 $1-\cos(\pi/6)/2 \approx 0.067$。当用标准数据和等距90点网格 Φ 在 $[0,\pi]$ 上求解式（3.3.3）时，我们最终得到一个如图3-1所示的漂亮的标准解。对于这个解，并且没有数据扰动，旁瓣电平低至0.0025，能量集中（沿着所需角度的总传输能量的比例）高达99.99%。不幸的是，这些美好的结果只是一个梦想——用非常小的（$\epsilon=0.0001$）随机扰动的定位，或随机驱动误差水平为 $\rho=0.0001$，我们的设计完全是一场灾难。例如，我们可以看一下，在振荡器和权重的随机扰动位置下，由标准设计产生的旁瓣电平和能量集中情况。首先需要注意的是，在数据的随机扰动下，天线图变得随机，因此不一定满足归一化要求 $\Re\{D(0)\} \geqslant 1$。为了解释这一现象，我们缩放样本图，使 $|D(0)|$ 等于1，并观察得到的图的旁瓣电平和能量集中。表3-1中的数据表明当 $\epsilon=0$，$\rho=0.0001$ 时，标准设计的旁瓣电平平均从其标准值0.0025跳到2.08，而能量集中从其标准值99.99%下降到仅8%——能量好像几乎均匀地向各个方向发送！另外，在我们面前的标准设计是多么的糟糕——不切实际的低！——数据的不确定性可以由图3-1所示的样本图反映出来，特别是由同一图中的“能量密度”图反映出来。

㊀ 回想一下，当方向是单位三维向量时，即单位球面上的点在 $\mathbb{R}^3$ 中的情况。根据定义，方向集合 A（即，单位球面的子集）的相对球面度量是集合的面积除以整个单位球的面积 4π。

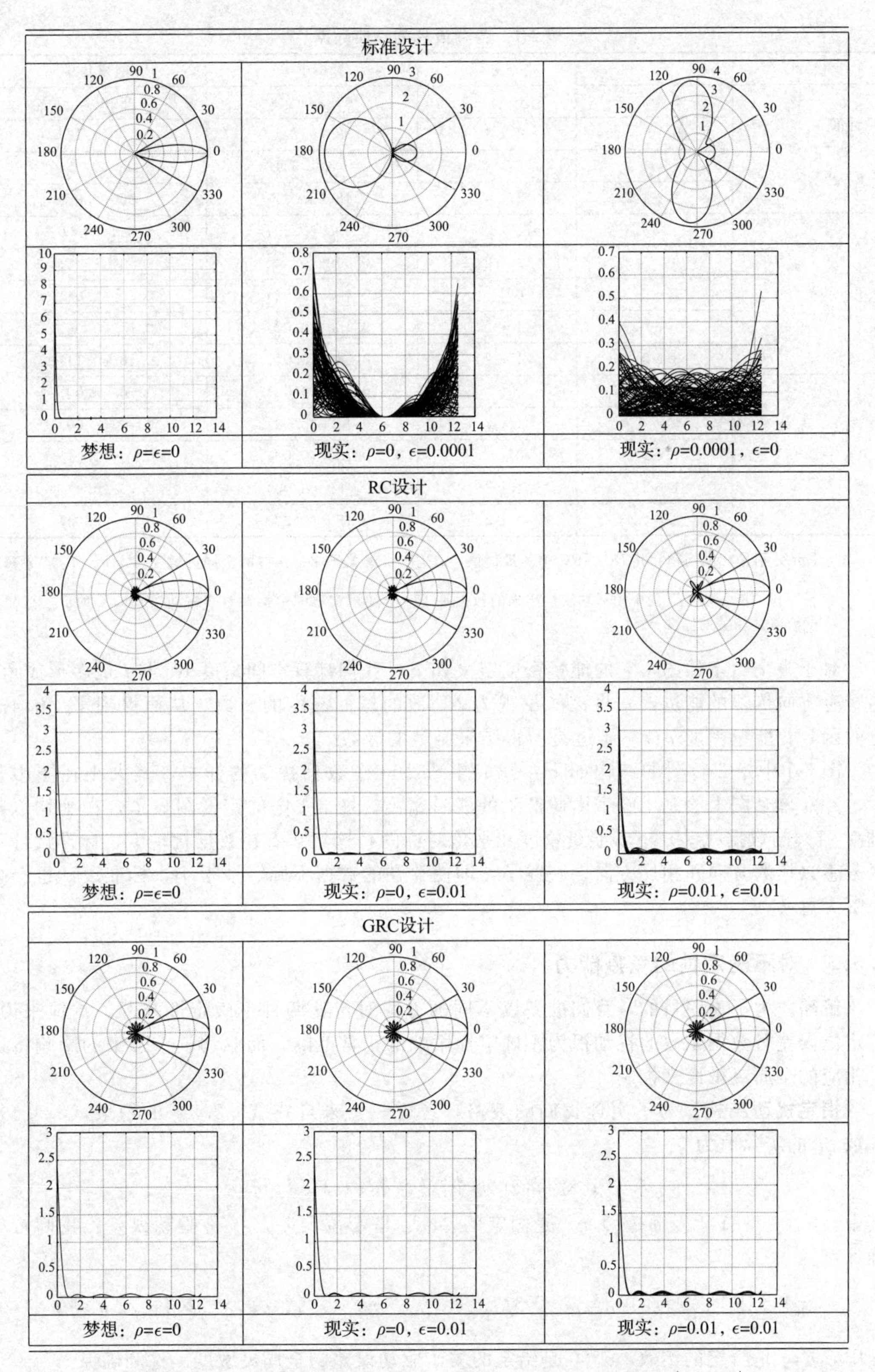

图 3-1　提供了标准的、RC 和 GRC 的天线设计方案。第一行：极坐标中 $|D(\phi)|$ 的样本图；这些图被归一化为 $D(0)=1$。第二行：100 个模拟能量密度束

表 3-1　各种设计的性能数据

设计	ρ	ϵ	旁瓣电平	能量集中
标准 Opt＝0.0025 α＝3.0e6	0	0	0.0025 (0.00)	0.9999 (0.00)
	0	1.e-4	1.38 (0.77)	0.18 (0.10)
	1.e-4	0	2.08 (1.54)	0.08 (0.07)
	1.e-4	1.e-4	2.18 (2.02)	0.09 (0.07)
RC Opt＝0.106 α＝9.4	0	0	0.095 (0.00)	0.844 (0.00)
	0	1.e-2	0.099 (0.004)	0.837 (0.01)
	1.e-2	0	0.108 (0.02)	0.75 (0.04)
	1.e-2	1.e-2	0.150 (0.02)	0.75 (0.04)
	3.e-2	1.e-2	0.280 (0.07)	0.46 (0.14)
GRC Opt＝0.147 α＝3.00	0	0	0.148 (0.00)	0.70 (0.00)
	0	1.e-2	0.149 (0.00)	0.70 (0.00)
	1.e-2	0	0.159 (0.00)	0.70 (0.01)
	1.e-2	1.e-2	0.159 (0.00)	0.70 (0.01)
	3.e-2	1.e-2	0.195 (0.02)	0.66 (0.04)

注：Opt 分别是标准问题和其 RC/GRC 中的最优值，α 是所得解关于驱动误差的全局灵敏度 $\sum_k |z_k|$。“旁瓣电平”和“能量集中”列中用下划线标出来的数据是 100 个随机实现的定位误差或驱动误差的平均值，括号中的数值是相关的标准差。

对于一个给定的图，它的能量密度定义如下。我们计算空间角度 K_s 与 $\boldsymbol{i}$ 最多形成角 s 的所有方向传输的能量，并将该能量视为 K_s 数的球面测度的函数，从而得到了 $[0,4\pi]$ 上的函数。能量密度 $p(s)$ 不过是所得结果函数的导数。

图 3-1 中第二行图的结构如下：我们生成 100 个数据扰动的样本，其大小在图中显示，并在单个图上绘制 100 个由此产生的能量密度。图 3-1 中的密度图显示，在平均（超过 0.01%的数据扰动）下，能量密度几乎是对称的，这意味着在数据扰动下，标准设计不区分感兴趣的方向和相反方向。底线是，即使存在的数据不确定性很小，标准设计也会变得毫无意义。

3.3.3　对不确定性的免疫能力

策略。为了说明目的，我们准备以不同的方式对待这两种不确定性来源。具体来说，将定位误差对数据系数的扰动视为不确定性影响的正常范围，而驱动误差带来的影响将通过相应的全局灵敏度来控制。

指定扰动结构。为了实现我们的策略，考虑一个来自式（3.3.3）的约束（3.3.4）。系数 ζ_k 的实际值为

$$\zeta_k=\mu\exp\{2\pi\imath\cos(\phi)(k+\delta d_k)/\lambda\}(1+\xi_k)$$

其中，$\mu,|\mu|=1$ 以及 $\phi\in[0,\pi]$ 是固定的，δd_k 是定位误差，ξ_k 是驱动误差。我们希望确保

$$\Re\left\{\sum_{k=1}^{n}\zeta_k z_k\right\}\leqslant p\tau+q+\alpha\rho,\quad \forall\,(\rho\geqslant 0;\delta d:|\delta d_k|\leqslant\epsilon,\forall\,k;\boldsymbol{\xi}:|\xi_k|\leqslant\rho,\forall\,k)$$

其中，p,q 是给定的实数，$\alpha\geqslant 0$ 是给定的关于驱动误差的全局灵敏度。这和确保

$$\Re\left\{\sum_{k=1}^{n}\overbrace{\mu\exp\{2\pi\imath\cos(\phi)(k+\delta d_k)/\lambda\}}^{\zeta_k(\delta d_k)}z_k\right\}+\Re\left\{\sum_{k=1}^{n}\overbrace{\zeta_k(\delta d_k)\xi_k}^{\delta\zeta_k}z_k\right\}$$
$$\leqslant p\tau+q+\alpha\rho,\forall(\rho\geqslant 0;\delta d:|\delta d_k|\leqslant\epsilon,\forall k;\xi:|\xi_k|\leqslant\rho,\forall k)$$

是相同的。

考虑到 $|\zeta_k(\delta d_k)|=1$，后一种关系清楚地表明

$$\Re\left\{\sum_{k=1}^{n}\zeta_k(\delta d_k)z_k\right\}+\max_{\delta\zeta:|\delta\zeta_k|\leqslant\rho,\forall k}\Re\left\{\sum_{k=1}^{n}\delta\zeta_k z_k\right\}$$
$$\leqslant p\tau+q+\alpha p,\forall(\rho\geqslant 0;\delta d:|\delta d_k|\leqslant\epsilon,\forall k)$$

这和对变量 z_k，τ 的要求

$$\begin{aligned}&(a)\quad \Re\left\{\sum_{k=1}^{n}\zeta_k(\delta d_k)z_k\right\}\leqslant p\tau+q,\forall(\delta d:|\delta d_k|\leqslant\epsilon,\forall k),\\&(b)\quad \sum_{k=1}^{n}|z_k|\leqslant\alpha\end{aligned}\tag{3.3.7}$$

是相同的。

注意式（3.3.7.a）表示

$$\Re\left\{\sum_{k=1}^{n}\zeta_k z_k\right\}\leqslant p\tau+q,\forall(\zeta:\zeta_k\in\Gamma_k,\forall k)$$

其中，Γ_k 是单位圆 $\mathbb{C}=\mathbb{R}^2$ 上的弧 $\gamma_k=\{\mu\exp\{2\pi\imath\cos(\phi)\cdot(k+s)/\lambda\}:|s|\leqslant\epsilon\}$ 的凸包。这个凸包 Γ_k 是一个锥二次可表示集，使式（3.3.7.a）等价于一个显式的锥二次不等式有限组（定理 1.3.4）。我们倾向于简化 GRC 结构，将 Γ_k 替换成三角形 Δ_k（其外接弧为 γ_k）（见图 3-2）。在稍微增加保守性的同时，这种近似允许将式（3.3.7.a）重写为显式凸约束

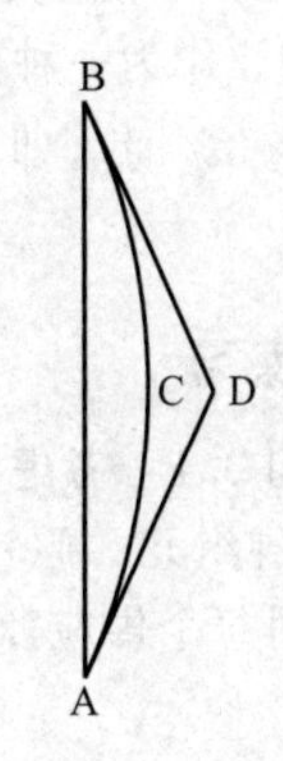

图 3-2 "圆帽" Γ_k（ABC）和三角形 Δ_k（ABD）的图

$$\sum_{k=1}^{n}\max_{\ell=1,2,3}\Re\{v_{k\ell}z_k\}\leqslant p\tau+q$$

其中，v_{k1},v_{k2},v_{k3} 是三角形 Δ_k 的顶点。用这种方法，式（3.3.4）的 GRC 由以下凸约束对给出

$$\begin{aligned}&(a)\quad \sum_{k=1}^{n}\max_{\ell=1,2,3}\Re\{v_{k\ell}z_k\}\leqslant p\tau+q,\\&(b)\quad \sum_{k=1}^{n}|z_k|\leqslant\alpha\end{aligned}\tag{3.3.8}$$

这就是式（3.3.4）对应于扰动结构的 GRC，其中 $\mathcal{Z}=\Delta_1\times\cdots\times\Delta_n$，$\mathcal{L}=\mathbb{C}^n=\mathbb{R}^{2n}$ 且 $\|\delta\zeta\|=\max_{1\leqslant k\leqslant n}|\delta\zeta_k|$。

式（3.3.3）的 GRC 是通过将式（3.3.3）中的每一个约束替换为相应的约束（3.3.8.a）得到的，约束（3.3.8.a）实际上给出了一个对设计变量的线性约束组，当谈到驱动误差时，通过添加约束（3.3.7.b）来"负责"全局灵敏度（该约束对来自不同约束（3.3.3）的所有对式（3.3.8）都是通用的）。式（3.3.3）得到的 GRC 具有一个线性目标，一组线性约束和一

个单个锥二次约束（3.3.7.b）。[⊖]

鲁棒设计。为了说明目的，我们建立了两个鲁棒设计：第一个（称为“RC设计”）是在不考虑驱动误差的情况下免疫1%的定位误差（相当于GRC中$\epsilon=0.01, \alpha=\infty$）；结果设计对驱动误差的实际全局灵敏度为$\alpha=9.404$。第二个（GRC）设计是在保留$\epsilon=0.01$，并将全局灵敏度$\alpha$设为3时获得的。所有三种设计（标准、RC和GRC）的性能见表3-1，并在图3-1中进行了说明。我们可以看到，客观来说，针对0.01量级定位误差的设计进行“免疫”的代价是相当昂贵的：RC旁瓣电平为0.106，而标准旁瓣电平为0.0025，在标准数据下评估的RC设计的能量集中为84%，比标准设计的99.99%低16%。然而，好消息是，虽然标准设计的良好性能纯粹是想象的问题——它完全被低至0.01%的定位/驱动误差破坏，RC设计的性能完全免受$\epsilon=0.01$的定位误差的影响，对驱动误差的灵敏度比标准设计的性能低得多（相应的全局灵敏度分别为9.4和3.0e6）。然而，RC设计的性能对驱动误差仍然过于敏感：当这些误差的水平ρ从0增长到0.03时，旁瓣电平平均值从0.11上升到0.28，能量集中从0.84下降到0.46。GRC设计就是为了缓和这种现象；这里我们要求对驱动误差的灵敏度最多为3（而RC设计产生的灵敏度为9.4）。因此，我们再次失去了最佳性：对于GRC设计，在没有数据扰动的情况下，旁瓣电平为0.15，能量集中为70%（相比之下，RC设计的旁瓣电平和能量集中分别为0.11和84%）。作为一种补偿，GRC设计与RC设计相比，很好地免疫了驱动误差：当这些误差水平为3%时（即$\rho=0.03$），GRC设计的性能基本上与根本没有驱动误差（即$\rho=0$）时相同。

3.4　练习

练习3.1　考虑以下情况。工厂消耗来自n个不同供应商的n种原材料，并将其分解成m个纯组元。原料j中的每单位组元i含量$p_{ij}\geqslant 0$，每月所需组元i量为给定量$b_i\geqslant 0$。你需要对每个供应商每月的原材料x_j数量做一个长期的安排，这些数量应该满足线性约束组

$$\boldsymbol{P}\boldsymbol{x}\geqslant \boldsymbol{b},\quad \boldsymbol{P}=[p_{ij}]$$

当前产品j的单价为c_j；然而，这个价格可以随时间变化，从以往经验中，你知道价格的波动性$v_j\geqslant 0$。在给定成本对未来可能价格波动敏感性的上界α的情况下，如何选择x_j以使当前价格下的总供应成本最小化？

请在以下数据上测试你的模型：

$$n=32,\quad m=8,\quad p_{ij}\equiv 1/m,\quad b_i\equiv 1.\mathrm{e}3,$$
$$c_j=0.8+0.2\sqrt{(j-1)/(n-1)},\quad v_j=0.1(1.2-c_j)$$

并构建“当前价格下的供应成本与敏感度”的权衡曲线。

3.5　备注

备注3.1　本章的理论成果来源于文献[15，16]。标准天线设计模型可追溯到文献[72]。

⊖　通过$p_{12}(z_k)$，我们可以进一步近似式（3.3.7.b）中的$|z_k|$，从而得到等价于LO规划的GRC模型。

关于标量机会约束的保守易处理近似

本章可视为第 2 章的“更高级的扩展”。我们主要感兴趣的实例是一个随机扰动线性不等式的机会约束版本

$$p(z)\equiv \text{Prob}\left\{z_0+\sum_{\ell=1}^{L}z_\ell\zeta_\ell>0\right\}\leqslant\epsilon \tag{4.0.1}$$

其线性不等式为

$$z_0+\sum_{\ell=1}^{L}z_\ell\zeta_\ell\leqslant 0 \tag{4.0.2}$$

其中 ζ_ℓ 是随机扰动，z_ℓ 是确定性参数（在不确定线性优化的应用中，这些参数将被指定为决策变量的仿射函数）。

4.1 标量机会约束的保守凸近似的鲁棒对等表示

回想一下，机会约束（4.0.1）的保守近似是变量 z 的凸约束组 S，其中可能有额外的变量 u，以至于约束组可行集在 z 变量空间上的投影 $Z[S]$ 包含在机会约束的可行集中(参考定义 2.2.1)。在第 2 章中，我们处理了一个特殊的近似方案（将在下面的 4.2 节中重新讨论），它产生了一个鲁棒对等近似：

$$Z[S]=\{z=[z_0;\cdots;z_L]:z_0+\sum_{\ell=1}^{L}\zeta_\ell z_\ell\leqslant 0,\forall(\zeta\in\mathcal{Z}_\epsilon)\}$$

其中 $\mathcal{Z}_\epsilon$显然是一个给定的凸紧集。换句话说，近似约束要求从 z 开始对具有适当定义的“人工的”不确定性集 $\mathcal{Z}_\epsilon$的不确定约束（4.0.2）是鲁棒可行的。

我们将要证明式（4.0.1）的保守凸近似的“鲁棒对等表示”是机会约束的广泛近似的一个共同性质，而不是第 2 章中考虑的近似的一个特定性质。

我们首先观察式（4.0.1）中定义的机会约束的真正可行集 Z_*，它具有以下性质。

(i) Z_* 是一个锥集，意味着无论何时 $z\in Z_*$ 并且 $\lambda\geqslant 0$ 时，都有 $0\in Z_*$ 并且 $\lambda z\in Z_*$；

(ii) Z_* 是封闭的；

(iii) 集合 $Z[z_0]=\{z=[z_0;z_1;\cdots;z_L]:\|[z_1;\cdots;z_L]\|_2\leqslant 1\}$，其中 $z_0<0$，并且足够大的$|z_0|$包含在 Z_*；

(iv) 集合 $Z[z_0]$，其中 z_0 足够大，不与 Z_* 相交。

对于式（4.0.1）的保守凸近似 S，集合 $Z[S]$ 总是继承 Z_* 的性质 iv。我们介绍以下内容。

定义 4.1.1 如果 $Z[S]$ 继承 Z_* 的性质 i～iii（以及所有四个性质），则式（4.0.1）的保守凸近似 S 被称为是标准的。

评注 4.1.2 对于式（4.0.1）的保守凸近似 S，集合 $Z=Z[S]$ 是凸的。由此可立即得出，保守近似 S 的标准性等价于这样一个事实：$Z=Z[S]\subset Z_*$ 是一个闭凸锥，且 $\boldsymbol{e}\equiv[-1;0;\cdots;0]\in \text{int}Z$ 且$-\boldsymbol{e}\notin Z$。

我们对机会约束的标准保守近似的兴趣源于以下简单的观察。

命题 4.1.3 设 S 是机会约束（4.0.1）的标准保守凸近似。则近似是鲁棒对等表示：

存在一个凸紧不确定性集 $\mathcal{Z}$，使得

$$Z[S]=\left\{z: z_0+\sum_{\ell=1}^{L}\zeta_\ell z_\ell\leqslant 0, \forall \zeta\in\mathcal{Z}\right\} \tag{4.1.1}$$

证明　假设 S 是标准的。如我们所知，集合 $Z=Z[S]$ 是一个闭凸锥，其中 $e\in\text{int}Z$ 且 $-e\notin Z$。对于每一个闭凸锥，Z 是其反对偶锥 Z_- 的反对偶：

$$Z=\{z\in\mathbb{R}^{L+1}: z^{\mathrm{T}}\zeta\leqslant 0, \forall \zeta\in Z_-\}, Z_-=\{\zeta\in\mathbb{R}^{L+1}: \zeta^{\mathrm{T}}z\leqslant 0, \forall z\in Z\}$$

Z 有一个非空的内部，Z_- 是一个闭合的尖凸锥，且 $e\in\text{int}Z$，集合

$$\hat{\mathcal{Z}}=\{[y_0;\cdots;y_L]\in Z_-: e^{\mathrm{T}}y=-1\}=\{y=[1;y_1;\cdots;y_L]\in Z_-\}$$

是一个与来自 Z_- 的所有非平凡射线相交的凸紧集。因此，集合 $\mathcal{Z}=\{\zeta\in\mathbb{R}^L:[1;\zeta]\in Z_-\}$ 是一个凸紧集，并且

$$\begin{aligned} Z&=\{z: z^{\mathrm{T}}y\leqslant 0, \forall y\in Z_-\}=\{z: z^{\mathrm{T}}[1;\zeta]\leqslant 0, \forall \zeta\in\hat{\mathcal{Z}}\}\\ &=\left\{z=[z_0;z_1;\cdots;z_L]: z_0+\sum_{\ell=1}^{L}\zeta_\ell z_\ell\leqslant 0, \forall \zeta\in\mathcal{Z}\right\} \end{aligned}$$

■

命题 4.1.3 表明，机会约束的不确定线性不等式的自然保守近似只不过是这个不确定不等式的 RC，且与适当的凸紧不确定性集相关联。当这个近似问题是易处理的，这个不确定性集也是易处理的（模弱正则性假设）。我们现在的工作是，引入一些具体的保守近似方案。

4.2　机会约束的 Bernstein 近似

这个近似方案与我们在 2.4 节中使用的近似方案密切相关，回顾这个方案对我们开始熟悉 Bernstein 近似具有指导意义。

我们的目标是建立一个机会约束（4.0.1）的保守近似。为了实现这一目标，我们有以下方法。

1）我们假设 ζ_ℓ，$\ell=1,\cdots,L$ 与分布 P_ℓ 是独立的，使得

$$\int \exp\{ts\}\mathrm{d}P_\ell(s)\leqslant\exp\left\{\max[\mu_\ell^+ t, \mu_\ell^- t]+\frac{1}{2}\sigma_\ell^2 t^2\right\}, \forall t\in\mathbb{R}$$

因此

$$\ln(E\{\exp\{w^{\mathrm{T}}\zeta\}\})\leqslant\Phi(w)=\sum_{\ell=1}^{L}\left[\max[\mu_\ell^- w_\ell, \mu_\ell^+ w_\ell]+\frac{1}{2}\sum_\ell\sigma_\ell^2 w_\ell^2\right] \tag{4.2.1}$$

2）我们已经从式（4.2.1）中推断出关系

$$z\in Z_\epsilon=\text{cl}\{z:\exists\alpha>0:\alpha z_0+\Phi(\alpha[z_1;\cdots;z_L])\leqslant\ln(\epsilon)\} \tag{4.2.2}$$

的有效性是式（4.0.1）有效性的充分条件（2.4 节中的陈述（*））

3）最后，我们从（2）中得到了充分条件，等价于关于以下不确定线性不等式

$$z_0+\sum_{\ell=1}^{L}\zeta_\ell z_\ell\leqslant 0$$

的 $[z_0;\cdots;z_L]$ 的鲁棒可行性，其中使用适当选择的扰动集 $\mathcal{Z}$（2.4 节中的陈述（**））。

我们将要证明，概述的近似方案是一个更一般的特殊情况，即 Bernstein 近似。

4.2.1　Bernstein 近似：基本观察

我们有以下假设。

问题 1　式（4.0.1）中随机扰动 $\zeta=[\zeta_1;\cdots;\zeta_L]$ 的分布 P 是

$$\ln(E\{\exp\{\boldsymbol{w}^{\mathrm{T}}\boldsymbol{\zeta}\}\})\leqslant\Phi(\boldsymbol{w}) \tag{4.2.3}$$

已知凸函数 Φ 在 $\mathbb{R}^L$ 上处处有限且满足 $\Phi(\mathbf{0})=0$。

例 4.2.1 可以立即看到，在 2.4 节 P.1～P.2 的假设下（或者在上面第 1 项的同样假设下），关系（4.2.3）满足

$$\Phi(\boldsymbol{w})=\sum_{\ell=1}^{L}\left[\max[\mu_\ell^+ w_\ell,\mu_\ell^- w_\ell]+\frac{1}{2}\sigma_\ell^2 w_\ell^2\right] \tag{4.2.4}$$

给定 $\epsilon\in(0,1)$，我们可以设置

$$Z_\epsilon^o=\{\boldsymbol{z}=[z_0;\boldsymbol{w}]\in\mathbb{R}^{L+1}:\exists\alpha>0:\alpha z_0+\Phi(\alpha\boldsymbol{w})\leqslant\ln(\epsilon)\} \tag{4.2.5}$$

$$Z_\epsilon=\mathrm{cl}Z_\epsilon^o$$

Bernstein 近似方案由以下表述给出。

命题 4.2.2 在式（4.2.3）的假设下，Z_ϵ是以下凸不等式的解集

$$\inf_{\beta>0}[z_0+\beta\Phi(\beta^{-1}\boldsymbol{w})+\beta\ln(1/\epsilon)]\leqslant 0 \tag{4.2.6}$$

并且这个凸不等式是机会约束（4.0.1）的标准保守近似。

对于此命题的证明，请看附录 B.1.1。

我们目前的目标是制定一个方案，在有利的情况下，允许我们有效地描述集合 Z_ϵ。

4.2.2 Bernstein 近似：对偶化

除了问题 1，我们还有以下假设。

问题 2 我们可以将式（4.2.3）中的凸函数 Φ 表示为以下形式：

$$\Phi(\boldsymbol{w})=\sup_{\boldsymbol{u}}\{\boldsymbol{w}^{\mathrm{T}}(\boldsymbol{A}\boldsymbol{u}+\boldsymbol{a})-\phi(\boldsymbol{u})\} \tag{4.2.7}$$

其中，

- $\phi(\boldsymbol{u})$ 是关于 $\mathbb{R}^M$ 的凸的下半连续函数，其值取实数并且趋于$+\infty$。
- $\boldsymbol{u}\mapsto\boldsymbol{A}\boldsymbol{u}+\boldsymbol{a}$ 是从 $\mathbb{R}^M$ 到 $\mathbb{R}^L$ 的一个仿射函数。
- 每个水平集 $U_c=\{\boldsymbol{u}:\phi(\boldsymbol{u})\leqslant c\}$，$c\in\mathbb{R}$，其中 ϕ 是有界的。

注意在 $\mathbb{R}^L$ 处处凸且有限的函数 $\Phi(\cdot)$ 都有一个必要的表示，例如，可以表示为

$$\begin{aligned}\boldsymbol{A}\boldsymbol{u}+\boldsymbol{a}&\equiv\boldsymbol{u}\\ \phi(\boldsymbol{u})&=\sup_{\boldsymbol{w}}\{\boldsymbol{u}^{\mathrm{T}}\boldsymbol{w}-\Phi(\boldsymbol{w})\}\end{aligned} \tag{4.2.8}$$

事实上，已知由后一种关系给出的函数 ϕ 是一个凸的下半连续函数，函数是关于 Φ 的勒让德变换（或 Fenchel 对偶，或共轭），

$$\Phi(\boldsymbol{w})=\sup_{\boldsymbol{u}}\{\boldsymbol{w}^{\mathrm{T}}\boldsymbol{u}-\phi(\boldsymbol{u})\} \tag{4.2.9}$$

关于 ϕ 具有有界水平集的要求，在式（4.2.8）的情况下，这个要求很容易由 Φ 处处有限这一事实给出。以下众所周知的事实暗示了这一点。

命题 4.2.3 由式（4.2.7）可知 $\Phi(\cdot)$ 和 $\phi(\cdot)$ 相连接，Φ 处处被定义，并且 ϕ 是下半连续的。假设 $\boldsymbol{A}$ 具有平凡核，则 ϕ 的水平集合有界。

此命题的证明见附录 B.1.2。

例 4.2.4【例 4.2.1 续】 函数（4.2.4）对式（4.2.7）有明确的表示，表示如下：

$$\Phi(\boldsymbol{w})\equiv\sum_{\ell=1}^{L}\left[\max[\mu_\ell^- w_\ell,\mu_\ell^+ w_\ell]+\frac{1}{2}\sigma_\ell^2 w_\ell^2\right]$$

$$=\sup_{u=\{u^\ell,u_\ell\}_{\ell=1}^L}\left\{\sum_\ell\left[w_\ell(u^\ell+u_\ell)-\frac{u_\ell^2}{2\sigma_\ell^2}\right]:\mu_\ell^-\leqslant u^\ell\leqslant\mu_\ell^+,1\leqslant\ell\leqslant L\right\}$$

即

$$\begin{aligned}&(\boldsymbol{Au}+\boldsymbol{a})_\ell=u_\ell+u^\ell,\\&\phi(\boldsymbol{u})=\sum_{\ell=1}^L\phi_\ell(u^\ell,u_\ell),\\&\phi_\ell(u^\ell,u_\ell)=\begin{cases}\dfrac{1}{2\sigma_\ell^2}u_\ell^2, & \mu_\ell^-\leqslant u^\ell\leqslant\mu_\ell^+\\+\infty, & \text{其他}\end{cases}\end{aligned}\tag{4.2.10}$$

4.2.3 Bernstein 近似：主要结果

概述的假设导致以下结果。

定理 4.2.5 考虑机会约束不等式（4.0.1），并假设随机向量 $\boldsymbol{\zeta}$ 的分布 P 满足假设问题 1～2。集合

$$\mathcal{U}_\epsilon=\{\boldsymbol{u}:\phi(\boldsymbol{u})\leqslant\ln(1/\epsilon)\}$$

是一个非空凸紧集，并且对于式（4.2.5）给出的集合 Z_ϵ 有

$$\boldsymbol{z}\equiv[z_0;\boldsymbol{w}]\in Z_\epsilon\Leftrightarrow z_0+\boldsymbol{\zeta}^{\mathrm{T}}\boldsymbol{w}\leqslant 0\quad\forall\boldsymbol{\zeta}\in\mathcal{Z}_\epsilon\equiv\boldsymbol{A}\mathcal{U}_\epsilon+\boldsymbol{a}\tag{4.2.11}$$

特殊地，根据命题 4.2.2，

$$\boldsymbol{z}\equiv[z_0;\boldsymbol{w}]\in Z_\epsilon\Leftrightarrow\inf_{\beta>0}[z_0+\beta\Phi(\beta^{-1}\boldsymbol{w})+\beta\ln(1/\epsilon)]\leqslant 0$$

是 $\boldsymbol{z}$ 满足机会约束（4.0.1）的充分条件，即 $\boldsymbol{z}$ 是以下不确定线性约束的鲁棒可行解的条件。

$$z_0+\sum_{\ell=1}^L\zeta_\ell w_\ell\leqslant 0$$

其中 z_0，$\boldsymbol{w}$ 是变量，集合 $\mathcal{Z}_\epsilon$ 是式（4.2.11）给出的扰动集。

该命题的证明见附录 B.1.3。

在式（4.2.11）中不确定性集 $\mathcal{Z}_\epsilon$ 在两个方面被定义：函数 $\Phi(\cdot)$、它的表示（4.2.7）以及表示的数据不是由 Φ 唯一定义的。然而，集合 $\mathcal{Z}_\epsilon$ 仅仅依赖于 $\Phi(\cdot)$。事实上，集合 Z_ϵ 仅仅由 Φ 定义，因此凸紧集 $\mathcal{Z}_\epsilon$ 的支持函数 $\Theta(\boldsymbol{w})=\max_{\zeta\in\mathcal{Z}_\epsilon}\boldsymbol{\zeta}^{\mathrm{T}}\boldsymbol{w}$ 可以仅基于 Φ 被表示。由式（4.2.11），

$$\Theta(\boldsymbol{w})=-\sup\{z_0:[z_0;\boldsymbol{w}]\in Z_\epsilon\}$$

需要注意的是，闭合非空凸集的支持函数完全决定了这个集合（见文献［100］，第 13 章）。

底线如下。

每一个凸上界 $\Phi(\boldsymbol{w}):\mathbb{R}^L\to\mathbb{R}$，$\Phi(\boldsymbol{0})=0$，对于随机扰动向量 $\boldsymbol{\zeta}$ 的分布的对数矩生成函数

$$\ln(E\{\exp\{\boldsymbol{w}^{\mathrm{T}}\boldsymbol{\zeta}\}\})$$

暗示了机会约束不等式的保守标准近似（4.0.1）。在问题 2 的假设下，这种近似形式为 $z_0+\max_{\zeta\in\mathcal{Z}_\epsilon}\sum_{\ell=1}^L\zeta_\ell z_\ell\leqslant 0$，其中 $\mathcal{Z}_\epsilon$ 被适当地定义为非空凸紧集。这种近似是不确定不等式 $z_0+\sum_{\ell=1}^L\zeta_\ell z_\ell\leqslant 0$ 在扰动集 $\mathcal{Z}_\epsilon$ 作用下的 RC。

后一个结果扩展了 2.4 节中的结果，其中我们限制 Φ 为特定形式（4.2.1）。

例 4.2.6【**例 4.2.4 续**】 观察在假设 P.1～P.2 下，定理 4.2.5 恢复了定理 2.4.3。

4.2.4 Bernstein 近似：示例

例 4.2.7【高斯案例】 假设我们所知道的关于随机向量 $\boldsymbol{\zeta}$ 的分量 ζ_ℓ 是独立的高斯随机变量，其均值 μ_ℓ 属于给定的区间 $[\mu_\ell^-,\mu_\ell^+]$ 并且变量属于区间 $[(\sigma_\ell^-)^2,(\sigma_\ell^+)^2]$，$\ell=1,\cdots,L$。在这种情况下，可以得到以下结论。

(i) 满足问题 1 并且涉及与上述信息相容的 $\boldsymbol{\zeta}$ 所有分布的最佳（即最小）函数 $\Phi(\boldsymbol{w})$ 为

$$\Phi(\boldsymbol{w})=\sum_{\ell=1}^{L}\left[\max[\mu_\ell^- w_\ell,\mu_\ell^+ w_\ell]+\frac{(\sigma_\ell^+)^2}{2}w_\ell^2\right]$$

(ii) 设置

$$\boldsymbol{\phi}(\boldsymbol{u})=\sum_{\ell=1}^{L}\boldsymbol{\phi}_\ell(u^\ell,u_\ell)$$

$$\boldsymbol{\phi}_\ell(u^\ell,u_\ell)=\begin{cases}\dfrac{1}{2(\sigma_\ell^+)^2}u_\ell^2, & \mu_\ell^-\leqslant u^\ell\leqslant\mu_\ell^+\\ +\infty, & \text{其他}\end{cases}$$

$$(\boldsymbol{Au}+\boldsymbol{a})_\ell=u^\ell+u_\ell$$

对于 (i) 中给出的函数 Φ，我们保证了问题 2 的有效性。

(iii) 与概述的数据相关联的机会约束 (4.0.1) 的 Bernstein 近似，正是定理 2.4.3 给出的近似，参见例 2.4.5。

例 4.2.8 假设我们所知道的随机扰动 ζ_ℓ 是独立的，在区间 $[-1,1]$ 上取值，它们的均值属于 $[-1,1]$ 的给定子区间 $[\mu_\ell^-,\mu_\ell^+]$（参见例 2.4.9）。在例 2.4.9 的陈述中，满足问题 1 并且涉及与上述信息相容的 $\boldsymbol{\zeta}$ 所有分布的最佳（即最小）函数 $\Phi(\cdot)$ 为

$$\Phi(\boldsymbol{w})=\sum_{\ell=1}^{L}\underbrace{\ln\Big(\max_{\mu\in[\mu_\ell^-,\mu_\ell^+]}[\cosh(w_\ell)+\mu\sinh(w_\ell)]\Big)}_{\Phi_\ell(w_\ell)}\tag{4.2.12}$$

很容易看出

$$\Phi_\ell(w_\ell)=\max_{\mu_\ell^-\leqslant\mu\leqslant\mu_\ell^+}\ln\left(\exp\left\{w_\ell+\ln\left(\frac{1+\mu}{2}\right)\right\}+\exp\left\{-w_\ell+\ln\left(\frac{1-\mu}{2}\right)\right\}\right)$$

由于一个直接的等式

$$\ln(\exp\{x_1\}+\cdots+\exp\{x_n\})=\max_{\boldsymbol{y}}\left\{\boldsymbol{x}^{\mathrm{T}}\boldsymbol{y}-\sum_{i=1}^{n}y_i\ln y_i:\boldsymbol{y}\geqslant\boldsymbol{0},\sum_i y_i=1\right\}\tag{4.2.13}$$

这种关系表明

$$\Phi_\ell(w_\ell)=\max_{-1\leqslant u_\ell\leqslant1}\{w_\ell u_\ell-\boldsymbol{\phi}_\ell(u_\ell)\}$$

其中

$$\boldsymbol{\phi}_\ell(u_\ell)=\begin{cases}\dfrac{1}{2}\left[(1+u_\ell)\ln\left(\dfrac{1+u_\ell}{1+\mu_\ell^-}\right)+(1-u_\ell)\ln\left(\dfrac{1-u_\ell}{1-\mu_\ell^-}\right)\right], & -1\leqslant u_\ell\leqslant\mu_\ell^-\\ 0, & \mu_\ell^-\leqslant u_\ell\leqslant\mu_\ell^+\\ \dfrac{1}{2}\left[(1+u_\ell)\ln\left(\dfrac{1+u_\ell}{1+\mu_\ell^+}\right)+(1-u_\ell)\ln\left(\dfrac{1-u_\ell}{1-\mu_\ell^+}\right)\right], & \mu_\ell^+\leqslant u_\ell\leqslant1\end{cases}\tag{4.2.14}$$

它遵循设置

$$\phi(\boldsymbol{u})=\sum_{\ell}\phi_{\ell}(u_{\ell}),\quad \boldsymbol{A}\boldsymbol{u}+\boldsymbol{a}\equiv\boldsymbol{u}$$

其中 $\phi_{\ell}(\cdot)$ 是由式（4.2.14）给出的，我们得到了式（4.2.12）给出的函数 $\Phi(\boldsymbol{w})$ 的表达式，这是问题 2 中所要求的。由 Bernstein 近似给出的扰动集 $\mathcal{Z}_{\epsilon}$ 与概述的数据相联系，其中扰动集为

$$\mathcal{Z}_{\epsilon}=\left\{\boldsymbol{\zeta}:\sum_{\ell=1}^{L}\phi_{\ell}(\zeta_{\ell})\leqslant\ln(1/\epsilon)\right\}$$

例 4.2.9 考虑到例 4.2.8 描述的情况，假设对于所有的 ℓ，都有 $\mu_{\ell}^{\pm}=0$（也就是说，ζ_{ℓ} 是独立随机变量，均值为 0，取值范围为 $[-1,1]$）。让我们通过下面的实验来比较例 2.4.9 中机会约束（4.0.1）的保守近似和该约束的 Bernstein 近似。

（i）我们设置 $z_1=\cdots=z_L=1$，假设 $\boldsymbol{\zeta}$ 的“真实”分布（建立近似时未知）是单位盒顶点上的均匀分布，并考虑机会约束优化问题

$$\mathrm{Opt}^{+}(\epsilon)=\max_{z_0}\left\{z_0:\mathrm{Prob}\left\{z_0+\sum_{\ell=1}^{L}\zeta_{\ell}z_{\ell}>0\right\}\leqslant\epsilon\right\}\tag{P}$$

（ii）将（P）中的机会约束替换为它的保守近似，我们将（P）替换为一个易于处理的近似问题，该问题具有易于计算的最优值，即 $\mathrm{Opt}(\epsilon)$ 的下界。让我们绘制并互相比较（P）的真正最优值（这意味着当 $z_1=\cdots=z_L$ 时易于计算），并比较对于以下近似得到的下界关于 ϵ 的函数 $\mathrm{Opt}(\epsilon)$ 的依赖性：

- 例 2.4.9 和定理 2.4.3 给出的近似（近似Ⅰ）；
- 由定理 2.4.4 而不是定理 2.4.3 给出的后一个近似的改进（近似Ⅱ）；
- 由例 4.2.8 所给出的 Bernstein 近似（近似Ⅲ）。

注意近似Ⅰ只不过是机会约束的球 RC 近似，而近似Ⅱ同时是它的球-盒近似和预算 RC 近似。如 2.3 节中定义的预算是 $\sqrt{2L\ln(1/\epsilon)}$。

在实验中，我们使用 $L=16$ 和 $L=64$ 两种情况，并且扫描范围为 $10^{-12}\leqslant\epsilon\leqslant10^{-1}$。实验的结果如下。

A. 下式给出了最优近似值

$$\mathrm{Opt}_{\mathrm{I}}(\epsilon)=-\sqrt{2L\ln(1/\epsilon)};$$

$$\begin{aligned}\mathrm{Opt}_{\mathrm{II}}(\epsilon)&=-\min_{\boldsymbol{w}}\left\{\sum_{\ell=1}^{L}|1-w_{\ell}|+\sqrt{2\ln(1/\epsilon)}\|\boldsymbol{w}\|_2\right\}\\&=-\min_{0\leqslant s\leqslant1}\{L(1-s)+\sqrt{2L\ln(1/\epsilon)}\,s\}\\&=\max\left[-L,-\sqrt{2L\ln(1/\epsilon)}\right];\end{aligned}$$

$$\begin{aligned}\mathrm{Opt}_{\mathrm{III}}(\epsilon)&=-\max_{\boldsymbol{u}:\|\boldsymbol{u}\|_{\infty}\leqslant1}\left\{\sum_{\ell=1}^{L}u_{\ell}:\sum_{\ell=1}^{L}[(1+u_{\ell})\ln(1+u_{\ell})+(1-u_{\ell})\ln(1-u_{\ell})]\leqslant2\ln(1/\epsilon)\right\}\\&=-\max_{0\leqslant s\leqslant1}\{Ls:L[(1+s)\ln(1+s)+(1-s)\ln(1-s)]\leqslant2\ln(1/\epsilon)\}。\end{aligned}$$

B. $\mathrm{Opt}_{\mathrm{I}}(\cdot)\sim\mathrm{Opt}_{\mathrm{III}}(\cdot)$ 和 $\mathrm{Opt}^{+}(\cdot)$ 的图如图 4-1 所示。可以看出，在这个例子中，近似Ⅲ是最优的。

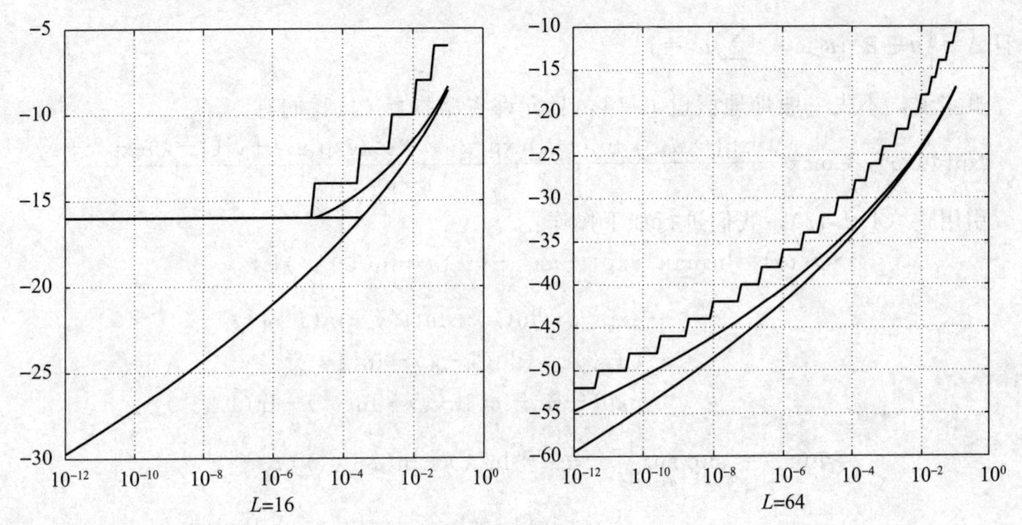

图 4-1　$\mathrm{Opt}_{\mathrm{I}}(\epsilon)\sim\mathrm{Opt}_{\mathrm{III}}(\epsilon)$ 和 $\mathrm{Opt}^{+}(\epsilon)$ 的图。从上到下：$\mathrm{Opt}^{+}(\epsilon)$，$\mathrm{Opt}_{\mathrm{III}}(\epsilon)$，$\mathrm{Opt}_{\mathrm{II}}(\epsilon)$，$\mathrm{Opt}_{\mathrm{I}}(\epsilon)$（在 $L=64$ 时，后两种曲线是难以辨别的）

例 4.2.10 考虑到我们所知道的 ζ_ℓ 是独立的随机变量，其均值为零，取值在区间 $[-1,1]$，ζ_ℓ 的方差不超过 ν_ℓ^2，$0<\nu_\ell\leqslant 1$。引用例 2.4.11（其中应设 $\mu=0$），满足问题 1 的最佳（最小）函数 Φ 为

$$\Phi(\boldsymbol{w})=\sum_{\ell=1}^{L}\Phi_\ell(w_\ell)$$

其中

$$\exp\{\Phi_\ell(w_\ell)\}=\begin{cases}\dfrac{\exp\{-w_\ell\nu_\ell^2\}+\nu_\ell^2\exp\{w_\ell\}}{1+\nu_\ell^2}, & w_\ell\geqslant 0\\[2ex] \dfrac{\exp\{w_\ell\nu_\ell^2\}+\nu_\ell^2\exp\{-w_\ell\}}{1+\nu_\ell^2}, & w_\ell\leqslant 0\end{cases}$$

$$=\max\left[\frac{\exp\{-w_\ell\nu_\ell^2\}+\nu_\ell^2\exp\{w_\ell\}}{1+\nu_\ell^2},\frac{\exp\{w_\ell\nu_\ell^2\}+\nu_\ell^2\exp\{-w_\ell\}}{1+\nu_\ell^2}\right]$$

$$=\max_{0\leqslant\lambda\leqslant 1}\frac{\lambda\exp\{-w_\ell\nu_\ell^2\}+(1-\lambda)\exp\{w_\ell\nu_\ell^2\}+\nu_\ell^2\lambda\exp\{w_\ell\}+\nu_\ell^2(1-\lambda)\exp\{-w_\ell\}}{1+\nu_\ell^2}$$

让我们证明

$$\Phi_\ell(w_\ell)=\sup_{\boldsymbol{u}^\ell}\{w_\ell\boldsymbol{\alpha}_\ell^{\mathrm{T}}\boldsymbol{u}^\ell-\phi_\ell(\boldsymbol{u}^\ell)\}$$

其中

$$\begin{aligned}\boldsymbol{u}^\ell&=[u_1^\ell;\cdots;u_4^\ell]\in\mathbb{R}^4,\\ \boldsymbol{\alpha}_\ell^{\mathrm{T}}\boldsymbol{u}^\ell&=\nu_\ell^2(u_3^\ell-u_1^\ell)+(u_2^\ell-u_4^\ell)\end{aligned}$$

$$\phi_\ell(\boldsymbol{u}^\ell)=\begin{cases}u_1^\ell\ln u_1^\ell+u_2^\ell\ln u_2^\ell+u_3^\ell\ln u_3^\ell+u_4^\ell\ln u_4^\ell-\\ (u_1^\ell+u_2^\ell)\ln(u_1^\ell+u_2^\ell)-(u_3^\ell+u_4^\ell)\ln(u_3^\ell+u_4^\ell)-\\ \ln(\nu_\ell^2)(u_2^\ell+u_4^\ell)+\ln(1+\nu_\ell^2),\boldsymbol{u}^\ell\in\Delta\\ +\infty, & \text{其他}\end{cases}$$

并且 $\Delta=\left\{\boldsymbol{u}\in\mathbb{R}^4:\boldsymbol{u}\geqslant 0,\ \sum_{i=1}^{4}u_i=1\right\}$。

事实上，不失一般性地假设 $L=1$，且允许省略指标 ℓ。我们有

$$\exp\{\Phi(w)\}=\max_{0\leqslant\lambda\leqslant 1}\frac{\lambda\exp\{-w\nu^2\}+(1-\lambda)\exp\{w\nu^2\}+\nu^2\lambda\exp\{w\}+\nu^2(1-\lambda)\exp\{-w\}}{1+\nu^2}$$

引用式（4.2.13），我们进行如下操作：

$$\begin{aligned}\Rightarrow\Phi(w)=\ln\max_{0\leqslant\lambda\leqslant 1}\{&\exp\{-w\nu^2+\ln(\lambda)-\ln(1+\nu^2)\}+\\&\exp\{w+\ln(\lambda)+\ln(\nu^2)-\ln(1+\nu^2)\}+\\&\exp\{w\nu^2+\ln(1-\lambda)-\ln(1+\nu^2)\}+\\&\exp\{-w+\ln(1-\lambda)+\ln(\nu^2)-\ln(1+\nu^2)\}\}\end{aligned}$$

$$\begin{aligned}\Rightarrow\Phi(w)=\sup_{0\leqslant\lambda\leqslant 1}\sup_{\boldsymbol{u}\in\Delta}\Big\{&[-w\nu^2+\ln(\lambda)-\ln(1+\nu^2)]u_1+\\&[w+\ln(\lambda)+\ln(\nu^2)-\ln(1+\nu^2)]u_2+\\&[w\nu^2+\ln(1-\lambda)-\ln(1+\nu^2)]u_3+\\&[-w+\ln(1-\lambda)+\ln(\nu^2)-\ln(1+\nu^2)]u_4-\\&\sum_{i=1}^{4}u_i\ln u_i\Big\}\\=\sup_{\boldsymbol{u}\in\Delta}\sup_{0\leqslant\lambda\leqslant 1}\Big\{&w[-\nu^2u_1+\nu^2u_3+u_2-u_4]+\\&[u_1+u_2]\ln(\lambda)+[u_3+u_4]\ln(1-\lambda)+\\&\ln(\nu^2)(u_2+u_4)-\sum_{i=1}^{4}u_i\ln u_i-\ln(1+\nu^2)\Big\}\\=\sup_{\boldsymbol{u}\in\Delta}\Big\{&w[-\nu^2u_1+\nu^2u_3+u_2-u_4]+\\&(u_1+u_2)\ln(u_1+u_2)+(u_3+u_4)\ln(u_3+u_4)+\\&\ln(\nu^2)(u_2+u_4)-\sum_{i=1}^{4}u_i\ln u_i-\ln(1+\nu^2)\Big\}\\&[\text{最优 }\lambda\text{ 是 }u_1+u_2=1-(u_3+u_4)]\end{aligned}$$

证明完毕。

因此，在例 4.2.10 中与 Bernstein 近似相关的不确定性集 $\mathcal{Z}_\epsilon$ 是

$$\mathcal{Z}_\epsilon=\left\{[\nu_1^2(u_3^1-u_1^1)+(u_2^1-u_4^1);\cdots;\nu_L^2(u_3^L-u_1^L)+(u_2^L-u_4^L)]:\sum_{\ell=1}^{L}\phi_\ell(\boldsymbol{u}^\ell)\leqslant\ln(1/\epsilon)\right\}$$

4.3　在风险与收益方面从 Bernstein 近似值到条件值

Bernstein 近似是一种限定随机变量的概率为正的特殊情况，它是概念上的简单方法。方法如下。

4.3.1　基于生成函数的近似方案

考虑随机变量

$$\xi^z = z_0 + \sum_{\ell=1}^{L} \zeta_\ell z_\ell$$

z 是参数的确定性向量，ζ_ℓ 是具有明确定义期望的随机扰动。根据以上对

$$p(z) = \text{Prob}\{\xi^z > 0\}$$

进行限制，我们将一个生成函数 $\gamma(s)$ 固定在轴上，其中 $\gamma(\cdot)$ 是凸的且不减的函数，

$$\gamma(\cdot) \geqslant 0, \quad \gamma(0) \geqslant 1, \quad \gamma(s) \to 0, \quad s \to -\infty \tag{4.3.1}$$

既然 γ 在原点处是不减的且$\geqslant 1$，对于所有的 $s \geqslant 0$ 有 $\gamma(s) \geqslant 1$；除此之外，γ 是非负的，$\Psi_*(z) \equiv E\{\gamma(\xi^z)\}$ 在 $p(z)$ 上是一个上界：

$$p(z) \leqslant \Psi_*(z)$$

注意 $\Psi_*(z)$ 是 z 的一个凸函数；从现在起，我们假定它处处都是有限的。在这个假设下，我们有

$$\Psi_*(z + t\underbrace{[-1;0,\cdots;0]}_{e}) \to 0, \quad t \to \infty$$

假设我们能找到一个在 $\mathbb{R}$ 中取值的凸函数 $\Psi(z)$，使

$$\forall z: \Psi_*(z) \equiv E\left\{\gamma\left(z_0 + \sum_{\ell=1}^{L} \zeta_\ell z_\ell\right)\right\} \leqslant \Psi(z), \quad \Psi(z + te) \to 0, \quad t \to \infty \tag{4.3.2}$$

以至于对所有的 z 都有 $p(z) \leqslant \Psi(z)$。既然对于所有的 $\alpha > 0$ 都有 $p(z) = p(\alpha z)$，我们有

$$\forall z: p(z) \leqslant \inf_{\alpha > 0} \Psi(\alpha z) \tag{4.3.3}$$

我们基本上得出了以下简单的结论。

命题 4.3.1　给定 $\epsilon \in (0,1)$ 且满足式 (4.3.1) 的生成函数 $\gamma(\cdot)$，让 $\Psi(z)$ 是一个满足式 (4.3.2) 的有限凸函数。我们设置

$$\Gamma_\epsilon^o = \{z: \exists \alpha > 0: \Psi(\alpha z) \leqslant \epsilon\}, \quad \Gamma_\epsilon = \text{cl}\Gamma_\epsilon^o$$

则 Γ_ϵ 是以下凸不等式（如式 (4.2.6)）的解集：

$$\inf_{\beta > 0}[\beta \Psi(\beta^{-1} z) - \beta\ \epsilon] \leqslant 0 \tag{4.3.4}$$

这个不等式是机会约束 (4.0.1) 的保守标准近似。

该命题的有关证明，请参见附录 B.1.4。

注意 Bernstein 近似，本质上是与命题 4.3.1 相关联的近似方案的一种特殊情况，对应于选择 $\gamma(s) = \exp\{s\}$。通过这种生成函数的选择，$\ln(\Psi_*(z))$ 是一个凸函数，它允许我们在"对数尺度"中操作，即，以在 $\ln\Psi_*(z)$ 上的凸强函数 $\Phi(z)$ 开始，并使用边界 (4.3.3) 的等效版本

$$\forall (\alpha > 0, z): \ln p(z) \leqslant \Phi(\alpha z)$$

4.3.2　Γ_ϵ 的鲁棒对等表示

除了命题 4.3.1 的前提，假设

$$\Psi(z) = \sup_{u}\{z^{\mathrm{T}}(\boldsymbol{B}\boldsymbol{u} + \boldsymbol{b}) - \psi(\boldsymbol{u})\}$$

其中 $\psi(\cdot)$ 是一个具有有界水平集的适当选择的下半连续凸函数。应用定理 B.1.2，我们得出对于每一个 $\epsilon \in (0,1)$，集合

$$\mathcal{U}_\epsilon = \{\boldsymbol{u}: \psi(\boldsymbol{u}) \leqslant -\epsilon\}$$

是一个非空凸紧集，并且

$$z\in\Gamma_{\epsilon}\Leftrightarrow z^{\mathrm{T}}(\boldsymbol{B}\boldsymbol{u}+\boldsymbol{b})\leqslant 0,\quad \forall \boldsymbol{u}\in\mathcal{U}_{\epsilon}$$

换句话说，Γ_{ϵ}只是不确定线性不等式

$$\sum_{\ell=0}^{L}\zeta_{\ell}z_{\ell}\leqslant 0 \tag{4.3.5}$$

的鲁棒可行集，且Γ_{ϵ}与凸紧不确定性集 $\hat{\mathcal{Z}}_{\epsilon}=\{\zeta=\boldsymbol{B}\boldsymbol{u}+\boldsymbol{b}:\boldsymbol{u}\in\mathcal{U}_{\epsilon}\}$ 有关。

从美学的角度来看，有关Γ_{ϵ}鲁棒对等表示的一个缺点是，在式（4.3.5）中z_0的系数变得不确定，而不是和我们之前所有的结果一样等于1。不过这很容易矫正。事实上，让

$$\widetilde{\mathcal{Z}}_{\epsilon}=\mathrm{cl}\{\zeta=[1;z_1;\cdots;z_L]\in\mathbb{R}^{L+1}:\zeta=\alpha\zeta'\text{ 且 }\alpha>0,\zeta'\in\hat{\mathcal{Z}}_{\epsilon}\}$$

我们称 $\widetilde{\mathcal{Z}}_{\epsilon}=\{\zeta=[1;\boldsymbol{w}]:\boldsymbol{w}\in\mathcal{Z}_{\epsilon}\}$，其中$\mathcal{Z}_{\epsilon}$是凸紧集，且

$$\Gamma_{\epsilon}=\left\{z:z_0+\sum_{\ell=1}^{L}\zeta_{\ell}z_{\ell}\leqslant 0,\forall\zeta\in\mathcal{Z}_{\epsilon}\right\} \tag{4.3.6}$$

其中Γ_{ϵ}是不确定线性不等式

$$z_0+\sum_{\ell=1}^{L}\zeta_{\ell}z_{\ell}\leqslant 0$$

的鲁棒可行集，同时$\mathcal{Z}_{\epsilon}$是不确定性集。为了证明我们的说法，首先，请注意式（4.3.2）中的第二个关系式同Ψ的凸性结合起来，表示对于每一个有界集合$U\subset\mathbb{R}^L$，只要t足够大，对于$z\in U$的所有向量$[-t;z]\in\mathbb{R}^{L+1}$都包含在$\Gamma_{\epsilon}$中。既然$\Gamma_{\epsilon}$是一个锥，则$\boldsymbol{e}=[-1;0;\cdots;0]\in\mathrm{int}\Gamma_{\epsilon}$。如果存在一个向量$\zeta\in\hat{\mathcal{Z}}_{\epsilon}$且$\zeta_0\leqslant 0$，则向量$\zeta=\mathbf{0}$。事实上，我们知道

$$\Gamma_{\epsilon}=\{z:z^{\mathrm{T}}\zeta\leqslant 0,\forall\zeta\in\hat{\mathcal{Z}}_{\epsilon}\} \tag{4.3.7}$$

假设某一$\mathbf{0}\neq\zeta\in\hat{\mathcal{Z}}_{\epsilon}$时，$\zeta_0\leqslant 0$，我们由式（4.3.7）可得$\boldsymbol{e}=[-1;0;\cdots;0]\notin\mathrm{int}\Gamma_{\epsilon}$，事实并非如此。事实上，同样观察到 $\hat{\mathcal{Z}}_{\epsilon}\neq\{\mathbf{0}\}$ 的情况，与式（4.3.7）不同，此时$\Gamma_{\epsilon}=\mathbb{R}^{L+1}$，这与我们所知道的$-\boldsymbol{e}\notin\Gamma_{\epsilon}$不同。底线是这样一种情况，即$\hat{\mathcal{Z}}_{\epsilon}$是一个封闭凸集，且被包含在$\zeta_0\geqslant 0$的半空间中，且与该半空间的边界超平面$\zeta_0=0$相交，如果有的话，在唯一一点$\zeta=\mathbf{0}$存在，但是不能化简到该点；因此，向量$\zeta\in\hat{\mathcal{Z}}_{\epsilon}$在$\hat{\mathcal{Z}}_{\epsilon}$是密集的，其中$\zeta_0>0$，这结合了式（4.3.7）和 $\widetilde{\mathcal{Z}}_{\epsilon}$的定义，并表明

$$\Gamma_{\epsilon}=\{z:z^{\mathrm{T}}\zeta\geqslant 0,\forall\zeta\in\widetilde{\mathcal{Z}}_{\epsilon}\} \tag{4.3.8}$$

此外，集合 $\widetilde{\mathcal{Z}}_{\epsilon}$，根据其构造，是凸的（因为$\hat{\mathcal{Z}}_{\epsilon}$也是这样），且是非空和封闭的。唯一没有被证明的部分是 $\widetilde{\mathcal{Z}}_{\epsilon}$是有界的；但这是式（4.3.8）的直接结果且事实是$\boldsymbol{e}\in\mathrm{int}\Gamma_{\epsilon}$。 ■

4.3.3 风险条件下生成函数和条件值的最优选择

一个很自然的问题是，如何选择函数$\gamma(\cdot)$。如果唯一的标准是边界（4.3.3）的质量，答案将是

$$\gamma(s)=\gamma_{\#}(s)\equiv\max[1+s,0] \tag{4.3.9}$$

或者在我们的上下文中是一样的，即$\gamma(s)=\max[1+\alpha s,0]$，其中$\alpha>0$（注意生成函数$\gamma(s)$和$\gamma_{\alpha}(s)=\gamma(\alpha s)$，$\alpha>0$产生同样的近似$\Gamma_{\epsilon}$）。事实上，设$\gamma(\cdot)$是一个生成函数（即满足式（4.3.1）的函数），$\Psi(z)$是一个凸函数，使得

$$\forall z:E\left\{\gamma\left(z_0+\sum_{\ell=1}^{L}\zeta_{\ell}z_{\ell}\right)\right\}\leqslant\Psi(z)$$

并使

$$\Psi_{\#}(z)=E\left\{\gamma_{\#}\left(z_0+\sum_{\ell=1}^{L}\zeta_\ell z_\ell\right)\right\}$$

我们称 $\Psi_{\#}(z)$ 是 $\mathbb{R}^L$ 上的一个有限凸函数且

$$\begin{gathered}(a)\quad \inf_{\alpha>0}\Psi_{\#}(\alpha z)\leqslant\inf_{\alpha>0}\Psi(\alpha z),\quad (b)\quad \Gamma_\epsilon\subset\Gamma_\epsilon^{\#},\\ \left[\begin{array}{l}\Gamma_\epsilon^{o}=\{z:\exists\,\alpha>0:\Psi(\alpha z)\leqslant\epsilon\},\Gamma_\epsilon=\mathrm{cl}\Gamma_\epsilon^{o},\\ \Gamma_\epsilon^{o,\#}=\{z:\exists\,\alpha>0:\Psi_{\#}(\alpha z)\leqslant\epsilon\},\Gamma_\epsilon^{\#}=\mathrm{cl}\Gamma_\epsilon^{o,\#}\end{array}\right]\end{gathered}\tag{4.3.10}$$

所以与 $\Psi_{\#}$ 相关的边界（4.3.3）至少和 Ψ 相关的边界一样好，因此式（4.0.1）的可行集的保守近似 $\Gamma_\epsilon^{\#}$ 不再像 Γ_ϵ 的近似一样保守。

事实上，ζ_ℓ 有明确定义的期望，所以 $\Psi_{\#}$ 可以良好定义。由于 γ 满足式（4.3.1），显然得到 $\gamma'(+0)>0$。将 $\gamma(s)$ 替换为 $\gamma(\beta s)$，$\beta>0$（从而将 $\Psi(z)$ 替换为 $\Psi(\beta z)$），我们不改变式（4.3.3）的右边；以这种方式"缩放"γ，我们可以强制 $\gamma'(+0)=1$。在后一种情况下，对于所有的 s（回忆一下 γ 是凸的且 $\gamma(0)\geqslant1$），我们有 $\gamma(s)\geqslant\gamma(0)+\gamma'(+0)s\geqslant 1+s$。此外，由于 $\gamma(\cdot)\geqslant0$，我们得出结论，对于所有的 s，$\gamma(s)\geqslant\gamma_{\#}(s)$，也因此对于所有的 z 有 $\Psi_{\#}(z)\leqslant\Psi(z)$，这表明了式（4.3.10）中所述的所有事实。

对于扰动向量 ζ 的给定分布 P，Ψ 的"最优"选择

$$\Psi_{\#}(z)=E_{\zeta\sim P}\left\{\gamma_{\#}\left(z_0+\sum_{\ell=1}^{L}\zeta_\ell z_\ell\right)\right\}\tag{4.3.11}$$

与条件风险价值 $\mathrm{CVaR}_\epsilon(\xi^z)$ 紧密相关，其与参数随机变量 $\xi^z=z_0+\sum_{\ell=1}^{L}\zeta_\ell z_\ell$ 相关。对于一个期望被良好定义的随机变量 ξ 且 $\epsilon\in(0,1)$，则相关的条件风险价值定义为

$$\mathrm{CVaR}_\epsilon(\xi)=\inf_{a\in\mathbb{R}}\left[a+\frac{1}{\epsilon}E\{\max[\xi-a,0]\}\right]\tag{4.3.12}$$

众所周知，得到了这个关系式右边的下确界，并且 $\mathrm{Prob}\{\xi>\mathrm{CVaR}_\epsilon(\xi)\}\leqslant\epsilon$。除此之外，如果 ξ 是参数形式 $\xi=\xi^z\equiv z_0+\sum_{\ell=1}^{L}\zeta_\ell z_\ell$ 和所有 ζ_ℓ 有良好定义期望，则 $\mathrm{CVaR}_\epsilon(\xi^z)$ 是 z 上的凸函数，因此关系

$$\mathrm{CVaR}_\epsilon(\xi^z)\leqslant0\tag{4.3.13}$$

是一个关于 z 的凸不等式，并且它的有效性是 $\mathrm{Prob}\{\xi^z>0\}\leqslant\epsilon$的充分条件。这个条件和结构之间的联系在下面的观察中解释。

命题 4.3.2　设 ζ 是具有期望的分布 P 的一个随机扰动，设 $\epsilon\in(0,1)$ 并且 $\Gamma_\epsilon^{\#}$ 是式（4.3.10）中的相关集合。于是有

$$\Gamma_\epsilon^{\#}=\{z:\mathrm{CVaR}_\epsilon(\xi^z)\leqslant0\}$$

证明　我们有

$$\begin{aligned}\Gamma_\epsilon^{o,\#}&=\{z:\exists\,\alpha>0:E\{\max[1+\xi^{\alpha z},0]\}\leqslant\epsilon\}\\&=\{z:\exists\,\alpha>0:E\{\max[1+\alpha\xi^z,0]\}\leqslant\epsilon\}\\&=\{z:\exists\,\alpha>0:E\{\max[1+\alpha^{-1}\xi^z,0]\}\leqslant\epsilon\}\\&=\left\{z:\exists\,\alpha>0:\frac{1}{\epsilon}E\{\max[\alpha+\xi^z,0]\}\leqslant\alpha\right\}\\&=\left\{z:\exists\,a=-\alpha<0:a+\frac{1}{\epsilon}E\{\max[\xi^z-a,0]\}\leqslant0\right\}\end{aligned}\tag{4.3.14}$$

从后一种关系可以立即得出 $\Gamma_\epsilon^{o,\#}\subset\mathcal{C}=\{z:\mathrm{CVaR}_\epsilon(\xi^z)\leqslant 0\}$。正如我们所提到的，$\mathrm{CVaR}_\epsilon(\xi^z)$ 是 z 的一个有限凸函数，所以这个函数是连续的，因此 $\mathcal{C}$ 是一个闭集。因此，上述结论表明 $\Gamma_\epsilon^{\#}\subset\mathcal{C}$。为了证明相反的结论，设 $z\in\mathcal{C}$，并证明 $z\in\Gamma_\epsilon^{\#}$。为此，很清楚地观察到函数

$$f(a)=a+\frac{1}{\epsilon}E\{\max[\xi^z-a,0]\}$$

是一个有限的凸函数，随着 $|a|\to\infty, f(a)\to\infty$，因此，该函数在特定的 $a=a_*$ 时达到最小值。由于 $z\in\mathcal{C}$，我们有

$$a_*+\frac{1}{\epsilon}E\{\max[\xi^z-a_*,0]\}\leqslant 0 \tag{4.3.15}$$

从后一个不等式中，得到 $a_*\leqslant 0$。在 $a_*<0$ 的情况下，关系式（4.3.14）表示 $z\in\Gamma_\epsilon^{o,\#}$。如果 $a_*=0$，那么式（4.3.15）表明，在 $\xi^z\leqslant 0$ 时的概率为 1，据此，设置 $z'=[z_0-\delta;z_1;\cdots;z_L]$，$\delta>0$，我们得到在 $\xi^{z'}<-\delta$ 时概率为 1。在后一种情况下，对于所有小的正数 α，我们有 $\frac{1}{\epsilon}E\{\max[\alpha+\xi^{z'},0]\}=0\leqslant\alpha$。根据关系式（4.3.14），表明 $z'\in\Gamma_\epsilon^{o,\#}$。随着 $\delta\to+0$，$z'\to z$，我们得到 $z\in\Gamma_\epsilon^{\#}$。■

4.3.4　易处理的问题

我们已经看到，在所有基于生成函数的近似方案产生的近似中，机会约束（4.0.1）中的“CVaR 近似” $\mathrm{CVaR}_\epsilon(\xi^z)\leqslant 0$，是最好的，即最不保守的。鉴于这个事实，为什么我们会对其他更保守的近似，例如 Bernstein 近似感兴趣呢？

答案是，保守程度并不是唯一的考虑因素：我们感兴趣的是计算易处理的近似，为此，潜在的函数 Ψ 应该是可有效计算的。对于 Bernstein 近似，确实是这样，只要随机扰动 ζ_ℓ 独立，且不属于太复杂的分布族（参见 4.2 节中的示例）。相反，函数 $\Psi_\#$ 在 CVaR 近似下是不能有效计算的，即使 ζ_ℓ 是独立的并且具有简单的分布（例如，在 $[-1,1]$ 中是均匀分布的）。似乎我们在计算 $\Psi_\#$ 时没有困难的唯一的一般情况是，当 ζ 被支持在一个有限的中等基数的集合上，在这种情况下，CVaR 近似由以下给出。

命题 4.3.3　让 $\zeta\in\mathbb{R}^L$ 是一个取值 $\zeta^1,\cdots,\zeta^N$ 时概率为 $\pi_1,\cdots,\pi_N$ 的离散随机向量。于是

$$\Psi_\#(z)=\sup_u\{z^{\mathrm{T}}(Bu+b)-\psi(u)\}$$

$$Bu+b=\left[\sum_i u_i;\sum_i u_i\zeta^i\right],\quad \psi(u)=\begin{cases}-\sum_i u_i, & 0\leqslant u_i\leqslant\pi_i,\ 1\leqslant i\leqslant N\\ +\infty, & \text{其他}\end{cases}$$

并且 CVaR 近似的鲁棒对等表示是

$$\begin{cases}\Gamma_\epsilon^{\#}=\left\{z:z^{\mathrm{T}}\left[1;\epsilon^{-1}\sum_i u_i\zeta^i\right]\leqslant 0,\ \forall u\in\overline{\mathcal{U}}_\epsilon\right\},\\ \overline{\mathcal{U}}_\epsilon\equiv\left\{u:0\leqslant u_i\leqslant\pi_i,\ \forall i;\sum_i u_i=\epsilon\right\}\end{cases}$$

$$\Updownarrow$$

$$\begin{cases}\Gamma_\epsilon^{\#}=\left\{z:z_0+\sum_\ell\zeta_\ell z_\ell\leqslant 0,\ \forall\zeta\in\mathcal{Z}_\epsilon\right\},\\ \mathcal{Z}_\epsilon=\left\{\zeta=\sum_i u_i\zeta^i:0\leqslant u_i\leqslant\pi_i/\epsilon,\sum_i u_i=1\right\}\end{cases}$$

证明 我们有

$$
\begin{aligned}
&\Psi_{\#}(z)\\
&=E\left\{\max\left[1+z_0+\sum_{\ell=1}^{L}\zeta_\ell z_\ell,0\right]\right\}=\sum_{i=1}^{N}\pi_i\max[1+z_0+[z_1;\cdots;z_L]^{\mathrm{T}}\boldsymbol{\zeta}^i,0]\\
&=\sum_{i=1}^{N}\max_{0\leqslant u_i\leqslant\pi_i}u_i[1+z_0+[z_1;\cdots;z_L]^{\mathrm{T}}\boldsymbol{\zeta}^i]\\
&=\max_{\boldsymbol{u}:0\leqslant u_i\leqslant\pi_i}\left\{[z_0;\cdots;z_L]^{\mathrm{T}}\underbrace{\left[\sum_i u_i;\sum_i u_i\boldsymbol{\zeta}^i\right]}_{\boldsymbol{B}\boldsymbol{u}+\boldsymbol{b}}-\left(-\sum_i u_i\right)\right\}
\end{aligned}
$$

相应地，由 4.3.2 节可得

$$
\Gamma_\epsilon^{\#}=\left\{\boldsymbol{z}:\boldsymbol{z}^{\mathrm{T}}\left[\sum_i u_i;\sum_i u_i\boldsymbol{\zeta}^i\right]\leqslant 0,\forall\boldsymbol{u}\in\mathcal{U}_\epsilon\equiv\boldsymbol{u}:0\leqslant u_i\leqslant\pi_i,\forall i;\sum_i u_i\geqslant\epsilon\right\}
$$

这与命题中所陈述的内容是等价的。 ■

4.3.5 向量不等式的扩展

概述的方法可以应用于随机扰动向量不等式的机会约束版本

$$
\mathrm{Prob}\left\{\boldsymbol{z}^0+\sum_{\ell=1}^{L}\zeta_\ell\boldsymbol{z}^\ell\notin -K\right\}\leqslant\epsilon \tag{4.3.16}
$$

其中

$$
\boldsymbol{\xi}^z\equiv\boldsymbol{z}^0+\sum_{\ell=1}^{L}\zeta_\ell\boldsymbol{z}^\ell\in -K \tag{4.3.17}
$$

其中，$\boldsymbol{z}^0,\boldsymbol{z}^1,\cdots,\boldsymbol{z}^L\in\mathbb{R}^d$ 是确定性参数，ζ_ℓ 是随机扰动且 K 是 $\mathbb{R}^d$ 内部非空给定的闭凸锥。为此，选择一个凸函数 γ 以满足条件，当 $\mathbb{R}^d\to\mathbb{R}$ 时，K 是单调的。

$$
\gamma(\boldsymbol{y}+\boldsymbol{h})\geqslant\gamma(\boldsymbol{y}),\quad\forall(\boldsymbol{h}\in K,\boldsymbol{y}\in\mathbb{R}^d)
$$

并且满足关系

$$
\gamma(\boldsymbol{y})\geqslant 0,\forall\boldsymbol{y};\quad\gamma(\boldsymbol{y})\geqslant 1,\forall(\boldsymbol{y}\notin -K)
$$

和

$$
\exists\boldsymbol{e}:\forall\boldsymbol{y}:\gamma(\boldsymbol{y}+t\boldsymbol{e})\to 0,\quad t\to\infty
$$

例如，我们可以选择一个在 $\mathbb{R}^d$ 上的范数 $\|\cdot\|$，设

$$
\gamma(\boldsymbol{y})=1+\mathrm{dist}(\boldsymbol{y},-K),\quad\mathrm{dist}(\boldsymbol{y},-K)=\min_{\boldsymbol{v}\in -K}\|\boldsymbol{y}-\boldsymbol{v}\|
$$

并且利用 $\boldsymbol{e}$ 使用来自 $-\mathrm{int}K$ 的一个方向。

如上所述，给定一个 $\gamma(\cdot)$，假设在处理中，我们有一个处处有限的函数 $\Psi(\boldsymbol{z})$，它在 $\boldsymbol{z}=[\boldsymbol{z}^0;\boldsymbol{z}^1;\cdots;\boldsymbol{z}^L]$ 上是凸的，并且在 $E\{\gamma(\xi^z)\}$ 上是一个上界，$\psi(\boldsymbol{u})$ 是凸的下半连续函数，且 $\psi(\boldsymbol{u})$ 具有有界的水平集，使得

$$
\Psi(\boldsymbol{z})=\sup_{\boldsymbol{u}}\{\boldsymbol{z}^{\mathrm{T}}(\boldsymbol{B}\boldsymbol{u}+\boldsymbol{b})-\psi(\boldsymbol{u})\}
$$

在概述的情况下可以很容易证明以下内容。

(i)

$$
\forall\boldsymbol{z}:\mathrm{Prob}\{\xi^z\notin -K\}\leqslant\inf_{\alpha>0}\Psi(\alpha\boldsymbol{z})
$$

(ii) 集合 $Z_\epsilon=\mathrm{cl}\{\boldsymbol{z}:\exists\alpha>0:\Psi(\alpha\boldsymbol{z})\leqslant\epsilon\}$ 满足在 $\boldsymbol{z}\in Z_\epsilon$ 时，$\mathrm{Prob}\{\xi^z\notin -K\}\leqslant\epsilon$；

(iii) 集合 Z_ϵ 只是不确定线性约束

$$z^{\mathrm{T}}(\boldsymbol{B}\boldsymbol{u}+\boldsymbol{b})\leqslant 0,\quad \forall \boldsymbol{u}\in\mathcal{U}_\epsilon=\{\boldsymbol{u}:\psi(\boldsymbol{u})\leqslant -\epsilon\}$$

的鲁棒可行集，且集合 Z_ϵ 与非空凸紧扰动集 $\mathcal{U}_\epsilon$ 相关。

4.3.6　在 Bernstein 近似和 CVaR 近似之间架起桥梁

我们已经看到机会约束（4.0.1）的 Bernstein 近似是构建约束的保守凸近似的一般生成函数方案的特殊情况，而且这种特殊的近似在保守性方面不是最好的。什么使它有吸引力，是在某些结构假设下（即 $\zeta_1,\cdots,\zeta_L$ 的独立性加上函数 $\ln(E\{\exp\{s\zeta_\ell\}\})$ 的有效可计算的凸上界的可用性），这种近似在计算上是易于处理的。我们现在要解决的问题是，如何在不牺牲计算易处理性的前提下，在一定程度上降低 Bernstein 近似的保守性。其思路如下，我们有以下假设。

A. 随机扰动 $\zeta_1,\cdots,\zeta_L$ 是独立的，我们可以有效地计算相关的矩生成函数

$$\Psi_\ell(s)=E\{\exp\{s\zeta_\ell\}\}:\mathbb{C}\to\mathbb{C}$$

在此假设下，当 $\gamma(s)=\sum_{\nu=0}^{d}c_\nu\exp\{w_\nu s\}$ 是一个指数多项式，可以有效地计算函数

$$\Psi(z)=E\left\{\gamma\left(z_0+\sum_{\ell=1}^{L}\zeta_\ell z_\ell\right)\right\}=\sum_{\nu=0}^{d}c_\nu\exp\{w_\nu z_0\}\prod_{\ell=1}^{L}\Psi_\ell(w_\nu z_\ell)$$

换句话说，

（!）当生成函数 $\gamma(\cdot):\mathbb{R}\to\mathbb{R}$ 为指数多项式时，且满足式（4.3.1），则与 $p(z)=\mathrm{Prob}\left\{z_0+\sum_{\ell=1}^{L}\zeta_\ell z_\ell>0\right\}$ 相关的上界

$$\inf_{\alpha>0}\Psi(\alpha z),\quad \Psi(z)=E\left\{\gamma\left(z_0+\sum_{\ell=1}^{L}\zeta_\ell z_\ell\right)\right\}$$

是有效可计算的。

我们现在可以在以下结构中使用（!）。

给定设计参数 $T>0$（“窗宽”）和 d（“近似度”），我们建立了三角多项式

$$\chi_{c_*}(s)\equiv\sum_{\nu=0}^{d}\left[c_{*\nu}\exp\{\imath\pi\nu s/T\}+\overline{c_{*\nu}}\exp\{-\imath\pi\nu s/T\}\right]$$

通过求解以下最优一致近似问题：

$$\begin{aligned}c_*\in\underset{c\in\mathbb{C}^{d+1}}{\operatorname{argmin}}\Big\{&\max_{-T\leqslant s\leqslant T}\left|\exp\{s\}\chi_c(s)-\max[1+s,0]\right|:\\&0\leqslant\chi_c(s)\leqslant\chi_c(0)=1,\forall s\in\mathbb{R},\exp\{s\}\chi_c(s)\\&\text{是凸的且在}\,|-T,T|\,\text{上是不递减的}\Big\}\end{aligned}$$

使用（!）中的指数多项式

$$\gamma_{d,T}(s)=\exp\{s\}\chi_{c_*}(s)\tag{4.3.18}$$

可以立即证实以下结论。

(i) 概述的结构定义良好，生成函数 $\gamma_{d,T}(s)$ 的结果是一个指数多项式，满足式（4.3.1）的要求，从而在 $p(z)$ 上产生一个有效可计算的凸上界。

(ii) 根据（!），得到的 $p(z)$ 的上界小于或等于与 $\gamma(s)=\exp\{s\}$ 相关的 Bernstein 上界。

生成函数 $\gamma_{11,8}(\cdot)$ 如图 4-2 所示。

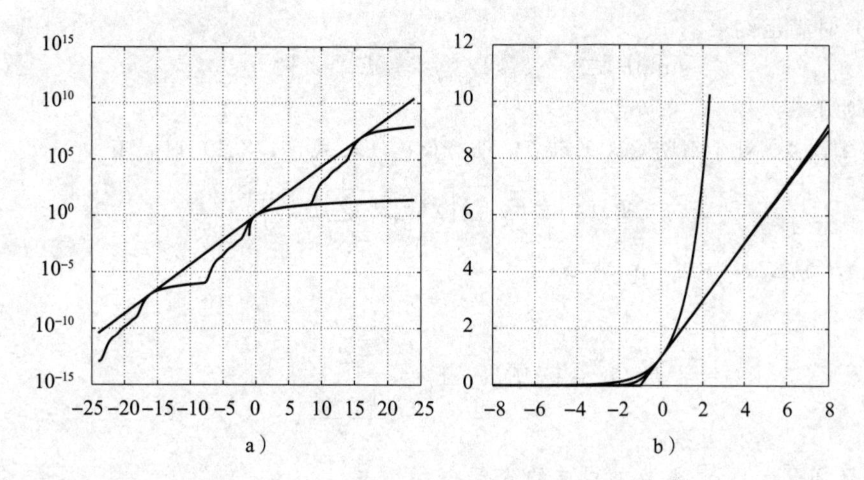

图 4-2　生成函数 $\gamma_{11,8}(s)$（中间的曲线），$\exp\{s\}$（最上面的曲线）和 $\max[1+s,0]$（最下面的曲线）。a：$-24\leqslant s\leqslant 24$，沿 y 轴的对数尺度；b：$-8\leqslant s\leqslant 8$，沿 y 轴的自然尺度

模糊机会约束的情况。与普通近似相比，改进的 Bernstein 近似的一个缺点是，改进的近似需要独立随机变量 ζ_ℓ 的矩生成函数 $E\{\exp\{s\zeta_\ell\}\}$，$s\in\mathbb{C}$ 的精确知识，而那些已知部分 ζ_ℓ 的分布情况的原始近似需要知道这些函数的上界，因此适用于模糊机会约束。这样的部分信息等价于这样一个事实，即 $\boldsymbol{\zeta}$ 的分布 P 属于在 $\mathbb{R}^L$ 上乘积概率分布空间中的一个给定族 $\mathcal{P}$。在这种情况下，我们所需要的是有效计算凸函数

$$\Psi_{\mathcal{P}}(\boldsymbol{z})=\sup_{P\in\mathcal{P}}E_{\zeta\sim P}\left\{\gamma\left(z_0+\sum_{\ell=1}^{L}\zeta_\ell z_\ell\right)\right\}$$

凸函数与 $\mathcal{P}$ 与满足式（4.3.1）的给定生成函数 $\gamma(\cdot)$ 相关。当 $\Psi_{\mathcal{P}}(\cdot)$ 可用时，模糊机会约束

$$\forall(P\in\mathcal{P}):\operatorname*{Prob}_{\zeta\sim P}\left\{z_0+\sum_{\ell=1}^{L}\zeta_\ell z_\ell>0\right\}\leqslant\epsilon \tag{4.3.19}$$

的一个计算上易于处理的保守近似是

$$\mathrm{cl}\{\boldsymbol{z}:\exists\,\alpha>0:\Psi_{\mathcal{P}}(\alpha\boldsymbol{z})\leqslant\epsilon\}$$

目前，在我们已经考虑过的“普通的”Bernstein 近似的所有应用中，族 $\mathcal{P}$ 包含了关于 P_ℓ 的所有乘积分布 $P=P_1\times\cdots\times P_L$，这些“简单”的 $\mathcal{P}_\ell$ 通过给定族 $\mathcal{P}_\ell$ 在轴上的概率分布，允许我们直接计算函数

$$\Psi_\ell(s)=\sup_{P_\ell\in\mathcal{P}_\ell}\int\exp\{s\zeta_\ell\}\mathrm{d}P_\ell(\zeta_\ell)$$

在我们的处理中且在 $\gamma(s)=\exp\{s\}$ 的情况下，函数

$$\Psi_{\mathcal{P}}(\boldsymbol{z})=\sup_{P\in\mathcal{P}}E\left\{\exp\left(z_0+\sum_{\ell=1}^{L}\zeta_\ell z_\ell\right)\right\}$$

是容易获得的，它仅仅是 $\exp\{z_0\}\prod_{\ell=1}^{L}\Psi_\ell(z_\ell)$。然而，请注意，当 $\gamma(\cdot)$ 是一个指数多项式而不是指数时，与之相关的函数 $\Psi_{\mathcal{P}}(\boldsymbol{z})$ 不能通过函数 $\Psi_\ell(\cdot)$ 简单的表示。因此，在机会约束模糊的情况下，如何实现改进的 Bernstein 近似确实是不清楚的。

我们当前的目标是在一个特定的模糊机会约束（4.3.19）的情况下实现改进的 Bernstein 近似，即当 $\mathcal{P}$ 由所有的乘积分布 $P=P_1\times\cdots\times P_L$ 组成时，且 P_ℓ 在已知 $\mu_\ell^{\pm}\in[-1,1]$（如

例 4.2.8）时满足约束

$$\operatorname{supp} P_\ell \subset [-1,1], \quad \mu_\ell^- \leqslant E_{\zeta_\ell \sim P_\ell}\{\zeta_\ell\} \leqslant \mu_\ell^+ \tag{4.3.20}$$

结果如下。

命题 4.3.4 对于刚刚定义的族 $\mathcal{P}$，当 $\gamma(\cdot)$ 满足式（4.3.1）时，有

$$\Psi_{\mathcal{P}}(z) = E_{\zeta \sim P^z}\left\{\gamma\left(z_0 + \sum_{\ell=1}^L \zeta_\ell z_\ell\right)\right\}$$

其中 $P^z = P_1^{z_1} \times \cdots \times P_L^{z_L}$，且 P_ℓ^s 是由

$$P_\ell^s\{1\} = 1 - P_\ell^s\{-1\} = \begin{cases} \dfrac{1+\mu_\ell^+}{2}, & s \geqslant 0 \\ \dfrac{1+\mu_\ell^-}{2}, & s < 0 \end{cases}$$

给定且在区间 $[-1,1]$ 端点处成立的分布。

特别地，当 $\gamma(\cdot) \equiv \gamma_{d,T}(\cdot)$ 时，函数 $\Psi_{\mathcal{P}}(z)$ 是有效可计算的。

证明 只要证明以下几点就足够了。

要求：如果 $P = P_1 \times \cdots \times P_L$，其中 P_ℓ 满足式（4.3.20）且 $\ell_* \in \{1, \cdots, L\}$，然后从分布 P 到分布 $P' = P_1 \times \cdots \times P_{\ell_*-1} \times P_{\ell_*}^{z_{\ell_*}} \times P_{\ell_*+1} \times \cdots \times P_L$（显然也属于 $\mathcal{P}$），我们不减少相关的量 $E\left\{\gamma\left(z_0 + \sum_{\ell=1}^L \zeta_\ell z_\ell\right)\right\}$。

在证明时，我们可以假设 $\ell_* = 1$。

让我们设置

$$\hat{\gamma}(t) = E_{[\zeta_2; \cdots; \zeta_L] \sim P_2 \times \cdots \times P_L}\{\gamma(z_0 + z_1 t + \zeta_2 z_2 + \cdots + \zeta_L z_L)\}$$

由于 $\gamma(\cdot)$ 满足式（4.3.1），函数 $\hat{\gamma}(\cdot)$ 是一个有限凸函数，且当 $z_1 \geqslant 0$ 时不减小，当 $z_1 < 0$ 时不增加。在 $\hat{\gamma}(\cdot)$ 方面，我们称

$$\int_{-1}^1 \hat{\gamma}(\zeta_1) \mathrm{d}P_1(\zeta_1) \leqslant \int_{-1}^1 \hat{\gamma}(\zeta_1) \mathrm{d}P_1^{z_1}(\zeta_1) = P_1^{z_1}\{1\}\hat{\gamma}(1) + (1 - P_1^{z_1}\{1\})\hat{\gamma}(-1) \tag{4.3.21}$$

后一个关系式的证明是直接的。令 $\mu_1 = \int \zeta_1 \mathrm{d}P_1(\zeta_1)$，且 $\hat{\gamma}$ 是凸的，我们有

$$\begin{aligned} \int_{-1}^1 \hat{\gamma}(\zeta_1) \mathrm{d}P_1(\zeta_1) &\leqslant \int_{-1}^1 \left[\frac{1+\zeta_1}{2}\hat{\gamma}(1) + \frac{1-\zeta_1}{2}\hat{\gamma}(-1)\right] \mathrm{d}P_1(\zeta_1) = \phi(\mu_1) \\ &\equiv \frac{1+\mu_1}{2}\hat{\gamma}(1) + \frac{1-\mu_1}{2}\hat{\gamma}(-1) \end{aligned} \tag{4.3.22}$$

既然当 $z_1 \geqslant 0$ 时 $\hat{\gamma}(\cdot)$ 不是递减的，且 $z_1 < 0$ 时 $\hat{\gamma}(\cdot)$ 不是递增的，则当 $z_1 \geqslant 0$，区间 $[\mu_1^-, \mu_1^+] \subset [-1,1]$ 时，函数 $\phi(r)$ 不是递减的，当 $z_1 < 0$，在同样的区间内则不是递增的。既然 μ_1 属于式（4.3.20）的这个区间，当 $z_1 \geqslant 0$ 时我们有 $\phi(\mu_1) \leqslant \phi(\mu_1^+)$，且当 $z_1 < 0$ 时 $\phi(\mu_1) \leqslant \phi(\mu_1^-)$，这意味着在这两种情况下有 $\phi(\mu_1) \leqslant \int_{-1}^1 \hat{\gamma}(\zeta_1) \mathrm{d}P_1^{z_1}(\zeta_1)$（参见式（4.3.21）中的等式），因此式（4.3.22）表明了式（4.3.21）中的不等式。 ■

4.3.6.1 说明 I

为了阐述我们的发现，假设在式（4.0.1）中，所有关于随机扰动 ζ_ℓ 的先验信息是它

们是独立的，且在［−1,1］上成立，均值为零。让我们阐述相应的模糊机会约束的保守近似

$$\forall((P_1,\cdots,P_L)\in\mathcal{P}):\ \underset{\zeta\sim P_1\times\cdots\times P_L}{\mathrm{Prob}}\left\{z_0+\sum_{\ell=1}^{L}\zeta_\ell z_\ell>0\right\}\leqslant\epsilon \tag{4.3.23}$$

其中 $\mathcal{P}$ 在［−1,1］上成立，且均值为零，是所有 L 概率分布集合的族。请注意，在最近的检查中，当我们所讨论的不是模糊的机会约束，而是通常的约束，下面列出的所有近似方案得到的结果保持不变，$\boldsymbol{\zeta}$ 均匀地分布在单位盒 $\{\boldsymbol{\zeta}:\|\boldsymbol{\zeta}\|_\infty\leqslant 1\}$ 的顶点上。

我们将阐述这些近似，它们的保守性在上升且它们的复杂性在下降。在可能的情况下，我们给出了近似的“不等式形式”（通过一种显式凸约束组）和“鲁棒对等形式”

$$\{\boldsymbol{z}:z_0+\boldsymbol{\zeta}^{\mathrm{T}}[z_1;\cdots;z_L]\leqslant 0,\forall\boldsymbol{\zeta}\in\mathcal{Z}\}$$

- **CVaR 近似**［命题 4.3.2］

$$\inf_{\beta>0}\left[z_0+\max_{(P_1,\cdots,P_L)\in\mathcal{P}}\int\max\left[\beta+z_0+\sum_{\ell=1}^{L}\zeta_\ell z_\ell,0\right]\mathrm{d}P_1(\zeta_1)\cdots\mathrm{d}P_L(\zeta_L)-\beta\epsilon\right]\leqslant 0 \tag{4.3.24}$$

尽管 CVaR 近似是在基于所有生成函数的近似中最不保守的，但它通常是难以处理的。当从模糊的机会约束情况到 ζ_ℓ 在［−1,1］上均匀分布时$\left(\right.$这相当于用 $\int_{\|\zeta\|_\infty\leqslant 1}\cdots\mathrm{d}\boldsymbol{\zeta}$ 替换式（4.3.24）中的 $\max_{(P_1,\cdots,P_L)\in\mathcal{P}}\int\cdots\mathrm{d}P_1(\zeta_1)\cdots\mathrm{d}P_L(\zeta_\ell)\left.\right)$，它仍然是难以处理的。

我们“提出”了 CVaR 近似的不等式形式。通过命题 4.1.3 和命题 4.3.1，这种近似承认鲁棒对等形式；后者“存在于自然界”，但在计算上难以处理，因此用处不大。

- **桥接的 Bernstein-CVaR 近似**［命题 4.3.4］

$$\begin{gathered}\inf_{\beta>0}[\beta\Psi_{d,T}(\beta^{-1}\boldsymbol{z})-\beta\epsilon]\leqslant 0,\\ \Psi_{d,T}(\boldsymbol{\zeta})=\sum_{\epsilon_\ell=\pm1,1\leqslant\ell\leqslant L}2^{-L}\gamma_{d,T}\left(z_0+\sum_{\ell=1}^{L}\epsilon_\ell z_\ell\right)\end{gathered} \tag{4.3.25}$$

其中 d，T 是结构参数以及 $\gamma_{d,T}$ 是式（4.3.18）中的指数多项式。注意，我们使用命题 4.3.4 来处理感兴趣的机会约束的模糊性。

尽管式（4.3.25）的表示极其复杂，但函数 $\Psi_{d,T}$ 是有效计算的（通过命题 4.3.4 中的公式，而不是式（4.3.25））。因此，我们的近似在计算上是易于处理的。回想一下，这个易于处理的保守近似没有一般的 Bernstein 近似保守。

由于命题 4.1.3 和命题 4.3.1，式（4.3.24）中的近似展示出鲁棒对等形式，现在涉及一个计算上易处理的不确定性集 $\mathcal{Z}^{\mathrm{BCV}}$；然而，这个集合似乎没有显式表示。

- **Bernstein 近似**［例 4.2.8］

$$\begin{gathered}\inf_{\beta>0}\left[z_0+\sum_{\ell=1}^{L}\beta\ln(\cosh(\beta^{-1}z_\ell))+\beta\ln(1/\epsilon)\right]\leqslant 0\\ \Leftrightarrow z_0+\sum_{\ell=1}^{L}\zeta_\ell z_\ell\leqslant 0,\forall\boldsymbol{\zeta}\in\mathcal{Z}_\epsilon^{\mathrm{Brn}}=\left\{\boldsymbol{\zeta}:\sum_{\ell=1}^{L}\phi(\zeta_\ell)\leqslant\ln(1/\epsilon)\right\}\\ \left[\phi(u)=\frac{1}{2}[(1+u)\ln(1+u)+(1-u)\ln(1-u)],\mathrm{Dom}\phi=[-1,1]\right]\end{gathered} \tag{4.3.26}$$

- **具有球-盒不确定性的鲁棒对等近似**［命题 2.3.3，或等价地，例 2.4.9 以及定理 2.4.4］

$$
\begin{aligned}
&\exists u,v: z=u+v, v_0+\sum_{\ell=1}^{L}|v_\ell|\leqslant 0, u_0+\sqrt{2\ln(1/\epsilon)}\sqrt{\sum_{\ell=1}^{L}u_\ell^2}\leqslant 0\\
&\Leftrightarrow z_0+\sum_{\ell=1}^{L}\zeta_\ell z_\ell\leqslant 0, \forall \zeta\in \mathcal{Z}^{\mathrm{BIBx}}:=\left\{\zeta\in\mathbb{R}^L: \begin{array}{c}|\zeta_\ell|\leqslant 1,\ell=1,\cdots,L,\\ \sqrt{\sum_{\ell=1}^{L}\zeta_\ell^2}\leqslant\sqrt{2\ln(1/\epsilon)}\end{array}\right\}
\end{aligned}
\tag{4.3.27}
$$

可以立即看出式（4.3.27）是式（4.3.26）的简化保守版本，即，从式（4.3.26）看出，式（4.3.27）可由熵 $\phi(u)$ 的二次下界求得，其中

$$
\phi(u)\geqslant\frac{1}{2}u^2
$$

$\left(\text{为了得到这个边界，注意当}|u|<1\text{ 时}\phi(0)=\phi'(0)=0\text{ 且}\phi''(u)=\frac{1}{1-u^2}\geqslant 1\right)$，因此

$$
\mathcal{Z}^{\mathrm{Brn}}=\left\{\zeta: \sum_{\ell=1}^{L}\phi(\zeta_\ell)\leqslant\ln(1/\epsilon)\right\}\subset\left\{\zeta: \|\zeta\|_\infty\leqslant 1, \sum_{\ell=1}^{L}\frac{\zeta_\ell^2}{2}\leqslant\ln(1/\epsilon)\right\}=\mathcal{Z}^{\mathrm{BIBx}}
$$

- **具有预算不确定性的鲁棒对等近似**［命题 2.3.4］

$$
\begin{aligned}
&\exists u,v: z=u+v, v_0+\sum_{\ell=1}^{L}|v_\ell|\leqslant 0, u_0+\sqrt{2L\ln(1/\epsilon)}\max_\ell|u_\ell|\leqslant 0\\
&\Leftrightarrow z_0+\sum_{\ell=1}^{L}\zeta_\ell z_\ell\leqslant 0, \forall \zeta\in \mathcal{Z}^{\mathrm{Bdg}}:=\left\{\zeta\in\mathbb{R}^L: \begin{array}{c}|\zeta_\ell|\leqslant 1,\ell=1,\cdots,L,\\ \sum_{\ell=1}^{L}|\zeta_\ell|\leqslant\sqrt{2\ln(1/\epsilon)}\end{array}\right\}
\end{aligned}
\tag{4.3.28}
$$

注意（4.3.28）显然是由不等式

$$
\sum_{\ell=1}^{L}|u_\ell|\leqslant\sqrt{L}\sqrt{\sum_{\ell=1}^{L}u_\ell^2}
$$

给出的式（4.3.27）的简化保守版本，这意味着 $\mathcal{Z}^{\mathrm{BIBx}}\subset\mathcal{Z}^{\mathrm{Bdg}}$。

我们列出的计算上易处理的不确定性集形成一个链：

$$
\mathcal{Z}^{\mathrm{BCV}}\subset\mathcal{Z}^{\mathrm{Brn}}\subset\mathcal{Z}^{\mathrm{BIBx}}\subset\mathcal{Z}^{\mathrm{Bdg}}
$$

在图 4-3 中，我们绘制了嵌套不确定性集的随机二维横截面，这给人的印象是这个链中的“缝隙”。

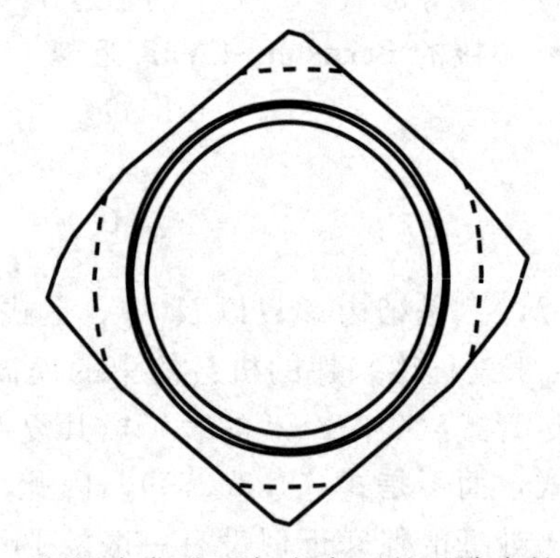

图 4-3　说明Ⅰ中各种近似方案下的不确定性集与随机二维平面的交集。从内到外：桥接的 Bernstein-CVaR 近似，$d=11$，$T=8$；Bernstein 近似；球-盒近似；预算近似；“最坏情况”近似，其中关于 ζ 的支持 $\{\|\zeta\|_\infty\leqslant 1\}$ 在不确定性集的作用下

4.3.6.2　说明Ⅱ

这个说明是例 4.2.9 的延续，我们使用上述近似方案来建立以下模糊机会约束问题的保守近似：

$$
\mathrm{Opt}(\epsilon)=\max\left\{z_0: \max_{(P_1,\cdots,P_L)\in\mathcal{P}}\mathrm{Prob}\left\{z_0+\sum_{\ell=1}^{L}\zeta_\ell z_\ell>0\right\}\leqslant\epsilon, z_1=\cdots=z_L=1\right\}
\tag{4.3.29}
$$

其中，像之前一样，$\mathcal{P}$ 在［−1,1］上成立，且其是概率分布的 L 元组集合并且均值为零。由于我们的机会约束的简单性，在这里可以有效地建立问题的 CVaR 近似。此外，我们还可以精确地求解机会约束问题

$$\mathrm{Opt}^{+}(\epsilon)=\max\left\{z_0:\max_{\zeta\sim U}\mathrm{Prob}\left\{z_0+\sum_{\ell=1}^{L}\zeta_\ell z_\ell>0\right\}\leqslant\epsilon, z_1=\cdots=z_L=1\right\}$$

其中，U 均匀地分布在单位盒 $\{\zeta:\|\zeta\|_\infty\leqslant 1\}$ 的顶点上。这实际上是例 4.2.9 中的问题 (P)。显然，$\mathrm{Opt}^{+}(\epsilon)$ 是式（4.3.29）中模糊机会约束问题的真正的最优值 $\mathrm{Opt}(\epsilon)$ 的上界，而我们的近似的最优值是 $\mathrm{Opt}(\epsilon)$ 的下界。在实验中，我们使用 $L=128$。结果如图 4-4 和表 4-1 所示。

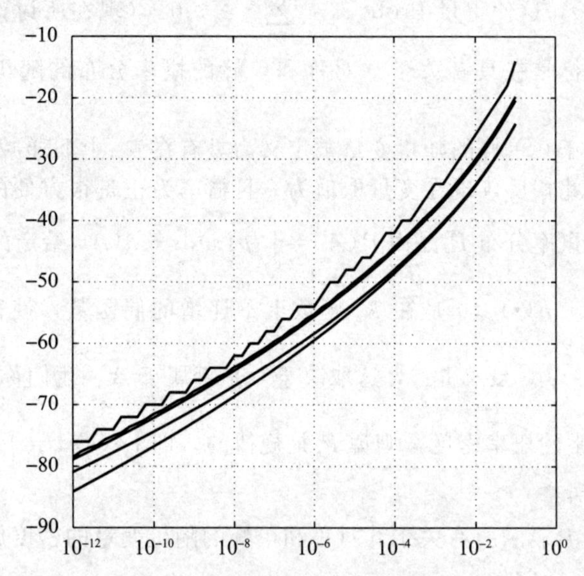

图 4-4　$L=128$ 与 ϵ 时式（4.3.29）的各种近似的最优值。从下到上：预算和球-盒近似；Bernstein 近似；桥接的 Bernstein-CVaR 近似，$d=11$，$T=8$；CVaR 近似；$\mathrm{Opt}^{+}(\epsilon)$

表 4-1　比较模糊机会约束问题(4.3.29)的各种保守近似

ϵ	$\mathrm{Opt}^{+}(\epsilon)$	$\mathrm{Opt}_{\mathrm{V}}(\epsilon)$	$\mathrm{Opt}_{\mathrm{IV}}(\epsilon)$	$\mathrm{Opt}_{\mathrm{III}}(\epsilon)$	$\mathrm{Opt}_{\mathrm{II}}(\epsilon)$	$\mathrm{Opt}_{\mathrm{I}}(\epsilon)$
10^{-12}	−76.00	−78.52(−3.3%)	−78.88(−0.5%)	−80.92(−3.1%)	−84.10(−7.1%)	−84.10(−7.1%)
10^{-11}	−74.00	−75.03(−1.4%)	−75.60(−0.8%)	−77.74(−3.6%)	−80.52(−7.3%)	−80.52(−7.3%)
10^{-10}	−70.00	−71.50(−2.1%)	−72.13(−0.9%)	−74.37(−4.0%)	−76.78(−7.4%)	−76.78(−7.4%)
10^{-9}	−66.00	−67.82(−2.8%)	−68.45(−0.9%)	−70.80(−4.4%)	−72.84(−7.4%)	−72.84(−7.4%)
10^{-8}	−62.00	−63.88(−3.0%)	−64.49(−1.0%)	−66.97(−4.8%)	−68.67(−7.5%)	−68.67(−7.5%)
10^{-7}	−58.00	−59.66(−2.9%)	−60.23(−1.0%)	−62.85(−5.4%)	−64.24(−7.7%)	−64.24(−7.7%)
10^{-6}	−54.00	−55.25(−2.3%)	−55.60(−0.6%)	−58.37(−5.7%)	−59.47(−7.6%)	−59.47(−7.6%)
10^{-5}	−48.00	−49.98(−4.1%)	−50.52(−1.1%)	−53.46(−7.0%)	−54.29(−8.6%)	−54.29(−8.6%)
10^{-4}	−42.00	−44.31(−5.5%)	−44.85(−1.2%)	−47.97(−8.3%)	−48.56(−9.6%)	−48.56(−9.6%)
10^{-3}	−34.00	−37.86(−11.4%)	−38.34(−1.2%)	−41.67(−10.1%)	−42.05(−11.1%)	−42.05(−11.1%)
10^{-2}	−26.00	−29.99(−15.4%)	−30.55(−1.9%)	−34.13(−13.8%)	−34.34(−14.5%)	−34.34(−14.5%)
10^{-1}	−14.00	−19.81(−41.5%)	−20.43(−3.1%)	−24.21(−22.2%)	−24.28(−22.5%)	−24.28(−22.5%)

注：$\mathrm{Opt}_{\mathrm{I}}(\epsilon)$ 到 $\mathrm{Opt}_{\mathrm{V}}(\epsilon)$ 分别是球、球-盒（式（4.3.29）的情况是相同的，即预算）、Bernstein、桥接的 Bernstein-CVaR 和 CVaR 近似的最优值。"$\mathrm{Opt}_{\mathrm{V}}(\epsilon)$"列中括号内的数字指的是相对于 $\mathrm{Opt}^{+}(\cdot)$，CVaR 近似的保守性，其余列中括号内的数字是相对于 CVaR 近似，此列对应近似的保守性。

4.4 优化

有一种可以从上述的概率 $\text{Prob}\left\{z_0+\sum_{\ell=1}^{L}z_\ell\zeta_\ell>0\right\}$ 上进行限定的方法，其中 ζ_ℓ 是独立随机变量。这种方法是用“更分散”的随机变量 ξ_ℓ 来替换 ζ_ℓ（意思是当我们用 ξ_ℓ 替换 ζ_ℓ，此问题的概率会增加），这使得量 $\text{Prob}\left\{z_0+\sum_{\ell=1}^{L}z_\ell\xi_\ell>0\right\}$（现在所讨论的是概率上限）很容易处理。我们的目标是在具有关于 0 对称和单峰的概率分布的随机变量下研究概述的方法。

在第 2 章中，关于 0 单峰的随机变量被定义为具有在 $\mathbb{R}_-$ 上非递减且在 $\mathbb{R}_+$ 上非递增的概率密度的变量，与此相反，现在变量取值为 0 且概率为正是很方便的。因此，以下在轴上关于 0 对称单峰的概率分布 P 是由 $P(A)=\int_A p(s)\mathrm{d}s+\delta(A)$ 给定的分布，其中 A 是 $\mathbb{R}$ 的一个可测量的子集，$p(\cdot)\geqslant 0$ 是在 $\mathbb{R}_+$ 函数上不递增的偶函数，使得 $\int p(s)\mathrm{d}s\leqslant 1$，且 $\delta(A)$ 要么是 $1-\int p(s)\mathrm{d}s$ 要么是 0，这取决于 0 是否属于 A。我们称 $p(\cdot)$ 为 P 的密度，如果 $p(\cdot)$ 是一个通常的概率密度，则说 P 是规律的，即 $\int p(s)\mathrm{d}s=1$（或者，等价地，在 0 处没有重要的概率质量）。

接下来，我们用 $\mathcal{P}$ 表示所有关于 0 对称和单峰的随机变量的密度族，用 Π 表示这些随机变量的密度族。

如果我们想让概述方案发挥作用，“更分散的”随机变量的概念应该包含以下内容：如果 p，$q\in\mathcal{P}$ 且 q 比 p 是“更分散的”，即，对于每一个 $a\geqslant 0$，我们应该有 $\int_a^\infty p(s)\mathrm{d}s\leqslant\int_a^\infty q(s)\mathrm{d}s$ 。我们将这个需求定义为“更分散的”。

定义 4.4.1　让 p，$q\in\mathcal{P}$。如果

$$\forall a\geqslant 0:P(a):=\int_a^\infty p(s)\mathrm{d}s\leqslant Q(a):=\int_a^\infty q(s)\mathrm{d}s$$

则 q 比 p 更分散（注释：$q\succeq_{\mathrm{m}}p$ 或者 $p\preceq_{\mathrm{m}}q$）。

当 ξ，$\eta\in\Pi$，如果对应的密度是相同的关系，我们说 η 比 ξ 更分散（注释：$\eta\succeq_{\mathrm{m}}\xi$）。

可以立即看出，$\succeq_{\mathrm{m}}$ 这种关系在 $\mathcal{P}$ 上是偏序的；这种顺序被称为“单调优势”。众所周知，下面给出了这个顺序的等价描述。

命题 4.4.2　让 π，$\theta\in\Pi$，让 ν，q 是 θ 的概率分布和密度，并且让 μ，p 是 π 的概率分布和密度。最后，设 $\mathcal{M}_b$ 是在轴上连续可微的偶和有界函数的族，且在 $\mathbb{R}_+$ 上非递减。则 $\theta\succeq_{\mathrm{m}}\pi$ 当且仅当

$$\int f(s)\mathrm{d}\nu(s)\geqslant\int f(s)\mathrm{d}\mu(s)\mathrm{d}s,\forall f\in\mathcal{M}_b \tag{4.4.1}$$

等价于当且仅当

$$\int f(s)q(s)\mathrm{d}s\geqslant\int f(s)p(s)\mathrm{d}s,\forall f\in\mathcal{M}_b \tag{4.4.2}$$

此外，当式（4.4.1）发生时，不等式（4.4.1）和（4.4.2）对轴上的每一个偶函数都成立，且在 $\mathbb{R}_+$ 上非递减。

该命题的有关证明，请参见附录 B.1.5。

例 4.4.3 让 $\xi\in\Pi$ 是一个 $[-1,1]$ 上的随机变量，ζ 是一个 $[-1,1]$ 上的均匀分布且遵循 $\eta\sim\mathcal{N}(0,2/\pi)$。我们称 $\xi\preceq_{\mathrm{m}}\zeta\preceq_{\mathrm{m}}\eta$。

事实上，设 $p(\cdot)$，$q(\cdot)$ 为随机变量 π，$\theta\in\Pi$ 的密度。则函数 $P(t)=\int_t^{\infty}p(s)\mathrm{d}s$ 和 $Q(t)=\int_t^{\infty}q(s)\mathrm{d}s$ 在 $t\geqslant0$ 时是凸函数并且在 $P(t)\leqslant Q(t)$ 时，$\pi\preceq_{\mathrm{m}}\theta$。设在 $[-1,1]$ 上 $\pi\in\Pi$，且 θ 在 $[-1,1]$ 上是均匀的。则当 $P(0)\leqslant1/2$ 且在 $[0,\infty)$ 时，$P(t)$ 是凸函数，在 $t\geqslant1$ 时，$P(t)\equiv P(1)$，在 $t\geqslant0$ 时，$Q(t)=1/2\max[1-t,0]$。由于 $Q(0)\geqslant P(0)$，$Q(1)=P(1)$，且 P 是凸函数，Q 在 $[0,1]$ 上是线性的，所以对于所有 $t\in[0,1]$，都有 $P(t)\leqslant Q(t)$，因此对于所有的 $t\geqslant0$，有 $P(t)\leqslant Q(t)$，因而 $\pi\preceq_{\mathrm{m}}\theta$。假设 π 在 $[-1,1]$ 上均匀分布，则 $P(t)=1/2\max[1-t,0]$ 且 θ 服从 $\mathcal{N}(0,2/\pi)$，因此 $Q(t)$ 是一个凸函数，从而对于所有 $t\geqslant0$，有 $Q(t)\geqslant Q(0)+Q'(0)t=(1-t)/2$。结合 $Q(t)\geqslant0$，$t\geqslant0$，得到对于所有的 $t\geqslant0$，$P(t)\leqslant Q(t)$，因而 $\pi\preceq_{\mathrm{m}}\theta$。

我们从以下观察开始。

命题 4.4.4

(i) 如果 $\xi,\eta\in\Pi$，λ 是一个确定性实数且 $\eta\succeq_{\mathrm{m}}\xi$，从而 $\lambda\eta\succeq_{\mathrm{m}}\lambda\xi$。

(ii) 如果 ξ，$\bar{\xi}$，η，$\bar{\eta}\in\Pi$ 是独立的随机变量，满足 $\eta\succeq_{\mathrm{m}}\xi$，$\bar{\eta}\succeq_{\mathrm{m}}\bar{\xi}$，从而 $\xi+\bar{\zeta}\in\Pi$，$\eta+\bar{\eta}\in\Pi$ 且 $\eta+\bar{\eta}\succeq_{\mathrm{m}}\xi+\bar{\xi}$。

该命题的有关证明，请参见附录 B.1.5。

作为命题 4.4.4 的推论，我们得到了第一个优化结果。

命题 4.4.5 假设 $z_0\leqslant0,z_1,\cdots,z_L$ 是确定性实数，$\{\zeta_\ell\}_{\ell=1}^L$ 是关于 0 单峰对称的独立随机变量，且 $\{\eta_\ell\}_{\ell=1}^L$ 是独立随机变量的类似集，使得对于所有的 ℓ 有 $\eta_\ell\succeq_{\mathrm{m}}\zeta_\ell$。从而

$$\mathrm{Prob}\left\{z_0+\sum_{\ell=1}^L z_\ell\zeta_\ell>0\right\}\leqslant\mathrm{Prob}\left\{z_0+\sum_{\ell=1}^L z_\ell\eta_\ell>0\right\}\tag{4.4.3}$$

除此之外，如果 $\eta_\ell\sim\mathcal{N}(0,\sigma_\ell^2)$，$\ell=1,\cdots,L$，从而，对于所有的 $\epsilon\in(0,1/2]$，有

$$z_0+\mathrm{ErfInv}(\epsilon)\sqrt{\sum_{\ell=1}^L\sigma_\ell^2z_\ell^2}\leqslant0\Rightarrow\mathrm{Prob}\left\{z_0+\sum_{\ell=1}^L\zeta_\ell z_\ell>0\right\}\leqslant\epsilon\tag{4.4.4}$$

其中 $\mathrm{ErfInv}(\cdot)$ 是式 (2.3.22) 中的逆误差函数。

证明 命题 4.4.4 (i) 中随机变量 $\hat{\zeta}_\ell=z_\ell\zeta_\ell$ 和 $\hat{\eta}_\ell=z_\ell\eta_\ell$ 由 $\hat{\eta}_\ell\succeq_{\mathrm{m}}\hat{\zeta}_\ell$ 连接。根据命题 4.4.4 (ii)，这意味着

$$\hat{\eta}:=\sum_{\ell=1}^L\hat{\eta}_\ell\succeq_{\mathrm{m}}\hat{\zeta}:=\sum_{\ell=1}^L\hat{\zeta}_\ell$$

后者，根据 $\succeq_{\mathrm{m}}$ 的定义，意味着

$$\begin{aligned}\mathrm{Prob}\left\{z_0+\sum_{\ell=1}^L z_\ell\zeta_\ell>0\right\}&=\mathrm{Prob}\left\{\hat{\zeta}>|z_0|\right\}\leqslant\mathrm{Prob}\{\hat{\eta}>|z_0|\}\\&=\mathrm{Prob}\left\{z_0+\sum_{\ell=1}^L z_\ell\eta_\ell>0\right\}\end{aligned}$$

命题 4.4.5 中的结论主张在基于 $\hat{\eta}\sim\mathcal{N}\left(0,\sum_{\ell=1}^L\sigma_\ell^2z_\ell^2\right)$ 的前提下很容易得出。 ■

关系 (4.4.4) 似乎是我们可以从命题 4.4.4 中提取的主要“收获”，由于独立的服从

$\mathcal{N}(0,\sigma_\ell^2)$ 的随机变量 η_ℓ 是唯一有趣的情况，因为我们可以很容易地计算出 $\text{Prob}\left\{z_0+\sum_{\ell=1}^{L}z_\ell\eta_\ell>0\right\}$ 且在 $\epsilon\leqslant1/2$ 时，机会约束 $\text{Prob}\left\{z_0+\sum_{\ell=1}^{L}z_\ell\eta_\ell>0\right\}\leqslant\epsilon$ 等价于显式凸约束，具体地说，

$$z_0+\text{ErfInv}(\epsilon)\sqrt{\sum_{\ell=1}^{L}\sigma_\ell^2z_\ell^2}\leqslant0 \tag{4.4.5}$$

与命题 2.4.1 比较。假设独立随机变量 $\zeta_\ell\in\Pi$，$\ell=1,\cdots,L$，则有“高斯上界” $\eta_\ell\succeq_{\text{m}}\zeta_\ell$ 且 $\eta_\ell\sim\mathcal{N}(0,\sigma_\ell^2)$。则 ζ 满足 2.4 节中的假设 P.1～P.2，参数 $\mu_\ell^{\pm}=0$，σ_ℓ。

实际上，我们所要证明的是，如果 $\eta\succeq_{\text{m}}\zeta$ 且 $\eta\sim\mathcal{N}(0,\sigma^2)$，则

$$\int\exp\{ts\}\text{d}\mu(s)\leqslant\exp\{\sigma^2t^2/2\},\forall t$$

其中，μ 是 ζ 的分布。利用 μ 关于 0 的对称性，我们有

$$\begin{aligned}\int\exp\{ts\}\text{d}\mu(s)&=\int\cosh(ts)\text{d}\mu(s)\leqslant\int\cosh(ts)\frac{1}{\sqrt{2\pi}\sigma}\exp\{-s^2/(2\sigma^2)\}\text{d}s\\&=\exp\{\sigma^2t^2/2\}\end{aligned}$$

其中，“$\leqslant$”是由命题 4.4.2 基于 $\zeta\preceq_{\text{m}}\eta\sim\mathcal{N}(0,\sigma^2)$ 的事实给出。

既然 ζ 满足带有参数 $\mu_\ell^{\pm}=0$，σ_ℓ 的 P.1～P.2，我们之前的结果（如命题 2.4.1）表明

$$\left(z_0+\sqrt{2\log(1/\epsilon)}\sqrt{\sum_{\ell=1}^{L}\sigma_\ell^2z_\ell^2}\leqslant0\right)\Rightarrow\left(\text{Prob}\left\{z_0+\sum_{\ell=1}^{L}z_\ell\zeta_\ell>0\right\}\leqslant\epsilon\right) \tag{4.4.6}$$

与式（4.4.4）相比，这个结果的唯一缺点是 $\text{ErfInv}(\epsilon)<\sqrt{2\ln(1/\epsilon)}$。

4.4.1　优化定理

命题 4.4.5 可以改写如下：

设 $\{\zeta_\ell\}_{\ell=1}^{L}$ 是具有关于 0 单峰对称分布的独立随机变量，$\{\eta_\ell\}_{\ell=1}^{L}$ 是独立随机变量的类似集，使得对于每一个 ℓ 都有 $\eta_\ell\succeq_{\text{m}}\zeta_\ell$。给定一个确定性向量 $\boldsymbol{z}\in\mathbb{R}^L$ 且 $z_0\leqslant0$，考虑“条带”

$$S=\{\boldsymbol{x}\in\mathbb{R}^L:|\boldsymbol{z}^{\text{T}}\boldsymbol{x}|\leqslant-z_0\}$$

于是

$$\text{Prob}\{[\zeta_1;\cdots;\zeta_L]\in S\}\geqslant\text{Prob}\{[\eta_1;\cdots;\eta_L]\in S\}$$

结果证明，这个不等式对于每一个关于原点对称的闭凸集 S 都成立。

定理 4.4.6【优化定理】　设 $\{\zeta_\ell\}_{\ell=1}^{L}$ 是具有关于 0 单峰对称分布的独立随机变量，且 $\{\eta_\ell\}_{\ell=1}^{L}$ 是独立随机变量的类似集，使得对于所有的 ℓ 有 $\eta_\ell\succeq_{\text{m}}\zeta_\ell$。那么对于每一个关于原点对称的闭凸集 $S\subset\mathbb{R}^L$，有

$$\text{Prob}\{[\zeta_1;\cdots;\zeta_L]\in S\}\geqslant\text{Prob}\{[\eta_1;\cdots;\eta_L]\in S\} \tag{4.4.7}$$

定理的有关证明，见附录 B.1.6。

例 4.4.7　设 $\boldsymbol{\xi}\sim\mathcal{N}(\boldsymbol{0},\boldsymbol{\Sigma})$ 和 $\boldsymbol{\eta}\sim\mathcal{N}(\boldsymbol{0},\boldsymbol{\Theta})$ 是在 $\mathbb{R}^n$ 中取值且 $\boldsymbol{\Sigma}\preceq\boldsymbol{\Theta}$ 的两个高斯随机向量。我们说对于每一个关于原点对称的闭凸集 $S\subset\mathbb{R}^n$，有

$$\text{Prob}\{\boldsymbol{\xi}\in S\}\geqslant\text{Prob}\{\boldsymbol{\eta}\in S\}$$

事实上，根据连续性，只要考虑 $\boldsymbol{\Theta}$ 是非退化的情况就足够了。从随机向量 $\boldsymbol{\xi}$，$\boldsymbol{\eta}$ 到随机向量 $\boldsymbol{A\xi}$，$\boldsymbol{A\eta}$，其用适当定义的非奇异 $\boldsymbol{A}$ 表示，我们可以把这种情况简化为 $\boldsymbol{\Theta}=\boldsymbol{I}$ 和 $\boldsymbol{\Sigma}$

是对角线的情况，这意味着关于 $\boldsymbol{\xi}$ 的密度 $p(\cdot)$ 和关于 $\boldsymbol{\eta}$ 的密度 q 是形式

$$p(\boldsymbol{x})=p_1(x_1)\cdots p_n(x_n),\quad q(\boldsymbol{x})=q_1(x_1)\cdots q_n(x_n)$$

其中 $p_i(s)$ 是 $\mathcal{N}(0,\Sigma_{ii})$ 的密度，$q_i(s)$ 是 $\mathcal{N}(0,1)$ 的密度。由 $\boldsymbol{\Sigma}\preceq\boldsymbol{\Theta}=\boldsymbol{I}$，我们有 $\Sigma_{ii}\leqslant 1$，意味着对于所有的 i 都有 $p_i\preceq_{\mathrm{m}}q_i$。这种情况仍然适合优化定理。

4.5 超出独立线性扰动的情况

到目前为止，当随机扰动 $\zeta_1,\cdots,\zeta_L$ 独立时，我们处理线性扰动的机会约束

$$p(\boldsymbol{z})\equiv\mathrm{Prob}\left\{z_0+\sum_{\ell=1}^{L}z_\ell\zeta_\ell>0\right\}\leqslant\epsilon \tag{4.0.1}$$

在本节中，我们考虑扰动是相关的，或非线性地进入机会约束主体的情况。

4.5.1 相关线性扰动

这里我们去掉了式（4.0.1）中，扰动是独立的假设。相反，我们做如下假设。

假设 S: 所有关于 $\boldsymbol{\zeta}$ 分布的先验信息都归结为某些集合 $\mathcal{P}_\ell$，$\ell=1,\cdots,L$，在概率分布空间中，在轴上定义了一阶矩，使 ζ_ℓ 的分布 P_ℓ 属于各自的集合。特别是，我们对扰动 $\zeta_1,\cdots,\zeta_L$ 之间的相关结构一无所知。

我们想要建立模糊版本（4.0.1）的保守凸近似，这与假设 S 相关，这是约束，即当 $\boldsymbol{\zeta}=[\zeta_1;\cdots;\zeta_L]$ 的边际分布 P_ℓ 属于 $\mathcal{P}_\ell$，$\ell=1,\cdots,L$，有

$$\mathrm{Prob}\left\{z_0+\sum_{\ell=1}^{L}z_\ell\zeta_\ell>0\right\}\leqslant\epsilon \tag{4.5.1}$$

为此，我们可以使用类似于 4.2 节的方法，具体如下所示。假设我们可以在轴上指出函数 $\gamma(\cdot)$

$$\begin{aligned}&(a)\quad \gamma(\boldsymbol{u})\equiv\sum_{\ell=1}^{L}\gamma_\ell(u_\ell)\geqslant 0,\ \forall\,\boldsymbol{u}\in\mathbb{R}^L,\\&(b)\quad z_0+\sum_{\ell=1}^{L}u_\ell z_\ell>0\Rightarrow\gamma(\boldsymbol{u})\geqslant 1\end{aligned} \tag{4.5.2}$$

那么显然 $p(z)\leqslant E\{\gamma(\boldsymbol{\zeta})\}$，使条件

$$E\{\gamma(\boldsymbol{\zeta})\}\leqslant\epsilon$$

是式（4.0.1）有效性的充分条件。现在，式（4.5.2.a）有效性的一个明显的充要条件是

$$\sum_{\ell=1}^{L}\inf_{u_\ell\in\mathbb{R}}\gamma_\ell(u_\ell)\geqslant 0 \tag{4.5.3}$$

而式（4.5.2.b）有效性的明显充分条件是

$$\exists\lambda>0:\inf_{\boldsymbol{u}\in\mathbb{R}^L}\left\{\lambda(\gamma(\boldsymbol{u})-1)-z_0-\sum_{\ell=1}^{L}z_\ell u_\ell\right\}\geqslant 0 \tag{4.5.4}$$

这些观察结果为下文奠定了基础。

定理 4.5.1　如果 z 可以推广为凸约束组

$$\begin{aligned}&\left[\begin{array}{c|c}\lambda & 1\\\hline 1 & \tau\end{array}\right]\succeq 0,\ \sum_{\ell=1}^{L}\beta_\ell\geqslant\lambda+z_0\\&\sum_{\ell=1}^{L}\sup_{P_\ell\in\mathcal{P}_\ell}\int\max[0,z_\ell s+\beta_\ell]\mathrm{d}P_\ell(s)\leqslant\lambda\,\epsilon\end{aligned} \tag{4.5.5}$$

的可行解，其中有变量 $z,\lambda,\beta_\ell,\boldsymbol{\tau}$，则 z 对于与假设 S 相关的模糊机会约束（4.5.1）是可

行的。因此，式（4.5.5）是式（4.5.1）的一个保守凸近似；如果给定 z_ℓ，β_ℓ，则这种近似是易处理的，

$$\sup_{P_\ell \in \mathcal{P}_\ell} \int \max[0, z_\ell s + \beta_\ell] \mathrm{d}P_\ell(s), \quad \ell = 1, \cdots, L$$

是有效可计算的。

证明 $\mathbf{1^0}$ 首先，注意条件

$$\exists \begin{pmatrix} \boldsymbol{\alpha} \in \mathbb{R}^L, \boldsymbol{\beta} \in \mathbb{R}^L, \lambda \\ \{\gamma_\ell(\cdot)\}_{\ell=1}^L \end{pmatrix} : \left. \begin{array}{ll} \lambda > 0 & (a) \\ \sum_\ell \alpha_\ell \geqslant 0 & (b.1) \\ \gamma_\ell(s) \geqslant \alpha_\ell, \forall s \in \mathbb{R} & (b.2) \\ \sum_\ell \beta_\ell \geqslant \lambda + z_0 & (c.1) \\ \lambda \gamma_\ell(s) \geqslant z_\ell s + \beta_\ell, \forall s \in \mathbb{R} & (c.2) \\ \sum_{\ell=1}^L E\{\gamma_\ell(\zeta_\ell)\} \leqslant \epsilon & (d) \end{array} \right\} \tag{4.5.6}$$

是式（4.0.1）有效性的充分条件。

事实上，设（$\{\alpha_\ell, \beta_\ell\}_{\ell=1}^L$，$\lambda$，$\{\gamma_\ell(\cdot)\}_{\ell=1}^L$）满足式（4.5.6.$a \sim d$），且设

$$\boldsymbol{\gamma}(\boldsymbol{u}) = \sum_{\ell=1}^L \gamma_\ell(u_\ell)$$

通过式（4.5.6.b）我们有 $\gamma(\cdot) \geqslant 0$，通过式（4.5.6.$a$,$c$）对所有的 $\boldsymbol{u}$ 我们有

$$\lambda[\boldsymbol{\gamma}(\boldsymbol{u}) - 1] - z_0 - \sum_{\ell=1}^L z_\ell u_\ell \geqslant \sum_{\ell=1}^L \beta_\ell - \lambda - z_0 \geqslant 0$$

其中 $z_0 + \sum_{\ell=1}^L u_\ell z_\ell > 0 \Rightarrow \boldsymbol{\gamma}(\boldsymbol{u}) \geqslant 1$。根据前面定理 4.5.1 的推理，当 $\gamma(\cdot) \geqslant 0$ 时，后一个关系式意味着 $p(\boldsymbol{z}) \leqslant E\{\boldsymbol{\gamma}(\boldsymbol{\zeta})\}$，它与式（4.5.6.$d$）结合就表明 $p(\boldsymbol{z}) \leqslant \epsilon$。

$\mathbf{2^0}$ 现在让我们假设条件（4.5.6）与条件

$$\exists \begin{pmatrix} \boldsymbol{\theta} \in \mathbb{R}^L, \boldsymbol{\beta} \in \mathbb{R}^L, \lambda \\ \{\delta_\ell(\cdot)\}_{\ell=1}^L \end{pmatrix} : \left. \begin{array}{ll} \lambda > 0 & (a) \\ \sum_\ell \theta_\ell \geqslant 0 & (b.1) \\ \delta_\ell(s) \geqslant \theta_\ell, \forall s \in \mathbb{R} & (b.2) \\ \sum_\ell \beta_\ell \geqslant \lambda + z_0 & (c.1) \\ \delta_\ell(s) \geqslant z_\ell s + \beta_\ell, \forall s \in \mathbb{R} & (c.2) \\ \sum_\ell E\{\delta_\ell(\zeta_\ell)\} \leqslant \lambda \epsilon & (d) \end{array} \right\} \tag{4.5.7}$$

是等价的，反过来，也等价于条件

$$\exists (\boldsymbol{\theta} \in \mathbb{R}^L, \boldsymbol{\beta} \in \mathbb{R}^L, \lambda) : \left. \begin{array}{ll} \lambda > 0 & (a) \\ \sum_\ell \theta_\ell \geqslant 0 & (b) \\ \sum_\ell \beta_\ell \geqslant \lambda + z_0 & (c) \\ \sum_\ell E\{\max[\theta_\ell, z_\ell \zeta_\ell + \beta_\ell]\} \leqslant \lambda \epsilon & (d) \end{array} \right\} \tag{4.5.8}$$

实际上，通过变量 $\alpha_\ell,\beta_\ell,\lambda,\gamma_\ell(\cdot)$ 到变量 $\theta_\ell=\alpha_\ell\lambda,\beta_\ell,\lambda,\delta_\ell(\cdot)=\lambda\gamma_\ell(\cdot)$，条件（4.5.6）变为条件（4.5.7），所以条件（4.5.6）和条件（4.5.7）是等价的。现在，条件（4.5.7.a～d）在某一变量 $\theta_\ell,\beta_\ell,\lambda,\delta_\ell(\cdot)$ 下仍然成立，当且仅当 $\theta_\ell,\beta_\ell,\lambda$ 保持不变，而 $\delta_\ell(\cdot)$ 被函数 $\max[\theta_\ell,\zeta_\ell s+\beta_\ell]\leqslant\delta_\ell(s)$ 取代。由于这种变换只能让条件（4.5.7.d）的左侧部分值减小，故条件（4.5.7）等价于条件（4.5.8）。

3⁰　现在注意，条件（4.5.8）等价于条件

$$\exists(\boldsymbol{\beta}\in\mathbb{R}^L,\lambda):\left.\begin{array}{ll}\lambda>0 & (a)\\ \sum_\ell\beta_\ell\geqslant\lambda+z_0 & (c)\\ \sum_\ell E\{\max[0,z_\ell\zeta_\ell+\beta_\ell]\}\leqslant\lambda\epsilon & (d)\end{array}\right\}\tag{4.5.9}$$

事实上，条件（4.5.9）清楚地表明了条件（4.5.8）（对于所有的 ℓ，设 $\theta_\ell=0$）。反过来，假设条件（4.5.8）成立，我们则证明条件（4.5.9）。首先，我们假设 θ_ℓ 在条件（4.5.8）中，满足 $\sum_\ell\theta_\ell=0$ 而不是满足 $\sum_\ell\theta_\ell\geqslant0$ 的情况下，结果依然不变。事实上，减小 θ_1 使不等式 $\sum_\ell\theta_\ell\geqslant0$ 为等式，我们显然不违反式（4.5.8.d）的有效性。现在，假设 θ_ℓ,β_ℓ 满足条件（4.5.8）中所有的关系，且 $\sum_\ell\theta_\ell=0$ 和 $\beta'_\ell=\beta_\ell-\theta_\ell$，我们得到了 $\sum_\ell\beta'_\ell=\sum_\ell\beta_\ell\geqslant\lambda+z_0$ 和

$$\begin{aligned}\lambda\epsilon&\geqslant\sum_\ell E\{\max[\theta_\ell,z_\ell\zeta_\ell+\beta_\ell]\}=\sum_\ell E\{\theta_\ell+\max[0,z_\ell\zeta_\ell+\beta'_\ell]\}\\&=\sum_\ell\theta_\ell+\sum_\ell E\{\max[0,z_\ell\zeta_\ell+\beta'_\ell]\}=\sum_\ell E\{\max[0,z_\ell\zeta_\ell+\beta'_\ell]\}\end{aligned}$$

以至于 β'_ℓ，$\ell=1,\cdots,d$ 满足条件（4.5.9）。

4⁰　从 1^0 到 3^0 得出，对于与假设 S 相容的任何 $\boldsymbol{\zeta}$ 的分布，条件（4.5.9）对于机会约束（4.0.1）的有效性是充分的。■

4.5.2　修正

我们所使用的简单思想（学名为“拉格朗日松弛”）可以用在一种密切相关的情况下，具体如下。假设已知轴上的分段线性凸函数：

$$f(s)=\max_{1\leqslant j\leqslant J}[a_j+b_js]\tag{4.5.10}$$

我们希望从上述中对期望进行界定

$$F(\boldsymbol{z})=E\left\{f\left(z_0+\sum_{\ell=1}^L z_\ell\zeta_\ell\right)\right\}\tag{4.5.11}$$

其中，$\boldsymbol{z}$ 是确定性参数向量，$\boldsymbol{\zeta}$ 是随机扰动向量，且我们所有关于 $\boldsymbol{\zeta}$ 的分布的先验信息正如假设 S 所陈述。

我们的出发点是以下观察：如果可分离的 Borel 函数 $\gamma(\boldsymbol{u})=\sum_{\ell=1}^L\gamma_\ell(u_\ell):\mathbb{R}^L\to\mathbb{R}$ 处处大于或等于函数 $g(\boldsymbol{u})=f\left(z_0+\sum_{\ell=1}^L z_\ell u_\ell\right)$，则 $\sum_{\ell=1}^L E\{\gamma_\ell(\zeta_\ell)\}$ 是 $F(\boldsymbol{z})$ 的上界：

$$\begin{aligned}F(\boldsymbol{z})&\leqslant\Phi[f,\boldsymbol{z}]\equiv\inf_{\gamma(\cdot)\in\Gamma_z}\left\{\sum_{\ell=1}^L\sup_{P_\ell\in\mathcal{P}_\ell}\int\gamma_\ell(u_\ell)\mathrm{d}P_\ell(u_\ell)\right\}\\ \Gamma_z&=\left\{\gamma(\boldsymbol{u})=\sum_{\ell=1}^L\gamma_\ell(u_\ell):\gamma(\boldsymbol{u})\geqslant f\left(z_0+\sum_{\ell=1}^L z_\ell u_\ell\right),\forall\boldsymbol{u}\right\}\end{aligned}\tag{4.5.12}$$

这将导致以下结果。

定理 4.5.2　关系（4.5.12）可以等价改写为

$$
\begin{aligned}
&F(z)\leqslant\Phi[f(\cdot),z]\\
&=\inf_{\{\alpha_{\ell j}\}}\left\{\sum_{\ell=1}^{L}\sup_{P_\ell\in\mathcal{P}_\ell}\int\max_{1\leqslant j\leqslant J}[\alpha_{\ell j}+b_j z_\ell u_\ell]\mathrm{d}P_\ell(u_\ell):\ \sum_{\ell=1}^{L}\alpha_{\ell j}=a_j+b_j z_0,\ 1\leqslant j\leqslant J\right\}
\end{aligned}
\tag{4.5.13}
$$

后一个关系式的右边部分是 z 的凸函数，假如我们可以有效地计算以下形式的量

$$\sup_{P_\ell\in\mathcal{P}_\ell}\int g_\ell(u_\ell)\mathrm{d}P_\ell(u_\ell)$$

这种形式与最多具有 J 个明确给定的线性部分的分段线性凸函数 $g_\ell(\cdot)$ 相关联，则这种函数是有效可计算的。

证明　1^0　首先注意

$$
\Gamma_z=\left\{\sum_\ell\gamma_\ell(u_\ell):\exists\{\alpha_{\ell j}\}_{\substack{1\leqslant j\leqslant J\\1\leqslant\ell\leqslant L}}:\begin{cases}\sum_{\ell=1}^{L}\alpha_{\ell j}\geqslant a_j+b_j z_0,1\leqslant j\leqslant J\\ \gamma_\ell(u_\ell)\geqslant\alpha_{\ell j}+b_j z_\ell u_\ell,\forall u_\ell,\\ 1\leqslant\ell\leqslant L,1\leqslant j\leqslant J\end{cases}\right\}
\tag{4.5.14}
$$

事实上，我们按式（4.5.14）的要求有

$$
\begin{aligned}
&\sum_{\ell=1}^{L}\gamma_\ell(u_\ell)\in\Gamma_z\\
&\Leftrightarrow\forall j\leqslant J:\sum_{\ell=1}^{L}\gamma_\ell(u_\ell)\geqslant a_j+b_j\left[z_0+\sum_{\ell=1}^{L}z_\ell u_\ell\right],\forall\boldsymbol{u}\\
&\Leftrightarrow\forall j\leqslant J:\sum_{\ell=1}^{L}[\gamma_\ell(u_\ell)-b_j z_\ell u_\ell]\geqslant a_j+b_j z_0,\forall\boldsymbol{u}\\
&\Leftrightarrow\forall j\leqslant J,\exists\{\alpha_{\ell j}\}_{\ell=1}^{L}:\begin{cases}\sum_{\ell=1}^{L}\alpha_{\ell j}\geqslant a_j+b_j z_0\\ \gamma_\ell(u_\ell)\geqslant\alpha_{\ell j}+b_j z_\ell u_\ell,\forall u_\ell,1\leqslant\ell\leqslant L\end{cases}
\end{aligned}
$$

2^0　我们称

$$
\begin{aligned}
&\Phi[f(\cdot),z]\\
&=\inf_{\{\alpha_{\ell j}\}}\left\{\sum_{\ell=1}^{L}\sup_{P_\ell\in\mathcal{P}_\ell}\int\max_{1\leqslant j\leqslant J}[\alpha_{\ell j}+b_j z_\ell u_\ell]\mathrm{d}P_\ell(u_\ell):\ \sum_{\ell=1}^{L}\alpha_{\ell j}\geqslant a_j+b_j z_0,\ 1\leqslant j\leqslant J\right\}
\end{aligned}
\tag{4.5.15}
$$

事实上，当我们把极小化的域限制在 $\sum_{\ell=1}^{L}\max_{1\leqslant j\leqslant J}[\alpha_{\ell j}+b_j z_\ell u_\ell]$ 这种形式的函数 $\gamma(\boldsymbol{u})$ 上时，其中 $\alpha_{\ell j}$ 满足式（4.5.15）的约束，则由 1^0 知式（4.5.12）右边的下确界保持不变。

3^0　最后，我们称式（4.5.15）中的不等式约束可以用等式替换，而不影响式（4.5.15）右边的下确界，使式（4.5.15）等价于式（4.5.13），从而完成证明。

这个结论是显而易见的：给定式（4.5.15）右边优化问题的可行解，我们可以适当减小变量 $\alpha_{11},\cdots,\alpha_{1J}$，使所有约束相等；显然，这种转换只能降低所讨论问题的目标的值。　■

为了继续进行，我们需要以下简单的观察。

命题 4.5.3　函数 $\Phi[f(\cdot),z]$，其中 $f(\cdot)$ 属于轴上分段线性凸函数族 $\mathcal{CL}$，它具有以下性质。

(i) Φ 被良好定义：$\Phi[f,z]$ 依赖于 f 和 z，但独立于 f 的特定表示（4.5.10），f 为仿射函数集合的最大值；

(ii)［同质性］当 $\lambda\geqslant 0$ 时，有 $\Phi[\lambda f,z]=\lambda\Phi[f,z]$；

(iii)［单调性］假如 $f\leqslant g$ 和 f，$g\in\mathcal{CL}$，则 $\Phi[f,z]\leqslant\Phi[g,z]$；

(iv)［次可加性］假如 f，$g\in\mathcal{CL}$，则 $\Phi[f+g,z]\leqslant\Phi[f,z]+\Phi[g,z]$。

所有这些事实都直接来源于式（4.5.12）右边的优化问题的最优值 $\Phi[f,z]$。

$\mathcal{P}_\ell=\{P_\ell\}$ 时的情况。当所有 $\mathcal{P}_\ell$ 是单元素集合，即是众所周知的 ζ_ℓ 的分布，我们得到了以下很好的结果，其灵感来自一篇出色的文献［46］（事实上，我们在这里提供了该论文主要结果的另一种证明）：

命题 4.5.4　$\Phi[f,z]$ 的界限是不可改善的：对于固定的 z 和 $P_1,\cdots,P_L$，可以指出一组带有分布 $P_1,\cdots,P_L$ 的随机变量 $\zeta_1,\cdots,\zeta_L$，使得对于所有凸分段线性（和对于所有的凸）函数 $f(\cdot)$，有

$$E\left\{f\left(z_0+\sum_{\ell=1}^{L}\zeta_\ell z_\ell\right)\right\}=\Phi[f,z]\tag{4.5.16}$$

这个表述处理的是固定的 z 和 $P_1,\cdots,P_L$；从分布 P_ℓ 到随机变量 $z_\ell\zeta_\ell$ 的分布 P'_ℓ，其中 $\zeta_\ell\sim P_\ell$，再加上位于 z_0 点的分布 P_{L+1}，情况可以简化为 $z_1=z_2=\cdots=z_L=1$ 和 $z_0=0$。在这种“归一化”的情况下，使式（4.5.16）有效的随机变量 ζ_ℓ 的集合，可以根据文献［46］由下面的构造来定义。

众所周知，对于标量随机变量 ξ 的 Borel 概率分布 $P(t)=\text{Prob}\{\xi\leqslant t\}$，在（0,1）上函数 $\phi_P(s)$ 的左边存在不减少的连续函数（即 $\phi_P(s)=\inf\{t:P(t)\geqslant s\}$），使得 ν 均匀分布在（0,1）上的随机变量 $\phi_P(\nu)$ 的分布恰好是分布 P。设 $\phi_\ell(\cdot)$，$\ell=1,\cdots,L$ 在（0,1）上的左函数是不减少且连续的，并且 $\phi_\ell(\cdot)$ 以这种方式“产生”分布 $P_1,\cdots,P_L$。随机变量 $\zeta_1,\cdots,\zeta_L$ 的期望集合只是

$$\zeta_1=\phi_1(\nu),\cdots,\zeta_L=\phi_L(\nu)\tag{4.5.17}$$

其中 ν 均匀分布在（0,1）上。

注意，ζ_ℓ 是一个公共随机变量 ν 的确定性（和单调）变换，在某种意义上，这是与独立性完全相反的情况。

关于命题 4.5.4 的证明，见附录 B.1.7。

4.5.3　利用协方差矩阵

现在让我们加上（只是部分）ζ_ℓ 的边际分布知识和 $\boldsymbol{\zeta}$ 的协方差矩阵的一些知识。具体来说，让我们将假设 S“升级”为假设 T。

假设 T：在有限二阶矩轴上的概率分布空间中，ζ_ℓ 的分布 P_ℓ 属于各自的集合，所有关于 $\boldsymbol{\zeta}$ 分布的先验信息都归结为某些集合 $\mathcal{P}_\ell$，$\ell=1,\cdots,L$ 且某一集合 $\mathcal{V}\subset\mathbf{S}_+^L$，使得 $V_\zeta:=E\{\boldsymbol{\zeta}\boldsymbol{\zeta}^{\mathrm{T}}\}\in\mathcal{V}$。

我们想要建立一个与假设 T 相关的模糊版本（4.0.1）的保守凸近似，即下列约束的保守凸近似：

当 $\boldsymbol{\zeta}=[\zeta_1;\cdots;\zeta_L]$ 的边际分布 P_ℓ 属于 $\mathcal{P}_\ell$，$\ell=1,\cdots,L$ 和 $V_\zeta\in\mathcal{V}$，有

$$p(\boldsymbol{z}):=\operatorname{Prob}\left\{z_0+\sum_{\ell=1}^{L} z_\ell \zeta_\ell>0\right\} \leqslant \epsilon \tag{4.5.18}$$

现在我们知道，在某种程度上，$\boldsymbol{\zeta}$ 函数的期望比之前的例子更一般，具体来说，这种形式的函数为

$$\boldsymbol{\zeta}^{\mathrm{T}} \boldsymbol{\Gamma} \boldsymbol{\zeta}+2 \sum_{\ell=1}^{L} \gamma_\ell(\zeta_\ell), \quad \boldsymbol{\Gamma} \in \mathbf{S}^L$$

因此，我们可以修改前面的方法。当条件

$$\begin{aligned} &(a) \quad \gamma(\boldsymbol{u}) \equiv \boldsymbol{u}^{\mathrm{T}} \boldsymbol{\Gamma} \boldsymbol{u}+2 \sum_{\ell=1}^{L} \gamma_\ell(u_\ell) \geqslant 0, \forall \boldsymbol{u} \in \mathbb{R}^L, \\ &(b) \quad z_0+\sum_{\ell=1}^{L} u_\ell z_\ell>0 \Rightarrow \gamma(\boldsymbol{u}) \geqslant 1 \end{aligned} \tag{4.5.19}$$

成立，我们可以清楚地知道 $p(\boldsymbol{z}) \leqslant E\{\gamma(\boldsymbol{\zeta})\}$，因此条件 $E\{\gamma(\boldsymbol{\zeta})\} \leqslant \epsilon$是式（4.0.1）有效性的充分条件。剩下的就是从这个条件中提取式（4.0.1）的保守凸近似。我们将在额外的限制下得出这样一个近似，即我们只使用 $\boldsymbol{\Gamma} \succeq 0$ 和凸函数 $\gamma_\ell(\cdot)$，$\ell=1, \cdots, L$。

定理 4.5.5　如果 z 可以推广到以下凸约束方程组的解

$$\begin{aligned} &(a) \quad \left[\begin{array}{c|c}\lambda & 1 \\ \hline 1 & \tau\end{array}\right] \succeq 0 \qquad (b) \quad \left[\begin{array}{c|c}\boldsymbol{\Delta} & \boldsymbol{\theta} \\ \hline \boldsymbol{\theta}^{\mathrm{T}} & 2 \sum_\ell \beta_\ell\end{array}\right] \succeq 0 \\ &(c) \quad \left[\begin{array}{c|c}\boldsymbol{\Delta} & \hat{\boldsymbol{\theta}}-\frac{1}{2}[z_1 ; \cdots ; z_L] \\ \hline \left(\hat{\boldsymbol{\theta}}-\frac{1}{2}[z_1 ; \cdots ; z_L]\right)^{\mathrm{T}} & 2 \sum_\ell \hat{\beta}_\ell-\lambda-z_0\end{array}\right] \succeq 0 \\ &(d) \quad \sup_{\boldsymbol{V} \in \mathcal{V}} \operatorname{Tr}(\boldsymbol{V} \Delta)+2 \sum_\ell \sup_{P_\ell \in \mathcal{P}_\ell} \int \max[\beta_\ell+\theta_\ell s, \hat{\beta}_\ell+\hat{\theta}_\ell s] \mathrm{d} P_\ell(s) \leqslant \lambda\, \epsilon \end{aligned} \tag{4.5.20}$$

其中有变量 $z, \boldsymbol{\Delta} \in \mathbf{S}^L, \boldsymbol{\theta} \in \mathbb{R}^L, \boldsymbol{\beta} \in \mathbb{R}^L, \hat{\boldsymbol{\theta}} \in \mathbb{R}^L, \hat{\boldsymbol{\beta}} \in \mathbb{R}^L, \lambda, \boldsymbol{\tau}$，则 z 是与假设 T 相关的模糊机会约束的可行解。因此，式(4.5.20)是式(4.5.18)的保守凸近似；这个近似是易于处理的，只要给定 $\boldsymbol{\Delta}, \beta_\ell, \theta_\ell, \hat{\beta}_\ell, \hat{\theta}_\ell, \sup_{\boldsymbol{V} \in \mathcal{V}} \operatorname{Tr}(\boldsymbol{V} \boldsymbol{\Delta})$ 和

$$\sup_{P_\ell \in \mathcal{P}_\ell} \int \max[\beta_\ell+\theta_\ell s, \hat{\beta}_\ell+\hat{\theta}_\ell s] \mathrm{d} P_\ell(s), \ell=1, \cdots, L$$

是高效可计算的。

证明　**1^0**　首先，注意条件

$\exists(\lambda,\{\delta_\ell(\cdot)\}_{\ell=1}^L, \boldsymbol{\Delta})$：

$$\left.\begin{array}{ll}\lambda>0 & (a) \\ \boldsymbol{u}^{\mathrm{T}} \boldsymbol{\Delta} \boldsymbol{u}+2 \sum_\ell \delta_\ell(u_\ell) \geqslant 0, \forall \boldsymbol{u} \in \mathbb{R}^L & (b) \\ \boldsymbol{u}^{\mathrm{T}} \boldsymbol{\Delta} \boldsymbol{u}+2 \sum_\ell \delta_\ell(u_\ell)-\sum_\ell u_\ell z_\ell \geqslant \lambda+z_0, \forall \boldsymbol{u} \in \mathbb{R}^L & (c) \\ E\left\{\boldsymbol{\zeta}^{\mathrm{T}} \boldsymbol{\Delta} \boldsymbol{\zeta}+2 \sum_\ell \delta_\ell(\zeta_\ell)\right\} \leqslant \lambda\, \epsilon & (d)\end{array}\right\} \tag{4.5.21}$$

是关系 $p(\boldsymbol{z}) \leqslant \epsilon$有效性的一个充分条件。

事实上，设 $(\lambda,\{\delta_\ell(\cdot)\}_{\ell=1}^L, \boldsymbol{\Delta})$ 满足条件（4.5.21.$a \sim d$）。设 $\boldsymbol{\Gamma}=\lambda^{-1} \boldsymbol{\Delta}$，$\gamma_\ell(\cdot)=$

$\lambda^{-1}\delta_\ell(\cdot)$，$\gamma(\boldsymbol{u})=\boldsymbol{u}^{\mathrm{T}}\boldsymbol{\Gamma u}+2\sum_\ell\gamma_\ell(u_\ell)$，我们由条件（4.5.21.$b$）得到 $\gamma(\cdot)$ 满足条件（4.5.19.a），由条件（4.5.21.c）得到 $\gamma(\cdot)$ 满足条件（4.5.19.b），由条件（4.5.21.d）得到 $E\{\gamma(\boldsymbol{\zeta})\}\leqslant\epsilon$。

2^0　现在设 $\boldsymbol{\Delta}\succ 0,\boldsymbol{\phi}_\ell(\cdot)$，$\ell=1,\cdots,L$ 是在轴上的凸实值函数且设 $G(\boldsymbol{u})=\boldsymbol{u}^{\mathrm{T}}\boldsymbol{\Delta u}+2\sum_\ell\boldsymbol{\phi}_\ell(u_\ell)$。我们称

1）如果对所有的 $\boldsymbol{u}$，有 $G(\boldsymbol{u})\geqslant 0$，则

$$\left.\begin{array}{ll}\exists(\boldsymbol{\theta}\in\mathbb{R}^L,\boldsymbol{\beta}\in\mathbb{R}^L): & \boldsymbol{\phi}_\ell(s)\geqslant\beta_\ell+\theta_\ell s,\forall(s\in\mathbb{R},\ell\leqslant L)\quad(a)\\ & \left[\begin{array}{c|c}\boldsymbol{\Delta} & \boldsymbol{\theta}\\ \hline \boldsymbol{\theta}^{\mathrm{T}} & 2\sum_\ell\beta_\ell\end{array}\right]\succeq 0\quad(b)\end{array}\right\}\tag{4.5.22}$$

2）如果条件（4.5.22）发生，则对所有的 $\boldsymbol{u}$，有 $G(\boldsymbol{u})\geqslant 0$，该结论是有效的，与 $\boldsymbol{\phi}_\ell(\cdot)$ 的凸性无关且假设 $\boldsymbol{\Delta}\succ 0$。

为证明（1），设 $G(\cdot)\geqslant 0$。有明显的原因即凸问题 $\min G(\boldsymbol{u})$ 有一个解 $\boldsymbol{u}^*$，并且从最优条件出发存在 $\theta_\ell\in\partial\boldsymbol{\phi}_\ell(u_\ell^*)$ 使得 $\boldsymbol{\Delta u}^*+\boldsymbol{\theta}=\boldsymbol{0}$。设 $\beta_\ell=\boldsymbol{\phi}_\ell(u_\ell^*)-\theta_\ell u_\ell^*$，考虑二次型

$$\hat{G}(\boldsymbol{u})=\boldsymbol{u}^{\mathrm{T}}\boldsymbol{\Delta u}+2\sum_\ell[\beta_\ell+\theta_\ell u_\ell]$$

通过构造，$\hat{G}$ 是凸函数，在 $\boldsymbol{u}^*$ 处具有零梯度并且 $\hat{G}(\boldsymbol{u}^*)=G(\boldsymbol{u}^*)\geqslant 0$，因此 $\hat{G}(\cdot)\geqslant 0$ 且条件（4.5.22.b）发生。由于 $\boldsymbol{\phi}_\ell(\cdot)$ 的凸性和 θ_ℓ，β_ℓ 的起源，条件（4.5.22.a）也成立，因此（1）得到证明。

为了证明（2），设 $\hat{G}(\boldsymbol{u})=\boldsymbol{u}^{\mathrm{T}}\boldsymbol{\Delta}u+2\sum_\ell[\beta_\ell+\theta_\ell u_\ell]$。我们通过式（4.5.22.$b$）得到 $\hat{G}(\cdot)\geqslant 0$，通过式（4.5.22.$a$）得到 $\hat{G}(\cdot)\leqslant G(\cdot)$，因此 $G(\cdot)\geqslant 0$。

3^0　我们准备完成这个证明。假设式（4.5.20）发生，设

$$G(\boldsymbol{u})=\boldsymbol{u}^{\mathrm{T}}\boldsymbol{\Delta u}+2\sum_\ell\max[\beta_\ell+\theta_\ell u_\ell,\hat{\beta}_\ell+\hat{\theta}_\ell u_\ell]$$

引用 2^0 的（2），由式（4.5.20.b）得到，该函数处处大于或等于 0，并由式（4.5.20.c）得到，函数满足对于所有的 $\boldsymbol{u}$，$G(\boldsymbol{u})-\sum_\ell u_\ell z_\ell\geqslant\lambda+z_0$。由（4.5.20.$d$），我们有 $E\{G(\boldsymbol{\zeta})\}\leqslant\lambda\epsilon$。最后，式（4.5.20.$a$）表明 $\lambda>0$。这些关系与 1^0 相结合，可得出 $p(\boldsymbol{z})\leqslant\epsilon$。■

4.5.4　说明

让我们用下面这个简单的机会约束问题来比较发展中所建议的各种近似的性能，问题为

$$\mathrm{Opt}(\epsilon)=\max\left\{t:\mathrm{Prob}\left\{\boldsymbol{\zeta}^{10}\equiv\sum_{\ell=1}^{10}\zeta_\ell>t\right\}\geqslant 1-\epsilon\right\}\tag{4.5.23}$$

“封面故事”可能如下：

你有一个证券投资组合，其中 10 项资产中的每一项都有单位投资。第 ℓ 项资产每年的收益是 ζ_ℓ。你应该找到风险价值 ϵ，即证券组合的最大值 t，使证券组合在一年后的价值小于 t 的概率不超过 ϵ。

我们的设置如下。

- 收益 ζ_ℓ 是形如 $\zeta_\ell=\exp\{u_\ell+\sigma_\ell\boldsymbol{e}_\ell^{\mathrm{T}}\boldsymbol{\eta}\}$ 的对数正态随机变量，其中，u_ℓ 是确定性的趋

势（收益 ζ_ℓ 的期望对数），$\sigma_\ell>0$ 是收益对数的确定性可变性，$\boldsymbol{\eta}\sim\mathcal{N}(\mathbf{0},\boldsymbol{I}_m)$ 是随机因素向量，对所有的收益都是通用的，是收益实际值的基础，且 $\boldsymbol{e}_\ell$ 是表示因素 $\boldsymbol{\eta}$ 如何影响个体收益的 m 维确定性单位向量。

- 我们考虑两组数据。

数据Ⅰ：$\mu_\ell=\sigma_\ell=\ln(1.25)$，$\ell=1,\cdots,10$，$m=1$，$e_\ell=1$，$l=1,\cdots,10$（即收益是相等的）。

数据Ⅱ：σ_ℓ, u_ℓ 和数据Ⅰ中一 样，$\boldsymbol{e}_\ell^{\mathrm{T}}$ 为下列矩阵的行：

$$\begin{bmatrix} 0.7559 & -0.1997 & 0.6235 \\ 0.2861 & -0.8873 & 0.3616 \\ -0.9516 & 0.2221 & -0.2124 \\ -0.5155 & -0.8472 & -0.1286 \\ 0.9354 & 0.2621 & -0.2374 \\ -0.7447 & -0.3724 & 0.5538 \\ -0.9315 & -0.2806 & 0.2316 \\ 0.0721 & 0.3435 & 0.9364 \\ 0.2890 & -0.8465 & 0.4472 \\ -0.9159 & 0.4003 & -0.0292 \end{bmatrix}$$

数值结果如表 4-2、表 4-3 所示。表中记法如下。

表 4-2 数据Ⅰ的结果

	ϵ			
	0.100	0.050	0.010	0.005
Bound A	8.484	7.915	6.912	6.570
Prob{ζ^{10}<Bound A}	0.0413	0.0190	0.0040	0.0020
Bound B	8.484	7.915	6.912	6.570
Prob{ζ^{10}<Bound B}	0.0413	0.0190	0.0040	0.0020
Bound C	9.104	8.052	6.079	5.357
Prob{ζ^{10}<Bound C}	0.0777	0.230	0.0006	0.0001
Bound D	9.389	8.656	7.445	7.040
Opt(ϵ)	9.394	8.669	7.449	7.044

表 4-3 数据Ⅱ的结果

	ϵ			
	0.100	0.050	0.010	0.005
Bound A	8.484	7.915	6.912	6.570
Prob{ζ^{10}<Bound A}	0.0000	0.0000	0.0000	0.0000
Bound B	10.371	9.823	8.289	7.471
Prob{ζ^{10}<Bound B}	0.0020	0.0000	0.0000	0.0000
Bound C	11.382	10.976	10.213	9.934
Prob{ζ^{10}<Bound C}	0.0810	0.0267	0.0008	0.0001
Bound D	11.478	11.185	10.702	10.545

- Bound A 是定理 4.5.1 给出的；
- Bound B 是定理 4.5.5 给出的；

- Bound C 是"工程边界" $\mathrm{Opt}=E\{\zeta^{10}\}-\mathrm{ErfInv}(\epsilon)\mathrm{StD}\{\zeta^{10}\}$，其中随机变量 ζ^{10} 是高斯函数（注意，Bound A，B 证明低估了 $\mathrm{Opt}(\epsilon)$。相反，Bound C 可以高估这个量）；
- Bound D 是 $\sum_\ell \zeta_\ell$ 分布的经验下限 ϵ 分位数，其由 ζ^{10} 的 1000000 个实现计算而来。

表中的概率是由 ζ^{10} 的 10^6 个实现计算而来的经验概率。在数据Ⅰ的情况下，$\mathrm{Opt}(\epsilon)$ 的真值比较容易计算，我们在表 4-2 中提供。正如可以提前猜测的那样，在"退化"数据Ⅰ的情况下，利用协方差并没有帮助（表 4-2 中的行"Bound A"和"Bound B"）；好消息是，它对数据Ⅱ有很大帮助。我们还看到，在我们的数据上，"工程" Bound C 是保守的，而且大多数情况下优于 Bound A，B；然而，它比带有"小" ϵ 的数据Ⅰ这些边界更糟糕。

4.5.5　二次扰动的机会约束的扩展

下面考虑随机扰动二次不等式的一个机会约束版本

$$p(\boldsymbol{W},\boldsymbol{w})\equiv\mathrm{Prob}\left\{\boldsymbol{\zeta}^{\mathrm{T}}\boldsymbol{W}\boldsymbol{\zeta}+2\sum_{\ell=1}^{L}\zeta_\ell w_\ell+w_0>0\right\}\leqslant\epsilon \tag{4.5.24}$$

其中变量 $\boldsymbol{z}=(\boldsymbol{W},\boldsymbol{w})\in S^L\times\mathbb{R}^{L+1}$，$\boldsymbol{\zeta}\in\mathbb{R}^L$ 是随机扰动。

我们从一个例子开始，即当我们知道 $\boldsymbol{\zeta}$ 是 ζ_ℓ 的分布，其中 ζ_ℓ 属于给定的族 $\mathcal{P}_\ell$，$\ell=1,\cdots,L$。与定理 4.5.5 的证明完全相同的推理结果如下。

定理 4.5.6　设 $\boldsymbol{\zeta}$ 满足假设 S 并设所有的分布构成集合 $\mathcal{P}_\ell$，$\ell=1,\cdots,L$，具有有限的二阶矩。则，条件

$$\begin{gathered}\exists\begin{pmatrix}\boldsymbol{\theta}\in\mathbb{R}^L,\boldsymbol{\beta}\in\mathbb{R}^L,\lambda,\\ \hat{\boldsymbol{\theta}}\in\mathbb{R}^L,\hat{\boldsymbol{\beta}}\in\mathbb{R}^L,\boldsymbol{\mu}\in\mathbb{R}^L\end{pmatrix}:\\ \left[\begin{array}{c|c}\lambda&1\\\hline 1&\boldsymbol{\tau}\end{array}\right]\succeq0,\quad\left[\begin{array}{c|c}\mathrm{Diag}\{\boldsymbol{\mu}\}&\boldsymbol{\theta}\\\hline \boldsymbol{\theta}^{\mathrm{T}}&2\sum_\ell\beta_\ell\end{array}\right]\succeq0\\ \left[\begin{array}{c|c}\mathrm{Diag}\{\boldsymbol{\mu}\}-\boldsymbol{W}&\hat{\boldsymbol{\theta}}-[w_1;\cdots;w_L]\\\hline [\hat{\boldsymbol{\theta}}-[w_1;\cdots;w_L]]^{\mathrm{T}}&2\sum_\ell\hat{\beta}_\ell-\lambda-w_0\end{array}\right]\succeq0\\ \sum_{\ell=1}^{L}\sup_{P_\ell\in\mathcal{P}_\ell}\int[\mu_\ell s^2+2\max[\beta_\ell+\theta_\ell s,\hat{\beta}_\ell+\hat{\theta}_\ell s]]\mathrm{d}P_\ell(s)\leqslant\lambda\,\epsilon\end{gathered}\tag{4.5.25}$$

足以证明模糊机会约束的有效性，约束为"每当 ζ_ℓ 的分布 P_ℓ 属于 $\mathcal{P}_\ell$，$1\leqslant\ell\leqslant L$，有 $\mathrm{Prob}\left\{\boldsymbol{\zeta}^{\mathrm{T}}\boldsymbol{W}\boldsymbol{\zeta}+2\sum_{\ell=1}^{L}w_\ell\zeta_\ell+w_0>0\right\}\leqslant\boldsymbol{\epsilon}$"。

定理 4.5.7　设 $\boldsymbol{\zeta}$ 满足假设 T。则条件

$$\begin{gathered}\exists\begin{pmatrix}\boldsymbol{\theta}\in\mathbb{R}^L,\boldsymbol{\beta}\in\mathbb{R}^L,\lambda,\boldsymbol{\tau},\\ \hat{\boldsymbol{\theta}}\in\mathbb{R}^L,\hat{\boldsymbol{\beta}}\in\mathbb{R}^L,\boldsymbol{\Delta}\in S^L\end{pmatrix}:\\ \left[\begin{array}{c|c}\lambda&1\\\hline 1&\boldsymbol{\tau}\end{array}\right]\succeq0,\quad\left[\begin{array}{c|c}\boldsymbol{\Delta}&\boldsymbol{\theta}\\\hline \boldsymbol{\theta}^{\mathrm{T}}&2\sum_\ell\beta_\ell\end{array}\right]\succeq0\\ \left[\begin{array}{c|c}\boldsymbol{\Delta}-\boldsymbol{W}&\hat{\boldsymbol{\theta}}-[w_1;\cdots;w_L]\\\hline [\hat{\boldsymbol{\theta}}-[w_1;\cdots;w_L]]^{\mathrm{T}}&2\sum_\ell\hat{\beta}_\ell-\lambda-w_0\end{array}\right]\succeq0\end{gathered}\tag{4.5.26}$$

$$\sup_{V\in\mathcal{V}}\mathrm{Tr}(\boldsymbol{V\Delta})+2\sum_{\ell=1}^{L}\sup_{P_\ell\in\mathcal{P}_\ell}\int\max[\beta_\ell+\theta_\ell s,\hat{\beta}_\ell+\hat{\theta}_\ell s]\mathrm{d}P_\ell(s)\leqslant\lambda\,\epsilon$$

足以证明模糊机会约束的有效性，约束为“每当 ζ_ℓ 的分布 P_ℓ 属于 $\mathcal{P}_\ell$，$1\leqslant\ell\leqslant L$，且 $V_\zeta:=E\{\boldsymbol{\zeta\zeta}^{\mathrm{T}}\}\in\mathcal{V}$，有 $\mathrm{Prob}\left\{\boldsymbol{\zeta}^{\mathrm{T}}\boldsymbol{W\zeta}+2\sum_{\ell=1}^{L}w_\ell\zeta_\ell+w_0>0\right\}\leqslant\epsilon$”。

4.5.5.1　高斯扰动的改进

现在假设 $\boldsymbol{\zeta}\sim\mathcal{N}(\boldsymbol{0},\boldsymbol{I})$。设

$$F(\boldsymbol{W},\boldsymbol{w})=w_0-\frac{1}{2}\ln\mathrm{Det}(\boldsymbol{I}-2\boldsymbol{W})+2\boldsymbol{b}^{\mathrm{T}}(\boldsymbol{I}-2\boldsymbol{W})^{-1}[w_1;\cdots;w_L]\tag{4.5.27}$$

$$\mathrm{Dom}F=\{(\boldsymbol{W},\boldsymbol{w})\in S^L\times\mathbb{R}^{L+1}:2\boldsymbol{W}\prec\boldsymbol{I}\}$$

我们对这个函数的兴趣源于以下直接观察。

引理 4.5.8　设 $\boldsymbol{\zeta}\sim\mathcal{N}(\boldsymbol{0},\boldsymbol{I})$，且设

$$\xi=\xi^{\boldsymbol{W},\boldsymbol{w}}=\boldsymbol{\zeta}^{\mathrm{T}}\boldsymbol{W\zeta}+2[w_1;\cdots;w_L]^{\mathrm{T}}\boldsymbol{\zeta}+w_0$$

则 $\ln(E\{\exp\{\xi^{\boldsymbol{W},\boldsymbol{w}}\}\})=F(\boldsymbol{W},\boldsymbol{w})$。

应用 Bernstein 近似方案（4.2 节），我们得到如下结果。

定理 4.5.9　设

$$\begin{aligned}\Phi(\beta,\boldsymbol{W},\boldsymbol{w})&=\beta F(\beta^{-1}(\boldsymbol{W},\boldsymbol{w}))\\&=\beta\Big[-\frac{1}{2}\ln\mathrm{Det}(\boldsymbol{I}-2\beta^{-1}\boldsymbol{W})+\\&\qquad 2\beta^{-2}[w_1;\cdots;w_L]^{\mathrm{T}}(\boldsymbol{I}-2\beta^{-1}\boldsymbol{W})^{-1}[w_1;\cdots;w_L]\Big]+w_0,\end{aligned}\tag{4.5.28}$$

$$\mathrm{Dom}\Phi=\{(\beta,\boldsymbol{W},\boldsymbol{w}):\beta>0,2\boldsymbol{W}\prec\beta\boldsymbol{I}\},$$

$$Z_\epsilon^o=\{(\boldsymbol{W},\boldsymbol{w}):\exists\beta>0:\Phi(\beta,\boldsymbol{W},\boldsymbol{w})+\beta\ln(1/\epsilon)\leqslant0\},$$

$$Z_\epsilon=\mathrm{cl}Z_\epsilon^o。$$

则 Z_ϵ 是凸不等式的解集，不等式为

$$H(\boldsymbol{W},\boldsymbol{w})\equiv\inf_{\beta>0}[\Phi(\beta,\boldsymbol{W},\boldsymbol{w})+\beta\ln(1/\epsilon)]\leqslant0\tag{4.5.29}$$

如果 $\boldsymbol{\zeta}\sim\mathcal{N}(\boldsymbol{0},\boldsymbol{I})$，则这个不等式是机会约束（4.5.24）的一个保守易于处理的近似。

该定理的有关证明，请参见附录 B.1.8。

应用：一个有用的不等式。设 $\boldsymbol{W}$ 是对称的 $L\times L$ 矩阵，且 $\boldsymbol{w}$ 是一个 L 维向量。考虑到二次型 $f(s)=\boldsymbol{s}^{\mathrm{T}}\boldsymbol{Ws}+2\boldsymbol{w}^{\mathrm{T}}\boldsymbol{s}$，设 $\boldsymbol{\zeta}\sim\mathcal{N}(\boldsymbol{0},\boldsymbol{I})$。我们显然有 $E\{f(\boldsymbol{\zeta})\}=\mathrm{Tr}(\boldsymbol{W})$。我们的目标是建立一个关于 $\mathrm{Prob}\{f(\boldsymbol{\zeta})-\mathrm{Tr}(\boldsymbol{W})>t\}$ 的简单边界，以下是这个边界。

命题 4.5.10　设 $\boldsymbol{\lambda}$ 为 $\boldsymbol{W}$ 的特征值向量，则

$$\begin{aligned}&\forall\Omega>0:\mathop{\mathrm{Prob}}_{\boldsymbol{\zeta}\sim\mathcal{N}(\boldsymbol{0},\boldsymbol{I})}\{[\boldsymbol{\zeta}^{\mathrm{T}}\boldsymbol{W\zeta}+2\boldsymbol{w}^{\mathrm{T}}\boldsymbol{\zeta}]-\mathrm{Tr}(\boldsymbol{W})>\Omega\sqrt{\boldsymbol{\lambda}^{\mathrm{T}}\boldsymbol{\lambda}+\boldsymbol{w}^{\mathrm{T}}\boldsymbol{w}}\}\\&\leqslant\exp\left\{-\frac{\Omega^2\sqrt{\boldsymbol{\lambda}^{\mathrm{T}}\boldsymbol{\lambda}+\boldsymbol{w}^{\mathrm{T}}\boldsymbol{w}}}{4(2\sqrt{\boldsymbol{\lambda}^{\mathrm{T}}\boldsymbol{\lambda}+\boldsymbol{w}^{\mathrm{T}}\boldsymbol{w}}+\|\boldsymbol{\lambda}\|_\infty\Omega)}\right\}\end{aligned}\tag{4.5.30}$$

（由定义，当 $\boldsymbol{W}=\boldsymbol{0}$，$\boldsymbol{w}=\boldsymbol{0}$ 时，右边是 0）。

证明　这个结论在 $\boldsymbol{W}=\boldsymbol{0}$，$\boldsymbol{w}=\boldsymbol{0}$ 的平凡情况下显然是正确的，假设 f 不等于 0。通过 $\boldsymbol{W}$ 的标准正交特征基，我们可以不失一般性地假设 $\boldsymbol{W}$ 是对角元素为 $\lambda_1,\cdots,\lambda_L$ 的对角矩阵。考虑到 $\Omega>0$，设集合 $s=\Omega\sqrt{\boldsymbol{\lambda}^{\mathrm{T}}\boldsymbol{\lambda}+\boldsymbol{w}^{\mathrm{T}}\boldsymbol{w}}$ 且

$$\gamma=\frac{s}{2(2(\boldsymbol{\lambda}^{\mathrm{T}}\boldsymbol{\lambda}+\boldsymbol{w}^{\mathrm{T}}\boldsymbol{w})+\|\boldsymbol{\lambda}\|_{\infty}s)}$$

得到

$$0<\gamma,2\gamma\boldsymbol{W}\prec\boldsymbol{I},\frac{4\gamma(\boldsymbol{\lambda}^{\mathrm{T}}\boldsymbol{\lambda}+\boldsymbol{w}^{\mathrm{T}}\boldsymbol{w})}{1-2\gamma\|\boldsymbol{\lambda}\|_{\infty}}=s \tag{4.5.31}$$

应用定理 4.5.9，其中 $w_0=-[\mathrm{Tr}(\boldsymbol{W})+s]$ 且将 β 指定为 $1/\gamma$，我们得到

$$\begin{aligned}
&\mathrm{Prob}\{f(\boldsymbol{\zeta})>\mathrm{Tr}(\boldsymbol{W})+s\}\\
&\leqslant\exp\left\{-\gamma s+\sum_{\ell=1}^{L}\left(-\frac{1}{2}\ln(1-2\gamma\lambda_\ell)+2\gamma^2\frac{w_\ell^2}{1-2\gamma\lambda_\ell}-\gamma\lambda_\ell\right)\right\}\\
&\leqslant\exp\left\{-\gamma s+\sum_{\ell=1}^{L}\left(\frac{\gamma\lambda_\ell}{1-2\gamma\lambda_\ell}+2\gamma^2\frac{w_\ell^2}{1-2\gamma\lambda_\ell}-\gamma\lambda_\ell\right)\right\}\\
&\qquad\left[\text{由 }\ln(\cdot)\text{ 的凹性得到 }\ln(1-\delta)+\frac{\delta}{1-\delta}\geqslant\ln(1)=0\right]\\
&=\exp\left\{-\gamma s+\sum_{\ell=1}^{L}\left(\frac{2\gamma^2(\lambda_\ell^2+w_\ell^2)}{1-2\gamma\lambda_\ell}\right)\right\}\leqslant\exp\left\{-\gamma s+\frac{2\gamma^2(\boldsymbol{\lambda}^{\mathrm{T}}\boldsymbol{\lambda}+\boldsymbol{w}^{\mathrm{T}}\boldsymbol{w})}{1-2\gamma\|\boldsymbol{\lambda}\|_{\infty}}\right\}\\
&\leqslant\exp\left\{-\frac{\gamma s}{2}\right\}\qquad\qquad[\text{根据式}(4.5.31)]
\end{aligned}$$

代入 γ 和 s 的值，得到式 (4.5.30)。■

应用：线性扰动最小二乘不等式。考虑一个机会约束线性扰动最小二乘不等式

$$\mathrm{Prob}\{\|\boldsymbol{A}[\boldsymbol{x}]\boldsymbol{\zeta}+\boldsymbol{b}[\boldsymbol{x}]\|_2\leqslant c[\boldsymbol{x}]\}\geqslant1-\epsilon \tag{4.5.32}$$

其中 $\boldsymbol{A}[\boldsymbol{x}]$，$\boldsymbol{b}[\boldsymbol{x}]$，$c[\boldsymbol{x}]$ 是变量 $\boldsymbol{x}$ 的仿射且 $\boldsymbol{\zeta}\sim\mathcal{N}(\boldsymbol{0},\boldsymbol{I})$。对约束体两边取平方，这个不等式等价于

$$\begin{aligned}
&\exists\boldsymbol{U},\boldsymbol{u},u_0:\\
&\left[\begin{array}{c|c}\boldsymbol{U}&\boldsymbol{u}^{\mathrm{T}}\\\hline\boldsymbol{u}&u_0\end{array}\right]\succeq\left[\begin{array}{c|c}\boldsymbol{A}^{\mathrm{T}}[\boldsymbol{x}]\boldsymbol{A}[\boldsymbol{x}]&\boldsymbol{A}^{\mathrm{T}}[\boldsymbol{x}]\boldsymbol{b}[\boldsymbol{x}]\\\hline\boldsymbol{b}^{\mathrm{T}}[\boldsymbol{x}]\boldsymbol{A}[\boldsymbol{x}]&\boldsymbol{b}^{\mathrm{T}}[\boldsymbol{x}]\boldsymbol{b}[\boldsymbol{x}]-c^2[\boldsymbol{x}]\end{array}\right],\\
&\mathrm{Prob}\left\{\boldsymbol{\zeta}^{\mathrm{T}}\boldsymbol{U}\boldsymbol{\zeta}+2\sum_{\ell=1}^{L}u_\ell\zeta_\ell+u_0>0\right\}\leqslant\epsilon
\end{aligned}$$

假设 $c[\boldsymbol{x}]>0$，从变量 $\boldsymbol{U}$，$\boldsymbol{u}$ 到 $\boldsymbol{W}=c^{-1}[\boldsymbol{x}]\boldsymbol{U},\boldsymbol{w}=c^{-1}[\boldsymbol{x}]\boldsymbol{u}$，并在线性矩阵不等式的两边除以 $c[\boldsymbol{x}]$，这可以等价地写成

$$\begin{aligned}
&\exists(\boldsymbol{W},\boldsymbol{w},w_0):\\
&\left[\begin{array}{c|c}\boldsymbol{W}&\boldsymbol{w}^{\mathrm{T}}\\\hline\boldsymbol{w}&w_0+c[\boldsymbol{x}]\end{array}\right]\succeq c^{-1}[\boldsymbol{x}][\boldsymbol{A}[\boldsymbol{x}],\boldsymbol{b}[\boldsymbol{x}]]^{\mathrm{T}}[\boldsymbol{A}[\boldsymbol{x}],\boldsymbol{b}[\boldsymbol{x}]],\\
&\mathrm{Prob}\left\{\boldsymbol{\zeta}^{\mathrm{T}}\boldsymbol{W}\boldsymbol{\zeta}+2\sum_{\ell=1}^{L}w_\ell\zeta_\ell+w_0>0\right\}\leqslant\epsilon
\end{aligned}$$

根据舒尔补引理，连接 $\boldsymbol{W}$，$\boldsymbol{w}$ 和 $\boldsymbol{x}$ 的约束只是如下线性矩阵不等式

$$\left[\begin{array}{c|c|c}\boldsymbol{W}&[w_1;\cdots;w_L]&\boldsymbol{A}^{\mathrm{T}}[\boldsymbol{x}]\\\hline[w_1;\cdots;w_L]&w_0+c[\boldsymbol{x}]&\boldsymbol{b}^{\mathrm{T}}[\boldsymbol{x}]\\\hline\boldsymbol{A}[\boldsymbol{x}]&\boldsymbol{b}[\boldsymbol{x}]&c[\boldsymbol{x}]\boldsymbol{I}\end{array}\right]\succeq0 \tag{4.5.33}$$

引用定理 4.5.9，我们得到如下结果。

推论 4.5.11　变量 $\boldsymbol{W}$，$\boldsymbol{w}$，$\boldsymbol{x}$ 的凸约束 (4.5.33) 和 (4.5.29) 的约束组是机会约束最小二乘不等式 (4.5.32) 的一个保守的且易于处理的近似。

请注意，虽然我们是在 $c[\boldsymbol{x}]>0$ 的假设下推导出这个推论的，但当 $c[\boldsymbol{x}]=0$ 时，结果是成立的，因为在式（4.5.33）这种情况下已经表明了 $\boldsymbol{A}[\boldsymbol{x}]=\boldsymbol{0}$，$\boldsymbol{b}[\boldsymbol{x}]=\boldsymbol{0}$，因此式（4.5.32）成立。

4.5.6　利用域和矩信息

我们继续考虑（4.5.24）的机会约束，现在我们将其等价改写为

$$
\begin{aligned}
&\operatorname{Prob}\{\boldsymbol{A}(\boldsymbol{W},\boldsymbol{w};\boldsymbol{\zeta})>0\}\leqslant\epsilon,\\
&\text{其中，}\\
&\boldsymbol{A}(\boldsymbol{W},\boldsymbol{w};\boldsymbol{u}):=[\boldsymbol{u};1]^{\mathrm{T}}\boldsymbol{Z}[\boldsymbol{W},\boldsymbol{w}][\boldsymbol{u};1],\\
&\boldsymbol{Z}[\boldsymbol{W},\boldsymbol{w}]=\left[\begin{array}{c|c}\boldsymbol{W} & [w_1;\cdots;w_L]\\ \hline [w_1;\cdots;w_L]^{\mathrm{T}} & w_0\end{array}\right]
\end{aligned}
\tag{4.5.34}
$$

与前一小节的假设相反，现在我们做以下假设。

R.1）我们得到了关于 $\boldsymbol{\zeta}$ 的期望和协方差矩阵的部分信息，具体地说，我们得到了凸紧集 $\mathcal{V}\subset S_+^{L+1}$，其包含矩阵

$$
\boldsymbol{V}_\zeta=E\left\{\left[\begin{array}{c|c}\boldsymbol{\zeta}\boldsymbol{\zeta}^{\mathrm{T}} & \boldsymbol{\zeta}\\ \hline \boldsymbol{\zeta}^{\mathrm{T}} & 1\end{array}\right]\right\}
$$

注意，讨论的矩阵是 $E\{[\boldsymbol{\zeta};1][\boldsymbol{\zeta};1]^{\mathrm{T}}\}$，因此 $\succeq 0$；除此之外，$(\boldsymbol{V}_\zeta)_{L+1,L+1}=1$。这就是为什么我们假设 $\mathcal{V}\subset S_+^{L+1}$ 时，没有任何损失，且对于所有 $\boldsymbol{V}\in\mathcal{V}$，$V_{L+1,L+1}=1$。

R.2）$\boldsymbol{\zeta}$ 在一个已知的集合 U 中成立，该集合由二次（不一定是凸的）约束的有限组给出，集合 U 为

$$
U=\{\boldsymbol{u}\in\mathbb{R}^L:f_j(\boldsymbol{u})=[\boldsymbol{u};1]^{\mathrm{T}}\boldsymbol{A}_j[\boldsymbol{u};1]\leqslant 0,j=1,\cdots,m\}
$$

其中 $\boldsymbol{A}_j\in S^{L+1}$。

我们将构建机会约束（4.5.34）的保守易处理近似，我们的策略将结合我们在使用拉格朗日松弛的 Bernstein 和 CVaR 近似时的方法，并且非常接近文献［18］中展开的策略。具体来说，在 $\mathbb{R}^L$ 上给定一个二次型

$$
h(\boldsymbol{u})=\boldsymbol{u}^{\mathrm{T}}\boldsymbol{P}\boldsymbol{u}+2\boldsymbol{p}^{\mathrm{T}}\boldsymbol{u}+r=[\boldsymbol{u};1]^{\mathrm{T}}\underbrace{\left[\begin{array}{c|c}\boldsymbol{P} & \boldsymbol{p}\\ \hline \boldsymbol{p}^{\mathrm{T}} & r\end{array}\right]}_{\boldsymbol{H}}[\boldsymbol{u};1]
$$

假设 R.1 允许我们将上述 $h(\boldsymbol{\zeta})$ 的期望进行限定：

$$
E\{h(\boldsymbol{\zeta})\}=\operatorname{Tr}(\boldsymbol{H}\boldsymbol{V}_\zeta)\leqslant\max_{\boldsymbol{V}\in\mathcal{V}}\operatorname{Tr}(\boldsymbol{H}\boldsymbol{V})
$$

现在假设 $h(\cdot)$ 在 U 上处处是非负的，并且在每个 $\boldsymbol{u}\in U\setminus Q[\boldsymbol{W},\boldsymbol{w}]$ 时，都大于 1，其中

$$
Q[\boldsymbol{W},\boldsymbol{w}]=\{\boldsymbol{u}\in\mathbb{R}^L:\boldsymbol{A}(\boldsymbol{W},\boldsymbol{w};\boldsymbol{u})\leqslant 0\}
$$

则 U 中的 $h(\boldsymbol{u})$ 处处是集合 $U\setminus Q[\boldsymbol{W},\boldsymbol{w}]$ 的特征函数的上界；由于 $\boldsymbol{\zeta}$ 在 U 中成立，我们基本上证明了以下内容。

引理 4.5.12　设 $\mathcal{H}[\boldsymbol{W},\boldsymbol{w}]$ 是所有对称矩阵 $\boldsymbol{H}\in S^{L+1}$ 的集合，使得

$$
\begin{aligned}
&(a)\quad [\boldsymbol{u};1]^{\mathrm{T}}\boldsymbol{H}[\boldsymbol{u};1]\geqslant 0,\forall\boldsymbol{u}\in U\\
&(b)\quad \inf_{\boldsymbol{u}\in U}\{-\boldsymbol{A}(\boldsymbol{W},\boldsymbol{w};\boldsymbol{u}):[\boldsymbol{u};1]^{\mathrm{T}}[\boldsymbol{H}-\boldsymbol{E}][\boldsymbol{u};1]\leqslant 0\}\geqslant 0
\end{aligned}
\tag{4.5.35}
$$

其中，

$$E=\left[\begin{array}{c|c} & \\ \hline & 1\end{array}\right]\in S^{L+1}$$

于是，

$$p(W,w)\equiv \mathrm{Prob}\{A(W,w;\zeta)>0\}\leqslant \inf_{H\in\mathcal{H}[W,w]}\psi(H) \tag{4.5.36}$$
$$\psi(H)=\max_{V\in\mathcal{V}}\mathrm{Tr}(HV)$$

证明　设 $H\in\mathcal{H}[W,w]$ 且 $h(u)=[u;1]^{\mathrm{T}}H[u;1]$。根据式（4.5.35.$a$），对于所有的 $u\in U$，我们有 $h(u)\geqslant 0$。除此之外，由式（4.5.35.b）知，如果 $u\in U\setminus Q[W,w]$，也就是说，如果 $-A(W,w;u)<0$，我们有 $h(u)-1=[u;1]^{\mathrm{T}}[H-E][u;1]>0$；因此，$h(u)$ 在 $U\setminus Q[W,w]$ 上处处大于 1。由此可见，

$$p(W,w)\leqslant E\{h(\zeta)\}=\mathrm{Tr}(HV_\zeta)\leqslant \max_{V\in\mathcal{V}}\mathrm{Tr}(HV)$$

因此，

$$\forall H\in\mathcal{H}[W,w]:p(W,w)\leqslant\psi(H)$$

且有式（4.5.36）。■

我们的局部目标是从引理 4.5.12 中提取（4.5.34）的一个保守易于处理的近似。

首先，请注意，显然有

$$\left(\exists\lambda\in\mathbb{R}_+^m:H+\sum_{j=1}^m\lambda_jA_j\succeq 0\right)\Rightarrow H \text{ 满足式}(4.5.35.a) \tag{4.5.37}$$

和

$$\left(\exists(\mu\in\mathbb{R}_+^m,\gamma>0):\gamma(H-E)-Z[W,w]+\sum_{j=1}^m\mu_jA_j\succeq 0\right)\Rightarrow H \text{ 满足式}(4.5.35.b) \tag{4.5.38}$$

基本上，我们建立了以下几点。

命题 4.5.13　条件

$$\begin{array}{llll}\exists P,\nu,\mu,\gamma,\tau: & & & \\ (a.1) & P+\sum_j\nu_jA_j\succeq 0 & (a.2) & \nu\geqslant 0\\ (b.1) & P-\gamma E-Z[W,w]+\sum_j\mu_jA_j\succeq 0 & (b.2) & \mu\geqslant 0\\ (c) & \psi(P):=\max_{V\in\mathcal{V}}\mathrm{Tr}(PV)\leqslant\gamma\epsilon & (d) & \left[\begin{array}{c|c}\gamma & 1\\ \hline 1 & \tau\end{array}\right]\succeq 0\end{array} \tag{4.5.39}$$

是（W,w）满足机会约束（4.5.34）的充分条件，因此定义了约束的保守凸近似。假如 $\psi(\cdot)$ 是可有效计算的，那么这种近似在计算上是容易处理的。

证明　考虑条件

$$\begin{array}{ll}\exists(H\in S^{L+1},\lambda\in\mathbb{R}_+^m,\mu\in\mathbb{R}_+^m,\gamma>0): & \\ H+\sum_j\lambda_jA_j\succeq 0 & (a)\\ \gamma(H-E)-Z[W,w]+\sum_j\mu_jA_j\succeq 0 & (b)\\ \gamma\max_{V\in\mathcal{V}}\mathrm{Tr}(VH)-\gamma\epsilon\leqslant 0 & (c)\end{array} \tag{4.5.40}$$

我们称这个条件对于机会约束（4.5.34）的有效性是充分的。

事实上，设（$\boldsymbol{H},\boldsymbol{\lambda}\geqslant 0,\boldsymbol{\mu}\geqslant 0,\gamma>0$）满足式（4.5.40）中的关系。通过式（4.5.40.a）和式（4.5.37），$\boldsymbol{H}$ 满足式（4.5.35.a）。通过式（4.5.40.b）和式（4.5.38），$\boldsymbol{H}$ 满足式（4.5.35.b）。结合引理 4.5.12 和式（4.5.40.c），我们从这些观察中得出 $p(\boldsymbol{W},\boldsymbol{w})\leqslant\epsilon$。

为了完成证明，还需要证明条件（4.5.40）与条件（4.5.39）等价。事实上，设（$\boldsymbol{H},\boldsymbol{\lambda}\geqslant 0,\boldsymbol{\mu}\geqslant 0,\gamma>0$）使得条件（4.5.40.$a\sim c$）发生。让我们设 $\boldsymbol{P}=\gamma\boldsymbol{H},\boldsymbol{\nu}=\gamma\lambda,\boldsymbol{\tau}=1/\gamma$。于是（$\boldsymbol{P},\boldsymbol{\nu},\boldsymbol{\mu},\boldsymbol{\tau},\gamma$）明显满足条件（4.5.39.$a,b,d$）。由于 ψ 显然是一次齐次的，（4.5.39.c）也满足。反之亦然，如果（$\boldsymbol{P},\boldsymbol{\nu},\boldsymbol{\mu},\boldsymbol{\tau},\gamma$）满足条件（4.5.39.$a\sim c$），则根据（4.5.39.$d$）有 $\gamma>0$；设 $\boldsymbol{H}=\gamma^{-1}\boldsymbol{P},\boldsymbol{\lambda}=\gamma^{1}\boldsymbol{\nu}$ 并且考虑到 ψ 是一次齐次的，我们有 $\boldsymbol{\lambda}\geqslant 0,\boldsymbol{\nu}\geqslant 0,\boldsymbol{\gamma}\geqslant 0$ 且（$\boldsymbol{H},\boldsymbol{\lambda},\boldsymbol{\mu},\gamma$）满足式（4.5.40）。因此，条件（4.5.40）和（4.5.39）是等价的。■

命题 4.5.13 的近似可以做如下有用的修改。

命题 4.5.14　给定 $\epsilon>0$，考虑到机会约束（4.5.34）并假设

$$\mathrm{Prob}\{\boldsymbol{\zeta}:[\boldsymbol{\zeta};1]^{\mathrm{T}}\boldsymbol{A}_j[\boldsymbol{\zeta};1]\leqslant 0,j=1,\cdots,m\}\geqslant 1-\delta$$

其中已知 $\delta\in[0,\epsilon]$。于是条件

$$\begin{array}{ll}\exists\,\boldsymbol{P},\boldsymbol{\mu},\gamma,\boldsymbol{\tau}: & \\ (a) & \boldsymbol{P}\succeq 0\\ (b.1) & \boldsymbol{P}-\gamma\boldsymbol{E}-\boldsymbol{Z}[\boldsymbol{W},\boldsymbol{w}]+\sum_j\mu_j\boldsymbol{A}_j\succeq 0\quad (b.2)\quad \boldsymbol{\mu}\geqslant 0\\ (c) & \psi(\boldsymbol{P}):=\max\limits_{\boldsymbol{V}\in\mathcal{V}}\mathrm{Tr}(\boldsymbol{P}\boldsymbol{V})\leqslant\gamma[\epsilon-\delta]\quad (d)\quad \left[\begin{array}{c|c}\gamma & 1\\ \hline 1 & \boldsymbol{\tau}\end{array}\right]\succeq 0\end{array}\tag{4.5.41}$$

对于（$\boldsymbol{W},\boldsymbol{w}$）满足机会约束（4.5.34）是充分的。

证明　设（$\boldsymbol{P},\boldsymbol{\mu},\gamma,\boldsymbol{\tau},W,\boldsymbol{w}$）是条件（4.5.41.$a\sim d$）的可行解；注意根据条件（4.5.41.$d$）有 $\gamma>0$。设 $\boldsymbol{H}=\gamma^{-1}\boldsymbol{P}$ 并考虑到 ψ 是一次齐次的，我们有

$$\begin{array}{ll}h(\boldsymbol{u})\equiv[\boldsymbol{u};1]^{\mathrm{T}}\boldsymbol{H}[\boldsymbol{u},1]\geqslant 0,\forall\,\boldsymbol{u} & [\text{根据式}(4.5.41.a)]\\ \boldsymbol{u}\in G\equiv\{\boldsymbol{u}:[\boldsymbol{u};1]^{\mathrm{T}}\boldsymbol{A}_j[\boldsymbol{u};1]\leqslant 0,1\leqslant j\leqslant m\} & \\ \qquad\Rightarrow[\boldsymbol{u};1]^{\mathrm{T}}\boldsymbol{Z}[\boldsymbol{W},\boldsymbol{w}][\boldsymbol{u};1]\leqslant\gamma[h(\boldsymbol{u})-1] & [\text{根据式}(4.5.41.b)]\\ \max\limits_{\boldsymbol{V}\in\mathcal{V}}\mathrm{Tr}(\boldsymbol{H}\boldsymbol{V})\leqslant\epsilon-\delta & [\text{根据式}(4.5.41.c)]\end{array}$$

这些关系式中的第一个和第二个表明函数 $h(\boldsymbol{u})$ 处处是非负的并且当 $\boldsymbol{u}\in G$，$[\boldsymbol{u};1]^{\mathrm{T}}\cdot\boldsymbol{Z}[\boldsymbol{W},\boldsymbol{w}][\boldsymbol{u};1]>0$ 时，此时函数 $h(\boldsymbol{u})\geqslant 1$。用 $\chi(\cdot)$ 表示集合 $G\setminus\{\boldsymbol{u}:[\boldsymbol{u};1]^{\mathrm{T}}\boldsymbol{Z}[\boldsymbol{W},\boldsymbol{w}][\boldsymbol{u};1]\leqslant 0\}$ 的特征函数，则对于所有 $\boldsymbol{u}$ 都有 $\chi(\boldsymbol{u})\leqslant h(\boldsymbol{u})$。由此可见，

$$\begin{aligned}\mathrm{Prob}\{\boldsymbol{\zeta}\in G,[\boldsymbol{\zeta};1]^{\mathrm{T}}\boldsymbol{Z}[\boldsymbol{W},\boldsymbol{w}][\boldsymbol{\zeta};1]>0\}&=E\{\chi(\boldsymbol{\zeta})\}\leqslant E\{h(\boldsymbol{\zeta})\}=\mathrm{Tr}(\boldsymbol{H}\boldsymbol{V}_\zeta)\\&\leqslant\max_{\boldsymbol{V}\in\mathcal{V}}\mathrm{Tr}(\boldsymbol{H}\boldsymbol{V})\leqslant\epsilon-\delta\end{aligned}$$

因此，

$$\begin{aligned}&\mathrm{Prob}\{[\boldsymbol{\zeta};1]^{\mathrm{T}}\boldsymbol{Z}[\boldsymbol{W},\boldsymbol{w}][\boldsymbol{\zeta};1]>0\}\\&\leqslant\mathrm{Prob}\{\boldsymbol{\zeta}\in G,[\boldsymbol{\zeta};1]^{\mathrm{T}}\boldsymbol{Z}[\boldsymbol{W},\boldsymbol{w}][\boldsymbol{\zeta};1]>0\}+\\&\quad\mathrm{Prob}\{\boldsymbol{\zeta}\notin G\}\leqslant(\epsilon-\delta)+\delta=\epsilon\end{aligned}$$

■

近似式（4.5.39）的基本性质。这些性质如下所示。

1. 这个近似"符合可逆仿射变换"。具体地说，让随机扰动 $\boldsymbol{\zeta}$ 和 $\boldsymbol{\eta}$ 由 $\boldsymbol{\zeta}=\boldsymbol{R}\boldsymbol{\eta}+\boldsymbol{r}$ 相联系，其中 $\boldsymbol{R}$，$\boldsymbol{r}$ 是确定性的且 $\boldsymbol{R}$ 为非奇异的。则机会约束

$$(a)\quad p(\boldsymbol{W},\boldsymbol{w})\equiv\mathrm{Prob}\{[\boldsymbol{\zeta};1]^{\mathrm{T}}\boldsymbol{Z}[\boldsymbol{W},\boldsymbol{w}][\boldsymbol{\zeta};1]>0\}\leqslant\epsilon$$

$$
\begin{aligned}
&(b)\quad \hat{p}(\hat{\boldsymbol{W}},\hat{\boldsymbol{w}})\equiv \operatorname{Prob}\{[\boldsymbol{\eta};1]^{\mathrm{T}}\boldsymbol{Z}[\hat{\boldsymbol{W}},\hat{\boldsymbol{w}}][\boldsymbol{\eta};1]>0\}\leqslant\epsilon,\\
&\boldsymbol{Z}[\hat{\boldsymbol{W}},\hat{\boldsymbol{w}}]=\left[\begin{array}{c|c}\boldsymbol{R}&\boldsymbol{r}\\ \hline & 1\end{array}\right]^{\mathrm{T}}\boldsymbol{Z}[\boldsymbol{W},\boldsymbol{w}]\underbrace{\left[\begin{array}{c|c}\boldsymbol{R}&\boldsymbol{r}\\ \hline & 1\end{array}\right]}_{\mathcal{R}}
\end{aligned}
\tag{4.5.42}
$$

彼此等价，且假设 R.1～R.2 中关于 $\boldsymbol{\zeta}$ 的信息引出了关于 $\boldsymbol{\eta}$ 的类似信息，即，

$$
\begin{aligned}
&(a)\quad \boldsymbol{V}_{\boldsymbol{\eta}}\equiv E\{[\boldsymbol{\eta};1][\boldsymbol{\eta};1]^{\mathrm{T}}\in\hat{\mathcal{V}}=\{\mathcal{R}^{-1}\boldsymbol{V}\mathcal{R}^{-\mathrm{T}}:\boldsymbol{V}\in\mathcal{V}\},\\
&(b)\quad \operatorname{Prob}\{[\boldsymbol{\eta};1]^{\mathrm{T}}\hat{\boldsymbol{A}}_j[\boldsymbol{\eta};1]>0\}=0,j=1,\cdots,m,\\
&\qquad 其中\hat{\boldsymbol{A}}_j=\mathcal{R}^{\mathrm{T}}\boldsymbol{A}_j\mathcal{R}
\end{aligned}
\tag{4.5.43}
$$

很容易看出，由命题 4.5.13 给出的机会约束（4.5.42.a,b）的近似也是彼此等价的：当第一个机会约束的近似表明一对（$\boldsymbol{W},\boldsymbol{w}$）对它是可行的，第二个机会约束的近似表明根据约束（4.5.42），与（$\boldsymbol{W},\boldsymbol{w}$）相对应的（$\hat{\boldsymbol{W}},\hat{\boldsymbol{w}}$）对于第二个机会约束是可行的，反之亦然。

2. 观察到，给定一个定义 U 的二次不等式组，我们总是可以把原二次不等式和恒等二次不等式的非负系数的线性组合加到组上。这种对 U 的原始描述的“线性扩展”得到了式（4.5.34）的一个新近似（4.5.39）。事实证明，我们的近似方案足够智能，能够认识到这种线性扩展实际上并没有增加新的信息：很容易看到，每当（$\boldsymbol{W},\boldsymbol{w}$）可以扩展到式（4.5.39）中与 U 的原始描述对应的约束组的可行解，（$\boldsymbol{W},\boldsymbol{w}$）可以扩展到一个相似组的可行解，其与这个描述的一个线性扩展相关，反之亦然。

3. 近似足够智能，能认识到概率总是小于或等于 1：条件（4.5.39）总是满足 $\epsilon>1$。

4. 考虑到式（4.5.34）是线性扰动的情况：$\boldsymbol{W}=\boldsymbol{0}$，除此之外，$\mathcal{V}=\{\boldsymbol{V}_\zeta\}$ 是一个单元素集合且 $\boldsymbol{\zeta}$ 是居中的：$\boldsymbol{V}_\zeta=\left[\begin{array}{c|c}\boldsymbol{V}&\\ \hline &1\end{array}\right]$。在这种情况下，假设 $w_0<0$，我们可以通过切比雪夫不等式限定概率

$$
p(0,\boldsymbol{w})=\operatorname{Prob}\{[\boldsymbol{\zeta};1]^{\mathrm{T}}\boldsymbol{Z}[0,\boldsymbol{w}][\boldsymbol{\zeta};1]>0\}\equiv\operatorname{Prob}\left\{2\sum_{p=1}^{L}\zeta_i w_i+w_0>0\right\}
$$

具体来说，设 $\overline{\boldsymbol{w}}=[w_1;\cdots;w_L]$，我们有 $2\overline{\boldsymbol{w}}^{\mathrm{T}}\boldsymbol{\zeta}+w_0>0\Rightarrow 2\overline{\boldsymbol{w}}^{\mathrm{T}}\boldsymbol{\zeta}>|w_0|\Rightarrow 4(\overline{\boldsymbol{w}}^{\mathrm{T}}\boldsymbol{\zeta})^2\geqslant w_0^2$，因此

$$
p(0,\boldsymbol{w})\leqslant\min[1,4E\{(\overline{\boldsymbol{w}}^{\mathrm{T}}\boldsymbol{\zeta})^2\}/w_0^2]=:\overline{\epsilon}
$$

很容易看出，在这种特殊情况下，近似（4.5.39）是足够智能的，至少与概述的切比雪夫边界一样好，也就是说，如果 ϵ_* 是那些 ϵ 的下确界，即使得矩阵线性不等式组

$$
\begin{aligned}
&(a.1)\quad \boldsymbol{P}+\sum_j\nu_j\boldsymbol{A}_j\succeq 0 &&(a.2)\quad \nu\geqslant 0\\
&(b.1)\quad \boldsymbol{P}-\gamma\boldsymbol{E}-\boldsymbol{Z}[0,\boldsymbol{w}]+\sum_j\mu_j\boldsymbol{A}_j\succeq 0 &&(b.2)\quad \mu\geqslant 0\\
&(c)\quad \operatorname{Tr}(\boldsymbol{P}\operatorname{Diag}\{\boldsymbol{V},1\})-\gamma\epsilon\leqslant 0 &&(d)\quad \left[\begin{array}{c|c}\gamma&1\\ \hline 1&\boldsymbol{\tau}\end{array}\right]\succeq 0
\end{aligned}
\tag{4.5.44}
$$

是可行的 ϵ，其中变量为 $\boldsymbol{P},\boldsymbol{\nu},\boldsymbol{\mu},\boldsymbol{\tau},\gamma$，于是 $\epsilon_*\leqslant\overline{\epsilon}$。

事实上，首先假设 $\overline{\epsilon}<1$，且设

$$
\boldsymbol{\nu}=\boldsymbol{0},\boldsymbol{\mu}=\boldsymbol{0},\gamma=-w_0/2,\boldsymbol{\tau}=1/\gamma,\boldsymbol{P}=\left[\begin{array}{c|c}\frac{1}{\gamma}\overline{\boldsymbol{w}}\overline{\boldsymbol{w}}^{\mathrm{T}}&\\ \hline &0\end{array}\right]
$$

对于这些变量的值，关系（4.5.44.a,b.2,d）显然有效。此外，由于$-\gamma-w_0=\gamma>0$，我们得到

$$\boldsymbol{P}-\gamma\boldsymbol{E}-\boldsymbol{Z}[0,\boldsymbol{w}]+\sum_j\mu_j\boldsymbol{A}_j=\left[\begin{array}{c|c}\frac{1}{\gamma}\overline{\boldsymbol{w}}\,\overline{\boldsymbol{w}}^{\mathrm{T}} & -\overline{\boldsymbol{w}}\\ \hline -\overline{\boldsymbol{w}}^{\mathrm{T}} & \gamma\end{array}\right]\succeq 0$$

所以式（4.5.44.b.1）同样发生。让我们验证式（4.5.44.c）有效，其中$\epsilon=\overline{\epsilon}$（这意味着$\epsilon_*\leqslant\overline{\epsilon}$）。事实上，称

$$\mathrm{Tr}(\boldsymbol{P}\mathrm{Diag}\{\boldsymbol{V},1\})=\mathrm{Tr}(\gamma^{-1}\overline{\boldsymbol{w}}\,\overline{\boldsymbol{w}}^{\mathrm{T}}\boldsymbol{V})=\frac{\overline{\boldsymbol{w}}^{\mathrm{T}}\boldsymbol{V}\overline{\boldsymbol{w}}}{\gamma}=\gamma\,\frac{4\overline{\boldsymbol{w}}^{\mathrm{T}}\boldsymbol{V}\overline{\boldsymbol{w}}}{w_0^2}=\gamma\,\overline{\epsilon}$$

$\overline{\epsilon}=1$的情况由性质3解释。

5. 假设$\mathcal{V}=\{\mathrm{Diag}\{\boldsymbol{V},1\}:0\preceq\boldsymbol{V}\preceq\hat{\boldsymbol{V}}\}$（也就是说，我们知道$\boldsymbol{\zeta}$的均值为0并且$\boldsymbol{\zeta}$的协方差矩阵$\preceq\hat{\boldsymbol{V}}$）。给定一个$n\times n$矩阵$\boldsymbol{Q}\succeq0$和一个正数$\alpha$，我们可以通过切比雪夫边界根据上面限定$p\equiv\mathrm{Prob}\{\boldsymbol{\zeta}^{\mathrm{T}}\boldsymbol{Q}\boldsymbol{\zeta}>\alpha\}$，其中切比雪夫边界为

$$p\leqslant E\{\boldsymbol{\zeta}^{\mathrm{T}}\boldsymbol{Q}\boldsymbol{\zeta}\}/\alpha\leqslant\overline{\epsilon}=\min[1,\mathrm{Tr}(\hat{\boldsymbol{V}}\boldsymbol{Q})/\alpha]$$

事实证明，条件（4.5.39）是足够智能的，可以恢复这个边界。事实上，根据$\boldsymbol{Z}[\boldsymbol{W},\boldsymbol{w}]=\mathrm{Diag}\{\boldsymbol{Q},-\alpha\}$，设$\boldsymbol{W}$，$\boldsymbol{w}$是给定的，且设$\epsilon_*$是那些$\epsilon$的下确界，即使得矩阵线性不等式组

$$\begin{array}{llll}(a.1) & \boldsymbol{P}+\sum_j\nu_j\boldsymbol{A}_j\succeq0 & (a.2) & \nu\geqslant0\\ (b.1) & \boldsymbol{P}-\gamma\boldsymbol{E}-\boldsymbol{Z}[\boldsymbol{W},\boldsymbol{w}]+\sum_j\mu_j\boldsymbol{A}_j\succeq0 & (b.2) & \mu\geqslant0\\ (c) & \max\limits_{0\preceq\boldsymbol{V}\preceq\hat{\boldsymbol{V}}}\mathrm{Tr}(\boldsymbol{P}\mathrm{Diag}\{\boldsymbol{V},1\})-\gamma\,\epsilon\leqslant0 & (d) & \left[\begin{array}{c|c}\tau & 1\\ \hline 1 & \gamma\end{array}\right]\succeq0\end{array}\tag{4.5.45}$$

有一个解的ϵ，其中变量为$\boldsymbol{P},\boldsymbol{\nu},\boldsymbol{\mu},\boldsymbol{\tau},\gamma$；于是$\epsilon_*\leqslant\overline{\epsilon}$。

事实上，首先假设$\overline{\epsilon}<1$，且我们设

$$\boldsymbol{P}=\mathrm{Diag}\{\boldsymbol{Q},0\},\boldsymbol{\nu}=\boldsymbol{0},\boldsymbol{\mu}=\boldsymbol{0},\gamma=\alpha,\boldsymbol{\tau}=1/\gamma$$

这个选择显然保证了条件（4.5.45.a,b,c），使（4.5.45.c）的左边等于$\mathrm{Tr}(\boldsymbol{Q}\,\hat{\boldsymbol{V}})-\alpha\,\epsilon$；于是，当$\epsilon=\overline{\epsilon}=\mathrm{Tr}(\boldsymbol{Q}\,\hat{\boldsymbol{V}})/\alpha$时，条件（4.5.45）是满足的，因此$\epsilon_*\leqslant\overline{\epsilon}$。$\overline{\epsilon}=1$的情况由性质3解释。

6. 假设$\boldsymbol{A}'_j\preceq\theta_j\boldsymbol{A}_j,\theta_j>0$，$j=1,\cdots,m$，且（$\boldsymbol{W},\boldsymbol{w}$），（$\boldsymbol{W}',\boldsymbol{w}'$）使得$\theta\boldsymbol{Z}[\boldsymbol{W},\boldsymbol{w}]\preceq\boldsymbol{Z}[\boldsymbol{W}',\boldsymbol{w}']$，其中$\theta>0$，因此

$$\{\boldsymbol{u}:[\boldsymbol{u};1]^{\mathrm{T}}\boldsymbol{A}_j[\boldsymbol{u};1]\leqslant0,1\leqslant j\leqslant m\}\subset\{\boldsymbol{u}:[\boldsymbol{u};1]^{\mathrm{T}}\boldsymbol{A}'_j[\boldsymbol{u};1]\leqslant0,1\leqslant j\leqslant m\}$$

$$[\boldsymbol{u};1]^{\mathrm{T}}\boldsymbol{Z}[\boldsymbol{W},\boldsymbol{w}][\boldsymbol{u};1]>0\Rightarrow[\boldsymbol{u};1]^{\mathrm{T}}\boldsymbol{Z}[\boldsymbol{W}',\boldsymbol{w}'][\boldsymbol{u};1]>0$$

鉴于这些关系，与某些$\mathcal{V}$和数据$\{\boldsymbol{A}_j\}$相关的假设R.1～R.2的有效性表明了与相同$\mathcal{V}$和数据$\{\boldsymbol{A}'_j\}$相关的假设R.1～R.2的有效性，且对于每个随机向量$\boldsymbol{\zeta}$有

$$\mathrm{Prob}\{[\boldsymbol{\zeta};1]^{\mathrm{T}}\boldsymbol{Z}[\boldsymbol{W}',\boldsymbol{w}'][\boldsymbol{\zeta};1]>0\}\geqslant\mathrm{Prob}\{[\boldsymbol{\zeta};1]^{\mathrm{T}}\boldsymbol{Z}[\boldsymbol{W},\boldsymbol{w}][\boldsymbol{\zeta};1]>0\}$$

因此，如果对于与假设R.1～R.2相兼容的所有$\boldsymbol{\zeta}$的分布，数据为$\{\boldsymbol{A}'_j\}$，有$\mathrm{Prob}\{[\boldsymbol{\zeta};1]^{\mathrm{T}}\boldsymbol{Z}[\boldsymbol{W}',\boldsymbol{w}'][\boldsymbol{\zeta};1]>0\}\leqslant\epsilon$，于是对于与假设R.1～R.2相兼容的所有$\boldsymbol{\zeta}$的分布，数据为$\{\boldsymbol{A}_j\}$，有$\mathrm{Prob}\{[\boldsymbol{\zeta};1]^{\mathrm{T}}\boldsymbol{Z}[\boldsymbol{W},\boldsymbol{w}][\boldsymbol{\zeta};1]>0\}\leqslant\epsilon$。

不难看出，条件（4.5.39）给出的近似（4.5.34）足够智能，足以“理解”上述结论。具体来说，如果ϵ约束组

$$
\begin{array}{llll}
(a.1) & \boldsymbol{P}'+\sum_j \nu_j'\boldsymbol{A}_j'\succeq 0 & (a.2) & \nu'\geqslant 0 \\
(b.1) & \boldsymbol{P}'-\gamma'\boldsymbol{E}-\boldsymbol{Z}[\boldsymbol{W}',\boldsymbol{w}']+\sum_j \mu_j'\boldsymbol{A}_j'\succeq 0 & (b.2) & \mu'\geqslant 0 \\
(c) & \psi(\boldsymbol{P}')-\gamma'\epsilon\leqslant 0 & (d) & \left[\begin{array}{c|c}\tau' & 1\\ \hline 1 & \gamma'\end{array}\right]\succeq 0
\end{array}
\tag{4.5.46}
$$

是可行的，其中变量为 $\boldsymbol{P}',\boldsymbol{\nu}',\boldsymbol{\mu}',\boldsymbol{\tau}',\gamma'$，那么约束组

$$
\begin{array}{llll}
(a.1) & \boldsymbol{P}+\sum_j \nu_j\boldsymbol{A}_j\succeq 0 & (a.2) & \nu\geqslant 0 \\
(b.1) & \boldsymbol{P}-\gamma\boldsymbol{E}-\boldsymbol{Z}[\boldsymbol{W},\boldsymbol{w}]+\sum_j \mu_j\boldsymbol{A}_j\succeq 0 & (b.2) & \mu\geqslant 0 \\
(c) & \psi(\boldsymbol{P})-\gamma\epsilon\leqslant 0 & (d) & \left[\begin{array}{c|c}\tau & 1\\ \hline 1 & \gamma\end{array}\right]\succeq 0
\end{array}
\tag{4.5.47}
$$

同样也是可行的，其中变量为 $\boldsymbol{P},\boldsymbol{\nu},\boldsymbol{\mu},\boldsymbol{\tau},\gamma$。

事实上，设（$\boldsymbol{P}',\boldsymbol{\nu}',\boldsymbol{\mu}',\boldsymbol{\tau}',\gamma'$）是式（4.5.46）的可行解。设

$$
\nu_j=\theta^{-1}\theta_j\nu_j',\quad \mu_j=\theta^{-1}\theta_j\mu_j',\quad \boldsymbol{P}=\theta^{-1}\boldsymbol{P}',\quad \gamma=\theta^{-1}\gamma',\quad \tau=\theta\tau'
$$

并考虑到 $\psi(\cdot)$ 是一次齐次的，可以立即看出（$\boldsymbol{P},\boldsymbol{\nu},\boldsymbol{\mu},\boldsymbol{\tau},\gamma$）是式（4.5.47）的可行解。例如，我们有

$$
\begin{aligned}
\boldsymbol{P}-\gamma\boldsymbol{E}-\boldsymbol{Z}[\boldsymbol{W},\boldsymbol{w}]+\sum_j \mu_j\boldsymbol{A}_j &= \theta^{-1}\left[\boldsymbol{P}'-\gamma'\boldsymbol{E}-\theta\boldsymbol{Z}[\boldsymbol{W},\boldsymbol{w}]+\sum_j \mu_j'\theta_j\boldsymbol{A}_j\right] \\
&\underbrace{\succeq}_{(*)}\theta^{-1}\left[\boldsymbol{P}'-\gamma'\boldsymbol{E}-\boldsymbol{Z}[\boldsymbol{W}',\boldsymbol{w}']+\sum_j \mu_j'\boldsymbol{A}_j'\right]\succeq 0
\end{aligned}
$$

其中（$*$）是根据 $\theta\boldsymbol{Z}[\boldsymbol{W},\boldsymbol{w}]\preceq\boldsymbol{Z}[\boldsymbol{W}',\boldsymbol{w}']$ 且 $\theta_j\boldsymbol{A}_j\succeq\boldsymbol{A}_j'$ 给定的。

7. 假设机会约束（4.5.34）是线性扰动的：$\boldsymbol{Z}=\boldsymbol{Z}[0,\boldsymbol{w}]=\left[\begin{array}{c|c} & \boldsymbol{p}\\ \hline \boldsymbol{p}^{\mathrm{T}} & q\end{array}\right]$和 $q<0$。于是我们可以写

$$
\begin{aligned}
&[\boldsymbol{\zeta};1]^{\mathrm{T}}\boldsymbol{Z}[0,\boldsymbol{w}][\boldsymbol{\zeta};1]>0\Leftrightarrow 2\boldsymbol{p}^{\mathrm{T}}\boldsymbol{\zeta}>-q \\
&\Rightarrow 4\boldsymbol{\zeta}^{\mathrm{T}}\boldsymbol{p}\boldsymbol{p}^{\mathrm{T}}\boldsymbol{\zeta}>q^2\Leftrightarrow[\boldsymbol{\zeta};1]^{\mathrm{T}}\boldsymbol{Z}[\boldsymbol{W}',\boldsymbol{w}'][\boldsymbol{\zeta};1]>0 \\
&\boldsymbol{Z}[\boldsymbol{W}',\boldsymbol{w}']=\left[\begin{array}{c|c}4\boldsymbol{p}\boldsymbol{p}^{\mathrm{T}} & \\ \hline & -q^2\end{array}\right]
\end{aligned}
$$

因此，

$$
[\boldsymbol{\zeta};1]^{\mathrm{T}}\boldsymbol{Z}[0,\boldsymbol{w}][\boldsymbol{\zeta};1]>0\Rightarrow[\boldsymbol{\zeta};1]^{\mathrm{T}}\boldsymbol{Z}[\beta\boldsymbol{W}',\alpha\boldsymbol{w}+\beta\boldsymbol{w}'][\boldsymbol{\zeta};1]>0,\quad \boldsymbol{0}\neq[\alpha;\beta]\geqslant 0
$$

所以，

$$
\begin{aligned}
\forall([\alpha;\beta]\geqslant 0,[\alpha;\beta]\neq\boldsymbol{0}):\ &\mathrm{Prob}\{[\boldsymbol{\zeta};1]^{\mathrm{T}}\boldsymbol{Z}[0,\boldsymbol{w}][\boldsymbol{\zeta};1]>0\} \\
&\leqslant\mathrm{Prob}\{[\boldsymbol{\zeta};1]^{\mathrm{T}}\boldsymbol{Z}[\beta\boldsymbol{W}',\alpha\boldsymbol{w}+\beta\boldsymbol{w}'][\boldsymbol{\zeta};1]>0\}
\end{aligned}
$$

因此，对于每一个 $\boldsymbol{0}\neq[\alpha,\beta]\geqslant 0$，以下机会约束的保守凸近似［由式（4.5.39）给出］

$$
\mathrm{Prob}\{[\boldsymbol{\zeta};1]^{\mathrm{T}}\boldsymbol{Z}[\beta\boldsymbol{W}',\alpha\boldsymbol{w}+\beta\boldsymbol{w}'][\boldsymbol{\zeta};1]>0\}\leqslant\epsilon
$$

是机会约束（4.5.34）的保守凸近似。因此，我们最终得到了约束（4.5.34）的保守易处理近似的两参数族。在这个族里有最好的（最不保守的）成员吗？答案是肯定的，最好的成员之一是原始对 $(0,\boldsymbol{w})$（对应选择 $\alpha=1,\beta=0$）。

事实上，引用性质 6，为了证明式（4.5.39）的有效性，其中在（$0,\boldsymbol{w}$）的作用中，$(\widetilde{\boldsymbol{W}},\widetilde{\boldsymbol{w}})=\alpha(0,\boldsymbol{w})+\beta(\boldsymbol{W}',\boldsymbol{w}')(\boldsymbol{0}\neq[\alpha;\beta]\geqslant 0)$，表明式（4.5.39）的有效性，这足以证明存在 $\theta>0$ 使得 $\boldsymbol{Z}[\boldsymbol{W}',\boldsymbol{w}']\succeq\theta\boldsymbol{Z}[0,\boldsymbol{w}]$。最后注意到 $\boldsymbol{Z}[\boldsymbol{W}',\boldsymbol{w}']\succeq 2|q|\theta\boldsymbol{Z}[0,\boldsymbol{w}]$：

$$\boldsymbol{Z}[\boldsymbol{W}',\boldsymbol{w}']-2|q|\boldsymbol{Z}[0,\boldsymbol{w}]=\left[\begin{array}{c|c}4\boldsymbol{p}\boldsymbol{p}^{\mathrm{T}} & -2|q|\boldsymbol{p}\\ \hline -2|q|\boldsymbol{p}^{\mathrm{T}} & q^2\end{array}\right]\succeq 0$$

因此，$\boldsymbol{Z}[\beta\boldsymbol{W}',\alpha w+\beta w']\succeq(\alpha+2|q|\beta)\boldsymbol{Z}[0,\boldsymbol{w}]$。由于 $\boldsymbol{0}\neq[\alpha;\beta]\geqslant 0$，则 $\alpha+2|q|\beta$ 是正的。

加强近似式（4.5.39）。假设 R.2 中的二次不等式组包含一个线性不等式，即，

$$f_1(\boldsymbol{u})=2\boldsymbol{a}^{\mathrm{T}}\boldsymbol{u}+\alpha\Leftrightarrow\boldsymbol{A}_1=\left[\begin{array}{c|c} & \boldsymbol{a}\\ \hline \boldsymbol{a}^{\mathrm{T}} & \alpha\end{array}\right]$$

进一步假设，我们知道一个常数 $\beta>\alpha$，使得

$$f_j(\boldsymbol{u})\leqslant 0,i=1,\cdots,m\Rightarrow 2\boldsymbol{a}^{\mathrm{T}}\boldsymbol{u}+\beta\geqslant 0$$

然后在原有约束条件的基础上添加 $f_j(\boldsymbol{u})\leqslant 0$，$j=1,\cdots,m$，指定 U 为冗余约束 $f_{m+1}(\boldsymbol{u})\equiv-2\boldsymbol{a}^{\mathrm{T}}\boldsymbol{u}-\beta\leqslant 0$。另一种选择是将线性约束 $f_j(\boldsymbol{u})\leqslant 0$ 替换为二次约束

$$\hat{f}_1(\boldsymbol{u})\equiv\frac{1}{4}f_1(\boldsymbol{u})(-f_{m+1}(\boldsymbol{u}))\equiv\boldsymbol{u}^{\mathrm{T}}\boldsymbol{a}\boldsymbol{a}^{\mathrm{T}}\boldsymbol{u}+\frac{\alpha+\beta}{2}\boldsymbol{\alpha}^{\mathrm{T}}\boldsymbol{u}+\frac{\alpha\beta}{4}\leqslant 0 \tag{*}$$

并保持剩余约束条件 $f_j(\boldsymbol{u})\leqslant 0$，$j=1,\cdots,m$ 完整。请注意，由于（*）显然对 U 有效，这种转换只能增加 U（事实上，它保持 U 完整），因此它保持了 R.2 的有效性。一个很自然的问题是，什么更明智（即，什么导致机会约束（4.5.34）的保守近似（4.5.39）不那么保守）：

A. 用关于 U 的原始描述 $f_j(\boldsymbol{u})\leqslant 0$，$j=1,\cdots,m$

B. 用约束条件 $f_j(\boldsymbol{u})\leqslant 0$，$j=1,\cdots,m+1$ 来描述 U

C. 用约束条件 $\hat{f}_1(\boldsymbol{u})\leqslant 0,f_j(\boldsymbol{u})\leqslant 0$，$j=2,\cdots,m$ 来描述 U

D. 用约束条件 $f_j(\boldsymbol{u})\leqslant 0$，$j=1,\cdots,m+1,\hat{f}_1(\boldsymbol{u})\leqslant 0$ 来描述 U

如果我们在定义 U 的约束组中添加它的“线性结果”，参见上面的性质 2，选项 A 到 C 将是相同的。但是，约束 $f_{m+1}(\boldsymbol{u})\leqslant 0$，虽然它是定义 U 的原始约束的结果，但不一定是它们的线性结果，所以性质 2 现在不适用。

正确的答案是，就保守方面而言，选项 B 显然不比选项 A 差。更重要的观察是，选项 C 至少和选项 B 一样好（事实上可以比 B 好），并且和选择 D 一样好（也就是说，选项 C 是最好的——它并不比选择 A，B 保守，且比同样保守的选项 D 更简单）。

实际上，增加矩阵 $\boldsymbol{A}_{m+1}=\left[\begin{array}{c|c} & -\boldsymbol{a}\\ \hline -\boldsymbol{a}^{\mathrm{T}} & -\beta\end{array}\right]$，选项 B 表示我们扩展了矩阵 $\boldsymbol{A}_j$，$1\leqslant j\leqslant m$ 的集合，选项 C 表示通过用矩阵 $\hat{\boldsymbol{A}}_1=\left[\begin{array}{c|c}\boldsymbol{a}\boldsymbol{a}^{\mathrm{T}} & p\boldsymbol{a}\\ \hline p\boldsymbol{a}^{\mathrm{T}} & q\end{array}\right]$，$p=\dfrac{\alpha+\beta}{4}$，$q=\dfrac{\alpha\beta}{4}$ 替换 $\boldsymbol{A}_1$ 来更新原始集合，且选项 D 意味着我们把矩阵 $\boldsymbol{A}_{m+1}$ 和 $\hat{\boldsymbol{A}}_1$ 都加到原始集合中。让我们来验证 $\hat{\boldsymbol{A}}_1\succeq\theta_1\boldsymbol{A}_1$ 和 $\hat{\boldsymbol{A}}_1\succeq\theta_{m+1}\boldsymbol{A}_{m+1}$，其中适当选择 θ_1，$\theta_{m+1}>0$；鉴于上面性质 6 的结果，这意味着选项 C 并不比选项 B 和 D 差。立即验证：我们有 $\beta-\alpha>0$，

$$\hat{\boldsymbol{A}}_1-\frac{\beta-\alpha}{4}\boldsymbol{A}_1=\left[\begin{array}{c|c}\boldsymbol{a}\boldsymbol{a}^{\mathrm{T}} & \dfrac{\alpha}{2}\boldsymbol{a}\\ \hline \dfrac{\alpha}{2}\boldsymbol{a}^{\mathrm{T}} & \dfrac{\alpha^2}{4}\end{array}\right]\succeq 0$$

和

$$\hat{\boldsymbol{A}}_1-\frac{\beta-\alpha}{4}\boldsymbol{A}_{m+1}=\left[\begin{array}{c|c}\boldsymbol{a}\boldsymbol{a}^{\mathrm{T}} & \frac{\beta}{2}\boldsymbol{a}\\ \hline \frac{\beta}{2}\boldsymbol{a}^{\mathrm{T}} & \frac{\beta^2}{4}\end{array}\right]\geqslant 0$$

讨论。在选项 A 到 D 中，“什么是最好的”这个看似天真的问题导致了与拉格朗日松弛质量相关的重要又具有挑战性的研究问题。事实上，考虑到保守近似（4.5.39）基于以下明显的观察结果：

函数 $f(\boldsymbol{u})$ 在域 $U=\{\boldsymbol{u}:f_j(\boldsymbol{u})\leqslant 0,\ j=1,\cdots,m\}$ 上是非负的充分条件是

$$\exists\lambda\geqslant 0:\forall\boldsymbol{u}:f(\boldsymbol{u})+\sum_i\lambda_i f_i(\boldsymbol{u})\geqslant 0 \qquad (*)$$

当 f 和所有的 f_j 是二次函数时（这是我们所关心的情况），这个条件是易处理的，它等价于矩阵线性不等式显式组的可行解存在。现在，除了所有 f，f_j 是仿射的情况，所有 f，f_j 是凸的并且约束组 $f_j(\boldsymbol{u})\leqslant 0$，$j=1,\cdots,m$ 是严格可行的情况，因为 $\min\limits_U f(\boldsymbol{u})\geqslant 0$，所以条件（*）仅是充分的，但不是必要的。显然，后一个事实的有效性和条件（*）的有效性之间的“差距”只有在我们向指定 U 的约束列表中添加它们的结果［在 U 上有效的（二次）不等式形式 $g(U)\leqslant 0$］时才能缩小。问题（其重要性远远超出了机会约束的主题）是，如何以一种确实缩小差距的方式生成这些结果，也就是说，（*）在我们添加结果之前是无效的，在添加结果之后成为有效的。

产生二次约束组结果的方法有很多种，最简单的方法如下。

(i) 上文性质 2 提到的“线性聚合”：我们在原始约束的列表中添加原始约束的加权和（非负权值），也许还包括恒等二次不等式（例如，$-x^2-y^2+2xy-1\leqslant 0$）。这种“添加结果”的方式毫无意义；它不能将无效谓词（*）转换为有效谓词（参见上面的性质 2）。

(ii) 从线性约束变成二次约束。具体来说，假设 $f_1(\boldsymbol{u})$ 是线性的，我们可以从这个线性函数在 U 上的下界进行限定，也就是说，我们可以找到 c，使得对于 $\boldsymbol{u}\in U$ 有 $f_1(\boldsymbol{u})+c\geqslant 0$。那么二次不等式 $g(\boldsymbol{u})\equiv f_1(\boldsymbol{u})(f_1(\boldsymbol{u})+c)\leqslant 0$ 在 U 上处处有效，因此它可以被添加到定义 U 的约束列表中。此修改确实可以将无效谓词（*）转换为有效谓词[㊀]。实际上，在约束列表中不需要同时保留原有的线性约束和新的二次约束；我们只要把线性不等式 $f_1(\boldsymbol{u})\leqslant 0$ 替换成二次不等式 $g(\boldsymbol{u})\leqslant 0$ 就不会有任何损失。

(iii) 当原始约束 $f_j(\boldsymbol{u})\leqslant 0$ 时，则存在一对线性约束，例如 f_1 和 f_2，我们可以在原始约束上加上它们的二次结果 $g(\boldsymbol{u})\equiv -f_1(\boldsymbol{u})f_2(\boldsymbol{u})\leqslant 0$。这同样可以将无效谓词（*）转换为有效谓词。

(iv) 当所有函数 f_j 为凸函数时，我们可以构造如下的结果 g：取线性形式 $\boldsymbol{e}^{\mathrm{T}}\boldsymbol{u}$，通过求解相应的凸函数问题，求出其在 U 上的最大值 β 和最小值 α，使二次不等式 $g(\boldsymbol{u}):=(\boldsymbol{e}^{\mathrm{T}}\boldsymbol{u}-\alpha)(\boldsymbol{e}^{\mathrm{T}}\boldsymbol{u}-\beta)\leqslant 0$ 在 U 上有效，并将其加入定义 U 的不等式列表中。这同样可以将无效谓词（*）转换为有效谓词。

底线中既有好消息，也有坏消息。好消息是，有一些简单的方法可以缩小目标关系 $\min\limits_U f(\boldsymbol{u})\geqslant 0$ 与此关系的充分条件（*）之间的差距。坏消息是，我们不知道如何以最好的方式使用这些方法。以最后一个（iv）“扩展过程”为例：我们可以在不同的线性形

㊀ 注意，这意味着拉格朗日松弛“不理解”每个孩子都知道的规则：两个非负实数的乘积是非负的。

式中多次使用。我们应该使用这个过程多少次，并且使用哪些线性形式？请注意，“越多越好”这个简单的答案是没有意义的，因为检查（$*$）所需的计算量随着 m 到 m^3 的增加而增加。至于更智能的“普遍准则”，我们还没有意识到它们的存在。

我们通过展示三个数值例子来结束对拉格朗日松弛主题的短暂讨论。在所有这些情况下，我们都想从上述违反约束条件 $[\boldsymbol{\zeta};1]^{\mathrm{T}}\boldsymbol{Z}[\boldsymbol{W},\boldsymbol{w}][\boldsymbol{\zeta};1]\leqslant 0$ 的概率进行限定。

给出以下数据。

(i) 我们知道 $\boldsymbol{\zeta}$ 的均值为 0 并且给定协方差矩阵 $\boldsymbol{V}$。

(ii) 已知 $\boldsymbol{\zeta}$ 的域属于一个给定的多面体 U。

说明 A　在这个说明中，$\boldsymbol{\zeta}$ 是三维的，并且这个约束是线性的：

$$a+\boldsymbol{b}^{\mathrm{T}}\boldsymbol{\zeta}\leqslant 0\quad\left[\boldsymbol{Z}[\boldsymbol{W},\boldsymbol{w}]=\left[\begin{array}{c|c} & \boldsymbol{b}\\ \hline \boldsymbol{b}^{\mathrm{T}} & 2a\end{array}\right]\right]$$

$\boldsymbol{\zeta}$ 的协方差矩阵为

$$\boldsymbol{V}=\begin{bmatrix}1 & 1/3 & -1/3\\ 1/3 & 1 & 1/3\\ -1/3 & 1/3 & 1\end{bmatrix}$$

其中 U 是盒 $U_\rho=\{\boldsymbol{u}\in\mathbb{R}^3:\|\boldsymbol{u}\|_\infty\leqslant\rho\}$。注意当 $\rho\geqslant 1$ 时，假设 $\operatorname{supp}\boldsymbol{\zeta}\subset U_\rho$ 与关于 $\boldsymbol{\zeta}$ 的假设并不矛盾，其中 $\boldsymbol{\zeta}$ 的均值为 0，且具有概述的协方差矩阵；例如，当 $\boldsymbol{\zeta}$ 的分布是 U_1 的 6 个顶点上的均匀分布时，这个假设是有效的，如图 4-5 所示。

在我们的实验中，我们选择了 a 和 $\boldsymbol{b}$，使半空间 $\Pi=\{\boldsymbol{u}:a+\boldsymbol{b}^{\mathrm{T}}\boldsymbol{u}>0\}$（即不满足约束的半空间）与 U_1 不相交，并与 $U_{1.1}$ 相交，将 $U_{1.1}$ 截断为图 4-5 所示的小四面体。

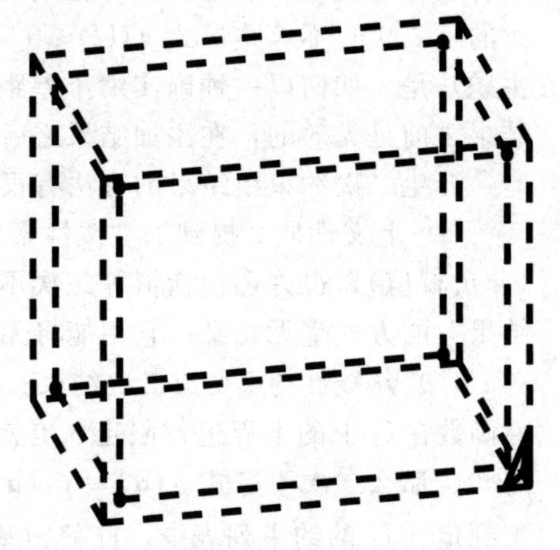

图 4-5　说明 A 的几何体。内部盒：U_1；外部盒：$U_{1.1}$

我们从违反约束的概率上建立如下边界。

- 切比雪夫边界 p_{T}（见性质 4）。
- 当忽略域信息时，我们的机会约束的边界 p_{N}，其由保守易处理近似给定，如式（4.5.39）所示。
- 当我们使用域信息 $\operatorname{supp}\boldsymbol{\zeta}\subset U_\rho$ 时，由保守近似（4.5.39）给出边界 $p_{\mathrm{L}}(\rho)$ 和 $p_{\mathrm{Q}}(\rho)$。具体来说，在边界 $p_{\mathrm{L}}(\rho)$ 的情况下，根据线性不等式组 $-\rho\leqslant u_i\leqslant\rho$，$i=1,2,3$ 来表示 U_ρ；在边界 $p_{\mathrm{Q}}(\rho)$ 的情况下，根据二次不等式组 $u_i^2\leqslant\rho^2$，$i=1,2,3$ 来表示 U_ρ。

结果见表 4-4。从这个实验可以得出如下结论：

表 4-4　说明 A 的数值结果

	$\rho=1.000$	$\rho=1.509$	$\rho\geqslant 2.018$
p_{T}	0.2771		
p_{N}	0.2170		
$p_{\mathrm{L}}(\rho)$	<1.e-10	0.1876	0.2170
$p_{\mathrm{Q}}(\rho)$	0	0.1876	0.2170

- 即使在不使用域信息的情况下，近似方案（4.5.39）产生的边界明显优于切比雪夫不等式。
- $p_{\mathrm{L}}(\cdot)$ 和 $p_{\mathrm{Q}}(\cdot)$ 都足够智能，能够理解当 Π 与 U_ρ 不相交时，违反机会约束的概率为 0（见 $\rho=1$ 时发生的情况）。
- 随着 ρ 的增长，边界 $p_{\mathrm{L}}(\cdot)$ 和 $p_{\mathrm{Q}}(\cdot)$ 也在增长，最终稳定在“无域信息”边界 p_{N} 的水平上。

请注意，尽管我们有理由期望边界 $p_{\mathrm{Q}}(\cdot)$ 比 $p_{\mathrm{L}}(\cdot)$ 更好，但我们在实验中没有观察到这种现象。

说明 B　这里 $\boldsymbol{\zeta}$ 是二维的，且讨论的约束是线性的：$a+\boldsymbol{b}^{\mathrm{T}}\boldsymbol{u}\leqslant 0$。$\boldsymbol{\zeta}$ 的协方差矩阵是

$$\boldsymbol{V}=\begin{bmatrix}0.5 & 0\\ 0 & 0.5\end{bmatrix}$$

$U=U_\rho$ 是一个质心在原点的等边三角形，其中一个顶点在 $[\rho;0]$。这里在 $\rho\geqslant 1$ 的情况下，假设 $\operatorname{supp}\boldsymbol{\zeta}\subset U_\rho$ 与假设“$\boldsymbol{\zeta}$ 的均值是 0，并且 $\boldsymbol{\zeta}$ 的协方差矩阵是 $\boldsymbol{V}$”是相兼容的；实际上，$\boldsymbol{V}$ 就是 U_1 顶点上均匀分布的协方差矩阵。

我们选择了 a 和 $\boldsymbol{b}$，使半空间 $\Pi=\{\boldsymbol{u}:a+\boldsymbol{b}^{\mathrm{T}}\boldsymbol{u}>0\}$ 与 U_1 不相交，并与 $U_{1.1}$ 相交，将 $U_{1.1}$ 截断为图 4-6a 所示的小三角形。

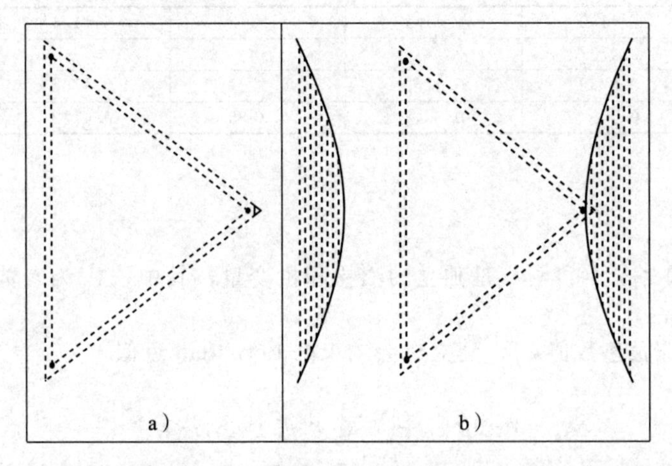

图 4-6　说明 B(a) 和说明 C(b) 的几何图。内部三角形：U_1；外部三角形：$U_{1.1}$

我们建立了与说明 A 中相同的 4 个边界，是关于我们的线性约束被违反的概率。当建立 $p_{\mathrm{L}}(\rho)$ 时，我们用 3 个线性不等式 $f_j^\rho(\boldsymbol{u})\leqslant 0$，$j=1,2,3$ 来自然描述三角形 U_ρ。当建立 $p_{\mathrm{Q}}(\rho)$ 时，我们用 3 个二次不等式 $g_j^\rho(\boldsymbol{u})\equiv f_j^\rho(\boldsymbol{u})(f_j^\rho(\boldsymbol{u})+\delta_j^\rho)\leqslant 0$ 表示 U_ρ，其中 δ_j^ρ 是由要求 $\min\limits_{\boldsymbol{u}\in U_\rho}(f_j^\rho(\boldsymbol{u})+\delta_j^\rho)=0$ 给定的。

我们的实验结果如表 4-5 所示。结果与说明 A 完全相同，再次观察：很容易看到，当 $\rho>1$ 时，我们的先验信息与只取 4 个值的 $\boldsymbol{\zeta}$ 的假设是相兼容的：对应于 U_ρ 顶点的 3 个值，这 3 个值中的每一个的概率都是 $1/(3\rho^2)$，且值为 0 的概率是 $1-\rho^{-2}$。由此可知，当 $\rho\geqslant 1.1$ 时，关于我们的随机扰动被违反的概率可高达 $1/(3\cdot 1.1^2)=0.2755$，因此我们的边界并不是那么糟糕。

表 4-5　说明 B 的数值结果

	$\rho=1.000$	$\rho\geqslant 1.1$
p_{T}	0.4535	
p_{N}	0.3120	
$p_{\mathrm{L}}(\rho)$	<1.e-10	0.3120
$p_{\mathrm{Q}}(\rho)$	0	0.3120

说明 C　这个实验的目的是证明，通过线性约束表示 U 到通过二次约束表示相同集合确实是有益的——我们在之前的两个实验中没有观察到这种现象。至于均值、协方差和 $\boldsymbol{\zeta}$ 的域信息，我们目前的设置与说明 B 完全相同。不同的是机会约束；现在是二次扰动约束

$$\mathrm{Prob}\{[\boldsymbol{\zeta};1]^{\mathrm{T}}\boldsymbol{Z}[\boldsymbol{W},\boldsymbol{w}][\boldsymbol{\zeta};1]\equiv\zeta_1^2-\zeta_2^2-1.05>0\}\leqslant\epsilon,[\boldsymbol{Z}[\boldsymbol{W},\boldsymbol{w}]=\mathrm{Diag}\{1,-1,-1.05\}]$$

在 $\boldsymbol{\zeta}$ 平面上违反约束的域 Π 是两个以双曲线为边界的两个域的并集（图 4-6b 上的虚线区域）。正如我们所见，这个域与三角形 U_1 不相交，而与三角形 $U_{1.1}$ 相交。我们建立了与说明 A，B 相同的边界，除了切比雪夫边界现在没有意义。结果见表 4-6。我们看到边界 $p_{\mathrm{Q}}(\cdot)$ 确实比边界 $p_{\mathrm{L}}(\cdot)$ 的保守性更小；特别地，这个边界仍然理解为当 Π 与 U_ρ 不相交时，我们的随机扰动约束被违反的概率是 0。

表 4-6　说明 C 的数值结果

	$\rho=1.0$	$\rho=1.1$	$\rho=1.2$	$\rho=1.4$	$\rho\geqslant 1.8$
p_N	0.4762				
$p_{\mathrm{L}}(\rho)$	0.4762	0.4762	0.4762	0.4762	0.4762
$p_{\mathrm{Q}}(\rho)$	0	0.3547	0.3996	0.4722	0.4762

4.6　练习

练习 4.1　设 ζ_ℓ，$1\leqslant\ell\leqslant L$ 是独立的泊松随机变量，其中，λ_ℓ 为参数，$\Big($例如，ζ_ℓ 取概率为 $\dfrac{\lambda_\ell^k}{k!}\mathrm{e}^{-\lambda_\ell}$ 的非负整数值 $k\Big)$。建立机会约束的 Bernstein 近似

$$\mathrm{Prob}\left\{z_0+\sum_{\ell=1}^{L}w_\ell\zeta_\ell\leqslant 0\right\}\geqslant 1-\epsilon$$

与定理 4.2.5 相关的不确定性集 $\mathcal{Z}_\epsilon$ 是什么？

练习 4.2　使用自动取款机的客户可以根据他们取出的现金量 c_ℓ 分为 L 组。每天类型为 ℓ 的客户数量是泊松随机变量 ζ_ℓ 的实现，其中，λ_ℓ 为参数，并且这些变量是相互独立的。为了保证服务水平为 $1-\epsilon$，那么早上在自动取款机装入的现金量 $w(\epsilon)$ 的最小值是多少？（即当日到达的客户并非都能得到服务的事件的概率应该小于 ϵ 吗？）

考虑以下情况

$$L=7,\quad c=[20;40;60;100;300;500;1000],\quad \lambda_\ell=1000/c_\ell$$

并且计算且比较以下量：

i）每天客户对现金需求的预期值。

ii）$w(\epsilon)$ 的真值及其 CVaR 的上界（利用 c_ℓ 的完整性来有效地计算这些量）。

iii）桥接 Bernstein-CVaR 和关于 $w(\epsilon)$ 的纯 Bernstein 上界。

iv）关于 $w(\epsilon)$ 的 $(1-\epsilon)$-可靠的经验上界建立在每天客户现金需求的 10 万个元素模拟样本上。

后一个量的定义如下。假设给定一个 N 个元素样本 $\{\eta_i\}_{i=1}^N$，它是关于随机变量 η 的独立实现，和给定一个容差 $\delta\in(0,1)$，我们想从样本中推断出关于 η 的上 ϵ分位数 $q_\epsilon=\min\{q:\text{Prob}\{\eta>q\}\leqslant\epsilon\}$ 的“$(1-\zeta)$-可靠”上界。我们很自然地以样本的 M 阶统计量 S_M 为边界（即样本的非降序重排中第 M 个元素），问题是，为了使 $S_M\geqslant q_\epsilon$且概率至少为 $1-\delta$，那么如何选择 M? 既然 $\text{Prob}\{\eta\geqslant q_\epsilon\}\geqslant\epsilon$，对于给定的 M，$S_M<q_\epsilon$表明在我们关于 η 的 N 个独立实现 η_i 的样本中，其中关系 $\{\eta_i\geqslant q_\epsilon\}$ 至多发生 $N-M$ 次，且这个事件的概率至多为 $p_M=\sum_{k=0}^{N-M}\binom{N}{k}\epsilon^k(1-\epsilon)^{N-k}$。由此可知，如果 M 使 $p_M\leqslant\delta$，则该事件发生的概率最大为 δ，即 S_M 是关于 q_ϵ的上界，且其概率至少为 $1-\delta$。因此，自然选择 M 作为小于或等于 N 的最小整数，使得 $p_M\leqslant\delta$。注意，这样的整数不一定存在，$p_N>\delta$ 可能已经发生，这意味着样本量 N 不足以建立关于 q_ϵ的一个 $(1-\delta)$-可靠上界。

对 $\epsilon=10^{-k}$，$1\leqslant k\leqslant 6$ 进行计算。[⊖]

练习 4.3　考虑与练习 4.2 相同的情况，唯一的区别是我们现在假设泊松随机变量 ζ_ℓ 不独立，不对它们之间的关系做任何假设。现在，保证服务水平为 $1-\epsilon$的自助取款机的最小“现金装入”量是关于“模糊机会约束”问题的最优值 $\hat{w}(\epsilon)$，其中问题为

$$\min\left\{w_0:\underset{\zeta\sim P}{\text{Prob}}\left\{\sum_\ell c_\ell\zeta_\ell\leqslant w_0\right\}\geqslant 1-\epsilon,\forall P\in\mathcal{P}\right\}$$

其中，$\mathcal{P}$ 是 $\mathbb{R}^L$ 上的所有分布 P 的集合，且让关于参数 $\lambda_1,\cdots,\lambda_L$ 的泊松分布作为边际。

由哪一个边际可以让 $\hat{w}(\epsilon)$ 比 $w(\epsilon)$ 更大？为了检验你的直觉，使用与练习 4.2 相同的数据计算：

（1）由定理 4.5.1 给定的关于 $\hat{w}(\epsilon)$ 的上界；

（2）关于 $\hat{w}(\epsilon)$ 的下界，其与 $\zeta_1,\cdots,\zeta_L$ 是共单调的情况相对应（换句话说，是在 $[0,1]$ 上均匀分布的相同随机变量 η 的确定性非递减函数）。

对 $\epsilon=10^{-k}$，$1\leqslant k\leqslant 6$ 进行计算。

练习 4.4.（1）考虑与练习 4.2 相同的情况，但假设已知非负向量 $\boldsymbol{\lambda}=[\lambda_1;\cdots;\lambda_L]$ 属于一个给定的凸紧集 $\Lambda\subset\{\boldsymbol{\lambda}\geqslant 0\}$。证明

$$B_\Lambda(\epsilon)=\max_{\boldsymbol{\lambda}\in\Lambda}\inf\left\{w_0:\inf_{\beta>0}\left[-w_0+\beta\sum_\ell\lambda_\ell(\exp\{c_\ell/\beta\}-1)-\beta\ln(1/\epsilon)\right]\leqslant 0\right\}$$

有

$$\forall\boldsymbol{\lambda}\in\Lambda:\underset{\zeta\sim P_{\lambda_1}\times\cdots\times P_{\lambda_L}}{\text{Prob}}\left\{\sum_\ell c_\ell\zeta_\ell>B_\Lambda(\epsilon)\right\}\leqslant\epsilon$$

其中 P_μ 是参数为 μ 的泊松分布。换句话说，无论不同类型的客户（彼此独立）的泊松参数向量 $\boldsymbol{\lambda}\in\Lambda$ 如何，初始量 $B_\Lambda(\epsilon)$ 美元就足以保证服务水平为 $1-\epsilon$。

（2）在（1）中，我们考虑了 $\boldsymbol{\lambda}$ 在给定的“不确定性集”Λ 中的情况，我们希望服务水平至少是 $1-\epsilon$，无论是 $\boldsymbol{\lambda}\in\Lambda$。现在考虑这样一种情况，当我们在服务水平上施加一个机会约束时，具体地说，根据非负正交的某个分布 P，假设 $\boldsymbol{\lambda}$ 是每天早上随机挑选的，且我们想要找到一个永远固定的自动取款机早上现金量 w_0，使得这样一天是“糟糕的”（即这天的服务水平下降到低于期望的水平 $1-\epsilon$），其概率最多是给定的 $\delta\in(0,1)$。现在考虑

⊖ 当然，在我们的自动取款机实例中，0.001 及以下的 ϵ值是没有意义的。好吧，你可以考虑一个急救中心和要求输血的例子，而不是自动取款机和美元。

机会约束

$$\underset{\boldsymbol{\lambda}\sim P}{\operatorname{Prob}}\left\{z_0+\sum_{\ell}\lambda_\ell z_\ell>0\right\}\leqslant\delta$$

其中变量为 $z_0,\cdots,z_L$，且假设在处理中，我们有一个这个约束的鲁棒对等保守凸近似，即，我们知道一个凸紧集 $\Lambda\subset\{\boldsymbol{\lambda}\geqslant\mathbf{0}\}$，使得

$$\forall(z_0,\cdots,z_L):z_0+\max_{\boldsymbol{\lambda}\in\Lambda}\sum_{\ell}\lambda_\ell z_\ell\leqslant 0\Rightarrow\underset{\boldsymbol{\lambda}\sim P}{\operatorname{Prob}}\left\{z_0+\sum_{\ell}\lambda_\ell z_\ell>0\right\}\leqslant\delta$$

证明通过早上在自动取款机上装入 $B_\Lambda(\boldsymbol{\epsilon})$ 美元，保证了某一天糟糕的概率小于或等于 δ。

4.6.1　混合不确定性模型

为了进行接下来的内容，让我们重新审视投资组合选择问题（例 2.3.6）。根据我们的分析，(2.3.16) 的最优解给出的投资组合的年收益率 R 小于 1.12 的概率小于或等于 0.005。将常数 $3.255=\sqrt{2\ln(1/0.005)}$ 替换为 $4.799=\sqrt{2\ln(1/1.\text{e-}5)}$，可以得到一个类似的结论，即最优组合的收益率小于 1.0711 的概率小于 1.e-5。现在问问你自己，在现实生活中，你是否真的会以 100000：1 的概率去赌后一个投资组合的收益率至少是 1.0711。我们认为，经过仔细观察，这样的打赌会有一定的风险，尽管所讨论的结论在理论上是可靠的。原因是，为了让我们的结论适用于现实生活的投资组合，结论背后的不确定性随机模型描述资产“现实生活”的收益应该相当好，所以我们可以相信它，即使它预测“感兴趣的事件”发生的概率小于 1.e-5。常识告诉我们，就一个真实的市场而言，这样一个精确的模型是毫无疑问的。例如，假设收益的“真实”模型是这样的：在一年的开始，“自然”抛硬币，并根据结果，决定我们 199 个市场资产的收益在这一年是否会是 $\mu_\ell+\sigma_\ell\zeta_\ell$，其中 $\zeta_1,\cdots,\zeta_{199}$ 独立取值 ±1（这样的决策是自然做出的，概率为 0.99），或全部 $\zeta_1,\cdots,\zeta_{199}$ 的值是相等的且取值 ±1 的概率相等（这个决策是自然做出的，概率为 0.01）。实验表明，在这种新的收益分布下，与旧（“名义上”）不确定性模型相关联的投资组合的收益小于 1.05（即小于银行保证的收益）的概率约为 5.e-3，比名义上不确定性模型承诺的 1.e-5 的概率大 500 倍！当然，现有的市场数据不允许人们可靠地区分这两种模型。事实上，从市场数据中得出的唯一看似可靠的结论是，在现实生活中，几乎不存在一个“易于处理的”概率模型，能够可靠地预测 0.001 或更低的概率。在不确定条件下的优化中，一个类似的结论基本适用于所有的概率不确定性模型，尽管在某些情况下（例如，在信号处理中），“可预测性的范围”可能包括像 1.e-5 到 1.e-6 这样的概率。因此，在不确定条件下的实际优化应用中，通常会遇到如下困境：一方面，数据扰动的不确定但有界模型允许可靠地免疫解以对抗期望量级的数据扰动，但当不确定性是随机性质时，似乎过于保守。另一方面，现实生活中可用的随机不确定性模型通常不够精确，无法可靠地确保“坏事”发生的概率低至 1.e-5 甚至更低[㊀]。上述困境的一种可能的解决办法是综合上述两种不确定性模型，具体地说，利用组合的不确定性模型，模型如下：实际扰动 $\boldsymbol{\zeta}$ 形如 $\boldsymbol{\zeta}=\boldsymbol{\xi}+\boldsymbol{\eta}$，其中 $\boldsymbol{\xi}$ 是一个“确定的”扰动，已知它属于一个给定的扰动集 $\mathcal{Z}_\xi$，$\boldsymbol{\eta}$ 为随机扰动，其中已知其分布属于给定族 $\mathcal{P}$。例如，我们可以假设市场投资的收益率 r_ℓ 的向量 $\boldsymbol{r}$ 是随机向量 $\boldsymbol{\eta}$ 的和，其独立坐标分布在给定的区间 $[\mu_\ell-\sigma_\ell,\mu_\ell+\sigma_\ell]$ 内，且 $\mu_\ell=E\{\eta_\ell\}$，并有一个确

㊀ 请注意，虽然真正低的概率对金融没有实际的兴趣，但在许多其他应用中，是必须的，想想你对汽车转向装置或你正在登机的飞机可靠性的期望。

定性向量 $\boldsymbol{\xi}$，其中 $|\xi_\ell|\leqslant\alpha\sigma_\ell,\alpha\ll1$（即 $\alpha=0.1$）。第一个分量表示资产收益中的“内部噪声”，而第二个分量解释了估计平均收益中不可避免的误差，收益之间的资产间小依赖性等。由于在我们的例子中，$\boldsymbol{\xi}$ 项的大小显著小于 $\boldsymbol{\eta}$ 项的大小，这个不确定性模型本质上比在 r 上的唯一信息更不保守，r 是收益的范围（在我们的例子中，r_ℓ 的范围是 $[\mu_\ell-(1+\alpha)\sigma_\ell,\mu_\ell+(1+\alpha)\sigma_\ell]$）；同时，正如我们所提到的，它允许在一定程度上解释“纯随机”不确定性模型的不准确性。

为了利用 LO 中的不确定性组合模型，我们应该定义受这种不确定性影响的线性约束的“保守”版本的概念，即约束

$$\left[\boldsymbol{a}^0+\sum_{\ell=1}^{L}[\xi_\ell+\eta_\ell]\boldsymbol{a}^\ell\right]^{\mathrm{T}}\boldsymbol{x}\leqslant b^0+\sum_{\ell=1}^{L}[\xi_\ell+\eta_\ell]b^\ell$$

$$[\boldsymbol{\xi}\in\mathcal{Z}_\xi,\boldsymbol{\eta}\sim P\in\mathcal{P}]\tag{4.6.1}$$

最自然的答案是将不确定约束（4.6.1）与它的“机会约束版本”联系起来。

$$(\forall\boldsymbol{\xi}\in\mathcal{Z}_\xi,P\in\mathcal{P}):$$

$$\mathop{\mathrm{Prob}}_{\boldsymbol{\eta}\sim P}\left\{\left[\boldsymbol{a}^0+\sum_{\ell=1}^{L}[\xi_\ell+\eta_\ell]\boldsymbol{a}^\ell\right]^{\mathrm{T}}\boldsymbol{x}\leqslant b^0+\sum_{\ell=1}^{L}[\xi_\ell+\eta_\ell]b^\ell\right\}\geqslant1-\epsilon\tag{4.6.2}$$

其中，$\epsilon<1$ 是一个给定的容差。注意当 $\mathcal{Z}_\xi=\{\mathbf{0}\}$ 时，该定义恢复了式（4.6.1）的机会约束版本。相反的极端——$\mathcal{P}$ 包含一个平凡分布（原点质量为 1）并且 $\mathcal{Z}_\xi$ 是非平凡的，$\mathcal{Z}_\xi$ 在扰动集的作用下恢复了式（4.6.1）的 RC。

在不确定约束的“保守版本”概念被定义之后，首要的问题是如何处理这个保守版本。下一个练习演示了通过结合易处理 RC 和构建“普通”机会约束的保守易处理近似的技术来做到这一点。

练习 4.5　证明以下事实。

定理 4.6.1　*考虑不确定约束（4.6.1），并假设集合 $\mathcal{Z}_\xi$ 具有严格可行的锥二次表示（参见定理 1.3.4）：*

$$\mathcal{Z}_\xi=\{\boldsymbol{\xi}:\exists\boldsymbol{u}:\boldsymbol{P}\boldsymbol{\xi}+\boldsymbol{Q}\boldsymbol{u}+\boldsymbol{p}\in K\}$$

（当 K 为多面体锥时，严格的可行性可简化为可行性）。让我们进一步讨论与 $\mathcal{P}$ 相关联的模糊机会约束

$$\forall(P\in\mathcal{P}):\mathop{\mathrm{Prob}}_{\boldsymbol{\eta}\sim P}\left\{\left[\boldsymbol{a}^0+\sum_{\ell=1}^{L}\eta_\ell\boldsymbol{a}^\ell\right]^{\mathrm{T}}\boldsymbol{x}\leqslant b^0+\sum_{\ell=1}^{L}\eta_\ell b^\ell\right\}\geqslant1-\epsilon$$

（4.6.1）允许一个保守易处理的鲁棒对等近似，即，我们可以指出一个可计算的且易处理的凸紧集 $\mathcal{Z}_{\boldsymbol{\eta}}^{\epsilon}$ 使得 $f(\boldsymbol{z})=\max\limits_{\boldsymbol{\eta}\in\mathcal{Z}_{\boldsymbol{\eta}}^{\epsilon}}\sum\limits_{\ell=1}^{L}\eta_\ell z_\ell$，言外之意，

$$\forall(z_0,\boldsymbol{z}):z_0+f(\boldsymbol{z})\leqslant0\Rightarrow\forall(P\in\mathcal{P}):\mathop{\mathrm{Prob}}_{\boldsymbol{\eta}\sim P}\left\{z_0+\sum_{\ell=1}^{L}\zeta_\ell z_\ell\leqslant0\right\}\geqslant1-\epsilon\tag{4.6.3}$$

是正确的（参见命题 4.1.3）。然后给出了显式凸约束组

$$\begin{aligned}&(a)\quad \boldsymbol{p}^{\mathrm{T}}\boldsymbol{y}+[\boldsymbol{a}^0]^{\mathrm{T}}\boldsymbol{x}-b_0\leqslant t,\\&(b)\quad \boldsymbol{Q}^{\mathrm{T}}\boldsymbol{y}=\mathbf{0},\\&(c)\quad (\boldsymbol{P}^{\mathrm{T}}\boldsymbol{y})_\ell+[\boldsymbol{a}^\ell]^{\mathrm{T}}\boldsymbol{x}=b^\ell,\ell=1,\cdots,L,\\&(d)\quad \boldsymbol{y}\in K_*\equiv\{\boldsymbol{y}:\boldsymbol{y}^{\mathrm{T}}\boldsymbol{z}\geqslant0,\forall\boldsymbol{z}\in K\},\\&(e)\quad t+f([\boldsymbol{a}^1]^{\mathrm{T}}\boldsymbol{x}-b^1,\cdots,[\boldsymbol{a}^L]^{\mathrm{T}}\boldsymbol{x}-b^\ell)\leqslant0\end{aligned}\tag{4.6.4}$$

其中变量 $\boldsymbol{x},\boldsymbol{y},t$ 是（4.6.2）的保守易处理近似：当 $\boldsymbol{x}$ 可以扩展为这个组的解时，$\boldsymbol{x}$ 对于

式（4.6.2）是可行的。

因此，在本章和第 2 章中用于建立保守易处理的机会约束近似的所有技术都可以用来有效地处理具有组合不确定性的线性约束的保守版本。

混合不确定性模型：说明。下一个练习的目的是在以下情况下（过于简化，但仍然具有指导意义）使用混合不确定性模型进行实验（参见例 2.3.6）。

投资组合选择的再现：有 n 份资产；第 1 份资产（“保守的钱”）具有确定的年收益率 $\zeta_1\equiv 1$，且其余资产具有独立的高斯年收益率 $\zeta_\ell\sim\mathcal{N}(\mu_\ell,\sigma_\ell^2)$，$2\leqslant\ell\leqslant n$。设 $\mu_1=1$，$\sigma_1=0$，则所有 n 份资产的收益率都是独立的高斯随机变量。我们进一步假设对于所有的 ℓ，方差 σ_ℓ^2 是已知的，当 $\ell\geqslant 2$ 时，方差是正的；不失一般性，我们可以假设 $0=\sigma_1<\sigma_2\leqslant\cdots\leqslant\sigma_n$。事先不知道预期的收益率 μ_ℓ，$\ell\geqslant 2$；唯一相关的信息是“历史数据”——关于年收益率的 N 个独立实现向量的样本 $\boldsymbol{\zeta}^1,\cdots,\boldsymbol{\zeta}^N$。给出一个风险等级 $\epsilon\in(0,1)$，我们的目标是在资产中分配 1 美元，以使一年后产生的投资组合的风险价值最大化。

我们的目标的精确表述如下。一个投资组合可以被识别为来自标准单纯形 $\Delta_n:\left\{\boldsymbol{x}\in\mathbb{R}^n:\boldsymbol{x}\geqslant 0,\sum_\ell x_\ell=1\right\}$ 的向量 $\boldsymbol{x}=[x_1;\cdots;x_n]$；$x_\ell$ 为投资于第 i 份资产的资本。一年后我们投资组合的价值就是随机变量

$$V^x=\sum_{\ell=1}^n\zeta_\ell x_\ell=\underbrace{\sum_{\ell=1}^n\mu_\ell x_\ell}_{\mu(\boldsymbol{x})}+\underbrace{\sqrt{\sum_{\ell=1}^n\sigma_\ell^2x_\ell^2}}_{\sigma(\boldsymbol{x})}\xi,\quad[\xi\sim\mathcal{N}(0,1)]$$

一个随机变量 η 的风险值 ϵ 记为 $\mathrm{VaR}_\epsilon[\eta]$，是这个变量的（下）$\epsilon$ 分位数——最大的实数 a 使得 $\mathrm{Prob}\{\eta<a\}\leqslant\epsilon$；对于高斯随机变量 V^x，我们有 $\mathrm{VaR}[V^x]=\mu(\boldsymbol{x})-\mathrm{ErfInv}(\epsilon)\cdot\sigma(\boldsymbol{x})$，所以我们的理想目标是解决优化问题

$$\mathrm{Opt}=\max_{\boldsymbol{x}}\left\{\sum_{\ell=1}^n\mu_\ell x_\ell-\mathrm{ErfInv}(\epsilon)\sigma(\boldsymbol{x}):\boldsymbol{x}\in\Delta_n\right\}\tag{4.6.5}$$

这个目标确实是一个理想的目标，因为我们不知道应该最大化的目标是什么，因为系数 μ_ℓ 并不完全已知。此外，除了对于所有的 ℓ 都有 $\sigma_\ell=0$ 的情况，我们不能以 100% 的可靠性将 $\boldsymbol{\mu}=[\mu_1;\cdots;\mu_n]$ 定位在一个任意大但有界的集合中。因此，我们唯一能保证 $\mathrm{VaR}[V^x]$ 具有有限下界的投资组合 $\boldsymbol{x}$ 是平凡的投资组合 $x_1=1,x_2=\cdots=x_n=0$。为了允许选择非平凡的投资组合，我们应该将“100% 可靠”的保证替换为“$(1-\delta)$-可靠”的保证。因此，假设给定一个容差 δ，$0<\delta\ll 1$，并想找到一个程序，即给定输入随机历史数据 $\widetilde{\boldsymbol{\zeta}}=[\boldsymbol{\zeta}^1;\cdots;\boldsymbol{\zeta}^N]$，将这些数据转换成一个投资组合 $\boldsymbol{x}=X(\widetilde{\boldsymbol{\zeta}})$，且在 $\mathrm{VaR}_\epsilon[V^x]$ 上给定一个猜测的下界 $\mathrm{VaR}=\mathrm{VaR}(\widetilde{\boldsymbol{\zeta}})$，这实际上是 $\mathrm{VaR}_\epsilon[V^x]$ 上真正的下限且其概率大于或等于 $1-\delta$：

$$\mathrm{Prob}\{\mathrm{VaR}(\widetilde{\boldsymbol{\zeta}})\leqslant\boldsymbol{\mu}^{\mathrm{T}}X(\widetilde{\boldsymbol{\zeta}})-\mathrm{ErfInv}(\epsilon)\sigma(X(\widetilde{\boldsymbol{\zeta}}))\}\geqslant 1-\epsilon\tag{4.6.6}$$

无论 $\mu_1=1$ 的期望收益的真实向量 $\boldsymbol{\mu}$ 为多少。在这种限制下，我们希望 $\mathrm{VaR}(\widetilde{\boldsymbol{\zeta}})$ 的“典型”值尽可能大。后者的非正式目标可以形式化为 $\mathrm{VaR}(\widetilde{\boldsymbol{\zeta}})$ 的期望值的最大值，通过对 $\mathrm{VaR}(\widetilde{\boldsymbol{\zeta}})$ 上施加一个机会约束下界，并最大化这个界，等等。无论什么形式，由此产生的问题似乎在计算上非常棘手；实际上，约束（4.6.6）似乎已经出现了一个灾难性的问题——这是决策规则中的半无限机会约束。无论如何，在给定的标准下，有一些方法即使

不是最优的，也能得到有效的解，且至少是可行的解，我们将考虑其中几种方法。接下来练习的目标是对建议的方法进行数值研究，以下是三个推荐的数据集：

类型	n	δ	ϵ	$\mu_\ell,\ell\geqslant 2(\mu_1=1)$	$\sigma_\ell,\ell\geqslant 2(\sigma_1=0)$	N
(a)	500	0.01	0.01	$1+0.1\frac{\ell-1}{n-1}$	$0.21\frac{\ell-1}{n-1}$	40
(b)	500	0.01	0.01	$\begin{cases}1, & \ell<n\\ 1.1, & \ell=n\end{cases}$	$0.02,\ 2\leqslant\ell\leqslant n$	40
(c)	200	0.01	0.01	$1+0.1\frac{\ell-1}{n-1}$	$0.3\sqrt{\frac{\ell-1}{n-1}}$	100

(4.6.7)

这些数据集包括 μ_ℓ 的真实值；这些值并不用于我们将要考虑的投资组合选择程序，但可以在通过模拟评估这些程序时使用。注意，在我们的数据下，所有市场资产的预期大于或等于“资金保守”政策保证的收益率 $\mu=1$，且我们的数据具有自然属性，即前景越大（μ_ℓ 越大），风险越大（σ_ℓ 越大）。

练习 4.6　求式（4.6.5）的真正最优解，其对应于（4.6.7.$a\sim c$）中的每一个数据集。

RC 近似：策略。用 RC 近似，

- 在 μ 的空间内，我们使用历史数据集 $\widetilde{\boldsymbol{\zeta}}$ 去建立一个集合 $\mathcal{M}=\mathcal{M}(\widetilde{\boldsymbol{\zeta}})$，在这样的方式中，无论 $\mu_1=1$ 的期望收益的真实向量 $\boldsymbol{\mu}$ 为多少，$\mathcal{M}$ 包含 $\boldsymbol{\mu}$ 的下界的概率至少为 $1-\delta$：

$$\forall(\boldsymbol{\mu}:\mu_1=1):\operatorname*{Prob}_{\boldsymbol{\mu}}\{\exists\overline{\boldsymbol{\mu}}\in\mathcal{M}(\overline{\boldsymbol{\zeta}}):\overline{\boldsymbol{\mu}}\leqslant\boldsymbol{\mu}\}\geqslant 1-\delta \tag{4.6.8}$$

  其中$\operatorname*{Prob}_{\boldsymbol{\mu}}$ 是与 $\boldsymbol{\mu}$ 相关的历史数据分布的概率（即分布 $\boldsymbol{\zeta}^i\sim\mathcal{N}(\boldsymbol{\mu},\mathrm{Diag}\{\sigma_1^2,\cdots,\sigma_n^2\})$，$\boldsymbol{\zeta}^1,\cdots,\boldsymbol{\zeta}^N$ 是独立的）。

- 在构建 $\mathcal{M}$ 之后，我们将式（4.6.5）作为一个不确定优化问题处理，其中唯一的不确定数据为 $\boldsymbol{\mu}$，不确定性集为 $\mathcal{M}$。我们求解这个不确定问题的 RC，将鲁棒最优解作为推荐投资组合 $\boldsymbol{x}=X(\widetilde{\boldsymbol{\zeta}})$，并将鲁棒最优值作为猜测 $\mathrm{VaR}(\widetilde{\boldsymbol{\zeta}})$。

练习 4.7　证明 RC 近似是保守的——它真正保证了（4.6.6）。

RC 近似：实施。刚才概述的策略的实施取决于我们如何选择集合 $\mathcal{M}$。为了简单起见，假设我们选择这个集合为

$$\mathcal{M}(\widetilde{\boldsymbol{\zeta}})=\hat{\boldsymbol{\mu}}+\mathcal{O} \tag{4.6.9}$$

其中 $\mathcal{O}$ 是确定性凸体且 $\hat{\mu}$ 是历史数据给出的经验预期收益率：

$$\hat{\boldsymbol{\mu}}=\frac{1}{N}\sum_{t=1}^{N}\boldsymbol{\zeta}^t=\boldsymbol{\mu}+\underbrace{[\mathrm{Diag}\{\sigma\}N^{-1/2}]}_{\boldsymbol{\Sigma}}\boldsymbol{\eta},\boldsymbol{\eta}\sim\mathcal{N}(\mathbf{0},\boldsymbol{I}_n)$$

练习 4.8　为了证明随机集合（4.6.9）满足（4.6.8）的要求，它满足

$$\operatorname*{Prob}_{\boldsymbol{\eta}\sim\mathcal{N}(\mathbf{0},\boldsymbol{I}_n)}\{-\boldsymbol{\Sigma\eta}\in\mathcal{O}+\mathbb{R}_+^n\}\geqslant 1-\delta \tag{4.6.10}$$

我们坚持带有 $\mathcal{O}$ 的集合（4.6.9）满足式（4.6.10）。这仍然留给我们“数不清的”选择。我们从最简单的开始，具体如下。

球：$\mathcal{O}=\boldsymbol{\Sigma}B_x^{\rho_2}$，其中 $B_x^{\rho_2}=\{\boldsymbol{u}\in\mathbb{R}^n:\boldsymbol{u}\leqslant 0,\|\boldsymbol{u}\|_2\leqslant\rho_2\}$，且 ρ_2 使得

$$\operatorname*{Prob}_{\boldsymbol{\eta}\sim\mathcal{N}(\mathbf{0},\boldsymbol{I}_n)}\{-\boldsymbol{\eta}\in B_x^{\rho_2}+\mathbb{R}_+^n\}\geqslant 1-\delta \tag{4.6.11}$$

注意，我们对尽可能小的 ρ_2 感兴趣，因为 $\mathcal{O}$ 越小，与不确定性集（4.6.9）相关的 RC 越保守。

盒：$\mathcal{O}=\boldsymbol{\Sigma}B_{\infty}^{\rho_\infty}$，其中 $B_{\infty}^{\rho_\infty}=\{\boldsymbol{u}\in\mathbb{R}^n:\boldsymbol{u}\leqslant 0,\|\boldsymbol{u}\|_\infty\leqslant\rho_\infty\}$，且 ρ_∞ 使得

$$\underset{\boldsymbol{\eta}\sim\mathcal{N}(\mathbf{0},\boldsymbol{I}_n)}{\text{Prob}}\{-\boldsymbol{\eta}\in B_{\infty}^{\rho_\infty}+\mathbb{R}_+^n\}\geqslant 1-\delta \tag{4.6.12}$$

练习 4.9　(1) 证明与关于 $\mathcal{O}$ 的球和盒选择相关的 RC 分别是优化问题

$$\max_{\boldsymbol{x}}\left\{\sum_{\ell=1}^n\hat{\mu}_\ell x_\ell-[\rho_2 N^{-1/2}+\text{ErfInv}(\epsilon)]\sigma(\boldsymbol{x}):\boldsymbol{x}\in\Delta_n\right\} \tag{Bl}$$

和

$$\max_{\boldsymbol{x}}\left\{\sum_{\ell=1}^n[\hat{\mu}_\ell-\rho_\infty N^{-1/2}\sigma_\ell]x_\ell-\text{ErfInv}(\epsilon)\sigma(\boldsymbol{x}):\boldsymbol{x}\in\Delta_n\right\} \tag{Bx}$$

(2) 找到一种对上述 ρ_2 和 ρ_∞ 进行限定的方法。

提示：将 ρ_2 进行限定，可以使用 Bernstein 近似方案。

(3) 使用 (2) 中的边界来实现 RC 方法，并在数据集（4.6.7.a～c）上测试它。将这些结果相互比较，并与练习 4.6 产生的“理想结果”进行比较。可能提前说哪个更好——关于 $\mathcal{O}$ 的球还是盒的选择？困难从何而来？

提示：证明满足（4.6.11）的最小的 $\rho_2=\rho_2(n,\delta)$，将其作为随 n 增长的函数，其表示为 $O(\sqrt{n})$，其中满足（4.6.12）的最小的 $\rho_\infty=\rho_\infty(n,\delta)$ 是 $O(\sqrt{\ln(n/\delta)})$。

(4) 将球和盒的 RC 近似结合成一个单一的 RC 近似，可以证明这和球和盒的近似几乎一样好。对数据集（4.6.7.a～c）实现这个近似，并将结果与纯球和盒的 RC 近似的结果进行比较。

提示：令 $\mathcal{O}=\boldsymbol{\Sigma}(B_2^{\rho_2}\cap B_{\infty}^{\rho_\infty})$，其中 ρ_2 和 ρ_∞ 满足带有 δ 而不是 $\delta/2$ 的各自关系式（4.6.11），（4.6.12）。

练习 4.10　考虑下面的“软”RC 近似。对于给定的投资组合 $\boldsymbol{x}\in\Delta_n$，其“真实的”预期收益 $\boldsymbol{\mu}^{\mathrm{T}}\boldsymbol{x}$ 与预期收益的估计值 $\hat{\boldsymbol{\mu}}^{\mathrm{T}}\boldsymbol{x}$ 之间的差值是一个均值为零，方差为 $N^{-1}\sigma^2(\boldsymbol{x})$ 的高斯随机变量。因此，随机量 $\hat{\boldsymbol{\mu}}^{\mathrm{T}}\boldsymbol{x}-\text{ErfInv}(\delta)N^{-1/2}\sigma(\boldsymbol{x})$ 是真实预期收益 $\boldsymbol{\mu}^{\mathrm{T}}\boldsymbol{x}$ 的下限，其概率大于或等于 $1-\delta$。给出这个观察结果，让我们用随机问题来近似（4.6.5）关心的问题，其中随机问题为

$$\text{VaR}=\max_{\boldsymbol{x}}\left\{\sum_{\ell=1}^n\hat{\mu}_\ell x_\ell-\text{ErfInv}(\delta)N^{-1/2}\sigma(\boldsymbol{x})-\text{ErfInv}(\epsilon)\sigma(\boldsymbol{x}):\boldsymbol{x}\in\Delta_n\right\} \tag{4.6.13}$$

其目标被低估了且概率为 $1-\delta$，“真实”问题的目标是

(1) 刚刚概述的“软”RC 近似是否保守，即，取问题的最优值作为 $\text{VaR}=\text{VaR}(\boldsymbol{\zeta})$，最优解作为 $X(\widetilde{\boldsymbol{\zeta}})$，我们是否能保证式（4.6.6）的有效性？

(2) 实现软 RC 近似，并使用数据集（4.6.7），有经验地求 VaR，$\boldsymbol{X}$ 违反关系 $\text{VaR}\leqslant\boldsymbol{\mu}^{\mathrm{T}}\boldsymbol{X}-\text{ErfInv}(\epsilon)\sigma(\boldsymbol{X})$ 的概率。

修正一个软 RC 近似。现在考虑如下的概念性的近似。

- 我们预先确定了一个“基本投资组合”$\boldsymbol{x}^1,\cdots,\boldsymbol{x}^M\in\Delta_n$ 的有限数 M。
- 考虑到经验平均收益率 $\hat{\boldsymbol{\mu}}$，我们建立基本投资组合 $\boldsymbol{x}^i,i=1,\cdots,M$ 期望收益的下界 L^i，使得无论 $\mu_1=1$ 的期望收益的真实向量 $\boldsymbol{\mu}$ 为多少，我们有

$$\text{Prob}\{L^i\leqslant\boldsymbol{\mu}^{\mathrm{T}}\boldsymbol{x}^i,1\leqslant i\leqslant M\}\geqslant 1-\delta \tag{4.6.14}$$

确保此关系的最简单方法是设置

$$L^i=\hat{\boldsymbol{\mu}}^{\mathrm{T}}\boldsymbol{x}^i-\text{ErfInv}(\delta/M)N^{-1/2}\sigma(\boldsymbol{x}^i) \tag{4.6.15}$$

- 现在我们将自己限制在基本凸组合的投资组合中，凸组合为

$$\boldsymbol{x}=x(\boldsymbol{\lambda})=\sum_{i=1}^{M}\lambda_i\boldsymbol{x}^i,\quad \left[\boldsymbol{\lambda}\geqslant\boldsymbol{0},\sum_i\lambda_i=1\right]$$

估计这样一个投资组合的预期收益为

$$L(\boldsymbol{\lambda})=\sum_{i=1}^{M}\lambda_iL^i$$

且寻找具有最大可能估计 VaR_ϵ 的投资组合。即解最优问题

$$\lambda_*\in\underset{\boldsymbol{\lambda}}{\operatorname{argmin}}\left\{f(\boldsymbol{\lambda})=L(\boldsymbol{\lambda})-\mathrm{ErfInv}(\epsilon)\sigma(x(\boldsymbol{\lambda})):\boldsymbol{\lambda}\geqslant\boldsymbol{0},\sum_i\lambda_i=1\right\}\tag{4.6.16}$$

并且让 $x(\lambda_*)$ 作为产生的投资组合，$f(\lambda_*)$ 作为 $\mathrm{VaR}_\epsilon[x(\lambda_*)]$ 上的猜测下界 VaR 。

练习 4.11　(1) 证明概述的近似是保守的，因此，产生的投资组合和其风险值的猜测下界确实满足式 (4.6.6)。

(2) 验证当 $M=n$，$\boldsymbol{x}^1,\cdots,\boldsymbol{x}^n$ 是在 $\mathbb{R}^n$ 上的标准正交基时，概述的近似不过是盒 RC 近似。使用更丰富的基本投资组合有意义吗？使用这种类型的“非常大的”集合有意义吗？

(3) 当我们使用 $M=2n$ 个基本的投资组合，即 n 个投资组合和 n 个标准正交基

$$\boldsymbol{x}^{(k)}:x_\ell^{(k)}=\begin{cases}0, & \ell<k\\ \dfrac{1}{n-k+1}, & k\leqslant\ell\leqslant n\end{cases},k=1,\cdots,n$$

那么会发生什么呢？使用数据集 (4.6.7)，并将结果与我们考虑过的其他近似方法所产生的结果进行比较。

4.7　备注

备注 4.1　Bernstein 近似方案 (4.2 节) 可追溯到 J. Pinter[92]，其中，“尺度”参数 (命题 4.2.2 中的参数 β) 被认为是一个选定的先验常数，而不是边界程序的可调参数。文献 [83] 中提出了 4.2 节中介绍的 Bernstein 近似方案的高级形式。后一篇论文表明了 4.3 节的结果 (除了与 Bernstein-CVaR 近似桥接的有关结果；这些结果是新的)。

备注 4.2　4.4 节中考虑的单调优势是一阶随机优势的对称版本，其在计量经济学 [47，60，101，102] 中被研究。这一节的主要结果是定理 4.4.6，虽然与 Barmish 和 Lagoa[1] 的一致性原则很接近，但它似乎是新的；请注意，一致性原则是这个定理和例 4.4.3 的直接结果。

备注 4.3　隐含在 4.5 节发展基础上的拉格朗日松弛思想现在已经相当标准了，它是关于“难以计算”优化相关量 (例如，NP 难组合问题的最优值) 的有效可计算边界的最强大来源之一 (如果不是最强大的来源)。4.5.5 节中的发展可以追溯到文献 [26，27]，且都是基于拉格朗日松弛的具体实现，所谓的半定松弛方案可以追溯到 Naum Shor 和 Laslo Lovacz ㊀。

㊀ 在文献 [8，第 4 章] 和文献 [33] 中，可以找到半定松弛方案的更详细的介绍，以及许多其他来源。

第二部分

Robust Optimization

鲁棒锥优化

第5章 不确定锥优化：概念

在这一章中，我们将 RO 方法应用到非线性凸优化问题中，特别是锥优化问题。

5.1 不确定锥优化：初步研究

5.1.1 锥规划

一个锥优化（CO）问题（也被称作锥规划问题）的形式为

$$\min_{\boldsymbol{x}}\{\boldsymbol{c}^{\mathrm{T}}\boldsymbol{x}+d:\boldsymbol{A}\boldsymbol{x}-\boldsymbol{b}\in K\} \tag{5.1.1}$$

其中，$\boldsymbol{x}\in\mathbb{R}^n$ 是一个决策向量，$K\subset\mathbb{R}^m$ 是一个具有非空内部的闭尖凸锥，$\boldsymbol{x}\mapsto\boldsymbol{A}\boldsymbol{x}-\boldsymbol{b}$ 是一个给定的从 $\mathbb{R}^n$ 到 $\mathbb{R}^m$ 的仿射映射。锥公式是凸规划问题的一种普遍形式；这种特定形式的诸多优点之一是它的"统一力量"。凸优化问题极其广泛的范围仅被以下三种类型的锥体所涵盖。

（i）非负射线的直积，例如，K 是一个非负的象限 $\mathbb{R}^m_+$。从这些锥体中产生了线性优化问题：

$$\min_{\boldsymbol{x}}\{\boldsymbol{c}^{\mathrm{T}}\boldsymbol{x}:\boldsymbol{a}_i^{\mathrm{T}}\boldsymbol{x}-b_i\geqslant 0,1\leqslant i\leqslant m\}$$

（ii）洛伦兹（或者二阶、冰激凌）锥 $L^k=\left\{\boldsymbol{x}\in\mathbb{R}^k:x_k\geqslant\sqrt{\sum_{j=1}^{k-1}x_j^2}\right\}$ 的直积。从这些锥体中产生了锥二次优化问题（也称为二阶锥优化问题）。一个 CO 问题的数学规划形式是 $\min_{\boldsymbol{x}}\{\boldsymbol{c}^{\mathrm{T}}\boldsymbol{x}:\|\boldsymbol{A}_i\boldsymbol{x}-\boldsymbol{b}_i\|_2\leqslant\boldsymbol{c}_i^{\mathrm{T}}\boldsymbol{x}-d_i,1\leqslant i\leqslant m\}$；这里第 i 个标量约束（也称为锥二次不等式）（CQI）表示依赖于 $\boldsymbol{x}$ 上的仿射向量 $[\boldsymbol{A}_i\boldsymbol{x};\boldsymbol{c}_i^{\mathrm{T}}\boldsymbol{x}]-[\boldsymbol{b}_i;d_i]$ 属于适当维数的洛伦兹锥 L_i，并且所有约束组都认为仿射映射

$$\boldsymbol{x}\mapsto[[\boldsymbol{A}_1\boldsymbol{x};\boldsymbol{c}_1^{\mathrm{T}}\boldsymbol{x}];\cdots;[\boldsymbol{A}_m\boldsymbol{x};\boldsymbol{c}_m^{\mathrm{T}}\boldsymbol{x}]]-[[\boldsymbol{b}_1;d_1];\cdots;[\boldsymbol{b}_m;d_m]]$$

将 $\boldsymbol{x}$ 映射成洛伦兹锥 $L_1\times\cdots\times L_m$ 的直积。

（iii）半定锥 S^k_+ 的直积。S^k_+ 是半正定 $k\times k$ 矩阵的锥；它存在于 $k\times k$ 对称矩阵的空间 S^k 中。我们将 S^k 等价为具有弗罗贝尼乌斯内积 $\langle\boldsymbol{A},\boldsymbol{B}\rangle=\mathrm{Tr}(\boldsymbol{AB})=\sum_{i,j=1}^{k}A_{ij}B_{ij}$ 的欧几里得空间。

半定锥族产生了半定优化（SDO）问题——优化规划形式为

$$\min_{\boldsymbol{x}}\{\boldsymbol{c}^{\mathrm{T}}\boldsymbol{x}+d:\mathcal{A}_i\boldsymbol{x}-\boldsymbol{B}_i\succeq 0,1\leqslant i\leqslant m\}$$

其中

$$\boldsymbol{x}\mapsto\mathcal{A}_i\boldsymbol{x}-\boldsymbol{B}_i\equiv\sum_{j=1}^{n}x_j\boldsymbol{A}^{ij}-\boldsymbol{B}_i$$

是从 $\mathbb{R}^n$ 到 S^{k_i} 的一个仿射映射（因此 $\boldsymbol{A}^{ij}$ 和 $\boldsymbol{B}_i$ 是 $k_i\times k_i$ 对称矩阵），并且 $\boldsymbol{A}\succeq 0$ 意味着 $\boldsymbol{A}$ 是对称半正定矩阵。"依赖于决策向量仿射的对称矩阵应为半正定的"形式的约束称为

LMI——线性矩阵不等式。因此，半定优化（也称为半定规划）问题是在有限多个 LMI 约束下最小化线性目标的问题。人们可以用数学规划的形式重写 SDO 规划，例如

$$\min_x\{\boldsymbol{c}^{\mathrm{T}}\boldsymbol{x}+d:\lambda_{\min}(\mathcal{A}_i\boldsymbol{x}-\boldsymbol{B}_i)\geqslant 0,1\leqslant i\leqslant m\}$$

其中，$\lambda_{\min}(\boldsymbol{A})$表示对称矩阵 $\boldsymbol{A}$ 的最小特征值，但这种重新表述通常是没有用处的。

考虑到后文与全局鲁棒对等相关的要求，稍微修改一下锥规划的形式是有意义的，特别是，对如下形式

$$\min_x\{\boldsymbol{c}^{\mathrm{T}}\boldsymbol{x}+d:\boldsymbol{A}_i\boldsymbol{x}-\boldsymbol{b}_i\in Q_i,1\leqslant i\leqslant m\} \tag{5.1.2}$$

进行规划，其中，$Q_i\subset\mathbb{R}^{k_i}$ 是由锥包含的有限列表给出的非空闭凸集：

$$Q_i=\{\boldsymbol{u}\in\mathbb{R}^{k_i}:\boldsymbol{Q}_{i\ell}\boldsymbol{u}-\boldsymbol{q}_{i\ell}\in K_{i\ell},\ell=1,\cdots,L_i\} \tag{5.1.3}$$

其中，$K_{i\ell}$ 是闭凸尖锥。我们将考虑的范围限制在 $K_{i\ell}$ 是非负象限，或者洛伦兹锥，或者半定锥的情况下。显然，形式为式（5.1.2）的问题等价于锥问题

$$\min_x\{\boldsymbol{c}^{\mathrm{T}}\boldsymbol{x}+d:\boldsymbol{Q}_{i\ell}\boldsymbol{A}_i\boldsymbol{x}-[\boldsymbol{Q}_{i\ell}\boldsymbol{b}_i+\boldsymbol{q}_{i\ell}]\in K_{i\ell},\forall(i,\ell\leqslant L_i)\}$$

我们将集合$(\boldsymbol{c},d,\{\boldsymbol{A}_i,\boldsymbol{b}_i\}_{i=1}^m)$视为问题（5.1.2）的自然数据。集合 $Q_i,i=1,\cdots,m$ 的聚集被解释为问题（5.1.2）的结构，并且因此，指定这些集合的量 $\boldsymbol{Q}_{i\ell}$，$\boldsymbol{q}_{i\ell}$ 被认为是确定性数据。

5.1.2　不确定锥问题及其鲁棒对等

不确定锥问题（5.1.2）是一个具有固定结构和不确定性数据的问题，其仿射参数为扰动向量 $\boldsymbol{\zeta}\in\mathbb{R}^L$：

$$(\boldsymbol{c},d,\{\boldsymbol{A}_i,\boldsymbol{b}_i\}_{i=1}^m)=(\boldsymbol{c}^0,d^0,\{\boldsymbol{A}_i^0,\boldsymbol{b}_i^0\}_{i=1}^m)+\sum_{\ell=1}^L\zeta_\ell(\boldsymbol{c}^\ell,d^\ell,\{\boldsymbol{A}_i^\ell,\boldsymbol{b}_i^\ell\}_{i=1}^m) \tag{5.1.4}$$

且该扰动向量所在扰动集为给定的集合 $\mathcal{Z}\subset\mathbb{R}^L$。

5.1.2.1　不确定锥问题的鲁棒对等

不确定问题（5.1.2）的鲁棒可行解和鲁棒对等（RC）概念的定义与不确定 LO 问题的定义完全相同（见定义 1.2.5）。

定义 5.1.1　给定不确定问题（5.1.2），（5.1.4），并给定扰动集 $\mathcal{Z}\subset\mathbb{R}^L$。

(i) 如果候选解 $\boldsymbol{x}\in\mathbb{R}^n$ 对扰动集中所有扰动向量的实现均是可行的，那么该候选解是鲁棒可行的：

$$\boldsymbol{x}\text{ 是鲁棒可行的}$$
$$\Updownarrow$$
$$\left[\boldsymbol{A}_i^0+\sum_{\ell=1}^L\zeta_\ell\boldsymbol{A}_i^\ell\right]\boldsymbol{x}-\left[\boldsymbol{b}_i^0+\sum_{\ell=1}^L\zeta_\ell\boldsymbol{b}_i^\ell\right]\in Q_i,\forall(i,1\leqslant i\leqslant m,\boldsymbol{\zeta}\in\mathcal{Z})$$

(ii) 式（5.1.2）和式（5.1.4）的鲁棒对等如下所示

$$\min_{x,t}\left\{t:\begin{array}{l}\left[\boldsymbol{c}^0+\sum_{\ell=1}^L\zeta_\ell\boldsymbol{c}^\ell\right]^{\mathrm{T}}\boldsymbol{x}+\left[d^0+\sum_{\ell=1}^L\zeta_\ell d^\ell\right]-t\in Q_0\equiv\mathbb{R}_-,\\ \left[\boldsymbol{A}_i^0+\sum_{\ell=1}^L\zeta_\ell\boldsymbol{A}_i^\ell\right]\boldsymbol{x}-\left[\boldsymbol{b}_i^0+\sum_{\ell=1}^L\zeta_\ell\boldsymbol{b}_i^\ell\right]\in Q_i,1\leqslant i\leqslant m\end{array}\forall\boldsymbol{\zeta}\in\mathcal{Z}\right\} \tag{5.1.5}$$

是在鲁棒可行解上最小化目标保证值的问题。

与 LO 问题相同，当扰动集 $\mathcal{Z}$ 被其闭凸包代替时，可以立即看到 RC 是保持不变的；所以，从现在开始，我们假设扰动集是闭的和凸的。还请注意，当不确定数据［$\boldsymbol{A};\boldsymbol{b}$］的

项在原则上受到非仿射方式的扰动影响时，可以简化为仿射扰动的情况（见1.4节）；然而，除了不确定LO问题的情况，我们尚未发现其他类似这种通过简化可以得到易处理RC的情况。

5.2　不确定锥问题的鲁棒对等：易处理性

与不确定LO问题不同，无论扰动集是怎样的形式，RC/GRC均是易于计算处理的，而具有易于计算处理RC的不确定锥问题则是“罕见品”。形成这种现象的最终原因相当简单：不确定锥问题（5.1.2）和（5.1.4）的RC（5.1.5）是一个具有线性目标的凸问题，并且具有的一般形式约束为

$$P(\boldsymbol{y},\boldsymbol{\zeta})=\pi(\boldsymbol{y})+\Phi(\boldsymbol{y})\boldsymbol{\zeta}=\phi(\boldsymbol{\zeta})+\Phi(\boldsymbol{\zeta})\boldsymbol{y}\in Q \tag{5.2.1}$$

其中，$\pi(\boldsymbol{y})$和$\Phi(\boldsymbol{y})$在决策变量的向量$\boldsymbol{y}$中是仿射的，$\phi(\boldsymbol{\zeta})$和$\Phi(\boldsymbol{\zeta})$在扰动向量$\boldsymbol{\zeta}$中是仿射的，Q是一个“简单”的闭凸集。对于这样一个问题，其计算易处理性本质上相当于有效检查给定候选解$\boldsymbol{y}$是否具有可行性。后一个问题，反过来说，即在仿射映射$\boldsymbol{\zeta}\mapsto\pi(\boldsymbol{y})+\Phi(\boldsymbol{y})\boldsymbol{\zeta}$的条件下，扰动集$\mathcal{Z}$的像是否包含于给定的闭凸集$Q$中。当$Q$是一个由标量线性不等式的显式列表$\boldsymbol{a}_i^{\mathrm{T}}\boldsymbol{u}\leqslant b_i$，$i=1,\cdots,I$给定的多面体集合时（特别是当$Q$是我们在LO问题中处理的非负射线时），这个问题是很容易解决的，在这种情况下，所需要的验证包括检查当$\boldsymbol{\zeta}\in\mathcal{Z}$时，$\boldsymbol{\zeta}$的仿射函数$\boldsymbol{a}_i^{\mathrm{T}}(\pi(\boldsymbol{y})+\Phi(\boldsymbol{y})\boldsymbol{\zeta})-b_i$的最大点$I$是否为非负的。由于仿射函数（因此也是凹函数!）在易于计算处理的凸集$\mathcal{Z}$上的最大化很容易实现，因此需要进行验证。当Q是由非线性凸不等式$\boldsymbol{a}_i(\boldsymbol{u})\leqslant 0$，$i=1,\cdots,I$给定时，所讨论的验证需要检查凸函数$\boldsymbol{a}_i(\pi(\boldsymbol{y})+\Phi(\boldsymbol{y})\boldsymbol{\zeta})$，$\boldsymbol{\zeta}\in\mathcal{Z}$的最大值是否为非正的。当$\mathcal{Z}$的简单程度和单位盒相同，且$f$的简单程度和凸二次型$\boldsymbol{\zeta}^{\mathrm{T}}\boldsymbol{Q}\boldsymbol{\zeta}$相同时，凸集$\mathcal{Z}$凸函数$f(\boldsymbol{\zeta})$的最大化问题在计算上已经难以处理了。事实上，众所周知，当$\boldsymbol{B}$为半正定矩阵时，问题

$$\max_{\zeta}\{\boldsymbol{\zeta}^{\mathrm{T}}\boldsymbol{B}\boldsymbol{\zeta}:\|\boldsymbol{\zeta}\|_\infty\leqslant 1\}$$

即为NP难问题；事实上，即使在概率算法允许的情况下，在相对精度为4%的范围内近似该问题的最优值已经是NP难问题了[61]。这个实例表明，一个简单程度和盒相似的扰动集，其一般不确定锥二次问题的RC在计算上是难以处理的。

事实上，考虑一个简单的不确定锥二次不等式

$$\|0\cdot\boldsymbol{y}+\boldsymbol{Q}\boldsymbol{\zeta}\|_2\leqslant 1$$

（$\boldsymbol{Q}$是给定的方阵）及其RC，扰动集是单位盒：

$$\|0\cdot\boldsymbol{y}+\boldsymbol{Q}\boldsymbol{\zeta}\|_2\leqslant 1,\quad\forall(\boldsymbol{\zeta}:\|\boldsymbol{\zeta}\|_\infty\leqslant 1) \tag{RC}$$

RC的可行集要么是变量$\boldsymbol{y}$的整个空间，要么是空的，这取决于是否存在

$$\max_{\|\zeta\|_\infty\leqslant 1}\boldsymbol{\zeta}^{\mathrm{T}}\boldsymbol{B}\boldsymbol{\zeta}\leqslant 1,\quad[\boldsymbol{B}=\boldsymbol{Q}^{\mathrm{T}}\boldsymbol{Q}]$$

随着$\boldsymbol{Q}$的变化，我们可以得到任意大小的半正定矩阵$\boldsymbol{B}$。现在，假设我们可以有效地处理式（RC），且有效地检查式（RC）可行集是否为空，也就是说，我们可以有效地比较单位盒上半正定二次型的最大值与值1。如果我们能做到这一点，在维度为$\boldsymbol{\zeta}$的多项式时间的相对精度ϵ和$\ln(1/\epsilon)$上（通过比较$\max\limits_{\|\zeta\|_\infty\leqslant 1}\lambda\boldsymbol{\zeta}^{\mathrm{T}}\boldsymbol{B}\boldsymbol{\zeta}$与取值为1的情况，并对$\lambda>0$的情况进行二分处理），我们就能在单位盒上计算出一般半正定二次型$\boldsymbol{\zeta}^{\mathrm{T}}\boldsymbol{B}\boldsymbol{\zeta}$的最大值。因此，在相对精度$\epsilon=0.04$简化为用盒扰动集检查CQI的RC的可行性下，计算关于NP难问题$\max\limits_{\|\zeta\|_\infty\leqslant 1}\boldsymbol{\zeta}^{\mathrm{T}}\boldsymbol{B}\boldsymbol{\zeta},\boldsymbol{B}\succ 0$，这意味着处理所讨论的RC是NP难问题。

我们刚刚概述的这种令人不快的现象让我们只有两个选择：

A. 判断出有意义的特殊情况，其中一个不确定锥问题的 RC 是易于计算处理的；

B. 在其他情况中开发 RC 的易处理近似。

注意，RC 和 LO 的情况相同，是一个“基于约束的”构造，因此研究一个不确定锥问题的 RC 易处理性可以简化为研究构成该问题的锥约束的 RC 可处理性。根据这个观察，从现在开始，我们关注一个不确定锥不等式 RC 的易处理性问题，其中

$$\forall(\zeta\in\mathcal{Z}):\boldsymbol{A}(\zeta)\boldsymbol{x}+\boldsymbol{b}(\zeta)\in Q$$

5.3 不确定锥不等式 RC 的保守易处理近似

在第 6、8 章中，我们将介绍一些特殊情况，其中不确定 CQI/LMI 的 RC 是可计算且易于处理的；这些情况都与特定的扰动集有关。问题是，当 RC 在计算上不容易处理时需要怎么解决。在这种情况下，一个自然的方法是寻找一个保守易处理的近似 RC，定义如下。

定义 5.3.1 考虑不确定约束的 RC

$$\underbrace{\boldsymbol{A}(\boldsymbol{\zeta})\boldsymbol{x}+\boldsymbol{b}(\boldsymbol{\zeta})}_{\equiv\boldsymbol{\alpha}(\boldsymbol{x})\boldsymbol{\zeta}+\boldsymbol{\beta}(\boldsymbol{x})}\in Q,\forall\boldsymbol{\zeta}\in\mathcal{Z} \tag{5.3.1}$$

其中不确定约束为

$$\boldsymbol{A}(\boldsymbol{\zeta})\boldsymbol{x}+\boldsymbol{b}(\boldsymbol{\zeta})\in Q \tag{5.3.2}$$

($\boldsymbol{A}(\boldsymbol{\zeta})\in\mathbb{R}^{k\times n}$，$\boldsymbol{b}(\boldsymbol{\zeta})\in\mathbb{R}^k$ 在 $\boldsymbol{\zeta}$ 上是仿射的，所以 $\boldsymbol{\alpha}(\boldsymbol{x})$，$\boldsymbol{\beta}(\boldsymbol{x})$在决策向量 $\boldsymbol{x}$ 中是仿射的)。如果 $\boldsymbol{x}$ 变量空间的可行集 $\mathcal{S}$ 的投影包含在 RC 的可行集中，我们认为变量 $\boldsymbol{x}$ 和附加变量 $\boldsymbol{u}$ 的凸约束组 $\mathcal{S}$ 是 RC（5.3.1）的保守近似：

$$\forall\boldsymbol{x}:(\exists\boldsymbol{u}:(\boldsymbol{x},\boldsymbol{u})\text{满足 }\mathcal{S})\Rightarrow\boldsymbol{x}\text{ 满足式（5.3.1）}$$

如果 $\mathcal{S}$ 是这样的（例如，$\mathcal{S}$ 是 CQI/LMI 的显式组，或者更一般地说，$\mathcal{S}$ 中的约束是有效可计算的），则这种近似被称为是易处理的。

这一定义背后的理由如下：假设我们给出了一个不确定锥问题（5.1.2），其中带有设计变量 $\boldsymbol{x}$ 的向量和一个确定的目标 $\boldsymbol{c}^{\mathrm{T}}\boldsymbol{x}$（后一个假设是不失一般性的），我们有一个关于问题的第 i 个约束的保守易处理近似 $\mathcal{S}_i$，其中 $i=1,\cdots,m$。则问题

$$\min_{\boldsymbol{x},\boldsymbol{u}^1,\cdots,\boldsymbol{u}^m}\{\boldsymbol{c}^{\mathrm{T}}\boldsymbol{x}:(\boldsymbol{x},\boldsymbol{u}^i)\text{满足 }\mathcal{S}_i,1\leqslant i\leqslant m\}$$

是 RC 的一个可计算且易处理的保守近似，这意味着对于 RC 来说，每个可行解的 $\boldsymbol{x}$ 分量都是可行的，因而近似的最优解是 RC 的可行次优解。

原则上，有许多方法可以建立不确定锥问题的保守易处理近似。例如，通常是这种情况，假设 $\mathcal{Z}$ 是有界限的，我们可以在扰动向量的空间 $\mathbb{R}^L$ 上找到一个单纯形 $\Delta=\mathrm{Conv}\{\boldsymbol{\zeta}^1,\cdots,\boldsymbol{\zeta}^{L+1}\}$，它足够大，以至于包含实际扰动集 $\mathcal{Z}$。我们的不确定问题的 RC，扰动集为 Δ，在计算上是易于处理的（见 6.1 节），并且由于 $\Delta\supset\mathcal{Z}$，Δ 是与实际扰动集 $\mathcal{Z}$ 相关的 RC 的保守近似。当然，问题的本质是，一个近似有多保守：它对于面向最坏情况的 RC，“增加”了多少内置保守性。为了回答后一个问题，我们应该量化近似的“保守性”，没有明显的方法可以做到这一点。一种可能的方法是观察近似的最优值比真实 RC 的最优值大多少，但这里我们遇到了一个很大的困难。很可能一个近似的可行集是空的，而 RC 的真实可行集是非空的。在这种情况下，近似的最优值比真实的最优值“无限差”。因此，最优值的比较只有在所讨论的近似方案保证近似继承了真实问题的可行性性质时才有意义。仔细观察一下，一般来说，这样的要求并不比近似精确的要求限制少。

本书使用的量化近似保守性的方法如下。假设 $\mathbf{0}\in\mathcal{Z}$（这个假设完全符合向量 $\boldsymbol{\zeta}\in\mathcal{Z}$ 作为数据扰动的解释，在这种情况下 $\boldsymbol{\zeta}=\mathbf{0}$ 对应于标准数据）。在这个假设下，我们可以将闭凸扰动集 $\mathcal{Z}$ 嵌入到扰动集的单参数族中。其中，扰动集为

$$\mathcal{Z}_\rho=\rho\mathcal{Z},\quad 0<\rho\leqslant\infty \tag{5.3.3}$$

这样就产生了不确定锥约束（5.3.2）的 RC 的单参数族

$$\underbrace{\mathbf{A}(\boldsymbol{\zeta})\boldsymbol{x}+\boldsymbol{b}(\boldsymbol{\zeta})}_{\equiv\boldsymbol{\alpha}(x)\boldsymbol{\zeta}+\boldsymbol{\beta}(x)}\in Q,\forall\boldsymbol{\zeta}\in\mathcal{Z}_\rho \tag{RC_ρ}$$

可以考虑 ρ 作为扰动水平；原始扰动集 $\mathcal{Z}$ 和相关联的 RC（5.3.1）对应扰动水平 1。观察式（RC_ρ）的可行集 X_ρ，其中 X_ρ 随着 ρ 的增长而减小。这允许我们量化一个关于式（RC）保守近似的保守性，通过"定位" $\mathcal{S}$ 的可行集，其中，$\mathcal{S}$ 是关于"真正的"可行集 X_ρ 的数值范围，具体来说，如下所示。

定义 5.3.2　*假设我们有一个近似方案，将它应用到对应于式（5.3.3）、式（RC_ρ）的有效可计算凸约束的有限组 $\mathcal{S}_\rho$，其中凸约束关于变量 $\boldsymbol{x}$ 和可能的附加变量 $\boldsymbol{u}$，它依赖于参数 $\rho>0$，以这样一种方式，对于每个 ρ，$\mathcal{S}_\rho$ 是式（RC_ρ）的保守易处理近似，并假设 $\hat{X}_\rho$ 是 $\mathcal{S}_\rho$ 的可行集在 $\boldsymbol{x}$ 变量空间上的投影。*

我们说所讨论的近似方案的保守性（或"紧性因子"）没有超过 $\vartheta\geqslant1$，如果对于每个 $\rho>0$，我们有 $X_{\vartheta\rho}\subset\hat{X}_\rho\subset X_\rho$。

注意，事实是 $\mathcal{S}_\rho$ 是在因子 ϑ 内关于式（RC_ρ）的一个保守紧近似，它等价于下列陈述：

(i)［保守］每当一个向量 $\boldsymbol{x}$ 和 $\rho>0$ 使得 $\boldsymbol{x}$ 可以推广到 $\mathcal{S}_\rho$ 的可行解时，$\boldsymbol{x}$ 对式（RC_ρ）是可行的；

(ii)［紧］每当一个向量 $\boldsymbol{x}$ 和 $\rho>0$ 使得 $\boldsymbol{x}$ 不能推广到 $\mathcal{S}_\rho$ 的可行解时，$\boldsymbol{x}$ 对式（$\mathrm{RC}_{\vartheta\rho}$）是不可行的。

显然，紧性因子等于 1 意味着近似是精确的：对于所有的 ρ 都有 $\hat{X}_\rho=X_\rho$。在许多应用中，特别是在那些扰动水平仅"达到一个数量级"的应用中，从实际的观点来看，具有中等紧性因子的 RC 的保守近似几乎与 RC 本身一样有用。

一个重要的观察是，关于原点对称的有界扰动集 $\mathcal{Z}=\mathcal{Z}_1\subset\mathbb{R}^L$，我们总能指出紧性因子 $\leqslant L$ 时，对于式（5.3.3）和式（RC_ρ）的一个可计算且易于处理的保守近似方案。

事实上，不失一般性地，我们可以假设 $\mathrm{int}\mathcal{Z}\neq\varnothing$，所以 $\mathcal{Z}$ 是闭合的且是关于原点对称的有界凸集合。我们知道，对于这样一个集合，总是存在以原点为中心的两个相似椭球，相似比最大为 $\sqrt{L}$，使得较小的椭球被 $\mathcal{Z}$ 所包含，较大的椭球包含 $\mathcal{Z}$。具体来说，可以选择较小的椭球为 $\mathcal{Z}$ 内所含体积最大的椭球；或者，可以选择较大的椭球为包含 $\mathcal{Z}$ 的体积最小的椭球。选择较小的椭球为单位欧几里得球 B 的坐标，我们得到 $B\subset\mathcal{Z}\subset\sqrt{L}B$。现在观察 B，因此 $\mathcal{Z}$ 包含 $2L$ 个向量 $\pm\boldsymbol{e}_\ell$，$\ell=1,\cdots,L$ 的凸包 $\underline{\mathcal{Z}}=\{\boldsymbol{\zeta}\in\mathbb{R}^L:\|\boldsymbol{\zeta}\|_1\leqslant1\}$，其中 $\boldsymbol{e}_\ell$ 是所讨论的轴的正交基。因为 $\underline{\mathcal{Z}}$ 显然包含 $L^{-1/2}B$，向量 $\pm L\boldsymbol{e}_\ell$，$\ell=1,\cdots,L$ 的凸包 $\hat{\mathcal{Z}}$ 包含 $\mathcal{Z}$，且它被包含在 $L\mathcal{Z}$ 内。取不确定约束的 RC 为 $\mathcal{S}_\rho$，扰动集为 $\rho\hat{\mathcal{Z}}$，我们清楚地得到式（5.3.3），式（RC_ρ）的 L-紧保守近似，而这个近似仅仅是约束组

$$\mathbf{A}(\rho L\boldsymbol{e}_\ell)\boldsymbol{x}+\boldsymbol{b}(\rho L\boldsymbol{e}_\ell)\in Q,\mathbf{A}(-\rho L\boldsymbol{e}_\ell)\boldsymbol{x}+\boldsymbol{b}(-\rho L\boldsymbol{e}_\ell)\in Q,\ell=1,\cdots,L$$

也就是说，我们的近似方案在计算上是易于处理的。

5.4　练习

练习 5.1　找出并尝试填补上节末尾证明时的逻辑漏洞。

关于原点对称的有界扰动集合 $\mathcal{Z}=\mathcal{Z}_1\subset\mathbb{R}^L$，我们总能指出对于式（5.3.3）和式（$\mathrm{RC}_\rho$）的一种保守且计算上易于处理的近似方案，其中紧性因子$\leqslant L$。

练习 5.2　考虑半无限锥约束

$$\forall(\boldsymbol{\zeta}\in\rho\mathcal{Z}):a_0[\boldsymbol{x}]+\sum_{\ell=1}^{L}\zeta_i a_\ell[\boldsymbol{x}]\in Q \qquad (C_{\mathcal{Z}}[\rho])$$

假设对于某一 ϑ 和某闭凸集 $\mathcal{Z}_*$，$\boldsymbol{0}\in\mathcal{Z}_*$，约束$(C_{\mathcal{Z}_*}[\cdot])$在因子 ϑ 内允许一个保守易处理的紧近似。通过 $\mathcal{Z}_*$，现在假设 $\mathcal{Z}$ 是一个闭凸集，可以近似到因子 λ，这意味着对于某些 $\gamma>0$，我们有 $\gamma\mathcal{Z}_*\subset\mathcal{Z}\subset(\lambda\gamma)\mathcal{Z}_*$。证明$(C_{\mathcal{Z}}[\cdot])$在因子 $\lambda\vartheta$ 内允许一个保守易处理的紧近似。

练习 5.3　假设给定 $\vartheta\geqslant1$，并考虑半无限锥约束$(C_{\mathcal{Z}}[\cdot])$“作为 $\mathcal{Z}$ 的函数”，即 $a_\ell[\cdot]$，$0\leqslant\ell\leqslant L$，且 Q 永远固定。接下来，$\mathcal{Z}$ 总是关于 0 对称的立方体（是具有非空内部的凸紧集）。

假设当 $\mathcal{Z}$ 是以原点为中心的椭球时，$(C_{\mathcal{Z}}[\cdot])$在因子 ϑ 内允许一个保守易处理的紧近似（当 Q 为洛伦兹锥时，$\vartheta=1$，见 6.5 节）。

(i) 证明当 $\mathcal{Z}$ 是 M 个中心在原点的椭球的交点时：

$$\mathcal{Z}=\{\boldsymbol{\zeta}:\boldsymbol{\zeta}^{\mathrm{T}}\boldsymbol{Q}_i\boldsymbol{\zeta}\leqslant1,i=1,\cdots,M\},\quad\left[\boldsymbol{Q}_i\succeq0,\sum_i\boldsymbol{Q}_i\succ0\right]$$

$(C_{\mathcal{Z}}[\cdot])$在因子 $\sqrt{M}\vartheta$ 内允许一个保守易处理的紧近似。

(ii) 证明若 $\mathcal{Z}=\{\boldsymbol{\zeta}:\|\boldsymbol{\zeta}\|_\infty\leqslant1\}$，则$(C_{\mathcal{Z}}[\cdot])$有一个保守易处理的近似，在因子 $\vartheta\sqrt{\dim\boldsymbol{\zeta}}$ 内是紧的。

(iii) 假设 $\mathcal{Z}$ 是 M 个椭球的交点，且椭球并不一定以原点为中心。证明$(C_{\mathcal{Z}}[\cdot])$有一个保守易处理近似，在因子$\sqrt{2M}\vartheta$ 内是紧的。

5.5　备注

备注 5.1　不确定 CO 在鲁棒优化中的核心作用源于以下原因：

- 基于一个凸问题的锥形式 $\min_x\{\boldsymbol{c}^{\mathrm{T}}\boldsymbol{x}:\boldsymbol{A}\boldsymbol{x}-\boldsymbol{b}\in K\}$，可以自然地将问题的结构（用锥 K 表示）与问题的数据（用$(\boldsymbol{c},\boldsymbol{A},\boldsymbol{b})$表示）分离，这对于研究那些与数据不确定性相关的问题是至关重要的。从技术上讲，这种形式的主要优点是，在数据和决策变量中，锥不等式 $\boldsymbol{A}\boldsymbol{x}-\boldsymbol{b}\in K$ 的左边是双仿射的；从本质上说，这个事实是 RC 上所有与易处理性相关的结果的起点。这与优化问题 $\min_x\{f_0(\boldsymbol{x},\boldsymbol{\zeta}):f_i(\boldsymbol{x},\boldsymbol{\zeta})\leqslant0,i=1,\cdots,m\}$通常的“数学规划”形式形成了鲜明对比，其中 $\boldsymbol{\zeta}$ 代表数据；由于没有关于数据如何进入目标的额外结构假设，这种形式虽然允许定义 RC 的概念，但不适合研究相关的易处理性问题。
- 凸规划的锥形式不仅是“结构和数据的展现”；它还允许对各种各样的凸规划进行统一处理，因为只有 3 个具有很好理解的几何结构的“通用”锥体——射线（的直积）、洛伦兹锥和半定锥——负责应用中出现的“几乎所有”凸问题。

在关于凸 RO 的论文（文献［3，4，49，50，18］）中，我们已经了解了锥形式在鲁棒优化中的“特殊”作用。

备注 5.2 保守易处理的近似（相对于“更激进”的近似，近似问题的解对我们感兴趣的问题不一定是可行的）在 RO 背景下的概念是非常自然的——最后，整个 RO 方法是从保守角度展开的。在文献［22］中提出了一种建立不确定锥问题的保守易处理近似的一般方案；然而，这一方案并不承认其保守性的良好界限。在文献［4］中介绍了本书中使用的保守易处理近似的鲁棒性量化。它的“风格”类似于旨在为困难的优化问题找到次优可行解的近似算法。对于一般的优化问题的一个有效（即多项式时间）算法 $\mathcal{P}$ 称为 α 近似，如果应用到此问题的每个实例 p，它产生一个可行解，其中目标的值比实例最优值大最多 α 倍，且 α 独立于实例的数据。（为了使这个定义有意义，所有实例的最优值应该是正的。）近似算法的概念是“量身定制”的，为了找到一个实例的可行解；较为困难的是找到一个接近最优的可行解。一个紧的易处理近似的概念具有同样的实质，但它被调整用于主要困难来自满足约束的必要性的情况。

具有易处理鲁棒对等的不确定锥二次问题

在本章中，我们重点讨论不确定锥二次问题［即式（5.1.2）中的集合 Q_i 由锥二次不等式的显式列表给出］，对于这些问题，其鲁棒对等在计算上是可处理的。

6.1　一般可解情况：场景不确定性

我们从一个简单的例子开始，在这个例子中，不确定锥问题（不一定是锥二次问题）的鲁棒对等在计算上是易处理的——这是场景不确定性的例子。

定义 6.1.1　扰动集 $\mathcal{Z}$ 由场景生成，如果 $\mathcal{Z}$ 由场景 $\boldsymbol{\zeta}^{(\nu)}$ 中一个给定有限集的凸包给出：

$$\mathcal{Z}=\mathrm{Conv}\{\boldsymbol{\zeta}^{(1)},\cdots,\boldsymbol{\zeta}^{(N)}\} \tag{6.1.1}$$

定理 6.1.2　具有场景扰动集（6.1.1）的不确定问题（5.1.2）、（5.1.4）的鲁棒对等（5.1.5）等价于显式锥问题：

$$\min_{x,t}\left\{t:\begin{array}{l}\left[\boldsymbol{c}^0+\sum\limits_{\ell=1}^{L}\zeta_\ell^{(\nu)}\boldsymbol{c}^\ell\right]^{\mathrm{T}}\boldsymbol{x}+\left[d^0+\sum\limits_{\ell=1}^{L}\zeta_\ell^{(\nu)}d^\ell\right]-t\leqslant 0\\ \left[\boldsymbol{A}_i^0+\sum\limits_{\ell=1}^{L}\zeta_\ell^{(\nu)}\boldsymbol{A}_i^\ell\right]^{\mathrm{T}}\boldsymbol{x}-\left[\boldsymbol{b}^0+\sum\limits_{\ell=1}^{L}\zeta_\ell^{(\nu)}\boldsymbol{b}^\ell\right]\in Q_i\\ \qquad\qquad\qquad\qquad\qquad\qquad\qquad\qquad ,1\leqslant i\leqslant m\end{array},1\leqslant\nu\leqslant N\right\} \tag{6.1.2}$$

其结构类似于原始不确定问题的一个实例。

证明　这是显而易见的，因为 Q_i 的凸性和式（5.1.5）中约束的左式在 $\boldsymbol{\zeta}$ 中的仿射性。 ■

定理 6.1.2 中考虑的情况与第 1 章中考虑的情况是“对称的”，在第 1 章中，我们讨论的问题（5.1.2）具有最简单的可能的集合 Q_i——只是非负射线，而且当扰动集是这样时，鲁棒对等在计算上是易处理的。定理 6.1.2 讨论了另一种极端情况，即右边集合 Q_i 和扰动集的几何关系的权衡。此处后者是尽可能简单的——只是一个显式列出的有限集的凸包，这使得鲁棒对等计算可处理相对一般（只是计算易处理）的集合 Q_i。不幸的是，第二个极端不怎么有趣：在大规模的情况下，对于典型扰动集来说，质量合理的“场景近似”（如盒）需要大量的场景，因此无法明确列出它们，并使得问题（6.1.2）难以计算。这与第一个极端情况形成了鲜明的对比，在第一个极端中，简单的集合是 Q_i——线性优化绝对是有趣的，并且有很多应用。

在接下来的内容中，我们考虑了一些更重要的情况，在这些情况中，不确定锥二次问题的鲁棒对等是可计算的。一如往常，鲁棒对等是一个约束方面的构造，我们可以关注如下单个不确定锥二次不等式的鲁棒对等的计算易处理性：

$$\|\underbrace{\boldsymbol{A}(\boldsymbol{\zeta})\boldsymbol{y}+\boldsymbol{b}(\boldsymbol{\zeta})}_{\equiv\boldsymbol{\alpha}(\boldsymbol{y})\boldsymbol{\zeta}+\boldsymbol{\beta}(\boldsymbol{y})}\|_2\leqslant\underbrace{\boldsymbol{c}^{\mathrm{T}}(\boldsymbol{\zeta})\boldsymbol{y}+d(\boldsymbol{\zeta})}_{\equiv\boldsymbol{\sigma}^{\mathrm{T}}(\boldsymbol{y})\boldsymbol{\zeta}+\delta(\boldsymbol{y})} \tag{6.1.3}$$

其中 $\boldsymbol{A}(\boldsymbol{\zeta})\in\mathbb{R}^{k\times n}$，$\boldsymbol{b}(\boldsymbol{\zeta})\in\mathbb{R}^k$，$\boldsymbol{c}(\boldsymbol{\zeta})\in\mathbb{R}^n$，$d(\boldsymbol{\zeta})\in\mathbb{R}$ 对于 $\boldsymbol{\zeta}$ 是仿射的，所以 $\boldsymbol{\alpha}(\boldsymbol{y})$，$\boldsymbol{\beta}(\boldsymbol{y})$，$\boldsymbol{\sigma}(\boldsymbol{y})$，$\delta(\boldsymbol{y})$对于决策向量 $\boldsymbol{y}$ 是仿射的。

6.2 可解情况Ⅰ：简单的区间不确定性

考虑不确定锥二次约束（6.1.3），假设如下。

i）不确定性是侧向的：扰动集 $\mathcal{Z}=\mathcal{Z}^{\text{left}}\times\mathcal{Z}^{\text{right}}$ 是两个集合的直积（因此扰动向量 $\boldsymbol{\zeta}\in\mathcal{Z}$ 被分割成块 $\boldsymbol{\eta}\in\mathcal{Z}^{\text{left}}$ 和 $\boldsymbol{\chi}\in\mathcal{Z}^{\text{right}}$），左边的数据 $\boldsymbol{A}(\boldsymbol{\zeta})$，$\boldsymbol{b}(\boldsymbol{\zeta})$只依赖于 $\boldsymbol{\eta}$，右边的数据$\boldsymbol{c}(\boldsymbol{\zeta})$，$d(\boldsymbol{\zeta})$只依赖于 $\boldsymbol{\chi}$，因此约束（6.1.3）写成

$$\|\underbrace{\boldsymbol{A}(\boldsymbol{\eta})\boldsymbol{y}+\boldsymbol{b}(\boldsymbol{\eta})}_{\equiv\boldsymbol{\alpha}(y)\boldsymbol{\eta}+\boldsymbol{\beta}(y)}\|_2\leqslant\underbrace{\boldsymbol{c}^{\mathrm{T}}(\boldsymbol{\chi})\boldsymbol{y}+d(\boldsymbol{\chi})}_{\equiv\boldsymbol{\sigma}^{\mathrm{T}}(y)\boldsymbol{\chi}+\delta(y)}\tag{6.2.1}$$

并且这个不确定约束的鲁棒对等写作

$$\|\boldsymbol{A}(\boldsymbol{\eta})\boldsymbol{y}+\boldsymbol{b}(\boldsymbol{\eta})\|_2\leqslant\boldsymbol{c}^{\mathrm{T}}(\boldsymbol{\chi})\boldsymbol{y}+d(\boldsymbol{\chi}),\forall(\boldsymbol{\eta}\in\mathcal{Z}^{\text{left}},\boldsymbol{\chi}\in\mathcal{Z}^{\text{right}})\tag{6.2.2}$$

ii）右边的扰动集如定理1.3.4所述，即

$$\mathcal{Z}^{\text{right}}=\{\boldsymbol{\chi}:\exists\,\boldsymbol{u}:\boldsymbol{P\chi}+\boldsymbol{Qu}+\boldsymbol{p}\in K\}$$

其中 K 是闭凸尖锥，且表示严格可行，或者 K 是由线性不等式的显式有限列表给出的多面体锥。

iii）左边的不确定性是一个简单的区间不确定性：

$$\mathcal{Z}^{\text{left}}=\{\boldsymbol{\eta}=[\delta\boldsymbol{A},\delta\boldsymbol{b}]:|(\delta\boldsymbol{A})_{ij}|\leqslant\delta_{ij},1\leqslant i\leqslant k,1\leqslant j\leqslant n,|(\delta\boldsymbol{b})_i|\leqslant\delta_i,1\leqslant i\leqslant k\},$$
$$[\boldsymbol{A}(\boldsymbol{\zeta}),\boldsymbol{b}(\boldsymbol{\zeta})]=[\boldsymbol{A}^{\mathrm{n}},\boldsymbol{b}^{\mathrm{n}}]+[\delta\boldsymbol{A},\delta\boldsymbol{b}]$$

换句话说，式（6.1.3）的左边数据 $[\boldsymbol{A},\boldsymbol{b}]$ 中的每一项独立于所有其他项，贯穿于一个以项的标准值为中心的给定段。

命题 6.2.1 *在扰动集 $\mathcal{Z}$ 上的假设 i～iii 下，不确定锥二次不等式（6.1.3）的鲁棒对等等价于具有变量 $\boldsymbol{y},\boldsymbol{z},\boldsymbol{\tau},\boldsymbol{v}$ 的锥二次和线性约束的显式组：*

$$\begin{aligned}&(a)\quad \boldsymbol{\tau}+\boldsymbol{p}^{\mathrm{T}}\boldsymbol{v}\leqslant\delta(\boldsymbol{y}),\boldsymbol{P}^{\mathrm{T}}\boldsymbol{v}=\boldsymbol{\sigma}(\boldsymbol{y}),\boldsymbol{Q}^{\mathrm{T}}\boldsymbol{v}=\boldsymbol{0},\boldsymbol{v}\in K_*,\\&(b)\quad \begin{aligned}&z_i\geqslant|(\boldsymbol{A}^{\mathrm{n}}\boldsymbol{y}+\boldsymbol{b}^{\mathrm{n}})_i|+\delta_i+\sum_{j=1}^{n}|\delta_{ij}y_j|,i=1,\cdots,k\\&\|\boldsymbol{z}\|_2\leqslant\boldsymbol{\tau}\end{aligned}\end{aligned}\tag{6.2.3}$$

其中 K_* 是对偶于 K 的锥。

证明 由于不确定性的侧向结构，一个给定的 $\boldsymbol{y}$ 是鲁棒可行的，当且仅当 $\boldsymbol{\tau}$ 满足如下条件时：

$$\begin{aligned}(a)\quad\boldsymbol{\tau}&\leqslant\min_{\boldsymbol{\chi}\in\mathcal{Z}^{\text{right}}}\{\boldsymbol{\sigma}^{\mathrm{T}}(\boldsymbol{y})\boldsymbol{\chi}+\delta(\boldsymbol{y})\}\\&=\min_{\boldsymbol{\chi},\boldsymbol{u}}\{\boldsymbol{\sigma}^{\mathrm{T}}(\boldsymbol{y})\boldsymbol{\chi}:\boldsymbol{P\chi}+\boldsymbol{Qu}+\boldsymbol{p}\in K\}+\delta(\boldsymbol{y}),\\(b)\quad\boldsymbol{\tau}&\geqslant\min_{\boldsymbol{\chi}\in\mathcal{Z}^{\text{left}}}\|\boldsymbol{A}(\boldsymbol{\eta})\boldsymbol{y}+\boldsymbol{b}(\boldsymbol{\eta})\|_2\\&=\max_{\delta\boldsymbol{A},\delta\boldsymbol{b}}\{\|[\boldsymbol{A}^{\mathrm{n}}\boldsymbol{y}+\boldsymbol{b}^{\mathrm{n}}]+[\delta\boldsymbol{A}\boldsymbol{y}+\delta\boldsymbol{b}]\|_2:|(\delta\boldsymbol{A})_{ij}|\leqslant\delta_{ij},|(\delta b)_i|\leqslant\delta_i\}\end{aligned}$$

根据锥对偶，一个给定的 $\boldsymbol{\tau}$ 满足式（a），当且仅当 $\boldsymbol{\tau}$ 可以通过适当地选择 $\boldsymbol{v}$ 来推广为式（6.2.3.a）的解；显然，当且仅当存在 $\boldsymbol{z}$ 满足式（6.2.3.b）时，$\boldsymbol{\tau}$ 满足式（b）。 ■

6.3 可解情况Ⅱ：非结构化范数有界不确定性

考虑式（6.1.3）中的不确定性仍然是侧向的（$\mathcal{Z}=\mathcal{Z}^{\text{left}}\times\mathcal{Z}^{\text{right}}$），其中右侧不确定性

集 $\mathcal{Z}^{\text{right}}$ 和 6.2 节中一致，而左侧不确定性 $\mathcal{Z}^{\text{left}}$ 是非结构化范数有界的，这意味着

$$\mathcal{Z}^{\text{left}}=\{\boldsymbol{\eta}\in\mathbb{R}^{p\times q}:\|\boldsymbol{\eta}\|_{2,2}\leqslant 1\} \tag{6.3.1}$$

或者

$$\boldsymbol{A}(\boldsymbol{\eta})\boldsymbol{y}+\boldsymbol{b}(\boldsymbol{\eta})=\boldsymbol{A}^{\mathrm{n}}\boldsymbol{y}+\boldsymbol{b}^{\mathrm{n}}+\boldsymbol{L}^{\mathrm{T}}(\boldsymbol{y})\boldsymbol{\eta}\boldsymbol{R} \tag{6.3.2}$$

其中 $\boldsymbol{L}(\boldsymbol{y})$ 对于 $\boldsymbol{y}$ 是仿射的，并且 $\boldsymbol{R}\neq\boldsymbol{0}$，或者

$$\boldsymbol{A}(\boldsymbol{\eta})\boldsymbol{y}+\boldsymbol{b}(\boldsymbol{\eta})=\boldsymbol{A}^{\mathrm{n}}\boldsymbol{y}+\boldsymbol{b}^{\mathrm{n}}+\boldsymbol{L}^{\mathrm{T}}\boldsymbol{\eta}\boldsymbol{R}(\boldsymbol{y}) \tag{6.3.3}$$

其中 $\boldsymbol{R}(\boldsymbol{y})$ 对于 $\boldsymbol{y}$ 是仿射的，并且 $\boldsymbol{L}\neq\boldsymbol{0}$。此处

$$\|\boldsymbol{\eta}\|_{2,2}=\max_{\boldsymbol{u}}\{\|\boldsymbol{\eta}\boldsymbol{u}\|_2:\boldsymbol{u}\in\mathbb{R}^q,\|\boldsymbol{u}\|_2\leqslant 1\}$$

为一个 $p\times q$ 矩阵 $\boldsymbol{\eta}$ 的常用矩阵范数（最大奇异值）。

例 6.3.1 (i) 想象式（6.2.1）的左侧数据 $[\boldsymbol{A},\boldsymbol{b}]$ 的 $p\times q$ 子矩阵 $\boldsymbol{P}$ 是不确定的，并与其标准值 $\boldsymbol{P}^{\mathrm{n}}$ 不同，由于一个附加扰动 $\boldsymbol{\Delta P}=\boldsymbol{M}^{\mathrm{T}}\boldsymbol{\Delta N}$，其中 $\boldsymbol{\Delta}$ 有不超过 1 的矩阵范数，并且 $[\boldsymbol{A},\boldsymbol{b}]$ 中 $\boldsymbol{P}$ 之外的所有项都是确定的。用 I 表示 $\boldsymbol{P}$ 中行的索引集，用 J 表示 $\boldsymbol{P}$ 中列的索引集，使 $\boldsymbol{U}$ 为 $\mathbb{R}^{n+1}$ 在由 J 给出的 $\mathbb{R}^{n+1}$ 坐标子空间上的自然投影，而 $\boldsymbol{V}$ 为 $\mathbb{R}^k$ 在由 I 给出的 $\mathbb{R}^k$ 坐标子空间上的自然投影（例如 $I=\{1,2\}$ 和 $J=\{1,5\}$，$\boldsymbol{U}_u=[\boldsymbol{u}_1;\boldsymbol{u}_5]\in\mathbb{R}^2$ 和 $\boldsymbol{V}_u=[\boldsymbol{u}_1;\boldsymbol{u}_2]\in\mathbb{R}^2$）。那么$[\boldsymbol{A},\boldsymbol{b}]$的概述扰动可以表示为

$$[\boldsymbol{A}(\boldsymbol{\eta}),\boldsymbol{b}(\boldsymbol{\eta})]=[\boldsymbol{A}^{\mathrm{n}},\boldsymbol{b}^{\mathrm{n}}]+\underbrace{\boldsymbol{V}^{\mathrm{T}}\boldsymbol{M}^{\mathrm{T}}}_{\boldsymbol{L}^{\mathrm{T}}}\boldsymbol{\eta}\underbrace{(\boldsymbol{N}\boldsymbol{U})}_{\boldsymbol{R}},\|\boldsymbol{\eta}\|_{2,2}\leqslant 1$$

由此，设置 $\boldsymbol{Y}(\boldsymbol{y})=[\boldsymbol{y};1]$，

$$\boldsymbol{A}(\boldsymbol{\eta})\boldsymbol{y}+\boldsymbol{b}(\boldsymbol{\eta})=[\boldsymbol{A}^{\mathrm{n}}\boldsymbol{y}+\boldsymbol{b}^{\mathrm{n}}]+\boldsymbol{L}^{\mathrm{T}}\boldsymbol{\eta}\underbrace{[\boldsymbol{R}\boldsymbol{Y}(\boldsymbol{y})]}_{\boldsymbol{R}(\boldsymbol{y})}$$

以上讨论在情况（6.3.1）和（6.3.3）下。

(ii)［简单椭球不确定性］假设左侧扰动集 $\mathcal{Z}^{\text{left}}$ 是一个 p 维椭球，我们可以假设这个椭球就是单位欧几里得球 $B=\{\boldsymbol{\eta}\in\mathbb{R}^p:\|\boldsymbol{\eta}\|_2\leqslant 1\}$。注意对于向量 $\boldsymbol{\eta}\in\mathbb{R}^p=\mathbb{R}^{p\times 1}$，通常的欧几里得范数$\|\boldsymbol{\eta}\|_2$ 以及它们的矩阵范数$\|\boldsymbol{\eta}\|_{2,2}$ 是相同的。我们现在有

$$\boldsymbol{A}(\boldsymbol{\eta})\boldsymbol{y}+\boldsymbol{b}(\boldsymbol{\eta})=[\boldsymbol{A}^0\boldsymbol{y}+\boldsymbol{b}^0]+\sum_{\ell=1}^{p}\eta_\ell[\boldsymbol{A}^\ell\boldsymbol{y}+\boldsymbol{b}^\ell]=[\boldsymbol{A}^{\mathrm{n}}\boldsymbol{y}+\boldsymbol{b}^{\mathrm{n}}]+\boldsymbol{L}^{\mathrm{T}}(\boldsymbol{y})\boldsymbol{\eta}R$$

其中，$\boldsymbol{A}^{\mathrm{n}}=\boldsymbol{A}^0$，$\boldsymbol{b}^{\mathrm{n}}=\boldsymbol{b}^0$，$R=1$ 和 $\boldsymbol{L}(\boldsymbol{y})$是行为 $[\boldsymbol{A}^\ell\boldsymbol{y}+\boldsymbol{b}^\ell]^{\mathrm{T}}$，$\ell=1,\cdots,p$ 的矩阵。因此，以上讨论在情况（6.3.1）和（6.3.2）下。

定理 6.3.2 具有非结构化范数有界不确定性的锥二次不等式（6.2.1）的鲁棒对等等价于变量为 $\boldsymbol{y},\boldsymbol{\tau},\boldsymbol{v},\lambda$ 的线性矩阵不等式显式组。

(i) 在左侧扰动（6.3.1）和（6.3.2）的情况下：

$$(a)\quad \boldsymbol{\tau}+\boldsymbol{p}^{\mathrm{T}}\boldsymbol{v}\leqslant\delta(\boldsymbol{y}),\boldsymbol{P}^{\mathrm{T}}\boldsymbol{v}=\boldsymbol{\sigma}(\boldsymbol{y}),\boldsymbol{Q}^{\mathrm{T}}\boldsymbol{v}=\boldsymbol{0},\boldsymbol{v}\in K_*,$$

$$(b)\quad \left[\begin{array}{c|c|c}\boldsymbol{\tau}\boldsymbol{I}_k & \boldsymbol{L}^{\mathrm{T}}(\boldsymbol{y}) & \boldsymbol{A}^{\mathrm{n}}\boldsymbol{y}+\boldsymbol{b}^{\mathrm{n}}\\\hline \boldsymbol{L}(\boldsymbol{y}) & \lambda\boldsymbol{I}_p & \\\hline [\boldsymbol{A}^{\mathrm{n}}\boldsymbol{y}+\boldsymbol{b}^{\mathrm{n}}]^{\mathrm{T}} & & \boldsymbol{\tau}-\lambda\boldsymbol{R}^{\mathrm{T}}\boldsymbol{R}\end{array}\right]\succeq 0 \tag{6.3.4}$$

(ii) 在左侧扰动（6.3.1）和（6.3.3）的情况下：

$$(a)\quad \boldsymbol{\tau}+\boldsymbol{p}^{\mathrm{T}}\boldsymbol{v}\leqslant\delta(\boldsymbol{y}),\boldsymbol{P}^{\mathrm{T}}\boldsymbol{v}=\boldsymbol{\sigma}(\boldsymbol{y}),\boldsymbol{Q}^{\mathrm{T}}\boldsymbol{v}=\boldsymbol{0},\boldsymbol{v}\in K_*,$$

$$(b)\quad \left[\begin{array}{c|c|c}\boldsymbol{\tau}\boldsymbol{I}_k-\lambda\boldsymbol{L}^{\mathrm{T}}\boldsymbol{L} & & \boldsymbol{A}^{\mathrm{n}}\boldsymbol{y}+\boldsymbol{b}^{\mathrm{n}}\\\hline & \lambda\boldsymbol{I}_q & \boldsymbol{R}(\boldsymbol{y})\\\hline [\boldsymbol{A}^{\mathrm{n}}\boldsymbol{y}+\boldsymbol{b}^{\mathrm{n}}]^{\mathrm{T}} & \boldsymbol{R}^{\mathrm{T}}(\boldsymbol{y}) & \boldsymbol{\tau}\end{array}\right]\succeq 0 \tag{6.3.5}$$

其中，K_* 是 K 的锥对偶。

证明　与命题6.2.1的证明一样，对于式（6.2.1），$\boldsymbol{y}$ 是鲁棒可行的，当且仅当存在 τ 满足

$$\begin{aligned}(a)\quad \tau &\leqslant \min_{\chi\in\mathcal{Z}^{\text{right}}}\{\boldsymbol{\sigma}^{\mathrm{T}}(\boldsymbol{y})\boldsymbol{\chi}+\delta(\boldsymbol{y})\}\\ &=\min_{\chi,u}\{\boldsymbol{\sigma}^{\mathrm{T}}(\boldsymbol{y})\boldsymbol{\chi}:\boldsymbol{P\chi}+\boldsymbol{Qu}+\boldsymbol{p}\in K\},\\ (b)\quad \tau &\geqslant \max_{\eta\in\mathcal{Z}^{\text{left}}}\|\boldsymbol{A}(\boldsymbol{\eta})\boldsymbol{y}+\boldsymbol{b}(\boldsymbol{\eta})\|_2\end{aligned}\tag{6.3.6}$$

给定的 τ 满足式（a）当且仅当它可以通过正确选择 $\boldsymbol{v}$ 扩展为（6.3.4.a）⇔(6.3.5.a）的解。τ 何时满足式（b），这有待于进一步研究。这需要两个基本事实。

引理 6.3.3【洛伦兹锥的半定表示】　向量$[\boldsymbol{y};t]\in\mathbb{R}^k\times\mathbb{R}$ 属于洛伦兹锥 $L^{k+1}=\{[\boldsymbol{y};t]\in\mathbb{R}^{k+1}:t\geqslant\|\boldsymbol{y}\|_2\}$，当且仅当“箭头矩阵”

$$\operatorname{Arrow}(\boldsymbol{y},t)=\left[\begin{array}{c|c}t&\boldsymbol{y}^{\mathrm{T}}\\\hline\boldsymbol{y}&t\boldsymbol{I}_k\end{array}\right]$$

是半正定的。

引理6.3.3的证明使用以下基本事实。

引理 6.3.4【舒尔补引理】　对于对称块矩阵

$$\boldsymbol{A}=\left[\begin{array}{c|c}\boldsymbol{P}&\boldsymbol{Q}^{\mathrm{T}}\\\hline\boldsymbol{Q}&\boldsymbol{R}\end{array}\right]$$

其中 $\boldsymbol{R}\succ 0$ 是（半）正定矩阵，当且仅当矩阵

$$\boldsymbol{P}-\boldsymbol{Q}^{\mathrm{T}}\boldsymbol{R}^{-1}\boldsymbol{Q}$$

是（半）正定矩阵。

舒尔补引理⇒引理 6.3.3： 如引理6.3.3所述，当 $t=0$ 时，我们有$[\boldsymbol{y};t]\in L^{k+1}$ 当且仅当 $\boldsymbol{y}=\boldsymbol{0}$，$\operatorname{Arrow}(\boldsymbol{y},t)\succeq 0$ 当且仅当 $\boldsymbol{y}=\boldsymbol{0}$。现在令 $t>0$。矩阵 $t\boldsymbol{I}_k$ 是正定的，那么通过舒尔补引理我们得到当且仅当 $t\geqslant t^{-1}\boldsymbol{y}^{\mathrm{T}}\boldsymbol{y}$ 有 $\operatorname{Arrow}(\boldsymbol{y},t)\succeq 0$，或者当且仅当$[\boldsymbol{y};t]\in L^{k+1}$。当 $t<0$，我们有$[\boldsymbol{y};t]\notin L^{k+1}$ 和 $\operatorname{Arrow}(\boldsymbol{y},t)\not\succeq 0$。■

舒尔补引理的证明： 对于所有的 $\boldsymbol{u},\boldsymbol{v}$，当且仅当 $\boldsymbol{u}^{\mathrm{T}}\boldsymbol{P}\boldsymbol{u}+2\boldsymbol{u}^{\mathrm{T}}\boldsymbol{Q}^{\mathrm{T}}\boldsymbol{v}+\boldsymbol{v}^{\mathrm{T}}\boldsymbol{R}\boldsymbol{v}\geqslant 0$，矩阵 $\boldsymbol{A}=\boldsymbol{A}^{\mathrm{T}}$ 是$\succeq 0$的，同样，当且仅当

$$\forall\boldsymbol{u}:0\leqslant\min_{\boldsymbol{v}}\{\boldsymbol{u}^{\mathrm{T}}\boldsymbol{P}\boldsymbol{u}+2\boldsymbol{u}^{\mathrm{T}}\boldsymbol{Q}^{\mathrm{T}}\boldsymbol{v}+\boldsymbol{v}^{\mathrm{T}}\boldsymbol{R}\boldsymbol{v}\}=\boldsymbol{u}^{\mathrm{T}}\boldsymbol{P}\boldsymbol{u}-\boldsymbol{u}^{\mathrm{T}}\boldsymbol{Q}^{\mathrm{T}}\boldsymbol{R}^{-1}\boldsymbol{Q}\boldsymbol{u}$$

（事实上，因为 $\boldsymbol{R}\succ 0$，当 $\boldsymbol{v}=\boldsymbol{R}^{-1}\boldsymbol{Q}\boldsymbol{u}$ 时，最后一个表达式的 $\boldsymbol{v}$ 的值最小。）结论关系 $\forall\boldsymbol{u}:\boldsymbol{u}^{\mathrm{T}}[\boldsymbol{P}-\boldsymbol{Q}^{\mathrm{T}}\boldsymbol{R}^{-1}\boldsymbol{Q}]\boldsymbol{u}\geqslant 0$ 有效当且仅当 $\boldsymbol{P}-\boldsymbol{Q}^{\mathrm{T}}\boldsymbol{R}^{-1}\boldsymbol{Q}\succeq 0$。因此，$\boldsymbol{A}\succeq 0$ 当且仅当 $\boldsymbol{P}-\boldsymbol{Q}^{\mathrm{T}}\boldsymbol{R}^{-1}\boldsymbol{Q}\succeq 0$。同样的推理意味着 $\boldsymbol{A}\succ 0$ 当且仅当 $\boldsymbol{P}-\boldsymbol{Q}^{\mathrm{T}}\boldsymbol{R}^{-1}\boldsymbol{Q}\succ 0$。■

我们还需要取得以下基本结果。

引理 6.3.5【$\mathcal{S}$引理】　(i)**【齐次版本】**使 $\boldsymbol{A}$ 和 $\boldsymbol{B}$ 为相同大小的对称矩阵，对于一些 $\bar{\boldsymbol{x}}$ 使得 $\bar{\boldsymbol{x}}^{\mathrm{T}}\boldsymbol{A}\bar{\boldsymbol{x}}>0$。然后有推理

$$\boldsymbol{x}^{\mathrm{T}}\boldsymbol{A}\boldsymbol{x}\geqslant 0\Rightarrow\boldsymbol{x}^{\mathrm{T}}\boldsymbol{B}\boldsymbol{x}\geqslant 0$$

为真，当且仅当

$$\exists\lambda\geqslant 0:\boldsymbol{B}\succeq\lambda\boldsymbol{A}$$

(ii)**【非齐次版本】**使 $\boldsymbol{A}$ 和 $\boldsymbol{B}$ 为相同大小的对称矩阵，并令二次型 $\boldsymbol{x}^{\mathrm{T}}\boldsymbol{A}\boldsymbol{x}+2\boldsymbol{a}^{\mathrm{T}}\boldsymbol{x}+\alpha$ 在某一点严格为正。然后有推理

$$x^{\mathrm{T}}Ax+2a^{\mathrm{T}}x+\alpha\geqslant 0\Rightarrow x^{\mathrm{T}}Bx+2b^{\mathrm{T}}x+\beta\geqslant 0$$

为真，当且仅当

$$\exists\lambda\geqslant 0:\left[\begin{array}{c|c} B-\lambda A & b^{\mathrm{T}}-\lambda a^{\mathrm{T}} \\ \hline b-\lambda a & \beta-\lambda\alpha \end{array}\right]\succeq 0$$

关于引理 6.3.5 的证明，见附录 B.2。

回到定理 6.3.2 的证明，我们现在可以理解给定的一对 τ, y 何时满足式（6.3.6.b）。让我们从情况（6.3.2）开始。我们有

$$\begin{aligned}
&(y,\tau)\text{满足式}(6.3.6.b)\\
\Leftrightarrow\ & [\overbrace{[A^{\mathrm{n}}y+b^{\mathrm{n}}]}^{\hat{y}}+L^{\mathrm{T}}(y)\eta R;\tau]\in L^{k+1},\forall(\eta:\|\eta\|_{2,2}\leqslant 1) && [\text{根据式}(6.3.2)]\\
\Leftrightarrow\ & \left[\begin{array}{c|c} \tau & \hat{y}^{\mathrm{T}}+R^{\mathrm{T}}\eta^{\mathrm{T}}L(y) \\ \hline \hat{y}+L^{\mathrm{T}}(y)\eta R & \tau I_k \end{array}\right]\succeq 0,\forall(\eta:\|\eta\|_{2,2}\leqslant 1) && [\text{根据引理 }6.3.3]\\
\Leftrightarrow\ & \tau s^2+2sr^{\mathrm{T}}[\hat{y}+L^{\mathrm{T}}(y)\eta R]+\tau r^{\mathrm{T}}r\geqslant 0,\forall[s;r],\forall(\eta:\|\eta\|_{2,2}\leqslant 1)\\
\Leftrightarrow\ & \tau s^2+2s\hat{y}^{\mathrm{T}}r+2\min_{\eta:\|\eta\|_{2,2}\leqslant 1}[s(\eta^{\mathrm{T}}L(y)r)^{\mathrm{T}}R]+\tau r^{\mathrm{T}}r\geqslant 0,\forall[s;r]\\
\Leftrightarrow\ & \tau s^2+2s\hat{y}^{\mathrm{T}}r-2\|L(y)r\|_2\|sR\|_2+\tau r^{\mathrm{T}}r\geqslant 0,\forall[s;r]\\
\Leftrightarrow\ & \tau r^{\mathrm{T}}r+2(L(y)r)^{\mathrm{T}}\xi+2sr^{\mathrm{T}}\hat{y}+\tau s^2\geqslant 0,\forall(s,r,\xi:\xi^{\mathrm{T}}\xi\leqslant s^2R^{\mathrm{T}}R)\\
\Leftrightarrow\ & \exists\lambda\geqslant 0:\left[\begin{array}{c|c|c} \tau I_k & L^{\mathrm{T}}(y) & \hat{y} \\ \hline L(y) & \lambda I_p & \\ \hline \hat{y}^{\mathrm{T}} & & \tau-\lambda R^{\mathrm{T}}R \end{array}\right]\succeq 0 && [\text{根据 }\mathcal{S}\text{ 引理的齐次性，注意 }R\neq 0]
\end{aligned}$$

后一关系式中的要求 $\lambda\geqslant 0$ 是由关系中的线性矩阵不等式隐含的，因此是冗余的。由此，在式（6.3.2）的情况下，关系（6.3.6.b）等于将 y 和 τ 扩展到式（6.3.4.b）的一个解的可能性。

现在令式（6.3.3）成为这样的情况。我们有

$$\begin{aligned}
&(y,\tau)\text{满足式}(6.3.6.b)\\
\Leftrightarrow\ & [\overbrace{[A^{\mathrm{n}}y+b^{\mathrm{n}}]}^{\hat{y}}+L^{\mathrm{T}}\eta R(y);\tau]\in L^{k+1},\forall(\eta:\|\eta\|_{2,2}\leqslant 1) && [\text{根据式}(6.3.3)]\\
\Leftrightarrow\ & \left[\begin{array}{c|c} \tau & \hat{y}^{\mathrm{T}}+R^{\mathrm{T}}(y)\eta^{\mathrm{T}}L \\ \hline \hat{y}+L^{\mathrm{T}}\eta R(y) & \tau I_k \end{array}\right]\succeq 0,\forall(\eta:\|\eta\|_{2,2}\leqslant 1) && [\text{根据引理 }6.3.3]\\
\Leftrightarrow\ & \tau s^2+2sr^{\mathrm{T}}[\hat{y}+L^{\mathrm{T}}\eta R(y)]+\tau r^{\mathrm{T}}r\geqslant 0,\forall[s;r],\forall(\eta:\|\eta\|_{2,2}\leqslant 1)\\
\Leftrightarrow\ & \tau s^2+2s\hat{y}^{\mathrm{T}}r+2\min_{\eta:\|\eta\|_{2,2}\leqslant 1}[s(\eta^{\mathrm{T}}Lr)^{\mathrm{T}}R(y)]+\tau r^{\mathrm{T}}r\geqslant 0,\forall[s;r]\\
\Leftrightarrow\ & \tau s^2+2s\hat{y}^{\mathrm{T}}r-2\|Lr\|_2\|sR(y)\|_2+\tau r^{\mathrm{T}}r\geqslant 0,\forall[s;r]\\
\Leftrightarrow\ & \tau r^{\mathrm{T}}r+2sR^{\mathrm{T}}(y)\xi+2sr^{\mathrm{T}}\hat{y}+\tau s^2\geqslant 0,\forall(s,r,\xi:\xi^{\mathrm{T}}\xi\leqslant r^{\mathrm{T}}L^{\mathrm{T}}Lr)\\
\Leftrightarrow\ & \exists\lambda\geqslant 0:\left[\begin{array}{c|c|c} \tau I_k-\lambda L^{\mathrm{T}}L & & \hat{y} \\ \hline & \lambda I_q & R(y) \\ \hline \hat{y}^{\mathrm{T}} & R^{\mathrm{T}}(y) & \tau \end{array}\right]\succeq 0 && [\text{根据 }\mathcal{S}\text{ 引理的齐次性，注意 }L\neq 0]
\end{aligned}$$

如上所述，限制 $\lambda\geqslant 0$ 是多余的。我们看到在式（6.3.3）的情况下，关系（6.3.6.b）等于将 y 和 τ 扩展到式（6.3.5.b）的一个解的可能性。 ■

6.4 可解情况Ⅲ：具有非结构化范数有界不确定性的凸二次不等式

不确定锥二次约束（6.1.3）的一个特例是凸二次约束

$$\begin{aligned}&(a)\quad \boldsymbol{y}^{\mathrm{T}}\boldsymbol{A}^{\mathrm{T}}(\boldsymbol{\zeta})\boldsymbol{A}(\boldsymbol{\zeta})\boldsymbol{y}\leqslant 2\boldsymbol{y}^{\mathrm{T}}\boldsymbol{b}(\boldsymbol{\zeta})+c(\boldsymbol{\zeta}),\\&(b)\quad \|[2\boldsymbol{A}(\boldsymbol{\zeta})\boldsymbol{y};1-2\boldsymbol{y}^{\mathrm{T}}\boldsymbol{b}(\boldsymbol{\zeta})-c(\boldsymbol{\zeta})]\|_2\leqslant 1+2\boldsymbol{y}^{\mathrm{T}}\boldsymbol{b}(\boldsymbol{\zeta})+c(\boldsymbol{\zeta})\end{aligned}\tag{6.4.1}$$

其中$\boldsymbol{A}(\boldsymbol{\zeta})$是$k\times n$的。

假设影响这个约束的不确定性是一个非结构化范数有界不确定性，这意味着

$$\begin{aligned}&(a)\quad \mathcal{Z}=\{\boldsymbol{\zeta}\in\mathbb{R}^{p\times q}:\|\boldsymbol{\zeta}\|_{2,2}\leqslant 1\},\\&(b)\quad \begin{bmatrix}\boldsymbol{A}(\boldsymbol{\zeta})\boldsymbol{y}\\ \boldsymbol{y}^{\mathrm{T}}\boldsymbol{b}(\boldsymbol{\zeta})\\ c(\boldsymbol{\zeta})\end{bmatrix}=\begin{bmatrix}\boldsymbol{A}^{\mathrm{n}}\boldsymbol{y}\\ \boldsymbol{y}^{\mathrm{T}}\boldsymbol{b}^{\mathrm{n}}\\ c^{\mathrm{n}}\end{bmatrix}+\boldsymbol{L}^{\mathrm{T}}(\boldsymbol{y})\boldsymbol{\zeta}\boldsymbol{R}(\boldsymbol{y})\end{aligned}\tag{6.4.2}$$

其中，$\boldsymbol{L}(\boldsymbol{y})$和$\boldsymbol{R}(\boldsymbol{y})$是大小适当的矩阵，仿射依赖于$\boldsymbol{y}$，并且至少有一个矩阵是常数。我们将要证明式（6.4.1）和式（6.4.2）的鲁棒对等在计算上是易处理的。注意，刚才在凸二次约束（6.4.1.a）数据中定义的非结构化范数有界不确定性意味着等价不确定锥二次不等式（6.4.1.a）的左侧数据中具有相似的不确定性。回想定理6.3.2，其确保了左侧数据中带有侧向不确定性和非结构化范数有界扰动的一般形式不确定锥二次不等式中，鲁棒对等是易处理的。接下来的结果以限制锥二次不等式的结构为代价，消除了不确定性的“侧向”要求——现在它应该来自一个不确定凸二次约束。注意，我们将要考虑的情况包括当式（6.4.1.a）中的数据$(\boldsymbol{A}(\boldsymbol{\zeta}),\boldsymbol{b}(\boldsymbol{\zeta}),c(\boldsymbol{\zeta}))$被椭球中变化的$\boldsymbol{\zeta}$仿射参数化的情况（参见例6.3.1（ii））。

命题 6.4.1 令$\boldsymbol{L}(\boldsymbol{y})=[\boldsymbol{L}_A(\boldsymbol{y}),\boldsymbol{L}_b(\boldsymbol{y}),\boldsymbol{L}_c(\boldsymbol{y})]$，其中$\boldsymbol{L}_b(\boldsymbol{y})$，$\boldsymbol{L}_c(\boldsymbol{y})$是$\boldsymbol{L}(\boldsymbol{y})$中的最后两列，并且设

$$\begin{aligned}&\hat{\boldsymbol{L}}^{\mathrm{T}}(\boldsymbol{y})=\left[\boldsymbol{L}_b^{\mathrm{T}}(\boldsymbol{y})+\frac{1}{2}\boldsymbol{L}_c^{\mathrm{T}}(\boldsymbol{y});\boldsymbol{L}_A^{\mathrm{T}}(\boldsymbol{y})\right],\hat{\boldsymbol{R}}(\boldsymbol{y})=[\boldsymbol{R}(\boldsymbol{y}),\boldsymbol{0}_{q\times k}],\\&\mathcal{A}(\boldsymbol{y})=\left[\begin{array}{c|c}2\boldsymbol{y}^{\mathrm{T}}\boldsymbol{b}^{\mathrm{n}}+c^{\mathrm{n}} & [\boldsymbol{A}^{\mathrm{n}}\boldsymbol{y}]^{\mathrm{T}}\\ \hline \boldsymbol{A}^{\mathrm{n}}\boldsymbol{y} & \boldsymbol{I}_k\end{array}\right]\end{aligned}\tag{6.4.3}$$

因此$\mathcal{A}(\boldsymbol{y})$，$\hat{\boldsymbol{L}}(\boldsymbol{y})$，$\hat{\boldsymbol{R}}(\boldsymbol{y})$在$\boldsymbol{y}$上是仿射的，且后两个矩阵中至少有一个是常数。

式（6.4.1）和式（6.4.2）中的鲁棒对等等价于在变量$\boldsymbol{y}$，λ上的显式线性矩阵不等式$\mathcal{S}$，如下所示。

(i) 当$\hat{\boldsymbol{L}}(\boldsymbol{y})$非零且独立于$\boldsymbol{y}$时，$\mathcal{S}$为

$$\left[\begin{array}{c|c}\mathcal{A}(\boldsymbol{y})-\lambda\hat{\boldsymbol{L}}^{\mathrm{T}}\hat{\boldsymbol{L}} & \hat{\boldsymbol{R}}^{\mathrm{T}}(\boldsymbol{y})\\ \hline \hat{\boldsymbol{R}}(\boldsymbol{y}) & \lambda\boldsymbol{I}_q\end{array}\right]\succeq 0\tag{6.4.4}$$

(ii) 当$\hat{\boldsymbol{R}}(\boldsymbol{y})$非零且独立于$\boldsymbol{y}$时，$\mathcal{S}$为

$$\left[\begin{array}{c|c}\mathcal{A}(\boldsymbol{y})-\lambda\hat{\boldsymbol{R}}^{\mathrm{T}}\hat{\boldsymbol{R}} & \hat{\boldsymbol{L}}^{\mathrm{T}}(\boldsymbol{y})\\ \hline \hat{\boldsymbol{L}}(\boldsymbol{y}) & \lambda\boldsymbol{I}_p\end{array}\right]\succeq 0\tag{6.4.5}$$

(iii) 在所有剩下的情况中（也就是说，当$\hat{\boldsymbol{L}}(\boldsymbol{y})$和$\hat{\boldsymbol{R}}(\boldsymbol{y})$至少有一个恒为$\boldsymbol{0}$），$\mathcal{S}$为

$$\mathcal{A}(\boldsymbol{y})\succeq 0\tag{6.4.6}$$

证明 我们有

$$
\begin{aligned}
& \boldsymbol{y}^{\mathrm{T}}\boldsymbol{A}^{\mathrm{T}}(\boldsymbol{\zeta})\boldsymbol{A}(\boldsymbol{\zeta})\boldsymbol{y}\leqslant 2\boldsymbol{y}^{\mathrm{T}}\boldsymbol{b}(\boldsymbol{\zeta})+c(\boldsymbol{\zeta}),\forall\boldsymbol{\zeta}\in\mathcal{Z} \\
\Leftrightarrow\ & \left[\begin{array}{c|c} 2\boldsymbol{y}^{\mathrm{T}}\boldsymbol{b}(\boldsymbol{\zeta})+c(\boldsymbol{\zeta}) & [\boldsymbol{A}(\boldsymbol{\zeta})\boldsymbol{y}]^{\mathrm{T}} \\ \hline \boldsymbol{A}(\boldsymbol{\zeta})\boldsymbol{y} & \boldsymbol{I}_k \end{array}\right]\succeq 0,\forall\boldsymbol{\zeta}\in\mathcal{Z} & \text{[舒尔补引理]} \\
\Leftrightarrow\ & \overbrace{\left[\begin{array}{c|c} 2\boldsymbol{y}^{\mathrm{T}}\boldsymbol{b}^{\mathrm{n}}+c^{\mathrm{n}} & [\boldsymbol{A}^{\mathrm{n}}\boldsymbol{y}]^{\mathrm{T}} \\ \hline \boldsymbol{A}^{\mathrm{n}}\boldsymbol{y} & \boldsymbol{I} \end{array}\right]}^{\mathcal{A}(\boldsymbol{y})}+ \\
& \overbrace{\left[\begin{array}{c|c} 2\boldsymbol{L}_b^{\mathrm{T}}(\boldsymbol{y})\boldsymbol{\zeta}\boldsymbol{R}(\boldsymbol{y})+\boldsymbol{L}_c^{\mathrm{T}}(\boldsymbol{y})\boldsymbol{\zeta}\boldsymbol{R}(\boldsymbol{y}) & \boldsymbol{R}^{\mathrm{T}}(\boldsymbol{y})\boldsymbol{\zeta}^{\mathrm{T}}\boldsymbol{L}_A(\boldsymbol{y}) \\ \hline \boldsymbol{L}_A^{\mathrm{T}}(\boldsymbol{y})\boldsymbol{\zeta}\boldsymbol{R}(\boldsymbol{y}) & \end{array}\right]}^{\mathcal{B}(\boldsymbol{y},\boldsymbol{\zeta})}\succeq 0,\forall(\boldsymbol{\zeta}:\|\boldsymbol{\zeta}\|_{2,2}\leqslant 1) & \text{[根据式(6.4.2)]} \\
\Leftrightarrow\ & \mathcal{A}(\boldsymbol{y})+\hat{\boldsymbol{L}}^{\mathrm{T}}(\boldsymbol{y})\boldsymbol{\zeta}\hat{\boldsymbol{R}}(\boldsymbol{y})+\hat{\boldsymbol{R}}^{\mathrm{T}}(\boldsymbol{y})\boldsymbol{\zeta}^{\mathrm{T}}\hat{\boldsymbol{L}}(\boldsymbol{y})\succeq 0,\forall(\boldsymbol{\zeta}:\|\boldsymbol{\zeta}\|_{2,2}\leqslant 1) & \text{[根据式(6.4.3)]}
\end{aligned}
$$

现在就可以完全按照定理 6.3.2 的证明来完成推理了。例如，考虑（i）的情况，我们有

$$
\begin{aligned}
& \boldsymbol{y}^{\mathrm{T}}\boldsymbol{A}^{\mathrm{T}}(\boldsymbol{\zeta})\boldsymbol{A}(\boldsymbol{\zeta})\boldsymbol{y}\leqslant 2\boldsymbol{y}^{\mathrm{T}}\boldsymbol{b}(\boldsymbol{\zeta})+c(\boldsymbol{\zeta}),\forall\boldsymbol{\zeta}\in\mathcal{Z} \\
\Leftrightarrow\ & \mathcal{A}(\boldsymbol{y})+\hat{\boldsymbol{L}}^{\mathrm{T}}\boldsymbol{\zeta}\hat{\boldsymbol{R}}(\boldsymbol{y})+\hat{\boldsymbol{R}}^{\mathrm{T}}(\boldsymbol{y})\boldsymbol{\zeta}^{\mathrm{T}}\hat{\boldsymbol{L}}\succeq 0,\forall(\boldsymbol{\zeta}:\|\boldsymbol{\zeta}\|_{2,2}\leqslant 1) & \text{[已证明]} \\
\Leftrightarrow\ & \boldsymbol{\xi}^{\mathrm{T}}\mathcal{A}(\boldsymbol{y})\boldsymbol{\xi}+2(\hat{\boldsymbol{L}}\boldsymbol{\xi})^{\mathrm{T}}\boldsymbol{\zeta}\hat{\boldsymbol{R}}(\boldsymbol{y})\boldsymbol{\xi}\geqslant 0,\forall\boldsymbol{\xi},\forall(\boldsymbol{\zeta}:\|\boldsymbol{\zeta}\|_{2,2}\leqslant 1) \\
\Leftrightarrow\ & \boldsymbol{\xi}^{\mathrm{T}}\mathcal{A}(\boldsymbol{y})\boldsymbol{\xi}-2\|\hat{\boldsymbol{L}}\boldsymbol{\xi}\|_2\|\hat{\boldsymbol{R}}(\boldsymbol{y})\boldsymbol{\xi}\|_2\geqslant 0,\forall\boldsymbol{\xi} \\
\Leftrightarrow\ & \boldsymbol{\xi}^{\mathrm{T}}\mathcal{A}(\boldsymbol{y})\boldsymbol{\xi}+2\boldsymbol{\eta}^{\mathrm{T}}\hat{\boldsymbol{R}}(\boldsymbol{y})\boldsymbol{\xi}\geqslant 0,\forall(\boldsymbol{\xi},\boldsymbol{\eta}:\boldsymbol{\eta}^{\mathrm{T}}\boldsymbol{\eta}\leqslant\boldsymbol{\xi}^{\mathrm{T}}\hat{\boldsymbol{L}}^{\mathrm{T}}\hat{\boldsymbol{L}}\boldsymbol{\xi}) \\
\Leftrightarrow\ & \exists\lambda\geqslant 0:\left[\begin{array}{c|c} \mathcal{A}(\boldsymbol{y})-\lambda\hat{\boldsymbol{L}}^{\mathrm{T}}\hat{\boldsymbol{L}} & \hat{\boldsymbol{R}}^{\mathrm{T}}(\boldsymbol{y}) \\ \hline \hat{\boldsymbol{R}}(\boldsymbol{y}) & \lambda\boldsymbol{I}_q \end{array}\right]\succeq 0 & [\mathcal{S}\text{引理}] \\
\Leftrightarrow\ & \exists\lambda:\left[\begin{array}{c|c} \mathcal{A}(\boldsymbol{y})-\lambda\hat{\boldsymbol{L}}^{\mathrm{T}}\hat{\boldsymbol{L}} & \hat{\boldsymbol{R}}^{\mathrm{T}}(\boldsymbol{y}) \\ \hline \hat{\boldsymbol{R}}(\boldsymbol{y}) & \lambda\boldsymbol{I}_q \end{array}\right]\succeq 0
\end{aligned}
$$

然后我们就得到了式（6.4.4）。 ■

6.5 可解情况Ⅳ：简单椭球不确定性的锥二次不等式

我们要给出的最后一种可解情况是以椭球为扰动集的不确定锥二次不等式（6.1.3）。现在，与定理 6.3.2 和命题 6.4.1 的结果不同，我们既没有从侧向假设不确定性，也没有对所讨论的锥二次不等式施加具体的结构限制。然而，到目前为止，在所有易处理结果中，我们最终得到了一个“结构良好”且易处理的鲁棒对等的新公式（主要以线性矩阵不等式的显式组的形式）。现在，较之原来，新公式没那么简洁了：我们将证明鲁棒对等的可行集允许一个可计算的分离 oracle——一个高效的计算程序，在输入一个候选的决策向量 $\boldsymbol{y}$ 时，会报告该向量是否鲁棒可行，如果不可行，返回一个分离器——决策向量空间中的线性形式 $\boldsymbol{e}^{\mathrm{T}}\boldsymbol{z}$，如下：

$$
\boldsymbol{e}^{\mathrm{T}}\boldsymbol{y}>\sup_{\boldsymbol{z}\in Y}\boldsymbol{e}^{\mathrm{T}}\boldsymbol{z}
$$

其中 Y 是所有鲁棒可行解的集合。好消息是当配备了这样的程序时，可以有效优化 Y 和由一个高效可计算的分离 oracle 给出的任意凸紧集 Z 的交集的线性形式。坏消息是在这种情况下，可用的“理论上有效”优化算法集合比我们目前遇到的情况下可用的算法集合受到的限制更多。具体来说，在过去的情况下，我们可以通过高性能的内点多项式时间方法来处理鲁棒对等，而在现在的情况下，我们不得不使用较慢的面向黑盒的方法，如椭球算法。因此，能够在现实时间内处理的设计维度可能会大幅下降。

我们将描述一个不确定锥二次不等式（6.1.3）的可行集

$$Y=\{\boldsymbol{y}:\|\boldsymbol{\alpha}(\boldsymbol{y})\boldsymbol{\zeta}+\boldsymbol{\beta}(\boldsymbol{y})\|_2\leqslant\boldsymbol{\sigma}^{\mathrm{T}}(\boldsymbol{y})\boldsymbol{\zeta}+\delta(\boldsymbol{y}),\forall(\boldsymbol{\zeta}:\boldsymbol{\zeta}^{\mathrm{T}}\boldsymbol{\zeta}\leqslant 1)\}\tag{6.5.1}$$

的有效分离 oracle，其中单位球作为扰动集，回想 $\boldsymbol{\alpha}(\boldsymbol{y})$，$\boldsymbol{\beta}(\boldsymbol{y})$，$\boldsymbol{\sigma}(\boldsymbol{y})$，$\delta(\boldsymbol{y})$ 在 $\boldsymbol{y}$ 上是仿射的。

注意到 $\boldsymbol{y}\in Y$ 当且仅当以下两个条件成立：

$0\leqslant\boldsymbol{\sigma}^{\mathrm{T}}(\boldsymbol{y})\boldsymbol{\zeta}+\delta(\boldsymbol{y}),\forall(\boldsymbol{\zeta}:\|\boldsymbol{\zeta}\|_2\leqslant 1)$ $\Leftrightarrow\ \|\boldsymbol{\sigma}(\boldsymbol{y})\|_2\leqslant\delta(\boldsymbol{y})$	(a)
$(\boldsymbol{\sigma}^{\mathrm{T}}(\boldsymbol{y})\boldsymbol{\zeta}+\delta(\boldsymbol{y}))^2-[\boldsymbol{\alpha}(\boldsymbol{y})\boldsymbol{\zeta}+\boldsymbol{\beta}(\boldsymbol{y})]^{\mathrm{T}}[\boldsymbol{\alpha}(\boldsymbol{y})\boldsymbol{\zeta}+\boldsymbol{\beta}(\boldsymbol{y})]\geqslant 0,$ $\forall(\boldsymbol{\zeta}:\boldsymbol{\zeta}^{\mathrm{T}}\boldsymbol{\zeta}\leqslant 1)$ $\Leftrightarrow\ \exists\lambda\geqslant 0:$ $\boldsymbol{A}_y(\lambda)\equiv\left[\begin{array}{c\|c}\lambda\boldsymbol{I}_L+\boldsymbol{\sigma}(\boldsymbol{y})\boldsymbol{\sigma}^{\mathrm{T}}(\boldsymbol{y})-\boldsymbol{\alpha}^{\mathrm{T}}(\boldsymbol{y})\boldsymbol{\alpha}(\boldsymbol{y}) & \delta(\boldsymbol{y})\boldsymbol{\sigma}^{\mathrm{T}}(\boldsymbol{y})-\boldsymbol{\beta}^{\mathrm{T}}(\boldsymbol{y})\boldsymbol{\alpha}(\boldsymbol{y}) \\ \hline \delta(\boldsymbol{y})\boldsymbol{\sigma}(\boldsymbol{y})-\boldsymbol{\alpha}^{\mathrm{T}}(\boldsymbol{y})\boldsymbol{\beta}(\boldsymbol{y}) & \delta^2(\boldsymbol{y})-\boldsymbol{\beta}^{\mathrm{T}}(\boldsymbol{y})\boldsymbol{\beta}(\boldsymbol{y})-\lambda\end{array}\right]\succeq 0$	(b)

（6.5.2）

其中第二个⇔是因为非齐次的 $\mathcal{S}$ 引理。注意到给定 $\boldsymbol{y}$，很容易证明式（6.5.2）的正确性。

i）式（6.5.2.a）的证明是不重要的。

ii）为了证明式（6.5.2.b），我们可以在 λ 上用二分法，如下。

首先注意到，任意满足式（6.5.2.b）中矩阵不等式的 $\lambda\geqslant 0$ 都需满足 $\leqslant\lambda_+\equiv\delta^2(\boldsymbol{y})-\boldsymbol{\beta}^{\mathrm{T}}(\boldsymbol{y})\boldsymbol{\beta}(\boldsymbol{y})$。如果 $\lambda_+<0$，那么式（6.5.2.b）绝对不会发生，即可终止证明。当 $\lambda_+\geqslant 0$，我们可以为矩阵不等式解集 Λ_* 构建定位器的收缩序列 $\Delta_t=[\underline{\lambda}_t,\overline{\lambda}_t]$：

- 我们设 $\underline{\lambda}_0=0$，$\overline{\lambda}_0=\lambda_+$，因此保证 $\Lambda_*\subset\Delta_0$。
- 假设 $t-1$ 步后，我们有区间 Δ_{t-1}，$\Delta_{t-1}\subset\Delta_{t-2}\subset\cdots\subset\Delta_0$，使得 $\Lambda_*\subset\Delta_{t-1}$。令 λ_t 是 Δ_{t-1} 的中点。在 t 步时，我们检验矩阵 $\boldsymbol{A}_y(\lambda_t)$ 是否 $\succeq 0$；为此，我们可以用熟知的线性代数例程中的任意一个，以 $O(k^3)$ 的算法复杂度来检验 $k\times k$ 矩阵 $\boldsymbol{A}$ 的半正定性。如果不是这样，则证明了 $\boldsymbol{A}\not\succeq 0$ 的事实——一个向量 $\boldsymbol{z}$ 使得 $\boldsymbol{z}^{\mathrm{T}}\boldsymbol{A}\boldsymbol{z}<0$。如果 $\boldsymbol{A}_y(\lambda_t)\succeq 0$，则讨论结束，否则我们得到一个向量 $\boldsymbol{z}_t$，使得当 $\lambda=\lambda_t$ 时，仿射函数 $f_t(\lambda)\equiv\boldsymbol{z}_t^{\mathrm{T}}\boldsymbol{A}_y(\lambda)\boldsymbol{z}_t$ 为负。设 $\Delta_t=\{\lambda\in\Delta_{t-1}:f_t(\lambda)\geqslant 0\}$，我们显然得到了一个对 Λ_* 的新的定位器，该定位器至少比 Δ_{t-1} 短 1/2；如果这个定位器是非空的，则转到 $t+1$ 步，否则我们将声明式（6.5.2.b）无效。

由于后续定位器的尺寸在每一步都缩小至少 1/2，概述的过程迅速收敛：对于所有实际目的[⊖]，我们可以假设该过程在少量步骤后终止，使得存在一个 λ 令式（6.5.2）中的矩阵不等式有效，或者存在一个空定位器，意味着式（6.5.2.b）无效。

到目前为止，我们建立了一个有效的程序来检验 $\boldsymbol{y}$ 是否鲁棒可行（即是否有 $\boldsymbol{y}\in Y$）。要完成 Y 的分离 oracle 的构建，我们仍需构建当 $\boldsymbol{y}\notin Y$ 时 $\boldsymbol{y}$ 和 Y 的分离器。我们的“分离策略”如下所述。回想 $\boldsymbol{y}\in Y$ 当且仅当所有的向量 $\boldsymbol{v}_y(\boldsymbol{\zeta})=[\boldsymbol{\alpha}(\boldsymbol{y})\boldsymbol{\zeta}+\boldsymbol{\beta}(\boldsymbol{y});\boldsymbol{\sigma}^{\mathrm{T}}(\boldsymbol{y})\boldsymbol{\zeta}+\delta(\boldsymbol{y})]$（其中 $\|\boldsymbol{\zeta}\|_2\leqslant 1$）属于洛伦兹锥 L^{k+1}，其中 $k=\dim\boldsymbol{\beta}(\boldsymbol{y})$。因此，如果存在 $\overline{\boldsymbol{\zeta}}$ 使得 $\|\overline{\boldsymbol{\zeta}}\|_2\leqslant 1$ 且 $\boldsymbol{v}_y(\overline{\boldsymbol{\zeta}})\notin L^{k+1}$，则 $\boldsymbol{y}\notin Y$。给定这样一个 $\overline{\boldsymbol{\zeta}}$，我们可以立即构建一个 $\boldsymbol{y}$ 和 Y 的分离器，如下所示。

⊖　推理过程可以更加精确，但这需要深入文中跳过的乏味的技术细节中。

i）由于 $v_y(\bar{\zeta})\notin L^{k+1}$，因此很容易分离 $v_y(\bar{\zeta})$和 L^{k+1}。具体地，设 $v_y(\bar{\zeta})=[a;b]$，我们可以得到 $b<\|a\|_2$，设 $e=[a/\|a\|_2;-1]$，我们可以得到，对于所有的 $u\in L^{k+1}$，当 $e^{\mathrm{T}}u\leqslant 0$ 时，$e^{\mathrm{T}}v_y(\bar{\zeta})=\|a\|_2-b>0$。

ii）$v_y(\bar{\zeta})$ 和 L^{k+1} 的分离器 e 构建完成之后，我们观察函数 $\phi(z)=e^{\mathrm{T}}v_z(\bar{\zeta})$。这是一个关于 z 的仿射函数，使得

$$\sup_{z\in Y}\phi(z)\leqslant \sup_{u\in L^{k+1}} e^{\mathrm{T}}u<e^{\mathrm{T}}v_y(\bar{\zeta})=\phi(y)$$

当 $z\in Y$ 时，$v_z(\bar{\zeta})\in L^{k+1}$，由此给出了第一个$\leqslant$。因此，$\phi(\cdot)$ 中同样的部分（由 e 给出的线性形式）分离了 y 和 Y。

总之，我们所需的是一个高效的程序，当 $y\notin Y$ 时，

$$\hat{\mathcal{Z}}_y\equiv\{\bar{\zeta}:\|\bar{\zeta}\|_2\leqslant 1, v_y(\bar{\zeta})\notin L^{k+1}\}\neq\varnothing$$

找到一个点 $\bar{\zeta}\in\hat{\mathcal{Z}}_y$（不可行性说明）。这样的程序如下。首先，回想一下，我们验证 y 的鲁棒可行性的算法报告了两种情况下的 $y\notin Y$：

- $\|\sigma(y)\|_2>\delta(y)$。在这种情况下，我们不难找到一个 $\bar{\zeta}$ 且$\|\bar{\zeta}\|_2\leqslant 1$，使得$\sigma^{\mathrm{T}}(y)\bar{\zeta}+\delta(y)<0$。换句话说，向量 $v_y(\bar{\zeta})$有一个负的末尾坐标，因此它绝对不属于 L^{k+1}。这样的 $\bar{\zeta}$ 是一个不可行的说明。
- 我们发现在二分过程的特定步骤 t 中：(a)$\lambda_+<0$，（b）得到 $\Delta_t=\varnothing$。在这种情况下，构建一个不可行性的说明会更加棘手。

步骤 1：分离半正定锥和“矩阵射线”$\{A_y(\lambda):\lambda\geqslant 0\}$。观察到 z_0 被定义为 $\mathbb{R}^{L+1}$ 中最后一个正交基，我们得出当$\lambda>\lambda_+$时有 $f_0(\lambda)\equiv z_0^{\mathrm{T}}A_y(\lambda)z_0<0$。回顾我们的二分过程，可得出结论，在（a）和（b）这两种情况下可以使用具有（$L+1$）维向量的 $z_0,\cdots,z_t$ 的集合，使得 $f_s(\lambda)=z_s^{\mathrm{T}}A_y(\lambda)z_s$，对于所有$\lambda\geqslant 0$，有 $f(\lambda)\equiv\min[f_0(\lambda),f_1(\lambda),\cdots,f_t(\lambda)]<0$。通过构造，$f(\lambda)$ 是非负射线上的分段线性凹函数；对于 $\lambda\geqslant 0$ 的 f 的最大值，我们得出结论，在非负射线上，只有 f 的两个“线性块”$f_0(\lambda),\cdots,f_t(\lambda)$的适当凸组合处处都是负的。也就是说，有了适当的选择和容易找到的$\alpha\in[0,1]$和 $\tau_1,\tau_2\leqslant t$，我们有

$$\phi(\lambda)\equiv\alpha f_{\tau_1}(\lambda)+(1-\alpha)f_{\tau_2}(\lambda)<0, \forall\lambda\geqslant 0$$

回顾 $f_\tau(\lambda)$的起源并设置 $z^1=\sqrt{\alpha}z_{\tau_1}$，$z^2=\sqrt{1-\alpha}z_{\tau_2}$，$Z=z^1[z^1]^{\mathrm{T}}+z^2[z^2]^{\mathrm{T}}$，我们有

$$0>\phi(\lambda)=[z^1]^{\mathrm{T}}A_y(\lambda)z^1+[z^2]^{\mathrm{T}}A_y(\lambda)z^2=\mathrm{Tr}(A_y(\lambda)Z), \forall\lambda\geqslant 0 \tag{6.5.3}$$

对于这个不等式有一个简单的解释：函数 $\Phi(X)=\mathrm{Tr}(XZ)$是在 S^{L+1} 上的线性形式，它在半正定锥上是非负的（因为构造$Z\succeq 0$），在“矩阵射线”$\{A_y(\lambda):\lambda\geqslant 0\}$上处处是负的，从而证明该射线不与半正定锥相交（后者与式（6.5.2.b）为错的事实完全相同）。

步骤 2：从 Z 到$\bar{\zeta}$。关系式（6.5.3）表示仿射函数$\phi(\lambda)$在非负射线上处处为负，这意味着函数的斜率非正，且原点处的值为负。考虑到式（6.5.2），我们得到

$$Z_{L+1,L+1}\geqslant\sum_{i=1}^{L}Z_{ii}, \mathrm{Tr}\left(Z\underbrace{\left[\begin{array}{c|c}\sigma(y)\sigma^{\mathrm{T}}(y)-\alpha^{\mathrm{T}}(y)\alpha(y) & \delta(y)\sigma^{\mathrm{T}}(y)-\beta^{\mathrm{T}}(y)\alpha(y)\\ \hline \delta(y)\sigma(y)-\alpha^{\mathrm{T}}(y)\beta(y) & \delta^2(y)-\beta^{\mathrm{T}}(y)\beta(y)\end{array}\right]}_{A_y(0)}\right)<0 \tag{6.5.4}$$

除此之外，我们还记得 Z 的形式是 $z^1[z^1]^{\mathrm{T}}+z^2[z^2]^{\mathrm{T}}$。我们声明：

（!）我们可以有效地找到一个表示 $\boldsymbol{Z}=\boldsymbol{e}\boldsymbol{e}^{\mathrm{T}}+\boldsymbol{f}\boldsymbol{f}^{\mathrm{T}}$，这样 $\boldsymbol{e},\boldsymbol{f}\in L^{L+1}$。

暂时认为（!）是理所当然的，让我们建立一个不可行性说明。实际上，从式（6.5.4）中的第二个关系式可以得出 $\mathrm{Tr}(\boldsymbol{A}_y(\boldsymbol{0})\boldsymbol{e}\boldsymbol{e}^{\mathrm{T}})<0$ 或 $\mathrm{Tr}(\boldsymbol{A}_y(\boldsymbol{0})\boldsymbol{f}\boldsymbol{f}^{\mathrm{T}})<0$，或两者都是。让我们检查一下这些不等式中哪一个确实成立；不失一般性地假设第一个不等式成立。从这个不等式，特别是 $\boldsymbol{e}\neq\boldsymbol{0}$，并且因为 $\boldsymbol{e}\in L^{L+1}$，我们有 $e_{L+1}>0$。设 $\bar{\boldsymbol{e}}=\boldsymbol{e}/e_{L+1}=[\bar{\boldsymbol{\zeta}};1]$，我们有 $\mathrm{Tr}(\boldsymbol{A}_y(\boldsymbol{0})\bar{\boldsymbol{e}}\bar{\boldsymbol{e}}^{\mathrm{T}})=\bar{\boldsymbol{e}}^{\mathrm{T}}\boldsymbol{A}_y(\boldsymbol{0})\bar{\boldsymbol{e}}<0$，于是

$$\delta^2(\boldsymbol{y})-\boldsymbol{\beta}^{\mathrm{T}}(\boldsymbol{y})\boldsymbol{\beta}(\boldsymbol{y})+2\delta(\boldsymbol{y})\boldsymbol{\sigma}^{\mathrm{T}}(\boldsymbol{y})\bar{\boldsymbol{\zeta}}-2\boldsymbol{\beta}^{\mathrm{T}}(\boldsymbol{y})\boldsymbol{\alpha}(\boldsymbol{y})\bar{\boldsymbol{\zeta}}+\bar{\boldsymbol{\zeta}}^{\mathrm{T}}\boldsymbol{\sigma}(\boldsymbol{y})\boldsymbol{\sigma}^{\mathrm{T}}(\boldsymbol{y})\bar{\boldsymbol{\zeta}}-\bar{\boldsymbol{\zeta}}^{\mathrm{T}}\boldsymbol{\alpha}^{\mathrm{T}}(\boldsymbol{y})\boldsymbol{\alpha}(\boldsymbol{y})\bar{\boldsymbol{\zeta}}<0$$

或者等价于

$$(\delta(\boldsymbol{y})+\boldsymbol{\sigma}^{\mathrm{T}}(\boldsymbol{y})\bar{\boldsymbol{\zeta}})^2<(\boldsymbol{\alpha}(\boldsymbol{y})\bar{\boldsymbol{\zeta}}+\boldsymbol{\beta}(\boldsymbol{y}))^{\mathrm{T}}(\boldsymbol{\alpha}(\boldsymbol{y})\bar{\boldsymbol{\zeta}}+\boldsymbol{\beta}(\boldsymbol{y}))$$

我们发现向量 $\boldsymbol{v}_y(\bar{\boldsymbol{\zeta}})=[\boldsymbol{\alpha}(\boldsymbol{y})\bar{\boldsymbol{\zeta}}+\boldsymbol{\beta}(\boldsymbol{y});\boldsymbol{\sigma}^{\mathrm{T}}(\boldsymbol{y})\bar{\boldsymbol{\zeta}}+\delta(\boldsymbol{y})]$不属于 L^{L+1}，而 $\bar{\boldsymbol{e}}=[\bar{\boldsymbol{\zeta}};1]\in L^{L+1}$，即 $\|\bar{\boldsymbol{\zeta}}\|_2\leqslant1$。我们已经建立了所需的不可行性说明。

这仍有待证明（!）。如有必要，将 $\boldsymbol{z}^1$ 更换为 $-\boldsymbol{z}^1$，$\boldsymbol{z}^2$ 更换为 $-\boldsymbol{z}^2$，我们可以假设 $\boldsymbol{Z}=\boldsymbol{z}^1[\boldsymbol{z}^1]^{\mathrm{T}}+\boldsymbol{z}^2[\boldsymbol{z}^2]^{\mathrm{T}}$，其中 $\boldsymbol{z}^1=[\boldsymbol{p};s]$，$\boldsymbol{z}^2=[\boldsymbol{q};r]$，其中 s 和 $r\geqslant0$。如果 $\boldsymbol{z}^1,\boldsymbol{z}^2\in L^{L+1}$，那么命题得证。现在假设 $\boldsymbol{z}^1$ 和 $\boldsymbol{z}^2$ 不是都属于 L^{L+1}，比如说 $\boldsymbol{z}^1\notin L^{L+1}$，即 $0\leqslant s\leqslant\|\boldsymbol{p}\|_2$。观察 $Z_{L+1,L+1}=s^2+r^2$ 和 $\sum_{i=1}^{L}Z_{ii}=\boldsymbol{p}^{\mathrm{T}}\boldsymbol{p}+\boldsymbol{q}^{\mathrm{T}}\boldsymbol{q}$；因此，式（6.5.4）中的第一个关系式表示为 $s^2+r^2\geqslant\boldsymbol{p}^{\mathrm{T}}\boldsymbol{p}+\boldsymbol{q}^{\mathrm{T}}\boldsymbol{q}$。由 $0\leqslant s\leqslant\|\boldsymbol{p}\|_2$ 和 $r\geqslant0$，我们得出 $r>\|\boldsymbol{q}\|_2$。因此 $s<\|\boldsymbol{p}\|_2,r>\|\boldsymbol{q}\|_2$，存在（并且很容易找到）$\alpha\in(0,1)$，使得对于向量 $\boldsymbol{e}=\sqrt{\alpha}\boldsymbol{z}^1+\sqrt{1-\alpha}\boldsymbol{z}^2=[\boldsymbol{u};t]$有 $e_{L+1}=\sqrt{e_1^2+\cdots+e_L^2}$。设 $\boldsymbol{f}=-\sqrt{1-\alpha}\boldsymbol{z}^1+\sqrt{\alpha}\boldsymbol{z}^2$，我们有

$$\boldsymbol{e}\boldsymbol{e}^{\mathrm{T}}+\boldsymbol{f}\boldsymbol{f}^{\mathrm{T}}=\boldsymbol{z}^1[\boldsymbol{z}^1]^{\mathrm{T}}+\boldsymbol{z}^2[\boldsymbol{z}^2]^{\mathrm{T}}=\boldsymbol{Z}$$

我们现在有

$$0\leqslant Z_{L+1,L+1}-\sum_{i=1}^{L}Z_{ii}=e_{L+1}^2+f_{L+1}^2-\sum_{i=1}^{L}[e_i^2+f_i^2]=f_{L+1}^2-\sum_{i=1}^{L}f_i^2$$

因此，如有必要，将 $\boldsymbol{f}$ 替换为 $-\boldsymbol{f}$，我们看到根据（!）中的要求，有 $\boldsymbol{e}$，$\boldsymbol{f}\in L^{L+1}$ 和 $\boldsymbol{Z}=\boldsymbol{e}\boldsymbol{e}^{\mathrm{T}}+\boldsymbol{f}\boldsymbol{f}^{\mathrm{T}}$。

6.5.1　具有简单椭球不确定性的不确定锥二次不等式的鲁棒对等的半定表示

当 R. Hildebrand[62,63] 提出了本节中讨论的主题时，本书即将完成，他发现了“洛伦兹正” $n\times m$ 矩阵（将洛伦兹锥 L^m 映射到洛伦兹锥 L^n 的实 $n\times m$ 矩阵）锥的显式半定规划表示。这种表示的存在是一个长期悬而未决的问题。作为回答这个问题的一个副产物，Hildebrand 的构造提供了一个显式半定规划的重新表述，即表述具有椭球不确定性的不确定锥二次不等式的鲁棒对等。

具有椭球不确定性和洛伦兹正矩阵的不确定锥二次不等式的鲁棒对等。考虑具有简单椭球不确定性的不确定锥二次不等式的鲁棒对等，不失一般性地，我们假设不确定性集 $\mathcal{Z}$ 是某些 $\mathbb{R}^{m-1}$ 中的单位欧几里得球，因此鲁棒对等是半无限约束，形式为

$$\boldsymbol{B}[\boldsymbol{x}]\boldsymbol{\zeta}+\boldsymbol{b}[\boldsymbol{x}]\in L^n,\forall(\boldsymbol{\zeta}\in\mathbb{R}^{m-1}:\boldsymbol{\zeta}^{\mathrm{T}}\boldsymbol{\zeta}\leqslant1)\tag{6.5.5}$$

$\boldsymbol{B}[\boldsymbol{x}]$，$\boldsymbol{b}[\boldsymbol{x}]$仿射依赖于 $\boldsymbol{x}$。此约束显然与以下约束完全相同

$$\boldsymbol{B}[\boldsymbol{x}]\boldsymbol{\xi}+\tau\boldsymbol{b}[\boldsymbol{x}]\in L^n,\forall([\boldsymbol{\xi};\tau]\in L^m)$$

我们看到，当且仅当仿射依赖于 $\boldsymbol{x}$ 的 $n\times m$ 矩阵 $\boldsymbol{M}[\boldsymbol{x}]=[\boldsymbol{B}[\boldsymbol{x}],\boldsymbol{b}[\boldsymbol{x}]]$为洛伦兹正时，即将锥 L^m 映射到锥 L^n，$\boldsymbol{x}$ 对所讨论的鲁棒对等是可行的。因此，为了得到鲁棒对

等的显式半定规划表示，只需知道 L^m 映射到 L^n 的 $n\times m$ 矩阵集 $P_{n,m}$ 的显式半定规划表示即可。

R. Hildebrand（他使用的工具远远超出了本书中使用的工具）发现的 $P_{n,m}$ 的半定规划表示如下。

A. 给定 m 和 n，我们定义一个从实 $n\times m$ 矩阵的空间 $\mathbb{R}^{n\times m}$ 到对称 $N\times N$ 矩阵且 $N=(n-1)(m-1)$的空间 S^N 的线性映射 $\boldsymbol{A}\mapsto \mathcal{W}(\boldsymbol{A})$，具体如下。

令 $\boldsymbol{W}_n[\boldsymbol{u}]=\begin{bmatrix} u_n+u_1 & u_2 & \cdots & u_{n-1} \\ u_2 & u_n-u_1 & & \\ \vdots & & \ddots & \\ u_{n-1} & & & u_n-u_1 \end{bmatrix}$，所以 $\boldsymbol{W}_n$ 是一个对称的（$n-1$）×（$n-1$）矩阵，其取决于 n 个实变量的向量 $\boldsymbol{u}$。现在考虑 Kronecker 积 $\boldsymbol{W}[\boldsymbol{u},\boldsymbol{v}]=\boldsymbol{W}_n[\boldsymbol{u}]\otimes\boldsymbol{W}_m[\boldsymbol{v}]$。[⊖] W 是一个对称的 $N\times N$ 矩阵，其项是 $\boldsymbol{u}$ 和 $\boldsymbol{v}$ 变量的双线性函数，因此项的形式为"$\boldsymbol{u}$ 和 $\boldsymbol{v}$ 变量成对乘积的加权和"。现在，给定一个 $n\times m$ 矩阵 $\boldsymbol{A}$，让我们将 $\boldsymbol{W}$ $[\boldsymbol{u},\boldsymbol{v}]$ 的项表示中的成对乘积 u_iv_k 替换成 $\boldsymbol{A}$ 的项 A_{ik}。作为这种替换的结果，$\boldsymbol{W}$ 将成为对称 $(n-1)\times(m-1)$ 矩阵 $\mathcal{W}(\boldsymbol{A})$，其线性依赖于 $\boldsymbol{A}$。

B. 我们定义空间 S^N 中的线性子空间 $\mathcal{L}_{m,n}$ 为所有反称实 $(n-1)\times(n-1)$ 矩阵 $\boldsymbol{S}$ 与反称实 $(m-1)\times(m-1)$ 矩阵 $\boldsymbol{T}$ 的 Kronecker 积 $\boldsymbol{S}\otimes\boldsymbol{T}$ 的线性生成。请注意，两个反称矩阵的 Kronecker 积是对称矩阵，因此该定义是有意义的。当然，我们可以很容易地在 $\mathcal{L}_{m,n}$ 中建立一个基——它由 $(n-1)$ 维和 $(m-1)$ 维反称基矩阵的成对 Kronecker 积组成。

$P_{n,m}$ 的 Hildebrand 半定规划表示如下。

定理 6.5.1【Hildebrand [63，定理 5.6]】 设 $\min[m,n]\geqslant 3$。$n\times m$ 矩阵 $\boldsymbol{A}$ 将 L^m 映射到 L^n，当且仅当 $\boldsymbol{A}$ 可推广为关于变量 $\boldsymbol{A}$，$\boldsymbol{X}$ 的显式线性矩阵不等式组

$$\mathcal{W}(\boldsymbol{A})+\boldsymbol{X}\succeq 0,\boldsymbol{X}\in\mathcal{L}_{m,n}$$

的可行解。

作为推论，当 $m-1:=\dim\boldsymbol{\zeta}\geqslant 2$ 和 $n:=\dim\boldsymbol{b}[\boldsymbol{x}]\geqslant 3$ 时，关于变量 $\boldsymbol{x}$ 和 $\boldsymbol{X}\in\mathcal{L}_{m,n}$ 的显式$(n-1)(m-1)\times(n-1)(m-1)$线性矩阵不等式

$$\mathcal{W}([\boldsymbol{B}[\boldsymbol{x}],\boldsymbol{b}[\boldsymbol{x}]])+\boldsymbol{X}\succeq 0 \tag{6.5.6}$$

是具有椭球不确定性集的半无限锥二次不等式（6.5.5）的等价半定规划表示。

推论中 $\boldsymbol{\zeta}$ 和 $\boldsymbol{b}[\boldsymbol{x}]$维数的下界不限制一般性——我们总是可以通过向 $\boldsymbol{B}[\boldsymbol{x}]$添加零列或向$[\boldsymbol{B}[\boldsymbol{x}],\boldsymbol{b}[\boldsymbol{x}]]$添加零行来确保它们的有效性。

6.6 实例：鲁棒线性估计

考虑如下情况：我们给出一个信号 $\boldsymbol{z}$ 的噪声观测

$$\boldsymbol{w}=(\boldsymbol{I}_p+\boldsymbol{\Delta})\boldsymbol{z}+\boldsymbol{\xi} \tag{6.6.1}$$

而信号 $\boldsymbol{z}$ 是未知输入信号 $\boldsymbol{v}$ 通过给定线性滤波器的结果：$\boldsymbol{z}=\boldsymbol{A}\boldsymbol{v}$，已知 $p\times q$ 矩阵 $\boldsymbol{A}$。测量值包含两种误差：

⊖ 回忆一下，Kronecker 积 $\boldsymbol{A}\otimes\boldsymbol{B}$ 有一个 $p\times q$ 矩阵 $\boldsymbol{A}$ 和一个 $r\times s$ 矩阵 $\boldsymbol{B}$，且是由成对(i,k)，$1\leqslant i\leqslant p$，$1\leqslant k\leqslant r$ 的行索引和成对(j,l)，$1\leqslant j\leqslant q$，$1\leqslant l\leqslant s$ 的列索引组成的 $pr\times qs$ 矩阵，且$((i,k),(j,l))$项等于 $A_{ij}B_{kl}$。等价地，$\boldsymbol{A}\otimes\boldsymbol{B}$ 是具有 $r\times s$ 块的 $p\times q$ 块矩阵，第(i,j)块表示为 $A_{ij}\boldsymbol{B}$。

- 偏差 $\boldsymbol{\Delta z}$ 线性取决于 $\boldsymbol{z}$，其中偏差矩阵 $\boldsymbol{\Delta}$ 上的唯一信息由在其范数上的界 $\|\boldsymbol{\Delta}\|_{2,2}\leqslant\rho$ 给出；
- 均值为零且协方差矩阵 $\boldsymbol{\Sigma}=E\{\boldsymbol{\xi}\boldsymbol{\xi}^{\mathrm{T}}\}$ 已知的随机噪声 $\boldsymbol{\xi}$。

目标是估计输入信号的给定线性函数 $\boldsymbol{f}^{\mathrm{T}}\boldsymbol{v}$。我们用 $\boldsymbol{w}$ 中的线性估计量作为限制：

$$\hat{\boldsymbol{f}}=\boldsymbol{x}^{\mathrm{T}}\boldsymbol{w}$$

其中 $\boldsymbol{x}$ 是一个固定权向量。对于线性估计量，均方误差为

$$\begin{aligned}\mathrm{EstErr}&=\sqrt{E\{(\boldsymbol{x}^{\mathrm{T}}[(\boldsymbol{I}+\boldsymbol{\Delta})\boldsymbol{A}\boldsymbol{v}+\boldsymbol{\xi}]-\boldsymbol{f}^{\mathrm{T}}\boldsymbol{v})^2\}}\\&=\sqrt{([\boldsymbol{A}^{\mathrm{T}}(\boldsymbol{I}+\boldsymbol{\Delta}^{\mathrm{T}})\boldsymbol{x}-\boldsymbol{f}]^{\mathrm{T}}\boldsymbol{v})^2+\boldsymbol{x}^{\mathrm{T}}\boldsymbol{\Sigma}\boldsymbol{x}}\end{aligned}$$

现在假设我们对真实信号的先验知识是 $\boldsymbol{v}^{\mathrm{T}}\boldsymbol{Q}\boldsymbol{v}\leqslant R^2$，其中 $\boldsymbol{Q}>0$ 和 $R>0$。在这种情况下，寻找最小化最坏情况均方估计误差的极小极大最优权向量 $\boldsymbol{x}$，在 $\boldsymbol{v}$ 和 $\boldsymbol{\Delta}$ 上与我们的先验信息兼容，这是有意义的。换句话说，我们选择 $\boldsymbol{x}$ 作为以下优化问题的最优解：

$$\min_{\boldsymbol{x}}\max_{\substack{\boldsymbol{v}:\boldsymbol{v}^{\mathrm{T}}\boldsymbol{Q}\boldsymbol{v}\leqslant R^2\\ \boldsymbol{\Delta}:\|\boldsymbol{\Delta}\|_{2,2}\leqslant\rho}}\left(([\underbrace{\boldsymbol{A}^{\mathrm{T}}(\boldsymbol{I}+\boldsymbol{\Delta}^{\mathrm{T}})}_{\boldsymbol{S}}\boldsymbol{x}-\boldsymbol{f}]^{\mathrm{T}}\boldsymbol{v})^2+\boldsymbol{x}^{\mathrm{T}}\boldsymbol{\Sigma}\boldsymbol{x}\right)^{1/2}\tag{P}$$

现在

$$\begin{aligned}\max_{\boldsymbol{v}:\boldsymbol{v}^{\mathrm{T}}\boldsymbol{Q}\boldsymbol{v}\leqslant R^2}[\boldsymbol{S}\boldsymbol{x}-\boldsymbol{f}]^{\mathrm{T}}\boldsymbol{v}&=\max_{\boldsymbol{u}:\boldsymbol{u}^{\mathrm{T}}\boldsymbol{u}\leqslant 1}[\boldsymbol{S}\boldsymbol{x}-\boldsymbol{f}]^{\mathrm{T}}(R\boldsymbol{Q}^{-1/2}\boldsymbol{u})\\&=R\|\boldsymbol{Q}^{-1/2}\boldsymbol{S}\boldsymbol{x}-\underbrace{\boldsymbol{Q}^{-1/2}\boldsymbol{f}}_{\hat{\boldsymbol{f}}}\|_2\end{aligned}$$

所以式（P）退化为问题

$$\min_{\boldsymbol{x}}\sqrt{\boldsymbol{x}^{\mathrm{T}}\boldsymbol{\Sigma}\boldsymbol{x}+R^2\max_{\|\boldsymbol{\Delta}\|_{2,2}\leqslant\rho}\|\underbrace{\boldsymbol{Q}^{-1/2}\boldsymbol{A}^{\mathrm{T}}(\boldsymbol{I}+\boldsymbol{\Delta}^{\mathrm{T}})}_{\boldsymbol{B}}\boldsymbol{x}-\hat{\boldsymbol{f}}\|_2^2}$$

这正是以下不确定锥二次规划的鲁棒对等

$$\min_{\boldsymbol{x},t,r,s}\left\{t:\begin{array}{l}\sqrt{r^2+s^2}\leqslant t,\|\boldsymbol{\Sigma}^{1/2}\boldsymbol{x}\|_2\leqslant r,\\ \|\boldsymbol{B}\boldsymbol{x}-\hat{\boldsymbol{f}}\|_2\leqslant R^{-1}s\end{array}\right\}\tag{6.6.2}$$

其中，数据的唯一不确定元素是通过不确定性集

$$\mathcal{U}=\{\boldsymbol{B}=\underbrace{\boldsymbol{Q}^{-1/2}\boldsymbol{A}^{\mathrm{T}}}_{\boldsymbol{B}_{\mathrm{n}}}+\rho\boldsymbol{Q}^{-1/2}\boldsymbol{A}^{\mathrm{T}}\boldsymbol{\zeta},\boldsymbol{\zeta}\in\mathcal{Z}=\{\boldsymbol{\zeta}\in\mathbb{R}^{p\times p}:\|\boldsymbol{\zeta}\|_{2,2}\leqslant 1\}\}\tag{6.6.3}$$

运行的矩阵 $\boldsymbol{B}=\boldsymbol{Q}^{-1/2}\boldsymbol{A}^{\mathrm{T}}(\boldsymbol{I}+\boldsymbol{\Delta}^{\mathrm{T}})$。

这里的不确定性是非结构化范数有界的不确定性。式（6.6.2）、式（6.6.3）的鲁棒对等由定理 6.3.2 和例 6.3.1（i）给出。具体而言，鲁棒对等是优化程序

$$\min_{\boldsymbol{x},t,r,s,\lambda}\left\{t:\begin{array}{l}\sqrt{r^2+s^2}\leqslant t,\|\boldsymbol{\Sigma}^{1/2}\boldsymbol{x}\|_2\leqslant r,\\ \left[\begin{array}{c|c|c}R^{-1}s\boldsymbol{I}_q-\lambda\rho^2\boldsymbol{B}_{\mathrm{n}}\boldsymbol{B}_{\mathrm{n}}^{\mathrm{T}} & & \boldsymbol{B}_{\mathrm{n}}\boldsymbol{x}-\hat{\boldsymbol{f}}\\ \hline & \lambda\boldsymbol{I}_p & \boldsymbol{x}\\ \hline [\boldsymbol{B}_{\mathrm{n}}\boldsymbol{x}-\hat{\boldsymbol{f}}]^{\mathrm{T}} & \boldsymbol{x}^{\mathrm{T}} & R^{-1}s\end{array}\right]\succeq 0\end{array}\right\}\tag{6.6.4}$$

它可以进一步被改写为半定规划。

接下来，我们给出一个数值示例。

例 6.6.1 考虑以下问题。均匀的薄铁板占据二维正方形 $D=\{(x,y):0\leqslant x,y\leqslant 1\}$。在时刻 $t=0$ 时，将其加热至温度 $T(0,x,y)$，使得在给定的 T_0 下有 $\int_D T^2(0,x,y)\mathrm{d}x\mathrm{d}y\leqslant T_0^2$，

然后让其冷却。沿板周边的温度始终保持在 0°水平。在给定的时间 2τ，我们沿二维网格

$$\Gamma=\{(u_\mu,u_\nu):1\leqslant\mu,\nu\leqslant N\},u_k=\frac{k-1/2}{N}$$

测量了温度 $T(2\tau,x,y)$。测量值的向量 $\boldsymbol{w}$ 根据式（6.6.1）由以下向量获得：

$$\boldsymbol{z}=\{T(2\tau,u_\mu,u_\nu):1\leqslant\mu,\nu\leqslant N\}$$

其中$\|\boldsymbol{\Delta}\|_{2,2}\leqslant\rho$，$\xi_{\mu\nu}$ 是独立的高斯随机变量，其均值为零，标准差为 σ。给定测量值，我们需要估计时间 τ 时板中心的温度 $T(\tau,1/2,1/2)$。

从物理学上可知，由于区域内没有热源，且仅通过边界进行热交换，占据二维区域 Ω 的均匀板的温度 $T(t,x,y)$随时间的演化，由热方程控制

$$\frac{\partial}{\partial t}T=\left(\frac{\partial^2}{\partial x^2}+\frac{\partial^2}{\partial y^2}\right)T$$

(事实上，在右侧应该有一个表示材料特性的系数 γ，但通过适当选择时间单位，该系数可以等于 1。) $\Omega=D$ 和零边界条件下，该方程的解如下：

$$T(t,x,y)=\sum_{k,\ell=1}^{\infty}a_{k\ell}\exp\{-(k^2+\ell^2)\pi^2t\}\sin(\pi kx)\sin(\pi\ell y)\tag{6.6.5}$$

式中，系数 $a_{k\ell}$ 可通过将初始温度展开为 $L_2(D)$中正交基 $\boldsymbol{\phi}_{k\ell}(x,y)=\sin(\pi kx)\sin(\pi\ell y)$的级数来获得：

$$a_{k\ell}=4\int_D T(0,x,y)\boldsymbol{\phi}_{k\ell}(x,y)\mathrm{d}x\mathrm{d}y$$

换句话说，在适当的正交空间基中，$T(t,\cdot,\cdot)$的傅里叶系数随着 t 的增长呈指数下降，“衰减时间”（每个系数乘以因子的最小时间$\leqslant0.1$）等于

$$\Delta=\frac{\ln(10)}{2\pi^2}$$

设 $v_{k\ell}=a_{k\ell}\exp\{-(k^2+\ell^2)\pi^2\tau\}$，问题变成了估计

$$T(\tau,1/2,1/2)=\sum_{k,\ell}v_{k\ell}\boldsymbol{\phi}_{k\ell}(1/2,1/2)$$

在此观察结果下

$$\boldsymbol{w}=(\boldsymbol{I}+\boldsymbol{\Delta})\boldsymbol{z}+\boldsymbol{\xi},\boldsymbol{z}=\{T(2\tau,u_\mu,u_\nu):1\leqslant\mu,\nu\leqslant N\},$$
$$\boldsymbol{\xi}=\{\xi_{\mu\nu}\sim\mathcal{N}(0,\sigma^2):1\leqslant\mu,\nu\leqslant N\}$$

($\xi_{\mu\nu}$ 是独立的)。

有限维近似。观察到

$$a_{k\ell}=\exp\{\pi^2(k^2+\ell^2)\tau\}v_{k\ell}$$

和

$$\sum_{k,\ell}v_{k\ell}^2\exp\{2\pi^2(k^2+\ell^2)\tau\}=\sum_{k,\ell}a_{k\ell}^2=4\int_D T^2(0,x,y)\mathrm{d}x\mathrm{d}y\leqslant4T_0^2\tag{6.6.6}$$

它遵循

$$|v_{k\ell}|\leqslant2T_0\exp\{-\pi^2(k^2+\ell^2)\tau\}$$

现在，给定一个容差 $\epsilon>0$，我们可以很容易地找到这样的 L，使得

$$\sum_{k,\ell:k^2+\ell^2>L^2}\exp\{-\pi^2(k^2+\ell^2)\tau\}\leqslant\frac{\epsilon}{2T_0}$$

这意味着，当用零替换实际（未知）$v_{k\ell}$，$k^2+\ell^2>L^2$ 时，我们在时间 τ（以及时间 2τ）的每个点上最多改变ϵ的温度。令ϵ非常小（比如$\epsilon=1.\mathrm{e}\text{-}16$），我们可以在所有实际目的中假设当 $k^2+\ell^2>L^2$ 时 $v_{k\ell}=0$，这使我们的问题成为有限维问题，具体如下。

给定参数 L,N,ρ,σ,T_0 和观察

$$\boldsymbol{w}=(\boldsymbol{I}+\boldsymbol{\Delta})\boldsymbol{z}+\boldsymbol{\xi} \tag{6.6.7}$$

其中$\|\boldsymbol{\Delta}\|_{2,2}\leqslant\rho$，$\xi_{\mu\nu}\sim\mathcal{N}(0,\sigma^2)$是独立的，$\boldsymbol{z}=\boldsymbol{A}\boldsymbol{v}$ 被以下关系式定义为

$$z_{\mu\nu}=\sum_{k^2+\ell^2\leqslant L^2}\exp\{-\pi^2(k^2+\ell^2)\tau\}v_{k\ell}\boldsymbol{\phi}_{k\ell}(u_\mu,u_\nu),1\leqslant\mu,\nu\leqslant N$$

已知 $\boldsymbol{v}=\{v_{k\ell}\}_{k^2+\ell^2\leqslant L^2}$ 满足不等式

$$\boldsymbol{v}^{\mathrm{T}}\boldsymbol{Q}\boldsymbol{v}\equiv\sum_{k^2+\ell^2\leqslant L^2}\boldsymbol{v}_{k\ell}^2\exp\{2\pi^2(k^2+\ell^2)\boldsymbol{\tau}\}\leqslant 4T_0^2$$

估计量

$$\sum_{k^2+\ell^2\leqslant L^2}v_{k\ell}\boldsymbol{\phi}_{k\ell}(1/2,1/2)$$

其中 $\boldsymbol{\phi}_{k\ell}(x,y)=\sin(\pi kx)\sin(\pi\ell y)$，$u_\mu=\dfrac{\mu-1/2}{N}$。

后一个问题符合我们建立的鲁棒估计框架，我们可以通过以下线性估计量来恢复 $T=T(\boldsymbol{\tau},1/2,1/2)$：

$$\hat{T}=\sum_{\mu,\nu}x_{\mu\nu}w_{\mu\nu}$$

并且通过相关问题（6.6.4）的最优解给出权重 $x_{\mu\nu}$。

例如，假设 $\boldsymbol{\tau}$ 是系统衰变时间的一半：

$$\boldsymbol{\tau}=\frac{1}{2}\frac{\ln(10)}{2\pi^2}\approx 0.0583$$

并且令

$$T_0=1000,\quad N=4$$

当$\epsilon=1.\mathrm{e}\text{-}15$ 时，我们得到 $L=8$（这对应于$\boldsymbol{v}$ 的 41 维空间）。现在考虑 ρ 和 σ 的四个选项：

(a) $\rho=1.\mathrm{e}-9$，$\sigma=1.\mathrm{e}-9$
(b) $\rho=0$，$\sigma=1.\mathrm{e}-3$
(c) $\rho=1.\mathrm{e}-3$，$\sigma=1.\mathrm{e}-3$
(d) $\rho=1.\mathrm{e}-1$，$\sigma=1.\mathrm{e}-1$

在（a）的情况下，式（6.6.4）中的最优值为 0.0064，这意味着极小极大最优估计量的预期平方误差永远不会超过 0.0064^2。极小极大最优权重为

$$\begin{bmatrix} 6625.3 & -2823.0 & -2823.0 & 6625.3 \\ -2823.0 & 1202.9 & 1202.9 & -2823.0 \\ -2823.0 & 1202.9 & 1202.9 & -2823.0 \\ 6625.3 & -2823.0 & -2823.0 & 6625.3 \end{bmatrix} \tag{A}$$

（根据观察的自然结构，我们将权重表示为二维数组。）

在（b）的情况下，式（6.6.4）中的最优值为 0.232，极小极大最优权重为

$$\begin{bmatrix} -55.6430 & -55.6320 & -55.6320 & -55.6430 \\ -55.6320 & 56.5601 & 56.5601 & -55.6320 \\ -55.6320 & 56.5601 & 56.5601 & -55.6320 \\ -55.6430 & -55.6320 & -55.6320 & -55.6430 \end{bmatrix} \tag{B}$$

在（c）的情况下，式（6.6.4）中的最优值为 8.92，极小极大最优权重为

$$\begin{bmatrix} -0.4377 & -0.2740 & -0.2740 & -0.4377 \\ -0.2740 & 1.2283 & 1.2283 & -0.2740 \\ -0.2740 & 1.2283 & 1.2283 & -0.2740 \\ -0.4377 & -0.2740 & -0.2740 & -0.4377 \end{bmatrix} \tag{C}$$

在（d）的情况下，式（6.6.4）中的最优值为 63.9，极小极大最优权重为

$$\begin{bmatrix} 0.1157 & 0.2795 & 0.2795 & 0.1157 \\ 0.2795 & 0.6748 & 0.6748 & 0.2795 \\ 0.2795 & 0.6748 & 0.6748 & 0.2795 \\ 0.1157 & 0.2795 & 0.2795 & 0.1157 \end{bmatrix} \tag{D}$$

实际上我们很难准确地知道测量误差的界 ρ 和 σ。当我们低估或高估这些量时会发生什么？为了得到一个方向，我们在（a）、（b）、（c）、（d）的每一种情况下使用（A）、（B）、（C）、（D）给出的每一个权重。这就是误差（使用“近似最坏情况”信号 $\boldsymbol{v}$ 和“近似最坏情况”扰动矩阵 $\boldsymbol{\Delta}$ 进行 100 次随机模拟，从中观测到的误差平均值）发生时的情况。

	(a)	(b)	(c)	(d)
(A)	0.001	18.0	6262.9	6.26e5
(B)	0.063	0.232	89.3	8942.7
(C)	8.85	8.85	8.85	108.8
(D)	8.94	8.94	8.94	63.3

我们能清楚地看到，首先，在上述情况下必须考虑测量误差，即使是很小的误差（这在所有病态估计问题中都是如此，因为 $\boldsymbol{B}_{\mathrm{n}}$ 的条件数较大）。其次，我们发现低估测量误差的大小似乎比高估它们危险得多。

6.7 练习

练习 6.1 考虑以下情况（参考 6.6 节）。我们给定未知信号 $\boldsymbol{x}\in\mathbb{R}^n$ 的观察

$$\boldsymbol{y}=\boldsymbol{A}\boldsymbol{x}+\boldsymbol{b}\in\mathbb{R}^m$$

矩阵 $\boldsymbol{B}\equiv[\boldsymbol{A};b]$ 并非全部已知，我们已知的全部信息为 $\boldsymbol{B}\in\mathcal{B}=\{\boldsymbol{B}=\boldsymbol{B}_{\mathrm{n}}+\boldsymbol{L}^{\mathrm{T}}\boldsymbol{\Delta}\boldsymbol{R}:\Delta\in\mathbb{R}^{p\times q},\|\boldsymbol{\Delta}\|_{2,2}\leqslant\rho\}$。在 $\boldsymbol{x}$ 的所有可能取值范围上，对向量 $\boldsymbol{Q}\boldsymbol{x}$ 设立估计值 $\boldsymbol{v}$，其中 $\boldsymbol{Q}$ 是给定的 $k\times n$ 矩阵，从而最小化最坏情况下 $\|\cdot\|_2$ 的估计误差。

6.8 备注

备注 6.1 文献［32］中发现了基于定理 6.3.2 和命题 6.4.1 的具有非结构化范数有界扰动的不确定线性矩阵不等式的可处理重新表述。$\mathcal{S}$ 引理与（简单得多的）舒尔补引理一起，构成了半定优化和控制理论中两个最强大的工具。$\mathcal{S}$ 引理于 1971 年由 V. A. Yakubovich 发现，相关问题的综合性“面向优化”调查参见文献［94］。在文献［3］和文献［49］中独立建立了具有简单椭球不确定性的不确定锥二次不等式的 RC 的可处理性（6.5 节）。

不确定锥二次问题的鲁棒对等近似

在本章中，我们将重点讨论不确定锥二次不等式的紧易处理近似——紧性因子与扰动集描述的“大小”无关（或几乎无关）的锥二次不等式。已知这种类型的近似处理侧向不确定性和两种类型的左侧扰动：第一种是 7.1 节中考虑的结构化范数有界扰动，第二种是 7.2 节中考虑的$\cap$-椭球左侧扰动集。

7.1 结构化范数有界不确定性

考虑锥二次不等式（6.1.3）中的不确定性是右侧的，如 6.2 节中的右侧不确定性，并且具有结构化范数有界的左侧不确定性，这意味着如下结论。

（i）左侧扰动集为

$$\mathcal{Z}_\rho^{\text{left}}=\rho\mathcal{Z}_1^{\text{left}}=\left\{\boldsymbol{\eta}=(\boldsymbol{\eta}^1,\cdots,\boldsymbol{\eta}^N):\begin{array}{l}\boldsymbol{\eta}^\nu\in\mathbb{R}^{p_\nu\times q_\nu},\forall\nu\leqslant N\\ \|\boldsymbol{\eta}^\nu\|_{2,2}\leqslant\rho,\forall\nu\leqslant N\\ \boldsymbol{\eta}^\nu=\theta_\nu\boldsymbol{I}_{p\nu},\theta_\nu\in\mathbb{R},\nu\in\mathcal{I}_{\text{S}}\end{array}\right\}\tag{7.1.1}$$

这里的 $\mathcal{I}_{\text{S}}$ 是索引集 $\{1,\cdots,N\}$ 的一个给定子集，使得对于 $\nu\in\mathcal{I}_{\text{S}}$ 有 $p_\nu=q_\nu$。

因此，左侧扰动 $\boldsymbol{\eta}\in\mathcal{Z}_1^{\text{left}}$ 是块对角矩阵，具有 $p_\nu\times q_\nu$ 对角块 $\boldsymbol{\eta}^\nu$，$\nu=1,\cdots,N$。所有这些块的矩阵范数不超过 1，此外，规定的块应与适当大小的单位矩阵成比例。后面的块称为标量块，其余的块称为全扰动块。

（ii）我们有

$$\boldsymbol{A}(\boldsymbol{\eta})\boldsymbol{y}+\boldsymbol{b}(\boldsymbol{\eta})=\boldsymbol{A}^{\text{n}}\boldsymbol{y}+\boldsymbol{b}^{\text{n}}+\sum_{\nu=1}^N\boldsymbol{L}_\nu^{\text{T}}(\boldsymbol{y})\boldsymbol{\eta}^\nu\boldsymbol{R}_\nu(\boldsymbol{y})\tag{7.1.2}$$

其中所有矩阵 $\boldsymbol{L}_\nu(\boldsymbol{y})\neq\boldsymbol{0}$，$\boldsymbol{R}_\nu(\boldsymbol{y})\neq\boldsymbol{0}$ 在 $\boldsymbol{y}$ 中是仿射的，并且对于每一个 ν，$\boldsymbol{L}_\nu(\boldsymbol{y})$或 $\boldsymbol{R}_\nu(\boldsymbol{y})$或两者都独立于 $\boldsymbol{y}$。

评注 7.1.1 不失一般性地，我们假设从现在起，所有标量扰动块的大小都是 1×1：对于所有 $\nu\in\mathcal{I}_{\text{S}}$ 有 $p_\nu=q_\nu=1$。为了证明这一假设确实不限制普遍性，请注意，如果 $\nu\in\mathcal{I}_{\text{S}}$ 为使式（7.1.2）有意义，$\boldsymbol{R}_\nu(\boldsymbol{y})$ 应该是一个 $p_\nu\times1$ 向量，$\boldsymbol{L}_\nu(\boldsymbol{y})$ 应该是一个 $p_\nu\times k$ 矩阵，其中 k 是 $\boldsymbol{b}(\boldsymbol{\eta})$的维数。设 $\overline{\boldsymbol{R}}_\nu(\boldsymbol{y})\equiv1$，$\overline{\boldsymbol{L}}_\nu(\boldsymbol{y})=\boldsymbol{R}_\nu^{\text{T}}(\boldsymbol{y})\boldsymbol{L}_\nu(\boldsymbol{y})$，观察到 $\overline{\boldsymbol{L}}_\nu(\boldsymbol{y})$在 $\boldsymbol{y}$ 中是仿射的，第 ν 个标量扰动块对 $\boldsymbol{A}(\boldsymbol{\eta})\boldsymbol{y}+\boldsymbol{b}(\boldsymbol{\eta})$的贡献 $\theta_\nu\boldsymbol{L}_\nu^{\text{T}}(\boldsymbol{y})\boldsymbol{R}_\nu(\boldsymbol{y})$与大小为 1×1，矩阵 $\boldsymbol{L}_\nu(\boldsymbol{y})$和 $\boldsymbol{R}_\nu(\boldsymbol{y})$分别被替换为 $\overline{\boldsymbol{L}}_\nu(\boldsymbol{y})$和 $\overline{\boldsymbol{R}}_\nu(\boldsymbol{y})$的块完全相同。

请注意，评注 7.1.1 等同于假设根本不存在标量扰动块，实际上，1×1 标量扰动块也可以被视为全扰动块。[⊖]

回想一下，我们已经考虑了不确定性结构 $N=1$ 的特殊情况。事实上，对于一个扰动

⊖ 读者可能会问，既然我们最终可以在不失普遍性的情况下消除标量扰动块，为什么还需要标量扰动块呢？答案是，我们打算在不确定线性矩阵不等式的情况下使用相同的结构化范数有界不确定性概念，其中评注 7.1.1 不起作用。

块，正如刚才所说，我们可以将其视为全扰动块，我们发现自己处于非结构化范数有界左侧扰动的侧向不确定性的情况下（6.3 节）。在这种情况下，所讨论的不确定锥二次不等式的鲁棒对等在计算上是易处理的。后者不一定是一般（$N>1$）结构化范数有界左侧扰动的情况。要了解一般结构化范数有界扰动是难以处理的，请注意，它们特别涉及区间不确定性的情况，其中 $\mathcal{Z}_1^{\text{left}}$ 为盒$\{\boldsymbol{\eta}\in\mathbb{R}^L:\|\boldsymbol{\eta}\|_\infty\leqslant 1\}$，以及 $\boldsymbol{A}(\boldsymbol{\eta})$，$\boldsymbol{b}(\boldsymbol{\eta})$是 $\boldsymbol{\eta}$ 的任意仿射函数。

事实上，区间不确定性

$$\begin{aligned}\boldsymbol{A}(\boldsymbol{\eta})\boldsymbol{y}+\boldsymbol{b}(\boldsymbol{\eta})&=[\boldsymbol{A}^{\text{n}}\boldsymbol{y}+\boldsymbol{b}^{\text{n}}]+\sum_{\nu=1}^{N}\eta_\nu[\boldsymbol{A}^\nu\boldsymbol{y}+\boldsymbol{b}^\nu]\\&=[\boldsymbol{A}^{\text{n}}\boldsymbol{y}+\boldsymbol{b}^{\text{n}}]+\sum_{\nu=1}^{N}\underbrace{[\boldsymbol{A}^\nu\boldsymbol{y}+\boldsymbol{b}^\nu]}_{\boldsymbol{L}_\nu^T(y)}\cdot\eta_\nu\cdot\underbrace{1}_{R_\nu(y)}\end{aligned}$$

只不过是带 1×1 扰动块的结构化范数有界扰动。

从 5.2 节开始，我们知道不确定锥二次不等式（左侧为侧向不确定性和区间不确定性）的鲁棒对等通常难以计算，这意味着结构化范数有界不确定性确实很困难。

7.1.1　不确定最小二乘不等式鲁棒对等的近似

我们首先推导不确定最小二乘约束

$$\|\boldsymbol{A}(\boldsymbol{\eta})\boldsymbol{y}+\boldsymbol{b}(\boldsymbol{\eta})\|_2\leqslant\boldsymbol{\tau}\tag{7.1.3}$$

下鲁棒对等的保守易处理近似，结构化范数有界扰动为式（7.1.1）和式（7.1.2）。

步骤 1：将式（7.1.3）、式（7.1.1）、式（7.1.2）的鲁棒对等重新写为半无限线性矩阵不等式。给定一个 k 维向量 $\boldsymbol{u}$（k 是 $\boldsymbol{b}(\boldsymbol{\eta})$的维数）和一个实数 $\boldsymbol{\tau}$，让我们设

$$\text{Arrow}(\boldsymbol{u},\boldsymbol{\tau})=\left[\begin{array}{c|c}\boldsymbol{\tau}&\boldsymbol{u}^{\text{T}}\\\hline\boldsymbol{u}&\boldsymbol{\tau}\boldsymbol{I}_k\end{array}\right]$$

回想一下引理 6.3.3，$\|\boldsymbol{u}\|_2\leqslant\boldsymbol{\tau}$ 当且仅当 $\text{Arrow}(\boldsymbol{u},\boldsymbol{\tau})\succeq 0$。因此，式（7.1.3）、式（7.1.1）、式（7.1.2）的鲁棒对等是半无限最小二乘不等式

$$\|\boldsymbol{A}(\boldsymbol{\eta})\boldsymbol{y}+\boldsymbol{b}(\boldsymbol{\eta})\|_2\leqslant\boldsymbol{\tau},\forall\boldsymbol{\eta}\in\mathcal{Z}_\rho^{\text{left}}$$

可以被重写为

$$\text{Arrow}(\boldsymbol{A}(\boldsymbol{\eta})\boldsymbol{y}+\boldsymbol{b}(\boldsymbol{\eta}),\boldsymbol{\tau})\succeq 0,\forall\boldsymbol{\eta}\in\mathcal{Z}_\rho^{\text{left}}\tag{7.1.4}$$

引入 $k\times(k+1)$ 矩阵 $\mathcal{L}=[\boldsymbol{0}_{k\times1},\boldsymbol{I}_k]$和 $1\times(k+1)$矩阵 $\mathcal{R}=[1,0,\cdots,0]$，显然有

$$\begin{aligned}&\text{Arrow}(\boldsymbol{A}(\boldsymbol{\eta})\boldsymbol{y}+\boldsymbol{b}(\boldsymbol{\eta}),\boldsymbol{\tau})=\text{Arrow}(\boldsymbol{A}^{\text{n}}\boldsymbol{y}+\boldsymbol{b}^{\text{n}},\boldsymbol{\tau})+\\&\sum_{\nu=1}^{N}[\mathcal{L}^{\text{T}}\boldsymbol{L}_\nu^{\text{T}}(\boldsymbol{y})\boldsymbol{\eta}^\nu\boldsymbol{R}_\nu(\boldsymbol{y})\mathcal{R}+\mathcal{R}^{\text{T}}\boldsymbol{R}_\nu^{\text{T}}(\boldsymbol{y})[\boldsymbol{\eta}^\nu]^{\text{T}}\boldsymbol{L}_\nu(\boldsymbol{y})\mathcal{L}]\end{aligned}\tag{7.1.5}$$

现在对于每一个 ν，$\boldsymbol{L}_\nu(\boldsymbol{y})$ 或 $\boldsymbol{R}_\nu(\boldsymbol{y})$ 或者两者都独立于 $\boldsymbol{y}$，如有必要，将$[\boldsymbol{\eta}^\nu]^{\text{T}}$ 重命名为 $\boldsymbol{\eta}^\nu$，并交换 $\boldsymbol{L}_\nu(\boldsymbol{y})\mathcal{L}$ 和 $\boldsymbol{R}_\nu(\boldsymbol{y})\mathcal{R}$，我们可以不失一般性地假设在关系式（7.1.5）中，所有因子 $\boldsymbol{L}_\nu(\boldsymbol{y})$独立于 $\boldsymbol{y}$，因此关系式为

$$\begin{aligned}&\text{Arrow}(\boldsymbol{A}(\boldsymbol{\eta})\boldsymbol{y}+\boldsymbol{b}(\boldsymbol{\eta}),\boldsymbol{\tau})=\text{Arrow}(\boldsymbol{A}^{\text{n}}\boldsymbol{y}+\boldsymbol{b}^{\text{n}},\boldsymbol{\tau})+\\&\sum_{\nu=1}^{N}[\underbrace{\mathcal{L}^{\text{T}}\boldsymbol{L}_\nu^{\text{T}}(\boldsymbol{y})}_{\hat{\boldsymbol{L}}_\nu^{\text{T}}}\boldsymbol{\eta}^\nu\underbrace{\boldsymbol{R}_\nu(\boldsymbol{y})\mathcal{R}}_{\hat{\boldsymbol{R}}_\nu(\boldsymbol{y})}+\hat{\boldsymbol{R}}_\nu^{\text{T}}(\boldsymbol{y})[\boldsymbol{\eta}^\nu]^{\text{T}}\hat{\boldsymbol{L}}_\nu]\end{aligned}$$

其中 $\hat{\boldsymbol{R}}_\nu(\boldsymbol{y})$ 在 $\boldsymbol{y}$ 中是仿射的，$\hat{\boldsymbol{L}}_\nu \neq \boldsymbol{0}$ 还要注意，所有对称矩阵，

$$\boldsymbol{B}_\nu(\boldsymbol{y},\boldsymbol{\eta}^\nu)=\hat{\boldsymbol{L}}_\nu^{\mathrm{T}}\boldsymbol{\eta}^\nu\hat{\boldsymbol{R}}_\nu(\boldsymbol{y})+\hat{\boldsymbol{R}}_\nu^{\mathrm{T}}(\boldsymbol{y})[\boldsymbol{\eta}^\nu]^{\mathrm{T}}\hat{\boldsymbol{L}}_\nu$$

是形如 $\mathrm{Arrow}(\boldsymbol{u},\boldsymbol{\tau})$ 和 $\mathrm{Arrow}(\boldsymbol{u}',\boldsymbol{\tau})$ 的两个矩阵的差，因此这些矩阵的秩最多为 2。观察结果的中间汇总如下。

（#）：式（7.1.3）、式（7.1.1）、式（7.1.2）的鲁棒对等相当于半无限线性矩阵不等式

$$\underbrace{\mathrm{Arrow}(\boldsymbol{A}^{\mathrm{n}}\boldsymbol{y}+\boldsymbol{b}^{\mathrm{n}},\boldsymbol{\tau})}_{\boldsymbol{B}_0(\boldsymbol{y},\boldsymbol{\tau})}+\sum_{\nu=1}^{N}\boldsymbol{B}_\nu(\boldsymbol{y},\boldsymbol{\eta}^\nu)\succeq 0,\ \forall\left[\boldsymbol{\eta}:\begin{array}{l}\boldsymbol{\eta}^\nu\in\mathbb{R}^{p_\nu\times q_\nu}\\ \|\boldsymbol{\eta}^\nu\|_{2,2}\leqslant\rho,\ \forall\nu\leqslant N\end{array}\right] \tag{7.1.6}$$

$$\left[\begin{array}{l}\boldsymbol{B}_\nu(\boldsymbol{y},\boldsymbol{\eta}^\nu)=\hat{\boldsymbol{L}}_\nu^{\mathrm{T}}\boldsymbol{\eta}^\nu\hat{\boldsymbol{R}}_\nu(\boldsymbol{y})+\hat{\boldsymbol{R}}_\nu^{\mathrm{T}}(\boldsymbol{y})[\boldsymbol{\eta}^\nu]^{\mathrm{T}}\hat{\boldsymbol{L}}_\nu,\nu=1,\cdots,N\\ p_\nu=q_\nu=1,\ \forall\nu\in\mathcal{I}_{\mathrm{S}}\end{array}\right]$$

这里，$\hat{\boldsymbol{R}}(\boldsymbol{y})$ 在 $\boldsymbol{y}$ 中是仿射的，且对于所有 $\boldsymbol{y}$，$\nu\geqslant1$，$\boldsymbol{\eta}^\nu$，使得矩阵 $\boldsymbol{B}_\nu(\boldsymbol{y},\boldsymbol{\eta}^\nu)$ 的秩不超过 2。

步骤 2：近似式（7.1.6）。观察式（7.1.6）对给定 $\boldsymbol{y}$ 有效的一个明显的充分条件是对称矩阵 $\boldsymbol{Y}_\nu$，$\nu=1,\cdots,N$ 的存在，使得

$$\boldsymbol{Y}_\nu\succeq\boldsymbol{B}_\nu(\boldsymbol{y},\boldsymbol{\eta}^\nu),\ \forall(\boldsymbol{\eta}^\nu\in\mathcal{Z}_\nu=\{\boldsymbol{\eta}^\nu:\|\boldsymbol{\eta}^\nu\|_{2,2}\leqslant1;\nu\in\mathcal{I}_{\mathrm{S}}\Rightarrow\boldsymbol{\eta}^\nu\in\mathbb{R}\boldsymbol{I}_{p_\nu}\}) \tag{7.1.7}$$

和

$$\boldsymbol{B}_0(\boldsymbol{y},\boldsymbol{\tau})-\rho\sum_{\nu=1}^{N}\boldsymbol{Y}_\nu\succeq0 \tag{7.1.8}$$

我们将要证明变量 $\boldsymbol{Y}_\nu,\boldsymbol{y},\boldsymbol{\tau}$ 的半无限线性矩阵不等式（7.1.7）可以用显式线性矩阵不等式有限组表示，因此变量 $\boldsymbol{Y}_1,\cdots,\boldsymbol{Y}_N,\boldsymbol{y},\boldsymbol{\tau}$ 上的半无限约束（7.1.7）和式（7.1.8）的组 $\mathcal{S}^0$ 等价于显式线性矩阵不等式有限组 $\mathcal{S}$。由于 $\mathcal{S}^0$ 的起源，它是式（7.1.6）的保守近似，因此 $\mathcal{S}$ 也是保守近似（此外，$\mathcal{S}$ 也是易处理的）。现在让我们实施以下步骤。

1⁰　让我们从 $\nu\in\mathcal{I}_{\mathrm{S}}$ 开始。式（7.1.7）显然等于这两个线性矩阵不等式

$$\boldsymbol{Y}_\nu\succeq\boldsymbol{B}_\nu(\boldsymbol{y})\equiv\hat{\boldsymbol{L}}_\nu^{\mathrm{T}}\hat{\boldsymbol{R}}_\nu(\boldsymbol{y})+\hat{\boldsymbol{R}}_\nu^{\mathrm{T}}(\boldsymbol{y})\hat{\boldsymbol{L}}_\nu,\boldsymbol{Y}_\nu\succeq-\boldsymbol{B}_\nu(\boldsymbol{y}) \tag{7.1.9}$$

2⁰　对于 $\nu\notin\mathcal{I}_{\mathrm{S}}$，考虑式（7.1.7），我们有

$$\begin{aligned}&(\boldsymbol{Y}_\nu,\boldsymbol{y})\text{满足式(7.1.7)}\\ \Leftrightarrow\ &\boldsymbol{u}^{\mathrm{T}}\boldsymbol{Y}_\nu\boldsymbol{u}\geqslant\boldsymbol{u}^{\mathrm{T}}\boldsymbol{B}_\nu(\boldsymbol{y},\boldsymbol{\eta}^\nu)\boldsymbol{u},\forall\boldsymbol{u},\forall(\boldsymbol{\eta}^\nu:\|\boldsymbol{\eta}^\nu\|_{2,2}\leqslant1)\\ \Leftrightarrow\ &\boldsymbol{u}^{\mathrm{T}}\boldsymbol{Y}_\nu\boldsymbol{u}\geqslant\boldsymbol{u}^{\mathrm{T}}\hat{\boldsymbol{L}}_\nu^{\mathrm{T}}\boldsymbol{\eta}^\nu\hat{\boldsymbol{R}}_\nu(\boldsymbol{y})\boldsymbol{u}+\boldsymbol{u}^{\mathrm{T}}\hat{\boldsymbol{R}}_\nu^{\mathrm{T}}(\boldsymbol{y})[\boldsymbol{\eta}^\nu]^{\mathrm{T}}\hat{\boldsymbol{L}}_\nu\boldsymbol{u},\forall\boldsymbol{u},\forall(\boldsymbol{\eta}^\nu:\|\boldsymbol{\eta}^\nu\|_{2,2}\leqslant1)\\ \Leftrightarrow\ &\boldsymbol{u}^{\mathrm{T}}\boldsymbol{Y}_\nu\boldsymbol{u}\geqslant2\boldsymbol{u}^{\mathrm{T}}\hat{\boldsymbol{L}}_\nu^{\mathrm{T}}\boldsymbol{\eta}^\nu\hat{\boldsymbol{R}}_\nu(\boldsymbol{y})\boldsymbol{u},\forall\boldsymbol{u},\forall(\boldsymbol{\eta}^\nu:\|\boldsymbol{\eta}^\nu\|_{2,2}\leqslant1)\\ \Leftrightarrow\ &\boldsymbol{u}^{\mathrm{T}}\boldsymbol{Y}_\nu\boldsymbol{u}\geqslant2\|\hat{\boldsymbol{L}}_\nu\boldsymbol{u}\|_2\|\hat{\boldsymbol{R}}(\boldsymbol{y})\boldsymbol{u}\|_2,\forall\boldsymbol{u}\\ \Leftrightarrow\ &\boldsymbol{u}^{\mathrm{T}}\boldsymbol{Y}_\nu\boldsymbol{u}-2\xi^{\mathrm{T}}\hat{\boldsymbol{R}}_\nu(\boldsymbol{y})\boldsymbol{u},\forall(\boldsymbol{u},\xi:\xi^{\mathrm{T}}\xi\leqslant\boldsymbol{u}^{\mathrm{T}}\hat{\boldsymbol{L}}_\nu^{\mathrm{T}}\hat{\boldsymbol{L}}_\nu\boldsymbol{u})\end{aligned}$$

调用 $\mathcal{S}$ 引理，后一个等价公式中的结论条件等价于

$$\exists\lambda_\nu\geqslant0:\left[\begin{array}{c|c}\boldsymbol{Y}_\nu-\lambda_\nu\hat{\boldsymbol{L}}_\nu^{\mathrm{T}}\hat{\boldsymbol{L}}_\nu & -\hat{\boldsymbol{R}}_\nu^{\mathrm{T}}(\boldsymbol{y})\\ \hline -\hat{\boldsymbol{R}}_\nu(\boldsymbol{y}) & \lambda_\nu\boldsymbol{I}_{k_\nu}\end{array}\right]\succeq0 \tag{7.1.10}$$

在式中，k_ν 是 $\hat{\boldsymbol{R}}_\nu(\boldsymbol{y})$ 中的行数。

我们已经证明了以下陈述的第一部分。

定理 7.1.2　关于变量 $\boldsymbol{Y}_1,\cdots,\boldsymbol{Y}_N,\lambda_\nu,\boldsymbol{y},\boldsymbol{\tau}$ 的线性矩阵不等式的显式组

$$\begin{aligned}&\boldsymbol{Y}_\nu \succeq \pm(\hat{\boldsymbol{L}}_\nu^{\mathrm{T}}\hat{\boldsymbol{R}}_\nu(\boldsymbol{y})+\hat{\boldsymbol{R}}_\nu^{\mathrm{T}}(\boldsymbol{y})\hat{\boldsymbol{L}}_\nu),\nu\in\mathcal{I}_{\mathrm{S}}\\&\left[\begin{array}{c|c}\boldsymbol{Y}_\nu-\lambda_\nu\hat{\boldsymbol{L}}_\nu^{\mathrm{T}}\hat{\boldsymbol{L}}_\nu & \hat{\boldsymbol{R}}_\nu^{\mathrm{T}}(\boldsymbol{y})\\\hline \hat{\boldsymbol{R}}_\nu(\boldsymbol{y}) & \lambda_\nu\boldsymbol{I}_{k_\nu}\end{array}\right]\succeq 0,\ \nu\notin\mathcal{I}_{\mathrm{S}}\\&\mathrm{Arrow}\ (\boldsymbol{A}^{\mathrm{n}}\boldsymbol{y}+\boldsymbol{b}^{\mathrm{n}},\boldsymbol{\tau})\ -\rho\sum_{\nu=1}^{N}\boldsymbol{Y}_\nu\succeq 0\end{aligned} \tag{7.1.11}$$

（关于符号，参见式（7.1.6））是不确定最小二乘不等式（7.1.3）、式（7.1.1）和式（7.1.2）的鲁棒对等的保守易处理近似。这个近似的紧性因子从不超过 $\pi/2$，当 $N=1$ 时等于1。

证明 通过构造，式（7.1.11）确实是式（7.1.3）、式（7.1.1）和式（7.1.2）的鲁棒对等的保守易处理近似$\left(\text{注意形如}\left[\begin{array}{c|c}\boldsymbol{A} & \boldsymbol{B}\\\hline \boldsymbol{B}^{\mathrm{T}} & \boldsymbol{A}\end{array}\right]\text{的矩阵}\succeq 0\text{，当且仅当}\left[\begin{array}{c|c}\boldsymbol{A} & -\boldsymbol{B}\\\hline -\boldsymbol{B}^{\mathrm{T}} & \boldsymbol{A}\end{array}\right]\text{也是这样}\right)$。根据评注和定理6.3.2，当 $N=1$ 时，我们的近似是精确的。紧性因子从不超过 $\pi/2$ 这一事实是以下定理的直接推论（将在附录B.4中证明）。 ■

定理7.1.3【矩阵立方定理，实数情况】 令 $\boldsymbol{B}_0,\boldsymbol{B}_1,\cdots,\boldsymbol{B}_p$ 为对称 $m\times m$ 矩阵，使 $\boldsymbol{L}_j\in\mathbb{R}^{p_j\times m}$，$\boldsymbol{R}_j\in\mathbb{R}^{q_j\times m}$，$j=1,\cdots,q$。考虑谓词

$$\boldsymbol{B}_0+\sum_{i=1}^{p}\theta_i\boldsymbol{B}_i+\sum_{j=1}^{q}[\boldsymbol{L}_j^{\mathrm{T}}\boldsymbol{\Theta}^j\boldsymbol{R}_j+\boldsymbol{R}_j^{\mathrm{T}}[\boldsymbol{\Theta}^j]^{\mathrm{T}}\boldsymbol{L}_j]\succeq 0,\ \forall\begin{pmatrix}\theta_i:|\theta_i|\leqslant\rho\\\boldsymbol{\Theta}^j:\|\boldsymbol{\Theta}^j\|_{2,2}\leqslant\rho\end{pmatrix} \tag{$\mathcal{A}(\rho)$}$$

和

$$\begin{aligned}&\exists\boldsymbol{U}_1,\cdots,\boldsymbol{U}_p,\boldsymbol{V}_1,\cdots,\boldsymbol{V}_q:\boldsymbol{U}_i\succeq\pm\boldsymbol{B}_i,1\leqslant i\leqslant p,\\&\boldsymbol{V}_j\succeq[\boldsymbol{L}_j^{\mathrm{T}}\boldsymbol{\Theta}^j\boldsymbol{R}_j+\boldsymbol{R}_j^{\mathrm{T}}[\boldsymbol{\Theta}^j]^{\mathrm{T}}\boldsymbol{L}_j],\forall(\boldsymbol{\Theta}^j:\|\boldsymbol{\Theta}^j\|_{2,2}\leqslant 1),1\leqslant j\leqslant q,\\&\boldsymbol{B}_0-\rho\sum_{i=1}^{p}\boldsymbol{U}_i-\rho\sum_{j=1}^{q}\boldsymbol{V}_j\succeq 0\end{aligned} \tag{$\mathcal{B}(\rho)$}$$

则有如下结论。

(i) $\mathcal{B}(\rho)$ 是 $\mathcal{A}(\rho)$ 的充分条件：只要 $\mathcal{B}(\rho)$ 是有效的，$\mathcal{A}(\rho)$ 也是有效的。当 $p+q=1$ 时，$\mathcal{B}(\rho)$ 是 $\mathcal{A}(\rho)$ 的充要条件。

(ii) 如果矩阵 $\boldsymbol{B}_1,\cdots,\boldsymbol{B}_p$ 的秩不超过整数 $\mu\geqslant 2$，则所讨论的充分条件的“紧性因子”不超过 $\vartheta(\mu)$，这意味着每当 $\mathcal{B}(\rho)$ 无效时，$\mathcal{A}(\vartheta(\mu)\rho)$ 也无效。这里 $\vartheta(\mu)$ 是 μ 的一个通用非减函数，因此

$$\vartheta(2)=\frac{\pi}{2};\vartheta(4)=2;\vartheta(\mu)\leqslant\pi\sqrt{\mu/2}$$

为了完成定理7.1.2的证明，观察给定对 $(\boldsymbol{y},\boldsymbol{\tau})$ 对式（7.1.3）、式（7.1.1）和式（7.1.2）是鲁棒可行的，当且仅当矩阵 $\boldsymbol{B}_0=\boldsymbol{B}_0(\boldsymbol{y},\boldsymbol{\tau})$，$\boldsymbol{B}_i=\boldsymbol{B}_{\nu_i}(\boldsymbol{y},1)$，$i=1,\cdots,p$，$\boldsymbol{L}_j=\hat{\boldsymbol{L}}_{\mu_j}$，$\boldsymbol{R}_j=\hat{\boldsymbol{R}}_{\mu_j}(\boldsymbol{y})$，$j=1,\cdots,q$ 满足 $\mathcal{A}(\rho)$，这里 $\mathcal{I}_{\mathrm{S}}=\{\nu_1<\cdots<\nu_p\}$ 且 $\{1,\cdots,L\}\setminus\mathcal{I}_{\mathrm{S}}=\{\mu_1<\cdots<\mu_q\}$。同时，由于后一个组的起源，相应谓词 $\mathcal{B}(\rho)$ 的有效性相当于将 $\boldsymbol{y}$ 扩展到式（7.1.11）的解的可能性。根据（♯），由于所有矩阵 $\boldsymbol{B}_i$，$i=1,\cdots,p$ 的秩最多为2，矩阵立方定理表明，如果 $(\boldsymbol{y},\boldsymbol{\tau})$ 不能扩展到式（7.1.11）的可行解，那么对于式（7.1.3）、式（7.1.1）和式（7.1.2），当不确定性水平增加因子 $\vartheta(2)=\frac{\pi}{2}$ 时，$(\boldsymbol{y},\boldsymbol{\tau})$ 不是鲁棒可行的。 ■

7.1.2　具有结构化范数有界不确定性的最小二乘不等式——复数情况

带结构化范数有界扰动的不确定最小二乘不等式（7.1.3）在左侧复数数据和实数数据的情况下都是有意义的。令人惊讶的是，在复数的情况下，鲁棒对等比实数情况下允许更好的紧性因子保守易处理近似$\left(\right.$具体而言，在复数情况下，定理7.1.2中规定的紧性因子$\frac{\pi}{2}=1.57\cdots$提高到$\frac{\pi}{4}=1.27\cdots\left.\right)$。考虑一个不确定最小二乘不等式（7.1.3），其中$\boldsymbol{A}(\boldsymbol{\eta})\in\mathbb{C}^{m\times n}$，$\boldsymbol{b}(\boldsymbol{\eta})\in\mathbb{C}^m$，扰动是结构化范数有界的且为复数，这意味着（参见式（7.1.1）和式（7.1.2））

$$(a)\quad \mathcal{Z}_\rho^{\text{left}}=\rho\mathcal{Z}_1^{\text{left}}=\left\{\boldsymbol{\eta}=(\boldsymbol{\eta}^1,\cdots,\boldsymbol{\eta}^N):\begin{array}{l}\boldsymbol{\eta}^\nu\in\mathbb{C}^{p_\nu\times q_\nu},\nu=1,\cdots,N\\ \|\boldsymbol{\eta}^\nu\|_{2,2}\leqslant\rho,\nu=1,\cdots,N\\ \boldsymbol{\eta}^\nu=\theta_\nu\boldsymbol{I}_{p_\nu},\theta_\nu\in\mathbb{C},\nu\in\mathcal{I}_{\text{S}}\end{array}\right\},\tag{7.1.12}$$

$$(b)\quad \boldsymbol{A}(\boldsymbol{\zeta})\boldsymbol{y}+\boldsymbol{b}(\boldsymbol{\zeta})=[\boldsymbol{A}^{\text{n}}\boldsymbol{y}+\boldsymbol{b}^{\text{n}}]+\sum_{\nu=1}^N\boldsymbol{L}_\nu^{\text{H}}(\boldsymbol{y})\boldsymbol{\eta}^\nu\boldsymbol{R}_\nu(\boldsymbol{y})$$

其中，$\boldsymbol{L}_\nu(\boldsymbol{y})$，$\boldsymbol{R}_\nu(\boldsymbol{y})$ 在 $[\Re(\boldsymbol{y});\Im(\boldsymbol{y})]$ 矩阵中是仿射的，且具有复数项，因此对于每个 $\boldsymbol{v}$，这些矩阵中至少有一个独立于 $\boldsymbol{y}$ 且非零，并且 $\boldsymbol{B}^{\text{H}}$ 表示复值矩阵 $\boldsymbol{B}$ 的厄米共轭：$(\boldsymbol{B}^{\text{H}})_{ij}=\overline{B}_{ji}$，其中 $\overline{z}$ 是复数 z 的复数共轭。

观察到，由于与实数情况完全相同，我们可以不失一般性地假设所有标量扰动块都是 1×1，或者等价地，根本没有标量扰动块，因此从现在开始，我们假设 $\mathcal{I}_{\text{S}}=\varnothing$。

近似的推导过程与实数情况类似。具体来说，我们从一个明显的观察开始，对于复数 k 维向量 $\boldsymbol{u}$ 和实数 t，关系

$$\|\boldsymbol{u}\|_2\leqslant t$$

等价于厄米矩阵

$$\text{Arrow}(\boldsymbol{u},t)=\left[\begin{array}{c|c}t&\boldsymbol{u}^{\text{H}}\\\hline\boldsymbol{u}&t\boldsymbol{I}_k\end{array}\right]$$

它是$\succeq0$的。舒尔补引理的复数版本很容易给出这一事实：厄米块矩阵$\left[\begin{array}{c|c}\boldsymbol{P}&\boldsymbol{Q}^{\text{H}}\\\hline\boldsymbol{Q}&\boldsymbol{R}\end{array}\right]$且$\boldsymbol{R}\succ0$是半正定的，当且仅当厄米矩阵 $\boldsymbol{P}-\boldsymbol{Q}^{\text{H}}\boldsymbol{R}^{-1}\boldsymbol{Q}$ 是半正定的（参见引理6.3.3的证明）。因此，$(\boldsymbol{y},\boldsymbol{\tau})$ 对于所讨论的不确定最小二乘不等式是鲁棒可行的，当且仅当

$$\underbrace{\text{Arrow}(\boldsymbol{A}^{\text{n}}\boldsymbol{y}+\boldsymbol{b}^{\text{n}},\boldsymbol{\tau})}_{\boldsymbol{B}_0(\boldsymbol{y},\boldsymbol{\tau})}+\sum_{\nu=1}^N\boldsymbol{B}_\nu(\boldsymbol{y},\boldsymbol{\eta}^\nu)\succeq0,\forall(\boldsymbol{\eta}:\|\boldsymbol{\eta}^\nu\|_{2,2}\leqslant\rho,\forall\nu\leqslant N)$$

$$[\boldsymbol{B}_\nu(\boldsymbol{y},\boldsymbol{\eta}^\nu)=\hat{\boldsymbol{L}}_\nu^{\text{H}}\boldsymbol{\eta}^\nu\hat{\boldsymbol{R}}_\nu(\boldsymbol{y})+\hat{\boldsymbol{R}}_\nu^{\text{H}}(\boldsymbol{y})[\boldsymbol{\eta}^\nu]^{\text{H}}\hat{\boldsymbol{L}}_\nu,\nu=1,\cdots,N]\tag{7.1.13}$$

式中，$\hat{\boldsymbol{L}}_\nu$ 是常数矩阵，并且 $\hat{\boldsymbol{R}}_\nu(\boldsymbol{y})$ 在 $[\Re(\boldsymbol{y});\Im(\boldsymbol{y})]$ 矩阵中是仿射的，由 $\boldsymbol{L}_\nu(\boldsymbol{y})$，$\boldsymbol{R}_\nu(\boldsymbol{y})$ 容易给出（参见式（7.1.6）并考虑到我们处于的情况是 $\mathcal{I}_{\text{S}}=\varnothing$）。因此，无论何时，对于给定的 $(\boldsymbol{y},\boldsymbol{\tau})$，我们都可以找到厄米矩阵 $\boldsymbol{Y}_\nu$，使得

$$\boldsymbol{Y}_\nu\succeq\boldsymbol{B}_\nu(\boldsymbol{y},\boldsymbol{\eta}^\nu),\forall(\boldsymbol{\eta}^\nu\in\mathbb{C}^{p_\nu\times q_\nu}:\|\boldsymbol{\eta}^\nu\|_{2,2}\leqslant1),\nu=1,\cdots,N\tag{7.1.14}$$

以及 $\boldsymbol{B}_0(\boldsymbol{y},\boldsymbol{\tau})\succeq\rho\sum_{\nu=1}^{N}\boldsymbol{Y}_\nu$，$(\boldsymbol{y},\boldsymbol{\tau})$ 是鲁棒可行的。

与实数情况相同，应用 $\mathcal{S}$ 引理（适用于复数情况和实数情况），矩阵 $\boldsymbol{Y}_\nu$ 满足式（7.1.14），当且仅当

$$\exists\lambda_\nu\geqslant 0:\left[\begin{array}{c|c}\boldsymbol{Y}_\nu-\lambda_\nu\hat{\boldsymbol{L}}_\nu^{\mathrm{H}}\hat{\boldsymbol{L}}_\nu & -\hat{\boldsymbol{R}}_\nu^{\mathrm{H}}(\boldsymbol{y})\\ \hline -\hat{\boldsymbol{R}}_\nu(\boldsymbol{y}) & \lambda_\nu\boldsymbol{I}_{k_\nu}\end{array}\right]$$

式中，k_ν 是 $\hat{\boldsymbol{R}}_\nu(\boldsymbol{y})$ 中的行数。我们已证明了以下陈述的第一部分。

定理 7.1.4　关于变量 $\{\boldsymbol{Y}_i=\boldsymbol{Y}_i^{\mathrm{H}}\}$，$\lambda_\nu,\boldsymbol{y},\boldsymbol{\tau}$ 的线性矩阵不等式显式组

$$\left[\begin{array}{c|c}\boldsymbol{Y}_\nu-\lambda_\nu\hat{\boldsymbol{L}}_\nu^{\mathrm{H}}\hat{\boldsymbol{L}}_\nu & \hat{\boldsymbol{R}}_\nu^{\mathrm{H}}(\boldsymbol{y})\\ \hline \hat{\boldsymbol{R}}_\nu(\boldsymbol{y}) & \lambda_\nu\boldsymbol{I}_{k_\nu}\end{array}\right]\succeq 0,\ \nu=1,\cdots,N, \tag{7.1.15}$$

$$\mathrm{Arrow}(\boldsymbol{A}^{\mathrm{n}}\boldsymbol{y}+\boldsymbol{b}^{\mathrm{n}},\boldsymbol{\tau})-\rho\sum_{\nu=1}^{N}\boldsymbol{Y}_\nu\succeq 0$$

（符号见式（7.1.13））是不确定最小二乘不等式（7.1.3）和式（7.1.12）的鲁棒对等的保守易处理近似。这个近似的紧性因子从不超过 $4/\pi$，当 $N=1$ 时等于 1。

证明　与定理 7.1.2 中的证明完全相似，用以下陈述（在附录 B.4 中证明）代替实数矩阵立方定理。■

定理 7.1.5【矩阵立方定理，无标量扰动的复数情况】　令 $\boldsymbol{B}_0$ 为厄米 $m\times m$ 矩阵，使 $\boldsymbol{L}_j\in\mathbb{C}^{p_j\times m}$，$\boldsymbol{R}_j\in\mathbb{C}^{q_j\times m}$，$j=1,\cdots,q$。考虑谓词

$$\boldsymbol{B}_0+\sum_{j=1}^{q}[\boldsymbol{L}_j^{\mathrm{H}}\boldsymbol{\Theta}^j\boldsymbol{R}_j+\boldsymbol{R}_j^{\mathrm{H}}[\boldsymbol{\Theta}^j]^{\mathrm{H}}\boldsymbol{L}_j]\succeq 0,\forall(\boldsymbol{\Theta}^j\in\mathbb{C}^{p_j\times q_j}:\|\boldsymbol{\Theta}^j\|_{2,2}\leqslant\rho) \qquad \mathcal{A}(\rho)$$

和

$$\exists\boldsymbol{V}_1,\cdots,\boldsymbol{V}_q:\boldsymbol{V}_j\succeq[\boldsymbol{L}_j^{\mathrm{H}}\boldsymbol{\Theta}^j\boldsymbol{R}_j+\boldsymbol{R}_j^{\mathrm{H}}[\boldsymbol{\Theta}^j]^{\mathrm{H}}\boldsymbol{L}_j],\forall(\boldsymbol{\Theta}^j\in\mathbb{C}^{p_j\times q_j}:\|\boldsymbol{\Theta}^j\|_{2,2}\leqslant 1),1\leqslant j\leqslant q,$$

$$\boldsymbol{B}_0-\rho\sum_{j=1}^{q}\boldsymbol{V}_j\succeq 0 \qquad \mathcal{B}(\rho)$$

则有如下结论。

(i) $\mathcal{B}(\rho)$ 是 $\mathcal{A}(\rho)$ 的充分条件：只要 $\mathcal{B}(\rho)$ 是有效的，$\mathcal{A}(\rho)$ 也是有效的。当 $q=1$ 时，$\mathcal{B}(\rho)$ 是 $\mathcal{A}(\rho)$ 的充要条件。

(ii) 所讨论的充分条件的“紧性因子”不超过 $\frac{4}{\pi}$，这意味着当 $\mathcal{B}(\rho)$ 无效时，$\mathcal{A}\left(\frac{4}{\pi}\rho\right)$ 也无效。

实例：重新审视天线设计。考虑 3.3 节天线设计问题的“最小二乘”版本。正如在原始问题中，我们考虑一组 n 个谐波振荡器放置在点 $k\boldsymbol{i}$，$k=1,\cdots,n$，$\boldsymbol{i}$ 是 x 轴在 $\mathbb{R}^3$ 中的基向量，并根据以下要求对振荡器的权重 $z_k\in\mathbb{C}$ 进行归一化：

$$\Re\Bigg\{\underbrace{\sum_{k=1}^{n}z_kD_k(\phi)\Big|_{\phi=0}}_{D(\phi)}\Bigg\}\geqslant 1,$$

其中 $D_k(\phi)=\exp\{2\pi\imath\cos(\phi)k/\lambda\}$ 是第 k 个振荡器的图。在 3.3 节中，我们的目标是在这种归一化下最小化图 $D(\cdot)$ 在旁瓣角中的一致范数 $\max\limits_{\Delta\leqslant\phi\leqslant\pi}|D(\phi)|$。在这里，我们希望在相同的归一化限制下，最小化图 $D(\cdot)$ 在旁瓣角中的加权 L_2 范数，特别是

$$\|D(\cdot)\|_{\mathcal{SA}} = \left(\int_{z\in\mathcal{SA}} |D(\phi(z))|^2 \mathrm{d}S(z)\right)^{1/2} = \left(\frac{1}{1+\cos(\Delta)}\int_{\Delta}^{\pi} |D(\phi)|^2 \sin(\phi)\mathrm{d}\phi\right)^{1/2}$$

其中 $\mathcal{SA}$ 是被视为单位球面 $S_2\subset\mathbb{R}^3$ 一部分的旁瓣角，由与天线阵列的方向 $\boldsymbol{i}$ 形成角度 $\geqslant\Delta$ 的所有方向组成，$\mathrm{d}S(z)$ 是 S_2 的面积元素，通过整个 $\mathcal{SA}$ 的面积归一化（因此 $\int_{\mathcal{SA}}\mathrm{d}S(z)=1$）。相关的优化问题是

$$\min_{z_1,\cdots,z_n\in\mathbb{C},\tau\in\mathbb{R}}\left\{\boldsymbol{\tau}: \begin{array}{l}\left(\frac{1}{1+\cos(\Delta)}\int_{\Delta}^{\pi}\left|\sum_{k=1}^n z_k D_k(\phi)\right|^2\sin(\phi)\mathrm{d}\phi\right)^{1/2}\leqslant\boldsymbol{\tau},\\ \Re\left\{\sum_{k=1}^n z_k D_k(0)\right\}\geqslant 1\end{array}\right\} \tag{7.1.16}$$

在 3.3 节中，我们考虑了振荡器位置的扰动以及影响权重的驱动误差。这里，为了简单起见，我们假设振荡器的定位是精确的，唯一的不确定性来源是驱动误差

$$z_k\mapsto(1+\zeta^k)z_k$$

扰动 $\zeta^k\in\mathbb{C}$ 受限于界 $|\zeta^k|\leqslant\epsilon_k\rho$。和往常一样，假设没有驱动误差，我们不会有任何损失，但图 $D_k(\cdot)$ 受到扰动 $D_k(\cdot)\mapsto(1+\zeta^k)D_k(\cdot)$。现在，我们可以很容易地找到一个 $n\times n$ 复值矩阵 $\mathbf{A}^{\mathrm{n}}$，使得

$$\|\mathbf{A}^{\mathrm{n}}\boldsymbol{z}\|_2=\left(\frac{1}{1+\cos(\Delta)}\int_{\Delta}^{\pi}\left|\sum_{k=1}^n z_k D_k(\phi)\right|^2\sin(\phi)\mathrm{d}\phi\right)^{1/2},\ \forall\,\boldsymbol{z}$$

为此，只需计算带有项 $H_{pq}=\frac{1}{1+\cos(\Delta)}\int_{\Delta}^{\pi}D_p(\phi)\overline{D_q(\phi)}\sin(\phi)\mathrm{d}\phi$ 的半正定厄米矩阵，并设 $\mathbf{A}=\boldsymbol{H}^{1/2}$。这样，我们可以将不确定问题（7.1.16）等效为

$$\begin{array}{l}\min\limits_{z,\tau}\left\{\boldsymbol{\tau}: \begin{array}{ll}\|\mathbf{A}(\boldsymbol{\eta})\boldsymbol{z}\|_2\leqslant\boldsymbol{\tau} & (a)\\ \Re\left\{\sum_{k=1}^n(1+\epsilon_k\boldsymbol{\eta}^k)z_kD_k(0)\right\}\geqslant 1 & (b)\end{array}\right\},\\ \boldsymbol{\eta}\in\mathcal{Z}_{\rho}^{\mathrm{left}}=\{\boldsymbol{\eta}\in\mathbb{C}^n:|\eta^k|\leqslant\rho,k=1,\cdots,n\}\\ \left[\begin{array}{l}\mathbf{A}(\boldsymbol{\eta})\boldsymbol{z}=\mathbf{A}^{\mathrm{n}}\boldsymbol{z}+\sum_{k=1}^n\boldsymbol{L}_k^{\mathrm{H}}\eta^kR_k(\boldsymbol{z})\\ \boldsymbol{L}_k^{\mathrm{H}}\text{ 为 }\mathbf{A}^{\mathrm{n}}\text{ 的第 }k\text{ 列},R_k(\boldsymbol{z})=\epsilon_kz_k\in\mathbb{C}^{1\times1}\end{array}\right]\end{array} \tag{7.1.17}$$

考虑到 $|D_k(\cdot)|\equiv1$，不确定约束（7.1.17.b）的鲁棒对等等价于显式凸约束

$$\Re\left\{\sum_{k=1}^n z_kD_k(0)\right\}-\rho\sum_{k=1}^n\epsilon_k|z_k|\geqslant1 \tag{7.1.18}$$

约束（7.1.17.a）是一个具有复数数据和结构化范数有界扰动（n 个全 1×1 复数扰动块）的不确定最小二乘不等式。定理 7.1.4 为我们提供了该约束的 $\frac{4}{\pi}$-紧保守易处理近似，即线性矩阵不等式组

$$\left[\begin{array}{c|c} \boldsymbol{Y}_k-\lambda_k\hat{\boldsymbol{L}}_k^{\mathrm{H}}\hat{\boldsymbol{L}}_k & \hat{\boldsymbol{R}}_k^{\mathrm{H}}(z) \\ \hline \hat{\boldsymbol{R}}_k(z) & \lambda_k \end{array}\right]\succeq 0,\ k=1,\cdots,n \tag{7.1.19}$$

$$\mathrm{Arrow}(\boldsymbol{A}^{\mathrm{n}}\boldsymbol{z},\boldsymbol{\tau})\succeq\rho\sum_{k=1}^{n}\boldsymbol{Y}_k$$

其中变量为$\boldsymbol{Y}_k=\boldsymbol{Y}_k^{\mathrm{H}}$，$\lambda_k\in\mathbb{R}$，$\boldsymbol{\tau}\in\mathbb{R}$，$\boldsymbol{z}\in\mathbb{C}^n$；这里

$$\hat{\boldsymbol{L}}_k=[0,\overline{(A_{1k}^{\mathrm{n}})},\overline{(A_{2k}^{\mathrm{n}})},\cdots,\overline{(A_{nk}^{\mathrm{n}})}]\in\mathbb{C}^{1\times(n+1)},$$

$$\hat{\boldsymbol{R}}_k(\boldsymbol{z})=[\epsilon_k z_k,0,\cdots,0]\in\mathbb{C}^{1\times(n+1)}$$

在因子$\frac{4}{\pi}$范围内，显式凸问题

$$\min_{z,\tau,\{Y_k,\lambda_k\}}\{\boldsymbol{\tau}:(\boldsymbol{z},\boldsymbol{\tau},\{\boldsymbol{Y}_k,\lambda_k\})\text{满足式(7.1.19)和式(7.1.18)}\} \tag{7.1.20}$$

是式（7.1.17）的鲁棒对等的一个保守易处理的紧近似。

例 7.1.6 考虑与3.3节相同的设计数据，即

$$n=16;\quad \lambda=8;\quad \Delta=\pi/6;\quad \epsilon_1=\cdots=\epsilon_n=1$$

（因此，驱动误差的大小为ρ。）在不确定性水平$\rho=1.\mathrm{e}\text{-}2$下求解标准问题和不确定性问题的（近似）鲁棒对等，我们分别得到了标准设计和鲁棒设计。这些设计的特征如表7-1和图7-1所示。结论基本上与3.3节中的结论相同：对于0.01%的驱动误差，标准设计已经完全没有意义，而鲁棒设计似乎完全有意义，即使有5%（甚至可能有10%）的驱动误差。比较3.3节中获得的全局鲁棒对等设计（针对驱动误差免疫的全局鲁棒对等设计）和我们现在构建的鲁棒对等设计是有指导意义的。在相同的情况下，即对于3%的驱动误差，前一种设计的旁瓣电平约为0.19，这基本上比现在的旁瓣电平0.23好。然而，最重要的性能特征，即新设计的能量集中（0.88）（在感兴趣的空间角度发送的总能量的分数）比旧设计（0.66）好得多。结论是，至少在我们的示例中，天线设计问题的最小二乘设置比3.3节中考虑的旁瓣电平设置更适用于感兴趣角度中的鲁棒能量集中。一个迫在眉睫的问题是——如果我们感兴趣的只是能量集中（实际上，在实际天线设计中就是这样），为什么不直接优化这个量？为什么要通过在感兴趣的方向上归一化图并最小化其旁瓣角的范数来隐式控制这种集中？答案是，即使在标准设置下，能量集中的直接最小化也是一个非凸问题，因此不清楚如何有效地解决它——这在我们所考虑的模型中并不存在。

表7-1　标准和鲁棒设计的性能

设计	ρ	旁瓣电平	$\|D(\cdot)\|_{SA}$	能量集中
标准 (Opt=1.5e-5)	0	0.01 (0.00)	1.5e-5 (0.00)	0.9998 (0.00)
	1.e-4	1.16 (0.79)	0.728 (0.48)	0.114 (0.09)
	1.e-3	1.83 (1.02)	1.193 (0.68)	0.083 (0.07)
鲁棒对等 (Opt=0.053)	0	0.24 (0.00)	0.040 (0.00)	0.955 (0.00)
	1.e-2	0.24 (0.01)	0.043 (0.00)	0.954 (0.00)
	3.e-2	0.25 (0.03)	0.063 (0.01)	0.882 (0.03)
	5.e-2	0.26 (0.04)	0.091 (0.01)	0.780 (0.03)
	1.e-1	0.33 (0.05)	0.170 (0.04)	0.517 (0.13)

注：Opt分别是标准问题及其鲁棒对等的最优值。带下划线的数字是100个随机实现的驱动误差的平均值，括号中的数字是相关的标准差。

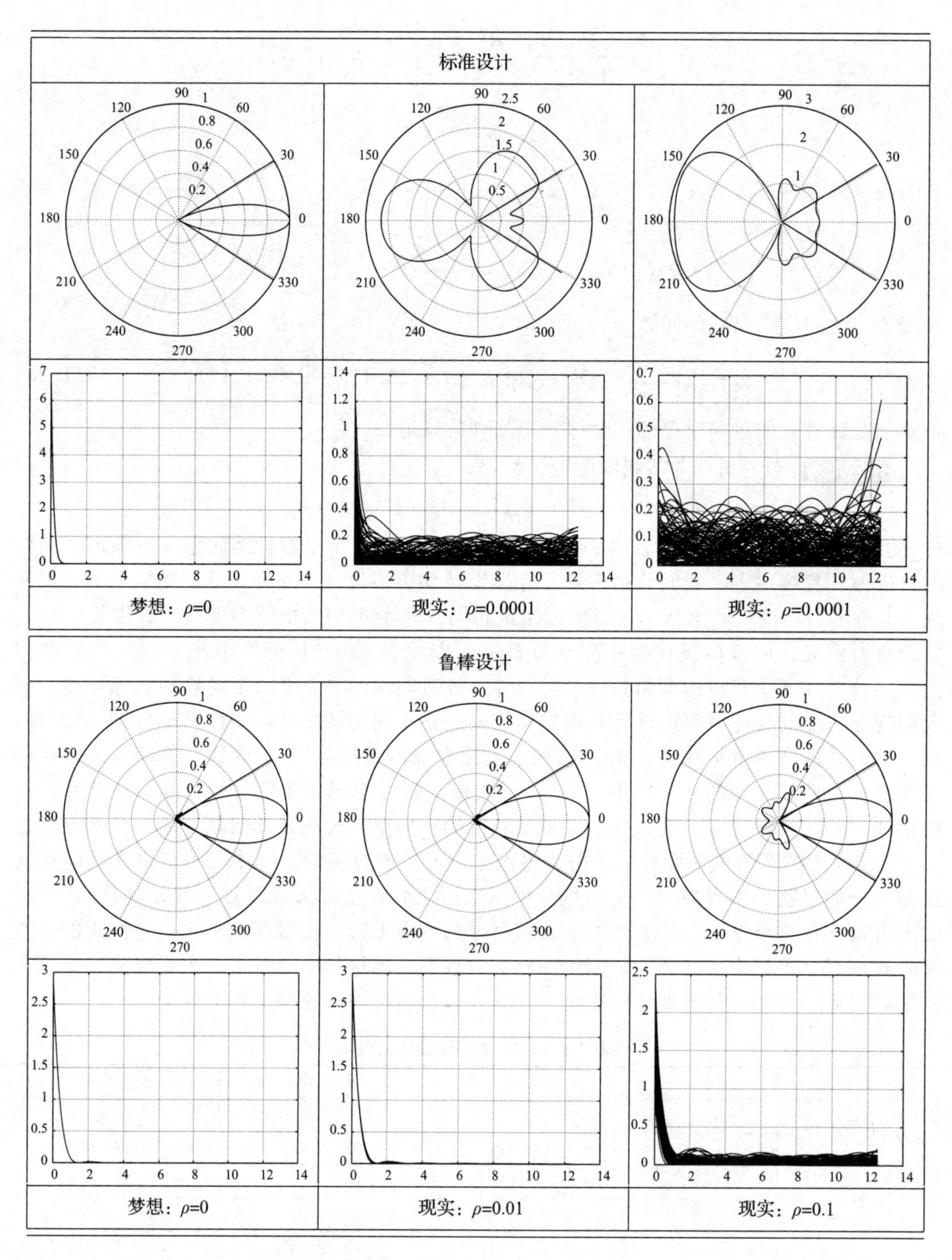

图 7-1　标准和鲁棒对等天线设计。第一行：极坐标中 $\left|D(\phi)\right|$ 的样本图，这些图被归一化为 $D(0)=1$。第二行：100 个模拟能量密度束，参见 3.3 节

7.1.3　从不确定最小二乘到不确定锥二次不等式

让我们回到实数情况。我们已经建立了左侧数据中具有结构化范数有界不确定性的最

小二乘不等式的鲁棒对等的紧近似。我们的下一个目标是将这种近似推广到具有侧向不确定性的不确定锥二次不等式的情况。

定理 7.1.7 考虑具有侧向不确定性的不确定锥二次不等式（6.1.3），其左侧不确定性由式（7.1.1）、式（7.1.2）给出，且是结构化范数有界的，右侧扰动集由锥表示给出（参见定理 1.3.4）

$$\mathcal{Z}_\rho^{\text{right}}=\rho\mathcal{Z}_1^{\text{right}},\mathcal{Z}_1^{\text{right}}=\{\boldsymbol{\chi}:\exists\boldsymbol{u}:\boldsymbol{P\chi}+\boldsymbol{Qu}+\boldsymbol{p}\in K\}\tag{7.1.21}$$

其中 $\mathbf{0}\in\mathcal{Z}_1^{\text{right}}$，$K$ 是一个闭凸尖锥，除非 K 是由线性不等式的显式有限列表给出的多面体锥，否则表示是严格可行的，并且 $\mathbf{0}\in\mathcal{Z}_1^{\text{right}}$。

对 $\rho>0$，关于变量 $\boldsymbol{Y}_1,\cdots,\boldsymbol{Y}_N,\lambda_\nu,\boldsymbol{y},\boldsymbol{\tau},\boldsymbol{v}$ 的线性矩阵不等式显式组

$$\begin{aligned}
&(a)\quad \boldsymbol{\tau}+\rho\boldsymbol{p}^{\mathrm{T}}\boldsymbol{v}\leqslant\delta(\boldsymbol{y}),\boldsymbol{P}^{\mathrm{T}}\boldsymbol{v}=\boldsymbol{\sigma}(\boldsymbol{y}),\boldsymbol{Q}^{\mathrm{T}}\boldsymbol{v}=\mathbf{0},\boldsymbol{v}\in K_*,\\
&(b.1)\quad \boldsymbol{Y}_\nu\succeq\pm(\hat{\boldsymbol{L}}_\nu^{\mathrm{T}}\hat{\boldsymbol{R}}_\nu(\boldsymbol{y})+\hat{\boldsymbol{R}}_\nu^{\mathrm{T}}(\boldsymbol{y})\hat{\boldsymbol{L}}_\nu),\nu\in\mathcal{I}_{\mathrm{S}},\\
&(b.2)\quad \left[\begin{array}{c|c}\boldsymbol{Y}_\nu-\lambda_\nu\hat{\boldsymbol{L}}_\nu^{\mathrm{T}}\hat{\boldsymbol{L}}_\nu & \hat{\boldsymbol{R}}_\nu^{\mathrm{T}}(\boldsymbol{y})\\ \hline \hat{\boldsymbol{R}}_\nu(\boldsymbol{y}) & \lambda_\nu\boldsymbol{I}_{k_\nu}\end{array}\right]\succeq 0,\nu\notin\mathcal{I}_{\mathrm{S}},\\
&(b.3)\quad \mathrm{Arrow}(\boldsymbol{A}^{\mathrm{n}}\boldsymbol{y}+\boldsymbol{b}^{\mathrm{n}},\boldsymbol{\tau})-\rho\sum_{\nu=1}^{N}\boldsymbol{Y}_\nu\succeq 0
\end{aligned}\tag{7.1.22}$$

（有关符号，请参见式（7.1.6））是式（6.2.1）的 RC 的一个保守易处理近似。当 $N=1$ 时，该近似是精确的，并且在因子 $\pi/2$ 内。

证明 由于不确定性是侧向的，因此 $\boldsymbol{y}$ 对于式（6.2.1）、式（7.1.1）、式（7.1.2）、式（7.1.21）是鲁棒可行的，不确定性水平为 $\rho>0$，当且仅当存在 $\boldsymbol{\tau}$ 时，有

$$\begin{aligned}
&(c)\quad \boldsymbol{\sigma}^{\mathrm{T}}(\boldsymbol{\chi})(\boldsymbol{y})+\delta(\boldsymbol{\chi})\geqslant\boldsymbol{\tau},\forall\boldsymbol{\chi}\in\rho\mathcal{Z}_1^{\text{right}},\\
&(d)\quad \|\boldsymbol{A}(\boldsymbol{\eta})\boldsymbol{y}+\boldsymbol{b}(\boldsymbol{\eta})\|_2\leqslant\boldsymbol{\tau},\forall\boldsymbol{\eta}\in\rho\mathcal{Z}_1^{\text{left}}
\end{aligned}$$

当 $\rho>0$ 时，我们有

$$\rho\mathcal{Z}_1^{\text{right}}=\{\boldsymbol{\chi}:\exists\boldsymbol{u}:\boldsymbol{P}(\boldsymbol{\chi}/\rho)+\boldsymbol{Qu}+\boldsymbol{p}\in K\}=\{\boldsymbol{\chi}:\exists\boldsymbol{u}':\boldsymbol{P\chi}+\boldsymbol{Qu}'+\rho\boldsymbol{p}\in K\}$$

从 $\rho\mathcal{Z}_1^{\text{right}}$ 的锥表示得到，与定理 1.3.4 的证明相同，我们得出结论，关系式（7.1.22.a）等价地表示要求（c），即（$\boldsymbol{y},\boldsymbol{\tau}$）满足（$c$），当且仅当（$\boldsymbol{y},\boldsymbol{\tau}$）可以通过适当选择的 $\boldsymbol{v}$ 扩展到式（7.1.22.a）的解。根据定理 7.1.2，将（$\boldsymbol{y},\boldsymbol{\tau}$）推广到式（7.1.22.$b$）的可行解的可能性是（$d$）有效的一个充分条件。因此，式（7.1.22）可行解的（$\boldsymbol{y},\boldsymbol{\tau}$）分量满足（$c$）和（$d$），这意味着 $\boldsymbol{y}$ 在不确定性水平 ρ 上是鲁棒可行的。因此，式（7.1.22）是相关鲁棒对等的保守近似。

定理 6.3.2 和评注 7.1.1 给出了只有一个左侧扰动块时近似是精确的这一事实，允许我们将该块视为全扰动块。仍需验证近似的紧性因子是否最大为 $\frac{\pi}{2}$，也就是说，如果给定的 $\boldsymbol{y}$ 不能扩展到不确定性水平 ρ 的近似的可行解，那么 $\boldsymbol{y}$ 对于不确定性水平 $\frac{\pi}{2}\rho$ 不是鲁棒可行的（见定义 5.3.2 后的注释）。为此，让我们定义

$$\boldsymbol{\tau}_y(r)=\inf_{\boldsymbol{\chi}}\{\boldsymbol{\sigma}^{\mathrm{T}}(\boldsymbol{\chi})\boldsymbol{y}+\delta(\boldsymbol{\chi}):\boldsymbol{\chi}\in r\mathcal{Z}_1^{\text{right}}\}$$

根据假设，既然 $\mathbf{0}\in\mathcal{Z}_1^{\text{right}}$，$\boldsymbol{\tau}_y(r)$ 在 r 中是非递增的。显然，$\boldsymbol{y}$ 在不确定性水平 r 下是鲁棒可行的，当且仅当

$$\|\boldsymbol{A}(\boldsymbol{\eta})\boldsymbol{y}+\boldsymbol{b}(\boldsymbol{\eta})\|_2\leqslant\boldsymbol{\tau}_y(r),\forall\boldsymbol{\eta}\in r\mathcal{Z}_1^{\text{left}} \tag{7.1.23}$$

现在假设给定的 $\boldsymbol{y}$ 不能扩展为不确定性水平 ρ 下式（7.1.22）的可行解。设 $\boldsymbol{\tau}=\boldsymbol{\tau}_y(\rho)$，则（$\boldsymbol{y},\boldsymbol{\tau}$）可以通过适当选择的 $\boldsymbol{v}$ 扩展到式（7.1.22.a）的可行解。事实上，后一个组等价地表达了（$\boldsymbol{y},\boldsymbol{\tau}$）满足（$c$）的事实，这确实是（$\boldsymbol{y},\boldsymbol{\tau}$）的情况。现在，由于 $\boldsymbol{y}$ 不能在不确定性水平 ρ 下扩展到式（7.1.22）的可行解，并且（$\boldsymbol{y},\boldsymbol{\tau}$）可以扩展到式（7.1.22.$a$）的可行解，我们得出结论，（$\boldsymbol{y},\boldsymbol{\tau}$）不能扩展到式（7.1.22.$b$）的可行解。根据定理 7.1.2，后者意味着 $\boldsymbol{y}$ 对于半无限最小二乘约束不是鲁棒可行的。

$$\|\boldsymbol{A}(\boldsymbol{\eta})\boldsymbol{y}+\boldsymbol{b}(\boldsymbol{\eta})\|_2\leqslant\boldsymbol{\tau}=\boldsymbol{\tau}_y(\rho),\forall\boldsymbol{\eta}\in\frac{\pi}{2}\rho\mathcal{Z}_1^{\text{left}}$$

由于 $\boldsymbol{\tau}_y(r)$ 在 r 中是非递增的，我们得出结论，当 $r=\frac{\pi}{2}\rho$ 时，$\boldsymbol{y}$ 不满足式（7.1.23），这意味着 $\boldsymbol{y}$ 在不确定性水平 $\frac{\pi}{2}\rho$ 上不是鲁棒可行的。 ■

7.1.4　具有结构化范数有界不确定性的凸二次约束

考虑一个不确定凸二次约束问题：

$$\begin{aligned}&(a)\quad \boldsymbol{y}^{\mathrm{T}}\boldsymbol{A}^{\mathrm{T}}(\boldsymbol{\zeta})\boldsymbol{A}(\boldsymbol{\zeta})\boldsymbol{y}\leqslant 2\boldsymbol{y}^{\mathrm{T}}\boldsymbol{b}(\boldsymbol{\zeta})+c(\boldsymbol{\zeta}),\\&(b)\quad \|[2\boldsymbol{A}(\boldsymbol{\zeta})\boldsymbol{y};1-2\boldsymbol{y}^{\mathrm{T}}\boldsymbol{b}(\boldsymbol{\zeta})-c(\boldsymbol{\zeta})]\|_2\leqslant 1+2\boldsymbol{y}^{\mathrm{T}}\boldsymbol{b}(\boldsymbol{\zeta})+c(\boldsymbol{\zeta})\end{aligned} \tag{6.4.1}$$

式中，$\boldsymbol{A}(\boldsymbol{\zeta})$ 为 $k\times n$ 的矩阵，不确定性为结构化范数有界［参见式（6.4.2）］，这意味着

$$\begin{aligned}&(a)\quad \mathcal{Z}_\rho=\rho\mathcal{Z}_1=\left\{\boldsymbol{\zeta}=(\boldsymbol{\zeta}^1,\cdots,\boldsymbol{\zeta}^N):\begin{array}{r}\boldsymbol{\zeta}^\nu\in\mathbb{R}^{p_\nu\times q_\nu}\\ \|\boldsymbol{\zeta}^\nu\|_{2,2}\leqslant\rho,1\leqslant\nu\leqslant N\\ \boldsymbol{\zeta}^\nu=\theta_\nu\boldsymbol{I}_{p_\nu},\theta_\nu\in\mathbb{R},\nu\in\mathcal{I}_{\mathrm{S}}\end{array}\right\},\\&(b)\quad \begin{bmatrix}\boldsymbol{A}(\boldsymbol{\zeta})\boldsymbol{y}\\ \boldsymbol{y}^{\mathrm{T}}\boldsymbol{b}(\boldsymbol{\zeta})\\ c(\boldsymbol{\zeta})\end{bmatrix}=\begin{bmatrix}\boldsymbol{A}^{\mathrm{n}}\boldsymbol{y}\\ \boldsymbol{y}^{\mathrm{T}}\boldsymbol{b}^{\mathrm{n}}\\ c^{\mathrm{n}}\end{bmatrix}+\sum_{\nu=1}^{N}\boldsymbol{L}_\nu^{\mathrm{T}}(\boldsymbol{y})\boldsymbol{\zeta}^\nu\boldsymbol{R}_\nu(\boldsymbol{y})\end{aligned} \tag{7.1.24}$$

其中，对于每个 ν，$\boldsymbol{L}_\nu(\boldsymbol{y})$ 和 $\boldsymbol{R}_\nu(\boldsymbol{y})$ 是大小适当的矩阵，其仿射依赖于 $\boldsymbol{y}$，并且至少一个矩阵是常数。与上面相同，我们可以不失一般性地假设所有标量扰动块对于所有的 $\nu\in\mathcal{I}_{\mathrm{S}}$ 都是 1×1 的：$p_\nu=k_\nu=1$。

注意，式（6.4.1）中的等价性意味着我们仍然对具有结构化范数有界左侧不确定性的不确定锥二次不等式感兴趣。然而，这种不确定性并不是侧向的，也就是说，我们正处于以前无法处理的局面。但我们现在可以处理它，因为不确定锥二次不等式具有从约束的原始凸二次型继承的有利结构。

我们将导出式（6.4.1）和式（7.1.24）的鲁棒对等的紧易处理近似。结构类似于我们在非结构化情况 $N=1$ 中使用的结构，参见 6.4 节。具体地说，设置 $\boldsymbol{L}_\nu(\boldsymbol{y})=[\boldsymbol{L}_{\nu,\boldsymbol{A}}(\boldsymbol{y}),\boldsymbol{L}_{\nu,\boldsymbol{b}}(\boldsymbol{y}),\boldsymbol{L}_{\nu,c}(\boldsymbol{y})]$，其中 $\boldsymbol{L}_{\nu,\boldsymbol{b}}(\boldsymbol{y})$ 和 $\boldsymbol{L}_{\nu,c}(\boldsymbol{y})$ 是 $\boldsymbol{L}_V(\boldsymbol{y})$ 中的最后两列，令

$$\begin{aligned}&\widetilde{\boldsymbol{L}}_\nu^{\mathrm{T}}(\boldsymbol{y})=[\boldsymbol{L}_{\nu,\boldsymbol{b}}^{\mathrm{T}}(\boldsymbol{y})+\frac{1}{2}\boldsymbol{L}_{\nu,c}^{\mathrm{T}}(\boldsymbol{y});\boldsymbol{L}_{\nu,\boldsymbol{A}}^{\mathrm{T}}(\boldsymbol{y})],\widetilde{\boldsymbol{R}}_\nu(\boldsymbol{y})=[\boldsymbol{R}_\nu(\boldsymbol{y}),\boldsymbol{0}_{q_\nu\times k}],\\&\mathcal{A}(\boldsymbol{y})=\left[\begin{array}{c|c}2\boldsymbol{y}^{\mathrm{T}}\boldsymbol{b}^{\mathrm{n}}+\boldsymbol{c}^{\mathrm{n}}&[\boldsymbol{A}^{\mathrm{n}}\boldsymbol{y}]^{\mathrm{T}}\\\hline \boldsymbol{A}^{\mathrm{n}}\boldsymbol{y}&\boldsymbol{I}\end{array}\right]\end{aligned} \tag{7.1.25}$$

所以 $\mathcal{A}(\boldsymbol{y})$，$\widetilde{\boldsymbol{L}}_\nu(\boldsymbol{y})$ 和 $\widetilde{\boldsymbol{R}}_\nu(\boldsymbol{y})$ 在 $\boldsymbol{y}$ 中是仿射的，并且后两者中至少有一个矩阵是常数。

我们有

$$
\begin{aligned}
&\boldsymbol{y}^{\mathrm{T}}\boldsymbol{A}^{\mathrm{T}}(\boldsymbol{\zeta})\boldsymbol{A}(\boldsymbol{\zeta})\boldsymbol{y}\leqslant 2\boldsymbol{y}^{\mathrm{T}}\boldsymbol{b}(\boldsymbol{\zeta})+c(\boldsymbol{\zeta}),\forall\boldsymbol{\zeta}\in\mathcal{Z}_\rho\\
&\Leftrightarrow\left[\begin{array}{c|c}2\boldsymbol{y}^{\mathrm{T}}\boldsymbol{b}(\boldsymbol{\zeta})+c(\boldsymbol{\zeta}) & [\boldsymbol{A}(\boldsymbol{\zeta})\boldsymbol{y}]^{\mathrm{T}}\\ \hline \boldsymbol{A}(\boldsymbol{\zeta})\boldsymbol{y} & \boldsymbol{I}\end{array}\right]\succeq 0,\forall\boldsymbol{\zeta}\in\mathcal{Z}_\rho\quad\text{[舒尔补引理]}\\
&\Leftrightarrow\overbrace{\left[\begin{array}{c|c}2\boldsymbol{y}^{\mathrm{T}}\boldsymbol{b}^{\mathrm{n}}+c^{\mathrm{n}} & [\boldsymbol{A}^{\mathrm{n}}\boldsymbol{y}]^{\mathrm{T}}\\ \hline \boldsymbol{A}^{\mathrm{n}}\boldsymbol{y} & \boldsymbol{I}\end{array}\right]}^{\mathcal{A}(\boldsymbol{y})}+\sum_{\nu=1}^{N}\underbrace{\left[\begin{array}{c|c}[2\boldsymbol{L}_{\nu,b}(\boldsymbol{y})+\boldsymbol{L}_{\nu,c}(\boldsymbol{y})]^{\mathrm{T}}\boldsymbol{\zeta}^\nu\boldsymbol{R}_\nu(\boldsymbol{y}) & [\boldsymbol{L}_{\nu,A}^{\mathrm{T}}(\boldsymbol{y})\boldsymbol{\zeta}^\nu\boldsymbol{R}_\nu(\boldsymbol{y})]^{\mathrm{T}}\\ \hline \boldsymbol{L}_{\nu,A}^{\mathrm{T}}(\boldsymbol{y})\boldsymbol{\zeta}^\nu\boldsymbol{R}_\nu(\boldsymbol{y}) & \end{array}\right]}_{=\widetilde{\boldsymbol{L}}_\nu^{\mathrm{T}}(\boldsymbol{y})\boldsymbol{\zeta}^\nu\widetilde{\boldsymbol{R}}_\nu(\boldsymbol{y})+\widetilde{\boldsymbol{R}}_\nu^{\mathrm{T}}(\boldsymbol{y})[\boldsymbol{\zeta}^\nu]^{\mathrm{T}}\widetilde{\boldsymbol{L}}_\nu(\boldsymbol{y})}\\
&\succeq 0,\forall\boldsymbol{\zeta}\in\mathcal{Z}_\rho\quad\text{[根据式(7.1.24)]}\\
&\Leftrightarrow\mathcal{A}(\boldsymbol{y})+\sum_{\nu=1}^{N}[\widetilde{\boldsymbol{L}}_\nu^{\mathrm{T}}(\boldsymbol{y})\boldsymbol{\zeta}^\nu\widetilde{\boldsymbol{R}}_\nu(\boldsymbol{y})+\widetilde{\boldsymbol{R}}_\nu^{\mathrm{T}}(\boldsymbol{y})[\boldsymbol{\zeta}^\nu]^{\mathrm{T}}\widetilde{\boldsymbol{L}}_\nu(\boldsymbol{y})]\succeq 0,\forall\boldsymbol{\zeta}\in\mathcal{Z}_\rho
\end{aligned}
$$

考虑到对于每一个 ν，$\widetilde{\boldsymbol{L}}_\nu(\boldsymbol{y})$ 和 $\widetilde{\boldsymbol{R}}_\nu(\boldsymbol{y})$ 至少有一个独立于 $\boldsymbol{y}$，如有必要，交换 $\boldsymbol{\zeta}^\nu$ 和 $[\boldsymbol{\zeta}^\nu]^{\mathrm{T}}$，我们可以将等价公式中的最后一个条件重写为

$$
\mathcal{A}(\boldsymbol{y})+\sum_{\nu=1}^{N}[\hat{\boldsymbol{L}}_\nu^{\mathrm{T}}\boldsymbol{\zeta}^\nu\hat{\boldsymbol{R}}_\nu(\boldsymbol{y})+\hat{\boldsymbol{R}}_\nu^{\mathrm{T}}(\boldsymbol{y})[\boldsymbol{\zeta}^\nu]^{\mathrm{T}}\hat{\boldsymbol{L}}_\nu]\succeq 0,\forall(\boldsymbol{\zeta}:\|\boldsymbol{\zeta}^\nu\|_{2,2}\leqslant\rho)\tag{7.1.26}
$$

其中，$\hat{\boldsymbol{L}}_\nu$ 和 $\hat{\boldsymbol{R}}_\nu(\boldsymbol{y})$ 是容易给出的矩阵，$\hat{\boldsymbol{R}}_\nu(\boldsymbol{y})$ 在 $\boldsymbol{y}$ 中是仿射的。（回想一下，我们处于所有标量扰动块都是 1×1 的情况下，因此可以跳过对 $\nu\in\mathcal{I}_{\mathrm{S}}$ 的 $\boldsymbol{\zeta}^\nu=\theta_\nu\boldsymbol{I}_{p_\nu}$ 的显式指示。）还可以观察到，与最小二乘不等式的情况类似，所有矩阵 $[\hat{\boldsymbol{L}}_\nu^{\mathrm{T}}\boldsymbol{\zeta}^\nu\hat{\boldsymbol{R}}_\nu(\boldsymbol{y})+\hat{\boldsymbol{R}}_\nu^{\mathrm{T}}(\boldsymbol{y})[\boldsymbol{\zeta}^\nu]^{\mathrm{T}}\hat{\boldsymbol{L}}_\nu]$ 的秩最多为 2。最后，我们假设 $\hat{\boldsymbol{L}}_\nu$ 对所有 ν 来说都是非零的，因此没有损失。

以与具有结构化范数有界扰动的不确定最小二乘不等式相同的方式进行，我们得到以下结果（参见定理 7.1.2）。

定理 7.1.8　关于变量 $\boldsymbol{Y}_1,\cdots,\boldsymbol{Y}_N$，$\lambda_\nu$，$\boldsymbol{y}$ 的线性矩阵不等式显式组

$$
\begin{aligned}
&\boldsymbol{Y}_\nu\succeq\pm(\hat{\boldsymbol{L}}_\nu^{\mathrm{T}}\hat{\boldsymbol{R}}_\nu(\boldsymbol{y})+\hat{\boldsymbol{R}}_\nu^{\mathrm{T}}(\boldsymbol{y})\hat{\boldsymbol{L}}_\nu),\nu\in\mathcal{I}_{\mathrm{S}}\\
&\left[\begin{array}{c|c}\boldsymbol{Y}_\nu-\lambda_\nu\hat{\boldsymbol{L}}_\nu^{\mathrm{T}}\hat{\boldsymbol{L}}_\nu & \hat{\boldsymbol{R}}_\nu^{\mathrm{T}}(\boldsymbol{y})\\ \hline \hat{\boldsymbol{R}}_\nu(\boldsymbol{y}) & \lambda_\nu\boldsymbol{I}_{k_\nu}\end{array}\right]\succeq 0,\nu\notin\mathcal{I}_{\mathrm{S}}\\
&\mathcal{A}(\boldsymbol{y})-\rho\sum_{\nu=1}^{N}\boldsymbol{Y}_\nu\succeq 0
\end{aligned}\tag{7.1.27}
$$

（k_ν 是 $\hat{\boldsymbol{R}}_\nu$ 中的行数）是不确定凸二次约束（6.4.1）和式（7.1.24）的鲁棒对等的保守易处理近似。这个近似的紧性因子从不超过 $\frac{\pi}{2}$，当 $N=1$ 时等于 1。

7.1.4.1　复数情况

7.1.4 节中的讨论也允许复数数据的情况。考虑复值变量的凸二次约束和复值结构化范数有界不确定性：

$$
\boldsymbol{y}^{\mathrm{H}}\boldsymbol{A}^{\mathrm{H}}(\boldsymbol{\zeta})\boldsymbol{A}(\boldsymbol{\zeta})\boldsymbol{y}\leqslant\Re\{2\boldsymbol{y}^{\mathrm{H}}\boldsymbol{b}(\boldsymbol{\zeta})+c(\boldsymbol{\zeta})\}
$$

$$
\boldsymbol{\zeta}\in\mathcal{Z}_\rho=\rho\mathcal{Z}_1=\left\{\boldsymbol{\zeta}=(\boldsymbol{\zeta}^1,\cdots,\boldsymbol{\zeta}^N):\begin{array}{l}\boldsymbol{\zeta}^\nu\in\mathbb{C}^{p_\nu\times q_\nu},1\leqslant\nu\leqslant N\\ \|\boldsymbol{\zeta}^\nu\|_{2,2}\leqslant\rho,1\leqslant\nu\leqslant N\\ \nu\in\mathcal{I}_{\mathrm{S}}\Rightarrow\boldsymbol{\zeta}^\nu=\theta_\nu\boldsymbol{I}_{p_\nu},\theta_\nu\in\mathbb{C}\end{array}\right\}
$$

$$\begin{bmatrix} A(\zeta)y \\ y^{\mathrm{H}}b(\zeta) \\ c(\zeta) \end{bmatrix} = \begin{bmatrix} A^{\mathrm{n}}y \\ y^{\mathrm{H}}b^{\mathrm{n}} \\ c^{\mathrm{n}} \end{bmatrix} + \sum_{\nu=1}^{N} L_{\nu}^{\mathrm{H}}(y)\zeta^{\nu}R_{\nu}(y) \tag{7.1.28}$$

其中 $A^{\mathrm{n}}\in\mathbb{C}^{k\times m}$；对于每一个 ν，矩阵 $L_{\nu}(y)$，$R_{\nu}(y)$ 在 $[\Re(y);\Im(y)]$ 中都是仿射的；$L_{\nu}(y)$ 或 $R_{\nu}(y)$ 都独立于 y。与我们刚才考虑的实数情况相同，当假设所有标量扰动块都是 1×1 的时，我们没有损失任何东西，这允许我们将这些块视为全扰动块。因此，一般情况可简化为以下情况：我们将从现在开始假设 $\mathcal{I}_{\mathrm{S}}=\varnothing$（参见 7.1.2 节）。

为了导出式（7.1.28）的鲁棒对等的保守近似，我们可以完全按照实数情况中的方式进行操作，以获得等效值

$$y^{\mathrm{H}}A^{\mathrm{H}}(\zeta)A(\zeta)y\leqslant\Re\{2y^{\mathrm{H}}b(\zeta)+c(\zeta)\},\forall\zeta\in Z_{\rho}$$

$$\Leftrightarrow\overbrace{\left[\begin{array}{c|c} \Re\{2y^{\mathrm{H}}b^{\mathrm{n}}+c^{\mathrm{n}}\} & [A^{\mathrm{n}}y]^{\mathrm{H}} \\ \hline A^{\mathrm{n}}y & I \end{array}\right]}^{\mathcal{A}(y)}+$$

$$\sum_{\nu=1}^{N}\left[\begin{array}{c|c} \Re\{2y^{\mathrm{H}}L_{\nu,b}(y)\zeta^{\nu}R_{\nu}(y)+L_{\nu,c}(y)\zeta^{\nu}R_{\nu}(y)\} & R_{\nu}^{\mathrm{H}}[\zeta^{\nu}]^{\mathrm{H}}L_{\nu,A}(y) \\ \hline L_{\nu,A}^{\mathrm{H}}(y)\zeta^{\nu}R_{\nu}(y) & \end{array}\right]\succeq0$$

$$\forall(\zeta:\|\zeta^{\nu}\|_{2,2}\leqslant\rho,1\leqslant\nu\leqslant N)$$

其中 $L_{\nu}(y)=[L_{\nu,A}(y),L_{\nu,b}(y),L_{\nu,c}(y)]$，$L_{\nu,b}(y)$ 和 $L_{\nu,c}(y)$ 是 $L_{\nu}(y)$ 中的最后两列。

设

$$\widetilde{L}_{\nu}^{\mathrm{H}}(y)=\left[L_{\nu,b}^{\mathrm{H}}(y)+\frac{1}{2}L_{\nu,c}^{\mathrm{H}}(y);L_{\nu,A}^{\mathrm{H}}(y)\right],\quad \widetilde{R}_{\nu}(y)=[R_{\nu}(y),0_{q_{\nu}\times k}]$$

（参考式（7.1.25）），我们得出结论，式（7.1.28）的鲁棒对等相当于以下半无限线性矩阵不等式

$$\mathcal{A}(y)+\sum_{\nu=1}^{N}[\widetilde{L}_{\nu}^{\mathrm{H}}(y)\zeta^{\nu}\widetilde{R}_{\nu}(y)+\widetilde{R}_{\nu}^{\mathrm{H}}(y)[\zeta^{\nu}]^{\mathrm{H}}\widetilde{L}_{\nu}(y)]\succeq0 \tag{7.1.29}$$

$$\forall(\zeta:\|\zeta^{\nu}\|_{2,2}\leqslant\rho,1\leqslant\nu\leqslant N)$$

一如既往，如果必要，交换 ζ^{ν} 和 $[\zeta^{\nu}]^{\mathrm{H}}$，我们可以将后一个半无限线性矩阵不等式等价地重写为

$$\mathcal{A}(y)+\sum_{\nu=1}^{N}[\hat{L}_{\nu}^{\mathrm{H}}\zeta^{\nu}\hat{R}_{\nu}(y)+\hat{R}_{\nu}^{\mathrm{H}}(y)[\zeta^{\nu}]^{\mathrm{H}}\hat{L}_{\nu}]\succeq0$$

$$\forall(\zeta:\|\zeta^{\nu}\|_{2,2}\leqslant\rho,1\leqslant\nu\leqslant N)$$

式中，$\hat{R}_{\nu}(y)$ 在 $[\Re(y);\Im(y)]$ 中是仿射的，$\hat{L}_{\nu}$ 是非零的。应用复数情况的矩阵立方定理（见定理 7.1.4 的证明），我们最终得出以下结果。

定理 7.1.9 关于变量 $Y_1=Y_1^{\mathrm{H}},\cdots,Y_N=Y_N^{\mathrm{H}}$，$\lambda_{\nu}\in\mathbb{R}$ 和 $y\in\mathbb{C}^m$ 的线性矩阵不等式的显式组

$$\begin{aligned}&\left[\begin{array}{c|c} Y_{\nu}-\lambda_{\nu}\hat{L}_{\nu}^{\mathrm{H}}\hat{L}_{\nu} & \hat{R}_{\nu}^{\mathrm{H}}(y) \\ \hline \hat{R}_{\nu}(y) & \lambda_{\nu}I_{k_{\nu}} \end{array}\right]\succeq0,\ \nu=1,\cdots N,\\ &\left[\begin{array}{c|c} \Re\{2y^{\mathrm{H}}b^{\mathrm{n}}+c^{\mathrm{n}}\} & [A^{\mathrm{n}}y]^{\mathrm{H}} \\ \hline A^{\mathrm{n}}y & I \end{array}\right]-\rho\sum_{\nu=1}^{N}Y_{\nu}\succeq0\end{aligned} \tag{7.1.30}$$

（k_{ν} 是 $\hat{R}_{\nu}(y)$ 中的行数）是不确定锥二次不等式（7.1.28）的鲁棒对等的保守易处理近似。这个近似的紧性因子不超过 $\frac{4}{\pi}$，当 $N=1$ 时等于 1。

7.2　$\bigcap$-椭球不确定性的情况

考虑锥二次不等式（6.1.3）中的不确定性与右侧不确定性完全一致的情况，如6.2节所示，以及$\bigcap$-椭球左侧扰动集，即

$$\mathcal{Z}_\rho^{\text{left}}=\{\boldsymbol{\eta}:\boldsymbol{\eta}^{\mathrm{T}}\boldsymbol{Q}_j\boldsymbol{\eta}\leqslant\rho^2,j=1,\cdots,J\} \tag{7.2.1}$$

其中$\boldsymbol{Q}_j\succeq 0,\sum_{j=1}^{J}\boldsymbol{Q}_j\succ 0$。当对所有的$j$有$\boldsymbol{Q}_j\succ 0$时，$\mathcal{Z}_\rho^{\text{left}}$是以原点为中心的$J$个椭球的交点。当$\boldsymbol{Q}_j=\boldsymbol{a}_j\boldsymbol{a}_j^{\mathrm{T}}$是秩为1的矩阵时，$\mathcal{Z}_J^{\text{left}}$是一个关于原点对称的多面体集，并由以下形式的$J$个不等式给出：$|\boldsymbol{a}_j^{\mathrm{T}}\boldsymbol{\eta}|\leqslant\rho$，$j=1,\cdots,J$。要求$\sum_{j=1}^{J}\boldsymbol{Q}_j\succ 0$意味着$\mathcal{Z}_\rho^{\text{left}}$是有界的$\left(\text{实际上，每个}\ \boldsymbol{\eta}\in\mathcal{Z}_\rho^{\text{left}}\ \text{属于椭球}\ \boldsymbol{\eta}^{\mathrm{T}}\left(\sum_j\boldsymbol{Q}_j\right)\boldsymbol{\eta}\leqslant J\rho^2\right)$。

我们在6.3节中已经看到，情况$J=1$（即椭球$\mathcal{Z}_\rho^{\text{left}}$以原点为中心）是非结构化范数有界扰动的特殊情况，因此在这种情况下，鲁棒对等是可计算的。一般$\bigcap$-椭球不确定性情况包括$\mathcal{Z}_\rho^{\text{left}}$为盒时的情况，其中鲁棒对等难以计算。然而，我们打算证明，对于$\bigcap$-椭球左侧扰动集，式（6.2.1）的鲁棒对等允许在“近似常数”因子$\sqrt{O(\ln J)}$范围内的保守易处理紧近似。

7.2.1　不确定最小二乘不等式鲁棒对等的近似

与7.1节相同，不确定性的侧向性质将近似不确定锥二次不等式（6.2.1）的鲁棒对等的任务简化为近似不确定最小二乘不等式（7.1.3）的鲁棒对等的类似任务。表示

$$\boldsymbol{A}(\boldsymbol{\zeta})\boldsymbol{y}+\boldsymbol{b}(\boldsymbol{\zeta})=\underbrace{[\boldsymbol{A}^{\mathrm{n}}\boldsymbol{y}+\boldsymbol{b}^{\mathrm{n}}]}_{\boldsymbol{\beta}(\boldsymbol{y})}+\underbrace{\sum_{\ell=1}^{L}\eta_\ell[\boldsymbol{A}^{\ell}\boldsymbol{y}+\boldsymbol{b}^{\ell}]}_{\boldsymbol{\alpha}(\boldsymbol{y})\boldsymbol{\eta}} \tag{7.2.2}$$

其中$L=\dim\boldsymbol{\eta}$，注意式（7.1.3）、式（7.2.1）中的鲁棒对等等同于约束组

$$\tau\geqslant 0,\|\boldsymbol{\beta}(\boldsymbol{y})+\boldsymbol{\alpha}(\boldsymbol{y})\boldsymbol{\eta}\|_2^2\leqslant\tau^2,\forall(\boldsymbol{\eta}:\boldsymbol{\eta}^{\mathrm{T}}\boldsymbol{Q}_j\boldsymbol{\eta}\leqslant\rho^2,j=1,\cdots,J)$$

或者，等价于组

$$\begin{aligned}(a)\quad &\mathcal{A}_\rho\equiv\max_{\boldsymbol{\eta},t}\{\boldsymbol{\eta}^{\mathrm{T}}\boldsymbol{\alpha}^{\mathrm{T}}(\boldsymbol{y})\boldsymbol{\alpha}(\boldsymbol{y})\boldsymbol{\eta}+2t\boldsymbol{\beta}^{\mathrm{T}}(\boldsymbol{y})\boldsymbol{\alpha}(\boldsymbol{y})\boldsymbol{\eta}:\boldsymbol{\eta}^{\mathrm{T}}\boldsymbol{Q}_j\boldsymbol{\eta}\leqslant\rho^2,\forall j,t^2\leqslant 1\}\\ &\leqslant\tau^2-\boldsymbol{\beta}^{\mathrm{T}}(\boldsymbol{y})\boldsymbol{\beta}(\boldsymbol{y}),\\ (b)\quad &\tau\geqslant 0\end{aligned} \tag{7.2.3}$$

接下来，我们使用拉格朗日松弛法得出以下结果。

（!）假设对于某些非负实数γ，γ_j，$j=1,\cdots,J$，关于变量$\boldsymbol{\eta}$，t的齐次二次型

$$\gamma t^2+\sum_{j=1}^{J}\gamma_j\boldsymbol{\eta}^{\mathrm{T}}\boldsymbol{Q}_j\boldsymbol{\eta}-[\boldsymbol{\eta}^{\mathrm{T}}\boldsymbol{\alpha}^{\mathrm{T}}(\boldsymbol{y})\boldsymbol{\alpha}(\boldsymbol{y})\boldsymbol{\eta}+2t\boldsymbol{\beta}^{\mathrm{T}}(\boldsymbol{y})\boldsymbol{\alpha}(\boldsymbol{y})\boldsymbol{\eta}] \tag{7.2.4}$$

在任何地方都是非负的。然后

$$\begin{aligned}\mathcal{A}_\rho&\equiv\max_{\boldsymbol{\eta},t}\{\boldsymbol{\eta}^{\mathrm{T}}\boldsymbol{\alpha}^{\mathrm{T}}(\boldsymbol{y})\boldsymbol{\alpha}(\boldsymbol{y})\boldsymbol{\eta}+2t\boldsymbol{\beta}^{\mathrm{T}}(\boldsymbol{y})\boldsymbol{\alpha}(\boldsymbol{y})\boldsymbol{\eta}:\boldsymbol{\eta}^{\mathrm{T}}\boldsymbol{Q}_j\boldsymbol{\eta}\leqslant\rho^2,t^2\leqslant 1\}\\ &\leqslant\gamma+\rho^2\sum_{j=1}^{J}\gamma_j\end{aligned} \tag{7.2.5}$$

事实上，令$F=\{(\boldsymbol{\eta},t):\boldsymbol{\eta}^{\mathrm{T}}\boldsymbol{Q}_j\boldsymbol{\eta}\leqslant\rho^2,j=1,\cdots,J,t^2\leqslant 1\}$。我们有

$$
\begin{aligned}
\mathcal{A}_\rho &\equiv \max_{(\boldsymbol{\eta},t)\in F}\{\boldsymbol{\eta}^{\mathrm{T}}\boldsymbol{\alpha}^{\mathrm{T}}(\boldsymbol{y})\boldsymbol{\alpha}(\boldsymbol{y})\boldsymbol{\eta}+2t\boldsymbol{\beta}^{\mathrm{T}}(\boldsymbol{y})\boldsymbol{\alpha}(\boldsymbol{y})\boldsymbol{\eta}\} \\
&\leqslant \max_{(\boldsymbol{\eta},t)\in F}\left\{\gamma t^2+\sum_{j=1}^{J}\gamma_j\boldsymbol{\eta}^{\mathrm{T}}\boldsymbol{Q}_j\boldsymbol{\eta}\right\} \quad \text{[因为二次型(7.2.4)处处都是非负的]} \\
&\leqslant \gamma+\rho^2\sum_{j=1}^{J}\gamma_j \quad \text{[因为 } F \text{ 的起源和 } \gamma\geqslant 0,\gamma_j\geqslant 0\text{]}
\end{aligned}
$$

从（!）可以得出，如果 $\gamma\geqslant 0$，$\gamma_j\geqslant 0$，$j=1,\cdots,J$ 使得二次型（7.2.4）处处都是非负的，或者使得

$$
\left[\begin{array}{c|c}
\gamma & -\boldsymbol{\beta}^{\mathrm{T}}(\boldsymbol{y})\boldsymbol{\alpha}(\boldsymbol{y}) \\ \hline
-\boldsymbol{\alpha}^{\mathrm{T}}(\boldsymbol{y})\boldsymbol{\beta}(\boldsymbol{y}) & \sum_{j=1}^{J}\gamma_j\boldsymbol{Q}_j-\boldsymbol{\alpha}^{\mathrm{T}}(\boldsymbol{y})\boldsymbol{\alpha}(\boldsymbol{y})
\end{array}\right]\succeq 0
$$

以及

$$
\gamma+\rho^2\sum_{j=1}^{J}\gamma_j\leqslant\boldsymbol{\tau}^2-\boldsymbol{\beta}^{\mathrm{T}}(\boldsymbol{y})\boldsymbol{\beta}(\boldsymbol{y})
$$

那么（$\boldsymbol{y},\boldsymbol{\tau}$）满足式（7.2.3.$a$）。设 $\nu=\gamma+\boldsymbol{\beta}^{\mathrm{T}}(\boldsymbol{y})\boldsymbol{\beta}(\boldsymbol{y})$，我们可以将这个结论改写如下：如果存在 ν 和 $\gamma_j\geqslant 0$ 使

$$
\left[\begin{array}{c|c}
\nu-\boldsymbol{\beta}^{\mathrm{T}}(\boldsymbol{y})\boldsymbol{\beta}(\boldsymbol{y}) & -\boldsymbol{\beta}^{\mathrm{T}}(\boldsymbol{y})\boldsymbol{\alpha}(\boldsymbol{y}) \\ \hline
-\boldsymbol{\alpha}^{\mathrm{T}}(\boldsymbol{y})\boldsymbol{\beta}(\boldsymbol{y}) & \sum_{j=1}^{J}\gamma_j\boldsymbol{Q}_j-\boldsymbol{\alpha}^{\mathrm{T}}(\boldsymbol{y})\boldsymbol{\alpha}(\boldsymbol{y})
\end{array}\right]\succeq 0
$$

以及

$$
\nu+\rho^2\sum_{j=1}^{J}\gamma_j\leqslant\boldsymbol{\tau}^2
$$

那么（$\boldsymbol{y},\boldsymbol{\tau}$）满足式（7.2.3.$a$）。

假设 $\boldsymbol{\tau}>0$。设 $\lambda_j=\gamma_j/\boldsymbol{\tau}$，$\mu=\nu/\boldsymbol{\tau}$，上述结论可以改写为：如果存在 μ 和 $\lambda_j\geqslant 0$ 使

$$
\left[\begin{array}{c|c}
\mu-\boldsymbol{\tau}^{-1}\boldsymbol{\beta}^{\mathrm{T}}(\boldsymbol{y})\boldsymbol{\beta}(\boldsymbol{y}) & -\boldsymbol{\tau}^{-1}\boldsymbol{\beta}^{\mathrm{T}}(\boldsymbol{y})\boldsymbol{\alpha}(\boldsymbol{y}) \\ \hline
-\boldsymbol{\tau}^{-1}\boldsymbol{\alpha}^{\mathrm{T}}(\boldsymbol{y})\boldsymbol{\beta}(\boldsymbol{y}) & \sum_{j=1}^{J}\lambda_j\boldsymbol{Q}_j-\boldsymbol{\tau}^{-1}\boldsymbol{\alpha}^{\mathrm{T}}(\boldsymbol{y})\boldsymbol{\alpha}(\boldsymbol{y})
\end{array}\right]\succeq 0
$$

以及

$$
\mu+\rho^2\sum_{j=1}^{J}\lambda_j\leqslant\boldsymbol{\tau}
$$

那么（$\boldsymbol{y},\boldsymbol{\tau}$）就满足式（7.2.3.$a$）。

通过舒尔补引理，后一个结论可以进一步重新表述为：如果 $\boldsymbol{\tau}>0$ 且存在 μ，λ_j 满足关系

$$
\begin{aligned}
&(a)\quad \left[\begin{array}{c|c|c}
\mu & & \boldsymbol{\beta}^{\mathrm{T}}(\boldsymbol{y}) \\ \hline
 & \sum_{j=1}^{J}\lambda_j\boldsymbol{Q}_j & \boldsymbol{\alpha}^{\mathrm{T}}(\boldsymbol{y}) \\ \hline
\boldsymbol{\beta}(\boldsymbol{y}) & \boldsymbol{\alpha}(\boldsymbol{y}) & \boldsymbol{\tau}\boldsymbol{I}
\end{array}\right]\succeq 0, \qquad (7.2.6)\\
&(b)\quad \mu+\rho^2\sum_{j=1}^{J}\lambda_j\leqslant\boldsymbol{\tau}, \qquad (c)\quad \lambda_j\geqslant 0,j=1,\cdots,J
\end{aligned}
$$

那么 $(\boldsymbol{y},\boldsymbol{\tau})$ 就满足式（7.2.3.a）。注意，事实上我们的结论对 $\boldsymbol{\tau}\leqslant 0$ 是有效的。实际上，假设 $\boldsymbol{\tau}\leqslant 0$，$\mu$，$\lambda_j$ 求解式（7.2.6）。显然 $\boldsymbol{\tau}=0$，因此 $\boldsymbol{\alpha}(\boldsymbol{y})=\mathbf{0}$，$\boldsymbol{\beta}(\boldsymbol{y})=\mathbf{0}$，且式（7.2.3.$a$）是有效的。我们已经证明了以下陈述的第一部分。

定理 7.2.1　变量 $\boldsymbol{y},\boldsymbol{\tau},\mu$ 和 $\lambda_1,\cdots,\lambda_J$ 的约束显式组（7.2.6）是具有$\cap$-椭球扰动集（7.2.1）的不确定最小二乘约束（7.1.3）的鲁棒对等的保守易处理近似。当 $J=1$ 时，近似是精确的，并且在 $J>1$ 的情况下，该近似的紧性因子不超过

$$\Omega(J)\leqslant 9.19\sqrt{\ln(J)} \tag{7.2.7}$$

证明　式（7.2.6）是式（7.1.3）、式（7.2.1）的鲁棒对等的保守近似，这一事实可以通过定理 7.2.1 之前的推理得到。为了证明近似在声明的因子的范围内是紧的，观察到近似 $\mathcal{S}$ 引理（见附录 B.3）适用于变量 $\boldsymbol{x}=[\boldsymbol{\eta};t]$ 的二次型

$$\boldsymbol{x}^{\mathrm{T}}\boldsymbol{A}\boldsymbol{x}\equiv\{\boldsymbol{\eta}^{\mathrm{T}}\boldsymbol{\alpha}^{\mathrm{T}}(\boldsymbol{y})\boldsymbol{\alpha}(\boldsymbol{y})\boldsymbol{\eta}+2t\boldsymbol{\beta}^{\mathrm{T}}(\boldsymbol{y})\boldsymbol{\alpha}(\boldsymbol{y})\boldsymbol{\eta}\},\boldsymbol{x}^{\mathrm{T}}\boldsymbol{B}\boldsymbol{x}\equiv t^2$$
$$\boldsymbol{x}^{\mathrm{T}}\boldsymbol{B}_j\boldsymbol{x}\equiv\boldsymbol{\eta}^{\mathrm{T}}\boldsymbol{Q}_j\boldsymbol{\eta},1\leqslant j\leqslant J$$

说明如果 $J=1$，则 $(\boldsymbol{y},\boldsymbol{\tau})$ 可扩展为式（7.2.6）的解，当且仅当 $(\boldsymbol{y},\boldsymbol{\tau})$ 满足式（7.2.3），即当且仅当 $(\boldsymbol{y},\boldsymbol{\tau})$ 是鲁棒可行的。因此，当 $J=1$ 时，式（7.1.3）和式（7.2.1）的鲁棒对等近似是精确的。现在令 $J>1$，并假设 $(\boldsymbol{y},\boldsymbol{\tau})$ 不能推广到式（7.2.6）的可行解。由于该组的起源，因此

$$\begin{aligned}\mathrm{SDP}(\rho)&\equiv\min_{\lambda,\{\lambda_j\}}\left\{\lambda+\rho^2\sum_{j=1}^{J}\lambda_j:\lambda\boldsymbol{B}+\sum_j\lambda_j\boldsymbol{B}_j\succeq\boldsymbol{A},\lambda\geqslant 0,\lambda_j\geqslant 0\right\}\\&>\boldsymbol{\tau}^2-\boldsymbol{\beta}^{\mathrm{T}}(\boldsymbol{y})\boldsymbol{\beta}(\boldsymbol{y})\end{aligned} \tag{7.2.8}$$

通过近似 $\mathcal{S}$ 引理（见附录 B.3），适当选择 $\Omega(J)\leqslant 9.19\sqrt{\ln(J)}$，我们有 $\mathcal{A}_{\Omega(J)\rho}\geqslant\mathrm{SDP}(\rho)$，与式（7.2.8）结合意味着 $\mathcal{A}_{\Omega(J)\rho}>\boldsymbol{\tau}^2-\boldsymbol{\beta}^{\mathrm{T}}(\boldsymbol{y})\boldsymbol{\beta}(\boldsymbol{y})$，意味着 $(\boldsymbol{y},\boldsymbol{\tau})$ 在不确定性水平 $\Omega(J)\rho$ 下是不可行的（参见式（7.2.3））。因此，该近似的紧性因子不超过 $\Omega(J)$。■

7.2.2　从不确定最小二乘到不确定锥二次不等式

下一个陈述可以从定理 7.2.1 中获得，其获得方式与从定理 7.1.2 中推导出定理 7.1.7 的方式相同。

定理 7.2.2　考虑不确定锥二次不等式（6.1.3），带有侧向不确定性，其中左侧扰动集是$\cap$-椭球集（7.2.1），右侧扰动集如定理 7.1.7 所示。对于 $\rho>0$，关于变量 $\boldsymbol{y},\boldsymbol{v},\mu,\lambda_j$ 和 $\boldsymbol{\tau}$ 的线性矩阵不等式的显式组

$$(a)\quad \boldsymbol{\tau}+\rho\boldsymbol{p}^{\mathrm{T}}\boldsymbol{v}\leqslant\delta(\boldsymbol{y}),\boldsymbol{P}^{\mathrm{T}}\boldsymbol{v}=\boldsymbol{\sigma}(\boldsymbol{y}),\boldsymbol{Q}^{\mathrm{T}}\boldsymbol{v}=0,\boldsymbol{v}\in K_*,$$

$$(b.1)\quad \left[\begin{array}{c|c|c}\mu & & \boldsymbol{\beta}^{\mathrm{T}}(\boldsymbol{y})\\\hline & \sum_{j=1}^{J}\lambda_j\boldsymbol{Q}_j & \boldsymbol{\alpha}^{\mathrm{T}}(\boldsymbol{y})\\\hline \boldsymbol{\beta}(\boldsymbol{y}) & \boldsymbol{\alpha}(\boldsymbol{y}) & \boldsymbol{I}\end{array}\right]\succeq 0, \tag{7.2.9}$$

$$(b.2)\quad \mu+\rho^2\sum_{j=1}^{J}\lambda_j\leqslant\boldsymbol{\tau},\lambda_j\geqslant 0,\forall j$$

是不确定锥二次不等式的鲁棒对等的保守易处理近似。当 $J=1$ 时该近似是精确的，并且当 $J>1$ 时在因子范围 $\Omega(J)\leqslant 9.19\sqrt{\ln(J)}$ 内是紧的。

7.2.3　带∩-椭球不确定性的凸二次约束

现在考虑以下不确定凸二次不等式的鲁棒对等近似：

$$
\begin{array}{l}
\boldsymbol{y}^{\mathrm{T}}\boldsymbol{A}^{\mathrm{T}}(\boldsymbol{\zeta})\boldsymbol{A}(\boldsymbol{\zeta})\boldsymbol{y}\leqslant 2\boldsymbol{y}^{\mathrm{T}}\boldsymbol{b}(\boldsymbol{\zeta})+c(\boldsymbol{\zeta})\\
\left[(\boldsymbol{A}(\boldsymbol{\zeta}),\boldsymbol{b}(\boldsymbol{\zeta}),c(\boldsymbol{\zeta}))=(\boldsymbol{A}^{\mathrm{n}},\boldsymbol{b}^{\mathrm{n}},c^{\mathrm{n}})+\sum_{\ell=1}^{L}\zeta_{\ell}(\boldsymbol{A}^{\ell},\boldsymbol{b}^{\ell},c^{\ell})\right]
\end{array}
\tag{7.2.10}
$$

它具有∩-椭球不确定性：

$$
\mathcal{Z}_{\rho}=\rho\mathcal{Z}_{1}=\{\boldsymbol{\zeta}\in\mathbb{R}^{L}:\boldsymbol{\zeta}^{\mathrm{T}}\boldsymbol{Q}_{j}\boldsymbol{\zeta}\leqslant\rho^{2}\}\quad\left[\boldsymbol{Q}_{j}\succeq 0,\sum_{j}\boldsymbol{Q}_{j}\succ 0\right]
\tag{7.2.11}
$$

观察到

$$
\begin{array}{c}
\boldsymbol{A}(\boldsymbol{\zeta})\boldsymbol{y}=\boldsymbol{\alpha}(\boldsymbol{y})\boldsymbol{\zeta}+\boldsymbol{\beta}(\boldsymbol{y}),\\
\boldsymbol{\alpha}(\boldsymbol{y})\boldsymbol{\zeta}=[\boldsymbol{A}^{1}\boldsymbol{y},\cdots,\boldsymbol{A}^{L}\boldsymbol{y}],\boldsymbol{\beta}(\boldsymbol{y})=\boldsymbol{A}^{\mathrm{n}}\boldsymbol{y},\\
2\boldsymbol{y}^{\mathrm{T}}\boldsymbol{b}(\boldsymbol{\zeta})+c(\boldsymbol{\zeta})=2\boldsymbol{\sigma}^{\mathrm{T}}(\boldsymbol{y})\boldsymbol{\zeta}+\delta(\boldsymbol{y}),\\
\boldsymbol{\sigma}(\boldsymbol{y})=[\boldsymbol{y}^{\mathrm{T}}\boldsymbol{b}^{1}+c^{1};\cdots;\boldsymbol{y}^{\mathrm{T}}\boldsymbol{b}^{L}+c^{L}],\delta(\boldsymbol{y})=\boldsymbol{y}^{\mathrm{T}}\boldsymbol{b}^{\mathrm{n}}+c^{\mathrm{n}}
\end{array}
\tag{7.2.12}
$$

这样式（7.2.10）和式（7.2.11）的鲁棒对等是半无限不等式

$$
\boldsymbol{\zeta}^{\mathrm{T}}\boldsymbol{\alpha}^{\mathrm{T}}(\boldsymbol{y})\boldsymbol{\alpha}(\boldsymbol{y})\boldsymbol{\zeta}+2\boldsymbol{\zeta}^{\mathrm{T}}[\boldsymbol{\alpha}^{\mathrm{T}}(\boldsymbol{y})\boldsymbol{\beta}(\boldsymbol{y})-\boldsymbol{\sigma}(\boldsymbol{y})]\leqslant\delta(\boldsymbol{y})-\boldsymbol{\beta}^{\mathrm{T}}(\boldsymbol{y})\boldsymbol{\beta}(\boldsymbol{y}),\ \forall\boldsymbol{\zeta}\in\mathcal{Z}_{\rho}
$$

或者等同于半无限不等式

$$
\begin{array}{l}
\mathcal{A}_{\rho}(\boldsymbol{y})\equiv\max\limits_{\zeta\in\mathcal{Z}_{\rho},t^{2}\leqslant 1}\boldsymbol{\zeta}^{\mathrm{T}}\boldsymbol{\alpha}^{\mathrm{T}}(\boldsymbol{y})\boldsymbol{\alpha}(\boldsymbol{y})\boldsymbol{\zeta}+2t\boldsymbol{\zeta}^{\mathrm{T}}[\boldsymbol{\alpha}^{\mathrm{T}}(\boldsymbol{y})\boldsymbol{\beta}(\boldsymbol{y})-\boldsymbol{\sigma}(\boldsymbol{y})]\\
\qquad\leqslant\delta(\boldsymbol{y})-\boldsymbol{\beta}^{\mathrm{T}}(\boldsymbol{y})\boldsymbol{\beta}(\boldsymbol{y})
\end{array}
\tag{7.2.13}
$$

与 7.2.1 节相同，我们有

$$
\begin{array}{rl}
\mathcal{A}_{\rho}(\boldsymbol{y})\leqslant & \inf\limits_{\lambda,\{\lambda_j\}}\left\{\lambda+\rho^{2}\sum_{j=1}^{J}\lambda_{j}:\begin{array}{l}\lambda\geqslant 0,\lambda_{j}\geqslant 0,j=1,\cdots,J\\ \forall(t,\boldsymbol{\zeta}):\lambda t^{2}+\boldsymbol{\zeta}^{\mathrm{T}}\left(\sum_{j=1}^{J}\lambda_{j}\boldsymbol{Q}_{j}\right)\boldsymbol{\zeta}\geqslant\\ \boldsymbol{\zeta}^{\mathrm{T}}\boldsymbol{\alpha}^{\mathrm{T}}(\boldsymbol{y})\boldsymbol{\alpha}(\boldsymbol{y})\boldsymbol{\zeta}+\\ 2t\boldsymbol{\zeta}^{\mathrm{T}}[\boldsymbol{\alpha}^{\mathrm{T}}(\boldsymbol{y})\boldsymbol{\beta}(\boldsymbol{y})-\boldsymbol{\sigma}(\boldsymbol{y})]\end{array}\right\}\\
= & \inf\limits_{\lambda,\{\lambda_j\}}\left\{\lambda+\rho^{2}\sum_{j=1}^{J}\lambda_{j}:\lambda\geqslant 0,\lambda_{j}\geqslant 0,j=1,\cdots,J,\right.\\
& \left.\left[\begin{array}{c|c}\lambda & -[\boldsymbol{\beta}^{\mathrm{T}}(\boldsymbol{y})\boldsymbol{\alpha}(\boldsymbol{y})-\boldsymbol{\sigma}^{\mathrm{T}}(\boldsymbol{y})]\\ \hline -[\boldsymbol{\alpha}^{\mathrm{T}}(\boldsymbol{y})\boldsymbol{\beta}(\boldsymbol{y})-\boldsymbol{\sigma}(\boldsymbol{y})] & \sum_{j}\lambda_{j}\boldsymbol{Q}_{j}-\boldsymbol{\alpha}^{\mathrm{T}}(\boldsymbol{y})\boldsymbol{\alpha}(\boldsymbol{y})\end{array}\right]\succeq 0\right\}
\end{array}
\tag{7.2.14}
$$

我们的结论是

$$
\begin{array}{l}
\exists(\lambda\geqslant 0,\{\lambda_{j}\geqslant 0\}):\\
\left\{\begin{array}{l}\lambda+\rho^{2}\sum_{j=1}^{J}\lambda_{j}\leqslant\delta(\boldsymbol{y})-\boldsymbol{\beta}^{\mathrm{T}}(\boldsymbol{y})\boldsymbol{\beta}(\boldsymbol{y})\\ \left[\begin{array}{c|c}\lambda & -[\boldsymbol{\beta}^{\mathrm{T}}(\boldsymbol{y})\boldsymbol{\alpha}(\boldsymbol{y})-\boldsymbol{\sigma}^{\mathrm{T}}(\boldsymbol{y})]\\ \hline -[\boldsymbol{\alpha}^{\mathrm{T}}(\boldsymbol{y})\boldsymbol{\beta}(\boldsymbol{y})-\boldsymbol{\sigma}(\boldsymbol{y})] & \sum_{j}\lambda_{j}\boldsymbol{Q}_{j}-\boldsymbol{\alpha}^{\mathrm{T}}(\boldsymbol{y})\boldsymbol{\alpha}(\boldsymbol{y})\end{array}\right]\succeq 0\end{array}\right.
\end{array}
$$

足以使 $\boldsymbol{y}$ 是鲁棒可行的。设 $\mu=\lambda+\boldsymbol{\beta}^{\mathrm{T}}(\boldsymbol{y})\boldsymbol{\beta}(\boldsymbol{y})$，这个充分条件可以等价地重写为

$$\exists(\{\lambda_j\geqslant 0\},\mu):\begin{cases}\mu+\rho^2\sum_{j=1}^{J}\lambda_j\leqslant\delta(\boldsymbol{y})\\ \left[\begin{array}{c|c}\mu-\boldsymbol{\beta}^{\mathrm{T}}(\boldsymbol{y})\boldsymbol{\beta}(\boldsymbol{y}) & -[\boldsymbol{\beta}^{\mathrm{T}}(\boldsymbol{y})\boldsymbol{\alpha}(\boldsymbol{y})-\boldsymbol{\sigma}^{\mathrm{T}}(\boldsymbol{y})]\\ \hline -[\boldsymbol{\alpha}^{\mathrm{T}}(\boldsymbol{y})\boldsymbol{\beta}(\boldsymbol{y})-\boldsymbol{\sigma}(\boldsymbol{y})] & \sum_j\lambda_j Q_j-\boldsymbol{\alpha}^{\mathrm{T}}(\boldsymbol{y})\boldsymbol{\alpha}(\boldsymbol{y})\end{array}\right]\succeq 0\end{cases}\tag{7.2.15}$$

我们得出

$$\begin{aligned}&\left[\begin{array}{c|c}\mu-\boldsymbol{\beta}^{\mathrm{T}}(\boldsymbol{y})\boldsymbol{\beta}(\boldsymbol{y}) & -[\boldsymbol{\beta}^{\mathrm{T}}(\boldsymbol{y})\boldsymbol{\alpha}(\boldsymbol{y})-\boldsymbol{\sigma}^{\mathrm{T}}(\boldsymbol{y})]\\ \hline -[\boldsymbol{\alpha}^{\mathrm{T}}(\boldsymbol{y})\boldsymbol{\beta}(\boldsymbol{y})-\boldsymbol{\sigma}(\boldsymbol{y})] & \sum_j\lambda_j Q_j-\boldsymbol{\alpha}^{\mathrm{T}}(\boldsymbol{y})\boldsymbol{\alpha}(\boldsymbol{y})\end{array}\right]\\ &=\left[\begin{array}{c|c}\mu & \boldsymbol{\sigma}^{\mathrm{T}}(\boldsymbol{y})\\ \hline \boldsymbol{\sigma}(\boldsymbol{y}) & \sum_{j=1}^{J}\lambda_j Q_j\end{array}\right]-\begin{bmatrix}\boldsymbol{\beta}^{\mathrm{T}}(\boldsymbol{y})\\ \boldsymbol{\alpha}^{\mathrm{T}}(\boldsymbol{y})\end{bmatrix}\begin{bmatrix}\boldsymbol{\beta}^{\mathrm{T}}(\boldsymbol{y})\\ \boldsymbol{\alpha}^{\mathrm{T}}(\boldsymbol{y})\end{bmatrix}^{\mathrm{T}}\end{aligned}$$

所以舒尔补引理表示

$$\begin{aligned}&\left[\begin{array}{c|c}\mu-\boldsymbol{\beta}^{\mathrm{T}}(\boldsymbol{y})\boldsymbol{\beta}(\boldsymbol{y}) & -[\boldsymbol{\beta}^{\mathrm{T}}(\boldsymbol{y})\boldsymbol{\alpha}(\boldsymbol{y})-\boldsymbol{\sigma}^{\mathrm{T}}(\boldsymbol{y})]\\ \hline -[\boldsymbol{\alpha}^{\mathrm{T}}(\boldsymbol{y})\boldsymbol{\beta}(\boldsymbol{y})-\boldsymbol{\sigma}(\boldsymbol{y})] & \sum_j\lambda_j Q_j-\boldsymbol{\alpha}^{\mathrm{T}}(\boldsymbol{y})\boldsymbol{\alpha}(\boldsymbol{y})\end{array}\right]\succeq 0\\ &\Leftrightarrow\left[\begin{array}{c|c|c}\mu & \boldsymbol{\sigma}^{\mathrm{T}}(\boldsymbol{y}) & \boldsymbol{\beta}^{\mathrm{T}}(\boldsymbol{y})\\ \hline \boldsymbol{\sigma}(\boldsymbol{y}) & \sum_j\lambda_j Q_j & \boldsymbol{\alpha}^{\mathrm{T}}(\boldsymbol{y})\\ \hline \boldsymbol{\beta}(\boldsymbol{y}) & \boldsymbol{\alpha}(\boldsymbol{y}) & \boldsymbol{I}\end{array}\right]\succeq 0\end{aligned}$$

后一个观察结果与式（7.2.15）是 $\boldsymbol{y}$ 的鲁棒可行性的充分条件这一事实相结合，产生以下陈述的第一部分。

定理 7.2.3　关于变量 $\boldsymbol{y},\mu,\lambda_j$ 的线性矩阵不等式的显式组

$$(a)\quad\left[\begin{array}{c|c|c}\mu & \boldsymbol{\sigma}^{\mathrm{T}}(\boldsymbol{y}) & \boldsymbol{\beta}^{\mathrm{T}}(\boldsymbol{y})\\ \hline \boldsymbol{\sigma}(\boldsymbol{y}) & \sum_j\lambda_j Q_j & \boldsymbol{\alpha}^{\mathrm{T}}(\boldsymbol{y})\\ \hline \boldsymbol{\beta}(\boldsymbol{y}) & \boldsymbol{\alpha}(\boldsymbol{y}) & \boldsymbol{I}\end{array}\right]\succeq 0,\tag{7.2.16}$$

$$(b)\quad\mu+\rho^2\sum_{j=1}^{J}\lambda_j\leqslant\delta(\boldsymbol{y}),\qquad (c)\quad\lambda_j\geqslant 0,j=1,\cdots,J$$

（有关符号的表示，请参见式（7.2.12））是式（7.2.10）、式（7.2.11）的鲁棒对等的保守易处理近似。当 $J=1$ 时，该近似的紧性因子等于 1，且当 $J>1$ 时不超过 $\Omega(J)\leqslant 9.19\sqrt{\ln(J)}$。

该定理的证明与定理 7.2.1 的证明完全相似。

评注 7.2.4　我们在 $\bigcap$-椭球不确定性（定理 7.2.1、定理 7.2.2、定理 7.2.3）情况中建立的近似鲁棒对等的紧性因子 $\Omega(J)=O(\sqrt{\ln(J)})$ 不是绝对常数，就像结构化范数有界不确定性的情况一样，但随着参与扰动集的描述的椭球数量 J 在增长，尽管非常缓慢。当然，就所有实际目的而言，$\sqrt{\ln(J)}$ 是一个中等常数，最重要的，它是上述 $O(\cdot)$ 中隐藏的绝对常数因子。如定理所述，该因子（≈9.2）相当大。事实上 $\Omega(J)$ 的精确值如近似

$\mathcal{S}$ 引理（附录 B.3）的证明所示，这些值并非完全糟糕，见下表。

J	2	8	32	128	512	2048	8192	32678	131072
$\Omega(J)$	7.65	9.26	10.58	11.72	12.75	13.69	14.56	15.37	16.14
$\frac{\Omega(J)}{\sqrt{\ln(J)}}$	9.19	6.42	5.68	5.32	5.10	4.96	4.85	4.77	4.70

应该补充的是，对于近似 $\mathcal{S}$ 引理[11]，存在一个稍微不同的证明，可以保证紧性因子不超过

$$\Omega=\sqrt{2\ln\left(6\sum_j \mathrm{Rank}(\boldsymbol{Q}_j)\right)}$$

从学术上讲，这一界限比我们已经使用的 $\Omega(J)\leqslant O(\ln(J))$ 要差——矩阵 $\boldsymbol{Q}_j$ 的总秩可以远大于这些矩阵的数量 J。然而，“坏”界限中较好的绝对常数意味着问题中近似的紧性因子最多为 6，例如，假设所有矩阵 $\boldsymbol{Q}_j$ 的总秩小于等于 65000000，对于所有实际目的来说，这与我们的近似的紧性因子“从不”超过 6 是一样的。

7.3　练习

练习 7.1　考虑一个不确定最小二乘不等式

$$\|\boldsymbol{A}(\boldsymbol{\eta})\boldsymbol{x}+\boldsymbol{b}(\boldsymbol{\eta})\|_2\leqslant\boldsymbol{\tau},\eta\in\rho\mathcal{Z}$$

其中 $\mathcal{Z},\mathbf{0}\in\mathrm{int}\mathcal{Z}$ 是一个关于原点对称的凸紧集，它是 $J>1$ 个椭球的交点，不一定以原点为中心：

$$\mathcal{Z}=\{\boldsymbol{\eta}:(\boldsymbol{\eta}-\boldsymbol{a}_j)^{\mathrm{T}}\boldsymbol{Q}_j(\boldsymbol{\eta}-\boldsymbol{a}_j)\leqslant 1,1\leqslant j\leqslant J\}\quad\left[\boldsymbol{Q}_j\succeq 0,\sum_j\boldsymbol{Q}_j\succ 0\right]$$

证明所讨论的不确定不等式的鲁棒对等在因子 $O(1)\ln(J)$ 内允许一个保守易处理的紧近似（参见定理 7.2.1）。

7.4　备注

备注 7.1　定理 7.1.2、定理 7.1.4、定理 7.1.8 所依据的矩阵立方定理源自文献［10］，其中只考虑了标量扰动块。本章使用的这个定理的更高级版本是文献［12］。文献［11］证明了定理 7.2.1、定理 7.2.2、定理 7.2.3 的近似 $\mathcal{S}$ 引理（引理 B.3），其形式稍弱（使用矩阵 $\boldsymbol{Q}_j$ 的总秩，而不是紧性因子界中这些矩阵的数量）；证明的主要内容可以追溯到文献［81］。

具有易处理鲁棒对等的不确定半定问题

在本章中，我们重点讨论不确定半定优化（SDO）问题，对于这些问题，可以导出易处理的鲁棒对等问题。

8.1 不确定半定问题

回想一下，半定规划（SDP）是一个锥优化规划：

$$\min_x\left\{\boldsymbol{c}^{\mathrm{T}}\boldsymbol{x}+d:\mathcal{A}_i(\boldsymbol{x})\equiv\sum_{j=1}^{n}x_j\boldsymbol{A}^{ij}-\boldsymbol{B}_i\in S_+^{k_i},i=1,\cdots,m\right\}$$
$$\Updownarrow \tag{8.1.1}$$
$$\min_x\left\{\boldsymbol{c}^{\mathrm{T}}\boldsymbol{x}+d:\mathcal{A}_i(\boldsymbol{x})\equiv\sum_{j=1}^{n}x_j\boldsymbol{A}^{ij}-\boldsymbol{B}_i\succeq 0,i=1,\cdots,m\right\}$$

其中，$\boldsymbol{A}^{ij}$，$\boldsymbol{B}_i$ 是大小为 $k_i\times k_i$ 的对称矩阵，S_+^k 是实对称半正定 $k\times k$ 矩阵的锥，$\boldsymbol{A}\succeq\boldsymbol{B}$ 表示 $\boldsymbol{A}$ 和 $\boldsymbol{B}$ 是大小相同的对称矩阵，因此矩阵 $\boldsymbol{A}-\boldsymbol{B}$ 是半正定的。具有对称矩阵 $\boldsymbol{A}^j$，$\boldsymbol{B}$，形如 $\mathcal{A}\boldsymbol{x}-\boldsymbol{B}\equiv\sum_j x_j\boldsymbol{A}^j-\boldsymbol{B}\succeq 0$ 的约束称为线性矩阵不等式；因此，半定规划是在有限多个线性矩阵不等式约束下最小化线性目标的问题。另一种有时更方便的半定规划设置形式为式（5.1.2），即

$$\min_x\{\boldsymbol{c}^{\mathrm{T}}\boldsymbol{x}+d:\boldsymbol{A}_i\boldsymbol{x}-\boldsymbol{b}_i\in Q_i,i=1,\cdots,m\} \tag{8.1.2}$$

其中，非空集 Q_i 由线性矩阵不等式的显式有限列表给出：

$$Q_i=\left\{\boldsymbol{u}\in\mathbb{R}^{p_i}:\mathcal{Q}_{i\ell}(\boldsymbol{u})\equiv\sum_{s=1}^{p_i}u_s\boldsymbol{Q}^{si\ell}-\boldsymbol{Q}^{i\ell}\succeq 0,\ell=1,\cdots,L_i\right\}$$

注意，式（8.1.1）是式（8.1.2）的特例，其中 $Q_i=S_+^{k_i}$，$i=1,\cdots,m$。

通过将5.1节、5.3节中的一般描述具体化到潜在的锥是半正定矩阵的锥的情况，可以很容易地给出半定规划、不确定半定问题及其（精确或近似）鲁棒对等的数据的概念。特别地，

- 半定规划（8.1.2）的自然数据是以下集合
$$(\boldsymbol{c},d,\{\boldsymbol{A}_i,\boldsymbol{b}_i\}_{i=1}^m)$$
而右侧集合 Q_i 则被视为问题的结构；
- 不确定半定问题是问题（8.1.2）的集合，这些问题具有共同的结构且自然数据在不确定性集中运行；我们总是假设数据通过给定的闭凸扰动集 $\mathcal{Z}$ 由扰动向量 $\boldsymbol{\zeta}\in\mathbb{R}^L$ 进行仿射参数化，使得 $\boldsymbol{0}\in\mathcal{Z}$：
$$[\boldsymbol{c};d]=[\boldsymbol{c}^{\mathrm{n}};d^{\mathrm{n}}]+\sum_{\ell=1}^{L}\zeta_l[\boldsymbol{c}^{\ell};d^{\ell}];$$
$$[\boldsymbol{A}_i,\boldsymbol{b}_i]=[\boldsymbol{A}_i^{\mathrm{n}},\boldsymbol{b}_i^{\mathrm{n}}]+\sum_{\ell=1}^{L}\zeta_\ell[\boldsymbol{A}_i^{\ell},\boldsymbol{b}_i^{\ell}],i=1,\cdots,m \tag{8.1.3}$$
- 在扰动水平 $\rho>0$ 下不确定半定规划（8.1.2）、（8.1.3）的鲁棒对等是半无限优化

规划

$$\min_{y=(x,t)}\left\{t:\begin{array}{l}[[c^{n}]^{T}x+d^{n}]+\sum_{\ell=1}^{L}\zeta_{\ell}[[c^{\ell}]^{T}x+d^{\ell}]\leqslant t\\ [A_{i}^{n}x+b_{i}^{n}]+\sum_{\ell=1}^{L}\zeta_{\ell}[A_{i}^{\ell}x+b_{i}^{\ell}]\in Q_{i},i=1,\cdots,m\end{array}\right\}\forall\zeta\in\rho\mathcal{Z}\right\} \tag{8.1.4}$$

- 不确定半定规划（8.1.2）、（8.1.3）的鲁棒对等的保守易处理近似是关于变量 $y=(x,t)$（以及可能的附加变量 u）的显式计算凸约束的有限组 $\mathcal{S}_{\rho}$，取决于作为参数的 $\rho>0$，这样，组解集在 y 变量空间上的投影 $\hat{Y}_{\rho}$ 包含在式（8.1.4）的可行集 Y_{ρ} 中。如果 $Y_{\rho}\supset\hat{Y}_{\rho}\supset Y_{\vartheta\rho}$，这种近似称为因子 $\vartheta\geqslant1$ 内的紧近似。换句话说，$\mathcal{S}_{\rho}$ 是式（8.1.4）的一个 ϑ-紧保守近似，在以下情况下成立：

  i）当 $\rho>0$ 且 y 可通过适当选择的 u 扩展到 $\mathcal{S}_{\rho}$ 的解时，y 在不确定性水平 ρ 下是鲁棒可行的（即 y 在式（8.1.4）中是可行的）。

  ii）当 $\rho>0$ 且 y 不能扩展到 $\mathcal{S}_{\rho}$ 的可行解时，y 在不确定性水平 $\vartheta\rho$ 下不是鲁棒可行的（即当 ρ 替换为 $\vartheta\rho$ 时，y 违反了式（8.1.4）中的一些约束条件）。

8.2 不确定半定问题鲁棒对等的易处理性

建立不确定半定问题的鲁棒对等简化为建立构成问题的不确定约束的鲁棒对等，从而使鲁棒半定优化中的易处理性问题简化为以下鲁棒对等的易处理性问题

$$\mathcal{A}_{\zeta}(y)\equiv\mathcal{A}^{n}(y)+\sum_{\ell=1}^{L}\zeta_{\ell}\mathcal{A}_{\ell}(y)\succeq0,\forall\zeta\in\rho\mathcal{Z} \tag{8.2.1}$$

它是以下单个不确定线性矩阵不等式的鲁棒对等问题

$$\mathcal{A}_{\zeta}(y)\equiv\mathcal{A}^{n}(y)+\sum_{\ell=1}^{L}\zeta_{\ell}\mathcal{A}_{\ell}(y)\succeq0 \tag{8.2.2}$$

这里，$\mathcal{A}^{n}(y)$、$\mathcal{A}_{\ell}(y)$ 是仿射依赖于设计向量 y 的对称矩阵。

不确定线性矩阵不等式的鲁棒对等通常难以计算。事实上，我们在第 5 章中看到，对于不确定锥二次不等式的鲁棒对等来说，难处理性已经是常见的，后者是不确定线性矩阵不等式的非常特殊的情况（因为洛伦兹锥是半定锥的横截面，见引理 6.3.3）。在相对简单的不确定锥二次不等式的情况下，我们只遇到了 3 种鲁棒对等在计算上易处理的一般情况，特别是：

i）场景扰动集（6.1 节）；

ii）非结构化范数有界不确定性（6.3 节）；

iii）简单椭球不确定性（6.5 节）。

对于易处理锥上的任意不确定锥二次问题，与场景扰动集相关的鲁棒对等是易处理的；特别地，具有场景扰动集的不确定线性矩阵不等式的鲁棒对等在计算上是易处理的。具体地说，如果式（8.2.1）中的 $\mathcal{Z}$ 表示为 $\mathrm{Conv}\{\zeta^{1},\cdots,\zeta^{N}\}$，那么鲁棒对等（8.2.1）就是以下线性矩阵不等式的显式组

$$\mathcal{A}^{n}(y)+\sum_{\ell=1}^{L}\zeta_{\ell}^{i}\mathcal{A}_{\ell}(y)\succeq0,i=1,\cdots,N \tag{8.2.3}$$

简单的椭球不确定性（$\mathcal{Z}$ 是椭球）导致易处理的鲁棒对等，这一事实特定于锥二次优化。在线性矩阵不等式的情况下，即使椭球扮演 $\mathcal{Z}$ 的角色，式（8.2.1）也可以是 NP 难的。

与此相反，非结构化范数有界扰动的情况在线性矩阵不等式情况下仍然是易处理的。这是我们所知道的唯一一个非平凡的易处理的情况。我们将详细考虑这个情况。

8.2.1　非结构化范数有界扰动

定义 8.2.1　如果有以下两种情况，那么不确定线性矩阵不等式（8.2.2）就具有非结构化范数有界扰动：

i）扰动集 $\mathcal{Z}$（见式（8.1.3））是所有通常矩阵范数 $\|\cdot\|_{2,2}$ 不超过 1 的 $p\times q$ 矩阵 ζ 的集合；

ii）式（8.2.2）中的“主体”$\mathcal{A}_\zeta(\boldsymbol{y})$ 可表示为

$$\mathcal{A}_\zeta(\boldsymbol{y})\equiv\mathcal{A}^{\mathrm{n}}(\boldsymbol{y})+[\boldsymbol{L}^{\mathrm{T}}(\boldsymbol{y})\boldsymbol{\zeta}\boldsymbol{R}(\boldsymbol{y})+\boldsymbol{R}^{\mathrm{T}}(\boldsymbol{y})\boldsymbol{\zeta}^{\mathrm{T}}\boldsymbol{L}(\boldsymbol{y})] \tag{8.2.4}$$

其中，$\boldsymbol{L}(\cdot)$，$\boldsymbol{R}(\cdot)$ 都是仿射的，并且至少有一个矩阵值函数实际上独立于 $\boldsymbol{y}$。

例 8.2.2　考虑 $\mathcal{Z}$ 是 $\mathbb{R}^L$ 中单位欧几里得球的情形（或者，同样地，$\|\cdot\|_{2,2}$ 范数不超过 1 的 $L\times 1$ 矩阵的集合），以及

$$\mathcal{A}_\zeta(\boldsymbol{y})=\left[\begin{array}{c|c} a(\boldsymbol{y}) & \boldsymbol{\zeta}^{\mathrm{T}}\boldsymbol{B}^{\mathrm{T}}(\boldsymbol{y})+\boldsymbol{b}^{\mathrm{T}}(\boldsymbol{y}) \\ \hline \boldsymbol{B}(\boldsymbol{y})\boldsymbol{\zeta}+\boldsymbol{b}(\boldsymbol{y}) & \boldsymbol{A}(\boldsymbol{y}) \end{array}\right] \tag{8.2.5}$$

其中 $a(\cdot)$ 是仿射标量函数，$\boldsymbol{b}(\cdot)$，$\boldsymbol{B}(\cdot)$，$\boldsymbol{A}(\cdot)$ 是具有 $\boldsymbol{A}(\cdot)\in S^M$ 的仿射向量值和矩阵值函数。设 $\boldsymbol{R}(\boldsymbol{y})\equiv\boldsymbol{R}=[1,\boldsymbol{0}_{1\times M}]$，$\boldsymbol{L}(\boldsymbol{y})=[\boldsymbol{0}_{L\times 1},\boldsymbol{B}^{\mathrm{T}}(\boldsymbol{y})]$，我们有

$$\mathcal{A}_\zeta(\boldsymbol{y})=\underbrace{\left[\begin{array}{c|c} a(\boldsymbol{y}) & \boldsymbol{b}^{\mathrm{T}}(\boldsymbol{y}) \\ \hline \boldsymbol{b}(\boldsymbol{y}) & \boldsymbol{A}(\boldsymbol{y}) \end{array}\right]}_{\mathcal{A}^{\mathrm{n}}(\boldsymbol{y})}+\boldsymbol{L}^{\mathrm{T}}(\boldsymbol{y})\boldsymbol{\zeta}\boldsymbol{R}(\boldsymbol{y})+\boldsymbol{R}^{\mathrm{T}}(\boldsymbol{y})\boldsymbol{\zeta}^{\mathrm{T}}\boldsymbol{L}(\boldsymbol{y})$$

因此，我们是在非结构化范数有界不确定性的情况下。

具有非结构化范数有界不确定性的不确定最小二乘不等式的线性矩阵不等式重新表述给出了一个密切相关的例子，见 6.3 节。

让我们推导一个带有非结构化范数有界不确定性的不确定线性矩阵不等式的易于处理的重构形式。我们不失一般性地假设 $\boldsymbol{R}(\boldsymbol{y})\equiv\boldsymbol{R}$ 独立于 $\boldsymbol{y}$（否则我们可以交换 $\boldsymbol{\zeta}$ 和 $\boldsymbol{\zeta}^{\mathrm{T}}$，同时交换 $\boldsymbol{L}$ 和 $\boldsymbol{R}$），并且 $\boldsymbol{R}\neq\boldsymbol{0}$。我们有

$$\begin{aligned}
&\boldsymbol{y}\text{ 对于式(8.2.2)、(8.2.4)在不确定性水平 }\rho\text{ 下是鲁棒可行的}\\
&\Leftrightarrow\boldsymbol{\xi}^{\mathrm{T}}[\mathcal{A}^{\mathrm{n}}(\boldsymbol{y})+\boldsymbol{L}^{\mathrm{T}}(\boldsymbol{y})\boldsymbol{\zeta}\boldsymbol{R}+\boldsymbol{R}^{\mathrm{T}}\boldsymbol{\zeta}^{\mathrm{T}}\boldsymbol{L}(\boldsymbol{y})]\boldsymbol{\xi}\geqslant 0,\forall\boldsymbol{\xi},\forall(\boldsymbol{\zeta}:\|\boldsymbol{\zeta}\|_{2,2}\leqslant\rho)\\
&\Leftrightarrow\boldsymbol{\xi}^{\mathrm{T}}\mathcal{A}^{\mathrm{n}}(\boldsymbol{y})\boldsymbol{\xi}+2\boldsymbol{\xi}^{\mathrm{T}}\boldsymbol{L}^{\mathrm{T}}(\boldsymbol{y})\boldsymbol{\zeta}\boldsymbol{R}\boldsymbol{\xi}\geqslant 0,\forall\boldsymbol{\xi},\forall(\boldsymbol{\zeta}:\|\boldsymbol{\zeta}\|_{2,2}\leqslant\rho)\\
&\Leftrightarrow\boldsymbol{\xi}^{\mathrm{T}}\mathcal{A}^{\mathrm{n}}(\boldsymbol{y})\boldsymbol{\xi}+2\underbrace{\min_{\|\boldsymbol{\zeta}\|_{2,2}\leqslant\rho}\boldsymbol{\xi}^{\mathrm{T}}\boldsymbol{L}^{\mathrm{T}}(\boldsymbol{y})\boldsymbol{\zeta}\boldsymbol{R}\boldsymbol{\xi}}_{=-\rho\|\boldsymbol{L}(\boldsymbol{y})\boldsymbol{\xi}\|_2\|\boldsymbol{R}\boldsymbol{\xi}\|_2}\geqslant 0,\forall\boldsymbol{\xi}\\
&\Leftrightarrow\boldsymbol{\xi}^{\mathrm{T}}\mathcal{A}^{\mathrm{n}}(\boldsymbol{y})\boldsymbol{\xi}-2\rho\|\boldsymbol{L}(\boldsymbol{y})\boldsymbol{\xi}\|_2\|\boldsymbol{R}\boldsymbol{\xi}\|_2\geqslant 0,\forall\boldsymbol{\xi}\\
&\Leftrightarrow\boldsymbol{\xi}^{\mathrm{T}}\mathcal{A}^{\mathrm{n}}(\boldsymbol{y})\boldsymbol{\xi}+2\rho\boldsymbol{\eta}^{\mathrm{T}}\boldsymbol{L}(\boldsymbol{y})\boldsymbol{\xi}\geqslant 0,\forall(\boldsymbol{\xi},\boldsymbol{\eta}:\boldsymbol{\eta}^{\mathrm{T}}\boldsymbol{\eta}\leqslant\boldsymbol{\xi}^{\mathrm{T}}\boldsymbol{R}^{\mathrm{T}}\boldsymbol{R}\boldsymbol{\xi})\\
&\Leftrightarrow\exists\lambda\geqslant 0:\left[\begin{array}{c|c} & \rho\boldsymbol{L}(\boldsymbol{y}) \\ \hline \rho\boldsymbol{L}^{\mathrm{T}}(\boldsymbol{y}) & \mathcal{A}^{\mathrm{n}}(\boldsymbol{y}) \end{array}\right]\succeq\lambda\left[\begin{array}{c|c} -\boldsymbol{I}_p & \\ \hline & \boldsymbol{R}^{\mathrm{T}}\boldsymbol{R} \end{array}\right]\quad[\mathcal{S}\text{ 引理}]\\
&\Leftrightarrow\exists\lambda:\left[\begin{array}{c|c} \lambda\boldsymbol{I}_p & \rho\boldsymbol{L}(\boldsymbol{y}) \\ \hline \rho\boldsymbol{L}^{\mathrm{T}}(\boldsymbol{y}) & \mathcal{A}^{\mathrm{n}}(\boldsymbol{y})-\lambda\boldsymbol{R}^{\mathrm{T}}\boldsymbol{R} \end{array}\right]\succeq 0
\end{aligned}$$

我们已证明以下陈述。

定理 8.2.3　具有非结构化范数有界不确定性（8.2.4）的不确定线性矩阵不等式（8.2.2）的鲁棒对等

$$\mathcal{A}^{\mathrm{n}}(\boldsymbol{y})+\boldsymbol{L}^{\mathrm{T}}(\boldsymbol{y})\boldsymbol{\zeta}\boldsymbol{R}+\boldsymbol{R}^{\mathrm{T}}\boldsymbol{\zeta}^{\mathrm{T}}\boldsymbol{L}(\boldsymbol{y})\succeq 0,\forall(\boldsymbol{\zeta}\in\mathbb{R}^{p\times q}:\|\boldsymbol{\zeta}\|_{2,2}\leqslant\rho) \tag{8.2.6}$$

（式中，我们不失一般性地假设 $\boldsymbol{R}\neq\boldsymbol{0}$）可由关于变量 $\boldsymbol{y},\lambda$ 的以下线性矩阵不等式等效表示

$$\left[\begin{array}{c|c}\lambda\boldsymbol{I}_p & \rho\boldsymbol{L}(\boldsymbol{y})\\\hline \rho\boldsymbol{L}^{\mathrm{T}}(\boldsymbol{y}) & \mathcal{A}^{\mathrm{n}}(\boldsymbol{y})-\lambda\boldsymbol{R}^{\mathrm{T}}\boldsymbol{R}\end{array}\right]\succeq 0 \tag{8.2.7}$$

8.2.2　应用：鲁棒的结构设计

8.2.2.1　结构设计问题

考虑一个“线性弹性”的机械系统 S，在数学上，其特征可以是：

i）系统虚位移的线性空间 $\mathbb{R}^M$。

ii）对称半正定 $M\times M$ 矩阵 $\boldsymbol{A}$，称为系统的刚度矩阵。

当系统偏离平衡点的位移为 $\boldsymbol{v}$ 时，系统所能容纳的势能为

$$E=\frac{1}{2}\boldsymbol{v}^{\mathrm{T}}\boldsymbol{A}\boldsymbol{v}$$

施加在系统上的外部荷载由向量 $\boldsymbol{f}\in\mathbb{R}^M$ 给出。系统的相关平衡位移 $\boldsymbol{v}$ 求解线性方程

$$\boldsymbol{A}\boldsymbol{v}=\boldsymbol{f}$$

如果这个方程没有解，荷载破坏系统——不存在平衡；如果解不是唯一的，那么平衡位移也不是唯一的。这两种“坏现象”只有在 $\boldsymbol{A}$ 不是正定的情况下才会发生。

系统在荷载 $\boldsymbol{f}$ 下的柔度是系统在与 $\boldsymbol{f}$ 相关的平衡位移 $\boldsymbol{v}$ 中所能容纳的势能，即

$$\mathrm{Compl}_f(\boldsymbol{A})=\frac{1}{2}\boldsymbol{v}^{\mathrm{T}}\boldsymbol{A}\boldsymbol{v}=\frac{1}{2}\boldsymbol{v}^{\mathrm{T}}\boldsymbol{f}$$

定义柔度的等效方法如下所示。给定外部荷载 $\boldsymbol{f}$，考虑凹二次型

$$\boldsymbol{f}^{\mathrm{T}}\boldsymbol{v}-\frac{1}{2}\boldsymbol{v}^{\mathrm{T}}\boldsymbol{A}\boldsymbol{v}$$

它在虚位移空间 $\mathbb{R}^M$ 中。很容易看出，此二次型要么在上面是无界的（这是不存在平衡位移的情况），要么达到其最大值。在后一种情况下，柔度仅为二次型的最大值：

$$\mathrm{Compl}_f(\boldsymbol{A})=\sup_{\boldsymbol{v}\in\mathbb{R}^M}\left[\boldsymbol{f}^{\mathrm{T}}\boldsymbol{v}-\frac{1}{2}\boldsymbol{v}^{\mathrm{T}}\boldsymbol{A}\boldsymbol{v}\right]$$

以及使二次型达到最大的就是平衡位移。

有充分的理由将柔度视为相对于相应荷载的结构刚度测量值——柔度越小，刚度越高。典型的结构设计问题如下所示：

结构设计：给定

- 结构的虚位移空间 $\mathbb{R}^M$。
- 刚度矩阵 $\boldsymbol{A}=\boldsymbol{A}(\boldsymbol{t})$ 仿射地取决于设计参数的向量 $\boldsymbol{t}$，该向量 $\boldsymbol{t}$ 被限制在给定的凸紧集 $\mathcal{T}\subset\mathbb{R}^N$ 中。
- 一个外部荷载的集合 $\mathcal{F}\subset\mathbb{R}^M$。

找到一个尽可能刚性的结构 $\boldsymbol{t}_*$，其关于来自 $\mathcal{F}$ 的“最危险”荷载，即

$$\boldsymbol{t}_*\in\underset{T\in\mathcal{T}}{\operatorname{argmin}}\{\mathrm{Compl}_{\mathcal{F}}(\boldsymbol{t})\equiv\sup_{f\in\mathcal{F}}\mathrm{Compl}_f(\boldsymbol{A}(\boldsymbol{t}))\}$$

接下来，我们将介绍三个结构设计示例。

例 8.2.4　桁架拓扑设计。桁架是一种机械结构，如铁路桥、电杆或埃菲尔铁塔，由节点处相互连接的弹性细杆组成。一些节点是部分或完全固定的，因此它们的虚位移在 $\mathbb{R}^2$（对于平面结构）或 $\mathbb{R}^3$（对于空间结构）中形成适当的子空间。外部荷载是作用在节点上的外力的集合。在这种荷载下，节点轻微移动，从而导致杆伸长和压缩，直到结构达到平衡，杆变形产生的张力补偿外力。柔度是由于杆变形而在平衡状态下桁架中所容纳的势能。

概述情况的数学模型如下。

- 节点与虚位移空间。设 $\mathcal{M}$ 为节点集，即 $\mathbb{R}^d$ 中的有限集（平面桁架为 $d=2$，空间桁架为 $d=3$），设 $V_i \subset \mathbb{R}^d$ 是节点 i 的虚位移的线性空间。（对于非支撑节点该集合是整个 $\mathbb{R}^d$，对于固定节点该集合为 $\{0\}$，对于部分固定节点该集合介于这两个极端之间。）桁架虚位移的空间 $V=\mathbb{R}^M$ 是节点虚位移空间的直积 $V=V_1\times\cdots\times V_m$，因此桁架的虚位移是节点的"物理"虚位移。

  现在，施加在桁架上的外部荷载可以看作作用于节点集的节点 i 的外部物理力 $\boldsymbol{f}_i \in \mathbb{R}^d$ 的集合。假设对于所有 i 有 $\boldsymbol{f}_i \in V_i$，由于 $\boldsymbol{f}_i$ 与 V_i 正交的分量完全由支撑补偿，使得 V_i 方向成为节点 i 唯一可能的位移。因此，我们总是可以假设对于所有 i 有 $\boldsymbol{f}_i \in V_i$，这使得用向量 $\boldsymbol{f} \in V$ 识别荷载成为可能。类似地，由杆拉伸和压缩引起的节点反作用力的集合可被视为来自 V 的向量。
- 杆和刚度矩阵。桁架中的每个杆 j，$j=1,\cdots,N$ 连接节点集 $\mathcal{M}$ 中的两个节点。通过 t_j 表示第 j 个杆的体积，一个简单的分析（其中假设节点位移很小，忽略这些位移的所有平方次项）表明，由节点位移 $\boldsymbol{v} \in V$ 引起的反作用力集合可以表示为 $\boldsymbol{A}(\boldsymbol{t})\boldsymbol{v}$，其中

$$\boldsymbol{A}(\boldsymbol{t})=\sum_{j=1}^{N} t_j \boldsymbol{b}_j \boldsymbol{b}_j^{\mathrm{T}} \tag{8.2.8}$$

是桁架的刚度矩阵。这里 $\boldsymbol{b}_j \in V$ 很容易由第 j 个杆的材料特性和该杆连接的节点的"规范"（即，在无荷载桁架中）位置给出。

在一个典型的桁架拓扑设计（TTD）问题中，给出了一个地面结构——暂定节点的集合 $\mathcal{M}$，相应的虚位移空间 V_i 和 N 个暂定杆的列表 $\mathcal{J}$（即，可以通过杆连接的一对节点的列表），以及杆材质的特征；这些数据尤其确定向量 $\boldsymbol{b}_j$。设计变量为暂定杆的体积 t_j。设计规范始终包括自然限制 $t_j \geqslant 0$ 和 $\sum_j t_j$ 上的上界 w（这本质上是桁架总权重的上限）。因此，$\mathcal{T}$ 总是标准单纯形 $\left\{\boldsymbol{t} \in \mathbb{R}^N : \boldsymbol{t} \geqslant 0, \sum_j t_j \leqslant w\right\}$ 的子集。可能还有其他设计规范，如某些杆体积的上限和下限。场景集 $\mathcal{F}$ 通常要么是一个单元素集合（单荷载桁架拓扑设计）要么是小的外部荷载的集合（多荷载桁架拓扑设计）。通过这种设置，我们寻求设计 $\boldsymbol{t} \in \mathcal{T}$，其导致最小可能的最坏情况，即来自 $\mathcal{F}$ 柔度的最大荷载。

当制定一个桁架拓扑设计问题时，通常从一个密集的节点集开始，并允许所有暂定节点用杆成对连接。在相关桁架拓扑设计问题的最优解中，通常会有相当少的杆获得正体积，因此该解不仅可以恢复最佳杆尺寸，还可以恢复结构的最佳拓扑。

例 8.2.5　自由材料优化。在自由材料优化（FMO）中，人们寻求设计一种由连续分布在给定二维或三维域 Ω 上的材料组成的机械结构，允许其材料的机械性能因点而异。设计的最终目标是构建满足多个约束条件（最显著的是总权重上限）和最严格的关于来自给

定样本荷载场景的结构。

在有限元离散化之后，该（最初为无限维）优化问题成为上述结构设计问题的一种特殊情况，其中：

- 虚位移的空间 $V=\mathbb{R}^M$ 是有限元单元顶点的"物理位移"空间，因此位移 $\boldsymbol{v}\in V$ 是顶点位移 $\boldsymbol{v}_i\in\mathbb{R}^d$ 的集合（对于平面结构，$d=2$，对于空间结构，$d=3$）。与桁架拓扑设计问题一样，一些顶点的位移可以限制在 $\mathbb{R}^d$ 的适当线性子空间中。
- 外部荷载是施加在有限元单元顶点的物理力的集合；与桁架拓扑设计情况相同，这些集合可以用向量 $\boldsymbol{f}\in V$ 来识别。
- 刚度矩阵的形式为

$$\mathrm{A}(\boldsymbol{t})=\sum_{j=1}^{N}\sum_{s=1}^{S}\boldsymbol{b}_{js}\boldsymbol{t}_j\boldsymbol{b}_{js}^{\mathrm{T}} \tag{8.2.9}$$

其中 N 是有限元单元的数量，$\boldsymbol{t}_j$ 是第 j 个单元中材料的刚度张量。这个张量可以用一个 $p\times p$ 对称半正定矩阵来识别，其中 $p=3$ 表示平面结构，$p=6$ 表示空间结构。通过有限元单元的几何形状和有限元离散化的类型，可以很容易地给出数量 S 和 $M\times p$ 矩阵 $\boldsymbol{b}_{is}$。

在一个典型的自由材料优化问题中，给出了有限元单元的数量以及式（8.2.9）中的矩阵 $\boldsymbol{b}_{ij}$，以及一组相关外部荷载 $\mathcal{F}$。设计向量是半正定 $p\times p$ 矩阵的集合 $\boldsymbol{t}=(\boldsymbol{t}_1,\cdots,\boldsymbol{t}_N)$，并且设计规范总是包括 $\boldsymbol{t}_j$ 的总加权迹上的自然约束 $\boldsymbol{t}_j\succeq 0$ 和上界 $\sum\limits_j c_j\mathrm{Tr}(\boldsymbol{t}_j)\leqslant w, c_j>0$；该界限本质上反映了结构总权重的上限。除了这些限制，可行设计集 $\mathcal{T}$ 的描述还可以包括其他限制，例如 $\boldsymbol{t}_j$ 范围的边界（即 $\boldsymbol{t}_j$ 最小特征值的下界和最大特征值的上界）。通过这种设置，我们寻求一种设计 $\boldsymbol{t}\in\mathcal{T}$，其结果是最小的最坏情况（即，$\mathcal{F}$ 的最大荷载）的柔度。

自由材料优化产生的设计通常无法"按原样"实施——在大多数情况下，使用机械性能因点而异的材料要么不可能，要么成本太高。自由材料优化的作用是为工程师提供最佳结构可能是什么的"有根据的猜测"；鉴于这一猜测，工程师从复合材料中生产出类似的产品，应用现有的设计工具，考虑到比自由材料优化设计模型考虑得更精细的设计规范（可能包括非凸规范）。

我们的第三个例子，源于 C. Roos，与力学没有任何共同之处——它是关于电路的设计。然而，在数学上，它被建模为一个结构设计问题。

例 8.2.6 考虑一个由电阻和电流源组成的电路。从数学上讲，这样的电路可以被认为是一个具有节点 $1,\cdots,n$ 和一组有向电弧的图。每个电弧 γ 都有其电导 $\sigma_\gamma\geqslant 0$（因此 $1/\sigma_\gamma$ 是电弧的电阻）。这些节点配备外部电流源，因此每个节点 i 都分配一个实数 f_i——电源提供的电流。电路的稳态功能以电弧中的电流 $\jmath_\gamma$ 和节点处的电势 v_i 为特征（这些电势被定义为一个共同的加性常数）。电势和电流可以从基尔霍夫定律（Kirchhoff laws）中找到，具体如下。设 $\boldsymbol{G}$ 为节点-电弧关联矩阵，因此 $\boldsymbol{G}$ 中的列由节点索引，行由电弧索引，$G_{\gamma i}$ 为 1，-1 或 0，分别取决于电弧 γ 是从节点 i 开始，结束于该节点，还是没有关联到节点。第一基尔霍夫定律规定，离开给定节点的电弧中的所有电流之和减去进入节点的电弧中的所有电流之和等于节点处的外部电流。从数学上讲，这条定律是

$$\boldsymbol{G}^{\mathrm{T}}\boldsymbol{\jmath}=\boldsymbol{f}$$

其中 $\boldsymbol{f}=\{f_1,\cdots,f_n\}$ 和 $\boldsymbol{\jmath}=\{\jmath_\gamma\}_{\gamma\in E}$ 分别是外部电流向量和电弧中的电流向量。第二定律指出，电弧 γ 中的电流是 σ_γ 乘以电弧电压——电弧连接节点处的电势差。从数学上讲，这条定律是

$$\boldsymbol{\jmath}=\boldsymbol{\Sigma G v},\boldsymbol{\Sigma}=\mathrm{Diag}\{\sigma_\gamma,\gamma\in E\}$$

因此，电势由以下关系式给出：

$$\boldsymbol{G}^{\mathrm{T}}\boldsymbol{\Sigma G v}=\boldsymbol{f}$$

现在，电路中散发的热量 H 是电弧电流和电弧电压乘积的总和，即，

$$H=\sum_\gamma\sigma_\gamma((\boldsymbol{Gv})_\gamma)^2=\boldsymbol{v}^{\mathrm{T}}\boldsymbol{G}^{\mathrm{T}}\boldsymbol{\Sigma G v}$$

换句话说，在电路中散发的热量，即形成向量 $\boldsymbol{f}$ 的外部电流，是对于所有 $\boldsymbol{v}\in\mathbb{R}^n$ 凸二次型

$$2\boldsymbol{v}^{\mathrm{T}}\boldsymbol{f}-\boldsymbol{v}^{\mathrm{T}}\boldsymbol{G}^{\mathrm{T}}\boldsymbol{\Sigma G v}$$

的最大值，使这个二次型最大化的就是稳态电势。换句话说，这种情况就好像我们在谈论一个机械系统，其刚度矩阵 $\boldsymbol{A}(\boldsymbol{\sigma})=\boldsymbol{G}^{\mathrm{T}}\boldsymbol{\Sigma G}$ 仿射地取决于受外部荷载 $\boldsymbol{f}$ 的电弧电导向量 $\boldsymbol{\sigma}\geqslant\boldsymbol{0}$，稳态电势起平衡位移的作用，而该状态下的散热起（两倍）柔度的作用。

应该注意的是，在我们目前的情况下，“刚度矩阵”是退化的——事实上，我们显然有 $\boldsymbol{G1}=\boldsymbol{0}$，其中 $\boldsymbol{1}$ 是 1 的向量（当所有节点的电势相等时，电弧中的电流应为零），从而 $\boldsymbol{A}(\boldsymbol{\sigma})\boldsymbol{1}=\boldsymbol{0}$。因此，稳态存在的必要条件是 $\boldsymbol{f}^{\mathrm{T}}\boldsymbol{1}=0$，即所有外部电流的总和应为零——这一事实我们可以很容易地预见。这个必要条件是否充分取决于电路的拓扑结构。

结构设计问题的一个简单的“电力”类比是建立一个给定拓扑结构的电路（即，为给定图形具有非负电导的电弧形成设计向量 $\boldsymbol{\sigma}$），以最小化最大稳态散热的方式满足规范 $\boldsymbol{\sigma}\in\mathcal{S}$，是给定的外部电流向量族 $\mathcal{F}$ 上的最大值。

8.2.2.2　作为一个不确定半定问题的结构设计

上述结构设计问题可以很容易地构成半定规划。问题转化的关键要素是以下柔度的半定表示：

$$\mathrm{Compl}_f(\boldsymbol{A})\leqslant\tau\Leftrightarrow\left[\begin{array}{c|c}2\tau & \boldsymbol{f}^{\mathrm{T}}\\ \hline \boldsymbol{f} & \boldsymbol{A}\end{array}\right]\succeq 0\tag{8.2.10}$$

事实上，

$$\begin{aligned}&\mathrm{Compl}_f(\boldsymbol{A})\leqslant\tau\\
&\Leftrightarrow\boldsymbol{f}^{\mathrm{T}}\boldsymbol{v}-\frac{1}{2}\boldsymbol{v}^{\mathrm{T}}\boldsymbol{A}\boldsymbol{v}\geqslant\tau,\forall\ \boldsymbol{v}\in\mathbb{R}^M\\
&\Leftrightarrow 2\tau s^2-2s\boldsymbol{f}^{\mathrm{T}}\boldsymbol{v}+\boldsymbol{v}^{\mathrm{T}}\boldsymbol{A}\boldsymbol{v}\geqslant 0,\forall([\boldsymbol{v},s]\in\mathbb{R}^{M+1})\\
&\Leftrightarrow\left[\begin{array}{c|c}2\tau & -\boldsymbol{f}^{\mathrm{T}}\\ \hline -\boldsymbol{f} & \boldsymbol{A}\end{array}\right]\succeq 0\\
&\Leftrightarrow\left[\begin{array}{c|c}2\tau & \boldsymbol{f}^{\mathrm{T}}\\ \hline \boldsymbol{f} & \boldsymbol{A}\end{array}\right]\succeq 0\end{aligned}$$

最后一个⇔是根据

$$\left[\begin{array}{c|c}2\tau & -\boldsymbol{f}^{\mathrm{T}}\\ \hline -\boldsymbol{f} & \boldsymbol{A}\end{array}\right]=\left[\begin{array}{c|c}1 & \\ \hline & -\boldsymbol{I}\end{array}\right]\left[\begin{array}{c|c}2\tau & \boldsymbol{f}^{\mathrm{T}}\\ \hline \boldsymbol{f} & \boldsymbol{A}\end{array}\right]\left[\begin{array}{c|c}1 & \\ \hline & -\boldsymbol{I}\end{array}\right]^{\mathrm{T}}$$

因此，结构设计问题可以被这样提出：

$$\min_{\tau,t}\left\{\tau:\left[\begin{array}{c|c}2\tau & \boldsymbol{f}^{\mathrm{T}}\\ \hline \boldsymbol{f} & \mathbf{A}\end{array}\right]\succeq 0,\forall\, \boldsymbol{f}\in\mathcal{F},t\in\mathcal{T}\right\} \tag{8.2.11}$$

假设可行设计集 $\mathcal{T}$ 是线性矩阵不等式可表示的，问题（8.2.11）就是以下不确定半定问题的鲁棒对等

$$\min_{\tau,t}\left\{\tau:\left[\begin{array}{c|c}2\tau & \boldsymbol{f}^{\mathrm{T}}\\ \hline \boldsymbol{f} & \mathbf{A}(\boldsymbol{t})\end{array}\right]\succeq 0,\, \boldsymbol{t}\in\mathcal{T}\right\} \tag{8.2.12}$$

其中，唯一的不确定数据是荷载 $\boldsymbol{f}$，该数据在给定的集合 $\mathcal{F}$ 中变化（或者，相同地，在其闭凸包 $\mathrm{cl\,Conv}(\mathcal{F})$ 中变化）。因此，事实上，我们谈论的是单荷载结构设计问题的鲁棒对等，荷载作为不确定数据在不确定性集 $\mathcal{U}=\mathrm{cl\,Conv}(\mathcal{F})$ 中变化。

在实际设计中，相关荷载集 $\mathcal{F}$ 是有限的，通常很小。例如，当为汽车设计桥梁时，工程师感兴趣的是一系列非常有限的场景，主要是来自沿桥梁均匀分布的许多汽车的荷载（从本质上讲，这是高峰时间发生的情况），也许还有其他一些情况（比如，荷载来自一辆重型汽车的不同位置）。对于有限 $\mathcal{F}=\{\boldsymbol{f}^1,\cdots,\boldsymbol{f}^k\}$，我们处于场景不确定性的情况下，式（8.2.12）的鲁棒对等是显式半定规划

$$\min_{\tau,t}\left\{\tau:\left[\begin{array}{c|c}2\tau & [\boldsymbol{f}^i]^{\mathrm{T}}\\ \hline \boldsymbol{f}^i & \mathbf{A}(\boldsymbol{t})\end{array}\right]\succeq 0,\, i=1,\cdots,k,\boldsymbol{t}\in\mathcal{T}\right\}$$

然而，请注意，在现实中，可能的结构将受到小“偶然”荷载的影响（如桥梁的侧风），且结构应相对于这些荷载保持稳定。然而，事实证明，后一个要求不一定由只考虑主要感兴趣的荷载的“标准”结构来满足。作为一个启发性的例子，考虑控制台的设计。

例 8.2.7 图 8-1c 表示在二维平面上具有 9×9 节点网格的控制台的最佳单荷载设计；最左列的节点是固定的，其余节点是自由的，单个场景荷载是向下作用在最右列中间节点的单位力 $\boldsymbol{f}$（见图 8-1a）。我们允许几乎所有的暂定杆（编号 2039），除了连接固定节点（明显冗余）的杆或通过两个以上节点的长杆，因此可以拆分为较短的杆（见图 8-1b）。容许设计集 $\mathcal{T}$ 仅由权重限制给出：

$$\mathcal{T}=\left\{\boldsymbol{t}\in\mathbb{R}^{2039}:\boldsymbol{t}\geqslant\mathbf{0},\sum_{i=1}^{2039}t_i\leqslant 1\right\}$$

（柔度为阶数为 1 的齐次，其关于 $\boldsymbol{t}:\mathrm{Compl}_f(\lambda\boldsymbol{t})=\lambda\mathrm{Compl}_f(\boldsymbol{t})$，$\lambda>0$，因此我们可以将权重界标准化为 1）。

在适当比例下，产生的规范最佳桁架（12 个节点，24 个杆）关于场景荷载 $\boldsymbol{f}$ 的柔度为 1.00。同时，对于沿规范设计使用的 10 个自由节点分布的小“偶然”荷载，结构高度不稳定。例如，相对于随机荷载 $\boldsymbol{h}\sim\mathcal{N}(\mathbf{0},10^{-9}\boldsymbol{I}_{20})$，规范设计的平均柔度为 5.406（是规范柔度的 5.4 倍），而该随机荷载的“典型”范数 $\|\boldsymbol{h}\|_2$ 为 $10^{-4.5}\sqrt{20}$——比场景荷载的范数 $\|\boldsymbol{f}\|_2=1$ 小四个数量级以上。关于“坏”荷载 $\boldsymbol{g}$，它是 $\boldsymbol{f}$ 的 10^{-4} 倍（$\|\boldsymbol{g}\|_2=10^{-4}\cdot\|\boldsymbol{f}\|_2$），规范最佳桁架的柔度为 27.6，是 f 的 27 倍。图 8-1e 显示了荷载 $10^{-4}\boldsymbol{g}$ 下（即是场景荷载的 10^{-8}(!) 倍的荷载）下规范设计的变形。可以将该变形与荷载 $\boldsymbol{f}$ 下的变形进行比较（见图 8-1d）。图 8-1f 描述了在 100 个随机荷载 $\boldsymbol{h}\sim\mathcal{N}(\mathbf{0},10^{-16}\boldsymbol{I}_{20})$——范数比 $\|\boldsymbol{f}\|_2=1$ 大 8 个数量级的荷载——样本下节点的位移。

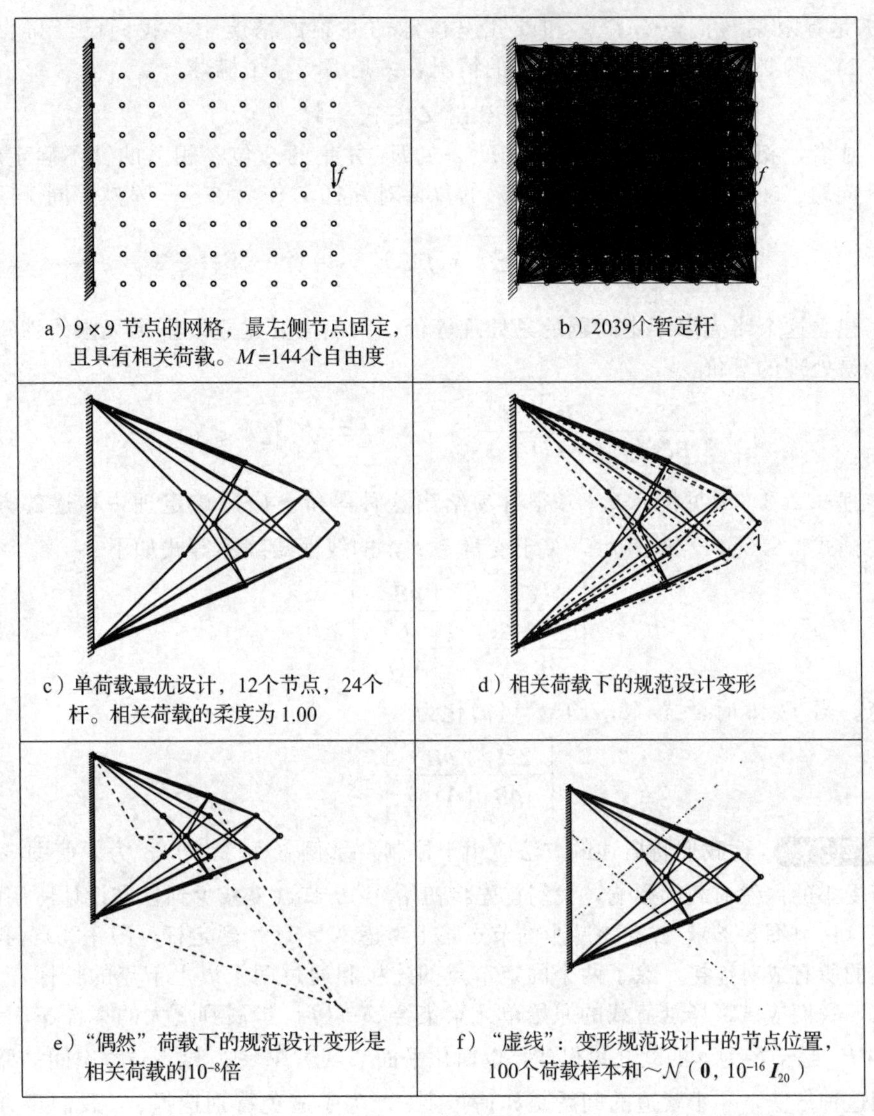

a）9×9 节点的网格，最左侧节点固定，且具有相关荷载。M=144个自由度

b）2039个暂定杆

c）单荷载最优设计，12个节点，24个杆。相关荷载的柔度为 1.00

d）相关荷载下的规范设计变形

e）“偶然”荷载下的规范设计变形是相关荷载的10^{-8}倍

f）“虚线”：变形规范设计中的节点位置，100个荷载样本和$\sim\mathcal{N}(\mathbf{0}, 10^{-16}\boldsymbol{I}_{20})$

图 8-1　规范设计

为了防止最优设计被不在场景荷载集 $\mathcal{F}$ 范围内的小荷载压碎，有必要将 $\mathcal{F}$ 扩展到更“大”的荷载集，主要是将不超过给定“小”不确定性水平 ρ 的所有荷载添加到 $\mathcal{F}$ 中。这里的一个挑战是确定小荷载可以施加在哪里。在桁架拓扑设计等问题中，要求潜在结构能够承载沿地面结构所有节点分布的小荷载是没有意义的；事实上，并不是所有这些节点都应该出现在最终设计中，当然也没有理由担心作用在不存在节点上的力。困难在于我们事先不知道最终设计中将出现哪些节点。在某种程度上解决这一困难的一种可能性是使用以下两阶段过程：

- 在第一阶段，我们寻求“规范”设计——对于由场景荷载和可能的所有量级$\leqslant\rho$ 的荷载（沿与场景荷载相同的节点作用）组成的“小”集 $\mathcal{F}$ 而言是最优的设计——这些节点肯定会出现在最终设计中。
- 在第二阶段，我们再次解决这个问题，将规范设计实际使用的节点作为新的节点集 $\mathcal{M}^+$，并通过取 $\mathcal{F}$ 和沿 $\mathcal{M}^+$ 作用的所有荷载 $\boldsymbol{g}$（$\|\boldsymbol{g}\|_2\leqslant\rho$）的欧几里得球 B_ρ 的并集，将 $\mathcal{F}$ 扩展到集 $\mathcal{F}^+$。

在 $\mathcal{F}$ 是有限集 $\{\boldsymbol{f}^1,\cdots,\boldsymbol{f}^k\}$ 和欧几里得球的并集的情况下，我们已经得出了求解式（8.2.11）的必要性。这是一个特殊的情况，$\mathcal{F}$ 是 $S<\infty$ 个椭球

$$E_s=\{\boldsymbol{f}=\boldsymbol{f}^s+B_s\boldsymbol{\zeta}^s:\boldsymbol{\zeta}^s\in\mathbb{R}^{k_s},\|\boldsymbol{\zeta}^s\|_2\leqslant 1\}$$

的并集，或者，相同地，$\mathcal{Z}$ 是 S 个椭球 $E_1,\cdots,E_S$ 并集的凸包。相关的“不确定性免疫”结构设计问题（8.2.11）——（8.2.12）的鲁棒对等且 $\mathcal{Z}$ 作为 $\mathcal{F}$——显然等同于问题

$$\min_{\tau,t}\left\{\boldsymbol{\tau}:\left[\begin{array}{c|c}2\boldsymbol{\tau} & \boldsymbol{f}^{\mathrm{T}}\\ \hline \boldsymbol{f} & \mathbf{A}(\boldsymbol{t})\end{array}\right]\succeq 0,\forall\boldsymbol{f}\in E_s,s=1,\cdots,S;t\in\mathcal{T}\right\}\tag{8.2.13}$$

为了建立这个半无限半定问题的易处理等价，我们需要建立以下半无限线性矩阵不等式的一个易处理的等价

$$\left[\begin{array}{c|c}2\boldsymbol{\tau} & \boldsymbol{\zeta}^{\mathrm{T}}\boldsymbol{B}^{\mathrm{T}}+\boldsymbol{f}^{\mathrm{T}}\\ \hline \boldsymbol{B\zeta}+\boldsymbol{f} & \mathbf{A}(\boldsymbol{t})\end{array}\right]\succeq 0,\forall(\boldsymbol{\zeta}\in\mathbb{R}^k:\|\boldsymbol{\zeta}\|_2\leqslant\rho)\tag{8.2.14}$$

但定理 8.2.3（参见例 8.2.2）很容易给出这种等价。应用该定理中描述的方法，我们最终得到式（8.2.14）的表示，关于变量 $\boldsymbol{\tau},\boldsymbol{t},\lambda$ 的线性矩阵不等式如下：

$$\left[\begin{array}{c|c|c}\lambda\boldsymbol{I}_k & & \rho\boldsymbol{B}^{\mathrm{T}}\\ \hline & 2\boldsymbol{\tau}-\lambda & \boldsymbol{f}^{\mathrm{T}}\\ \hline \rho\boldsymbol{B} & \boldsymbol{f} & \mathbf{A}(\boldsymbol{t})\end{array}\right]\succeq 0\tag{8.2.15}$$

注意，当 $\boldsymbol{f}=\mathbf{0}$ 时，式（8.2.15）可简化为

$$\left[\begin{array}{c|c}2\boldsymbol{\tau}\boldsymbol{I}_k & \rho\boldsymbol{B}^{\mathrm{T}}\\ \hline \rho\boldsymbol{B} & \mathbf{A}(\boldsymbol{t})\end{array}\right]\succeq 0\tag{8.2.16}$$

例 8.2.7 续 让我们将概述的方法应用于控制台示例（例 8.2.7）。为了使图 8-1c 所示的设计不受小的偶然荷载的影响，我们首先将初始 9×9 节点集减少到标准设计所用的 12 个节点的集 $\mathcal{M}^+$（图 8-2a），并在该减少的节点集上考虑 $N=54$ 个暂定杆（图 8-2b）（我们再次允许节点的所有成对连接，除了两个固定节点的连接和通过两个以上节点的长杆）。根据概述的方法，我们应该将场景荷载的原始单元素集合 $\mathcal{F}=\{\boldsymbol{f}\}$ 扩展到更大的集合 $\mathcal{F}^+=\{\boldsymbol{f}\}\cup B_\rho$，其中 B_ρ 是半径为 ρ 的欧几里得球，以简化平面节点集 $M=20$ 维虚位移空间的原点为中心。使用这种方法，一个紧迫的问题是如何指定 ρ。为了避免特别选择 ρ，我们将方法按如下所示修改。回顾关于场景荷载的规范最优设计的柔度为 1.00，让我们对我们的潜在“免疫”设计施加限制，即其关于扩展场景集 $\mathcal{F}_\rho=\{\boldsymbol{f}\}\cup B_\rho$ 的最坏情况柔度最多应为 $\boldsymbol{\tau}_*=1.025$（即，比最优规范柔度高 2.5%），并在此限制下最大化半径 ρ。换言之，我们寻求与规范最优桁架具有相同单位权重的桁架，该桁架具有与场景荷载 $\boldsymbol{f}$ 相关的“近似最优”刚度，以及与给定大小的偶然荷载相关的尽可能大的最坏情况刚度。由此产生的问题是以下半无限半定规划

$$\max_{t,\rho}\left\{\rho:\begin{array}{l}\left[\begin{array}{c|c}2\tau_* & \boldsymbol{f}^{\mathrm{T}}\\ \hline \boldsymbol{f} & \mathbf{A}(\boldsymbol{t})\end{array}\right]\succeq 0\\ \left[\begin{array}{c|c}2\tau_* & \rho\boldsymbol{h}^{\mathrm{T}}\\ \hline \rho\boldsymbol{h} & \mathbf{A}(\boldsymbol{t})\end{array}\right]\succeq 0,\forall(\boldsymbol{h}:\|\boldsymbol{h}\|_2\leqslant 1)\\ \boldsymbol{t}\geqslant\mathbf{0},\sum_{i=1}^{N}t_i\leqslant 1\end{array}\right\}$$

这个半无限规划等价于以下一般的半定规划

$$\max_{t,\rho}\left\{\rho:\begin{array}{c}\left[\begin{array}{c|c}2\tau_* & \boldsymbol{f}^{\mathrm{T}}\\ \hline \boldsymbol{f} & \boldsymbol{A}(\boldsymbol{t})\end{array}\right]\succeq 0\\ \left[\begin{array}{c|c}2\tau_*\boldsymbol{I}_M & \rho\boldsymbol{I}_M\\ \hline \rho\boldsymbol{I}_M & \boldsymbol{A}(\boldsymbol{t})\end{array}\right]\succeq 0\\ \boldsymbol{t}\geqslant\boldsymbol{0},\sum_{i=1}^{N}t_i\leqslant 1\end{array}\right\} \tag{8.2.17}$$

（参见式（8.2.16））。

计算表明，例 8.2.7，式（8.2.17）中的最优值为 $\rho_*=0.362$；图 8-2c 描述了问题最优解产生的鲁棒设计。除了杆尺寸的差异，还应注意鲁棒设计和规范设计结构的差异（见图 8-3）。观察到，从规范设计到鲁棒设计，相对于场景荷载，我们仅损失 2.5%的刚度，并且在承载偶然荷载的能力上获得了显著的改善。事实上，鲁棒桁架相对于 $\|\boldsymbol{g}\|_2=0.36$ 的荷载 $\boldsymbol{g}$（相关荷载量的 36%）的柔度最多为 1.025；规范设计的类似量高达 1.65×10^9！将图 8-1 中的图片 d～f 与图 8-2 中的对应图片进行比较，可以获得鲁棒设计相对于规范设计具有显著优势的额外证据。

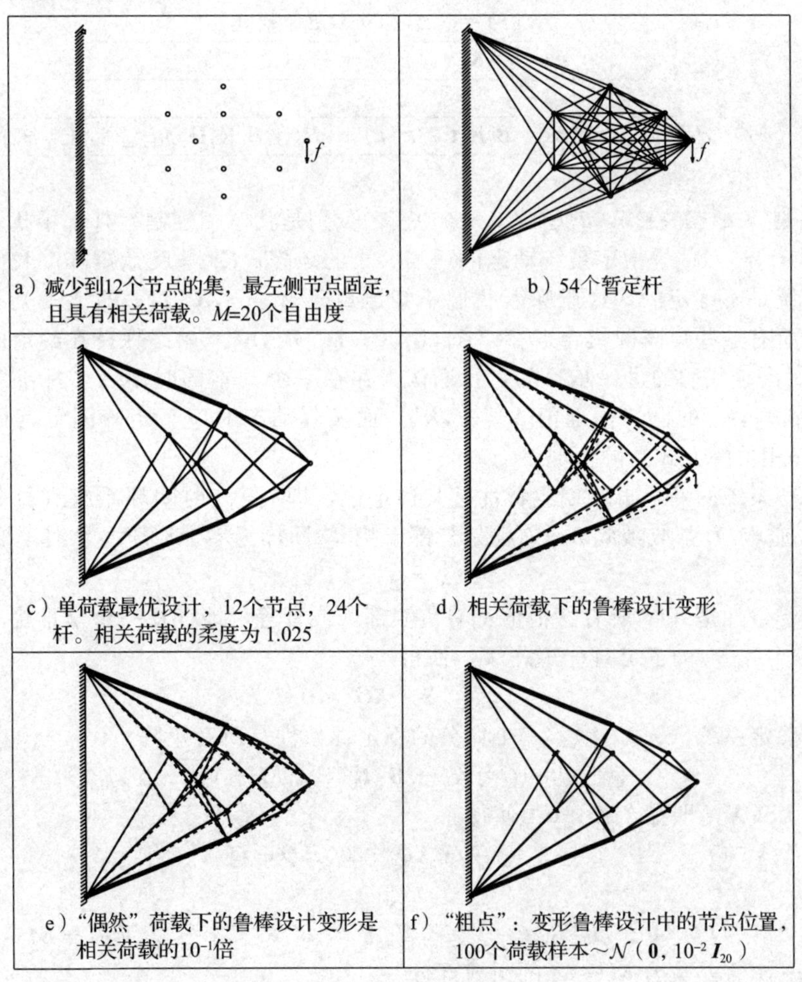

a）减少到12个节点的集，最左侧节点固定，且具有相关荷载。M=20个自由度

b）54个暂定杆

c）单荷载最优设计，12个节点，24个杆。相关荷载的柔度为1.025

d）相关荷载下的鲁棒设计变形

e）“偶然”荷载下的鲁棒设计变形是相关荷载的10^{-1}倍

f）“粗点”：变形鲁棒设计中的节点位置，100个荷载样本～$\mathcal{N}(\boldsymbol{0},10^{-2}\boldsymbol{I}_{20})$

图 8-2　鲁棒设计

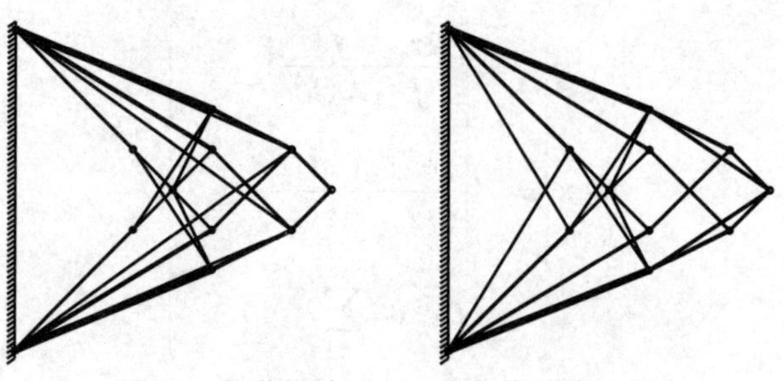

图 8-3　规范设计（左）和鲁棒设计（右）

8.2.3　鲁棒控制中的应用

不确定半定问题的一个主要来源是鲁棒控制。通过李雅普诺夫稳定性分析/综合给出了一个具有指导意义的例子。

8.2.3.1　李雅普诺夫稳定性分析

考虑基于线性输出的反馈“闭合”的时变线性动态系统：

$$
\begin{array}{ll}
(a) & \dot{\boldsymbol{x}}(t)=\boldsymbol{A}_t\boldsymbol{x}(t)+\boldsymbol{B}_t\boldsymbol{u}(t)+\boldsymbol{R}_t\boldsymbol{d}_t\text{[开环系统或设备]}\\
(b) & \boldsymbol{y}(t)=\boldsymbol{C}_t\boldsymbol{x}(t)+\boldsymbol{D}_t\boldsymbol{d}_t\text{[输出]}\\
(c) & \boldsymbol{u}(t)=\boldsymbol{K}_t\boldsymbol{y}(t)\text{[基于输出的反馈]}\\
 & \Downarrow\\
(d) & \dot{\boldsymbol{x}}(t)=[\boldsymbol{A}_t+\boldsymbol{B}_t\boldsymbol{K}_t\boldsymbol{C}_t]\boldsymbol{x}(t)+[\boldsymbol{R}_t+\boldsymbol{B}_t\boldsymbol{K}_t\boldsymbol{D}_t]\boldsymbol{d}_t\text{[闭环系统]}
\end{array}
\tag{8.2.18}
$$

其中 $\boldsymbol{x}(t)\in\mathbb{R}^n$，$\boldsymbol{u}(t)\in\mathbb{R}^m$，$\boldsymbol{d}_t\in\mathbb{R}^p$，$\boldsymbol{y}(t)\in\mathbb{R}^q$ 分别是状态、控制、外部干扰和 t 时刻输出。$\boldsymbol{A}_t,\boldsymbol{B}_t,\boldsymbol{R}_t,\boldsymbol{C}_t,\boldsymbol{D}_t$ 是指定系统动态的适当大小的矩阵；$\boldsymbol{K}_t$ 是反馈矩阵。我们假设所讨论的动态系统是不确定的，这意味着我们不知道矩阵 $\boldsymbol{A}_t,\cdots,\boldsymbol{K}_t$ 对 t 的依赖关系；我们所知道的是，所有这些矩阵的集合 $M_t=(\boldsymbol{A}_t,\boldsymbol{B}_t,\boldsymbol{C}_t,\boldsymbol{D}_t,\boldsymbol{R}_t,\boldsymbol{K}_t)$ 始终保持在给定的紧不确定性集 $\mathcal{M}$ 内。出于我们的进一步目的，我们认为存在一个基本的时不变“标准”系统，对应于矩阵 $\boldsymbol{A}_t,\cdots,\boldsymbol{K}_t$ 的已知标准值 $\boldsymbol{A}^{\mathrm{n}},\cdots,\boldsymbol{K}^{\mathrm{n}}$，而实际动态对应于矩阵围绕其标准值移动（可能以时间相关的方式）的情况。

线性动态系统的一个重要期望特性是其稳定性，即 $t\to\infty$ 时闭环系统（每个实现）的每个状态轨迹 $\boldsymbol{x}(t)$ 都收敛到 $\boldsymbol{0}$，前提是外部干扰 $\boldsymbol{d}_t$ 同样为零。对于一个时不变线性系统

$$\dot{\boldsymbol{x}}=\boldsymbol{Q}^{\mathrm{n}}\boldsymbol{x}$$

稳定性的充要条件是 $\boldsymbol{A}$ 的所有特征值都有负实部，或者等价地存在一个李雅普诺夫稳定性判据（LSC）——一个正定对称矩阵 $\boldsymbol{X}$，使得

$$[\boldsymbol{Q}^{\mathrm{n}}]^{\mathrm{T}}\boldsymbol{X}+\boldsymbol{X}\boldsymbol{Q}^{\mathrm{n}}\prec 0$$

对于不确定系统（8.2.18），一个充分的稳定性条件是所有矩阵

$$\boldsymbol{Q}\in\mathcal{Q}=\{\boldsymbol{Q}=\boldsymbol{A}^M+\boldsymbol{B}^M\boldsymbol{K}^M\boldsymbol{C}^M:M\in\mathcal{M}\}$$

有一个公共 LSC$\boldsymbol{X}$，即存在 $\boldsymbol{X}\succ 0$，使得

$$
\begin{array}{ll}
(a) & \boldsymbol{Q}^{\mathrm{T}}\boldsymbol{X}+\boldsymbol{X}\boldsymbol{Q}^{\mathrm{T}}\prec 0,\forall\boldsymbol{Q}\in\mathcal{Q}\\
 & \Updownarrow\\
(b) & [\boldsymbol{A}^M+\boldsymbol{B}^M\boldsymbol{K}^M\boldsymbol{C}^M]^{\mathrm{T}}\boldsymbol{X}+\boldsymbol{X}[\boldsymbol{A}^M+\boldsymbol{B}^M\boldsymbol{K}^M\boldsymbol{C}^M]\prec 0,\forall M\in\mathcal{M}
\end{array}
\tag{8.2.19}
$$

这里，$\boldsymbol{A}^M,\cdots,\boldsymbol{K}^M$ 是集合 $M\in\mathcal{M}$ 的组成部分。

所有矩阵 $\boldsymbol{Q}\in\mathcal{Q}$ 的公共 LSC 的存在对于闭环系统的稳定性是充分的，这一事实几乎

是显而易见的。事实上，由于 $\mathcal{M}$ 是紧的，对于半无限线性矩阵不等式（8.2.19）的每一个可行解 $\boldsymbol{X}\succ 0$，有

$$\forall M\in\mathcal{M}:[\boldsymbol{A}^M+\boldsymbol{B}^M\boldsymbol{K}^M\boldsymbol{C}^M]^{\mathrm{T}}\boldsymbol{X}+\boldsymbol{X}[\boldsymbol{A}^M+\boldsymbol{B}^M\boldsymbol{K}^M\boldsymbol{C}^M]\prec-\alpha\boldsymbol{X}\qquad(*)$$

且有适当的 $\alpha>0$。现在让我们看看二次型 $\boldsymbol{x}^{\mathrm{T}}\boldsymbol{X}\boldsymbol{x}$ 沿着式（8.2.18）的状态轨迹 $\boldsymbol{x}(t)$ 发生了什么。设置 $f(t)=\boldsymbol{x}^{\mathrm{T}}(t)\boldsymbol{X}\boldsymbol{x}(t)$ 并调用（8.2.18.d），我们得到

$$\begin{aligned}f'(t)&=\dot{\boldsymbol{x}}^{\mathrm{T}}(t)\boldsymbol{X}\boldsymbol{x}(t)+\boldsymbol{x}(t)\boldsymbol{X}\dot{\boldsymbol{x}}(t)\\&=\boldsymbol{x}^{\mathrm{T}}(t)[[\boldsymbol{A}_t+\boldsymbol{B}_t\boldsymbol{K}_t\boldsymbol{C}_t]^{\mathrm{T}}\boldsymbol{X}+\boldsymbol{X}[\boldsymbol{A}_t+\boldsymbol{B}_t\boldsymbol{K}_t\boldsymbol{C}_t]]\boldsymbol{x}(t)\\&\leqslant-\alpha f(t)\end{aligned}$$

结尾不等式是因为（$*$）。由此产生微分不等式

$$f'(t)\leqslant-\alpha f(t)$$

遵循

$$f(t)\leqslant\exp\{-\alpha t\}f(0)\to 0,t\to\infty$$

回顾 $f(t)=\boldsymbol{x}^{\mathrm{T}}(t)\boldsymbol{X}\boldsymbol{x}(t)$ 和 $\boldsymbol{X}$ 是正定的，我们得出结论当 $t\to\infty$ 时 $\boldsymbol{x}(t)\to\boldsymbol{0}$。

观察到集合 $\mathcal{Q}$ 与 $\mathcal{M}$ 是紧的。因此，$\boldsymbol{X}$ 为一个 LSC 当且仅当 $\boldsymbol{X}\succ 0$ 且

$$\begin{aligned}&\exists\beta>0:\boldsymbol{Q}^{\mathrm{T}}\boldsymbol{X}+\boldsymbol{X}\boldsymbol{Q}\preceq-\beta\boldsymbol{I},\forall\boldsymbol{Q}\in\mathcal{Q}\\\Leftrightarrow&\exists\beta>0:\boldsymbol{Q}^{\mathrm{T}}\boldsymbol{X}+\boldsymbol{X}\boldsymbol{Q}\preceq-\beta\boldsymbol{I},\forall\boldsymbol{Q}\in\mathrm{Conv}(\mathcal{Q})\end{aligned}$$

将这样的 $\boldsymbol{X}$ 乘以适当的正实数，我们可以确保

$$\boldsymbol{X}\succeq\boldsymbol{I},\boldsymbol{Q}^{\mathrm{T}}\boldsymbol{X}+\boldsymbol{X}\boldsymbol{Q}\preceq-\boldsymbol{I},\forall\boldsymbol{Q}\in\mathrm{Conv}(\mathcal{Q})\qquad(8.2.20)$$

因此，当要求 LSC 满足后一个（半无限）线性矩阵不等式组时，我们不会损失任何东西，从现在起，所讨论的 LSC 将恰好是这个组的解。

观察到式（8.2.20）只不过是不确定线性矩阵不等式组

$$\boldsymbol{X}\succeq\boldsymbol{I},\boldsymbol{Q}^{\mathrm{T}}\boldsymbol{X}+\boldsymbol{X}\boldsymbol{Q}\preceq-\boldsymbol{I}\qquad(8.2.21)$$

的鲁棒对等，不确定数据为 $\boldsymbol{Q}$，不确定性集为 $\mathrm{Conv}(\mathcal{Q})$。因此，鲁棒对等在鲁棒控制环境中自然产生。

现在，让我们应用关于不确定线性矩阵不等式的鲁棒对等易处理性的结果，以了解给定不确定系统（8.2.18）的 LSC 存在性问题何时可以以计算易处理的形式提出。本质上有两种情况——多面体不确定性和非结构化范数有界不确定性。

多面体不确定性。根据定义，多面体不确定性意味着集合 $\mathrm{Conv}(\mathcal{Q})$ 作为“场景” $\boldsymbol{Q}^i$，$i=1,\cdots,N$ 的显式列表的凸包给出：

$$\mathrm{Conv}(\mathcal{Q})=\mathrm{Conv}\{\boldsymbol{Q}^1,\cdots,\boldsymbol{Q}^N\}$$

在我们的上下文中，当 $M\in\mathcal{M}$ 的组成 $\boldsymbol{A}^M,\boldsymbol{B}^M,\boldsymbol{C}^M,\boldsymbol{K}^M$ 相互独立地通过各自场景的凸包运行时，就会出现情况：

$$S_A=\mathrm{Conv}\{\boldsymbol{A}^1,\cdots,\boldsymbol{A}^{N_A}\},\quad S_B=\mathrm{Conv}\{\boldsymbol{B}^1,\cdots,\boldsymbol{B}^{N_B}\},$$
$$S_C=\mathrm{Conv}\{\boldsymbol{C}^1,\cdots,\boldsymbol{C}^{N_C}\},\quad S_K=\mathrm{Conv}\{\boldsymbol{K}^1,\cdots,\boldsymbol{K}^{N_K}\}$$

在这种情况下，集合 $\mathrm{Conv}(\mathcal{Q})$ 就是 $N=N_AN_BN_CN_K$ 个“场景” $\boldsymbol{Q}^{ijkl}=\boldsymbol{A}^i+\boldsymbol{B}^j\boldsymbol{K}^{\ell}\boldsymbol{C}^k$，$1\leqslant i\leqslant N_A,\cdots,1\leqslant\ell\leqslant N_K$ 的凸包。

实际上，$\mathcal{Q}$ 显然包含所有矩阵 $\boldsymbol{Q}^{ijk\ell}$，因此 $\mathrm{Conv}(\mathcal{Q})\supset\mathrm{Conv}(\{\boldsymbol{Q}^{ijk\ell}\})$。另一方面，映射 $(A,B,C,K)\mapsto A+BKC$ 是多段线性的，因此在该映射下，集合 $S_A\times S_B\times S_C\times S_K$ 的像 $\mathcal{Q}$ 包含在凸集 $\mathrm{Conv}(\{\boldsymbol{Q}^{ijk\ell}\})$ 中，而凸集 $\mathrm{Conv}(\{\boldsymbol{Q}^{ijk\ell}\})\supset\mathrm{Conv}(\mathcal{Q})$。

在所讨论的情况下，我们处于场景扰动的情况，因此式（8.2.21）等价于线性矩阵不

等式的显式组

$$X \succeq I, [Q^i]^{\mathrm{T}} X + XQ^i \preceq -I, i=1,\cdots,N$$

非结构化范数有界不确定性。这里有

$$\mathrm{Conv}(\mathcal{Q}) = \{Q = Q^{\mathrm{n}} + U\zeta V : \zeta \in \mathbb{R}^{p\times q}, \|\zeta\|_{2,2} \leqslant \rho\}$$

在我们的上下文中，这种情况会发生，例如，当 4 个矩阵 $A^M, B^M, C^M, K^M, M \in \mathcal{M}$ 中的 3 个实际上是确定的，并且剩余的矩阵（例如 A^M）通过一个形如 $\{A^{\mathrm{n}} + G\zeta H : \zeta \in \mathbb{R}^{p\times q}, \|\zeta\|_{2,2} \leqslant \rho\}$ 的集合来运行。

在非结构化范数有界不确定性的情况下，式（8.2.21）中的半无限线性矩阵不等式的形式为

$$Q^{\mathrm{T}} X + XQ \preceq -I, \forall Q \in \mathrm{Conv}(\mathcal{Q})$$
$$\underbrace{-I - [Q^{\mathrm{n}}]^{\mathrm{T}} X - XQ^{\mathrm{n}}}_{\mathcal{A}^{\mathrm{n}}(X)} + [\underbrace{-XU}_{L^{\mathrm{T}}(X)}\zeta \underbrace{V}_{R} + R^{\mathrm{T}} \zeta^{\mathrm{T}} L(X)] \succeq 0$$
$$\forall (\zeta \in \mathbb{R}^{p\times q}, \|\zeta\|_{2,2} \leqslant \rho)$$

引入定理 8.2.3，式（8.2.21）等价于关于变量 X，λ 的线性矩阵不等式显式组

$$X \succeq I, \left[\begin{array}{c|c} \lambda I_p & \rho U^{\mathrm{T}} X \\ \hline \rho XU & -I - [Q^{\mathrm{n}}]^{\mathrm{T}} X - XQ^{\mathrm{n}} - \lambda V^{\mathrm{T}} V \end{array}\right] \succeq 0 \tag{8.2.22}$$

8.2.3.2　李雅普诺夫稳定性综合

我们考虑了稳定性分析问题，其中一个问题，给定一个不确定闭环动态系统以及相关的不确定性集 $\mathcal{M}$，寻求验证一个充分的稳定性条件。一个更具挑战性的问题是稳定性综合：给定一个不确定开环系统（8.2.18.a～b）以及在集合 $\hat{M} = (A, B, C, D, R)$ 空间内相关的紧不确定性集 $\hat{\mathcal{M}}$，找到一个基于线性输出的反馈

$$u(t) = Ky(t)$$

以及由此产生的闭环系统的 LSC。

根据文献［21］，在基于状态的反馈（即 $C_t \equiv I$）的情况下，综合问题有一个很好的解，并假设反馈是完全实现的，因此闭环系统的状态动态由以下给出

$$\dot{x}(t) = [A_t + B_t K] x(t) + [R_t + B_t K D_t] d_t \tag{8.2.23}$$

我们正在寻找的“反馈 LSC”(K, X) 正是关于变量 X，K 的半无限矩阵不等式组的可行解：

$$X \succ 0, [A + BK]^{\mathrm{T}} X + X[A + BK] \prec 0, \forall [A, B] \in \mathcal{AB} \tag{8.2.24}$$

这里 $\mathcal{AB}$ 是集 $\hat{\mathcal{M}}$ 在 $[A, B]$ 数据空间上的投影。困难在于组关于变量是非线性的。作为补救措施，让我们对变量进行非线性替换 $X = Y^{-1}, K = ZY^{-1}$。通过这种替换，式（8.2.24）成为新变量 Y，Z 的一个组：

$$Y \succ 0, [A + BZY^{-1}]^{\mathrm{T}} Y^{-1} + Y^{-1}[A + BZY^{-1}] \prec 0, \forall [A, B] \in \mathcal{AB}$$

将上述第二个矩阵不等式左乘、右乘 Y，我们将其转换为等价形式

$$Y \succ 0, AY + YA^{\mathrm{T}} + BZ + Z^{\mathrm{T}} B^{\mathrm{T}} \prec 0, \forall [A, B] \in \mathcal{AB}$$

由于 $\mathcal{AB}$ 与 $\hat{\mathcal{M}}$ 是紧的，后一个组的解就是通过缩放 $(Y, Z) \mapsto (\lambda Y, \lambda Z)$，$\lambda > 0$ 得到的对 (Y, Z)，从以下关于变量 Y，Z 的半无限线性矩阵不等式组中可以得到解

$$Y \succeq I, AY + YA^{\mathrm{T}} + BZ + Z^{\mathrm{T}} B^{\mathrm{T}} \preceq -I, \forall [A, B] \in \mathcal{AB} \tag{8.2.25}$$

当不确定性 $\mathcal{AB}$ 可以表示为多面体或非结构化范数有界时，半无限线性矩阵不等式组（8.2.25）允许采用等效的易处理的重新公式。

8.3　练习

练习 8.1【鲁棒线性估计，见文献［48］】 设信号 $\boldsymbol{v}\in\mathbb{R}^n$ 根据

$$\boldsymbol{y}=\boldsymbol{A}\boldsymbol{v}+\boldsymbol{\xi}$$

被观察到，其中 $\boldsymbol{A}$ 是 $m\times n$ 矩阵，已知为“非结构化范数有界扰动”：

$$\boldsymbol{A}\in\mathcal{A}=\{\boldsymbol{A}=\boldsymbol{A}_{\mathrm{n}}+\boldsymbol{L}^{\mathrm{T}}\boldsymbol{\Delta}\boldsymbol{R}:\boldsymbol{\Delta}\in\mathbb{R}^{p\times q},\|\boldsymbol{\Delta}\|_{2,2}\leqslant\rho\}$$

以及 $\boldsymbol{\xi}$ 是具有已知协方差矩阵 $\boldsymbol{\Sigma}$ 的零均值随机噪声。我们关于 $\boldsymbol{v}$ 的先验信息是

$$\boldsymbol{v}\in V=\{\boldsymbol{v}:\boldsymbol{v}^{\mathrm{T}}\boldsymbol{Q}\boldsymbol{v}\leqslant 1\}$$

其中 $\boldsymbol{Q}>0$。我们正在寻找一个线性估计

$$\hat{\boldsymbol{v}}=\boldsymbol{G}\boldsymbol{y}$$

具有最小可能的最坏情况均方误差

$$\mathrm{EstErr}=\sup_{\boldsymbol{v}\in V,\boldsymbol{A}\in\mathcal{A}}(E\{\|\boldsymbol{G}[\boldsymbol{A}\boldsymbol{v}+\boldsymbol{\xi}]-\boldsymbol{v}\|_2^2\})^{1/2}$$

（参见 6.6 节）。

（1）将构造最优估计的问题等效表述为具有非结构化范数有界不确定性的不确定半定规划的鲁棒对等问题，并将该鲁棒对等问题简化为显式半定规划。

（2）假设 $m=n$，$\boldsymbol{\Sigma}=\sigma^2\boldsymbol{I}_n$，且矩阵 $\boldsymbol{A}_{\mathrm{n}}^{\mathrm{T}}\boldsymbol{A}_{\mathrm{n}}$ 和 $\boldsymbol{Q}$ 可相互交换，因此对于某些正交矩阵 $\boldsymbol{U}$，$\boldsymbol{V}$ 和某些向量 $\boldsymbol{a}\geqslant\boldsymbol{0}$，$\boldsymbol{q}>\boldsymbol{0}$，$\boldsymbol{A}_{\mathrm{n}}=\boldsymbol{V}\mathrm{Diag}\{\boldsymbol{a}\}\boldsymbol{U}^{\mathrm{T}}$ 和 $\boldsymbol{Q}=\boldsymbol{U}\mathrm{Diag}\{\boldsymbol{q}\}\boldsymbol{U}^{\mathrm{T}}$ 可相互交换。设 $\mathcal{A}=\{\boldsymbol{A}_{\mathrm{n}}+\boldsymbol{\Delta}:\|\boldsymbol{\Delta}\|_{2,2}\leqslant\rho\}$。让我们进一步证明，在所讨论的情况下，当我们寻找以下的 $\boldsymbol{G}$ 的时候不会有任何损失

$$\boldsymbol{G}=\boldsymbol{U}\mathrm{Diag}\{\boldsymbol{g}\}\boldsymbol{V}^{\mathrm{T}}$$

并建立一个仅含两个变量的显式凸优化规划来指定 $\boldsymbol{G}$ 的最优选择。

8.4　备注

备注 8.1　定理 8.2.3 在文献［32］中发现。文献［3］中考虑了不确定桁架拓扑设计问题（例 8.2.4）；这个问题在一定程度上启发了我们最初在凸 RO 上的活动。M. Bendsøe[2] 和 Ringertz[99] 提出了结构设计中的自由材料优化方法；有关结构设计中 SDO 模型的更详细推导和分析，请参见文献［6］和文献［8，4.8 节］。

备注 8.2　8.2.3 节的材料现在是基于线性矩阵不等式的鲁棒控制理论的标准组成；我们对该材料的介绍如文献［32］。随着不确定线性动态系统的稳定性分析/综合，不确定线性矩阵不等式在鲁棒控制中有许多其他应用。事实上，不仅稳定性，而且确定时不变线性系统的许多其他“期望特性”都是“可表示的线性矩阵不等式”——它们可以通过一个适当的线性矩阵不等式组 $\mathcal{S}$ 的解来证明，该组的数据容易由动态系统的数据给出。当允许后一种数据在时间上变化时，保持在给定的不确定性集内，即当从确定时不变线性系统传递到其不确定的时变对应系统时，$\mathcal{S}$ 中的数据也变得不确定。通常，所得到的不确定线性矩阵不等式组的鲁棒可行解的存在是动态系统以鲁棒方式满足所讨论的期望特性的一个充分条件，这使得不确定线性矩阵不等式成为鲁棒控制的一个重要组成部分。有关此主题的更多详细信息，请参见文献［32］。

不确定半定问题的鲁棒近似

9.1 具有结构化范数有界不确定性的不确定半定问题鲁棒对等的易处理紧近似

我们已经看到，通常难以用计算易处理的形式改写不确定半定规划的鲁棒对等，因此需要寻求一种次优的情况——鲁棒对等可以得到易处理紧近似。根据目前所知，只有一种情形符合上述要求——结构化范数有界不确定性，我们将在本章中讨论这种情况。

9.1.1 具有结构化范数有界扰动的不确定线性矩阵不等式

考虑一个不确定线性矩阵不等式：

$$\mathcal{A}_{\zeta}(\boldsymbol{y})\succeq 0 \tag{8.2.2}$$

其中“主体”$\mathcal{A}_{\zeta}(\boldsymbol{y})$ 关于设计向量 $\boldsymbol{y}$ 和扰动向量 $\boldsymbol{\zeta}$ 是双线性的。结构化范数有界扰动的定义遵循我们在第 5 章中熟悉的内容：

定义 9.1.1 我们令不确定约束（8.2.2）在不确定性水平 ρ 下具有结构化范数有界不确定性，当

1. 扰动集 $\mathcal{Z}_{\rho}$ 的形式为

$$\mathcal{Z}_{\rho}=\left\{\boldsymbol{\zeta}=(\zeta^{1},\cdots,\zeta^{L}):\begin{array}{l}\zeta^{\ell}\in\mathbb{R},|\zeta^{\ell}|\leqslant\rho,\ell\in\mathcal{I}_{\mathrm{S}}\\ \zeta^{\ell}\in\mathbb{R}^{p_{\ell}\times q_{\ell}}:\|\zeta^{\ell}\|_{2,2}\leqslant\rho,\ell\notin\mathcal{I}_{\mathrm{S}}\end{array}\right\} \tag{9.1.1}$$

2. 约束主体 $\mathcal{A}_{\zeta}(\boldsymbol{y})$ 可以表示为

$$\begin{aligned}\mathcal{A}_{\zeta}(\boldsymbol{y})=\mathcal{A}^{\mathrm{n}}(\boldsymbol{y})+\sum_{\ell\in\mathcal{I}_{\mathrm{S}}}\zeta^{\ell}\mathcal{A}_{\ell}(\boldsymbol{y})+\\ \sum_{\ell\notin\mathcal{I}_{\mathrm{S}}}[\boldsymbol{L}_{\ell}^{\mathrm{T}}(\boldsymbol{y})\boldsymbol{\zeta}^{\ell}\boldsymbol{R}_{\ell}+\boldsymbol{R}_{\ell}^{\mathrm{T}}[\boldsymbol{\zeta}^{\ell}]^{\mathrm{T}}\boldsymbol{L}_{\ell}(\boldsymbol{y})]\end{aligned} \tag{9.1.2}$$

其中 $\mathcal{A}_{\ell}(\boldsymbol{y})$，$\ell\in\mathcal{I}_{\mathrm{S}}$ 和 $L_{\ell}(\boldsymbol{y}),\ell\notin\mathcal{I}_{\mathrm{S}}$ 在 $\boldsymbol{y}$ 中是仿射的，$\boldsymbol{R}_{\ell},\ell\notin\mathcal{I}_{\mathrm{S}}$ 是非零的。

定理 9.1.2 给定不确定线性矩阵不等式（8.2.2），它具有结构化范数有界不确定性（9.1.1）、（9.1.2），将其与以 $\boldsymbol{Y}_{\ell},\ell=1,\cdots,L,\lambda_{\ell},\ell\notin\mathcal{I}_{\mathrm{S}},\boldsymbol{y}$ 为变量的以下线性矩阵不等式组联系起来：

$$\begin{aligned}&(a)\quad \boldsymbol{Y}_{\ell}\succeq\pm\mathcal{A}_{\ell}(\boldsymbol{y}),\ell\in\mathcal{I}_{\mathrm{S}},\\ &(b)\quad \left[\begin{array}{c|c}\lambda_{\ell}\boldsymbol{I}_{p_{\ell}} & \boldsymbol{L}_{\ell}(\boldsymbol{y})\\ \hline \boldsymbol{L}_{\ell}^{\mathrm{T}}(\boldsymbol{y}) & \boldsymbol{Y}_{\ell}-\lambda_{\ell}\boldsymbol{R}_{\ell}^{\mathrm{T}}\boldsymbol{R}_{\ell}\end{array}\right]\succeq 0,\ell\notin\mathcal{I}_{\mathrm{S}},\\ &(c)\quad \mathcal{A}^{\mathrm{n}}(\boldsymbol{y})-\rho\sum_{\ell=1}^{L}\boldsymbol{Y}_{\ell}\succeq 0\end{aligned} \tag{9.1.3}$$

组（9.1.3）是式（8.2.2）、式（9.1.1）、式（9.1.2）的鲁棒对等

$$\mathcal{A}_{\zeta}(\boldsymbol{y})\succeq 0,\forall\boldsymbol{\zeta}\in\mathcal{Z}_{\rho} \tag{9.1.4}$$

的一个保守易处理近似，并且该近似的紧性因子不超过 $\vartheta(\mu)$，其中 μ 是对于所有的 $\ell\in\mathcal{I}_{\mathrm{S}}$，使得 $\mu\geqslant\max\limits_{\boldsymbol{y}}\mathrm{Rank}(\mathcal{A}_{\ell}(\boldsymbol{y}))$ 且大于或等于 2 的最小整数，$\vartheta(\cdot)$ 是一个关于 μ 的通用函数，使得

$$\vartheta(2)=\frac{\pi}{2},\vartheta(4)=2,\vartheta(\mu)\leqslant\pi\sqrt{\mu/2},\mu>2$$

如果 $L=1$ 或所有的扰动均为标量（即 $\mathcal{I}_S=\{1,\cdots,L\}$），且所有 $\mathcal{A}_\ell(\boldsymbol{y})$ 的秩不超过 1，则该近似是精确的。

证明　让我们固定 $\boldsymbol{y}$ 并观察到集合 $\boldsymbol{y},\boldsymbol{Y}_1,\cdots,\boldsymbol{Y}_L$ 可以扩展为式（9.1.3）的可行解，当且仅当

$$\forall\boldsymbol{\zeta}\in\mathcal{Z}_\rho:\begin{cases}-\rho\boldsymbol{Y}_\ell\preceq\zeta^\ell\mathcal{A}_\ell(\boldsymbol{y}),\ell\in\mathcal{I}_S,\\-\rho\boldsymbol{Y}_\ell\preceq\boldsymbol{L}_\ell^{\mathrm{T}}(\boldsymbol{y})\zeta^\ell\boldsymbol{R}_\ell+\boldsymbol{R}_\ell^{\mathrm{T}}[\zeta^\ell]^{\mathrm{T}}\boldsymbol{L}_\ell(\boldsymbol{y}),\ell\notin\mathcal{I}_S\end{cases}$$

（见定理 8.2.3）。除此之外，如果 $\boldsymbol{Y}_\ell$ 满足式（9.1.3.c），那么 $\boldsymbol{y}$ 对于式（9.1.4）是可行的，因此式（9.1.3）是式（9.1.4）的一个保守易处理近似。这种近似在紧性因子 $\vartheta(\mu)$ 内是紧的这一事实很容易由实数矩阵立方定理给出，见引理 B.4.6。显然当 $L=1$，$\mathcal{I}_S=\{1\}$ 时近似是精确的，当 $\mathcal{I}_S=\varnothing$ 时近似由定理 8.2.3 很容易给出。当所有扰动都是标量且所有矩阵 $\mathcal{A}_\ell(\boldsymbol{y})$ 的秩不超过 1 时，显然近似是精确的。■

9.1.2　应用：回顾李雅普诺夫稳定性分析/综合

我们先从分析问题开始。考虑不确定时变动态系统（8.2.18），并假设式（8.2.20）中的不确定性集 $\mathrm{Conv}(\mathcal{Q})=\mathrm{Conv}(\{\boldsymbol{A}^M+\boldsymbol{B}^M\boldsymbol{K}^M\boldsymbol{C}^M\}:M\in\mathcal{M})$ 具有区间不确定性，表示为

$$\begin{aligned}&\mathrm{Conv}(\mathcal{Q})=\boldsymbol{Q}^{\mathrm{n}}+\rho\mathcal{Z},\mathcal{Z}=\left\{\sum_{\ell=1}^{L}\zeta_\ell\boldsymbol{U}_\ell:\|\boldsymbol{\zeta}\|_\infty\leqslant1\right\},\\&\mathrm{Rank}(\boldsymbol{U}_\ell)\leqslant\mu,1\leqslant\ell\leqslant L\end{aligned}\tag{9.1.5}$$

这种情况（其中 $\mu=1$）出现在，例如，当三个矩阵 $\boldsymbol{B}_t,\boldsymbol{C}_t,\boldsymbol{K}_t$ 中的两个是确定的，而另一个，比如 $\boldsymbol{K}_t$，以及 $\boldsymbol{A}_t$ 受到分元不确定性影响：

$$\{(\boldsymbol{A}^M,\boldsymbol{K}^M):M\in\mathcal{M}=\left\{(\boldsymbol{A},\boldsymbol{K}):\begin{array}{l}|A_{ij}-A_{ij}^{\mathrm{n}}|\leqslant\rho\alpha_{ij},\forall(i,j)\\|K_{pq}-K_{pq}^{\mathrm{n}}|\leqslant\rho\kappa_{pq},\forall(p,q)\end{array}\right\}$$

在这种情况下，用 $\boldsymbol{B}^{\mathrm{n}},\boldsymbol{C}^{\mathrm{n}}$ 表示（确定的！）矩阵 $\boldsymbol{B}_t,\boldsymbol{C}_t$，我们显然有

$$\begin{aligned}\mathrm{Conv}(\mathcal{Q})=\underbrace{\boldsymbol{A}^{\mathrm{n}}+\boldsymbol{B}^{\mathrm{n}}\boldsymbol{K}^{\mathrm{n}}\boldsymbol{C}^{\mathrm{n}}}_{\boldsymbol{Q}^{\mathrm{n}}}+\rho\Bigg\{\Bigg[&\sum_{i,j}\xi_{ij}[\alpha_{ij}\boldsymbol{e}_i\boldsymbol{e}_j^{\mathrm{T}}]+\\&\sum_{p,q}\eta_{pq}[\kappa_{pq}\boldsymbol{B}^{\mathrm{n}}\boldsymbol{f}_p\boldsymbol{g}_q^{\mathrm{T}}\boldsymbol{C}^{\mathrm{n}}]\Bigg]:|\xi_{ij}|\leqslant1,|\eta_{pq}|\leqslant1\Bigg\}\end{aligned}$$

其中 $\boldsymbol{e}_i,\boldsymbol{f}_p,\boldsymbol{g}_q$ 分别为空间 $\mathbb{R}^{\dim\boldsymbol{x}}$，$\mathbb{R}^{\dim\boldsymbol{u}}$，$\mathbb{R}^{\dim\boldsymbol{y}}$ 中的标准正交基。注意，系数在“基本扰动” $\boldsymbol{\xi}_{ij}$ 和 $\boldsymbol{\eta}_{pq}$ 处的矩阵的秩为 1，并且这些扰动在$[-1,1]$上相互独立——完全符合式（9.1.5）中对 $\mu=1$ 的要求。

在式（9.1.5）的情况下，式（8.2.20）中的半无限李雅普诺夫线性矩阵不等式

$$\boldsymbol{Q}^{\mathrm{T}}\boldsymbol{X}+\boldsymbol{X}\boldsymbol{Q}\preceq-\boldsymbol{I},\forall\boldsymbol{Q}\in\mathrm{Conv}(\mathcal{Q})$$

表示为

$$\underbrace{-\boldsymbol{I}-[\boldsymbol{Q}^{\mathrm{n}}]^{\mathrm{T}}\boldsymbol{X}-\boldsymbol{X}\boldsymbol{Q}^{\mathrm{n}}}_{\mathcal{A}^{\mathrm{n}}(\boldsymbol{X})}+\rho\sum_{\ell=1}^{L}\zeta_\ell\underbrace{[-\boldsymbol{U}_\ell^{\mathrm{T}}\boldsymbol{X}-\boldsymbol{X}\boldsymbol{U}_\ell]}_{\mathcal{A}_\ell(\boldsymbol{X})}\succeq0,\forall(\boldsymbol{\zeta}:|\zeta_\ell|\leqslant1,\ell=1,\cdots,L)\tag{9.1.6}$$

我们是在结构化范数有界扰动的情况下进行的讨论，其中 $\mathcal{I}_S=\{1,\cdots,L\}$。注意到所有矩

阵 $\mathcal{A}_\ell(\boldsymbol{X})$ 的秩永远不会超过 2μ（因为所有 $\boldsymbol{U}_\ell$ 的秩都小于或等于 μ），定理 9.1.2 给出的式（9.1.6）的保守易处理近似在因子 $\vartheta(2\mu)$ 内是紧的。尤其是，在式（9.1.5）中当 $\mu=1$ 时，我们可以在不确定系统（8.2.18）的李雅普诺夫稳定半径上有效地找到一个下界，它在因子 $\pi/2$ 内是紧的（也就是说，在那些 ρ 的上界上，不确定动态系统的稳定性可以由李雅普诺夫稳定性判据证明）。所讨论的下界是近似可行的那些 ρ 的上界，并且该上界可以通过二分法很容易地近似到任何精度。

在存在区间不确定性的情况下，我们可以以相同的方式处理李雅普诺夫稳定性综合问题。具体来说，假设 $\boldsymbol{C}_t\equiv\boldsymbol{I}$，综合问题中的不确定性集 $\mathcal{AB}=\{[\boldsymbol{A}^M,\boldsymbol{B}^M]:M\in\mathcal{M}\}$ 具有一个区间不确定性：

$$\mathcal{AB}=[\boldsymbol{A}^{\mathrm{n}},\boldsymbol{B}^{\mathrm{n}}]+\rho\left\{\sum_{\ell=1}^{L}\zeta_\ell\boldsymbol{U}_\ell:|\boldsymbol{\zeta}|_\infty\leqslant 1\right\},\mathrm{Rank}(\boldsymbol{U}_\ell)\leqslant\mu,\forall\ell \tag{9.1.7}$$

我们讨论式（9.1.7）中 $\mu=1$ 的情况，例如，当 $\mathcal{AB}$ 对应于分元不确定性：

$$\mathcal{AB}=[\boldsymbol{A}^{\mathrm{n}},\boldsymbol{B}^{\mathrm{n}}]+\rho\{\boldsymbol{H}\equiv[\delta\boldsymbol{A},\delta\boldsymbol{B}]:|H_{ij}|\leqslant h_{ij},\forall i,j\}$$

在式（9.1.7）中，式（8.2.25）中的半无限线性矩阵不等式写作

$$\begin{aligned}&\underbrace{-\boldsymbol{I}-[\boldsymbol{A}^{\mathrm{n}},\boldsymbol{B}^{\mathrm{n}}][\boldsymbol{Y};\boldsymbol{Z}]-[\boldsymbol{Y};\boldsymbol{Z}]^{\mathrm{T}}[\boldsymbol{A}^{\mathrm{n}},\boldsymbol{B}^{\mathrm{n}}]^{\mathrm{T}}}_{\mathcal{A}^{\mathrm{n}}(\boldsymbol{Y},\boldsymbol{Z})}+\\&\rho\sum_{\ell=1}^{L}\zeta_\ell\underbrace{[-\boldsymbol{U}_\ell[\boldsymbol{Y};\boldsymbol{Z}]-[\boldsymbol{Y};\boldsymbol{Z}]^{\mathrm{T}}\boldsymbol{U}_\ell^{\mathrm{T}}]}_{\mathcal{A}_\ell(\boldsymbol{Y},\boldsymbol{Z})}\succeq 0,\forall(\boldsymbol{\zeta}:|\zeta_\ell|\leqslant 1,\ell=1,\cdots,L)\end{aligned} \tag{9.1.8}$$

我们再次得到结构化范数有界不确定性的情况，其中 $\mathcal{I}_{\mathrm{S}}=\{1,\cdots,L\}$，并且所有矩阵 $\mathcal{A}_\ell(\cdot)$，$\ell=1,\cdots,L$ 的秩最大为 2μ。因此，定理 9.1.2 为我们提供了李雅普诺夫稳定性综合问题的一个在系数 $\vartheta(2\mu)$ 内紧、保守易处理的近似。

实例：多重摆控制。考虑图 9-1 中展示的多重摆（“一列火车”）。用 m_i，$i=1,\cdots,4$ 表示“车头”（$i=1$）和“车厢”（$i=2,3,4$，从右向左数）的质量，所讨论的动态系统满足的牛顿运动方程为

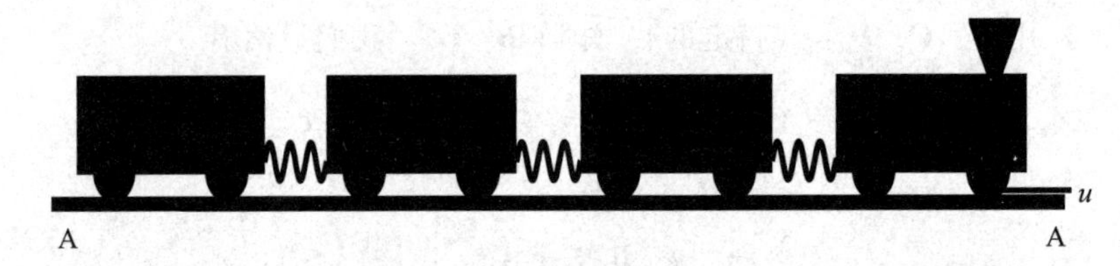

图 9-1 “火车”：4 个质量（3 节“车厢”和 1 个“车头”）通过弹簧连接，并沿着“轨道”AA 没有摩擦（控制力 u 除外）滑动

$$\begin{aligned}m_1\frac{\mathrm{d}^2}{\mathrm{d}t^2}x_1(t)&=-\kappa_1x_1(t)+\kappa_1x_2(t)+u(t)\\m_2\frac{\mathrm{d}^2}{\mathrm{d}t^2}x_2(t)&=\kappa_1x_1(t)-(\kappa_1+\kappa_2)x_2(t)+\kappa_2x_3(t)\\m_3\frac{\mathrm{d}^2}{\mathrm{d}t^2}x_3(t)&=\kappa_2x_2(t)-(\kappa_2+\kappa_3)x_3(t)+\kappa_3x_4(t)\\m_4\frac{\mathrm{d}^2}{\mathrm{d}t^2}x_4(t)&=\kappa_3x_3(t)-\kappa_3x_4(t)\end{aligned} \tag{9.1.9}$$

其中 $x_i(t)$ 分别是车头和车厢在静止状态下从各自位置的位移（系统静止，弹簧既不压缩也不拉伸），κ_i 为弹簧的弹性系数（从右到左计数）。将质量 m_i 写作其倒数 $\mu_i=1/m_i$，并将其加入速度 $v_i(t)=\dot{x}_i(t)$ 的坐标中，我们可以将式（9.1.9）重新写作包含 8 个线性微分方程的系统：

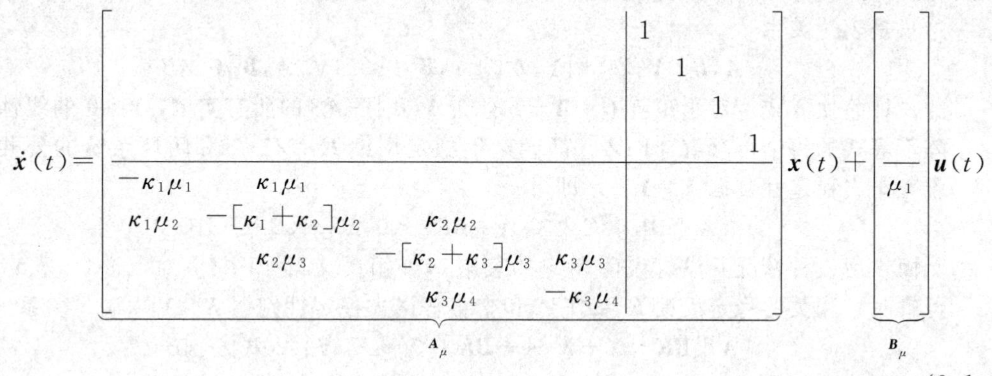

$$\dot{\boldsymbol{x}}(t)=\underbrace{\left[\begin{array}{cccc|cccc} &&&&1&&& \\ &&&&&1&& \\ &&&&&&1& \\ &&&&&&&1 \\ \hline -\kappa_1\mu_1 & \kappa_1\mu_1 &&&&&& \\ \kappa_1\mu_2 & -[\kappa_1+\kappa_2]\mu_2 & \kappa_2\mu_2 &&&&& \\ & \kappa_2\mu_3 & -[\kappa_2+\kappa_3]\mu_3 & \kappa_3\mu_3 &&&& \\ && \kappa_3\mu_4 & -\kappa_3\mu_4 &&&& \end{array}\right]}_{\boldsymbol{A}_\mu}\boldsymbol{x}(t)+\underbrace{\left[\begin{array}{c} \\ \\ \\ \\ \hline \mu_1 \\ \\ \\ \\ \end{array}\right]}_{\boldsymbol{B}_\mu}\boldsymbol{u}(t) \tag{9.1.10}$$

其中 $\boldsymbol{x}(t)=[x_1(t);x_2(t);x_3(t);x_4(t);v_1(t);v_2(t);v_3(t);v_4(t)]$。照原样（即在平凡控制 $\boldsymbol{u}(\cdot)\equiv\boldsymbol{0}$ 下），系统（9.1.10）是不稳定的。它的解不仅当 $t\to\infty$ 时不收敛到 0，甚至是无界的（具体来说，$x_i(t)=vt, v_i(t)\equiv v$，这对应于车头和车厢在弹簧中没有张力的情况下的匀速运动）。让我们寻找一个稳定的基于状态的线性反馈控制

$$\boldsymbol{u}(t)=K\boldsymbol{x}(t) \tag{9.1.11}$$

它关于车头和车厢在给定小区间 $\Delta_i, i=1,\cdots,4$ 内变化的质量是鲁棒的。为此，我们可以应用李雅普诺夫稳定性综合机制。观察到，质量 m_i 彼此独立地在给定区间内变化即为其倒数 μ_i 彼此独立地在另一给定区间 Δ_i' 内变化；因此，我们的目标如下：

稳定： 给定弹性系数 κ_i 和区间 $\Delta_i'\subset\{\mu>0\}$，$i=1,\cdots,4$，求线性反馈（9.1.11）和相应闭环系统（9.1.10）和（9.1.11）的李雅普诺夫稳定性判据 $\boldsymbol{X}$，其中系统的不确定性集为

$$\mathcal{AB}=\{[\boldsymbol{A}_\mu,\boldsymbol{B}_\mu]:\mu_i\in\Delta_i', i=1,\cdots,4\}$$

请注意，这里李雅普诺夫稳定性综合方法可以说是“双重保守的”。首先，对于给定的紧集 $\mathcal{Q}$ 中的所有矩阵 $\boldsymbol{Q}$，其公共李雅普诺夫稳定性判据存在是不确定动态系统

$$\dot{\boldsymbol{x}}(t)=\boldsymbol{Q}_t\boldsymbol{x}(t), \boldsymbol{Q}_t\in\mathcal{Q}, \forall t$$

稳定的充分条件，这个条件是保守的。其次，在上述火车的例子中，有理由将 m_i 视为不确定数据（实际中，车厢的荷载和车头的质量可能会因行程而异，只要这些变化在合理范围内，我们就不想重新调整控制），但完全没有理由认为这些质量随时间变化。的确，我们或许可以想象存在一种使质量 m_i 随时间变化的机制，但在这种机制下，我们的原始模型（9.1.9）就变得无效——模型（9.1.9）形式的牛顿定律不适用于变质量的系统，不过好在它提供了一个真实模型的合理近似，前提是质量变化得很慢。因此，在火车的例子中，所有矩阵 $\boldsymbol{Q}=\boldsymbol{A}+\boldsymbol{BK}$，$[\boldsymbol{A},\boldsymbol{B}]\in\mathcal{AB}$ 的公共李雅普诺夫稳定性判据必定远远超过要求，换句话说，即使在参数 $\mu_i\in\Delta_i'$ 随时间快速变化的情况下，闭环系统“火车与反馈控制”的所有轨迹当 $t\to\infty$ 时收敛到 0。这比我们实际需要的要多得多——在 $\mu_i\in\Delta_i'$ 不随时间变化的情况下，所有轨迹都收敛到 0。

我们将要处理的与李雅普诺夫稳定性综合相关的半无限线性矩阵不等式组是

$$\begin{aligned} &(a)\quad [\boldsymbol{A},\boldsymbol{B}][\boldsymbol{Y};\boldsymbol{Z}]+[\boldsymbol{Y};\boldsymbol{Z}]^{\mathrm{T}}[\boldsymbol{A},\boldsymbol{B}]^{\mathrm{T}}\preceq-\alpha\boldsymbol{Y}, \forall[\boldsymbol{A},\boldsymbol{B}]\in\mathcal{AB}, \\ &(b)\quad \boldsymbol{Y}\succeq\boldsymbol{I}, \\ &(c)\quad \boldsymbol{Y}\preceq\chi\boldsymbol{I} \end{aligned} \tag{9.1.12}$$

其中已知 $\alpha>0$ 和 $\chi>1$。该组与“规范”组（8.2.25）略有不同，差异有两部分。

- **（主要）** 在式（8.2.25）中，半无限李雅普诺夫线性矩阵不等式写作：

  $$[\boldsymbol{A},\boldsymbol{B}][\boldsymbol{Y};\boldsymbol{Z}]+[\boldsymbol{Y};\boldsymbol{Z}]^{\mathrm{T}}[\boldsymbol{A},\boldsymbol{B}]^{\mathrm{T}}\preceq-\boldsymbol{I}$$

  这只是表达关系

  $$[\boldsymbol{A},\boldsymbol{B}][\boldsymbol{Y};\boldsymbol{Z}]+[\boldsymbol{Y};\boldsymbol{Z}]^{\mathrm{T}}[\boldsymbol{A},\boldsymbol{B}]^{\mathrm{T}}\prec 0,\forall[\boldsymbol{A},\boldsymbol{B}]\in\mathcal{AB}$$

  的一种简便方式。对于矩阵 $\boldsymbol{Q}=\boldsymbol{A}+\boldsymbol{BK}$，$[\boldsymbol{A},\boldsymbol{B}]\in\mathcal{AB}$ 的所有实例，$\boldsymbol{Y}\succ 0$ 的线性矩阵不等式的每个可行解 $[\boldsymbol{Y};\boldsymbol{Z}]$ 都会产生稳定反馈 $\boldsymbol{K}=\boldsymbol{Z}\boldsymbol{Y}^{-1}$ 和闭环系统的公共李雅普诺夫稳定性判据 $\boldsymbol{X}=\boldsymbol{Y}^{-1}$，即

  $$[\boldsymbol{A}+\boldsymbol{BK}]^{\mathrm{T}}\boldsymbol{X}+\boldsymbol{X}[\boldsymbol{A}+\boldsymbol{BK}]\prec 0,\forall[\boldsymbol{A},\boldsymbol{B}]\in\mathcal{AB}$$

  然而，后一种情况并没有说明相应的衰减率。相反，当 $[\boldsymbol{Y};\boldsymbol{Z}]$ 对（9.1.12.a,b）可解时，相关的稳定反馈 $\boldsymbol{K}=\boldsymbol{Z}\boldsymbol{Y}^{-1}$ 和李雅普诺夫稳定性判据 $\boldsymbol{X}=\boldsymbol{Y}^{-1}$ 满足关系

  $$[\boldsymbol{A}+\boldsymbol{BK}]^{\mathrm{T}}\boldsymbol{X}+\boldsymbol{X}[\boldsymbol{A}+\boldsymbol{BK}]\prec-\alpha\boldsymbol{X},\forall[\boldsymbol{A},\boldsymbol{B}]\in\mathcal{AB}$$

  这种关系正如我们在介绍李雅普诺夫稳定性判据时所看到的，表示为

  $$\boldsymbol{x}^{\mathrm{T}}(t)\boldsymbol{X}\boldsymbol{x}(t)\leqslant\exp\{-\alpha t\}\boldsymbol{x}^{\mathrm{T}}(0)\boldsymbol{X}\boldsymbol{x}(0),t\geqslant 0$$

  这保证了闭环系统的衰减率至少为 α。在我们的实例中（与现实生活中相同），我们更愿意处理这种“更强”形式的李雅普诺夫稳定性综合要求，以便控制与潜在控制相关的衰减率。

- **（次要）** 在式（9.1.12）中，我们给可能的李雅普诺夫稳定性判据的条件数（最大和最小特征值的比值）强加了一个上限；用式（9.1.12.b）给出的 Y 的归一化，这个界限由式（9.1.12.c）保证并且恰好为 χ。设置这个界限的唯一目的是避免使用极端非条件的正定矩阵，否则会导致数值问题。

现在让我们使用定理 9.1.2 来获得半无限线性矩阵不等式组（9.1.12）的保守易处理紧近似。用 μ_i^{n} 表示区间 Δ_i' 的中点，用 δ_i 表示这些区间长度的一半，我们就得到

$$\begin{aligned}\mathcal{AB}&\equiv\{[\boldsymbol{A}_\mu,\boldsymbol{B}_\mu]:\mu_i\in\Delta_i',i=1,\cdots,4\}\\&=\left\{[\boldsymbol{A}_\mu^{\mathrm{n}},\boldsymbol{B}_\mu^{\mathrm{n}}]+\sum_{\ell=1}^{4}\zeta_\ell\boldsymbol{U}_\ell:|\zeta_\ell|\leqslant 1,\ell=1,\cdots,4\right\}\\\boldsymbol{U}_\ell&=\delta_\ell\boldsymbol{p}_\ell\boldsymbol{q}_\ell^{\mathrm{T}}\end{aligned}$$

其中 $\boldsymbol{p}_\ell\in\mathbb{R}^8$ 在 $4+\ell$ 处有唯一的非零项 1，以及

$$\begin{bmatrix}\boldsymbol{q}_1^{\mathrm{T}}\\\boldsymbol{q}_2^{\mathrm{T}}\\\boldsymbol{q}_3^{\mathrm{T}}\\\boldsymbol{q}_4^{\mathrm{T}}\end{bmatrix}=\left[\begin{array}{c|c|c|c|c|c|c|c}-\kappa_1&\kappa_1&&&&&&1\\\hline\kappa_1&-[\kappa_1+\kappa_2]&\kappa_2&&&&&\\\hline&\kappa_2&-[\kappa_2+\kappa_3]&\kappa_3&&&&\\\hline&&\kappa_3&-\kappa_3&&&&\end{array}\right]$$

因此，具备不确定性水平 ρ（式（9.1.12）本身对应于 $\rho=1$）的式（9.1.12）的类比是以 $\boldsymbol{Y}$，$\boldsymbol{Z}$ 为变量的半无限线性矩阵不等式组（参考式（9.1.8））

$$\begin{aligned}&\underbrace{-\alpha\boldsymbol{Y}-[\boldsymbol{A}_\mu^{\mathrm{n}},\boldsymbol{B}_\mu^{\mathrm{n}}][\boldsymbol{Y};\boldsymbol{Z}]-[\boldsymbol{Y};\boldsymbol{Z}]^{\mathrm{T}}[\boldsymbol{A}_\mu^{\mathrm{n}},\boldsymbol{B}_\mu^{\mathrm{n}}]^{\mathrm{T}}}_{\mathcal{A}^{\mathrm{n}}(\boldsymbol{Y},\boldsymbol{Z})}+\\&\rho\sum_{\ell=1}^{4}\zeta_\ell\underbrace{(-\delta_\ell[\boldsymbol{p}_\ell\boldsymbol{q}_\ell^{\mathrm{T}}[\boldsymbol{Y};\boldsymbol{Z}]+[\boldsymbol{Y};\boldsymbol{Z}]^{\mathrm{T}}\boldsymbol{q}_\ell\boldsymbol{p}_\ell^{\mathrm{T}}])}_{\mathcal{A}_\ell(Y,Z)}\succeq 0,\forall(\boldsymbol{\zeta}:|\zeta_\ell|\leqslant 1,\ell=1,\cdots,4),\\&\boldsymbol{Y}\succeq\boldsymbol{I}_8,\boldsymbol{Y}\preceq\chi\boldsymbol{I}_8\end{aligned}\tag{9.1.13}$$

定理 9.1.2 给出的这个半无限线性矩阵不等式组的保守易处理近似是以 $\boldsymbol{Y},\boldsymbol{Z},\boldsymbol{Y}_1,\cdots,\boldsymbol{Y}_4$ 为变量的线性矩阵不等式组

$$
\begin{aligned}
&\boldsymbol{Y}_\ell \succeq \pm \mathcal{A}_\ell(\boldsymbol{Y},\boldsymbol{Z}),\ell=1,\cdots,4\\
&\mathcal{A}^{\mathrm{n}}(\boldsymbol{Y},\boldsymbol{Z})-\rho\sum_{\ell=1}^{4}\boldsymbol{Y}_\ell \succeq 0\\
&\boldsymbol{Y}\succeq \boldsymbol{I}_8,\boldsymbol{Y}\preceq \chi \boldsymbol{I}_8
\end{aligned}
\tag{9.1.14}
$$

由于所有 $\boldsymbol{U}_\ell$ 的秩为 1，因此所有 $\mathcal{A}_\ell(\boldsymbol{Y},\boldsymbol{Z})$ 的秩都小于或等于 2，定理 9.1.2 指出这种保守近似在因子 $\pi/2$ 内是紧的。

当然，在我们粗略的例子中不需要近似——集合 $\mathcal{AB}$ 是一个多面体不确定性，具有 $2^4=16$ 个顶点，我们可以直接将式（9.1.13）转换为以 $\boldsymbol{Y},\boldsymbol{Z}$ 为变量的包含 18 个不等式的等效线性矩阵不等式组

$$
\begin{aligned}
&\mathcal{A}^{\mathrm{n}}(\boldsymbol{Y},\boldsymbol{Z})\succeq \rho\sum_{\ell=1}^{4}\epsilon_\ell \mathcal{A}_\ell(\boldsymbol{Y},\boldsymbol{Z}),\epsilon_\ell=\pm 1,\ell=1,\cdots,4\\
&\boldsymbol{Y}\succeq \boldsymbol{I}_8,\boldsymbol{Y}\preceq \chi \boldsymbol{I}_8
\end{aligned}
$$

如果我们的火车有 30 节车厢而不是 3 节车厢，情况就会发生巨大的变化。实际上，在后一种情况下，精确的“多面体”方法需要求解以 $\boldsymbol{Y}\in S^{62}$，$\boldsymbol{Z}\in\mathbb{R}^{1\times 63}$ 为变量的大小为 62×62 的具有 $2^{31}+2=2147483650$ 个不等式的线性矩阵不等式组，这有点太多了。相反，近似（9.1.14）是一个只有 $31+2=33$ 个不等式的大小为 62×62 的线性矩阵不等式组，以 $\{\boldsymbol{Y}_\ell\in S^{62}\}_{\ell=1}^{31}$，$\boldsymbol{Y}\in S^{62}$，$\boldsymbol{Z}\in\mathbb{R}^{1\times 63}$ 为变量$\left(\text{总共 } 31\dfrac{62\times 63}{2}+63=60606 \text{ 个标量决策变量}\right)$。有人可能会说，从实践的角度来看，后一个问题仍然太大。但实际上可以证明（见练习 9.1），在这个问题中，可以很容易地消除矩阵 $\boldsymbol{Y}_\ell$（每个矩阵都可以用一个标量决策变量代替），这将近似的设计维数减少到 $31+\dfrac{62\times 63}{2}+63=2047$。这种规模的凸问题可以很常规地被解决。

我们即将展示与具有 3 节车厢火车的稳定性相关的数值结果。计算中的设置如下：

$$
\begin{gathered}
\kappa_1=\kappa_2=\kappa_3=100.0;\alpha=0.01;\chi=10^8;\\
\Delta_1'=[0.5,1.5],\Delta_2'=\Delta_3'=\Delta_4'=[1.5,4.5]
\end{gathered}
$$

这对应于车头质量在 [2/3,2] 内变化，车厢质量在 [2/9，2/3] 内变化。

我们通过一种二分法计算了使近似（9.1.14）可行的最大 ρ；求出的最优反馈是

$$
\begin{aligned}
u=10^7[&-0.2892x_1-2.5115x_2+6.3622x_3-3.5621x_4-\\
&0.0019v_1-0.0912v_2-0.0428v_3+0.1305v_4]
\end{aligned}
$$

并且由我们的近似得出的闭环系统的（下界）李雅普诺夫稳定性半径为 $\hat{\rho}=1.05473$。这个界限>1，意味着车头和车厢质量在上述范围内时，反馈使火车稳定（事实上，即使在稍大的范围 $0.65\leqslant m_1\leqslant 2.11$，$0.22\leqslant m_2$，$m_3$，$m_4\leqslant 0.71$ 内也是稳定的）。一个有趣的问题是下界 $\hat{\rho}$ 比闭环系统的李雅普诺夫稳定性半径 ρ_* 小多少。理论说明比值 $\rho_*/\hat{\rho}\leqslant\pi/2=1.570\cdots$。在我们的小问题中，可以通过多面体不确定性方法来计算 ρ_*，得出 $\rho_*=1.05624$。因此，实际上 $\rho_*/\hat{\rho}\approx 1.0014$，远优于理论值 $1.570\cdots$。在图 9-2 中，我们展示了由我们的设计产生的闭环系统的样本轨迹，其扰动水平为 1.054——非常接近 $\hat{\rho}=1.05473$。

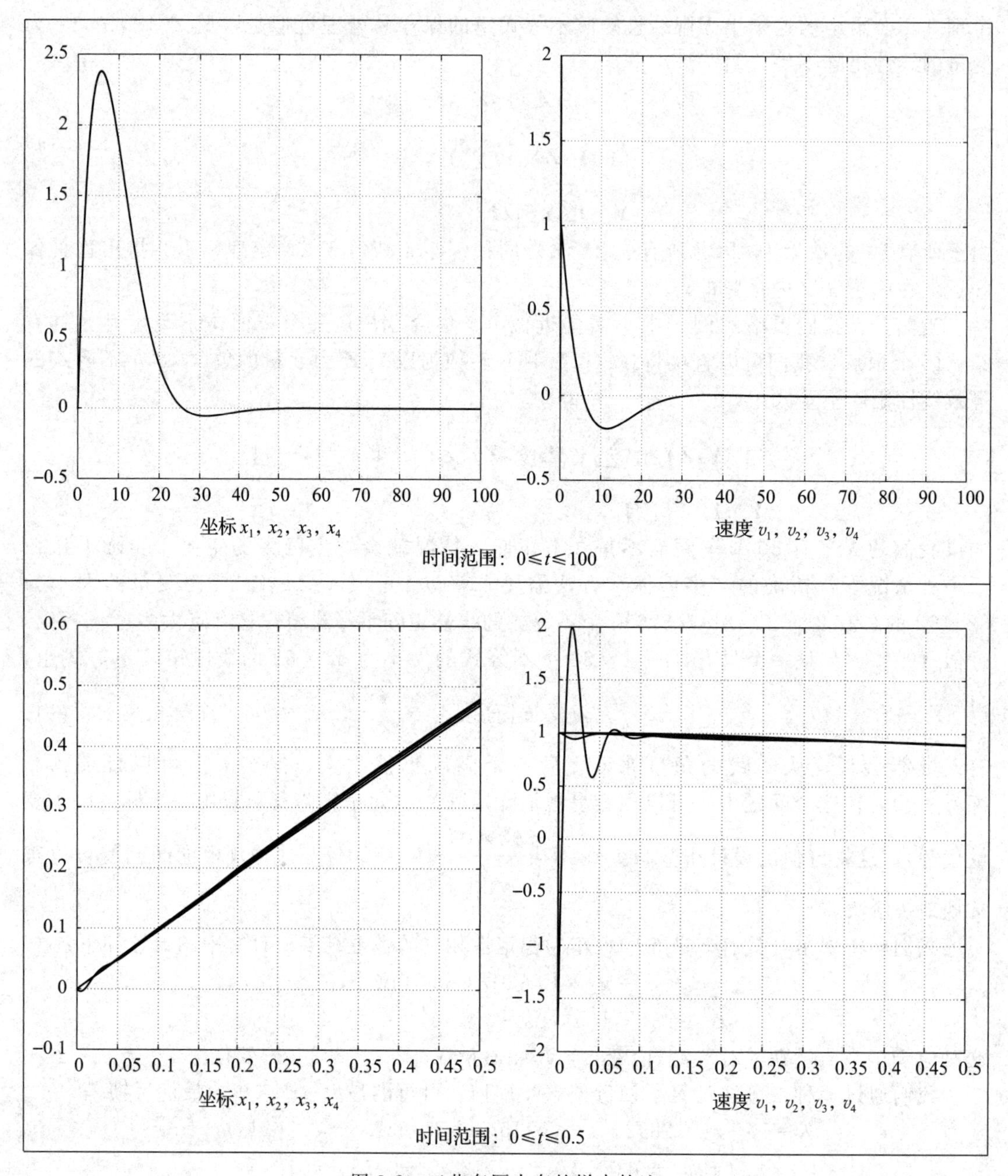

图 9-2　三节车厢火车的样本轨迹

9.2　练习

练习 9.1　1）令 $\boldsymbol{p},\boldsymbol{q}\in\mathbb{R}^n,\lambda>0$。求证 $\lambda\boldsymbol{p}\boldsymbol{p}^{\mathrm{T}}+\frac{1}{\lambda}\boldsymbol{q}\boldsymbol{q}^{\mathrm{T}}\succeq\pm[\boldsymbol{p}\boldsymbol{q}^{\mathrm{T}}+\boldsymbol{q}\boldsymbol{p}^{\mathrm{T}}]$。

2）令 $\boldsymbol{p},\boldsymbol{q}$ 仍然与 1）中相同且 $\boldsymbol{p},\boldsymbol{q}\neq\boldsymbol{0}$，令 $\boldsymbol{Y}\in S^n$ 使得 $\boldsymbol{Y}\succeq\pm[\boldsymbol{p}\boldsymbol{q}^{\mathrm{T}}+\boldsymbol{q}\boldsymbol{p}^{\mathrm{T}}]$。求证存在 $\lambda>0$ 使得 $\boldsymbol{Y}\succeq\lambda\boldsymbol{p}\boldsymbol{p}^{\mathrm{T}}+\frac{1}{\lambda}\boldsymbol{q}\boldsymbol{q}^{\mathrm{T}}$。

3）考虑以下特定形式的半无限线性矩阵不等式：

$$\forall(\boldsymbol{\zeta}\in\mathbb{R}^L:\|\boldsymbol{\zeta}\|_\infty\leqslant 1):\mathcal{A}^{\mathrm{n}}(\boldsymbol{x})+\rho\sum_{\ell=1}^{L}\zeta_\ell[\boldsymbol{L}_\ell^{\mathrm{T}}(\boldsymbol{x})\boldsymbol{R}_\ell+\boldsymbol{R}_\ell^{\mathrm{T}}\boldsymbol{L}_\ell(\boldsymbol{x})]\succeq 0 \tag{9.2.1}$$

其中 $\boldsymbol{L}_\ell^{\mathrm{T}}(\boldsymbol{x})$，$\boldsymbol{R}_\ell^{\mathrm{T}}\in\mathbb{R}^n$，$\boldsymbol{R}_\ell\neq\boldsymbol{0}$，且 $\boldsymbol{L}_\ell(\boldsymbol{x})$ 在 $\boldsymbol{x}$ 中是仿射的，与区间不确定性（9.1.7）下 $\mu=1$ 的李雅普诺夫稳定性分析/综合中的情况一样。

求证：式（9.2.1）的在因子 $\pi/2$ 内紧的保守易处理近似，即以 $\boldsymbol{x}$ 和矩阵 $\boldsymbol{Y}_1,\cdots,\boldsymbol{Y}_L$ 为变量的线性矩阵不等式组

$$\begin{aligned}&\boldsymbol{Y}_\ell\succeq\pm[\boldsymbol{L}_\ell^{\mathrm{T}}(\boldsymbol{x})\boldsymbol{R}_\ell+\boldsymbol{R}_\ell^{\mathrm{T}}\boldsymbol{L}_\ell(\boldsymbol{x})],1\leqslant\ell\leqslant L\\&\mathcal{A}^{\mathrm{n}}(\boldsymbol{x})-\rho\sum_{\ell=1}^{L}\boldsymbol{Y}_\ell\succeq 0\end{aligned} \tag{9.2.2}$$

等效于以 $\boldsymbol{x}$ 和实数 $\lambda_1,\cdots,\lambda_L$ 为变量的线性矩阵不等式

$$\left[\begin{array}{c|cccc}\mathcal{A}^{\mathrm{n}}(\boldsymbol{x})-\rho\sum_{\ell=1}^{L}\lambda_\ell\boldsymbol{R}_\ell^{\mathrm{T}}\boldsymbol{R}_\ell & \boldsymbol{L}_1^{\mathrm{T}}(\boldsymbol{x}) & \boldsymbol{L}_2^{\mathrm{T}}(\boldsymbol{x}) & \cdots & \boldsymbol{L}_L^{\mathrm{T}}(\boldsymbol{x})\\\hline \boldsymbol{L}_1(\boldsymbol{x}) & \lambda_1/\rho & & & \\ \boldsymbol{L}_2(\boldsymbol{x}) & & \lambda_2/\rho & & \\ \vdots & & & \ddots & \\ \boldsymbol{L}_L(\boldsymbol{x}) & & & & \lambda_L/\rho\end{array}\right]\succeq 0 \tag{9.2.3}$$

这里的等价意味着当且仅当 $\boldsymbol{x}$ 可以扩展到式（9.2.3）的可行解时其可以扩展到式（9.2.2）的可行解。

练习 9.2　考虑如下的信号处理问题。给定属于集合 V 的已知信号 $\boldsymbol{v}$ 的受不确定性影响的观察结果

$$\boldsymbol{y}=\boldsymbol{A}\boldsymbol{v}+\boldsymbol{\xi}$$

不确定性“位于”“测量误差”$\boldsymbol{\xi}$ 中，属于给定集合 Ξ，并且“位于”$\boldsymbol{A}$ 中——只知道 $\boldsymbol{A}\in\mathcal{A}$。假设 V 和 Ξ 是以原点为中心的椭球的交点：

$$V=\{\boldsymbol{v}\in\mathbb{R}^n:\boldsymbol{v}^{\mathrm{T}}\boldsymbol{P}_i\boldsymbol{v}\leqslant 1,1\leqslant i\leqslant I\},\left[\boldsymbol{P}_i\succeq 0,\sum_i\boldsymbol{P}_i\succ 0\right]$$

$$\Xi=\{\boldsymbol{\xi}\in\mathbb{R}^m:\boldsymbol{\xi}^{\mathrm{T}}\boldsymbol{Q}_j\boldsymbol{\xi}\leqslant\rho_\xi^2,1\leqslant j\leqslant J\},\left[\boldsymbol{Q}_j\succeq 0,\sum_j\boldsymbol{Q}_j\succeq 0\right]$$

$\mathcal{A}$ 由结构化范数有界扰动给出：

$$\mathcal{A}=\left\{\boldsymbol{A}=\boldsymbol{A}^{\mathrm{n}}+\sum_{\ell=1}^{L}\boldsymbol{L}_\ell^{\mathrm{T}}\boldsymbol{\Delta}_\ell\boldsymbol{R}_\ell,\boldsymbol{\Delta}_\ell\in\mathbb{R}^{p_\ell\times q_\ell},\|\boldsymbol{\Delta}_\ell\|_{2,2}\leqslant\rho_A\right\}$$

我们希望通过 $\boldsymbol{y}$ 建立一个 $\boldsymbol{v}$ 的线性估计 $\hat{\boldsymbol{v}}=\boldsymbol{G}\boldsymbol{y}$。在特定 $\boldsymbol{v}$ 处的 $\|\cdot\|_2$ 误差是

$$\|\boldsymbol{G}\boldsymbol{y}-\boldsymbol{v}\|_2=\|\boldsymbol{G}[\boldsymbol{A}\boldsymbol{v}+\boldsymbol{\xi}]-\boldsymbol{v}\|_2=\|(\boldsymbol{G}\boldsymbol{A}-\boldsymbol{I})\boldsymbol{v}+\boldsymbol{G}\boldsymbol{\xi}\|_2$$

我们想要构造 $\boldsymbol{G}$ 使得最坏情况最小化，在所有的 $\boldsymbol{v},\boldsymbol{A},\boldsymbol{\xi}$ 与我们的先验信息兼容，估计误差为

$$\max_{\boldsymbol{\xi}\in\Xi,\boldsymbol{v}\in V,\boldsymbol{A}\in\mathcal{A}}\|(\boldsymbol{G}\boldsymbol{A}-\boldsymbol{I})\boldsymbol{v}+\boldsymbol{G}\boldsymbol{\xi}\|_2$$

为这个问题建立一个保守易处理近似，使得当 ρ_ξ 和 ρ_A 很小时它相当紧。

9.3　备注

备注 9.1　结构化范数有界扰动模型取自鲁棒控制（文献［91］）中著名的 μ 理论。关于定理 9.1.2 所依据的结果来源，请参见 7.4 节。

近似机会约束的锥二次不等式和线性矩阵不等式

在这一章中，我们提出了机会约束的随机扰动的锥二次不等式和线性矩阵不等式的保守易处理近似。

10.1 机会约束的线性矩阵不等式

在前几章中，我们已经考虑了不确定锥二次规划（CQP）和半定规划（SDP）的鲁棒（近似鲁棒）对等。现在，我们打算考虑随机扰动的 CQP 和 SDP，并推导其机会约束版本的保守近似（参见 2.1 节）。从这个角度来看，将机会约束的 CQP 视为机会约束的 SDP 的特殊情况是很方便的（引理 6.3.3 给出了这样一个选择），因此在后续内容中，我们将重点关注机会约束的 SDP。因此，我们对随机扰动的半定规划感兴趣

$$\min_{\boldsymbol{y}}\left\{\boldsymbol{c}^{\mathrm{T}}\boldsymbol{y}:\mathcal{A}^{\mathrm{n}}(\boldsymbol{y})+\rho\sum_{\ell=1}^{L}\zeta_{\ell}\mathcal{A}^{\ell}(\boldsymbol{y})\succeq 0,\boldsymbol{y}\in\mathcal{Y}\right\}\tag{10.1.1}$$

其中，$\mathcal{A}^{\mathrm{n}}(\boldsymbol{y})$ 和所有 $\mathcal{A}^{\ell}(\boldsymbol{y})$ 在 $\boldsymbol{y}$ 中是仿射的，$\rho\geqslant 0$ 是“扰动水平”，$\boldsymbol{\zeta}=[\zeta_1;\cdots;\zeta_L]$ 是一个随机扰动，$\mathcal{Y}$ 是一个半定表示的集合。我们将这个问题与它的机会约束的版本联系起来：

$$\min_{\boldsymbol{y}}\left\{\boldsymbol{c}^{\mathrm{T}}\boldsymbol{y}:\mathrm{Prob}\{\mathcal{A}^{\mathrm{n}}(\boldsymbol{y})+\rho\sum_{\ell=1}^{L}\zeta_{\ell}\mathcal{A}^{\ell}(\boldsymbol{y})\succeq 0\}\geqslant 1-\epsilon,\boldsymbol{y}\in\mathcal{Y}\right\}\tag{10.1.2}$$

式中，$\epsilon\ll 1$ 是给定的正容差。我们的目标是建立式（10.1.2）的一个计算易处理的保守近似。我们从假设随机变量 ζ_ℓ 开始，以下情况在任何地方都有效：

随机变量 $\zeta_\ell,\ell=1,\cdots,L$ 是独立的，均值为零，满足

A.Ⅰ［有界情况］$|\zeta_\ell|\leqslant 1,\ell=1,\cdots,L$

或者

A.Ⅱ［高斯情况］$\zeta_\ell\sim\mathcal{N}(0,1),\ell=1,\cdots,L$

注意，接下来的大多数结果可以扩展到 ζ_ℓ 独立且均值为零和“轻尾”分布的情况。我们宁愿要求更多来避免太多的技术问题。

10.1.1 近似机会约束的线性矩阵不等式：初步研究

我们基本上面临以下问题。

（?）给定对称矩阵 $\boldsymbol{A},\boldsymbol{A}_1,\cdots,\boldsymbol{A}_L$，找到以下关系的可验证充分条件：

$$\mathrm{Prob}\left\{\sum_{\ell=1}^{L}\zeta_{\ell}\boldsymbol{A}_{\ell}\preceq\boldsymbol{A}\right\}\geqslant 1-\epsilon\tag{10.1.3}$$

由于 $\boldsymbol{\zeta}$ 的均值为零，因此自然需要 $\boldsymbol{A}\succeq 0$（当 $\boldsymbol{\zeta}$ 关于 0 对称分布和 $\epsilon<0.5$ 时，此条件显然是必要的）。要求多一点，也就是，$\boldsymbol{A}\succ 0$，我们可以将情况简化为 $\boldsymbol{A}=\boldsymbol{I}$，由于

$$\mathrm{Prob}\left\{\sum_{\ell=1}^{L}\zeta_{\ell}\boldsymbol{A}_{\ell}\preceq\boldsymbol{A}\right\}=\mathrm{Prob}\left\{\sum_{\ell=1}^{L}\zeta_{\ell}\underbrace{\boldsymbol{A}^{-1/2}\boldsymbol{A}_{\ell}\boldsymbol{A}^{-1/2}}_{\boldsymbol{B}_{\ell}}\preceq\boldsymbol{I}\right\}\tag{10.1.4}$$

现在让我们试着猜测以下关系的一个可验证的充分条件：

$$\mathrm{Prob}\left\{\sum_{\ell=1}^{L}\zeta_\ell \boldsymbol{B}_\ell \preceq \boldsymbol{I}\right\}\geqslant 1-\epsilon \tag{10.1.5}$$

首先，在加强后一个关系时，我们不会损失太多：

$$\mathrm{Prob}\left\{\left\|\sum_{\ell=1}^{L}\zeta_\ell \boldsymbol{B}_\ell\right\|\leqslant 1\right\}\geqslant 1-\epsilon \tag{10.1.6}$$

（这里和下面，$\|\cdot\|$代表标准矩阵范数$\|\cdot\|_{2,2}$）。事实上后一个条件只是

$$\mathrm{Prob}\left\{-\boldsymbol{I}\preceq\sum_{\ell=1}^{L}\zeta_\ell \boldsymbol{B}_\ell \preceq \boldsymbol{I}\right\}\geqslant 1-\epsilon$$

因此，它意味着式（10.1.5）。在$\boldsymbol{\zeta}$关于原点对称分布的情况下，我们有一个“几乎相反”的说法：式（10.1.5）的有效性意味着式（10.1.6）的有效性随ϵ增加到2ϵ。

中心观察结果是，每当式（10.1.6）成立时，随机矩阵

$$\boldsymbol{S}=\sum_{\ell=1}^{L}\zeta_\ell \boldsymbol{B}_\ell$$

的分布不是病态的，我们应该有

$$E\{\|\boldsymbol{S}^2\|\}\leqslant O(1)$$

根据Jensen不等式，也有

$$\|E\{\boldsymbol{S}^2\}\|\leqslant O(1)$$

考虑到$E\{\boldsymbol{S}^2\}=\sum_{\ell=1}^{L}E\{\zeta_\ell^2\}\boldsymbol{B}_\ell^2$，我们得出结论，当所有量$E\{\zeta_\ell^2\}$的阶数为1时，我们应当有$\left\|\sum_{\ell=1}^{L}\boldsymbol{B}_\ell^2\right\|\leqslant O(1)$，或者，等价地，

$$\sum_{\ell=1}^{L}\boldsymbol{B}_\ell^2\preceq O(1)\boldsymbol{I} \tag{10.1.7}$$

通过上述推理，式（10.1.7）是机会约束（10.1.6）有效性的一种必要条件，至少对于关于原点对称分布且“阶数为1”的随机变量ζ_ℓ，该条件可以视为几乎充分，如以下两个定理所示。

定理10.1.1 让$\boldsymbol{B}_1,\cdots,\boldsymbol{B}_L\in S^m$是确定性矩阵，因此，

$$\sum_{\ell=1}^{L}\boldsymbol{B}_\ell^2\preceq \boldsymbol{I} \tag{10.1.8}$$

$\Upsilon>0$是一个确定性实数。进一步地，设$\zeta_\ell,\ell=1,\cdots,L$是独立的随机变量，取值为$[-1,1]$，使得

$$\chi\equiv\mathrm{Prob}\left\{\left\|\sum_{\ell=1}^{L}\zeta_\ell \boldsymbol{B}_\ell\right\|\leqslant\Upsilon\right\}>0 \tag{10.1.9}$$

则

$$\forall\,\Omega>\Upsilon:\mathrm{Prob}\left\{\left\|\sum_{\ell=1}^{L}\zeta_\ell \boldsymbol{B}_\ell\right\|>\Omega\right\}\leqslant\frac{1}{\chi}\exp\{-(\Omega-\Upsilon)^2/16\} \tag{10.1.10}$$

证明 设$Q=\left\{\boldsymbol{z}\in\mathbb{R}^L:\left\|\sum_{\ell}z_\ell \boldsymbol{B}_\ell\right\|\leqslant 1\right\}$。注意到

$$\left\|\left[\sum_{\ell}z_\ell \boldsymbol{B}_\ell\right]\boldsymbol{u}\right\|_2\leqslant\sum_{\ell}|z_\ell|\,\|\boldsymbol{B}_\ell \boldsymbol{u}\|_2\leqslant\left(\sum_{\ell}z_\ell^2\right)^{1/2}\left(\sum_{\ell}\boldsymbol{u}^{\mathrm{T}}\boldsymbol{B}_\ell^2\boldsymbol{u}\right)^{1/2}\leqslant\|\boldsymbol{z}\|_2\|\boldsymbol{u}\|_2$$

其中式（10.1.8）给出了结论关系。由此得出结论$\left\|\sum_{\ell} z_\ell \boldsymbol{B}_\ell\right\| \leqslant \|\boldsymbol{z}\|_2$，其中 Q 包含单位 $\|\cdot\|_2$ 球 B，以 $\mathbb{R}^L$ 为中心。除此之外，Q 显然是闭凸的且关于原点对称。调用 Talagrand 不等式（参见附录引理 B.3.3 的证明），我们得到

$$E\{\exp\{\mathrm{dist}^2_{\|\cdot\|_2}(\zeta,\Upsilon Q)/16\}\} \leqslant (\mathrm{Prob}\{\boldsymbol{\zeta}\in\Upsilon Q\})^{-1} = \frac{1}{\chi} \tag{10.1.11}$$

现在，当 ζ 满足$\left\|\sum_{\ell=1}^L \zeta_\ell \boldsymbol{B}_\ell\right\| > \Omega$，我们有 $\boldsymbol{\zeta}\notin\Omega Q$，由此，由于 Q 的对称性和凸性，集合 $(\Omega-\Upsilon)Q+\zeta$ 不与集合 ΥQ 相交。因为 Q 包含 $\boldsymbol{B}$，所以集合 $(\Omega-\Upsilon)Q+\boldsymbol{\zeta}$ 包含半径为 $\Omega-\Upsilon$ 的$\|\cdot\|_2$ 球，以 ζ 为中心。因此这个球也不与 ΥQ 相交，$\mathrm{dist}_{\|\cdot\|_2}(\zeta,\Upsilon Q) > \Omega-\Upsilon$，得到结果关系

$$\left\|\sum_{\ell=1}^L \zeta_\ell \boldsymbol{B}_\ell\right\| > \Omega \Leftrightarrow \zeta\notin\Omega Q \Rightarrow \mathrm{dist}_{\|\cdot\|_2}(\zeta,\Upsilon Q) > \Omega-\Upsilon$$

结合式（10.1.11）和切比雪夫不等式，表明

$$\mathrm{Prob}\left\{\left\|\sum_{\ell=1}^L \zeta_\ell \boldsymbol{B}_\ell\right\| > \Omega\right\} \leqslant \frac{1}{\chi}\exp\{-(\Omega-\Upsilon)^2/16\}$$ ■

定理 10.1.2 让 $\boldsymbol{B}_1,\cdots,\boldsymbol{B}_L\in S^m$ 应为满足式（10.1.8）的确定性矩阵，且 $\Upsilon>0$ 应为确定性实数。进一步地，设 $\zeta_\ell,\ell=1,\cdots,L$ 是独立的 $\mathcal{N}(0,1)$ 随机变量，使得式（10.1.9）在 $\chi>1/2$ 时成立。则

$$\begin{aligned}\forall\,\Omega\geqslant\Upsilon:\mathrm{Prob}&\left\{\left\|\sum_{\ell=1}^L \zeta_\ell \boldsymbol{B}_\ell\right\| > \Omega\right\}\\ \leqslant\quad & \mathrm{Erf}(\mathrm{ErfInv}(1-\chi)+(\Omega-\Upsilon)\max[1,\Upsilon^{-1}\mathrm{ErfInv}(1-\chi)])\\ \leqslant\quad & \exp\left\{-\frac{\Omega^2\Upsilon^{-2}\mathrm{ErfInv}^2(1-\chi)}{2}\right\}\end{aligned} \tag{10.1.12}$$

其中 $\mathrm{Erf}(\cdot)$ 和 $\mathrm{ErfInv}(\cdot)$ 是误差函数和逆误差函数，请参见式（2.3.22）。

证明 令 $Q=\left\{\boldsymbol{z}\in\mathbb{R}^L:\left\|\sum_{\ell} z_\ell \boldsymbol{B}_\ell\right\| \leqslant \Upsilon\right\}$。使用与定理 10.1.1 证明开始时相同的论证，Q 包含以原点为中心的半径为 Υ 的$\|\cdot\|_2$ 球。除此之外，根据 Q 的定义，我们有 $\mathrm{Prob}\{\boldsymbol{\zeta}\in Q\}\geqslant\chi$。用附录的定理 B.5.1 的（i）项，$Q$ 包含以原点为中心的半径为 $r=\max[\mathrm{ErfInv}(1-\chi),\Upsilon]$ 的$\|\cdot\|_2$ 球，根据该定理的（ii）项，式（10.1.12）成立。 ■

最后两个结果将以更适合我们目的的形式陈述。

推论 10.1.3 设 $\boldsymbol{A},\boldsymbol{A}_1,\cdots,\boldsymbol{A}_L$ 是来自 S^m 的确定性矩阵，使得

$$\exists\{\boldsymbol{Y}_\ell\}_{\ell=1}^L:\begin{cases}\left[\begin{array}{c|c}\boldsymbol{Y}_\ell & \boldsymbol{A}_\ell\\ \hline \boldsymbol{A}_\ell & \boldsymbol{A}\end{array}\right]\succeq 0, 1\leqslant\ell\leqslant L\\ \sum_{\ell=1}^L \boldsymbol{Y}_\ell \preceq \boldsymbol{A}\end{cases} \tag{10.1.13}$$

设 $\Upsilon>0,\chi>0$ 是确定性实数，$\zeta_1,\cdots,\zeta_L$ 都是独立的随机变量，且可以满足 A.Ⅰ 和 A.Ⅱ 中的任何一个，使得

$$\mathrm{Prob}\left\{-\Upsilon A\preceq\sum_{\ell=1}^L \zeta_\ell \boldsymbol{A}_\ell \preceq \Upsilon\boldsymbol{A}\right\}\geqslant\chi \tag{10.1.14}$$

则，

(i) 当 ζ_ℓ 满足 A.Ⅰ时，我们有

$$\forall \Omega > \Upsilon: \text{Prob}\left\{ -\Omega \boldsymbol{A} \preceq \sum_{\ell=1}^{L} \zeta_\ell \boldsymbol{A}_\ell \preceq \Omega \boldsymbol{A} \right\} \geqslant 1 - \frac{1}{\chi} \exp\{-(\Omega-\Upsilon)^2/16\} \quad (10.1.15)$$

(ii) 当 ζ_ℓ 满足 A.Ⅱ时，此外，$\chi > 0.5$，我们有

$$\forall \Omega > \Upsilon: \text{Prob}\left\{ -\Omega \boldsymbol{A} \preceq \sum_{\ell=1}^{L} \zeta_\ell \boldsymbol{A}_\ell \preceq \Omega \boldsymbol{A} \right\}$$

$$\geqslant \quad 1 - \text{Erf}\left(\text{ErfInv}(1-\chi) + (\Omega-\Upsilon)\max\left[1, \frac{\text{ErfInv}(1-\chi)}{\Upsilon}\right] \right) \quad (10.1.16)$$

其中 Erf (•)，ErfInv (•) 由式 (2.3.22) 给出。

证明　让我们证明 (i)。给定正的 δ，让我们令 $\boldsymbol{A}^\delta = \boldsymbol{A} + \delta \boldsymbol{I}$，请注意，式 (10.1.14) 中的前提明确地暗示了 $\boldsymbol{A} \succeq 0$，其中 $\boldsymbol{A}^\delta \succ 0$。现在令 $\boldsymbol{Y}_\ell$ 能使得式 (10.1.13) 中的结论成立。则 $\left[\begin{array}{c|c} \boldsymbol{Y}_\ell & \boldsymbol{A}_\ell \\ \hline \boldsymbol{A}_\ell & \boldsymbol{A}^\delta \end{array}\right] \succeq 0$，由此可见，通过舒尔补引理，$\boldsymbol{Y}_\ell \succeq \boldsymbol{A}_\ell [\boldsymbol{A}^\delta]^{-1} \boldsymbol{A}_\ell$，因此

$$\sum_\ell \boldsymbol{A}_\ell [\boldsymbol{A}^\delta]^{-1} \boldsymbol{A}_\ell \preceq \sum_\ell \boldsymbol{Y}_\ell \preceq \boldsymbol{A} \preceq \boldsymbol{A}^\delta$$

我们看到

$$\sum_\ell \underbrace{[[\boldsymbol{A}^\delta]^{-1/2} \boldsymbol{A}_\ell [\boldsymbol{A}^\delta]^{-1/2}]}_{\boldsymbol{B}_\ell^\delta}{}^2 \preceq \boldsymbol{I}$$

此外，关系 (10.1.14) 清楚地意味着

$$\text{Prob}\left\{ -\Upsilon \boldsymbol{A}^\delta \preceq \sum_\ell \zeta_\ell \boldsymbol{A}_\ell \preceq \Upsilon \boldsymbol{A}^\delta \right\} \geqslant \chi$$

或同样地，

$$\text{Prob}\left\{ -\Upsilon \boldsymbol{I} \preceq \sum_\ell \zeta_\ell \boldsymbol{B}_\ell^\delta \preceq \Upsilon \boldsymbol{I} \right\} \geqslant \chi$$

应用定理 10.1.1，我们得出结论

$$\Omega > \Upsilon \Rightarrow \text{Prob}\left\{ -\Omega \boldsymbol{I} \preceq \sum_\ell \zeta_\ell \boldsymbol{B}_\ell^\delta \preceq \Omega \boldsymbol{I} \right\} \geqslant 1 - \frac{1}{\chi} \exp\{-(\Omega-\Upsilon)^2/16\}$$

鉴于 $\boldsymbol{B}_\ell^\delta$ 的结构，上式和下面是一样的。

$$\Omega > \Upsilon \Rightarrow \text{Prob}\left\{ -\Omega \boldsymbol{A}^\delta \preceq \sum_\ell \zeta_\ell \boldsymbol{A}_\ell \preceq \Omega \boldsymbol{A}^\delta \right\} \geqslant 1 - \frac{1}{\chi} \exp\{-(\Omega-\Upsilon)^2/16\} \quad (10.1.17)$$

对于每个 $\Omega > \Upsilon$，集合 $\left\{ \boldsymbol{\zeta}: -\Omega \boldsymbol{A}^{1/t} \preceq \sum_\ell \zeta_\ell \boldsymbol{A}_\ell \preceq \Omega \boldsymbol{A}^{1/t} \right\}$，$t=1,2,\cdots$ 随着 t 增长而收缩，它们在 $t=1,2,\cdots$ 上的交集是集合 $\left\{ \boldsymbol{\zeta}: -\Omega \boldsymbol{A} \preceq \sum_\ell \zeta_\ell \boldsymbol{A}_\ell \preceq \Omega \boldsymbol{A} \right\}$，因此式 (10.1.17) 包含着式 (10.1.15)，并且 (i) 也被证明了。使用定理 10.1.2 代替定理 10.1.1，(ii) 的证明完全相似。■

评论　当 $\boldsymbol{A} \succ 0$，运用舒尔补引理，条件 (10.1.13) 当且仅当满足 $\boldsymbol{Y}_\ell = \boldsymbol{A}_\ell \boldsymbol{A}^{-1} \boldsymbol{A}_\ell$ 就会成立，这和当且仅当 $\sum_\ell \boldsymbol{A}_\ell \boldsymbol{A}^{-1} \boldsymbol{A}_\ell \preceq \boldsymbol{A}$ 或当且仅当 $\sum_\ell [\boldsymbol{A}^{-1/2} \boldsymbol{A}_\ell \boldsymbol{A}^{-1/2}]^2 \preceq \boldsymbol{I}$ 的情况一样。因此，针对问题 (?) 介绍的条件 (10.1.4)、(10.1.7)，作为变量对称矩阵 $\boldsymbol{A}, \boldsymbol{A}_1, \cdots, \boldsymbol{A}_L$ 的条件，是 LMI 可表示的，式 (10.1.13) 有代表性。此外，式 (10.1.13) 可以写成关于矩阵 $\boldsymbol{A}, \boldsymbol{A}_1, \cdots, \boldsymbol{A}_L$ 的显式 LMI，

$$\text{Arrow}(\boldsymbol{A},\boldsymbol{A}_1,\cdots,\boldsymbol{A}_L)\equiv\left[\begin{array}{c|ccc}\boldsymbol{A}&\boldsymbol{A}_1&\cdots&\boldsymbol{A}_L\\\hline\boldsymbol{A}_1&\boldsymbol{A}&&\\\vdots&&\ddots&\\\boldsymbol{A}_L&&&\boldsymbol{A}\end{array}\right]\succeq 0 \tag{10.1.18}$$

事实上，当 $\boldsymbol{A}\succ 0$ 时，舒尔补引理指出矩阵 $\text{Arrow}(\boldsymbol{A},\boldsymbol{A}_1,\cdots,\boldsymbol{A}_L)\succeq 0$，当且仅当

$$\sum_\ell \boldsymbol{A}_\ell\boldsymbol{A}^{-1}\boldsymbol{A}_\ell\preceq\boldsymbol{A}$$

并且当且仅当式（10.1.13）成立时才会出现这种情况。因此，当 $\boldsymbol{A}\succ 0$ 时通过标准近似论证，式（10.1.13）和式（10.1.18）是等价的，这意味着这两个性质在一般情况下（即 $\boldsymbol{A}\succeq 0$）的等价性。值得注意的是，矩阵（$\boldsymbol{A},\boldsymbol{A}_1,\cdots,\boldsymbol{A}_L$）的集合满足式（10.1.18），形成了一个锥，可以看作洛伦兹锥的矩阵类比（看看当所有的矩阵都是 1×1 时会发生什么）。

10.2　近似方案

为了利用概述的观察和结果，以便在式（10.1.2）中构建一个保守或者“几乎保守”的可处理的机会约束 LMI 近似，我们如下进行。

1）我们将介绍以下内容。

猜想 10.1　*在假设 A.Ⅰ或 A.Ⅱ下，条件（10.1.13）意味着式（10.1.14）的有效性，其中已经知道 $\chi>1/2$ 和“一个适度的”（也已经提前知道）$\Upsilon>0$。*

如果正确选择 χ 和 Υ，这个猜想确实是正确的，见下文。然而，我们不喜欢坚持相应的 χ 和 Υ 的最坏情况值，认为 $\chi>1/2$，$\Upsilon>0$ 作为某种方式选择的构造参数，我们继续进行，就好像我们事先知道我们的猜想，选择的 Υ，χ 是正确的。最后，我们将解释如何证明这种策略。

2）相信猜想 10.1，我们易处理的常数 $\Upsilon>0$，$\chi\in(0.5,1]$，这样式（10.1.13）意味着式（10.1.14）。我们断定模化猜想 10.1，以下关于变量 $\boldsymbol{y}$，$\boldsymbol{U}_1,\cdots,\boldsymbol{U}_L$ 的 LMI 组是式（10.1.2）中机会约束 LMI 的保守易处理近似。

在情况 A.Ⅰ中：

$$\begin{aligned}&(a)\ \left[\begin{array}{c|c}\boldsymbol{U}_\ell&\mathcal{A}^\ell(y)\\\hline\mathcal{A}^\ell(y)&\mathcal{A}^{\mathrm{n}}(y)\end{array}\right]\succeq 0,1\leqslant\ell\leqslant L\\&(b)\ \rho^2\sum_{\ell=1}^L\boldsymbol{U}_\ell\preceq\Omega^{-2}\mathcal{A}^{\mathrm{n}}(y),\Omega=\Upsilon+4\sqrt{\ln(\chi^{-1}\ \epsilon^{-1})}\end{aligned} \tag{10.2.1}$$

在情况 A.Ⅱ中：

$$\begin{aligned}&(a)\ \left[\begin{array}{c|c}\boldsymbol{U}_\ell&\mathcal{A}^\ell(\boldsymbol{y})\\\hline\mathcal{A}^\ell(\boldsymbol{y})&\mathcal{A}^{\mathrm{n}}(\boldsymbol{y})\end{array}\right]\succeq 0,1\leqslant\ell\leqslant L\\&(b)\ \rho^2\sum_{\ell=1}^L\boldsymbol{U}_\ell\preceq\Omega^{-2}\mathcal{A}^{\mathrm{n}}(\boldsymbol{y}),\\&\Omega=\Upsilon+\frac{\max[\text{ErfInv}(\epsilon)-\text{ErfInv}(1-\chi),0]}{\max[1,\Upsilon^{-1}\text{ErfInv}(1-\chi)]}\\&\quad\leqslant\Upsilon+\max[\text{ErfInv}(\epsilon)-\text{ErfInv}(1-\chi),0]\end{aligned} \tag{10.2.2}$$

事实上，假设 $\boldsymbol{y}$ 可以扩展到式（10.2.1）的一个可行解（$\boldsymbol{y},\boldsymbol{U}_1,\cdots,\boldsymbol{U}_L$）。让我们设置 $\boldsymbol{A}=\Omega^{-1}\mathcal{A}^{\mathrm{n}}(\boldsymbol{y})$，$\boldsymbol{A}_\ell=\rho\mathcal{A}^\ell(\boldsymbol{y})$，$\boldsymbol{Y}_\ell=\Omega\rho^2\boldsymbol{U}_\ell$。然后通过式（10.2.1），$\left[\begin{array}{c|c}\boldsymbol{Y}_\ell&\boldsymbol{A}_\ell\\\hline\boldsymbol{A}_\ell&\boldsymbol{A}\end{array}\right]\succeq 0$ 并且 $\sum_\ell\boldsymbol{Y}_\ell\preceq\boldsymbol{A}$。将猜想 10.1 应用于矩阵 $\boldsymbol{A},\boldsymbol{A}_1,\cdots,\boldsymbol{A}_L$，我们得出的结论（10.1.14）也同样成立。

应用推论 10.1.3（i），我们得到

$$\text{Prob}\left\{\rho\sum_{\ell}\zeta_{\ell}\mathcal{A}^{\ell}(\boldsymbol{y})\npreceq\mathcal{A}^{\text{n}}(\boldsymbol{y})\right\}=\text{Prob}\left\{\sum_{\ell}\zeta_{\ell}\boldsymbol{A}_{\ell}\npreceq\Omega\boldsymbol{A}\right\}$$
$$\leqslant\chi^{-1}\exp\{-(\Omega-\Upsilon)^{2}/16\}=\epsilon$$

关系（10.2.2）可以被证明，对猜想 10.1 的有效性模化，以同样的方式进行证明，用推论 10.1.3（ii）代替（i）。

3）我们将概述的保守（模化猜想 10.1）近似代替机会约束 LMI 问题（10.1.2），从而得到了近似问题

$$\min_{\boldsymbol{y},\{\boldsymbol{U}_{\ell}\}}\left\{\boldsymbol{c}^{\text{T}}\boldsymbol{y}:\begin{array}{c}\left[\begin{array}{c|c}\boldsymbol{U}_{\ell}&\mathcal{A}^{\ell}(\boldsymbol{y})\\\hline\mathcal{A}^{\ell}(\boldsymbol{y})&\mathcal{A}^{\text{n}}(\boldsymbol{y})\end{array}\right]\succeq0,1\leqslant\ell\leqslant L\\\rho^{2}\sum_{\ell}\boldsymbol{U}_{\ell}\preceq\Omega^{-2}\mathcal{A}^{\text{n}}(\boldsymbol{y}),\boldsymbol{y}\in\mathcal{Y}\end{array}\right\}\tag{10.2.3}$$

其中 Ω 是由所需的容差和我们根据式（10.2.1）或式（10.2.2）对 Υ 和 χ 的猜测给出的，这取决于我们是否在一个有界（假设 A.Ⅰ）或高斯（假设 A.Ⅱ）随机扰动模型的情况下。

我们求解了近似 SDO 问题，得到了其最优解 $\boldsymbol{y}_{*}$。如果式（10.2.3）确实是式（10.1.2）的一个保守近似，我们将这样做：$\boldsymbol{y}_{*}$ 将是一个机会约束问题的可行次优解。然而，由于我们不确定猜想 10.1 的有效性，我们需要一个额外的阶段——后优化分析——旨在证明对于机会约束问题，$\boldsymbol{y}_{*}$ 的可行性。注意，在这个阶段，我们不应该为猜想 10.1 的有效性而感到烦恼——我们所需要的就是证明以下关系的有效性：

$$\text{Prob}\left\{-\Upsilon\boldsymbol{A}\preceq\sum_{\ell}\zeta_{\ell}\boldsymbol{A}_{\ell}\preceq\Upsilon\boldsymbol{A}\right\}\geqslant\chi\tag{10.2.4}$$

对于特定的矩阵

$$\boldsymbol{A}=\Omega^{-1}\mathcal{A}^{\text{n}}(\boldsymbol{y}_{*}),\boldsymbol{A}_{\ell}=\rho\mathcal{A}^{\ell}(\boldsymbol{y}_{*}),\ell=1,\cdots,L\tag{10.2.5}$$

在我们处理 $\boldsymbol{y}_{*}$ 后已找到，并确实满足式（10.1.13）（参见上述 2）中近似（10.2.1）和（10.2.2）的“证明”）。

原则上，有以下几种方法可以证明式（10.2.4）。

i）在矩阵 $\boldsymbol{A}$，$\boldsymbol{A}_{\ell}$ 的某些结构假设下，且正确选择 Υ，χ，我们可以证明猜想 10.1 是正确的。具体来说，我们将在 10.4 节中看到：

（a）当 $\boldsymbol{A}$ 和 $\boldsymbol{A}_{\ell}$ 是对角矩阵（它对应于线性优化问题的半定表述），猜想 10.1 成立，$\chi=0.75$ 和 $\Upsilon=\sqrt{3\ln(8m)}$（回想 m 是矩阵 $\boldsymbol{A},\boldsymbol{A}_1,\cdots,\boldsymbol{A}_L$ 的大小）。

（b）当 $\boldsymbol{A}$ 和 $\boldsymbol{A}_{\ell}$ 是箭头矩阵（它对应于锥二次问题的半定表述），猜想 10.1 成立，$\chi=0.75$ 且 $\Upsilon=4\sqrt{2}$。

ii）利用泛函数分析的深入结果，可以证明（见命题 B.5.2），当 $\chi=0.75$ 和 $\Upsilon=4\sqrt{\ln(\max[m,3])}$ 时猜想 10.1 对于所有矩阵 $\boldsymbol{A},\boldsymbol{A}_1,\cdots,\boldsymbol{A}_L$ 都成立。需要补充的是，为了使我们的猜想 10.1 适用于所有 L 和所有 $m\times m$ 矩阵 $\boldsymbol{A},\boldsymbol{A}_1,\cdots,\boldsymbol{A}_L$，且 χ 不太小，Υ 应至少为 $O(1)\sqrt{\ln m}$，具有适当的正绝对常数 $O(1)$。

鉴于上述事实，我们原则上可以避免依赖任何猜想。然而，χ 和 Υ 在“理论上有效的”值，根据定义是面向最坏情况的，对于我们感兴趣的特定矩阵可能过于保守。情况更糟的是：这些理论上有效的值并不是反映最坏的情况，而是我们分析最坏情况的能力，因此是对“真实”（和已经保守的）χ,Υ 的保守估计。这就是为什么我们更倾向于使用一种

基于猜测 χ,Υ 的技术，以及随后通过基于模拟的式（10.2.4）的证明进行“猜测验证”。

评论 请注意，我们提出的行动方案与我们在 2.2 节中所做的完全相似。事情的本质是这样的：我们感兴趣的是建立一个机会约束

$$\sum_{\ell=1}^{L}\zeta_\ell a_\ell \leqslant a \tag{10.2.6}$$

的保守近似，其中确定性 $a,a_1,\cdots,a_L\in\mathbb{R}$，随机 ζ_ℓ 满足假设 A.Ⅰ。为此，我们使用了以下命题 2.3.1 所表达的可证明事实。

每当随机变量 $\zeta_1,\cdots,\zeta_L$ 满足 A.Ⅰ，确定性实数 b，$a_1,\cdots,a_L$ 使

$$\sqrt{\sum_{\ell=1}^{L}a_\ell^2}\leqslant b$$

或者，等价地，

$$\mathrm{Arrow}(b,a_1,\cdots,a_L)\equiv\left[\begin{array}{c|ccc} b & a_1 & \cdots & a_L \\ \hline a_1 & b & & \\ \vdots & & \ddots & \\ a_L & & & b \end{array}\right]\succeq 0$$

有

$$\forall\,\Omega>0:\mathrm{Prob}\left\{\sum_{\ell=1}^{L}\zeta_\ell a_\ell\leqslant\Omega b\right\}\geqslant 1-\psi(\Omega)$$

$$\psi(\Omega)=\exp(-\Omega^2/2)$$

因此，条件

$$\mathrm{Arrow}(\Omega^{-1}a,a_1,\cdots,a_L)\equiv\left[\begin{array}{c|ccc} \Omega^{-1}a & a_1 & \cdots & a_L \\ \hline a_1 & \Omega^{-1}a & & \\ \vdots & & \ddots & \\ a_L & & & \Omega^{-1}a \end{array}\right]\succeq 0$$

是以下机会约束有效性的充分条件

$$\mathrm{Prob}\left\{\sum_\ell\zeta_\ell a_\ell\leqslant a\right\}\geqslant 1-\psi(\Omega)$$

我现在在假设 A.Ⅰ下可以做这样的描述：我们感兴趣的是建立一个机会约束

$$\sum_{\ell=1}^{L}\zeta_\ell \boldsymbol{A}_\ell\preceq\boldsymbol{A} \tag{10.2.7}$$

的保守近似，其确定性 $\boldsymbol{A},\boldsymbol{A}_1,\cdots,\boldsymbol{A}_L\in S^m$，随机 ζ_ℓ 满足假设 A.Ⅰ。为此，我们使用了以下由定理 10.1.1 表示的可证明事实。

每当随机变量 $\zeta_1,\cdots,\zeta_L$ 满足 A.Ⅰ，确定性对称矩阵 $\boldsymbol{B},\boldsymbol{A}_1,\cdots,\boldsymbol{A}_L$ 使

$$\mathrm{Arrow}(\boldsymbol{B},\boldsymbol{A}_1,\cdots,\boldsymbol{A}_L)\equiv\left[\begin{array}{c|ccc} \boldsymbol{B} & \boldsymbol{A}_1 & \cdots & \boldsymbol{A}_L \\ \hline \boldsymbol{A}_1 & \boldsymbol{B} & & \\ \vdots & & \ddots & \\ \boldsymbol{A}_L & & & \boldsymbol{B} \end{array}\right]\succeq 0 \tag{!}$$

并且

$$\mathrm{Prob}\left\{-\Upsilon\boldsymbol{B}\preceq\sum_\ell\zeta_\ell\boldsymbol{A}_\ell\preceq\Upsilon\boldsymbol{B}\right\}\geqslant\chi \tag{*}$$

对于某些确定的 $\chi,\Upsilon>0$，一方面有

$$\forall \Omega > \Upsilon : \mathrm{Prob}\left\{\sum_{\ell=1}^{L} \zeta_\ell \boldsymbol{A}_\ell \preceq \Omega \boldsymbol{B}\right\} \geqslant 1 - \psi_{\Upsilon,\chi}(\Omega)$$

$$\psi_{\Upsilon,\chi}(\Omega) = \chi^{-1}\exp\{-(\Omega - \Upsilon)^2/16\}$$

因此，条件

$$\mathrm{Arrow}(\Omega^{-1}\boldsymbol{A}, \boldsymbol{A}_1, \cdots, \boldsymbol{A}_L) \equiv \left[\begin{array}{c|ccc} \Omega^{-1}\boldsymbol{A} & \boldsymbol{A}_1 & \cdots & \boldsymbol{A}_L \\ \hline \boldsymbol{A}_1 & \Omega^{-1}\boldsymbol{A} & & \\ \vdots & & \ddots & \\ \boldsymbol{A}_L & & & \Omega^{-1}\boldsymbol{A} \end{array}\right] \succeq 0$$

是以下机会约束有效性的充分条件

$$\mathrm{Prob}\left\{\sum_{\ell} \zeta_\ell \boldsymbol{A}_\ell \preceq \boldsymbol{A}\right\} \geqslant 1 - \psi_{\Upsilon,\chi}(\Omega)$$

其中前提是 $\Omega > \Upsilon$ 和 $\chi > 0, \Upsilon > 0$，使得矩阵 $\boldsymbol{B}, \boldsymbol{A}_1, \cdots, \boldsymbol{A}_L$ 满足 (*)。

它们构造非常相似；唯一的区别是，在矩阵情况下，我们需要一个额外的“前提”，这在标量情况下是不存在的。事实上，它在标量情况下就自动出现了：从切比雪夫不等式中可以看出，当 $B, A_1, \cdots, A_L$ 都是标量，条件（!）暗示了 (*) 的有效性，比如 $\chi = 0.75$ 和 $\Upsilon = 2$。我们现在可以应用矩阵情况的结果来恢复标量情况的结果，代价是用 $\psi_{2,0.75}(\Omega)$ 替换 $\psi(\Omega)$，但损失并不是那么大。

猜想 10.1 表明，在矩阵的情况下，我们也不应该为“前提”而烦恼——它被（!）自动暗示，也许 Υ 的值更差，但仍然不是太大。正如前面提到的，对于猜测的 χ, Υ 和我们感兴趣的矩阵 $\boldsymbol{B}, \boldsymbol{A}_1, \cdots, \boldsymbol{A}_L$，我们可以证明猜想的某些版本，我们也可以通过模拟验证它的有效性。后者是我们接下来要考虑的问题。

10.2.1　基于模拟的式（10.2.4）的证明

让我们从以下简单的情况开始：存在一个随机变量 ξ，取值为 1 的概率为 p，取值为 0 的概率为 $1-p$；我们可以模拟 ξ，也就是说，对于每个样本量 N，观察到实现 $\xi^N = \{\xi_1, \cdots, \xi_N\}$，即 ξ 的 N 个独立副本。我们不知道 p，我们的目标是从模拟中推断出这个量的可靠下界。最简单的方法是：给定“可靠性容差” $\delta \in (0,1)$，一个样本量 N 和一个整数 L，$0 \leqslant L \leqslant N$，让

$$\hat{p}_{N,\delta}(L) = \min\left\{q \in [0,1] : \sum_{k=L}^{N} \binom{N}{k} q^k (1-q)^{N-k} \geqslant \delta\right\}$$

$\hat{p}_{N,\delta}(L)$ 的解释如下：想象我们在抛一枚硬币，让 q 作为得到正面的概率。我们限制 q，使得当抛 N 次硬币时获得 L 次或更多正面的机会至少为 δ，并且 $\hat{p}_{N,\delta}(L)$ 正是这些概率 q 中最小的一个。观察到

$$(L > 0, \hat{p} = \hat{p}_{N,\delta}(L)) \Rightarrow \sum_{k=L}^{N} \binom{N}{k} \hat{p}^k (1-\hat{p})^{N-k} = \delta \tag{10.2.8}$$

并且 $\hat{p}_{N,\delta}(0) = 0$。

立即得出的观察结果如下。

引理 10.2.1　对于一个固定的 N，令 $L(\xi^N)$ 是一个样本 ξ^N 的数量，然后令

$$\hat{p}(\xi^N) = \hat{p}_{N,\delta}(L(\xi^N))$$

则

$$\mathrm{Prob}\{\hat{p}(\xi^N) > p\} \leqslant \delta \tag{10.2.9}$$

证明 令

$$M(p)=\min\left\{\mu\in\{0,1,\cdots,N\}:\sum_{k=\mu+1}^{N}\binom{N}{k}p^k(1-p)^{N-k}\leqslant\delta\right\}$$

（空索引集的和为 0），并设 Θ 为事件 $\{\xi^N:L(\xi^N)>M(p)\}$，因此通过构造

$$\text{Prob}\{\Theta\}\leqslant\delta$$

现在，函数

$$f(q)=\sum_{k=M(p)}^{N}\binom{N}{k}q^k(1-q)^{N-k}$$

是 $q\in[0,1]$ 的非递减函数，通过构造 $f(p)>\delta$；因此，如果 ξ^N 使得 $\hat{p}\equiv\hat{p}(\xi^N)>p$，则 $f(\hat{p})>\delta$ 以及

$$\sum_{k=M(p)}^{N}\binom{N}{k}\hat{p}^k(1-\hat{p})^{N-k}>\delta \tag{10.2.10}$$

除此之外，$L(\xi^N)>0$（否则 $\hat{p}=\hat{p}_{N,\delta}(0)=0\leqslant p$）。因为 $L(\xi^N)>0$，我们从式（10.2.8）中得出结论：

$$\sum_{k=L(\xi^N)}^{N}\binom{N}{k}\hat{p}^k(1-\hat{p})^{N-k}=\delta$$

它结合了式（10.2.10）来表示 $L(\xi^N)>M(p)$，即问题中 ξ^N 使事件 Θ 发生。底线是：事件 $\hat{p}(\xi^N)>p$ 的概率最多是 Θ 的概率，而我们还记得，后者 $\leqslant\delta$。 ■

引理 10.2.1 表示，基于模拟的（因此是随机的）量 $\hat{p}(\xi^N)$，概率至少为 $1-\delta$，为未知概率 $p\equiv\text{Prob}\{\xi=1\}$ 的一个下界。当 p 的值不小时，这个界对于中等的 N 来说已经相当好了，即使 δ 非常小，比如 $\delta=10^{-10}$。例如，以下是对 $p=0.8$ 和 $\delta=10^{-10}$ 的模拟结果：

N	10	100	1000	10000	100000
$\hat{p}$	0.06032	0.5211	0.6992	0.7814	0.7908

回到我们的机会约束问题（10.1.2），我们现在可以使用概述的边界方案来进行后优化分析，即如下。

验收测试：给定可靠性容差 $\delta\in(0,1)$，猜测的 Υ,χ 和相关问题（10.2.3）的一个解 $\boldsymbol{y}_*$，构建矩阵（10.2.5）。选择一个整数 N，生成随机向量 $\boldsymbol{\zeta}$ 的 N 个独立实现 $\boldsymbol{\zeta}^1,\cdots,\boldsymbol{\zeta}^N$ 的样本，计算量

$$L=\text{Card}\left\{i:-\Upsilon\boldsymbol{A}\preceq\sum_{\ell=1}^{L}\zeta_\ell^i\boldsymbol{A}_\ell\preceq\Upsilon\boldsymbol{A}\right\}$$

并设置

$$\hat{\chi}=\hat{p}_{N,\delta}(L)$$

如果 $\hat{\chi}\geqslant\chi$，则接受 $\boldsymbol{y}_*$，也就是说，断定 $\boldsymbol{y}_*$ 是感兴趣的机会约束问题（10.1.2）的一个可行解。

通过上述分析，随机量 $\hat{\chi}$ 的概率 $\geqslant1-\delta$，为 $p\equiv\text{Prob}\left\{-\Upsilon\boldsymbol{A}\preceq\sum_\ell\zeta_\ell\boldsymbol{A}_\ell\preceq\Upsilon\boldsymbol{A}\right\}$ 的一个下界，所以当 $p<\chi$ 时接受 $\boldsymbol{y}_*$ 的概率最多为 δ。当这种“罕见事件”不发生时，满足关系（10.2.4），因此 $\boldsymbol{y}_*$ 对于机会约束问题确实是可行的。换句话说，当 $\boldsymbol{y}_*$ 不是感兴趣问题的一个可行解时，接受 $\boldsymbol{y}_*$ 的概率最多是 δ。

概述的方案没有说明如果 $\boldsymbol{y}_*$ 未通过验收测试该怎么办。一个幼稚的方法是通过直接模拟来检查是否 $\boldsymbol{y}_*$ 满足机会约束。这种方法在 ϵ 不太小（比如 $\epsilon \geqslant 0.001$）时确实可行；然而，对于小的 ϵ，它需要一个不切实际的大模拟样本。一个实际的替代方案是重解近似问题，其中给 Υ 一个合理的倍数（如 1.1 或 2）使其增加，并重复这个"试错"过程，直到验收测试通过。

10.2.2　修正

当概述的方法应用于一个稍微修改的问题（10.1.2）时，可以以某种方式简化问题，特别地，对于如下问题：

$$\max_{\rho,\boldsymbol{y}}\left\{\rho:\operatorname{Prob}\left\{\mathcal{A}^{\mathrm{n}}(\boldsymbol{y})+\rho\sum_{\ell=1}^{L}\zeta_\ell\mathcal{A}^{\ell}(\boldsymbol{y})\succeq 0\right\}\geq 1-\epsilon,\boldsymbol{c}^{\mathrm{T}}\boldsymbol{y}\leqslant\tau_*,\boldsymbol{y}\in\mathcal{Y}\right\} \tag{10.2.11}$$

其中 τ_* 是原始目标上的一个给定的上界。因此，现在我们想在 $\boldsymbol{y}\in\mathcal{Y}$ 满足机会约束的限制下最大化随机扰动的水平，并且就原始目标而言，情况还不错。

用我们上一节提出的方法来解决这个问题，我们得到了问题

$$\min_{\beta,\boldsymbol{y},\{\boldsymbol{U}_\ell\}}\left\{\beta:\begin{array}{l}\left[\begin{array}{c|c}\boldsymbol{U}_\ell & \mathcal{A}^{\ell}(\boldsymbol{y})\\ \hline \mathcal{A}^{\ell}(\boldsymbol{y}) & \mathcal{A}^{\mathrm{n}}(\boldsymbol{y})\end{array}\right]\succeq 0,1\leqslant\ell\leqslant L\\ \sum_{\ell}\boldsymbol{U}_\ell\preceq\beta\mathcal{A}^{\mathrm{n}}(\boldsymbol{y}),\boldsymbol{c}^{\mathrm{T}}\boldsymbol{y}\leqslant\tau_*,\boldsymbol{y}\in\mathcal{Y}\end{array}\right\} \tag{10.2.12}$$

（参见式（10.2.3）；关于后一个问题，$\beta=(\Omega\rho)^{-2}$，因此最大化 ρ 相当于最小化 β）。请注意，无论我们对 Υ,χ 的猜测如何，这个问题都是相同的。此外，式（10.2.12）是所谓的 GEVP（广义特征值问题）；虽然不是一个半定规划，但它可以通过 β 二分简化为半定规划的"短序列"，因此可以有效地求解。解决了这个问题，我们得到了一个解 $\beta_*,\boldsymbol{y}_*,\{\boldsymbol{U}_\ell^*\}$；我们所需要的就是了解什么是 $\boldsymbol{y}_*$ 的"可行性半径" $\rho_*(\boldsymbol{y}_*)$，即 $(\boldsymbol{y}_*,\rho)$ 满足式（10.2.11）中机会约束的最大的 ρ。事实上，我们不能有效地计算这个半径；我们实际上要建立的是可行性半径上的一个可靠的下界。这可以通过对验收测试进行适当的修改来实现。让我们设

$$\boldsymbol{A}=\mathcal{A}^{\mathrm{n}}(\boldsymbol{y}_*),\quad \boldsymbol{A}_\ell=\beta_*^{-1/2}\mathcal{A}^{\ell}(\boldsymbol{y}_*),\quad \ell=1,\cdots,L \tag{10.2.13}$$

注意到这些矩阵满足式（10.1.13）。我们将以下应用于矩阵 $\boldsymbol{A},\boldsymbol{A}_1,\cdots,\boldsymbol{A}_L$。

随机化 r 程序

输入：对称矩阵 $\boldsymbol{A},\boldsymbol{A}_1,\cdots,\boldsymbol{A}_L$ 的集合满足式（10.1.13），并且 $\epsilon,\delta\in(0,1)$。

输出：一个随机的 $r\geqslant 0$，其概率至少为 $1-\delta$，有

$$\operatorname{Prob}\left\{\boldsymbol{\zeta}:-\boldsymbol{A}\preceq r\sum_{\ell=1}^{L}\zeta_\ell\boldsymbol{A}_\ell\preceq\boldsymbol{A}\right\}\geqslant 1-\epsilon \tag{10.2.14}$$

说明：

i）我们选择一个 K 点网格 $\Gamma=\{\omega_1<\omega_2<\cdots<\omega_K\}$，其中 $\omega_1\geqslant 1$ 和一个相当大的 ω_K，例如，网格

$$\omega_K=1.1^k$$

并选择足够大的 K，以确保猜想 10.1 成立，其 $\Upsilon=\omega_K$ 和 $\chi=0.75$；请注意，$K=O(1)\ln(\ln m)$ 会使得这样；

ii）我们模拟了 N 个 $\boldsymbol{\zeta}$ 的独立实现 $\boldsymbol{\zeta}^1,\cdots,\boldsymbol{\zeta}^N$，并计算整数

$$L_k = \text{Card}\left\{ i : -\omega_k \boldsymbol{A} \preceq \sum_{\ell=1}^{L} \zeta_\ell^i \boldsymbol{A}_\ell \preceq \omega_k \boldsymbol{A} \right\}$$

然后我们计算出量

$$\hat{\chi}_k = \hat{p}_{N,\delta/K}(L_k), k=1,\cdots,K$$

其中，$\delta \in (0,1)$ 是预先选择的“可靠性容差”。

设置

$$\chi_k = \text{Prob}\left\{ -\omega_k \boldsymbol{A} \preceq \sum_{\ell=1}^{L} \zeta_\ell \boldsymbol{A}_\ell \preceq \omega_k \boldsymbol{A} \right\}$$

我们从引理 10.2.1 中推断出

$$\hat{\chi}_k \leqslant \chi_k, k=1,\cdots,K \tag{10.2.15}$$

其概率至少为 $1-\delta$。

iii）我们定义了一个函数 $\psi(s)$，$s \geqslant 0$，如下。

在有界情况（A.Ⅰ）下，我们设置

$$\psi_k(s) = \begin{cases} 1, s \leqslant \omega_k \\ \min[1, \hat{\chi}_k^{-1} \exp\{-(s-\omega_k)^2/16\}], s > \omega_k \end{cases}$$

在高斯情况（A.Ⅱ）下，我们设置

$$\psi_k(s) = \begin{cases} 1, \text{如果 } \hat{\chi}_k \leqslant 1/2 \text{ 或 } s \leqslant \omega_k \\ \text{Erf}(\text{ErfInv}(1-\hat{\chi}_k)) + (s-\omega_k)\max[1, \omega_k^{-1}\text{ErfInv}(1-\hat{\chi}_k)], \text{其他} \end{cases}$$

在这两种情况下，我们设置

$$\psi(s) = \min_{1 \leqslant k \leqslant K} \psi_k(s)$$

我们断定

（!）当式（10.2.15）发生时（回顾这种情况发生的概率至少为 $1-\delta$），$\psi(s)$ 对于所有 $s \geqslant 0$，都是 $1-\text{Prob}\left\{ -s\boldsymbol{A} \preceq \sum_{\ell=1}^{L} \zeta_\ell \boldsymbol{A}_\ell \preceq s\boldsymbol{A} \right\}$ 的上限。

事实上，在式（10.2.15）的情况下，矩阵 $\boldsymbol{A}, \boldsymbol{A}_1, \cdots, \boldsymbol{A}_L$（它们从一开始就被假定满足式（10.1.13））满足式（10.1.14），其中 $\Upsilon = \omega_k$ 和 $\chi = \hat{\chi}_k$；它依然适用于推论 10.1.3。

iv）我们设置

$$s_* = \inf\{ s \geqslant 0 : \psi(s) \leqslant \epsilon \}, r = \frac{1}{s_*}$$

并声明使用这个 r，式（10.2.14）是正确的。

让我们证明所概述的结构是合理的。假设式（10.2.15）已发生。然后，通过（!），我们有

$$\text{Prob}\left\{ -s\boldsymbol{A} \preceq \sum_{\ell} \zeta_\ell \preceq s\boldsymbol{A} \right\} \geqslant 1-\psi(s)$$

现在，函数 $\psi(s)$ 显然是连续的；因此，当 s_* 是有限的，我们有 $\psi(s_*) \leqslant \epsilon$，因此，式（10.2.14）成立，其中 $r=1/s_*$。如果 $s_* = +\infty$，则 $r=0$，以及式（10.2.14）的有效性来自 $\boldsymbol{A} \succeq 0$（后者是由于 $\boldsymbol{A}, \boldsymbol{A}_1, \cdots, \boldsymbol{A}_L$ 满足式（10.1.13））。

当将随机化 r 程序应用于矩阵（10.2.13）时，我们最终得到了 $r = r_*$ 满足关系（10.2.14），其概率至少为 $1-\delta$，我们的矩阵为 $\boldsymbol{A}, \boldsymbol{A}_1, \cdots, \boldsymbol{A}_L$，这种关系写成

$$\text{Prob}\left\{-\mathcal{A}^{\mathrm{n}}(\boldsymbol{y}_*)\preceq r_*\beta_*^{-1/2}\sum_{\ell=1}^{L}\zeta_\ell\mathcal{A}^\ell(\boldsymbol{y}_*)\preceq\mathcal{A}^{\mathrm{n}}(\boldsymbol{y}_*)\right\}\geqslant 1-\epsilon$$

因此，设置

$$\hat{\rho}=\frac{r_*}{\sqrt{\beta_*}}$$

我们以至少 $1-\delta$ 的概率得到了 $\boldsymbol{y}_*$ 的可行性半径 $\rho_*(\boldsymbol{y}_*)$ 的有效下界。

10.2.3　实例：重新审视例 8.2.7

让我们回到控制台设计问题的鲁棒版本（8.2.2.2 节，例 8.2.7），我们正在寻找一种控制台，它能够（i）以近乎最佳的方式承受给定的感兴趣的荷载，以及（ii）同样好地承受（即，具有相同或更小的柔度）来自欧几里得球 $B_\rho=\{\boldsymbol{g}:\|\boldsymbol{g}\|_2\leqslant\rho\}$ 的每一个“偶然荷载” $\boldsymbol{g}$，球的荷载沿结构的 10 个自由节点分布。从形式上讲，我们的问题是

$$\max_{t,r}\left\{r:\ \begin{array}{l}\left[\begin{array}{c|c}2\tau_* & \boldsymbol{f}^{\mathrm{T}}\\\hline \boldsymbol{f} & \boldsymbol{A}(t)\end{array}\right]\succeq 0\\ \left[\begin{array}{c|c}2\tau_* & r\boldsymbol{h}^{\mathrm{T}}\\\hline r\boldsymbol{h} & \boldsymbol{A}(t)\end{array}\right]\succeq 0,\ \forall(\boldsymbol{h}:\|\boldsymbol{h}\|_2\leqslant 1)\\ t\geqslant\boldsymbol{0},\ \sum_{i=1}^{N}t_i\leqslant 1\end{array}\right\}\tag{10.2.16}$$

式中 $\boldsymbol{\tau}_*>0$ 和感兴趣的荷载 $\boldsymbol{f}$ 被给出，且 $\boldsymbol{A}(t)=\sum_{i=1}^{N}t_i\boldsymbol{b}_i\boldsymbol{b}_i^{\mathrm{T}}$，其中 $N=54$ 和已知 $\mu=20$ 维向量 $\boldsymbol{b}_i$。注意，现在称为 r 的在 8.2.2 节中称为 ρ。

说到控制台，我们有理由合理地假设，在实际中，“偶然荷载”向量是随机的，且服从 $\mathcal{N}(\boldsymbol{0},\rho^2\boldsymbol{I}_\mu)$，并要求结构应能够承受柔度 $\leqslant\boldsymbol{\tau}_*$ 的荷载，其概率至少为 $1-\epsilon$，ϵ 值非常小，比如 $\epsilon=10^{-10}$。现在让我们寻找一个具有最大可能 ρ 值的满足这些需求的控制台。相应的机会约束问题是

$$\max_{t,\rho}\left\{\rho:\ \begin{array}{l}\left[\begin{array}{c|c}2\tau_* & \boldsymbol{f}^{\mathrm{T}}\\\hline \boldsymbol{f} & \boldsymbol{A}(t)\end{array}\right]\succeq 0\\ \underset{\boldsymbol{h}\sim\mathcal{N}(\boldsymbol{0},\boldsymbol{I}_{20})}{\text{Prob}}\left\{\left[\begin{array}{c|c}2\tau_* & \rho\boldsymbol{h}^{\mathrm{T}}\\\hline \rho\boldsymbol{h} & \boldsymbol{A}(t)\end{array}\right]\succeq 0\right\}\geqslant 1-\epsilon\\ t\geqslant\boldsymbol{0},\ \sum_{i=1}^{N}t_i\leqslant 1\end{array}\right\}\tag{10.2.17}$$

其近似（10.2.12）为

$$\min_{t,\beta,\{U_\ell\}_{\ell=1}^{20}}\left\{\beta:\ \begin{array}{l}\left[\begin{array}{c|c}2\tau_* & \boldsymbol{f}^{\mathrm{T}}\\\hline \boldsymbol{f} & \boldsymbol{A}(t)\end{array}\right]\succeq 0\\ \left[\begin{array}{c|c}\boldsymbol{U}_\ell & \boldsymbol{E}_\ell\\\hline \boldsymbol{E}_\ell & \boldsymbol{Q}(t)\end{array}\right]\succeq 0,1\leqslant\ell\leqslant\mu=20\\ \sum_{\ell=1}^{\mu}\boldsymbol{U}_\ell\preceq\beta\boldsymbol{Q}(t),t\geqslant\boldsymbol{0},\sum_{i=1}^{N}t_i\leqslant 1\end{array}\right\}\tag{10.2.18}$$

其中 $E_\ell=\boldsymbol{e}_0\boldsymbol{e}_\ell^{\mathrm{T}}+\boldsymbol{e}_\ell\boldsymbol{e}_0^{\mathrm{T}},\boldsymbol{e}_0,\cdots,\boldsymbol{e}_\mu$ 是 $\mathbb{R}^{\mu+1}=\mathbb{R}^{21}$ 中的标准正交基和 $\boldsymbol{Q}(t)$ 是矩阵 $\text{Diag}\{2\boldsymbol{\tau}_*,$

$\mathbf{A}(t)\} \in S^{\mu+1}=S^{21}$。

注意，参与这个问题的矩阵足够简单，让我们能够毫无困难地得到一个对 Υ，χ 的理论有效值的“近乎最优”描述（见 10.4 节）。实际上，这里的猜想 10.1 对于每个 $\chi \in (1/2,1)$ 都是有效的，前提是 $\Upsilon \geqslant O(1)(1-\chi)^{-1/2}$。因此，在找到近似问题的最优解（$\boldsymbol{t}_{\rm ch}$）之后，我们可以避免基于模拟的对 $\rho_*(\boldsymbol{t}_{\rm ch})$ 下界 $\hat{\rho}$ 的识别（也就是说，在最大的 ρ 上，使（$\boldsymbol{t}_{\rm ch}$，ρ）满足式（10.2.17）中的机会约束），并且可以在这个量上得到一个 100% 可靠的下界，而基于模拟的技术能够在 $\rho_*(\boldsymbol{t}_{\rm ch})$ 上提供一个不超过（$1-\delta$）可靠的下界，δ 可能很小但为正。然而，在我们的特殊问题中，$\rho_*(\boldsymbol{y}_*)$ 上的这个 100% 可靠的下界明显小于（约是前者的 2 倍）概述方法给出的（$1-\delta$）可靠的下界，即使 δ 小至 10^{-10}。这就是为什么在我们将要讨论的实验中，我们在 $\rho_*(\boldsymbol{t}_{\rm ch})$ 上使用了基于模拟的下界。

我们的实验结果如下。由式（10.2.18）的最优解给出的控制台，让它被称为机会约束设计，如图 10-1（参见图 8-1、图 8-2 分别代表规范设计和鲁棒设计）。与 $\epsilon=\delta=10^{-10}$ 相关的机会约束设计的可行性半径的下界，如表 10-1 所示；复数（“边界”）来自我们使用表 10-1 所示的三种不同样本量 N 的事实。注意，我们可以将概述的技术应用于鲁棒设计 $\boldsymbol{t}_{\rm rb}$ 的可行性半径以下其由式（10.2.16）的一个最优解给出，见图 8-2；所得到的边界如表 10-1 所示。

表 10-1　机会约束和鲁棒设计的可行性半径的（$1-10^{-10}$）可靠下界

设计	可行性半径的下界		
	$N=10000$	$N=100000$	$N=1000000$
机会约束 $\boldsymbol{t}_{\rm ch}$	0.0354	0.0414	0.0431
鲁棒 $\boldsymbol{t}_{\rm rb}$	0.0343	0.0380	0.0419

最后，我们注意到，我们可以利用所讨论的特定问题的特定结构来获得机会约束和鲁棒设计的可行性半径的替代下界。机会约束与鲁棒设计。回想一下，鲁棒设计确保了相应控制台关于任何欧几里得范数 $\leqslant r_*$ 的荷载 $\boldsymbol{g}$ 的柔度至多为 τ_*；这里 $r_* \approx 0.362$ 是式（10.2.16）中的最优值。现在，如果 $\mathrm{Prob}_{\boldsymbol{h}\sim\mathcal{N}(\mathbf{0},\boldsymbol{I}_{20})}\{\rho\|\boldsymbol{h}\|_2>r_*\}\leqslant\epsilon=10^{-10}$，那么 ρ 显然是鲁棒设计可行性半径的 100% 可靠下界。我们可以轻松计算满足后一个条件的最大 ρ，结果是 0.0381，比基于模拟的最优下界低 9%。对于机会约束设计 $\boldsymbol{t}_{\rm ch}$ 应用类似的推理：我们首先找到最大的 $r=r_+$，其中（$\boldsymbol{t}_{\rm ch},r$）对于式（10.2.16）是可行的（结果是 $r_+=0.321$），然后找到最大 ρ 使得 $\mathrm{Prob}_{\boldsymbol{h}\sim\mathcal{N}(\mathbf{0},\boldsymbol{I}_{20})}\{\rho\|\boldsymbol{h}\|_2>r_+\}\leqslant\epsilon=10^{-10}$，最终机会约束设计可行性半径的下界为 0.0337（比表 10-1 中的最优相关界限差 25.5%）。

10.3　高斯优化

在有利的情况下，我们可以对于既不符合假设 A.Ⅰ，也不符合假设 A.Ⅱ 的随机扰动应用概述的近似方案。作为一个启发性的例子，考虑式（10.1.1）中的随机扰动 $\zeta_\ell,\ell=1,\cdots,L$ 是独立的且关于 0 对称的单峰分布。假设我们还可以指出标度因子 $\sigma_\ell>0$，使得每个 ζ_ℓ 的分布比高斯 $\mathcal{N}(0,\sigma_\ell^2)$ 分布的分散性更小（见定义 4.4.1）。注意，为了建立以下机会约束线性矩阵不等式的保守易处理近似

$$\mathrm{Prob}\left\{\mathcal{A}^{\rm n}(\boldsymbol{y})+\sum_{\ell=1}^{L}\zeta_\ell\mathcal{A}_\ell(\boldsymbol{y})\succeq 0\right\}\geqslant 1-\epsilon \tag{10.1.2}$$

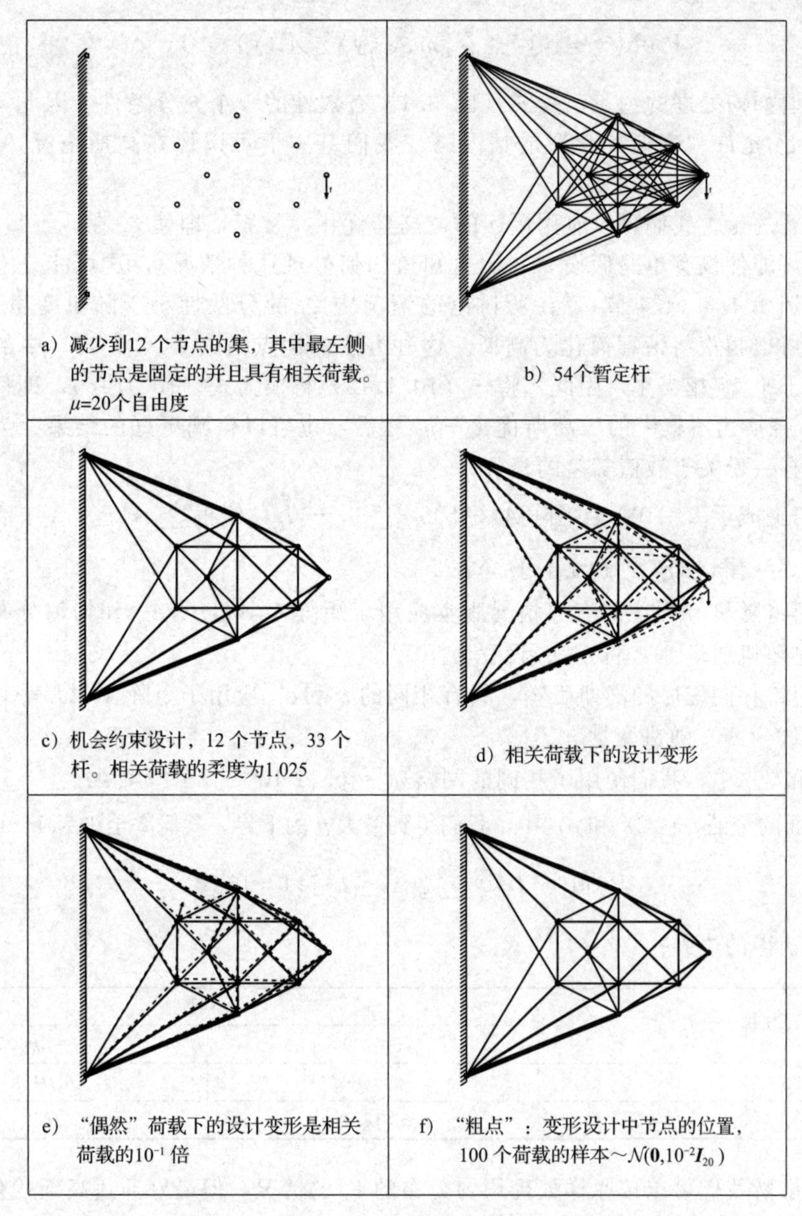

图 10-1　机会约束设计

或者，相同的约束

$$\mathrm{Prob}\left\{\mathcal{A}^{\mathrm{n}}(\boldsymbol{y})+\sum_{\ell=1}^{L}\widetilde{\zeta}_{\ell}\widetilde{\mathcal{A}}^{\ell}(\boldsymbol{y})\succeq 0\right\}\geqslant 1-\epsilon\qquad\left[\begin{array}{c}\widetilde{\zeta}_{\ell}=\sigma_{\ell}^{-1}\zeta_{\ell}\\ \widetilde{\mathcal{A}}^{\ell}(\boldsymbol{y})=\sigma_{\ell}\mathcal{A}^{\ell}(\boldsymbol{y})\end{array}\right]$$

为以下约束的对称化版本建立这样一个近似就足够了

$$\mathrm{Prob}\left\{-\mathcal{A}^{\mathrm{n}}(\boldsymbol{y})\preceq\sum_{\ell=1}^{L}\widetilde{\zeta}_{\ell}\widetilde{\mathcal{A}}^{\ell}(\boldsymbol{y})\preceq\mathcal{A}^{\mathrm{n}}(\boldsymbol{y})\right\}\geqslant 1-\epsilon \tag{10.3.1}$$

观察到随机变量 $\widetilde{\zeta}_{\ell}$ 是独立的，并且关于 0 具有对称和单峰分布，其分散性小于 $\mathcal{N}(0,1)$ 分布。通过独立的 $\mathcal{N}(0,1)$ 随机变量 $\eta_{\ell},\ell=1,\cdots,L$ 表示，并调用优化定理（定理 4.4.6），我们可以看到以下机会约束的有效性

$$\text{Prob}\left\{-\mathcal{A}^{n}(\boldsymbol{y})\leq\sum_{\ell=1}^{L}\eta_{\ell}\widetilde{\mathcal{A}}^{\ell}(\boldsymbol{y})\leq\mathcal{A}^{n}(\boldsymbol{y})\right\}\geqslant 1-\epsilon$$

这是我们知道如何处理的约束，是式（10.3.1）有效性的一个充分条件。因此，在单峰和对称分布的 ζ_ℓ 允许“高斯优化”的情况下，我们基本上可以像在高斯情况 A.Ⅱ中一样行事。

值得注意的是，我们可以应用概述的“高斯优化”方案，即使 ζ_ℓ 在 $[-1,1]$ 上对称且单峰分布（即使没有单峰假设，我们也知道如何处理这种情况），这可能是有利的。事实上，通过例 4.4.3（4.4 节），在所讨论的情况中 ζ_ℓ 的分散性小于随机变量 $\eta_\ell\sim\mathcal{N}(0,2/\pi)$，我们可以再次将情况简化为高斯。这种方法的优点是式（10.1.15）中的指数中的绝对常数因子 1/16 相当小。因此，将式（10.1.15）替换为式（10.1.16），即使将我们原来的变量 ζ_ℓ 替换为不集中的“高斯优化” η_ℓ 之后，也可以得到更好的结果。为了说明这一点，这里有一份关于数值实验的报告。

1）我们生成了 $L=100$ 个矩阵 $\boldsymbol{A}_\ell\in S^{40},\ell=1,\cdots,L$，使得 $\sum\limits_{\ell}\boldsymbol{A}_\ell^2\leq\boldsymbol{I}$（这清楚地意味着 $\boldsymbol{A}=\boldsymbol{I},\boldsymbol{A}_1,\cdots,\boldsymbol{A}_L$ 满足式（10.1.13））；

2）我们将随机 r 程序的有界情况版本应用于矩阵 $\boldsymbol{A},\boldsymbol{A}_1,\cdots,\boldsymbol{A}_L$ 和均匀分布在 $[-1,1]$ 上的独立随机变量 ζ_ℓ，将 δ 和 ϵ设置为 10^{-10}；

3）我们将相同程序的高斯版本，具有相同的 δ 和 ϵ，应用于矩阵 $\boldsymbol{A},\boldsymbol{A}_1,\cdots,\boldsymbol{A}_L$ 和作为 ζ_ℓ 的独立 $\mathcal{N}(0,2/\pi)$ 随机变量 η_ℓ。

在 2）和 3）中，我们使用了相同的网格 $\omega_k=0.01\cdot 10^{0.1k}$，$0\leqslant k\leqslant 40$。

通过上面的论证，在 2）和 3）中，我们得到最大 ρ 的下界，其概率至少为 $1-10^{-10}$，使得

$$\text{Prob}\left\{-\boldsymbol{I}\leq\rho\sum_{\ell=1}^{L}\zeta_\ell\boldsymbol{A}_\ell\leq\boldsymbol{I}\right\}\geqslant 1-10^{-10}$$

以下是我们获得的边界：

边界方案	下界	
	$N=1000$	$N=10000$
2）	0.0489	0.0489
3）	0.185	0.232

我们看到，虽然我们可以按原样处理均匀分布的 ζ_ℓ 的情况，但最好通过高斯优化处理。

最后，我们给出另一个“高斯优化”结果。其优点是不要求随机变量 ζ_ℓ 对称或单峰分布；本质上，我们需要的只是独立且均值为零。我们从一些定义开始，设 $\mathcal{R}_n$ 为 Borel 概率分布的空间，其均值为零且在 $\mathbb{R}^n$ 上分布。对于在 $\mathbb{R}^n$ 取值的随机变量 $\boldsymbol{\eta}$，我们用 $P_{\boldsymbol{\eta}}$ 表示相应的分布，我们用 $\boldsymbol{\eta}\in\mathcal{R}_n$ 表示 $P_{\boldsymbol{\eta}}\in\mathcal{R}_n$。设 $\mathcal{CF}_n$ 也是 $\mathbb{R}^n$ 上所有凸函数 f 的集合，且具有线性增长，意味着存在 $c_f<\infty$ 使 $|f(\boldsymbol{u})|\leqslant c_f(1+\|\boldsymbol{u}\|_2)$，对于所有的 $\boldsymbol{u}$。

定义 10.3.1　设 $\boldsymbol{\xi}$，$\boldsymbol{\eta}\in\mathcal{R}_n$。对于每一个 $f\in\mathcal{CF}_n$，如果

$$\int f(\boldsymbol{u})\mathrm{d}P_{\boldsymbol{\xi}}(\boldsymbol{u})\leqslant\int f(\boldsymbol{u})\mathrm{d}P_{\boldsymbol{\eta}}(\boldsymbol{u})$$

我们说 $\boldsymbol{\eta}$ 支配 $\boldsymbol{\xi}$（符号：$\boldsymbol{\xi}\preceq_c\boldsymbol{\eta}$，或者 $P_{\boldsymbol{\xi}}\preceq_c P_{\boldsymbol{\eta}}$，或者 $\boldsymbol{\eta}\succeq_c\boldsymbol{\xi}$ 或者 $P_{\boldsymbol{\eta}}\succeq_c P_{\boldsymbol{\xi}}$）。

注意，在文献中，关系 $\succeq_c$ 被称为“凸优势”。我们需要的关系 $\succeq_c$ 的性质总结如下。

命题 10.3.2 i) $\preceq_c$ 是一个在 $\mathcal{R}_n$ 上的偏序。

ii) 如果 $\boldsymbol{P}_1,\cdots,\boldsymbol{P}_k$，$\boldsymbol{Q}_1,\cdots,\boldsymbol{Q}_k\in\mathcal{R}_n$，对于每个 i 有 $\boldsymbol{P}_i\preceq_c\boldsymbol{Q}_i$，则 $\sum_i\lambda_iP_i\preceq_c\sum_i\lambda_i\boldsymbol{Q}_i$，对于所有具有单位和的非负 λ_i。

iii) 如果 $\boldsymbol{\xi}\in\mathcal{R}_n$ 并且 $t\geqslant1$ 是确定性的，则 $t\boldsymbol{\xi}\succeq_c\boldsymbol{\xi}$。

iv) 令 $\boldsymbol{P}_1$，$\boldsymbol{Q}_1\in\mathcal{R}_r$，$\boldsymbol{P}_2$，$\boldsymbol{Q}_2\in\mathcal{R}_s$ 应为 $\boldsymbol{P}_i\preceq_c\boldsymbol{Q}_i$，$i=1$，2。则 $\boldsymbol{P}_1\times\boldsymbol{P}_2\preceq_c\boldsymbol{Q}_1\times\boldsymbol{Q}_2$。特别地，如果 $\xi_1,\cdots,\xi_n$，$\eta_1,\cdots,\eta_n\in\mathcal{R}_1$ 是独立的，并且对于每一个 i 有 $\xi_i\preceq_c\eta_i$，那么 $[\xi_1;\cdots;\xi_n]\preceq_c[\eta_1;\cdots;\eta_n]$。

v) 如果 $\boldsymbol{\xi}_1,\cdots,\boldsymbol{\xi}_k$，$\boldsymbol{\eta}_1,\cdots,\boldsymbol{\eta}_k\in\mathcal{R}_n$ 为独立随机变量，对每一个 i 有 $\boldsymbol{\xi}_i\preceq_c\boldsymbol{\eta}_i$，$\boldsymbol{S}_i\in\mathbb{R}^{m\times n}$ 是确定性矩阵，则 $\sum_i\boldsymbol{S}_i\boldsymbol{\xi}_i\preceq_c\sum_i\boldsymbol{S}_i\boldsymbol{\eta}_i$。

vi) 令 $\xi\in\mathcal{R}_1$ 被 $[-1,1]$ 支持并且 $\eta\sim\mathcal{N}(0,\pi/2)$。则 $\eta\succeq_c\xi$。

vii) 如果 ξ，η 是对称和单峰分布的，即关于具有有限期望和 $\eta\succeq_m\xi$ 的原始标量随机变量分布（见 4.4 节），则 $\eta\succeq_c\xi$ 也是一样。特别是，如果 ξ 关于 0 有单峰的分布，并在 $[-1,1]$ 上得到支持，且 $\eta\sim\mathcal{N}(0,\pi/2)$，则 $\eta\succeq_c\xi$（参见例 4.4.3）。

viii) 假设 $\boldsymbol{\xi}\in\mathcal{R}_n$ 在单位立方体 $\{\boldsymbol{u}:\|\boldsymbol{u}\|_\infty\leqslant1\}$ 中得到支持，是"绝对对称分布"，意思是如果 $\boldsymbol{J}$ 是一个对角项为 ±1 的对角矩阵，那么 $\boldsymbol{J\xi}$ 与 $\boldsymbol{\xi}$ 有一样的分布。令 $\boldsymbol{\eta}\sim\mathcal{N}(\boldsymbol{0},(\pi/2)\boldsymbol{I}_n)$，则有 $\boldsymbol{\xi}\preceq_c\boldsymbol{\eta}$。

ix) 令 $\boldsymbol{\xi}$，$\boldsymbol{\eta}\in\mathcal{R}_r$，$\xi\sim\mathcal{N}(\boldsymbol{0},\boldsymbol{\Sigma})$，$\boldsymbol{\eta}\sim\mathcal{N}(\boldsymbol{0},\boldsymbol{\Theta})$ 有 $\boldsymbol{\Sigma}\preceq\boldsymbol{\Theta}$。然后有 $\boldsymbol{\xi}\preceq_c\boldsymbol{\eta}$。

我们的主要结论如下。

定理 10.3.3 让 $\boldsymbol{\eta}\sim\mathcal{N}(\boldsymbol{0},\boldsymbol{I}_L)$，并让 $\boldsymbol{\zeta}\in\mathcal{R}_L$ 使得 $\boldsymbol{\zeta}\preceq_c\boldsymbol{\eta}$。进一步地，让 $Q\subset\mathbb{R}^L$ 是一个闭凸集，使得

$$\chi\equiv\mathrm{Prob}\{\boldsymbol{\eta}\in Q\}>1/2$$

则对于每一个 $\gamma>1$，都有

$$\begin{aligned}\mathrm{Prob}\{\boldsymbol{\zeta}\notin\gamma Q\}&\leqslant\inf_{1\leqslant\beta<\gamma}\frac{1}{\gamma-\beta}\int_\beta^\infty\mathrm{Erf}(r\,\mathrm{ErfInv}(1-\chi))\mathrm{d}r\\&\leqslant\inf_{1\leqslant\beta<\gamma}\frac{1}{2(\gamma-\beta)}\int_\beta^\infty\exp\{-r^2\,\mathrm{ErfInv}^2(1-\chi)/2\}\mathrm{d}r\end{aligned}\tag{10.3.2}$$

其中，$\mathrm{Erf}(\cdot)$，$\mathrm{ErfInv}(\cdot)$ 由式（2.3.22）给出。

假设 $\boldsymbol{\zeta}\preceq_c\boldsymbol{\eta}$ 是有效的，特别是，如果 $\boldsymbol{\zeta}=[\zeta_1;\cdots;\zeta_L]$，$\zeta_\ell$ 独立，因此 $P_{\zeta_\ell}\in\mathcal{R}_1$ 和 $P_{\zeta_\ell}\preceq_c\mathcal{N}(0,1)$。

这些证明见附录 B.5.3。

10.4 机会约束线性矩阵不等式：特殊情况

我们打算考虑两种很容易证明猜想 10.1 的合理性的情况。而对矩阵 $\boldsymbol{A},\boldsymbol{A}_1,\cdots,\boldsymbol{A}_L$ 的结构假设在这两种情况下似乎是高度限制的，但结果仍然很重要：它们涵盖了随机扰动线性和锥二次优化中产生的情况。我们首先稍微放宽假设 A.Ⅰ～A.Ⅱ。

假设 A.Ⅲ：随机扰动 $\zeta_1,\cdots,\zeta_L$ 是独立的，具有零均值且为"1 阶"，意味着

$$E\{\exp\{\zeta_\ell^2\}\}\leqslant\exp\{1\},\ell=1,\cdots,L$$

请注意，假设 A.Ⅲ由 A.Ⅰ暗示且由 A.Ⅱ"几乎暗示"；事实上，$\zeta_\ell\sim\mathcal{N}(0,1)$ 表示随机变量 $\widetilde{\zeta}_\ell=\sqrt{(1-\mathrm{e}^{-2})/2}\,\zeta_\ell$ 满足 $E\{\exp\{\widetilde{\zeta}_\ell^2\}\}\leqslant\exp\{1\}$。

10.4.1 对角情况：机会约束线性优化

定理 10.4.1 设 $\boldsymbol{A},\boldsymbol{A}_1,\cdots,\boldsymbol{A}_L\in S^m$ 是满足式（10.1.13）的对角矩阵，让随机变量 ζ_ℓ 满足假设 A.Ⅲ，则对于每个 $\chi\in(0,1)$，$\Upsilon=\Upsilon(\chi)\equiv\sqrt{3\ln\left(\frac{2m}{1-\chi}\right)}$，有

$$\operatorname{Prob}\left\{-\Upsilon\boldsymbol{A}\preceq\sum_{\ell=1}^{L}\zeta_\ell\boldsymbol{A}_\ell\preceq\Upsilon\boldsymbol{A}\right\}\geqslant\chi \tag{10.4.1}$$

（参见式（10.1.14））。在 $\zeta_\ell\sim\mathcal{N}(0,1)$ 的情况下，关系（10.4.1）成立，其中 $\Upsilon=\Upsilon(\chi)\equiv\sqrt{2\ln\left(\frac{m}{1-\chi}\right)}$。

证明 我们可以立即看到，当我们假设 $\boldsymbol{A}\succ 0$ 时没有什么损失（参见推论 10.1.3 的证明）。根据这个假设，从对角矩阵 $\boldsymbol{A}$，$\boldsymbol{A}_\ell$ 传递到对角矩阵 $\boldsymbol{B}_\ell=\boldsymbol{A}^{-1/2}\boldsymbol{A}_\ell\boldsymbol{A}^{-1/2}$，需要证明的内容如下：

如果是 $\boldsymbol{B}_\ell\in S^m$ 是确定性对角矩阵，使 $\sum_\ell\boldsymbol{B}_\ell^2\preceq\boldsymbol{I}$ 和 ζ_ℓ 满足 A.Ⅲ，则对于每个 $\chi\in(0,1)$ 都有

$$\operatorname{Prob}\left\{\left\|\sum_{\ell=1}^{L}\zeta_\ell\boldsymbol{B}_\ell\right\|\leqslant\underbrace{\sqrt{3\ln\left(\frac{2m}{1-\chi}\right)}}_{\Upsilon(\chi)}\right\}\geqslant\chi \tag{10.4.2}$$

当 $\zeta_\ell\sim\mathcal{N}(0,1),\ell=1,\cdots,L$，关系仍然成立，其中 $\Upsilon(\chi)$ 减少至$\sqrt{2\ln(m/(1-\chi))}$。后一种说法的证明是基于用于推导“轻尾”独立随机变量之和的大偏差的结果的标准论证。首先，我们需要以下结果。

引理 10.4.2 令 $\beta_\ell,\ell=1,\cdots,L$，$\gamma>0$ 是确定性实数，使 $\sum_\ell\beta_\ell^2\leqslant 1$。则

$$\forall\Upsilon>0:\operatorname{Prob}\left\{\left|\sum_{\ell=1}^{L}\beta_\ell\zeta_\ell\right|>\Upsilon\right\}\leqslant 2\exp\{-\Upsilon^2/3\} \tag{10.4.3}$$

引理 10.4.2 的证明：首先，当 ξ 是一个均值为零的随机变量时，使 $E\{\exp\{\xi^2\}\}\leqslant\exp\{1\}$，有

$$E\{\exp\{\gamma\xi\}\}\leqslant\exp\{3\gamma^2/4\} \tag{10.4.4}$$

事实上，观察到根据 Holder 不等式，对于所有的 $s\in[0,1]$，关系 $E\{\exp\{\xi^2\}\}\leqslant\exp\{1\}$ 意味着 $E\{\exp\{s\xi^2\}\}\leqslant\exp\{s\}$。因此我们可以立即看到对于所有的 x，$\exp\{x\}-x\leqslant\exp\{9x^2/16\}$。假设 $9\gamma^2/16\leqslant 1$，我们因此有

$$\begin{aligned}E\{\exp\{\gamma\xi\}\}&=E\{\exp\{\gamma\xi\}-\gamma\xi\}\quad[\xi\text{ 的均值为零}]\\&\leqslant E\{\exp\{9\gamma^2\xi^2/16\}\}\\&\leqslant\exp\{9\gamma^2/16\}\quad[\text{因为 }9\gamma^2/16\leqslant 1]\\&\leqslant\exp\{3\gamma^2/4\}\end{aligned}$$

如式（10.4.4）所要求。现在让 $9\gamma^2/16\geqslant 1$。对于所有的 γ，我们有 $\gamma\xi\leqslant 3\gamma^2/8+2\xi^2/3$，由此

$$\begin{aligned}E\{\exp\{\gamma\xi\}\}&\leqslant\exp\{3\gamma^2/8\}\exp\{2\xi^2/3\}\leqslant\exp\{3\gamma^2/8+2/3\}\\&\leqslant\exp\{3\gamma^2/4\}\quad[\text{因为 }\gamma^2\geqslant 16/9]\end{aligned}$$

我们可以看到式（10.4.4）对于所有 γ 都是有效的。

现在我们有

$$E\left\{\exp\left\{\gamma\sum_{\ell=1}^{L}\beta_\ell\zeta_\ell\right\}\right\}=\prod_{\ell=1}^{L}E\{\exp\{\gamma\beta_\ell\zeta_\ell\}\}\quad[\zeta_1,\cdots,\zeta_L\text{ 是独立的}]$$
$$\leqslant\prod_{\ell=1}^{L}\exp\{3\gamma^2\beta_\ell^2/4\}\quad[\text{通过引理}]$$
$$\leqslant\exp\{3\gamma^2/4\}\quad\left[\text{因为}\sum_\ell\beta_\ell^2\leqslant 1\right]$$

现在我们有

$$\mathrm{Prob}\left\{\sum_{\ell=1}^{L}\beta_\ell\zeta_\ell>\Upsilon\right\}$$
$$\leqslant\min_{\Upsilon\geqslant 0}\exp\{-\Upsilon\gamma\}E\left\{\exp\left\{\gamma\sum_\ell\beta_\ell\zeta_\ell\right\}\right\}\quad[\text{切比雪夫不等式}]$$
$$\leqslant\min_{\Upsilon\geqslant 0}\exp\{-\Upsilon\gamma+3\gamma^2/4\}\quad[\text{由式(10.4.4)推出}]$$
$$=\exp\{-\Upsilon^2/3\}$$

用$-\zeta_\ell$替代ζ_ℓ，我们有$\mathrm{Prob}\left\{\sum_\ell\beta_\ell\zeta_\ell<-\Upsilon\right\}\leqslant\exp\{-\Upsilon^2/3\}$，接着可得到式（10.4.3）。■

式（10.4.1）的证明。让s_i是随机对角矩阵$\boldsymbol{S}=\sum_{\ell=1}^{L}\zeta_\ell\boldsymbol{B}_\ell$中的第$i$个对角项。考虑到$\boldsymbol{B}_\ell$是对角矩阵，且$\sum_\ell\boldsymbol{B}_\ell^2\preceq\boldsymbol{I}$，我们可以运用引理10.4.2获得边界条件

$$\mathrm{Prob}\{|s_i|>\Upsilon\}\leqslant 2\exp\{-\Upsilon^2/3\}$$

由于$\|\boldsymbol{S}\|=\max_{1\leqslant i\leqslant m}|s_i|$，式（10.4.2）如下。

在情况$\zeta_\ell\sim\mathcal{N}(0,1)$上的改进很明显：这里随机对角矩阵$\boldsymbol{S}=\sum_\ell\zeta_\ell\boldsymbol{B}_\ell$中的第$i$个对角项$s_i\sim\mathcal{N}(0,\sigma_i^2)$，其中$\sigma_i\leqslant 1$，由此$\mathrm{Prob}\{|s_i|>\Upsilon\}\leqslant\exp\{-\Upsilon^2/2\}$，因此$\mathrm{Prob}\{\|\boldsymbol{S}\|>\Upsilon\}\leqslant m\exp\{-\Upsilon^2/2\}$，所以在式（10.4.2）中的$\Upsilon(\chi)$确实可以减少到$\sqrt{2\ln(m/(1-\chi))}$。■

具有对角矩阵$\mathcal{A}^{\mathrm{n}}(\boldsymbol{y})$，$\mathcal{A}^\ell(\boldsymbol{y})$的机会约束LMI的情况，有一个重要的应用——机会约束线性优化。实际上，考虑一个随机扰动的线性优化问题

$$\min_{\boldsymbol{y}}\{\boldsymbol{c}^{\mathrm{T}}\boldsymbol{y}:\boldsymbol{A}_\zeta\boldsymbol{y}\geqslant\boldsymbol{b}_\zeta\}\tag{10.4.5}$$

其中$\boldsymbol{A}_\zeta$，$\boldsymbol{b}_\zeta$是随机扰动$\boldsymbol{\zeta}$中的仿射：

$$[\boldsymbol{A}_\zeta,\boldsymbol{b}_\zeta]=[\boldsymbol{A}^{\mathrm{n}},\boldsymbol{b}^{\mathrm{n}}]+\sum_{\ell=1}^{L}\zeta_\ell[\boldsymbol{A}^\ell,\boldsymbol{b}^\ell]$$

像往常一样，我们已经不失一般性地假设了目标是确定的。这个问题的机会约束版本是

$$\min_{\boldsymbol{y}}\{\boldsymbol{c}^{\mathrm{T}}\boldsymbol{y}:\mathrm{Prob}\{\boldsymbol{A}_\zeta\boldsymbol{y}\geqslant\boldsymbol{b}_\zeta\}\geqslant 1-\boldsymbol{\epsilon}\}\tag{10.4.6}$$

设置$\mathcal{A}^{\mathrm{n}}(\boldsymbol{y})=\mathrm{Diag}\{\boldsymbol{A}^{\mathrm{n}}\boldsymbol{y}-\boldsymbol{b}^{\mathrm{n}}\}$，$\mathcal{A}^\ell(\boldsymbol{y})=\mathrm{Diag}\{\boldsymbol{A}^\ell\boldsymbol{y}-\boldsymbol{b}^\ell\}$，$\ell=1,\cdots,L$，我们能将式（10.4.6）等价地重写为机会约束半定问题

$$\min_{\boldsymbol{y}}\{\boldsymbol{c}^{\mathrm{T}}\boldsymbol{y}:\mathrm{Prob}\{\mathcal{A}_\zeta(\boldsymbol{y})\succeq 0\}\geqslant 1-\boldsymbol{\epsilon}\},\mathcal{A}_\zeta(\boldsymbol{y})=\mathcal{A}^{\mathrm{n}}(\boldsymbol{y})+\sum_\ell\zeta_\ell\mathcal{A}^\ell(\boldsymbol{y})\tag{10.4.7}$$

并通过概述的近似方案来处理这个问题。注意我们现在所做的和第2章所做的之间的本质区别。在第2章，我们关注机会约束标量线性不等式的保守近似，这里我们说的是近似机会约束坐标向量不等式。除此之外，我们的近似方案一般是“半解析的”，它涉及模拟并且因此产生了一个解，这个解对于机会约束问题是可行的，问题的概率接近1，但不是1。

当然，在第2章中开发的机会约束的保守近似也可以用于处理坐标向量不等式。最自

然的方法是用一堆机会约束标量不等式来代替替式（10.4.6）中的机会约束向量不等式：

$$\mathrm{Prob}\{(\boldsymbol{A}_{\zeta}\boldsymbol{y}-\boldsymbol{b}_{\zeta})_i\geqslant 0\}\geqslant 1-\epsilon_i,i=1,\cdots,m\equiv\dim\boldsymbol{b}_{\zeta} \tag{10.4.8}$$

其中容差$\epsilon_i\geqslant 0$满足关系$\sum_i\epsilon_i=\epsilon$。式（10.4.8）的有效性显然是式（10.4.6）中机会约束有效性的充分条件，因此，用第2章中的保守可处理近似来替换这些约束，我们最终得到了一个机会约束LO问题（10.4.6）的保守可处理近似。这种方法的一个缺点是必须“猜测”ϵ_i，理想的解决方案是将它们视为额外的决策变量，并优化$\boldsymbol{y}$和ϵ_i中的保守近似。不幸的是，第2章中提出的标量机会约束的所有近似方案都会导致在$\boldsymbol{y}$，$\{\epsilon_i\}$中不是联合凸的近似。因此，在$\boldsymbol{y}$，ϵ_i中的联合优化是一厢情愿，而不是计算可靠的策略。似乎解决这个困难的唯一简单方法是设置所有的ϵ_i等于ϵ/m。

将由第2章的结果给出的机会约束LO（10.4.6）的“逐约束”保守近似与我们目前的近似方案进行比较是很有指导意义的。为此，让我们重点关注以下版本的机会约束问题

$$\max_{\rho,\boldsymbol{y}}\{\rho:\boldsymbol{c}^{\mathrm{T}}\boldsymbol{y}\leqslant\boldsymbol{\tau}_*,\mathrm{Prob}\{\boldsymbol{A}_{\rho\zeta}\boldsymbol{y}\geqslant\boldsymbol{b}_{\rho\zeta}\}\geqslant 1-\epsilon\} \tag{10.4.9}$$

（参见式（10.2.11））。为了使事情尽可能简单，我们也假设$\zeta_\ell\sim\mathcal{N}(0,1),\ell=1,\cdots,L$。式（10.4.9）的“逐约束”保守近似是机会约束问题

$$\max_{\rho,\boldsymbol{y}}\{\rho:\boldsymbol{c}^{\mathrm{T}}\boldsymbol{y}\leqslant\boldsymbol{\tau}_*,\mathrm{Prob}\{(\boldsymbol{A}_{\rho\zeta}\boldsymbol{y}-\boldsymbol{b}_{\rho\zeta})_i\geqslant 0\}\geqslant 1-\epsilon/m\}$$

其中m是$\boldsymbol{A}$中的行数。机会约束

$$\mathrm{Prob}\{(\boldsymbol{A}_{\rho\zeta}\boldsymbol{y}-\boldsymbol{b}_{\rho\zeta})_i\geqslant 0\}\geqslant 1-\epsilon/m$$

可以等价地重写为

$$\mathrm{Prob}\left\{[\boldsymbol{b}^{\mathrm{n}}-\boldsymbol{A}^{\mathrm{n}}\boldsymbol{y}]_i+\rho\sum_{\ell=1}^{L}[\boldsymbol{b}^{\ell}-\boldsymbol{A}^{\ell}\boldsymbol{y}]_i\zeta_\ell>0\right\}\leqslant\epsilon/m$$

由于$\zeta_\ell\sim\mathcal{N}(0,1)$是独立的，这个标量机会约束完全等价于

$$[\boldsymbol{b}^{\mathrm{n}}-\boldsymbol{A}^{\mathrm{n}}\boldsymbol{y}]_i+\rho\,\mathrm{ErfInv}(\epsilon/m)\sqrt{\sum_{\ell}[\boldsymbol{b}^{\ell}-\boldsymbol{A}^{\ell}\boldsymbol{y}]_i^2}\leqslant 0$$

感兴趣问题（10.4.9）的相关保守易处理近似为锥二次规划

$$\max_{\rho,\boldsymbol{y}}\left\{\rho:\boldsymbol{c}^{\mathrm{T}}\boldsymbol{y}\leqslant\boldsymbol{\tau}_*,\mathrm{ErfInv}(\epsilon/m)\sqrt{\sum_{\ell}[\boldsymbol{b}^{\ell}-\boldsymbol{A}^{\ell}\boldsymbol{y}]_i^2}\leqslant\frac{[\boldsymbol{A}^{\mathrm{n}}\boldsymbol{y}-\boldsymbol{b}^{\mathrm{n}}]_i}{\rho},1\leqslant i\leqslant m\right\} \tag{10.4.10}$$

现在，让我们应用新的近似方案，将式（10.4.6）中的机会约束向量不等式作为一个整体来处理。为此，我们应该解问题

$$\min_{\nu,\boldsymbol{y},\{\boldsymbol{U}_\ell\}}\left\{\nu:\begin{array}{l}\boldsymbol{c}^{\mathrm{T}}\boldsymbol{y}\leqslant\boldsymbol{\tau}_*,\left[\begin{array}{c|c}\boldsymbol{U}_\ell & \mathrm{Diag}\{\boldsymbol{A}^{\ell}\boldsymbol{y}-\boldsymbol{b}^{\ell}\}\\ \hline \mathrm{Diag}\{\boldsymbol{A}^{\ell}\boldsymbol{y}-\boldsymbol{b}^{\ell}\} & \mathrm{Diag}\{\boldsymbol{A}^{\mathrm{n}}\boldsymbol{y}-\boldsymbol{b}^{\mathrm{n}}\}\end{array}\right]\succeq 0,1\leqslant\ell\leqslant L\\ \sum_{\ell}\boldsymbol{U}_\ell\preceq\nu\,\mathrm{Diag}\{\boldsymbol{A}^{\mathrm{n}}\boldsymbol{y}-\boldsymbol{b}^{\mathrm{n}}\},\boldsymbol{c}^{\mathrm{T}}\boldsymbol{y}\leqslant\boldsymbol{\tau}_*\end{array}\right\} \tag{10.4.11}$$

将其最优解$\boldsymbol{y}_*$作为问题近似最优解的$\boldsymbol{y}$分量，然后以这个解的可行性半径$\rho_*(\boldsymbol{y}_*)$以下为限（例如，通过将随机化r程序应用于$\boldsymbol{y}_*$）。观察到问题（10.4.11）只不过是问题

$$\min_{\nu,\boldsymbol{y}}\left\{\nu:\begin{array}{l}\sum_{\ell=1}^{L}[\boldsymbol{A}^{\ell}\boldsymbol{y}-\boldsymbol{b}]_i^2/[\boldsymbol{A}^{\mathrm{n}}\boldsymbol{y}-\boldsymbol{b}^{\mathrm{n}}]_i\leqslant\nu[\boldsymbol{A}^{\mathrm{n}}\boldsymbol{y}-\boldsymbol{b}^{\mathrm{n}}]_i,1\leqslant i\leqslant m,\\ \boldsymbol{A}^{\mathrm{n}}\boldsymbol{y}-\boldsymbol{b}^{\mathrm{n}}\geqslant\boldsymbol{0},\boldsymbol{c}^{\mathrm{T}}\boldsymbol{y}\leqslant\boldsymbol{\tau}_*\end{array}\right\}$$

其中 $a=0$ 时 $a^2/0$ 为 0，否则为 $+\infty$。将后一个问题与式（10.4.10）对比，我们看到问题（10.4.11）和（10.4.10）彼此等效，最优值如下所示：

$$\mathrm{Opt}(10.4.10)=\frac{1}{\mathrm{ErfInv}(\epsilon/m)\sqrt{\mathrm{Opt}(10.4.11)}}$$

因此，我们比较的方法导致相同的决策变量 $\boldsymbol{y}_*$ 向量，唯一的区别是 $\boldsymbol{y}_*$ 的可行性半径下界的结果值。对于源自第 2 章的“逐约束”方法，这个值是式（10.4.10）中的最优值，而对于我们的新方法，它将向量不等式 $\boldsymbol{Ax}\geqslant\boldsymbol{b}$ 作为一个整体，通过定理 10.4.1 或随机化 r 程序给出的猜想 10.1 的可证明版本，以可行性半径之下为界限。

一个自然的问题是，哪一种方法导致 $\boldsymbol{y}_*$ 的可行性半径的下界不那么保守。在这个问题的理论方面，很容易看到，当第二种方法利用定理 10.4.1 时，它会得到与第一种方法相同（在绝对常数因子内）的 ρ 值。然而，从实际的角度来看，考虑第二种方法利用随机化 r 程序的情况更有趣，因为实验表明，这个版本比基于定理 10.4.1 的“100%可靠”的版本更不保守。因此，让我们集中精力比较式（10.4.6）的“逐约束”保守近似，称它为近似Ⅰ，与基于随机化 r 程序的近似Ⅱ。数值实验表明，这两种近似中没有一种“一般主导”另一种，所以最好是选择两个下界中最好的——最大的。

10.4.1.1　实例：重新审视天线设计

考虑天线设计问题（例 3.3.1，3.3 节）不存在定位误差，驱动误差为高斯误差，我们推导出问题的形式为式（10.4.9）。具体来说，设置

$$R_{s\phi}^{k}=\exp\{2\pi\imath[s/12+k\cos(\phi)/8]\}$$

感兴趣的机会约束问题是

$$\max_{\rho,z}\left\{\rho:\mathrm{Prob}\left\{\begin{array}{l}\Re\left\{\sum_{k=1}^{16}R_{s\phi}^{k}z_k(1+\rho\eta_k)\right\}\leqslant\tau_*,\phi\in\Pi,s=1,\cdots,12\\ \Re\left\{\sum_{k=1}^{16}R_{00}^{k}z_k(1+\rho\eta_k)\right\}\geqslant 1\end{array}\right\}\geqslant 1-\epsilon\right\}\tag{10.4.12}$$

其中 Π 是 $[\pi/6,\pi]$ 上分辨率为 $\pi/90$ 的等距网格。决策变量 z_k 是复数（因此实际决策变量的向量为 $\boldsymbol{y}=[\Re\boldsymbol{z};\Im\boldsymbol{z}]$，$\eta_k$ 是独立的标准复值高斯随机变量，或者，等价地，独立的 $\mathcal{N}(\boldsymbol{0},\boldsymbol{I}_2)$ 随机二维向量）。

这里的问题（10.4.10）、(10.4.11）等同于

$$\min_{\mu\in\mathbb{R},z\in\mathbb{C}^{16}}\left\{\mu:\begin{array}{l}\|\boldsymbol{z}\|_2\leqslant\mu\left[\tau_*-\Re\left\{\sum_{k=1}^{16}R_{s\phi}^{k}z_k\right\}\right],1\leqslant s\leqslant 12,\phi\in\Pi\\ \|\boldsymbol{z}\|_2\leqslant\mu\left[\Re\left\{\sum_{k=1}^{16}R_{00}^{k}z_k\right\}-1\right]\end{array}\right\}\tag{10.4.13}$$

在这个问题中，我们唯一没有指定的数据元素是 τ_*，它表示旁瓣衰减电平上的期望上界。在我们在实验中，我们将该界限设置为 0.15（参见表 3-1 中的数字）。在发现式（10.4.12）的最优解（$\boldsymbol{z}_*,\mu_*$）之后，我们使用了 3 种策略限定在 $\boldsymbol{z}_*$ 的可行性半径 $\rho_*(\boldsymbol{z}_*)$ 之下（即，其中最大的 ρ 使得（$\boldsymbol{z}_*,\rho$）是感兴趣的机会约束问题（10.4.12）的可行解）。

i）近似Ⅰ，在我们的情况下，它会得到下界

$$\rho_{\mathrm{I}}=\frac{1}{\mathrm{ErfInv}(\epsilon/m)\mu_*}$$

ii）近似Ⅱ，得到下界

$$\rho_{\mathrm{II}}=\frac{r}{\mu_*}$$

其中，r 由随机化 r 程序给出，应用于矩阵

$$\boldsymbol{A}=\mathrm{Diag}\left\{\left\{\boldsymbol{\tau}_*-\Re\left\{\sum_{k=1}^{16}R_{s\phi}^{k}(\boldsymbol{z}_*)_k\right\}\right\}_{\substack{\phi\in\Pi\\1\leqslant s\leqslant 12}},\Re\left\{\sum_{k=1}^{16}R_{00}^{k}(\boldsymbol{z}_*)_k\right\}-1\right\},$$

$$\boldsymbol{A}_\ell=\mu_*^{-1}\cdot\begin{cases}\mathrm{Diag}\{\{\Re\{R_{s\phi}^{\ell}(\boldsymbol{z}_*)_\ell\}\}_{\substack{\phi\in\Pi\\1\leqslant s\leqslant 12}},-\Re\{R_{00}^{\ell}(\boldsymbol{z}_*)_\ell\}\},1\leqslant\ell\leqslant 16\\ \mathrm{Diag}\{\{\Im\{R_{s\phi}^{\ell-16}(\boldsymbol{z}_*)_{\ell-16}\}\}_{\substack{\phi\in\Pi\\1\leqslant s\leqslant 12}},-\Im\{R_{00}^{\ell-16}(\boldsymbol{z}_*)_{\ell-16}\}\},17\leqslant\ell\leqslant 32\end{cases}$$

iii）基于定理 10.4.1 而非模拟的近似Ⅱ版本。

注意，定理 10.4.1 与定理 10.1.2 相结合，暗示了以下结果。

定理 10.4.3　设 $\boldsymbol{A},\boldsymbol{A}_1,\cdots,\boldsymbol{A}_L$ 是满足式（10.1.13）的确定性对角矩阵，并让 $\zeta_1,\cdots,\zeta_L\sim\mathcal{N}(0,1)$ 且是独立的。则

$$\forall s>0:\mathrm{Prob}\left\{-s\boldsymbol{A}\preceq\sum_{\ell=1}^{L}\zeta_\ell\boldsymbol{A}_\ell\preceq s\boldsymbol{A}\right\}\geqslant 1-\gamma$$

$$\gamma=\gamma(s)\equiv\inf_\theta\{\mathrm{Erf}(\Gamma(s,\theta)):0<\theta<1/2,\sqrt{2\ln(m\theta^{-1})}<s\},$$

$$\Gamma(s,\theta)=\mathrm{ErfInv}(\theta)+(s-\sqrt{2\ln(m\theta^{-1})})\max[1,\mathrm{ErfInv}(\theta)/\sqrt{2\ln(m\theta^{-1})}]$$

作为直接的推论，我们得到了

$$\rho_*(\boldsymbol{z}_*)\geqslant\rho_{\mathrm{III}}=\frac{1}{s(\epsilon)\mu_*}$$

其中 $s(\epsilon)$ 是方程 $\gamma(s)=\epsilon$ 的根。

我们的实验结果如表 10-2 所示。我们看到近似Ⅱ比近似Ⅰ不保守。

表 10-2　由各种近似方案产生的 $\boldsymbol{\rho}_*(z_*)$ 的下界。当计算 $\boldsymbol{\rho}_{\mathrm{II}}$ 时，置信参数 $\boldsymbol{\delta}$ 设置为 10^{-2} ϵ和随机化 r 程序中的样本量 N 设置为 100000

下界	$\epsilon=10^{-2}$	$\epsilon=10^{-4}$	$\epsilon=10^{-6}$
ρ_{I}	0.00396	0.00325	0.00282
ρ_{II}	0.00504	0.00360	0.00294
ρ_{III}	0.00322	0.00288	0.00245

10.4.2　箭头情况：机会约束锥二次优化

我们将在箭头类型的情况下证明猜想 10.1，也就是说，当矩阵 $\boldsymbol{A}_\ell\in S^m,\ell=1,\cdots,L$ 的形式如下

$$\boldsymbol{A}_\ell=[\boldsymbol{e}\boldsymbol{f}_\ell^{\mathrm{T}}+\boldsymbol{f}_\ell\boldsymbol{e}^{\mathrm{T}}]+\lambda_\ell\boldsymbol{G}\tag{10.4.14}$$

其中 $\boldsymbol{e},\boldsymbol{f}_\ell\in\mathbb{R}^m,\lambda_\ell\in\mathbb{R}$ 和 $\boldsymbol{G}\in S^m$。我们在机会约束锥二次优化中遇到了这种情况。事实上，机会约束 CQI：

$$\mathrm{Prob}\{\|\boldsymbol{A}(\boldsymbol{y})\boldsymbol{\zeta}+\boldsymbol{b}(\boldsymbol{y})\|_2\leqslant\boldsymbol{c}^{\mathrm{T}}(\boldsymbol{y})\boldsymbol{\zeta}+d(\boldsymbol{y})\}\geqslant 1-\epsilon,\quad[\boldsymbol{A}(\cdot):p\times q]$$

可以等效地重新表示为机会约束 LMI：

$$\mathrm{Prob}\left\{\left[\begin{array}{c|c}\boldsymbol{c}^{\mathrm{T}}(\boldsymbol{y})\boldsymbol{\zeta}+d(\boldsymbol{y}) & \boldsymbol{\zeta}^{\mathrm{T}}\boldsymbol{A}^{\mathrm{T}}(\boldsymbol{y})+\boldsymbol{b}^{\mathrm{T}}(\boldsymbol{y})\\ \hline \boldsymbol{A}(\boldsymbol{y})\boldsymbol{\zeta}+\boldsymbol{b}(\boldsymbol{y}) & (\boldsymbol{c}^{\mathrm{T}}(\boldsymbol{y})\boldsymbol{\zeta}+d(\boldsymbol{y}))\boldsymbol{I}\end{array}\right]\succeq 0\right\}\geqslant 1-\epsilon\tag{10.4.15}$$

(见引理6.3.3)。在式(10.1.1)的符号中，对于这个LMI，我们有

$$\mathcal{A}^{\mathrm{n}}(\boldsymbol{y})=\left[\begin{array}{c|c} d(\boldsymbol{y}) & \boldsymbol{b}^{\mathrm{T}}(\boldsymbol{y}) \\ \hline \boldsymbol{b}(\boldsymbol{y}) & d(\boldsymbol{y})\boldsymbol{I}\end{array}\right],\quad \mathcal{A}^{\ell}(\boldsymbol{y})=\left[\begin{array}{c|c} \boldsymbol{c}_{\ell}(\boldsymbol{y}) & \boldsymbol{a}_{\ell}^{\mathrm{T}}(\boldsymbol{y}) \\ \hline \boldsymbol{a}_{\ell}(\boldsymbol{y}) & \boldsymbol{c}_{\ell}(\boldsymbol{y})\boldsymbol{I}\end{array}\right]$$

式中的$\boldsymbol{a}_\ell(\boldsymbol{y})$是$\boldsymbol{A}(\boldsymbol{y})$的第$\ell$列。我们看到矩阵$\mathcal{A}^{\ell}(\boldsymbol{y})$是箭头$(p+1)\times(p+1)$矩阵，其中式(10.4.14)中的$\boldsymbol{e}$是$\mathbb{R}^{p+1}$中的第一个正交基，$\boldsymbol{f}_\ell=[0;\boldsymbol{a}_\ell(\boldsymbol{y})],\boldsymbol{G}=\boldsymbol{I}_{p+1}$。

另一个例子出现在机会约束桁架拓扑设计问题中，见10.2.2节。

在箭头类型情况下，猜想10.1的证明如下所示。

定理10.4.4　设形如式(10.4.14)的$m\times m$矩阵$\boldsymbol{A}_1,\cdots,\boldsymbol{A}_L$以及矩阵$\boldsymbol{A}\in S^m$满足关系(10.1.13)，$\zeta_\ell$的均值为零且独立，从而使$E\{\zeta_\ell^2\}\leqslant\sigma^2,\ell=1,\cdots,L$(根据假设A.Ⅲ，可以取$\sigma=\sqrt{\exp\{1\}-1}$)。则对于每个$\chi\in(0,1)$，$\Upsilon=\Upsilon(\chi)\equiv\dfrac{2\sqrt{2}\sigma}{\sqrt{1-\chi}}$，有

$$\operatorname{Prob}\left\{-\Upsilon\boldsymbol{A}\preceq\sum_{\ell=1}^{L}\zeta_\ell A_\ell\preceq\Upsilon\boldsymbol{A}\right\}\geqslant\chi \tag{10.4.16}$$

(参见式(10.1.14))。当ζ满足假设A.Ⅰ，或ζ满足假设A.Ⅱ时和$\chi\geqslant\dfrac{6}{7}$，关系(10.4.16)分别满足$\Upsilon=\Upsilon_{\mathrm{I}}(\chi)\equiv2+4\sqrt{3\ln\dfrac{4}{1-\chi}}$和$\Upsilon=\Upsilon_{\mathrm{II}}(\chi)\equiv\sqrt{3\left(1+3\ln\dfrac{1}{1-\chi}\right)}$。

证明　首先，当$\zeta_\ell,\ell=1,\cdots,L$满足假设A.Ⅲ，我们确实有$E\{\zeta_\ell^2\}\leqslant\exp\{1\}-1$，由于对于所有的$t$，$t^2\leqslant\exp\{t^2\}-1$。此外，与定理10.4.1的证明类似，只要考虑$\boldsymbol{A}\succ0$时的情况，并证明以下陈述：

让$\boldsymbol{A}_\ell$形如式(10.4.14)，使矩阵$\boldsymbol{B}_\ell=\boldsymbol{A}^{-1/2}\boldsymbol{A}_\ell\boldsymbol{A}^{-1/2}$，满足$\sum_\ell\boldsymbol{B}_\ell^2\preceq\boldsymbol{I}$。进一步，$\zeta_\ell$满足定理10.4.4。则对于每个$\chi\in(0,1)$，都有

$$\operatorname{Prob}\left\{\left\|\sum_{\ell=1}^{L}\zeta_\ell\boldsymbol{B}_\ell\right\|\leqslant\frac{2\sqrt{2}\sigma}{\sqrt{1-\chi}}\right\}\geqslant\chi \tag{10.4.17}$$

请注意$\boldsymbol{B}_\ell$也为箭头类型(10.4.14)：

$$\boldsymbol{B}_\ell=[\boldsymbol{g}\boldsymbol{h}_\ell^{\mathrm{T}}+\boldsymbol{h}_\ell\boldsymbol{g}^{\mathrm{T}}]+\lambda_\ell\boldsymbol{H}\quad[\boldsymbol{g}=\boldsymbol{A}^{-1/2}\boldsymbol{e},\boldsymbol{h}_\ell=\boldsymbol{A}^{-1/2}\boldsymbol{f}_\ell,\boldsymbol{H}=\boldsymbol{A}^{-1/2}\boldsymbol{G}\boldsymbol{A}^{-1/2}]$$

注意我们可以不失一般性地假设$\|\boldsymbol{g}\|_2=1$，然后旋转坐标，使$\boldsymbol{g}$成为第一个正交基。在这种情况下，矩阵$\boldsymbol{B}_\ell$成为

$$\boldsymbol{B}_\ell=\left[\begin{array}{c|c} q_\ell & \boldsymbol{r}_\ell^{\mathrm{T}} \\ \hline \boldsymbol{r}_\ell & \lambda_\ell\boldsymbol{Q}\end{array}\right] \tag{10.4.18}$$

通过适当的λ_ℓ缩放，我们可以确保$\|\boldsymbol{Q}\|=1$。我们有

$$\boldsymbol{B}_\ell^2=\left[\begin{array}{c|c} q_\ell^2+\boldsymbol{r}_\ell^{\mathrm{T}}\boldsymbol{r}_\ell & q_\ell\boldsymbol{r}_\ell^{\mathrm{T}}+\lambda_\ell\boldsymbol{r}_\ell^{\mathrm{T}}\boldsymbol{Q} \\ \hline q_\ell\boldsymbol{r}_\ell+\lambda_\ell\boldsymbol{Q}\boldsymbol{r}_\ell & \boldsymbol{r}_\ell\boldsymbol{r}_\ell^{\mathrm{T}}+\lambda_\ell^2\boldsymbol{Q}^2\end{array}\right]$$

我们的结论是$\sum_{\ell=1}^{L}\boldsymbol{B}_\ell^2\preceq\boldsymbol{I}_m$这意味着$\sum_\ell(q_\ell^2+\boldsymbol{r}_\ell^{\mathrm{T}}\boldsymbol{r}_\ell)\leqslant1$和$\left[\sum_\ell\lambda_\ell^2\right]\boldsymbol{Q}^2\preceq\boldsymbol{I}_{m-1}$；因为$\|\boldsymbol{Q}^2\|=1$，我们得出了关系

$$\begin{aligned}&(a)\quad\sum_\ell\lambda_\ell^2\leqslant1,\\&(b)\quad\sum_\ell(q_\ell^2+\boldsymbol{r}_\ell^{\mathrm{T}}\boldsymbol{r}_\ell)\leqslant1\end{aligned} \tag{10.4.19}$$

现在让 $\boldsymbol{p}_\ell=[0;\boldsymbol{r}_\ell]\in\mathbb{R}^m$。我们有

$$\boldsymbol{S}[\boldsymbol{\zeta}]\equiv\sum_\ell\zeta_\ell\boldsymbol{B}_\ell=\left[\boldsymbol{g}^{\mathrm{T}}\underbrace{\left(\sum_\ell\zeta_\ell\boldsymbol{p}_\ell\right)}_{\xi}+\boldsymbol{\xi}^{\mathrm{T}}\boldsymbol{g}\right]+\mathrm{Diag}\left\{\underbrace{\sum_\ell\zeta_\ell q_\ell}_{\theta},\underbrace{\left(\sum_\ell\zeta_\ell\lambda_\ell\right)}_{\eta}\boldsymbol{Q}\right\}$$

$$\Rightarrow\|\boldsymbol{S}[\boldsymbol{\zeta}]\|\leqslant\|\boldsymbol{g}\boldsymbol{\xi}^{\mathrm{T}}+\boldsymbol{\xi}\boldsymbol{g}^{\mathrm{T}}\|+\max[|\theta|,|\eta|\,\|\boldsymbol{Q}\|]=\|\boldsymbol{\xi}\|_2+\max[|\theta|,|\eta|]$$

设置

$$\alpha=\sum_\ell\boldsymbol{r}_\ell^{\mathrm{T}}\boldsymbol{r}_\ell,\quad\beta=\sum_\ell q_\ell^2$$

由式（10.4.19.b），我们得到 $\alpha+\beta\leqslant1$。除此之外，

$$\begin{aligned}
E\{\boldsymbol{\xi}^{\mathrm{T}}\boldsymbol{\xi}\}&=\sum_{\ell,\ell'}E\{\zeta_\ell\zeta_{\ell'}\}\boldsymbol{p}_\ell^{\mathrm{T}}\boldsymbol{p}_{\ell'}=\sum_\ell E\{\zeta_\ell^2\}\boldsymbol{r}_\ell^{\mathrm{T}}\boldsymbol{r}_\ell\quad[\zeta_\ell\text{ 是独立的且均值为零}]\\
&\leqslant\sigma^2\sum_\ell\boldsymbol{r}_\ell^{\mathrm{T}}\boldsymbol{r}_\ell=\sigma^2\alpha\\
&\Rightarrow\mathrm{Prob}\{\|\boldsymbol{\xi}\|_2>t\}\leqslant\frac{\sigma^2\alpha}{t^2},\ \forall t>0\quad[\text{切比雪夫不等式}]\\
E\{\eta^2\}&=\sum_\ell E\{\zeta_\ell^2\}\lambda_\ell^2\leqslant\sigma^2\sum_\ell\lambda_\ell^2\leqslant\sigma^2\quad[\text{式(10.4.19.}a)]\\
&\Rightarrow\mathrm{Prob}\{|\eta|>t\}\leqslant\frac{\sigma^2}{t^2},\ \forall t>0\quad[\text{切比雪夫不等式}]\\
E\{\theta^2\}&=\sum_\ell E\{\zeta_\ell^2\}q_\ell^2\leqslant\sigma^2\beta\\
&\Rightarrow\mathrm{Prob}\{|\theta|>t\}\leqslant\frac{\sigma^2\beta}{t^2},\ \forall t>0\quad[\text{切比雪夫不等式}]
\end{aligned}$$

因此，对于每一个 $\Upsilon>0$ 和所有的 $\lambda\in(0,1)$ 有

$$\begin{aligned}
\mathrm{Prob}\{\|\boldsymbol{S}[\boldsymbol{\zeta}]\|>\Upsilon\}&\leqslant\mathrm{Prob}\{\|\boldsymbol{\xi}\|_2+\max[|\theta|,|\eta|]>\Upsilon\}\\
&\leqslant\mathrm{Prob}\{\|\boldsymbol{\xi}\|_2>\lambda\Upsilon\}+\mathrm{Prob}\{|\theta|>(1-\lambda)\Upsilon\}+\mathrm{Prob}\{|\eta|>(1-\lambda)\Upsilon\}\\
&\leqslant\frac{\sigma^2}{\Upsilon^2}\left[\frac{\alpha}{\lambda^2}+\frac{\beta+1}{(1-\lambda)^2}\right]
\end{aligned}$$

因此，由于 $\alpha+\beta\leqslant1$，

$$\mathrm{Prob}\{\|\boldsymbol{S}[\boldsymbol{\zeta}]\|>\Upsilon\}\leqslant\frac{\sigma^2}{\Upsilon^2}\max_{\alpha\in[0,1]}\min_{\lambda\in(0,1)}\left[\frac{\alpha}{\lambda^2}+\frac{2-\alpha}{(1-\lambda)^2}\right]=\frac{8\sigma^2}{\Upsilon^2}$$

$\Upsilon=\Upsilon(\chi)$ 中，这种关系隐含在式（10.4.16）中。

现在假设 ζ_ℓ 满足假设 A.Ⅰ。我们应该证明关系（10.4.16）成立，其中 $\Upsilon=\Upsilon_{\mathrm{I}}(\chi)$，或者，同样地，

$$\mathrm{Prob}\{\|\boldsymbol{S}[\boldsymbol{\zeta}]\|>\Upsilon\}\leqslant1-\chi,\boldsymbol{S}[\boldsymbol{\zeta}]=\sum_\ell\zeta_\ell\boldsymbol{B}_\ell=\left[\begin{array}{c|c}\sum_\ell\zeta_\ell q_\ell & \sum_\ell\zeta_\ell\boldsymbol{r}_\ell^{\mathrm{T}}\\\hline\sum_\ell\zeta_\ell\boldsymbol{r}_\ell & \left(\sum_\ell\zeta_\ell\lambda_\ell\right)\boldsymbol{Q}\end{array}\right]\tag{10.4.20}$$

观察到对于一个对称的块矩阵 $\boldsymbol{P}=\left[\begin{array}{c|c}\boldsymbol{A}&\boldsymbol{B}^{\mathrm{T}}\\\hline\boldsymbol{B}&\boldsymbol{C}\end{array}\right]$，我们有 $\|\boldsymbol{P}\|\leqslant\left\|\left[\begin{array}{c|c}\|\boldsymbol{A}\|&\|\boldsymbol{B}\|\\\hline\|\boldsymbol{B}\|&\|\boldsymbol{C}\|\end{array}\right]\right\|$，并且对称矩阵的范数不超过它的弗罗贝尼乌斯范数，因此

$$\|\boldsymbol{S}[\boldsymbol{\zeta}]\|^2\leqslant\left|\sum_\ell\zeta_\ell q_\ell\right|^2+2\left\|\sum_\ell\zeta_\ell\boldsymbol{r}_\ell\right\|_2^2+\left|\sum_\ell\zeta_\ell\lambda_\ell\right|^2\equiv\alpha[\boldsymbol{\zeta}]\tag{10.4.21}$$

(回想一下$\|\boldsymbol{Q}\|=1$)。让 E_ρ 是椭球 $E_\rho=\{\boldsymbol{z}:\alpha[\boldsymbol{z}]\leqslant\rho^2\}$。观察到 E_ρ 包含了半径为 $\rho/\sqrt{3}$ 且以原点为中心的欧几里得球。事实上，应用柯西不等式，我们有

$$\alpha[\boldsymbol{z}]\leqslant\left(\sum_\ell z_\ell^2\right)\left[\sum_\ell q_\ell^2+2\sum_\ell\|\boldsymbol{r}_\ell\|_2^2+\sum_\ell\lambda_\ell^2\right]\leqslant 3\sum_\ell z_\ell^2$$

(我们使用过式 (10.4.19))。此外，ζ_ℓ 是独立的，均值为零，$E\{\zeta_\ell^2\}\leqslant 1$ 对于每个 ℓ；应用相同的式 (10.4.19)，因此我们得到 $E\{\alpha[\boldsymbol{\zeta}]\}\leqslant 3$。根据切比雪夫不等式，我们有

$$\text{Prob}\{\boldsymbol{\zeta}\in E_\rho\}\equiv\text{Prob}\{\alpha[\boldsymbol{\zeta}]\leqslant\rho^2\}\geqslant 1-\frac{3}{\rho^2}$$

引用 Talagrand 不等式（参见附录 B. 3. 3 节引理 B. 3 的证明），我们有

$$\rho^2>3\Rightarrow E\left\{\exp\left\{\frac{\text{dist}^2_{\|\cdot\|_2}(\boldsymbol{\zeta},E_\rho)}{16}\right\}\right\}\leqslant\frac{1}{\text{Prob}\{\boldsymbol{\zeta}\in E_\rho\}}\leqslant\frac{\rho^2}{\rho^2-3}$$

另一方面，如果 $r>\rho$ 和 $\alpha[\boldsymbol{\zeta}]>r^2$，则 $\boldsymbol{\zeta}\notin(r/\rho)E_\rho$。因此，$\text{dist}_{\|\cdot\|_2}(\boldsymbol{\zeta},E_\rho)\geqslant(r/\rho-1)\cdot\rho/\sqrt{3}=(r-\rho)/\sqrt{3}$（回顾 E_ρ 包含以原点为中心且半径为 $\rho/\sqrt{3}$ 的$\|\cdot\|_2$ 球）。应用切比雪夫不等式，我们得到

$$r^2>\rho^2>3\Rightarrow\text{Prob}\{\alpha[\boldsymbol{\zeta}]>r^2\}\leqslant E\left\{\exp\left\{\frac{\text{dist}^2_{\|\cdot\|_2}(\boldsymbol{\zeta},E_\rho)}{16}\right\}\right\}\exp\left\{-\frac{(r-\rho)^2}{48}\right\}$$
$$\leqslant\frac{\rho^2\exp\left\{-\frac{(r-\rho)^2}{48}\right\}}{\rho^2-3}$$

使用 $\rho=2$，$r=\Upsilon_1(\chi)=2+4\sqrt{3\ln\frac{4}{1-\chi}}$，这个边界意味着 $\text{Prob}\{\alpha[\boldsymbol{\zeta}]>r^2\}\leqslant 1-\chi$；回忆 $\sqrt{\alpha[\boldsymbol{\zeta}]}$ 是$\|\boldsymbol{S}[\boldsymbol{\zeta}]\|$的一个上界，我们可以看到式 (10.4.16) 确实成立，其中 $\Upsilon=\Upsilon_1(\chi)$。

现在考虑一下，当 $\boldsymbol{\zeta}\sim\mathcal{N}(\boldsymbol{0},\boldsymbol{I}_L)$，观察到 $\alpha[\boldsymbol{\zeta}]$ 是 $\boldsymbol{\zeta}$ 的一个齐二次型：$\alpha[\boldsymbol{\zeta}]=\boldsymbol{\zeta}^{\mathrm{T}}\boldsymbol{A}\boldsymbol{\zeta}$，$A_{ij}=q_iq_j+2\boldsymbol{r}_i^{\mathrm{T}}\boldsymbol{r}_j+\lambda_i\lambda_j$。我们看到矩阵 $\boldsymbol{A}$ 是半正定的，和 $\text{Tr}(\boldsymbol{A})=\sum_i(q_i^2+\lambda_i^2+2\|\boldsymbol{r}_i\|_2^2)\leqslant 3$。用 μ_ℓ 表示 $\boldsymbol{A}$ 的特征值，我们有 $\boldsymbol{\zeta}^{\mathrm{T}}\boldsymbol{A}\boldsymbol{\zeta}=\sum_{\ell=1}^{L}\mu_\ell\xi_\ell^2$，其中 $\boldsymbol{\xi}\sim\mathcal{N}(\boldsymbol{0},I_L)$ 是 $\boldsymbol{\zeta}$ 的适当旋转。现在我们可以使用 Bernstein 方案限定上面的 $\text{Prob}\{\alpha[\boldsymbol{\zeta}]>\rho^2\}$：

$$\begin{aligned}&\forall(\gamma\geqslant 0,\max_\ell\gamma\mu_\ell<1/2):\\&\ln(\text{Prob}\{\alpha[\boldsymbol{\zeta}]>\rho^2\})\leqslant\ln(E\{\exp\{\gamma\boldsymbol{\zeta}^{\mathrm{T}}\boldsymbol{A}\boldsymbol{\zeta}\}\}\exp\{-\gamma\rho^2\})\\&=\ln(E\{\exp\{\gamma\sum_\ell\mu_\ell\xi_\ell^2\}\})-\gamma\rho^2=\sum_\ell\ln(E\{\exp\{\gamma\mu_\ell\xi_\ell^2\}\})-\gamma\rho^2\\&=-\frac{1}{2}\sum_\ell\ln(1-2\mu_\ell\gamma)-\gamma\rho^2\end{aligned}$$

结论表达式是 μ 穿过盒$\left\{0\leqslant\mu_\ell<\frac{1}{2\gamma}\right\}$的凸和单调函数。因此，当 $\gamma<\frac{1}{6}$时，在集合$\left\{\mu_1,\cdots,\mu_L\geqslant 0,\sum_\ell\mu_\ell\leqslant 3\right\}$上表达式的最大值是$-\frac{1}{2}\ln(1-6\gamma)-\gamma\rho^2$。我们得到

$$0\leqslant\gamma<\frac{1}{6}\Rightarrow\ln(\text{Prob}\{\alpha[\boldsymbol{\zeta}]>\rho^2\})\leqslant-\frac{1}{2}\ln(1-6\gamma)-\gamma\rho^2$$

在 γ 中优化这个边界并设置 $\rho^2=3(1+\Delta)$，$\Delta\geqslant 0$，我们得到 $\text{Prob}\{\alpha[\boldsymbol{\zeta}]>3(1+\Delta)\}\leqslant \exp\left\{-\frac{1}{2}[\Delta-\ln(1+\Delta)]\right\}$。因此，如果 $\chi\in(0,1)$ 和 $\Delta=\Delta(\chi)\geqslant 0$，使得 $\Delta-\ln(1+\Delta)=2\ln\frac{1}{1-\chi}$，则

$$\text{Prob}\{\|\boldsymbol{S}[\boldsymbol{\zeta}]\|>\sqrt{3(1+\Delta)}\}\leqslant\text{Prob}\{\alpha[\boldsymbol{\zeta}]>3(1+\Delta)\}\leqslant 1-\chi$$

很容易看出，当 $1-\chi\leqslant\frac{1}{7}$ 时，有 $\Delta(\chi)\leqslant 3\ln\frac{1}{1-\chi}$，即 $\text{Prob}\left\{\|\boldsymbol{S}[\boldsymbol{\zeta}]\|>\sqrt{3\left(1+3\ln\frac{1}{1-\chi}\right)}\right\}\leqslant 1-\chi$，这正是所谓的在高斯 $\boldsymbol{\zeta}$ 的情况下。 ■

10.4.3　应用：从间接噪声观测中恢复信号

请考虑以下情况（参见 6.6 节）：我们在噪声中观察到一个随机信号 $\boldsymbol{s}\in\mathbb{R}^n$ 的线性变换

$$\boldsymbol{u}=\boldsymbol{A}\boldsymbol{s}+\rho\boldsymbol{\xi} \tag{10.4.22}$$

这里 $\boldsymbol{A}$ 是一个给定的 $m\times n$ 矩阵，$\boldsymbol{\xi}\sim\mathcal{N}(\boldsymbol{0},\boldsymbol{I}_m)$ 是噪声（它独立于 $\boldsymbol{s}$），而 $\rho\geqslant 0$ 是一个（确定性）噪声水平。我们的目标是求出一个线性估计量

$$\hat{\boldsymbol{s}}(\boldsymbol{u})=\boldsymbol{G}\boldsymbol{u}\equiv\boldsymbol{G}\boldsymbol{A}\boldsymbol{s}+\rho\boldsymbol{G}\boldsymbol{\xi} \tag{10.4.23}$$

使

$$\text{Prob}\{\|\hat{\boldsymbol{s}}(\boldsymbol{u})-\boldsymbol{s}\|_2\leqslant\tau_*\}\geqslant 1-\epsilon \tag{10.4.24}$$

其中给出了 $\tau_*>0$ 和 $\epsilon\ll 1$。注意，式（10.4.24）中的概率关于 $\boldsymbol{s}$ 和 $\boldsymbol{\xi}$ 的联合分布取值。我们假设下面 $\boldsymbol{s}\sim\mathcal{N}(\boldsymbol{0},\boldsymbol{C})$，已知协方差矩阵 $\boldsymbol{C}\succ 0$。除此之外，我们假设 $m\geqslant n$ 和 $\boldsymbol{A}$ 的秩为 n。当没有观测噪声时，我们可以线性地从 $\boldsymbol{u}$ 中恢复 $\boldsymbol{s}$，没有任何误差；因此，当 $\rho>0$ 足够小时，存在一个使式（10.4.24）有效的 $\boldsymbol{G}$。让我们求最大的 ρ，即让我们解优化问题

$$\max_{\boldsymbol{G},\rho}\{\rho:\text{Prob}\{\|(\boldsymbol{G}\boldsymbol{A}-\boldsymbol{I}_n)\boldsymbol{s}+\rho\boldsymbol{G}\boldsymbol{\xi}\|_2\leqslant\tau_*\}\geqslant 1-\epsilon\} \tag{10.4.25}$$

设置 $\boldsymbol{S}=\boldsymbol{C}^{1/2}$ 并引入一个独立于 $\boldsymbol{\xi}$ 的随机向量 $\boldsymbol{\theta}\sim\mathcal{N}(\boldsymbol{0},\boldsymbol{I}_n)$（因此随机向量 $[\boldsymbol{S}^{-1}\boldsymbol{s};\boldsymbol{\xi}]$ 和向量 $\boldsymbol{\zeta}=[\boldsymbol{\theta};\boldsymbol{\xi}]$ 有完全相同的 $\mathcal{N}(\boldsymbol{0},\boldsymbol{I}_{n+m})$ 分布，我们可以将我们的问题等价地改写为

$$\max_{\boldsymbol{G},\rho}\{\rho:\text{Prob}\{\|\boldsymbol{H}_\rho(\boldsymbol{G})\boldsymbol{\zeta}\|_2\leqslant\tau_*\}\geqslant 1-\epsilon\},\boldsymbol{H}_\rho(\boldsymbol{G})=[(\boldsymbol{G}\boldsymbol{A}-\boldsymbol{I}_n)\boldsymbol{S},\rho\boldsymbol{G}] \tag{10.4.26}$$

设 $\boldsymbol{h}_\rho^\ell(\boldsymbol{G})$ 为矩阵 $H_\rho(\boldsymbol{G})$ 中的第 ℓ 列，$\ell=1,\cdots,L=m+n$。调用引理 6.3.3，我们的问题只不过是机会约束规划

$$\begin{aligned}&\max_{\boldsymbol{G},\rho}\left\{\rho:\text{Prob}\left\{\sum_{\ell=1}^{L}\zeta_\ell\mathcal{A}_\rho^\ell(\boldsymbol{G})\preceq\tau_*\mathcal{A}^{\text{n}}\equiv\tau_*\boldsymbol{I}_{n+1}\right\}\geqslant 1-\epsilon\right\}\\&\mathcal{A}_\rho^\ell(\boldsymbol{G})=\left[\begin{array}{c|c}&[\boldsymbol{h}_\rho^\ell(\boldsymbol{G})]^{\mathrm{T}}\\\hline\boldsymbol{h}_\rho^\ell(\boldsymbol{G})&\end{array}\right]\end{aligned} \tag{10.4.27}$$

我们打算对后一个问题进行如下处理。

A）我们使用"猜想相关"近似方案来建立一个非递减连续函数 $\Gamma(\rho)\to 0$，$\rho\to+0$，矩阵值函数 $\boldsymbol{G}_\rho$（这两个函数都可以有效地计算），使得

$$\text{Prob}\{\|(\boldsymbol{G}\boldsymbol{A}-\boldsymbol{I}_n)\boldsymbol{s}+\rho\boldsymbol{G}\boldsymbol{\xi}\|_2>\tau_*\}=\text{Prob}\left\{\sum_{\ell=1}^{L}\zeta_\ell\mathcal{A}_\rho^\ell(\boldsymbol{G}_\rho)\npreceq\tau_*\boldsymbol{I}_{n+1}\right\}\leqslant\Gamma(\rho) \tag{10.4.28}$$

B）然后我们解近似问题

$$\max_{\rho}\{\rho:\Gamma(\rho)\leqslant\epsilon\} \tag{10.4.29}$$

显然，解后一个问题的一个可行解 ρ，以及相关的矩阵 $\boldsymbol{G}_\rho$，形成感兴趣问题（10.4.27）的一个可行解。另一方面，近似问题是可以有效地解决的：$\Gamma(\rho)$ 是非递减的，是可有效计算的，$\Gamma(\rho)\to 0$，$\rho\to+0$，因此可以通过二分法有效地解决近似问题。我们求近似问题的一个可行的近似最优解 $\hat{\rho}$，并将（$\hat{\rho},\boldsymbol{G}_{\hat{\rho}}$）作为感兴趣问题的一个次优解。通过我们的分析，这个解对后一种问题是可行的。

评注 10.4.5　事实上，式（10.4.26）中的约束比一般类型的机会约束锥二次不等式更简单——它是一个机会约束最小二乘不等式（右侧既不受决策变量，也不受噪声的影响），因此它允许 4.5.5 节中描述的 Bernstein 型近似，见推论 4.5.11。当然在所概述的方案中，我们可以使用 Bernstein 近似作为猜想相关近似的替代方案。

现在让我们更详细地看看步骤 A、B。

我们解半定规划

$$\nu_*(\rho)=\min_{\nu,\boldsymbol{G}}\left\{\nu:\sum_{\ell=1}^{L}(\mathcal{A}_\rho^\ell(\boldsymbol{G}))^2\preceq\nu\boldsymbol{I}_{n+1}\right\} \tag{10.4.30}$$

无论何时 $\rho>0$，这个问题都是可以解的。由于部分矩阵 $\mathcal{A}_\rho^\ell(\boldsymbol{G})$ 独立于 ρ，其余矩阵与 ρ 成正比，最优值是 $\rho>0$ 的正连续和非递减函数。最后，$\nu_*(\rho)\to+0$，$\rho\to+0$（看看在满足关系 $\boldsymbol{GA}=\boldsymbol{I}_n$ 的 $\boldsymbol{G}$ 点上发生了什么）。

设 $\boldsymbol{G}_\rho$ 是式（10.4.30）的最优解。设置 $\mathcal{A}_\ell=\mathcal{A}_\rho^\ell(\boldsymbol{G}_\rho)\nu_*^{-\frac{1}{2}}(\rho)$，$\boldsymbol{A}=\boldsymbol{I}_{n+1}$，箭头矩阵 $\boldsymbol{A}_1,\cdots,\boldsymbol{A}_L$ 满足式（10.1.13）；调用定理 10.4.4，我们得出结论

$$\chi\in\left[\frac{6}{7},1\right)\Rightarrow\mathrm{Prob}\left\{-\Upsilon(\chi)\nu_*^{\frac{1}{2}}(\rho)\boldsymbol{I}_{n+1}\preceq\sum_{\ell=1}^{L}\zeta_\ell\mathcal{A}_\rho^\ell(\boldsymbol{G}_\rho)\preceq\Upsilon(\chi)\nu_*^{\frac{1}{2}}(\rho)\boldsymbol{I}_{n+1}\right\}\geqslant\chi,$$

$$\Upsilon(\chi)=\sqrt{3\left(1+3\ln\frac{1}{1-\chi}\right)}$$

现在让 χ 和 ρ 使 $\chi\in[6/7,1]$ 和 $\Upsilon(\chi)\sqrt{\nu_*(\rho)}\leqslant\boldsymbol{\tau}_*$。令

$$Q=\left\{\boldsymbol{z}:\left\|\sum_{\ell=1}^{L}z_\ell\mathcal{A}_\rho^\ell(\boldsymbol{G}_\rho)\right\|\leqslant\Upsilon(\chi)\sqrt{\nu_*(\rho)}\right\}$$

我们得到一个闭凸集，使随机向量 $\boldsymbol{\zeta}\sim\mathcal{N}(\boldsymbol{0},\boldsymbol{I}_{n+m})$ 取 Q 中的值，概率 $\geqslant\chi>1/2$。调用定理 B.5.1（其中我们设置了 $\alpha=\boldsymbol{\tau}_*/(\Upsilon(\chi)\sqrt{\nu_*(\rho)})$），我们得到

$$\mathrm{Prob}\left\{\sum_{\ell=1}^{L}\zeta_\ell\mathcal{A}_\rho^\ell(\boldsymbol{G}_\rho)\not\preceq\boldsymbol{\tau}_*\boldsymbol{I}_{n+1}\right\}\leqslant\mathrm{Erf}\left(\frac{\boldsymbol{\tau}_*\,\mathrm{ErfInv}(1-\chi)}{\sqrt{\nu_*(\rho)}\,\Upsilon(\chi)}\right)=\mathrm{Erf}\left(\frac{\boldsymbol{\tau}_*\,\mathrm{ErfInv}(1-\chi)}{\sqrt{3\nu_*(\rho)\left(1+3\ln\frac{1}{1-\chi}\right)}}\right)$$

令

$$\Gamma(\rho)=\inf_{\chi}\left\{\mathrm{Erf}\left(\frac{\boldsymbol{\tau}_*\,\mathrm{ErfInv}(1-\chi)}{\sqrt{3\nu_*(\rho)\left(1+3\ln\frac{1}{1-\chi}\right)}}\right):\begin{array}{l}\chi\in[6/7,1],\\ 3\nu_*(\rho)\left(1+3\ln\frac{1}{1-\chi}\right)\leqslant\boldsymbol{\tau}_*^2\end{array}\right\} \tag{10.4.31}$$

（如果右侧优化问题的可行集为空，那么，根据定义，$\Gamma(\rho)=1$），我们确保式（10.4.28）。考虑到 $\nu_*(\rho)$ 是 $\rho>0$ 的一个非递减连续函数，$\rho\to+0$，它趋于 0。现在立即可以看出

$\Gamma(\rho)$ 也具有这些特性。

解式 (10.4.30)。好消息是问题（10.4.30）有一个封闭形式的解。要了解这一点，请注意，矩阵 $\mathcal{A}_\rho^\ell(\boldsymbol{G})$ 是非常特殊的箭头类型矩阵：它们的对角项为零，因此这些 $(n+1)\times(n+1)$ 矩阵的形式是 $\left[\begin{array}{c|c} & [\boldsymbol{h}_\rho^\ell(\boldsymbol{G})]^{\mathrm{T}} \\ \hline \boldsymbol{h}_\rho^\ell(\boldsymbol{G}) & \end{array}\right]$，包含 n 维向量 $\boldsymbol{h}_\rho^\ell(\boldsymbol{G})$，其仿射取决于 $\boldsymbol{G}$。现在让我们做以下观察。

引理 10.4.6　设 $\boldsymbol{f}_\ell\in\mathbb{R}^n$，$\ell=1,\cdots,L$ 和 $\nu\geqslant 0$。则

$$\sum_{\ell=1}^{L}\left[\begin{array}{c|c} & \boldsymbol{f}_\ell^{\mathrm{T}} \\ \hline \boldsymbol{f}_\ell & \end{array}\right]^2\preceq\nu\boldsymbol{I}_{n+1}\tag{*}$$

当且仅当 $\sum_\ell\boldsymbol{f}_\ell^{\mathrm{T}}\boldsymbol{f}_\ell\leqslant\nu$。

证明　关系 (*) 只不过是关系

$$\sum_\ell\left[\begin{array}{c|c}\boldsymbol{f}_\ell^{\mathrm{T}}\boldsymbol{f}_\ell & \\ \hline & \boldsymbol{f}_\ell\boldsymbol{f}_\ell^{\mathrm{T}}\end{array}\right]\preceq\nu\boldsymbol{I}_{n+1}$$

所以这绝对意味着 $\sum_\ell\boldsymbol{f}_\ell^{\mathrm{T}}\boldsymbol{f}_\ell\leqslant\nu$。为了证明相反的蕴含，验证关系 $\sum_\ell\boldsymbol{f}_\ell^{\mathrm{T}}\boldsymbol{f}_\ell\leqslant\nu$ 意味着 $\sum_\ell\boldsymbol{f}_\ell\boldsymbol{f}_\ell^{\mathrm{T}}\preceq\nu\boldsymbol{I}_n$。这是立即得出的，由于 $\mathrm{Tr}\left(\sum_\ell\boldsymbol{f}_\ell\boldsymbol{f}_\ell^{\mathrm{T}}\right)=\sum_\ell\boldsymbol{f}_\ell^{\mathrm{T}}\boldsymbol{f}_\ell\leqslant\nu$（请注意，矩阵 $\sum_\ell\boldsymbol{f}_\ell\boldsymbol{f}_\ell^{\mathrm{T}}$ 是半正定的，因此它的最大特征值不超过它的迹）。■

根据引理 10.4.6，式（10.4.30）中的最优解和最优值与以下最小化问题中的对应值完全相同

$$\nu=\min_{\boldsymbol{G}}\sum_\ell[\boldsymbol{h}_\rho^\ell(\boldsymbol{G})]^{\mathrm{T}}\boldsymbol{h}_\rho^\ell(\boldsymbol{G})$$

因此，式（10.4.30）只不过是问题

$$\nu_*(\rho)=\min_{\boldsymbol{G}}\{\mathrm{Tr}((\boldsymbol{GA}-\boldsymbol{I}_n)\boldsymbol{C}(\boldsymbol{GA}-\boldsymbol{I})^{\mathrm{T}})+\rho^2\mathrm{Tr}(\boldsymbol{GG}^{\mathrm{T}})\}\tag{10.4.32}$$

这个无约束问题的目标有一个非常透明的解释：它是线性估计量 $\hat{\boldsymbol{s}}=\boldsymbol{Gu}$ 的均方误差，噪声强度为 ρ。矩阵 $\boldsymbol{G}$ 最小化这一目标被称为维纳滤波器；一个直接的计算得到

$$\begin{aligned}\boldsymbol{G}_\rho&=\boldsymbol{CA}^{\mathrm{T}}(\boldsymbol{ACA}^{\mathrm{T}}+\rho^2\boldsymbol{I}_m)^{-1},\\ \nu_*(\rho)&=\mathrm{Tr}((\boldsymbol{G}_\rho\boldsymbol{A}-\boldsymbol{I}_n)\boldsymbol{C}(\boldsymbol{G}_\rho\boldsymbol{A}-\boldsymbol{I}_n)^{\mathrm{T}}+\rho^2\boldsymbol{G}_\rho\boldsymbol{G}_\rho^{\mathrm{T}})\end{aligned}\tag{10.4.33}$$

评注 10.4.7　维纳滤波器是信号处理中最古老和最基本的工具之一；好消息是，我们的近似方案恢复了这个工具，尽管是从不同的角度：我们正在寻找一个线性滤波器，确保恢复误差的概率 $1-\epsilon$ 不超过给定的阈值（一个似乎不允许封闭形式解的问题）；事实证明，我们的近似方案产生的次优解是一个简单的经典问题的精确解。

改进。通过概述的近似方案得到一对 $(\hat{\rho},\boldsymbol{G}_{\mathrm{W}}=\boldsymbol{G}_{\hat{\rho}})$ [“W”代表“Wiener”（维纳）]，它对于感兴趣的问题（10.4.27）是可行的。然而，我们完全有理由期望我们可证明的100%可靠的方法是保守的——正是因为它的100%的可靠性。特别是，$\hat{\rho}$ 很可能是实际可行性半径 $\rho_*(\boldsymbol{G}_{\mathrm{W}})$ 上的一个太保守的下界，即最大的 ρ 使 $(\rho,\boldsymbol{G}_{\mathrm{W}})$ 对于感兴趣的机会约束问题是可行的。我们可以通过随机化 r 程序来改进这个下界，如下：

给定一个置信参数 $\delta\in(0,1)$，我们在区间 $\Delta=[\hat{\rho},100\hat{\rho}]$ 上运行 $\nu=10$ 个二分步骤。在这个过程的步骤 t 中，给定之前的定位器 Δ_{t-1}（包含在 Δ 中的一个区间，$\Delta_0=\Delta$），我

们取 ρ 的当前试验值 ρ_t 作为 Δ_{t-1} 的中点，并应用随机化 r 程序来检查对于式（10.4.27）$(\rho_t, \boldsymbol{G}_{\mathrm{w}})$ 是否可行。具体来说，我们有如下步骤。

- 计算 $L=m+n$ 个向量 $\boldsymbol{h}_{\rho_t}^{\ell}(\boldsymbol{G}_{\mathrm{w}})$ 和量 $\mu_t=\sqrt{\sum_{\ell=1}^{m+n}\|\boldsymbol{h}_{\rho_t}^{\ell}(\boldsymbol{G}_{\mathrm{w}})\|_2^2}$。通过引理 10.4.6，我们有
$$\sum_{\ell=1}^{L}[\mathcal{A}_{\rho_t}^{\ell}(\boldsymbol{G}_{\mathrm{w}})]^2\preceq\mu_t^2\boldsymbol{I}_{n+1}$$
这样矩阵 $\boldsymbol{A}=\boldsymbol{I}_{n+1}$，$\boldsymbol{A}_{\ell}=\mu_t^{-1}\mathcal{A}_{\rho_t}^{\ell}(\boldsymbol{G}_{\mathrm{w}})$ 满足式（10.1.13）。
- 将矩阵 $\boldsymbol{A}_1,\cdots,\boldsymbol{A}_L$ 应用到随机化 r 程序，参数为 $\epsilon,\delta/\nu$，最终得到随机量 r_t 使得"达到坏采样的概率$\leqslant\delta/\nu$"，有
$$\operatorname{Prob}\left\{\boldsymbol{\zeta}:-\boldsymbol{I}_{n+1}\preceq r_t\sum_{\ell=1}^{L}\zeta_{\ell}\boldsymbol{A}_{\ell}\preceq\boldsymbol{I}_{n+1}\right\}\geqslant1-\epsilon$$
或者
$$\operatorname{Prob}\left\{\boldsymbol{\zeta}:-\frac{\mu_t}{r_t}\boldsymbol{I}_{n+1}\preceq\sum_{\ell=1}^{L}\zeta_{\ell}\mathcal{A}_{\rho}^{\ell}(\boldsymbol{G}_{\mathrm{w}})\preceq\frac{\mu_t}{r_t}\boldsymbol{I}_{n+1}\right\}\geqslant1-\epsilon \tag{10.4.34}$$
注意，当后一种关系被满足和$\frac{\mu_t}{r_t}\leqslant\boldsymbol{\tau}_*$，$(\rho_t, \boldsymbol{G}_{\mathrm{w}})$ 对于式（10.4.27）可行。
- 最后，完成二分步骤，即检查是否 $\mu_t/r_t\leqslant\boldsymbol{\tau}_*$。如果是这样，我们将 Δ_{t-1} 在 ρ_t 右边的部分 Δ_t 作为新的定位器，其他 Δ_t 是 Δ_{t-1} 在 ρ_t 左边的部分。

在 ν 个二分步骤完成后，我们声称最后一个定位器 Δ_{ν} 的左端点 $\widetilde{\rho}$ 是 $\rho_*(\boldsymbol{G}_{\mathrm{w}})$ 的下界。请注意，该主张是有效的，只要所有 ν 个不等式（10.4.34）发生，发生的概率至少为 $1-\delta$。

实例：解卷积。旋转扫描头读取随机信号 $\boldsymbol{s}$，如图 10-2 所示。当头部观察到 bin i，$0\leqslant i<n$，记录的信号是

$$u_i=(\boldsymbol{As})_i+\rho\xi_i\equiv\sum_{j=-d}^{d}K_j s_{(i-j)\bmod n}+\rho\xi_i,0\leqslant i<n$$

其中 $r=p\bmod n$，$0\leqslant r<n$ 是 p 除以 n 时的余数。假设信号 $\boldsymbol{s}$ 为高斯分布，均值为零和已知的协方差为 $C_{ij}=E\{s_i s_j\}$，仅依赖于 $(i-j)\bmod n$（"平稳周期离散时间高斯过程"）。目标是找到一个线性恢复 $\hat{\boldsymbol{s}}=\boldsymbol{Gu}$ 和最大的ρ，使

$$\operatorname*{Prob}_{[s;\xi]}\{\|\boldsymbol{G}(\boldsymbol{As}+\rho\boldsymbol{\xi})-\boldsymbol{s}\|_2\leqslant\boldsymbol{\tau}_*\}\geqslant1-\epsilon$$

$(K*s)_i=0.2494s_{i-1}+0.5012s_i+0.2494s_{i+1}$

图 10-2　扫描仪

我们打算通过概述的方法来处理感兴趣的机会约束的两个保守近似——猜想相关和 Bernstein（见评注 10.4.5）。恢复矩阵和临界噪声水平如这两个近似所示，将分别记为 $\boldsymbol{G}_W$，ρ_W（"W"表示"Wiener"（维纳））和 $\boldsymbol{G}_B$，ρ_B（"B"表示"Bernstein"）。

请注意，在问题的情况下，我们可以立即验证矩阵 $\boldsymbol{A}^{\mathrm{T}}\boldsymbol{A}$ 和 $\boldsymbol{C}$ 是否可交换。在这种情况下，计算 $\boldsymbol{G}_W$ 和 $\boldsymbol{G}_B$ 的计算负担大幅减少。实际上，在 x 和 y 适当旋转之后，我们得到了 $\boldsymbol{A}$ 和 $\boldsymbol{C}$ 都是对角的情况，在这种情况下，在我们的两种近似方案中，通过限制 $\boldsymbol{G}$ 为对角而不会失去任何损失。这大大降低了我们需要解的凸问题的维数。

在实验中，我们使用

$$n=64, d=1, \boldsymbol{\tau}_*=0.1\sqrt{n}=0.8, \epsilon=1.\text{e-}4$$

$\boldsymbol{C}$ 被设置为单位矩阵（即 $\boldsymbol{s}\sim\mathcal{N}(\boldsymbol{0},\boldsymbol{I}_{64})$），卷积核 K 如图 10-2 所示。在计算（$\boldsymbol{G}_W,\rho_W$）和（$\boldsymbol{G}_B,\rho_B$）后，我们使用 $\delta=1.\text{e-}6$ 的随机化 r 程序来改进 $\boldsymbol{G}_W$ 和 $\boldsymbol{G}_B$ 的噪声临界值；ρ 的改进值分别表示为 $\hat{\rho}_W$ 和 $\hat{\rho}_B$。

实验结果见表 10-3。而 $\boldsymbol{G}_B$ 和 $\boldsymbol{G}_W$ 的证明接近，虽然不完全相同，但由猜想相关和 Bernstein 近似产生的临界噪声水平相差≈30%。改进使这些临界水平增加，约是之前的 2 倍，并使它们几乎相等。由此得到的临界噪声水平 3.6e-4 并不太保守：表 10-4 所示的模拟结果表明，在大一倍的噪声水平下，违反机会约束的概率比所需的概率 1.e-4 大得多。

表 10-3　解卷积实验结果

允许的噪声水平	Bernstein 近似	猜想相关近似
改进之前	1.92e-4	1.50e-4
改进之后（$\delta=1.\text{e-}6$）	3.56e-4	3.62e-4

表 10-4　$\text{Prob}\{\|\hat{s}-s\|_2>0.8\}$ 基于 1 万次模拟的实验值

噪声水平	$\text{Prob}\{\|\hat{s}-s\|_2>\tau_*\}$	
	$\boldsymbol{G}=\boldsymbol{G}_B$	$\boldsymbol{G}=\boldsymbol{G}_W$
3.6e-4	0	0
7.2e-4	6.7e-3	6.7e-3
1.0e-3	7.4e-2	7.5e-2

10.4.3.1　修正

当 $\boldsymbol{s}\sim\mathcal{N}(\boldsymbol{0},\boldsymbol{C})$ 是随机的情况下，噪声与 $\boldsymbol{s}$ 无关，式（10.4.24）中的概率关于 $\boldsymbol{\xi}$ 和 $\boldsymbol{s}$ 的联合分布取值，我们已经解决了信号恢复问题（10.4.22）、（10.4.23）、（10.4.24）。接下来，我们想研究这个问题的另外两个版本。

恢复一个均匀分布的信号。假设信号 $\boldsymbol{s}$ 是

（a）均匀分布在单位盒 $\{\boldsymbol{s}\in\mathbb{R}^n:\|\boldsymbol{s}\|_\infty\leqslant 1\}$ 内的，

或

（b）均匀分布在单位盒的顶点上，

并且独立于 $\boldsymbol{\xi}$。与上面相同，我们的目标是确保使用尽可能大的 ρ 的式（10.4.24）的有效性。为此，让我们使用高斯优化。具体来说，在（a）的情况下，设 $\widetilde{s}\sim\mathcal{N}(\boldsymbol{0},(2/\pi)\boldsymbol{I})$。正如在 10.3 节中所解释的那样，条件

$$\text{Prob}\{\|(\boldsymbol{GA}-\boldsymbol{I})\widetilde{s}+\rho\boldsymbol{G\xi}\|_2\leqslant\boldsymbol{\tau}_*\}\geqslant 1-\epsilon$$

足以证明式（10.4.24）的有效性。因此，我们可以使用 10.4 节中提出的高斯情况的过程，用矩阵 $(2/\pi)\boldsymbol{I}$ 作为 $\boldsymbol{C}$；在这种情况下良好的估计量至少在信号 $\boldsymbol{s}$ 的情况下同样好。

在（b）的情况下，我们可以利用定理 10.3.3 同样进行。具体来说，令 $\widetilde{s}\sim\mathcal{N}(\boldsymbol{0},(2/\pi)\boldsymbol{I})$ 独立于 $\boldsymbol{\xi}$。考虑参数问题

$$\nu(\rho)\equiv\min_G\left\{\frac{\pi}{2}\text{Tr}((\boldsymbol{GA}-\boldsymbol{I})(\boldsymbol{GA}-\boldsymbol{I})^{\text{T}})+\rho^2\text{Tr}(\boldsymbol{GG})^{\text{T}}\right\}\tag{10.4.35}$$

$\rho\geqslant 0$ 为参数（参见式（10.4.32），并考虑到后一个问题等同于式（10.4.30）），并让 $\boldsymbol{G}_\rho$ 是这个问题的最优解。

与前文相同的推理过程显示

$$6/7\leqslant\chi<1\Rightarrow \mathrm{Prob}\{(\widetilde{s},\boldsymbol{\xi}):\|(\boldsymbol{G}_\rho\boldsymbol{A}-\boldsymbol{I})\widetilde{s}+\rho\boldsymbol{G}_\rho\boldsymbol{\xi}\|_2\leqslant\Upsilon(\chi)\nu_*^{1/2}(\rho)\}\geqslant\chi$$

$$\Upsilon(\chi)=\sqrt{3\left(1+3\ln\frac{1}{1-\chi}\right)}$$

将定理 10.3.3 应用于凸集 $Q=\{(\boldsymbol{z},\boldsymbol{x}):\|(\boldsymbol{G}_\rho\boldsymbol{A}-\boldsymbol{I})\boldsymbol{z}+\rho\boldsymbol{G}_\rho\boldsymbol{x}\|_2\leqslant\Upsilon(\chi)\nu_*^{1/2}(\rho)\}$ 和随机向量 $[\boldsymbol{s};\boldsymbol{\xi}]$，$[\widetilde{s};\boldsymbol{\xi}]$，我们得出结论

$$\forall\begin{pmatrix}\chi\in[6/7,1)\\ \gamma>1\end{pmatrix}:\mathrm{Prob}\{(\boldsymbol{s},\boldsymbol{\xi}):\|(\boldsymbol{G}_\rho\boldsymbol{A}-\boldsymbol{I})\boldsymbol{s}+\rho\boldsymbol{G}_\rho\boldsymbol{\xi}\|_2>\gamma\Upsilon(\chi)\nu_*^{1/2}(\rho)\}$$

$$\leqslant\min_{\beta\in[1,\gamma)},\frac{1}{\gamma-\beta}\int_\beta^\infty\mathrm{Erf}(r\,\mathrm{ErfInv}(1-\chi))\mathrm{d}r$$

我们推断，设置

$$\widetilde{\Gamma}(\rho)=\inf_{\chi,\gamma,\beta}\left\{\frac{1}{\gamma-\beta}\int_\beta^\infty\mathrm{Erf}(r\,\mathrm{ErfInv}(1-\chi))\mathrm{d}r:\begin{array}{c}6/7\leqslant\chi<1,\gamma>1\\1\leqslant\beta<\gamma\\\gamma\Upsilon(\chi)\nu_*^{1/2}(\rho)\leqslant\tau_*\end{array}\right\}$$

$$\left[\Upsilon(\chi)=\sqrt{3\left(1+3\ln\frac{1}{1-\chi}\right)}\right]$$

（$\widetilde{\Gamma}(\rho)=1$，当右侧问题不可行时），有

$$\mathrm{Prob}\{(\boldsymbol{s},\boldsymbol{\xi}):\|(\boldsymbol{G}_\rho\boldsymbol{A}-\boldsymbol{I})\boldsymbol{s}+\rho\boldsymbol{G}_\rho\boldsymbol{\xi}\|_2>\tau_*\}\leqslant\widetilde{\Gamma}(\rho)$$

很容易看出，$\widetilde{\Gamma}(\cdot)$ 是 $\rho>0$ 的一个连续非递减函数，因此 $\widetilde{\Gamma}(\rho)\to0$，$\rho\to+0$，我们最终得到以下信号恢复问题的保守近似：

$$\max_\rho\{\rho:\widetilde{\Gamma}(\rho)\leqslant\epsilon\}$$

（参见式（10.4.29））。

请注意，在上面的“高斯优化”方案中，我们可以使用基于推论 4.5.11 的机会约束 $\mathrm{Prob}\{\|(\boldsymbol{GA}-\boldsymbol{I})\widetilde{s}+\rho\boldsymbol{G\xi}\|_2\leqslant\tau_*\}\geqslant1-\epsilon$的 Bernstein 近似，而不是与猜想相关的近似。

确定性不确定信号的情况。 到目前为止，信号 $\boldsymbol{s}$ 被认为是随机的且独立于 $\boldsymbol{\xi}$，式（10.4.24）中的概率关于 $\boldsymbol{s}$ 和 $\boldsymbol{\xi}$ 的联合分布取值；因此，信号的某些“罕见”实现很差地恢复。我们目前的目标是了解当我们将规范（10.4.24）替换为

$$\forall(s\in\mathcal{S}):$$
$$\mathrm{Prob}\{\boldsymbol{\xi}:\|\boldsymbol{Gu}-\boldsymbol{s}\|_2\leqslant\tau_*\}\equiv\mathrm{Prob}\{\boldsymbol{\xi}:\|(\boldsymbol{GA}-\boldsymbol{I})\boldsymbol{s}+\rho\boldsymbol{G\xi}\|_2\leqslant\tau_*\}\geqslant1-\epsilon \tag{10.4.36}$$

时会发生什么，其中 $\mathcal{S}\subset\mathbb{R}^n$ 是一个给定的紧集。

我们的出发点是以下观察结果。

引理 10.4.8　令 $\boldsymbol{G}$，$\rho\geqslant0$ 使得

$$\Theta\equiv\frac{\tau_*^2}{\max\limits_{s\in\mathcal{S}}\boldsymbol{s}^{\mathrm{T}}(\boldsymbol{GA}-\boldsymbol{I})^{\mathrm{T}}(\boldsymbol{GA}-\boldsymbol{I})\boldsymbol{s}+\rho^2\mathrm{Tr}(\boldsymbol{G}^{\mathrm{T}}\boldsymbol{G})}\geqslant1 \tag{10.4.37}$$

则对于每一个 $s\in\mathcal{S}$，有

$$\mathop{\mathrm{Prob}}_{\zeta\sim\mathcal{N}(\boldsymbol{0},\boldsymbol{I})}\{\|(\boldsymbol{GA}-\boldsymbol{I})\boldsymbol{s}+\rho\boldsymbol{G\zeta}\|_2>\tau_*\}\leqslant\exp\left\{-\frac{(\Theta-1)^2}{4(\Theta+1)}\right\} \tag{10.4.38}$$

证明　当 $\Theta=1$ 时显然成立，所以令 $\Theta>1$。让我们固定 $\boldsymbol{s}\in\mathcal{S}$，令 $\boldsymbol{g}=(\boldsymbol{GA}-\boldsymbol{I})\boldsymbol{s}$，$\boldsymbol{W}=\rho^2\boldsymbol{G}^{\mathrm{T}}\boldsymbol{G}$，$\boldsymbol{w}=\rho\boldsymbol{G}^{\mathrm{T}}\boldsymbol{g}$，我们有

$$\begin{aligned}\text{Prob}\{\|(\boldsymbol{GA}-\boldsymbol{I})\boldsymbol{s}+\rho\boldsymbol{G\zeta}\|_2>\tau_*\}&=\text{Prob}\{\|\boldsymbol{g}+\rho\boldsymbol{G\zeta}\|_2^2>\tau_*^2\}\\&=\text{Prob}\{\boldsymbol{\zeta}^{\mathrm{T}}[\rho^2\boldsymbol{G}^{\mathrm{T}}\boldsymbol{G}]\boldsymbol{\zeta}+2\boldsymbol{\zeta}^{\mathrm{T}}\rho\boldsymbol{G}^{\mathrm{T}}\boldsymbol{g}>\tau_*^2-\boldsymbol{g}^{\mathrm{T}}\boldsymbol{g}\}\\&=\text{Prob}\{\boldsymbol{\zeta}^{\mathrm{T}}\boldsymbol{W\zeta}+2\boldsymbol{\zeta}^{\mathrm{T}}\boldsymbol{w}>\tau_*^2-\boldsymbol{g}^{\mathrm{T}}\boldsymbol{g}\}\end{aligned}\tag{10.4.39}$$

用 $\boldsymbol{\lambda}$ 表示矩阵 $\boldsymbol{W}$ 的特征向量，我们不失一般性地假设 $\boldsymbol{\lambda}\neq\boldsymbol{0}$，因为否则 $\boldsymbol{W}=\boldsymbol{0}$，$\boldsymbol{w}=\boldsymbol{0}$，因此式（10.4.39）的左侧是 0（注意由于式（10.4.37）和由于 $\boldsymbol{s}\in\mathcal{S}$，$\tau_*^2-\boldsymbol{g}^{\mathrm{T}}\boldsymbol{g}>0$），因此，式（10.4.38）显然为真。设

$$\Omega=\frac{\tau_*^2-\boldsymbol{g}^{\mathrm{T}}\boldsymbol{g}}{\sqrt{\boldsymbol{\lambda}^{\mathrm{T}}\boldsymbol{\lambda}+\boldsymbol{w}^{\mathrm{T}}\boldsymbol{w}}}$$

并调用命题 4.5.10，我们得到

$$\begin{aligned}&\text{Prob}\{\|(\boldsymbol{GA}-\boldsymbol{I})\boldsymbol{s}+\rho\boldsymbol{G\zeta}\|_2>\tau_*\}\leqslant\exp\left\{-\frac{\Omega^2\sqrt{\boldsymbol{\lambda}^{\mathrm{T}}\boldsymbol{\lambda}+\boldsymbol{w}^{\mathrm{T}}\boldsymbol{w}}}{4[2\sqrt{\boldsymbol{\lambda}^{\mathrm{T}}\boldsymbol{\lambda}+\boldsymbol{w}^{\mathrm{T}}\boldsymbol{w}}+\|\boldsymbol{\lambda}\|_\infty\Omega]}\right\}\\&=\exp\left\{-\frac{[\tau_*^2-\boldsymbol{g}^{\mathrm{T}}\boldsymbol{g}]^2}{4[2[\boldsymbol{\lambda}^{\mathrm{T}}\boldsymbol{\lambda}+\boldsymbol{w}^{\mathrm{T}}\boldsymbol{w}]+\|\boldsymbol{\lambda}\|_\infty[\tau_*^2-\boldsymbol{g}^{\mathrm{T}}\boldsymbol{g}]]}\right\}\\&=\exp\left\{-\frac{[\tau_*^2-\boldsymbol{g}^{\mathrm{T}}\boldsymbol{g}]^2}{4[2[\boldsymbol{\lambda}^{\mathrm{T}}\boldsymbol{\lambda}+\boldsymbol{g}^{\mathrm{T}}[\rho^2\boldsymbol{GG}^{\mathrm{T}}]\boldsymbol{g}]+\|\boldsymbol{\lambda}\|_\infty[\tau_*^2-\boldsymbol{g}^{\mathrm{T}}\boldsymbol{g}]]}\right\}\\&\leqslant\exp\left\{-\frac{[\tau_*^2-\boldsymbol{g}^{\mathrm{T}}\boldsymbol{g}]^2}{4\|\boldsymbol{\lambda}\|_\infty[2[\|\boldsymbol{\lambda}\|_1+\boldsymbol{g}^{\mathrm{T}}\boldsymbol{g}]+[\tau_*^2-\boldsymbol{g}^{\mathrm{T}}\boldsymbol{g}]]}\right\}\end{aligned}\tag{10.4.40}$$

结论的不等式是由于 $\rho^2\boldsymbol{GG}^{\mathrm{T}}\preceq\|\boldsymbol{\lambda}\|_\infty\boldsymbol{I}$ 和 $\boldsymbol{\lambda}^{\mathrm{T}}\boldsymbol{\lambda}\leqslant\|\boldsymbol{\lambda}\|_\infty\|\boldsymbol{\lambda}\|_1$。此外，设置 $\alpha=\boldsymbol{g}^{\mathrm{T}}\boldsymbol{g}$，$\beta=\text{Tr}(\rho^2\boldsymbol{G}^{\mathrm{T}}\boldsymbol{G})$ 和 $\gamma=\alpha+\beta$，通过式（10.4.37）观察到 $\beta=\|\boldsymbol{\lambda}\|_1\geqslant\|\boldsymbol{\lambda}\|_\infty$ 和 $\tau_*^2\geqslant\Theta\gamma\geqslant\gamma$。由此可见

$$\frac{[\tau_*^2-\boldsymbol{g}^{\mathrm{T}}\boldsymbol{g}]^2}{4\|\boldsymbol{\lambda}\|_\infty[2[\|\boldsymbol{\lambda}\|_1+\boldsymbol{g}^{\mathrm{T}}\boldsymbol{g}]+[\tau_*^2-\boldsymbol{g}^{\mathrm{T}}\boldsymbol{g}]]}\geqslant\frac{(\tau_*^2-\gamma+\beta)^2}{4\beta(\tau_*^2+\gamma+\beta)}\geqslant\frac{(\tau_*^2-\gamma)^2}{4\gamma(\tau_*^2+\gamma)}$$

其中结论不等式很容易由关系 $\tau_*^2\geqslant\gamma\geqslant\beta>0$ 给出。因此，式（10.4.40）意味着

$$\text{Prob}\{\|(\boldsymbol{GA}-\boldsymbol{I})\boldsymbol{s}+\rho\boldsymbol{G\zeta}\|_2>\tau_*\}\leqslant\exp\left\{-\frac{(\tau_*^2-\gamma)^2}{4\gamma(\tau_*^2+\gamma)}\right\}\leqslant\exp\left\{-\frac{(\Theta-1)^2}{4(\Theta+1)}\right\}\qquad\blacksquare$$

引理 10.4.8 建议感兴趣问题的保守近似如下。令 $\Theta(\epsilon)>1$ 是由以下给出

$$\exp\left\{-\frac{(\Theta-1)^2}{4(\Theta+1)}\right\}=\epsilon\quad[\Rightarrow\Theta(\epsilon)=(4+o(1))\ln(1/\epsilon),\epsilon\to+0]$$

令

$$\boldsymbol{\phi}(\boldsymbol{G})=\max_{s\in\mathcal{S}}\boldsymbol{s}^{\mathrm{T}}(\boldsymbol{GA}-\boldsymbol{I})^{\mathrm{T}}(\boldsymbol{GA}-\boldsymbol{I})\boldsymbol{s}\tag{10.4.41}$$

（这个函数显然是凸的）。通过引理 10.4.8，优化问题

$$\max_{\rho,\boldsymbol{G}}\{\rho:\boldsymbol{\phi}(\boldsymbol{G})+\rho^2\text{Tr}(\boldsymbol{G}^{\mathrm{T}}\boldsymbol{G})\leqslant\gamma_*\equiv\Theta^{-1}(\epsilon)\tau_*^2\}\tag{10.4.42}$$

是感兴趣问题的一个保守的近似。在 ρ 中应用二分法，我们可以将这个问题简化为以下形式的凸可行性问题的“短序列”

$$\text{find}\boldsymbol{G}:\boldsymbol{\phi}(\boldsymbol{G})+\rho^2\text{Tr}(\boldsymbol{G}^{\mathrm{T}}\boldsymbol{G})\leqslant\gamma_*\tag{10.4.43}$$

后一个问题是否计算可处理取决于函数 $\boldsymbol{\phi}(\boldsymbol{G})$ 是否可行，当且仅当我们能够有效地在 $\mathcal{S}$ 上

优化半正定二次型 $s^{\mathrm{T}}Qs$ 时才会发生。

例 10.4.9 设 $\mathcal{S}$ 为以原点为中心的椭球：

$$\mathcal{S}=\{s=Hv:v^{\mathrm{T}}v\leqslant 1\}$$

在这种情况下，很容易计算出 $\phi(G)$，这个函数是半定可表示的：

$$\begin{aligned}\phi(G)\leqslant t &\Leftrightarrow \max_{s\in\mathcal{S}} s^{\mathrm{T}}(GA-I)^{\mathrm{T}}(GA-I)s\leqslant t\\ &\Leftrightarrow \max_{v:\|v\|_2\leqslant 1} v^{\mathrm{T}}H^{\mathrm{T}}(GA-I)^{\mathrm{T}}(GA-I)Hv\leqslant t\\ &\Leftrightarrow \lambda_{\max}(H^{\mathrm{T}}(GA-I)^{\mathrm{T}}(GA-I)H)\leqslant t\\ &\Leftrightarrow tI-H^{\mathrm{T}}(GA-I)^{\mathrm{T}}(GA-I)H\succeq 0\Leftrightarrow\left[\begin{array}{c|c} tI & H^{\mathrm{T}}(GA-I)^{\mathrm{T}}\\ \hline (GA-I)H & I\end{array}\right]\succeq 0\end{aligned}$$

其中结论的$\Leftrightarrow$由舒尔补引理给出。因此，式（10.4.43）是一个有效可解的凸可行性问题

$$\mathrm{Find}\,G,t:t+\rho^2\mathrm{Tr}(G^{\mathrm{T}}G)\leqslant\gamma_*,\left[\begin{array}{c|c} tI & H^{\mathrm{T}}(GA-I)^{\mathrm{T}}\\ \hline (GA-I)H & I\end{array}\right]\succeq 0$$

例 10.4.9 让我们看到我们感兴趣的随机信号的“高可靠、高概率”恢复和不确定信号的每个实现的“高可靠”恢复的情况之间的显著差异。具体来说，假设 G，ρ 使式（10.4.24）满足于 $s\sim\mathcal{N}(0,I_n)$。注意，当 n 很大时，s 几乎均匀地分布在半径$\sqrt{n}$的球 $\mathcal{S}$ 上（事实上，$s^{\mathrm{T}}s=\sum\limits_i s_i^2$，并根据大数定律，对于 $\delta>0$，事件 $\{\|s\|_2\notin[(1-\delta)\sqrt{n},\ (1+\delta)\sqrt{n}]\}$ 发生的概率变成 0，$n\to\infty$，实际上呈指数级增长。此外，s 的方向 $s/\|s\|_2$ 均匀分布在单位球上）。因此，所讨论的恢复本质上是均匀分布在上述球 $\mathcal{S}$ 上的随机信号的高度可靠的恢复。我们能否期望恢复“几乎满足”式（10.4.36），也就是说，在最坏的情况下，在来自 $\mathcal{S}$ 的信号上的恢复相当好。当 n 很大时，答案是否定的。事实上，满足式（10.4.24）的充分条件是

$$\mathrm{Tr}((GA-I)^{\mathrm{T}}(GA-I))+\rho^2\mathrm{Tr}(G^{\mathrm{T}}G)\leqslant\frac{\tau_*^2}{O(1)\ln(1/\epsilon)}\tag{*}$$

适当选择绝对常数 $O(1)$。满足式（10.4.36）的必要条件是

$$n\lambda_{\max}((GA-I)^{\mathrm{T}}(GA-I))+\rho^2\mathrm{Tr}(G^{\mathrm{T}}G)\leqslant O(1)\tau_*^2\tag{**}$$

由于 $n\times n$ 矩阵 $Q=(GA-I)^{\mathrm{T}}(GA-I)$ 的迹约是 $n\lambda_{\max}(Q)$ 的$\frac{1}{n}$，迄今为止（*）的有效性并不意味着（**）的有效性。为了更严格，考虑 $\rho=0$ 和 $GA-I=\mathrm{Diag}\{1,0,\cdots,0\}$ 时的情况。在这种情况下，在 $s\sim\mathcal{N}(0,I_n)$ 时，恢复误差的$\|\cdot\|_2$ 范数只是 $|s_1|$，$\mathrm{Prob}\{|s_1|>\tau_*\}\leqslant\epsilon$，前提是 $\tau_*\geqslant\sqrt{2\ln(2/\epsilon)}$，特别是当 $\tau_*=\sqrt{2\ln(2/\epsilon)}$。同时，当 $s=\sqrt{n}\ [1;0;\cdots;0]\in\mathcal{S}$ 时，恢复误差的范数为$\sqrt{n}$，对于大 n，该范数比上述 τ_* 大得多。

例 10.4.10 这里我们考虑 $\phi(G)$ 不能有效计算的情况，具体来说，$\mathcal{S}$ 是单位盒 $B_n=\{s\in\mathbb{R}^n:\|s\|_\infty\leqslant 1\}$（或此盒的顶点的集合 V_n）的情况。事实上，我们知道对于一般型正定二次型 $s^{\mathrm{T}}Qs$，计算它在单位盒上的最大值是 NP 难的，即使不是寻找最大值的精确值，而是寻找它的 4%精确的近似。在这种情况下，我们可以用其有效可计算的上界 $\hat{\phi}(G)$ 来代替上述方案中的 $\phi(G)$。为了在 $\mathcal{S}$ 是单位盒的情况下得到这样的界，我们可以使用以下神奇的结果。

Nesterov 的 $\frac{\pi}{2}$ 定理[88]。令 $A \in S_+^n$。则有效可计算的量

$$\mathrm{SDP}(A)=\min_{\lambda \in \mathbb{R}^n}\left\{\sum_i \lambda_i : \mathrm{Diag}\{\lambda\} \succeq A\right\}$$

是以下量的一个上界，且在因子 $\frac{\pi}{2}$ 内紧：

$$\mathrm{Opt}(A)=\max_{s \in B_n} s^{\mathrm{T}} A s$$

假设 $\mathcal{S}$ 是 B_n（或 V_n），Nesterov 的 $\frac{\pi}{2}$ 定理为我们提供了 $\phi(G)$ 的一个有效可计算的和在因子 $\frac{\pi}{2}$ 内紧的上界

$$\hat{\phi}(G)=\min_{\lambda}\left\{\sum_i \lambda_i : \left[\begin{array}{c|c}\mathrm{Diag}(\lambda) & (GA-I)^{\mathrm{T}} \\ \hline GA-I & I\end{array}\right] \succeq 0\right\}$$

将 $\phi(\cdot)$ 替换为它的上界，我们从棘手的问题（10.4.43）传递到它们易于处理的近似

$$\text{find} \, G, \lambda : \sum_i \lambda_i + \rho^2 \mathrm{Tr}(G^{\mathrm{T}} G) \leqslant \gamma_*, \left[\begin{array}{c|c}\mathrm{Diag}(\lambda) & (GA-I)^{\mathrm{T}} \\ \hline GA-I & I\end{array}\right] \succeq 0 \qquad (10.4.44)$$

然后，我们在 ρ 中应用二分法，快速近似最大的 $\rho=\rho_*$，以及相关的 $G=G_*$，这些对于问题（10.4.44）是可解的，从而得到了感兴趣问题的一个可行解。

10.5　备注

备注 10.1　我们用于证明定理 10.1.1 的著名的 Talagrand 不等式可以在文献［67］中找到。构成定理 10.1.2 的定理 B.5.1 在文献［82］中以较弱的形式宣布；该证明充分利用了 Borell[31] 的结果，发表在文献［84］上。

我们非常感谢 A. Man-Cho So，他让我们注意到文献［78，93，35］的结果，这使得我们可以很容易地证明猜想 10.1 与 $\Upsilon=O(1)\sqrt{\ln m}$ 在一般情况下的有效性。

10.3 节中使用的凸优化的概念，本质上是经过充分研究的二阶随机优势概念的对称版本［47，60，101，102］。命题 10.3.2 和定理 10.3.3 来源于文献［84］。

备注 10.2　关于 10.4.3 节中提到的维纳滤波理论的基本结果，见文献［34］。

备注 10.3　一个令人惊讶的事实是，在我们目前的知识水平上，“复杂的”不确定锥不等式的机会约束版本，如锥二次，特别是半定的，似乎比这些与确定性的不确定性集相关的不等式的 RC 更适合于紧的可处理的近似，甚至是简单的。事实上，这里的 RC 通常是难以计算的，即使建立它们紧的易处理的近似，也需要对扰动的结构或不确定性集的几何形状进行严格的限制。这与不确定 LO 形成了鲜明对比，LO 处理不确定约束的机会版本需要近似，而处理约束的 RC 很容易。

不确定锥问题的全局鲁棒对等

在这一章中，我们研究了一般形式下不确定锥问题对应的全局鲁棒对等问题，并导出了全局鲁棒对等的易处理性。

11.1 不确定锥问题的全局鲁棒对等：定义

考虑一个不确定锥问题（5.1.2）和（5.1.3）：

$$\min_{x}\{c^{\mathrm{T}}x+d: A_i x-b_i\in Q_i, 1\leqslant i\leqslant m\}\tag{11.1.1}$$

其中 $Q_i\in\mathbb{R}^{k_i}$ 是由被锥包含的有限非空闭凸集

$$Q_i=\{u\in\mathbb{R}^{k_i}: Q_{i\ell}u-q_{i\ell}\in K_{i\ell}, \ell=1,\cdots,L_i\}\tag{11.1.2}$$

给出的，其中 K_{il} 是闭凸点锥，并让数据被扰动向量 ζ 仿射参数化：

$$(c,d,\{A_i,b_i\}_{i=1}^m)=(c^0,d^0,\{A_i^0,b_i^0\}_{i=1}^m)+\sum_{\ell=1}^{L}\zeta_\ell(c^\ell,d^\ell,\{A_i^\ell,b_i^\ell\}_{i=1}^m)\tag{11.1.3}$$

当我们将全局鲁棒对等（第 3 章）的概念延伸到这种情况时，我们需要对它做出一个小的修改。当我们把全局鲁棒对等的概念引入线性规划案例中，假设所有的“物理上可能”实现的扰动向量 ζ 所在的集合 $\mathcal{Z}_+$ 的形式是 $\mathcal{Z}_+=\mathcal{Z}+\mathcal{L}$，其中 $\mathcal{Z}$ 是 ζ 的闭凸正常范围，$\mathcal{L}$ 是一个闭凸锥。我们进一步讨论了不确定标量线性不等式

$$\left[a^0+\sum_{\ell=1}^{L}\zeta_\ell a^\ell\right]^{\mathrm{T}}y-\left[b^0+\sum_{\ell=1}^{L}\zeta_\ell b^\ell\right]\leqslant 0\tag{*}$$

的一个候选解 $\bar{y}$ 在拥有全局灵敏度 α 的情况下是鲁棒可行的，其条件是以下情况时成立：

$$\left[a^0+\sum_{\ell=1}^{L}\zeta_\ell a^\ell\right]^{\mathrm{T}}y-\left[b^0+\sum_{\ell=1}^{L}\zeta_\ell b^\ell\right]\leqslant\alpha\,\mathrm{dist}(\zeta,\mathcal{Z}|\mathcal{L}), \forall\zeta\in\mathcal{Z}+\mathcal{L}\tag{$\binom{*}{*}$}$$

现在我们处在这样一种情形下：不确定约束条件（11.1.1）的左边是向量而不是标量，所以 $\binom{*}{*}$ 的直接类比没有意义。但是，请注意，当我们用当前的“包含形式”

$$\left[a^0+\sum_{\ell=1}^{L}\zeta_\ell a^\ell\right]^{\mathrm{T}}y-\left[b^0+\sum_{\ell=1}^{L}\zeta_\ell b^\ell\right]\in Q\equiv\mathbb{R}_-$$

重写（*）时，关系 $\binom{*}{*}$ 明确表示，对于所有 $\zeta\in\mathcal{Z}+\mathcal{L}$，从（*）左边到 Q 的距离并没有超过 $\alpha\,\mathrm{dist}(\zeta,\mathcal{Z}|\mathcal{L})$。在这种形式下，全局灵敏度的概念允许以下多维度的扩展。

定义 11.1.1 考虑一个不确定凸约束：

$$\left[P_0+\sum_{\ell=1}^{L}\zeta_\ell P_\ell\right]y-\left[p^0+\sum_{\ell=1}^{L}\zeta_\ell p^\ell\right]\in Q\tag{11.1.4}$$

其中 Q 是 $\mathbb{R}^k$ 中的一个非空凸子集。设 $\|\cdot\|_Q$ 是 $\mathbb{R}^k$ 上的一个范数，$\|\cdot\|_{\mathcal{Z}}$ 是 $\mathbb{R}^L$ 上的一个范数，$\mathcal{Z}\subset\mathbb{R}^L$ 是扰动 ζ 的一个非空闭凸正常区间，并且 $\mathcal{L}\subset\mathbb{R}^L$ 是一个闭凸锥。我们说如果对于式（11.1.4），在扰动结构（$\|\cdot\|_Q,\|\cdot\|_{\mathcal{Z}},\mathcal{Z},\mathcal{L}$）的情况下，有

$$
\operatorname{dist}\left(\left[\boldsymbol{P}_0+\sum_{\ell=1}^{L}\zeta_\ell\boldsymbol{P}_\ell\right]\boldsymbol{y}-\left[\boldsymbol{p}^0+\sum_{\ell=1}^{L}\zeta_\ell\boldsymbol{p}^\ell\right],Q\right)\leqslant\alpha\operatorname{dist}(\boldsymbol{\zeta},\mathcal{Z}\mid\mathcal{L})
$$

$$
\forall\boldsymbol{\zeta}\in\mathcal{Z}_+=\mathcal{Z}+\mathcal{L} \tag{11.1.5}
$$

$$
\left[\begin{array}{l}\operatorname{dist}(\boldsymbol{u},Q)=\min\limits_{\boldsymbol{v}}\{\|\boldsymbol{u}-\boldsymbol{v}\|_Q:\boldsymbol{v}\in Q\}\\ \operatorname{dist}(\boldsymbol{\zeta},\mathcal{Z}\mid\mathcal{L})=\min\limits_{\boldsymbol{v}}\{\|\boldsymbol{\zeta}-\boldsymbol{v}\|_Z:\boldsymbol{v}\in\mathcal{Z},\boldsymbol{\zeta}-\boldsymbol{v}\in\mathcal{L}\}\end{array}\right]
$$

成立，那么一个候选解 $\boldsymbol{y}$ 是鲁棒可行的，且具有全局灵敏度 α。

有时需要在后面的定义中添加一些结构。具体地说，假设 $\boldsymbol{\zeta}$ 存在的空间 $\mathbb{R}^L$ 被作为一个直积给出：

$$
\mathbb{R}^L=\mathbb{R}^{L_1}\times\cdots\times\mathbb{R}^{L_S}
$$

并且设 $\mathcal{Z}^s\subset\mathbb{R}^{L_s}$，$\mathcal{L}^s\subset\mathbb{R}^{L_s}$，$\|\cdot\|_s$ 分别为闭非空凸集、闭凸锥和 $\mathbb{R}^{L_s}$，$s=1,\cdots,S$ 上的范数。对于 $\boldsymbol{\zeta}\in\mathbb{R}^L$，设 $\boldsymbol{\zeta}^s$，$s=1,\cdots,S$，是 $\boldsymbol{\zeta}$ 在 $\mathbb{R}^L$ 的直积因子 $\mathbb{R}^{L_s}$ 上的投影。定义 11.1.1 的“结构化版本”是以下形式。

定义 11.1.2　在扰动结构（$\|\cdot\|_Q,\{\mathcal{Z}^s,\mathcal{L}^s,\|\cdot\|_s\}_{s=1}^S$）下，如果有

$$
\operatorname{dist}\left(\left[\boldsymbol{P}_0+\sum_{\ell=1}^{L}\zeta_\ell\boldsymbol{P}_\ell\right]\boldsymbol{y}-\left[\boldsymbol{p}^0+\sum_{\ell=1}^{L}\zeta_\ell\boldsymbol{p}^\ell\right],Q\right)\leqslant\sum_{s=1}^{S}\alpha_s\operatorname{dist}(\boldsymbol{\zeta}^s,\mathcal{Z}^s\mid\mathcal{L}^s)
$$

$$
\forall\boldsymbol{\zeta}\in\mathcal{Z}_+=\underbrace{(\mathcal{Z}^1\times\cdots\times\mathcal{Z}^S)}_{\mathcal{Z}}+\underbrace{(\mathcal{L}^1\times\cdots\times\mathcal{L}^S)}_{\mathcal{L}} \tag{11.1.6}
$$

$$
\left[\begin{array}{l}\operatorname{dist}(\boldsymbol{u},Q)=\min\limits_{\boldsymbol{v}}\{\|\boldsymbol{u}-\boldsymbol{v}\|_Q:\boldsymbol{v}\in Q\}\\ \operatorname{dist}(\boldsymbol{\zeta}^s,\mathcal{Z}^s\mid\mathcal{L}^s)=\min\limits_{\boldsymbol{v}^s}\{\|\boldsymbol{\zeta}^s-\boldsymbol{v}^s\|_S:\boldsymbol{v}^s\in\mathcal{Z}^s,\boldsymbol{\zeta}^s-\boldsymbol{v}^s\in\mathcal{L}^s\}\end{array}\right]
$$

不确定约束（11.1.4）的一个候选解 $\boldsymbol{y}$ 就被认为是鲁棒可行的，且具有全局灵敏度 α_s，$s=1,\cdots,S$。

注意，定义 11.1.1 可以通过设 $S=1$ 从定义 11.1.2 获得。我们将半无限约束（11.1.5）和（11.1.6）作为不确定约束（11.1.4）关于问题中的扰动结构的全局鲁棒对等。当构建不确定问题（11.1.1）和（11.1.3）的全局鲁棒对等时，我们首先将它重写为一个有着确定目标的不确定问题：

$$
\min_{\boldsymbol{y}=(\boldsymbol{x},t)}\left\{t:\begin{array}{l}\boldsymbol{c}^{\mathrm{T}}\boldsymbol{x}+d-t\equiv\overbrace{\left[\boldsymbol{c}^0+\sum_{\ell=1}^{L}\zeta_\ell\boldsymbol{c}^\ell\right]^{\mathrm{T}}\boldsymbol{x}+\left[d^0+\sum_{\ell=1}^{L}\zeta_\ell d^\ell\right]-t}^{\left[P_{00}+\sum_{\ell=1}^{L}\zeta_\ell P_{0\ell}\right]y-\left[p_0^0+\sum_{\ell=1}^{L}\zeta_\ell p_0^\ell\right]}\in Q_0\equiv\mathbb{R}_-\\ \boldsymbol{A}_i\boldsymbol{x}-b_i\equiv\underbrace{\left[\boldsymbol{A}_i^0+\sum_{\ell=1}^{L}\zeta_\ell\boldsymbol{A}_i^\ell\right]\boldsymbol{x}-\left[b_i^0+\sum_{\ell=1}^{L}\zeta_\ell b_i^\ell\right]}_{\left[P_{i0}+\sum_{\ell=1}^{L}\zeta_\ell P_{i\ell}\right]y-\left[p_i^0+\sum_{\ell=1}^{L}\zeta_\ell p_i^\ell\right]}\in Q_i,1\leqslant i\leqslant m\end{array}\right\}
$$

然后用它们的全局鲁棒对等替换约束。潜在的扰动结构和全局灵敏度可能因约束的不同而不同。

11.2　全局鲁棒对等的保守且易处理近似

全局鲁棒对等和普通的鲁棒对等一样，在计算上是难以处理的。在这种情况下，我们可以退而求其次——寻找保守且易于处理的全局鲁棒对等近似。这个概念的定义如下（参见定义 5.3.1）。

定义 11.2.1　考虑不确定凸约束（11.1.4）及其全局鲁棒对等（11.1.6）。如果 $\mathcal{S}$ 的可行集在（$\boldsymbol{y}$,α）变量的空间上的投影被包含在全局鲁棒对等

$$\forall(\alpha=(\alpha_1,\cdots,\alpha_S)\geqslant 0,\boldsymbol{y}):$$

$$(\exists \boldsymbol{u}:(\boldsymbol{y},\alpha,\boldsymbol{u})\text{满足 }\mathcal{S})\Rightarrow(\boldsymbol{y},\alpha)\text{满足式(11.1.6)}$$

的可行集中，我们说变量 $\boldsymbol{y}$，$\alpha=(\alpha_1,\cdots,\alpha_S)\geqslant 0$ 和或许存在的附加变量 $\boldsymbol{u}$ 的凸约束组 $\mathcal{S}$ 是一个全局鲁棒对等的保守近似。如果 $\mathcal{S}$ 是这样的（例如，$\mathcal{S}$ 是一个显式锥二次不等式组/线性矩阵不等式组，或者更一般地，$\mathcal{S}$ 中的约束是可以被高效地计算出来的），这种近似称为易于处理的。

当我们量化一个近似的紧性时，和在鲁棒对等下的情况一样，假设扰动的正常范围 $\mathcal{Z}=\mathcal{Z}^1\times\cdots\times\mathcal{Z}^S$ 包含原点，并被包含在正常范围内的单参数族中：

$$\mathcal{Z}_\rho=\rho\mathcal{Z},\rho>0$$

那么，式（11.1.4）的全局鲁棒对等（11.1.6）就成了变量 $\boldsymbol{y}$，α 的单参数约束族

$$\begin{aligned}\operatorname{dist}\left(\left[\boldsymbol{P}_0+\sum_{\ell=1}^{L}\zeta_\ell\boldsymbol{P}_\ell\right]\boldsymbol{y}-\left[\boldsymbol{p}^0+\sum_{\ell=1}^{L}\zeta_\ell\boldsymbol{p}^\ell\right],Q\right)&\leqslant\sum_{s=1}^{S}\alpha_s\operatorname{dist}(\zeta^s,\mathcal{Z}^s\mid\mathcal{L}^s)\\ \forall\boldsymbol{\zeta}\in\mathcal{Z}_+^\rho=\underbrace{\rho(\mathcal{Z}^1\times\cdots\times\mathcal{Z}^S)}_{\mathcal{Z}_\rho}&+\underbrace{(\mathcal{L}^1\times\cdots\times\mathcal{L}^S)}_{\mathcal{L}}\end{aligned}\qquad(\text{GRC}_\rho)$$

的成员，对应于 $\rho=1$。我们将全局鲁棒对等的保守易处理近似的紧性因子定义如下（参见定义 5.3.2）。

定义 11.2.2　假设我们给出了一个与（GRC_ρ）有限组 $\mathcal{S}_\rho$ 有关联的近似方案，这个有限组具有可高效计算的关于约束变量 $\boldsymbol{y}$，α，可能还有附加变量 $\boldsymbol{u}$ 的凸约束，它们依赖于参数 $\rho>0$。如果有

（i）对于每个 $\rho>0$，$\mathcal{S}_\rho$ 是一个（GRC_ρ）的保守且易于处理的近似：如果无论何时（$\boldsymbol{y}$,$\alpha\geqslant 0$）都可以被拓展成 $\mathcal{S}_\rho$ 的可行解，（$\boldsymbol{y}$,α）满足（GRC_ρ）；

（ii）当 $\rho>0$ 和（$\boldsymbol{y}$,$\alpha\geqslant 0$）时，如果（$\boldsymbol{y}$,α）都不能被拓展成 $\mathcal{S}_\rho$ 的一个可行解，数对（$\boldsymbol{y}$,$\vartheta^{-1}\alpha$）对于（$\text{GRC}_{\vartheta\rho}$）是不可行的。

我们说这个近似方案是全局鲁棒对等一个紧的保守且易处理的近似，且紧性因子 $\vartheta\geqslant 1$。

11.3　不确定约束的全局鲁棒对等：分解

11.3.1　预备知识

回想一下非空闭凸集 Q 的回收锥的概念。

定义 11.3.1　设 $Q\subset\mathbb{R}^k$ 是一个非空闭凸集，$\overline{x}\in Q$。Q 的回收锥 $\operatorname{Rec}(Q)$ 是包含在 Q 中并由 $\overline{x}$ 发出的所有射线组成的：

$$\operatorname{Rec}(Q)=\{\boldsymbol{h}\in\mathbb{R}^k:\overline{x}+t\boldsymbol{h}\in Q,\forall t\geqslant 0\}$$

（由于 Q 的封闭性和凸性，公式中等号右边的集合是 $\mathbb{R}^k$ 中的一个非空闭凸锥，且与 $\overline{x}\in Q$

的选择无关。)

例 11.3.2 (i) 非空有界闭凸集 Q 的回收锥是平凡的：$\text{Rec}(Q)=\{0\}$。

(ii) 闭凸锥 Q 的回收锥为 Q 本身。

(iii) K 是一个闭凸锥，集合 $Q=\{\boldsymbol{x}:\boldsymbol{Ax}-\boldsymbol{b}\in K\}$ 的回收锥为集合 $\{\boldsymbol{h}:\boldsymbol{Ah}\in K\}$。

(iv. a) 设 Q 是一个闭凸集，且 $\boldsymbol{e}_i\to\boldsymbol{e}$，$i\to\infty$，$t_i\geqslant 0$，$t_i\to\infty$，$i\to\infty$是向量和实数的序列，使 $t_i\boldsymbol{e}_i\in Q$ 对所有 i 都成立，则有 $\boldsymbol{e}\in\text{Rec}(Q)$。

(iv. b) 反之亦然：在向量 $\boldsymbol{e}_i$ 满足 $i\boldsymbol{e}_i\in Q$ 的情况下，每个 $\boldsymbol{e}\in\text{Rec}(Q)$ 都可以被表示为 $\boldsymbol{e}=\lim\limits_{i\to\infty}\boldsymbol{e}_i$ 的形式。

证明　(i) (ii) (iii) 略。

(iv. a)：设 $\overline{\boldsymbol{x}}\in Q$。用我们之前设的 $\boldsymbol{e}_i$ 和 t_i，对于每一个 $t>0$，有 $\overline{\boldsymbol{x}}+t\boldsymbol{e}_i-t/t_i\overline{\boldsymbol{x}}=(t/t_i)(t_i\boldsymbol{e}_i)+(1-t/t_i)\overline{\boldsymbol{x}}$。对于所有的 i，除了有限的几个值，等式的右边是两个来自 Q 的向量的凸组合，因此属于 Q。对于 $i\to\infty$，左边收敛于 $\overline{\boldsymbol{x}}+t\boldsymbol{e}$。由于 Q 是闭的，我们得到 $\overline{\boldsymbol{x}}+t\boldsymbol{e}\in Q$，因为任意 $t>0$，我们得到 $\boldsymbol{e}\in\text{Rec}(Q)$。

(iv. b)：设 $\boldsymbol{e}\in\text{Rec}(Q)$，$\overline{\boldsymbol{x}}\in Q$，设 $\boldsymbol{e}_i=i^{-1}(\overline{\boldsymbol{x}}+i\boldsymbol{e})$，于是有 $i\boldsymbol{e}_i\in Q$，且在 $i\to\infty$时，$\boldsymbol{e}_i\to\boldsymbol{e}$。 ■

11.3.2　主要结果

以下是命题 3.2.1 的“多维”延伸。

命题 11.3.3　当且仅当 $\boldsymbol{x}$ 满足以下半无限约束组时，不确定约束 (11.1.4) 的全局鲁棒对等 (11.1.6) 的候选解 $\boldsymbol{y}$ 是可行的：

$$
\begin{aligned}
&(a)\quad \overbrace{\left[\boldsymbol{P}_0+\sum_{\ell=1}^{L}\zeta_\ell\boldsymbol{P}_\ell\right]^{\mathrm{T}}\boldsymbol{y}-\left[\boldsymbol{p}^0+\sum_{\ell=1}^{L}\zeta_\ell\boldsymbol{p}^\ell\right]}^{P(\boldsymbol{y},\boldsymbol{\zeta})}\in Q\\
&\qquad\qquad\qquad\qquad\forall\boldsymbol{\zeta}\in\mathcal{Z}\equiv\mathcal{Z}^1\times\cdots\times\mathcal{Z}^S\\
&(b_s)\quad \text{dist}\Big(\overbrace{\sum_{\ell=1}^{L}[\boldsymbol{P}_\ell\boldsymbol{y}-\boldsymbol{p}^\ell](E_s\boldsymbol{\zeta}^s)_\ell}^{\Phi(\boldsymbol{y})E_s\boldsymbol{\zeta}^s},\text{Rec}(Q)\Big)\leqslant\alpha_s\\
&\qquad\qquad\forall\boldsymbol{\zeta}^s\in\mathcal{L}^s_{\|\cdot\|_s}\equiv\{\boldsymbol{\zeta}^s\in\mathcal{L}^s:\|\boldsymbol{\zeta}^s\|_s\leqslant 1\},s=1,\cdots,S
\end{aligned}
\tag{11.3.1}
$$

其中 E_s 是 $\mathbb{R}^{L_s}$ 到 $\mathbb{R}^L=\mathbb{R}^{L_1}\times\cdots\times\mathbb{R}^{L_s}$ 的自然嵌入，且有 $\text{dist}(\boldsymbol{u},\text{Rec}(Q))=\min\limits_{v\in\text{Rec}(Q)}\|\boldsymbol{u}-\boldsymbol{v}\|_Q$。

证明　假设 $\boldsymbol{y}$ 满足式 (11.1.6)，让我们来验证 $\boldsymbol{y}$ 满足式 (11.3.1)。关系 (11.3.1.a) 是显然的。让我们固定 $s\leqslant S$ 并验证 $\boldsymbol{y}$ 满足 (11.3.1.b_s)。事实上，设 $\overline{\boldsymbol{\zeta}}\in\mathcal{Z}$ 并且 $\boldsymbol{\zeta}^s\in\mathcal{L}^s_{\|\cdot\|_s}$，对于 $i=1,2,\cdots$，让 $\boldsymbol{\zeta}_i$ 以 $\boldsymbol{\zeta}_i^r=\overline{\boldsymbol{\zeta}}^r$，$r\neq s$ 的形式被给出，并且 $\boldsymbol{\zeta}_i^s=\overline{\boldsymbol{\zeta}}^s+i\boldsymbol{\zeta}^s$，因此 $\text{dist}(\boldsymbol{\zeta}_i^r,\mathcal{Z}^r\mid\mathcal{L}^r)$ 在 $r\neq s$ 时是 0，在 $r=s$ 时$\leqslant i$。既然 $\boldsymbol{y}$ 对于式 (11.1.6) 是可行的，我们有

$$
\text{dist}\Big(\underbrace{\left[\boldsymbol{P}_0+\sum_{\ell=1}^{L}(\boldsymbol{\zeta}_i)_\ell\boldsymbol{P}_\ell\right]\boldsymbol{y}-\left[\boldsymbol{p}^0+\sum_{\ell=1}^{L}(\boldsymbol{\zeta}_i)_\ell\boldsymbol{p}^\ell\right]}_{P(\boldsymbol{y},\boldsymbol{\zeta}_i)=P(\boldsymbol{y},\overline{\boldsymbol{\zeta}})+i\Phi(\boldsymbol{y})E_s\boldsymbol{\zeta}^s},Q\Big)\leqslant\alpha_s i
$$

即，存在 $\boldsymbol{q}_i\in Q$ 满足

$$
\|P(\boldsymbol{y},\overline{\boldsymbol{\zeta}})+i\Phi(\boldsymbol{y})E_s\boldsymbol{\zeta}^s-\boldsymbol{q}_i\|_Q\leqslant\alpha_s i
$$

由这个不等式可知，当 $i\to\infty$ 时 $\|\boldsymbol{q}_i\|_Q/i$ 保持有界。设 $\boldsymbol{q}_i=i\boldsymbol{e}_i$，并转到索引 i 的子序列 $\{i_\nu\}$ 中，我们可以假设在 $\nu\to\infty$ 时有 $\boldsymbol{e}_{i_\nu}\to\boldsymbol{e}$。通过例 11.3.2 中的（iv.a），我们得到 $\boldsymbol{e}\in\mathrm{Rec}(Q)$。我们进一步有

$$\begin{aligned}\|\Phi(\boldsymbol{y})E_s\boldsymbol{\zeta}^s-\boldsymbol{e}_{i_\nu}\|_Q&=i_\nu^{-1}\|i_\nu\Phi(\boldsymbol{y})E_s\boldsymbol{\zeta}-q_{i_\nu}\|_Q\\&\leqslant i_\nu^{-1}[\|P(\boldsymbol{y},\bar{\boldsymbol{\zeta}})+i_\nu\Phi(\boldsymbol{y})E_s\boldsymbol{\zeta}^s-\boldsymbol{q}_{i_\nu}\|_Q+i_\nu^{-1}\|P(\boldsymbol{y},\bar{\boldsymbol{\zeta}})\|_Q]\\&\leqslant\alpha_s+i_\nu^{-1}\|P(\boldsymbol{y},\bar{\boldsymbol{\zeta}})\|_Q\end{aligned}$$

由此，转到极限，$\nu\to\infty$，$\|\Phi(\boldsymbol{y})E_s\boldsymbol{\zeta}^s-\boldsymbol{e}\|_Q\leqslant\alpha_s$，其中，由于 $\boldsymbol{e}\in\mathrm{Rec}(Q)$，我们有 $\mathrm{dist}(\Phi(\boldsymbol{y})\cdot E_s\boldsymbol{\zeta}^s,\mathrm{Rec}(Q))\leqslant\alpha_s$。由于 $\boldsymbol{\zeta}^s\in\mathcal{L}^s_{\|\cdot\|_s}$ 是任意的，有式（11.3.1.b_s）成立。

现在假设 $\boldsymbol{y}$ 满足式（11.3.1），并让我们来证明 $\boldsymbol{y}$ 满足式（11.1.6）。确实，给定 $\boldsymbol{\zeta}\in\mathcal{Z}+\mathcal{L}$，我们可以通过这样的方式：$\boldsymbol{\zeta}^s=\bar{\boldsymbol{\zeta}}^s+\boldsymbol{\delta}^s$ 和 $\|\boldsymbol{\delta}^s\|_s=\mathrm{dist}(\boldsymbol{\zeta}^s,\mathcal{Z}^s\mid\mathcal{L}^s)$ 来找到 $\bar{\boldsymbol{\zeta}}^s\in\mathcal{Z}^s$ 和 $\boldsymbol{\delta}^s\in\mathcal{L}^s$。设 $\bar{\boldsymbol{\zeta}}=(\bar{\boldsymbol{\zeta}}^1,\cdots,\bar{\boldsymbol{\zeta}}^S)$，并且引用（11.3.1.$a$），得到向量 $\bar{\boldsymbol{u}}=P(\boldsymbol{y},\bar{\boldsymbol{\zeta}})$ 属于 Q。进一步，对于每一个 s，通过（11.3.1.b_s），都存在 $\boldsymbol{\delta u}^s\in\mathrm{Rec}(Q)$，使得 $\|\Phi(\boldsymbol{y})E_s\boldsymbol{\delta}^s-\boldsymbol{\delta u}^s\|_Q\leqslant\alpha_s\|\boldsymbol{\delta}^s\|_s=\alpha_s\mathrm{dist}(\boldsymbol{\zeta}^s,\mathcal{Z}^s\mid\mathcal{L}^s)$。因为 $P(\boldsymbol{y},\boldsymbol{\zeta})=P(\boldsymbol{y},\bar{\boldsymbol{\zeta}})+\sum_s\Phi(\boldsymbol{y})E_s\boldsymbol{\delta}^s$，我们有

$$\|P(\boldsymbol{y},\boldsymbol{\zeta})-\underbrace{\left[\bar{\boldsymbol{u}}+\sum_s\boldsymbol{\delta u}^s\right]}_{\boldsymbol{v}}\|_Q\leqslant\|\underbrace{P(\boldsymbol{y},\bar{\boldsymbol{\zeta}})-\bar{\boldsymbol{u}}}_{=0}\|_Q+\sum_s\underbrace{\|\Phi(\boldsymbol{y})E_s\boldsymbol{\delta}^s-\boldsymbol{\delta u}^s\|_Q}_{\leqslant\alpha_s\mathrm{dist}(\boldsymbol{\zeta}^s,\mathcal{Z}^s\mid\mathcal{L}^s)}$$

既然 $\bar{\boldsymbol{u}}\in Q$ 且对于所有 $\boldsymbol{s}$ 满足 $\boldsymbol{\delta u}^s\in\mathrm{Rec}(Q)$，我们有 $\boldsymbol{v}\in Q$，所以这个不等式意味着

$$\mathrm{dist}(P(\boldsymbol{y},\boldsymbol{\zeta}),Q)\leqslant\sum_s\alpha_s\mathrm{dist}(\boldsymbol{\zeta}^s,\mathcal{Z}^s\mid\mathcal{L}^s)$$

因为 $\boldsymbol{\zeta}\in\mathcal{Z}+\mathcal{L}$ 是任意的，所以 $\boldsymbol{y}$ 满足式（11.1.6）。■

11.4　全局鲁棒对等的易处理性

11.4.1　预备知识

命题 11.3.3 证明了不确定约束（11.1.4）的全局鲁棒对等等价于半无限约束（11.3.1）的显式组。我们很熟悉约束（11.3.1.a）——它只不过是具有扰动在不确定性集作用下的正常范围 $\mathcal{Z}$ 的不确定约束（11.1.4）的鲁棒对等。因此，我们对如何将这种半无限约束转化为易处理的形式或如何建立其易处理的保守近似有了一定的认识。新的约束（11.3.1.b_s），其通用形式如下。

我们有

- 内积为 $\langle\cdot,\cdot\rangle_E$ 的欧几里得空间 E，范数（不一定是欧几里得范数）$\|\cdot\|_E$，E 中的闭凸锥 K^E。
- 内积为 $\langle\cdot,\cdot\rangle_F$ 的欧几里得空间 F，范数（不一定是欧几里得范数）$\|\cdot\|_F$，F 中的闭凸锥 K^F。

这些数据在空间 $\mathcal{L}(E,F)$ 上定义了一个从 E 到 F 的线性映射 $\mathcal{M}$ 的函数，具体地，就是函数

$$\begin{aligned}\Psi(\mathcal{M})&=\max_{\boldsymbol{e}}\{\mathop{\mathrm{dist}}_{\|\cdot\|_F}(\mathcal{M}\boldsymbol{e},K^F):\boldsymbol{e}\in K^E,\|\boldsymbol{e}\|_E\leqslant1\},\\\mathop{\mathrm{dist}}_{\|\cdot\|_F}(\boldsymbol{f},K^F)&=\min_{\boldsymbol{g}\in K^F}\|\boldsymbol{f}-\boldsymbol{g}\|_F\end{aligned}\tag{11.4.1}$$

注意：$\Psi(\mathcal{M})$ 是一种范数，它是非负的，当 $\lambda\geqslant0$ 时满足要求 $\Psi(\lambda\mathcal{M})=\lambda\Psi(\mathcal{M})$，并满足三角不等式 $\Psi(\mathcal{M}+\mathcal{N})\leqslant\Psi(\mathcal{M})+\Psi(\mathcal{N})$。它缺失的范数特性是对称性（一般来

说，$\Psi(-\mathcal{M})\neq\Psi(\mathcal{M})$）和严格的正性（$\mathcal{M}\neq 0$ 时可能有 $\Psi(\mathcal{M})=0$），还要注意当 $K^F=\{0\}$，$K^E=E$ 时，$\Psi(\mathcal{M})=\max\limits_{e:\|e\|_E\leqslant 1}\|\mathcal{M}\boldsymbol{e}\|_F$ 成为由给定的范数在原点和目标空间中诱导的线性映射的一般范数。

由上述设置可得到一个凸不等式，对于变量 $\mathcal{M},\alpha$，有

$$\Psi(\mathcal{M})\leqslant\alpha \tag{11.4.2}$$

注意，每一个约束（11.3.1.b_s）都是由式（11.4.2）形式的凸不等式经仿射替换

$$\mathcal{M}\leftarrow H_s(\boldsymbol{y}),\alpha\leftarrow\alpha_s$$

得到的，其中 $H_s(\boldsymbol{y})\in\mathcal{L}(E_s,F_s)$ 是 $\boldsymbol{y}$ 的仿射。实际上，式（11.3.1.b_s）是在指定

- $(E,\langle\cdot,\cdot\rangle_E)$ 为 $\mathcal{Z}^s$，$\mathcal{L}^s$ 所在的欧几里得空间，$\|\cdot\|_E$ 为 $\|\cdot\|_s$。
- $(F,\langle\cdot,\cdot\rangle_F)$ 为 Q 所在的欧几里得空间，$\|\cdot\|_F$ 为 $\|\cdot\|_Q$。
- K^E 为锥 $\mathcal{L}^s$，K^F 为锥 $\mathrm{Rec}(Q)$。
- $H(\boldsymbol{y})$ 为线性映射 $\boldsymbol{\zeta}^s\mapsto\Phi(\boldsymbol{y})E_s\boldsymbol{\zeta}^s$。

时获得的。

结果就是，约束（11.3.1.b）的有效处理简化为有着式（11.4.2）形式的相关约束

$$\Psi_s(\mathcal{M}_s)\leqslant\alpha_s \tag{$\mathcal{C}_s$}$$

的类似处理。例如，对于特定的 $\vartheta\geqslant 1$，假设我们足够聪明可以构造：

(i) $\mathcal{Z}_\rho=\rho\mathcal{Z}_1$ 在扰动集作用下的半无限约束（11.3.1.a）的 ϑ-紧的保守且易于处理的近似。设这个近似是变量 $\boldsymbol{y}$ 和附加变量 $\boldsymbol{u}$ 的显式凸约束组 $\mathcal{S}^a_\rho$；

(ii) 对于每个 $s=1,\cdots,S$，都有函数 $\Psi_s(\mathcal{M}_s)$ 的一个 ϑ-紧的有效可计算的上界，也就是一个矩阵变量 $\mathcal{M}_s$、实变量 $\boldsymbol{\tau}_s$ 和可能的附加变量 $\boldsymbol{u}^s$ 的有效可计算凸约束组 $\mathcal{S}^s$，且有

(a) 当 $(\mathcal{M}_s,\boldsymbol{\tau}_s)$ 可推广到 $\mathcal{S}^s$ 的可行解时，有 $\Psi_s(\mathcal{M}_s)\leqslant\boldsymbol{\tau}_s$。

(b) 当 $(\mathcal{M}_s,\boldsymbol{\tau}_s)$ 不能推广到 $\mathcal{S}^s$ 的可行解时，有 $\vartheta\Psi_s(\mathcal{M}_s)>\boldsymbol{\tau}_s$。

在这种情况下，我们可以指出问题中的全局鲁棒对等的一个对于参数 ϑ 是紧（见定义 11.2.2）且保守易于处理的近似。为此，考虑如下变量 $\boldsymbol{y},\alpha_1,\cdots,\alpha_S,\boldsymbol{u},\boldsymbol{u}^1,\cdots,\boldsymbol{u}^S$ 的约束组：

$$(\boldsymbol{y},\boldsymbol{u})\text{满足 }\mathcal{S}^a_\rho\text{且}\{(H_s(\boldsymbol{y}),\alpha_s,\boldsymbol{u}^s)\text{满足 }\mathcal{S}^s,s=1,\cdots,S\} \tag{$\mathcal{S}_\rho$}$$

并让我们验证这是全局鲁棒对等的 ϑ-紧保守且易于计算的近似。确实，$\mathcal{S}_\rho$ 是一个有效可计算的显式凸约束组，因此是易于计算的。此外，$\mathcal{S}_\rho$ 是（GRC_ρ）的一个保守近似。事实上，如果 $(\boldsymbol{y},\alpha)$ 可以推广为 $\mathcal{S}_\rho$ 的可行解，那么 $\mathcal{Z}_\rho$ 在 $\mathcal{Z}$ 的作用下 $\boldsymbol{y}$ 满足式（11.3.1.a）（因为 $(\boldsymbol{y},\boldsymbol{u})$ 满足 $\mathcal{S}^a_\rho$），并且由于（ii.a）（回忆（11.3.1.b_s）等价于 $\Psi_s(H_s(\boldsymbol{y}))\leqslant\alpha_s$），有 $(\boldsymbol{y},\alpha_s)$ 满足（11.3.1.b_s）。最后，假设 $(\boldsymbol{y},\alpha)$ 不可以推广到 $\mathcal{S}_\rho$ 的可行解，并让我们来证明因此 $(\boldsymbol{y},\vartheta^{-1}\alpha)$ 对（$\mathrm{GRC}_{\vartheta\rho}$）不可行。事实上，如果 $(\boldsymbol{y},\alpha)$ 不可以推广到 $\mathcal{S}_\rho$ 的可行解，那么 $\boldsymbol{y}$ 亦不能扩展到 $\mathcal{S}^a_\rho$ 的可行解，且对某些 s，$(\boldsymbol{y},\alpha_s)$ 也不可以推广到 $\mathcal{S}^s$ 的可行解。在第一种情况下，通过（i），$\mathcal{Z}_{\vartheta\rho}$ 在 $\mathcal{Z}$ 的作用下 $\boldsymbol{y}$ 不满足式（11.3.1.a）；在第二种情况下，通过（ii.b），有 $\vartheta^{-1}\alpha_s<\Psi_s(H_s(\boldsymbol{y}))$，因此在这两种情况下 $(\boldsymbol{y},\vartheta^{-1}\alpha)$ 对（$\mathrm{GRC}_{\vartheta\rho}$）都是不可行的。

我们已经将与全局鲁棒对等相关的易处理性问题简化为鲁棒对等的类似问题（我们已经在锥优化案例中对其进行了研究）和 $\Psi(\cdot)$ 的有效边界问题。本节的其余部分将专门研究后一个问题。

11.4.2 $\Psi(\cdot)$ 的有效边界问题

11.4.2.1 对称性

我们从观察到 $\Psi(\cdot)$ 的（紧上界的）有效计算问题具有一种对称性开始。实际上，考虑设置

$$\Xi=(E,\langle\cdot,\cdot\rangle_E,\|\cdot\|_E,K^E;F,\langle\cdot,\cdot\rangle_F,\|\cdot\|_F,K^F)$$

指定 Ψ，并把与Ξ关联的对偶设置为

$$\Xi_*=(F,\langle\cdot,\cdot\rangle_F,\|\cdot\|_F^*,K_*^F;E,\langle\cdot,\cdot\rangle_E,\|\cdot\|_E^*,K_*^E)$$

其中

- 对于欧几里得空间 $(G,\langle\cdot,\cdot\rangle_G)$ 上的范数$\|\cdot\|$，其共轭范数$\|\cdot\|^*$被定义为

$$\|\boldsymbol{u}\|^*=\max_{\boldsymbol{v}}\{\langle\boldsymbol{u},\boldsymbol{v}\rangle_G:\|\boldsymbol{v}\|\leqslant 1\}$$

- 对于欧几里得空间 $(G,\langle\cdot,\cdot\rangle_G)$ 中的闭凸锥 K，定义其对偶锥为

$$K_*=\{\boldsymbol{y}:\langle\boldsymbol{y},\boldsymbol{h}\rangle_G\geqslant 0,\forall\boldsymbol{h}\in K\}$$

回想一下，从欧几里得空间 E 到欧几里得空间 F 的线性映射 $\mathcal{M}\in\mathcal{L}(E,F)$ 的共轭是由恒等式

$$\langle\mathcal{M}\boldsymbol{e},\boldsymbol{f}\rangle_F=\langle\boldsymbol{e},\mathcal{M}^*\boldsymbol{f}\rangle_E\quad\forall(\boldsymbol{e}\in E,\boldsymbol{f}\in F)$$

唯一定义的线性映射 $\mathcal{M}^*\in\mathcal{L}(F,E)$。用 E，F 中固定的一对标准正交基中的矩阵来表示线性映射，表示 $\mathcal{M}^*$ 的矩阵是表示 $\mathcal{M}$ 的矩阵的转置。注意对于一项采取两次对偶或共轭会恢复原来的项：$(K_*)_*=K$，$(\|\cdot\|^*)^*=\|\cdot\|$，$(\mathcal{M}^*)^*=\mathcal{M}$，$(\Xi_*)_*=\Xi$。

回想一下，函数 $\Psi(\cdot)$ 由以下概述类型的设置Ξ给出。

$$\Psi(\mathcal{M})\equiv\Psi_\Xi(\mathcal{M})=\max_{\boldsymbol{e}\in E}\{\operatorname*{dist}_{\|\cdot\|_F}(\mathcal{M}\boldsymbol{e},K^F):\boldsymbol{e}\in K^E,\|\boldsymbol{e}\|_E\leqslant 1\}$$

前面提到的对称性只不过是下面这个简单的陈述。

命题 11.4.1 对于每个设置$\Xi=(E,\cdots,K^F)$ 和每个 $\mathcal{M}\in\mathcal{L}(E,F)$ 有

$$\Psi_\Xi(\mathcal{M})=\Psi_{\Xi_*}(\mathcal{M}^*)$$

证明 设 $(H,\langle\cdot,\cdot\rangle_H)$ 为欧几里得空间。回想一下，闭凸集 $X\subset H$，$\mathbf{0}\in X$ 的极坐标是集合 $X^o=\{\boldsymbol{y}\in H:\langle\boldsymbol{y},\boldsymbol{x}\rangle_H\leqslant 1,\forall\boldsymbol{x}\in X\}$。我们需要以下事实。

(a) 如果 $X\subset H$ 是闭凸的，且 $\mathbf{0}\in X$，那么就有 X^o，且 $(X^o)^0=X$。[100]

(b) 如果 $X\subset H$ 是凸紧的，且 $\mathbf{0}\in X$，且 $K^H\subset H$ 是闭凸锥，$X+K^H$ 是闭的，且

$$(X+K^H)^o=X^o\cap(-K_*^H)$$

事实上，紧集和闭集的算术和是闭的，所以 $X+K^H$ 是闭凸的，且包含 $\mathbf{0}$。那么我们有

$$\boldsymbol{f}\in(X+K^H)^o\Leftrightarrow 1\geqslant\sup_{\boldsymbol{x}\in X,\boldsymbol{h}\in K^H}\langle\boldsymbol{f},\boldsymbol{x}+\boldsymbol{h}\rangle_H=\sup_{\boldsymbol{x}\in X}\langle\boldsymbol{f},\boldsymbol{x}\rangle_H+\sup_{\boldsymbol{h}\in K^H}\langle\boldsymbol{f},\boldsymbol{h}\rangle_H$$

由于 K^H 是一个锥，所以结论不等式当且仅当 $\boldsymbol{f}\in X^o$ 和 $\boldsymbol{f}\in -K_*^H$ 时可能存在。

(c) 设$\|\cdot\|$为 H 中的一个范数。则对于每一个 $\alpha>0$ 有 $(\{\boldsymbol{x}:\|\boldsymbol{x}\|\leqslant\alpha\})^o=\{\boldsymbol{x}:\|\boldsymbol{x}\|^*\leqslant 1/\alpha\}$（显然）。

当 $\alpha>0$，我们有

$$\begin{aligned}
&\Psi_\Xi(\mathcal{M})\leqslant\alpha\\
&\Leftrightarrow\begin{cases}\forall\boldsymbol{e}\in K^E\cap\{\boldsymbol{e}:\|\boldsymbol{e}\|_E\leqslant 1\}:\\ \mathcal{M}\boldsymbol{e}\in\{\boldsymbol{f}:\|\boldsymbol{f}\|_F\leqslant\alpha\}+K^F\end{cases}&&[\text{通过定义}]\\
&\Leftrightarrow\begin{cases}\forall\boldsymbol{e}\in K^E\cap\{\boldsymbol{e}:\|\boldsymbol{e}\|_E\leqslant 1\}:\\ \mathcal{M}\boldsymbol{e}\in[[\{\boldsymbol{f}:\|\boldsymbol{f}\|_F\leqslant\alpha\}+K^F]^o]^o\end{cases}&&[\text{通过(a)}]
\end{aligned}$$

$$\Leftrightarrow\begin{cases}\forall e\in K^E\cap\{e:\|e\|_E\leqslant 1\}:\\ \langle\mathcal{M}e,f\rangle_F\leqslant 1,\forall f\in\underbrace{[\{f:\|f\|_F\leqslant\alpha\}+K^F]^o}_{=\{f:\|f\|_F^*\leqslant\alpha^{-1}\}\cap(-K_*^F)}\end{cases}\quad\text{[通过(b),(c)]}$$

$$\Leftrightarrow\begin{cases}\forall e\in K^E\cap\{e:\|e\|_E\leqslant 1\}:\\ \langle e,\mathcal{M}^*f\rangle_E\leqslant 1,\forall f\in\{f:\|f\|_F^*\leqslant\alpha^{-1}\}\cap(-K_*^F)\end{cases}$$

$$\Leftrightarrow\begin{cases}\forall e\in K^E\cap\{e:\|e\|_E\leqslant\alpha^{-1}\}:\\ \langle e,\mathcal{M}^*f\rangle_E\leqslant 1,\forall f\in\{f:\|f\|_F^*\leqslant 1\}\cap(-K_*^F)\end{cases}\quad\text{[显然]}$$

$$\Leftrightarrow\begin{cases}\forall e\in[-(-K_*^E)_*]\cap[\{e:\|e\|_E^*\leqslant\alpha\}^o]:\\ \langle e,\mathcal{M}^*f\rangle_E\leqslant 1,\forall f\in\{f:\|f\|_F^*\leqslant 1\}\cap(-K_*^F)\end{cases}\quad\text{[通过(c)]}$$

$$\Leftrightarrow\begin{cases}\forall e\in[(-K_*^E)+\{e:\|e\|_E^*\leqslant\alpha\}]^o:\\ \langle\mathcal{M}^*f,e\rangle_E\leqslant 1,\forall f\in\{f:\|f\|_F^*\leqslant 1\}\cap(-K_*^F)\end{cases}\quad\text{[通过(b)]}$$

$$\Leftrightarrow\begin{cases}\forall f\in\{f:\|f\|_F^*\leqslant 1\}\cap(-K_*^F):\\ \langle\mathcal{M}^*f,e\rangle_E\leqslant 1,\forall e\in[(-K_*^E)+\{e:\|e\|_E^*\leqslant\alpha\}]^o\end{cases}$$

$$\Leftrightarrow\begin{cases}\forall f\in\{f:\|f\|_F^*\leqslant 1\}\cap(-K_*^F):\\ \mathcal{M}^*f\in(-K_*^E)+\{e:\|e\|_E^*\leqslant\alpha\}\end{cases}\quad\text{[通过(a)]}$$

$$\Leftrightarrow\begin{cases}\forall f\in K_F^*\cap\{f:\|f\|_F^*\leqslant 1\}:\\ \mathcal{M}^*f\in K_*^E+\{e:\|e\|_E^*\leqslant\alpha\}\end{cases}$$

$$\Leftrightarrow\Psi_{\Xi_*}(\mathcal{M}^*)\leqslant\alpha$$

■

11.4.2.2　良好的全局鲁棒对等设置

命题 11.4.1 所说的“好的”设置Ξ——那些满足 $\Psi_\Xi(\cdot)$ 是有效可计算的或者容许一个在特定因子 ϑ 内有紧的、高效可计算上界的设置——总是成对对称：如果Ξ是好的，那么Ξ_* 也是好的，反之亦然。接下来，我们把这种对称对中的成员称为彼此的对应。我们将列出一些好的配对。从现在开始，我们假设问题中设置的所有部分都是“便于计算的”，具体来说就是，锥 K^E、K^F 和范数$\|\cdot\|_E$、$\|\cdot\|_F$ 的上境图都由线性矩阵不等式表示给出(或更一般地，由高效可计算的凸约束组给出)。下面，我们分别用 B_E 和 B_F 表示范数$\|\cdot\|_E$、$\|\cdot\|_F$ 的单位球。

以下是几个好的全局鲁棒对等设置。

A：$K^E=\{0\}$，对应是以下 $\mathbf{A}^*$。

$\mathbf{A}^*$：$K^F=F$。

这些情况是平凡的：$\Psi_\Xi(\mathcal{M})\equiv 0$。

B：$K^E=E$，$B_E=\mathrm{Conv}\{e^1,\cdots,e^N\}$，列表 $\{e^i\}_{i=1}^N$ 可用。其对应是以下 $\mathbf{B}^*$。

$\mathbf{B}^*$：$K^F=\{0\}$，$B_F=\{f:\langle f^i,f\rangle_F\leqslant 1,\ i=1,\cdots,N\}$，列表 $\{f^i\}_{i=1}^N$ 可用。

B 的标准示例是 $E=\mathbb{R}^n$ 的标准内积，$K^E=E$，$\|e\|=\|e\|_1\equiv\sum_j|e_j|$。$\mathbf{B}^*$ 的标准示例是 $F=\mathbb{R}^m$ 的标准内积，$\|f\|_F=\|f\|_\infty\equiv\max_j|f_j|$。

这些例子很简单。事实上，在 **B** 的例子中，我们显然有

$$\Psi(\mathcal{M})=\max_{1\leqslant i\leqslant N}\operatorname*{dist}_{\|\cdot\|_F}(\mathcal{M}e^i,K^F)$$

因此 $\Psi(\mathcal{M})$ 是高效可计算的（作为有效可计算量 $\operatorname*{dist}_{\|\cdot\|_F}(\mathcal{M}e^i,K^F)$ 的有限族的最大值）。假设，例如 E，F 分别是具有标准内积的 $\mathbb{R}^m$ 和 $\mathbb{R}^n$，以及 K^F，$\|\cdot\|_F$ 由严格可行的锥表示

给出：

$$K^F=\{\boldsymbol{f}:\exists\,\boldsymbol{u}:\boldsymbol{Pf}+\boldsymbol{Qu}\in K^1\},$$
$$\{t\geqslant\|\boldsymbol{f}\|_F\}\Leftrightarrow\{\exists\,\boldsymbol{v}:\boldsymbol{Rf}+t\boldsymbol{r}+\boldsymbol{Sv}\in K^2\}$$

关系

$$\Psi(\mathcal{M})\leqslant\boldsymbol{\alpha}$$

可以等价地表示为如下对于变量 $\mathcal{M}$，$\boldsymbol{\alpha}$，$\boldsymbol{u}^i$，$\boldsymbol{f}^i$，$\boldsymbol{v}^i$ 的显式锥约束组

$$(a)\quad \boldsymbol{Pf}^i+\boldsymbol{Qu}^i\in K^1, i=1,\cdots,N,$$
$$(b)\quad \boldsymbol{R}(\mathcal{M}\boldsymbol{e}^i-\boldsymbol{f}^i)+\alpha\boldsymbol{r}+\boldsymbol{Sv}^i\in K^2, i=1,\cdots,N$$

确实，关系（a）等价地表示了条件 $\boldsymbol{f}^i\in K^F$，同时关系（b）表示 $\|\mathcal{M}\boldsymbol{e}^i-\boldsymbol{f}^i\|_F\leqslant\alpha$。

C：$K^E=E$，$K^F=\{0\}$。其对应的情况是一样的。

在 **C** 的情况下，$\Psi(\cdot)$ 是由原点到目标空间上给定的范数诱导的从 E 到 F 的线性映射的范数：

$$\Psi(\mathcal{M})=\max_{\boldsymbol{e}}\{\|\mathcal{M}\boldsymbol{e}\|_F:\|\boldsymbol{e}\|_E\leqslant 1\}$$

除了 **B**，**B*** 所包含的情况，只有一种一般的情况，其线性映射范数的计算很容易——$\|\cdot\|_E$ 和 $\|\cdot\|_F$ 都是欧几里得范数的情况。在这种情况下，我们不妨假设 $E=\ell_2^n$（也就是说，E 是具有标准内积和标准范数 $\|\boldsymbol{e}\|_2=\sqrt{\sum_i e_i^2}$ 的 $\mathbb{R}^n$），$F=\ell_2^m$，并设 $\boldsymbol{M}$ 为 $m\times n$ 矩阵，表示 E 和 F 的标准基中的映射 $\mathcal{M}$。在这种情况下，$\Psi(\mathcal{M})=\|\boldsymbol{M}\|_{2,2}$ 是 $\boldsymbol{M}$ 的最大奇异值，因此可以高效计算。约束 $\|\boldsymbol{M}\|_{2,2}\leqslant\alpha$ 的半定表示为

$$\left[\begin{array}{c|c}\alpha\boldsymbol{I}_n & \boldsymbol{M}^{\mathrm{T}}\\ \hline \boldsymbol{M} & \alpha\boldsymbol{I}_m\end{array}\right]\succeq 0$$

现在考虑 $E=\ell_p^n$（即 E 是具有标准内积和标准范数

$$\|\boldsymbol{e}\|_p=\begin{cases}\left(\sum_j|e_j|^p\right)^{1/p}, & 1\leqslant p\leqslant\infty\\ \max_j|e_j|, & p=\infty\end{cases}$$

的 $\mathbb{R}^n$），$F=\ell_r^m$，$1\leqslant r$，$p\leqslant\infty$。这里我们可以很自然地再一次将 $\mathcal{L}(E,F)$ 与实 $m\times n$ 矩阵的空间 $\mathbb{R}^{m\times n}$ 等同起来，所以我们感兴趣的问题就是计算

$$\|\boldsymbol{M}\|_{p,r}=\max_{\boldsymbol{e}}\{\|\mathcal{M}\boldsymbol{e}\|_r:\|\boldsymbol{e}\|_p\leqslant 1\}$$

$p=r=2$ 的情况是我们刚刚考虑的"纯粹欧几里得"情况，$p=1$ 和 $r=\infty$ 的情况被 **B**，**B*** 包含。这是已知的仅有的计算 $\|\cdot\|_{p,r}$ 容易的三种情况。众所周知，当 $p>r$ 时，计算问题中的矩阵范数是 NP 难的。然而，在 $p\geqslant 2\geqslant r$ 的情况下，利用 Nesterov 算法（参见文献［115］中的定理 13.2.4），$\|\boldsymbol{M}\|_{p,r}$ 存在一个紧的有效可计算的上界。特别地，Nesterov 算法证明了当 $\infty\geqslant p\geqslant 2\geqslant r\geqslant 1$ 时，显式可计算的量

$$\boldsymbol{\Psi}_{p,r}(\boldsymbol{M})=\frac{1}{2}\min_{\substack{\boldsymbol{\mu}\in\mathbb{R}^n\\ \boldsymbol{\nu}\in\mathbb{R}^m}}\left\{\|\boldsymbol{\mu}\|_{\frac{p}{p-2}}+\|\boldsymbol{\nu}\|_{\frac{r}{2-r}}:\left[\begin{array}{c|c}\mathrm{Diag}\{\boldsymbol{\mu}\} & \boldsymbol{M}^{\mathrm{T}}\\ \hline \boldsymbol{M} & \mathrm{Diag}\{\boldsymbol{\nu}\}\end{array}\right]\succeq 0\right\}$$

是 $\|\boldsymbol{M}\|_{p,r}$ 的上界，这个上界在因子 $\vartheta=\left[\frac{2\sqrt{3}}{\pi}-\frac{2}{3}\right]^{-1}\approx 2.2936$ 内是紧的：

$$\|\boldsymbol{M}\|_{p,r}\leqslant\boldsymbol{\Psi}_{p,r}(\boldsymbol{M})\leqslant\left[\frac{2\sqrt{3}}{\pi}-\frac{2}{3}\right]^{-1}\|\boldsymbol{M}\|_{p,r}$$

由此得到了有效可计算的变量为 $\boldsymbol{M}$，α，$\boldsymbol{\mu}$，$\boldsymbol{v}$ 的显式凸约束组

$$\left[\begin{array}{c|c}\mathrm{Diag}\{\boldsymbol{\mu}\} & \boldsymbol{M}^{\mathrm{T}}\\ \hline \boldsymbol{M} & \mathrm{Diag}\{\boldsymbol{v}\}\end{array}\right]\succeq 0,\frac{1}{2}[\|\boldsymbol{\mu}\|_{\frac{p}{p-2}}+\|\boldsymbol{v}\|_{\frac{r}{2-r}}]\leqslant\alpha \tag{11.4.3}$$

是约束

$$\|\boldsymbol{M}\|_{p,r}\leqslant\alpha$$

的保守且易处理近似，且对于因子 ϑ 是紧的。在某些情况下，紧性因子的值可以得到改善，例如，当 $p=\infty$，$r=2$ 和当 $p=2$，$r=1$ 时，紧性因子没有超过$\sqrt{\pi/2}$。

当考虑的大多数易处理的（或接近这样的）情况都是在 $K^F=\{0\}$ 的条件下处理的（然而，唯一的例外是在$\|\cdot\|_E$ 上添加了严格的限制的情况 $\mathbf{B}^*$）。在全局鲁棒对等的上下文中，这意味着当式（11.1.1）中右边的集合 Q 的回收锥是非平凡的，或者 Q 无界的时候，我们几乎无能为力。这并不是灾难性的——在很多情况下，右边集合的有界性并不是一个严格的限制。然而，至少从学术观点来看，当 K^F 为非平凡时，我们非常希望了解一些该情况的具体情况，特别是当 K^F 是非负正交，或洛伦兹，或半定锥（后两种情况分别意味着式（11.1.1）是不确定锥二次不等式和不确定线性矩阵不等式）时。我们将要考虑几个例子。

D：$F=\ell_\infty^m$，K^F 是一个“符号”锥，意味着 $K^F=\{\boldsymbol{u}\in\ell_\infty^m:u_i\geqslant 0,i\in I_+,u_i\leqslant 0,i\in I_-,u_i=0,i\in I_0\}$，其中 I_+，I_-，I_0 是指标集 $i=\{1,\cdots,m\}$ 给出的不相交的子集。其对应是以下 $\mathbf{D}^*$。

$\mathbf{D}^*$：$E=\ell_1^m$，$K^E=\{\boldsymbol{v}\in\ell_1^m:v_j\geqslant 0,j\in J_+,v_j\leqslant 0,j\in J_-,v_j=0,j\in J_0\}$，其中 J_+，J_-，J_0 是指标集 $\{1,\cdots,m\}$ 给出的不相交的子集。

在 $\mathbf{D}^*$ 的情况下，为了符号方便，假设 $\mathrm{J}_+=\{1,\cdots,\mathrm{p}\},\mathrm{J}_-=\{\mathrm{p}+1,\cdots,\mathrm{q}\},\mathrm{J}_0=\{\mathrm{r}+1,\cdots,\mathrm{m}\}$，并用 $\boldsymbol{e}^j$ 表示 ℓ_1 中的标准正交基，我们有

$$B\equiv\{\boldsymbol{v}\in K^E:\|\boldsymbol{v}\|_E\leqslant 1\}=\mathrm{Conv}\{\boldsymbol{e}^1,\cdots,\boldsymbol{e}^p,-\boldsymbol{e}^{p+1},\cdots,-\boldsymbol{e}^q,\pm\boldsymbol{e}^{q+1},\cdots,\pm\boldsymbol{e}^r\}$$
$$\equiv\mathrm{Conv}\{\boldsymbol{g}^1,\cdots,\boldsymbol{g}^s\},s=2r-q$$

因此

$$\Psi(\mathcal{M})=\max_{1\leqslant j\leqslant s}\mathrm{dist}_{\|\cdot\|_F}(\mathcal{M}\boldsymbol{g}^j,K^F)$$

是有效可计算的（参见情况 **B**）。

E：$F=\ell_2^m$，$K^F=L^m\equiv\left\{\boldsymbol{f}\in\ell_2^m:\ f_m\geqslant\sqrt{\sum_{i=1}^{m-1}f_i^2}\right\}$，$E=\ell_2^n$，$K^E=E$。其对应是以下 $\mathbf{E}^*$。

$\mathbf{E}^*$：$F=\ell_2^n$，$K^F=\{0\}$，$E=\ell_2^m$，$K^E=L^m$。

在 $\mathbf{E}^*$ 的情况下，设 $D=\{\boldsymbol{e}\in K^E:\|\boldsymbol{e}\|_2\leqslant 1\}$，并设

$$B=\{\boldsymbol{e}\in E:e_1^2+\cdots+e_{m-1}^2+2e_m^2\leqslant 1\}$$

让我们用它在原点和目标空间的标准基中的矩阵 $\boldsymbol{M}$ 来表示一个线性映射 $\mathcal{M}:\ell_2^m\to\ell_2^n$。注意到有

$$B\subset D_s\equiv\mathrm{Conv}\{D\cup(-D)\}\subset\sqrt{3/2}\,B \tag{11.4.4}$$

（参见图 11-1）。现在设 B_F 是在 $F=\ell_2^m$ 中的单位欧几里得球，中心在原点。通过 $\Psi(\cdot)$ 的定义和 $K^F=\{0\}$，我们有

$$\Psi(\mathcal{M})\leqslant\alpha\Leftrightarrow\mathcal{M}D\subset\alpha B_F\Leftrightarrow(\mathcal{M}D\cup(-\mathcal{M}D))\subset\alpha B_F\Leftrightarrow\mathcal{M}D_s\subset\alpha B_F$$

因为 $D_s\subset\sqrt{3/2}\,B$，结论 $\mathcal{M}(\sqrt{3/2}\,B)\subset\alpha B_F$ 是不等式 $\Psi(\mathcal{M})\leqslant\alpha$ 有效的一个充分条件，且

因为 $B\subset D_s$，这种情况对于因子$\sqrt{3/2}$是紧的。（实际上，如果 $\mathcal{M}(\sqrt{3/2}B)\not\subset\alpha B_F$，那么 $\mathcal{M}B\not\subset\sqrt{2/3}\,\alpha B_F$，意味着 $\Psi(\mathcal{M})>\sqrt{2/3}\,\alpha$。）注意到当且仅当$\|M\boldsymbol{\Delta}\|_{2,2}\leqslant\alpha$ 的时候，有 $\mathcal{M}(\sqrt{3/2}B)\leqslant\alpha$，其中 $\boldsymbol{\Delta}=\mathrm{Diag}\{\sqrt{3/2},\cdots,\sqrt{3/2},\sqrt{3/4}\}$，我们可以总结出来此有效可证凸不等式

$$\|M\boldsymbol{\Delta}\|_{2,2}\leqslant\alpha$$

是约束 $\Psi(\mathcal{M})\leqslant\alpha$ 的一个保守且易于处理的近似，它对于因子$\sqrt{3/2}$是紧的。

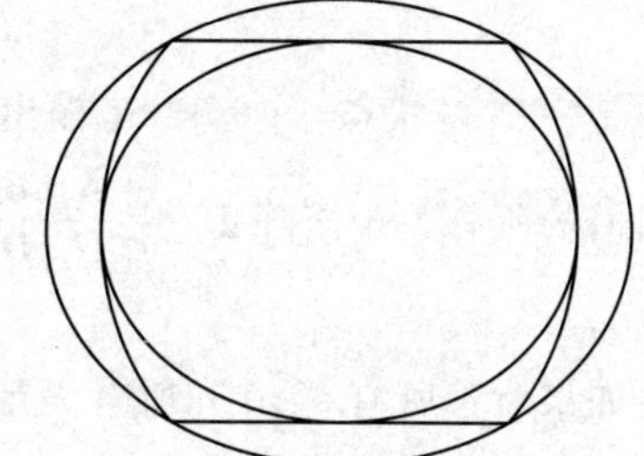

图 11-1　二维平面通过立体的公共对称轴 $e_1=\cdots=e_{m-1}=0$，分割立体 B、$\sqrt{3/2}B$（椭圆）和 D_s 的二维截面图

F：$F=S^m$，$\|\cdot\|_F=\|\cdot\|_{2,2}$，$K^F=S_+^m$，$E=\ell_\infty^n$，$K^E=E$。其对应是以下 $\mathbf{F}^*$。

$\mathbf{F}^*$：$F=\ell_1^n$，$K^F=\{0\}$，$E=S^m$，$\|\boldsymbol{e}\|_E=\sum_{i=1}^{m}|\lambda_i(\boldsymbol{e})|$，其中 $\lambda_1(\boldsymbol{e})\geqslant\lambda_2(\boldsymbol{e})\geqslant\cdots\geqslant\lambda_m(\boldsymbol{e})$ 是 $\boldsymbol{e}$ 的特征值，$K^E=S_+^m$。

在情况 **F** 中，给出 $\mathcal{M}\in\mathcal{L}(\ell_\infty^n,S^m)$，设 $\boldsymbol{e}^1,\cdots,\boldsymbol{e}^n$ 是 ℓ_∞^n 的标准正交基，并设 $B_E=\{\boldsymbol{v}\in\ell_\infty^n:\|\boldsymbol{v}\|_\infty\leqslant1\}$。我们有

$$\begin{aligned}\{\Psi(\mathcal{M})\leqslant\alpha\}&\Leftrightarrow\{\forall\,\boldsymbol{v}\in B_E,\exists\,\boldsymbol{V}\succeq0:\max_i|\lambda_i(\mathcal{M}\boldsymbol{v}-\boldsymbol{V})|\leqslant\alpha\}\\&\Leftrightarrow\{\forall\,\boldsymbol{v}\in B_E:\mathcal{M}\boldsymbol{v}+\alpha\boldsymbol{I}_m\succeq0\}\end{aligned}$$

这样的话，约束

$$\Psi(\mathcal{M})\leqslant\alpha \tag{*}$$

等价于

$$\alpha\boldsymbol{I}+\sum_{i=1}^{n}v_i(\mathcal{M}\boldsymbol{e}^i)\succeq0,\forall(\boldsymbol{v}:\|\boldsymbol{v}\|_\infty\leqslant1)$$

那么就有线性矩阵不等式组

$$\begin{aligned}&\boldsymbol{Y}_i\succeq\pm\mathcal{M}\boldsymbol{e}^i,i=1,\cdots,n\\&\alpha\boldsymbol{I}_m\succeq\sum_{i=1}^{n}\boldsymbol{Y}_i\end{aligned}\tag{11.4.5}$$

对于变量 $\mathcal{M},\alpha,\boldsymbol{Y}_1,\cdots,\boldsymbol{Y}_n$ 的显式组是约束（*）的一个保守且易处理的近似。

现在设

$$\Theta(\mathcal{M})=\vartheta(\mu(\mathcal{M})),\quad\mu(\mathcal{M})=\max_{1\leqslant i\leqslant n}\mathrm{Rank}(\mathcal{M}\boldsymbol{e}^i)$$

其中 $\vartheta(\mu)$ 是由实数矩阵立方定理定义的函数，故 $\vartheta(1)=1$，$\vartheta(2)=\pi/2$，$\vartheta(4)=2$，且对于 $\mu\geqslant1$ 有 $\vartheta(\mu)\leqslant\pi\sqrt{\mu/2}$。调用此定理（见定理 7.1.2 的证明），我们得出结论，近似的局部紧性因子不超过 $\Theta(\mathcal{M})$，即如果（$\mathcal{M},\alpha$）不能推广为式（11.4.5）的可行解，则

$$\Theta(\mathcal{M})\Psi(\mathcal{M})>\alpha$$

11.5　实例：非扩张动态系统的鲁棒分析

我们通过把我们所开发的技术应用于鲁棒控制中的鲁棒非扩张性分析问题来阐述它们，在许多方面，这个问题类似于我们在 8.2.3 节和 9.1.2 节中考虑的鲁棒李雅普诺夫稳定性分析问题。

11.5.1　预备知识：非扩张线性动态系统

考虑一个不确定时变线性动态系统（参见式（8.2.18））：

$$\begin{aligned}\dot{\boldsymbol{x}}(t)&=\boldsymbol{A}_t\boldsymbol{x}(t)+\boldsymbol{B}_t\boldsymbol{u}(t)\\ \boldsymbol{y}(t)&=\boldsymbol{C}_t\boldsymbol{x}(t)+\boldsymbol{D}_t\boldsymbol{u}(t)\end{aligned}\tag{11.5.1}$$

其中 $\boldsymbol{x}\in\mathbb{R}^n$ 是状态，$\boldsymbol{y}\in\mathbb{R}^p$ 是输出，$\boldsymbol{u}\in\mathbb{R}^q$ 是控制。假设系统是不确定的，这意味着我们所知道的所有关于矩阵 $\boldsymbol{\Sigma}_t=\left[\begin{array}{c|c}\boldsymbol{A}_t & \boldsymbol{B}_t\\ \hline \boldsymbol{C}_t & \boldsymbol{D}_t\end{array}\right]$ 的信息是在每个时刻 t，它都属于一个给定的不确定性集 $\mathcal{U}$。

如果对于所有 $t\geqslant 0$ 和所有满足 $z(0)=0$ 的系统轨迹（或者说所有的系统实现），有

$$\int_0^t \boldsymbol{y}^{\mathrm{T}}(s)\boldsymbol{y}(s)\mathrm{d}s\leqslant\int_0^t \boldsymbol{u}^{\mathrm{T}}(s)\boldsymbol{u}(s)\mathrm{d}s$$

则系统（11.5.1）被称为非扩张的（更准确地说，关于不确定性集 $\mathcal{U}$ 是鲁棒非扩张的）。接下来，我们关注的是 $\boldsymbol{y}(t)\equiv\boldsymbol{x}(t)$ 的系统的最简单情况，也就是说，$\boldsymbol{C}_t\equiv\boldsymbol{I}$，$\boldsymbol{D}_t\equiv\boldsymbol{0}$ 的情况。因此，从现在开始，我们关注的系统是

$$\begin{aligned}&\dot{\boldsymbol{x}}(t)=\boldsymbol{A}_t\boldsymbol{x}(t)+\boldsymbol{B}_t\boldsymbol{u}(t)\\ &[\boldsymbol{A}_t,\boldsymbol{B}_t]\in\mathcal{AB}\subset\mathbb{R}^{n\times m},\forall t, m=n+q=\dim\boldsymbol{x}+\dim\boldsymbol{u}\end{aligned}\tag{11.5.2}$$

对于式（11.5.2）的所有实现，对于所有 $t\geqslant 0$ 和所有的轨迹 $\boldsymbol{x}(\cdot)$，$\boldsymbol{x}(0)=\boldsymbol{0}$，鲁棒非扩张性现在写为

$$\int_0^t \boldsymbol{x}^{\mathrm{T}}(s)\boldsymbol{x}(s)\mathrm{d}s\leqslant\int_0^t \boldsymbol{u}^{\mathrm{T}}(s)\boldsymbol{u}(s)\mathrm{d}s\tag{11.5.3}$$

与鲁棒稳定性类似，鲁棒非扩张性承认一个判据是矩阵 $\boldsymbol{X}\in S_+^n$。具体来说，该判据是关于矩阵变量 $\boldsymbol{X}\in S^m$ 的以下线性矩阵不等式组的解：

$$\begin{aligned}&(a)\quad \boldsymbol{X}\succeq 0\\ &(b)\quad \forall[\boldsymbol{A},\boldsymbol{B}]\in\mathcal{AB}:\\ &\qquad \mathcal{A}(\boldsymbol{A},\boldsymbol{B};\boldsymbol{X})\equiv\left[\begin{array}{c|c}-\boldsymbol{I}_n-\boldsymbol{A}^{\mathrm{T}}\boldsymbol{X}-\boldsymbol{X}\boldsymbol{A} & -\boldsymbol{X}\boldsymbol{B}\\ \hline -\boldsymbol{B}^{\mathrm{T}}\boldsymbol{X} & \boldsymbol{I}_q\end{array}\right]\succeq 0\end{aligned}\tag{11.5.4}$$

式（11.5.4）的可解性是式（11.5.2）鲁棒非扩张性的充分条件，这一事实是直接的：如果用 $\boldsymbol{X}$ 解式（11.5.4），$\boldsymbol{x}(\cdot)$，$\boldsymbol{u}(\cdot)$ 满足式（11.5.2），且 $\boldsymbol{x}(0)=\boldsymbol{0}$，则

$$\begin{aligned}&\boldsymbol{u}^{\mathrm{T}}(s)\boldsymbol{u}(s)-\boldsymbol{x}^{\mathrm{T}}(s)\boldsymbol{x}(s)-\frac{\mathrm{d}}{\mathrm{d}s}[\boldsymbol{x}^{\mathrm{T}}(s)\boldsymbol{X}\boldsymbol{x}(s)]\\ &=\boldsymbol{u}^{\mathrm{T}}(s)\boldsymbol{u}(s)-\boldsymbol{x}^{\mathrm{T}}(s)\boldsymbol{x}(s)-[\dot{\boldsymbol{x}}^{\mathrm{T}}(s)\boldsymbol{X}\boldsymbol{x}(s)+\boldsymbol{x}^{\mathrm{T}}(s)\boldsymbol{X}\dot{\boldsymbol{x}}(s)]\\ &=\boldsymbol{u}^{\mathrm{T}}(s)\boldsymbol{u}(s)-\boldsymbol{x}^{\mathrm{T}}(s)\boldsymbol{x}(s)-[\boldsymbol{A}_s\boldsymbol{x}(s)+\boldsymbol{B}_s\boldsymbol{u}(s)]^{\mathrm{T}}\boldsymbol{X}\boldsymbol{x}(s)-\boldsymbol{x}^{\mathrm{T}}(s)\boldsymbol{X}[\boldsymbol{A}_s\boldsymbol{x}(s)+\boldsymbol{B}_s\boldsymbol{u}(s)]\\ &=[\boldsymbol{x}^{\mathrm{T}}(s),\boldsymbol{u}^{\mathrm{T}}(s)]\mathcal{A}(\boldsymbol{A}_s,\boldsymbol{B}_s;\boldsymbol{X})\begin{bmatrix}\boldsymbol{x}(s)\\ \boldsymbol{u}(s)\end{bmatrix}\geqslant 0\end{aligned}$$

由此

$$\begin{aligned}t>0\Rightarrow\int_0^t[\boldsymbol{u}^{\mathrm{T}}(s)\boldsymbol{u}(s)-\boldsymbol{x}^{\mathrm{T}}(s)\boldsymbol{x}(s)]\mathrm{d}s&\geqslant\boldsymbol{x}^{\mathrm{T}}(t)\boldsymbol{X}\boldsymbol{x}(t)-\boldsymbol{x}^{\mathrm{T}}(0)\boldsymbol{X}\boldsymbol{x}(0)\\ &=\boldsymbol{x}^{\mathrm{T}}(t)\boldsymbol{X}\boldsymbol{x}(t)\geqslant 0\end{aligned}$$

需要补充的是，当式（11.5.2）是时不变的（即 $\mathcal{AB}$ 是单元素集合）且满足弱正则条件时，所概述的判据的存在（即式（11.5.4）的可解性）对于非扩张性是充分必要的。

现在，式（11.5.4）就是矩阵变量 $\boldsymbol{X}\in S^n$ 的线性矩阵不等式组的鲁棒对等：

$$\begin{aligned}&(a)\quad \boldsymbol{X}\succeq 0,\\&(b)\quad \mathcal{A}[\boldsymbol{A},\boldsymbol{B};\boldsymbol{X}]\in S_+^m\end{aligned}\tag{11.5.5}$$

不确定数据是 $[\boldsymbol{A},\boldsymbol{B}]$ 和不确定性集是 $\mathcal{AB}$。从此我们关注区间不确定性，其中式（11.5.5）中的不确定数据 $[\boldsymbol{A},\boldsymbol{B}]$ 被扰动 $\boldsymbol{\zeta}\in\mathbb{R}^L$ 根据

$$[\boldsymbol{A},\boldsymbol{B}]=[\boldsymbol{A}_\zeta,\boldsymbol{B}_\zeta]\equiv[\boldsymbol{A}^{\mathrm{n}},\boldsymbol{B}^{\mathrm{n}}]+\sum_{\ell=1}^{L}\zeta_\ell\boldsymbol{e}_\ell\boldsymbol{f}_\ell^{\mathrm{T}}\tag{11.5.6}$$

参数化，这里 $[\boldsymbol{A}^{\mathrm{n}},\boldsymbol{B}^{\mathrm{n}}]$ 是标准数据且 $\boldsymbol{e}_\ell\in\mathbb{R}^n$，$\boldsymbol{f}_\ell\in\mathbb{R}^m$ 是给定向量。

想象一下，比如不确定矩阵 $[\boldsymbol{A},\boldsymbol{B}]$ 中的项在它们的标准值附近相互独立地移动。这是式（11.5.6）的一个特殊情况，其中 $L=nm$，$\ell=(i,j)$，$1\leqslant i\leqslant n$，$1\leqslant j\leqslant m$，且与 $\ell=(i,j)$ 关联的向量 $\boldsymbol{e}_\ell$ 和 $\boldsymbol{f}_\ell$ 分别是 $\mathbb{R}^n$ 中的第 i 个标准正交基乘以一个给定的实数 δ_ℓ（问题中数据项的“典型的变化”）和 $\mathbb{R}^m$ 中的第 j 个标准正交基。

11.5.2　鲁棒非扩张性：通过全局鲁棒对等进行分析

11.5.2.1　全局鲁棒对等设置及其阐述

我们将考虑受区间不确定性（11.5.6）影响的不确定线性矩阵不等式组（11.5.5）的全局鲁棒对等。我们的“全局鲁棒对等设置”如下。

(i) 我们使扰动 $\boldsymbol{\zeta}$ 存在的空间 $\mathbb{R}^L$ 具有均匀范数 $\|\boldsymbol{\zeta}\|_\infty=\max\limits_\ell|\zeta_\ell|$，且明确指出在给定 $r>0$ 时 $\boldsymbol{\zeta}$ 的正常范围为以下盒

$$\mathcal{Z}=\{\boldsymbol{\zeta}\in\mathbb{R}^L:\|\boldsymbol{\zeta}\|_\infty\leqslant r\}\tag{11.5.7}$$

(ii) 我们指定锥 $\mathcal{L}$ 为整个 $E=\mathbb{R}^L$，所以所有的扰动是“物理上可能的”。

(iii) 我们的系统里仅有的被不确定性影响的线性矩阵不等式是式（11.5.5.b）。此线性矩阵不等式的右边是半正定锥 S_+^{n+m}，它存在于有着弗罗贝尼乌斯欧几里得结构的对称 $m\times m$ 矩阵的空间 S^m 中。我们指定这个空间有着标准谱范数 $\|\cdot\|=\|\cdot\|_{2,2}$。

注意，我们的设置属于 11.4.2.2 节所谓的“情况 **F**”。

在处理式（11.5.5）的全局鲁棒对等之前，有必要弄懂“在具有全局灵敏度 α 的情况下，$\boldsymbol{X}$ 是全局鲁棒对等的可行解”到底是什么意思。根据定义，这意味着三件事。

A. $\boldsymbol{X}\succeq 0$。

B. $\boldsymbol{X}$ 是（11.5.5.b）的鲁棒可行解，不确定性集为

$$\mathcal{AB}_r\equiv\{[\boldsymbol{A}_\zeta,\boldsymbol{B}_\zeta]:\|\boldsymbol{\zeta}\|_\infty\leqslant r\}$$

见式（11.5.6）；与 **A** 结合，这表明，如果潜藏在 $[\boldsymbol{A}_t,\boldsymbol{B}_t]$ 下的扰动 $\boldsymbol{\zeta}=\boldsymbol{\zeta}^t$ 始终保持在其正常范围 $\mathcal{Z}=\{\boldsymbol{\zeta}:\|\boldsymbol{\zeta}\|_\infty\leqslant r\}$ 中，则不确定动态系统（11.5.2）是鲁棒非扩张的。

C. 当 $\rho>r$，我们有

$$\forall(\boldsymbol{\zeta},\|\boldsymbol{\zeta}\|_\infty\leqslant\rho):\mathrm{dist}(\mathcal{A}(\boldsymbol{A}_\zeta,\boldsymbol{B}_\zeta;\boldsymbol{X}),S_+^m)\leqslant\alpha\,\mathrm{dist}(\boldsymbol{\zeta},\mathcal{Z}|\mathcal{L})=\alpha(\rho-r)$$

或者，回想 S^m 的范数是什么，

$$\forall(\boldsymbol{\zeta},\|\boldsymbol{\zeta}\|_\infty\leqslant\rho):\mathcal{A}(\boldsymbol{A}_\zeta,\boldsymbol{B}_\zeta;\boldsymbol{X})\succeq-\alpha(\rho-r)\boldsymbol{I}_m\tag{11.5.8}$$

我们前面证明式（11.5.4）对于式（11.5.2）的鲁棒非扩张性是充分的，现在，重复这一推理，我们可以从式（11.5.8）中概括出以下结论。

(!) 对于任意不确定动态系统（11.5.2），我们有 $[\boldsymbol{A}_t,\boldsymbol{B}_t]=[\boldsymbol{A}_{\zeta^t},\boldsymbol{B}_{\zeta^t}]$ 且扰动 $\boldsymbol{\zeta}^t$ 在范围 $\|\boldsymbol{\zeta}^t\|_\infty\leqslant\rho$ 里保持不变，对于所有的 $t\geqslant 0$，有

$$
\begin{aligned}
&(1-\alpha(\rho-r))\int_0^t \boldsymbol{x}^{\mathrm{T}}(s)\boldsymbol{x}(s)\mathrm{d}s \\
&\leqslant(1+\alpha(\rho-r))\int_0^t \boldsymbol{u}^{\mathrm{T}}(s)\boldsymbol{u}(s)\mathrm{d}s
\end{aligned}
\tag{11.5.9}
$$

且所有动态系统的轨迹都使 $\boldsymbol{x}(0)=\mathbf{0}$。

我们看到，当扰动超出正常范围 $\mathcal{Z}$ 时，全局灵敏度 α 确实控制了“非扩张性的恶化”：当从 $\boldsymbol{\zeta}^t$ 到 $\mathcal{Z}$ 的 $\|\cdot\|_\infty$ 距离总是被 $\rho-r\in\left[0,\frac{1}{\alpha}\right)$ 约束为有界的时候，关系（11.5.9）保证在每个时间范围内的状态轨迹的 L_2 范数可以被常数乘以控制在这个时间范围内的 L_2 范数界定。相应的常数 $\left(\frac{1+\alpha(\rho-r)}{1-\alpha(\rho-r)}\right)^{1/2}$ 在 $\rho=r$ 时等于 1 且随着 ρ 增长而增长，当 $\rho-r$ 接近临界值 α^{-1} 时膨胀到 $+\infty$，α 越大，这个临界值越小。

11.5.2.2　处理全局鲁棒对等

观察式（11.5.4）和式（11.5.6），意味着

$$
\begin{aligned}
\mathcal{A}(\boldsymbol{A}_\zeta,\boldsymbol{B}_\zeta;\boldsymbol{X})&=\mathcal{A}(\boldsymbol{A}^{\mathrm{n}},\boldsymbol{B}^{\mathrm{n}};\boldsymbol{X})-\sum_{\ell=1}^{L}\zeta_\ell[\boldsymbol{L}_\ell^{\mathrm{T}}(\boldsymbol{X})\boldsymbol{R}_\ell+\boldsymbol{R}_\ell^{\mathrm{T}}\boldsymbol{L}_\ell(\boldsymbol{X})] \\
\boldsymbol{L}_\ell^{\mathrm{T}}(\boldsymbol{X})&=[\boldsymbol{X}\boldsymbol{e}_\ell;\mathbf{0}_{m-n,1}],\boldsymbol{R}_\ell^{\mathrm{T}}=\boldsymbol{f}_\ell
\end{aligned}
\tag{11.5.10}
$$

调用命题 11.3.3，问题中的全局鲁棒对等等价于以下变量 $\boldsymbol{X}$ 和 α 的线性矩阵不等式组：

$$
\begin{aligned}
&(a)\quad \boldsymbol{X}\succeq 0, \\
&(b)\quad \forall(\boldsymbol{\zeta},\|\boldsymbol{\zeta}\|_\infty\leqslant r): \\
&\qquad \mathcal{A}(\boldsymbol{A}^{\mathrm{n}},\boldsymbol{B}^{\mathrm{n}};\boldsymbol{X})-\sum_{\ell=1}^{L}\zeta_\ell[\boldsymbol{L}_\ell^{\mathrm{T}}(\boldsymbol{X})\boldsymbol{R}_\ell+\boldsymbol{R}_\ell^{\mathrm{T}}\boldsymbol{L}_\ell(\boldsymbol{X})]\succeq 0, \\
&(c)\quad \forall(\boldsymbol{\zeta},\|\boldsymbol{\zeta}\|_\infty\leqslant 1):\sum_{\ell=1}^{L}\zeta_\ell[\boldsymbol{L}_\ell^{\mathrm{T}}(\boldsymbol{X})\boldsymbol{R}_\ell+\boldsymbol{R}_\ell^{\mathrm{T}}\boldsymbol{L}_\ell(\boldsymbol{X})]\succeq-\alpha\boldsymbol{I}_m
\end{aligned}
\tag{11.5.11}
$$

注意到半无限线性矩阵不等式组（11.5.11.b,c）受 1×1 标量扰动块的结构化范数有界不确定性影响（见 9.1.1 节）。调用定理 9.1.2，矩阵变量 $\boldsymbol{X}$，$\{\boldsymbol{Y}_\ell,\boldsymbol{Z}_\ell\}_{\ell=1}^{L}$ 和标量变量 α 的线性矩阵不等式组

$$
\begin{aligned}
&(a)\quad \boldsymbol{X}\succeq 0, \\
&(b.1)\quad \boldsymbol{Y}_\ell\succeq\pm[\boldsymbol{L}_\ell^{\mathrm{T}}(\boldsymbol{X})\boldsymbol{R}_\ell+\boldsymbol{R}_\ell^{\mathrm{T}}\boldsymbol{L}_\ell(\boldsymbol{X})],1\leqslant\ell\leqslant L, \\
&(b.2)\quad \mathcal{A}(\boldsymbol{A}^{\mathrm{n}},\boldsymbol{B}^{\mathrm{n}};\boldsymbol{X})-r\sum_{\ell=1}^{L}\boldsymbol{Y}_\ell\succeq 0, \\
&(c.1)\quad \boldsymbol{Z}_\ell\succeq\pm[\boldsymbol{L}_\ell^{\mathrm{T}}(\boldsymbol{X})\boldsymbol{R}_\ell+\boldsymbol{R}_\ell^{\mathrm{T}}\boldsymbol{L}_\ell(\boldsymbol{X})],1\leqslant\ell\leqslant L, \\
&(c.2)\quad \alpha\boldsymbol{I}_m-\sum_{\ell=1}^{L}\boldsymbol{Z}_\ell\succeq 0
\end{aligned}
$$

是全局鲁棒对等的保守且易于处理的近似，对于因子 $\frac{\pi}{2}$ 是紧的。调用练习 9.1 的结果，我们可以减少这种近似的设计维度，对于变量 $\boldsymbol{X}\in\mathbf{S}^m$，标量变量 α，$\{\lambda_\ell,\mu_\ell\}_{\ell=1}^{L}$，该近似的等价重写是 SDO 规划

$$
\begin{aligned}
&\min \alpha \\
&\text{s.t.} \\
&\boldsymbol{X} \succeq 0 \\
&\left[\begin{array}{c|ccc}
\mathcal{A}(\boldsymbol{A}^{\mathrm{n}},\boldsymbol{B}^{\mathrm{n}};\boldsymbol{X})-r\sum_{\ell=1}^{L}\lambda_{\ell}\boldsymbol{R}_{\ell}^{\mathrm{T}}\boldsymbol{R}_{\ell} & \boldsymbol{L}_1^{\mathrm{T}}(\boldsymbol{X}) & \cdots & \boldsymbol{L}_L^{\mathrm{T}}(\boldsymbol{X}) \\
\hline
\boldsymbol{L}_1(\boldsymbol{X}) & \lambda_1/r & & \\
\vdots & & \ddots & \\
\boldsymbol{L}_L(\boldsymbol{X}) & & & \lambda_L/r
\end{array}\right] \succeq 0 \qquad (11.5.12) \\
&\left[\begin{array}{c|ccc}
\alpha \boldsymbol{I}_m-\sum_{\ell=1}^{L}\mu_{\ell}\boldsymbol{R}_{\ell}^{\mathrm{T}}\boldsymbol{R}_{\ell} & \boldsymbol{L}_1^{\mathrm{T}}(\boldsymbol{X}) & \cdots & \boldsymbol{L}_L^{\mathrm{T}}(\boldsymbol{X}) \\
\hline
\boldsymbol{L}_1(\boldsymbol{X}) & \mu_1 & & \\
\vdots & & \ddots & \\
\boldsymbol{L}_L(\boldsymbol{X}) & & & \mu_L
\end{array}\right] \succeq 0
\end{aligned}
$$

请注意，我们已经为（近似）全局鲁棒对等配备了最小化 $\boldsymbol{X}$ 的全局灵敏度的目标，当然，目标的其他选择也是可能的。

11.5.2.3　数值例子

数据。在我们即将展示的实例中，状态维数为 $n=5$，控制维数为 $q=2$，所以 $m=\dim \boldsymbol{x}+\dim \boldsymbol{u}=7$。（随机选取的）标准数据如下：

$$
[\boldsymbol{A}^{\mathrm{n}},\boldsymbol{B}^{\mathrm{n}}] = \boldsymbol{M} := \left[\begin{array}{ccccc|cc}
-1.089 & -0.079 & -0.031 & -0.575 & -0.387 & 0.145 & 0.241 \\
-0.124 & -2.362 & -2.637 & 0.428 & 1.454 & -0.311 & 0.150 \\
-0.627 & 1.157 & -1.910 & -0.425 & -0.967 & 0.022 & 0.183 \\
-0.325 & 0.206 & 0.500 & -1.475 & 0.192 & 0.209 & -0.282 \\
0.238 & -0.680 & -0.955 & -0.558 & -1.809 & 0.079 & 0.132
\end{array}\right]
$$

区间不确定性（11.5.6）被指定为

$$
[\boldsymbol{A}_{\zeta},\boldsymbol{b}_{\zeta}]=\boldsymbol{M}+\sum_{i=1}^{5}\sum_{j=1}^{7}\zeta_{ij}\underbrace{|M_{ij}|\boldsymbol{g}_i}_{\boldsymbol{e}_i}\boldsymbol{f}_j^{\mathrm{T}}
$$

其中 $\boldsymbol{g}_i$，$\boldsymbol{f}_j$ 分别是 $\mathbb{R}^5$ 和 $\mathbb{R}^7$ 中的标准正交基。换句话说，$[\boldsymbol{A},\boldsymbol{B}]$ 中的每一项都受到其自身扰动的影响，而项的可变性就是其标准值的大小。

扰动的正常范围。接下来，我们应该决定如何指定扰动的正常范围 $\mathcal{Z}$，也就是式（11.5.7）中的量 r。“事实上”，这种选择可能来自问题中的动态系统的本质及其环境的本质。在我们的示例中没有“本质和环境”，我们按如下方式指定 r。设 r_* 是使系统在扰动水平 r 下（即扰动集为盒 $B_r=\{\boldsymbol{\zeta}:\|\boldsymbol{\zeta}\|_{\infty}\leqslant r\}$）的鲁棒非扩张性允许一个判据的最大值 r。就像扰动的正常范围 $\mathcal{Z}$ 一样，选择盒 B_{r_*} 是相当合理的，因为这是可以证明鲁棒非扩张性的情况下最大的扰动正常范围。不幸的是，给定盒作为扰动集时，精确地验证判据的存在性意味着检查线性矩阵不等式组

$$
\begin{aligned}
&(a)\quad \boldsymbol{X}\succeq 0, \\
&(b)\quad \forall(\boldsymbol{\zeta},\|\boldsymbol{\zeta}\|_{\infty}\leqslant r): \mathcal{A}(\boldsymbol{A}_{\zeta},\boldsymbol{B}_{\zeta};\boldsymbol{X})\succeq 0,
\end{aligned}
$$

的可行性状态，其中矩阵变量为 $\boldsymbol{X}$，$\mathcal{A}(\cdot,\cdot;\cdot)$ 由式（11.5.4）给出。这个任务似乎是难以处理的，所以我们不得不用它的保守且易处理近似来替换这个系统，该近似对于因子 $\pi/2$ 是紧的，特别是在系统

$$
\begin{array}{l}
\boldsymbol{X}\succeq 0 \\
\left[\begin{array}{c|ccc}
\mathcal{A}(\boldsymbol{A}^{\mathrm{n}},\boldsymbol{B}^{\mathrm{n}};\boldsymbol{X})-r\sum_{\ell=1}^{L}\lambda_{\ell}\boldsymbol{R}_{\ell}^{\mathrm{T}}\boldsymbol{R}_{\ell} & \boldsymbol{L}_{1}^{\mathrm{T}}(\boldsymbol{X}) & \cdots & \boldsymbol{L}_{L}^{\mathrm{T}}(\boldsymbol{X}) \\
\hline
\boldsymbol{L}_{1}(\boldsymbol{X}) & \lambda_{1}/r & & \\
\vdots & & \ddots & \\
\boldsymbol{L}_{L}(\boldsymbol{X}) & & & \lambda_{L}/r
\end{array}\right]\succeq 0
\end{array}
\tag{11.5.13}
$$

中，其中矩阵变量为 $\boldsymbol{X}$ 和标量变量为 λ_{ℓ}（参见式（11.5.12）），$\boldsymbol{R}_{\ell}(\boldsymbol{X})$ 和 $\boldsymbol{L}_{\ell}$ 由式（11.5.10）给出。使后面一个系统是可解的 r 的最大值 r_1（这个量很容易用二分法求出来）是 r_* 的一个下界，它对于因子 $\pi/2$ 是紧的，且这是我们在 r 的情况下依据式（11.5.7）来指定扰动的正常范围时使用的量。

将这种方法应用于概述的数据，我们最终得到

$$r=r_1=0.0346$$

结果。在概述的标准、扰动数据和 r 的情况下，式（11.5.12）中的最优值是

$$\alpha_{\mathrm{GRC}}=27.231$$

将这一数值与鲁棒非扩张性的鲁棒对等判据 $\boldsymbol{X}_{\mathrm{RC}}$ 的全局灵敏度进行比较非常具有指导意义。根据定义，$\boldsymbol{X}_{\mathrm{RC}}$ 是式（11.5.13）的可行解的 $\boldsymbol{X}$ 分量，其中 r 被设为 r_1。这个 $\boldsymbol{X}$ 显然可以扩展为全局鲁棒对等的保守且易处理近似（11.5.12）的可行解。在所有这些扩展中，最小的全局灵敏度 α 的值为

$$\alpha_{\mathrm{RC}}=49.636$$

它是 α_{GRC} 的 1.82 倍。由此可见，对于问题中不确定动态系统的鲁棒非扩张性，基于全局鲁棒对等的分析比基于鲁棒对等的分析在本质上提供了更乐观的结果。确实，式（11.5.12）的一个可行解 $(\alpha,\cdots)$ 为我们提供了导致动态系统的鲁棒非扩张性"存在于自然界，但难以计算"的量

$$
C_*(\rho)=\inf\left\{C:\int_0^t \boldsymbol{x}^{\mathrm{T}}(s)\boldsymbol{x}(s)\mathrm{d}s\leqslant C\int_0^t \boldsymbol{u}^{\mathrm{T}}(s)\boldsymbol{u}(s)\mathrm{d}s,\ \forall\,(t\geqslant 0,\boldsymbol{x}(\cdot),\boldsymbol{u}(\cdot)):\right.
$$
$$
\left.\boldsymbol{x}(0)=\boldsymbol{0},\dot{\boldsymbol{x}}=\boldsymbol{A}_{\zeta^s}\boldsymbol{x}(s)+\boldsymbol{B}_{\zeta^s}\boldsymbol{u}(s),\|\boldsymbol{\zeta}^s\|_\infty\leqslant\rho,\ \forall\, s\right\}
$$

的上界

$$
C_*(\rho)\leqslant C_\alpha(\rho)\equiv\begin{cases}1, & 0\leqslant\rho\leqslant r\\ \dfrac{1+\alpha(\rho-r)}{1-\alpha(\rho-r)}, & r\leqslant\rho\leqslant r+\alpha^{-1}\end{cases}
\tag{11.5.14}
$$

（参见式（11.5.9））。α_{RC} 和 α_{GRC} 相应的上界（11.5.14）被描绘在图 11-2 的左侧，在图中，我们看到基于全局鲁棒对等的边界比基于鲁棒对等的边界好得多。

当然，这两个问题的边界都是保守的，而且它们的"保守程度"理论上很难被理解：虽然我们确实知道我们对难解的鲁棒对等/全局鲁棒对等的易处理近似有多保守，但我们不知道鲁棒非扩张性的充分条件（11.5.4）有多保守（在这方面，现在的情况与李雅普诺夫稳定性分析中的一个情况完全相似，参见 9.1.2 节）。然而，我们可以使用强行模拟来约束 $C_*(\rho)$。具体来说，就是生成一个给定数量级的扰动样本，并检查相关矩阵 $[\boldsymbol{A}_\zeta,\boldsymbol{B}_\zeta]$ 的非扩张性，为了其中每个满足 $\|\boldsymbol{\zeta}\|_\infty\leqslant\rho$ 的矩阵 $[\boldsymbol{A}_\zeta,\boldsymbol{B}_\zeta]$ 都能产生一个非扩张时不变动态系统，我们可以在最大的 ρ 上构造一个上界 $\bar{\rho}_1$。当然，$\bar{\rho}_1$ 大于或等于最大的 $\rho=\rho_1$，其中 $C_*(\rho)\leqslant 1$。类似地，为了测试矩阵 $\boldsymbol{A}_\zeta$ 的稳定性，我们可以在最大的 $\rho=\rho_\infty$ 上构

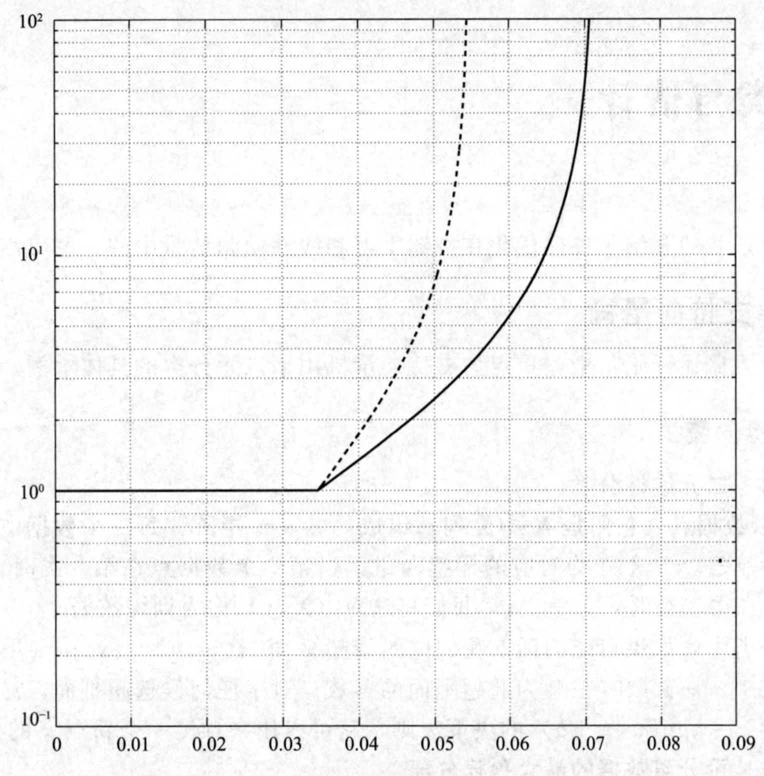

图 11-2　基于鲁棒对等/全局鲁棒对等的分析：边界（11.5.14）和 ρ 在 $\alpha=\alpha_{\mathrm{GRC}}$（实线）和 $\alpha=\alpha_{\mathrm{RC}}$（虚线）情况下的关系

造一个上界 $\overline{\rho}_{\infty}$，对于这个上界，所有矩阵 $\mathbf{A}_{\zeta}$，$\|\boldsymbol{\zeta}\|_{\infty}\leqslant\rho$ 在封闭的左边平面上都有它们的特征值。可以立即得到，当 $\rho>\rho_{\infty}$ 时有 $C_{*}(\rho)=\infty$。对于我们的标准和扰动数据，模拟产生

$$\overline{\rho}_{1}=0.310,\quad \overline{\rho}_{\infty}=0.7854$$

这些量应该分别与 $r_1=0.0346$（这显然是使 $C_{*}(\rho)\leqslant 1$ 的 ρ 的范围 ρ_1 的下界）和 $r_{\infty}=r_1+\alpha_{\mathrm{GRC}}^{-1}$（这是 ρ 值的范围，其中由全局鲁棒对等产生的 $C_{*}(\rho)$ 的上界（11.5.14）是有限的，照此，r_{∞} 是 ρ_{∞} 的下界）进行比较。可以看到在我们的数值例子中，我们方法的保守性是“在一个数量级内”的：$\overline{\rho}_1/r_1\approx 8.95$ 和 $\overline{\rho}_{\infty}/r_{\infty}\approx 11.01$。

第 12 章 |

Robust Optimization

鲁棒分类与估计

在本章中，我们介绍了鲁棒优化在机器学习和线性回归情景中的一些应用。

12.1 鲁棒支持向量机

我们从一段概述开始，概述重点为支持向量机用于二元分类的具体示例。

12.1.1 支持向量机

12.1.1.1 二元线性分类

设 $\boldsymbol{X}$ 表示数据点（它们是 $\boldsymbol{X}$ 中的列）组成的 $n\times m$ 矩阵，每一个数据点都属于两类中的一类。设 $\boldsymbol{y}\in\{-1,1\}^m$ 为对应的标签向量，当第 i 个数据点在第一类时，$y_i=1$，当第 i 个数据点在第二类时，$y_i=-1$。我们将这对（$\boldsymbol{X},\boldsymbol{y}$）称为训练数据。

在线性分类中，如果可能的话，我们试图用超平面 $\mathcal{H}(\boldsymbol{w},b)=\{\boldsymbol{x}:\boldsymbol{w}^{\mathrm{T}}\boldsymbol{x}+b=0\}$ 来分离这两类，其中 $\boldsymbol{w}\in\mathbb{R}^n$ 和 $b\in\mathbb{R}$ 为此超平面的参数。对于任何候选超平面，$\mathcal{H}(\boldsymbol{w},b)$ 都对应一个形式为 $z=\mathrm{sign}(\boldsymbol{w}^{\mathrm{T}}\boldsymbol{x}+b)$ 的决策规则，它可以用来预测一个新点 $\boldsymbol{x}$ 的标签 z。

12.1.1.2 可分离数据的最大鲁棒分离

当决策规则在数据集上没有产生误差时，就会达成完美的线性分离。这种线性分离可以转化为（$\boldsymbol{w},b$）的一组线性不等式：

$$y_i(\boldsymbol{w}^{\mathrm{T}}\boldsymbol{x}_i+b)>0,i=1,\cdots,m \tag{12.1.1}$$

让我们假设数据是可分离的，即上述条件是可行的。现在假设数据是不确定的，具体来说，对于每一个 i，只知道第 i 个“真实”数据点属于一个以“标准”数据点 $\boldsymbol{x}_i^{\mathrm{n}}$ 为中心的半径为 ρ 的欧几里得球的内部。在下文中，我们将其称为球形不确定性。我们认定上述不等式对各自球内的所有数据点的选择都是有效的，这就产生了上述不等式的鲁棒对等形式：

$$y_i(\boldsymbol{w}^{\mathrm{T}}\boldsymbol{x}_i^{\mathrm{n}}+b)\geqslant\rho\|\boldsymbol{w}\|_2,i=1,\cdots,m \tag{12.1.2}$$

最大鲁棒分类器是一个在条件（12.1.2）下使 ρ 取最大值的分类器。根据（$\boldsymbol{w},b$）的上述不等式的同质性，我们总是可以设定 $\rho\|\boldsymbol{w}\|_2=1$，于是最大化 ρ 值相当于最小化 $\|\boldsymbol{w}\|_2$，我们通过下述二次优化问题求解：

$$\min_{\boldsymbol{w},b}\{\|\boldsymbol{w}\|_2:y_i(\boldsymbol{w}^{\mathrm{T}}\boldsymbol{x}_i^{\mathrm{n}}+b)\geqslant1,1\leqslant i\leqslant m\} \tag{12.1.3}$$

上述问题及其最优解如图 12-1 所示。最大鲁棒分类器对应的是最大半径，这样每个数据点周围的相应球仍然是完全分离的。在机器学习文献中，最优量 ρ 称为分类器的裕度，相应的分类器称为最大裕度分类器。

12.1.1.3 不可分离情况：铰链损失函数

一般来说，完美分离是不可能的。为了解决这个问题，我们将“分离约束” $y_i(\boldsymbol{w}^{\mathrm{T}}\boldsymbol{x}_i+b)\geqslant1$ 修改为下式：

$$y_i(\boldsymbol{w}^{\mathrm{T}}\boldsymbol{x}_i+b)\geqslant1-v_i,v_i\geqslant0,i=1,\cdots,m$$

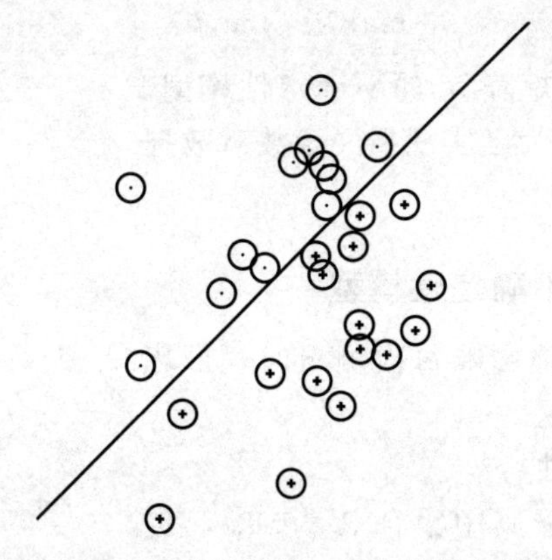

图 12-1　可分离数据的最大鲁棒分类器，每个数据点周围都有球形不确定性

其中松弛向量 $\boldsymbol{v}$ 中的非零项数为分类器处理训练数据时的误差数量。我们可以寻找一个分类器，使这个数字最小化，但这将是一个难以计算的问题。作为替代，我们可以设法最小化更容易处理的 $\boldsymbol{v}$ 中元素之和。这就产生了下述线性优化问题：

$$\min_{\boldsymbol{w},b}\left\{\sum_{i=1}^{m} v_i : y_i(\boldsymbol{w}^{\mathrm{T}}\boldsymbol{x}_i+b)\geqslant 1-v_i, v_i\geqslant 0, 1\leqslant i\leqslant m\right\} \tag{12.1.4}$$

这可以写成最小化所谓已实现的铰链损失函数的等价形式：

$$\mathcal{R}_{\mathrm{svm}}(\boldsymbol{w},b):=\sum_{i=1}^{m}[1-y_i(\boldsymbol{w}^{\mathrm{T}}\boldsymbol{x}_i+b)]_+ \tag{12.1.5}$$

此处我们使用“已实现”这个词来强调上述函数依赖于数据的具体实现。

上述函数基于用一个凸上界代替指示函数，如果我们要最小化误差的实际数目，该指示函数就会出现。

12.1.1.4　经典的支持向量机公式

在实践中，我们需要权衡训练集误差（或其代理，即上面的损失函数）的数量，以及在数据点的球形扰动方面的鲁棒性。一种表达这种权衡的方法是通过经典的 SVM（Support Vector Machine，支持向量机）公式：

$$\begin{gathered}\min_{\boldsymbol{w},b,\boldsymbol{v}}\left\{\lambda\|\boldsymbol{w}\|_2^2+\sum_{i=1}^{m} v_i : y_i(\boldsymbol{w}^{\mathrm{T}}\boldsymbol{x}_i+b)\geqslant 1-v_i, v_i\geqslant 0, 1\leqslant i\leqslant m\right\}\\ \Updownarrow \\ \min_{\boldsymbol{w},b}\{\mathcal{R}_{\mathrm{svm}}(\boldsymbol{w},b)+\lambda\|\boldsymbol{w}\|_2^2\}\end{gathered} \tag{12.1.6}$$

其中 $\lambda>0$ 是正则化参数。图 12-2 展示了一个例子。实现上述权衡的一个不太传统的方法是

$$\min_{\boldsymbol{w},b}\{\mathcal{R}_{\mathrm{svm}}(\boldsymbol{w},b)+\lambda\|\boldsymbol{w}\|_2\} \tag{12.1.7}$$

我们称式（12.1.7）为范数惩罚的 SVM，等价于经典公式（12.1.6），从某种意义上来说，λ 跨越正实线时得到的解集对两个问题是相同的。

12.1.2　最小化最坏情况下的已实现损失

经典 SVM 的另一种（可能是更通用的）方法是考虑已实现损失函数 $\mathcal{R}_{\mathrm{svm}}$ 的最小化，然后应用一个鲁棒优化程序，使其在数据点扰动下的最坏情况的值最小。对应问题的形式是最小化（在 $(\boldsymbol{w},b)$ 上）最坏情况下的已实现损失函数：

$$\max_{x\in\mathcal{X}}\mathcal{R}_{\mathrm{svm}}(\boldsymbol{w},b) \tag{12.1.8}$$

此处集合 $\mathcal{X}$ 描述了关于数据矩阵 $\boldsymbol{X}$ 的不确定性模型。(这里的符号有些不准确，因为已实现损失函数对数据 $\boldsymbol{X}$ 的依赖关系是隐式的。)

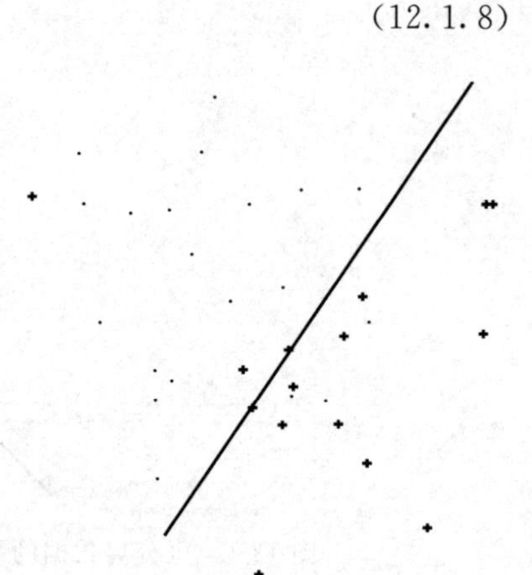

图 12-2　经典的用于不可分离数据的 SVM 分离器，就像式(12.1.6)中定义的，其中正则化参数 $\lambda=0.1$

12.1.3　从测量角度考虑不确定性模型

我们研究了当扰动独立地影响每次测量时，最坏情况下的铰链损失最小化问题。

12.1.3.1　球形不确定性

回到球形不确定性模型，其中集合 $\mathcal{X}$ 为 $\mathcal{X}_{\mathrm{sph}}$，定义为

$$\mathcal{X}_{\mathrm{sph}}:=\{\boldsymbol{X}^{\mathrm{n}}+\boldsymbol{\Delta}:\boldsymbol{\Delta}=[\boldsymbol{\delta}_1,\cdots,\boldsymbol{\delta}_m],\ \|\boldsymbol{\delta}_i\|_2\leqslant\rho,i=1,\cdots,m\}$$

其中，矩阵 $\boldsymbol{X}^{\mathrm{n}}$ 包含标准数据，它的列 $\boldsymbol{x}_i^{\mathrm{n}}$ 为标准数据点(在 SVM 术语中为标准特征向量)。我们得到一个最坏情况下已实现损失的显式表达式：

$$\max_{\boldsymbol{X}\in\mathcal{X}_{\mathrm{bll}}}\mathcal{R}_{\mathrm{svm}}(\boldsymbol{w},b)=\sum_{i=1}^{m}[1-y_i(\boldsymbol{w}^{\mathrm{T}}\boldsymbol{x}_i^{\mathrm{n}}+b)+\rho\|\boldsymbol{w}\|_2]_+$$

通过二阶锥优化可使上述最坏情况下的已实现损失函数最小化：

$$\min_{\boldsymbol{w},b}\left\{\sum_{i=1}^{m}[1-y_i(\boldsymbol{w}^{\mathrm{T}}\boldsymbol{x}_i^{\mathrm{n}}+b)+\rho\|\boldsymbol{w}\|_2]_+\right\} \tag{12.1.9}$$

注意，最坏情况下损失最小化的鲁棒版本与经典的支持向量机(12.1.6)不同：对于前一种情况，惩罚项在损失函数中处于“内部”，而在后一种情况中处于“外部”。在最坏情况下的损失最小化中，我们试着将围绕数据点画出的球分开，就像在可分离情况中做的那样。如果其中一个球的内部与分离的超平面相交，那么该程序将其视为一个误差。与之相反的是，经典的 SVM 程序只考虑与球的中心对应的误差。事实证明，我们可以把一种方法和另一种方法联系起来。最坏情况下损失的上界可以由下式很容易地给出：

$$\sum_{i=1}^{m}[1-y_i(\boldsymbol{w}^{\mathrm{T}}\boldsymbol{x}_i^{\mathrm{n}}+b)+\rho\|\boldsymbol{w}\|_2]_+\leqslant\sum_{i=1}^{m}[1-y_i(\boldsymbol{w}^{\mathrm{T}}\boldsymbol{x}_i^{\mathrm{n}}+b)]_++m\rho\|\boldsymbol{w}\|_2$$

正如之前所提到的，最小化上述上界的过程与范数惩罚的支持向量机(12.1.7)具有相同的形式，它本身与经典的向量机解决方案密切相关。

12.1.3.2　区间不确定性模型

我们可以修改对于影响数据的不确定性做出的假设，从而产生不同的分类算法。特别有趣的一种情况是，不确定性以分量方式独立地影响数据矩阵的每个元素。

例如，考虑盒不确定性模型，其中只知道每个数据点 i 属于半径为 ρ、圆心在标准数据处的 $\|\cdot\|_\infty$ 球。式(12.1.2)的相关版本为

$$y_i(\boldsymbol{w}^{\mathrm{T}}\boldsymbol{x}_i^{\mathrm{n}}+b)\geqslant\rho\|\boldsymbol{w}\|_1,i=1,\cdots,m$$

通过线性优化问题得到相应的最大鲁棒分类器：

$$\min_{\boldsymbol{w},b}\{\|\boldsymbol{w}\|_1:y_i(\boldsymbol{w}^{\mathrm{T}}\boldsymbol{x}_i^{\mathrm{n}}+b)\geqslant1,1\leqslant i\leqslant m\} \tag{12.1.10}$$

图 12-3 给出了一个例子。观察不确定性为球形时的对比(图 12-1)：在盒不确定性的

情况下，分类器的系数向量趋于稀疏。（当 n/m 变大时，这种效应变得更加明显。）

同样，最小化最坏情况下已实现的损失函数（12.1.8），其中集合 $\mathcal{X}$ 被描述为一个盒：

$$\mathcal{X}_{\text{box}}=\{\boldsymbol{X}^{\text{n}}+\boldsymbol{\Delta}:\boldsymbol{\Delta}=[\boldsymbol{\delta}_1,\cdots,\boldsymbol{\delta}_m],\ \|\boldsymbol{\delta}_i\|_\infty\leqslant\rho,i=1,\cdots,m\} \tag{12.1.11}$$

该问题是通过以下线性优化问题解决的：

$$\min_{\boldsymbol{w},b}\left\{\sum_{i=1}^{m}[1-y_i(\boldsymbol{w}^{\text{T}}\boldsymbol{x}_i^{\text{n}}+b)+\rho\|\boldsymbol{w}\|_1]_+\right\}$$

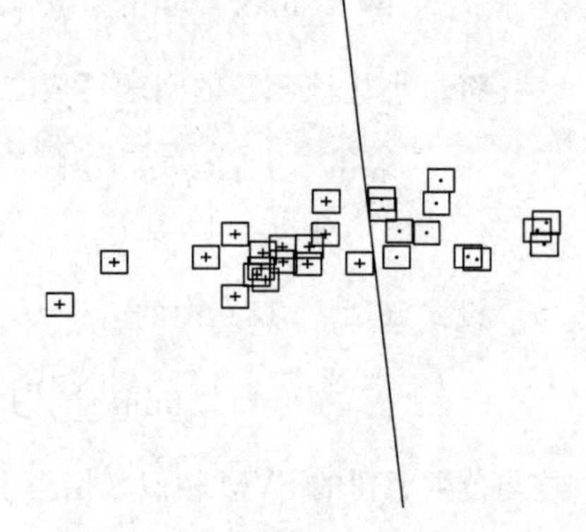

图 12-3　具有盒不确定性的可分离数据的最大鲁棒分类器

我们可以将上述的一些结果推广到更普遍的区间不确定性模型，其形式如下：

$$\mathcal{X}_{\text{int}}=\{\boldsymbol{X}^{\text{n}}+\boldsymbol{\Delta}:|\Delta_{pq}|\leqslant\rho R_{pq},1\leqslant p\leqslant n,1\leqslant q\leqslant m\} \tag{12.1.12}$$

其中 $\boldsymbol{R}\in\mathbb{R}_+^{n\times m}$ 是一个具有非负项的矩阵，这些项指定了 $\boldsymbol{X}^{\text{n}}$ 的各分量周围不确定度的相对范围。相应的最坏情况下已实现损失形式如下：

$$\max_{\boldsymbol{X}\in\mathcal{X}_{\text{int}}}\mathcal{R}_{\text{svm}}(\boldsymbol{w},b)=\sum_{i=1}^{m}[1-y_i(\boldsymbol{w}^{\text{T}}\boldsymbol{x}_i^{\text{n}}+b)+\rho\boldsymbol{\sigma}_i^{\text{T}}|\boldsymbol{w}|]_+$$

其中 $\boldsymbol{\sigma}_i$ 是 $\boldsymbol{R}$ 的第 i 列，$1\leqslant i\leqslant m$，$|\boldsymbol{w}|=[|w_1|;\cdots;|w_n|]$。

注意，对于一般的不确定性模型，我们采用的设计最大鲁棒分类器的方法变得有点复杂。实际上，鲁棒可分离性的条件已经写出来了：

$$y_i(\boldsymbol{w}^{\text{T}}\boldsymbol{x}_i^{\text{n}}+b)\geqslant\rho\boldsymbol{\sigma}_i^{\text{T}}|\boldsymbol{w}|,i=1,\cdots,m$$

除非向量 $\boldsymbol{\sigma}_i$，$i=1,\cdots,m$ 均相等，否则没有办法像我们之前做的那样，将在上述条件下 ρ 值最大化的问题写成凸优化问题。当然，这个问题是拟凸的，并且可以通过 ρ 中的二分法将此问题作为一系列凸问题来解决。

12.1.4　耦合不确定性模型

在前面的模型中，不确定性独立影响每次测量（$\boldsymbol{X}$ 的每一列）。在某些情况下，假定扰动矩阵有一个全局界限是有意义的，该扰动矩阵耦合了影响不同测量的不确定性。这些模型是耦合不确定性模型族的一部分。

12.1.4.1　范数有界不确定性模型

或许最简单的耦合不确定性模型对应于如下的不确定性集：

$$\mathcal{X}_{\text{LSV}}=\{\boldsymbol{X}^{\text{n}}+\boldsymbol{\Delta}:\boldsymbol{\Delta}\in\mathbb{R}^{n\times m},\|\boldsymbol{\Delta}\|\leqslant\rho\} \tag{12.1.13}$$

其中 $\boldsymbol{X}^{\text{n}}$ 为标准数据，$\|\cdot\|$ 表示 LSV（Largest Singular Value，最大奇异值）范数。

对于可分离数据，最大可分离分类器基于如下的鲁棒可分离性条件：

$$\forall i=1,\cdots,m,\forall\boldsymbol{\Delta}=[\boldsymbol{\delta}_1,\cdots,\boldsymbol{\delta}_m],\|\boldsymbol{\Delta}\|\leqslant\rho:y_i(\boldsymbol{w}^{\text{T}}(\boldsymbol{x}_i^{\text{n}}+\boldsymbol{\delta}_i)+b)\geqslant1$$

结果表明，上述条件与球形不确定性（12.1.2）的鲁棒可分离性条件完全相同。这是因为上述条件只涉及单位球（对于矩阵范数 $\|\cdot\|$）在 $\boldsymbol{\Delta}$ 的列生成的子空间上的投影。在目前的范数有界模型中，最大鲁棒分离分类器与球形不确定性情况下的分类器相同。

相反，当我们考虑最小化最坏情况下的已实现损失函数（12.1.8）时，情况是不同的，因为范数导致了对应于不同测量的项之间的耦合。现在我们关心的鲁棒问题为

$$\min_{\boldsymbol{w},b}\left\{\max_{\boldsymbol{X}\in\mathcal{X}}\sum_{i=1}^{m}[1-y_i(\boldsymbol{w}^{\text{T}}\boldsymbol{x}_i+b)]_+\right\} \tag{12.1.14}$$

当 $\mathcal{X}=\mathcal{X}_{\mathrm{LSV}}$ 时，我们将会看到，最坏情况下实现的成本函数即式（12.1.14）中的目标，可以表示为

$$\max_{k\in\{0,\cdots,m\}}\left\{\min_{\mu}\left\{\rho\sqrt{k}\|\boldsymbol{w}\|_2+k\mu+\sum_{i=1}^{m}[1-y_i(\boldsymbol{w}^{\mathrm{T}}\boldsymbol{x}_i^{\mathrm{n}}+b)-\mu]_+\right\}\right\}$$

将最小化该函数的问题写成二阶锥优化问题

$$\min_{\boldsymbol{w},b,t,\{\mu_k\}}\left\{t:t\geqslant\rho\sqrt{k}\|\boldsymbol{w}\|_2+k\mu_k+\sum_{i=1}^{m}[1-y_i(\boldsymbol{w}^{\mathrm{T}}\boldsymbol{x}_i^{\mathrm{n}}+b)-\mu_k]_+,0\leqslant k\leqslant m\right\}\tag{12.1.15}$$

设式（12.1.15）中的 $\mu_k=0$，就得到了式的上界

$$\min_{\boldsymbol{w},b}\left\{\sum_{i=1}^{m}[1-y_i(\boldsymbol{w}^{\mathrm{T}}\boldsymbol{x}_i^{\mathrm{n}}+b)]_++\rho\sqrt{m}\|\boldsymbol{w}\|_2\right\}$$

这与范数惩罚的 SVM 相似（相当于惩罚项的缩放），如式（12.1.7）所示。设式（12.1.15）中的每一个 k 的 $\mu_k=-k^{-1/2}\rho\|\boldsymbol{w}\|_2$，我们得到了问题（12.1.9）（其中 $\rho\sqrt{m}$ 起到 ρ 的作用），在该问题中我们接触到了球形不确定性。

12.1.5　最坏情况下的损失和可调变量

如前所述，范数有界不确定性模型耦合了影响不同测量的不确定性。我们之前的研究表明，在范数有界的不确定性下与在球形（测量角度）不确定性下，最小化最坏情况损失函数的问题是不等效的。

这种差异可以从几何上理解。在 LSV 模型的最坏情况损失问题（12.1.8）中，我们可以将集合 $\mathcal{X}$ 替换为一个更大的集合，其形式为 $\mathcal{X}_1\times\cdots\times\mathcal{X}_m$，其中 $\mathcal{X}_i$ 是 $\mathcal{X}$ 在 $\boldsymbol{\delta}_i$ 变量上的投影，而 $\boldsymbol{\delta}_i$ 为 $\boldsymbol{\Delta}$ 的列。损失函数可分解为只依赖于 $\boldsymbol{\delta}_i$ 的各项的总和，利用这一事实，我们得到了球形模型的 SVM（12.1.9）。

另一种解释调用了具有可调变量的鲁棒优化。从最小化已实现损失函数问题的线性优化表示（12.1.4）开始，然后应用一个鲁棒优化程序，无论怎么选择集合 $\mathcal{X}$ 中的数据矩阵，该优化的约束条件都需要被满足。这种“朴素”的方法支持使用鲁棒对等替换约束：

$$\forall\boldsymbol{\Delta}=[\boldsymbol{\delta}_1,\cdots,\boldsymbol{\delta}_m],\|\boldsymbol{\Delta}\|\leqslant\rho:y_i(\boldsymbol{w}^{\mathrm{T}}(\boldsymbol{x}_i+\boldsymbol{\delta}_i)+b)\geqslant1-v_i,i=1,\cdots,m,v_i\geqslant0$$

这与下式相同

$$y_i(\boldsymbol{w}^{\mathrm{T}}\boldsymbol{x}_i+b)\geqslant1-v_i+\rho\|\boldsymbol{w}\|_2,i=1,\cdots,m,v_i\geqslant0$$

最小化上述约束条件下的 $\sum_{i=1}^{m}v_i$ 的问题与球形（测量角度）不确定性（12.1.9）对应的问题完全相同。

与对可分离数据使用最大鲁棒分类器所发生的情况相反，用一种朴素的方法来增强问题的鲁棒性无法产生准确的答案。事实上，在上述的朴素方法中，松弛变量 v 被假定为独立于扰动。在实际情况中，这个变量作为一个可调变量，应该被视为扰动的函数，以便准确地模拟最小化最坏情况下已实现损失函数的问题。[⊖] 当 $v=0$ 时，朴素方法确实有效，就像我们对可分离数据使用最大鲁棒分类器一样有效。

上述讨论促使我们更详细地研究最坏情况下的损失函数的计算和优化问题。下一节将致力于构建特定模型的框架，为其提供准确的答案。

⊖ 关于可调节性和可调节鲁棒对等的深入研究，参见第 14 章。

12.2　鲁棒分类与回归

12.2.1　标准问题与鲁棒对等

12.2.1.1　损失函数最小化

我们从下面的“标准”问题开始：

$$\min_{\boldsymbol{\theta} \in \Theta} \mathcal{L}(\boldsymbol{Z}^{\mathrm{T}} \boldsymbol{\theta}) \tag{12.2.1}$$

其中 $\mathcal{L}: \mathbb{R}^m \rightarrow \mathbb{R}$ 为凸函数；变量 $\boldsymbol{\theta}$ 包含回归量或分类器系数，并受限于给定的凸集 $\Theta \subseteq \mathbb{R}^n$；矩阵 $\boldsymbol{Z} := [\boldsymbol{z}_1, \cdots, \boldsymbol{z}_m] \in \mathbb{R}^{n \times m}$ 包含此问题的数据；我们假设集合 Θ 在计算上是可处理的，以及标准问题也是如此。

在下文中，我们将数据矩阵 $\boldsymbol{Z}$ 的列 $\boldsymbol{z}_i$ 称为测量值，将其行称为特征值。我们称向量 $\boldsymbol{\theta}$ 为参数向量。对于给定的参数向量 $\boldsymbol{\theta} \in \Theta$，我们定义 $\boldsymbol{r} = \boldsymbol{Z}^{\mathrm{T}} \boldsymbol{\theta}$ 为相应的残余向量。在我们的设置中，称 $\boldsymbol{r} \rightarrow \mathcal{L}(\boldsymbol{r})$ 为损失函数（残余向量的函数），称 $\boldsymbol{\theta} \rightarrow \mathcal{L}(\boldsymbol{Z}^{\mathrm{T}} \boldsymbol{\theta})$ 为已实现的损失函数（参数向量的函数）。根据这个定义，损失函数是数据独立的，而已实现的损失函数则不是。

12.2.1.2　鲁棒对等

我们解决了标准问题（12.2.1）的鲁棒对等，即最小化最坏情况下的已实现损失函数：

$$\min_{\boldsymbol{\theta} \in \Theta} \max_{\boldsymbol{Z} \in \mathcal{Z}} \mathcal{L}(\boldsymbol{Z}^{\mathrm{T}} \boldsymbol{\theta}) \tag{12.2.2}$$

其中，$\mathcal{Z} \subseteq \mathbb{R}^{m \times n}$ 是描述数据矩阵 $\boldsymbol{Z}$ 的不确定性的矩阵的给定子集，我们假设

$$\mathcal{Z} = \boldsymbol{Z}^{\mathrm{n}} + \rho \boldsymbol{U} \mathcal{D} \tag{12.2.3}$$

矩阵 $\boldsymbol{Z}^{\mathrm{n}} \in \mathbb{R}^{n \times m}$ 包含标准数据，当矩阵 $\boldsymbol{Z}$ 的一些行不受不确定性的影响时，不确定性水平 $\rho \geqslant 0$ 可以用于控制扰动的大小，给定的矩阵 $\boldsymbol{U} \in \mathbb{R}^{n \times l}$ 允许对扰动的一些结构信息进行建模。此处，三元组 $(\boldsymbol{Z}^{\mathrm{n}}, \rho, \boldsymbol{U})$ 对鲁棒问题的数据进行编码。集合 $\mathcal{D} \subseteq \mathbb{R}^{l \times m}$（凸、紧且包含原点）被保留用于描述关于扰动的结构信息，例如范数界。现在，我们对集合 $\mathcal{D}$ 做的唯一假设是它在计算上是易处理的，这意味着它的支持函数

$$\boldsymbol{\phi}_{\mathcal{D}}(\boldsymbol{Y}) := \max_{\boldsymbol{\Delta} \in \mathcal{D}} \langle \boldsymbol{Y}, \boldsymbol{\Delta} \rangle$$

也是计算可处理的。从现在开始，对于 $n \times m$ 矩阵 $\boldsymbol{Y}$ 和 $\boldsymbol{\Delta}$，$\langle \boldsymbol{Y}, \boldsymbol{\Delta} \rangle = \mathrm{Tr}(\boldsymbol{Y}^{\mathrm{T}} \boldsymbol{\Delta})$ 为两个矩阵的弗罗贝尼乌斯内积。

我们的目标是获得进一步的条件，以确保以下半无限不等式的一个易处理的表示存在：

$$\forall \boldsymbol{Z} \in \mathcal{Z}: \mathcal{L}(\boldsymbol{Z}^{\mathrm{T}} \boldsymbol{\theta}) \leqslant \tau \tag{12.2.4}$$

其中 $\tau \in \mathbb{R}$ 是已知的。式（12.2.1）的鲁棒对等（12.2.2）也写成易于处理的形式，如

$$\min_{\boldsymbol{\theta} \in \Theta, \tau} \{\boldsymbol{\tau}: (\boldsymbol{\theta}, \boldsymbol{\tau}) \text{满足式}(12.2.4)\}$$

下面我们将展示两个正面的例子。

例 12.2.1 **鲁棒线性回归**。假设我们观察到某一系统具有 m 个输入（“回归量”）$\boldsymbol{x}_i \in \mathbb{R}^{n-2}$，$i = 1, \cdots, m$，以及此系统相应的输出 $y_i \in \mathbb{R}$，$1 \leqslant i \leqslant m$，并寻求一个最拟合数据的线性回归模型

$$y_i \approx \boldsymbol{x}_i^{\mathrm{T}} \boldsymbol{w} + b$$

在某种意义上，给定的残余向量 $[y_1-x_1^{\mathrm{T}}w-b;\cdots;y_m-x_m^{\mathrm{T}}w-b]$ 的范数 $\|\cdot\|$ 是尽可能小的（也许，在回归模型系数 w，b 的某些附加限制下）。设

$$Z=\begin{bmatrix}x_1 & \cdots & x_m\\ y_1 & \cdots & y_m\\ 1 & \cdots & 1\end{bmatrix}\in\mathbb{R}^{n\times m},\theta=[-w;1;-b]\in\mathbb{R}^n,\mathcal{L}(r)=\|r\|:\mathbb{R}^m\to\mathbb{R} \quad (12.2.5)$$

我们可以用式（12.2.1）的形式写下为数据寻找最佳线性回归模型的问题，其中 $\Theta\subset\mathbb{R}^n$ 被包含在平面 $\theta_{n-1}=1$ 中（它可以是这个平面的一个真子集，前提是我们要对 w 和 b 施加一些限制）。如果我们现在假设回归量 x_i 和输出 y_i 是不准确的测量，所以关于“真实”数据矩阵 Z，我们可以知道的是，它属于一个给定的不确定性集 $\mathcal{Z}$，一个理所当然的行动是为数据矩阵 $Z\in\mathcal{Z}$ 寻求一个合适的线性回归模型，该模型保证一个尽可能好的最坏情况，从而得到式（12.2.1）的鲁棒对等。

例 12.2.2 **鲁棒 SVM。** 考虑上一节所说的“最坏情况下已实现损失函数的最小化”的情况，具体地，我们给定 m 个数据点，集合成数据矩阵 $X=[x_1,\cdots,x_m]$，以及这些点的标签 $y_1,\cdots,y_m\in\{-1,1\}$，并寻求一个能最小化分类误差的线性分类器 $\mathrm{sign}(w^{\mathrm{T}}x+b)$。如 12.1 节所述，已知不确定数据矩阵 X 属于给定不确定性集 $\mathcal{X}$，在这种情况下最坏情况下的已实现损失的最小化可归结为半无限问题（12.1.14）。设

$$Z=\begin{bmatrix}y_1x_1 & \cdots & y_mx_m\\ y_1 & \cdots & y_m\\ 1 & \cdots & 1\end{bmatrix},\theta=[-w;-b;1],\mathcal{L}(r)=\sum_{i=1}^{m}\max[r_i,0] \quad (12.2.6)$$

并将 X 对应的不确定性集 $\mathcal{X}$ 直接转换为 Z 对应的不确定性集 $\mathcal{Z}$，我们用式（12.2.2）的形式表示鲁棒对等（12.1.14）。

12.2.2 一些简单的例子

12.2.2.1 场景不确定性

也许最简单的情况涉及一个不确定性集，它是由有限个给定矩阵组成的（凸包），也就是说，

$$\mathcal{Z}=\mathrm{Conv}\{Z^{(1)},\cdots,Z^{(K)}\}$$

这里给出 $Z^{(k)}\in\mathbb{R}^{m\times n}$，$k=1,\cdots,K$。然后将半无限不等式（12.2.4）写成易于处理的凸形式（参见 6.1 节）：

$$\max_{1\leqslant k\leqslant K}\mathcal{L}((Z^{(k)})^{\mathrm{T}}\theta)\leqslant\tau$$

12.2.2.2 关于损失函数的假设

当对损失函数做出特定假设时，会得到另一组结果。

假设 L： 损失函数 $\mathcal{L}:\mathbb{R}^m\to\mathbb{R}$ 具有如下形式

$$\mathcal{L}(r)=\pi(\mathrm{abs}(P(r)))$$

其中 abs(·) 以分量方式起作用，$\pi:\mathbb{R}^m_+\to\mathbb{R}$ 是一个在非负象限上的单调凸函数，其在计算上易处理，$P:\mathbb{R}^m\to\mathbb{R}^m$ 为向量值函数：

$$P(r)=\begin{cases}r & (\text{对称情况})\\ r_+ & (\text{不对称情况})\end{cases}$$

其中 r_+ 为具有分量 $\max[r_i,0]$，$i=1,\cdots,m$ 的向量。

在下面的例子中，假设 L 总是有效的，除非有明确的相反陈述。

12.2.2.3　举例

以下具体损失函数满足假设 L。

- 当选择 $P(\boldsymbol{r})=\boldsymbol{r}_+$ 以及 $\pi(\boldsymbol{r})=\sum_{i=1}^{m}r_i$ 时，支持向量机中出现的铰链损失函数 (12.1.5) 得到了恢复，参见例 12.2.2。
- 最小二乘回归。这是在 $\|\cdot\|=\|\cdot\|_2$ 的条件下从例 12.2.1 中得到的问题，此处损失函数在 $P(\boldsymbol{r})=\boldsymbol{r}$，$\pi(\boldsymbol{r})=\|\boldsymbol{r}\|_2$ 的条件下满足假设 L。
- ℓ_p 范数回归。这是在 $\|\cdot\|=\|\cdot\|_p$ 的条件下从例 12.2.1 中得到的问题，其中有 $p\in[1,\infty]$，此处损失函数在 $P(\boldsymbol{r})=\boldsymbol{r}$，$\pi(\boldsymbol{r})=\|\boldsymbol{r}\|_p$ 的条件下满足假设 L。
- Huber 惩罚回归，这对于异常值的剔除很有用。这是在以下条件下从例 12.2.1 中得到的问题：

$$\mathcal{L}(\boldsymbol{r})=\sum_{i=1}^{m}H(r_i,1)$$

其中 $H:\mathbb{R}_+\times\mathbb{R}_{++}\to\mathbb{R}$ 是（广义的）Huber 函数

$$H(t,\mu)=\max_{|\xi|\leqslant 1}\left\{t\xi-\frac{\mu\xi^2}{2}\right\}=\begin{cases}\dfrac{t^2}{2\mu}, & |t|\leqslant\mu\\ |t|-\dfrac{\mu}{2}, & |t|\geqslant\mu\end{cases} \tag{12.2.7}$$

此处基于条件 $P(\boldsymbol{r})=\boldsymbol{r}$ 和 $\pi(\boldsymbol{r})=\sum_{i=1}^{m}H(r_i,1)$ 可以满足假设 L。

在没有更多假设的情况下，我们可以在一些“简单”的情况下找到半无限不等式 (12.2.4) 的一个易于处理的表示。我们现在研究其中的两个简单情况。

12.2.2.4　加权 ℓ_∞ 范数损失

假设损失函数为 $\pi(\boldsymbol{u})=\max_i\alpha_iu_i$，其中权向量 $\boldsymbol{\alpha}\in\mathbb{R}_+^m$ 是给定的。因此，损失假定为形式

$$\mathcal{L}(\boldsymbol{r})=\begin{cases}\max\limits_{1\leqslant i\leqslant m}\alpha_i|r_i|, & \text{（对称情况）}\\ \max\limits_{1\leqslant i\leqslant m}\alpha_i[r_i]_+, & \text{（不对称情况）}\end{cases} \tag{12.2.8}$$

我们可以将 $\pi(\boldsymbol{u})\leqslant\tau$ 表示为一个不超过 $2m$ 个不等式的组，不等式形式为 $\boldsymbol{u}\in\mathcal{P}$，其中

$$\mathcal{P}:=\{\boldsymbol{u}\in\mathbb{R}^m:-\gamma\tau\leqslant\alpha_iu_i\leqslant\tau,i=1,\cdots,m\}$$

在对称情况下 $\gamma=1$，在不对称情况下 $\gamma=0$。因此条件 (12.2.4) 可写成

$$\forall\boldsymbol{\Delta}\in\mathcal{D}:-\gamma\tau\leqslant\alpha_i[\boldsymbol{z}_i^{\mathrm{n}}]^{\mathrm{T}}\boldsymbol{\theta}+\rho\boldsymbol{e}_i^{\mathrm{T}}\boldsymbol{\Delta}^{\mathrm{T}}\boldsymbol{U}^{\mathrm{T}}\boldsymbol{\theta}\leqslant\tau,i=1,\cdots,m$$

其中 $\boldsymbol{e}_i$ 是 $\mathbb{R}^m$ 中的标准正交基。这可以转换为一组易处理的约束：

$$-\gamma\tau+\rho\alpha_i\phi_{\mathcal{D}}(-\boldsymbol{U}^{\mathrm{T}}\boldsymbol{\theta}\boldsymbol{e}_i^{\mathrm{T}})\leqslant\alpha_i[\boldsymbol{z}_i^{\mathrm{n}}]^{\mathrm{T}}\boldsymbol{\theta}\leqslant\tau-\rho\alpha_i\phi_{\mathcal{D}}(\boldsymbol{U}^{\mathrm{T}}\boldsymbol{\theta}\boldsymbol{e}_i^{\mathrm{T}}),i=1,\cdots,m \tag{12.2.9}$$

定理 12.2.3【加权 ℓ_∞ 范数损失】　如果对于某些权向量 $\boldsymbol{\alpha}\in\mathbb{R}_+^m$，$\mathcal{L}$ 由式 (12.2.8) 给出，则半无限不等式 (12.2.4) 可表示为显式凸约束组 (12.2.9)，在对称情况下 $\gamma=1$，在不对称情况下 $\gamma=0$。

12.2.2.5　测量不确定性

在这里，我们假设 $\boldsymbol{Z}$ 的列（回想一下，每一列对应一个具体的测量值）是独立的扰

动。具体来说，我们假设

$$\mathcal{D}=\mathcal{D}_1\times\cdots\times\mathcal{D}_m$$

式中，每个 $\mathcal{D}_i$ 表示关于特定列 i 的不确定性。我们用 $\boldsymbol{\phi}_i$ 表示 $\mathcal{D}_i$ 的支持函数。

我们观察到，当 $\boldsymbol{\Delta}$ 贯穿 $\mathcal{D}$ 时，向量 $\boldsymbol{u}=P((\boldsymbol{Z}^{\mathrm{n}}+\rho\boldsymbol{U\Delta})^{\mathrm{T}}\boldsymbol{\theta})$ 覆盖盒区域 $\{\boldsymbol{u}:0\leqslant\boldsymbol{u}\leqslant\boldsymbol{u}^{\mathrm{up}}(\boldsymbol{\theta})\}$，其中

$$\boldsymbol{u}^{\mathrm{up}}(\boldsymbol{\theta})=\begin{cases}\max[-[\boldsymbol{z}_i^{\mathrm{n}}]^{\mathrm{T}}\boldsymbol{\theta}+\rho\phi_i(-\boldsymbol{U}^{\mathrm{T}}\boldsymbol{\theta}),[\boldsymbol{z}_i^{\mathrm{n}}]^{\mathrm{T}}\boldsymbol{\theta}+\rho\phi_i(\boldsymbol{U}^{\mathrm{T}}\boldsymbol{\theta})], & (\text{对称情况})\\ \max[0,[\boldsymbol{z}_i^{\mathrm{n}}]^{\mathrm{T}}\boldsymbol{\theta}+\rho\phi_i(\boldsymbol{U}^{\mathrm{T}}\boldsymbol{\theta})], & (\text{不对称情况})\end{cases}\tag{12.2.10}$$

利用 $\pi(\cdot)$ 的单调性，得到最坏情况损失的边界（12.2.4），当且仅当

$$\pi(\boldsymbol{u}^{\mathrm{up}}(\boldsymbol{\theta}))\leqslant\tau$$

我们得到了以下结果。

定理 12.2.4【测量不确定性】 如果 $\mathcal{L}$ 满足假设 L，且不确定性集 $\mathcal{D}$ 为测量不确定性，即给出一个乘积 $\mathcal{D}_1\times\cdots\times\mathcal{D}_m$，其中每个子集 $\mathcal{D}_i$ 表示矩阵 $\boldsymbol{Z}$ 的第 i 列（测量）的不确定性，则半无限约束（12.2.4）可表示为易处理的凸约束

$$\pi(\boldsymbol{u}^{\mathrm{up}}(\boldsymbol{\theta}))\leqslant\tau$$

其中 $\boldsymbol{u}^{\mathrm{up}}$ 由式（12.2.10）给出。

12.2.3 广义有界加性不确定性

第二组结果来自进一步的假设，这一次主要是基于鲁棒对等（12.2.2）的不确定性模型（集合 $\mathcal{D}$，见式（12.2.3））。

12.2.3.1 不确定性模型的假设

作为一个方便的起点，观察到由于函数 $\mathcal{L}$ 在 $\mathbb{R}^m$ 上是凸的且具有有限值（基于假设 L），它是自身的双共轭：

$$\mathcal{L}(\boldsymbol{r})=\sup_{\boldsymbol{v}}[\boldsymbol{v}^{\mathrm{T}}\boldsymbol{r}-\mathcal{L}^*(\boldsymbol{v})]\tag{12.2.11}$$

其中 $\mathcal{L}^*$ 在取值于 $\mathbb{R}\cup\{+\infty\}$ 的 $\mathbb{R}^m$ 上是一个凸的下半连续函数。

如下过程显示了式（12.2.11）如何寻找我们特别关注的损失函数。

- ［p-范数］ $\mathcal{L}(\boldsymbol{r})=\|\boldsymbol{r}\|_p$：

$$\mathcal{L}(\boldsymbol{r})=\max_{\boldsymbol{v}:\|\boldsymbol{v}\|_{p_*}\leqslant 1}\boldsymbol{v}^{\mathrm{T}}\boldsymbol{r},\quad \frac{1}{p}+\frac{1}{p_*}=1$$

  当 $\|\boldsymbol{v}\|_{p_*}\leqslant 1$ 时 $\mathcal{L}^*(\boldsymbol{v})=0$，否则 $\mathcal{L}^*(\boldsymbol{v})=+\infty$。

- ［铰链损失函数］ $\mathcal{L}(\boldsymbol{r})=\sum_{i=1}^{m}\max[r_i,0]$：

$$\mathcal{L}(\boldsymbol{r})=\max_{\mathbf{0}\leqslant\boldsymbol{v}\leqslant\mathbf{1}}\boldsymbol{v}^{\mathrm{T}}\boldsymbol{r}$$

  其中 $\mathbf{1}$ 是全 1 的向量。换句话说，当 $\mathbf{0}\leqslant\boldsymbol{v}\leqslant\mathbf{1}$ 时 $\mathcal{L}^*(\boldsymbol{v})=0$，否则 $\mathcal{L}^*(\boldsymbol{v})=+\infty$。

- ［Huber 损失］ $\mathcal{L}(\boldsymbol{r})=\sum_{i=1}^{m}H(r_i,1)$，见式（12.2.7）：

$$\mathcal{L}(\boldsymbol{r})=\max_{-\mathbf{1}\leqslant\boldsymbol{v}\leqslant\mathbf{1}}\left[\boldsymbol{v}^{\mathrm{T}}\boldsymbol{r}-\frac{1}{2}\|\boldsymbol{v}\|_2^2\right]$$

即当 $-\mathbf{1}\leqslant\boldsymbol{v}\leqslant\mathbf{1}$ 时 $\mathcal{L}^*(\boldsymbol{v})=\frac{1}{2}\|\boldsymbol{v}\|_2^2$，否则 $\mathcal{L}^*(\boldsymbol{v})=+\infty$。

我们继续关注加性不确定性模型（12.2.3），并对集合 $\mathcal{D}$ 做进一步假设。为了促进我们的假设，观察到基于式（12.2.11），鲁棒问题（12.2.2）的目标为

$$
\begin{aligned}
\max_{Z\in\mathcal{Z}}\mathcal{L}(\boldsymbol{Z}^{\mathrm{T}}\boldsymbol{\theta}) &= \max_{\boldsymbol{\Delta}\in\mathcal{D},\boldsymbol{v}}\{\boldsymbol{v}^{\mathrm{T}}(\boldsymbol{Z}^{\mathrm{n}}+\rho\boldsymbol{U\Delta})^{\mathrm{T}}\boldsymbol{\theta}-\mathcal{L}^{*}(\boldsymbol{v})\} \\
&= \max_{\boldsymbol{v}}\{\boldsymbol{v}^{\mathrm{T}}(\boldsymbol{Z}^{\mathrm{n}})^{\mathrm{T}}\boldsymbol{\theta}-\mathcal{L}^{*}(\boldsymbol{v})+\rho\max_{\boldsymbol{\Delta}\in\mathcal{D}}[\boldsymbol{\theta}^{\mathrm{T}}\boldsymbol{U\Delta v}]\}
\end{aligned}
\quad (12.2.12)
$$

因此，从 $\mathbb{R}^{l}\times\mathbb{R}^{m}$ 到 $\mathbb{R}$ 的定义为如下形式的函数起着至关重要的作用：

$$
(\boldsymbol{u},\boldsymbol{v})\rightarrow\max_{\boldsymbol{\Delta}\in\mathcal{D}}\boldsymbol{u}^{\mathrm{T}}\boldsymbol{\Delta v} \quad (12.2.13)
$$

因为它完全封装了扰动结构（即集合 $\mathcal{D}$）进入鲁棒问题的方式。注意，就像在鲁棒优化中常见的那样，集合 $\mathcal{D}$ 的凸性在鲁棒对等中不起作用：$\mathcal{D}$ 可以被它的凸包保守地替换。

现在我们根据式（12.2.13）中定义的函数，对集合 $\mathcal{D}$ 做一个基本假设。回忆一下，Minkowski 函数 ϕ（$\cdot$）是一个（处处有限）非负凸函数 ϕ，其为正的一次齐次函数：当 $t\geqslant 0$ 时，$\phi(t\boldsymbol{v})=t\phi(\boldsymbol{v})$。

我们对集合 $\mathcal{D}$ 的假设如下。

假设 A： 集合 $\mathcal{D}$ 满足 $\mathbb{R}^{l}$ 上存在 Minkowski 函数 ϕ，$\mathbb{R}^{m}$ 上存在一个范数 ψ，如下所示：

$$
\forall\boldsymbol{u}\in\mathbb{R}^{l},\forall\boldsymbol{v}\in\mathbb{R}^{m}:\max_{\boldsymbol{\Delta}\in\mathcal{D}}\boldsymbol{u}^{\mathrm{T}}\boldsymbol{\Delta v}=\phi(\boldsymbol{u})\psi(\boldsymbol{v})
$$

一种解释假设 A 的方法是，它提供了一个矩阵集合 $\mathcal{D}$ 的支持函数的表达式，但仅适用于秩为 1 的矩阵。因此，这个假设并没有完全描述 $\mathcal{D}$。

12.2.3.2　例子

下面是满足假设 A 的集合 $\mathcal{D}$ 的几个例子。我们用一个缩写词来标明列表中的每个情况，这将使我们能够轻松地引用一个特定的不确定性模型。例如，模型 LSV 指的是下面详细介绍的第一个模型。

[LSV] 最大奇异值模型：$\mathcal{D}=\{\boldsymbol{\Delta}\in\mathbb{R}^{\ell\times m}:\|\boldsymbol{\Delta}\|\leqslant 1\}$，其中 $\|\cdot\|$ 为 $\boldsymbol{\Delta}$ 的最大奇异值，可以捕捉到影响不同数据点的不确定性之间可能存在的相关性。该集合满足假设 A，其中 ϕ，ψ 分别是 $\mathbb{R}^{\ell}$ 和 $\mathbb{R}^{m}$ 中的欧几里得范数。

[FRO] 弗罗贝尼乌斯范数模型与前文相同，只是用弗罗贝尼乌斯范数代替了最大奇异值范数。这个集合满足假设 A，其中 ϕ 和 ψ 相同。

[IND] 诱导范数模型：考虑到集合 $\mathcal{D}=\{\boldsymbol{\Delta}\in\mathbb{R}^{\ell\times m}:\|\boldsymbol{\Delta v}\|_{p_*}\leqslant\|\boldsymbol{v}\|_{q},\forall\boldsymbol{v}\in\mathbb{R}^{m}\}$ 作为 LSV 模型的扩展，其中 $p,q\in[1,\infty]$ 且 $\frac{1}{p}+\frac{1}{p_*}=1$，这个集合满足假设 A，其中 $\phi(\cdot)=\|\cdot\|_{p},\psi(\cdot)=\|\cdot\|_{q}$。

[MWU] 测量不确定性模型：已经在 12.1.3 节见过，对应于集合 $\mathcal{D}$ 的下列选择：

$$
\mathcal{D}=\{\boldsymbol{\Delta}=[\boldsymbol{\delta}_{1},\cdots,\boldsymbol{\delta}_{m}]\in\mathbb{R}^{\ell\times m}:\|\boldsymbol{\delta}_{i}\|\leqslant 1,i=1,\cdots,m\}
$$

其中 $\|\cdot\|$ 是 $\mathbb{R}^{\ell}$ 上的范数（盒不确定性（12.1.11）的情况对应于 $\boldsymbol{U}=\boldsymbol{I}$，$\|\cdot\|=\|\cdot\|_{\infty}$）。这样的集合在 $\phi(\cdot)=\|\cdot\|_{*}$ 和 $\psi(\cdot)=\|\cdot\|_{1}$ 的条件下满足假设 A，其中 $\|\cdot\|_{*}$ 为范数 $\|\cdot\|$ 的范数共轭：

$$
\|\boldsymbol{\eta}\|_{*}=\max_{\boldsymbol{h}}\{\boldsymbol{h}^{\mathrm{T}}\boldsymbol{\eta}:\|\boldsymbol{h}\|\leqslant 1\}[\Leftrightarrow\|\boldsymbol{h}\|=\max_{\boldsymbol{\eta}}\{\boldsymbol{\eta}^{\mathrm{T}}\boldsymbol{h}:\|\boldsymbol{\eta}\|_{*}\leqslant 1\}]
$$

[COM] 复合范数模型：这是前一种情况的变体，如下所示：

$$
\mathcal{D}=\{\boldsymbol{\Delta}=[\boldsymbol{\delta}_{1},\cdots,\boldsymbol{\delta}_{m}]\in\mathbb{R}^{\ell\times m}:\|[\|\boldsymbol{\delta}_{1}\|_{p};\cdots;\|\boldsymbol{\delta}_{m}\|_{p}]\|_{q}\leqslant 1\}
$$

其中 $p,q\in[1,\infty]$，在 $\phi(\cdot)=\|\cdot\|_{p_*}$ 和 $\psi(\cdot)=\|\cdot\|_{q_*}$ 的条件下假设 A 得到满足，此处对于 $s\in[1,\infty]$，s_* 由 $\frac{1}{s}+\frac{1}{s_*}=1$ 给出（参见练习 12.2）。MWU 模型在 $q=\infty$ 时得到。当 $q<\infty$ 时，通过上面的方法，可以捕获影响不同测量的扰动之间的依赖关系。

[KER] K-误差模型：对于 $p\in[1,\infty]$ 和 $K\in\{1,\cdots,m\}$，如下集合

$$\mathcal{D}=\mathrm{Conv}\left\{[\lambda_1\boldsymbol{\delta}_1,\cdots,\lambda_m\boldsymbol{\delta}_m]\in\mathbb{R}^{l\times m}:\|\boldsymbol{\delta}_i\|_p\leqslant 1,1\leqslant i\leqslant m,\right.$$
$$\left.\sum_{i=1}^m\lambda_i\leqslant K,\lambda\in\{0,1\}^m\right\}$$

允许对不超过 K 个（范数有界）误差影响测量的这一事实建模，这再次耦合它们。在 $\phi(\cdot)=\|\cdot\|_{p_*}$ 的条件下假设 A 得到满足，其中范数 ψ 定义为

$$\psi(\boldsymbol{v})=\sum_{i=1}^K|\boldsymbol{v}|_{[i]} \tag{12.2.14}$$

其中 $|\boldsymbol{v}|_{[i]}$ 是向量 $[|v_1|;\cdots;|v_m|]$ 的第 i 大分量。注意，这个范数的特例是 ℓ_1 和 ℓ_∞ 范数，分别在 $K=m$ 和 $K=1$ 时获得。

12.2.3.3　最坏情况下的损失函数

在假设 A 下，调用式（12.2.12），得到最坏情况下的已实现损失函数

$$\max_{Z\in\mathcal{Z}}\mathcal{L}(\boldsymbol{Z}^{\mathrm{T}}\boldsymbol{\theta})=\max_{\boldsymbol{v}}\{\boldsymbol{v}^{\mathrm{T}}[\boldsymbol{Z}^{\mathrm{n}}]^{\mathrm{T}}\boldsymbol{\theta}-\mathcal{L}^*(\boldsymbol{v})+\rho\phi(\boldsymbol{U}^{\mathrm{T}}\boldsymbol{\theta})\psi(\boldsymbol{v})\} \tag{12.2.15}$$

引入凸函数 $\mathcal{L}_{\mathrm{wc}}(\boldsymbol{r},\kappa):\mathbb{R}^m\times\mathbb{R}_+\to\mathbb{R}$，定义由下式给出

$$\mathcal{L}_{\mathrm{wc}}(\boldsymbol{r},\kappa):=\max_{\boldsymbol{v}}\{\boldsymbol{v}^{\mathrm{T}}\boldsymbol{r}-\mathcal{L}^*(\boldsymbol{v})+\kappa\psi(\boldsymbol{v})\} \tag{12.2.16}$$

半无限不等式（12.2.4）变成凸不等式

$$\mathcal{L}_{\mathrm{wc}}([\boldsymbol{Z}^{\mathrm{n}}]^{\mathrm{T}}\boldsymbol{\theta},\rho\phi(\boldsymbol{U}^{\mathrm{T}}\boldsymbol{\theta}))\equiv\min_{\kappa}\{\mathcal{L}_{\mathrm{wc}}([\boldsymbol{Z}^{\mathrm{n}}]^{\mathrm{T}}\boldsymbol{\theta},\kappa):\kappa\geqslant\rho\phi(\boldsymbol{U}^{\mathrm{T}}\boldsymbol{\theta})\}\leqslant\boldsymbol{\tau} \tag{12.2.17}$$

请注意，后一个关系式中的≡基于 $\mathcal{L}_{\mathrm{wc}}$ 相对于它的第二个论证是非递减的明显事实。

我们将这个函数（12.2.16）称为与我们的鲁棒问题相关的最坏情况损失函数。最坏情况损失函数确实是传统意义上的损失函数，因为它是凸的，并且与问题的数据无关，只依赖于问题的结构。注意 $\mathcal{L}_{\mathrm{wc}}(\cdot,0)=\mathcal{L}(\cdot)$，所以最坏情况损失函数实际上是原始损失函数的扩展。

我们也可以将最坏情况的损失函数表示为

$$\mathcal{L}_{\mathrm{wc}}(\boldsymbol{r},\kappa)=\max_{\boldsymbol{\xi}}\{\mathcal{L}(\boldsymbol{r}+\kappa\boldsymbol{\xi}):\psi_*(\boldsymbol{\xi})\leqslant 1\} \tag{12.2.18}$$

其中，$\psi_*(\cdot)$ 表示 $\psi(\cdot)$ 的范数共轭。在上式中，$\psi_*(\cdot)$ 定义残余向量 $\boldsymbol{r}$ 的允许附加扰动的形状，而 κ 定义该集合的大小。对于任意残余向量 $\boldsymbol{r}$ 和扰动大小 κ，最坏情况函数完全描述了这种允许扰动对原始损失函数的影响。

在 Lewis[76] 的观念中，当 $\psi(\cdot)=\|\cdot\|_2$ 时，式（12.2.18）给出的函数 $\mathcal{L}_{\mathrm{wc}}(\cdot,1)$ 是原始损失函数 $\mathcal{L}$ 的鲁棒正则化。

考虑我们的扰动模型，鲁棒问题（12.2.17）变成

$$\max_{\boldsymbol{\xi}:\psi_*(\boldsymbol{\xi})\leqslant 1}\mathcal{L}([\boldsymbol{Z}^{\mathrm{n}}]^{\mathrm{T}}\boldsymbol{\theta}+[\rho\phi(\boldsymbol{U}^{\mathrm{T}}\boldsymbol{\theta})]\boldsymbol{\xi})\leqslant\boldsymbol{\tau}$$

就好像已实现的损失函数受制于残余向量 $\boldsymbol{r}=\boldsymbol{Z}^{\mathrm{T}}\boldsymbol{\theta}$ 上的附加扰动，扰动的振幅取决于参数向量 $\boldsymbol{\theta}$。

我们有效处理半无限不等式（12.2.4）的能力，或者在扰动模型的结构假设下同样处理不等式（12.2.17）的能力，取决于我们有效计算并找到最坏情况损失函数（12.2.16）

的子梯度的能力。现在，我们来研究范数 ψ 的具体选择情况。

12.2.3.4　$\psi(\cdot)=\|\cdot\|_\infty$ 的情况

这个例子包括一个复合范数模型（在我们的列表中标记为 COM）。用 $\mathbb{R}^m$ 中的标准正交基 $\boldsymbol{e}_i$ 表示，我们有

$$\begin{aligned}\mathcal{L}_{\mathrm{wc}}(\boldsymbol{r},\kappa)&=\max_{\boldsymbol{v}}\{\boldsymbol{v}^{\mathrm{T}}\boldsymbol{r}-\mathcal{L}^*(\boldsymbol{v})+\kappa\max_{1\leqslant i\leqslant m}|v_i|\}\\&=\max_{1\leqslant i\leqslant m}\{\max_{\boldsymbol{v}}\{\boldsymbol{v}^{\mathrm{T}}\boldsymbol{r}-\mathcal{L}^*(\boldsymbol{v})+\kappa|v_i|\}\}\\&=\max_{1\leqslant i\leqslant m}\{\max_{\boldsymbol{v}}\max\{\boldsymbol{v}^{\mathrm{T}}\boldsymbol{r}-\mathcal{L}^*(\boldsymbol{v})-\kappa v_i,\boldsymbol{v}^{\mathrm{T}}\boldsymbol{r}-\mathcal{L}^*(\boldsymbol{v})+\kappa v_i\}\}\\&=\max_{1\leqslant i\leqslant m}\max[\max_{\boldsymbol{v}}[\boldsymbol{v}^{\mathrm{T}}[\boldsymbol{r}-\kappa\boldsymbol{e}_i]-\mathcal{L}^*(\boldsymbol{v})],\max_{\boldsymbol{v}}[\boldsymbol{v}^{\mathrm{T}}[\boldsymbol{r}+\kappa\boldsymbol{e}_i]-\mathcal{L}^*(\boldsymbol{v})]]\\&=\max_{1\leqslant i\leqslant m}\max(\mathcal{L}(\boldsymbol{r}+\kappa\boldsymbol{e}_i),\mathcal{L}(\boldsymbol{r}-\kappa\boldsymbol{e}_i))\end{aligned}$$

我们得出了以下结论。

定理 12.2.5　如果损失函数满足假设 L，不确定性集在 $\psi(\cdot)=\|\cdot\|_\infty$ 时满足假设 A，则半无限不等式（12.2.4）可以用变量 $\boldsymbol{\theta}$，κ 的如下有效可计算凸约束的显式组表示：

$$\rho\phi(\boldsymbol{U}^{\mathrm{T}}\boldsymbol{\theta})\leqslant\kappa,\mathcal{L}([\boldsymbol{Z}^{\mathrm{n}}]^{\mathrm{T}}\boldsymbol{\theta}\pm\kappa\boldsymbol{e}_i)\leqslant\tau,1\leqslant i\leqslant m$$

12.2.3.5　$\psi(\cdot)=\|\cdot\|_1$ 的情况

这种情况包括作为一个特例的 MWU 模型。特别是，这再现了我们在包含盒不确定性的支持向量机（12.1.3 节）中遇到的情况。

这次，我们从表达式（12.2.18）开始。调用假设 L，我们得到

$$\mathcal{L}_{\mathrm{wc}}(\boldsymbol{r},\kappa)=\max_{\boldsymbol{\xi},\|\boldsymbol{\xi}\|_\infty\leqslant1}\mathcal{L}(\boldsymbol{r}+\kappa\boldsymbol{\xi})=\pi(\boldsymbol{u}(\boldsymbol{r},\kappa))$$

其中

$$(\boldsymbol{u}(\boldsymbol{r},\kappa))_i:=\begin{cases}|r_i|+\kappa, & (\text{对称情况})\\(r_i+\kappa)_+, & (\text{不对称情况})\end{cases}\tag{12.2.19}$$

定理 12.2.6　如果损失函数满足假设 L，不确定性集在 $\psi(\cdot)=\|\cdot\|_1$ 时满足假设 A，则半无限不等式（12.2.4）可以用如下显式有效可计算凸约束表示：

$$\pi(\boldsymbol{u}([\boldsymbol{Z}^{\mathrm{n}}]^{\mathrm{T}}\boldsymbol{\theta},\rho\phi(\boldsymbol{U}^{\mathrm{T}}\boldsymbol{\theta})))\leqslant\tau$$

其中 $\boldsymbol{u}(\cdot,\cdot)$ 由式（12.2.19）给出。

12.2.3.6　$\psi(\cdot)=\|\cdot\|_2$ 的情况

这种情况特别包括 LSV 和 FRO 模型。最坏情况损失函数此时表示为（12.2.18），约束涉及欧几里得范数：

$$\begin{aligned}\mathcal{L}_{\mathrm{wc}}(\boldsymbol{r},\kappa)&=\max_{\boldsymbol{v}}\{\boldsymbol{v}^{\mathrm{T}}\boldsymbol{r}-\mathcal{L}^*(\boldsymbol{v})+\kappa\|\boldsymbol{v}\|_2\}\\&=\max_{\boldsymbol{\xi}}\{\mathcal{L}(\boldsymbol{r}+\kappa\boldsymbol{\xi}):\|\boldsymbol{\xi}\|_2\leqslant1\}\end{aligned}\tag{12.2.20}$$

当 $\mathcal{L}$ 可分离时，我们可以用可计算的方式处理上述问题。事实上，由于参数 κ 跨越正实线，问题（12.2.20）的解集与用其平方替换欧几里得范数得到的解集相同。这个问题是可分离的，有一个（唯一的）最优解可以有效地进行计算：

$$\boldsymbol{v}^{\mathrm{opt}}(\kappa):=\operatorname*{argmax}_{\boldsymbol{v}}[\boldsymbol{v}^{\mathrm{T}}\boldsymbol{r}-\mathcal{L}^*(\boldsymbol{v})+\kappa\|\boldsymbol{v}\|_2^2]$$

初始问题（12.2.20）的解对应的是由 $\kappa=\|\boldsymbol{v}^{\mathrm{opt}}(\kappa)\|_2$ 得到的 κ 值。很容易证明这个不动点方程有唯一解。

对于一般的损失函数，计算最坏情况下的损失函数的问题显然是棘手的。对于某些特定的函数，如最小二乘损失函数 $\mathcal{L}(\boldsymbol{r})=\|\boldsymbol{r}\|_2$，在 $\psi(\cdot)=\|\cdot\|_2$ 的情况下这个问题有一个平

凡解。此外，该问题是易于处理的支持向量机分类问题或 Huber 回归问题。接下来我们将讨论这些情况。

12.2.4 例子

12.2.4.1 支持向量机

考虑例 12.2.2 中描述的鲁棒支持向量机问题。回想一下，在这个例子中，数据矩阵 $\boldsymbol{Z}$ 建立在测得的“特征向量”的矩阵 $\boldsymbol{X}=[\boldsymbol{x}_1,\cdots,\boldsymbol{x}_m]\in\mathbb{R}^{n\times m}$（这个矩阵可以是不确定的）上，并且标签序列 $y_1,\cdots,y_m\in\{-1,1\}$ 假设是确定的。我们假设 $\boldsymbol{X}$ 受一个附加有界不确定性的约束，相应的不确定性集为

$$\mathcal{X}:=\{\boldsymbol{X}+\boldsymbol{\Delta}:\boldsymbol{\Delta}\in\rho\mathcal{D}_0\}$$

其中 $\mathcal{D}_0\subset\mathbb{R}^{n\times m}$ 满足假设 A，对应的范数是 ψ，Minkowski 函数是 ϕ。我们进一步假设 ψ 是一个对称规范（在参数的排列和符号变化下不变的范数）。

对应的集合 $\mathcal{Z}$ 是

$$\mathcal{Z}=\{\boldsymbol{Z}^{\mathrm{n}}+\boldsymbol{U}\boldsymbol{\Delta}\mathrm{Diag}\{\boldsymbol{y}\}:\boldsymbol{\Delta}\in\rho\mathcal{D}_0\} \tag{12.2.21}$$

其中 $\boldsymbol{U}=[\boldsymbol{I}_n;\boldsymbol{0}_{2\times n}]\in\mathbb{R}^{(n+2)\times n}$。利用 ψ 是符号不变的范数这一事实，具有相同的函数 ϕ，ψ 的集合 $\mathcal{D}=\{\boldsymbol{\Delta}\mathrm{Diag}\{\boldsymbol{y}\}:\boldsymbol{\Delta}\in\mathcal{D}_0\}$ 也满足假设 A。因此对应的集合 $\mathcal{Z}$ 为（12.2.3），其中 $\mathcal{D}$ 满足假设 A。

由于 ψ 是排列不变的范数，对于每一个 $k\in\{0,\cdots,m\}$，以及每个 $\boldsymbol{v}\in\{0,1\}^m$，使 $\boldsymbol{v}^{\mathrm{T}}\boldsymbol{1}=k$：

$$\psi(\boldsymbol{v})=\psi\left(\sum_{i=1}^{k}\boldsymbol{e}_i\right):=c_k$$

其中 $\boldsymbol{e}_i$ 为 $\mathbb{R}^m$ 中的第 i 个基向量。例如，如果 $\psi(\cdot)=\|\cdot\|_p$，那么对每一个 k，有 $c_k=k^{1/p}$。

最坏情况的损失函数为

$$\mathcal{L}_{\mathrm{wc}}(\boldsymbol{r},\kappa)=\max_{\boldsymbol{0}\leqslant\boldsymbol{v}\leqslant\boldsymbol{1}}[\boldsymbol{v}^{\mathrm{T}}\boldsymbol{r}+\kappa\psi(\boldsymbol{v})]=\max_{\boldsymbol{v}\in\{0,1\}^m}[\boldsymbol{v}^{\mathrm{T}}\boldsymbol{r}+\kappa\psi(\boldsymbol{v})]$$

此处我们利用了最左最大化问题中目标的凸性。

现在观察到，对于每个标量 $\kappa\geqslant0$，向量 $\boldsymbol{r}\in\mathbb{R}^m$，用 $r_{[i]}$ 表示 $\boldsymbol{r}$ 的第 i 大分量，我们有

$$\begin{aligned}\mathcal{L}_{\mathrm{wc}}(\boldsymbol{r},\kappa)&=\max_{\boldsymbol{v}\in\{0,1\}^m}[\kappa\psi(\boldsymbol{v})+\boldsymbol{v}^{\mathrm{T}}\boldsymbol{r}]\\&=\max_{k\in\{0,\cdots,m\}}\max_{\boldsymbol{v}\in\{0,1\}^m,\boldsymbol{v}^{\mathrm{T}}\boldsymbol{1}=k}[\kappa\psi(\boldsymbol{v})+\boldsymbol{v}^{\mathrm{T}}\boldsymbol{r}]\\&=\max_{k\in\{0,\cdots,m\}}\max_{\boldsymbol{v}\in\{0,1\}^m,\boldsymbol{v}^{\mathrm{T}}\boldsymbol{1}=k}[\kappa c_k+\boldsymbol{v}^{\mathrm{T}}\boldsymbol{r}]\\&=\max_{k\in\{0,\cdots,m\}}\left[\kappa c_k+\sum_{i=1}^{k}r_{[i]}\right]\\&=\max_{k\in\{0,\cdots,m\}}\min_{\mu}\left[\kappa c_k+k\mu+\sum_{i=1}^{m}[1-r_{[i]}-\mu]_+\right]\end{aligned}$$

所得到的等式表明，最坏情况的损失函数可以通过线性优化来计算。

因此，半无限不等式（12.2.4）可以表示为

$$\exists\{\mu_k\}_{k=0}^{m}:\rho c_k\phi(\boldsymbol{U}^{\mathrm{T}}\boldsymbol{\theta})+k\mu_k+\sum_{i=1}^{m}[1-[\boldsymbol{z}_i^{\mathrm{n}}]^{\mathrm{T}}\boldsymbol{\theta}-\mu_k]_+\leqslant\boldsymbol{\tau},0\leqslant k\leqslant n \tag{12.2.22}$$

其中 $\boldsymbol{z}_i^{\mathrm{n}}$ 为矩阵 $\boldsymbol{Z}^{\mathrm{n}}$ 的列，参见式（12.2.6）。有 $\boldsymbol{\theta}=[-\boldsymbol{w};-b;1]$，并利用原问题的表示法

（见例 12.2.2），用显式凸约束组表示半无限不等式（12.2.4）：

$$\rho c_k \boldsymbol{\phi}(\boldsymbol{w})+k\mu_k+\sum_{i=1}^{m}[1-y_i(\boldsymbol{w}^{\mathrm{T}}\boldsymbol{x}_i^{\mathrm{n}}+b)-\mu_k]_+\leqslant\boldsymbol{\tau},0\leqslant k\leqslant n$$

包含变量 $\boldsymbol{w},b,\boldsymbol{\tau},\{\mu_k\}$；$\boldsymbol{x}_i^{\mathrm{n}}$ 是测量到的特征向量。

让我们考虑以下更具体的例子。在我们的模型列表中，这种情况被称为 LSV 或 FRO，其中集合 $\mathcal{D}$ 是 $\|\boldsymbol{\Delta}\|\leqslant\rho$ 的矩阵 $\boldsymbol{\Delta}$ 的集合，其中 $\|\cdot\|$ 无论是最大奇异值还是弗罗贝尼乌斯范数，都有 $c_k=\sqrt{k}$。设 $\boldsymbol{\phi}(\cdot)=\|\cdot\|_2$，这证明了在先前对于具有范数有界不确定性的支持向量机（12.1.4 节）的讨论中提出的主张。

作为另一个具体的例子，考虑称为 KER 的模型，它允许控制影响数据的扰动的数量。在本例中，$\boldsymbol{\phi}(\cdot)=\|\cdot\|_{p_*}$，$\boldsymbol{\psi}(\cdot)$ 由式（12.2.14）定义。因此，对于每一个 $k\in\{0,\cdots,m\}$，$c_k=\min(k,K)$。

在测量不确定性（MWU 模型）中，我们有 $\psi(\cdot)=\|\cdot\|_1$，得到 $c_k=k$。此处式（12.2.4）可以用显式凸约束组表示

$$k(\rho\boldsymbol{\phi}(\boldsymbol{w})+\mu_k)+\sum_{i=1}^{m}[1-y_i(\boldsymbol{w}^{\mathrm{T}}\boldsymbol{x}_i^{\mathrm{n}}+b)-\mu_k]_+\leqslant\boldsymbol{\tau},0\leqslant k\leqslant n$$

包含变量 $\boldsymbol{w},b,\boldsymbol{\tau},\{\mu_k\}$。

在引入新变量 $\widetilde{\mu}_k=\mu_k+\rho\boldsymbol{\phi}(\boldsymbol{w})$ 后，我们可以很容易地再现 12.1.3 节中遇到的问题。

最大鲁棒分离的概念可以推广到一般的有界附加扰动结构。假设数据是可分离的，即不等式（12.1.1）是可行的。同时，假设 $\boldsymbol{\phi}$ 是一个范数。问题是最大化 ρ，使如下不等式成立：

$$\forall\boldsymbol{\Delta}\in\rho\mathcal{D}:\boldsymbol{\theta}^{\mathrm{T}}(\boldsymbol{Z}^{\mathrm{n}}+\boldsymbol{U\Delta})\boldsymbol{e}_i\geqslant0,i=1,\cdots,m$$

其中 $\boldsymbol{e}_i$ 是第 i 个正交基。上式可以写作

$$\forall i=1,\cdots,m:[\boldsymbol{z}_i^{\mathrm{n}}]^{\mathrm{T}}\boldsymbol{\theta}\geqslant\rho\max_{\boldsymbol{\Delta}\in\mathcal{D}}\boldsymbol{\theta}^{\mathrm{T}}\boldsymbol{U}^{\mathrm{T}}\boldsymbol{\Delta}(-\boldsymbol{e}_i)$$

利用假设 A，并且仍然假设 ψ 是对称规范，则后一条件可改写为

$$\forall i=1,\cdots,m:[\boldsymbol{z}_i^{\mathrm{n}}]^{\mathrm{T}}\boldsymbol{\theta}\geqslant\rho\boldsymbol{\phi}(\boldsymbol{U}^{\mathrm{T}}\boldsymbol{\theta})\cdot\boldsymbol{\psi}(\boldsymbol{e}_1)$$

利用同质性，结合 $\boldsymbol{\phi}$ 是范数这一事实，再结合原始问题的符号，我们得到在上述条件下最大化 ρ 的问题，可写成

$$\min_{\boldsymbol{w},b}\{\boldsymbol{\phi}(\boldsymbol{w}):y_i([\boldsymbol{x}_i^{\mathrm{n}}]^{\mathrm{T}}\boldsymbol{w}+b)\geqslant1,1\leqslant i\leqslant m\}$$

实际的最大鲁棒分类器不依赖于范数 $\boldsymbol{\psi}$，只依赖于 Minkowski 函数 $\boldsymbol{\phi}$。然而，最优裕度 $\rho^{\mathrm{opt}}=1/(\boldsymbol{\phi}(\boldsymbol{w}^{\mathrm{opt}})\boldsymbol{\psi}(\boldsymbol{e}_1))$ 取决于两个范数。

这推广了我们分别在式（12.1.3）和式（12.1.10）中球形和盒不确定性模型中获得的结果。这也证实了我们之前的观察，即无论我们选择 LSV 或球形不确定性模型，最大鲁棒分离分类器是相同的。

12.2.4.2　最大铰链损失、区间数据

以定理 12.2.3 为例，考虑一个具有“最大铰链”损失的支持向量机问题：

$$\max_{1\leqslant i\leqslant m}[1-y_i(\boldsymbol{w}^{\mathrm{T}}\boldsymbol{x}_i+b)]_+$$

假设数据矩阵 $\boldsymbol{X}=[\boldsymbol{x}_1,\cdots,\boldsymbol{x}_m]$ 属于区间矩阵集 $\mathcal{X}_{\mathrm{int}}$，如式（12.1.12）所示。将 $\boldsymbol{Z},\boldsymbol{\theta}$ 定义为式（12.2.6），并应用定理 12.2.3，经过简单的计算，得到半无限不等式（12.2.4）

的易于处理的表示：

$$\max_{1\leqslant i\leqslant m}[1-y_i(\boldsymbol{w}^{\mathrm{T}}\boldsymbol{x}_i+b)+\rho\boldsymbol{\sigma}_i^{\mathrm{T}}|\boldsymbol{w}|]_+\leqslant\boldsymbol{\tau}$$

其中 $\boldsymbol{\sigma}_i^{\mathrm{T}}$ 是矩阵 $\boldsymbol{R}$ 的第 i 行，此矩阵参与区间矩阵集 $\mathcal{X}_{\mathrm{int}}$ 的描述（12.1.12）。

12.2.4.3　最小二乘回归

现在我们转到鲁棒最小二乘回归问题，即例 12.2.1 中的问题，其中 $\|\cdot\|=\|\cdot\|_2$。此处半无限约束（12.2.4）为

$$\max_{\boldsymbol{Z}\in\{\boldsymbol{Z}^{\mathrm{n}}+\rho\boldsymbol{U}\boldsymbol{\Delta}:\boldsymbol{\Delta}\in\mathcal{D}\}}\|\boldsymbol{Z}^{\mathrm{T}}\boldsymbol{\theta}\|_2\leqslant\boldsymbol{\tau},$$

$$\boldsymbol{Z}=\begin{bmatrix}\boldsymbol{x}_1 & \cdots & \boldsymbol{x}_m\\ y_1 & \cdots & y_m\\ 1 & \cdots & 1\end{bmatrix},\boldsymbol{\theta}=[-\boldsymbol{w};1;-b],\boldsymbol{U}=[\boldsymbol{I}_{n+1};\boldsymbol{0}_{1\times(n+1)}]\tag{12.2.23}$$

此处 $\dim\boldsymbol{x}_i=n$，$y_i\in\mathbb{R}$，$\mathcal{D}$ 是空间 $\mathbb{R}^{(n+1)\times m}$ 中的不确定性集。我们假设这个集合满足假设 A，其中 ϕ 和 ψ 一定。

A. 首先假设 $\psi(\cdot)=\|\cdot\|_2$。我们所处的情况是，式（12.2.11）中的函数 $\mathcal{L}^*$ 是 $\mathbb{R}^m$ 中单位欧几里得球的指示器：

$$\mathcal{L}(\boldsymbol{r})\equiv\|\boldsymbol{r}\|_2=\max_{\boldsymbol{v}:\|\boldsymbol{v}\|_2\leqslant 1}\boldsymbol{r}^{\mathrm{T}}\boldsymbol{v}$$

因此，最坏情况的损失（12.2.16）是

$$\max_{\|\boldsymbol{v}\|_2\leqslant 1}\{\boldsymbol{v}^{\mathrm{T}}\boldsymbol{r}+\kappa\|\boldsymbol{v}\|_2\}=\|\boldsymbol{r}\|_2+\kappa$$

因此，式（12.2.23）等价于显式凸不等式

$$\|\boldsymbol{y}^{\mathrm{n}}-[\boldsymbol{X}^{\mathrm{n}}]^{\mathrm{T}}\boldsymbol{w}-b\boldsymbol{1}\|_2+\rho\phi([\boldsymbol{w};b])\leqslant\boldsymbol{\tau}$$

其中 $\begin{bmatrix}\boldsymbol{X}^{\mathrm{n}}\\ [\boldsymbol{y}^{\mathrm{n}}]^{\mathrm{T}}\end{bmatrix}=\begin{bmatrix}\boldsymbol{x}_1^{\mathrm{n}} & \cdots & \boldsymbol{x}_m^{\mathrm{n}}\\ y_1^{\mathrm{n}} & \cdots & y_m^{\mathrm{n}}\end{bmatrix}$ 为标准数据。

我们可以对结果进行特化，得到一些常见的最小二乘回归惩罚。例如，假设不确定性模型基于最大奇异值范数（LSV 模型）。那么 ϕ 就是欧几里得范数，我们再现了文献［50］中得到的结果。或者，假设不确定性模型属于 IND，其中 $p=2$，$q=\infty$，模型对应于 $\mathcal{D}=\{\boldsymbol{\Delta}:\|\boldsymbol{\Delta}\|_{2,\infty}\leqslant 1\}$，其中 $\|\cdot\|_{2,\infty}$ 为诱导范数，定义为

$$\begin{aligned}\|\boldsymbol{\Delta}\|_{2,\infty}&=\max_{\boldsymbol{v}}\{\|\boldsymbol{\Delta}\boldsymbol{v}\|_\infty:\|\boldsymbol{v}\|_2\leqslant 1\}\\&=\max_{\boldsymbol{u},\boldsymbol{v}}\{\boldsymbol{u}^{\mathrm{T}}\boldsymbol{\Delta}\boldsymbol{v}:\|\boldsymbol{u}\|_1\leqslant 1,\|\boldsymbol{v}\|_2\leqslant 1\}=\max_{1\leqslant i\leqslant n}\sqrt{\sum_{j=1}^m\Delta_{ij}^2}\end{aligned}$$

在本例中式（12.2.23）具有如下形式：

$$\|\boldsymbol{y}^{\mathrm{n}}-[\boldsymbol{X}^{\mathrm{n}}]^{\mathrm{T}}\boldsymbol{w}-b\boldsymbol{1}\|_2+\rho[\|\boldsymbol{w}\|_1+|b|]\leqslant\boldsymbol{\tau}$$

在这个约束下，当 b 为 0 时，最小化 $\boldsymbol{\tau}$ 的问题为

$$\min_{\boldsymbol{w}}\{\|\boldsymbol{y}^{\mathrm{n}}-[\boldsymbol{X}^{\mathrm{n}}]^{\mathrm{T}}\boldsymbol{w}\|_2+\rho\|\boldsymbol{w}\|_1\}$$

它本质上与 LASSO 回归相同（直到平方的第一项）[113]。注意，上述诱导范数耦合了不同测量的不确定性，但允许特征（数据矩阵 $\boldsymbol{Z}$ 的行）被独立扰动。

B. 我们可以将结果推广到其他对称规范 ψ 代替欧几里得范数。例如，考虑 KER 模型的情况，在式（12.2.14）中定义了范数 ψ。最坏情况的损失函数是

$$\mathcal{L}_{wc}(\boldsymbol{r},\kappa)=\max_{v:\|v\|_2\leqslant 1}\left\{\boldsymbol{v}^{\mathrm{T}}\boldsymbol{r}+\kappa\sum_{i=1}^{K}|v|_{[i]}\right\}=\sqrt{\sum_{i=1}^{K}(|r|_{[i]}+\kappa)^2+\sum_{i=K+1}^{m}|r|_{[i]}^2}$$

所以式（12.2.23）等于

$$\sqrt{\sum_{i=1}^{K}(|\boldsymbol{Z}^{\mathrm{n}}[-\boldsymbol{w};1;-b]|_{[i]}+\rho\phi([\boldsymbol{w};b]))^2+\sum_{i=K+1}^{m}|[\boldsymbol{Z}^{\mathrm{n}}]^{\mathrm{T}}[-\boldsymbol{w};1;-b]|_{[i]}^2}\leqslant\tau$$

12.2.4.4　ℓ_1 回归

现在考虑在 ℓ_1 回归的情况下的半无限不等式（12.2.4），不等式为

$$\max_{Z\in\{Z^{\mathrm{n}}+\rho U\Delta:\Delta\in\mathcal{D}\}}\|\boldsymbol{Z}^{\mathrm{T}}\boldsymbol{\theta}\|_1\leqslant\tau,$$

$$\boldsymbol{Z}=\begin{bmatrix}\boldsymbol{x}_1 & \cdots & \boldsymbol{x}_m\\ y_1 & \cdots & y_m\\ 1 & \cdots & 1\end{bmatrix},\boldsymbol{\theta}=[-\boldsymbol{w};1;-b],\boldsymbol{U}=[\boldsymbol{I}_{n+1};\boldsymbol{0}_{1\times(n+1)}] \tag{12.2.24}$$

我们假设集合 $\mathcal{D}$ 满足假设 A，具有任意范数 ϕ 和对称规范函数 ψ。此处，损失函数为

$$\mathcal{L}(\boldsymbol{r})=\|\boldsymbol{r}\|_1=\max_{v,\|v\|_\infty\leqslant 1}\boldsymbol{v}^{\mathrm{T}}\boldsymbol{r}$$

最坏情况的损失函数为

$$\begin{aligned}\mathcal{L}_{wc}(\boldsymbol{r},\kappa)&=\max_{v,\|v\|_\infty\leqslant 1}[\boldsymbol{v}^{\mathrm{T}}\boldsymbol{r}+\kappa\psi(\boldsymbol{v})]=\max_{v:v_i=\pm 1,1\leqslant i\leqslant m}[\boldsymbol{v}^{\mathrm{T}}\boldsymbol{r}+\kappa\psi(\boldsymbol{v})]\\&=\|\boldsymbol{r}\|_1+\kappa\psi(\mathbf{1})\end{aligned}$$

在最后一行，我们利用了 ψ 的符号不变性。因此，式（12.2.24）等价于如下显式凸约束

$$\|\boldsymbol{y}^{\mathrm{n}}-[\boldsymbol{X}^{\mathrm{n}}]^{\mathrm{T}}\boldsymbol{w}-b\mathbf{1}\|_1+\rho\phi([\boldsymbol{w};b])\psi(\mathbf{1})\leqslant\tau$$

在 LSV 和 FRO 模型的特殊情况下，此约束为

$$\|\boldsymbol{y}^{\mathrm{n}}-[\boldsymbol{X}^{\mathrm{n}}]^{\mathrm{T}}\boldsymbol{w}-b\mathbf{1}\|_1+\rho\sqrt{m}\,\|[\boldsymbol{w};b]\|_2\leqslant\tau$$

12.2.4.5　ℓ_∞ 回归

现在考虑与上面相同的问题，对集合 $\mathcal{D}$ 有相同的假设（在后者的假设中，ψ 可以是一个任意的范数），但带有损失函数

$$\mathcal{L}(\boldsymbol{r})=\|\boldsymbol{r}\|_\infty=\max_{v,\|v\|_1\leqslant 1}\boldsymbol{v}^{\mathrm{T}}\boldsymbol{r}$$

用 $\boldsymbol{e}_i$ 表示 $\mathbb{R}^m$ 中的第 i 个单位向量，最坏情况损失函数为

$$\begin{aligned}\mathcal{L}_{wc}(\boldsymbol{r},\kappa)&=\max_{v:\|v\|_1\leqslant 1}\{\boldsymbol{v}^{\mathrm{T}}\boldsymbol{r}+\kappa\psi(\boldsymbol{v})\}=\max_{v\in\{e_i,-e_i\}_{i=1}^m}\{\boldsymbol{v}^{\mathrm{T}}\boldsymbol{r}+\kappa\psi(\boldsymbol{v})\}\\&=\max_{v\in\{e_1,-e_1,e_2,-e_2,\cdots,e_m,-e_m\}}\{\boldsymbol{v}^{\mathrm{T}}\boldsymbol{r}+\kappa\psi(\boldsymbol{v})\}\\&=\max_{1\leqslant i\leqslant m}[|r_i|+\kappa\psi(\boldsymbol{e}_i)]\end{aligned}$$

因此，半无限不等式（12.2.4）可以用如下显式凸不等式组来表示：

$$|y_i^{\mathrm{n}}-[\boldsymbol{x}_i^{\mathrm{n}}]^{\mathrm{T}}\boldsymbol{w}-b|+\rho\phi([\boldsymbol{w};b])\psi(\boldsymbol{e}_i)\leqslant\tau,1\leqslant i\leqslant m$$

12.2.4.6　Huber 惩罚回归

考虑例 12.2.1 中带有 Huber 型分量的可分离损失函数（12.2.7）的回归问题的变体。此时半无限不等式（12.2.4）写成

$$\max_{Z\in\{Z^{\mathrm{n}}+\rho U\Delta:\Delta\in\mathcal{D}\}}\mathcal{L}(\boldsymbol{Z}^{\mathrm{T}}\boldsymbol{\theta})\leqslant\tau,$$

$$Z=\begin{bmatrix} \boldsymbol{x}_1 & \cdots & \boldsymbol{x}_m \\ y_1 & \cdots & y_m \\ 1 & \cdots & 1 \end{bmatrix}, \boldsymbol{\theta}=[-\boldsymbol{w};1;-b], \boldsymbol{U}=[\boldsymbol{I}_{n+1};\boldsymbol{0}_{1\times(n+1)}],$$

$$\mathcal{L}(\boldsymbol{r})=\sum_{i=1}^{m}H(r_i), H(t)=\max_s[ts-h(s)], h(s)=\begin{cases} s^2/2, & |s|\leqslant 1 \\ +\infty, & |s|>1 \end{cases} \tag{12.2.25}$$

假设扰动集合 $\mathcal{D}\in\mathbb{R}^{(n+1)\times m}$ 在 $\psi(\cdot)=\|\cdot\|_2$ 情况下满足假设 A（例如，这对应于 LSV 或 FRO 模型）。此处最坏情况的损失函数为

$$\begin{aligned}\mathcal{L}_{\text{wc}}(\boldsymbol{r},\kappa) &= \max_{\boldsymbol{v}:\|\boldsymbol{v}\|_\infty\leqslant 1}[\boldsymbol{v}^{\mathrm{T}}\boldsymbol{r}-\boldsymbol{v}^{\mathrm{T}}\boldsymbol{v}/2+\kappa\|\boldsymbol{v}\|_2] \\ &= \max_{\boldsymbol{v}:\boldsymbol{0}\leqslant\boldsymbol{v}\leqslant\boldsymbol{1}}[\boldsymbol{v}^{\mathrm{T}}|\boldsymbol{r}|-\boldsymbol{v}^{\mathrm{T}}\boldsymbol{v}/2+\kappa\|\boldsymbol{v}\|_2]\end{aligned}$$

我们继续进行变量 $\nu_i=\sqrt{v_i}$，$1\leqslant i\leqslant m$ 的变换，这就产生了一个凹最大化问题：

$$\mathcal{L}_{\text{wc}}(\boldsymbol{r},\kappa)=\max_{\boldsymbol{\nu}:\boldsymbol{0}\leqslant\boldsymbol{\nu}\leqslant\boldsymbol{1}}\left[\sum_{i=1}^{m}[|r_i|\sqrt{\nu_i}-\nu_i/2]+\kappa\sqrt{\sum_{i=1}^{m}\nu_i}\right]$$

将第二项表示为

$$\kappa\sqrt{\sum_{i=1}^{m}\nu_i}=\min_{\lambda\geqslant 0}\left\{\frac{\kappa^2}{2\lambda}+\frac{\lambda}{2}\sum_{i=1}^{m}\nu_i\right\}$$

运用对偶性，我们得到

$$\begin{aligned}\mathcal{L}_{\text{wc}}(\boldsymbol{r},\kappa) &= \max_{\boldsymbol{0}\leqslant\boldsymbol{\nu}\leqslant\boldsymbol{1}}\min_{\lambda\geqslant 0}\left\{\frac{\kappa^2}{2\lambda}+\sum_{i=1}^{m}\left[|r_i|\sqrt{\nu_i}+\frac{\nu_i(\lambda-1)}{2}\right]\right\} \\ &= \min_{\lambda\geqslant 0}\max_{\boldsymbol{0}\leqslant\boldsymbol{\nu}\leqslant\boldsymbol{1}}\left\{\frac{\kappa^2}{2\lambda}+\sum_{i=1}^{m}\left[|r_i|\sqrt{\nu_i}+\frac{\nu_i(\lambda-1)}{2}\right]\right\} \\ &= \min_{\lambda\geqslant 0}\left\{\frac{\kappa^2}{2\lambda}+\sum_{i=1}^{m}\max_{0\leqslant\tau\leqslant 1}\left[|r_i|\sqrt{t}-\frac{t(1-\lambda)}{2}\right]\right\} \\ &= \min_{\lambda\geqslant 0}\left\{\frac{\kappa^2}{2\lambda}+\sum_{i=1}^{m}\widetilde{H}(r_i,1-\lambda)\right\}\end{aligned}$$

其中

$$\widetilde{H}(t,\mu)=\max_{0\leqslant\xi\leqslant 1}\left[|t|\xi-\mu\frac{\xi^2}{2}\right]=\begin{cases}\dfrac{t^2}{2\mu}, & |t|\leqslant u \\ |t|-\dfrac{\mu}{2}, & |t|\geqslant u\end{cases}$$

注意，$\widetilde{H}(t,\mu)$ 是将 Huber 函数 $H(t,\mu)$（原本只定义在 $\mu>0$ 上）扩展到变量 t,μ 的整个空间的定义在 t,μ 上的凸函数。

我们得出结论，在问题（12.2.25）的情况下，可以用如下关于变量 $\boldsymbol{\tau},\boldsymbol{w},b,\lambda$ 的显式凸约束组表示

$$\sum_{i=1}^{m}\widetilde{H}(|y_i^{\mathrm{n}}-[\boldsymbol{x}_i^{\mathrm{n}}]^{\mathrm{T}}\boldsymbol{w}-b|,1-\lambda)+\frac{\rho^2\boldsymbol{\phi}^2([\boldsymbol{w};b])}{2\lambda}\leqslant\boldsymbol{\tau},\lambda\geqslant 0$$

比较半无限不等式（12.2.25）的上述公式和标准不等式的上述公式（即当 $\rho=0$ 时的公式）是很有趣的；在后者中，第二项（惩罚项）被删除，然后 λ 被设为零。并且在实际应用中，标准不等式常做如下修正：

$$\sum_{i=1}^{m}H(y_i^{\mathrm{n}}-[\boldsymbol{x}_i^{\mathrm{n}}]^{\mathrm{T}}\boldsymbol{w}-b,M)+\alpha\|\boldsymbol{w}\|_2^2/2\leqslant\boldsymbol{\tau}$$

其中参数 $M>0$ 和 $\alpha\geqslant 0$ 由用户或交叉验证选择。鲁棒公式可能为这些参数的选择，以及惩罚中使用的范数提供指导。

12.3　仿射不确定性模型

到目前为止，我们已经考虑了分类和回归问题的鲁棒对等，使用了某一类特定的扰动模型。我们特定的建模假设允许我们最终得到易于处理的鲁棒对等。

对于更一般的扰动模型，这样的精确答案是很难得到的，我们必须满足于上界。在本节中，我们考虑一类模型，其中不确定性以仿射方式进入问题的数据中。

12.3.1　范数有界仿射不确定性模型

我们假设在鲁棒对等（12.2.2）中出现的集合 $\mathcal{Z}$ 具有如下形式：

$$\mathcal{Z}=\left\{Z(\boldsymbol{\zeta}):=\boldsymbol{Z}^{n}+\sum_{\ell=1}^{L}\zeta_\ell \boldsymbol{Z}_\ell:\|\boldsymbol{\zeta}\|_p\leqslant\rho\right\}\tag{12.3.1}$$

此处 $\boldsymbol{Z}_\ell$ 为给定的 $n\times m$ 矩阵，$p\in\{1,2,\infty\}$。为了简单起见，我们假设矩阵 $\boldsymbol{Z}_\ell$ 都是秩为 1 的矩阵，令 $\boldsymbol{Z}_\ell=\boldsymbol{u}_\ell\boldsymbol{v}_\ell^{\mathrm{T}}$，给定向量 $\boldsymbol{u}_\ell\in\mathbb{R}^n$，$\boldsymbol{v}_\ell\in\mathbb{R}^m$。我们定义矩阵 $\boldsymbol{U}:=[\boldsymbol{u}_1,\cdots,\boldsymbol{u}_L]\in\mathbb{R}^{n\times L}$，$\boldsymbol{V}:=[\boldsymbol{v}_1,\cdots,\boldsymbol{v}_L]\in\mathbb{R}^{m\times L}$。

注意，当 $\mathbf{V}$ 为单位矩阵时，集合 $\mathcal{Z}$ 的形式与我们在式（12.2.3）中假设的完全一样，其中 $\mathcal{D}=\{\mathrm{Diag}\{\boldsymbol{\zeta}\}:\|\boldsymbol{\zeta}\|_p\leqslant 1\}$。但是，这个集合不满足假设 A，因此，即使 $\mathbf{V}$ 是单位矩阵，前面的理论也不能直接应用。

需要注意的是，我们有两种损失函数 $\mathcal{L}(\cdot)$ 的情况，在这两种情况中我们已经知道如何处理半无限不等式（12.2.4），即不确定约束 $\mathcal{L}(\boldsymbol{Z}^{\mathrm{T}}\boldsymbol{\theta})\leqslant\boldsymbol{\tau}$ 的 RC，不确定性集为式（12.3.1）。这些情况如下。

12.3.1.1　多面体损失函数 $\mathcal{L}(\boldsymbol{r})=\max\limits_{1\leqslant\mu\leqslant M}[\boldsymbol{a}_\mu^{\mathrm{T}}\boldsymbol{r}+b_\mu]$

这种情况（特别是 $\mathcal{L}(\boldsymbol{r})=\|\boldsymbol{r}\|_\infty$ 的情况）只是仿射扰动标量线性不等式组的不确定的情况，在这里第一部分的所有结果都是适用的。特别地，此处式（12.2.4）在计算上是易于处理的［因为不确定性集（12.3.1）也是这样］。

12.3.1.2　$\mathcal{L}(\boldsymbol{r})=\|\boldsymbol{r}\|_2$ 的情况

在这种情况下，不确定约束 $\{\mathcal{L}(\boldsymbol{Z}^{\mathrm{T}}\boldsymbol{\theta})\leqslant\boldsymbol{\tau}\}_{Z\in\mathcal{Z}}$ 只不过是一个具有特定右端的不确定仿射扰动锥二次不等式，因此第 6、7 章的结果很容易应用。特别是，基于特定的扰动模型（12.3.1），当 $p=1$（场景不确定性，6.1 节）和 $p=2$（简单椭球不确定性，6.3 节）时，我们的不确定不等式的 RC（12.2.4）允许易处理的重构，并且当 $p=\infty$（7.2 节）时，允许一个保守易处理的近似，该近似在 $O(\ln(L))$ 内时是紧的。

下面，我们打算考虑其他几种情况，即不确定性集为（12.3.1）的半无限不等式（12.2.4）是易处理的或允许保守易处理的近似。

12.3.2　伪最坏情况损失函数

使用扰动模型（12.3.1），最坏情况的已实现损失函数此时写作

$$\begin{aligned}\max_{Z\in\mathcal{Z}}\mathcal{L}(Z^{\mathrm{T}}\boldsymbol{\theta})&=\max_{\boldsymbol{v}}\left\{\boldsymbol{v}^{\mathrm{T}}\boldsymbol{Z}^{\mathrm{T}}\boldsymbol{\theta}-\mathcal{L}^*(\boldsymbol{v})+\rho\max_{\zeta:\|\zeta\|_p\leqslant 1}\left[\sum_{\ell=1}^{L}\zeta_\ell(\boldsymbol{u}_\ell^{\mathrm{T}}\boldsymbol{\theta})(\boldsymbol{v}_\ell^{\mathrm{T}}\boldsymbol{v})\right]\right\}\\&=\max_{\boldsymbol{v}}\left\{\boldsymbol{v}^{\mathrm{T}}\boldsymbol{Z}^{\mathrm{T}}\boldsymbol{\theta}-\mathcal{L}^*(\boldsymbol{v})+\rho\left(\sum_{\ell=1}^{L}|\boldsymbol{u}_\ell^{\mathrm{T}}\boldsymbol{\theta}|^q\cdot|\boldsymbol{v}_\ell^{\mathrm{T}}\boldsymbol{v}|^q\right)^{1/q}\right\}\end{aligned}$$

其中 $1/q+1/p=1$。

半无限约束（12.2.4）此时写作

$$\max_{Z\in\mathcal{Z}}\mathcal{L}(\boldsymbol{Z}^{\mathrm{T}}\boldsymbol{\theta})\leqslant\boldsymbol{\tau}$$
$$\Updownarrow \tag{12.3.2}$$
$$\min\{\mathcal{L}_{\mathrm{pwc}}([\boldsymbol{Z}^{\mathrm{n}}]^{\mathrm{T}}\boldsymbol{\theta},\boldsymbol{\kappa}):\kappa_\ell\geqslant\rho|\boldsymbol{u}_\ell^{\mathrm{T}}\boldsymbol{\theta}|,1\leqslant\ell\leqslant L\}\leqslant\boldsymbol{\tau}$$

其中 $\mathcal{L}_{\mathrm{pwc}}(\boldsymbol{r},\boldsymbol{\kappa}):\mathbb{R}^m\times\mathbb{R}_+^L\to\mathbb{R}$ 是凸函数

$$\begin{aligned}\mathcal{L}_{\mathrm{pwc}}(\boldsymbol{r},\boldsymbol{\kappa})&=\max_{\boldsymbol{v}}\left\{\boldsymbol{v}^{\mathrm{T}}\boldsymbol{r}-\mathcal{L}^*(\boldsymbol{v})+\left[\sum_{\ell=1}^{L}\kappa_\ell^q|\boldsymbol{v}_\ell^{\mathrm{T}}\boldsymbol{v}|^q\right]^{1/q}\right\}\\&=\max_{\boldsymbol{v}}\{\boldsymbol{v}^{\mathrm{T}}\boldsymbol{r}-\mathcal{L}^*(\boldsymbol{v})+\|\boldsymbol{V}^{\mathrm{T}}(\boldsymbol{\kappa})\boldsymbol{v}\|_q\}\\&=\max_{\boldsymbol{\xi}}\{\mathcal{L}(\boldsymbol{r}+\boldsymbol{V}(\boldsymbol{\kappa})\boldsymbol{\xi}):\|\boldsymbol{\xi}\|_p\leqslant1\}\end{aligned}$$

其中

$$\boldsymbol{V}(\boldsymbol{\kappa}):=[\kappa_1\boldsymbol{v}_1,\cdots,\kappa_L\boldsymbol{v}_L]\in\mathbb{R}^{m\times L}$$

我们将 $\mathcal{L}_{\mathrm{pwc}}$ 称为伪最坏情况损失函数，因为它通过向量 $\boldsymbol{v}_\ell,\ell=1,\cdots,L$ 依赖于问题数据。我们观察上面的表达式是如何扩展范数有界的可加模型（12.2.18）。注意，与前一节相同，为了增强一个不确定分类/回归问题的鲁棒性，我们所需要的是相关半无限不等式（12.3.2）的一个易于处理的表示（或者至少是一个保守易于处理的近似）（或者，$\mathcal{L}_{\mathrm{pwc}}$ 的有效可计算性或至少是这个函数的一个有效可计算的凸上界是一样的）。

12.3.3　主要结果

12.3.3.1　$p=1$ 的情况

在这种情况下式（12.3.2）有一个易于处理的重新表述，参见 6.1 节。实际上，当 $p=1$ 时，我们有 $q=\infty$，我们可以进一步将函数 $\mathcal{L}_{\mathrm{pwc}}$ 表示为

$$\begin{aligned}\mathcal{L}_{\mathrm{pwc}}(\boldsymbol{r},\boldsymbol{\kappa})&=\max_{\boldsymbol{v}}\{\boldsymbol{v}^{\mathrm{T}}\boldsymbol{r}-\mathcal{L}^*(\boldsymbol{v})+\max_{1\leqslant\ell\leqslant L}\kappa_\ell|\boldsymbol{v}_\ell^{\mathrm{T}}\boldsymbol{v}|\}\\&=\max_{1\leqslant\ell\leqslant L}\max_{\boldsymbol{v}}\{\boldsymbol{v}^{\mathrm{T}}\boldsymbol{r}-\mathcal{L}^*(\boldsymbol{v})+\kappa_\ell|\boldsymbol{v}_\ell^{\mathrm{T}}\boldsymbol{v}|\}\\&=\max_{1\leqslant\ell\leqslant L}\max_{|t|\leqslant1}\max_{\boldsymbol{v}}\{\boldsymbol{v}^{\mathrm{T}}\boldsymbol{r}-\mathcal{L}^*(\boldsymbol{v})+t\kappa_\ell\boldsymbol{v}_\ell^{\mathrm{T}}\boldsymbol{v}\}\\&=\max_{1\leqslant\ell\leqslant L}\max_{|t|\leqslant1}\mathcal{L}(\boldsymbol{r}+t\kappa_\ell\boldsymbol{v}_\ell)\\&=\max_{1\leqslant\ell\leqslant L}\max[\mathcal{L}(\boldsymbol{r}-\kappa_\ell\boldsymbol{v}_\ell),\mathcal{L}(\boldsymbol{r}+\kappa_\ell\boldsymbol{v}_\ell)]\end{aligned}$$

半无限不等式（12.3.2）现在变成如下显式凸不等式：

$$\max_{1\leqslant\ell\leqslant L}\max[\mathcal{L}([\boldsymbol{Z}^{\mathrm{n}}]^{\mathrm{T}}\boldsymbol{\theta}+\rho|\boldsymbol{u}_\ell^{\mathrm{T}}\boldsymbol{\theta}|\boldsymbol{v}_\ell),\mathcal{L}([\boldsymbol{Z}^{\mathrm{n}}]^{\mathrm{T}}\boldsymbol{\theta}-\rho|\boldsymbol{u}_\ell^{\mathrm{T}}\boldsymbol{\theta}|\boldsymbol{v}_\ell)]\leqslant\boldsymbol{\tau}$$

12.3.3.2　$p=2$ 的情况，铰链损失

与 $p=1$ 的情况相比，$p=2$ 的情况一般很难计算。现在让我们专门处理 SVM（铰链）损失问题，而不是进行全面的讨论。

对于铰链损失，上面定义的函数 $\mathcal{L}_{\mathrm{pwc}}$ 写为

$$\mathcal{L}_{\mathrm{pwc}}(\boldsymbol{r},\boldsymbol{\kappa})=\max_{\boldsymbol{0}\leqslant\boldsymbol{v}\leqslant\boldsymbol{1}}\{\boldsymbol{v}^{\mathrm{T}}\boldsymbol{r}+\|\boldsymbol{V}^{\mathrm{T}}(\boldsymbol{\kappa})\boldsymbol{v}\|_2\}$$

上述值的计算是 NP 难问题。可写作

$$\mathcal{L}_{\mathrm{pwc}}(\boldsymbol{r},\boldsymbol{\kappa})\leqslant\inf_{\lambda>0}\max_{\boldsymbol{0}\leqslant\boldsymbol{v}\leqslant\boldsymbol{1}}\left\{\boldsymbol{v}^{\mathrm{T}}\boldsymbol{r}+\frac{\lambda}{2}+\frac{1}{2\lambda}\|\boldsymbol{V}^{\mathrm{T}}(\boldsymbol{\kappa})\boldsymbol{v}\|_2^2\right\}\tag{12.3.3}$$

基于半定松弛，我们现在可以得到（12.3.2）的一个保守易处理的近似，具体如下。

在式（12.3.3）中，$\boldsymbol{v}$ 的极大化域可以用一个二次不等式组 $f_\ell(\boldsymbol{v}):=v_\ell^2-v_\ell\leqslant 0,\ell=1,\cdots,m$ 表示。式（12.3.3）中的 $\lambda>0$ 为定值，设非负的 $\mu_1,\cdots,\mu_m$ 满足下式：

$$\forall\, \boldsymbol{v}\in\mathbb{R}^m:\boldsymbol{v}^{\mathrm{T}}\boldsymbol{r}+\frac{\lambda}{2}+\frac{1}{2\lambda}\|\boldsymbol{V}^{\mathrm{T}}(\boldsymbol{\kappa})\boldsymbol{v}\|_2^2\leqslant\sum_{\ell=1}^{m}\mu_\ell f_\ell(\boldsymbol{v})+\boldsymbol{\tau} \tag{12.3.4}$$

因为这个在区域 $\mathbf{0}\leqslant\boldsymbol{v}\leqslant\mathbf{1}$ 中的不等式的右边 $\leqslant\boldsymbol{\tau}$，式（12.3.4）意味着 $\mathcal{L}_{\text{pwc}}(\boldsymbol{r},\boldsymbol{\kappa})\leqslant\boldsymbol{\tau}$。另一方面，当且仅当 $\begin{bmatrix}\boldsymbol{A} & \boldsymbol{b}\\ \boldsymbol{b}^{\mathrm{T}} & c\end{bmatrix}\geq 0$ 时，条件（12.3.4）仅说明特定的二次型 $\boldsymbol{v}^{\mathrm{T}}\boldsymbol{A}\boldsymbol{v}+2\boldsymbol{b}^{\mathrm{T}}\boldsymbol{v}+c$ 处处非负。后一个条件包含来自式（12.3.4）的参数 $\boldsymbol{A}$，$\boldsymbol{b}$，c，写作

$$\left[\begin{array}{c|c}\mathrm{Diag}\{\boldsymbol{\mu}\}-\dfrac{1}{2\lambda}\boldsymbol{V}(\boldsymbol{\kappa})\boldsymbol{V}^{\mathrm{T}}(\boldsymbol{\kappa}) & -\dfrac{1}{2}[\boldsymbol{r}+\mathbf{1}]\\ \hline -\dfrac{1}{2}[\boldsymbol{r}+\mathbf{1}]^{\mathrm{T}} & \boldsymbol{\tau}-\dfrac{\lambda}{2}\end{array}\right]\succeq 0$$

根据舒尔补引理，上式等同于

$$\left[\begin{array}{c|c|c}\mathrm{Diag}\{\boldsymbol{\mu}\} & -\dfrac{1}{2}[\boldsymbol{r}+\mathbf{1}] & \boldsymbol{V}(\boldsymbol{\kappa})\\ \hline -\dfrac{1}{2}[\boldsymbol{r}+\mathbf{1}]^{\mathrm{T}} & \boldsymbol{\tau}-\dfrac{\lambda}{2} & \\ \hline \boldsymbol{V}^{\mathrm{T}}(\boldsymbol{\kappa}) & & 2\lambda\boldsymbol{I}_L\end{array}\right]\geqslant 0$$

在调用式（12.3.2）时，我们得到以下结果。

命题 12.3.1　包含变量 $\boldsymbol{\theta}$，$\boldsymbol{\kappa}$，$\boldsymbol{\mu}$，λ 的显式凸约束如下：

$$\left[\begin{array}{c|c|c}\mathrm{Diag}\{\boldsymbol{\mu}_1,\cdots,\boldsymbol{\mu}_m\} & -\dfrac{1}{2}[[\boldsymbol{Z}^{\mathrm{n}}]^{\mathrm{T}}\boldsymbol{\theta}+\mathbf{1}] & \boldsymbol{V}(\boldsymbol{\kappa})\\ \hline -\dfrac{1}{2}[[\boldsymbol{Z}^{\mathrm{n}}]^{\mathrm{T}}\boldsymbol{\theta}+\mathbf{1}]^{\mathrm{T}} & \boldsymbol{\tau}-\dfrac{\lambda}{2} & \\ \hline \boldsymbol{V}^{\mathrm{T}}(\boldsymbol{\kappa}) & & 2\lambda\boldsymbol{I}_L\end{array}\right]\succeq 0 \tag{12.3.5}$$

$$\rho\,|\boldsymbol{u}_\ell^{\mathrm{T}}\boldsymbol{\theta}|\leqslant\kappa_l,1\leqslant l\leqslant L$$

在 $p=2$ 的仿射不确定性（12.3.1）的情况下，上述约束组是一个半无限约束（12.3.2）的保守易处理的近似。

12.3.3.3　$p=\infty$ 的情况，铰链损失

对于铰链损失，上面定义的函数 $\mathcal{L}_{\text{pwc}}$ 写为

$$\mathcal{L}_{\text{pwc}}(\boldsymbol{r},\boldsymbol{\kappa})=\max_{\mathbf{0}\leqslant\boldsymbol{v}\leqslant\mathbf{1}}\{\boldsymbol{v}^{\mathrm{T}}\boldsymbol{r}+\|\boldsymbol{V}^{\mathrm{T}}(\boldsymbol{\kappa})\boldsymbol{v}\|_1\}$$

上述值的计算是 NP 难问题，但是我们可以用和 $p=\infty$ 时相同的方法来约束它。具体地说，给定一个正向量 $\boldsymbol{\lambda}\in\mathbb{R}^L$，我们有

$$\mathcal{L}_{\text{pwc}}(\boldsymbol{r},\boldsymbol{\kappa})\leqslant\max_{\mathbf{0}\leqslant\boldsymbol{v}\leqslant\mathbf{1}}\left\{\boldsymbol{v}^{\mathrm{T}}\boldsymbol{r}+\sum_{\ell=1}^{L}\left[\frac{\lambda_\ell}{2}+\frac{\kappa_\ell^2(\boldsymbol{v}_\ell^{\mathrm{T}}\boldsymbol{v})^2}{2\lambda_\ell}\right]\right\}$$

用与推导命题 12.3.1 完全相同的方式应用半定松弛，我们得到如下结果。

命题 12.3.2　包含变量 $\boldsymbol{\theta}$，$\boldsymbol{\kappa}$，$\boldsymbol{\mu}$，$\boldsymbol{\lambda}$ 的显式凸约束如下：

$$\left[\begin{array}{c|c|c}\mathrm{Diag}\{\boldsymbol{\mu}_1,\cdots,\boldsymbol{\mu}_m\} & -\dfrac{1}{2}[[\boldsymbol{Z}^{\mathrm{n}}]^{\mathrm{T}}\boldsymbol{\theta}+\mathbf{1}] & \boldsymbol{V}(\boldsymbol{\kappa})\\ \hline -\dfrac{1}{2}[[\boldsymbol{Z}^{\mathrm{n}}]^{\mathrm{T}}\boldsymbol{\theta}+\mathbf{1}]^{\mathrm{T}} & \boldsymbol{\tau}-\dfrac{1}{2}\displaystyle\sum_{\ell=1}^{L}\lambda_\ell & \\ \hline \boldsymbol{V}^{\mathrm{T}}(\boldsymbol{\kappa}) & & 2\mathrm{Diag}\{\boldsymbol{\lambda}\}\end{array}\right]\succeq 0 \tag{12.3.6}$$

$$\rho\,|\boldsymbol{u}_\ell^{\mathrm{T}}\boldsymbol{\theta}|\leqslant\kappa_\ell,1\leqslant\ell\leqslant L$$

在 $p=\infty$ 的仿射不确定性（12.3.1）的情况下，上述约束组是一个半无限约束（12.3.2）的保守易处理的近似。

12.3.4　全局鲁棒对等

12.3.4.1　问题定义

在本节中，我们考虑一个目前采用的方法的变体，基于第 3 章和第 11 章中开发的全局鲁棒对等的概念。为了代替半无限不等式（12.2.4），即不确定约束 $\{\mathcal{L}(\boldsymbol{Z}^{\mathrm{T}}\boldsymbol{\theta})\leqslant\boldsymbol{\tau}\}_{Z\in\mathcal{Z}}$ 的鲁棒对等，我们提出这个不确定约束的 GRC，即如下半无限约束：

$$\forall \boldsymbol{Z}: \mathcal{L}(\boldsymbol{Z}^{\mathrm{T}}\boldsymbol{\theta})\leqslant\boldsymbol{\tau}+\alpha\,\mathrm{dist}(\boldsymbol{Z},\mathcal{Z}) \tag{12.3.7}$$

式中给出 $\alpha>0$。对上述约束条件的解释如下：我们的模型现在允许扰动矩阵 $\boldsymbol{Z}$ 取其正常范围 $\mathcal{Z}$ 之外的值。然而，我们试图控制损失函数中由此产生的退化：$\boldsymbol{Z}$ 离集合 $\mathcal{Z}$ 越远，我们可容忍的退化就越多。参数 α 控制损失函数值中退化的“速率”。

为了说明这种方法，我们考虑两个损失函数的例子；在这两个例子中，$\mathcal{Z}$ 只是标准数据的单元素集合。

12.3.4.2　例 1：$\mathcal{L}(\boldsymbol{r})=\|\boldsymbol{r}\|_s$

设损失函数为 $\mathcal{L}(\boldsymbol{r})=\|\boldsymbol{r}\|_s$。我们还假设 $\mathcal{Z}=\{\boldsymbol{Z}^{\mathrm{n}}\}$，并且空间 $\mathbb{R}^{n\times m}$（$\ni\boldsymbol{Z}$）中位于式（12.3.7）右侧距离下的范数是最大的奇异值范数 $\|\cdot\|$。有了这些假设，式（12.3.7）就变成了半无限不等式：

$$\forall \boldsymbol{\Delta}: \|(\boldsymbol{Z}^{\mathrm{n}}+\boldsymbol{\Delta})^{\mathrm{T}}\boldsymbol{\theta}\|_s\leqslant\boldsymbol{\tau}+\alpha\|\boldsymbol{\Delta}\|$$

设置 $Q=\{\boldsymbol{r}:\|\boldsymbol{r}\|_s\leqslant\boldsymbol{\tau}\}$，后一关系式只是半无限约束：

$$\forall \boldsymbol{\Delta}: \underset{\|\cdot\|_s}{\mathrm{dist}}((\boldsymbol{Z}^{\mathrm{n}}+\boldsymbol{\Delta})^{\mathrm{T}}\boldsymbol{\theta},Q)\leqslant\alpha\|\boldsymbol{\Delta}\| \tag{12.3.8}$$

根据定义 11.1.5，上式确实是如下不确定约束的 GRC：

$$(\boldsymbol{Z}^{\mathrm{n}}+\boldsymbol{\Delta})^{\mathrm{T}}\boldsymbol{\theta}\in Q$$

其中数据扰动为 $\boldsymbol{\Delta}$，当扰动的正常范围为 $\mathbb{R}^{n\times m}$ 中的原点时，参与扰动结构的锥为整个 $\mathbb{R}^{n\times m}$，Q 和 $\boldsymbol{\Delta}$ 所在空间的范数分别为 $\|\cdot\|_s$ 和 LSV 范数 $\|\cdot\|$。调用命题 11.3.3，GRC（12.3.8）可以用约束表示

$$\begin{aligned}&(a)\quad \|[\boldsymbol{Z}^{\mathrm{n}}]^{\mathrm{T}}\boldsymbol{\theta}\|_s\leqslant\boldsymbol{\tau},\\&(b)\quad \|\boldsymbol{\Delta}^{\mathrm{T}}\boldsymbol{\theta}\|_s\leqslant\alpha,\forall(\boldsymbol{\Delta}:\|\boldsymbol{\Delta}\|\leqslant1)\end{aligned} \tag{12.3.9}$$

半无限约束（12.3.9.b）易于处理。的确，LSV 球 $\{\|\boldsymbol{\Delta}\|\leqslant1\}$ 的像在 $\boldsymbol{\Delta}\mapsto\boldsymbol{\Delta}^{\mathrm{T}}\boldsymbol{\theta}$ 映射下就是欧几里得球 $\{\boldsymbol{w}\in\mathbb{R}^m:\|\boldsymbol{w}\|_2\leqslant\|\boldsymbol{\theta}\|_2\}$，后一个球上的 $\|\cdot\|_s$ 范数的最大值是 $\chi\|\boldsymbol{\theta}\|_2$，其中

$$\chi=\chi(m,s)=\begin{cases}m^{\frac{2-s}{2s}}, & 1\leqslant s\leqslant2\\1, & s\geqslant2\end{cases} \tag{12.3.10}$$

我们可得出以下结论。

命题 12.3.3　当 $\mathcal{L}(\cdot)=\|\cdot\|_s$ 时，不确定不等式 $\mathcal{L}(\boldsymbol{Z}^{\mathrm{T}}\boldsymbol{\theta})\leqslant\boldsymbol{\tau}$ 的 GRC（12.3.7）可以用包含变量 $\boldsymbol{\theta}$ 的如下显式凸约束组表示：

$$\begin{aligned}&(a)\quad \|[\boldsymbol{Z}^{\mathrm{n}}]^{\mathrm{T}}\boldsymbol{\theta}\|_s\leqslant\boldsymbol{\tau},\\&(b)\quad \chi(m,s)\|\boldsymbol{\theta}\|_2\leqslant\alpha\end{aligned} \tag{12.3.11}$$

$\chi(m,s)$ 由式（12.3.10）给出。

12.3.4.3　例 2：铰链损失函数

此时设 $\mathcal{L}(\boldsymbol{r})=\sum_{i=1}^{m}[r_i]_+$。如上例，我们假设 $\mathcal{Z}=\{\boldsymbol{Z}^n\}$，并且位于式（12.3.7）右侧距离下的范数是 LSV 范数$\|\cdot\|$。此时式（12.3.7）写作

$$\forall \boldsymbol{\Delta}\in\mathbb{R}^{n\times m}:\sum_{i=1}^{m}[([\boldsymbol{Z}^n]^{\mathrm{T}}\boldsymbol{\theta}+\boldsymbol{\Delta}^{\mathrm{T}}\boldsymbol{\theta})_i]_+\leqslant\boldsymbol{\tau}+\alpha\|\boldsymbol{\Delta}\|$$

或者，下式是一样的：

$$\forall \boldsymbol{\Delta}\in\mathbb{R}^{n\times m}:\max\left[\sum_{i=1}^{m}[([\boldsymbol{Z}^n]^{\mathrm{T}}\boldsymbol{\theta}+\boldsymbol{\Delta}^{\mathrm{T}}\boldsymbol{\theta})_i]_+-\boldsymbol{\tau},0\right]\leqslant\alpha\|\boldsymbol{\Delta}\| \tag{12.3.12}$$

观察到由$\|\cdot\|_1$ 范数导出的 $\max\left[\sum_i[r_i]_+-\boldsymbol{\tau},0\right]$只是从 r 到闭凸集 $Q=\left\{\boldsymbol{r}\in\mathbb{R}^m:\sum_i[r_i]_+\leqslant\boldsymbol{\tau}\right\}$的距离，式（12.3.12）只是如下半无限约束：

$$\forall \boldsymbol{\Delta}\in\mathbb{R}^{n\times m}:\underset{\|\cdot\|_1}{\mathrm{dist}}([\boldsymbol{Z}^n+\boldsymbol{\Delta}]^{\mathrm{T}}\boldsymbol{\theta},Q)\leqslant\alpha\|\boldsymbol{\Delta}\|$$

与在前面的例子中一样，像在 11.1 节中定义的那样，这只是不确定包含 $[\boldsymbol{Z}^n+\boldsymbol{\Delta}]^{\mathrm{T}}\boldsymbol{\theta}\in Q$ 的 GRC，扰动 $\boldsymbol{\Delta}$ 的正常范围是空间 $\mathbb{R}^{n\times m}$ 的原点，扰动空间中的锥是整个 $\mathbb{R}^{n\times m}$ 空间，Q 和 $\boldsymbol{\Delta}$ 所在空间的范数分别为$\|\cdot\|_1$ 和 LSV 范数$\|\cdot\|$。调用命题 11.3.3，GRC 可以用如下约束表示：

$$\begin{aligned}&(a)\quad \sum_i[([\boldsymbol{Z}^n]^{\mathrm{T}}\boldsymbol{\theta})_i]_+\leqslant\boldsymbol{\tau},\\&(b)\quad \underset{\|\cdot\|_1}{\mathrm{dist}}(\boldsymbol{\Delta}^{\mathrm{T}}\boldsymbol{\theta},\mathbb{R}^m_-)\leqslant\alpha,\forall(\boldsymbol{\Delta}:\|\boldsymbol{\Delta}\|\leqslant1)\end{aligned} \tag{12.3.13}$$

（我们已经考虑到 Q 的回收锥是非正象限 $\mathbb{R}^m_-$）。应用与前一个示例中完全相同的参数，我们可以将式（12.3.13.b）等价地重写为

$$\sqrt{m}\|\boldsymbol{\theta}\|_2\leqslant\alpha$$

我们得出了以下结论。

命题 12.3.4　当 $\mathcal{L}(\boldsymbol{r})=\sum_i[r_i]_+$ 时，不确定不等式 $\mathcal{L}(\boldsymbol{Z}^{\mathrm{T}}\boldsymbol{\theta})\leqslant\boldsymbol{\tau}$ 的 GRC（12.3.7）可以用包含变量 $\boldsymbol{\theta}$ 的如下显式凸约束组表示：

$$\begin{aligned}&(a)\quad \sum_{i=1}^{m}[([\boldsymbol{Z}^n]^{\mathrm{T}}\boldsymbol{\theta})_i]_+\leqslant\boldsymbol{\tau},\\&(b)\quad \sqrt{m}\|\boldsymbol{\theta}\|_2\leqslant\alpha\end{aligned} \tag{12.3.14}$$

我们观察到，GRC 方法直接导致一个对变量 $\boldsymbol{\theta}$ 大小有约束的损失函数最小化问题。

12.4　随机仿射不确定性模型

我们现在研究一种关于鲁棒分类和回归问题的变体，其中影响数据的扰动是随机的。

12.4.1　问题公式化

12.4.1.1　随机仿射不确定性

如前一节所述，我们假设扰动是以仿射方式进入数据的。准确地说，假设数据矩阵 $\boldsymbol{Z}$ 是一个随机向量 $\boldsymbol{\zeta}\in\mathbb{R}^l$ 的仿射函数：

$$Z_\zeta = Z^n + \sum_{\ell=1}^{L} \zeta_\ell u_\ell v_\ell^T \tag{12.4.1}$$

其中 $u_\ell \in \mathbb{R}^n$，$v_\ell \in \mathbb{R}^m$ 为给定的向量。此处，我们假设随机向量 ζ 的分布仅属于 $\mathbb{R}^L$ 上给定的一类分布 Π。(稍后我们将更详细地介绍我们的建模假设。)

12.4.1.2　鲁棒对等

在具有随机扰动的损失函数最小化问题中，会出现两类鲁棒对等。一个处理最坏情况（超过 Π 类）的预期损失，另一个处理损失大于目标的（最坏情况）概率。

第一个公式，我们称之为最坏情况的期望损失最小化，重点关注关于 Π，期望损失函数的鲁棒上界，即关注如下约束

$$\max_{\pi \in \Pi} E_\pi \{\mathcal{L}(Z_\zeta^T \theta)\} \leqslant \tau \tag{12.4.2}$$

其中，E_π 表示随机变量 ζ 对于分布 $\pi \in \Pi$ 的期望值。

上述方法不考虑已实现损失值在其均值附近的“变动”。这促使我们研究约束的损失函数的鲁棒边界，称为保证风险损失边界。约束如下：

$$\max_{\pi \in \Pi} \operatorname{Prob}_{\pi}\{\mathcal{L}(Z_\zeta^T \theta) \geqslant \tau\} \leqslant \epsilon \tag{12.4.3}$$

其中“风险水平”$\epsilon \in (0,1)$ 被给定，关于 π 的概率为$\operatorname{Prob}_{\pi}$。如果对于给定的 τ 值，ϵ被设置得非常小，则无论随机扰动服从哪个分布 $\pi \in \Pi$，损失都很有可能小于 τ。当然，我们可以保证的损失大小（通过 τ 测量）和由 ϵ确定的确定性水平之间存在权衡。请注意式(12.4.3) 在第 2、4、10 章中被称为模糊机会约束。与我们在这几章中所做的相比，新的情况是，我们没有直接讨论线性/锥机会约束：随机扰动数据此时存在于非线性损失函数中。然而，至少在以下两种情况下，我们仍然可以使用第 2、4、10 章中的技术来直接处理式 (12.4.3)（其中秩为 1 的矩阵 $u_\ell v_\ell^T$ 可以用任意给定的矩阵 Z_ℓ 代替）。

- $\mathcal{L}(r) = \max_{1 \leqslant i \leqslant I} [a_i^T r + b_i]$ 是由其线性块列表给出的分段线性凸函数；在这种情况下适用的是第 2、4 章关于机会约束标量线性不等式的结果，以及 10.4.1 节关于机会约束线性不等式组的结果；
- $\mathcal{L}(r) = \|r\|_2$。这种情况涵盖了第 10 章关于机会约束锥二次不等式的结果。

与保证风险损失边界相反，最坏情况的期望损失最小化的问题对我们来说是全新的，这是我们打算在本节的其余部分重点讨论的问题。

12.4.2　矩约束

12.4.2.1　三类分布

我们考虑三组特定的可允许分布 Π。

第一类，用 Π_2 表示，是给定一阶和二阶矩的分布集合。为了不失一般性，我们可以假设均值为 0，协方差矩阵为单位矩阵。

第二类，用 Π_∞ 表示，是给定一阶矩和方差的分布集合。同样，在不失一般性的前提下，我们假设均值为 0，方差均为 1。与该模型对应的范数有界由式 (12.3.1) 给出，且 $p=\infty$。

最后一类定义为均值为 0、总方差为 1 的分布集合。这类用下面的 Π_{tot} 表示，可以被描述为范数有界模型 (12.3.1) 的随机对等，且 $p=2$。

对于 Π 类，我们将矩阵 $Q \in S^L$ 的子空间 $\mathcal{Q}$ 联系起来，使得对于每一个 $\pi \in \Pi$，以及每一个 $Q \in \mathcal{Q}$，我们有

$$E_\pi\{\boldsymbol{\zeta}^{\mathrm{T}}\boldsymbol{Q}\boldsymbol{\zeta}\}=\mathrm{Tr}(\boldsymbol{Q})$$

当 $\Pi=\Pi_2$ 时，对应的集合 $\mathcal{Q}$ 就是 $L\times L$ 对称矩阵的整个空间；当 $\Pi=\Pi_\infty$ 时，为 $L\times L$ 对角矩阵的集合；当 $\Pi=\Pi_{\text{tot}}$ 时，它简化为 $L\times L$ 单位矩阵的比例形式的集合。

12.4.2.2　最坏情况下的期望损失最小化

从集合 $\mathcal{Q}$ 的定义出发，对于每一个 $\boldsymbol{Q}\in\mathcal{Q}$，$\boldsymbol{q}\in\mathbb{R}^L$ 和 $t\in\mathbb{R}$，如下条件表明 $\mathrm{Tr}(\boldsymbol{Q})+t$ 是最坏情况下期望损失的上界。(在以下两边取期望就不难看出这一点。)

$$\forall\boldsymbol{\zeta}\in\mathbb{R}^L:\begin{bmatrix}\boldsymbol{\zeta}\\1\end{bmatrix}^{\mathrm{T}}\begin{bmatrix}\boldsymbol{Q}&\boldsymbol{q}\\\boldsymbol{q}^{\mathrm{T}}&t\end{bmatrix}\begin{bmatrix}\boldsymbol{\zeta}\\1\end{bmatrix}\geqslant\mathcal{L}(\boldsymbol{Z}_\zeta^{\mathrm{T}}\boldsymbol{\theta})\tag{12.4.4}$$

因此，我们可以在上述条件下，以 $\boldsymbol{Q}\in\mathcal{Q}$，$\boldsymbol{q}$，$t$ 为变量，通过使 $\mathrm{Tr}(\boldsymbol{Q})+t$ 最小来计算最坏情况下期望损失的上界。

矩问题对偶理论的标准结果表明，我们用这种方法计算的界实际上是紧的。因此：

$$\begin{aligned}\max_{\pi\in\Pi}E_\pi\{\mathcal{L}(\boldsymbol{Z}_\zeta^{\mathrm{T}}\boldsymbol{\theta})\}&=\min_{\boldsymbol{Q}\in\mathcal{Q},\boldsymbol{q},t}\{\mathrm{Tr}(\boldsymbol{Q})+t:t,\boldsymbol{q},\boldsymbol{Q}\text{ 满足式(12.4.4)}\}\\&=\min_{\boldsymbol{Q}\in\mathcal{Q},\boldsymbol{q},t}\Bigg\{\mathrm{Tr}(\boldsymbol{Q})+t:\forall(\boldsymbol{\zeta}\in\mathbb{R}^L,\boldsymbol{v}\in\mathbb{R}^m):\\&\quad\begin{bmatrix}\boldsymbol{\zeta}\\1\end{bmatrix}^{\mathrm{T}}\begin{bmatrix}\boldsymbol{Q}&\boldsymbol{q}\\\boldsymbol{q}^{\mathrm{T}}&t\end{bmatrix}^{\mathrm{T}}\begin{bmatrix}\boldsymbol{\zeta}\\1\end{bmatrix}\geqslant\boldsymbol{v}^{\mathrm{T}}[\boldsymbol{Z}^n]^{\mathrm{T}}\boldsymbol{\theta}-\mathcal{L}^*(\boldsymbol{v})+\sum_{\ell=1}^{L}\zeta_\ell(\boldsymbol{u}_\ell^{\mathrm{T}}\boldsymbol{\theta})(\boldsymbol{v}_\ell^{\mathrm{T}}\boldsymbol{v})\Bigg\}\end{aligned}$$

从上面的二次约束中消去变量 $\boldsymbol{\zeta}$ 会得到：

$$\max_{\pi\in\Pi}E_\pi\{\mathcal{L}(\boldsymbol{Z}_\zeta^{\mathrm{T}}\boldsymbol{\theta})\}=\mathcal{L}_{\text{pwc}}([\boldsymbol{Z}^n]^{\mathrm{T}}\boldsymbol{\theta},\boldsymbol{U}^{\mathrm{T}}\boldsymbol{\theta})$$

其中 $\boldsymbol{U}=[\boldsymbol{u}_1,\cdots,\boldsymbol{u}_L]$ 和 $\mathcal{L}_{\text{pwc}}:\mathbb{R}^m\times\mathbb{R}^L\to\mathbb{R}$ 是与我们的问题相关的伪最坏情况损失函数：

$$\begin{aligned}&\boldsymbol{L}_{\text{pwc}}(\boldsymbol{r},\boldsymbol{\kappa})\\&=\min_{\boldsymbol{Q}\in\mathcal{Q}\boldsymbol{q},t}\left\{\mathrm{Tr}(\boldsymbol{Q})+t:\left[\begin{array}{c|c}\boldsymbol{Q}&\boldsymbol{q}-\frac{1}{2}\boldsymbol{V}^{\mathrm{T}}(\boldsymbol{\kappa})\boldsymbol{v}\\\hline\boldsymbol{q}^{\mathrm{T}}-\frac{1}{2}\boldsymbol{v}^{\mathrm{T}}\boldsymbol{V}(\boldsymbol{\kappa})&t-\boldsymbol{v}^{\mathrm{T}}\boldsymbol{r}+\mathcal{L}^*(\boldsymbol{\kappa})\end{array}\right]\succeq0,\forall\boldsymbol{v}\right\}\\&=\min_{\boldsymbol{Q}\in\mathcal{Q},\boldsymbol{q}}\left\{\mathrm{Tr}(\boldsymbol{Q})+\max_{\boldsymbol{v}}\left[\boldsymbol{v}^{\mathrm{T}}\boldsymbol{r}-\mathcal{L}^*(\boldsymbol{v})+\left(\boldsymbol{q}-\frac{1}{2}\boldsymbol{V}^{\mathrm{T}}(\boldsymbol{\kappa})\boldsymbol{v}\right)^{\mathrm{T}}\boldsymbol{Q}^{-1}\left(\boldsymbol{q}-\frac{1}{2}\boldsymbol{V}^{\mathrm{T}}(\boldsymbol{\kappa})\boldsymbol{v}\right)\right]:\boldsymbol{Q}\succ0\right\}\end{aligned}$$

其中 $\boldsymbol{V}(\boldsymbol{\kappa}):=[\kappa_1\boldsymbol{v}_1,\cdots,\kappa_L\boldsymbol{v}_L]$，像以前一样。因此，感兴趣的约束（12.4.2）写作

$$\mathcal{L}_{\text{pwc}}([\boldsymbol{Z}^n]^{\mathrm{T}}\boldsymbol{\theta},\boldsymbol{U}^{\mathrm{T}}\boldsymbol{\theta})\leqslant\boldsymbol{\tau}\tag{12.4.5}$$

为了有效地处理它（或它的保守近似），我们所需要的是有效地计算凸函数 $\mathcal{L}_{\text{pwc}}(\cdot,\cdot)$（或这个函数的凸上界）的能力。虽然计算 $\mathcal{L}_{\text{pwc}}$ 通常可以视作 NP 难问题，但这个任务在各种情况下都是可以处理的，范围从 Huber 回归到 ℓ_1 回归[39]。

12.4.2.3　例：铰链损失

为了说明这一点，我们着重于支持向量机（铰链损失）的情况。此处的伪最坏情况损失函数如下所示：

$$\begin{aligned}\mathcal{L}_{\text{pwc}}(\boldsymbol{r},\boldsymbol{\kappa})=\inf_{\boldsymbol{Q},\boldsymbol{q}}\Bigg\{&\mathrm{Tr}(\boldsymbol{Q})+\max_{\boldsymbol{v}:\boldsymbol{0}\leqslant\boldsymbol{v}\leqslant\boldsymbol{1}}\left[\boldsymbol{v}^{\mathrm{T}}\boldsymbol{r}+\left(q-\frac{1}{2}\boldsymbol{V}^{\mathrm{T}}(\boldsymbol{\kappa})\boldsymbol{v}\right)^{\mathrm{T}}\boldsymbol{Q}^{-1}\left(\boldsymbol{q}-\frac{1}{2}\boldsymbol{V}^{\mathrm{T}}(\boldsymbol{\kappa})\boldsymbol{v}\right)\right]:\\&\boldsymbol{Q}\in\mathcal{Q},\boldsymbol{Q}\succ0\Bigg\}\end{aligned}$$

求内部最大值是 NP 难问题，一般来说很难计算。然而，我们可以通过半定松弛构造它的有效可计算的上界，这与我们在 12.3.3 节推导式（12.3.5）和式（12.3.6）时所做的完全相似。此时结果如下。

命题 12.4.1　变量 $\tau,\boldsymbol{\theta},Q,\boldsymbol{q},\boldsymbol{\kappa},\boldsymbol{\mu}$ 的如下显式凸约束组是感兴趣的约束（12.4.2）的保守易于处理的近似。

$$\left[\begin{array}{c|c|c}\mathrm{Diag}\{\boldsymbol{\mu}_1,\cdots,\boldsymbol{\mu}_m\} & -\frac{1}{2}[\boldsymbol{Z}^{\mathrm{n}}]^{\mathrm{T}}\boldsymbol{\theta} & \frac{1}{2}\boldsymbol{V}(\boldsymbol{\kappa}) \\ \hline -\frac{1}{2}\boldsymbol{\theta}^{\mathrm{T}}\boldsymbol{Z}^{\mathrm{n}} & \boldsymbol{\tau} & -\boldsymbol{q}^{\mathrm{T}} \\ \hline \frac{1}{2}\boldsymbol{V}^{\mathrm{T}}(\boldsymbol{\kappa}) & -\boldsymbol{q} & \boldsymbol{Q}\end{array}\right]\succeq 0$$

$$\boldsymbol{\kappa}_\ell=\boldsymbol{u}_\ell^{\mathrm{T}}\boldsymbol{\theta},\ell=1,\cdots,L,\boldsymbol{Q}\in\mathcal{Q} \tag{12.4.6}$$

12.4.3　独立扰动的 Bernstein 近似

我们现在说明，当式（12.4.1）中的随机扰动 $\zeta_1,\cdots,\zeta_L$ 是独立的情况下，如何使用第 4 章的 Bernstein 界。事实上，我们在下面使用一个稍微一般的扰动模型：

$$\boldsymbol{Z}_\zeta=\boldsymbol{Z}^{\mathrm{n}}+\sum_{\ell=1}^{L}\boldsymbol{\zeta}_\ell\boldsymbol{Z}_\ell \tag{12.4.7}$$

它与式（12.4.1）的区别是，现在我们不需要 $\boldsymbol{Z}_\ell$ 的秩为 1，我们假设损失函数满足假设 L。此外，我们假定扰动向量 $\boldsymbol{\zeta}\in\mathbb{R}^L$ 的容许分布 Π 的形式为 $\Pi=\mathcal{P}_1\times\cdots\times\mathcal{P}_L$，其中 $\mathcal{P}_\ell$ 是实轴上扰动的一个给定集，$1\leqslant\ell\leqslant L$。

12.4.3.1　最坏情况期望铰链损失

考虑 $\mathcal{L}(\boldsymbol{r})=\sum_{i=1}^{m}[r_i]_+$ 的情况，我们想从上式约束相应的期望损失，以一种对于分布 $\pi\in\Pi$ 来说具有鲁棒性的方式。因此，我们关心以下不等式的一个保守易于处理的近似：

$$\sup_{\pi\in\mathcal{P}}E\left\{\sum_{i=1}^{m}\left[\boldsymbol{e}_i^{\mathrm{T}}[\boldsymbol{Z}^{\mathrm{n}}]^{\mathrm{T}}\boldsymbol{\theta}+\sum_{\ell=1}^{L}\zeta_\ell\boldsymbol{e}_i^{\mathrm{T}}\boldsymbol{Z}_\ell^{\mathrm{T}}\boldsymbol{\theta}\right]_+\right\}\leqslant\boldsymbol{\tau} \tag{12.4.8}$$

设 $a_{i0}(\boldsymbol{\theta}):=\boldsymbol{e}_i^{\mathrm{T}}[\boldsymbol{Z}^{\mathrm{n}}]^{\mathrm{T}}\boldsymbol{\theta}$，$a_{i\ell}(\boldsymbol{\theta}):=\boldsymbol{e}_i^{\mathrm{T}}\boldsymbol{Z}_\ell^{\mathrm{T}}\boldsymbol{\theta}$，$i=1,\cdots,m$，$\ell=1,\cdots,L$，并且设

$$\xi_{i,\theta}:=\boldsymbol{e}_i^{\mathrm{T}}\left[\boldsymbol{Z}^{\mathrm{n}}+\sum_{\ell=1}^{L}\zeta_\ell\boldsymbol{Z}^\ell\right]^{\mathrm{T}}\boldsymbol{\theta}=a_{i0}(\boldsymbol{\theta})+\sum_{\ell=1}^{L}\zeta_\ell a_{i\ell}(\boldsymbol{\theta}),i=1,\cdots,m$$

因此式（12.4.8）写作

$$\sup_{\pi\in\mathcal{P}}E\left\{\sum_{i=1}^{m}[\boldsymbol{\xi}_{i,\theta}]_+\right\}\leqslant\boldsymbol{\tau}$$

现在我们采用一种 Bernstein 近似。具体来说，对于所有 s，$\exp\{s\}\geqslant \mathrm{e}\cdot\max[s,0]$。因此，当 $\beta>0$ 时，对于所有 s，我们有 $\beta\exp\{s/\beta\}\geqslant \mathrm{e}\cdot\max[s,0]$。因此，当 $\alpha=(\alpha_1,\cdots,\alpha_m)>0$ 时，我们有 $\max[\xi_{i,\theta},0]\leqslant \mathrm{e}^{-1}\alpha_i\exp\{\xi_{i,\theta}/\alpha_i\}$。利用 $\pi\in\Pi$ 是一个乘积 $\pi=\pi_1\times\cdots\times\pi_L$ 的事实，我们得到对于每个 $i=1,\cdots,m$：

$$E_{\zeta\sim\pi}\{\max[\boldsymbol{\xi}_{i,\theta},0]\}\leqslant G_\pi^i(\alpha_i,\boldsymbol{\theta}):=\mathrm{e}^{-1}\alpha_i E_{\zeta\sim\pi}\{\exp\{\boldsymbol{\xi}_{i,\theta}/\alpha_i\}\}$$

$$=\mathrm{e}^{-1}\alpha_i\exp\{a_{i0}(\boldsymbol{\theta})/\alpha_i\}\prod_{\ell=1}^{L}G_\pi^{i\ell}(\alpha_i,\boldsymbol{\theta})$$

其中

$$G_\pi^{i\ell}(\alpha_i,\boldsymbol{\theta}):=E_{\zeta_\ell\sim P_\ell}\{\exp\{a_{i\ell}(\boldsymbol{\theta})\zeta_\ell/\alpha_i\}\}$$

函数 $F_\pi(\boldsymbol{w})=E_{\zeta\sim\pi}\left\{\exp\left\{w_0+\sum_{\ell=1}^{L}w_\ell\zeta_\ell\right\}\right\}$ 对 $\boldsymbol{w}$ 是凸的，函数 $H_\pi(\alpha,\boldsymbol{w})=\alpha F_\pi(\boldsymbol{w}/\alpha)$

在 $(\alpha>0,\boldsymbol{w})$ 上是凸的。因此，$G_{\pi}^{i}(\alpha_i,\boldsymbol{\theta})$ 在 $(\alpha_i>0,\boldsymbol{\theta})$ 上是凸的，因为这个函数是通过参数的仿射变换从 H_{π} 得到的（看 $\xi_{i,\theta}$ 是什么，注意 $\alpha_{i\ell}(\boldsymbol{\theta})$，$0\leqslant\ell\leqslant L$ 在 $\boldsymbol{\theta}$ 上是线性的）。由此得出下面的函数

$$G^{i}(\alpha_i,\boldsymbol{\theta})=\sup_{\pi\in\Pi}G_{\pi}^{i}(\alpha_i,\boldsymbol{\theta})=\mathrm{e}^{-1}\alpha_i\exp\{a_{i0}(\boldsymbol{\theta})/\alpha_i\}\prod_{\ell=1}^{L}G_{i\ell}(\alpha_i,\boldsymbol{\theta})$$

$$G_{i\ell}(\alpha_i,\boldsymbol{\theta}):=\sup_{\pi_\ell\in\mathcal{P}_\ell}E_{\zeta_\ell\sim P_\ell}\{\exp\{a_{i\ell}(\boldsymbol{\theta})\zeta_\ell/\alpha_i\}\}$$

当 $\alpha_i>0$ 时，该函数在 $(\alpha_i,\boldsymbol{\theta})$ 上是凸的。

当我们可以计算函数 $G_{i\ell}(\alpha_i,\boldsymbol{\theta})$ 时（如 2.4.2 节中给出的例子），这种方法导致一个易于处理的近似，因为 $G^{i}(\alpha_i,\boldsymbol{\theta})$ 是能够有效计算的。在这种情况下，如下易处理凸约束是式（12.4.8）的保守易于处理的近似。

$$\inf_{\alpha>0}\sum_{i=1}^{m}G^{i}(\alpha_i,\boldsymbol{\theta})\leqslant\boldsymbol{\tau}\tag{12.4.9}$$

注意这是一个“双保守”边界，保守性的一个来源是 Bernstein 近似本身，另一个来源是这个近似是按项应用的，我们刚刚总结了 $\sup\limits_{\pi\in\Pi}E_{\zeta\sim\pi}\{[\xi_{i,\theta}]_+\}$，$1\leqslant i\leqslant m$ 的最优 Bernstein 界。

12.5　练习

练习 12.1【实现误差】　考虑可分离性条件（12.1.1）。现在假设分类器向量 $\boldsymbol{w}$ 没有被精确实现，有一些相对误差 $\delta\boldsymbol{w}$，我们假设 $\|\delta\boldsymbol{w}\|_\infty<\rho\|\boldsymbol{w}\|_2$，其中 $\rho\geqslant0$。建立相应的鲁棒可分离性条件。如何找到对此类实现误差有最大鲁棒性的分类器？

练习 12.2　证明定义为 COM 的集合满足假设 A，适当地选择函数 ϕ 和 ψ。

练习 12.3【标签不确定性】　我们从铰链损失函数的最小化问题开始（见式（12.1.4）和式（12.1.5））：

$$\min_{w,b}\sum_{i=1}^{m}[1-y_i(\boldsymbol{w}^{\mathrm{T}}\boldsymbol{x}_i+b)]_+$$

其中符号与 12.1.1 节相同。我们考虑数据点 $\boldsymbol{x}_i,i=1,\cdots,m$ 是完全已知的，而标签向量 $\boldsymbol{y}\in\{-1,1\}^m$ 只是部分已知。

i）首先考虑标签的一个子集是完全未知的情况。（这种情况有时被称为半监督学习。）为了模拟这种情况，我们假设 $\{1,\cdots,m\}$ 划分成两个不相交的子集 $\mathcal{I}$，$\mathcal{J}$，其中 $\mathcal{I}$（或 $\mathcal{J}$）对应于已知（或未知）标签的索引集合。将相应的鲁棒对等表述为线性优化问题。

ii）在某些情况下，有些标签的符号可能是错误的。我们假设一个基数 k 的子集 $\mathcal{J}\subseteq\{1,\cdots,m\}$ 将对应的标签转换为正号。同样，将相应的鲁棒对等表述为线性优化问题。

练习 12.4【带有布尔数据的鲁棒 SVM】　许多分类问题，如涉及文本文档中同现数据的分类问题，都涉及布尔数据。经典的支持向量机隐式地假设（指明）球形不确定性，这可能与生成数据的过程是布尔型的事实不一致。在这个练习中，我们探索了具有不确定性模型的 SVM 的思想，该模型保留了扰动数据的布尔性质。因此，我们考虑 12.1 节中描述的问题，其中数据矩阵 $\boldsymbol{X}=[\boldsymbol{x}_1,\cdots,\boldsymbol{x}_m]$ 是布尔型。在整个过程中，我们假定影响数据点的扰动是测量方面的。

i）在第一种方法中，我们假设每个测量都受到附加扰动的影响：$\boldsymbol{x}_i\to\boldsymbol{x}_i+\boldsymbol{\delta}_i$，其中 $\boldsymbol{\delta}_i\in\{-1,0,1\}^n$，$\|\boldsymbol{\delta}_i\|_1\leqslant k$，其中 k 是已知的。因此，数据变化的数量受到 k 的限制。请注意，我们的模型允许从 0 到 -1 或 1 到 2 的变化，这与我们的布尔假设不一致，并可能导致保守的结果。形成这个不确定性模型的鲁棒对等。

ii）一个更现实的模型，它保留了扰动数据的布尔性质，包括允许数据中的“翻转”，但限制每次测量的翻转总数。因此，对于每个 i，我们设 $\boldsymbol{\delta}_i \in \{-\boldsymbol{x}_i, -\boldsymbol{x}_i+\mathbf{1}\}$。实际上，这意味着如果 $\boldsymbol{x}_i(j)=0$，那么 $\boldsymbol{\delta}_i(j)$ 只能取 0 或 1；如果 $\boldsymbol{x}_i(j)=1$，则 $\boldsymbol{\delta}_i(j)$ 只能取 0 或 -1。我们仍然限制了每次测量的翻转总数，约束条件是 $\|\boldsymbol{\delta}_i\|_1 \leqslant k$，其中 k 是已知的。再次，形成这个不确定性模型的鲁棒对等。

练习 12.5【未来数据点的不确定性】 在这个问题中，我们考虑一个铰链损失函数的分类问题，涉及 m 个数据点 $\boldsymbol{x}_1,\cdots,\boldsymbol{x}_m$ 和它们关联的标签 $y_1,\cdots,y_m$。现在，我们向训练集添加一个新的数据点 $\boldsymbol{x}_{m+1}$ 和标签 y_{m+1}，这是不完全已知的。准确地说，关于新数据对 $(\boldsymbol{x}_{m+1}, y_{m+1})$，我们已知的是 $\boldsymbol{x}_{m+1}$ 将接近前面的一个点 $\boldsymbol{x}_i, i=1,\cdots,m$，并且会有相同的标签。我们进一步假设对于某些 $i=1,\cdots,m$ 来说 $\|\boldsymbol{x}-\boldsymbol{x}_i\|_2 \leqslant \rho$。我们的目标是设计一个对新数据点的不确定性具有鲁棒性的分类器。将相应的鲁棒对等表示为一个二阶锥优化问题。

12.6 备注

备注 12.1 许多作者从鲁棒优化的角度研究了机器学习问题，主要集中在监督学习上。早期的工作集中于最小二乘回归[49]。

在鲁棒分类方面，之前的工作主要集中在测量不确定性模型上。在文献［54］中提出了一种将每个类建模为部分已知分布的二元分类方法。文献［51］中研究了具有区间不确定性的支持向量机（及其与稀疏分类的连接），文献［29］中引入了数据点的椭球不确定性的情况并将其应用于生物学。该方法在文献［105］中得到了进一步的发展。相关工作包括文献［114］。

据我们所知，本章关于耦合测量的不确定性的结果是新的。Caramanis 和他的合著者[116]，Bertsimas 和 Fertis[28] 各自独立地发展了一种理论，该理论再现了一些上述结果。

备注 12.2 术语“鲁棒统计”通常用来指很好地处理（拒绝）数据中的异常值的方法。Huber 的书[65] 是这方面的标准参考文献。正如在前言中所说，一个精确和严格的与鲁棒优化的连接仍然有待做出。我们认为这两种方法在性质上是完全不同的，甚至是矛盾的：拒绝异常值类似于丢弃产生大的损失函数值的数据点，而鲁棒优化考虑所有的数据点，关注那些导致很大的损失的数据点。

为了使讨论更精确一点，考虑一个铰链损失的分类问题，数据点 $\boldsymbol{x}_i \in \mathbb{R}^n$，标签 $y_i \in \{-1,1\}$，$i=1,\cdots,m$。在鲁棒统计方法中，我们将从铰链损失的角度寻找只考虑“最佳” $k(k \leqslant m)$ 点的分类器。这个问题可以表述为

$$\min_{w,b} \min_{\boldsymbol{\delta} \in \mathcal{D}} \sum_{i=1}^{m} \delta_i [1 - y_i(\boldsymbol{w}^{\mathrm{T}} \boldsymbol{x}_i + b)]_+$$

其中 $\mathcal{D} = \left\{ \boldsymbol{\delta} \in \{0,1\}^m : \sum_{i=1}^{m} \delta_i = k \right\}$。上述内容相当于找到一个对于最佳 k 点最优的分类器。这是非凸问题。

相反，鲁棒优化方法将寻找对于最坏 k 点最优的分类器：

$$\min_{w,b} \max_{\boldsymbol{\delta} \in \mathcal{D}} \sum_{i=1}^{m} \delta_i [1 - y_i(\boldsymbol{w}^{\mathrm{T}} \boldsymbol{x}_i + b)]_+$$

这是一个凸问题。

第三部分

Robust Optimization

鲁棒多阶段优化

第 13 章

Robust Optimization

鲁棒马尔可夫决策过程

本章主要研究有限状态、有限动作的随机系统的鲁棒动态决策问题。系统的动态用状态转移概率分布来描述，我们假设状态转移概率分布是不确定的，并且在给定的不确定性集中变化。在每个时期，环境都在与决策者作对，在它们的范围内随意选择转移分布。鲁棒决策的目标是最小化给定成本函数的最坏情况期望值，其中“最坏情况”关于考虑的一类环境策略。我们证明，当（有限!）状态空间和动作空间的基数是适度的，这个问题可以通过使用 Bellman 著名的动态规划算法的扩展以计算易处理的方式解决，该算法要求在每一步解一个凸优化问题。我们说明了在随机天气条件下飞机路径规划问题的方法。

13.1 马尔可夫决策过程

13.1.1 标准控制问题

马尔可夫决策过程（MDP）被用来模拟一个动态系统的随机行为，基于如下假设：系统的状态和可能的控制动作属于给定的有限集合。由于这些模型的广泛用途，MDP 在金融、系统生物学、通信工程等应用中越来越普遍。

MDP 模型是根据状态转移概率来描述的，它告诉我们从一个给定的状态转移到另一个状态的概率，条件是特定的控制动作。相应的决策问题，也就是我们这一章的标准问题，其目标是最小化给定成本函数的期望值，这个成本函数本身由分配给每个状态-控制对的值的有限集合来描述。标准问题有两种形式，取决于问题的阶段（决策跨度）是有限的还是无限的。

让我们更精确地定义有限阶段标准问题。我们考虑了有限状态和有限动作集的马尔可夫决策过程，以及有限决策阶段 $\mathcal{T}=\{0,1,2,\cdots,N-1\}$。在每个时期，系统处于状态 $i\in\mathcal{X}$，其中 $n=|\mathcal{X}|$ 是有限的，允许决策者从一组有限的允许动作 $\mathcal{A}=\{a_1,\cdots,a_m\}$ 中选择一个动作 a（为了简单起见，我们假设 $\mathcal{A}$ 不依赖于状态）。状态根据一组（可能与时间有关的）转移概率分布 $\boldsymbol{\tau}:=\{\boldsymbol{p}_{ti}^a:a\in\mathcal{A},t\in\mathcal{T},i\in\mathcal{X}\}$ 进行随机的马尔可夫过程的转移，其中对每一个 $a\in\mathcal{A}$，$t\in\mathcal{T}$，$i\in\mathcal{X}$，向量 $\boldsymbol{p}_{ti}^a=[p_{ti}^a(1);\cdots;p_{ti}^a(n)]\in\mathbb{R}^n$ 包含在阶段 t 控制动作 a 下从状态 $i\in\mathcal{X}$ 到状态 $j\in\mathcal{X}$ 的转移的概率 $p_{ti}^a(j)$。我们引用概述结构的集合 $\boldsymbol{\tau}$ 作为环境策略。另外，我们假定在 $t=0$ 时刻状态的概率分布 $\boldsymbol{q}_0$ 是已知的。用 $\boldsymbol{u}=(u_0(\cdot),\cdots,u_{N-1}(\cdot))$ 表示一般控制策略，其中 $u_t(\cdot):\mathcal{X}\to\mathcal{A}$ 是 $t\in\mathcal{T}$ 时刻的决策规则，因此此时的控制动作为 $u_t(i)$，系统的状态为 $i\in\mathcal{X}$。我们用 $\Pi=\mathcal{A}^{nN}$ 表示对应的策略空间。

用 $c_t(i,a)$ 表示 $t\in\mathcal{T}$ 时刻对应于状态 $i\in\mathcal{X}$ 和动作 $a\in\mathcal{A}$ 的成本，用 $c_N(i)$ 表示终点阶段的成本函数。假设对于每一个 $t\in\mathcal{T}$，$i\in\mathcal{X}$，$a\in\mathcal{A}$ 来说，$c_t(i,a)$ 是有限的。

我们准备定义 $C_N(\boldsymbol{u},\boldsymbol{\tau})$，在控制策略 u 和环境策略 $\boldsymbol{\tau}=\{\boldsymbol{p}_{ti}^a:a\in\mathcal{A},t\in\mathcal{T},i\in\mathcal{X}\}$ 下的期望总成本：

$$C_N(\boldsymbol{u},\boldsymbol{\tau}):=E\left(\sum_{t=0}^{N-1}c_t(i_t,u_t(i_t))+c_N(i_N)\right)\tag{13.1.1}$$

其中 i_t 为在 t 时刻对应于 $\boldsymbol{u}$，$\boldsymbol{\tau}$ 的（随机）状态。

对于给定集合 $\boldsymbol{\tau}$ 和给定初始状态分布向量 $\boldsymbol{q}_0$，定义有限阶段标准问题：

$$\phi_N(\Pi,\boldsymbol{\tau}):=\min_{\boldsymbol{u}\in\Pi}C_N(\boldsymbol{u},\boldsymbol{\tau}) \tag{13.1.2}$$

我们关注的一个特殊情况是，当期望总成本函数为式（13.1.1）形式，其中终点成本为零，$c_t(i,a)=\nu^t c(i,a)$，此时 $c(i,a)$ 是一个时不变成本函数，我们假设其处处有限，$\nu\in(0,1)$ 是一个折扣因子。我们把这个函数称为折扣成本函数。有了这样一个函数，我们可以提出相应的无限阶段标准问题，其中式（13.1.1）中的 $N\to\infty$。

例 13.1.1【飞机路径规划问题】 我们考虑路径被随机障碍物（代表风暴或其他严重天气干扰）阻碍的飞机的路径规划问题。随机决策问题的目标是确定（比如，一架）飞机从给定的始发城市起飞的航线，以使到达给定目的地所需的燃油消耗量的期望值最小。为了将这个问题建模为 MDP，我们首先使用一个简单的二维网格离散整个空间（忽略第三维以简化）。网格中的一些节点对应着可能的风暴或障碍物的位置。状态向量包括飞机在网格上的当前位置，以及每个风暴的当前状态（从严重、轻微到不存在）。MDP 中的动作对应于从任何给定节点选择要飞向的节点。根据一个障碍的可能状态数，存在 k 个障碍，并与一个 $3^k\times3^k$ 转移矩阵的马尔可夫链相关联。因此，路径问题的转移矩阵数据大小为 3^kN 阶，其中 N 为网格中的节点数。

13.1.2 解决标准问题

根据上述设置，对于一个在 $\boldsymbol{u}=(u_0(\cdot),\cdots,u_{N-1}(\cdot))\in\Pi$ 中编码的控制策略和一个给定的环境策略 $\boldsymbol{\tau}=\{\boldsymbol{p}_{ti}^a:a\in\mathcal{A},t\in\mathcal{T},i\in\mathcal{X}\}$，系统的随机行为被如下确定性系统描述：

$$q_{t+1}(j)=\sum_{i\in\mathcal{X}}p_{ti}^{u_t(i)}(j)q_t(i),j\in\mathcal{X},t\in\mathcal{T} \tag{13.1.3}$$

其中 $\boldsymbol{q}_t=[q_t(1);\cdots;q_t(n)]\in\mathbb{R}^n$ 为 $t\in\mathcal{T}$ 时刻状态的分布，与 $\boldsymbol{u}$，$\boldsymbol{\tau}$ 相关，$\boldsymbol{q}_0$ 为状态的初始分布。总预期成本为

$$C_N(\boldsymbol{u},\boldsymbol{\tau})=\sum_{t\in\mathcal{T}}\sum_{i\in\mathcal{X}}q_t(i)c_t(i,u_t(i))+\boldsymbol{q}_N^{\mathrm{T}}\boldsymbol{c}_N \tag{13.1.4}$$

下面的定理说明了如何计算给定控制策略 $\boldsymbol{u}=(u_0(\cdot),\cdots,u_{N-1}(\cdot))$ 的期望成本（13.1.1）。

定理 13.1.2【有限阶段期望成本的 LO 表示】 控制策略为 $\boldsymbol{u}=\{u_t(\cdot)\}_{t\in\mathcal{T}}$，环境策略为 $\boldsymbol{\tau}=\{\boldsymbol{p}_{ti}^a:a\in\mathcal{A},t\in\mathcal{T};i\in\mathcal{X}\}$，期望成本（13.1.1）为如下线性优化问题的最优值：

$$\phi_N(\boldsymbol{u},\boldsymbol{\tau})=\max_{\boldsymbol{v}_0,\cdots,\boldsymbol{v}_{N-1}}\left\{\boldsymbol{q}_0^{\mathrm{T}}\boldsymbol{v}_0:v_t(i)\leqslant c_t(i,u_t(i))+\sum_j p_{ti}^{u_t(i)}(j)v_{t+1}(j),i\in\mathcal{X},t\in\mathcal{T}\right\} \tag{13.1.5}$$

其中 $\boldsymbol{v}_N=\boldsymbol{c}_N$。

在上述内容中，对 LO 问题（13.1.5）最优的向量 $\boldsymbol{v}_t^*$ 表示从特定状态和时间出发的预期成本。

该结果可用于有限阶段标准问题的 LO 解。

定理 13.1.3【有限阶段标准问题的 LO 表示】 对于固定的环境策略 $\boldsymbol{\tau}=\{\boldsymbol{p}_{ti}^a:a\in\mathcal{A},t\in\mathcal{T},i\in\mathcal{X}\}$，有限阶段标准问题（13.1.2）可作为如下线性优化问题求解：

$$\phi_N(\Pi,\boldsymbol{\tau})=\max_{v_0,\cdots,v_{N-1}}\left\{\boldsymbol{q}_0^{\mathrm{T}}\boldsymbol{v}_0:v_i(i)\leqslant\min_{a\in\mathcal{A}}\left[c_t(i,a)+\sum_j p_{ti}^{u_t(i)}(j)v_{t+1}(j)\right],\forall i\in\mathcal{X},t\in\mathcal{T}\right\} \tag{13.1.6}$$

其中 $v_t(i)$ 是 $\boldsymbol{v}_t$ 的第 i 个坐标。一个对应的最优控制策略 $\boldsymbol{u}^*=(u_0^*(\cdot),\cdots,u_{N-1}^*(\cdot))$ 通过如下设置获得：

$$u_t^*(i)\in\underset{a\in\mathcal{A}}{\operatorname{argmin}}\left\{c_t(i,a)+\sum_j p_{ti}^a(j)v_{t+1}(j)\right\},i\in\mathcal{X},t\in\mathcal{T} \tag{13.1.7}$$

其中向量 $\boldsymbol{v}_0,\cdots,\boldsymbol{v}_{N-1}$ 对于 LO（13.1.6）是最优的。

此处，对于 LO（13.1.6）最优的向量 $\boldsymbol{v}_t^*$ 中的项可以被解释为从特定状态和时间出发的最优预期成本，也统称为值函数。著名的动态规划算法，归功于 Bellman（1953），是基于递归提供了 LO（13.1.6）的一个解。

定理 13.1.4【动态规划算法】 标准问题可以通过向后递归来解决：

$$v_t(i)=\min_{a\in\mathcal{A}}\left\{c_t(i,a)+\sum_j p_{ti}^a(j)v_{t+1}(j)\right\},i\in\mathcal{X},t=N-1,N-2,\cdots,0 \tag{13.1.8}$$

此递归由 $\boldsymbol{v}_N=\boldsymbol{c}_N$ 初始化。其中 $v_t(i)$ 为 t 阶段状态 i 的最优值函数，对应的最优控制策略由（13.1.7）得到。

Bellman 动态规划算法在有限阶段情况下的复杂度为 $O(nmN)$ 算术运算。

13.1.3　不确定性的诅咒

对于具有中等数量状态和控制的系统，Bellman 递归提供了一个有吸引力和简洁的解决方案，这使该算法在 20 世纪的顶级算法的万神殿中占有一席之地。由于著名的“维度诅咒”，动态规划算法在大规模系统中的应用仍然具有挑战性：在许多应用中，如例 13.1.1 所示，状态对应于几个实值变量的离散化，例如表示位置，它们的数量随着这些实值变量的数量增长呈指数增长。这一诅咒得到了充分的研究，使 MDP 领域成为一个非常活跃的研究领域。

在本章中，我们将探索与 MDP 模型相关的另一个“诅咒”：不确定性的诅咒。正如我们将看到的，这个诅咒可能是存在的，但是，与它的早期表亲——维度的诅咒相比，它可以用一种计算上易于处理的方式被治愈。

不确定性诅咒指的是马尔可夫决策问题的最优解可能对状态转移概率非常敏感。在许多实际问题中，对这些概率的估计远说不上准确，并且往往由于系统的时变（非平稳）性质而变得复杂，是一个巨大的挑战。因此，估计误差是将马尔可夫决策过程应用于现实问题的限制因素。这促使我们研究问题（13.1.2）的鲁棒对等，并为我们提供了一个问题的例子，这个问题最初是作为状态分布中的随机控制问题，其中增加了一层不确定性。

13.2　鲁棒 MDP 问题

在本节中，我们通过假设第二个参与者（我们称之为环境）允许在规定的范围内改变转移概率分布，并寻求一种针对环境行为的鲁棒控制策略，来解决不确定性的诅咒。

13.2.1　不确定性模型

我们假设对于每一个动作 a，时刻 t 和状态 i，由环境选择的相应的转移概率分布 $\boldsymbol{p}_{ti}^a$ 只已知位于 $\mathcal{X}$ 上概率分布集合的某个给定子集 $\mathcal{P}_{ti}^a$ 内；后者只不过是标准单纯形 $\Delta_n=\Big\{\boldsymbol{p}=$

$[p(1);\cdots;p(n)]\in\mathbb{R}_+^n:\sum_j p(j)=1\Big\}$。大致来说，我们可以把集合 $\mathcal{P}_{ti}^a$ 看作转移概率分布的置信度集合。让我们提供一些不确定性集 $\mathcal{P}_{ti}^a$ 的具体例子；当给出这些例子时，我们略过指标 a,t,i。

(**a**) 场景模型涉及一个有限的分布集合：

$$\mathcal{P}=\mathrm{Conv}\{\boldsymbol{p}^1,\cdots,\boldsymbol{p}^k\}$$

式中 $\boldsymbol{p}^s\in\Delta_n,s=1,\cdots,k$ 是给定的。这是当 $\mathcal{P}\subset\Delta_n$ 是一个由其顶点给出的多面体时的情况。

(**b**) 区间模型假设

$$\mathcal{P}=\left\{\boldsymbol{p}:\underline{\boldsymbol{p}}\leqslant\boldsymbol{p}\leqslant\overline{\boldsymbol{p}},\sum_j p(j)=1\right\}$$

其中 $\overline{\boldsymbol{p}}$，$\underline{\boldsymbol{p}}$ 是 $\mathbb{R}^n$ 中给定的非负向量（其元素和不一定为 1），且 $\overline{\boldsymbol{p}}\geqslant\underline{\boldsymbol{p}}$。

(**c**) 似然模型具有如下形式：

$$\mathcal{P}=\mathcal{P}(\rho):=\left\{\boldsymbol{p}\in\Delta_n:L(\boldsymbol{p}):=\sum_{i=1}^n q(i)\ln(q(i)/p(i))\leqslant\rho\right\}\tag{13.2.1}$$

其中 $\boldsymbol{q}\in\Delta_n$ 是一个固定的参考分布（例如，“真实”转移分布的最大似然估计值，当前的时间、状态和控制动作被给出），$\rho\geqslant0$ 是“不确定性水平”。注意，当 $\rho=0$ 时，集合 $\mathcal{P}(\rho)$ 成为单元素集合 $\{\boldsymbol{q}\}$。在这一类别中，一个稍微通用的模型是最大后验（MAP）模型，其中 $L(\boldsymbol{p})$ 被 $L(\boldsymbol{p})-\ln(g_{\text{prior}}(\boldsymbol{p}))$ 所取代，其中 g_{prior} 是参数向量 $\boldsymbol{p}$ 的一个先验密度函数。习惯上选择先验为狄利克雷分布，其密度有如下形式：

$$g_{\text{prior}}(\boldsymbol{p})=K\cdot\prod_j[p(j)]^{\alpha_j-1}$$

其中 $\alpha_j\geqslant1$，K 是一个归一化常数。选择 $\alpha_j=1$，对于所有 j，我们再现“无信息先验”，即在 n 维单纯形上的均匀分布，在这种情况下，MAP 模型，直到 ρ 中的变化，归纳为似然模型。

(**d**) 熵模型是

$$\mathcal{P}(\rho):=\left\{\boldsymbol{p}\in\Delta_n:D(\boldsymbol{p}\|\boldsymbol{q}):=\sum_{j=1}^n p(j)\ln(p(j)/\boldsymbol{q}(j))\leqslant\rho\right\}$$

使得 $D(\boldsymbol{p}\|\boldsymbol{q})$ 为分布 $\boldsymbol{p}$ 与参考分布 $\boldsymbol{q}\in\Delta_n$ 之间的 Kullback-Leibler 散度。同样地，$\rho\geqslant0$ 是不确定性水平。这个模型反映了似然模型；后者是通过交换 $\boldsymbol{p}$ 和 $\boldsymbol{q}$ 在散度表达式中的作用从前者得到的。

(**e**) 椭球模型具有如下形式

$$\mathcal{P}(\rho):=\{\boldsymbol{p}\in\Delta_n:(\boldsymbol{p}-\boldsymbol{q})^{\mathrm{T}}\boldsymbol{H}(\boldsymbol{p}-\boldsymbol{q})\leqslant\rho^2\}$$

其中 $\boldsymbol{q}\in\Delta_n$ 和 $\boldsymbol{H}\succ0$ 被给定。

例 13.2.1【建立不确定性模型】 不确定性模型可以从一个从状态 $i\in\mathcal{X}$ 开始的控制实验中得到，在控制实验中我们记录了状态对之间的转换次数。这样，我们就得到了每个 $a\in\mathcal{A}$ 的经验转移频率 q_{ti}^a 的向量。结果表明，这些向量是真实转移概率分布的最大似然估计。相应的似然模型为式（13.2.1），ρ 为控制不确定性集大小的参数。椭球模型可以通过对数似然函数的二阶近似得到，而区间模型则可以通过似然不确定性集在坐标轴上的投影得到。

上述模型描述了转移概率分布的边界。为了完整地描述不确定性模型，我们需要进一步明确第二参与者（环境）可以如何动态地（随时间或其他）改变这些分布。在这方面，两种不确定性模型是可能的，导致两种可能形式的有限阶段鲁棒控制问题。

在第一个模型中，我们称为平稳不确定性模型，由环境选择的转移分布 $\boldsymbol{p}_{ti}^{a}$ 与 t 无关，环境从给定的不确定性集中选择一个具有两个索引的集合 $\{\boldsymbol{p}_i^a: a\in\mathcal{A}, i\in\mathcal{X}\}$，因此该转移分布由该集合表示。在第二个模型中，我们称为时变不确定性模型，我们给出了一个 Δ_n 里的子集的集合 $\{\mathcal{P}_{ti}^a: a\in\mathcal{A}, t\in\mathcal{T}, i\in\mathcal{X}\}$，并且对于每一个瞬间 t，当前状态 i 和当前动作 a，环境可以"随意"从集合 $\mathcal{P}_{ti}^a$ 中选择得到转移概率分布 $\boldsymbol{p}_{ti}^a$。技术上的原因，我们假设集合 $\mathcal{P}_{ti}^a$ 是非空且封闭的。每个问题都将导致决策者和环境之间的博弈，决策者寻求最大期望成本的最小化，而环境是最大化的参与者。

13.2.2　鲁棒对等

有了不确定性模型，我们就可以更正式地定义鲁棒控制问题了。

如上所述，环境策略是由环境选择的与时间相关的转移概率分布的特定集合 $\boldsymbol{\tau}=\{\boldsymbol{p}_{ti}^a: a\in\mathcal{A}, t\in\mathcal{T}, i\in\mathcal{X}\rangle$。在非平稳模型中，环境容许的策略的集合是给定集合 $\mathcal{P}_{ti}^a\subset\Delta_n$ 的整个直积 $\prod_{a\in\mathcal{A},\ t\in\mathcal{T},\ i\in\mathcal{X}}\mathcal{P}_{ti}^a$。在平稳模型的情况下，这些策略被进一步限制为 $\boldsymbol{p}_{ti}^a$ 独立于 t（在这种情况下，假设集合 $\mathcal{P}_{ti}^a$ 也独立于 t 是有意义的）。平稳不确定性模型导致如下鲁棒对等：

$$\phi_N(\Pi):=\min_{\boldsymbol{u}\in\Pi}\max_{\{\boldsymbol{p}_i^a\in\mathcal{P}_i^a: a\in\mathcal{A}, i\in\mathcal{X}\}} C_N(\boldsymbol{p},\{\boldsymbol{p}_i^a\}) \tag{13.2.2}$$

相比之下，时变不确定性模型则导致了上述情况的松弛版本：

$$\phi_N(\Pi)\leqslant\psi_N(\Pi):=\min_{\boldsymbol{u}\in\Pi}\max_{\{\boldsymbol{p}_{ti}^a\in\mathcal{P}_{ti}^a: a\in\mathcal{A}, t\in\mathcal{T}, i\in\mathcal{X}\}} C_N(\boldsymbol{u},\{\boldsymbol{p}_{ti}^a\}) \tag{13.2.3}$$

统计上的原因，第一个模型很有吸引力，因为当底层过程是时不变的时候，开发统计上准确的置信集要容易得多。不幸的是，最终的问题（13.2.2）似乎很难解决。第二个模型很有吸引力，因为我们可以使用之后提到的动态规划算法的变体来解决相应的问题（13.2.3），但留给我们一个困难的任务，即估计时变分布 $\boldsymbol{p}_{ti}^a$ 的有意义的置信集。

在有限阶段的情况下，我们想使用第一种不确定性模型，其中转移概率分布是时不变的。这将允许我们使用似然或熵界以统计上准确的方式描述不确定性。然而，相关的鲁棒对等问题似乎在计算上太困难了，我们转向在控制中常见的它的保守近似，具体地说，将时不变不确定性扩展到时变不确定性。这意味着我们将第二个问题（13.2.3）作为实际关注问题（13.2.2）的保守近似来解决，使用不确定性集 $\mathcal{P}_{ti}^a\equiv\mathcal{P}_i^a$，该不确定性集是从转移概率的时不变假设推导出来的。

13.3　有限阶段上的鲁棒 Bellman 递归

我们考虑式（13.2.3）中定义的有限阶段鲁棒控制问题。

下面的定理将 Bellman 动态规划推广到鲁棒对等（13.2.3）。

定理 13.3.1【鲁棒动态规划】　鲁棒对等问题（13.2.3）可以通过如下向后递归来解决：

$$v_t(i)=\min_{a\in\mathcal{A}}\left\{c_t(i,a)+\max_{p\in\mathcal{P}_{ti}^a}\sum_j p(j)v_{t+1}(j)\right\}, i\in\mathcal{X}, t=N-1,N-2,\cdots \tag{13.3.1}$$

通过设置 $\boldsymbol{v}_N=\boldsymbol{c}_N$ 初始化。假设在时刻 t 被控制系统处于状态 i，此处 $v_t(i)$ 是最大的（对于在同一阶段的环境策略）预期控制成本的最小值（对于在阶段 $t,t+1,\cdots,N-1$ 上的控制策略)。

相应的最优控制策略 $\boldsymbol{u}^*=(u_0^*(\cdot),\cdots,u_{N-1}^*(\cdot))$ 通过如下设置获得:

$$u_t^*(i)\in\underset{a\in\mathcal{A}}{\operatorname{argmin}}\{c_t(i,a)+\max_{p\in\mathcal{P}_{ti}^a}\sum_j p(j)v_{t+1}(j)\},i\in\mathcal{X},t\in\mathcal{T} \tag{13.3.2}$$

并且相应的最坏情况环境策略通过如下设置得到:

$$p_{ti}^a\in\underset{p\in\mathcal{P}_{ti}^a}{\operatorname{argmax}}\{\boldsymbol{p}^{\mathrm{T}}\boldsymbol{v}_{t+1}:\boldsymbol{p}\in\mathcal{P}_{ti}^a\},i\in\mathcal{X},a\in\mathcal{A},t\in\mathcal{T} \tag{13.3.3}$$

式(13.2.3)中最优值为

$$\boldsymbol{\psi}_N(\Pi)=\boldsymbol{q}_0^{\mathrm{T}}\boldsymbol{v}_0$$

$\boldsymbol{q}_0$ 为状态的初始分布。最后,不确定性对给定策略 $\boldsymbol{u}=(u_0(\cdot),\cdots,u_{N-1}(\cdot))$ 的影响可通过如下向后递归进行评估:

$$v_t^u(i)=c_t(i,u_t(i))+\max_{p\in\mathcal{P}_{ti}^{u_t(i)}}\boldsymbol{p}^{\mathrm{T}}\boldsymbol{v}_{t+1}^u,i\in\mathcal{X},t=N-1,N-2,\cdots,0 \tag{13.3.4}$$

用 $\boldsymbol{v}_N=\boldsymbol{c}_N$ 初始化;这个递归为策略 $\boldsymbol{u}$ 提供了最坏情况的值函数 $\boldsymbol{v}^u$。

证明 式(13.3.1)的证明是由标准的动态规划论证给出的。让我们定义 $v_t(i)$ 为 $t=N$ 时的 $c_N(i)$,并且作为在时间阶段 $t,t+1,\cdots,N-1$ 上的最坏情况预期控制成本的最小值(在这个时间阶段的控制策略上),其中最坏情况是对于在这个时间阶段内的环境策略来说的。回顾 $\boldsymbol{q}_0$ 的定义,我们需要证明的是量 $v_t(i)$ 服从式(13.3.1)的递归式。后者很容易被 t 中的"逆向归纳法"给出。事实上,基数 $t=N$ 是明显的。为了进行归纳步骤,假设我们的递归式对 $t\geqslant\tau+1$ 和所有状态都成立,并验证它对时刻 τ 的每个状态 i 也成立。的确,通过在这个时刻和状态下的一个候选控制动作 a 来表示,请注意,环境可以选择一个任意向量 $\boldsymbol{p}\in\mathcal{P}_{\tau i}^a$ 作为此时从该状态开始的转移概率分布。有了这种环境的选择,考虑到系统的马尔可夫性质,根据归纳假设,我们在时间阶段 $\tau,\tau+1,\cdots,N-1$ 内的预期损失将是

$$c_\tau(i,a)+\sum_j p(j)v_{\tau+1}(j)$$

关于 t 时刻在状态 i 下的环境选择,这个量的最差值为

$$\max_{p\in\mathcal{P}_{\tau i}^a}\left\{c_\tau(i,a)+\sum_j p(j)v_{\tau+1}(j)\right\}=c_\tau(i,a)+\max_{p\in\mathcal{P}_{\tau i}^a}\sum_j p(j)v_{\tau+1}(j)$$

因此,在时间阶段 $\tau,\tau+1,\cdots,N-1$,时刻 τ 的状态为 i,我们的最小的最坏情况预期损失 $v_\tau(i)$ 如式(13.3.1)所述:

$$\min_{a\in\mathcal{A}}\left\{c_\tau(i,a)+\max_{p\in\mathcal{P}_{\tau i}^a}\sum_j p(j)v_{\tau+1}(j)\right\}$$

归纳完成。 ■

定理 13.3.1 的其余陈述是显而易见的。

13.3.1 易处理问题

假设 $\mathcal{P}_{ti}^a$ 是可计算处理的凸集,例如,它们是由显式半定表示给出的。则式(13.3.1)中向后递归的每一个步骤都需要解 $\mathrm{Card}(\mathcal{A})\mathrm{Card}(\mathcal{X})=mn$ 的问题,即在 $\mathcal{P}_{ti}^a$ 形式的集合上最大化给定的线性函数。由此可知,鲁棒对等求解的总体复杂度以 $mnN\mathcal{C}$ 为界,其中 $\mathcal{C}$ 为在可计算处理的凸集 $\mathcal{P}_{ti}^a$ 上最大化线性形式的(关于 a,t,i 最大的)复杂度。我们得出结论,鲁棒 Bellman 递归在计算上是易处理的,只要 m,n,N 是适中的。

还请注意，在定理 13.3.1 的证明中，我们从来没有用过集合 $\mathcal{P}^a_{ti}\subset\Delta_n$ 的凸性，只利用了集合是非空、封闭的这一事实（后者使所需要的所有最大值都能达到）。除此之外，从式（13.3.1）的结构我们可以看到，当集合 $\mathcal{P}^a_{ti}$ 扩展到它们的凸包时，这种递归保持不变。因此，当集合 $\mathcal{P}^a_{ti}$ 不是必要的凸时，鲁棒 Bellman 递归是易处理的，但我们足够聪明，可以以一种计算上易处理的方式表示它们的凸包（此外，m,n,N 是适中的）。

我们将用数值方法说明上述结构和结果。

例 13.1.1 续 图 13-1 作为一个有 127 个顶点的六边形网格；一架飞机应该从起始点 O 飞到终点 D，沿着网格的边移动；沿着一条边飞行需要一个时间单位。网格中间的六边形区域 W（对应的节点用星号标记，边为实线）表示可能受恶劣天气影响的区域；在每个时间段 $[t,t+1),t\in\mathbb{Z}$，此天气状态可以是"g"（好），也可以是"b"（坏）。当飞机沿 W 的边飞行时，燃油消耗取决于天气状况，具体来说，当天气好的时候 $\ell>0$，当天气不好的时候 $u>\ell$。沿 W 外的边飞行的油耗总是等于 ℓ。

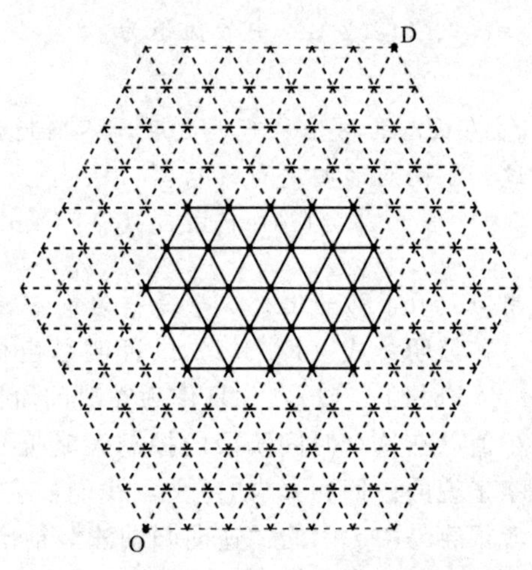

图 13-1 起始点 O 和终点 D 的"飞行网格"，星号和实线表示可能出现恶劣天气的区域

现在，天气"有它自己的生命"，用马尔可夫链描述，并带有如下转移概率：

$$\left[\begin{array}{c|c} p_{\mathrm{g2g}} & p_{\mathrm{g2b}}:=1-p_{\mathrm{g2g}} \\ \hline p_{\mathrm{b2g}}:=1-p_{\mathrm{b2b}} & p_{\mathrm{b2b}} \end{array}\right]$$

p_{g2g} 是保持好状态的概率（即，在一个时间段内从状态"g"转移到自身），p_{b2b} 是保持坏状态的概率。我们假设这些概率不是完全已知的，并且可以相互独立地贯穿如下"不确定性盒"：

$$\mathcal{U}=\{[p_{\mathrm{g2g}};p_{\mathrm{b2b}}]:|p_{\mathrm{g2g}}-p^{\mathrm{n}}_{\mathrm{g2g}}|\leqslant\delta_{\mathrm{g}},|p_{\mathrm{b2b}}-p^{\mathrm{n}}_{\mathrm{b2b}}|\leqslant\delta_{\mathrm{b}}\}$$

其中 p^{n} 为对应的标准概率，并且

$$\delta_{\mathrm{g}}\leqslant\min[p^{\mathrm{n}}_{\mathrm{g2g}},1-p^{\mathrm{n}}_{\mathrm{g2g}}],\delta_{\mathrm{b}}\leqslant\min[p^{\mathrm{n}}_{\mathrm{b2b}},1-p^{\mathrm{n}}_{\mathrm{b2b}}]$$

指定不确定性的最大值。我们假设天气转移概率是随时间变化的，也就是说天气的概率 $p^t_{s_{t-1}2s_t}$ 是由"环境"在时间 t 选择并且可以是相应的不确定性区间的任意点，该天气在时间段 $[t,t+1)$ 处于状态 $s_t\in\{\text{"g"},\text{"b"}\}$，条件为在时间段 $[t-1,t)$ 处于状态 s_{t-1}。

我们的目标是为飞机找到一个策略，使从起始点到终点的总燃料消耗的最差预期成本最小化（在环境的动作上）。

将该情形建模为一个不确定动态规划问题。为了应用所概述的机制，我们进行如下操作。

- 我们用状态对 (p_t,s_t) 来模拟在 $t\in\mathbb{Z}_+$ 时的系统状态，其中 p_t 是在时刻 t 飞机所在的节点，s_t 为时间段 $[t,t+1)$ 内的天气状态。因此，此处总共有 $127\times2=254$ 种状态。
- 在时刻 t 的控制动作 a_t 决定飞机在时间段 $[t,t+1)$ 从当前位置 p_t 沿着 6 条边的哪一条出发。因此，在一般情况下，a_t 取值 1,2,3,4,5,6，此处，1 是指 0°方位，2 是指方位 60°，等等。在网格的边界点上，有些动作（那些将飞机引导出网格的动作）是被禁止的。此外，我们允许控制动作 $a_t=0$（"完全不移动"），但仅在飞机位置在终点 D 时所处的状态下；这个动作被解释为，到达终点后停留在那里。因

此，总共有 7 个控制动作。

- “在线上”成本 c_t（“状态”，“动作”）代表时间段 $[t,t+1)$ 内的燃料消耗：当时刻 t 飞机在网格点 $p=p_t$，这个时候（也就是在时间段 $[t,t+1)$ 内）的天气处于状态 $s=s_t$，并且时刻 t 的控制动作为 $a=a_t\neq 0$，成本 $c_t((p,s),a)$ 一般为从 p 出发沿 a 方向的边飞行时的油耗，此时天气状态为 s。为了解释当 p 是网格的边界点与终点 D 不同时，某些控制动作 $a\neq 0$ 是禁止的，我们将相应的成本设为较大的值 M。同样，唯一允许动作 $a=0$ 的网格点是终点 D，当 $p\neq \mathrm{D}$ 时，我们设置 $c_t((p,s),0)=M$。与此相反，终点唯一允许的控制动作是 $a=0$，当 $a\neq 0$ 时，设 $c_t((\mathrm{D},s),a)=M$，当 $a=0$ 时设 $c_t((\mathrm{D},s),a)=0$。

对于 $P\neq \mathrm{D}$ 的所有状态 (p,s)，我们将终点成本设为 M，否则设为 0。

通过概述的模拟，这种情况属于鲁棒马尔可夫决策过程，可以进行相应的处理。

数值结果。我们通过设置 $p^{\mathrm{n}}_{\mathrm{g2g}}=p^{\mathrm{n}}_{\mathrm{b2b}}=0.9$ 和 $\delta_{\mathrm{b}}=\delta_{\mathrm{g}}=\delta:=0.075$ 指定了标准天气转移概率，这意味着天气有很强的保持现状的趋势，天气从坏到好的概率相对较低，反之亦然。为了使数据不确定性现象更加“明显”，我们使用 $\ell=1$，$u=5$，表示恶劣天气能够显著增加油耗；由于我们的示例仅用于说明，所以我们并不在意这个假设是否真实。我们进一步计算了两种路径选择策略：标准策略，其中转移概率一直处于其标准值，以及鲁棒策略，其中环境可以以一种依赖于时间的方式在我们的不确定性集中选择这些概率。然后我们在如下情况中模拟这两种策略：(a) 天气转移概率保持在它们的标准值，(b) 环境在减少好天气的概率上“做得最好”，也就是说，实际的天气转移概率是由 $p_{\mathrm{g2g}}=p^{\mathrm{n}}_{\mathrm{g2g}}-\delta=0.825$，$p_{\mathrm{b2b}}=p^{\mathrm{n}}_{\mathrm{b2b}}+\delta=0.975$ 给出。我们分别对每个时刻进行了 100 次模拟，模拟出发时的好天气情况和坏天气情况。结果显示在表 13-1、表 13-2 和图 13-2 中。从表 13-2 我们得出结论，在环境的“侵略性”行为下，对于我们的目标，即（最坏情况）预期总油耗，与标准策略相比，鲁棒路径策略具有不可忽略的优势。更有意义的是，要注意这两个策略在路径上的“结构性差异”。从图 13-2a 和 c 可以看出，在标准路径策略下，飞机可以“深入”到受恶劣天气影响的区域，而在鲁棒策略下，这种情况不会发生：路径只能沿着该区域的边界。解释如下：由于我们的模型，当在时刻 t 选择动作 a_t 时，我们已经知道时间段 $[t,t+1)$ 的天气，当时间段 $[t,t+1)$ 内是好天气时，沿着“潜在危险”边移动是成本不高的；为了避免高油耗，一旦该区域的天气从好到坏，飞机就可能逃离危险区域。当路线不进入危险区域时，这种可能性确实存在，我们可以从图 13-2b 和 d 清楚地看出，这种由天气从好到坏引起的“逃离”。因此，在鲁棒策略下，燃油消耗实际上一直保持在较低水平，而代价是由于更长的路径而增加的潜在移动时间。而用标准路径选择策略（与鲁棒策略相比，它依赖于更“乐观”的假设，即关于天气保持良好或从坏到好的概率的假设）解决权衡的方式不同，即沿着边移动的路径长度与燃料消耗之间的权衡；从图 13-2a 和 c 可以看出，相应的路径可以深入潜在危险区域，也就是说，在这种策略下，确实是有可能产生高油耗的。请注意，这种结构上的差异是由天气转移概率中相当微妙的不确定性造成的。

表 13-1 在标准和鲁棒路径问题中的最优值

	最优值	
策略	出发时为好天气	出发时为坏天气
标准	14.595	15.342
鲁棒	15.705	15.916

表 13-2　对于标准和鲁棒路径策略，最坏的情况下（基于环境策略）的预期燃料消耗

策略	出发时的天气	标准天气转移概率	最坏情况天气转移概率
标准	好	14.594	15.808
标准	坏	15.342	16.000
鲁棒	好	15.425	15.705
鲁棒	坏	15.638	15.916

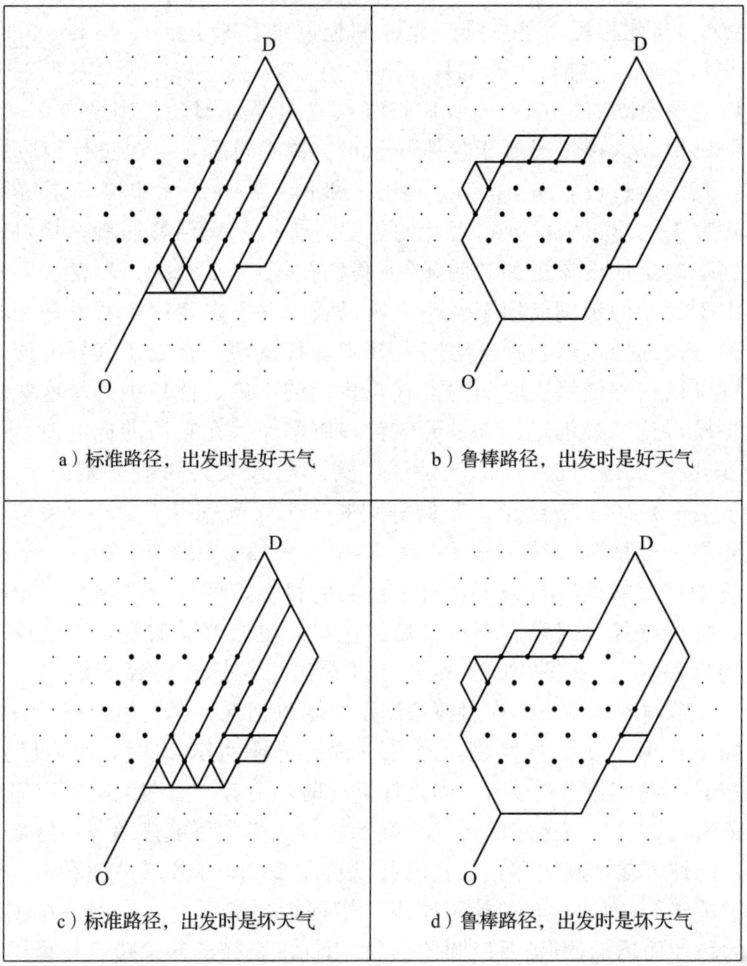

a）标准路径，出发时是好天气

b）鲁棒路径，出发时是好天气

c）标准路径，出发时是坏天气

d）鲁棒路径，出发时是坏天气

图 13-2　100 个基于标准和鲁棒路径的模拟轨迹样本。在模拟路径策略时，每一步骤的天气转移概率选择为 $p_{g2g}=p^{n}_{g2g}-\xi\delta, p_{b2b}=p^{n}_{b2b}+\xi\delta$，$\xi$ 在［0,1］上呈均匀分布（"环境是侵略性的，但不过度"）。我们在每张图片中看到的实际路径数量远远少于抽样的路径数量（100），因为许多这样的路径彼此是相同的

13.4　备注

备注 13.1　本章的结果来源于文献［90］。

鲁棒可调多阶段优化

在这一章中，我们将继续研究从第 13 章开始讲解的鲁棒多阶段决策过程。需要注意的是，在第 13 章中，我们所考虑的状态和动作空间都是有限的，具有适当的基数，并且也与决策过程联系在一起，而鲁棒对等的可计算性就主要源于上述假设。这些假设与过程的马尔可夫性质相结合，通过适当的动态规划技术，以一种计算上高效的方式解决鲁棒对等。在第 13 章中我们提到了“维度诅咒”问题，在接下来的内容中，我们将考虑在动态规划不适用的情况下的多阶段决策问题。

14.1 可调鲁棒优化：动机

实例优化问题具有如下形式

$$\min_{x}\{f(\boldsymbol{x},\boldsymbol{\zeta}):F(\boldsymbol{x},\boldsymbol{\zeta})\in K\}$$

考虑上述问题的集合，即一个一般的不确定优化问题

$$\mathcal{P}=\{\min_{x}\{f(\boldsymbol{x},\boldsymbol{\zeta}):F(\boldsymbol{x},\boldsymbol{\zeta})\in K\}:\boldsymbol{\zeta}\in\mathcal{Z}\} \tag{14.1.1}$$

其中，$\boldsymbol{x}\in\mathbb{R}^n$ 是决策向量，$\boldsymbol{\zeta}\in\mathbb{R}^L$ 表示不确定数据或数据扰动，实值函数 $f(\boldsymbol{x},\boldsymbol{\zeta})$ 是目标，并且向量值函数 $F(\boldsymbol{x},\boldsymbol{\zeta})$ 在 $\mathbb{R}^m$ 中取值，其约束条件为 $K\subset\mathbb{R}^m$，最后，$\mathcal{Z}\subset\mathbb{R}^L$ 是一个不确定性集，其中包含不确定数据。

式 (14.1.1) 涵盖了第一部分和第二部分中考虑的所有不确定优化问题；此外，在前一个问题中，目标函数 f 和约束的右侧 F 总是 $\boldsymbol{x}$ 和 $\boldsymbol{\zeta}$ 的双仿射（可以理解为：当 $\boldsymbol{\zeta}$ 确定时，为 $\boldsymbol{x}$ 的仿射，并且 $\boldsymbol{x}$ 确定时，为 $\boldsymbol{\zeta}$ 的仿射），K 是一个“简单的”凸锥（非负射线/洛伦兹锥/半定锥的直积，取决于我们说的是不确定线性、锥二次，还是半定优化）。我们之后会回到这个“结构良好”的情况；对于我们的直接目的，实例中的特定锥结构不起作用，我们可以以式 (14.1.1) 的形式关注“一般”不确定问题。
将不确定问题 (14.1.1) 的鲁棒对等问题定义为半无限优化问题

$$\min_{x,t}\{t:\forall\boldsymbol{\zeta}\in\mathcal{Z}:f(\boldsymbol{x},\boldsymbol{\zeta})\leqslant t,F(\boldsymbol{x},\boldsymbol{\zeta})\in K\} \tag{14.1.2}$$

这正是在本书第一部分和第二部分所考虑的情况下，所谓的不确定问题的 RC。

回想之前的内容，我们认为 RC (14.1.2) 是不确定问题 (14.1.1) 的鲁棒（鲁棒最优）解的自然来源，这并不是不言而喻的，其“非正式理由”依赖于“决策环境”中的具体假设 A.1～A.3（见 1.2 节）。我们已经以某种方式放宽了最后的这些假设，从而得出了全局鲁棒对等的概念。我们现在正在做的是修改第一个假设，即

A.1 式 (14.1.1) 中的所有决策变量表示“此时此地”的决策；它们应该在实际数据“显示”之前，得到特定的数值，作为解决问题的结果，因此，这些变量应独立于数据的实际值。

在第一部分与第二部分中，我们已经考虑了大量在这种情况下的例子，其中这个假设都是有效的。与此同时，也有一些情况的限制过于严格，因为“实际上”一些决策变量可以在某种程度上根据数据的实际值调整自己。我们可以指出这种可调性的至少两个来源：

分析变量与观望决策的存在。

分析变量。并非所有在式（14.1.1）中的决策变量 x_j 都代表实际决策；在很多情况中，有一些 x_j 是松弛变量或分析变量，它们用于实例时会转换为需要的形式，例如线性优化规划。允许分析变量依赖于数据的真实值是非常自然的。

例 14.1.1【参见例 1.2.7】 考虑一个"ℓ_1 约束"

$$\sum_{k=1}^{K} |\boldsymbol{a}_k^{\mathrm{T}}\boldsymbol{x}-b_k| \leqslant \boldsymbol{\tau} \tag{14.1.3}$$

你可能会认为，例如，在 3.3 节中关于天线的设计问题，其中潜在天线阵列的实际图和目标图之间的"拟合"通过范数 $\|\cdot\|_1$ 距离进行量化。假设数据是实数，$\boldsymbol{x}$ 是实向量，式（14.1.3）可以用变量 $\boldsymbol{x},y,\boldsymbol{\tau}$ 以线性不等式的形式等价地表示为

$$-y_k \leqslant \boldsymbol{a}_k^{\mathrm{T}}\boldsymbol{x}-b_k \leqslant y_k, \sum_k y_k \leqslant \boldsymbol{\tau}$$

现在，当数据 $\boldsymbol{a}_k,b_k$ 是不确定的，$\boldsymbol{x}$ 的分量确实代表"此时此地"的决策，并且独立于数据的实际值时，绝对没有理由将后者的要求强加于松弛变量 y_k，因为它们根本不代表决策，只能证明实际决策 $\boldsymbol{x},\boldsymbol{\tau}$ 满足要求（14.1.3）。当然，虽然我们可以"强制"加入这一要求，但这可能会导致一个过于保守的模型。让松弛变量 y_k 取决于数据的实际值看起来似乎是很合理的——对于更大的一组（$\boldsymbol{x},\boldsymbol{\tau}$）这也增加了我们能够证明式（14.1.3）的鲁棒可行性的可能。

观望决策。这种可调性的来源来自这样一个事实，即一些变量 x_j 代表的并不是"此时此地"的决策，即那些应该在真实数据"暴露出来"之前应该做出的决策。在多阶段决策过程中，就像在第 13 章中考虑的那样，一些 x_j 代表的是"等待和观望"决策，它可以在控制系统"开始运行"后，部分（或全部）真实数据被显示的瞬间进行。在做出决策之前，根据实际中"显示自己"的一部分数据做出这些决策是完全合理的。

例 14.1.2 考虑一个受不确定因素影响的多阶段库存系统。最有趣的相关决策：补货订单。这样的订单一次只做出一个，每天在做出补货决策时，我们已经完全知道了前几日的实际需求。所以，让 t"天"的订单取决于之前几天的需求是很合理的。

14.2　可调鲁棒对等

建立变量可调性模型的自然方法如下：对于每一个 $j \leqslant n$，我们允许 $\boldsymbol{x}_j$ 依赖于真实数据 $\boldsymbol{\zeta}$ 的一个规定的"部分"$\boldsymbol{P}_j\boldsymbol{\zeta}$：

$$\boldsymbol{x}_j = X_j(\boldsymbol{P}_j\boldsymbol{\zeta}) \tag{14.2.1}$$

其中，$\boldsymbol{P}_1,\cdots,\boldsymbol{P}_n$ 是提前给出的矩阵，指定决策 $\boldsymbol{x}_j$ 的"信息库"，$X_j(\cdot)$ 是要选择的决策规则；这些规则原则上是相应向量空间上的任意函数。对于一个给定的 j，指定 $\boldsymbol{P}_j$ 为零矩阵，我们强制使 $\boldsymbol{x}_j$ 完全独立于 $\boldsymbol{\zeta}$，也就是说，让其作为一个"此时此地"的决策；指定 $\boldsymbol{P}_j$ 为单位矩阵，我们允许 $\boldsymbol{x}_j$ 依赖于全体数据（这是我们想要的描述分析变量的方式）。在"中间"的情况下，选择满足 $1 \leqslant \mathrm{Rank}(\boldsymbol{P}_j) < L$ 的 $\boldsymbol{P}_j$，其中允许 $\boldsymbol{x}_j$ 依赖于真实数据的"适当部分"。

我们现在可以在不确定问题（14.1.1）的一般 RC（14.1.2）中用函数 $X_j(\boldsymbol{P}_j\boldsymbol{\zeta})$ 替换独立于 $\boldsymbol{\zeta}$ 的决策变量 $\boldsymbol{x}_j$，从而得出如下问题

$$\begin{aligned} &\min_{t,\{X_j(\cdot)\}_{j=1}^n} \{t: \forall \boldsymbol{\zeta} \in \mathcal{Z}: f(X(\boldsymbol{\zeta}),\boldsymbol{\zeta}) \leqslant t, F(X(\boldsymbol{\zeta}),\boldsymbol{\zeta}) \in K\}, \\ &X(\boldsymbol{\zeta}) = [X_1(\boldsymbol{P}_1\boldsymbol{\zeta});\cdots;X_n(\boldsymbol{P}_n\boldsymbol{\zeta})] \end{aligned} \tag{14.2.2}$$

由此得到的优化问题称为不确定问题（14.1.1）的可调鲁棒对等（ARC），决策规则（的集合）$X(\boldsymbol{\zeta})$ 与某些 t 对于可调鲁棒对等问题是可行的，称为鲁棒可行决策规则。可调鲁棒对等问题就是指定一组决策规则，这些规则具有规定的信息库，对于尽可能小的 t 是可行的。鲁棒最优决策规则现在取代了恒定鲁棒最优决策（不可调节且数据独立），它们是由不确定问题的一般鲁棒对等（14.1.2）产生的。需要注意的是，可调鲁棒对等是鲁棒对等的扩展；后者是前者的一种特殊情况，对应于信息库中所有矩阵 $\boldsymbol{P}_j$ 都为零的情况。

14.2.1 举例

在这一部分，我们将提出两个具有指导性的例子，它们是不确定优化规划，并且具有可调节的变量。

基于时间优先级的信息库。在一些情况中，做出的决策总是及时的，在瞬间 $t(t=1,\cdots,N)$ 做出的决策的自然信息库是在时刻 t 已知的真实数据的一部分。在例 14.1.2 中，我们提到的一个简单的多周期库存模型，这有助于理解。

例 14.1.2 续 考虑一个库存系统，其中 d 个产品共享公共仓库容量，时间阶段由 N 个时期组成，其目标是将总库存管理成本最小化。考虑到缺货的需求，此类库存管理问题最简单的模型如下：

$$
\begin{array}{lll}
\text{最小化} & C & [\text{库存管理成本}] \\
\text{s.t.} & & \\
(a) & C \geqslant \sum_{t=1}^{N}\left[\boldsymbol{c}_{\mathrm{h},t}^{\mathrm{T}}\boldsymbol{y}_t + \boldsymbol{c}_{\mathrm{b},t}^{\mathrm{T}}\boldsymbol{z}_t + \boldsymbol{c}_{\mathrm{o},t}^{\mathrm{T}}\boldsymbol{w}_t\right] & [\text{成本描述}] \\
(b) & \boldsymbol{x}_t = \boldsymbol{x}_{t-1} + \boldsymbol{w}_t - \boldsymbol{\zeta}_t, 1 \leqslant t \leqslant N & [\text{状态方程}] \\
(c) & \boldsymbol{y}_t \geqslant \boldsymbol{0}, \boldsymbol{y}_t \geqslant \boldsymbol{x}_t, 1 \leqslant t \leqslant N & \\
(d) & \boldsymbol{z}_t \geqslant \boldsymbol{0}, \boldsymbol{z}_t \geqslant -\boldsymbol{x}_t, 1 \leqslant t \leqslant N & \\
(e) & \underline{\boldsymbol{w}_t} \leqslant \boldsymbol{w}_t \leqslant \overline{\boldsymbol{w}_t}, 1 \leqslant t \leqslant N & \\
(f) & \boldsymbol{q}^{\mathrm{T}}\boldsymbol{y}_t \leqslant r &
\end{array}
\tag{14.2.3}
$$

其中各个变量的定义如下：

- $C \in \mathbb{R}$ 为库存管理成本的上限；
- $\boldsymbol{x}_t \in \mathbb{R}^d, t=1,\cdots,N$ 为状态。向量 $\boldsymbol{x}_t$ 的第 i 个坐标 x_t^i 是时刻 t（第 t 个时间间隔结束时）存在于仓库中的产品 i 的数量。这个数量有可能是一个非负数，意味着此时的仓库内有 x_t^i 个单位的未销售产品 i；这个数量也有可能是一个负数，这意味目前的仓库需要另行支付给客户 $|x_t^i|$ 个单位的产品 i（“缺货需求”）。
- $\boldsymbol{y}_t \in \mathbb{R}^d$ 是状态 $\boldsymbol{x}_t$ 正部分的上界，即在时刻 t，仓存中存储的产品“物理”数量的上限，$\boldsymbol{c}_{\mathrm{h},t}^{\mathrm{T}}\boldsymbol{y}_t$ 是在时期 t 内存储在仓库中成本的上限；其中向量 $\boldsymbol{c}_{\mathrm{h},t} \in \mathbb{R}_+^d$ 是一个确定的向量，它表示每单位产品持有的成本。类似地，$\boldsymbol{q}^{\mathrm{T}}\boldsymbol{y}_t$ 是在时刻 t 库存中“实际存在”的产品使用的仓库容量上限，$\boldsymbol{q} \in \mathbb{R}_+^d$ 也是一个给定的向量，它表示每单位产品的仓库容量。
- $\boldsymbol{z}_t \in \mathbb{R}^d$ 是在时刻 t 的缺货需求上限，$\boldsymbol{c}_{\mathrm{b},t}^{\mathrm{T}}\boldsymbol{z}_t$ 是这些缺货需求所需要的成本上限。其中。这里是 $\boldsymbol{c}_{\mathrm{b},t} \in \mathbb{R}_+^d$ 是一个给定的向量，它表示每单位产品缺货时所需要付出的成本。
- $\boldsymbol{w}_t \in \mathbb{R}^d$ 是在时期 t 内的补货订单向量，$\boldsymbol{c}_{\mathrm{o},t}^{\mathrm{T}}\boldsymbol{w}_t$ 是执行这些订单的成本。这里是

$c_{o,t} \in \mathbb{R}_+^d$ 是一个给定的向量，表示每单位产品订购的成本。

有了这些解释，式（14.2.3）中表达式所要表达的意思就变得不言而喻。

- (a) 是“成本描述”：它表示总库存管理成本，是持有成本、订购成本、缺货需求成本的累加和；
- (b) 为状态方程：在时期 t 结束时库存中的产品数量（x_t）为在上一时期结束时的量（x_{t-1}）加上该时期的补货订单（w_t）并减去该时期的需求（ζ_t）；
- (c)，(d) 是很显然的；
- (e) 表示补货订单的上限和下限，(f) 表示在时刻 t 库存中“实际存在”的产品使用的总仓库容量 $q^{\mathrm{T}} y_t$（上限）不应大于仓库容量 r。

在我们的示例中，我们假设模型参数

$$x_0, \{c_{h,t}, c_{b,t}, c_{o,t}, \underline{w}_t, \overline{w}_t\}_{t=1}^N, q, r, \{\zeta_t\}_{t=1}^N$$

唯一的不确定因素是需求轨迹 $\zeta = [\zeta_1; \cdots; \zeta_N] \in \mathbb{R}^{dN}$，该轨迹属于给定的不确定性集 $\mathcal{Z}$。由此产生的不确定性线性优化问题由式（14.2.3）组成，这是一个将不确定性数据（需求轨迹 ζ）通过一个给定的集合 $\mathcal{Z}$ 参数化的例子。

就可调性而言，我们问题中的所有变量，除补货订单 w_t 之外都是分析变量。对于所有订单而言，最简单的假设就是 w_t 应该在时刻 t 处取值，此时我们已经知道过去的需求 $\zeta^{t-1} = [\zeta_1; \cdots; \zeta_{t-1}]$。因此，$w_t$ 的信息库是 $\zeta^{t-1} = P_t \zeta$（通常而言，当 $s < 0$ 时 $\zeta^s = \mathbf{0}$）。对于其余的分析变量，信息库是整个需求轨迹 ζ。值得注意的是，我们可以很容易地将该模型调整到需求获取滞后的情况，此时 w_t 应取决于 ζ^{t-1} 的规定的初始段 $\zeta^{\tau(t)-1}, \tau(t) \leqslant t$，而不是所有的 ζ^{t-1}。通过允许 w_t 依赖于 ζ^t 而不是 ζ^{t-1}，我们可以同样容易地解释“在线”观察需求的可能性（如果有）。请注意，在所有的这些情况下，决策的信息库很容易由“实际决策”之间的自然时间优先级给出，并根据特定的需求来确定最终的决策。

例 14.2.1 **项目管理** 图 14-1 是一个简单的 PERT 图，它表示了一个项目管理过程中的问题。这是一个非循环有向图，节点对应于事件，弧对应于活动。在这些节点中，有一个没有引入弧的开始节点 S 和一个没有引出弧的结束节点 F，分别被解释为“项目的开始”和“项目的完成”。其余节点对应于事件“项目的特定阶段已完成，可以从一个阶段进入另外一个阶段”。例如，该图可以表示创建一个工厂，其中 A、B、C 分别表示事件“要安装的设备已获得并交付”“设施 1 已建造并配备”“设施 2 已建造并配备”。活动即工作，是一个项目的组成部分。在我们的示例中，这些工作可以如下所示：

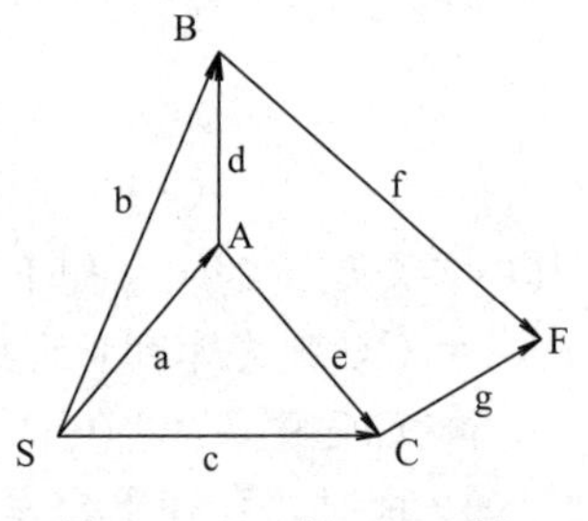

图 14-1 一个 PERT 图

a：设施 1 和 2 的设备获取并交付

b：设施 1 建造完成

c：设施 2 建造完成

d：在设施 1 中安装设备

e：在设施 2 中安装设备

f：对设施 1 相关人员进行培训并准备生产

g：对设施 2 相关人员进行培训并准备生产

PERT 图的拓扑结构表示活动和事件之间的逻辑优先级：一个特定的活动，例如 g，只能在事件 C 发生后开始，而后一个事件则在活动 c 和 e 都完成时发生。

在 PERT 模型中，假设活动 γ 具有非负持续时间 τ_γ（可能取决于控制参数），它是指在没有中断的情况下运行时，逻辑优先级允许开始活动的时刻和实际开始活动的时刻之间有可能存在空闲的时间。有了这些假设，我们就可以在事件 ν 发生的时刻通过 t_ν 来构建一个约束系统。通过 $\Gamma=\{\gamma=(\mu_\gamma,\nu_\gamma)\}$ 来表示 PERT 图中的弧集合（μ_γ 是弧 γ 开始的节点，而 ν_γ 是弧 γ 结束的节点），该系统表示为

$$t_{\mu_\gamma}-t_{\nu_\gamma}\geqslant\tau_\gamma,\forall\gamma\in\Gamma \tag{14.2.4}$$

根据以下要求来“规范化”这个系统

$$t_S=0$$

t_F 的值可以从系统的可行解中获得，是整个项目的可实现持续时间。在一个典型的项目管理问题中，对 t_F 施加一个上限，并在该限制下，结合约束系统（14.2.4），可以将一些目标函数最小化。

例如，考虑一种情况，活动的“正常”持续时间 τ_γ 可以在付出一定成本的基础上减少（“在现实中”，这相当于对另外的人力或者机器等进行投资）。这时，相应的模型变成

$$\tau_\gamma=\zeta_\gamma-x_\gamma,c_\gamma=f_\gamma(x_\gamma)$$

其中，ζ_γ 是活动的“正常持续时间”，x_γ（“挤压”）是一个非负的决策变量，$c_\gamma=f_\gamma(x_\gamma)$ 是对时间进行挤压的成本，其中，$f_\gamma(\cdot)$ 是一个给定的函数。相关的优化模型的例子为：在给定的项目工期上限 T 下，使对时间进行挤压的总成本最小化的问题：

$$\min_{\substack{x=\{x_\gamma:\gamma\in\Gamma\}\\ \{t_\nu\}}}\left\{\sum_\gamma f_\gamma(x_\gamma):\begin{array}{l}t_{\mu_\gamma}-t_{\nu_\gamma}\geqslant\zeta_\gamma-x_\gamma\\ 0\leqslant x_\gamma\leqslant\overline{x}_\gamma\end{array},\forall\gamma\in\Gamma,t_S=0,t_F\leqslant T\right\} \tag{14.2.5}$$

其中，$\overline{x}_\gamma$ 给出了对时间进行挤压的成本上界。请注意，当 $f_\gamma(\cdot)$ 是凸函数时，式（14.2.5）是一个显式凸问题，除了凸性，当 $f_\gamma(\cdot)$ 是分段线性函数时，式（14.2.5）可以直接转换为线性优化规划（现实中通常是这种情况，我们从现在开始以这种情况作为假设）。

通常，PERT 问题的部分数据是不确定的。在一种最简单的情况下时，即在式（14.2.5）中唯一不确定的元素是活动的正常持续时间 ζ_γ（其不确定性可能来自不同的天气条件、对未来工作的预期不准确等）。让我们假设这些持续时间是随机变量，并且相互独立、分布在给定的段 $\Delta_\gamma=[\underline{\zeta}_\gamma,\overline{\zeta}_\gamma]$ 中。为了避免出现其他问题，我们假设对于每一个 γ 有 $\underline{\zeta}_\gamma\geqslant\overline{x}_\gamma$（“不能将持续时间设为负数”）。现在式（14.2.5）变成了一个不确定 LO 规划，不确定性只影响约束的右侧。对于数据不确定性的问题，一种使问题的解“免疫”的自然方法是将问题传递给一般 RC——将 t_ν 和 x_γ 视为变量，并提前选择值，从而使式（14.2.4）中的约束条件满足不确定性集中数据 ζ_γ 的所有值。在我们后一个集合的模型中，RC 只不过是我们不确定问题的“最坏实例”，其中 ζ_γ 被设置为其最大可能值 $\overline{\zeta}_\gamma$。对于大型 PERT 图，这种方法是非常保守的：为什么我们要考虑高度不可能的情况，其中所有的正常持续时间（独立随机变量）同时处于最坏情况下的值？需要注意的是，即使考虑到正常持续时间是随机的，并将式（14.2.5）中的不确定约束替换为其机会约束，我们基本上也不会降低其保守性。事实上，式（14.2.5）中的每一个随机扰动约束都包含一个单个随机扰动，因此我们不能期望约束的随机扰动会在某种程度上相互抵消。因此，要求概率为 0.9 或 0.99 的每个不确定约束的有效性与要求其“在最坏情况下”的有效性是相同的，只是活动的最大正常持续时间略有减少。

一个更有希望的方法是尝试“在线”调整我们的决策。事实上，我们讨论的是一个随时间演化的过程，变量 x_γ 和 t_ν 表示的“实际决策”是分析变量。假设关于 x_γ 的决策可以推迟到事件 μ_γ 发生（活动 γ 可以启动的最早时间），在那时，我们已经知道在事件 μ_γ 之前终止的活动的实际持续时间，我们可以根据这些信息调整关于 x_γ 的决策。困难在于我们事先不知道事件之间的实际时间优先级是什么——这些优先级取决于我们的决策和不确定数据的实际值。例如，在图 14-1 所描述的情况中，我们通常不能提前知道 B、C 中的哪一个事件将优先于另一个事件发生。因此，在我们目前的情况下，与例 14.1.2 的情况形成鲜明对比的是，试图充分利用这些可能性，将决策调整到适应数据实际值，结果导致了一个极其复杂的问题，不仅决策本身，而且决策的信息库也依赖于不确定数据和我们的策略。然而，我们可以保持在“完全没有可调性”和“尽可能多的可调性”之间。具体来说，我们肯定知道，如果一对活动 γ' 和 γ 通过一个逻辑优先级连接起来，那么图中存在一条以 γ' 开始，以 γ 结束的定向路径，那么 γ' 的实际持续时间在 γ 开始之前就已经知道了。因此，我们可以将集合 $\zeta^\gamma=\{\zeta_{\gamma'}:\gamma'\in\Gamma_-(\gamma)\}$ 作为活动 γ 的信息库，其中 $\Gamma_-(\gamma)$ 在逻辑上是先于活动 γ 的所有活动的集合。在有利的情况下，与不可调 RC 相比，这种方法可以显著降低鲁棒性的成本。事实上，当插入式（14.2.5）的随机扰动约束而不是常数 x_γ 和函数 $X_\gamma(\zeta^\gamma)$ 时，并要求结果不等式有效的概率为 $1-\epsilon$，我们最终得到一个系统的机会约束，其中一些（在良好情况下，甚至是大多数）都涉及许多独立的随机扰动。当函数 $X_\gamma(\zeta^\gamma)$ 足够规则时（例如仿射），我们希望影响机会约束的众多独立扰动在某种程度上相互抵消，从而，由此产生的机会约束系统将比对应于不可调决策的系统有更少的保守性。

14.2.2　对于可调鲁棒对等（ARC）的好消息

从一个平凡的信息库传递到一个非平凡的信息库——从独立数据的鲁棒最优决策到基于数据的鲁棒最优决策确实可以显著降低相关的鲁棒最优值。

例 14.2.2 对于简单的不确定 LO 问题

$$\left\{\min_x\left\{x_1:\begin{array}{ll}x_2\geqslant\frac{1}{2}\zeta x_1+1 & (a_\zeta)\\ x_1\geqslant(2-\zeta)x_2 & (b_\zeta)\\ x_1,x_2\geqslant 0 & (c_\zeta)\end{array}\right\}:0\leqslant\zeta\leqslant\rho\right\}$$

其中，$\rho\in(0,1)$ 是一个参数（不确定性水平）。让我们将其不可调 RC 的最优值（其中 x_1 和 x_2 必须独立于 ζ）与 ARC 的最优值（其中假设 x_1 仍然独立于 $\zeta(P_1\zeta\equiv0)$，但允许 x_2 依赖于 $\zeta(P_2\zeta\equiv\zeta)$）进行比较。

当 $\zeta=\rho$ 时，RC 的可行解（x_1,x_2）对于约束（a_ζ）应该仍然可行，这意味着 $x_2\geqslant\frac{\rho}{2}x_1+1$。当 $\zeta=0$ 时，对于约束（b_ζ）应该仍然可行，这意味着 $x_1\geqslant 2x_2$。综合以上两个不等式得出 $x_1\geqslant\rho x_1+2$，从而 $x_1\geqslant\frac{2}{1-\rho}$。因此，$\mathrm{Opt(RC)}\geqslant\frac{2}{1-\rho}$，其中当 $\rho\to1-0$ 时，$\mathrm{Opt(RC)}\to\infty$。

现在让我们解 ARC 问题。给定 $x_1\geqslant0$ 并且 $\zeta\in[0,\rho]$，可以立即观察到，通过适当选择 x_2，可以扩展 x_1 作为（a_ζ）的可行解（通过（c_ζ）），当且仅当 $\left(x_1,x_2=\frac{1}{2}\zeta x_1+1\right)$ 对

于 (a_ζ) 是可行的（通过 (c_ζ)），也就是说，当 $1\leqslant\zeta\leqslant\rho$ 时，当且仅当 $x_1\geqslant(2-\zeta)\cdot\left[\frac{1}{2}\zeta x_1+1\right]$。当 $x_1=4$，并且 $\rho\leqslant1$ 时（因为当 $0\leqslant\zeta\leqslant2$ 时，$(2-\zeta)\zeta\leqslant1$），后一种关系成立。因此，Opt(ARC)$\leqslant4$，并且当 $\rho\to1-0$ 时，Opt(RC) 和 Opt(ARC) 之间的差异以及比率 Opt(RC)/Opt(ARC) 趋向于无穷。

14.2.3　对于可调鲁棒对等（ARC）的坏消息

不幸的是，从计算角度来看，一个不确定问题的 ARC 往往只是单凭主观的想法，而不是实际的工具。原因在于，ARC 问题通常在计算上非常棘手。事实上，式（14.2.2）是一个无限维的问题，人们希望优化函数（决策规则）而不是用向量，这些函数通常依赖于许多实变量。甚至不清楚该如何在计算机中表示一般类型的候选决策规则（一个一般类型的多元函数）。似乎这里唯一的选择是坚持预先选择的决策规则的参数族，比如 $\boldsymbol{P}_j\boldsymbol{\zeta}$ 的分段常数/线性/二次函数，并且它们具有简单的分段域（例如，盒）。通过这种方法，候选决策规则由相关参数的值向量确定，ARC 问题成为一个有限维问题，参数是我们的新决策变量。这种方法确实是可能的，事实上，这将是下文的重点。然而，从一开始就应该清楚，如果所讨论的参数族“足够丰富”，能够很好地近似“真正最优”的决策规则（将高次多项式样条视为“变化不太快”的一般类型多元函数的近似值），所涉及的参数数量应该有天文数字那么大，除非 $\boldsymbol{\zeta}$ 的维数真的很小，比如 1 到 3 维（想想在一个具有 20 个变量的 10 次代数多项式中有多少系数）。因此，除了“真正低维”的情况，“丰富的”通用决策规则参数族在所有实际用途上都与非参数族一样难以处理。换句话说，当 $\boldsymbol{\zeta}$ 的维数 L 不太小时，决策规则的参数族的易处理性与其“近似能力”相反，如果坚持使用易处理的参数族，我们将无法控制“参数的”ARC 的最优值与“真实”无限维 ARC 的最优值之间的距离。这里唯一的例外似乎是，当我们足够聪明，能够利用我们对所讨论的不确定问题实例的结构的知识，以确定在中等数量的参数下的最优决策规则。如果我们真的那么聪明，并且如果可以以一种计算上有效的方式在数值上进一步识别所讨论的参数，那么我们最终确实可以得到“真正的”ARC 最优解。不幸的是，前一句中的两个“如果”对我们提出的要求非常高——据我们所知，满足这些条件的唯一一般情况是第 13 章中考虑的马尔可夫决策过程的“环境”，以及可在这种环境中使用的动态规划技术。这些技术似乎是现有“优化工具箱”中唯一可用于 ARC 问题数值处理的组件，至少在寻求可证明的高质量的近似值时是如此。不幸的是，动态规划技术非常“脆弱”——它们需要非常具体的结构实例，遭受“维度诅咒”，等等，具体内容可以参见第 13 章。我们所认为的底线是，除了第 13 章中考虑的情况，动态规划在计算上是有效的（这是一个例外，而不是一个规则），优化决策规则的唯一可能易于计算的方法是以放弃对这种简化可能导致的最优性损失的完全控制为代价来坚持它们简单的参数族。

在深入研究刚刚概述的可调鲁棒决策（其中一个版本）的“简单近似”方法之前，有必要指出两种情况，即不需要简单近似，因为我们所讨论的情况从一开始就非常简单。

14.2.3.1　简单情况一：固定资源和场景生成的不确定性集

考虑一个不确定锥问题

$$\mathcal{P}=\left\{\min_{x}\{\boldsymbol{c}_\zeta^{\mathrm{T}}\boldsymbol{x}+d_\zeta:\boldsymbol{A}_\zeta\boldsymbol{x}+\boldsymbol{b}_\zeta\in K\}:\boldsymbol{\zeta}\in\mathcal{Z}\right\}\tag{14.2.6}$$

（$\boldsymbol{A}_\zeta,\boldsymbol{b}_\zeta,\boldsymbol{c}_\zeta,d_\zeta$ 是 $\boldsymbol{\zeta}$ 的仿射，K 是在计算上易处理的凸锥）并且假设：

i）$\mathcal{Z}$ 是由场景生成的不确定性集，即一个由有限多个“场景”$\zeta^s, 1\leqslant s\leqslant S$ 生成的凸包；

ii）信息库保证了每个变量 x_j 要么不可调（$\boldsymbol{P}_j=\boldsymbol{0}$），要么完全可调（$\boldsymbol{P}_j=\boldsymbol{I}$）；

iii）我们处于固定资源的情况，即每个可调变量 x_j（$\boldsymbol{P}_j\neq\boldsymbol{0}$ 的变量），在目标和约束条件左侧的所有系数都是确定的（与 $\boldsymbol{\zeta}$ 无关）。

在不丧失一般性的情况下，我们可以假设 $\boldsymbol{x}=[\boldsymbol{u};\boldsymbol{v}]$，其中变量 $\boldsymbol{u}$ 是不可调的，变量 $\boldsymbol{v}$ 是完全可调的；在固定资源的情况下，我们的不确定问题可以写为

$$\mathcal{P}=\{\min_{\boldsymbol{u},\boldsymbol{v}}\{\boldsymbol{p}_{\zeta}^{\mathrm{T}}\boldsymbol{u}+\boldsymbol{q}^{\mathrm{T}}\boldsymbol{v}+d_{\zeta}:\boldsymbol{P}_{\zeta}\boldsymbol{u}+\boldsymbol{Q}\boldsymbol{v}+\boldsymbol{r}_{\zeta}\in K\}:\boldsymbol{\zeta}\in\mathrm{Conv}\{\boldsymbol{\zeta}^1,\cdots,\boldsymbol{\zeta}^S\}\}$$

（$\boldsymbol{p}_{\zeta},d_{\zeta},\boldsymbol{P}_{\zeta},\boldsymbol{r}_{\zeta}$ 是 $\boldsymbol{\zeta}$ 的仿射）。可以立即观察到的结果是。

定理 14.2.3　在假设 i～iii 下，不确定问题 $\mathcal{P}$ 的 ARC 等价于计算上易于处理的锥问题：

$$\mathrm{Opt}=\min_{t,\boldsymbol{u},(\boldsymbol{v}^s)_{s=1}^S}\{t:\boldsymbol{p}_{\zeta^s}\boldsymbol{u}+\boldsymbol{q}^{\mathrm{T}}\boldsymbol{v}^s+\boldsymbol{d}_{\zeta^s}\leqslant t,\boldsymbol{P}_{\zeta^s}\boldsymbol{u}+\boldsymbol{Q}\boldsymbol{v}^s+\boldsymbol{r}_{\zeta^s}\in K\}\tag{14.2.7}$$

具体来说，后一个问题中的最优值与 $\mathcal{P}$ 的 ARC 相等。此外，如果 $\bar{t},\bar{\boldsymbol{u}},\{\bar{\boldsymbol{v}}^s\}_{s=1}^S$ 是式（14.2.7）的可行解，则由可调变量的决策规则对 $t,\boldsymbol{u}$ 进行增广：

$$\boldsymbol{v}=\bar{V}(\boldsymbol{\zeta})=\sum_{s=1}^S\lambda_s(\boldsymbol{\zeta})\bar{\boldsymbol{v}}^s$$

形成 ARC 的可行解。其中 $\lambda(\boldsymbol{\zeta})$ 是一个任意的非负向量，其输入项的单位和如下所示：

$$\boldsymbol{\zeta}=\sum_{s=1}^S\lambda_s(\boldsymbol{\zeta})\boldsymbol{\zeta}^s\tag{14.2.8}$$

证明　首先要注意：由于 $\mathcal{Z}=\mathrm{Conv}\{\boldsymbol{\zeta}^1,\cdots,\boldsymbol{\zeta}^S\}$，对于每个 $\boldsymbol{\zeta}\in\mathcal{Z}$，$\lambda(\boldsymbol{\zeta})$ 都有精确的定义。此外，如果 $\bar{t},\bar{\boldsymbol{u}},\{\bar{\boldsymbol{v}}^s\}$ 是式（14.2.7）的可行解，并且 $\bar{V}(\boldsymbol{\zeta})$ 按照上述内容进行定义，那么对于每个 $\boldsymbol{\zeta}\in\mathcal{Z}$，以下蕴含是正确的：

$$\begin{aligned}&\bar{t}\geqslant\boldsymbol{p}_{\zeta^s}\bar{\boldsymbol{u}}+\boldsymbol{q}^{\mathrm{T}}\bar{\boldsymbol{v}}^s+d_{\zeta^s},\forall s\\&\Rightarrow\bar{t}\geqslant\sum_s\lambda_s(\boldsymbol{\zeta})[\boldsymbol{p}_{\zeta^s}^{\mathrm{T}}\bar{\boldsymbol{u}}+\boldsymbol{q}^{\mathrm{T}}\bar{\boldsymbol{v}}^s+d_{\zeta^s}]=\boldsymbol{p}_{\zeta}^{\mathrm{T}}\bar{\boldsymbol{u}}+\boldsymbol{q}^{\mathrm{T}}\bar{V}(\boldsymbol{\zeta})+d_{\zeta},\\&K\ni\boldsymbol{P}_{\zeta^s}\bar{\boldsymbol{u}}+\boldsymbol{Q}\bar{\boldsymbol{v}}^s+\boldsymbol{r}_{\zeta^s},\forall s\\&\Rightarrow K\ni\sum_s\lambda_s(\boldsymbol{\zeta})[\boldsymbol{P}_{\zeta^s}\bar{\boldsymbol{u}}+\boldsymbol{Q}\bar{\boldsymbol{v}}^s+\boldsymbol{r}_{\zeta^s}]=\boldsymbol{P}_{\zeta}\bar{\boldsymbol{u}}+\boldsymbol{Q}\bar{V}(\boldsymbol{\zeta})+\boldsymbol{r}_{\zeta}\end{aligned}$$

（回想 $\boldsymbol{p}_{\zeta},d_{\zeta},\boldsymbol{P}_{\zeta},\boldsymbol{r}_{\zeta}$ 在 $\boldsymbol{\zeta}$ 中是仿射的）。我们看到（$\bar{t},\bar{\boldsymbol{u}},\bar{V}(\cdot)$）确实是对于 $\mathcal{P}$ 的 ARC 的一个可行解

$$\min_{t,\boldsymbol{u},V(\cdot)}\{t:\boldsymbol{p}_{\zeta}^{\mathrm{T}}\boldsymbol{u}+\boldsymbol{q}^{\mathrm{T}}V(\boldsymbol{\zeta})+d_{\zeta}\leqslant t,\boldsymbol{P}_{\zeta}\boldsymbol{u}+\boldsymbol{Q}V(\boldsymbol{\zeta})+\boldsymbol{r}_{\zeta}\in K,\forall\boldsymbol{\zeta}\in\mathcal{Z}\}$$

因此，后一个问题的最优值是小于或等于 Opt 的。它仍然需要验证 ARC 的最优值和 Opt 是否相等。我们已经知道第一个量是小于或等于第二个量的。为了证明相反的不等式，如果（$t,\boldsymbol{u},V(\cdot)$）对 ARC 是可行的，那么（$t,\boldsymbol{u},\{\boldsymbol{v}^s=V(\boldsymbol{\zeta}^s)\}$）对式（14.2.7）也是可行的。■

以上所讨论的结果与 6.1 节中的定理 6.1.2 具有相同的缺点：场景生成的不确定性集通常太“小”，不会引起太多兴趣，除非场景的数量 L 不切实际地大。固定资源的假设很重要：很容易证明（见文献［13］）如果没有固定资源，ARC 问题可能变得难以处理。

14.2.3.2　简单情况二：具有约束不确定性的不确定 LO

考虑一个不确定 LO 问题

$$\mathcal{P}=\left\{\min_{\boldsymbol{x}}\{\boldsymbol{c}_{\zeta}^{\mathrm{T}}\boldsymbol{x}+d_{\zeta}:\boldsymbol{a}_{i\zeta}^{\mathrm{T}}\boldsymbol{x}\leqslant b_{i\zeta},i=1,\cdots,m\}:\boldsymbol{\zeta}\in\mathcal{Z}\right\}\tag{14.2.9}$$

和以前的例子一样，$\boldsymbol{c}_{\zeta},d_{\zeta},\boldsymbol{a}_{i\zeta},b_{i\zeta}$ 是 $\boldsymbol{\zeta}$ 的仿射，我们假设：

i）不确定性是关于约束的：$\boldsymbol{\zeta}$ 可以分成块，即 $\boldsymbol{\zeta}=[\boldsymbol{\zeta}^0;\cdots;\boldsymbol{\zeta}^m]$，这样目标的数据就仅仅依赖于 $\boldsymbol{\zeta}^0$，第 i 个约束的数据依赖于 $\boldsymbol{\zeta}^i$，不确定性集 $\mathcal{Z}$ 是凸紧集 $\mathcal{Z}_0,\mathcal{Z}_1,\cdots,\mathcal{Z}_m$ 在 $\boldsymbol{\zeta}^0;\cdots;\boldsymbol{\zeta}^m$ 空间中的直积；

ii）可以指出在由变量 $\boldsymbol{x}$ 的空间中的凸紧集 $\mathcal{X}$，只要 $\boldsymbol{\zeta}\in\mathcal{Z}$ 并且 $\boldsymbol{x}$ 对于具有数据 $\boldsymbol{\zeta}$ 的 $\mathcal{P}$ 实例是可行的，我们就有 $\boldsymbol{x}\in\mathcal{X}$。

后者纯理论性假设的有效性可以得到保证，例如，当不确定问题的约束包含每个决策变量的（某些）有限上下界时。就所有实际目的而言，后一种假设是非限制性的。

我们的目标是证明以下结论。

定理 14.2.4　在上文概述的假设 i 和 ii 下，式（14.2.9）的 ARC 相当于其一般的 RC（无可调变量）：ARC 和 RC 具有相同的最优值。

证明　我们只需要证明 ARC 中的最优值是大于或等于 RC 中的一个值即可。当实现这一目标时，我们可以假设在不丧失一般性的条件下，所有决策变量都是完全可调的，它们允许依赖于整个向量 $\boldsymbol{\zeta}$。式（14.2.9）的“完全可调”ARC 表示为

$$\begin{aligned}\mathrm{Opt}(\mathrm{ARC})&=\min_{X(\cdot),t}\left\{t:\begin{array}{l}\boldsymbol{c}_{\zeta^0}^{\mathrm{T}}X(\boldsymbol{\zeta})+d_{\zeta^0}-t\leqslant 0\\ \boldsymbol{a}_{i\zeta^i}^{\mathrm{T}}X(\boldsymbol{\zeta})-b_{i\zeta^i}\leqslant 0,1\leqslant i\leqslant m\end{array}\ \forall(\boldsymbol{\zeta}\in\mathcal{Z}_0\times\cdots\times\mathcal{Z}_m)\right\}\\&=\inf\{t:\forall(\boldsymbol{\zeta}\in\mathcal{Z}_0\times\cdots\times\mathcal{Z}_m),\exists\boldsymbol{x}\in\mathcal{X}:\boldsymbol{\alpha}_{i\zeta^i}^{\mathrm{T}}\boldsymbol{x}-\beta_i t+\gamma_{i\zeta^i}\leqslant 0,0\leqslant i\leqslant m\}\end{aligned}\tag{14.2.10}$$

（由于假设 i，可以添加限制 $\boldsymbol{x}\in\mathcal{X}$，当 RC 被定义为问题

$$\mathrm{Opt}(\mathrm{RC})=\inf\{t:\exists\boldsymbol{x}\in\mathcal{X}:\boldsymbol{\alpha}_{i\zeta^i}^{\mathrm{T}}\boldsymbol{x}-\beta_i t+\gamma_{i\zeta^i}\leqslant 0,\forall(\boldsymbol{\zeta}\in\mathcal{Z}_0\times\cdots\times\mathcal{Z}_m)\}\tag{14.2.11}$$

其中 $\boldsymbol{\alpha}_{i\zeta^i},\gamma_{i\zeta^i}$ 是 $\boldsymbol{\zeta}^i$ 的仿射，并且 $\beta_i\geqslant 0$。

为了证明 Opt(ARC)$\geqslant$Opt(RC)，我们只需要考虑 Opt(ARC)$<\infty$时的情况，并证明当 $\bar{t}>$Opt(ARC) 时，有 $\bar{t}>$Opt(RC)，观察表达式（14.2.11），我们看到，为了这个目的，它足以导致一个矛盾，即对于一些 $\bar{t}>$Opt(ARC) 有

$$\forall\boldsymbol{x}\in\mathcal{X},\exists(i=i_x\in\{0,1,\cdots,m\},\boldsymbol{\zeta}^i=\boldsymbol{\zeta}_x^{i_x}\in\mathcal{Z}_{i_x}):\boldsymbol{\alpha}_{i_x\zeta_x^{i_x}}^{\mathrm{T}}\boldsymbol{x}-\beta_{i_x}\bar{t}+\gamma_{i_x\zeta_x^{i_x}}>0\tag{14.2.12}$$

假设 $\bar{t}>$Opt(ARC)，并且式（14.2.12）成立，对于每一个 $\boldsymbol{x}\in\mathcal{X}$，当 $\boldsymbol{y}=\boldsymbol{x}$ 时，不等式

$$\boldsymbol{\alpha}_{i_x\zeta_x^{i_x}}^{\mathrm{T}}\boldsymbol{y}-\beta_{i_x}\bar{t}+\gamma_{i_x\zeta_x^{i_x}}>0$$

是成立的；因此，对于每一个 $\boldsymbol{x}\in\mathcal{X}$，存在 $\epsilon_x>0$，并且 x 的一个邻域 U_x 使得

$$\forall\boldsymbol{y}\in U_x:\boldsymbol{\alpha}_{i_x\zeta_x^{i_x}}^{\mathrm{T}}\boldsymbol{y}-\beta_{i_x}\bar{t}+\gamma_{i_x\zeta_x^{i_x}}\geqslant\epsilon_x$$

由于 $\mathcal{X}$ 是一个紧集，我们可以找到有限多个点 $\boldsymbol{x}^1,\cdots,\boldsymbol{x}^N$ 使 $\mathcal{X}\subset\bigcup_{j=1}^{N}U_{x^j}$，设 $\epsilon=\min_j\epsilon_{x^j}$，$i[j]=i_{x^j}$，$\boldsymbol{\zeta}[j]=\boldsymbol{\zeta}_{x^j}^{i_{x^j}}\in\mathcal{Z}_{i[j]}$，并且

$$f_j(\boldsymbol{y})=\boldsymbol{\alpha}_{i[j],\zeta[j]}^{\mathrm{T}}\boldsymbol{y}-\beta_{i[j]}\bar{t}+\gamma_{i[j],\zeta[j]}$$

我们最终得到了 $\boldsymbol{y}$ 的 N 个仿射函数，使

$$\max_{1\leqslant j\leqslant N}f_j(\boldsymbol{y})\geqslant\epsilon>0,\forall\boldsymbol{y}\in\mathcal{X}$$

由于 $\mathcal{X}$ 是一个凸紧集，$f_j(\cdot)$ 是仿射函数（因此是凸的和连续的），对于后一种关系，根据凸分析中众所周知的事实（即 von Neumann 引理），表明存在一组非负权重 λ_j，$\sum_j\lambda_j=1$，使得

$$f(\boldsymbol{y}) \equiv \sum_{j=1}^{N} \lambda_j f_j(\boldsymbol{y}) \geqslant \epsilon, \forall \boldsymbol{y} \in \mathcal{X} \tag{14.2.13}$$

现在让

$$\omega_i = \sum_{j:i[j]=i} \lambda_j, i=0,1,\cdots,m;$$

$$\bar{\boldsymbol{\zeta}}^i = \begin{cases} \sum_{j:i[j]=i} \frac{\lambda_j}{\omega_i} \boldsymbol{\zeta}[j], & \omega_i > 0 \\ \mathcal{Z}_i \text{ 上的一点}, & \omega_i = 0 \end{cases}$$

$$\bar{\boldsymbol{\zeta}} = [\bar{\boldsymbol{\zeta}}^0; \cdots; \bar{\boldsymbol{\zeta}}^m]$$

由于其起源，每一个向量 $\bar{\boldsymbol{\zeta}}^i$ 都是来自 $\mathcal{Z}_i$ 的点的凸组合，因为后者是凸的，因此属于 $\mathcal{Z}_i$。由于不确定性是约束，我们得出结论 $\bar{\boldsymbol{\zeta}} \in \mathcal{Z}$。由于 $\bar{t} > \mathrm{Opt}(\mathrm{ARC})$，我们从式（14.2.10）中得出结论，存在 $\bar{\boldsymbol{x}} \in \mathcal{X}$ 使得不等式

$$\boldsymbol{\alpha}_{i\bar{\zeta}^i}^{\mathrm{T}} \bar{\boldsymbol{x}} - \beta_i \bar{t} + \gamma_{i\bar{\zeta}^i} \leqslant 0$$

对于每一个 i 都成立，其中，$0 \leqslant i \leqslant m$。取这些不等式的加权和，权重为 ω_i，我们得到

$$\sum_{i:\omega_i>0} \omega_i [\boldsymbol{\alpha}_{i\bar{\zeta}^i}^{\mathrm{T}} \bar{\boldsymbol{x}} - \beta_i \bar{t} + \gamma_{i\bar{\zeta}^i}] \leqslant 0 \tag{14.2.14}$$

同时，通过构造 $\bar{\boldsymbol{\zeta}}^i$，并且由于 $\boldsymbol{\alpha}_{i\zeta^i}, \gamma_{i\zeta^i}$ 在 $\boldsymbol{\zeta}^i$ 中是仿射的，对于 $\omega_i > 0$ 的每个 i，我们得到

$$[\boldsymbol{\alpha}_{i\bar{\zeta}^i}^{\mathrm{T}} \bar{\boldsymbol{x}} - \beta_i \bar{t} + \gamma_{i\bar{\zeta}^i}] = \sum_{j:i[j]=i} \frac{\lambda_j}{\omega_i} f_j(\bar{\boldsymbol{x}})$$

所以，式（14.2.14）表示为

$$\sum_{j=1}^{N} \lambda_j f_j(\bar{\boldsymbol{x}}) \leqslant 0$$

由于式（14.2.13）和 $\bar{\boldsymbol{x}} \in \mathcal{X}$，上式是不可能的。我们已经达成了想要的矛盾。■

14.3　仿射可调鲁棒对等

我们将深入研究我们之前概述的“参数的决策规则”方法的一个特定版本。在这一点上，我们更喜欢从一般类型不确定问题（14.1.1）回到仿射地扰动不确定锥问题

$$\mathcal{C} = \{\min_{\boldsymbol{x} \in \mathbb{R}^n} \{\boldsymbol{c}_\zeta^{\mathrm{T}} \boldsymbol{x} + d_\zeta : \boldsymbol{A}_\zeta \boldsymbol{x} + \boldsymbol{b}_\zeta \in K\} : \boldsymbol{\zeta} \in \mathcal{Z}\} \tag{14.3.1}$$

其中 $\boldsymbol{c}_\zeta, d_\zeta, \boldsymbol{A}_\zeta, \boldsymbol{b}_\zeta$ 是 $\boldsymbol{\zeta}$ 的仿射，K 是一个“好”锥（非负射线/洛伦兹锥/半定锥的直积，分别对应于不确定 LP/CQP/SDP），$\mathcal{Z}$ 是由严格可行的 SDP 表示给出的凸紧不确定性集：

$$\mathcal{Z} = \{\boldsymbol{\zeta} \in \mathbb{R}^L : \exists \boldsymbol{u} : \mathcal{P}(\boldsymbol{\zeta}, \boldsymbol{u}) \succeq 0\}$$

其中 $\mathcal{P}$ 是 $[\boldsymbol{\zeta}; \boldsymbol{u}]$ 中的仿射。伴随着这个问题，我们给出了一个信息库 $\{\boldsymbol{P}_j\}_{j=1}^n$，其中 $\boldsymbol{P}_j$ 是一个 $m_j \times n$ 的矩阵。为了节省文字（在不造成歧义的情况下），我们称一对“不确定问题 $\mathcal{C}$，信息库”是一个不确定锥问题。我们的做法是将问题的 ARC 限制在特定的决策规则参数族中，即仿射：

$$x_j = X_j(\boldsymbol{P}_j \boldsymbol{\zeta}) = p_j + \boldsymbol{q}_j^{\mathrm{T}} \boldsymbol{P}_j \boldsymbol{\zeta}, j=1,\cdots,n \tag{14.3.2}$$

由此得到的式（14.3.1）ARC 的限制版本，我们称之为仿射可调鲁棒对等（AARC），它是半无限优化规划

$$\min_{t,\{p_j,q_j\}_{j=1}^n}\left\{t:\begin{array}{l}\sum_{j=1}^n c_\zeta^j[p_j+\boldsymbol{q}_j^{\mathrm{T}}\boldsymbol{P}_j\boldsymbol{\zeta}]+d_\zeta-t\leqslant 0\\ \sum_{j=1}^n \boldsymbol{A}_\zeta^j[p_j+\boldsymbol{q}_j^{\mathrm{T}}\boldsymbol{P}_j\boldsymbol{\zeta}]+\boldsymbol{b}_\zeta\in K\end{array}\right\}\forall\boldsymbol{\zeta}\in\mathcal{Z}\right\}\tag{14.3.3}$$

其中 c_ζ^j 是 $\boldsymbol{c}_\zeta$ 中的第 j 项，$\boldsymbol{A}_\zeta^j$ 是 $\boldsymbol{A}_\zeta$ 中的第 j 列。注意，这个问题中的变量是 t 和仿射决策规则（14.3.2）的系数 p_j，$\boldsymbol{q}_j$。因此，这些变量并不指定唯一实际决策 x_j；一旦后者变得已知，这些决策由这些系数和真实数据的相应部分 $\boldsymbol{P}_j\boldsymbol{\zeta}$ 唯一决定。

14.3.1　仿射可调鲁棒对等（AARC）的易处理性

关注仿射决策规则而不是其他参数族的基本原理是，至少存在一种重要情况，即不确定锥问题的 AARC 本质上与问题的 RC 一样容易处理。所讨论的“重要情况”是固定资源情况，其定义如下。

定义 14.3.1　*考虑一个不确定锥问题（14.3.1），它由信息库 $\{\boldsymbol{P}_j\}_{j=1}^n$ 进行增广。我们说这一对具有固定资源，如果每个可调变量 x_j（即 $\boldsymbol{P}_j\neq\boldsymbol{0}$）的系数是确定的：*

$$\forall(j:\boldsymbol{P}_j\neq\boldsymbol{0}):c_\zeta^j \text{ 和 } \boldsymbol{A}_\zeta^j \text{ 都独立于 } \boldsymbol{\zeta}$$

例如，例 14.1.2（库存）和例 14.2.1（项目管理）都是具有固定资源的不确定问题。

立即得到如下观察结果。

（!）在固定资源的情况下，AARC 类似于 RC，是一个半无限的锥问题，其定义为

$$\min_{t,y=\{p_j,q_j\}}\left\{t:\begin{array}{l}\hat{\boldsymbol{c}}_\zeta^{\mathrm{T}}\boldsymbol{y}+d_\zeta\leqslant t\\ \hat{\boldsymbol{A}}_\zeta\boldsymbol{y}+\boldsymbol{b}_\zeta\in K\end{array}\right\}\forall\boldsymbol{\zeta}\in\mathcal{Z}\right\}\tag{14.3.4}$$

其中 $\hat{\boldsymbol{c}}_\zeta,d_\zeta,\hat{\boldsymbol{A}}_\zeta,\boldsymbol{b}_\zeta$ 是 $\boldsymbol{\zeta}$ 的仿射：

$$\begin{aligned}\hat{\boldsymbol{c}}_\zeta^{\mathrm{T}}\boldsymbol{y}&=\sum_j c_\zeta^j[p_j+\boldsymbol{q}_j^{\mathrm{T}}\boldsymbol{P}_j\boldsymbol{\zeta}]\\ \hat{\boldsymbol{A}}_\zeta\boldsymbol{y}&=\sum_j \boldsymbol{A}_\zeta^j[p_j+\boldsymbol{q}_j^{\mathrm{T}}\boldsymbol{P}_j\boldsymbol{\zeta}]\end{aligned}\qquad[\boldsymbol{y}=\{[p_j,\boldsymbol{q}_j]\}_{j=1}^n]$$

请注意，正是固定资源使得 $\hat{\boldsymbol{c}}_\zeta$ 和 $\hat{\boldsymbol{A}}_\zeta$ 在 $\boldsymbol{\zeta}$ 中仿射；如果没有这个假设，这些项在 $\boldsymbol{\zeta}$ 中是二次的。

就易处理性问题而言，观察（!）是支持仿射决策规则的主要论据，前提是我们处于固定资源的情况。事实上，在后一种情况下，AARC 是一个半无限锥问题，我们可以将本书第一部分和第二部分中与半无限锥问题的易处理重新表述、紧的保守易处理近似相关的所有结果应用于该问题。注意，在对不确定性集和锥 K 的几何结构施加某些限制的同时，许多结果要求目标（如果不确定）和不确定约束的左侧只需决策变量和不确定数据中的双仿射。在这种情况下，AARC 的“易处理性状态”并不比一般 RC 的“易处理性状态”差。特别是在固定资源的情况下，我们有以下结论。

i）将不确定 LO 问题的 AARC 转化为显式有效可解的“结构良好的”凸规划（见定理 1.3.4）。

ii）有效处理不确定锥二次问题的 AARC，它具有（所有不确定约束的共同条件）简单椭球不确定性（见 6.5 节）。

iii）使用不确定问题的保守易处理紧近似，问题具有线性目标和凸二次约束，且有（所有不确定约束的共同条件）$\cap$-椭球不确定性（见 7.2.3 节）：只要 $\mathcal{Z}$ 是以原点为中心

的 M 个椭球的交点，该问题允许在紧性因子 $O(1)\sqrt{\ln(M)}$ 范围内有保守易处理的近似（见定理 7.2.3）。

然而，读者应该意识到，与一般 RC 不同，AARC 不是一种约束结构，因为当将仿射决策规则的系数作为我们的新决策变量传递时，且允许进入约束的原始决策变量依赖于不直接影响约束的不确定数据时，影响特定约束的部分不确定数据可能会发生变化。这就是上文 ii 和 iii 中“共同”一词的来源。例如，约束为

$$\|\boldsymbol{A}_\zeta^i\boldsymbol{x}+\boldsymbol{b}_\zeta^i\|_2\leqslant\boldsymbol{x}^{\mathrm{T}}\boldsymbol{c}_\zeta^i+d_\zeta^i, i=1,\cdots,m$$

的不确定锥二次问题的 RC 是计算上易于处理的，假设总体不确定性集 $\mathcal{Z}$ 在第 i 个约束的数据扰动子空间上的投影 $\mathcal{Z}_i$ 为椭球（6.5 节）。为了获得 AARC 的类似结果，我们需要总体不确定性集 $\mathcal{Z}$ 本身是一个椭球，否则 $\mathcal{Z}$ 在原始不确定约束的“AARC 对应物”数据上的投影可能不是椭球。我们的底线是，在有固定资源的情况下，一个不确定问题的 AARC 与其 RC 一样是“易处理的”，应该谨慎理解这种说法。然而，这并不是什么大问题，因为“诀窍”已经在这里：在固定资源的假设下，AARC 是一个半无限锥问题，为了计算它，我们可以使用第一部分和第二部分中讲解的所有机制。如果这一机制允许对问题进行易处理重新表述或紧的保守易处理近似，那么就很好。回想一下，当一切正常时，至少存在一种非常重要的情况——这就是具有固定资源的不确定 LO 问题。

应该补充的是，当在固定资源的情况下处理 AARC 时，我们可以使用在第一部分和第二部分中得到的所有结果，如机会约束仿射扰动标量、锥二次和线性矩阵不等式的保守易处理近似。回想一下，这些结果对 $\boldsymbol{\zeta}$ 的分布施加了一定的限制（如 $\zeta_1,\cdots,\zeta_L$ 的独立性），但不要求更多的有关于 $\boldsymbol{\zeta}$ 的约束主体的仿射性，因此这些结果在 RC 和 AARC 的情况下同样有效。

最后同样重要的是，仿射可调鲁棒对等的概念可以直接“升级”为仿射可调全局鲁棒对等（AAGRC）的概念。毫无疑问，读者可以自行进行此类“升级”，并理解在固定资源的情况下，上述“诀窍”同样适用于 AARC 和 AAGRC。

14.3.2　仿射性是一个实际的限制吗

从任意决策规则到仿射决策规则的传递似乎是一个戏剧性的简化。仔细观察，这种简化并没有看上去那么严重，或者更确切地说，“戏剧性”并不是第一眼看到的地方。事实上，假设我们希望使用 $\boldsymbol{P}_j\boldsymbol{\zeta}$ 中的二次决策规则，而不是线性决策规则。我们是否应该引入“二次可调鲁棒对等”的特殊概念？答案是否定的。我们所需要的只是通过额外项（原始项的成对乘积 $\zeta_i\zeta_j$）来增广数据向量 $\boldsymbol{\zeta}=[\zeta_1;\cdots;\zeta_L]$，并将得到的“扩展”向量 $\hat{\boldsymbol{\zeta}}=\hat{\boldsymbol{\zeta}}[\boldsymbol{\zeta}]$ 视为我们新的不确定数据。这样，在 $\boldsymbol{P}_j\boldsymbol{\zeta}$ 中为二次的决策规则成为 $\hat{\boldsymbol{P}}_j\hat{\boldsymbol{\zeta}}[\boldsymbol{\zeta}]$ 中的仿射，其中 $\hat{\boldsymbol{P}}_j$ 是由 $\boldsymbol{P}_j$ 得到的矩阵。更一般地说，假设我们想要使用如下形式的决策规则

$$X_j(\boldsymbol{\zeta})=p_j+\boldsymbol{q}_j^{\mathrm{T}}\hat{\boldsymbol{P}}_j\hat{\boldsymbol{\zeta}}[\boldsymbol{\zeta}] \tag{14.3.5}$$

其中，$p_j\in\mathbb{R}$，$\boldsymbol{q}_j\in\mathbb{R}^{m_j}$ 是“自由参数”（可以限制其取值在给定的凸集中），$\hat{\boldsymbol{P}}_j$ 是给定的 $m_j\times D$ 矩阵，并且

$$\boldsymbol{\zeta}\mapsto\hat{\boldsymbol{\zeta}}[\boldsymbol{\zeta}]:\mathbb{R}^L\to\mathbb{R}^D$$

是一个给定的、可能是非线性的映射。在这里，我们可以再次从原始数据向量 $\boldsymbol{\zeta}$ 传递到数据向量 $\hat{\boldsymbol{\zeta}}[\boldsymbol{\zeta}]$，从而使所需决策规则（14.3.5）仅在新数据向量的“部分” $\hat{\boldsymbol{P}}_j\hat{\boldsymbol{\zeta}}$ 中进行仿射。我们看到，当允许对数据向量进行看似没有影响的重新定义时，仿射决策规则变得与

任意仿射参数化的决策规则参数族一样强大。后一类是非常庞大的，而且就所有实际目的而言，它与所有决策规则的类一样丰富。这是否意味着 AARC 的概念基本上和 ARC 的概念一样灵活？不幸的是，答案是否定的，其原因并非来自极端复杂的非线性变换 $\boldsymbol{\zeta}\mapsto\hat{\boldsymbol{\zeta}}[\boldsymbol{\zeta}]$ 和“像天文数字一样大”的转换后的数据向量维度 D 的潜在困难。当转换非常简单时，困难就已经出现了，例如，当 $\hat{\boldsymbol{\zeta}}[\boldsymbol{\zeta}]$ 中的坐标只是 $\boldsymbol{\zeta}$ 的项和这些项的成对乘积时。这就是困难产生的地方。假设我们讨论的是一个单一的不确定仿射扰动标量线性约束，允许原始决策变量对数据的二次依赖性，并传递给约束的相关可调鲁棒对等。刚才已经解释过了，这个对等只是一个半无限的标量不等式

$$\forall(\hat{\zeta}\in\mathcal{U}): a_{0,\hat{\zeta}}+\sum_{j=1}^{J} a_{j,\hat{\zeta}} y_j \leqslant 0$$

其中，$a_{j,\hat{\zeta}}$ 在 $\hat{\zeta}$ 中是仿射的，$\hat{\zeta}=\hat{\zeta}[\zeta]$ 中的项是 ζ 中的项及其成对乘积，$\mathcal{U}$ 是非线性映射 $\zeta\mapsto\hat{\zeta}[\zeta]$ 下的“真实”不确定性集 $\mathcal{Z}$ 的像，y_j 是我们新的决策变量（二次决策规则的系数）。虽然所讨论的约束主体在 y 和 $\hat{\zeta}$ 中是双仿射的，但这种半无限约束很难处理，因为即使 $\mathcal{Z}$ 是可处理的情况下，不确定性集 $\mathcal{U}$ 也可能恰好是难以处理的。实际上，半无限双仿射标量约束

$$\forall(u\in\mathcal{U}): f(y,u)\leqslant 0$$

的可处理性在很大程度上取决于潜在的不确定性集 $\mathcal{U}$ 是不是凸的和计算上易处理的。在这种情况下，我们可以模少量的技术假设，有效地解决给定候选解 y 是否对约束可行的分析问题，为此，在可计算的易处理凸集 $\mathcal{U}$ 上使仿射函数 $f(\mathbf{y},\cdot)$ 最大化就足够了。在少量的技术假设下，这一点可以有效地做到。反过来，后一个事实意味着（同样以少量的技术假设为前提），我们可以在具有上述特征的约束下高效地优化线性/凸目标，这基本上就是我们所需要的。当不确定性集 $\mathcal{U}$ 不是一个计算上易处理的凸集时，情况会发生显著变化。就其本身而言，$\mathcal{U}$ 的凸性没有任何代价，因为 f 是双仿射的，所以当我们将 $\mathcal{U}$ 替换为其凸包 $\hat{\mathcal{Z}}$ 时，所讨论的半无限约束的可行集保持不变。实际的困难在于集合 $\mathcal{U}$ 的凸包 $\hat{\mathcal{Z}}$ 在计算上是难以处理的。在我们感兴趣的情况下，$\hat{\mathcal{Z}}=\mathrm{Conv}\mathcal{U}$ 和 $\mathcal{U}$ 是非线性变换 $\boldsymbol{\zeta}\mapsto\hat{\boldsymbol{\zeta}}[\boldsymbol{\zeta}]$ 下计算易处理的凸集 $\mathcal{Z}$ 的像，对于非常简单的 $\mathcal{Z}$ 和非线性映射 $\boldsymbol{\zeta}\mapsto\hat{\boldsymbol{\zeta}}[\boldsymbol{\zeta}]$，$\hat{\mathcal{Z}}$ 在计算上已经很难处理了。例如，当 $\hat{\mathcal{Z}}$ 是单位盒 $\|\boldsymbol{\zeta}\|_\infty\leqslant 1$，而 $\hat{\boldsymbol{\zeta}}[\boldsymbol{\zeta}]$ 则由 $\boldsymbol{\zeta}$ 中的项及其成对乘积组成。换句话说，具有区间不确定性的不确定线性不等式的“二次可调鲁棒对等”通常在计算上难以处理。

尽管刚刚解释的事实是，通过数据向量的非线性变换对非线性决策规则进行“全局线性化”不一定会导致易处理的可调 RC，但我们应记住它，因为它在方法上很重要。事实上，“全局线性化”允许将处理的 ARC 问题“分割”为两个子问题，仅限于决策规则（14.3.5）：

(a) 建立凸包 $\hat{\mathcal{Z}}$ 的易处理表示（或紧的易处理近似），$\hat{\mathcal{Z}}$ 为与式（14.3.5）相关的在非线性映射 $\boldsymbol{\zeta}\mapsto\hat{\boldsymbol{\zeta}}[\boldsymbol{\zeta}]$ 下原始不确定性集 $\mathcal{Z}$ 的像 $\mathcal{U}$ 的凸包。注意，这个问题本身与可调鲁棒对等无关；

(b) 开发不确定问题中的仿射可调鲁棒对等的易于处理的重新表述（或者是一个紧的、保守的易处理近似），其中 $\hat{\boldsymbol{\zeta}}$ 作为数据向量，易处理的凸集（由（a）产生）作为不确定性集，信息库由矩阵 $\hat{\boldsymbol{P}}_j$ 给出。

当然，由此产生的两个问题并不是完全独立的：我们在成功求解（a）时使用的易处理凸集 $\hat{\mathcal{Z}}$ 应该足够简单，以允许成功处理（b）。然而，请注意，当所讨论的不确定问题是

具有固定资源的 LO 问题时，“问题（a）和（b）的耦合”并不重要。事实上，在这种情况下，无论不确定性集是什么，只要它是易处理的，问题的 AARC 在计算上都是易处理的，因此通过处理问题（a）产生的每个集合 $\hat{\mathcal{Z}}$ 都是易于处理的。

例 14.3.2 假设我们想要处理一个不确定 LO 问题

$$\mathcal{C}=\{\min_{x}\{\boldsymbol{c}_{\zeta}^{\mathrm{T}}\boldsymbol{x}+d_{\zeta}:\boldsymbol{A}_{\zeta}\boldsymbol{x}\geqslant\boldsymbol{b}_{\zeta}\}:\zeta\in\mathcal{Z}\}$$
$$[\boldsymbol{c}_{\zeta},d_{\zeta},\boldsymbol{A}_{\zeta},\boldsymbol{b}_{\zeta}:\text{在 }\boldsymbol{\zeta}\text{ 中是仿射的}] \tag{14.3.6}$$

它具有固定资源和易于处理的凸紧不确定性集 $\mathcal{Z}$，并考虑一些仿射参数化的决策规则族。

A. “真正的”仿射决策规则：x_j 在 $\boldsymbol{P}_j\boldsymbol{\zeta}$ 中是仿射的。正如我们已经看到的，相关的 ARC（$\mathcal{C}$ 中的一般 AARC）在计算上是易处理的。

B. 具有固定断点的分段线性决策规则。假设映射 $\boldsymbol{\zeta}\mapsto\hat{\boldsymbol{\zeta}}[\boldsymbol{\zeta}]$ 用有限多个 $\phi_i(\boldsymbol{\zeta})=\max[r_i,\boldsymbol{s}_i^{\mathrm{T}}\boldsymbol{\zeta}]$ 形式的项增广 $\boldsymbol{\zeta}$ 的项，我们计划使用的决策规则应该在 $\hat{\boldsymbol{P}}_j\hat{\boldsymbol{\zeta}}$ 中是仿射的，其中 $\hat{\boldsymbol{P}}_j$ 是给定的矩阵。为了以一种计算效率高的方式处理相关的 ARC，我们需要做的就是建立集合 $\mathcal{Z}$ 的一个可处理的表示：$\hat{\mathcal{Z}}=\mathrm{Conv}\{\hat{\boldsymbol{\zeta}}[\boldsymbol{\zeta}]:\boldsymbol{\zeta}\in\mathcal{Z}\}$。虽然这在一般情况下可能很困难，但当问题很容易解决时，也有一些有用的案例，例如：

$$\mathcal{Z}=\{\boldsymbol{\zeta}\in\mathbb{R}^L:f_k(\boldsymbol{\zeta})\leqslant 1,1\leqslant k\leqslant K\}$$
$$\hat{\boldsymbol{\zeta}}[\boldsymbol{\zeta}]=[\boldsymbol{\zeta};(\boldsymbol{\zeta})_+;(\boldsymbol{\zeta})_-],\text{且}(\boldsymbol{\zeta})_-=\max[\boldsymbol{\zeta},\boldsymbol{0}_{L\times 1}],(\boldsymbol{\zeta})_+=\max[-\boldsymbol{\zeta},\boldsymbol{0}_{L\times 1}]$$

其中，对于向量 $\boldsymbol{u},\boldsymbol{v}$，$\max[\boldsymbol{u},\boldsymbol{v}]$ 在坐标方面取值，$f_k(\cdot)$ 在 $\mathbb{R}^L$ 中是下半连续的并且是绝对对称凸函数，绝对对称意味着 $f_k(\boldsymbol{\zeta})\equiv f_k(\mathrm{abs}(\boldsymbol{\zeta}))$（abs 在坐标方面进行计算）。（考虑一种情况：$f_k(\boldsymbol{\zeta})=\|[\alpha_{k1}\zeta_1;\cdots;\alpha_{kL}\zeta_L]\|_{p_k}$，且 $p_k\in[1,\infty]$。）很容易看出，如果 $\mathcal{Z}$ 是有界的，那么

$$\hat{\mathcal{Z}}=\left\{\hat{\boldsymbol{\zeta}}=[\boldsymbol{\zeta};\boldsymbol{\zeta}^+;\boldsymbol{\zeta}^-]:\begin{array}{l}(a)\,f_k(\boldsymbol{\zeta}^++\boldsymbol{\zeta}^-)\leqslant 1,1\leqslant k\leqslant K\\(b)\,\boldsymbol{\zeta}=\boldsymbol{\zeta}^+-\boldsymbol{\zeta}^-\\(c)\,\boldsymbol{\zeta}^{\pm}\geqslant 0\end{array}\right\}$$

事实上，（a）至（c）是向量 $\hat{\boldsymbol{\zeta}}=[\boldsymbol{\zeta};\boldsymbol{\zeta}^+;\boldsymbol{\zeta}^-]$ 的凸约束组，由于 f_k 是下半连续的，该约束组的可行集 C 是凸且闭的；此外，对于 $[\boldsymbol{\zeta};\boldsymbol{\zeta}^+;\boldsymbol{\zeta}^-]\in C$ 我们有 $\boldsymbol{\zeta}^++\boldsymbol{\zeta}^-\in\mathcal{Z}$；由于后一个集合受到假设的限制，因此总和 $\boldsymbol{\zeta}^++\boldsymbol{\zeta}^-$ 在 $\hat{\boldsymbol{\zeta}}\in C$ 中是均匀有界的，由此，通过（a）至（c），C 是有界的。因此，C 是一个闭的有界凸集。在映射 $\boldsymbol{\zeta}\mapsto[\boldsymbol{\zeta};(\boldsymbol{\zeta})_+;(\boldsymbol{\zeta})_-]$ 下集合 $\mathcal{Z}$ 的像 $\mathcal{U}$ 显然包含在 C 中，因此 $\mathcal{U}$ 的凸包 $\mathcal{Z}$ 也包含在 C 中。为了证明逆包含，请注意，由于 C 是一个（非空的）凸紧集，它是其极值点集的凸包，因此为了证明 $\hat{\mathcal{Z}}\supset C$，只要验证 C 的每个极值点 $[\boldsymbol{\zeta};\boldsymbol{\zeta}^+;\boldsymbol{\zeta}^-]$ 都属于 $\mathcal{U}$ 就足够了。但在 C 的一个极值点，对于每个 ℓ，我们应该有 $\min[\zeta_\ell^+,\zeta_\ell^-]=\boldsymbol{0}$，这是很显然的。因为如果对于某些 $\ell=\bar{\ell}$，则正好相反，那么 C 将包含一个以该点为中心的非平凡区间，即，通过“三项扰动”$\zeta_{\bar{\ell}}^+\mapsto\zeta_{\bar{\ell}}^++\delta$，$\zeta_{\bar{\ell}}^-\mapsto\zeta_{\bar{\ell}}^+-\delta$，$\zeta_{\bar{\ell}}\mapsto\zeta_{\bar{\ell}}+2\delta$ 得到给定的点，其中 $|\delta|$ 足够小。因此，C 的每个极值点都有 $\min[\boldsymbol{\zeta}^+,\boldsymbol{\zeta}^-]=\boldsymbol{0},\boldsymbol{\zeta}=\boldsymbol{\zeta}^+-\boldsymbol{\zeta}^-$，这种满足（$a$）的点显然属于 $\mathcal{U}$。■

C. 可分离的决策规则。假设 $\mathcal{Z}$ 是一个盒：$\mathcal{Z}=\{\boldsymbol{\zeta}:\underline{a}\leqslant\boldsymbol{\zeta}\leqslant\overline{a}\}$，我们正在寻找具有规定“信息库”的可分离决策规则，即如下形式的决策规则：

$$x_j=\xi_j+\sum_{\ell\in I_j}f_\ell^j(\zeta_\ell),j=1,\cdots,n \tag{14.3.7}$$

其中对函数 f_ℓ^j 的唯一限制是其属于给定的单变量函数的有限维线性空间 $\mathcal{F}_\ell$。集合 I_j 指定了决策规则的信息库。其中一些集合可能是空的，这意味着相关的 x_j 是不可调的决

策变量，完全符合标准惯例，即一组空索引上的和为 0。我们考虑了空间 $\mathcal{F}_\ell$ 的两个具体选择。

C.1：$\mathcal{F}_\ell$ 由实轴上的所有分段线性函数组成，具有固定断点 $a_{\ell 1}<\cdots<a_{\ell m}$（在不失一般性的前提下，假设 $\underline{a}_\ell<a_{\ell 1}, a_{\ell m}<\overline{a}_\ell$）。

C.2：$\mathcal{F}_\ell$ 由次数$\leqslant\kappa$ 的轴上的所有代数多项式组成。

注意，C.1 中的 m 和 C.2 中的 κ 依赖于ℓ；为了简化符号，我们不明确地考虑这种情况。

C.1：让我们用实数 $\zeta_{\ell i}[\zeta_\ell]=\max[\zeta_\ell, a_{\ell i}]$，$i=1,\cdots,m$ 来增广 $\boldsymbol{\zeta}$ 的每项 ζ_ℓ，并设置 $\zeta_{\ell 0}[\zeta_\ell]=\zeta_\ell$。在 C.1 的情况下，决策规则（14.3.7）正是 x_j 在 $\{\zeta_{\ell i}[\zeta]:\ell\in I_j\}$ 中仿射的规则；因此，为了有效地处理式（14.3.6）的 ARC（仅限于所讨论的决策规则），我们需要的是 $\mathcal{Z}$ 在映射 $\boldsymbol{\zeta}\mapsto\{\zeta_{\ell i}[\boldsymbol{\zeta}]\}_{\ell,i}$ 下，像 $\mathcal{U}$ 的凸包的易处理表示。由于 $\mathcal{Z}$ 的直积结构，集合 $\mathcal{U}$ 是 $\mathcal{U}_\ell$ 的直积，$\ell=1,\cdots,d$：

$$\mathcal{U}_\ell=\{[\zeta_{\ell 0}[\zeta_\ell];\zeta_{\ell 1}[\zeta_\ell];\cdots;\zeta_{\ell m}[\zeta_l]]:\underline{a}_\ell\leqslant\zeta_\ell\leqslant\overline{a}_\ell\}$$

所以我们所需要的就是集合 $\mathcal{U}_\ell$ 的凸包的易处理表示。底线是，我们所需要的只是对集合 C 的一个易于处理的描述，其具有如下形式：

$$C_m=\text{Conv}S_m, S_m=\{[s_0;\max[s_0,a_1],\cdots,\max[s_0,a_m]]:a_0\leqslant s_0\leqslant a_{m+1}\}$$

其中 $a_0<a_1<a_2<\cdots<a_m<a_{m+1}$ 被给出。

让我们首先考虑 $m=1$ 的情况。在这里

$$S_1=\{[s_0;s_1]=[s_0;\max[s_0,a_1]]:a_0\leqslant s_0\leqslant a_2\}$$

该集合及其凸包 $C_1=\text{Conv}S_1$ 如图 14-2 所示。集合 C_1 由以下不等式给出：

$$a_0\leqslant s_0\leqslant a_2,\quad s_1\geqslant\max[s_0,a_1],\quad s_1\leqslant\frac{a_2-a_1}{a_2-a_0}(s_0-a_0)+a_1$$

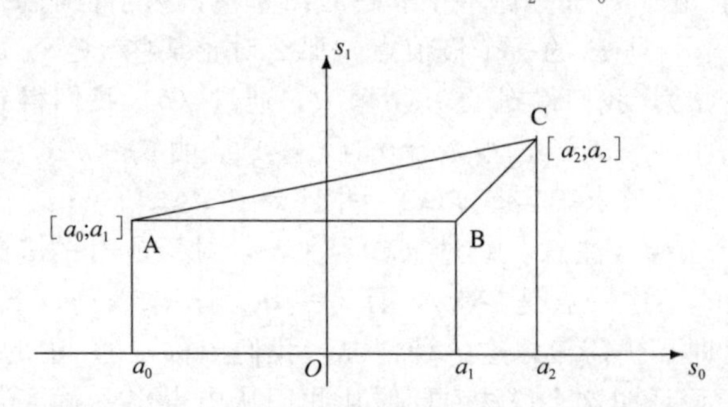

图 14-2　S_1（AB 段和 BC 段的并集）和 $C_1=\text{Conv}S_1$（三角形 ABC）

在重新排列这三个不等式后，C_1 的表示等价为

$$C_1=\text{Conv}S_1=\left\{[s_0;s_1]:\begin{array}{c}0\leqslant\dfrac{s_1-s_0}{a_1-a_0}\leqslant\dfrac{a_2-s_1}{a_2-a_1}\leqslant 1\\ a_0\leqslant s_0\leqslant a_2\end{array}\right\}$$

其结果可以推广到 $m>1$。

引理 14.3.3　集合 S_m 的凸包 C_m 为

$$C_m=\left\{[s_0;s_1;\cdots;s_m]:\begin{cases}a_0\leqslant s_0\leqslant a_{m+1}\\ 0\leqslant\dfrac{s_1-s_0}{a_1-a_0}\leqslant\dfrac{s_2-s_1}{a_2-a_1}\leqslant\cdots\leqslant\dfrac{s_{m+1}-s_m}{a_{m+1}-a_m}\leqslant 1\end{cases}\right\}\tag{14.3.8}$$

其中 $s_{m+1}=a_{m+1}$。

证明　对变量进行仿射替换很方便，如下所示：

$$\mathcal{P}:[s_0;s_1;\cdots;s_m]\mapsto[\delta_0=s_0-a_0;\delta_1=s_1-s_0;\delta_2=s_2-s_1;\cdots;\delta_m=s_m-s_{m-1};\delta_{m+1}=a_{m+1}-s_m]$$

$\mathcal{P}$是一种仿射嵌入，它以一对一的方式将 $\boldsymbol{s}$ 变量的 $m+1$ 维空间映射到 $\boldsymbol{\delta}$ 变量的 $m+2$ 维空间中的超平面 $\delta_0+\delta_1+\cdots+\delta_{m+1}=a_{m+1}-a_0$。式（14.3.8）右侧的像在此映射下为集合

$$P=\left\{\boldsymbol{\delta}=[\delta_0;\cdots;\delta_{m+1}]:\begin{cases}0\leqslant\delta_0\leqslant d\equiv a_{m+1}-a_0 & (a)\\ 0\leqslant\dfrac{\delta_1}{d_1}\leqslant\dfrac{\delta_2}{d_2}\leqslant\cdots\leqslant\dfrac{\delta_{m+1}}{d_{m+1}}\leqslant 1,d_i=a_i-a_{i-1} & (b)\\ \delta_0+\delta_1+\cdots+\delta_{m+1}=d & (c)\end{cases}\right\}\tag{14.3.9}$$

在相同映射下我们用 S_+ 表示 S_m 的像。因为 $\mathcal{P}$ 是仿射嵌入，证明式（14.3.8）与证明 $P=\mathrm{Conv}S_+$ 完全相同，这就是我们要做的。

首先让我们证明 $P\supset\mathrm{Conv}S_+$。由于 P 显然是凸的，如果

$$\begin{aligned}\boldsymbol{\delta}&=\mathcal{P}([s_0;s_1=\max[s_0,a_1];\cdots;s_{m+1}=\max[s_0,a_{m+1}]])\\&\equiv[s_0-a_0;s_1-s_0;s_2-s_1;s_3-s_2;\cdots;s_{m+1}-s_m]\end{aligned}$$

其中 $a_0\leqslant s_0\leqslant a_{m+1}\equiv s_{m+1}$，那么它足以验证 $\boldsymbol{\delta}\in P$。$\boldsymbol{\delta}$ 满足（a）和（c）这一事实是显而易见的（从现在起，（a）至（c）参考式（14.3.9）中的相应关系）。为了验证（b），首先观察到 $a_0\leqslant s_0\leqslant s_1\leqslant\cdots\leqslant s_m\leqslant a_{m+1}$，其中，所有的 $\delta_i\geqslant 0$，设 j 满足 $s_0\in[a_{j-1},a_j]$。当 $i<j$ 时，$s_i=s_0$，当 $i\geqslant j$ 时，$s_i=a_i$，从而 $1\leqslant i\leqslant j-1$ 时，$\delta_i/d_i=0$，$i>j$ 时，$\delta_j/d_j=(a_j-s_0)/d_j$ 且 $\delta_i/d_i=1$。因为 $0\leqslant a_j-s_0\leqslant d_j$，（$b$）也一样。因此，$P\supset\mathrm{Conv}S_+$。还有待于证明的逆包含。由于 P 显然是一个非空的凸紧集，为了证明 $P\subset\mathrm{Conv}S_+$，只要验证如果 $\boldsymbol{\delta}=[\delta_0;\cdots;\delta_{m+1}]$ 是 P 的一个极值点，那么对于某些 $\boldsymbol{s}\in S_m$，有 $\boldsymbol{\delta}=\mathcal{P}(\boldsymbol{s})$，这就是我们要做的。通过（$a$），我们得到了 $0\leqslant\delta_0\leqslant d$，通过（$b$）我们得到了 $0\leqslant\delta_i\leqslant d_i$，$1\leqslant i\leqslant m+1$。由于 $d=d_1+\cdots+d_{m+1}$，当 $\delta_0=0$ 时，（c）表明 $\delta_i=d_i(i=1,\cdots,m+1)$，因此 $\boldsymbol{\delta}$ 是点 $[0;d_1;\cdots;d_{m+1}]$，该点确实是 $\mathcal{P}(\boldsymbol{s})$，并且 $\boldsymbol{s}=[a_0;a_1;\cdots;a_m]\in S_m$。当 $\delta_0=d$ 时，（c）表示 $\delta_1=\cdots=\delta_{m+1}=0$（注意，通过（$a$）、（$b$），对于所有的 $\boldsymbol{\delta}\in P$，$\boldsymbol{\delta}\geqslant\boldsymbol{0}$）。因此，这里 $\boldsymbol{\delta}=[a_{m+1};0;\cdots;0]$，这一点是 $\mathcal{P}(\boldsymbol{s})$，且 $\boldsymbol{s}=[a_{m+1};a_{m+1};\cdots;a_{m+1}]\in S_m$。当 $\boldsymbol{\delta}$ 是 P 的极值点且 $0<\delta_0<d$ 时，仍需考虑这一种情况。我们声称（b）中的分数最多取两个值，即 0 和 1。我们将在后面证明这个说法，同时让我们从中得出 $\boldsymbol{\delta}$ 确实是 $\mathcal{P}(\boldsymbol{s})$，且 $\boldsymbol{s}\in S_m$。考虑这个说法，只有三种选择是可能的。

- （b）中的所有分数都等于 0。在这种情况下 $\delta_1=\cdots=\delta_{m+1}=0$，且通过（$c$）有 $\delta_0=d$，这与我们所需要的情况不符；
- （b）中的所有分数都等于 1。在这种情况下 $\delta_i=d_i,i=1,\cdots,m+1$，且通过（$c$）有 $\delta_0=0$，这与我们所需要的情况也不符。
- 对于某个 j，$1\leqslant j\leqslant m$，当 $i\leqslant j$ 时，δ_i/d_i 等于 0，当 $i>j$ 时等于 1，或者说，当 $1\leqslant i\leqslant j$ 时 $\delta_i=0$，$i>j$ 时 $\delta_i=d_i$。通过（c），我们看到 $\delta_0=d-d_{j+1}-d_{j+2}-\cdots-d_{m+1}=d_1+\cdots+d_j=a_j-a_0$，所以

$$\boldsymbol{\delta}=[a_j-a_0;0,\cdots,0;a_{j+1}-a_j;a_{j+2}-a_{j+1};\cdots;a_{m+1}-a_m]$$

但这个点确实是 $\mathcal{P}(\boldsymbol{s})$，且 $\boldsymbol{s}=[a_j;a_j;\cdots;a_j;a_{j+1};a_{j+2};a_{j+3};\cdots;a_m]\in S_m$。

我们的主张仍然是合理的。用反证法进行证明，在所有分数 δ_i/d_i 中（$i=1,\cdots,m+1$），有一个分数取值为 $\theta\in(0,1)$，设 I 是等于 θ 的所有分数的索引集合；注意，通过（b），I 是序列 $1,2,\cdots,m+1$ 中的一段连续索引。设 $q=\sum\limits_{i\in I}d_i$，考虑向量 $\boldsymbol{\delta}$ 的下列扰动：

$$\boldsymbol{\delta}\mapsto\boldsymbol{\delta}[t]=[\delta_0[t];\cdots;\delta_{m+1}[t]],\delta_i[t]=\begin{cases}\delta_0+t, & i=0\\ \delta_i, & i\geqslant 1,i\notin I\\ \delta_i-\dfrac{d_i}{q}t, & i\in I\end{cases}$$

我们认为，当 $|t|$ 足够小时，我们有 $\boldsymbol{\delta}[t]\in P$。事实上，对于很小的 $|t|$，向量 $\boldsymbol{\delta}[t]$：

- 满足（a），由于 $0<\delta_0<d$。
- 满足（b），由于分数 $\dfrac{\delta_i|t|}{d_i}$，$i\in I$ 彼此相等并且趋近于 θ，剩下的部分保持完整。
- 满足（c），因为 $\sum\limits_{i=0}^{m+1}\delta_i[t]$ 独立于 t（因为 q 的起源）。

我们看到 $\boldsymbol{\delta}$ 是非平凡段 $\{\boldsymbol{\delta}[t]:-\epsilon\leqslant t\leqslant\epsilon\}$ 的中点，对于足够小的 $\epsilon>0$ 是包含于 P 中的；但这是不可能的，因为 $\boldsymbol{\delta}$ 是 P 的一个极值点。 ■

C.2：与 C.1 的情况相同，在 C.2 的情况中，为了有效地处理式（14.3.6）中的 ARC，且仅限于决策规则（14.3.7），我们所需要的是集合 C 的易处理表示

$$C=\text{Conv}S,\quad S=\{\hat{\boldsymbol{s}}=[s;s^2;\cdots;s^\kappa]:|s|\leqslant 1\}$$

（我们不失一般性地假设 $\underline{a}_\ell=-1$，$\overline{a}_\ell=1$。）以下是相应的描述（来源于文献［87］）。

引理 14.3.4 集合 $C=\text{Conv}S$ 允许显式半定表示

$$C=\{\hat{\boldsymbol{s}}\in\mathbb{R}^\kappa:\exists\boldsymbol{\lambda}=[\lambda_0;\cdots;\lambda_{2\kappa}]\in\mathbb{R}^{2\kappa+1}:[1;\hat{\boldsymbol{s}}]=\boldsymbol{Q}^{\mathrm{T}}\lambda,[\lambda_{i+j}]_{i,j=0}^{\kappa}\succeq 0\}\quad(14.3.10)$$

其中，$(2\kappa+1)\times(\kappa+1)$ 矩阵 $\boldsymbol{Q}$ 定义如下：取多项式 $p(t)=p_0+p_1t+\cdots+p_\kappa t^\kappa$，然后把它转换成多项式 $\hat{p}(t)=(1+t^2)^\kappa p(2t/(1+t^2))$。$\hat{p}$ 的系数向量明显地线性依赖于 p 的系数向量，而 $\boldsymbol{Q}$ 正是该线性变换的矩阵。

证明 $\mathbf{1^0}$ 设 $P\subset\mathbb{R}^{\kappa+1}$ 是多项式 $p(t)=p_0+p_1t+\cdots+p_\kappa t^\kappa$ 的系数向量 $\boldsymbol{p}$ 的锥，该多项式在［$-1,1$］上是非负的，且 P_* 是 P 的对偶锥。我们声称

$$C=\{\hat{\boldsymbol{s}}\in\mathbb{R}^\kappa:[1;\hat{\boldsymbol{s}}]\in P_*\}\quad(14.3.11)$$

事实上，将 C' 设置为式（14.3.11）的右侧。如果 $\hat{\boldsymbol{s}}=[s;s^2;\cdots;s^\kappa]\in S$，那么 $|s|\leqslant 1$，所以对于每一个 $\boldsymbol{p}\in P$，我们有 $\boldsymbol{p}^{\mathrm{T}}[1;\hat{\boldsymbol{s}}]=p(s)\geqslant 0$。因此，$[1;\hat{\boldsymbol{s}}]\in P_*$ 且 $\hat{\boldsymbol{s}}\in C'$。因为 C' 是凸的，我们得到 $C\equiv\text{Conv}S\subset C'$。为了证明逆包含，假设存在 $\hat{\boldsymbol{s}}\notin C$，使得 $\boldsymbol{z}=[1;\hat{\boldsymbol{s}}]\in P_*$，让我们从这个假设出发，引出一个矛盾。因为 $\hat{\boldsymbol{s}}$ 不在 C 中，C 是一个闭凸集，显然它包含原点，我们可以找到一个向量 $\boldsymbol{q}\in\mathbb{R}^\kappa$，使得 $\boldsymbol{q}^{\mathrm{T}}\hat{\boldsymbol{s}}=1$ 且 $\max\limits_{r\in C}\boldsymbol{q}^{\mathrm{T}}\boldsymbol{r}\equiv\alpha<1$，或者等价地，因为 $C=\text{Conv}S$，当 $|s|\leqslant 1$ 时，$\boldsymbol{q}^{\mathrm{T}}[s;s^2;\cdots;s^\kappa]\leqslant\alpha<1$。设 $\boldsymbol{p}=[\alpha;-\boldsymbol{q}]$，我们看到当 $|s|\leqslant 1$ 时，$p(s)\geqslant 0$，所以 $\boldsymbol{p}\in P$，因此 $\alpha-\boldsymbol{q}^{\mathrm{T}}\hat{\boldsymbol{s}}=\boldsymbol{p}^{\mathrm{T}}[1;\hat{\boldsymbol{s}}]\geqslant 0$，其中 $1=\boldsymbol{q}^{\mathrm{T}}\hat{\boldsymbol{s}}\leqslant\alpha<1$，这是一个理想的矛盾。

$\mathbf{2^0}$ 仍需验证式（14.3.11）中的右侧是否确实允许表示式（14.3.10）。我们首先导出锥 P_+ 的半定表示，P_+ 为在整个轴上不超过 2κ 次的所有非负多项式 $p(s)$（的系数向量）的锥。该表示如下。一个 $(\kappa+1)\times(\kappa+1)$ 对称矩阵 $\boldsymbol{W}$ 可以与 $p_{\boldsymbol{W}}(t)=[1;t;t^2;\cdots;t^\kappa]^{\mathrm{T}}\boldsymbol{W}[1;t;t^2;\cdots;t^\kappa]$ 给出的次数 $\leqslant 2\kappa$ 的多项式相关联。映射 $\mathcal{A}:\boldsymbol{W}\mapsto\boldsymbol{p}_{\boldsymbol{W}}$ 显然是线性的：

$(\mathcal{A}[w_{ij}]_{i,j=0}^{\kappa})_\nu=\sum_{0\leqslant i\leqslant\nu}w_{i,\nu-i}$，$0\leqslant\nu\leqslant2\kappa$。一个并矢矩阵 $\boldsymbol{W}=\boldsymbol{e}\boldsymbol{e}^{\mathrm{T}}$ 以这种方式“产生”一个多项式，它是另一个多项式的平方：$\mathcal{A}\boldsymbol{e}\boldsymbol{e}^{\mathrm{T}}=e^2(t)$，因此在是整个轴上都是≥0 的。由于每个矩阵 $\boldsymbol{W}\succeq0$ 都是并矢矩阵的和，我们得出结论，当 $\boldsymbol{W}\succeq0$ 时，$\mathcal{A}\boldsymbol{W}\in P_+$。反之亦然，众所周知，每个多项式 $\boldsymbol{p}\in P_+$ 是次数 $\leqslant2\kappa$ 的多项式的平方和，这意味着对于某些 $\boldsymbol{W}$，每个 $\boldsymbol{p}\in P_+$ 都是 $\mathcal{A}\boldsymbol{W}$，这是并矢矩阵的和，因此 $\succeq0$。因此

$$P_+=\{\boldsymbol{p}=\mathcal{A}\boldsymbol{W}:\boldsymbol{W}\in S_+^{\kappa+1}\}$$

现在，映射 $t\mapsto2t/(1+t^2):\mathbb{R}\to\mathbb{R}$ 将 $\mathbb{R}$ 映射到区间 $[-1,1]$ 中。因此，一个次数 $\leqslant\kappa$ 的多项式 p 在 $[-1,1]$ 上是≥0 的，当且仅当次数 $\leqslant2\kappa$ 的多项式 $\hat{p}(t)=(1+t^2)^\kappa p(2t/(1+t^2))$ 在整个轴上≥0，或者说，$\boldsymbol{p}\in P$，当且仅当 $Q\boldsymbol{p}\in P_+$。因此

$$P=\{\boldsymbol{p}\in\mathbb{R}^{\kappa+1}:\exists\boldsymbol{W}\in S^{\kappa+1}:\boldsymbol{W}\succeq0,\mathcal{A}\boldsymbol{W}=\boldsymbol{Q}\boldsymbol{p}\}$$

给定 P 的半定表示，我们可以立即得到 P_* 的半定表示。事实上，

$$\begin{aligned}\boldsymbol{q}\in P_*&\Leftrightarrow0\leqslant\min_{\boldsymbol{p}\in P}\{\boldsymbol{q}^{\mathrm{T}}\boldsymbol{p}\}\Leftrightarrow0\leqslant\min_{\boldsymbol{p}\in\mathbb{R}^\kappa}\{\boldsymbol{q}^{\mathrm{T}}\boldsymbol{p}:\exists\boldsymbol{W}\succeq0:\boldsymbol{Q}\boldsymbol{p}=\mathcal{A}\boldsymbol{W}\}\\&\Leftrightarrow0\leqslant\min_{\boldsymbol{p},\boldsymbol{W}}\{\boldsymbol{q}^{\mathrm{T}}\boldsymbol{p}:\boldsymbol{Q}\boldsymbol{p}-\mathcal{A}\boldsymbol{W}=\boldsymbol{0},\boldsymbol{W}\succeq0\}\\&\Leftrightarrow\{\boldsymbol{q}=\boldsymbol{Q}^{\mathrm{T}}\boldsymbol{\lambda}:\boldsymbol{\lambda}\in\mathbb{R}^{2\kappa+1},\mathcal{A}^*\boldsymbol{\lambda}\succeq0\}\end{aligned}$$

其中最后的⇔由于半定对偶性得出。计算 $\mathcal{A}^*\boldsymbol{\lambda}$，我们可以得到式（14.3.10）。 ■

评注 14.3.5　注意，C.2 允许进行直接的修改，其中空间 $\mathcal{F}_\ell$ 由三角多项式 $\sum_{i=0}^{\kappa}[p_i\cos(i\omega_\ell s)+q_i\sin(i\omega_\ell s)]$ 组成，而不是由代数多项式 $\sum_{i=0}^{\kappa}p_is^i$ 组成。这里我们所需要的是以下曲线的凸包的一个易于处理的描述

$$\{[s;\cos(\omega_\ell s);\sin(\omega_\ell s);\cdots;\cos(\kappa\omega_\ell s);\sin(\kappa\omega_\ell s)]:-1\leqslant s\leqslant1\}$$

可以很容易地从锥 P_+ 的半定表示中提取出来。

讨论。在 C 所述的结果中需要注意几点。坏消息是，从字面上理解，这些结果在我们的上下文中没有直接的后果——当 $\mathcal{Z}$ 是一个盒时，决策规则（14.3.7）在相同的信息库上永远不会优于“真正的”仿射决策规则（即决策规则（14.3.7）的仿射函数空间在轴上扮演 $\mathcal{F}_l$ 的角色）。

解释如下。考虑一个更普遍的问题，而不是式（14.3.6）中的问题，具体来说，不确定问题

$$\begin{aligned}\mathcal{C}=\{\min_x\{\boldsymbol{c}_\zeta^{\mathrm{T}}\boldsymbol{x}+d_\zeta:\boldsymbol{A}_\zeta\boldsymbol{x}-\boldsymbol{b}_\zeta\in K\}:\boldsymbol{\zeta}\in\mathcal{Z}\}\\ [\boldsymbol{c}_\zeta,d_\zeta,\boldsymbol{A}_\zeta,\boldsymbol{b}_\zeta:\text{在 }\boldsymbol{\zeta}\text{ 中仿射}]\end{aligned}\tag{14.3.12}$$

其中 K 是一个凸集。假设 $\mathcal{Z}$ 是单纯形的直积：$\mathcal{Z}=\Delta_1\times\cdots\times\Delta_L$，其中 Δ_ℓ 是一个 k_ℓ 维的单纯形（在 $\mathbb{R}^{k_\ell}$ 中的 $k_\ell+1$ 个仿射独立点的凸包）。假设我们想要处理这个问题的 ARC，它仅限于如下形式的决策规则

$$x_j=\xi_j+\sum_{\ell\in I_j}f_\ell^j(\zeta_\ell)\tag{14.3.13}$$

其中 ζ_ℓ 是 $\zeta\in\mathcal{Z}$ 在 Δ_ℓ 上的投影，对函数 f_ℓ^j 的唯一限制是它们属于 $\mathbb{R}^{k_\ell}$ 上给定的函数族 $\mathcal{F}_\ell$。我们仍然假设有固定资源：$\boldsymbol{A}_\zeta$ 的列和 $\boldsymbol{c}_\zeta$ 中的项是可以调整的，（即 $I_j\neq\varnothing$）决策变量 x_j 独立于 $\boldsymbol{\zeta}$。

上述“真正的仿射”决策规则与规则（14.3.7）相比并不逊色，这只不过是以下简单观察的结果。

引理 14.3.6 当特定的 $t\in\mathbb{R}$ 是式（14.3.12）的ARC可以实现的值时（仅限于决策规则（14.3.13）），也就是说，存在后一种形式的决策规则

$$\left.\begin{array}{l}\sum_{j=1}^{n}\left[\xi_j+\sum_{\ell\in I_j}f_{\ell}^{j}(\zeta_\ell)\right](\boldsymbol{c}_\zeta)_j+d_\zeta\leqslant t\\ \sum_{j=1}^{n}\left[\xi_j+\sum_{\ell\in I_j}f_{\ell}^{j}(\zeta_\ell)\right]\boldsymbol{A}_\zeta^{j}-\boldsymbol{b}_\zeta\in K\end{array}\right\}\forall\boldsymbol{\zeta}\in[\zeta_1;\cdots;\zeta_L]\in\mathcal{Z}=\Delta_1\times\cdots\times\Delta_L \tag{14.3.14}$$

t 也是不确定问题的ARC中目标的可实现值，它受限于具有相同信息库的仿射决策规则：在以 ζ_ℓ 为变量的函数 $\phi_\ell^j(\zeta_\ell)$ 中同样存在仿射变换，这样 ϕ_ℓ^j 扮演了函数 f_ℓ^j 的角色，式（14.3.14）仍然有效。

证明 由于每个含有 $k_\ell+1$ 个实数的集合都可以作为值的集合来获得，其值为在 k_ℓ 维单纯形的顶点上的一个仿射函数的值，因此我们可以找到仿射函数 $\phi_\ell^j(\zeta_\ell)$，使得每当 ζ_ℓ 是单纯形 Δ_ℓ 的顶点时，$\phi_\ell^j(\zeta_\ell)=f_\ell^j(\zeta_\ell)$。当在式（14.3.14）中约束的左侧插入函数 $\phi_\ell^j(\zeta_\ell)$（不是 $f_\ell^j(\zeta_\ell)$）时，其左侧成为 $\boldsymbol{\zeta}$ 的仿射函数（回想一下，我们是在固定资源的情况下）。由于这种仿射性且 $\mathcal{Z}$ 是一个凸紧集，为了得到的约束对所有 $\boldsymbol{\zeta}\in\mathcal{Z}$ 都有效，只要它们在 $\mathcal{Z}$ 的每一个极值点都有效就足够了。对于这样一个极值点 $\boldsymbol{\zeta}$，其分量 $\zeta_1,\cdots,\zeta_L$ 是 $\Delta_1,\cdots,\Delta_L$ 的顶点。因此，$\boldsymbol{\zeta}$ 处"ϕ 约束"的有效性很容易由该点的"f 约束"的有效性给出——通过构造，在该点，"ϕ"带的左侧与"f"约束相互重合。 ■

坏消息是否意味着我们在C.1～C.2中的努力只是白费？好消息是，这种努力仍然可以被利用。再次考虑 ζ_ℓ 是标量的情况，假设 $\mathcal{Z}$ 不是一个盒，在这种情况下引理14.3.6是不适用的。因此，我们希望仅限制于决策规则（14.3.7）的式（14.3.6）的ARC确实比仅限于仿射决策规则的ARC不保守（具有严格意义上较低的最优值）。为了处理前一个"更有希望的"ARC，我们需要的是在映射

$$\boldsymbol{\zeta}\mapsto\hat{\boldsymbol{\zeta}}[\boldsymbol{\zeta}]=\{\zeta_{\ell i}[\zeta_\ell]\}_{\substack{0\leqslant i\leqslant m,\\1\leqslant\ell\leqslant L}}$$

下对 $\mathcal{Z}$ 的像 $\mathcal{U}$ 的凸包 $\hat{\mathcal{Z}}$ 的易于处理的描述。其中 $\zeta_{\ell 0}=\zeta_\ell,\zeta_{\ell i}[\zeta_\ell]=f_{i\ell}(\zeta_\ell),1\leqslant i\leqslant m$，并且函数 $f_{i\ell}\in\mathcal{F}_\ell,i=1,\cdots,m$ 张成 $\mathcal{F}_\ell$。困难在于，与C.1～C.2中所考虑的 $\mathcal{F}_\ell$ 一样（这些族对于大多数应用来说"足够丰富"），事实上，我们不知道如何获得 $\hat{\mathcal{Z}}$ 的易处理表示，除非 $\mathcal{Z}$ 是一个盒。因此，比盒更复杂的 $\mathcal{Z}$ 似乎太复杂了，当 $\mathcal{Z}$ 是盒时，考虑"复杂"的 $\mathcal{F}_\ell$ 对我们没有任何好处。不过，我们可以按以下步骤进行。让我们将 $\mathcal{Z}$（不是盒）包含在盒 $\mathcal{Z}^+$ 中，并让我们将概述的方法应用于 $\mathcal{Z}^+$，$\mathcal{Z}^+$ 作为 $\mathcal{Z}$，即，让我们尝试对凸包 $\hat{\mathcal{Z}}^+$ 构建易于处理的描述，它为在映射 $\zeta\mapsto\hat{\zeta}[\zeta]$ 下 $\mathcal{Z}^+$ 的像 $\mathcal{U}^+$ 的凸包。幸运的是，（例如，在C.1～C.2的情况下，）我们将会成功，从而得到 $\hat{\mathcal{Z}}$ 的一个易于处理的表示；当然，后者比我们想要描述的"真实"集 $\hat{\mathcal{Z}}$ 要大。还有另一个"容易描述"的集合，它包含 $\hat{\mathcal{Z}}$，即 $\mathcal{Z}$ 在自然投影 Π 下的逆像 $\hat{\mathcal{Z}}^0$，自然投影 $\Pi:\{\zeta_{\ell i}\}_{\substack{0\leqslant i\leqslant m,\\1\leqslant\ell\leqslant L}}\mapsto\{\zeta_{\ell 0}\}_{1\leqslant\ell\leqslant L}$，从 $\hat{\zeta}[\zeta]$ 中恢复了 ζ。也许我们足够聪明，可以找到其他容易描述包含 $\hat{\mathcal{Z}}$ 的凸集 $\hat{\mathcal{Z}}^1,\cdots,\hat{\mathcal{Z}}^k$。

假设，$\mathcal{Z}$ 是欧几里得球 $\{\|\boldsymbol{\zeta}\|_2\leqslant r\}$，并让我们将 $\mathcal{Z}^+$ 看作嵌入盒 $\{\|\boldsymbol{\zeta}\|_\infty\leqslant r\}$。

在C.1的情况中，我们有：当 $i\geqslant 1$ 时，$\zeta_{\ell i}[\zeta_\ell]=\max[\zeta_\ell,a_{\ell i}]$，其中 $|\zeta_{\ell i}[\zeta_\ell]|\leqslant\max[|\zeta_\ell|,|a_{\ell i}|]$。因此，当 $\boldsymbol{\zeta}\in\mathcal{Z}$ 时，我们有 $\sum_\ell\zeta_{\ell i}^2[\zeta_\ell]\leqslant\sum_\ell\max[\zeta_\ell^2,a_{\ell i}^2]\leqslant\sum_\ell[\zeta_\ell^2+$

$a_{\ell i}^2] \leqslant r^2 + \sum_{\ell} a_{\ell i}^2$，我们可以把 $\hat{\mathcal{Z}}^p, p=1,\cdots,m$ 当作椭圆圆柱体 $\left\{\{\zeta_{\ell i}\}_{\ell,i}: \sum_{\ell} \zeta_{\ell p}^2 \leqslant r^2 + \sum_{\ell} a_{\ell p}^2\right\}$。

在 C.2 的情况中，我们有：当 $1 \leqslant i \leqslant \kappa-1$ 时，$\zeta_{\ell i}[\zeta_\ell] = \zeta_\ell^{i+1}$，所以 $\sum_{\ell} |\zeta_{\ell i}[\zeta_\ell]| \leqslant \max_{z \in \mathbb{R}^L}\left\{\sum_{\ell} |z_\ell|^{i+1} : \|z\|_2 \leqslant r\right\} = r^{i+1}$。因此，我们可以得到 $\hat{\mathcal{Z}}^p = \left\{\{\zeta_{\ell i}\}_{\ell,i} : \sum_{\ell} |\zeta_{lp}| \leqslant r^{p+1}\right\}$，$1 \leqslant p \leqslant \kappa-1$。

由于所有容易描述的凸集 $\hat{\mathcal{Z}}^+, \hat{\mathcal{Z}}^0, \cdots, \hat{\mathcal{Z}}^k$，都包含 $\hat{\mathcal{Z}}$，所以对于容易描述的以下凸集也是如此：

$$\widetilde{\mathcal{Z}} = \hat{\mathcal{Z}}^+ \cap \hat{\mathcal{Z}}^0 \cap \hat{\mathcal{Z}}^1 \cap \cdots \cap \hat{\mathcal{Z}}^k$$

因此，半无限 LO 问题（与 $\widetilde{\mathcal{Z}}$ 一起易处理）

$$\min_{\substack{t,\\ \{X_j(\cdot) \in \mathcal{X}_j\}_{j=1}^n}} \left\{ t : \begin{array}{l} d_{\Pi(\hat{\zeta})} + \sum_{j=1}^n X_j(\hat{\boldsymbol{\zeta}})(\boldsymbol{c}_{\Pi(\hat{\zeta})})_j \leqslant t \\ \sum_{j=1}^n X_j(\hat{\boldsymbol{\zeta}}) \boldsymbol{A}^j_{\Pi(\hat{\zeta})} - \boldsymbol{b}_{\Pi(\hat{\zeta})} \geqslant \mathbf{0} \end{array} \forall \hat{\boldsymbol{\zeta}} = \{\zeta_{\ell i}\} \in \widetilde{\mathcal{Z}} \right\}$$

$$\left[\Pi(\{\zeta_{\ell i}\}_{\substack{0 \leqslant i \leqslant m,\\ 1 \leqslant \ell \leqslant L}}) = \{\zeta_{\ell 0}\}_{1 \leqslant \ell \leqslant L}, \mathcal{X}_j = \left\{ X_j(\hat{\boldsymbol{\zeta}}) = \xi_j + \sum_{\substack{\ell \in I_j,\\ 0 \leqslant i \leqslant m}} \eta_{\ell i} \zeta_{\ell i} \right\} \right] \tag{S}$$

是式（14.3.6）的 ARC 的保守易处理近似，仅限于决策规则（14.3.7）。注意，该近似至少与式（14.3.6）的 ARC 一样灵活，并且仅限于真正的仿射决策规则。实际上，后一种类型的规则 $X(\cdot) = \{X_j(\cdot)\}_{j=1}^n$ 是通过“X_j 完全依赖于 $\zeta_{\ell 0}$，$\ell \in I_j$”的要求，或者说，当 $i>0$ 时 $\eta_{\ell i}=0$ 的要求，来“切断”参与（S）的所有决策规则族。因为在变量 $\zeta_{\ell 0}$，$1 \leqslant \ell \leqslant L$ 的空间中构造的 $\widetilde{\mathcal{Z}}$ 的投影实际上就是 $\mathcal{Z}$，当且仅当 $(t, X(\cdot))$ 对式（14.3.6）的 AARC 是可行的，它对（S）也是可行的，信息库由 $I_1, \cdots, I_n$ 提供。我们的底线是，当 $\mathcal{Z}$ 不是一个盒时，易处理的问题（S）至少与 AARC 一样灵活，尽管它仍然产生鲁棒可行的决策。这种“至少同样灵活”是不是“更灵活”取决于所讨论的应用，并且由于（S）和 AARC 都是易处理的，因此很容易找出真正的答案。

这是一个简单的例子。设 $L=2$，$n=2$，并且让式（14.3.6）作为不确定问题

$$\left\{ \min_{x} \left\{ x_2 : \begin{array}{l} x_1 \geqslant \zeta_1 \\ x_1 \geqslant -\zeta_1 \\ x_2 \geqslant x_1 + 3\zeta_1/5 + 4\zeta_2/5 \\ x_2 \geqslant x_1 - 3\zeta_1/5 - 4\zeta_2/5 \end{array} \right\}, \|\boldsymbol{\zeta}\|_2 \leqslant 1 \right\}$$

具有完全可调变量 x_1 和不可调变量 x_2。由于我们的问题非常简单，我们可以立即指出无限制 ARC 的最优解，即，

$$X_1(\boldsymbol{\zeta}) = |\zeta_1|, x_2 \equiv \mathrm{Opt}(\mathrm{ARC}) = \max_{\|\zeta\|_2 \leqslant 1} \left[|\zeta_1| + \frac{|3\zeta_1 + 4\zeta_2|}{5} \right] = \frac{4\sqrt{5}}{5} \approx 1.7889$$

现在，让我们将 Opt(ARC) 与 AARC 的最优值 Opt(AARC) 以及受限 ARC 的最优值 Opt(RARC) 进行比较，其中决策规则允许在 $[\zeta_\ell]_\pm$，$\ell=1,2$ 中仿射（一般情况下，

$[a]_+=\max[a,0]$ 且 $[a]_-=\max[-a,0]$）。情况符合 B，这样我们就可以正常处理 RARC 了。我们注意到 $a=[a_+]-[a]_-$，决策规则在 $[\zeta_\ell]_\pm,\ell=1,2$ 中仿射，这与决策规则（14.3.7）是相同的，其中 $\mathcal{F}_\ell$，$\ell=1,2$ 是轴上只有断点 0 的分段线性函数的空间。我们看到，由于 $\mathcal{Z}$ 是一个圆而不是一个正方形，这种情况也适合 C.1，我们可以通过其保守易处理近似（S）来处理 RARC。让我们看看这 3 种方案所产生的最优值是什么。

- 我们问题的 AARC 为

$$\mathrm{Opt}(\mathrm{AARC})=\min_{x_2,\xi,\boldsymbol{\eta}}\left\{x_2:\begin{array}{ll}\overbrace{\xi+\boldsymbol{\eta}^{\mathrm{T}}\boldsymbol{\zeta}}^{X_1(\zeta)}\geqslant|\zeta_1| & (a)\\ x_2\geqslant X_1(\boldsymbol{\zeta})+|3\zeta_1+4\zeta_2|/5 & (b)\end{array},\forall(\boldsymbol{\zeta}:\|\boldsymbol{\zeta}\|_2\leqslant1)\right\}$$

这个问题可以被快速求解。实际上，（a）应该对 $\boldsymbol{\zeta}=\boldsymbol{\zeta}^1\equiv[1;0]$ 和 $\boldsymbol{\zeta}=\boldsymbol{\zeta}^2\equiv-\boldsymbol{\zeta}^1$ 有效，这意味着 $X_1(\pm\boldsymbol{\zeta}^1)\geqslant1$，其中 $\xi\geqslant1$。此外，（b）应该对 $\boldsymbol{\zeta}=\boldsymbol{\zeta}^3\equiv[3;4]/5$ 和 $\boldsymbol{\zeta}=\boldsymbol{\zeta}^4\equiv-\boldsymbol{\zeta}^3$ 有效，这意味着 $x_2\geqslant X_1(\pm\boldsymbol{\zeta}^3)+1$，其中 $x_2\geqslant\xi+1\geqslant2$。我们看到最优值 $\geqslant2$，这个界是可以实现的（我们可以取 $X_1(\cdot)\equiv1$ 且 $x_2=2$）。另外，在我们的问题中，AARC 和 RC 一样保守。

- 由 B 给出的我们问题的 RARC 是

$$\mathrm{Opt}(\mathrm{RARC})=\min_{x_2,\xi,\boldsymbol{\eta},\boldsymbol{\eta}_\pm}\left\{x_2:\begin{array}{l}\overbrace{\xi+\boldsymbol{\eta}^{\mathrm{T}}\boldsymbol{\zeta}+\boldsymbol{\eta}_+^{\mathrm{T}}\boldsymbol{\zeta}^++\boldsymbol{\eta}_-^{\mathrm{T}}\boldsymbol{\zeta}^-}^{X_1(\hat{\zeta})}\geqslant|\zeta_1|\\ x_2\geqslant X_1(\hat{\boldsymbol{\zeta}})+|3\zeta_1+4\zeta_2|/5\end{array}\right.$$

$$\left.\forall\left[\hat{\boldsymbol{\zeta}}=[\underbrace{\zeta_1;\zeta_2}_{\zeta};\underbrace{\zeta_1^+;\zeta_2^+}_{\zeta^+};\underbrace{\zeta_1^-;\zeta_2^-}_{\zeta^-}]\in\hat{\mathcal{Z}}\right]\right\},$$

$$\hat{\mathcal{Z}}=\{\hat{\boldsymbol{\zeta}}:\boldsymbol{\zeta}=\boldsymbol{\zeta}^+-\boldsymbol{\zeta}^-,\boldsymbol{\zeta}^\pm\geqslant\mathbf{0},\|\boldsymbol{\zeta}^++\boldsymbol{\zeta}^-\|_2\leqslant1\}$$

我们可以提前说出 RARC 的最优值和最优解是什么——它们应该与 ARC 的相同，因为事实上，ARC 允许最优决策规则在 $|\zeta_1|$ 中是仿射的，因此它在 $[\zeta_\ell]_\pm$ 中仿射。然而，我们已经进行了数值优化，得到了 RARC（以及 ARC）的另一个最优解：

$$\mathrm{Opt}(\mathrm{RARC})=x_2=1.7889,$$
$$\xi=1.0625,\boldsymbol{\eta}=[0;0],\boldsymbol{\eta}_+=\boldsymbol{\eta}_-=[0.0498;-0.4754]$$

对应于 $X_1(\boldsymbol{\zeta})=1.0625+0.0498|\zeta_1|-0.4754|\zeta_2|$。

- RARC 的保守易处理近似如下所示。在我们的例子中，映射 $\boldsymbol{\zeta}\mapsto\hat{\boldsymbol{\zeta}}[\boldsymbol{\zeta}]$ 是

$$[\zeta_1;\zeta_2]\mapsto[\zeta_{1,0}=\zeta_1;\zeta_{1,1}=\max[\zeta_1,0];\zeta_{2,0}=\zeta_2;\zeta_{2,1}=\max[\zeta_2,0]]$$

由 C.1 给出的对 $\hat{\mathcal{Z}}^+$ 的易处理描述是

$$\hat{\mathcal{Z}}^+=\left\{\{\zeta_{\ell i}\}_{\substack{i=0,1\\ \ell=1,2}}:\begin{array}{c}-1\leqslant\zeta_{\ell0}\leqslant1\\ 0\leqslant\dfrac{\zeta_{\ell1}-\zeta_{\ell0}}{1}\leqslant\dfrac{1-\zeta_{\ell1}}{1}\leqslant1\end{array},\ell=1,2\right\}$$

集合 $\hat{\mathcal{Z}}^0$ 和 $\hat{\mathcal{Z}}^1$ 的定义如下：

$$\hat{\mathcal{Z}}^i=\left\{\{\zeta_{\ell i}\}_{\substack{i=0,1\\ \ell=1,2}}:\zeta_{1i}^2+\zeta_{2i}^2\leqslant1\right\},i=0,1$$

因此，（S）成了半无限 LO 问题

$$\mathrm{Opt(S)}=\min_{x_2,\xi,\{\eta_{\ell i}\}}\left\{x_2:\begin{array}{l}X_1(\hat{\zeta})\equiv\xi+\sum\limits_{\substack{\ell=1,2\\i=0,1}}\eta_{\ell i}\zeta_{\ell i}\geqslant\zeta_{1,0}\\ X_1(\hat{\zeta})\equiv\xi+\sum\limits_{\substack{\ell=1,2\\i=0,1}}\eta_{\ell i}\zeta_{\ell i}\geqslant-\zeta_{1,0}\\ x_2\geqslant\xi+\sum\limits_{\substack{\ell=1,2\\i=0,1}}\eta_{\ell i}\zeta_{\ell i}+[3\zeta_{1,0}+4\zeta_{2,0}]/5\\ x_2\geqslant\xi+\sum\limits_{\substack{\ell=1,2\\i=0,1}}\eta_{\ell i}\zeta_{\ell i}-[3\zeta_{1,0}+4\zeta_{2,0}]/5\end{array}\right.$$

$$\left.\forall\hat{\zeta}=\{\zeta_{\ell i}\}:\begin{array}{l}-\leqslant\zeta_{\ell 0}\leqslant 1,\ell=1,2\\ 0\leqslant\zeta_{\ell 1}-\zeta_{\ell 0}\leqslant 1-\zeta_{\ell 1}\leqslant 1,\ell=1,2\\ \zeta_{1i}^2+\zeta_{2i}^2\leqslant 1,i=0,1\end{array}\right\}$$

计算结果为

$$\mathrm{Opt(S)}=x_2=\frac{25+\sqrt{8209}}{60}\approx 1.9267$$

$$X_1(\zeta)=\frac{5}{12}-\frac{3}{5}\zeta_{1,0}[\zeta_1]+\frac{6}{5}\zeta_{1,1}[\zeta_1]+\frac{7}{60}\zeta_{2,0}[\zeta_2]=\frac{5}{12}+\frac{3}{5}|\zeta_1|+\frac{7}{60}\zeta_2$$

正如预期的那样，我们得到 $2=\mathrm{Opt(AARC)}>1.9267=\mathrm{Opt(S)}>1.7889=\mathrm{Opt(RARC)}=\mathrm{Opt(ARC)}$。注意，为了获得 Opt(S)<Opt(AARC)，必须考虑到 $\hat{\mathcal{Z}}^1$：在 C.1 的情况中，无论是 $\mathcal{Z}$ 还是盒 $\mathcal{Z}^+\supset\mathcal{Z}$，$\widetilde{\mathcal{Z}}=\hat{\mathcal{Z}}^+\cap\hat{\mathcal{Z}}^0$，与真正的仿射决策规则相比，我们没有得到任何收获。

D. 二次决策规则，椭球不确定性集。在这种情况中，

$$\hat{\zeta}[\zeta]=\left[\begin{array}{c|c} & \zeta^{\mathrm{T}}\\ \hline \zeta & \zeta\zeta^{\mathrm{T}}\end{array}\right]$$

由 ζ 的项及其成对乘积组成（因此，相关决策规则（14.3.5）在 ζ 中是二次的），$\mathcal{Z}$ 是椭球 $\{\zeta\in\mathbb{R}^L:\|Q\zeta\|_2\leqslant 1\}$，其中 Q 有一个平凡核。在二次映射 $\zeta\mapsto\hat{\zeta}[\zeta]$ 下，$\mathcal{Z}$ 的像的凸包很容易描述。

引理 14.3.7 在上述中，集合 $\hat{\mathcal{Z}}=\mathrm{Conv}\{\hat{\zeta}[\zeta]:\|Q\zeta\|_2\leqslant 1\}$ 是一个由半定表示给出的凸紧集，其表示如下：

$$\hat{\mathcal{Z}}=\left\{\hat{\zeta}=\left[\begin{array}{c|c} & v^{\mathrm{T}}\\ \hline v & W\end{array}\right]\in S^{L+1}:\hat{\zeta}+\left[\begin{array}{c|c}1 & \\ \hline & \end{array}\right]\succeq 0,\mathrm{Tr}(QWQ^{\mathrm{T}})\leqslant 1\right\}$$

证明 很快就可以看出，当 $Q=I$ 时，我们现在做的假设证明这个陈述就足够了。除此之外，当我们将常数矩阵 $\left[\begin{array}{c|c}1 & \\ \hline & \end{array}\right]$ 添加到映射 $\hat{\zeta}[\zeta]$ 时，$\mathcal{Z}$ 的像的凸包被相同的矩阵转移。因此，我们只需要证明单位欧几里得球在映射 $\zeta\mapsto\widetilde{\zeta}[\zeta]=\left[\begin{array}{c|c}1 & \zeta^{\mathrm{T}}\\ \hline \zeta & \zeta\zeta^{\mathrm{T}}\end{array}\right]$ 下的像的凸包 $\mathcal{Q}$ 可以表示为

$$\mathcal{Q}=\left\{\hat{\zeta}=\left[\begin{array}{c|c}1 & v^{\mathrm{T}}\\ \hline v & W\end{array}\right]\in S^{L+1}:\hat{\zeta}\succeq 0,\mathrm{Tr}(QWQ^{\mathrm{T}})\leqslant 1\right\}\tag{14.3.15}$$

用 $\hat{\mathcal{Q}}$ 表示式（14.3.15）中的右侧，$\mathcal{Q}$ 和 $\hat{\mathcal{Q}}$ 都是非空凸紧集。因此，当且仅当它们的支持

函数相同时，它们才会重合。[⊖]我们认为 $\mathcal{Q}$ 是集合 $\left\{\left[\begin{array}{c|c}1 & \zeta^{\mathrm{T}}\\ \hline \zeta & \zeta\zeta^{\mathrm{T}}\end{array}\right]:\zeta^{\mathrm{T}}\zeta\leqslant 1\right\}$ 的凸包，所以 $\mathcal{Q}$ 的支持函数为

$$\phi(\boldsymbol{P})=\max_{\boldsymbol{Z}}\left\{\operatorname{Tr}(\boldsymbol{PZ}):\boldsymbol{Z}=\left[\begin{array}{c|c}1 & \boldsymbol{\zeta}^{\mathrm{T}}\\ \hline \boldsymbol{\zeta} & \boldsymbol{\zeta}\boldsymbol{\zeta}^{\mathrm{T}}\end{array}\right]:\boldsymbol{\zeta}^{\mathrm{T}}\boldsymbol{\zeta}\leqslant 1\right\}\quad\left[\boldsymbol{P}=\left[\begin{array}{c|c}p & \boldsymbol{q}^{\mathrm{T}}\\ \hline \boldsymbol{q} & \boldsymbol{R}\end{array}\right]\in S^{L+1}\right]$$

我们有

$$\begin{aligned}
\phi(\boldsymbol{P})&=\max_{\boldsymbol{Z}}\left\{\operatorname{Tr}(\boldsymbol{PZ}):\boldsymbol{Z}=\left[\begin{array}{c|c}1 & \boldsymbol{\zeta}^{\mathrm{T}}\\ \hline \boldsymbol{\zeta} & \boldsymbol{\zeta}\boldsymbol{\zeta}^{\mathrm{T}}\end{array}\right],\boldsymbol{\zeta}^{\mathrm{T}}\boldsymbol{\zeta}\leqslant 1\right\}\\
&=\max_{\boldsymbol{\zeta}}\{\boldsymbol{\zeta}^{\mathrm{T}}\boldsymbol{R}\boldsymbol{\zeta}+2\boldsymbol{q}^{\mathrm{T}}\boldsymbol{\zeta}+p:\boldsymbol{\zeta}^{\mathrm{T}}\boldsymbol{\zeta}\leqslant 1\}\\
&=\min_{\tau}\{\tau:\tau\geqslant\boldsymbol{\zeta}^{\mathrm{T}}\boldsymbol{R}\boldsymbol{\zeta}+2\boldsymbol{q}^{\mathrm{T}}\boldsymbol{\zeta}+p,\forall(\boldsymbol{\zeta}:\boldsymbol{\zeta}^{\mathrm{T}}\boldsymbol{\zeta}\leqslant 1)\}\\
&=\min_{\tau}\{\tau:(\tau-p)t^2-\boldsymbol{\zeta}^{\mathrm{T}}\boldsymbol{R}\boldsymbol{\zeta}-2t\boldsymbol{q}^{\mathrm{T}}\boldsymbol{\zeta}\geqslant 0,\forall((\boldsymbol{\zeta},t):\boldsymbol{\zeta}^{\mathrm{T}}\boldsymbol{\zeta}\leqslant t^2)\}\\
&=\min_{\tau}\{\tau:\exists\lambda\geqslant 0:(\tau-p)t^2-\boldsymbol{\zeta}^{\mathrm{T}}\boldsymbol{R}\boldsymbol{\zeta}-2t\boldsymbol{q}^{\mathrm{T}}\boldsymbol{\zeta}-\lambda(t^2-\boldsymbol{\zeta}^{\mathrm{T}}\boldsymbol{\zeta})\geqslant 0,\forall(\boldsymbol{\zeta},t)\}\ [\mathcal{S}\text{ 引理}]\\
&=\min_{\tau,\lambda}\left\{\tau:\left[\begin{array}{c|c}\tau-p-\lambda & -\boldsymbol{q}^{\mathrm{T}}\\ \hline -\boldsymbol{q} & \lambda\boldsymbol{I}-\boldsymbol{R}\end{array}\right]\succeq 0,\lambda\geqslant 0\right\}\\
&=\max_{u,\boldsymbol{v},\boldsymbol{W},r}\left\{up+2\boldsymbol{v}^{\mathrm{T}}\boldsymbol{q}+\operatorname{Tr}(\boldsymbol{RW}):\operatorname{Tr}\left(\left[\begin{array}{c|c}\tau-\lambda & \\ \hline & \lambda\boldsymbol{I}\end{array}\right]\left[\begin{array}{c|c}u & \boldsymbol{v}^{\mathrm{T}}\\ \hline \boldsymbol{v} & \boldsymbol{W}\end{array}\right]\right)+r\lambda\equiv\tau,\right.\\
&\qquad\left.\forall(\tau,\lambda),\left[\begin{array}{c|c}u & \boldsymbol{v}^{\mathrm{T}}\\ \hline \boldsymbol{v} & \boldsymbol{W}\end{array}\right]\succeq 0,r\geqslant 0\right\}\qquad[\text{半定对偶}]\\
&=\max_{\boldsymbol{v},\boldsymbol{W}}\left\{p+2\boldsymbol{v}^{\mathrm{T}}\boldsymbol{q}+\operatorname{Tr}(\boldsymbol{RW}):\left[\begin{array}{c|c}1 & \boldsymbol{v}^{\mathrm{T}}\\ \hline \boldsymbol{v} & \boldsymbol{W}\end{array}\right]\succeq 0,\operatorname{Tr}(\boldsymbol{W})\leqslant 1\right\}\\
&=\max_{\boldsymbol{v},\boldsymbol{W}}\left\{\operatorname{Tr}\left(\boldsymbol{P}\left[\begin{array}{c|c}1 & \boldsymbol{v}^{\mathrm{T}}\\ \hline \boldsymbol{v} & \boldsymbol{W}\end{array}\right]\right):\left[\begin{array}{c|c}1 & \boldsymbol{v}^{\mathrm{T}}\\ \hline \boldsymbol{v} & \boldsymbol{W}\end{array}\right]\in\hat{\mathcal{Q}}\right\}
\end{aligned}$$

因此，$\mathcal{Q}$ 的支持函数确实与 $\hat{\mathcal{Q}}$ 中的一个相同。 ■

推论 14.3.8　考虑一个固定资源的不确定 LO 问题（14.3.6），椭球作为不确定性集，其中可调决策变量被允许是数据的规定部分 $\boldsymbol{P}_j\boldsymbol{\zeta}$ 的二次函数。该问题的关联 ARC 在计算上是可处理的，并由一个显式半定规划给出，其多项式大小为实例的多项式大小或者数据向量的维数 L。

E. 二次决策规则，同心椭球相交的不确定性集。这里的不确定性集 $\mathcal{Z}$ 为 $\cap$-椭球：

$$\mathcal{Z}=\mathcal{Z}_\rho=\{\boldsymbol{\zeta}\in\mathbb{R}^L:\boldsymbol{\zeta}^{\mathrm{T}}\boldsymbol{Q}_j\boldsymbol{\zeta}\leqslant\rho^2,1\leqslant j\leqslant J\}$$

$$\left[\boldsymbol{Q}_j\succeq 0,\sum_j\boldsymbol{Q}_j\succ 0\right]\tag{14.3.16}$$

（参考 7.2 节），其中 $\rho>0$ 是一个不确定性水平，并且如上所述，$\hat{\boldsymbol{\zeta}}[\boldsymbol{\zeta}]=\left[\begin{array}{c|c} & \boldsymbol{\zeta}^{\mathrm{T}}\\ \hline \boldsymbol{\zeta} & \boldsymbol{\zeta}\boldsymbol{\zeta}^{\mathrm{T}}\end{array}\right]$，因此，

⊖ 非空凸集 $X\subset\mathbb{R}^n$ 的支持函数是函数 $f(\boldsymbol{\xi})=\sup_{x\in X}\boldsymbol{\xi}^{\mathrm{T}}\boldsymbol{x}:\mathbb{R}^n\to\mathbb{R}\cup\{+\infty\}$。对于 $\mathbb{R}^n$ 中的两个闭的非空凸集，当且仅当它们的支持函数相同时，两个非空凸集也是相同的，这一事实很容易由分离定理得到。

我们的目的是处理与二次决策规则对应的不确定问题的 ARC。所以，我们所需要的就是在非线性映射 $\boldsymbol{\zeta}\mapsto\hat{\boldsymbol{\zeta}}[\boldsymbol{\zeta}]$ 下得到 $\mathcal{Z}_\rho$ 的像的凸包的易处理表示。这与在非线性映射下找到 $\mathcal{Z}_\rho$ 的像的凸包 $\hat{\mathcal{Z}}_\rho$ 的类似表示基本相同，非线性映射为

$$\boldsymbol{\zeta}\mapsto\hat{\boldsymbol{\zeta}}_\rho[\boldsymbol{\zeta}]=\left[\begin{array}{c|c} & \boldsymbol{\zeta}^{\mathrm{T}} \\ \hline \boldsymbol{\zeta} & \frac{1}{\rho}\boldsymbol{\zeta}\boldsymbol{\zeta}^{\mathrm{T}}\end{array}\right]$$

实际上，这两个凸包都可以通过简单的线性变换相互获得。我们归一化的优点是现在 $\mathcal{Z}_\rho=\rho\mathcal{Z}_1$ 且 $\hat{\mathcal{Z}}_\rho=\rho\hat{\mathcal{Z}}_1$，这应该适用于适当的扰动集。

虽然集合 $\hat{\mathcal{Z}}_\rho$ 通常在计算上难以处理，但我们将证明该集合允许一个紧易处理近似，且后者包括一个有关线性优化问题的“二次可调”RC 的紧易处理近似，我们需要的主要成分如下。

引理 14.3.9　*考虑半定可表示集*

$$\mathcal{W}_\rho=\rho\mathcal{W}_1,\mathcal{W}_1=\left\{\hat{\boldsymbol{\zeta}}=\left[\begin{array}{c|c} & \boldsymbol{v}^{\mathrm{T}} \\ \hline \boldsymbol{v} & \boldsymbol{W}\end{array}\right]:\left[\begin{array}{c|c}1 & \boldsymbol{v}^{\mathrm{T}} \\ \hline \boldsymbol{v} & \boldsymbol{W}\end{array}\right]\succeq 0,\mathrm{Tr}(\boldsymbol{W}\boldsymbol{Q}_j)\leqslant 1,1\leqslant j\leqslant J\right\}\tag{14.3.17}$$

则

$$\forall\rho>0:\hat{\mathcal{Z}}_\rho\subset\mathcal{W}_\rho\subset\hat{\mathcal{Z}}_{\vartheta\rho}\tag{14.3.18}$$

其中 $\vartheta=O(1)\ln(J+1)$，并且 J 是 $\mathcal{Z}_\rho$ 的描述中椭球的数量。

证明　由于 $\hat{\mathcal{Z}}_\rho$ 和 $\hat{\mathcal{W}}_\rho$ 都是包含原点的非空凸紧集，且属于 S^{L+1} 的子空间 S_0^{L+1}，该子空间由第一个对角项为零的矩阵组成，证明式（14.3.18）与验证以下相应的支持函数相同

$$\boldsymbol{\phi}_{\mathcal{W}_\rho}(\boldsymbol{P})=\max_{\hat{\boldsymbol{\zeta}}\in\mathcal{W}_\rho}\mathrm{Tr}(\boldsymbol{P}\hat{\boldsymbol{\zeta}}),\boldsymbol{\phi}_{\hat{\mathcal{Z}}_\rho}(\boldsymbol{P})=\max_{\hat{\boldsymbol{\zeta}}\in\hat{\mathcal{Z}}_\rho}\mathrm{Tr}(\boldsymbol{P}\hat{\boldsymbol{\zeta}})$$

考虑 $\boldsymbol{P}\in S_0^{L+1}$ 的函数满足关系

$$\boldsymbol{\phi}_{\hat{\mathcal{Z}}_\rho}(\cdot)\leqslant\boldsymbol{\phi}_{\mathcal{W}_\rho}(\cdot)\leqslant\boldsymbol{\phi}_{\hat{\mathcal{Z}}_{\vartheta\rho}}(\cdot)$$

考虑到 $\hat{\mathcal{Z}}_s=s\hat{\mathcal{Z}}_1$，$s>0$，这个任务化简为验证

$$\boldsymbol{\phi}_{\hat{\mathcal{Z}}_\rho}(\cdot)\leqslant\boldsymbol{\phi}_{\mathcal{W}_\rho}(\cdot)\leqslant\vartheta\boldsymbol{\phi}_{\hat{\mathcal{Z}}_\rho}(\cdot)$$

所以，我们应当证明：当 $\boldsymbol{P}=\left[\begin{array}{c|c} & \boldsymbol{p}^{\mathrm{T}} \\ \hline \boldsymbol{p} & \boldsymbol{R}\end{array}\right]\in S_0^{L+1}$ 时，有

$$\max_{\hat{\boldsymbol{\zeta}}\in\hat{\mathcal{Z}}_\rho}\mathrm{Tr}(\boldsymbol{P}\hat{\boldsymbol{\zeta}})\leqslant\max_{\hat{\boldsymbol{\zeta}}\in\mathcal{W}_\rho}\mathrm{Tr}(\boldsymbol{P}\hat{\boldsymbol{\zeta}})\leqslant\vartheta\max_{\hat{\boldsymbol{\zeta}}\in\hat{\mathcal{Z}}_\rho}\mathrm{Tr}(\boldsymbol{P}\hat{\boldsymbol{\zeta}})$$

回想一下 $\hat{\mathcal{Z}}_\rho$ 的起源，后一种关系写作

$$\begin{aligned}\forall\boldsymbol{P}=\left[\begin{array}{c|c} & \boldsymbol{p}^{\mathrm{T}} \\ \hline \boldsymbol{p} & \boldsymbol{R}\end{array}\right]:\mathrm{Opt}_{\boldsymbol{P}}(\rho)&\equiv\max_{\boldsymbol{\zeta}}\left\{2\boldsymbol{p}^{\mathrm{T}}\boldsymbol{\zeta}+\frac{1}{\rho}\boldsymbol{\zeta}^{\mathrm{T}}\boldsymbol{R}\boldsymbol{\zeta}:\boldsymbol{\zeta}^{\mathrm{T}}\boldsymbol{Q}_j\boldsymbol{\zeta}\leqslant\rho^2,1\leqslant j\leqslant J\right\}\\&\leqslant\mathrm{SDP}_{\boldsymbol{P}}(\rho)\equiv\max_{\hat{\boldsymbol{\zeta}}\in\mathcal{W}_\rho}\mathrm{Tr}(\boldsymbol{P}\hat{\boldsymbol{\zeta}})\leqslant\vartheta\,\mathrm{Opt}_{\boldsymbol{P}}(\rho)\equiv\mathrm{Opt}_{\boldsymbol{P}}(\vartheta\rho)\end{aligned}\tag{14.3.19}$$

关于 $\rho>0$，观察到后一种关系中的三个量具有相同的同质性程度，这样当 $\rho=1$ 时验证这个关系就足够了，我们从现在开始假设。

我们将从近似 $\mathcal{S}$ 引理（附录中的定理 B.3.1）推导出式（14.3.19）。为此，我们具体说明参与 $\mathcal{S}$ 引理的项如下：

- $\boldsymbol{x}=[t;\boldsymbol{\zeta}]\in\mathbb{R}_t^1\times\mathbb{R}_\zeta^L$；
- $\boldsymbol{A}=\boldsymbol{P}$，即 $\boldsymbol{x}^{\mathrm{T}}\boldsymbol{A}\boldsymbol{x}=2t\boldsymbol{p}^{\mathrm{T}}\boldsymbol{\zeta}+\boldsymbol{\zeta}^{\mathrm{T}}\boldsymbol{R}\boldsymbol{\zeta}$；

- $\boldsymbol{B}=\left[\begin{array}{c|c}1 & \\ \hline & \end{array}\right]$，即 $\boldsymbol{x}^{\mathrm{T}}\boldsymbol{B}\boldsymbol{x}=t^2$；
- $\boldsymbol{B}_j=\left[\begin{array}{c|c} & \\ \hline & \boldsymbol{Q}_j\end{array}\right]$，$1\leqslant j\leqslant J$，即 $\boldsymbol{x}^{\mathrm{T}}\boldsymbol{B}_j\boldsymbol{x}=\boldsymbol{\zeta}^{\mathrm{T}}\boldsymbol{Q}_j\boldsymbol{\zeta}$；
- $\rho=1$。

通过这种设置，式（B.3.1）中的量 $\mathrm{Opt}(\rho)$ 变成了 $\mathrm{Opt}_{\boldsymbol{P}}(1)$，而式（B.3.2）中的量 $\mathrm{SDP}(\rho)$ 变成了

$$\begin{aligned}
\mathrm{SDP}(1)&=\max_{\boldsymbol{X}}\{\mathrm{Tr}(\boldsymbol{AX}):\mathrm{Tr}(\boldsymbol{BX})\leqslant 1,\mathrm{Tr}(\boldsymbol{B}_j\boldsymbol{X})\leqslant 1,1\leqslant j\leqslant J,\boldsymbol{X}\succeq 0\}\\
&=\max_{\boldsymbol{X}}\left\{2\boldsymbol{p}^{\mathrm{T}}\boldsymbol{v}+\mathrm{Tr}(\boldsymbol{RW}):\begin{array}{l}u\leqslant 1\\ \mathrm{Tr}(\boldsymbol{WQ}_j)\leqslant 1,1\leqslant j\leqslant J\\ \boldsymbol{X}=\left[\begin{array}{c|c}u & \boldsymbol{v}^{\mathrm{T}}\\ \hline \boldsymbol{v} & \boldsymbol{W}\end{array}\right]\succeq 0\end{array}\right\}\\
&=\max_{\boldsymbol{X}}\left\{2\boldsymbol{p}^{\mathrm{T}}\boldsymbol{v}+\mathrm{Tr}(\boldsymbol{RW}):\begin{array}{l}\mathrm{Tr}(\boldsymbol{WQ}_j)\leqslant 1,1\leqslant j\leqslant J\\ \left[\begin{array}{c|c}1 & \boldsymbol{v}^{\mathrm{T}}\\ \hline \boldsymbol{v} & \boldsymbol{W}\end{array}\right]\succeq 0\end{array}\right\}\\
&=\max_{\hat{\boldsymbol{\zeta}}}\left\{\mathrm{Tr}(\boldsymbol{P}\hat{\boldsymbol{\zeta}}):\hat{\boldsymbol{\zeta}}=\left[\begin{array}{c|c} & \boldsymbol{v}^{\mathrm{T}}\\ \hline \boldsymbol{v} & \boldsymbol{W}\end{array}\right]:\begin{array}{l}\left[\begin{array}{c|c}1 & \boldsymbol{v}^{\mathrm{T}}\\ \hline \boldsymbol{v} & \boldsymbol{W}\end{array}\right]\succeq 0\\ \mathrm{Tr}(\boldsymbol{WQ}_j)\leqslant 1,1\leqslant j\leqslant J\end{array}\right\}\\
&=\mathrm{SDP}_{\boldsymbol{P}}(1)
\end{aligned}$$

根据这些观察，近似 $\mathcal{S}$ 引理的结论（B.3.4）为

$$\mathrm{Opt}_P(1)\leqslant\mathrm{SDP}_P(1)\leqslant\mathrm{Opt}(\Omega(J)),\Omega(J)=9.19\sqrt{\ln(J+1)}\tag{14.3.20}$$

其中，对于 $\Omega\geqslant 1$ 有

$$\begin{aligned}
\mathrm{Opt}(\Omega)&=\max_{\boldsymbol{x}}\{\boldsymbol{x}^{\mathrm{T}}\boldsymbol{A}\boldsymbol{x}:\boldsymbol{x}^{\mathrm{T}}\boldsymbol{B}\boldsymbol{x}\leqslant 1,\boldsymbol{x}^{\mathrm{T}}\boldsymbol{B}_j\boldsymbol{x}\leqslant\Omega^2\}\\
&=\max_{t,\zeta}\{2t\boldsymbol{p}^{\mathrm{T}}\boldsymbol{\zeta}+\boldsymbol{\zeta}^{\mathrm{T}}\boldsymbol{R}\boldsymbol{\zeta}:t^2\leqslant 1,\boldsymbol{\zeta}^{\mathrm{T}}\boldsymbol{Q}_j\boldsymbol{\zeta}\leqslant\Omega^2,1\leqslant j\leqslant J\}\\
&=\max_{\zeta}\{2\boldsymbol{p}^{\mathrm{T}}\boldsymbol{\zeta}+\boldsymbol{\zeta}^{\mathrm{T}}\boldsymbol{R}\boldsymbol{\zeta}:\boldsymbol{\zeta}^{\mathrm{T}}\boldsymbol{Q}_j\boldsymbol{\zeta}\leqslant\Omega^2,1\leqslant j\leqslant J\}\\
&=\max_{\boldsymbol{\eta}=\Omega^{-1}\zeta}\{\Omega(2\boldsymbol{p}^{\mathrm{T}}\boldsymbol{\eta})+\Omega^2\boldsymbol{\eta}^{\mathrm{T}}\boldsymbol{R}\boldsymbol{\eta}:\boldsymbol{\eta}^{\mathrm{T}}\boldsymbol{Q}_j\boldsymbol{\eta}\leqslant 1,1\leqslant j\leqslant J\}\\
&\leqslant\Omega^2\max_{\boldsymbol{\eta}}\{2\boldsymbol{p}^{\mathrm{T}}\boldsymbol{\eta}+\boldsymbol{\eta}^{\mathrm{T}}\boldsymbol{R}\boldsymbol{\eta}:\boldsymbol{\eta}^{\mathrm{T}}\boldsymbol{Q}_j\boldsymbol{\eta}\leqslant 1,1\leqslant j\leqslant J\}\\
&=\Omega^2\,\mathrm{Opt}(1)
\end{aligned}$$

设 $\vartheta=\Omega^2(J)$，我们可以看到式（14.3.20）意味着（14.3.19）。 ■

推论 14.3.10　考虑一个使用 $\cap$-椭球不确定性集 $\mathcal{Z}_\rho$（见式（14.3.16））的固定资源不确定 LO 问题（14.3.6），其中我们寻求鲁棒最优二次决策规则：

$$x_j=p_j+\boldsymbol{q}_j^{\mathrm{T}}\hat{\boldsymbol{P}}_j(\hat{\boldsymbol{\zeta}}_\rho[\boldsymbol{\zeta}])$$

$$\left[\begin{array}{l}\bullet\hat{\boldsymbol{\zeta}}_\rho[\boldsymbol{\zeta}]=\left[\begin{array}{c|c} & \boldsymbol{\zeta}^{\mathrm{T}}\\ \hline \boldsymbol{\zeta} & \frac{1}{\rho}\boldsymbol{\zeta}\boldsymbol{\zeta}^{\mathrm{T}}\end{array}\right]\\ \bullet\hat{\boldsymbol{P}}_j:\text{从 }S^{L+1}\text{ 到 }\mathbb{R}^{m_j}\text{ 的线性映射}\\ \bullet p_j\in\mathbb{R},\boldsymbol{q}_j\in\mathbb{R}^{m_j}:\text{需要指定的参数}\end{array}\right]\tag{14.3.21}$$

该问题的相关可调鲁棒对等允许一个保守易处理近似，它在引理 14.3.9 中给出的因子 ϑ 内是紧的。

以下内容为如何建立推论 14.3.10 中提到的鲁棒对等的保守近似。

(i) 我们写下优化问题：

$$\min_{t,x}\left\{t: \begin{array}{l} \boldsymbol{a}_{0\zeta}^{\mathrm{T}}[t;\boldsymbol{x}]+b_{0\zeta}\equiv t-\boldsymbol{c}_{\zeta}^{\mathrm{T}}\boldsymbol{x}-d_{\zeta}\geqslant 0 \\ \boldsymbol{a}_{i\zeta}^{\mathrm{T}}[t;\boldsymbol{x}]+b_{i\zeta}\equiv \boldsymbol{A}_{i\zeta}^{\mathrm{T}}\boldsymbol{x}-b_{i\zeta}\geqslant 0, i=1,\cdots,m \end{array}\right\} \tag{P}$$

其中 $\boldsymbol{A}_{i\zeta}^{\mathrm{T}}$ 是 $\boldsymbol{A}_{\zeta}$ 中的第 i 行，$b_{i\zeta}$ 是 $\boldsymbol{b}_{\zeta}$ 中的第 i 项；

(ii) 我们插入（P）的 $m+1$ 个约束，而不是原始决策变量 x_j，其表达式为 $p_j+\boldsymbol{q}_j^{\mathrm{T}}\hat{\boldsymbol{P}}_j(\hat{\boldsymbol{\zeta}}_{\rho}[\boldsymbol{\zeta}])$，从而得出了如下形式的优化问题

$$\min_{[t;\boldsymbol{y}]}\{t:\boldsymbol{\alpha}_{i\hat{\zeta}}^{\mathrm{T}}[t;\boldsymbol{y}]+\beta_{i\hat{\zeta}}\geqslant 0, 0\leqslant i\leqslant m\} \tag{P'}$$

其中，$\boldsymbol{y}$ 是二次决策规则的系数 p_j，$\boldsymbol{q}_j$ 的集合，$\hat{\boldsymbol{\zeta}}$ 是我们新的不确定矩阵，它来自 S_0^{L+1}，$\boldsymbol{\alpha}_{i\hat{\zeta}}$、$\beta_{i\hat{\zeta}}$ 在 $\hat{\boldsymbol{\zeta}}$ 中是仿射的，通过固定资源的假设来确保仿射性。这个问题的"真正的"二次可调 RC 是半无限问题

$$\min_{[t;\boldsymbol{y}]}\{t:\forall\hat{\boldsymbol{\zeta}}\in\hat{\mathcal{Z}}_{\rho}:\boldsymbol{\alpha}_{i\hat{\zeta}}^{\mathrm{T}}[t;\boldsymbol{y}]+\beta_{i\hat{\zeta}}\geqslant 0, 0\leqslant i\leqslant m\} \tag{R}$$

这从（P'）中获得，要求约束条件对所有 $\hat{\boldsymbol{\zeta}}\in\hat{\mathcal{Z}}_{\rho}$ 保持有效，后一个集合是映射 $\boldsymbol{\zeta}\mapsto\hat{\boldsymbol{\zeta}}_{\rho}[\boldsymbol{\zeta}]$ 下 $\mathcal{Z}_{\rho}$ 的像的凸包。一般来说，半无限问题（R）是难以处理的，我们用它的保守易处理近似来代替它

$$\min_{[t;\boldsymbol{y}]}\{t:\forall\hat{\boldsymbol{\zeta}}\in\mathcal{W}_{\rho}:\boldsymbol{\alpha}_{i\hat{\zeta}}^{\mathrm{T}}[t;\boldsymbol{y}]+\beta_{i\hat{\zeta}}\geqslant 0, 0\leqslant i\leqslant m\} \tag{R'}$$

其中 $\mathcal{W}_{\rho}$ 是引理 14.3.9 中定义的半定表示的凸紧集。根据定理 1.3.4，（R'）是易处理的，并且可以直接转换为半定规划，其多项式大小为 $n=\dim\boldsymbol{x}$，m 和 $L=\dim\boldsymbol{\zeta}$。下面是转换：回顾 $\hat{\boldsymbol{\zeta}}$ 的结构，并设置 $\boldsymbol{z}=[t;\boldsymbol{x}]$，我们可以将（$R'$）中的第 i 个约束主体重写为

$$\boldsymbol{\alpha}_{i\hat{\zeta}}^{\mathrm{T}}\boldsymbol{z}+\beta_{i\hat{\zeta}}\equiv a_i[\boldsymbol{z}]+\mathrm{Tr}\Bigg(\underbrace{\left[\begin{array}{c|c} & \boldsymbol{v}^{\mathrm{T}} \\ \hline \boldsymbol{v} & \boldsymbol{W}\end{array}\right]}_{\hat{\zeta}}\left[\begin{array}{c|c} & \boldsymbol{p}_i^{\mathrm{T}}[\boldsymbol{z}] \\ \hline \boldsymbol{p}_i[\boldsymbol{z}] & \boldsymbol{P}_i[\boldsymbol{z}]\end{array}\right]\Bigg)$$

其中 $a_i[\boldsymbol{z}]$，$\boldsymbol{p}_i[\boldsymbol{z}]$ 和 $\boldsymbol{P}_i[\boldsymbol{z}]=\boldsymbol{P}_i^{\mathrm{T}}[\boldsymbol{z}]$ 是 $\boldsymbol{z}$ 的仿射。因此，调用 $\mathcal{W}_{\rho}=\rho\mathcal{W}_1$ 的定义（参见引理 14.3.9），（R'）中第 i 个半无限约束的 RC 是以下等价关系中的第一个谓词：

$$\min_{\boldsymbol{v},\boldsymbol{W}}\left\{\begin{array}{l} a_i[\boldsymbol{z}]+2\rho\boldsymbol{v}^{\mathrm{T}}\boldsymbol{p}_i[\boldsymbol{z}]+\rho\mathrm{Tr}(\boldsymbol{W}\boldsymbol{P}_i[\boldsymbol{z}]): \\ \left[\begin{array}{c|c} 1 & \boldsymbol{v}^{\mathrm{T}} \\ \hline \boldsymbol{v} & \boldsymbol{W}\end{array}\right]\succeq 0, \mathrm{Tr}(\boldsymbol{W}\boldsymbol{Q}_j)\leqslant 1, 1\leqslant j\leqslant J \end{array}\right\}\geqslant 0 \tag{a_i}$$

$$\Updownarrow$$

$$\exists\boldsymbol{\lambda}^i=[\lambda_1^i;\cdots;\lambda_J^i]:\left\{\begin{array}{l} \boldsymbol{\lambda}^i\geqslant\boldsymbol{0} \\ \left[\begin{array}{c|c} a_i[\boldsymbol{z}]-\sum_j\lambda_j^i & \rho\boldsymbol{p}_i^{\mathrm{T}}[\boldsymbol{z}] \\ \hline \rho\boldsymbol{p}_i[\boldsymbol{z}] & \rho\boldsymbol{P}_i[\boldsymbol{z}]+\sum_j\lambda_j^i\boldsymbol{Q}_j\end{array}\right]\succeq 0 \end{array}\right. \tag{b_i}$$

其中⇕由半定对偶性得出。因此，我们可以将（R'）等价地重新表示为半定规划

$$\min_{\substack{\boldsymbol{z}=[t;\boldsymbol{y}]\\ \{\lambda_j^i\}}}\left\{t:\begin{array}{l} \left[\begin{array}{c|c} a_i[\boldsymbol{z}]-\sum_j\lambda_j^i & \rho\boldsymbol{p}_i^{\mathrm{T}}[\boldsymbol{z}] \\ \hline \rho\boldsymbol{p}_i[\boldsymbol{z}] & \rho\boldsymbol{P}_i[\boldsymbol{z}]+\sum_j\lambda_j^i\boldsymbol{Q}_j\end{array}\right]\succeq 0 \\ \lambda_j^i\geqslant 0, 0\leqslant i\leqslant m, 1\leqslant j\leqslant J \end{array}\right\}$$

后一种 SDP 是二次可调 RC 的 ϑ-紧保守易处理近似，其中 ϑ 由引理 14.3.9 给出。

14.3.3　无固定资源的不确定线性优化问题的 AARC

我们已经看到了以下不确定 LO 问题的 AARC：

$$\mathcal{C}=\{\min_{x}\{\boldsymbol{c}_{\zeta}^{\mathrm{T}}\boldsymbol{x}+d_{\zeta}:\boldsymbol{A}_{\zeta}\boldsymbol{x}\geqslant\boldsymbol{b}_{\zeta}\}:\boldsymbol{\zeta}\in\mathcal{Z}\}$$
$$[\boldsymbol{c}_{\zeta},d_{\zeta},\boldsymbol{A}_{\zeta},\boldsymbol{b}_{\zeta}:\text{在 }\boldsymbol{\zeta}\text{ 中仿射}] \tag{14.3.22}$$

其中 $\mathcal{Z}$ 是一个具有计算易处理性的凸紧不确定性集，且具有固定资源时是计算可处理的。当取消固定资源的假设时会发生什么？答案是，一般而言，AARC 可能变得难以处理（见文献 [13]）。然而，我们将要证明，对于椭球不确定性集 $\mathcal{Z}=\mathcal{Z}_{\rho}=\{\boldsymbol{\zeta}:\|\boldsymbol{Q}\boldsymbol{\zeta}\|_2\leqslant\rho\}$，$\mathrm{Ker}\boldsymbol{Q}=\{0\}$，AARC 是可计算处理的，对于由式（14.3.16）给出的 $\cap$-椭球不确定性集 $\mathcal{Z}=\mathcal{Z}_{\rho}$，AARC 允许紧的保守易处理近似。实际上，对于仿射决策规则

$$x_j=X_j(\boldsymbol{P}_j\boldsymbol{\zeta})\equiv p_j+\boldsymbol{q}_j^{\mathrm{T}}\boldsymbol{P}_j\boldsymbol{\zeta}$$

式（14.3.22）的 AARC 是如下形式的半无限问题：

$$\min_{z=[t;y]}\{t:\forall\boldsymbol{\zeta}\in\mathcal{Z}_{\rho}:a_{i\zeta}[\boldsymbol{z}]+b_{i\zeta}\geqslant 0,0\leqslant i\leqslant m\} \tag{14.3.23}$$

其中 $\boldsymbol{y}=\{p_j,\boldsymbol{q}_j\}_{j=1}^{n},a_{i\zeta}[\boldsymbol{z}]$ 在 $\boldsymbol{z}$ 中仿射，并且在 $\boldsymbol{\zeta}$ 中是二次的，$b_{i\zeta}$ 在 $\boldsymbol{\zeta}$ 中是二次的（实际上只是仿射的）。正如我们已经在几种情况下介绍的那样，引入非线性映射

$$\boldsymbol{\zeta}\mapsto\hat{\boldsymbol{\zeta}}_{\rho}[\boldsymbol{\zeta}]=\left[\begin{array}{c|c} & \boldsymbol{\zeta}^{\mathrm{T}}\\ \hline \boldsymbol{\zeta} & \frac{1}{\rho}\boldsymbol{\zeta}\boldsymbol{\zeta}^{\mathrm{T}}\end{array}\right]$$

用 $\hat{\mathcal{Z}}_{\rho}$ 表示 $\mathcal{Z}_{\rho}$ 在此映射下的像的凸包（所以 $\hat{\mathcal{Z}}_{\rho}=\rho\hat{\mathcal{Z}}_1$），我们可以将 AARC 等价地重写为半无限问题

$$\min_{z=[t;y]}\{t:\forall\hat{\boldsymbol{\zeta}}\in\hat{\mathcal{Z}}_{\rho}:\boldsymbol{\alpha}_{i\hat{\zeta}}^{\mathrm{T}}\boldsymbol{z}+\beta_{i\hat{\zeta}}\geqslant 0,0\leqslant i\leqslant m\} \tag{14.3.24}$$

其中，$\boldsymbol{\alpha}_{i\hat{\zeta}}$，$\beta_{i\hat{\zeta}}$ 是在 $\hat{\boldsymbol{\zeta}}=\left[\begin{array}{c|c} & \boldsymbol{v}^{\mathrm{T}}\\ \hline \boldsymbol{v} & \boldsymbol{W}\end{array}\right]$ 中的仿射。根据定理 1.3.4，为了有效地处理式（14.3.24），我们需要凸紧集 $\hat{\mathcal{Z}}_{\rho}=\rho\hat{\mathcal{Z}}_1$ 的计算易处理表示，当 $\mathcal{Z}_{\rho}$ 是椭球时，我们可以得到它（见引理 14.3.7）。当 $\mathcal{Z}_{\rho}$ 为不确定性（14.3.16）中的 $\cap$-椭球时，引理 14.3.9 为我们提供了集合 $\hat{\mathcal{Z}}_{\rho}$ 的一个计算上易于处理的外部近似 $\mathcal{W}_{\rho}$，它在系数 $\vartheta=O(1)\ln(J+1)$ 内是紧的。将式（14.3.24）中的“困难”集合 $\hat{\mathcal{Z}}_{\rho}$ 替换为“容易”集合 $\mathcal{W}_{\rho}$，我们得到了一个有效可解的问题（与推论 14.3.10 中的问题完全相似），该问题是式（14.3.24）的 ϑ-紧保守近似。

事实上，上述方法甚至可以稍微扩展到仿射决策规则之外。具体而言，在不确定 LO 问题的情况下，我们可以允许可调的“固定资源”变量 x_j（目标中的所有系数和实例的约束都是确定的）在 $\boldsymbol{P}_j\boldsymbol{\zeta}$ 中是二次的，并且允许剩余的“非固定资源”可调变量在 $\boldsymbol{P}_j\boldsymbol{\zeta}$ 中是仿射的。这种修改不会改变式（14.3.23）的结构（即 $\boldsymbol{\alpha}_{i\zeta},\beta_{i\zeta}$ 对 $\boldsymbol{\zeta}$ 的二次依赖性），我们可以用与之前完全相同的方式处理式（14.3.24）。

14.3.4　实例：不确定需求影响下的多周期库存 AARC

我们将 AARC 方法应用于例 14.1.2 续中提出的简单多产品多周期库存模型来说明它。

建立式（14.2.3）的 AARC。我们首先决定“实际决策”的信息库——时刻 $t=1,\cdots,N$ 补货订单向量 $\boldsymbol{w}_t$。假设不确定数据（即需求轨迹 $\boldsymbol{\zeta}=\boldsymbol{\zeta}^N=[\boldsymbol{\zeta}_1;\cdots;\boldsymbol{\zeta}_N]$）的一部分在对 $\boldsymbol{w}_t$ 做出决策时已知，即为在时刻 t 之前的时间段内的需求的向量 $\boldsymbol{\zeta}^{t-1}=[\boldsymbol{\zeta}_1;\cdots;\boldsymbol{\zeta}_{t-1}]$，我们引入对于订单的仿射决策规则

$$\boldsymbol{w}_t=\boldsymbol{\omega}_t+\boldsymbol{\Omega}_t\boldsymbol{\zeta}^{t-1} \tag{14.3.25}$$

其中，$\boldsymbol{w}_t$，$\boldsymbol{\Omega}_t$ 构成了我们所寻求的决策规则的系数。

式（14.2.3）中的其余变量是分析变量（只有一个例外），我们允许它们是整个需求轨迹 $\boldsymbol{\zeta}^N$ 的任意仿射函数：

$$\begin{aligned}
&\boldsymbol{x}_t=\boldsymbol{\xi}_t+\boldsymbol{\Xi}_t\boldsymbol{\zeta}^N,t=2,\cdots,N+1 && [\text{状态}]\\
&\boldsymbol{y}_t=\boldsymbol{\eta}_t+\boldsymbol{H}_t\boldsymbol{\zeta}^N,t=1,\cdots,N && [[\boldsymbol{x}_t]_+\text{ 的上界}]\\
&\boldsymbol{z}_t=\boldsymbol{\pi}_t+\Pi_t\boldsymbol{\zeta}^N,t=1,\cdots,N && [[\boldsymbol{x}_t]_-\text{ 的上界}]
\end{aligned} \tag{14.3.26}$$

剩下的唯一变量 C 被认为是不可调的，它是最小化库存管理成本的上限。

现在，我们将仿射决策规则插入式（14.2.3）的目标和约束条件中，并要求不确定数据 $\boldsymbol{\zeta}^N$ 的所有实现满足结果关系（不确定数据 $\boldsymbol{\zeta}^N$ 来自给定的不确定性集 $\mathcal{Z}$），从而得出库存模型的 AARC：

$$\begin{aligned}
&\text{最小化}\quad C\\
&\text{s.t.}\\
&\forall\boldsymbol{\zeta}^N\in\mathcal{Z}:\\
&C\geqslant\sum_{t=1}^{N}[\boldsymbol{c}_{\mathrm{h},t}^{\mathrm{T}}[\boldsymbol{\eta}_t+\boldsymbol{H}_t\boldsymbol{\zeta}^N]+\boldsymbol{c}_{\mathrm{b},t}^{\mathrm{T}}[\boldsymbol{\pi}_t+\Pi_t\boldsymbol{\zeta}^N]+\boldsymbol{c}_{\mathrm{o},t}^{\mathrm{T}}[\boldsymbol{\omega}_t+\Omega_t\boldsymbol{\zeta}^{t-1}]]\\
&\boldsymbol{\xi}_t+\boldsymbol{\Xi}_t\boldsymbol{\zeta}^N=\begin{cases}\boldsymbol{\xi}_{t-1}+\boldsymbol{\Xi}_{t-1}\boldsymbol{\zeta}^N+[\boldsymbol{\omega}_t+\boldsymbol{\Omega}_t\boldsymbol{\zeta}^{t-1}]-\boldsymbol{\zeta}_t,2\leqslant t\leqslant N\\ \boldsymbol{x}_0+\boldsymbol{\omega}_1-\boldsymbol{\zeta}_1,t=1\end{cases}\\
&\boldsymbol{\eta}_t+\boldsymbol{H}_t\boldsymbol{\zeta}^N\geqslant0,\boldsymbol{\eta}_t+\boldsymbol{H}_t\boldsymbol{\zeta}^N\geqslant\boldsymbol{\xi}_t+\boldsymbol{\Xi}_t\boldsymbol{\zeta}^N,1\leqslant t\leqslant N\\
&\boldsymbol{\pi}_t+\Pi_t\boldsymbol{\zeta}^N\geqslant0,\boldsymbol{\pi}_t+\Pi_t\boldsymbol{\zeta}^N\geqslant-\boldsymbol{\xi}_t-\boldsymbol{\Xi}_t\boldsymbol{\zeta}^N,1\leqslant t\leqslant N\\
&\underline{\boldsymbol{w}}_t\leqslant\boldsymbol{\omega}_t+\boldsymbol{\Omega}_t\boldsymbol{\zeta}^{t-1}\leqslant\overline{\boldsymbol{w}}_t,1\leqslant t\leqslant N\\
&\boldsymbol{q}^{\mathrm{T}}[\boldsymbol{\eta}_t+\boldsymbol{H}_t\boldsymbol{\zeta}^N]\leqslant r
\end{aligned} \tag{14.3.27}$$

对于仿射决策规则，其变量为 C，系数为 $\boldsymbol{w}_t$，$\boldsymbol{\Omega}_t,\cdots,\boldsymbol{\pi}_t$，$\Pi_t$。

我们看到这个问题有固定资源（当不确定性只影响锥约束中的常数项时总是如此），它只是一个显式的半无限 LO 问题。假设不确定性集 $\mathcal{Z}$ 是计算易处理的，我们可以调用定理 1.3.4，将这个半无限问题重新表述为计算易处理的问题。例如，对于盒不确定性：

$$\mathcal{Z}=\{\boldsymbol{\zeta}^N\in\mathbb{R}_+^{N\times d}:\underline{\zeta}_t\leqslant\zeta_t\leqslant\overline{\zeta}_t,1\leqslant t\leqslant N\}$$

半无限的 LO 问题（14.3.27）可以立即重写为一个显式“确定的”LO 问题。事实上，将式（14.3.27）中出现的半无限坐标向量不等式/方程替换为等价的标量半无限不等式/方程组，并用成对相反的半无限线性不等式表示半无限线性方程组后，最终得到了一个具有一定线性目标和有限多个约束的半无限优化规划：

$$\forall(\zeta_t^i\in[\underline{\zeta}_t^i,\overline{\zeta}_t^i],t\leqslant N,i\leqslant d):p^\ell[\boldsymbol{y}]+\sum_{i,t}\zeta_t^ip_{ti}^\ell[\boldsymbol{y}]\leqslant0$$

（ℓ 是约束的序列号，$\boldsymbol{y}$ 是由式（14.3.27）中的决策变量组成的向量，$p^\ell[\boldsymbol{y}],p_{ti}^\ell[\boldsymbol{y}]$ 是 $\boldsymbol{y}$ 的仿射函数）。上述半无限约束可以用一个线性不等式组来表示，表示为

$$\begin{aligned}
\underline{\boldsymbol{\zeta}}_t^ip_{ti}^\ell[\boldsymbol{y}]\leqslant u_{ti}^\ell\\
\overline{\boldsymbol{\zeta}}_t^ip_{ti}^\ell[\boldsymbol{y}]\leqslant u_{ti}^\ell
\end{aligned}$$

$$p^{\ell}[\boldsymbol{y}]+\sum_{t,i}u_{ti}^{\ell}\leqslant 0$$

用变量 $\boldsymbol{y}$ 和其他变量 u_{ti}^{ℓ} 进行表示。将所有这些不等式组放在一起，并增广所得到的线性约束组，使我们原始目标最小化，我们最终得到一个显式 LO 规划，相当于式（14.3.27）。

以下是一些讨论。

(i) 当构建任何不确定 LO 问题的 AARC 时，如果它具有固定资源和“结构良好”的不确定性集，我们可以采取类似的行动，例如，由显式多面体/锥二次/半定表示给出的问题。在后一种情况下，AARC 的易处理重新表述将是一个显式线性/锥二次/半定规划，其大小在实例大小和不确定性集的锥二次描述大小上为多项式。此外，AARC 的“可处理重新表述”可以通过一种编译自动构建。

(ii) 请注意 AARC 方法的灵活性：我们可以很容易地加入额外的约束（例如，禁止缺货需求的约束，表示获取过去需求信息的滞后、执行补货订单的滞后等）。从本质上讲，唯一重要的是我们正在处理一个不确定的、有固定资源的 LO 问题。这与 ARC 形成鲜明对比。正如我们已经提到的，本质上只有一种优化技术（动态规划），幸运的话，它可以用来对（一般类型的）ARC 进行数值处理。要做到这一点，我们确实需要很多运气——要做到“计算上易处理”，动态规划对实例的结构和大小施加了许多高度“脆弱”的限制。例如，通过动态规划解决简单库存问题的“真实”ARC 时，随着产品数量 d 增加呈指数增长（我们可以说 $d=4$ 时已经“很大”了）；与此相反，AARC 不受“维度诅咒”的影响，并能很好地适应问题的规模。

(iii) 请注意，我们在处理受不确定性影响的等式约束时（如上面的状态方程）几乎没有困难，这是我们用一般（不可调）RC 时无法承受的（当变量保持不变，且系数受到扰动时，一个方程如何保持有效?）

(iv) 如上所述，我们以最坏的情况对仿射决策规则进行了不确定性的“免疫”——通过要求来自 $\mathcal{Z}$ 的所有不确定数据的实现满足约束。假设 $\boldsymbol{\zeta}$ 是随机的，我们可以将不确定约束的最坏情况的解释替换为其机会约束的解释。为了处理“机会约束”AARC，我们可以使用迄今为止研究的所有对 RC 的“机会约束机制”，利用固定资源的事实，RC 的结构与 AARC 的结构没有本质区别。

当然，我们刚才提到的 AARC 的所有优良特性都有其代价——一般来说，就像我们的简单库存示例一样，我们不知道从一般决策规则传递到仿射规则时，在优化方面会损失多少。目前，我们还不了解评估此类损失的任何理论工具。此外，很容易建立例子，表明坚持仿射决策规则确实可能代价高昂；甚至可能发生 AARC 不可行，而 ARC 可行的情况。更令人惊讶的是，在一些有意义的情况下，AARC 出人意料地好。这里我们给出一个简单的例子（更复杂的例子见 15.2 节）。

回到我们的库存问题，在单一产品的情况下，附加的约束是不允许缺货需求，并且库存中的产品数量应该保持在两个给定的正边界之间。假设需求的盒不确定性，不确定问题“真正的”ARC 完全在动态规划掌握的范围内，因此我们可以通过实验测量仿射决策规则的“非最优性”——通过将真实 ARC 的最优值与 AARC 的最优值以及不可调 RC 的最优值进行比较。为此，我们针对时间阶段为 $N=10$ 的问题随机生成了数百个数据集，并过滤掉了导致不可行 ARC 的所有数据集（由于库存水平上下限的存在以及我们禁止缺货需求的事实，这确实是不可行的）。我们尽最大努力获得尽可能丰富的一系列例子——成本与时间无关、成本与时间有关、不同程度的需求不确定性（从 10%到 50%）等。然后，我们解决了剩余“适定”问题的 ARC、AARC 和 RC，其中，ARC 通过动态规划解决，AARC 和 RC 通过简化为显式 LO 规划解决。我们处理的“适定”问题数量为 768 个，结果如下。

(i) 令我们大吃一惊的是，在我们分析的 768 个案例中，计算出的“真实” ARC 和 AARC 的最优值都是相同的。因此，“实验证据”表明，在我们的单一产品库存问题中，仿射决策规则允许我们达到“真正的最优”。应该补充的是，所讨论的现象似乎与我们优化保证库存管理成本的意图密切相关（即，就不确定性集的需求轨迹而言最坏的情况）。当优化“平均”成本时，ARC 的成本通常比 AARC 低很多。[⊖]

(ii) 从表 14-1 中可以看出，在许多情况下，ARC 和 AARC 的最优值（彼此相等）远远好于 RC 的最优值。特别是，在 40%的情况下，RC 的（最坏情况）库存管理成本至少是 ARC/AARC 的两倍，在 15%的情况下，RC 实际上是不可行的。

表 14-1　受不确定需求影响的随机生成的单一产品库存问题的 ARC、AARC 和 RC 实验

$\frac{\text{Opt(RC)}}{\text{Opt(AARC)}}$的范围	1	(1,2]	(2,10]	(10,1000]	∞
样本占比	38%	23%	14%	11%	15%

有两方面重点。首先，我们看到，在多阶段决策中，存在有意义的情况，即 AARC 虽然“在计算上比 RC 更容易处理”，但更灵活、更不保守。其次，与 ARC 相比，AARC 不一定有“显著劣势”。

14.4　可调鲁棒优化和线性控制器的综合

虽然仿射决策规则在“OR 多阶段决策”中的作用似乎被严重低估，但它们在控制中起着核心作用。我们的下一个目标是证明 AARC 的使用可以带来重要的控制影响。

14.4.1　有限时间阶段上的鲁棒仿射控制

考虑离散时间线性动态系统

$$\begin{aligned} \boldsymbol{x}_0 &= \boldsymbol{z} \\ \boldsymbol{x}_{t+1} &= \boldsymbol{A}_t\boldsymbol{x}_t + \boldsymbol{B}_t\boldsymbol{u}_t + \boldsymbol{R}_t\,\boldsymbol{d}_t, t=0,1,\cdots \\ \boldsymbol{y}_t &= \boldsymbol{C}_t\boldsymbol{x}_t + \boldsymbol{D}_t\,\boldsymbol{d}_t \end{aligned} \tag{14.4.1}$$

其中 $\boldsymbol{x}_t\in\mathbb{R}^{n_x}$，$\boldsymbol{u}_t\in\mathbb{R}^{n_u}$，$\boldsymbol{y}_t\in\mathbb{R}^{n_y}$ 和 $\boldsymbol{d}_t\in\mathbb{R}^{n_d}$ 是时间 t 的状态、控制、输出和外源输入（干扰），$\boldsymbol{A}_t$，$\boldsymbol{B}_t$，$\boldsymbol{C}_t$，$\boldsymbol{D}_t$，$\boldsymbol{R}_t$ 是已知的维数合适的矩阵。

符号约定。下面，给定向量序列 $\boldsymbol{e}_0$，$\boldsymbol{e}_1,\cdots$和一个整数 $t\geqslant 0$，我们用 $\boldsymbol{e}^t$ 表示序列的初始片段：$\boldsymbol{e}^t=[\boldsymbol{e}_0;\cdots;\boldsymbol{e}_t]$。当 t 为负时，根据定义，$\boldsymbol{e}^t$ 是零向量。

仿射控制律。与“开环”系统（14.4.1）相关的（有限阶段）线性控制的一个典型问题是通过一个基于非预期仿射输出的控制律来“关闭”系统：

$$\boldsymbol{u}_t = \boldsymbol{g}_t + \sum_{\tau=0}^{t}\boldsymbol{G}_{t\tau}\boldsymbol{y}_\tau \tag{14.4.2}$$

⊖ 在这个场合值得一提的是，仿射决策规则是多年前由 A. Charnes 在多阶段随机规划的背景下提出的。在随机规划中，人们确实对优化目标的期望值感兴趣，但人们很快就清楚了，在这方面仿射决策规则可能远远不是最优的。因此，从计算的角度来看，仿射决策规则这个简单而又极其有用的概念多年来一直被完全遗忘。

（这里的向量 $\boldsymbol{g}_t$ 和矩阵 $\boldsymbol{G}_{t\tau}$ 是控制律的参数）。要求闭环系统（14.4.1）、（14.4.2）满足规定的设计规范。我们假设这些规范由一组线性不等式表示：

$$\boldsymbol{A}\boldsymbol{w}^N\leqslant\boldsymbol{b} \tag{14.4.3}$$

在给定的有限时间阶段 $t=0,1,\cdots,N$ 之内，不等式在控制轨迹 $\boldsymbol{w}^N=[\boldsymbol{x}_0;\cdots;\boldsymbol{x}_{N+1};\boldsymbol{u}_0;\cdots;\boldsymbol{u}_N]$ 上。

我们可以立即观察到，对于给定的控制律（14.4.2），动态系统（14.4.1）将轨迹指定为初始状态 $\boldsymbol{z}$ 和干扰序列 $\boldsymbol{d}^N=(\boldsymbol{d}_0,\cdots,\boldsymbol{d}_N)$ 的仿射函数：

$$\boldsymbol{w}^N=\boldsymbol{w}_0^N[\boldsymbol{\gamma}]+\boldsymbol{W}^N[\boldsymbol{\gamma}]\boldsymbol{\zeta},\boldsymbol{\zeta}=(\boldsymbol{z},\boldsymbol{d}^N)$$

其中 $\boldsymbol{\gamma}=\{\boldsymbol{g}_t,\boldsymbol{G}_{t\tau}\}_{0\leqslant\tau\leqslant t\leqslant N}$，是基本控制律（14.4.2）的“参数”。将 $\boldsymbol{w}^N$ 的表达式代入式（14.4.3），我们得到决策向量 $\boldsymbol{\gamma}$ 的约束组：

$$\boldsymbol{A}[\boldsymbol{w}_0^N[\boldsymbol{\gamma}]+\boldsymbol{W}^N[\boldsymbol{\gamma}]\boldsymbol{\zeta}]\leqslant\boldsymbol{b} \tag{14.4.4}$$

如果干扰 $\boldsymbol{d}^N$ 和初始状态 $\boldsymbol{z}$ 是确定的，式（14.4.4）是“容易的”——因为这是一个具有确定数据的 $\boldsymbol{\gamma}$ 约束组。此外，在所讨论的情况下，我们用“离线”控制律（14.4.2）约束自己（$\boldsymbol{G}_{t\tau}\equiv\boldsymbol{0}$），这样不会有任何损失。当限制在这个子空间上时，称它为 Γ，在 $\boldsymbol{\gamma}$ 空间中，函数 $\boldsymbol{w}_0^N[\boldsymbol{\gamma}]+\boldsymbol{W}^N[\boldsymbol{\gamma}]\boldsymbol{\zeta}$ 在 $\boldsymbol{\gamma}$ 和 $\boldsymbol{\zeta}$ 中是双仿射的，因此式（14.4.4）简化为 $\boldsymbol{\gamma}\in\Gamma$ 上的显式线性不等式组。当干扰或初始状态事先未知时（这是鲁棒控制中唯一感兴趣的情况），式（14.4.4）成为受不确定性影响的约束组，我们可以尝试以鲁棒的方式处理该组，例如，对于来自给定的不确定性集 $\mathcal{ZD}^N$ 的 $\boldsymbol{\zeta}=(\boldsymbol{z},\boldsymbol{d}^N)$ 的所有实现，寻找一个使其可行的解 $\boldsymbol{\gamma}$，从而得到半无限标量约束组

$$\boldsymbol{A}[\boldsymbol{w}_0^N[\boldsymbol{\gamma}]+\boldsymbol{W}^N[\boldsymbol{\gamma}]\boldsymbol{\zeta}]\leqslant\boldsymbol{b},\forall\boldsymbol{\zeta}\in\mathcal{ZD}^N \tag{14.4.5}$$

不幸的是，这个约束组中的半无限约束不是双仿射的，因为 $\boldsymbol{w}_0^N$，$\boldsymbol{W}^N$ 对 $\boldsymbol{\gamma}$ 的依赖是高度非线性的，除非 $\boldsymbol{\gamma}$ 被限制在 Γ 中变化。因此，当寻求“在线”控制律（$\boldsymbol{G}_{t\tau}$ 非零的控制律）时，式（14.4.5）成为一个高度非线性半无限约束组，因此在计算上似乎非常难处理（对应于式（14.4.4）的可行集实际上可以是非凸的）。规避这一困难的一种可能的方法是，从输出 $\boldsymbol{y}_t$ 中仿射的控制律切换到干扰和初始状态中仿射的控制律（参见文献［55］的方法）。然而，在我们不直接观察 $\boldsymbol{z}$ 和 $\boldsymbol{d}_t$ 的情况下，这可能是有问题的。好消息是，我们可以克服这个困难，而不要求 $\boldsymbol{z}$ 和 $\boldsymbol{d}_t$ 是可观察的，补救办法是对仿射控制律进行适当的重新参数化。

14.4.2　基于纯输出的仿射控制律表示与有限时间阶段线性控制器的有效设计

假设在运行式（14.4.1）的同时，借助非预期的基于输出的控制律 $\boldsymbol{u}_t=U_t(\boldsymbol{y}_0,\cdots,\boldsymbol{y}_t)$，我们运行式（14.4.1）的模型，如下所示：

$$\begin{aligned}\hat{\boldsymbol{x}}_0&=\boldsymbol{0}\\\hat{\boldsymbol{x}}_{t+1}&=\boldsymbol{A}_t\hat{\boldsymbol{x}}_t+\boldsymbol{B}_t\boldsymbol{u}_t\\\hat{\boldsymbol{y}}_t&=\boldsymbol{C}_t\hat{\boldsymbol{x}}_t\\\boldsymbol{v}_t&=\boldsymbol{y}_t-\hat{\boldsymbol{y}}_t\end{aligned} \tag{14.4.6}$$

因为我们知道过去的控制，所以我们可以以“在线”方式运行该系统，所以在对 $\boldsymbol{u}_t$ 做出决策时，就可以得到纯输出 $\boldsymbol{v}_t$。我们直接观察到，纯输出完全独立于所讨论的控制律，它们是初始状态和干扰 $\boldsymbol{d}_0,\cdots,\boldsymbol{d}_t$ 的仿射函数，这些函数由式（14.4.1）给出。

事实上，从开环系统和模型的描述可以看出，差值 $\boldsymbol{\delta}_t=\boldsymbol{x}_t-\hat{\boldsymbol{x}}_t$ 根据如下方程随时间变化

$$\boldsymbol{\delta}_0=\boldsymbol{z}$$

$$\boldsymbol{\delta}_{t+1}=\boldsymbol{A}_t+\boldsymbol{R}_t\boldsymbol{d}_t, t=0,1,\cdots$$

而 $\boldsymbol{v}_t=\boldsymbol{C}_t\boldsymbol{\delta}_t+\boldsymbol{D}_t\boldsymbol{d}_t$，从这些关系可以看出

$$\boldsymbol{v}_t=\mathcal{V}_t^d\boldsymbol{d}^t+\mathcal{V}_t^z\boldsymbol{z} \tag{14.4.7}$$

其中矩阵 $\mathcal{V}_t^d,\mathcal{V}_t^z$ 仅取决于矩阵 $\boldsymbol{A}_\tau,\boldsymbol{B}_\tau,\cdots,0\leqslant\tau\leqslant t$，这些矩阵很容易给出。

现在，当对 $\boldsymbol{u}_t$ 进行决策时，$\boldsymbol{v}_t$，…，$\boldsymbol{v}_t$ 是已知的，因此我们可以考虑基于纯输出(purified-output-based，POB）的仿射控制律

$$\boldsymbol{u}_t=\boldsymbol{h}_t+\sum_{\tau=0}^{t}\boldsymbol{H}_{t\tau}\boldsymbol{v}_\tau$$

通过此控制“关闭”的动态系统的完整描述如下：

$$
\begin{array}{|l|}
\hline
\text{对象：}\\
(a):\begin{cases}\boldsymbol{x}_0=\boldsymbol{z}\\ \boldsymbol{x}_{t+1}=\boldsymbol{A}_t\boldsymbol{x}_t+\boldsymbol{B}_t\boldsymbol{u}_t+\boldsymbol{R}_t\boldsymbol{d}_t\\ \boldsymbol{y}_t=\boldsymbol{C}_t\boldsymbol{x}_t+\boldsymbol{D}_t\boldsymbol{d}_t\end{cases}\\
\hline
\text{模型：}\\
(b):\begin{cases}\hat{\boldsymbol{x}}_0=\boldsymbol{0}\\ \hat{\boldsymbol{x}}_{t+1}=\boldsymbol{A}_t\hat{\boldsymbol{x}}_t+\boldsymbol{B}_t\boldsymbol{u}_t\\ \hat{\boldsymbol{y}}_t=\boldsymbol{C}_t\hat{\boldsymbol{x}}_t\end{cases}\\
\hline
\text{纯输出：}\\
(c):\boldsymbol{v}_t=\boldsymbol{y}_t-\hat{\boldsymbol{y}}_t\\
\hline
\text{控制律}\\
(d):\boldsymbol{u}_t=\boldsymbol{h}_t+\sum_{\tau=0}^{t}\boldsymbol{H}_{t\tau}\boldsymbol{v}_\tau\\
\hline
\end{array}
\tag{14.4.8}
$$

主要结果。我们将证明以下简单而基本的事实。

定理 14.4.1　(i) 对于式（14.4.2）形式的每个仿射控制律，存在式（14.4.8.d）形式的控制律，无论初始状态和输入序列如何，都会导致闭环系统完全相同的状态控制轨迹。

(ii) 反之亦然，对于式（14.4.8.d）形式的每个仿射控制律，存在式（14.4.2）形式的控制律，无论初始状态和输入序列如何，都会导致闭环系统完全相同的状态控制轨迹。

(iii)**【双仿射性】**　当基本控制律的参数 $\boldsymbol{\eta}=\{\boldsymbol{h}_t,\boldsymbol{H}_{t\tau}\}_{0\leqslant\tau\leqslant t\leqslant N}$ 固定时，闭环系统(14.4.8）的状态控制轨迹 $\boldsymbol{w}^N$ 在 $\boldsymbol{z}$，$\boldsymbol{d}^N$ 上是仿射的，当 $\boldsymbol{z}$，$\boldsymbol{d}^N$ 是固定的，$\boldsymbol{w}^N$ 在 $\boldsymbol{\eta}$ 中是仿射的：

$$\boldsymbol{w}^N=\boldsymbol{\omega}[\boldsymbol{\eta}]+\boldsymbol{\Omega}_z[\boldsymbol{\eta}]\boldsymbol{z}+\boldsymbol{\Omega}_d[\boldsymbol{\eta}]\boldsymbol{d}^N \tag{14.4.9}$$

对于向量 $\boldsymbol{\omega}[\boldsymbol{\eta}]$ 和矩阵 $\boldsymbol{\Omega}_z[\boldsymbol{\eta}]$，$\boldsymbol{\Omega}_z[\boldsymbol{\eta}]$ 与 $\boldsymbol{\eta}$ 仿射相关。

证明　(i)：让我们以式（14.4.2）的形式确定一个仿射控制律，设 $\boldsymbol{x}_t=X_t(\boldsymbol{z},\boldsymbol{d}^{t-1})$，$\boldsymbol{u}_t=U_t(\boldsymbol{z},\boldsymbol{d}^t)$，$\boldsymbol{y}_t=Y_t(\boldsymbol{z},\boldsymbol{d}^t)$，$\boldsymbol{v}_t=V_t(\boldsymbol{z},\boldsymbol{d}^t)$ 是相应的状态、控制、输出和纯输出。为了证明 (i)，证明以下就足够了：当 $t\geqslant0$ 时，对于正确选择的向量 $\boldsymbol{q}_t$ 和矩阵 $\boldsymbol{Q}_{t\tau}$ 有

$$\forall(\boldsymbol{z},\boldsymbol{d}^t):Y_t(\boldsymbol{z},\boldsymbol{d}^t)=\boldsymbol{q}_t+\sum_{\tau=0}^{t}\boldsymbol{Q}_{t\tau}V_\tau(\boldsymbol{z},\boldsymbol{d}^\tau) \tag{I_t}$$

事实上，鉴于这些关系的有效性，并考虑到式（14.4.2），我们有

$$U_t(\boldsymbol{z},\boldsymbol{d}^t)\equiv\boldsymbol{g}_t+\sum_{\tau=0}^{t}\boldsymbol{G}_{t\tau}Y_\tau(\boldsymbol{z},\boldsymbol{d}^\tau)\equiv\boldsymbol{h}_t+\sum_{\tau=0}^{t}\boldsymbol{H}_{t\tau}V(\boldsymbol{z},\boldsymbol{d}^\tau) \qquad (\text{Ⅱ}_t)$$

选择适当的 $\boldsymbol{h}_t$ 和 $\boldsymbol{H}_{t\tau}$，使所讨论的控制律可以通过纯输出表示为线性控制律。

我们将通过 t 中的归纳法来证明（Ⅰ$_t$）。$t=0$ 是很明显的，因为通过式（14.4.8.a～c)，我们只有 $Y_0(\boldsymbol{z},\boldsymbol{d}^0)\equiv V_0(\boldsymbol{z},\boldsymbol{d}^0)$。现在让 $s\geqslant 1$，并假设关系（Ⅰ$_t$）对 $0\leqslant t<s$ 有效。让我们证明（Ⅰ$_s$）的有效性。从（Ⅰ$_t$），$t<s$ 的有效性可知，关系（Ⅱ$_t$），$t<s$ 成立，通过模型系统的描述，$\hat{\boldsymbol{x}}_s=\hat{X}_s(\boldsymbol{z},\boldsymbol{d}^{s-1})$ 在纯输出中仿射，因此对于模型输出 $\hat{\boldsymbol{y}}_s=\hat{Y}_s(\boldsymbol{z},\boldsymbol{d}^{s-1})$ 也是如此：

$$\hat{Y}_s(\boldsymbol{z},\boldsymbol{d}^{s-1})=\boldsymbol{p}_s+\sum_{\tau=0}^{s-1}\boldsymbol{P}_{s\tau}V_\tau(\boldsymbol{z},\boldsymbol{d}^\tau)$$

当适当选择 $\boldsymbol{p}_s$ 和 $\boldsymbol{P}_{s\tau}$ 时，我们得出结论

$$Y_s(\boldsymbol{z},\boldsymbol{d}^s)\equiv\hat{Y}_s(\boldsymbol{z},\boldsymbol{d}^{s-1})+V_s(\boldsymbol{z},\boldsymbol{d}^s)=\boldsymbol{p}_s+\sum_{\tau=0}^{s-1}\boldsymbol{P}_{s\tau}V_\tau(\boldsymbol{z},\boldsymbol{d}^\tau)+V_s(\boldsymbol{z},\boldsymbol{d}^s)$$

如（Ⅰ$_s$）中的要求。归纳法完成，(i) 得到证明。

(ii)：让我们以式（14.4.8.d）的形式确定一个线性控制律，并让 $\boldsymbol{x}_t=X_t(\boldsymbol{z},\boldsymbol{d}^{t-1})$，$\hat{\boldsymbol{x}}_t=\hat{X}_t(\boldsymbol{z},\boldsymbol{d}^{t-1})$，$\boldsymbol{u}_t=U_t(\boldsymbol{z},\boldsymbol{d}^t)$，$\boldsymbol{y}_t=Y_t(\boldsymbol{z},\boldsymbol{d}^t)$，$\boldsymbol{v}_t=V_t(\boldsymbol{z},\boldsymbol{d}^t)$ 是相应的实际状态、模型状态、控制、实际输出和纯输出。我们应验证所讨论的状态控制动态可通过式（14.4.2）形式的控制律获得。为此，与 (i) 的证明类似，证明以下就足够了：对于每个 $t\geqslant 0$，当正确选择 $\boldsymbol{q}_t$，$\boldsymbol{Q}_{t\tau}$ 时，有

$$V_t(\boldsymbol{z},\boldsymbol{d}^t)\equiv\boldsymbol{q}_t+\sum_{\tau=0}^{t}\boldsymbol{Q}_{t\tau}Y_\tau(\boldsymbol{z},\boldsymbol{d}^\tau) \qquad (\text{Ⅲ}_t)$$

我们再次在 t 中应用归纳法。由于 $V_0(\boldsymbol{z},\boldsymbol{d}^0)\equiv Y_0(\boldsymbol{z},\boldsymbol{d}^0)$，$t=0$ 仍然是一个显然的事实。现在让 $s\geqslant 1$，并且假设关系（Ⅲ$_t$）在 $0\leqslant t<s$ 时有效，现在让我们证明（Ⅲ$_s$）也是有效的。从（Ⅲ$_t$），$t<s$ 的有效性和式（14.4.8.d）中可以看出，当正确选择 $\boldsymbol{c}_t$ 和 $\boldsymbol{C}_{t\tau}$ 时，有

$$t<s\Rightarrow U_t(\boldsymbol{z},\boldsymbol{d}^t)=\boldsymbol{c}_t+\sum_{\tau=0}^{t}\boldsymbol{C}_{t\tau}Y_\tau(\boldsymbol{z},\boldsymbol{d}^\tau)$$

从这些关系和模型系统的描述可以看出，它在时间 s 时的状态为 $\hat{X}_s(\boldsymbol{z},\boldsymbol{d}^{s-1})$，因此，当正确选择 $\boldsymbol{p}_s$ 和 $\boldsymbol{P}_{s\tau}$ 时，模型输出 $\hat{Y}_s(\boldsymbol{z},\boldsymbol{d}^{s-1})$ 是 $Y_0(\boldsymbol{z},\boldsymbol{d}^0),\cdots,Y_{s-1}(\boldsymbol{z},\boldsymbol{d}^{s-1})$ 的仿射函数：

$$\hat{Y}_s(\boldsymbol{z},\boldsymbol{d}^{s-1})=\boldsymbol{p}_s+\sum_{\tau=0}^{s-1}\boldsymbol{P}_{s\tau}Y_\tau(\boldsymbol{z},\boldsymbol{d}^\tau)$$

根据（Ⅲ$_s$）中的要求，从而有

$$V_s(\boldsymbol{z},\boldsymbol{d}^s)\equiv Y_s(\boldsymbol{z},\boldsymbol{d}^s)-\hat{Y}_s(\boldsymbol{z},\boldsymbol{d}^{s-1})=Y_s(\boldsymbol{z},\boldsymbol{d}^s)-\boldsymbol{p}_s-\sum_{\tau=0}^{s-1}\boldsymbol{P}_{s\tau}Y_\tau(\boldsymbol{z},\boldsymbol{d}^\tau)$$

推导已经完成，(ii) 得到证明。

(iii)：当 $0\leqslant s\leqslant t$，假设

$$\boldsymbol{A}_s^t=\begin{cases}\prod_{r=s}^{t-1}\boldsymbol{A}_r, & s<t\\ \boldsymbol{I}, & s=t\end{cases}$$

设 $\boldsymbol{\delta}_t=\boldsymbol{x}_t-\hat{\boldsymbol{x}}_t$，通过式（14.4.8.$a$～$b$），我们有

$$\boldsymbol{\delta}_{t+1}=\boldsymbol{A}_t\boldsymbol{\delta}_t+\boldsymbol{R}_t\boldsymbol{d}_t,\boldsymbol{\delta}_0=\boldsymbol{z}\Rightarrow\boldsymbol{\delta}_t=\boldsymbol{A}_0^t\boldsymbol{z}+\sum_{s=0}^{t-1}\boldsymbol{A}_{s+1}^t\boldsymbol{R}_s\boldsymbol{d}_s$$

（从现在起，空索引集上的和为零），其中

$$\boldsymbol{v}_\tau=\boldsymbol{C}_\tau\boldsymbol{\delta}_\tau+\boldsymbol{D}_\tau\boldsymbol{d}_\tau=\boldsymbol{C}_\tau\boldsymbol{A}_0^\tau\boldsymbol{z}+\sum_{s=0}^{\tau-1}\boldsymbol{C}_\tau\boldsymbol{A}_{s+1}^\tau\boldsymbol{R}_s\boldsymbol{d}_s+\boldsymbol{D}_\tau\boldsymbol{d}_\tau \tag{14.4.10}$$

因此，控制律（14.4.8.d）表明

$$\begin{aligned}\boldsymbol{u}_t&=\boldsymbol{h}_t+\sum_{\tau=0}^{t}\boldsymbol{H}_{t\tau}\boldsymbol{v}_\tau\\&=\underbrace{\boldsymbol{h}_t}_{\boldsymbol{v}_t[\boldsymbol{\eta}]}+\underbrace{\left[\sum_{\tau=0}^{t}\boldsymbol{H}_{t\tau}\boldsymbol{C}_\tau\boldsymbol{A}_0^\tau\right]}_{\boldsymbol{N}_t[\boldsymbol{\eta}]}\boldsymbol{z}+\sum_{s=0}^{t-1}\underbrace{\left[\boldsymbol{H}_{ts}\boldsymbol{D}_s\sum_{\tau=s+1}^{t}\boldsymbol{H}_{t\tau}\boldsymbol{C}_\tau\boldsymbol{A}_{s+1}^\tau\boldsymbol{R}_s\right]}_{\boldsymbol{N}_{ts}[\boldsymbol{\eta}]}\boldsymbol{d}_s+\underbrace{\boldsymbol{H}_{tt}\boldsymbol{D}_t}_{\boldsymbol{N}_{tt}[\boldsymbol{\eta}]}\boldsymbol{d}_t\\&=\boldsymbol{v}_t[\boldsymbol{\eta}]+\boldsymbol{N}_t[\boldsymbol{\eta}]\boldsymbol{z}+\sum_{s=0}^{t}\boldsymbol{N}_{ts}[\boldsymbol{\eta}]\boldsymbol{d}_s\end{aligned} \tag{14.4.11}$$

从中调用（14.4.8.a），

$$\begin{aligned}\boldsymbol{x}_t&=\boldsymbol{A}_0^t\boldsymbol{z}+\sum_{\tau=0}^{t-1}\boldsymbol{A}_{\tau+1}^t[\boldsymbol{B}_\tau\boldsymbol{u}_\tau+\boldsymbol{R}_\tau\boldsymbol{d}_\tau]\\&=\underbrace{\left[\sum_{\tau=0}^{t-1}\boldsymbol{A}_{\tau+1}^t\boldsymbol{B}_\tau\boldsymbol{h}_t\right]}_{\boldsymbol{\mu}_t[\boldsymbol{\eta}]}+\underbrace{\left[\boldsymbol{A}_0^t+\sum_{\tau=0}^{t-1}\boldsymbol{A}_{\tau+1}^t\boldsymbol{B}_\tau\boldsymbol{N}_\tau[\boldsymbol{\eta}]\right]}_{\boldsymbol{M}_t[\boldsymbol{\eta}]}\boldsymbol{z}+\\&\quad\sum_{s=0}^{t-1}\underbrace{\left[\sum_{\tau=s}^{t-1}\boldsymbol{A}_{\tau+1}^t\boldsymbol{B}_\tau\boldsymbol{N}_{\tau s}[\boldsymbol{\eta}]+\boldsymbol{A}_{s+1}^t\boldsymbol{B}_s\boldsymbol{R}_s\right]}_{\boldsymbol{M}_{ts}[\boldsymbol{\eta}]}\boldsymbol{d}_s\\&=\boldsymbol{\mu}_t[\boldsymbol{\eta}]+\boldsymbol{M}_t[\boldsymbol{\eta}]\boldsymbol{z}+\sum_{s=0}^{t-1}\boldsymbol{M}_{ts}[\boldsymbol{\eta}]\boldsymbol{d}_s\end{aligned} \tag{14.4.12}$$

我们看到状态 $\boldsymbol{x}_t$，$0\leqslant t\leqslant N+1$ 和闭环系统（14.4.8）的控制 $\boldsymbol{u}_t$，$0\leqslant t\leqslant N$ 是 $\boldsymbol{z}$，$\boldsymbol{d}^N$ 的仿射函数，相应的"系数" $\boldsymbol{\mu}_t[\boldsymbol{\eta}],\cdots,\boldsymbol{N}_{ts}[\boldsymbol{\eta}]$ 是仿射向量值函数和仿射矩阵值函数。其与基本控制律（14.4.8.d）的参数 $\boldsymbol{\eta}=\{\boldsymbol{h}_t,\boldsymbol{H}_{t\tau}\}_{0\leqslant\tau\leqslant t\leqslant N}$ 相关。 ■

结果。仿射控制律的表示（14.4.8.d）与表示（14.4.2）相比更适合于设计的目的，因为，正如我们从定理 14.4.1（iii）中所知，对于控制器（14.4.8.d），状态控制轨迹 $\boldsymbol{w}^N$ 在 $\boldsymbol{\zeta}=(\boldsymbol{z},\boldsymbol{d}^N)$ 和控制器的参数 $\boldsymbol{\eta}=\{\boldsymbol{h}_t,\boldsymbol{H}_{t\tau}\}_{0\leqslant\tau\leqslant t\leqslant N}$ 中变为双仿射：

$$\boldsymbol{w}^N=\boldsymbol{\omega}^N[\boldsymbol{\eta}]+\boldsymbol{\Omega}^N[\boldsymbol{\eta}]\boldsymbol{\zeta} \tag{14.4.13}$$

其中向量值函数和矩阵值函数 $\boldsymbol{\omega}^N[\boldsymbol{\eta}]$，$\boldsymbol{\Omega}^N[\boldsymbol{\eta}]$ 与 $\boldsymbol{\eta}$ 仿射相关，并由式（14.4.1）给出。将式（14.4.13）代入式（14.4.3），我们得到了关于 $\boldsymbol{\eta}$ 的半无限双仿射标量不等式组

$$\boldsymbol{A}[\boldsymbol{\omega}^N[\boldsymbol{\eta}]+\boldsymbol{\Omega}^N[\boldsymbol{\eta}]\boldsymbol{\zeta}]\leqslant\boldsymbol{b} \tag{14.4.14}$$

并且可以使用第 1、3、11 章中的易处理性结果来有效地求解这个不确定标量线性约束组的 RC 或 GRC。例如，我们可以有效地处理半无限约束（14.4.13）

$$\boldsymbol{a}_i^{\mathrm{T}}[\boldsymbol{\omega}^N[\boldsymbol{\eta}]+\boldsymbol{\Omega}^N[\boldsymbol{\eta}][\boldsymbol{z};\boldsymbol{d}^N]]-b_i\leqslant\alpha_z^i\operatorname{dist}(\boldsymbol{z},\mathcal{Z})+\alpha_d^i\operatorname{dist}(\boldsymbol{d}^N,\mathcal{D}^N)\quad\forall[\boldsymbol{z};\boldsymbol{d}^N],\quad\forall i=1,\cdots,I \tag{14.4.15}$$

其中 $\mathcal{Z}$，$\mathcal{D}$ 是"好的"（例如，由严格可行的半有限表示给出），其分别表示闭凸集 $\boldsymbol{z}$，$\boldsymbol{d}^N$ 的正常范围，距离是通过$\|\cdot\|_\infty$范数来定义的（此设置对应于"结构化"GRC，请参见定

义 11.1.2)。根据 11.3 节的结果，式 (14.4.15) 等价于约束组

$$\begin{aligned}&\forall (i, 1\leqslant i\leqslant I):\\&(a)\quad \boldsymbol{a}_i^{\mathrm{T}}[\boldsymbol{\omega}^N[\boldsymbol{\eta}]+\boldsymbol{\Omega}^N[\boldsymbol{\eta}][\boldsymbol{z};\boldsymbol{d}^N]]-b_i\leqslant 0, \forall [\boldsymbol{z};\boldsymbol{d}^N]\in\mathcal{Z}\times\mathcal{D}^N\\&(b)\quad \|\boldsymbol{a}_i^{\mathrm{T}}\boldsymbol{\Omega}_z^N[\boldsymbol{\eta}]\|_1\leqslant\alpha_z^i\\&(c)\quad \|\boldsymbol{a}_i^{\mathrm{T}}\boldsymbol{\Omega}_d^N[\boldsymbol{\eta}]\|_1\leqslant\alpha_d^i\end{aligned}\tag{14.4.16}$$

其中，$\boldsymbol{\Omega}^N[\boldsymbol{\eta}]=[\boldsymbol{\Omega}_z^N[\eta], \boldsymbol{\Omega}_d^N[\boldsymbol{\eta}]]$ 是矩阵 $\boldsymbol{\Omega}^N[\eta]$ 对应于分割 $\boldsymbol{\zeta}=[\boldsymbol{z};\boldsymbol{d}^N]$ 的分割。注意，在式 (14.4.16) 中，半无限约束 (a) 允许显式半定表示 (定理 1.3.4)，而约束 (b)、(c) 本质上是在 $\boldsymbol{\eta}$ 上和 α_z^i，α_d^i 上的线性约束。因此，式 (14.4.16) 可以被认为是一个在 $\boldsymbol{\eta}$ 和灵敏度 α_z^i，α_d^i 上计算易处理的凸约束组。在这些约束条件下，我们可以最小化"好的" $\boldsymbol{\eta}$ 函数 (例如凸函数) 和灵敏度。因此，在传递到仿射控制律的 POB 表示之后，我们可以有效地处理由线性不等式组表示的规范，以便在 (有限时间阶段) 状态控制轨迹上以鲁棒的方式得到满足。

刚刚总结的 POB 控制律的结果与具有固定资源的不确定 LO 问题的 AARC 可处理性密切相关，具体如下。让我们将状态方程 (14.4.1) 与设计规范 (14.4.3) 结合起来，作为状态控制轨迹 $\boldsymbol{w}$ 上受不确定性影响的线性约束组，不确定数据为 $\boldsymbol{\zeta}=[\boldsymbol{z};\boldsymbol{d}^N]$。关系式 (14.4.10) 表明，纯输出 $\boldsymbol{v}_t$ 是预先知道的，其完全取决于所使用的控制律，是 $\boldsymbol{\zeta}$ 的线性函数。通过这种解释，POB 控制律成为仿射决策规则的集合，其将决策变量 $\boldsymbol{u}_t$ 指定为 $\boldsymbol{P}_t\boldsymbol{\zeta}\equiv[\boldsymbol{v}_0;\boldsymbol{v}_1;\cdots;\boldsymbol{v}_t]$ 的仿射函数，同时，通过状态方程，将状态 $\boldsymbol{x}_t$ 指定为 $\boldsymbol{P}_{t-1}\boldsymbol{\zeta}$ 的仿射函数。因此，当以鲁棒方式寻找一种满足我们设计规范的 POB 控制律时，我们所做的只是解仿射决策规则中具有规定"信息库"的不确定 LO 问题的 RC (或 GRC)。根据最近的讨论中，该不确定 LO 问题具有固定资源，因此，它的鲁棒对等在计算上易于处理。

评注 14.4.2　应该强调的是，基于定理 14.4.1 的仿射控制律的重新参数化 (以及通过该定理——我们刚才提到的好的易处理性结果) 是非线性的。因此，当我们在满足额外限制的仿射控制律上优化，而不是在所有的仿射控制律上优化时，它可能没有多大用处。

例如，假设我们以简单的基于输出的线性反馈的形式寻求控制：

$$\boldsymbol{u}_t=\boldsymbol{G}_t\boldsymbol{y}_t$$

这一要求只是式 (14.4.2) 形式控制律参数的简单线性约束组，然而，这并没有多大帮助，因为正如我们已经解释的那样，在这种形式控制律上优化本身是困难的。当以式 (14.4.8.d) 的形式传递仿射控制律时，我们的潜在控制应该是基于输出的线性反馈，这成为新设计参数 $\boldsymbol{\eta}$ 的高度非线性约束组，并且综合再次证明是困难的。

实例：控制有限时间阶段增益。与有限时间阶段鲁棒线性控制相关的自然设计规范，其以有限时间阶段增益 $\mathrm{z2x}^N$，$\mathrm{z2u}^N$，$\mathrm{d2x}^N$，$\mathrm{d2u}^N$ 的边界形式存在，定义如下：具有线性 (即，具有 $\boldsymbol{h}_t\equiv\boldsymbol{0}$) 控制律 (14.4.8.$d$)，状态 $\boldsymbol{x}_t$ 和控制 $\boldsymbol{u}_t$ 是 $\boldsymbol{z}$ 和 $\boldsymbol{d}^N$ 的线性函数：

$$\boldsymbol{x}_t=\boldsymbol{X}_t^z[\boldsymbol{\eta}]\boldsymbol{z}+\boldsymbol{X}_t^d[\boldsymbol{\eta}]\boldsymbol{d}^N,\quad \boldsymbol{u}_t=\boldsymbol{U}_t^z[\boldsymbol{\eta}]\boldsymbol{z}+\boldsymbol{U}_t^d[\boldsymbol{\eta}]\boldsymbol{d}^N$$

矩阵 $\boldsymbol{X}_t^z[\boldsymbol{\eta}],\cdots,\boldsymbol{U}_t^d[\boldsymbol{\eta}]$ 仿射依赖于控制律的参数 $\boldsymbol{\eta}$。给定 t，我们可以将 $\boldsymbol{z}$ 到 $\boldsymbol{x}_t$ 增益和有限阶段 $\boldsymbol{z}$ 到 $\boldsymbol{x}$ 增益定义为 $\mathrm{z2x}_t(\boldsymbol{\eta})=\max\limits_{z}\{\|\boldsymbol{X}_t^z[\boldsymbol{\eta}]\boldsymbol{z}\|_\infty:\|\boldsymbol{z}\|_\infty\leqslant 1\}$，且 $\mathrm{z2x}^N(\boldsymbol{\eta})=\max\limits_{0\leqslant t\leqslant N}\mathrm{z2x}_t(\boldsymbol{\eta})$。$\boldsymbol{z}$ 到 $\boldsymbol{u}$ 增益为 $\mathrm{z2u}_t(\boldsymbol{\eta})$、$\mathrm{z2u}^N(\boldsymbol{\eta})$，"对 $\boldsymbol{x}$ 或 $\boldsymbol{u}$ 的干扰"增益为 $\mathrm{d2x}_t(\boldsymbol{\eta})$、$\mathrm{d2x}^N(\boldsymbol{\eta})$，或 $\mathrm{d2u}_t(\boldsymbol{\eta})$、$\mathrm{d2u}^N(\boldsymbol{\eta})$，它们的定义完全相似，比如 $\mathrm{d2u}_t(\boldsymbol{\eta})=\max\limits_{\boldsymbol{d}^N}\{\|\boldsymbol{U}_t^d[\boldsymbol{\eta}]\boldsymbol{d}^N\|_\infty:\|\boldsymbol{d}^N\|_\infty\leqslant 1\}$

和 $\mathrm{d2u}^N(\boldsymbol{\eta})=\max\limits_{0\leqslant t\leqslant N}\mathrm{d2u}_t(\boldsymbol{\eta})$。有限阶段增益显然是时间阶段 N 的非递增函数，并且具有明显的控制解释；即 $\mathrm{d2x}^N(\boldsymbol{\eta})$（“峰值到峰值 $\boldsymbol{d}$ 到 $\boldsymbol{x}$ 增益”）是由干扰序列 $\boldsymbol{d}^N$ 的单位扰动引起的状态 $\boldsymbol{x}_t$，$t=0,1,\cdots,N$ 中最大的可能扰动，这两种扰动都在各自空间上以 $\|\cdot\|_\infty$ 范数被测量。N 增益（以及全局增益，如 $\mathrm{d2x}^\infty(\boldsymbol{\eta})=\sup\limits_{N\geqslant 0}\mathrm{d2x}^N(\boldsymbol{\eta})$）的上界是自然控制规范。利用我们基于纯输出的线性控制律表示，这种类型的有限阶段规范导致了对 $\boldsymbol{\eta}$ 的线性约束显式组，因此可以通过 LO 进行常规处理。例如，$\mathrm{d2x}^N$ 的上界 $\mathrm{d2x}^N(\boldsymbol{\eta})\leqslant\lambda$ 在对于所有 i 和所有 $t\leqslant N$ 时，与 $\sum\limits_j|(\boldsymbol{X}_t^d[\boldsymbol{\eta}])_{ij}|\leqslant\lambda$ 等价；由于 $\boldsymbol{X}_t^d$ 在 $\boldsymbol{\eta}$ 中是仿射的，这只是一个关于 $\boldsymbol{\eta}$ 和适当松弛变量的线性约束组。注意，在“期望的行为”仅要求 $\boldsymbol{w}^N=\boldsymbol{0}$ 的情况下，对增益施加边界可解释为传递给 GRC（14.4.15），初始状态和干扰的正常范围是相应空间中的原点：$\mathcal{Z}=\{0\}$，$\mathcal{D}^N=\{0\}$。

14.4.2.1　非仿射控制律

到目前为止，我们主要综合有限阶段仿射 POB 控制器。根据 14.3.2 节的思想，我们还可以处理二次 POB 控制律的综合，其中 $\boldsymbol{u}_t$ 的每项，而不是纯输出 $\boldsymbol{v}^t=[\boldsymbol{v}_0;\cdots;\boldsymbol{v}_t]$ 中的仿射，被允许是 $\boldsymbol{v}^t$ 的二次函数。具体而言，假设我们希望通过非预期控制律“关闭”开环系统（14.4.1），以确保闭环系统的状态控制轨迹 $\boldsymbol{w}^N$ 以鲁棒的方式满足给定的线性约束组 S，即，对于来自给定的不确定性集 $\mathcal{Z}_\rho^N=\rho\mathcal{Z}^N$ 的“不确定数据”$\boldsymbol{\zeta}=[\boldsymbol{z};\boldsymbol{d}^N]$ 的所有实况（$\rho>0$ 仍是不确定性水平，$\mathcal{Z}(0\in\mathcal{Z})$ 是“不确定数据的大小$\leqslant1$”的闭凸集）。我们使用一个二次 POB 控制律，其形式为

$$u_t^i=h_{it}^0+\boldsymbol{h}_{it}^{\mathrm{T}}\boldsymbol{v}^t+\frac{1}{\rho}[\boldsymbol{v}^t]^{\mathrm{T}}\boldsymbol{H}_{it}\boldsymbol{v}^t \tag{14.4.17}$$

其中 u_t^i 是控制向量在时间 t 处的第 i 个坐标，h_{it}^0，$\boldsymbol{h}_{it}$ 和 $\boldsymbol{H}_{it}$ 分别是控制律的实数、向量和矩阵参数。[㊀] 在有限时间阶段 $0\leqslant t\leqslant N$ 上，由 ρ 和有限维向量 $\boldsymbol{\eta}=\{h_{it}^0,\boldsymbol{h}_{it},\boldsymbol{H}_{it}\}_{\substack{1\leqslant i\leqslant\dim\boldsymbol{u}\\0\leqslant t\leqslant N}}$ 规定了该二次控制律。现在请注意，对于任何非预期控制律，纯输出都有很好的定义，其不需要仿射，并且它们独立于 $\boldsymbol{\zeta}^t\equiv[\boldsymbol{z};\boldsymbol{d}^t]$ 的控制律线性函数。这些线性函数的系数很容易由数据 $\boldsymbol{A}_\tau,\cdots,\boldsymbol{D}_\tau$，$0\leqslant\tau\leqslant t$ 给出（见式（14.4.7））。考虑到这一点，我们发现式（14.4.17）中给出的控制是初始状态和干扰的二次函数，这些二次函数的系数在二次控制律的参数向量 $\boldsymbol{\eta}$ 中仿射：

$$u_t^i=\mathcal{U}_{it}^{(0)}[\boldsymbol{\eta}]+[\boldsymbol{z};\boldsymbol{d}^t]^{\mathrm{T}}\mathcal{U}_{it}^{(1)}[\boldsymbol{\eta}]+\frac{1}{\rho}[\boldsymbol{z};\boldsymbol{d}^t]^{\mathrm{T}}\mathcal{U}_{it}^{(2)}[\boldsymbol{\eta}][\boldsymbol{z};\boldsymbol{d}^t] \tag{14.4.18}$$

$\mathcal{U}_{it}^{(\kappa)}[\boldsymbol{\eta}],\kappa=0,1,2$ 是 $\boldsymbol{\eta}$ 中仿射的实数/向量/矩阵。将这些控制的表示加入开环系统（14.4.1）的状态方程中，我们得出结论，通过二次控制律（14.4.17）“闭合”式（14.4.1）获得的闭环系统的状态 x_t^j，具有相同的“在 $\boldsymbol{\eta}$ 中仿射，在 $[\boldsymbol{z};\boldsymbol{d}^t]$ 中为二次”的结构：

$$x_t^i=\mathcal{X}_{jt}^{(0)}[\boldsymbol{\eta}]+[\boldsymbol{z};\boldsymbol{d}^{t-1}]^{\mathrm{T}}\mathcal{X}_{jt}^{(1)}[\boldsymbol{\eta}]+\frac{1}{\rho}[\boldsymbol{z};\boldsymbol{d}^{t-1}]^{\mathrm{T}}\mathcal{X}_{jt}^{(2)}[\boldsymbol{\eta}][\boldsymbol{z};\boldsymbol{d}^{t-1}] \tag{14.4.19}$$

$\mathcal{X}_{jt}^{(\kappa)}$，$\kappa=0,1,2$ 是 $\boldsymbol{\eta}$ 中仿射的实数/向量/矩阵。

将表示（14.4.18）、（14.4.19）插入目标约束组 S 中，我们最终得到了关于控制律参

㊀ 不确定性水平 ρ 影响控制的具体方式在技术上实现是方便的，但没有实际意义，因为“实际上”不确定性水平是已知常数。

数 $\boldsymbol{\eta}$ 的半无限约束组，具体地，

$$a_k[\boldsymbol{\eta}]+2\boldsymbol{\zeta}^{\mathrm{T}}\boldsymbol{p}_k[\boldsymbol{\eta}]+\frac{1}{\rho}\boldsymbol{\zeta}^{\mathrm{T}}\boldsymbol{R}_k[\boldsymbol{\eta}]\boldsymbol{\zeta}\leqslant 0,\forall\boldsymbol{\zeta}=[\boldsymbol{z};\boldsymbol{d}^N]\in\mathcal{Z}_\rho^N=\rho\mathcal{Z}^N,k=1,\cdots,K \tag{14.4.20}$$

其中，$a_k[\boldsymbol{\eta}],\boldsymbol{p}_k[\boldsymbol{\eta}],\boldsymbol{R}_k[\boldsymbol{\eta}]$ 在 $\boldsymbol{\eta}$ 中仿射。设 $\boldsymbol{P}_k[\boldsymbol{\eta}]=\left[\begin{array}{c|c} & \boldsymbol{p}_k^{\mathrm{T}}[\boldsymbol{\eta}] \\ \hline \boldsymbol{p}_k[\boldsymbol{\eta}] & \boldsymbol{R}_k[\boldsymbol{\eta}]\end{array}\right]$，$\hat{\boldsymbol{\zeta}}_\rho[\boldsymbol{\zeta}]=\left[\begin{array}{c|c} & \boldsymbol{\zeta}^{\mathrm{T}} \\ \hline \boldsymbol{\zeta} & \boldsymbol{\zeta}\boldsymbol{\zeta}^{\mathrm{T}}\end{array}\right]$，由 $\hat{\mathcal{Z}}_\rho^N$ 表示映射 $\boldsymbol{\zeta}\mapsto\hat{\boldsymbol{\zeta}}_\rho[\boldsymbol{\zeta}]$ 下集合 $\mathcal{Z}_\rho^N$ 的像的凸包，式（14.4.20）可以等价地重新表示为

$$a_k[\boldsymbol{\eta}]+\operatorname{Tr}(\boldsymbol{P}_k[\boldsymbol{\eta}]\hat{\boldsymbol{\zeta}})\leqslant 0,\quad\forall(\hat{\boldsymbol{\zeta}}\in\hat{\mathcal{Z}}_\rho^N\equiv\rho\hat{\mathcal{Z}}_1^N,k=1,\cdots,K) \tag{14.4.21}$$

最后我们得到一个半无限双仿射标量不等式组。从 14.3.2 节的结果可以看出，这个半无限组：

- 是计算上易处理的。如果 $\mathcal{Z}^N$ 是椭球 $\{\boldsymbol{\zeta}:\boldsymbol{\zeta}^{\mathrm{T}}\boldsymbol{Q}\boldsymbol{\zeta}\leqslant 1\},\boldsymbol{Q}\succ 0$。事实上，这里 $\hat{\mathcal{Z}}_1^N$ 是半定可表示集

$$\left\{\left[\begin{array}{c|c} & \boldsymbol{\omega}^{\mathrm{T}} \\ \hline \boldsymbol{\omega} & \boldsymbol{\Omega}\end{array}\right]:\left[\begin{array}{c|c} 1 & \boldsymbol{\omega}^{\mathrm{T}} \\ \hline \boldsymbol{\omega} & \boldsymbol{\Omega}\end{array}\right]\succeq 0,\operatorname{Tr}(\boldsymbol{\Omega}\boldsymbol{Q})\leqslant 1\right\}$$

- 在 $\vartheta=O(1)\ln(J+1)$ 内有一个保守易处理的近似，假设 $\mathcal{Z}^N$ 是$\cap$-椭球不确定性集 $\{\boldsymbol{\zeta}:\boldsymbol{\zeta}^{\mathrm{T}}\boldsymbol{Q}_j\boldsymbol{\zeta}\leqslant 1,1\leqslant j\leqslant J\}$，其中 $\boldsymbol{Q}_j\succeq 0$ 且 $\sum_j\boldsymbol{Q}_j\succ 0$。当用半定可表示集替换“真实”不确定性集 $\hat{\mathcal{Z}}_\rho^N$ 时，可获得该近似，半定可表示集为

$$\mathcal{W}_\rho=\rho\left\{\left[\begin{array}{c|c} & \boldsymbol{\omega}^{\mathrm{T}} \\ \hline \boldsymbol{\omega} & \boldsymbol{\Omega}\end{array}\right]:\left[\begin{array}{c|c} 1 & \boldsymbol{\omega}^{\mathrm{T}} \\ \hline \boldsymbol{\omega} & \boldsymbol{\Omega}\end{array}\right]\succeq 0,\operatorname{Tr}(\boldsymbol{\Omega}\boldsymbol{Q}_j)\leqslant 1,1\leqslant j\leqslant J\right\}$$

（回想 $\hat{\mathcal{Z}}_\rho^N\subset\mathcal{W}_\rho\subset\hat{\mathcal{Z}}_{\vartheta\rho}^N$）。

14.4.3 处理无限阶段设计规范

有人可能会认为，将（离散时间）鲁棒线性控制问题简化为凸规划，基于仿射控制律的 POB 表示，并推导出半无限双仿射标量不等式的易处理重新表述，其本质上局限于有限阶段控制规范的情况。事实上，我们的方法非常适合处理无限阶段规范——那些对闭环系统的渐近行为施加限制的规范。后一种类型的规范通常与时不变开环系统（14.4.1）有关：

$$\begin{aligned}\boldsymbol{x}_0&=\boldsymbol{z}\\ \boldsymbol{x}_{t+1}&=\boldsymbol{A}\boldsymbol{x}_t+\boldsymbol{B}\boldsymbol{u}_t+\boldsymbol{R}\boldsymbol{d}_t,t=0,1,\cdots\\ \boldsymbol{y}_t&=\boldsymbol{C}\boldsymbol{x}_t+\boldsymbol{D}\boldsymbol{d}_t\end{aligned} \tag{14.4.22}$$

从此开始，我们假设开环系统（14.4.22）是稳定的，也就是说，$\boldsymbol{A}$ 的谱半径小于 1（事实上，这种限制可以以某种方式被规避，见下文）。假设我们通过一个几乎时不变的 k 阶 POB 控制律来“关闭”式（14.4.22），即如下形式的定律

$$\boldsymbol{u}_t=\boldsymbol{h}_t+\sum_{s=0}^{k-1}\boldsymbol{H}_s^t\boldsymbol{v}_{t-s} \tag{14.4.23}$$

对于一段稳定时间 N_* 来说，其中 $t\geqslant N_*$ 时 $\boldsymbol{h}_t=\boldsymbol{0}$ 并且 $\boldsymbol{H}_\tau^t=\boldsymbol{H}_\tau$。从现在起，所有索引为负的项都设为 0。虽然控制律的“时变”部分 $\{\boldsymbol{h}_t,\boldsymbol{H}_\tau^t\}_{0\leqslant t\leqslant N_*}$ 可以用来调整闭环系统的有

限阶段行为，其渐近行为就像此定律是时不变的：对所有 $t\geqslant 0$ 的情况，有 $\boldsymbol{h}_t\equiv\boldsymbol{0}$ 和 $\boldsymbol{H}_\tau^t\equiv\boldsymbol{H}_\tau$。设 $\boldsymbol{\delta}_t=\boldsymbol{x}_t-\hat{\boldsymbol{x}}_t$，$\boldsymbol{H}^t=[\boldsymbol{H}_0^t,\cdots,\boldsymbol{H}_{k-1}^t]$，$\boldsymbol{H}=[\boldsymbol{H}_0,\cdots,\boldsymbol{H}_{k-1}]$，动态方程（14.4.22）、（14.4.6）、（14.4.23）由以下公式给出

$$
\overbrace{\begin{bmatrix}\boldsymbol{x}_{t+1}\\ \boldsymbol{\delta}_{t+1}\\ \boldsymbol{\delta}_t\\ \vdots\\ \boldsymbol{\delta}_{t-k+2}\end{bmatrix}}^{\boldsymbol{\omega}_{t+1}}=\overbrace{\left[\begin{array}{c|cccc}\boldsymbol{A} & \boldsymbol{BH}_0^t\boldsymbol{C} & \boldsymbol{BH}_1^t\boldsymbol{C} & \cdots & \boldsymbol{BH}_{k-1}^t\boldsymbol{C}\\ \hline & \boldsymbol{A} & & & \\ & & \boldsymbol{A} & & \\ & & & \ddots & \\ & & & & \boldsymbol{A}\end{array}\right]}^{\boldsymbol{A}_+[\boldsymbol{H}^t]}\boldsymbol{\omega}_t+
$$

$$
\overbrace{\left[\begin{array}{c|cccc}\boldsymbol{R} & \boldsymbol{BH}_0^t\boldsymbol{D} & \boldsymbol{BH}_1^t\boldsymbol{D} & \cdots & \boldsymbol{BH}_{k-1}^t\boldsymbol{D}\\ \hline & \boldsymbol{R} & & & \\ & & \boldsymbol{R} & & \\ & & & \ddots & \\ & & & & \boldsymbol{R}\end{array}\right]}^{\boldsymbol{R}_+[\boldsymbol{H}^t]}\begin{bmatrix}\boldsymbol{d}_t\\ \boldsymbol{d}_t\\ \boldsymbol{d}_{t-1}\\ \vdots\\ \boldsymbol{d}_{t-k+1}\end{bmatrix}+
$$

$$
\begin{bmatrix}\boldsymbol{Bh}_t\\ \boldsymbol{0}\\ \vdots\\ \boldsymbol{0}\end{bmatrix},t=0,1,2,\cdots,
$$

$$
\boldsymbol{u}_t=\boldsymbol{h}_t+\sum_{\nu=0}^{k-1}\boldsymbol{H}_\nu^t[\boldsymbol{C\delta}_{t-\nu}+\boldsymbol{Dd}_{t-\nu}] \tag{14.4.24}
$$

我们看到，从时间 N_* 开始，动态（14.4.24）就像基本控制律是时不变的 POB 定律，参数为 $\boldsymbol{h}_t\equiv\boldsymbol{0},\boldsymbol{H}^t=\boldsymbol{H}$。此外，由于 $\boldsymbol{A}$ 是稳定的，我们可以看到系统（14.4.24）稳定独立于控制律的参数 $\boldsymbol{H}$，并且 $\boldsymbol{A}_+[\boldsymbol{H}]$ 的预解式 $\mathcal{R}_{\boldsymbol{H}}(s):=(s\boldsymbol{I}-\boldsymbol{A}_+[\boldsymbol{H}])^{-1}$ 是 $\boldsymbol{H}$ 矩阵中的仿射

$$
\left[\begin{array}{c|c|c|c|c}\mathcal{R}_{\boldsymbol{A}}(s) & \mathcal{R}_{\boldsymbol{A}}(s)\boldsymbol{BH}_0\boldsymbol{C}\mathcal{R}_{\boldsymbol{A}}(s) & \mathcal{R}_{\boldsymbol{A}}(s)\boldsymbol{BH}_1\boldsymbol{C}\mathcal{R}_{\boldsymbol{A}}(s) & \cdots & \mathcal{R}_{\boldsymbol{A}}(s)\boldsymbol{BH}_{k-1}\boldsymbol{C}\mathcal{R}_{\boldsymbol{A}}(s)\\ \hline & \mathcal{R}_{\boldsymbol{A}}(s) & & & \\ \hline & & \mathcal{R}_{\boldsymbol{A}}(s) & & \\ \hline & & & \ddots & \\ \hline & & & & \mathcal{R}_{\boldsymbol{A}}(s)\end{array}\right] \tag{14.4.25}
$$

其中 $\mathcal{R}_{\boldsymbol{A}}(s)=(s\boldsymbol{I}-\boldsymbol{A})^{-1}$ 是 $\boldsymbol{A}$ 的预解式。

现在假设干扰序列 $\boldsymbol{d}_t$ 的形式是 $\boldsymbol{d}_t=s^t\boldsymbol{d}$，其中 $s\in\mathbb{C}$ 不同于 0 以及 $\boldsymbol{A}$ 的特征值。从式（14.4.24）的稳定性可以看出，随着 $t\to\infty$，系统的解 $\boldsymbol{w}_t$ 独立于初始状态，接近“稳态”解 $\hat{\boldsymbol{w}}_t=s^t\mathcal{H}(s)\boldsymbol{d}$，其中 $\mathcal{H}(s)$ 是已确定的矩阵。特别地，随着 $t\to\infty$，状态控制向量 $\boldsymbol{w}_t=\begin{bmatrix}\boldsymbol{x}_t\\ \boldsymbol{u}_t\end{bmatrix}$ 接近轨迹 $\hat{\boldsymbol{w}}_t=s^t\mathcal{H}_{xu}(s)\boldsymbol{d}$。相关的干扰状态和控制传递矩阵 $\mathcal{H}_{xu}(s)$ 是易于计算的：

$$
\mathcal{H}_{xu}(s)=\left[\frac{\overbrace{\mathcal{R}_{\boldsymbol{A}}(s)\left[\boldsymbol{R}+\sum_{\nu=0}^{k-1}s^{-\nu}\boldsymbol{B}\boldsymbol{H}_{\nu}[\boldsymbol{D}+\boldsymbol{C}\mathcal{R}_{\boldsymbol{A}}(s)\boldsymbol{R}]\right]}^{\mathcal{H}_x(s)}}{\underbrace{\left[\sum_{\nu=0}^{k-1}s^{-\nu}\boldsymbol{H}_{\nu}\right][\boldsymbol{D}+\boldsymbol{C}\mathcal{R}_{\boldsymbol{A}}(s)\boldsymbol{R}]}_{\mathcal{H}_u(s)}}\right] \tag{14.4.26}
$$

关键的事实是，传递矩阵 $\mathcal{H}_{xu}(s)$ 在近似时不变控制律（14.4.23）的参数 $\boldsymbol{H}=[\boldsymbol{H}_0,\cdots,\boldsymbol{H}_{k-1}]$ 中是仿射的。因此，可表示为传递矩阵 $\mathcal{H}_{xu}(s)$ 上的显式凸约束的设计规范（这些是线性控制器无限阶段设计中的典型规范）相当于基本 POB 控制律参数 $\boldsymbol{H}$ 上的显式凸约束，因此可以通过凸优化进行有效的处理。

实例：离散时间 $\boldsymbol{H}_\infty$ 控制。离散时间 H_∞ 设计规范对沿单位周长 $s=\exp\{\imath\omega\},0\leqslant\omega\leqslant 2\pi$ 的传递矩阵的行为施加约束，即闭环系统对谐波振荡形式的干扰的稳态响应。[⊖] 这些规范的更具有一般性的形式是一个如下的约束组

$$
\|Q_i(s)-M_i(s)\mathcal{H}_{xu}(s)N_i(s)\|\leqslant\tau_i,\forall(s=\exp\{\imath\omega\}:\omega\in\Delta_i) \tag{14.4.27}
$$

其中，$Q_i(s),M_i(s),N_i(s)$ 为单位周长 $\{s:|s|=1\}$ 上无奇异点的有理矩阵值函数，$\Delta_i\subset[0,2\pi]$ 为给定片段，$\|\cdot\|$ 为标准矩阵范数（最大奇异值）。

我们即将证明约束（14.4.27）可以用 LMI 的显式有限组表示；因此，规范（14.4.27）可以有效地进行数值处理。以下为推导过程：两个“传递函数” $\mathcal{H}_x(s)$ 和 $\mathcal{H}_u(s)$ 的形式都是 $q^{-1}(s)Q(s,\boldsymbol{H})$，其中 $q(s)$ 是一个独立于 $\boldsymbol{H}$ 的标量多项式，$Q(s,\boldsymbol{H})$ 是一个 s 的矩阵值多项式，其系数仿射依赖于 $\boldsymbol{H}$。考虑到这一点，我们可以看到约束是泛型的

$$
\|p^{-1}(s)P(s,\boldsymbol{H})\|\leqslant\tau,\forall(s=\exp\{\imath\omega\}:\omega\in\Delta) \tag{14.4.28}
$$

其中 $p(\cdot)$ 是一个独立于 $\boldsymbol{H}$ 的标量多项式，并且 $P(s,\boldsymbol{H})$ 是一个 s 中的多项式，其具有仿射依赖于 $\boldsymbol{H}$ 的 $m\times n$ 矩阵系数。约束（14.4.28）可以等价地用半无限矩阵不等式表示

$$
\begin{bmatrix}\tau\boldsymbol{I}_m & P(z,\boldsymbol{H})/p(z)\\ (P(z,\boldsymbol{H}))^*/(p(z))^* & \tau\boldsymbol{I}_n\end{bmatrix}\succeq 0,\forall(z=\exp\{\imath\omega\}:\omega\in\Delta)
$$

（$*$ 代表厄米共轭，$\Delta\subset[0,2\pi]$ 是一个片段）或者，等价地

$$
\begin{aligned}
S_{\boldsymbol{H},\tau}(\omega)\equiv&\begin{bmatrix}\tau p(\exp\{\imath\omega\})(p(\exp\{\imath\omega\}))^*\boldsymbol{I}_m & (p(\exp\{\imath\omega\}))^*P(\exp\{\imath\omega\},\boldsymbol{H})\\ p(\exp\{\imath\omega\})(P(\exp\{\imath\omega\},\boldsymbol{H}))^* & \tau p(\exp\{\imath\omega\})(p(\exp\{\imath\omega\}))^*\boldsymbol{I}_n\end{bmatrix}\\
&\succeq 0,\forall\omega\in\Delta
\end{aligned}
$$

观察到 $S_{\boldsymbol{H},\tau}(\omega)$ 是一个三角多项式，在适当大小的厄米矩阵空间中取值，该多项式的系数在 $\boldsymbol{H},\tau$ 中是仿射的。从文献［53］可知，所有次数小于或等于 m 的厄米矩阵值三角多项式 $S(\omega)$ 的（系数的）锥 $\mathcal{P}_m$，其对于所有 $\omega\in\Delta$ 有 $\succeq 0$，是半定可表示的，即存在一个显式 LMI

$$
\mathcal{A}(S,u)\succeq 0
$$

⊖ $\mathcal{H}_x(s)$ 和 $\mathcal{H}_u(s)$ 的项，限制在单位周长 $s=\exp\{\imath\omega\}$ 上，具有非常清晰的解释。假设干扰中唯一的非零项是第 j 个，它作为单位振幅和频率 ω 的谐波振荡随时间变化。第 i 个状态的稳态行为将是相同频率的谐波振荡，但随着另一个振幅，即 $|(\mathcal{H}_x(\exp\{\imath\omega\}))_{ij}|$ 和 $\arg((\mathcal{H}_x(\exp\{\imath\omega\}))_{ij})$ 的相移。因此，状态到输入的频率响应 $(\mathcal{H}_x(\exp\{\imath\omega\}))_{ij}$ 解释了当输入由谐波振荡组成时状态的稳态行为。对控制到输入的频率响应 $(\mathcal{H}_u(\exp\{\imath\omega\}))_{ij}$ 的解释完全相似。

其关于变量 S（一个多项式 $S(\cdot)$ 的系数）和附加变量 u，使得 $S(\cdot)\in\mathcal{P}_m$，当且仅当 S 可以通过适当的 u 扩展到 LMI 的一个解。因此，关系式

$$\mathcal{A}(S_{\boldsymbol{H},\tau},u)\succeq 0 \tag{*}$$

是 $\boldsymbol{H},\tau,u$ 中的 LMI，是式（14.4.28）的半定表示：当且仅当存在 u 使得 $\boldsymbol{H},\tau,u$ 可解式（*）时，$\boldsymbol{H},\tau$ 能解式（14.4.28）。

14.4.4　整合：无限和有限阶段的设计规范

目前，我们考虑了在有限和无限阶段设计规范下基于纯输出的仿射控制律上的优化。事实上，我们可以在某种程度上结合这两种设置，从而寻求基于纯输出的仿射控制，以确保闭环系统良好的稳态行为和向这种稳态行为的“良好过渡”。下面的例子将清楚展示所提出的方法。

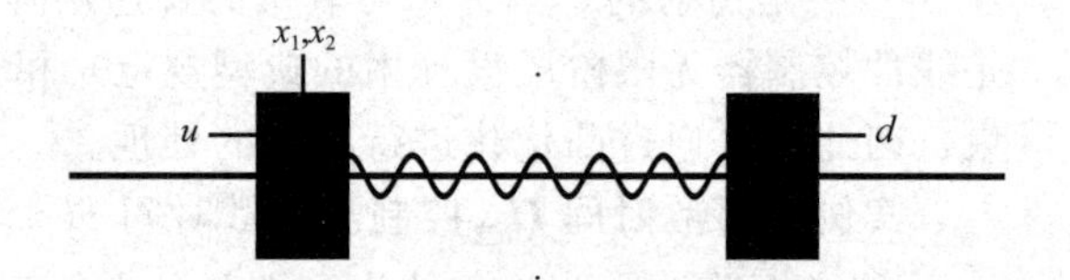

图 14-3　双摆：两个质量块由弹簧连接，沿杆无摩擦。观察到第一个质量块的位置和速度

考虑代表图 14-3 所示的离散双摆的开环时不变系统。连续时间原型对象的动态由以下给出：

$$\begin{aligned}\dot{\boldsymbol{x}}&=\boldsymbol{A}_c\boldsymbol{x}+\boldsymbol{B}_c\boldsymbol{u}+\boldsymbol{R}_c\boldsymbol{d}\\ \boldsymbol{y}&=\boldsymbol{C}\boldsymbol{x}\end{aligned}$$

其中

$$\boldsymbol{A}_c=\begin{bmatrix}0&1&0&0\\-1&0&1&0\\0&0&0&1\\1&0&-1&0\end{bmatrix},\quad \boldsymbol{B}_c=\begin{bmatrix}0\\1\\0\\0\end{bmatrix},\quad \boldsymbol{R}_c=\begin{bmatrix}0\\0\\0\\-1\end{bmatrix},\quad \boldsymbol{C}=\begin{bmatrix}1&0&0&0\\0&1&0&0\end{bmatrix}$$

（$\boldsymbol{x}_1$，$\boldsymbol{x}_2$ 为第一个质量块的位置和速度，$\boldsymbol{x}_3$，$\boldsymbol{x}_4$ 为第二个质量块的位置和速度）。我们实际上将使用的离散时间对象是

$$\begin{aligned}\boldsymbol{x}_{t+1}&=\boldsymbol{A}_0\boldsymbol{x}_t+\boldsymbol{B}\boldsymbol{u}_t+\boldsymbol{R}\boldsymbol{d}_t\\ \boldsymbol{y}_t&=\boldsymbol{C}\boldsymbol{x}_t\end{aligned}\tag{14.4.29}$$

其中 $\boldsymbol{A}_0=\exp\{\Delta\cdot\boldsymbol{A}_c\}$，$\boldsymbol{B}=\int_0^{\Delta}\exp\{s\boldsymbol{A}_c\}\boldsymbol{B}_c\mathrm{d}s$，$\boldsymbol{R}=\int_0^{\Delta}\exp\{s\boldsymbol{A}_c\}\boldsymbol{R}_c\mathrm{d}s$ 。系统（14.4.29）并不稳定（$\boldsymbol{A}_0$ 的所有特征值的绝对值都等于 1），这似乎阻止了我们通过 14.4.3 节中的方法来解决无限阶段设计规范问题。克服这一困难的最简单的方法是通过稳定时不变线性反馈来增强原对象。成功后，我们将基于纯输出的综合应用到增强过的、已经稳定的对象上。具体来说，让我们来寻求一个如下类型的控制器

$$\boldsymbol{u}_t=\boldsymbol{K}\boldsymbol{y}_t+\boldsymbol{w}_t\tag{14.4.30}$$

有了这样的控制器，式（14.4.29）变成了

$$\begin{aligned}\boldsymbol{x}_{t+1}&=\boldsymbol{A}\boldsymbol{x}_t+\boldsymbol{B}\boldsymbol{w}_t+\boldsymbol{R}\boldsymbol{d}_t,\quad \boldsymbol{A}=\boldsymbol{A}_0+\boldsymbol{B}\boldsymbol{K}\boldsymbol{C}\\ \boldsymbol{y}_t&=\boldsymbol{C}\boldsymbol{x}_t\end{aligned}\tag{14.4.31}$$

如果在矩阵 $\boldsymbol{A}=\boldsymbol{A}_0+\boldsymbol{B}\boldsymbol{K}\boldsymbol{C}$ 稳定时选择 $\boldsymbol{K}$，我们可以将所有基于纯输出的方法应用到对象（14.4.31）上，$\boldsymbol{w}_t$ 扮演了 $\boldsymbol{u}_t$ 的角色，但是记住，“真正的”控制 $\boldsymbol{u}_t$ 将为 $\boldsymbol{K}\boldsymbol{y}_t+\boldsymbol{w}_t$。

对我们的对象而言，一个稳定的反馈 $\boldsymbol{K}$ 可以通过“蛮力”找到——通过生成一个所需大小的矩阵的随机样本，并从这个样本中选择一个矩阵（如果有的话），这确实会使

式（14.4.31）变得稳定。我们的选择产生了反馈矩阵 $\boldsymbol{K}=[-0.6950,-1.7831]$，并且矩阵 $\boldsymbol{A}=\boldsymbol{A}_0+\boldsymbol{BKC}$ 的谱半径为 0.87。从现在开始，我们重点关注所得到的对象（14.4.31），我们打算通过 $\mathcal{C}_{8,0}$ 的控制律来“接近”它，其中 $\mathcal{C}_{k,0}$ 是如下形式的所有时不变控制律的族

$$\boldsymbol{w}_t=\sum_{\tau=0}^{t}\boldsymbol{H}_{t-\tau}\boldsymbol{v}_\tau\begin{bmatrix}\boldsymbol{v}_t=\boldsymbol{y}_t-\boldsymbol{C}\hat{\boldsymbol{x}}_t,\\ \hat{\boldsymbol{x}}_{t+1}=\boldsymbol{A}\hat{\boldsymbol{x}}_t+\boldsymbol{B}\boldsymbol{w}_t,\hat{\boldsymbol{x}}_0=\boldsymbol{0}\end{bmatrix}\tag{14.4.32}$$

其中当 $s\geqslant k$ 时，$\boldsymbol{H}_s=\boldsymbol{0}$。我们的目标是在 $\mathcal{C}_{8,0}$ 中选择一个控制律，其期望性质（精确表示如下）具有以下 6 个标准表示：

- 定义的四个峰值到峰值增益 z2x，z2u，d2x，d2u；
- 两个 H_∞ 增益

$$H_{\infty,x}=\max_{|s|=1,i,j}|(\mathcal{H}_x(s))|_{ij},\quad H_{\infty,u}=\max_{|s|=1,i,j}|(\mathcal{H}_u(s))|_{ij}$$

其中 $\mathcal{H}_x$ 和 $\mathcal{H}_u$ 分别是从干扰到状态和从干扰到控制的传递函数。

请注意，虽然我们所寻找的基于纯输出的控制 $\boldsymbol{w}_t$ 是根据稳定过的对象（14.4.31）来定义的，标准 z2u，d2u，$H_{\infty,u}$ 是根据原始控制 $\boldsymbol{u}_t=\boldsymbol{K}\boldsymbol{y}_t+\boldsymbol{w}_t=\boldsymbol{KC}\boldsymbol{x}_t+\boldsymbol{w}_t$ 影响实际对象（14.4.29）来定义的。

在综合中，我们的主要目标是最小化对状态增益 d2x 的全局干扰，而次要目标是避免剩余标准的值太大。我们实现这个目标的方法如下。

步骤 1：优化 d2x。正如前文在定义 d2x 时所解释的那样，优化问题

$$\mathrm{Opt}_{\mathrm{d2x}}(k,0;N_+)=\min_{\boldsymbol{\eta}\in\mathcal{C}_{k,0}}\max_{0\leqslant t\leqslant N_+}\mathrm{d2x}_t[\boldsymbol{\eta}]\tag{14.4.33}$$

是一个显式凸规划（实际上，只是一个 LO 问题），并且它的最优值是一个由 $\mathcal{C}_{k,0}$ 中控制律得到的最佳全局增益 d2x 的下界。在我们的实验中，我们求解了在 $k=8$ 和 $N_+=40$ 情况下的问题（14.4.33），得到了 $\mathrm{Opt}_{\mathrm{d2x}}(8,0;40)=1.773$。所得到的时不变控制律的全局增益 d2x 为 1.836，仅比概述的下界大 3.5%。我们的结论是，在 8 阶时不变控制中，由式（14.4.33）的解得到的控制在全局增益 d2x 中几乎是最好的。与此同时，和此控制相关的其他部分增益远算不上好，请参见表 14-2 中的“$\mathrm{d2x}^{40}$”一行。

表 14-2　通过在来自 $\mathcal{F}=\{\boldsymbol{\eta}\in\mathcal{C}_{8,0}:\mathrm{d2x}^{40}[\boldsymbol{\eta}]\leqslant1.90\}$ 的控制律上（一次一个）优化标准 $\mathrm{z2x}^{40},\cdots,H_{\infty,u}$（前六行），求解规划（14.4.34）和（14.4.35）（最后两行），得到的 8 阶时不变控制律的增益

优化的标准	标准结果值					
	$\mathrm{z2x}^{40}$	$\mathrm{z2u}^{40}$	$\mathrm{d2x}^{40}$	$\mathrm{d2u}^{40}$	$H_{\infty,x}$	$H_{\infty,u}$
$\mathrm{z2x}^{40}$	<u>25.8</u>	205.8	1.90	3.75	10.52	5.87
$\mathrm{z2u}^{40}$	58.90	<u>161.3</u>	1.90	3.74	39.87	20.50
$\mathrm{d2x}^{40}$	5773.1	13718.2	<u>1.77</u>	6.83	1.72	4.60
$\mathrm{d2u}^{40}$	1211.1	4903.7	1.90	<u>2.46</u>	66.86	33.67
$H_{\infty,x}$	121.1	501.6	1.90	5.21	<u>1.64</u>	5.14
$H_{\infty,u}$	112.8	460.4	1.90	4.14	8.13	<u>1.48</u>
	z2x	z2u	d2x	d2u	$H_{\infty,x}$	$H_{\infty,u}$
式（14.4.34）	31.59	197.75	1.91	4.09	1.82	2.04
式（14.4.35）	2.58	0.90	1.91	4.17	1.77	1.63

步骤 2：提高剩余的增益。为了改善我们构建的几乎 d2x 最优的控制律所产生的“坏”增益，我们的行动如下：在有限阶段内不超过 1.90 的 d2x 增益 $\mathrm{d2x}^{40}[\boldsymbol{\eta}]=\max\limits_{0\leqslant t\leqslant40}\mathrm{d2x}_t[\boldsymbol{\eta}]$ 中，其所有 8 阶的时不变控制律的族为 $\mathcal{F}$，我们主要关注 $\mathcal{F}$（即，查看来自 $\mathcal{C}_{8,0}$，d2x 的增

益 $d2x^{40}$ 在其最优值 7.1%以内的控制)，并且做出如下行动。

A. 在 $\mathcal{F}$ 上一次优化一个剩下的标准 $z2x^{40}[\boldsymbol{\eta}]=\max\limits_{0\leqslant t\leqslant 40} z2x_t[\boldsymbol{\eta}]$，$z2u^{40}[\boldsymbol{\eta}]=\max\limits_{0\leqslant t\leqslant 40} z2u_t[\boldsymbol{\eta}]$，$d2u^{40}[\boldsymbol{\eta}]=\max\limits_{0\leqslant t\leqslant 40} d2u_t[\boldsymbol{\eta}]$，$H_{\infty,x}[\boldsymbol{\eta}]$，$H_{\infty,u}[\boldsymbol{\eta}]$ 从而获得这些标准的“参考值”；这些是相应全局增益的最优值的下界，在集合 $\mathcal{F}$ 上进行优化。这些下界是表 14-2 中的下划线数据。

B. 然后在 $\mathcal{F}$ 上最小化“聚合增益”

$$\frac{z2x^{40}[\boldsymbol{\eta}]}{25.8}+\frac{z2u^{40}[\boldsymbol{\eta}]}{161.3}+\frac{d2u^{40}[\boldsymbol{\eta}]}{2.46}+\frac{H_{\infty,x}[\boldsymbol{\eta}]}{1.64}+\frac{H_{\infty,u}[\boldsymbol{\eta}]}{1.48} \tag{14.4.34}$$

(分母正是上述相应增益的参考值)。所得到的 8 阶时不变控制律的全局增益见表 14-2 的“式 (14.4.34)”行。

步骤 3：有限阶段调整。最后一步是通过将 8 阶时不变仿射控制律传递到近似 8 阶时不变控制律（稳定时间 $N_*=20$）来改善 z2x 和 z2u 增益。为此，我们解凸优化问题

$$\min_{\boldsymbol{\eta}\in\mathcal{C}_{8,20}}\left\{z2x^{50}[\boldsymbol{\eta}]+z2u^{50}[\boldsymbol{\eta}]:\begin{array}{r}d2x^{50}[\boldsymbol{\eta}]\leqslant 1.90\\ d2u^{50}[\boldsymbol{\eta}]\leqslant 4.20\\ H_{\infty,x}[\boldsymbol{\eta}]\leqslant 1.87\\ H_{\infty,u}[\boldsymbol{\eta}]\leqslant 2.09\end{array}\right\} \tag{14.4.35}$$

($d2u^{50}[\cdot]$，$H_{\infty,x}[\cdot]$，$H_{\infty,u}[\cdot]$ 约束中的右侧是步骤 2 中时不变控制律轻微增加 (2.5%) 增益的结果)。所得到控制律的全局增益见表 14-2 最后一行，也可见图 14-4。我们看到，有限阶段调整允许我们将全局 z2x 和 z2u 增益按数量级减少，并作为一个额外的奖励，导致 H_∞ 增益大幅减少。

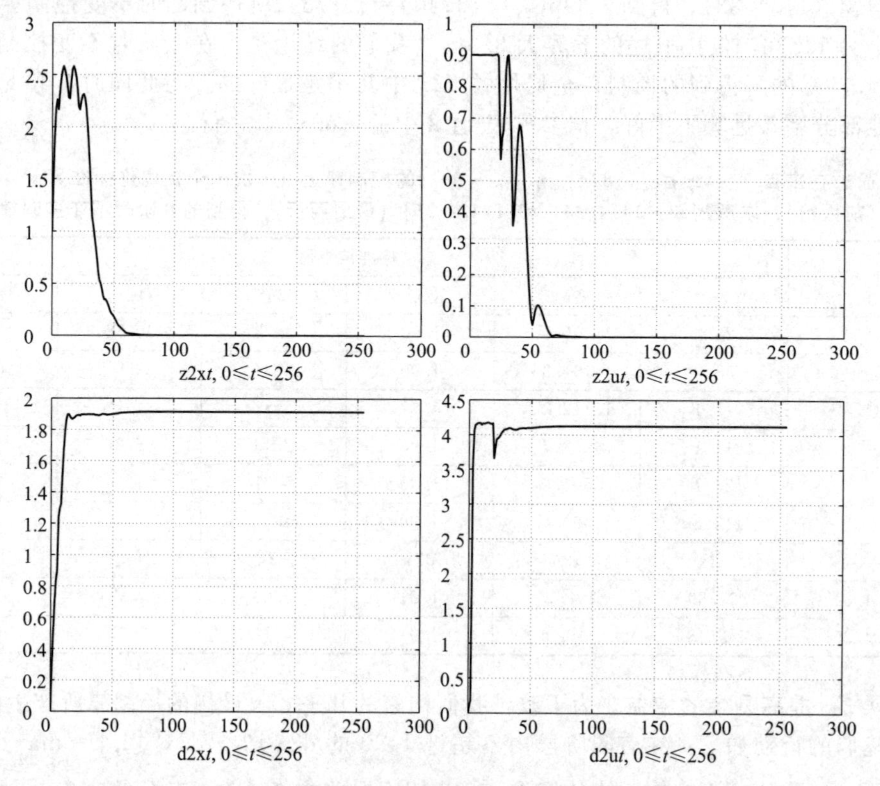

图 14-4　由式 (14.4.35) 的解给出的频率响应和控制律的增益

尽管这个控制问题可能很简单，但它很好地证明了基于纯输出的仿射控制律表示的重要性，以及将各种控制规范表示为此类定律参数的显式凸约束的相关可能性。

14.5 练习

练习 14.1 考虑一个离散时间线性动态系统

$$\begin{aligned} &\boldsymbol{x}_0=\boldsymbol{z} \\ &\boldsymbol{x}_{t+1}=\boldsymbol{A}_t\boldsymbol{x}_t+\boldsymbol{B}_t\boldsymbol{u}_t+\boldsymbol{R}_t\boldsymbol{d}_t, t=0,1,\cdots \end{aligned} \tag{14.5.1}$$

其中 $\boldsymbol{x}_t\in\mathbb{R}^n$ 为状态，$\boldsymbol{u}_t\in\mathbb{R}^m$ 为控制，$\boldsymbol{d}_t\in\mathbb{R}^k$ 为外部干扰。我们对有限时间阶段 $t=0, 1,\cdots,N$ 内系统的行为感兴趣。一个由如下要求给出的“期望行为”

$$\|\boldsymbol{P}\boldsymbol{w}-\boldsymbol{q}\|_\infty\leqslant R \tag{14.5.2}$$

处于状态控制轨迹 $\boldsymbol{w}=[\boldsymbol{x}_0;\cdots;\boldsymbol{x}_{N+1};\boldsymbol{u}_0;\cdots;\boldsymbol{u}_N]$ 上。

让我们将 $\boldsymbol{\zeta}=[\boldsymbol{z};\boldsymbol{d}_0;\cdots;\boldsymbol{d}_N]$ 视为具有扰动结构（$\mathcal{Z},\mathcal{L},\|\cdot\|_r$）的不确定扰动，其中

$$\mathcal{Z}=\{\boldsymbol{\zeta}:\|\boldsymbol{\zeta}-\overline{\boldsymbol{\zeta}}\|_s\leqslant R\},\mathcal{L}=\mathbb{R}^L \quad [L=\dim\boldsymbol{\zeta}]$$

并且 r，$s\in[1,\infty]$，因此式（14.5.1）、式（14.5.2）成为一个 $\boldsymbol{w}^N$ 上受不确定性影响的线性约束组。我们想要处理约束组的仿射可调 GRC，其中 $\boldsymbol{u}_t$ 是初始状态 $\boldsymbol{z}$ 和干扰向量 $\boldsymbol{d}^t=[\boldsymbol{d}_0;\cdots;\boldsymbol{d}_t]$ 直到时间 t 的仿射函数，并且状态 $\boldsymbol{x}_t$ 是 $\boldsymbol{z}$ 和 $\boldsymbol{d}^{t-1}$ 的仿射函数。我们希望最小化相应的全局灵敏度。

在控制方面：我们希望用以下非预期仿射控制律“关闭”开环系统（14.5.1）

$$\boldsymbol{u}_t=\boldsymbol{U}_t^z\boldsymbol{z}+\boldsymbol{U}_t^d\boldsymbol{d}^t+\boldsymbol{u}_t^0 \tag{14.5.3}$$

基于对时间 t 之前的初始状态和干扰的观察，以“闭环系统”（14.5.1）、（14.5.3）对初始状态和干扰鲁棒的方式表现出期望行为。

将我们的不确定问题的 AAGRC 写为一个具有有效可计算约束的显式凸规划。

练 14.2 考虑练习 14.1 的修改，锥 $\mathcal{L}=\mathbb{R}^L$ 被替换为

$$\mathcal{L}=\{[\boldsymbol{0};\boldsymbol{d}_0;\cdots;\boldsymbol{d}_N]:\boldsymbol{d}_t\geqslant\boldsymbol{0},0\leqslant t\leqslant N\}$$

求解相应的问题。

练习 14.3 考虑练习 14.1 的最简单版本，其中式（14.5.1）为

$$\begin{aligned} &x_0=z\in\mathbb{R} \\ &x_{t+1}=x_t+u_t-d_t, t=0,1,\cdots,15 \end{aligned}$$

式（14.5.2）为

$$|\theta x_t|=0,t=1,2,\cdots,16,|u_t|=0,t=0,1,\cdots,15$$

并且扰动结构是

$$\mathcal{Z}=\{[z;d_0;\cdots;d_{15}]=\boldsymbol{0}\}\subset\mathbb{R}^{17},\quad \mathcal{L}=\{[0;d_0;d_1;\cdots;d_{15}]\},\quad \|\boldsymbol{\zeta}\|\equiv\|\boldsymbol{\zeta}\|_2$$

假设 u_t 和 x_t 的“可调状态”与练习 14.1 中的“可调状态”相同。

i）表示式（14.5.1）和式（14.5.2）（概述的规范的）AAGRC，其中目标是最小化全局灵敏度，作为一个显式凸规划；

ii）用控制的相关术语来解释 AAGRC；

iii）求解 θ 值等于 1. e6,10,2,1 时的 AAGRC。

练习 14.4 考虑到一个通信网络——一个具有节点集合 $V=\{1,\cdots,n\}$ 和弧集合 Γ 的有向图 G。几个有序的节点 (i,j) 被标记为“源-池”节点，并被分配通信量 d_{ij}——每单位时间从节点 i 传输到节点 j 的信息量；所有源-池对的集合用 $\mathcal{J}$ 表示。一个通信网络的弧 $\gamma\in\Gamma$ 具有容量——每单位时间可以通过弧发送的信息总量的上限。我们假设弧已经具有一定的容

量 p_γ，其可以进一步增加；弧 γ 的容量单位增加的成本是一个给定的常数 c_γ。

1）假设需求 d_{ij} 已确定，寻找现有网络中最便宜的扩展以确保所需的源-池通信量，将这个问题表述为一个 LO 规划。

2）现在假设通信量向量 $\boldsymbol{d}=\{d_{ij}:(i,j)\in\mathcal{J}\}$ 是不确定的，并且已知其运行在一个半定可表示的紧不确定性集 $\mathcal{Z}$ 中（$\mathcal{Z}$ 给定）。允许原点 i 和目标 j 通过弧 γ 的大量 x_γ^{ij} 信息仿射依赖于通信量，构建来自（1）的（不确定版本）问题的 AARC，并考虑两种情况：(a) 对于每一个 $(i,j)\in\mathcal{J}$，x_γ^{ij} 可以仿射地依赖于 d_{ij}，(b) x_γ^{ij} 可以仿射地依赖于向量 $\boldsymbol{d}$，由此产生的问题在计算上易于处理吗？

3）假设向量 $\boldsymbol{d}$ 是随机的，其分量是独立的随机变量，均匀分布在给定区间 Δ_{ij} 中。构建来自（2）的问题的机会约束版本。

14.6　备注

备注 14.1　多阶段决策问题，包括那些应该在不确定环境中做出决策的问题，在应用中具有重要地位，因此，自 20 世纪 40 年代后期数学规划诞生以来，它几十年来一直在“优化议程”上。然而，由于这些问题内在的巨大复杂性，我们希望做到的事情和我们真正能做到的事情之间仍然存在巨大差距。以下是数学规划的创始人 George Dantzig 的观点：“回想起来，有趣的是，开始我研究的（关于线性和数学规划的）原始问题仍然很突出——随时间动态规划或调度的问题，特别是在不确定性下动态规划的问题。如果这样的问题能够成功解决，它最终可以通过更好的规划为世界的福祉和稳定做出贡献[43，p. 30]。”我们坚信，这一观点很好地反映了今天和 1991 年发表此观点时的情况。

我们认为，对于受不确定性影响的多阶段优化问题，唯一“定义明确”的现有优化技术是动态规划（DP）。适用时，DP 允许解决问题的“真实”ARC，这是该技术的巨大优势。然而，当基本马尔可夫决策过程的状态维数变为 4～5 或更多时，DP 遭受“维度诅咒”并且在计算上变得不切实际（除了具有非常特定结构的罕见问题）。除了 DP，多阶段随机规划提供了不确定性下多阶段决策的主要传统方法，通常假设不确定数据是具有已知分布的随机数据，并在具有规定信息库的一般类型决策规则中解不确定问题（通常，$t=1,\cdots,N$ 阶段的决策可以依赖于完整数据 $\boldsymbol{\zeta}^N$ 的一部分 $\boldsymbol{\zeta}^t=[\zeta_1;\cdots;\zeta_{t-1}]$）。这些决策规则应该满足约束（完全或以给定的接近 1 的概率）并在这些约束下最小化给定目标的期望值。虽然所讨论的模型似乎足以满足我们在多阶段优化中的实际需求，但在以下事实中仍然存在困难，即通常情况下，除了非常罕见的问题和非常“脆弱”的结构，多阶段随机规划模型在计算上难以处理。具体来说，我们最熟知的 N 阶段线性随机规划[104] 的复杂度界是 $O(\epsilon^{-2(N-1)})$，其中 ϵ 为要求的精度。实际上，这意味着在我们目前的知识水平下，$N=3$ 的问题“最有可能”，而 $N\geqslant4$ 的问题“肯定”远远超出了在合理时间内能够以合理的方式产生合理精度的解的计算方法的范围。鉴于这些灾难性的复杂度结果，读者可能会问在多大程度上可以将多阶段 SP 视为处理“真正多阶段”（$N>2$）决策问题的实用工具，以及应该如何解释成功处理了 5、10 甚至更多阶段的复杂问题。典型的处理过程如下：首先，人们将 ζ_t 的可能值离散化并构建“场景树”，在最简单的情况下，例如 ζ_1 可以从某组低基数中获取值。这些值中的每一个都可以通过来自低基数集（可能取决于 ζ_1）的 ζ_2 值来增广；结果对 $[\zeta_1;\zeta_2]$ 可以通过 ζ_3 值增广，这些值来自低基数集，可能取决于结果对，以此类推。然后将 $\boldsymbol{\zeta}$ 的实际可能实现集替换为树，树中的路径按某种方式分配概率，“真实”多阶段问题近似为步骤 t 的决策规则是值 $\boldsymbol{\zeta}^{t-1}$ 的函数的问题，$\boldsymbol{\zeta}^{t-1}$ 来自场景，即它们是有限集上的函数，因此可以用向量表示。通常情况下，当原始不确定问题是一个 LO 规划时，由此产生的“受限于场景树”的多阶段决策问题只是可以由 LO 机制解决的通常的大型 LO 规划，也许会根据所讨论的 LO 的特定“楼梯结构”进行调整。

考虑到可以通过这种方法获得的实际结果具有严重的方法学缺陷：完全不清楚最终的解与我们打算解决的问题有什么关系。严格来说，我们甚至不能将这个解视为原始问题的候选解，无论好坏——当不确定数据的实际实现与场景实现不同时，我们最终得到的决策规则根本没有说明决策是什么（这将以概率 1 发生，前提是不确定数据的真实分布没有因子）。这个问题的标准答案如下：我们需要的只是第一阶段的决策，它们独立于不确定的数据，因此确实是由场景近似产生的。在“现实生活”中，我们将执行这些决策：到达第二阶段后，我们将相同的场景近似应用于阶段数减一的问题，执行由此产生的“此时此地”决策，以此类推。这个答案还远不能令人满意。首先，不能保证使用这种方法在第二、第三等阶段，我们不会遇到不可行的场景近似——即使“真正的”多阶段问题完全可行，这种情况也可能发生。避免这种令人不快的可能性的标准方法是假设“充足资源”——无论我们的“此时此地”决策是什么，都满足“此时此地”约束条件，下一阶段的问题都是可行的。㊀然而，即使在充足资源和旨在减少场景数量的多阶段 SP 的所有技巧的情况下，问题“就我们打算最小化的标准而言，我们用场景近似得到的决策规则离最优还有多远”仍未得到答案；据我们所知，在典型情况下，只有在树中存在天文数字、完全不切实际的场景数量时，才可能实现有意义的最优性保证。

当从一般类型的决策规则过渡到仿射规则时，多阶段随机规划打算实现的内容与可证明实现的内容（如果有的话）之间的巨大理论差距消失了。至少在具有固定资源和易处理不确定性集的多阶段不确定 LO 的情况，我们确实实现了我们预期实现的目标。毋庸置疑，差距是从“最坏的结局”缩小的——用一个无比温和的目标代替我们的实际（在我们目前的知识状态下无法达到的）目标，而不是通过发明能够解决多阶段问题的“Wunderwaffen”到“真正的最优”。AARC 方法的一个好的方面为，当 AARC 易于处理且可行时，我们确实能够保证约束的有效性，无论是从不确定性集中实现不确定性数据——具有不充足资源的多阶段问题的场景近似不共同拥有的特性。底线是，场景和 AARC 方法都远非解决多阶段决策制定问题的“理想”工具；在特定情况下哪种更好取决于实际情况，并应“逐个案例”决定；因此这两种方法似乎都有“存在的权利”。

备注 14.2 仿射决策规则的想法太老太简单，无法轻易归因于特定的人或论文（特别是考虑到线性控制器在控制中很常见，这是优化的“科学近亲”）。据我们所知（在这种特殊情况下并不能保证），在优化文献中首次提到这种方法应该归功于 Charnes。本章正文中介绍的大部分 AARC 方法和结果均来自文献 [13]。

备注 14.3 14.4 节的主要结果来源于文献 [15]（有限阶段的结果，包括定理 14.4.1）以及文献 [16]（无限阶段结果）。这些结果接近（尽管没有完全覆盖）众所周知的在控制中 Youla 参数化的结果[117]；所讨论结果的“共同根源”在于一个简单的事实，即式（14.4.6）中定义的纯输出是初始状态和干扰的仿射函数，并且这些函数在任何非预期控制下均保持不变。事后看来，我们的结果与文献 [80] 中的结果有某种联系；感谢 M. Campi 让我们意识到这种联系。

㊀ “实际上”，充足资源意味着当钱和其他资源用完时，我们可能以高价借或买缺少的东西。通常，这种假设与法国王后玛丽·安托瓦内特（1755—1793）对于来到她家门口乞讨食物的农民的著名建议一样重要：“qu'ils mangent de la brioche.”（如果他们没有面包，就让他们吃蛋糕）。

第四部分

Robust Optimization

典型应用

典型示例

我们已经考虑了众多说明鲁棒优化方法应用的例子，但这些例子本质上旨在澄清特定鲁棒优化技术的简单案例。在本章中，我们将展示一些其他的例子，其中重点介绍相关鲁棒优化模型潜在和实际“现实生活”中遇到的问题。在文献中也可以找到更多的例子，例如文献［9，16，110，89］和其中的参考文献。

15.1 鲁棒线性回归和电视管的制造

下面的鲁棒优化应用来自 E. Stinstra 和 D. den Hertog［108］，我们非常感谢他们允许我们在此重现他们研究的部分结果。

问题。我们想解决的问题是

$$\min_{x}\{f_0(\boldsymbol{x}):f_i(\boldsymbol{x})\leqslant 0,i=1,\cdots,r,\boldsymbol{x}\in X\} \tag{15.1.1}$$

其中

$$f_i(\boldsymbol{x})=\boldsymbol{\alpha}_i^{\mathrm{T}}g(\boldsymbol{x}),0\leqslant i\leqslant m \tag{15.1.2}$$

$g(\boldsymbol{x})=[g_1(\boldsymbol{x});\cdots;g_t(\boldsymbol{x})]:\mathbb{R}^n\to\mathbb{R}^t$ 是由预先给出的基本函数组成，并且 $X\subset\mathbb{R}^n$ 是一个给定的在计算上易处理的闭凸集。

数据的不确定性是来源于式（15.1.2）中的系数 $\boldsymbol{\alpha}_i\subset\mathbb{R}^t$ 是预先未知的这一事实。我们所知道的都是不精确的测量值

$$y_{ik}^{\mathrm{s}}\approx y_{ik}^{\mathrm{r}}:=f_i(\chi_k),0\leqslant i\leqslant r,1\leqslant k\leqslant p$$

这些都来自 f_i（“响应”）的值，其沿着一个由设计向量的值给定的集合 $\chi_1,\cdots,\chi_p$。

在文献［108］的情况下，y_{ik}^{s} 是真实物理系统的模拟模型的响应，而 y_{ik}^{r} 是系统本身的响应；因此，测量的不准确性反映了模拟的误差。

我们假设真实响应和测量得到的响应之间的关系是由下式给出的：

$$y_{ik}^{\mathrm{r}}=(1+\zeta_{ik}^{\mathrm{m}})y_{ik}^{\mathrm{s}}+\zeta_{ik}^{\mathrm{a}} \tag{15.1.3}$$

其中 ζ_{ik}^{m} 和 ζ_{ik}^{a} 分别是乘法误差和加性误差；关于这些误差，我们所知道的是它们的集合 $\boldsymbol{\zeta}=\{\zeta_{ik}^{\mathrm{m}},\zeta_{ik}^{\mathrm{a}}\}_{\substack{0\leqslant i\leqslant m\\1\leqslant k\leqslant p}}$ 属于一个给定的凸闭扰动集 $\mathcal{Z}$。

鲁棒对等。假设该“设计矩阵”

$$\boldsymbol{D}=\begin{bmatrix}g_1(\chi_1)&\cdots&g_t(\chi_1)\\\vdots&\vdots&\vdots\\g_1(\chi_p)&\cdots&g_t(\chi_p)\end{bmatrix}$$

秩为 t，所以从关系式 $y_{ik}^{\mathrm{r}}=\boldsymbol{\alpha}_i^{\mathrm{T}}g(\chi_k)$，$k=1,\cdots,p$ 可得

$$\boldsymbol{\alpha}_i=\boldsymbol{G}\boldsymbol{y}_i^{\mathrm{r}},\quad \boldsymbol{G}=(\boldsymbol{D}^{\mathrm{T}}\boldsymbol{D})^{-1}\boldsymbol{D}^{\mathrm{T}},\quad \boldsymbol{y}_i^{\mathrm{r}}=[y_{i1}^{\mathrm{r}};\cdots;y_{ip}^{\mathrm{r}}],0\leqslant i\leqslant m \tag{15.1.4}$$

此外，其中的

$$\boldsymbol{y}_i^{\mathrm{r}}\in\mathrm{Im}\boldsymbol{D} \tag{15.1.5}$$

后者的信息允许在给定 $\boldsymbol{y}^{\mathrm{s}}$ 时，将扰动集 $\mathcal{Z}$ 减少至集合

$$\mathcal{Z}(\boldsymbol{y}^{\mathrm{s}})=\{\boldsymbol{\zeta}\in Z:\boldsymbol{y}_i^{\mathrm{s}}+\boldsymbol{Y}_i^{\mathrm{s}}\boldsymbol{\zeta}_i^{\mathrm{m}}+\boldsymbol{\zeta}_i^{\mathrm{a}}\in\mathrm{Im}\boldsymbol{D},0\leqslant i\leqslant m\},$$

$$[\boldsymbol{y}_i^{\mathrm{s}}=[y_{i1}^{\mathrm{s}};\cdots;y_{ip}^{\mathrm{s}}],\boldsymbol{Y}_i^{\mathrm{s}}=\mathrm{Diag}\{\boldsymbol{y}_i^{\mathrm{s}}\},\boldsymbol{\zeta}_i^{\mathrm{m}}=[\zeta_{i1}^{\mathrm{m}};\cdots;\zeta_{ip}^{\mathrm{m}}],\boldsymbol{\zeta}_i^{\mathrm{a}}=[\zeta_{i1}^{\mathrm{a}};\cdots;\zeta_{ip}^{\mathrm{a}}]]$$

同时指出我们所知的 $\boldsymbol{y}_i^{\mathrm{r}}$ 由 $\boldsymbol{y}^{\mathrm{s}}$ 给出：

$$\boldsymbol{y}_i^{\mathrm{r}}=\boldsymbol{y}_i^{\mathrm{s}}+\boldsymbol{Y}_i^{\mathrm{s}}\boldsymbol{\zeta}_i^{\mathrm{m}}+\boldsymbol{\zeta}_i^{\mathrm{a}},\text{其中 }\boldsymbol{\zeta}\in\mathcal{Z}(\boldsymbol{y}^{\mathrm{s}})$$

因此，我们所知的 $\boldsymbol{\alpha}_i$ 由 $\boldsymbol{y}^{\mathrm{s}}$ 给出：

$$\boldsymbol{\alpha}_i\in\mathcal{U}_i=\{\boldsymbol{a}=\boldsymbol{G}[\boldsymbol{y}_i^{\mathrm{s}}+\boldsymbol{Y}_i^{\mathrm{s}}\boldsymbol{\zeta}_i^{\mathrm{m}}+\boldsymbol{\zeta}_i^{\mathrm{a}}],\boldsymbol{\zeta}\in\mathcal{Z}(\boldsymbol{y}^{\mathrm{s}})\}$$

因此，在式（15.1.1）的鲁棒性版本中，我们要求所有的集合 $\boldsymbol{\alpha}_0,\cdots,\boldsymbol{\alpha}_m$ 的约束有效性与我们的测量值 $\boldsymbol{y}^{\mathrm{s}}$ 相兼容，并在此限制下最小化目标的保证值，由此得到一个优化问题

$$\min_{z,x}\left\{z:\begin{array}{l}\boldsymbol{a}_0^{\mathrm{T}}g(\boldsymbol{x})\leqslant z,\ \forall a_0\in\mathcal{U}_0\\ \boldsymbol{a}_i^{\mathrm{T}}g(\boldsymbol{x})\leqslant 0,\ \forall a_i\in\mathcal{U}_i,1\leqslant i\leqslant m\\ \boldsymbol{x}\in X\end{array}\right\}\tag{15.1.6}$$

除了考虑不确定性问题的“真实”RC，我们可以考虑它的简化的、某种更保守的版本，其中我们忽略了式（15.1.5）中包含的信息。简化的 RC 表示为

$$\min_{z,x}\left\{z:\begin{array}{l}\boldsymbol{a}_0^{\mathrm{T}}g(\boldsymbol{x})\leqslant z,\ \forall \boldsymbol{a}_0\in\widetilde{\mathcal{U}}_0\\ \boldsymbol{a}_i^{\mathrm{T}}g(\boldsymbol{x})\leqslant 0,\ \forall \boldsymbol{a}_i\in\widetilde{\mathcal{U}}_i,1\leqslant i\leqslant m\\ \boldsymbol{x}\in X\end{array}\right\}\tag{15.1.7}$$

$$\widetilde{\mathcal{U}}_i=\{\boldsymbol{a}=\boldsymbol{G}[\boldsymbol{y}_i^{\mathrm{s}}+\boldsymbol{Y}_i^{\mathrm{s}}\boldsymbol{\zeta}_i^{\mathrm{m}}+\boldsymbol{\zeta}_i^{\mathrm{a}}],\boldsymbol{\zeta}\in\mathcal{Z}\},0\leqslant i\leqslant m$$

注意的是，在文献［108］中实际使用的是简化的 RC（15.1.7）。

RC 的易处理性。假设扰动集 $\mathcal{Z}$ 是一个在计算上易处理的凸集，例如由多面体、锥二次或是半定表示给出的集合。则 $\mathcal{Z}(\boldsymbol{y}^{\mathrm{s}})$（作为 $\boldsymbol{\zeta}$ 上用有限的多个线性方程来隔断 $\mathcal{Z}$ 的一个集合，表明 $\boldsymbol{y}_i^{\mathrm{s}}+\boldsymbol{Y}_i^{\mathrm{s}}\boldsymbol{\zeta}_i^{\mathrm{m}}+\boldsymbol{\zeta}_i^{\mathrm{a}}\in\mathrm{Im}\boldsymbol{D}$ 这一事实）也是如此。调用定理 1.3.4，我们得出结论，在线性回归模型中（即当所有的基本函数 $g_j(\boldsymbol{x})$，$1\leqslant j\leqslant t$ 都是仿射的），式（15.1.6）和式（15.1.7）在计算上都是易处理的。

关于 $g_j(\boldsymbol{x})$ 是仿射的假设是必不可少的，否则，即使不允许存在测量误差（$\mathcal{Z}=\{0\}$），所讨论的 RC 也会失去凸性。在一般回归模型（在那些模型中 $g_j(\boldsymbol{x})$ 不一定是仿射的）情况下，我们确实可以有效地解决这个分析问题，即检查给定的 $\boldsymbol{x}$ 对于 RC 是否可行，因为这种验证可简化为在计算易处理的凸集 $\mathcal{U}_i$（就式（15.1.6）而言）或 $\widetilde{\mathcal{U}}_i$（就式（15.1.7）而言）上最大化 a 的线性形式 $\boldsymbol{a}^{\mathrm{T}}g(\boldsymbol{x})$。当有理由得出，式（15.1.6）、（15.1.7）本身是凸规划的结论时，这种有效地解决此分析问题的可能性意味着，少量的技术假设能够有效地解决综合问题（15.1.6）、（15.1.7）的可能性。（这是凸规划复杂度理论的一个众所周知的问题，参见文献［56］）

例如，假设所有的非仿射函数 $g_j(\boldsymbol{x})$ 都是凸函数，并且式（15.1.2）中相应的系数 $(\boldsymbol{\alpha}_i)_j$ 已知是非负的，因此“真实”问题（15.1.1）确实是凸的。除了 $\mathcal{U}_i$ 的描述，$\widetilde{\mathcal{U}}_i$（对于真实系数有效）要求 $\boldsymbol{a}$ 中带有索引 $j\in J=\{j:g_j$ 为非仿射$\}$ 的项是非负的，我们最终得到了已减少、仍然计算上易处理的不确定性集 $\mathcal{U}_i^+$ 和 $\widetilde{\mathcal{U}}_i^+$。同时，在式（15.1.6）修改结果中的半无限约束 $\boldsymbol{a}_i^{\mathrm{T}}g(\boldsymbol{x})\leqslant\cdots\ \forall a_i\in\mathcal{U}_i^+$（‘$\cdots$’是项 z 或是 0）可以写成 $\overline{f}_i(\boldsymbol{x}):=\max\limits_{a\in\mathcal{U}_i^+}\boldsymbol{a}^{\mathrm{T}}g(\boldsymbol{x})\leqslant\cdots$。注意到函数 $\boldsymbol{a}^{\mathrm{T}}g(\boldsymbol{x})$，$\boldsymbol{a}\in\mathcal{U}_i^+$ 为凸函数，我们得出 $\overline{f}_i(\boldsymbol{x})$ 也是凸函数的结论。此外，在给定 $\boldsymbol{x}$ 的情况下，我们可以有效地找到 $\boldsymbol{a}_x\in\mathcal{U}_i^+$，这样可得 $\boldsymbol{a}_x^{\mathrm{T}}g(\boldsymbol{x})=$

$\overline{f}_i(\boldsymbol{x})$（因为 $\mathcal{U}_i^+$ 在计算上是易处理的）。需要注意的是，向量 $\sum_{j=1}^{t}(\boldsymbol{a}_x)_j g_j^1(\boldsymbol{x})$ 是 $\overline{f}_i(\boldsymbol{x})$ 的一个子梯度。因此，我们例子中的式（15.1.6）是一个具有有效可计算目标和约束的凸问题，因此是在计算上是易处理的，对于式（15.1.7）也是如此。

数值说明。在文献［108］中，所概述的方法被应用于优化电视管搪瓷的温度分布剖面。在此过程中，一根管子在一个指定的烤箱中加热。管中产生的热应力取决于“温度分布剖面”$\boldsymbol{x}$——沿着电视管表面特定网格的温度集合，见图 15-1。一个效果不佳的温度分布可能导致热应力过大，因此产生大量废料。设计者的目标是选择一种温度分布，以确保温度值在给定的边界之间而且相邻位置之间的温度差异不是太大，并在这些限制下最小化特定区域的最大热应力。

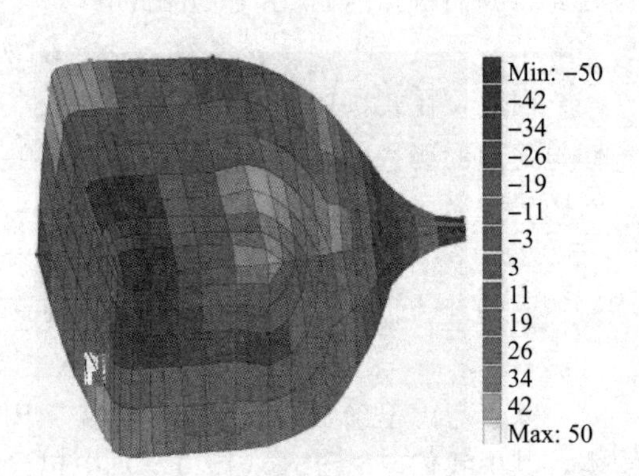

图 15-1　一个温度分布剖面图

此问题的数学模型是

$$\min_{s_{\max},\boldsymbol{x}}\left\{s_{\max}:\begin{array}{lr} s_i(\boldsymbol{x})\leqslant s_{\max},1\leqslant i\leqslant m & (a)\\ \ell\leqslant\boldsymbol{x}\leqslant\boldsymbol{u} & (b)\\ -\Delta\leqslant\boldsymbol{p}_j^{\mathrm{T}}\boldsymbol{x}+q_j\leqslant\Delta,j\in J & (c)\end{array}\right\}\tag{15.1.8}$$

其中，$\boldsymbol{x}\in\mathbb{R}^{23}$ 代表温度分布，$s_i(\boldsymbol{x})$ 为 $m=210$ 个控制点处的热应力，并且约束（c）对相邻点上温度差的绝对值施加限制。假设 $s_i(\boldsymbol{x})$ 由线性回归模型给出：

$$s_i(\boldsymbol{x})=\boldsymbol{\alpha}_i^{\mathrm{T}}\underbrace{[1;\boldsymbol{x}]}_{g(\boldsymbol{x})}\tag{15.1.9}$$

模拟的响应是一个由有限元模型产生的在控制点上的热应力，并且一个典型模拟（即该模型在给定的 $\boldsymbol{x}$ 下运行）需耗时几个小时。

对于不确定扰动（即模拟误差），假设扰动 $\boldsymbol{\zeta}$ 中唯一的非零分量是乘法误差 ζ_{ik}^{m}，并考虑扰动集 $\mathcal{Z}$ 的两个模型。

盒不确定性：

$$\mathcal{Z}=\left\{\boldsymbol{\zeta}=\{\zeta_{ik}^{\mathrm{m}},\zeta_{ik}^{\mathrm{a}}=0\}_{\substack{1\leqslant i\leqslant m\\1\leqslant k\leqslant p}},:-\sigma_i^{\mathrm{b}}\leqslant\zeta_{ik}^{\mathrm{m}}\leqslant\sigma_i^{\mathrm{b}},\forall i,k\right\}$$

椭球不确定性：

$$\mathcal{Z}=\left\{\boldsymbol{\zeta}=\{\zeta_{ik}^{\mathrm{m}},\zeta_{ik}^{\mathrm{a}}=0\}_{\substack{1\leqslant i\leqslant m\\1\leqslant k\leqslant p}},:\sum_{k=1}^{p}[\zeta_{ik}^{\mathrm{m}}]^2\leqslant[\sigma_i^{\mathrm{e}}]^2,\forall i\right\}$$

下面给出式（15.1.7）中简化的鲁棒对等（这是文献［108］中用来获得鲁棒解的公式）的相应易处理重新表述。

盒不确定性的情况下：

$$\min_{\boldsymbol{x},s_{\max}}\left\{s_{\max}:\begin{array}{l}[\boldsymbol{y}_i^{\mathrm{s}}]^{\mathrm{T}}\boldsymbol{G}^{\mathrm{T}}[1;\boldsymbol{x}]+\sigma_i^{\mathrm{b}}\|\boldsymbol{Y}_i^{\mathrm{s}}\boldsymbol{G}^{\mathrm{T}}[1;\boldsymbol{x}]\|_1\leqslant s_{\max},1\leqslant i\leqslant m\\ \ell\leqslant\boldsymbol{x}\leqslant\boldsymbol{u},-\Delta\leqslant\boldsymbol{p}_j^{\mathrm{T}}\boldsymbol{x}+q_j\leqslant\Delta,1\leqslant j\leqslant J\end{array}\right\}$$

椭球不确定性的情况下：（15.1.10）

$$\min_{\boldsymbol{x},s_{\max}}\left\{s_{\max}:\begin{array}{l}[\boldsymbol{y}_i^{\mathrm{s}}]^{\mathrm{T}}\boldsymbol{G}^{\mathrm{T}}[1;\boldsymbol{x}]+\sigma_i^{\mathrm{e}}\|\boldsymbol{Y}_i^{\mathrm{s}}\boldsymbol{G}^{\mathrm{T}}[1;\boldsymbol{x}]\|_2\leqslant s_{\max},1\leqslant i\leqslant m\\ \ell\leqslant\boldsymbol{x}\leqslant\boldsymbol{u},-\Delta\leqslant\boldsymbol{p}_j^{\mathrm{T}}\boldsymbol{x}+q_j\leqslant\Delta,1\leqslant j\leqslant J\end{array}\right\}$$

在文献［108］中报告的实验如下进行。在生成 $\boldsymbol{y}^{s}$ 后，

- 建立了一个包含 100 个独立实现 $\boldsymbol{\zeta}^{1},\cdots,\boldsymbol{\zeta}^{100}$ 的样本。在生成 $\boldsymbol{\zeta}^{\mu}$ 时，将加性误差设置为 0，并得出乘法误差，它们相互独立，无论是来自均匀分布或正态分布，都取决于盒不确定性或是椭球不确定性（详见文献［108］）；
- 根据式（15.1.3），$\boldsymbol{\zeta}$ 的实现 $\boldsymbol{\zeta}^{i}$ 和 $\boldsymbol{y}^{s}$ 一起产生了“真实”响应[㊀]的实现 $\boldsymbol{y}^{r,\mu}$；后者 $\boldsymbol{y}^{s}$ 根据式（15.1.4），产生了式（15.1.9）中“真实”系数 $\boldsymbol{\alpha}_{i}$ 的集合 $\boldsymbol{\alpha}_{i}^{\mu}$，$i=1,\cdots,m$，从而允许人们计算任何给定温度分布剖面 $\boldsymbol{x}$ 上的相应“真实”热应力和其最大值 $s_{\max}^{\mu}(\boldsymbol{x})$。

概述此模拟的目的在于比较与鲁棒最优和标准最优温度分布剖面相关的最大热应力的“真实”值。鲁棒最优分布剖面是与不确定性模型相关的鲁棒问题（15.1.10）的最优解，而标准最优分布剖面是同一问题在 σ_{i}^{b} 和 σ_{i}^{e} 设置为 0 的情况下的最优解。实验结果如图 15-2 所示。可以清楚地看出，在产生的最大热应力的期望和方差方面，鲁棒最优温度分布剖面显著优于标准最优温度分布剖面。

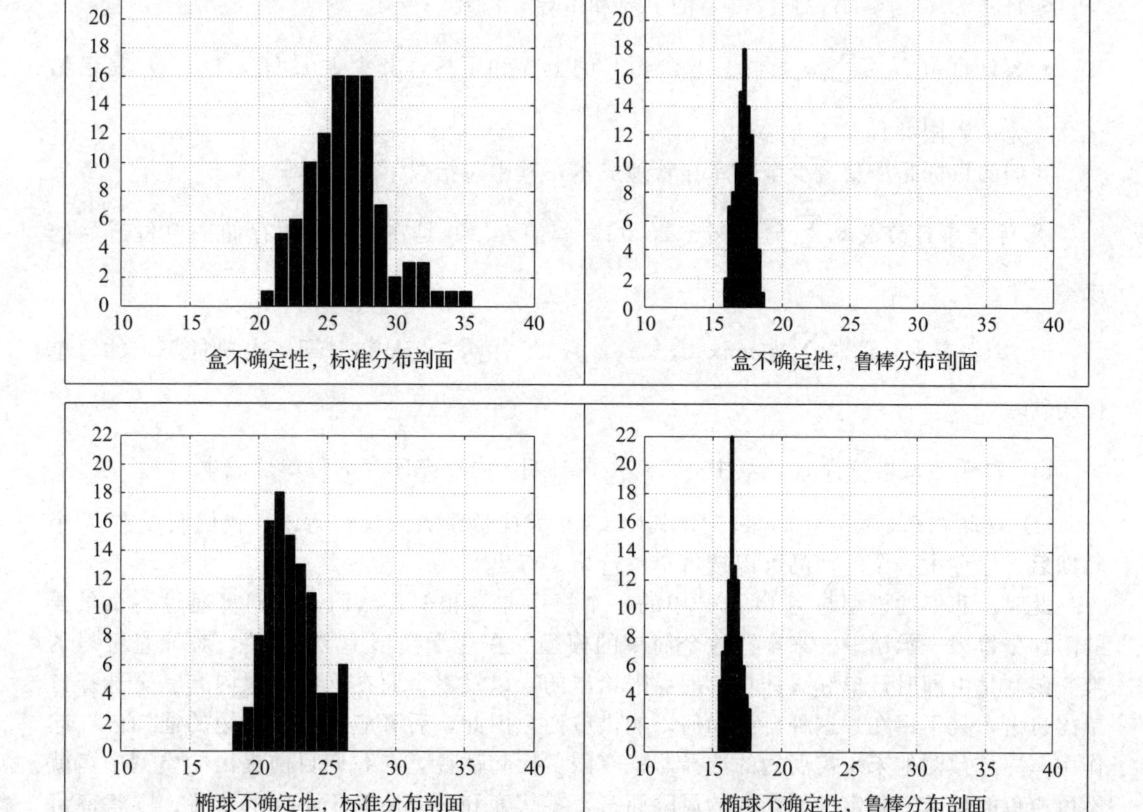

图 15-2 标准温度分布剖面和鲁棒温度分布剖面的最大热应力分布
（x 轴：热应力值，y 轴：100 个元素样本中的频数）

㊀ 此处及以下，“真实”表示这样一个事实：在报告的实验中被认为是真实的响应来自模拟响应 $\boldsymbol{y}^{s}$ 和扰动模型（15.1.3），并非来自测量物理系统得到的实际响应。

15.2 拥有灵活承诺合同的库存管理

本节的内容来源于文献［14］。

15.2.1 问题

考虑单个产品库存在有限的时间阶段内正常运行。时间 $t=1,2,\cdots,T$ 的库存状态是由 t 时期开始时库存中产品的数量 x_t 指定。在此期间，库存管理（“零售商”）从供应商处订购了 q_t 个单位的产品，同时我们假定这些产品能立即到达，并满足对 d_t 个单位产品的外部需求。因此，库存的状态方程是

$$x_1=z$$
$$x_{t+1}=x_t+q_t-d_t,1\leqslant t\leqslant T \tag{15.2.1}$$

其中 z 是一个给定的初始状态。我们假设缺货需求是允许的，这样状态 x_t 就可以是非正的。我们的其他约束条件包括：

- 订单 $L_t\leqslant q_t\leqslant U_t$，$1\leqslant t\leqslant T$ 的上界和下界，以及
- 累计订单 $\hat{L}_t\leqslant \sum_{\tau=1}^{t} q_\tau \leqslant \hat{U}_t$，$1\leqslant t\leqslant T$ 的上界和下界，其中 $L_t\leqslant U_t$，$\hat{L}_t\leqslant \hat{U}_t$ 是已给定的界限并且 L_t，$\hat{L}_t\geqslant 0$。

我们的目标是尽量减少全局库存管理成本，其中包括以下组成部分：

i）所持库存的成本 $\sum_{t=1}^{T} h_t \max[x_{t+1},0]$，其中 $h_t\geqslant 0$ 是在时期 t 内存储一单位产品的成本。

ii）缺货产生的成本 $\sum_{t=1}^{T} p_t \max[0,-x_{t+1}]$，其中 $p_t\geqslant 0$ 是在时期 t 内缺货需求的每单位罚款。

iii）订购的成本 $\sum_{t=1}^{T} c_t q_t$，其中 $c_t\geqslant 0$ 是在时期 t 内补充库存的每单位成本。

iv）挽救期限 $-s\max[x_{T+1},0]$，其中 $s\geqslant 0$ 为挽救系数。换句话说，我们假设在 T 个时期后，库存中剩余的产品可以按每单位价格 s 售出。

此时，我们的模型与例 14.1.2 中的一个模型非常相似。然而，我们将通过一个重要的附加分量——承诺——来丰富这个简单的模型。在这个模型中“如此”，对补充策略的唯一限制是由即时订单和累计订单的界限给出的，以及零售商在这些界限内有完全选择订单的自由，且不用在意这种自由如何影响供应商。因此，后者应该在“很短的通知内”起作用，并且预测他未来需要做的选择非常有限。换句话说，在我们目前提出的模型中，就不可避免的需求不确定性而产生的风险而言，零售商和供应商处于不同的位置：零售商可以在一定范围内改变补货订单，从而在一定程度上根据实际需求调整自己；而供应商必须不假思索地执行订单，而对其发生的不可预测的变化也没有补偿。现实生活中的一种机制，旨在沿着供应链更公平地分配风险，是由如下的灵活的承诺合同所提供的。“在时刻 0”，库存开始运行之前，供应商和零售商就承诺 w_t，$1\leqslant t\leqslant T$ 达成共识——其表示整个阶段 $1\leqslant t\leqslant T$ 内“预计”的未来订单。零售商不要求“完全遵守”承诺——以使未来的订单 q_t 完全等于 w_t——但也应该向供应商支付实际订单中偏离承诺的处罚。因此，库存管理成本得到了一个额外的分量

$$\sum_{t=1}^{T}[\alpha_t^+\max[q_t-w_t,0]+\alpha_t^-\max[w_t-q_t]]+$$
$$\sum_{t=2}^{T}[\beta_t^+\max[w_t-w_{t-1},0]+\beta_t^-\max[w_{t-1}-w_t,0]]$$

其中 $\alpha_t^\pm\geqslant 0$ 是由实际订单与承诺订单相比产生的单位超额/延期给定的处罚，而 $\beta_t^\pm\geqslant 0$ 是由承诺的变化给定的处罚。由此产生的库存管理模型就成了优化问题：

最小化

$$\begin{aligned}C=&\underbrace{\sum_{t=1}^{T}h_t\max\ [x_{t+1},0]}_{[\text{持有成本}]}+\underbrace{\sum_{t=1}^{T}p_t\max\ [0,-x_{t+1}]}_{[\text{缺货成本}]}+\underbrace{\sum_{t=1}^{T}c_tq_t}_{[\text{订购成本}]}+\\&\underbrace{\sum_{t=1}^{T}[\alpha_t^+\max[q_t-w_t,0]+\alpha_t^-\max[w_t-q_t]]}_{[\text{对偏离承诺的处罚}]}+\\&\underbrace{\sum_{t=2}^{T}[\beta_t^+\max[w_t-w_{t-1},0]+\beta_t^-\max[w_{t-1}-w_t,0]]}_{[\text{对承诺可变性的惩罚}]}-\\&\underbrace{s\max[x_{T+1},0]}_{[\text{挽救期限}]}\end{aligned}$$

受限于

$$\begin{aligned}&x_1=z\\&x_{t+1}=x_t+q_t-d_t,1\leqslant t\leqslant T&&[\text{状态方程}]\\&L_t\leqslant q_t\leqslant U_t,1\leqslant t\leqslant T&&[\text{订单界限}]\\&\hat{L}_t\leqslant\sum_{\tau=1}^{t}q_\tau\leqslant\hat{U}_t,1\leqslant t\leqslant T&&[\text{累计订单界限}]\end{aligned}\tag{15.2.2}$$

引入分析变量后，问题简化为线性优化规划

$$\min\left\{C:\begin{array}{ll}C\geqslant\sum_{t=1}^{T}[c_tq_t+y_t+u_t]+\sum_{t=2}^{T}z_t&(a)\\x_{t+1}=x_t+q_t-d_t,1\leqslant t\leqslant T&(b)\\x_1=z&(c)\\L_t\leqslant q_t\leqslant U_t,1\leqslant t\leqslant T&(d)\\\hat{L}_t\leqslant\sum_{\tau=1}^{t}q_\tau\leqslant\hat{U}_t,1\leqslant t\leqslant T&(e)\\y_t\geqslant\overline{h}_tx_{t+1},y_t\geqslant-p_tx_{t+1},1\leqslant t\leqslant T&(f)\\u_t\geqslant\alpha_t^+(q_t-w_t),u_t\geqslant\alpha_t^-(w_t-q_t),1\leqslant t\leqslant T&(g)\\z_t\geqslant\beta_t^+(w_t-w_{t-1})+\beta_t^-(w_{t-1}-w_t),2\leqslant t\leqslant T&(h)\end{array}\right\}\tag{15.2.3}$$

其变量为 C，$\{x_t\}_{t=1}^{T+1}$，$\{q_t,w_t,y_t,u_t\}_{t=1}^{T}$，$\{z_t\}_{t=2}^{T}$；此处 $\overline{h}_t=h_t$，$1\leqslant t\leqslant T-1$，以及 $\overline{h}_T=h_T-s$。需要注意的是，式（15.2.3）的确相当于式（15.2.2），在附加约束条件下为

$$h_T+p_T\geqslant s\tag{15.2.4}$$

从现在起我们对其进行假设。

假设在式（15.2.4）的作用可以解释如下。在没有任何假设的情况下，的确式（15.2.2）

的每个可行解都可以清楚地扩展到式（15.2.3）的可行解，通过设置

$$y_t=\max[h_t x_{t+1},-p_t x_{t+1}],\quad u_t=\max[\alpha_t^+(q_t-w_t),\alpha_t^-(w_t-q_t)]$$
$$z_t=\max[\beta_t^+(w_t-w_{t-1}),\beta_t^-(w_{t-1}-w_t)]$$

为了得出式（15.2.2）和式（15.2.3）两者等价的结论，我们需要其逆命题也成立，也就是说，式（15.2.3）的每个可行解都应该引出一个与式（15.2.2）有相同或更好目标值的可行解。在最近的检查中，为了后一个说法是正确的，当且仅当式（15.2.4）发生的情况下，$\max[\overline{h}_T s,-p_T s]$ 应该等于 $\overline{h}_T s$ 或 $-p_T s$，其取决于 $s\geqslant 0$ 或 $s<0$。

15.2.2 具体说明不确定性和可调性

“实际上”式（15.2.3）中数据的绝对不确定元素是需求轨迹 $\boldsymbol{d}=[d_1;\cdots;d_T]$。在我们的模型中，我们认为需求是数据中唯一不确定的组成部分，因此预先将所有的成本系数、订单界限和初始状态 z 视为已知。我们应该进一步决定我们的决策变量的“可调节状态”，并且其很容易理解：我们问题的实际决策是承诺 w_t，它们的来源是不可调节的，而认为补货订单 q_t 是可调节的变得合理，根据“常识”，q_t 的实际值应该在 t 时间段开始时就做出决定，因此可以取决于当前“揭示本身”的需求轨迹的部分 $\boldsymbol{d}^{t-1}=[d_1;\cdots;d_{t-1}]$。

当然，没有必要把我们的“常识”完全从“表面价值”中提取。例如，它们可能在登记需求或执行订单时出现延迟，因此在 t 时间段实际交付的内容应该根据“遥远的过去”的需求 d_τ 来决定。另一方面，在决定 q_t 时，不仅可以使用过去的需求，还可以使用当前的需求 d_t。为了涵盖所有的可能性，我们假设我们预先给出了需求 d_τ 的索引的某些集合 $I_t\subset\{1,\cdots,t\}$，其当在决定 q_t 时是已知的。要注意的是，I_t 中的部分（甚至全部）可以是空的，这意味着相应的订单 q_t 是不可调的。

式（15.2.3）中的其余变量为分析变量；除管理成本 C（上限）外，所有变量在原则上都是完全可调的。然而，这也很明显，将变量 z_t 变成可调的，从而既不出现在不确定性影响的约束中，也不与在这些约束中出现的其他变量有关联，这是没有意义的。因此，根据整个需求轨迹，分析变量 y_t 和 u_t 有道理确实是完全可调的。有了这个约定，以某种方式指定对于（封闭、凸和有界的）不确定需求轨迹的不确定性集 $\mathcal{D}$，我们最终得到了一个具有固定资源的不确定线性优化问题，并且可以通过第 14 章所述的 AARC 方法来处理这个问题。

15.2.3 构建一个式（15.2.3）的仿射可调鲁棒对等

为了构建式（15.2.3）的 AARC，有如下方法。

（i）保持不可调决策变量 $w_1,\cdots,w_t$（其代表承诺）和不可调分析变量 $C,z_2,\cdots,z_T$ 的“现状”，并根据这些决策给定的“信息库”，为“实际决策”$q_1,\cdots,q_t$ 引入仿射决策规则：

$$q_t=q_t^0+\sum_{\tau\in I_t}q_t^\tau d_\tau,1\leqslant t\leqslant T \tag{15.2.5}$$

（ii）对其余分析变量引入“完全可调”的仿射决策规则：

$$\left.\begin{aligned}y_t&=y_t^0+\sum_{\tau=1}^{T}y_t^\tau d_\tau\\u_t&=u_t^0+\sum_{\tau=1}^{T}u_t^\tau d_\tau\end{aligned}\right\},1\leqslant t\leqslant T \tag{15.2.6}$$

(iii) 用刚刚引入的仿射决策规则代替式(15.2.3)中的可调变量 q_t, y_t, u_t，从而得到变量 $\boldsymbol{\xi}=\{C,\{w_t\},\{z_t\},\{q_t^\tau, y_t^\tau, u_t^\tau\}\}$ 的半无限 LO 问题。在这个问题中，目标和部分约束是确定的，而其余的约束则受到需求轨迹 $\boldsymbol{d}$ 的仿射扰动。

(iv) 最后，对所有的约束条件施加所有 $\boldsymbol{d}\in\mathcal{D}$ 的要求，并在结果约束下最小化库存管理成本（上限）。

当然，为了有效地实现后一种建议，我们需要以易于处理的形式重新表述我们最终得到的半无限约束。正如我们所知，只要 $\mathcal{D}$ 是一个在计算上易处理的凸集，这是可能的；然而，“可处理重新表述”实际上取决于 $\mathcal{D}$ 的描述。在下文，我们将自己限制在最简单的盒不确定性情况下：

$$\mathcal{D}=\{\boldsymbol{d}\in\mathbb{R}^T: \underline{d}_t\leqslant d_t\leqslant\overline{d}_t, 1\leqslant t\leqslant T\}$$

在这种情况下，半无限约束

$$\forall(\boldsymbol{d}\in\mathcal{D}): \sum_{\tau=1}^{T} d_\tau a_\tau(\boldsymbol{\xi})\leqslant b(\boldsymbol{\xi})$$

（此处 $a_\tau(\boldsymbol{\xi})$ 和 $b(\boldsymbol{\xi})$ 是提前已知的 AARC 的决策向量 $\boldsymbol{\xi}$ 的仿射函数；注意，我们最终得到的所有的半无限约束都是这个通用形式），该约束的易处理重新表述十分简单，以下是凸约束

$$\sum_{\tau=1}^{T} d_\tau^* A_\tau(\boldsymbol{\xi})+\sum_{\tau=1}^{T}\delta_\tau\left|a_\tau(\boldsymbol{\xi})\right|\leqslant b(\boldsymbol{\xi})$$

$$\left[d_\tau^*=\frac{1}{2}[\underline{d}_\tau+\overline{d}_\tau], \delta_\tau=\frac{1}{2}[\overline{d}_\tau-\underline{d}_\tau]\right]$$

通过引入松弛变量，上式可以进一步转换为一个线性约束组。其底线是，在不确定性集是一个盒的情况下，式(15.2.3)中的 AARC 只是一个显式线性优化规划。

虽然概述的结构是正确的，但它并不可能那么“经济”。实际上，

- 我们可以使用状态方程(15.2.3.b,c)来消除状态变量 x_t，$1\leqslant t\leqslant T+1$；使用仿射决策规则(15.2.5)，$x_t$ 的仿射决策规则可以将该变量表示为 $\boldsymbol{d}^{t-1}=[d_1;\cdots;d_{t-1}]$ 的仿射函数，该系数是已知的变量 u_t^τ 的线性组合。因此，我们根本不需要变量 x_t^τ。
- 后一个观察连同不确定性集 $\mathcal{D}$ 的直积结构，允许“保存” y_t 和 u_t 的决策规则——然而我们允许这些变量成为整个需求轨迹 $\boldsymbol{d}$ 的仿射函数，事实上，当限制这些仿射函数依赖于这个轨迹适当的部分时，我们没有任何损失。实际上，让我们来看看特定值 t 的约束(15.2.3.f)。其中有两种，两者的形式为

$$y_t\geqslant a_t x_{t+1}$$

我们感兴趣的是，当 x_{t+1} 被 $\boldsymbol{d}^t$ 的仿射函数 $X_{t+1}(\boldsymbol{d}^t)$ 所取代，并且系数完全取决于 q_t^τ，以及 y_t 由一个 $\boldsymbol{d}$ 的仿射函数 $Y_t(\boldsymbol{d})\equiv y_t^0+\sum_{\tau=1}^{T} y_t^\tau d_\tau$ 所取代，这样，盒 $\mathcal{D}$ 中所有 $\boldsymbol{d}$ 的约束都得到满足。显然，这是当且仅当

$$\overline{Y}_t(\boldsymbol{d}^t)\equiv\left[y_t^0+\min_{d_{t+1},\cdots,d_T}\left\{\sum_{\tau=t+1}^{T} y_t^\tau d_\tau: \begin{array}{c}\underline{d}_\tau\leqslant d_\tau\leqslant\overline{d}_\tau,\\ t<\tau\leqslant T\end{array}\right\}\right]+\sum_{\tau=1}^{t} y_t^\tau d_\tau$$
$$\geqslant a_t X_{t+1}(\boldsymbol{d}^t)$$

对于所有的 $\boldsymbol{d}^t$ 都来源于“截短盒” $\mathcal{D}_t=\{d^t: \underline{d}_\tau\leqslant d_\tau\leqslant\overline{d}_\tau, 1\leqslant\tau\leqslant t\}$。我们看到，就约束

(15.2.3.f) 而言，当用仿射规则 $\overline{Y}_t$ 代替 y_t 的仿射决策规则 Y_t 时，我们没有任何损失。由于通过所有 $\boldsymbol{d}\in\mathcal{D}$ 的 $\overline{Y}_t(\boldsymbol{d}^t)\leqslant Y_t(\boldsymbol{d})$ 构造，该更新清楚地保留了涉及我们的特定变量 y_t 的唯一其他约束的鲁棒有效性，即约束 (15.2.3.a)。底线是，当限制 y_t 为 $\boldsymbol{d}^t$ 而不是整个 $\boldsymbol{d}$ 的仿射函数时，我们没有任何损失。类似的论证也适用于变量 u_t——相应的决策规则可以不受任何损失地被限制为需求轨迹的部分 $\boldsymbol{d}^t$ 的仿射函数。因此，AARC 中 y_t^τ 和 u_t^τ 的实际数可以比上述"直积"结构中更小。

15.2.4　数值结果

概述的模型是在文献［14］中提出的；本文也报告了对该模型的深入数值研究，我们将在此重现部分结果。在所有报告的实验中，不确定性集 $\mathcal{D}$ 是盒，其形式是 $\{\boldsymbol{d}\in\mathbb{R}^T:|d_t-d_t^*|\leqslant pd_t^*,1\leqslant t\leqslant T\}$ 以及正的"标准需求" d_t^*，将"不确定性水平" ρ 变化范围设为 10%～70%，时间阶段 T 设置为 12。

15.2.4.1　AARC 与最优决策规则的对比

当然，最有趣的问题是，当我们用仿射决策规则限制自己时，我们损失了多少，也就是说，AARC 的最优值 Opt(AARC) 与不确定问题 (15.2.2) 的可调鲁棒对等的最优值 Opt(ARC) 这两者差距有多远。虽然一般而言，后一个量很难计算，但我们考虑盒不确定性集的极端简单性，只要在时间阶段 T 不是太大的情况下，我们能够去计算它，具体如下解释。我们从文献［14］提供的以下简单事实开始。

引理 15.2.1　考虑一个多阶段问题

$$\min_{\{S_t(\boldsymbol{d}^{t-1})\}_{t=1}^{T+1}}\left\{E:\left.\begin{array}{l}\forall\,\boldsymbol{d}^{\mathrm{T}}\in F_0\times\cdots\times F_T:\\ \left\{\begin{array}{l}E\geqslant\sum\limits_{t=1}^{T+1}f_t(S_t(\boldsymbol{d}^{t-1})),\\ \boldsymbol{A}_1S_1(\boldsymbol{d}^0)\geqslant b_1,\\ \boldsymbol{A}_{t+1}S_{t+1}(\boldsymbol{d}^t)\geqslant\boldsymbol{B}_{t+1}\boldsymbol{d}^t+\boldsymbol{C}_{t+1}S_t(\boldsymbol{d}^{t-1})+b_{t+1},1\leqslant t\leqslant T\\ \|S_t(\boldsymbol{d}^{t-1})\|_\infty\leqslant R,1\leqslant t\leqslant T\end{array}\right.\end{array}\right.\right\}\tag{P}$$

其中 $\varnothing\neq F_t\subset D_t$，$D_t$ 是 $\mathbb{R}^{n_t}$ 中的多面体，f_t 是具有多面体域的下半连续凸函数。然后，$F_t=D_t$，$0\leqslant t\leqslant T$ 对应的问题的最优值等于 $F_t=\mathrm{Ext}(D_t)$，$0\leqslant t\leqslant T$ 对应的问题的最优值，其中 $\mathrm{Ext}(D_t)$ 是多面体 D 的极点集。不确定问题 (15.2.2) 的 ARC 明显满足引理的假设，并且此处 D_t 是片段 $[\underline{d}_t,\overline{d}_t]$，$D_t$ 的极值点是 $\underline{d}_t$ 和 $\overline{d}_t$。根据引理，当从盒不确定性集 $\mathcal{D}$ 传递到由 2^T 个"极端"需求轨迹组成的有限不确定性集 $\mathcal{D}'$时，式 (15.2.2) 中的 ARC 的最优值保持不变，其中每个时刻 t 的需求要么是 $\underline{d}_t$ 要么是 $\overline{d}_t$。现在，具有有限不确定性集 $\mathcal{D}'$的多阶段不确定 LO 问题的 ARC 仅仅是一个很大的 LO 问题。实际上，我们可以分配由一个时刻 $t\in\{1,\cdots,T\}$ 和一个可能的"场景" $s\in\mathcal{D}'$组成的每一对，其中用一组决策变量表示当不确定数据的实现为 s 时应在 t 时刻做出的决策。我们强加在这些变量上非预期限制"与 (t,s) 和 (t,s') 相关的决策应该是相同的，只要在 t 时刻可用的不确定数据的信息对于场景 s 和 s'都是相同的"，并且在非预期约束下，结合原始约束对每个场景 $s\in\mathcal{D}'$都是有效的要求下，在结果决策变量集上优化目标。

这里有一个说明性的例子：有两份资产，我们希望在时间段 1 开始时对这些资产投资 1 美元，在此期间结束时出售资产，并在时间段 2 开始时将所得资本再投资于相同的两份资产，以便在时间段2结束时将产生的投资组合的保证值最大化。资产 $i,i=1,2$ 在时间段 $t,t=1,2$ 内的（不确定）回报率表示为 $p_{t,i}\geqslant 0$，不确定问题是

$$\max_{[x_{t,i}]_{1\leqslant i,t\leqslant 2}}\left\{p_{2,1}x_{2,1}+p_{2,2}x_{2,2}:\begin{array}{l}x_{2,1}+x_{2,2}\leqslant p_{1,1}x_{1,1}+p_{1,2}x_{1,2}\\ x_{1,1}+x_{1,2}\leqslant 1\\ x_{t,i}\geqslant 0\end{array}\right\}$$

其中 $x_{t,i}$ 是在时间段 t 开始时投资于资产 i 的资本。假设我们在时间段 t 结束时已知这个时间段和前时间段的资产回报，因此下表中只有5种可能的场景。

场景 ＃	$p_{t,i}$	
	$[p_{1,1},p_{1,2}]$	$[p_{2,1},p_{2,2}]$
1	[1,1]	[1,1]
2	[1,1]	[1,2]
3	[2,1]	[2,1]
4	[1,2]	[1,1]
5	[3,1]	[2,2]

表示这个不确定问题的ARC的线性优化表示如下：

$$\max_{C,x_{t,i}^k}\left\{C:\begin{array}{l}C\leqslant p_{2,1}^k x_{2,1}^k+p_{2,2}^k x_{2,2}^k,1\leqslant k\leqslant 5\\ x_{2,1}^k+x_{2,2}^k\leqslant p_{1,1}^k x_{1,1}^k+p_{1,2}^k x_{1,2}^k,1\leqslant k\leqslant 5\\ x_{1,1}^k+x_{1,2}^k\leqslant 1,1\leqslant i\leqslant k\\ x_{t,i}^k\geqslant 0,1\leqslant k\leqslant 5,q\leqslant t,i\leqslant 2\\ \hline x_{1,i}^k=x_{1,i}^1,1\leqslant k\leqslant 5,i=1,2\\ x_{2,i}^1=x_{2,i}^2,i=1,2\\ x_{2,i}^3=x_{2,i}^4,i=1,2\end{array}\right\}$$

其中 $x_{t,i}^k$ 是在场景 k 中时间段 t 开始时资产 i 的投资，$p_{t,i}^k$ 是相应的回报，而约束列表中的结尾行代表了非预期限制，特别地，表明：

- 在时间段1的开始时做出的所有决策（此时我们不知道具体场景如何）对于所有场景都应该是相同的；
- 随着在进行决策 $x_{2,i}^k$ 时可用的其他信息，场景1和场景2是不可区分的，因此相应的决策应该是相同的，对于场景3和场景4也应该是类似的。

我们看到，我们的简单不确定问题的ARC是一个显式的线性优化规划。

当然，表示与 2^T 个点不确定性集 $\mathcal{D}'$ 相关的问题（15.2.2）的ARC的线性优化的大小随着 T 呈指数增长，这使得这种简单的方法变得难以处理，除非在 T 很小的情况下。然而，对于 $T=12$（这是实验中使用的时间阶段）的情况，表示式（15.2.2）的ARC的LO大小（有24597个变量的45072个不等式）仍然适合最先进的LP求解器，这使得比较Opt(AARC) 和 Opt(ARC) 成为可能。

我们的实验组织方式如下。我们为式（15.2.2）生成了数百个数据集，随机选择成本系数（都是时变和时不变）、即时订单和累计订单的界限、标准需求轨迹 $\{d_t^*\}_{t=1}^{12}$ 和不确定性水平 ρ，并过滤掉要么导致问题具有不可行的ARC的数据集，要么使我们的LO求解器（最先进的商业LO求解器mosekopt）在处理问题的ARC或AARC时报告了数值困难的数据集。对于其余的数据集（有300个），我们计算了Opt(ARC)、Opt(AARC)，信息

库为 $I_t=\{1,\cdots,t-1\}$（“当做出 q_t 决策时，过去的需求是已知的，而当前和未来的需求是未知的”），以及最后 RC（完全没有可调变量）的最优值。其实验结果惊人：在 300 个处理的数据集中只有 2 个，其中计算的 Opt(AARC) 大于 Opt(ARC)，并且两种情况下的最优值差值均小于 Opt(ARC) 的 4%。请注意，仿射决策规则这种令人惊讶的良好性能与 14.3.4 节中报告的一个更简单的库存问题的实验结果完全一致。

需要强调的是，在我们的实验中，RC 有时基本上低于 AARC，见表 15-1。

表 15-1　具有灵活承诺合同、数据 W12（数据描述见文献［14］）的库存管理问题的 ARC、AARC、RC 的最优值。括号内为：最优值与 Opt(ARC) 相比超过的量

ρ,%	Opt(ARC)	Opt(AARC)	Opt(RC)
10	13531.8	13531.8（+0.0%）	15033.4（+11.1%）
20	15063.5	15063.5（+0.0%）	18066.7（+19.9%）
30	16595.3	16595.3（+0.0%）	21100.0（+27.1%）
40	18127.0	18127.0（+0.0%）	24300.0（+34.1%）
50	19658.7	19658.7（+0.0%）	27500.0（+39.9%）
60	21190.5	21190.5（+0.0%）	30700.0（+44.9%）
70	22722.2	22722.2（+0.0%）	33960.0（+49.5%）

15.2.4.2　信息库的作用

目前为止报告的结果，与补货订单 q_t 的决策可能取决于上述所有需求 $d_1,\cdots,d_{t-1}$ 的情况相对应。表 15-2 说明了信息库中变化的可能的后果。我们发现，当仅在最后三个需求的基础上做出决策时，我们毫无损失，当对补货订单做出决策且最后两个需求不可用时，我们会遭受不容忽视的损失，以及当需求完全没有被注意到时，我们会受到大量损失（也就是说，我们的 AARC 会减少到 RC 的结果）。

表 15-2　信息库，数据 W12 的作用。$[a:b]$ 表示集合 $\{a,a+1,\cdots,b\}$。括号内为：在完整信息库 $[1:t-1]$ 的情况下，超过 Opt(AARC) 的量

ρ,%	Opt(AARC), $I_t=[1:t-1]$	Opt(AARC), $I_t=[t-3:t-1]$	Opt(AARC), $I_t=[1:t-3]$	Opt(AARC), $I_t=\varnothing$
30	16595	16595（+0.0%）	17894（+8.4%）	21100（+27.1%）
70	22722	22722（+0.0%）	26044（+14.6%）	33960（+49.5%）

15.2.4.3　折叠阶段

目前，我们一直在使用对式（15.2.3）的 AARC 的直接解释：这是一个我们在达成承诺协议和库存开始运行之前解决的问题。最后解决方案“此时此地”的分量——承诺和初始订单 q_1——立即得到了执行；至于其余订单，我们能得到未来永远不会被修改的决策规则。当需要指定未来的补货订单 q_t 时，我们只需将实际需求 d_τ，$\tau\in I_t$ 代入相应的决策规则。经过仔细观察，有一种更明智的方式来实现我们的方法，特别是如下的折叠阶段方案。与我们目前的方法一样，我们在库存开始运行前解式（15.2.3）的 AARC，并且执行由此产生的“此时此地”的决策（已经达成的承诺和第一个补货订单 q_1）。在时间段 2 开始时，我们重解已减少时间段 $2,\cdots,T$ 的 AARC，将库存的当前状态作为初始状态，并将已经计算出的承诺相关量 $w_1,\cdots,w_T$，$z_2,\cdots,z_T$ 作为已知常数而不是变量。通过在缩短的时间阶段内解问题的 AARC，我们得到了新的“此时此地”决策——补货订单 q_2，并执行这个订单。我们以同样的方式进行，在每一步 $t=1,2,\cdots,T$

时解与原始时间阶段剩余部分相关的不确定问题的 AARC，并使用该解来指定应该在 t 时刻做出的决策。

很明显，“折叠阶段”策略（其可以应用于每一个多阶段的决策问题，而不一定适用于我们库存的每一个问题），只能够优于我们最初的策略，其中我们从来没有修改由“全阶段”不确定问题的 AARC 产生的决策规则。实际上，让后一个 AARC 的最优值为 C_*，意味着有了原始的规则，我们的总费用永远不会超过 C_*，无论问题中不确定性集的需求轨迹如何。在第二阶段开始重解问题时，随着“已经执行”的变量 $w_1,\cdots,w_t$，$z_2,\cdots,z_T$，q_1 设置为它们在第一阶段开始时计算的值，并且原始不确定性集被替换为它的横截面和平面“d_1 等于它已经被观测到的值”，新 AARC 的最优值不可能大于 C_* 的值（因为这个值已经由原始决策规则保证），并且可能碰巧小于 C_*，因此在减少时间阶段内切换由问题的 AARC 给出的决策规则是有意义的。

需要注意的是，上述推理适用于任何受不确定性影响的“面向最坏情况”的多阶段决策，而不是仅仅适用于基于 AARC 的决策。如果我们足够聪明地去解 ARC，从而能够在可能最佳的最坏情况保证下建立决策规则，那么实现折叠阶段策略仍然是有意义的，因为其保留了全阶段的 ARC 中产生的最坏情况下的性能保证，并且在某种程度上，能够利用“运气”这一因素。只有当我们从可以解 ARC（从而实现最佳的最坏情况下保证）到使用限制版本的 ARC（例如使用 AARC)，从而只实现最坏情况下的性能保证时，折叠阶段策略的吸引力才会增加。在这种情况下，很有可能折叠阶段策略比“全阶段”的基于 AARC 的策略产生更好的最坏情况下的性能保证（在这方面，注意的是当折叠阶段与基于 AARC 的决策规则结合时，我们最终得到的实际决策规则不一定是仿射的）。

综上所述，数值实验表明，在特定的不确定问题的情况下，我们正在考虑折叠阶段策略只产生边际剩余，见表 15-3。

表 15-3 全阶段 AARC 策略和折叠阶段策略的对比，数据 W12。后两列中的数字“$a(b\%)$”：c 代表了实际库存管理成本的平均值（a）和经验标准差（c），两者根据 100 次模拟需求轨迹计算得到；b 是与第二列给出的全阶段的 AARC 的最优值相比 a 的超出量。在每个不确定性水平 ρ 上和相同的 100 个随机选择的需求轨迹下对全阶段和折叠阶段策略进行测试

ρ,%	Opt(AARC) 全阶段	全阶段 AARC 策略	折叠阶段 AARC 策略
10	13532	13375（−1.2%）：41	13373（−1.2%）：41
20	15064	14745（−2.1%）：86	14743（−2.1%）：86
30	16595	16122（−2.8%）：124	16115（−2.9%）：127
40	18127	17477（−3.6%）：170	17464（−3.7%）：174
50	19659	18858（−4.1%）：207	18848（−4.1%）：209
60	21191	20267（−4.4%）：236	20261（−4.4%）：229
70	22722	21642（−4.8%）：287	21633（−4.8%）：280

15.3 控制一个多级多周期供应链

在本节中，我们将描述 14.3 节中 AARC 方法的应用，结合第 3 章中研究的全局鲁棒优化模型，推导出控制多级供应链的最优策略。我们将这个问题视为合成一个离散的时间动态系统，使用 14.4 节中开发的“纯输出”方案。下面的表述是基于文献［20］编写的。

15.3.1　问题

如图 15-3 所示，考虑一个多级串行供应链。

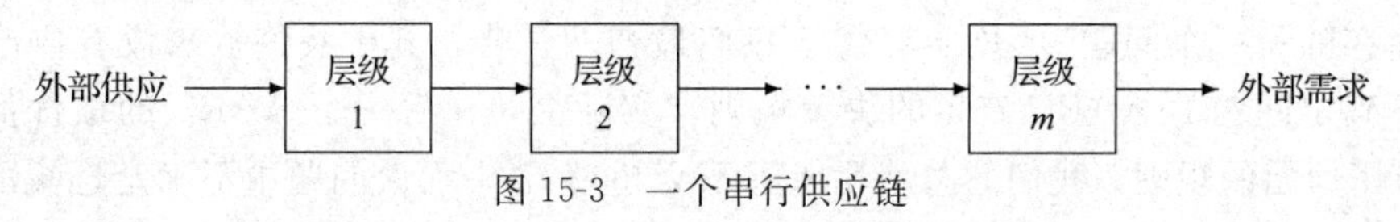

图 15-3　一个串行供应链

让我们用 $j=1,2,\cdots,m$ 表示一个层级的索引，其中层级 j 是层级 $j+1$，$j=1,2,\cdots,m-1$ 的前身。在周期 $t(t=1,2,\cdots,n)$ 中有一个层级 m 面临的外部需求 d_t，其中 n 为计划阶段。

设 $x_t^j \geqslant 0$ 表示周期 t 开始时由层级 $j+1$ 产生的层级 j 订单的产品数量，并且 y_t^j 表示周期 t 结束时层级 j 的库存水平。层级 j 的初始库存水平用 z^j 表示。在下订单的时间和提供订单的时间之间可能会出现延迟。此处有 3 种类型的延迟：(1) 信息延迟：订单信息到达前一层级所需的时间，(2) 制造延迟：制造或组装订单所需的时间（从收到订单起计算），(3) 订货交付时间：补货从起点到目的地所需的时间。这 3 个延迟对于每个层级 j 是非负整数，分别用 $I(j)$，$M(j)$ 和 $L(j)$ 表示。$I(m+1)$ 表示外部需求与层级 m 之间的信息延迟。系统的动态表示如下：

$$
\begin{aligned}
&y_t^j = y_{t-1}^j + x_{t-(I(j)+M(j-1)+L(j))}^j - x_{t-(I(j+1)+M(j))}^{j+1}, 1 \leqslant j \leqslant m-1 \\
&y_0^j = z^j, 1 \leqslant j \leqslant m \\
&y_t^m = y_{t-1}^m + x_{t-(I(m)+M(m-1)+L(m))}^m - d_{t-(I(m+1)+M(m))}
\end{aligned}
\tag{15.3.1}
$$

这只表明，库存水平从一个同期到下一个同期的变化等于收到的数量减去需求。可能出现的负数库存表示未满足的需求或缺货。

其目标是将总成本降至最小，它由三个部分组成：(1) 订购或制造成本，(2) 库存持有成本，(3) 缺货成本。设 c_t^j 为每项物品在层级 j 和时间段 t 的订购/制造成本，h_t^j 为每项物品单位时间内在层级 j 和时间段 t 的持有成本，p_t^j 为每项物品单位时间内在层级 j 和时间段 t 的缺货成本。各种成本的索引 t 允许我们考虑资本化（例如 $c_t^j = c^j(1+r)^{t-1}$），其可以在计划阶段很长时极大地影响成本。

与其最小化上述成本要素，人们还可以选择控制供应链，以最小化甚至消除“牛鞭效应”——从下游节点到上游节点的需求可变性的放大（见文献 [73]）。减少这种效应的影响超出了成本最小化，因为牛鞭高峰和衰退往往会导致难以量化的破坏，例如在客户和供应商之间失去声誉和商誉。启发式的使用[77,57] 可能会引起牛鞭效应；由于供应链成员的非理性行为，比如文献 [107] 中的“啤酒分销游戏”所示，或者是文献 [74] 中理性供应链成员之间的战略互动结果。有许多现实生活中的证据表明牛鞭效应的发生。例如尿布[75]、电视机[64]、食品[74,59]、制药产品[36]，等等。文献 [112] 指出，半导体设备行业比个人计算机行业更不稳定，而文献 [30] 通过在汽车行业进行的实证研究表明了牛鞭效应存在。

有许多研究试图构建旨在尽量减少牛鞭效应的策略。大多数研究的目的是通过最小化订单方差和需求方差之间的比率或差异来尽量减小牛鞭效应[41,36,118]。相反，在本节中，我们遵循文献 [20] 的方法并将经济原理应用于控制问题；因此，我们想要控制供应链，不仅仅是为了稳定系统，而是首先为了最小化成本。这样一个最优控制器可能会产生一个小的牛鞭效应。

该问题可化为以下优化规划：

$$
\min_{y,x} \sum_{j,t} [c_t^j x_t^j + \max(h^j y_t^j, -p^j y_t^j)]
$$

s. t. (15.3.2)

$$\left.\begin{array}{l}
\left.\begin{array}{l}
y_t^j=y_{t-1}^j+x_{t-(I(j)+M(j-1)+L(j))}^j- \\
\quad x_{t-(I(j+1)+M(j))}^{j+1}, 1\leqslant j\leqslant m-1 \\
y_t^m=y_{t-1}^m+x_{t-(I(m)+M(m-1)+L(m))}^m- \\
\quad d_{t-(I(m+1)+M(m))}
\end{array}\right. \\
\left.\begin{array}{l}
x_t^j\geqslant 0 \\
\overline{a}^j\geqslant y_t^j\geqslant \underline{a}^j \\
y_0^j=z^j
\end{array}\right\}\forall j\in\{1,\cdots,m\}
\end{array}\right\}1\leqslant t\leqslant n$$

为了简化符号，设 $T^L(j)=I(j)+M(j-1)+L(j)$ 和 $T^M(j)=I(j+1)+M(j)$。在目标中引入最大项的松弛变量，我们将式（15.3.2）转换为如下 LO 规划：

$$\min_{y,x}\sum_{j,t}\left[c_t^j x_t^j+w_t^j\right]$$

s. t.

$$\left.\begin{array}{l}
y_t^j=y_{t-1}^j+x_{t-T^L(j)}^j-x_{t-T^M(j)}^{j+1}, 1\leqslant j\leqslant m-1 \\
y_t^m=y_{t-1}^m+x_{t-T^L(m)}^m-d_{t-T^M(m)} \\
\left.\begin{array}{l}
w_t^j\geqslant h_t^j y_t^j, w_t^j\geqslant -p_t^j y_t^j, w_t^j\geqslant 0 \\
\overline{a}^j\geqslant y_t^j\geqslant \underline{a}^j, b^j\geqslant x_t^j\geqslant 0, y_0^j=z^j
\end{array}\right\}\forall j\in\{1,\cdots,m\}
\end{array}\right\}1\leqslant t\leqslant n \quad (15.3.3)$$

利用等式约束来消除变量 y，我们得到了标准问题的最终 LO 公式：

$$\min_{\sigma,w,x}\sigma$$

s. t. (15.3.4)

$$\left.\begin{array}{l}
\left.\begin{array}{l}
\sigma\geqslant\sum_{j,t}\left[c_t^j x_t^j+w_t^j\right] \\
w_t^j\geqslant h_t^j\left(z^j+\sum_{t'=1}^{t}\left(x_{t'-T^L(j)}^j-x_{t'-T^M(j)}^{j+1}\right)\right), \\
w_t^j\geqslant -p_t^j\left(z^j+\sum_{t'=1}^{t}\left(x_{t'-T^L(j)}^j-x_{t'-T^M(j)}^{j+1}\right)\right), \\
\underline{a}^j\leqslant z^j+\sum_{t'=1}^{t}\left(x_{t'-T^L(j)}^j-x_{t'-T^M(j)}^{j+1}\right), \\
\overline{a}^j\geqslant z^j+\sum_{t'=1}^{t}\left(x_{t'-T^L(j)}^j-x_{t'-T^M(j)}^{j+1}\right),
\end{array}\right\}1\leqslant j\leqslant m-1 \\
w_t^m\geqslant h_t^m\left(z^m+\sum_{t'=1}^{t}\left(x_{t'-T^L(m)}^m-d_{t'-T^M(m)}\right)\right) \\
w_t^m\geqslant -p_t^m\left(z^m+\sum_{t'=1}^{t}\left(x_{t'-T^L(m)}^m-d_{t'-T^M(m)}\right)\right) \\
\underline{a}^m\leqslant z^m+\sum_{t'=1}^{t}\left(x_{t'-T^L(m)}^m-d_{t'-T^M(m)}\right) \\
\overline{a}^m\geqslant z^m+\sum_{t'=1}^{t}\left(x_{t'-T^L(m)}^m-d_{t'-T^M(m)}\right) \\
b^j\geqslant x_t^j\geqslant 0, w_t^j\geqslant 0, 1\leqslant j\leqslant m
\end{array}\right\}1\leqslant t\leqslant n$$

我们假设需求 $d=\{d_t\}_{t=1}^{n}$ 和初始库存水平 $z=\{z^j\}_{j=1}^{m}$ 是不确定的；我们只知道它们属于不确定性集：$d_t \in D_t$，$z^j \in Z^j$。因此，式（15.3.4）实际上代表了一个 LP 族——对于每一种可能的不确定数据的实现。

15.3.2 说明牛鞭效应

为了说明牛鞭效应，我们使用了一个基于 Love[77] 的例子。

该实例使用了表 15-4 所示的波动需求。计划阶段包括 $n=20$ 个时间段并且有 $m=3$ 个层级。此外，我们假设在执行补货订单时存在 2 个单位的延迟（$T^L(j)=2$），同时 $T^M(j)=0$，$1 \leqslant j \leqslant m$。假设每个层级的初始库存水平为 12（对所有的 j，有 $z^j=12$）。

表 15-4 对 Love 数据的需求

t	1	2	3	4	5	6	7	8	9	10
d_t	6	6	6	6	6	6	6	6	7	8
t	11	12	13	14	15	16	17	18	19	20
d_t	9	10	9	8	7	6	5	4	5	6

Love[77] 使用以下简单的控制律来解决（确定性）问题（15.3.4）：

$$x_t^j = x_{t-1}^{j+1} + \frac{1}{2}(\Upsilon^j - y_{t-1}^j) \qquad \begin{array}{l}\forall j \in 1,\cdots,m \\ \forall t \in 1,\cdots,n\end{array} \tag{15.3.5}$$

这里的 $x_t^m = d_t$，以及 Υ^j 是层级 j（在例中，所有层级等于 12）的“目标”库存，并作为保险防止不可预见的生产或供应中断的情况出现。

图 15-4 显示了由于实施启发式控制律（15.3.5）而导致的 3 个层级的库存水平。此处的牛鞭效应是显而易见的；微小的需求波动（只在 4 到 10 之间）会导致库存水平的巨大波动。

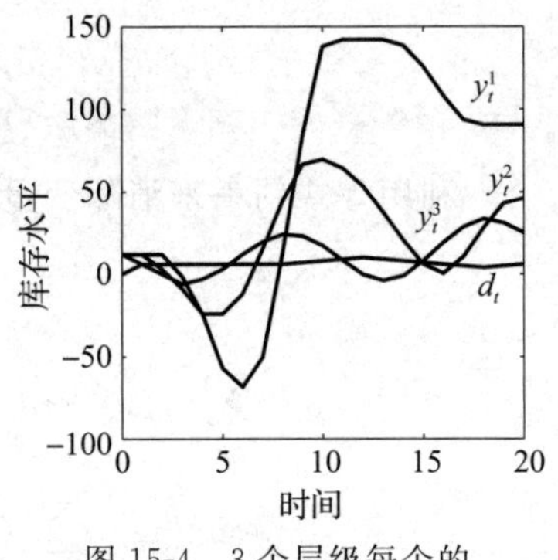

图 15-4 3 个层级每个的库存水平

15.3.3 构建供应链问题的仿射可调全局鲁棒对等（AAGRC）

对于我们的供应链问题（15.3.3），离散的时间动态系统为

$$\begin{aligned} &y_t^j = y_{t-1}^j + x_{t-T^L(j)}^j - x_{t-T^M(j)}^{j+1}, 1 \leqslant j \leqslant m-1 \\ &y_0^j = z^j, 1 \leqslant j \leqslant m \\ &y_t^m = y_{t-1}^m + x_{t-T^L(m)}^m - d_{t-T^M(m)} \end{aligned}$$

这里的纯输出（见 14.4 节）如下：

$$v_t^j = y_t^j - \hat{y}_t^j = \begin{cases} z^m - \sum\limits_{\tau=1}^{t-T^M(m)} d_\tau, & j=m \\ z^j, & \text{其他} \end{cases} \tag{15.3.6}$$

在消除了式（15.3.3）中的相等后，我们得出了 LO 问题（15.3.4），我们证明了它是一种可以通过鲁棒优化方法进行处理的形式。我们使用了一个基于纯输出的线性控制律，并使相关的辅助变量仿射地依赖于不确定数据，特别是：

$$x_t^j \equiv x_t^j(d,z) = \overline{\eta}_0^{x,t,j} + \sum_{j'=1}^m \sum_{\tau=1}^n \eta_{\tau,j'}^{x,t,j} z^{j'} - \sum_{\tau=1}^n \sum_{\tau'=1}^{\tau-M(m)} \eta_{\tau,m}^{x,t,j} d_{\tau'}$$

$$w_t^j = \overline{\eta}_0^{w,t,j} + \sum_{j'=1}^m \widetilde{\eta}_{j'}^{w,t,j} z^j + \sum_{\tau=1}^n \eta_\tau^{w,t,j} d_\tau \tag{15.3.7}$$

当然，我们施加约束 $\eta_{\tau,j'}^{x,t,j}=0$，$\forall \tau \geqslant t$ 并且设 $\eta_\tau^{w,t,j}=0$，$\forall \tau \geqslant t$，使仿射决策规则具有非预期性。

我们得出的，在本质上是不确定问题（15.3.4）的 AARC，见 14.3 节。因此，AARC 在决策变量和不确定数据中是双仿射的，因此可以通过 GRC 方法（见第 3 章）进行处理。

让我们通过处理式（15.3.4）中的第二个约束来说明我们的方法。原始约束的形式是

$$w_t^j \geqslant h_t^j \left(z^j + \sum_{t'=1}^t (x_{t'-T^L(j)}^j - x_{t'-T^M(j)}^{j+1}) \right) \tag{15.3.8}$$

执行式（15.3.7）给出的决策规则，我们得出

$$\begin{aligned} 0 \geqslant\ & h_t^j \sum_{t'=1}^t (\overline{\eta}_0^{x,t'-T^L(j),j} - \overline{\eta}_0^{x,t'-T^M(j),j+1}) - \overline{\eta}_0^{w,t,j} + h_t^j z^j + \\ & \sum_{j'=1}^m z^{j'} \left[h_t^j \sum_{t'=1}^t \sum_{\tau=1}^n (\eta_{\tau,j'}^{x,t'-T^L(j),j} - \eta_{\tau,j'}^{x,t'-T^M(j),j+1}) - \widetilde{\eta}_{j'}^{w,t,j} \right] + \\ & \sum_{\tau'=1}^n d_{\tau'} \left[-h_t^j \sum_{t'=1}^t \sum_{\tau=\tau'+M(m)}^n (\eta_{\tau',m}^{x,t'-T^L(j),j} - \eta_{\tau,m}^{x,t'-T^M(j),j+1}) - \eta_{\tau'}^{w,t,j} \right], 1 \leqslant j \leqslant m \end{aligned} \tag{15.3.9}$$

我们现在实现 GRC，假设 d_t 和 z^j 的正常范围分别是区间 $[\underline{d}_t, \overline{d}_t]$ 和 $[\underline{z}^j, \overline{z}^j]$，并且定义距离函数（见第 3 章中的定义 3.1.1）的范数是 ℓ_1 范数。现在，通过例 3.2.3a 可知，式（15.3.9）的 GRC 是线性系统

$$\begin{aligned}
0 &\geqslant h_t^j \sum_{t'=1}^t (\overline{\eta}_0^{x,t'-T^L(j),j} - \overline{\eta}_0^{x,t'-T^M(j),j+1}) - \overline{\eta}_0^{w,t,j} + \sum_{j'=1}^m v_{j'}^{2,t,j} + \sum_{\tau'=1}^n \vartheta_{\tau'}^{2,t,j}, && 1 \leqslant j \leqslant m \\
v_{j'}^{2,t,j} &\geqslant \underline{z}^{j'} \left[h_t^j \sum_{t'=1}^t \sum_{\tau=1}^n (\eta_{\tau,j'}^{x,t'-T^L(j),j} - \eta_{\tau,j'}^{x,t'-T^M(j),j+1}) - \widetilde{\eta}_{j'}^{w,t,j} + h_t^j \delta_j^{j'} \right], && 1 \leqslant j' \leqslant m \\
v_{j'}^{2,t,j} &\geqslant \overline{z}^{j'} \left[h_t^j \sum_{t'=1}^t \sum_{\tau=1}^n (\eta_{\tau,j'}^{x,t'-T^L(j),j} - \eta_{\tau,j'}^{x,t'-T^M(j),j+1}) - \widetilde{\eta}_{j'}^{w,t,j} + h_t^j \delta_j^{j'} \right], && 1 \leqslant j' \leqslant m \\
\vartheta_{\tau'}^{2,t,j} &\geqslant \underline{d}_{\tau'} \left[-h_t^j \sum_{t'=1}^t \sum_{\tau=\tau'+M(m)}^n (\eta_{\tau,m}^{x,t'-T^L(j),j} - \eta_{\tau,m}^{x,t'-T^M(j),j+1}) - \eta_{\tau'}^{w,t,j} \right], && 1 \leqslant \tau' \leqslant n \\
\vartheta_{\tau'}^{2,t,j} &\geqslant \overline{d}_{\tau'} \left[-h_t^j \sum_{t'=1}^t \sum_{\tau=\tau'+M(m)}^n (\eta_{\tau,m}^{x,t'-T^L(j),j} - \eta_{\tau,m}^{x,t'-T^M(j),j+1}) - \eta_{\tau'}^{w,t,j} \right], && 1 \leqslant \tau' \leqslant n \\
\mu_{j'}^{2,t,j} &\geqslant \left[h_t^j \sum_{t'=1}^t \sum_{\tau=1}^n (\eta_{\tau,j'}^{x,t'-T^L(j),j} - \eta_{\tau,j'}^{x,t'-T^M(j),j+1}) - \widetilde{\eta}_{j'}^{w,t,j} + h_t^j I_{\{j'=j\}} \right], && 1 \leqslant j' \leqslant m \\
\mu_{j'}^{2,t,j} &\geqslant -\left[h_t^j \sum_{t'=1}^t \sum_{\tau=1}^n (\eta_{\tau,j'}^{x,t'-T^L(j),j} - \eta_{\tau,j'}^{x,t'-T^M(j),j+1}) - \widetilde{\eta}_{j'}^{w,t,j} + h_t^j I_{\{j'=j\}} \right], && 1 \leqslant j' \leqslant m \\
\widetilde{\mu}_{\tau'}^{2,t,j} &\geqslant \left[-h_t^j \sum_{t'=1}^t \sum_{\tau=\tau'+M(m)}^n (\eta_{\tau,m}^{x,t'-T^L(j),j} - \eta_{\tau,m}^{x,t'-T^M(j),j+1}) - \eta_{\tau'}^{w,t,j} \right], && 1 \leqslant \tau' \leqslant n
\end{aligned}$$

$$\widetilde{\mu}_{\tau'}^{2,t,j} \geqslant -\left[-h_t^j \sum_{t'=1}^{t} \sum_{\tau=\tau'+M(m)}^{n} (\eta_{\tau,m}^{x,t'-T^L(j),j} - \eta_{\tau,m}^{x,t'-T^M(j),j+1}) - \eta_{\tau'}^{w,t,j}\right], \quad 1 \leqslant \tau' \leqslant n$$

此处的 $\mu^{2,t,j}$ 和 $\widetilde{\mu}^{2,t,j}$ 是“灵敏度参数”（在第 3 章中用 α 表示），并且 $\delta_j^{j'} = \begin{cases} 1, & j=j' \\ 0, & j \neq j' \end{cases}$ 是 Kronecker 符号。相比提前决定 $\mu^{2,t,j}$ 和 $\widetilde{\mu}^{2,t,j}$ 的值，我们在这里将它们视为变量，但通过添加以下约束来限制它们的可变性：

$$\sum_{t=1}^{n} \sum_{j=1}^{m} \mu_{j'}^{2,t,j} \leqslant \alpha_{2,z_{j'}}, 1 \leqslant j' \leqslant m$$

$$\sum_{t=1}^{n} \sum_{j=1}^{m} \widetilde{\mu}_{\tau'}^{2,t,j} \leqslant \alpha_{2,D_{\tau'}}, 1 \leqslant \tau' \leqslant n$$

供应链问题（15.3.4）的完整 AAGRC 公式是一个 LP 问题，具有 $O(m^2 n + mn^2)$ 个约束和 $O(m^2 n^2)$ 个变量（更准确地说是 $1+27m+27n+mn$ （$8+28m+28n$）个约束和 $1+8m+8n+2mn+mn$ （$2+15m+15n+mn$）个变量）。作为有 3 个层级和 20 个时间段的问题的例子，并且其中所有的线性决策规则（LDR）使用整个需求历史，LP 问题有 39742 个约束和 24605 个变量。在配备 AMD 1.8Ghz 处理器和 1GB 内存的计算机上，使用最先进的 LP 求解器可以在大约 10 分钟内解决问题。

15.3.4　计算结果

我们已经在一个密集的模拟研究中，测试了应用于供应链问题（15.3.4）的概述的 AAGRC 方法。我们使用了表 15-5 中给出的两个不同的数据集。

表 15-5　关于供应链问题的数据集

数据类型	符号	数据集Ⅰ	数据集Ⅱ
时期数	n	20	20
层级数	m	3	3
延迟（所有的 j）	$L(j)$	2	2
	$M(j)$	0	0
	$I(j)$	0	0
成本（所有的 j 和 t）	c_j^t	2	2
	h_j^t	1	1
	p_j^t	3	3
不确定性集的正常范围（所有的 j 和 t）	D_t	[4,10]	[90,110] 如果 $t \leqslant 10$
			[135,165] 如果 $t>10$
	Z_j	[10,14]	[130,220]

15.3.4.1　牛鞭效应结果

这里我们使用了数据集Ⅰ，它与 15.3.2 节示例中使用的数据一致。我们通过 RC、AARC 和 AAGRC 方法解决了问题（15.3.3）。结果如图 15-5 所示。

与 15.3.2 节中使用的启发式方法（见图 15-4）相比，这三种鲁棒方法都显著降低了牛鞭效应。在这三种方法中，AAGRC 方法在库存水平上的波动范围最小。

15.3.4.2　最佳成本结果

这里我们使用了数据集Ⅱ，其中需求是一个阶梯类型：需求从一个恒定的值开始，一段时间后跳到一个新的、更高的值，并保持在这个新的水平，直到计划阶段结束。这种类型的需求在文献［103］中被使用，因为根据文献［69］的说法，它调用了动力系统的所有共振频率，因此在研究系统的动力学时非常有用。我们选择前 10 个时期的平均需求为 100 个单位，其余 10 个时期的平均需求为 150 个单位；实际需求在这些平均值附近的给定范围内波动。

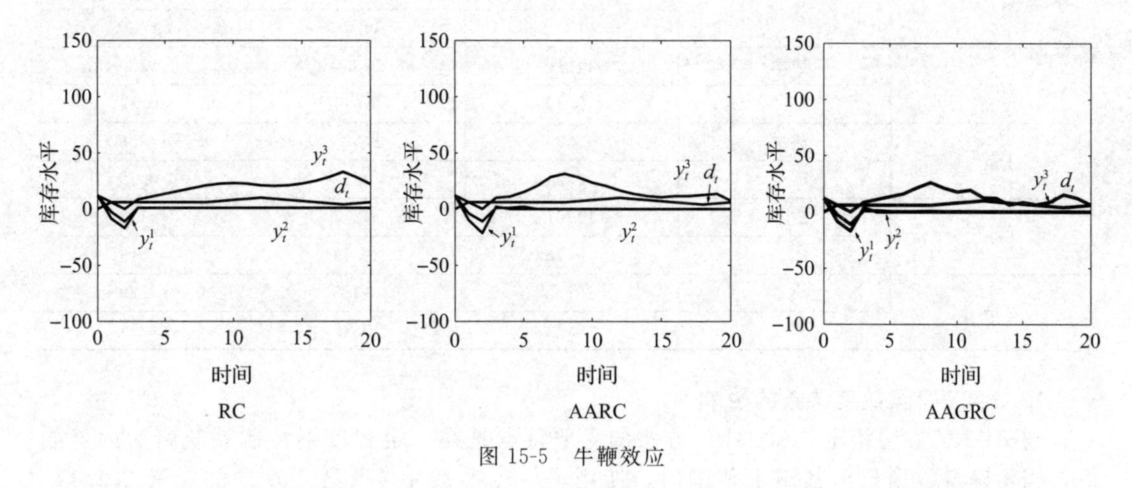

图 15-5　牛鞭效应

在我们的模拟中，我们使用了表 15-6 中给出的 4 种不同的需求分布。其中两者的波动幅度为 10％，其余的两个波动幅度为 20％。

表 15-6　阶梯式需求——输入分布

分布	输入数	需求（D_t）			初始库存（Z^j）	
		LB	UB	相关性	LB	UB
均匀	1(a)	90	110	$t\leqslant 10$	180	220
		135	165	$t>10$		
	1(b)	80	120	$t\leqslant 10$	160	240
		120	180	$t>10$		
正态		均值	标准差	相关性	均值	标准差
	2(a)	100	$3\frac{1}{3}$	$t\leqslant 10$	200	$6\frac{2}{3}$
		150	2.5	$t>10$		
	2(b)	100	$6\frac{2}{3}$	$t\leqslant 10$	200	$13\frac{1}{3}$
		150	5	$t>10$		

为了评估我们的解的质量，我们使用了理想化的解作为基准。对于给定的模拟需求/初始库存，理想化的解是式（15.3.4）中相应的确定性 LP 问题的最优解。最优理想化成本的平均值（在所有模拟轨迹上）用 OPT 表示。设 C_{A} 为方法 A 的平均最优成本。我们使用以下偏差比：

$$R^{\mathrm{A}}=\frac{C_{\mathrm{A}}}{\mathrm{OPT}}-1$$

作为我们对方法 A 的有效性的衡量标准。

从表 15-7 可以看出，随着我们从 RC 方法转到 AAGRC 方法，平均成本趋于下降。这些方法相对接近理想化的解，并且对于 AARC 方法和 AAGRC 方法，其成本平均上只比

"理想化"成本高出15%。注意，与理想化成本的差是与"真正最优"解的偏差的上界，即（不可处理的）ARC的解。

表 15-7　阶梯式需求——方法比较——成本和偏差比 R 的平均值

输入	衡量	平均数		
		RC	AARC	AAGRC
1(a)	成本	14910	14330	14330
	R	0.19	0.14	0.14
1(b)	成本	15598	14386	14386
	R	0.24	0.15	0.15
2(a)	成本	14701	14271	14113
	R	0.18	0.14	0.13
2(b)	成本	15112	14335	14229
	R	0.21	0.15	0.14

15.3.4.3　灵敏度参数的影响

与AARC方法相比，AAGRC方法的主要特点是在一定程度上控制系统行为的可能性，当不确定数据超出其正常范围时，使用灵敏度参数 α（见第3章中的定义3.1.1）。$\alpha=0$ 的选择会导致最保守的态度：不仅正常范围内的参数必须满足约束，而且对所有在物理上可能用到的值都必须满足约束，这通常会导致不可行的AAGRC。选择 $\alpha=\infty$ 对应了只关注不确定数据的正常范围，并使AAGRC等同于AARC。这两者中间的选择 $\alpha\in(0,\infty)$ 平衡了这两者的态度。有了这样的 α，AAGRC比AARC"更受约束"，从而导致一个更大的（或相同的）最优值。然而，这种比较与数据在正常范围内的最坏情况的实现有关；当数据可能超出其正常范围时，基于AAGRC的决策规则可能优于基于AARC的规则。我们将给出有关供应链问题的相关数值结果。

我们关注式（15.3.4）中的约束，其要求向量 $\boldsymbol{x}$ 和 $\boldsymbol{w}$ 的非负性，并在求解AAGRC时，对相关的灵敏度参数施加一个上界 $\overline{\alpha}$。注意的是，在AAGRC中，灵敏度参数被视为变量，而不是给定的常数。我们实验中 $\overline{\alpha}$ 可能的值为 $\infty=\overline{\alpha}_0>\overline{\alpha}_1>\overline{\alpha}_2\geqslant\overline{\alpha}_3\geqslant\overline{\alpha}_4$。我们的目标是研究 $\overline{\alpha}$ 对偏差比 R 的累积分布函数（cdf）的影响。为此我们使用了表15-5中的数据集Ⅰ，并测试了需求和初始库存的6种概率分布情况（见表15-7）。对于每个输入分布，我们模拟了50个实现来建立偏差比 R 的经验cdf。结果如图15-6所示。

我们可以清楚地看到，对于我们检查的所有输入分布，结果是一致的。首先，AARC应该优于RC。其次，随着 $\overline{\alpha}$ 的减小，从∞开始，即AARC的情况，AAGRC的最优值增加（因为问题变得更受约束）。具体来说，$\overline{\alpha}\in[\overline{\alpha}_1,\overline{\alpha}_0=\infty]$ 时，Opt(AARC)=1410，当 $\overline{\alpha}=\overline{\alpha}_2$ 时，Opt(AARC)=1628，当 $\overline{\alpha}=\overline{\alpha}_3$ 时，Opt(AARC)=2055.5，以及 $\overline{\alpha}=\overline{\alpha}_4$ 时Opt(AARC)=2137。然而，模拟结果（反映了相应解的平均性能）具有不同的特点：使用 $\overline{\alpha}=\overline{\alpha}_1$ 和 $\overline{\alpha}=\overline{\alpha}_2$ 的AAGRC比使用 $\overline{\alpha}=\overline{\alpha}_0$ 的AAGRC（即为AARC）得到更好的结果。我们还看到，灵敏度参数的边界约束如果过强可能是危险的：当将 $\overline{\alpha}$ 设置为 $\overline{\alpha}_3$ 和 $\overline{\alpha}_4$ 时，结果甚至比RC解更差。底线是，通过我们的初始状态和需求的分布，AAGRC的中间选择 $\overline{\alpha}=\overline{\alpha}_2$ 导致的控制策略优于AARC和RC给出的控制策略。例如，图15-6显示，基于AAGRC的策略对应于 $\overline{\alpha}=\overline{\alpha}_2$，偏差比≤40%，且概率为0.7，而基于AARC的策略，相似的概率<0.2。

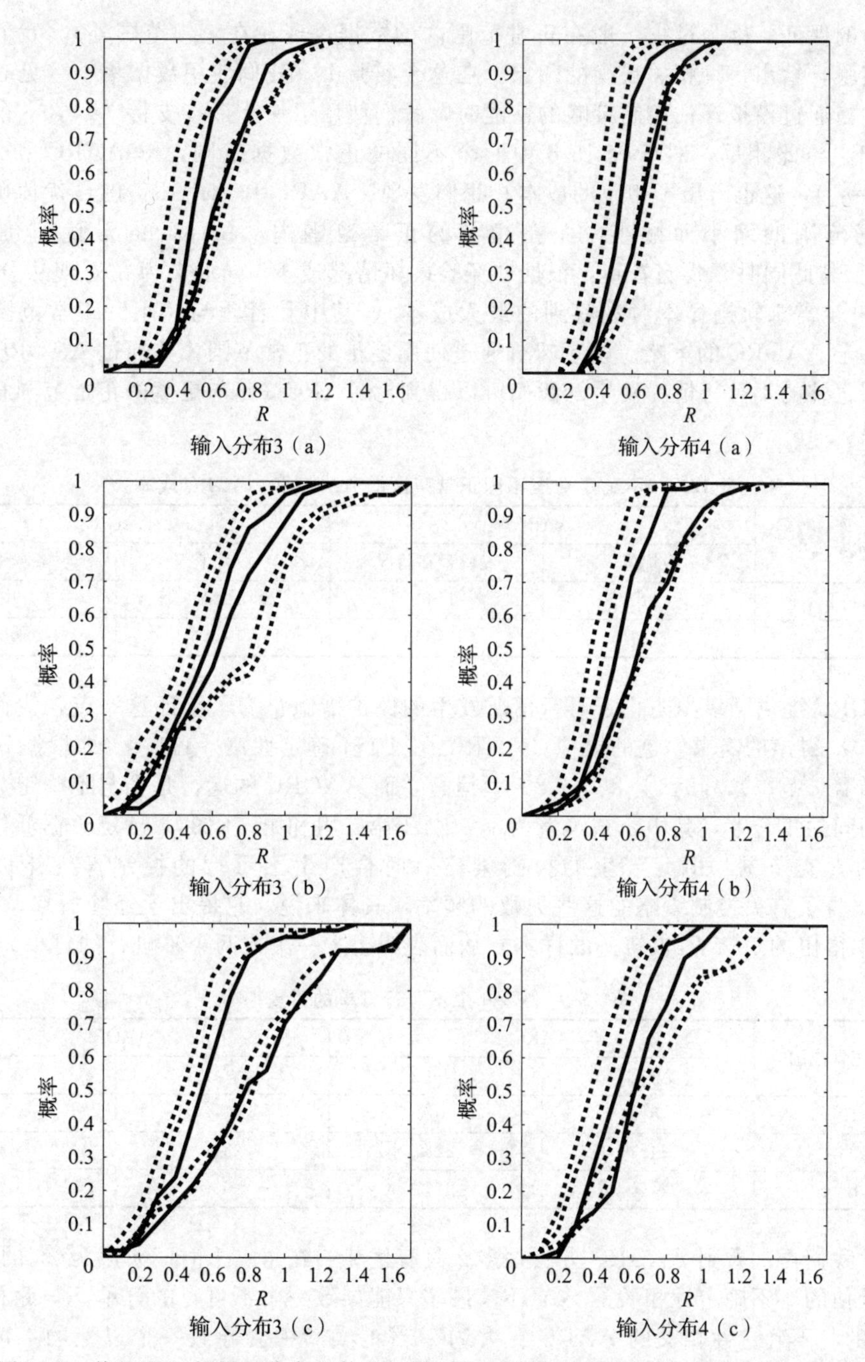

图 15-6　偏差比 R 的累积分布函数和 α 的比较。从左到右：实线：GRC（α_0），RC；虚线：AAGRC（α_2），AAGRC（α_1），AAGRC（α_3），AAGRC（α_4）

15.3.4.4　正常范围的影响

在前一节中，我们讨论了灵敏度参数的上界 $\overline{\alpha}$ 的变化如何影响相关的基于 AAGRC 的供应链控制的性能。但是，要注意的是，关于 $\overline{\alpha}$ 的决策取决于不确定数据所选择的正常范围。随着 $\overline{\alpha}$ 的固定，这个范围也减小，我们也减小了 Opt(AAGRC) 和 Opt(AARC)（因为现在我们必须保护系统免受较小的数据扰动），同时破坏了不确定数据原始范围内的对系统行为的保证（因为过去一般在正常范围内的数据，现在在正常范围外）。我们即将报告一个实验，给出一种相关权衡的印象。在这个实验中，我们使用数据集Ⅰ（见表15-5）；特别是，当通过模拟评估控制策略的性能时，我们使用了一个带有支持［4,10］的固定需求分布 P。与此相反，对于表15-8中两个不同的正常数据范围，解AARC和AAGRC（其中 $\bar{\alpha}=\bar{\alpha}_2$），这也给出了相应的成本。我们发现，AARC和AAGRC的最优值确实随着正常数据范围的缩小而减小，而在相同的正常范围内，AARC的最优值确实优于AAGRC。与此同时，我们看到，根据“经验最坏情况成本”（定义为在处理从分布 P 中提取的50个需求轨迹样本时观察到的最大成本），其中胜者是与“小”正常范围［5,9］相关的基于AAGRC的策略。这意味着通过使用更小的正常范围，并通过AAGRC方法防止该范围之外的不可行情况发生，我们可以得到比AARC（其与更宽的正常范围相关）更好的结果。

表15-8 不确定数据不同正常范围的AARC和AAGRC成本

假定的正常范围	AARC		AAGRC	
	最优值	经验最坏情况	最优值	经验最坏情况
［4,10］	1410	1240	1628	1124
［5,9］	1149	1100	1311	1068

AAGRC提供了多少防止不可行情况发生的保护措施？为了验证这一点，我们再次使用由分布 P 得出的需求轨迹的模拟。AARC在三个不确定性集［4,10］（即根据分布 P 分布的实际需求范围），［5,9］和［6,8］上运行，而AAGRC的运行是在与不确定数据的正常范围相同的集合上，其中 $\bar{\alpha}$ 被设置为 $\bar{\alpha}_2$。由于第二组和第三组的不确定数据低估了不确定需求的真实范围，由此产生的控制策略有时会产生不可行的控制（负补货订单）。表15-9报告了有关控制策略的这些失败的频率，具体来说，它提出了经验概率，（基于从分布 P 中得出的50个需求轨迹的样本）从而表明至少一个或两个不可行的订单。

表15-9 $N>0$ 个不可行订单的重复率

假定的正常范围	AARC		AAGRC	
	$N\geqslant1$	$N\geqslant2$	$N\geqslant1$	$N\geqslant2$
［4,10］	0%	0%	0%	0%
［5,9］	24%	22%	28%	0%
［6,8］	24%	24%	0%	0%

在此我们再次看到AAGRC方法是多么具有优势：在每一个时间阶段为20的实验中，与“被低估的”不确定性相关的AAGRC最多只能导致一个不可行的订单。与此相反，与“被低估的”不确定性相关的AARC在大约20%的实验中会导致一个以上的不可行订单（在其中一些实验中产生了多达6个不可行的订单）。

符号与预备知识

A.1 符号

- $\mathbb{Z}$，$\mathbb{R}$，$\mathbb{C}$ 分别表示全体整数、实数和复数的集合。
- $\mathbb{C}^{m\times n}$，$\mathbb{R}^{m\times n}$ 分别表示复 $m\times n$ 矩阵空间和实 $m\times n$ 矩阵空间，$\mathbb{C}^n$ 和 $\mathbb{R}^n$ 分别是 $\mathbb{C}^{n\times 1}$ 和 $\mathbb{R}^{n\times 1}$ 的简写。

对于 $\boldsymbol{A}\in\mathbb{C}^{m\times n}$，$\boldsymbol{A}^{\mathrm{T}}$ 表示 $\boldsymbol{A}$ 的转置矩阵，而 $\boldsymbol{A}^{\mathrm{H}}$ 表示 $\boldsymbol{A}$ 的共轭转置矩阵：

$$(\boldsymbol{A}^{\mathrm{H}})_{rs}=\overline{\boldsymbol{A}}_{sr}$$

其中，$\bar{z}$ 表示 $z\in\mathbb{C}$ 的共轭。

- $\mathbb{C}^{m\times n}$ 和 $\mathbb{R}^{m\times n}$ 都具有内积

$$\langle\boldsymbol{A},\boldsymbol{B}\rangle=\mathrm{Tr}(\boldsymbol{A}\boldsymbol{B}^{\mathrm{H}})=\sum_{r,s}\boldsymbol{A}_{rs}\overline{\boldsymbol{B}}_{rs}$$

与此相关的范数表示为$\|\cdot\|_2$。

- 对于 $p\in[1,\infty]$，我们在 $\mathbb{C}^n$ 和 $\mathbb{R}^n$ 上定义 p 范数$\|\cdot\|_p$ 为

$$\|\boldsymbol{x}\|_p=\begin{cases}\left(\sum_i|x_i|^p\right)^{\frac{1}{p}}, & 1\leqslant p<\infty\\ \lim_{p\to\infty}\|\boldsymbol{x}\|_p=\max_i|x_i|, & p=\infty\end{cases},1\leqslant p\leqslant\infty$$

需要注意的是，当 p，$q\in[1,\infty]$ 且$\frac{1}{p}+\frac{1}{q}=1$ 时，范数$\|\cdot\|_p$ 和$\|\cdot\|_q$ 互为对偶范数：

$$\|\boldsymbol{x}\|_p=\max_{\boldsymbol{y}:\|\boldsymbol{y}\|_q\leqslant 1}|\langle\boldsymbol{x},\boldsymbol{y}\rangle|$$

特别地，$|\langle\boldsymbol{x},\boldsymbol{y}\rangle|\leqslant\|\boldsymbol{x}\|_p\|\boldsymbol{y}\|_q$（Hölder 不等式）。

- 我们用 $\boldsymbol{I}_m$，$\boldsymbol{0}_{m\times n}$ 分别表示 $m\times m$ 的单位矩阵和 $m\times n$ 的零矩阵。
- H^m，S^m 分别表示 $m\times m$ 的厄米矩阵和实对称矩阵的实向量空间。在讨论内积 $\langle\cdot,\cdot\rangle$ 时，两者都是欧几里得空间。
- 我们使用“MATLAB 符号”：当 $\boldsymbol{A}_1,\cdots,\boldsymbol{A}_k$ 是具有相同行数的矩阵时，$[\boldsymbol{A}_1,\cdots,\boldsymbol{A}_k]$ 表示一个行数相同的矩阵，并且从左往右依次是 $\boldsymbol{A}_1$ 的每一列，$\boldsymbol{A}_2$ 的每一列，以此类推。而当 $\boldsymbol{A}_1,\cdots,\boldsymbol{A}_k$ 是具有相同列数的矩阵时，$[\boldsymbol{A}_1;\boldsymbol{A}_2;\cdots;\boldsymbol{A}_k]$ 表示一个列数相同的矩阵，并且从上往下依次是 $\boldsymbol{A}_1$ 的每一行，$\boldsymbol{A}_2$ 的每一行，以此类推。
- 对于一个 $m\times m$ 的厄米/实对称矩阵 $\boldsymbol{A}$，$\lambda(\boldsymbol{A})$ 是 $\boldsymbol{A}$ 的特征值$\lambda_{\mathrm{r}}(\boldsymbol{A})$ 按降序排列的向量：

$$\lambda_1(\boldsymbol{A})\geqslant\lambda_2(\boldsymbol{A})\geqslant\cdots\geqslant\lambda_m(\boldsymbol{A})$$

- 对于一个 $m\times n$ 的矩阵 $\boldsymbol{A}$，$\sigma(\boldsymbol{A})=(\sigma_1(\boldsymbol{A}),\cdots,\sigma_n(\boldsymbol{A}))^{\mathrm{T}}$ 是 $\boldsymbol{A}$ 的奇异值向量：

$$\sigma_{\mathrm{r}}(\boldsymbol{A})=\lambda_{\mathrm{r}}^{\frac{1}{2}}(\boldsymbol{A}^{\mathrm{H}}\boldsymbol{A})$$

并且，

$$\|\boldsymbol{A}\|_{2,2}=\|\boldsymbol{A}\|=\sigma_1(\boldsymbol{A})=\max\{\|\boldsymbol{A}\boldsymbol{x}\|_2:\boldsymbol{x}\in\mathbb{C}^n,\|\boldsymbol{x}\|_2\leqslant 1\}$$

（显然，当 $\boldsymbol{A}$ 是实矩阵时，右侧的 $\mathbb{C}^n$ 可以替换为 $\mathbb{R}^n$）。

- 对于厄米/实对称矩阵 $\boldsymbol{A}$，$\boldsymbol{B}$，我们用 $\boldsymbol{A}\succeq\boldsymbol{B}$（$\boldsymbol{A}\succ\boldsymbol{B}$）来表示 $\boldsymbol{A}-\boldsymbol{B}$ 是半正定（正定）的。

A.2　锥规划

A.2.1　欧几里得空间、锥、对偶

A.2.1.1　欧几里得空间

欧几里得空间是在实数域上具有内积 $\langle \boldsymbol{x},\boldsymbol{y}\rangle_E$（$\boldsymbol{x},\boldsymbol{y}\in E$ 的双线性对称实值函数，满足对任意 $\boldsymbol{x}\neq\boldsymbol{0}$ 都有 $\langle \boldsymbol{x},\boldsymbol{x}\rangle_E>0$）的有限维线性空间。

例：标准欧几里得空间 $\mathbb{R}^n$。这个空间由具有标准坐标线性运算和内积 $\langle \boldsymbol{x},\boldsymbol{y}\rangle_{\mathbb{R}^n}=\boldsymbol{x}^{\mathrm{T}}\boldsymbol{y}$ 的 n 维实列向量组成。$\mathbb{R}^n$ 是欧几里得空间中的一个常见例子：对于所有 n 维欧几里得空间 $(E,\langle\cdot\,,\cdot\rangle_E)$，都存在一个一对一的线性映射 $\boldsymbol{x}\mapsto\boldsymbol{A}\boldsymbol{x}:\mathbb{R}^n\to E$ 满足 $\boldsymbol{x}^{\mathrm{T}}\boldsymbol{y}\equiv\langle\boldsymbol{A}\boldsymbol{x},\boldsymbol{A}\boldsymbol{y}\rangle_E$。要构造这样的映射，我们只需在 E 中找到一组标准正交基 $\boldsymbol{e}_1,\cdots,\boldsymbol{e}_n,n=\dim E$，即满足 $\langle\boldsymbol{e}_i,\boldsymbol{e}_j\rangle_E=\delta_{ij}\equiv\begin{cases}1, & i=j\\0, & i\neq j\end{cases}$ 的一组基；这样的基总是存在。给定一组标准正交基 $\{\boldsymbol{e}_i\}_{i=1}^n$，通过 $\boldsymbol{A}\boldsymbol{x}=\sum_{i=1}^n x_i\boldsymbol{e}_i$ 可以构造一个保持内积的一对一映射 $\boldsymbol{A}:\mathbb{R}^n\to E$。

例：具有弗罗贝尼乌斯内积的 $m\times n$ 实矩阵空间 $\mathbb{R}^{m\times n}$。该空间内的元素是 $m\times n$ 的实矩阵，具有标准线性运算和内积 $\langle\boldsymbol{A},\boldsymbol{B}\rangle_F=\mathrm{Tr}(\boldsymbol{A}\boldsymbol{B}^{\mathrm{T}})\sum_{i,j}A_{ij}B_{ij}$。

例：具有弗罗贝尼乌斯内积的 $n\times n$ 实对称矩阵空间 S^n。S^n 是 $\mathbb{R}^{n\times n}$ 的子空间，包含了所有的 $n\times n$ 对称矩阵，内积继承自嵌入空间。当然，对于对称矩阵来说，内积不需要转置便可得到：

$$\boldsymbol{A},\boldsymbol{B}\in S^n\Rightarrow\langle\boldsymbol{A},\boldsymbol{B}\rangle_F=\mathrm{Tr}(\boldsymbol{A}\boldsymbol{B})=\sum_{i,j}A_{ij}B_{ij}$$

例：具有弗罗贝尼乌斯内积的 $n\times n$ 厄米矩阵空间 H^n。H^n 是由 $n\times n$ 厄米矩阵组成的实线性空间，内积为

$$\langle\boldsymbol{A},\boldsymbol{B}\rangle=\mathrm{Tr}(\boldsymbol{A}\boldsymbol{B}^{\mathrm{H}})=\mathrm{Tr}(\boldsymbol{A}\boldsymbol{B})=\sum_{i,j=1}^n A_{ij}\overline{B}_{ij}$$

A.2.1.2　欧几里得空间的线性形式

对于某个由 $f(\cdot)$ 唯一定义的向量 $\boldsymbol{e}_f\in E$，欧几里得空间（$E,\langle\cdot\,,\cdot\rangle_E$）上的每个齐次线性形式 $f(\boldsymbol{x})$ 都可以被表示为 $f(\boldsymbol{x})=\langle\boldsymbol{e}_f,\boldsymbol{x}\rangle_E$。映射 $f\mapsto\boldsymbol{e}_f$ 是从 E 上线性形式空间到 E 的一对一线性映射。

A.2.1.3　共轭映射

设（$E,\langle\cdot\,,\cdot\rangle_E$）和（$F,\langle\cdot\,,\cdot\rangle_F$）是欧几里得空间。对于一个线性映射 $\boldsymbol{A}$：$E\to F$ 和所有 $\boldsymbol{f}\in F$，$\langle\boldsymbol{A}\boldsymbol{e},\boldsymbol{f}\rangle_F$ 是 $\boldsymbol{e}\in E$ 的一个线性函数，同时对于某个唯一定义的向量 $\boldsymbol{A}^*\boldsymbol{f}\in E$，函数也可以写作 $\langle\boldsymbol{e},\boldsymbol{A}^*\boldsymbol{f}\rangle_E$。容易发现，$\boldsymbol{f}\mapsto\boldsymbol{A}^*\boldsymbol{f}$ 是从 F 到 E 上的线性映射，恒等式表示为

$$\langle\boldsymbol{A}\boldsymbol{e},\boldsymbol{f}\rangle_F=\langle\boldsymbol{e},\boldsymbol{A}^*\boldsymbol{f}\rangle,\forall\,\boldsymbol{e}\in E,\boldsymbol{f}\in F$$

$\boldsymbol{A}^*$ 是 $\boldsymbol{A}$ 的共轭映射。显然，共轭是一个线性运算，具有 $(\boldsymbol{A}^*)^*=\boldsymbol{A}$ 和 $(\boldsymbol{A}\boldsymbol{B})^*=\boldsymbol{B}^*\boldsymbol{A}^*$ 两个性质。设 $\{\boldsymbol{e}_j\}_{j=1}^m$ 和 $\{\boldsymbol{f}_i\}_{i=1}^n$ 是 E 和 F 的标准正交基，根据下面的恒等式，每个线性映射 $\boldsymbol{A}:E\to F$ 都能与矩阵 $[a_{ij}]$ 相关联（“在所讨论的基对中的映射矩阵”）。

$$A\sum_{j=1}^{m} x_j \boldsymbol{e}_j=\sum_i\left[\sum_j a_{ij}x_j\right]\boldsymbol{f}_i$$

（换句话说，a_{ij} 是向量 $A\boldsymbol{e}_j$ 在标准正交基 $\boldsymbol{f}_1,\cdots,\boldsymbol{f}_n$ 中的第 i 个坐标）。利用矩阵表示线性映射，在基 $\{\boldsymbol{f}_i\}$ 和 A^* 的像空间中的 $\{\boldsymbol{e}_j\}$ 上表示 A^* 的矩阵，是基对 $\{\boldsymbol{e}_j\}$，$\{\boldsymbol{f}_i\}$ 上的矩阵 $\mathbf{A}$ 的转置矩阵。

A. 2. 1. 4 欧几里得空间中的锥

一个欧几里得空间 $(E,\langle\cdot,\cdot\rangle_E)$ 的非空子集 K，当它是一个由原点发出的射线组成的凸集时，它被称为锥，或等价表示为，对任意 t_1，$t_2\geqslant 0$ 与 $\boldsymbol{x}_1$，$\boldsymbol{x}_2\in K$，有 $t_1\boldsymbol{x}_1+t_2\boldsymbol{x}_2\in K$。

如果一个锥 K 是封闭的，有非空的内部空间且是有锥尖的（不包含直线），或者它等价表示为，对 $\boldsymbol{a}\in K$，$-\boldsymbol{a}\in K$ 有 $\boldsymbol{a}=\mathbf{0}$，则称它为正则锥。

对偶锥。若 K 是欧几里得空间 $(E,\langle\cdot,\cdot\rangle_E)$ 中的一个锥，则集合

$$K^*=\{\boldsymbol{e}\in E:\langle \boldsymbol{e},\boldsymbol{h}\rangle_E\geqslant 0,\forall \boldsymbol{h}\in K\}$$

是 K 的对偶锥。对偶锥总是闭合的。与对偶锥对偶的锥是原锥的闭合：$(K^*)^*=\mathrm{cl}K$；特别地，若锥 K 封闭，有 $(K^*)^*=K$。锥 K^* 具有非空的内部空间当且仅当 K 是有锥尖的，K^* 是有锥尖的当且仅当 K 有非空内部空间；特别地，K 是正则锥当且仅当 K^* 是正则锥。

例：非负射线和非负象限。最简单的一维锥是实数轴 $\mathbb{R}^1$ 上的非负射线 $\mathbb{R}_+=\{t\geqslant 0\}$。$\mathbb{R}^n$ 上最简单的锥是非负象限 $\mathbb{R}^n_+=\{\boldsymbol{x}\in\mathbb{R}^n:x_i\geqslant 0,1\leqslant i\leqslant n\}$，它既正则又自对偶：$(\mathbb{R}^n_+)^*=R^n_+$。

例：洛伦兹锥 L^n。L^n “住”在 $\mathbb{R}^n$ 上，包含所有满足 $x_n\geqslant\sqrt{\sum_{j=1}^{n-1}x_j^2}$ 的向量 $\boldsymbol{x}=[x_1;\cdots;x_n]\in\mathbb{R}^n$。和 $\mathbb{R}^n_+$ 一样，洛伦兹锥也是正则且自对偶的。

根据定义，$L^1=\mathbb{R}_+$ 是非负象限，这完全符合洛伦兹锥的“一般”定义以及“一个空索引集上的和为 0”的标准约定。

例：半定锥 S^n_+。S^n_+ “住”在有弗罗贝尼乌斯内积的 $n\times n$ 实对称矩阵的欧几里得空间 S^n 上，包含所有 $n\times n$ 对称半正定矩阵 $\mathbf{A}$，即矩阵 $\mathbf{A}\in S^n$ 满足对于所有 $\boldsymbol{x}\in\mathbb{R}^n$ 有 $\boldsymbol{x}^{\mathrm{T}}\mathbf{A}\boldsymbol{x}\geqslant 0$，亦即等价为满足 $\mathbf{A}$ 的所有特征值是非负的。与 $\mathbb{R}^n_+$ 和 L^n 一样，半定锥 S^n_+ 也是正则的且自对偶的。

例：厄米半定锥 H^n_+。H^n_+ “住”在 $n\times n$ 的厄米矩阵的空间 H^n 上，包含所有 $n\times n$ 的半正定厄米矩阵，它是正则且自对偶的。

A. 2. 2 锥问题和锥对偶性

A. 2. 2. 1 锥问题

锥问题是一种优化问题，形式如下

$$\mathrm{Opt}(P)=\min_{\boldsymbol{x}}\left\{\langle \boldsymbol{c},\boldsymbol{x}\rangle_E:\begin{array}{l}A_i\boldsymbol{x}-b_i\in K_i,i=1,\cdots,m,\\ \mathbf{A}\boldsymbol{x}=\boldsymbol{b}\end{array}\right\}\qquad (P)$$

其中，

- $(E,\langle\cdot,\cdot\rangle_E)$ 是决策向量 $\boldsymbol{x}$ 的欧几里得空间，$\boldsymbol{c}\in E$ 是目标；
- $A_i,1\leqslant i\leqslant m$ 是从 E 到欧几里得空间 $(F_i,\langle\cdot,\cdot\rangle_{F_i})$ 的线性映射，$b_i\in F_i$ 和 $K_i\subset F_i$ 是正则锥；

- $\boldsymbol{A}$ 是从 E 到欧几里得空间 $(F,\langle\cdot,\cdot\rangle_F)$ 的线性映射，且 $\boldsymbol{b}\in F$。

例：线性优化、锥二次优化和半定优化。我们尤其对以下三个一般的锥问题感兴趣。

- 线性优化或线性规划：这是所有与非负象限 $\mathbb{R}_+^m$ 相关的锥问题，也就是所有常见的线性规划问题 $\min\limits_x\{\boldsymbol{c}^{\mathrm{T}}\boldsymbol{x}:\boldsymbol{A}\boldsymbol{x}-\boldsymbol{b}\geqslant\boldsymbol{0}\}$；
- 锥二次或锥二次规划优化或二阶锥规划：这是所有与洛伦兹锥的有限直积的锥相关的锥问题，也就是如下形式的锥问题：

$$\min_x\{\boldsymbol{c}^{\mathrm{T}}\boldsymbol{x}:[\boldsymbol{A}_1;\cdots;\boldsymbol{A}_m]\boldsymbol{x}-[\boldsymbol{b}_1;\cdots;\boldsymbol{b}_m]\in L^{k_1}\times\cdots\times L^{k_m}\}$$

其中 $\boldsymbol{A}_i$ 是 $k_i\times\dim\boldsymbol{x}$ 的矩阵，并且 $\boldsymbol{b}_i\in\mathbb{R}^{k_i}$。按照"数学规划"形式，应该写为：

$$\min_x\{\boldsymbol{c}^{\mathrm{T}}\boldsymbol{x}:\|\overline{\boldsymbol{A}}_i\boldsymbol{x}-\overline{\boldsymbol{b}}_i\|_2\leqslant\boldsymbol{\alpha}_i^{\mathrm{T}}\boldsymbol{x}-\beta_i,1\leqslant i\leqslant m\}$$

其中 $\boldsymbol{A}_i=[\overline{\boldsymbol{A}}_i;\boldsymbol{\alpha}_i^{\mathrm{T}}]$，$\boldsymbol{b}_i=[\overline{\boldsymbol{b}}_i;\beta_i]$，所以 $\boldsymbol{\alpha}_i$ 是 $\boldsymbol{A}_i$ 的最后一行，β_i 是 $\boldsymbol{b}_i$ 的最后一项。
- 半定优化或半定规划：这是所有与半定锥的有限直积的锥相关的锥问题，也就是如下形式的锥问题：

$$\min_x\left\{\boldsymbol{c}^{\mathrm{T}}\boldsymbol{x}:\boldsymbol{A}_i^0+\sum_{j=1}^{\dim\boldsymbol{x}}x_j\boldsymbol{A}_i^j\succeq 0,1\leqslant i\leqslant m\right\}$$

其中 $\boldsymbol{A}_i^j$ 是适当大小的对称矩阵。

A.2.3 锥对偶性

A.2.3.1 锥对偶性——推导

锥对偶性的起源是希望找到一种系统的方法来寻找锥问题（P）最优解的下界。如下面介绍的，这种方法是基于问题（P）约束的线性聚合。令 $y_i\in K_i^*$，$\boldsymbol{z}\in F$，根据对偶锥的定义，对于每个满足问题（P）的可行 $\boldsymbol{x}$，有

$$\langle A_i^*y_i,\boldsymbol{x}\rangle_E-\langle y_i,b_i\rangle_{F_i}\equiv\langle y_i,\boldsymbol{A}_i\boldsymbol{x}-b_i\rangle_{F_i}\geqslant 0,1\leqslant i\leqslant m$$

以及

$$\langle\boldsymbol{A}^*\boldsymbol{z},\boldsymbol{x}\rangle_E-\langle\boldsymbol{z},\boldsymbol{b}\rangle_F=\langle\boldsymbol{z},\boldsymbol{A}\boldsymbol{x}-\boldsymbol{b}\rangle_F=0$$

将所得不等式相加，得

$$\left\langle\boldsymbol{A}^*\boldsymbol{z}+\sum_i\boldsymbol{A}_i^*y_i,\boldsymbol{x}\right\rangle_E\geqslant\langle\boldsymbol{z},\boldsymbol{b}\rangle_F+\sum_i\langle y_i,b_i\rangle_{F_i}\tag{C}$$

根据其起源，这个关于 $\boldsymbol{x}$ 的标量线性不等式是（P）的约束的结果，即（P）的所有可行解都满足这个不等式。$\boldsymbol{x}\in E$ 时，不等式的左边会出现与目标 $\langle\boldsymbol{c},\boldsymbol{x}\rangle_E$ 相等的情况，当且仅当

$$\boldsymbol{A}^*\boldsymbol{z}+\sum_i\boldsymbol{A}_i^*y_i=\boldsymbol{c}$$

无论什么情况，（C）的右侧是（P）中最优值的有效下界。因此，对偶问题就是最大化这个下界的问题

$$\mathrm{Opt}(D)=\max_{\boldsymbol{z},\{y_i\}}\left\{\langle\boldsymbol{z},\boldsymbol{b}\rangle_F+\sum_i\langle y_i,b_i\rangle_{F_i}:\begin{array}{c}y_i\in K_i^*,1\leqslant i\leqslant m\\ \boldsymbol{A}^*\boldsymbol{z}+\sum_i\boldsymbol{A}_i^*y_i=\boldsymbol{c}\end{array}\right\}\tag{D}$$

根据对偶问题的起源，有

弱对偶性：即有 $\mathrm{Opt}(D)\leqslant\mathrm{Opt}(P)$。

我们知道（D）是一个锥问题。一个重要的事实是锥对偶性是对称的。

对偶的对称性：（D）的锥对偶是（等价为）（P）。

证明 为了使（D）适用于构建锥对偶的一般方法，我们要把（D）重写为一个最小化问题

$$-\mathrm{Opt}(D)=\min_{z,\{y_i\}}\left\{\langle \boldsymbol{z},-\boldsymbol{b}\rangle_F+\sum_i\langle y_i,-b_i\rangle_{F_i}:\begin{array}{l}y_i\in K_i^*,1\leqslant i\leqslant m\\ \boldsymbol{A}^*\boldsymbol{z}+\sum_i\boldsymbol{A}_i^*y_i=\boldsymbol{c}\end{array}\right\}\qquad (D')$$

对应的决策向量空间是欧几里得空间的直积 $F\times F_1\times\cdots\times F_m$，且具有内积

$$\langle[\boldsymbol{z};y_1;\cdots;y_m],[\boldsymbol{z}';y_1';\cdots;y_m']\rangle=\langle \boldsymbol{z};\boldsymbol{z}'\rangle_F+\sum_i\langle y_i,y_i'\rangle_{F_i}$$

上述适用于（D）的“对偶方法”如下：选取权重 $\eta_i\in(K_i^*)^*=K_i$ 和 $\boldsymbol{\zeta}\in E$，因此关于变量 $\boldsymbol{z},\{y_i\}$ 的标量不等式

$$\underbrace{\left\langle\boldsymbol{\zeta},\boldsymbol{A}^*\boldsymbol{z}+\sum_i\boldsymbol{A}_i^*y_i\right\rangle_E+\sum_i\langle\eta_i,y_i\rangle_{F_i}}_{=(\boldsymbol{A}\boldsymbol{\zeta},\boldsymbol{z})_F+\sum_i(\boldsymbol{A}_i\boldsymbol{\zeta}+\eta_i,y_i)_{F_i}}\geqslant\langle\boldsymbol{\zeta},\boldsymbol{c}\rangle_E\qquad (C')$$

是（D'）的约束下的结果，并且对“聚合权重”$\boldsymbol{\zeta},\{\eta_i\in K_i\}$ 加上一个附加约束，即该不等式的左边，与 $\boldsymbol{z},\{y_i\}$ 相同，是（D'）的目标，即

$$\boldsymbol{A}\boldsymbol{\zeta}=-\boldsymbol{b},\boldsymbol{A}_i\boldsymbol{\zeta}+\eta_i=-b_i,1\leqslant i\leqslant m$$

在此约束下，最大化（C'）的右边，转换为问题

$$\max_{\zeta,\eta_i}\left\{\langle\boldsymbol{c},\boldsymbol{\zeta}\rangle_E:\begin{array}{l}K_i\ni\eta_i=\boldsymbol{A}_i[-\boldsymbol{\zeta}]-b_i,1\leqslant i\leqslant m\\ \boldsymbol{A}[-\boldsymbol{\zeta}]=\boldsymbol{b}\end{array}\right\}$$

取 $\boldsymbol{x}=-\boldsymbol{\zeta}$，在消去变量 η_i 之后，得到的就是

$$\max_x\left\{-\langle\boldsymbol{c},\boldsymbol{x}\rangle_E:\begin{array}{l}\boldsymbol{A}_i\boldsymbol{x}-b_i\in K_i,1\leqslant i\leqslant m\\ \boldsymbol{A}\boldsymbol{x}=\boldsymbol{b}\end{array}\right\}$$

等同于（P）。 ■

A.2.3.2 锥对偶定理

当一个锥问题（P）存在可行解$\bar{\boldsymbol{x}}$，使得 $\boldsymbol{A}_i\bar{\boldsymbol{x}}=-b_i\in\mathrm{int}K_i$，$i=1,\cdots,m$，则我们称它是严格可行的。

锥对偶定理与标准线性规划对偶定理十分相似，表述如下。

定理 A.2.1【锥对偶定理】 考虑一对原始对偶的锥问题（P）、（D），那么

(i)**【弱对偶性】** 即 $\mathrm{Opt}(D)\leqslant\mathrm{Opt}(P)$。

(ii)**【对称性】** 对偶性是对称的：（D）是一个锥问题，则与（D）对偶的问题是（等价于）（P）。

(iii)**【强对偶性】** 如果问题（P）、（D）中的一个是严格可行且有界的，则另一个问题也是可解的，且 $\mathrm{Opt}(P)=\mathrm{Opt}(D)$。

如果两个问题都是严格可行的，那么两者都是可解的，并且有相同的最优解。

证明 我们已经证明了弱对偶性和对称性。现在证明强对偶性中的第一条理论。根据对称性，我们不妨令这个严格可行且有界的问题是（P）。

考虑以下两个在欧几里得空间 $G=\mathbb{R}\times F\times F_1\times\cdots\times F_m$ 内的集合：

$$T=\{[t;\boldsymbol{z};y_1;\cdots;y_m]:\exists\,\boldsymbol{x}:t=\langle\boldsymbol{c},\boldsymbol{x}\rangle_E;y_i=\boldsymbol{A}_i\boldsymbol{x}-b_i,1\leqslant i\leqslant m:\boldsymbol{z}=\boldsymbol{A}\boldsymbol{x}-\boldsymbol{b}\};$$

$$S=\{[t;\boldsymbol{z};y_1;\cdots;y_m]:t<\mathrm{Opt}(P),y_1\in K_1,\cdots,y_m\in K_m,\boldsymbol{z}=\boldsymbol{0}\}。$$

显然，集合 T 和 S 是非空的凸集，通过观察可以发现它们是不相交的。事实上，假

设存在 $[t;z;y_1;\cdots;y_m]\in S\cap T$，则有 $t<\mathrm{Opt}(P)$，还有 $y_i\in K_i$，$\boldsymbol{z}=\boldsymbol{0}$（因为这个点在 S 内）。同时，对于某个 $\boldsymbol{x}\in E$，有 $t=\langle \boldsymbol{c},\boldsymbol{x}\rangle_E$ 和 $\boldsymbol{A}_i\boldsymbol{x}-b_i=y_i\in K_i$，$\boldsymbol{Ax}-\boldsymbol{b}=\boldsymbol{z}=\boldsymbol{0}$，说明存在一个（$P$）的可行解，且目标值$<\mathrm{Opt}(P)$，而这是不可能的。因为非空凸集 S 和 T 不相交，可以用线性形式将它们分割开：存在 $[\boldsymbol{\tau};\boldsymbol{\zeta};\eta_1;\cdots;\eta_m]\in G=\mathbb{R}\times F\times F_1\times\cdots\times F_m$ 满足

$$
\begin{aligned}
(a)\quad & \sup_{[t;z;y_1;\cdots;y_m]\in S}\langle[\boldsymbol{\tau};\boldsymbol{\zeta};\eta_1;\cdots;\eta_m],[t;\boldsymbol{z};y_1;\cdots;y_m]\rangle_G\leqslant\\
& \inf_{[t;z;y_1;\cdots;y_m]\in T}\langle[\boldsymbol{\tau};\boldsymbol{\zeta};\eta_1;\cdots;\eta_m],[t;\boldsymbol{z};y_1;\cdots;y_m]\rangle_G\\
(b)\quad & \inf_{[t;z;y_1;\cdots;y_m]\in S}\langle[\boldsymbol{\tau};\boldsymbol{\zeta};\eta_1;\cdots;\eta_m],[t;\boldsymbol{z};y_1;\cdots;y_m]\rangle_G<\\
& \sup_{[t;z;y_1;\cdots;y_m]\in T}\langle[\boldsymbol{\tau};\boldsymbol{\zeta};\eta_1;\cdots;\eta_m],[t;\boldsymbol{z};y_1;\cdots;y_m]\rangle_G
\end{aligned}
$$

即

$$
\begin{aligned}
(a)\quad & \sup_{t<\mathrm{Opt}(P),\,y_i\in K_i}\Big[\boldsymbol{\tau}t+\sum_i\langle\eta_i,y_i\rangle_{F_i}\Big]\leqslant\\
& \inf_{x\in E}\Big[\boldsymbol{\tau}\langle\boldsymbol{c},\boldsymbol{x}\rangle_E+\langle\boldsymbol{\zeta},\boldsymbol{Ax}-\boldsymbol{b}\rangle_F+\sum_i\langle\eta_i,\boldsymbol{A}_i\boldsymbol{x}-b_i\rangle_{F_i}\Big]\\
(b)\quad & \inf_{t<\mathrm{Opt}(P),\,y_i\in K_i}\Big[\boldsymbol{\tau}t+\sum_i\langle\eta_i,y_i\rangle_{F_i}\Big]<\\
& \sup_{x\in E}\Big[\boldsymbol{\tau}\langle\boldsymbol{c},\boldsymbol{x}\rangle+\langle\boldsymbol{\zeta},\boldsymbol{Ax}-\boldsymbol{b}\rangle_F+\sum_i\langle\eta_i,\boldsymbol{A}_i\boldsymbol{x}-b_i\rangle_{F_i}\Big]
\end{aligned}
\tag{A.2.1}
$$

因为式（A. 2. 1. a）中的左边是有限的，于是有

$$\boldsymbol{\tau}\geqslant0,-\eta_i\in K_i^*,1\leqslant i\leqslant m \tag{A.2.2}$$

因此，式（A. 2. 1. a）的左边等于 $\boldsymbol{\tau}\mathrm{Opt}(P)$。由于式（A. 2. 1. a）的右边也是有限的且 $\boldsymbol{\tau}\geqslant0$，于是有

$$\boldsymbol{A}^*\boldsymbol{\zeta}+\sum_i\boldsymbol{A}_i^*\eta_i+\boldsymbol{\tau c}=\boldsymbol{0} \tag{A.2.3}$$

而且，式（A. 2. 1. a）的右边是 $\langle-\boldsymbol{\zeta},\boldsymbol{b}\rangle_F-\sum_i\langle\eta_i,b_i\rangle_{F_i}$，所以式（A. 2. 1. a）写作

$$\boldsymbol{\tau}\mathrm{Opt}(P)\leqslant\langle-\boldsymbol{\zeta},\boldsymbol{b}\rangle_F-\sum_i\langle\eta_i,b_i\rangle_{F_i} \tag{A.2.4}$$

我们声明 $\boldsymbol{\tau}>0$，据此，提取强对偶性。设 $y_i=-\eta_i/\boldsymbol{\tau}$，$\boldsymbol{z}=-\boldsymbol{\zeta}/\boldsymbol{\tau}$，式（A. 2. 2）、式（A. 2. 3）说明 $\boldsymbol{z},\{y_i\}$ 是（D）的一个可行解，而且由式（A. 2. 2）得在该对偶可行解中对偶目标的值$\geqslant\mathrm{Opt}(P)$。根据弱对偶性，这个值不能大于 $\mathrm{Opt}(P)$。所以我们得出结论，对偶的解是一个最优解，而且像我们声明的那样，$\mathrm{Opt}(P)=\mathrm{Opt}(D)$。

还需证明 $\boldsymbol{\tau}>0$。假设情况并非如此，那么由式（A. 2. 2）得 $\boldsymbol{\tau}=0$。设 $\bar{\boldsymbol{x}}$ 是（P）的严格可行解。计算式（A. 2. 3）的两边与 $\bar{\boldsymbol{x}}$ 的内积，有

$$\langle\boldsymbol{\zeta},\boldsymbol{A}\bar{\boldsymbol{x}}\rangle_F+\sum_i\langle\eta_i,\boldsymbol{A}_i\bar{\boldsymbol{x}}\rangle_{F_i}=0$$

而根据式（A. 2. 4），有

$$-\langle\boldsymbol{\zeta},\boldsymbol{b}\rangle_F-\sum_i\langle\eta_i,b_i\rangle_{F_i}\geqslant0$$

将所得不等式相加，并考虑到$\bar{x}$是（P）的可行解，可得

$$\sum_i \langle \eta_i, \boldsymbol{A}_i \bar{x} - b_i \rangle \geqslant 0$$

因为$\boldsymbol{A}_i \bar{x} - b_i \in \mathrm{int} K_i$和$\eta_i \in K_i^*$，后一个不等式左边的内积是非正的，而且它们中的第$i$个为0当且仅当$\eta_i = 0$。因此，不等式表明，对于所有$i$，有$\eta_i = 0$。把$\eta_i = 0$与$\boldsymbol{\tau} = 0$代入式（A.2.3），我们得到$\boldsymbol{A}^* \boldsymbol{\zeta} = \boldsymbol{0}$，其中对于所有的$\boldsymbol{x}$有$\langle \boldsymbol{\zeta}, \boldsymbol{A}\boldsymbol{x} \rangle_F = 0$。特别地，由于$\boldsymbol{b} = \boldsymbol{A}\bar{\boldsymbol{x}}$，可得$\langle \boldsymbol{\zeta}, \boldsymbol{b} \rangle_F = 0$。最终结果就是，对所有$\boldsymbol{x}$，有$\langle \boldsymbol{\zeta}, \boldsymbol{A}\boldsymbol{x} - \boldsymbol{b} \rangle_F = 0$。现在让我们看式（A.2.1.$b$）。因为$\boldsymbol{\tau} = 0$，且对于所有$i$满足$\eta_i = 0$，以及所有$\boldsymbol{x}$满足$\langle \boldsymbol{\zeta}, \boldsymbol{A}\boldsymbol{x} - \boldsymbol{b} \rangle_F = 0$，所以不等式的两边都等于0。然而这是不可能的，与我们想要的形成了矛盾。

我们已经证明了强对偶性中的第一条理论。第二条理论便能轻松得到：如果（P）和（D）都是严格可行的，那么根据弱对偶性，两个问题都是有界的；又根据强对偶性中已经证明的部分，因而两者都有解，且具有相同最优解。 ■

A.2.3.3 锥规划的最优情况

锥规划的最优情况如下给出。

定理 A.2.2 *考虑锥问题的原始对偶（P）和（D），设两者都严格可行。（P）和（D）的一组可行解（$\boldsymbol{x}, \boldsymbol{\xi} \equiv [\boldsymbol{z}; y_1; \cdots; y_m]$）由各自问题的最优解组成，当且仅当*

（i）**【零对偶间隙】**

$$\mathrm{DualityGap}(\boldsymbol{x}; \boldsymbol{\xi}) := \langle \boldsymbol{c}, \boldsymbol{x} \rangle_E - \left[\langle \boldsymbol{z}, \boldsymbol{b} \rangle_F + \sum_i \langle b_i, y_i \rangle_{F_i} \right] = 0$$

或当且仅当

（ii）**【互补松弛】**

$$\forall i: \langle y_i, \boldsymbol{A}_i \boldsymbol{x} - b_i \rangle_{F_i} = 0$$

证明 根据锥对偶定理，我们正处在$\mathrm{Opt}(P) = \mathrm{Opt}(D)$的情况下。因此

$$\mathrm{DualityGap}(\boldsymbol{x}; \boldsymbol{\xi}) = \underbrace{[\langle \boldsymbol{c}, \boldsymbol{x} \rangle_E - \mathrm{Opt}(P)]}_{a} + \underbrace{\left[\mathrm{Opt}(D) - \left[\langle \boldsymbol{z}, \boldsymbol{b} \rangle_F + \sum_i \langle b_i, y_i \rangle_{F_i} \right] \right]}_{b}$$

因为$\boldsymbol{x}$和$\boldsymbol{\xi}$对各自的问题都是可行的，所以对偶间隙是非负的，当且仅当$a = b = 0$时消除对偶间隙，即如（i）中声明的当且仅当$\boldsymbol{x}$和$\boldsymbol{\xi}$都是各自问题的最优解。$\boldsymbol{x}$是可行的，为了证明（ii），我们有

$$\boldsymbol{A}\boldsymbol{x} = \boldsymbol{b}, \boldsymbol{A}_i \boldsymbol{x} - b_i \in K_i, \boldsymbol{c} = \boldsymbol{A}^* \boldsymbol{z} + \sum_i \boldsymbol{A}_i^* y_i, y_i \in K_i^*$$

所以，

$$\begin{aligned}
\mathrm{DualityGap}(\boldsymbol{x}; \boldsymbol{\zeta}) &= \langle \boldsymbol{c}, \boldsymbol{x} \rangle_E - \left[\langle \boldsymbol{z}, \boldsymbol{b} \rangle_F + \sum_i \langle b_i, y_i \rangle_{F_i} \right] \\
&= \left\langle \boldsymbol{A}^* \boldsymbol{z} + \sum_i \boldsymbol{A}_i^* y_i, \boldsymbol{x} \right\rangle_E - \left[\langle \boldsymbol{z}, \boldsymbol{b} \rangle_F + \sum_i \langle b_i, y_i \rangle_{F_i} \right] \\
&= \underbrace{\langle \boldsymbol{z}, \boldsymbol{A}\boldsymbol{x} - \boldsymbol{b} \rangle_F}_{=0} + \sum_i \underbrace{\langle y_i, \boldsymbol{A}_i \boldsymbol{x} - \boldsymbol{b}_i \rangle_{F_i}}_{\geqslant 0}
\end{aligned}$$

其中在最后一个$\sum_i$中的非负项可由 $y_i \in K_i^*$，$\boldsymbol{A}_i\boldsymbol{x}-b_i \in K_i$ 得出。我们看到，当且仅当互补松弛成立时，在一对原始对偶可行解上评估的对偶间隙消失，因此（ii）很容易由（i）得到。 ■

A.2.4 集合与函数的锥表示

A.2.4.1 集合的锥表示

当被问及优化规划

$$\min_{\boldsymbol{y}} \sum_{i=1}^{m} |\boldsymbol{a}_i^{\mathrm{T}}\boldsymbol{y}-b_i| \tag{A.2.5}$$

和

$$\min_{\boldsymbol{y}} \max_{1 \leqslant i \leqslant m} |\boldsymbol{a}_i^{\mathrm{T}}\boldsymbol{y}-b_i| \tag{A.2.6}$$

是否为线性优化规划时，答案当然为“是”；尽管线性优化规划的定义是

$$\min_{\boldsymbol{x}}\{\boldsymbol{c}^{\mathrm{T}}\boldsymbol{x}: \boldsymbol{A}\boldsymbol{x} \geqslant \boldsymbol{b}, \boldsymbol{P}\boldsymbol{x}=\boldsymbol{p}\} \tag{A.2.7}$$

而式（A.2.5）和式（A.2.6）都并非这种形式。这个“是”的回答实际上意味着式（A.2.5）和式（A.2.6）都能被直接简化为，或者说被表示为线性优化规划。比如，线性优化规划

$$\min_{\boldsymbol{y},\boldsymbol{u}}\left\{\sum_{i=1}^{m} u_i : -u_i \leqslant \boldsymbol{a}_i^{\mathrm{T}}\boldsymbol{y}-b_i \leqslant u_i, 1 \leqslant i \leqslant m\right\} \tag{A.2.8}$$

为式（A.2.5）的情况，而

$$\min_{\boldsymbol{y},t}\{t: -t \leqslant \boldsymbol{a}_i^{\mathrm{T}}\boldsymbol{y}-b_i \leqslant t, 1 \leqslant i \leqslant m\} \tag{A.2.9}$$

则是式（A.2.6）的情况。

下面是对这些示例及相似示例的“深入”解释。

i）一个典型数学规划问题的“初始形式”是$\min\limits_{\boldsymbol{v}\in V} f(\boldsymbol{v})$，其中 $f(\boldsymbol{v}): V \to \mathbb{R}$ 是问题的目标，$V \in \mathbb{R}^n$ 是问题的可行集。为技术上的方便，我们假设目标“尽可能简单”——仅仅是线性的：$f(\boldsymbol{v})=\boldsymbol{e}^{\mathrm{T}}\boldsymbol{v}$。该假设并不失一般性，因为我们总能够将以$\min\limits_{\boldsymbol{v}\in V}\boldsymbol{\phi}(\boldsymbol{v})$ 形式给出的原始问题转换为等价问题

$$\min_{\boldsymbol{y}=[\boldsymbol{v};s]}\{\boldsymbol{c}^{\mathrm{T}}\boldsymbol{y} \equiv s: \boldsymbol{y} \in Y=[\boldsymbol{v};s]: \boldsymbol{v} \in V, s \geqslant \boldsymbol{\phi}(\boldsymbol{v})\}$$

因此，从现在起，不失一般性地，我们假设原始问题为

$$\min_{\boldsymbol{y}}\{\boldsymbol{d}^{\mathrm{T}}\boldsymbol{y}: \boldsymbol{y} \in Y\} \tag{A.2.10}$$

ii）为了将式（A.2.10）简化为线性优化规划，我们所需要 Y 的多面体表示，即下面这种形式的表示：

$$U=\{\boldsymbol{y} \in \mathbb{R}^n: \exists \boldsymbol{u}: \boldsymbol{A}\boldsymbol{y}+\boldsymbol{B}\boldsymbol{u}-\boldsymbol{b} \in \mathbb{R}_+^N\}$$

给定这样一个表示，我们可以把式（A.2.10）重新表述为一个线性优化规划

$$\min_{\boldsymbol{x}=[\boldsymbol{y};\boldsymbol{u}]}\{\boldsymbol{c}^{\mathrm{T}}\boldsymbol{x}:=\boldsymbol{d}^{\mathrm{T}}\boldsymbol{y}: \mathcal{A}(\boldsymbol{x}):=\boldsymbol{A}\boldsymbol{y}+\boldsymbol{B}\boldsymbol{u}-\boldsymbol{b} \geqslant \boldsymbol{0}\}$$

例如，要把式（A.2.5）转换成式（A.2.8），我们首先把原问题重写为

$$\min_{t,\boldsymbol{y}}\left\{t: \sum_i |\boldsymbol{a}_i^{\mathrm{T}}\boldsymbol{y}-b_i| \leqslant t\right\}$$

然后写出它可行集的多面体表示：

$$\left\{[\boldsymbol{y};t]:\sum_i|\boldsymbol{a}_i^{\mathrm{T}}\boldsymbol{y}-b_i|\leqslant t\right\}$$
$$=\left\{[\boldsymbol{y}:t]:\exists\boldsymbol{u}:\underbrace{\begin{cases}u_i-\boldsymbol{a}_i^{\mathrm{T}}\boldsymbol{y}+b_i\geqslant 0,\\u_i+\boldsymbol{a}_i^{\mathrm{T}}\boldsymbol{y}-b_i\geqslant 0,\\t-\sum_i u_i\geqslant 0\end{cases}}_{\boldsymbol{A}[\boldsymbol{y};t]+\boldsymbol{B}\boldsymbol{u}-\boldsymbol{b}\geqslant\boldsymbol{0}}\right\}$$

最后将问题重新表述为变量 $\boldsymbol{y},t,\boldsymbol{u}$ 的线性优化规划。式（A.2.6）的转换过程是完全类似的，事实上，在“线性化目标”之后，我们得到了优化问题

$$\min_{\boldsymbol{y},t}\{t:-t\leqslant\boldsymbol{a}_i^{\mathrm{T}}\boldsymbol{y}-b_i\leqslant t,1\leqslant i\leqslant m\}$$

其中，可行集是多面体表示（即用多面体表示而不使用变量 $\boldsymbol{u}$）。

多面体表示的概念自然地扩展到锥问题，具体如下。设 $\mathcal{K}$ 是一组正则锥，“住”在各自的欧几里得空间中。我们称一个集合 $Y\subset\mathbb{R}^n$ 是 $\mathcal{K}$-表示的，当它能被表示为如下形式

$$Y=\{\boldsymbol{y}\in\mathbb{R}^n:\exists\boldsymbol{u}\in\mathbb{R}^m:\boldsymbol{A}\boldsymbol{y}+\boldsymbol{B}\boldsymbol{u}-\boldsymbol{b}\in K\}\tag{A.2.11}$$

其中 $K\in\mathcal{K}$ 且 $\boldsymbol{A}$，$\boldsymbol{B}$，$\boldsymbol{b}$ 是适当维数的矩阵和向量。Y 的形如式（A.2.11）的表示（即对应的集合 $\boldsymbol{A},\boldsymbol{B},\boldsymbol{b},K$）被称作 Y 的 $\mathcal{K}$-表示。

Y 的 $\mathcal{K}$-表示，从几何上看，是 Y 的表示在集合 $Y_+=[\boldsymbol{y};\boldsymbol{u}]:\boldsymbol{A}\boldsymbol{x}+\boldsymbol{B}\boldsymbol{u}-\boldsymbol{b}\in K$ 中 $\boldsymbol{y}$ 变量空间上的投影，反过来被表示为锥 $K\in\mathcal{K}$ 在仿射映射 $[\boldsymbol{y};\boldsymbol{u}]\mapsto\boldsymbol{A}\boldsymbol{y}+\boldsymbol{B}\boldsymbol{u}-\boldsymbol{b}$ 下的逆像。

锥表示概念的作用源于这样一个事实，给定式（A.2.10）的可行域 Y 的 $\mathcal{K}$-表示，我们可以很快把这个优化规划重写为一个包含 $\mathcal{K}$ 中一个锥的锥规划，具体如下，

$$\min_{\boldsymbol{x}=[\boldsymbol{y};\boldsymbol{u}]}\{\boldsymbol{c}^{\mathrm{T}}\boldsymbol{x}:=\boldsymbol{d}^{\mathrm{T}}\boldsymbol{y}:\mathcal{A}(\boldsymbol{x}):=\boldsymbol{A}\boldsymbol{y}+\boldsymbol{B}\boldsymbol{u}-\boldsymbol{b}\in K\}\tag{A.2.12}$$

特别地，

- 当 $\mathcal{K}=\mathcal{LO}$ 是所有非负象限族（或者，也可以是所有非负射线的有限直积的族），根据 Y 的 $\mathcal{K}$-表示，式（A.2.10）能够被写为一个线性规划；
- 当 $\mathcal{K}=\mathcal{CQO}$ 是所有洛伦兹锥的有限直积的族，根据 Y 的 $\mathcal{K}$-表示，式（A.2.10）能够被写为一个锥二次规划；
- 当 $\mathcal{K}=\mathcal{SDO}$ 是所有半正定锥的有限直积的族，根据 Y 的 $\mathcal{K}$-表示，式（A.2.10）能够被写为一个半定规划。

注意，$\mathcal{K}$-表示总是凸的。

A.2.4.2　$\mathcal{K}$-表示的初等演算

事实证明，当锥 $\mathcal{K}$ 的族“足够丰富”时，$\mathcal{K}$-表示有简单的“演算”，它允许转换参与标准凸性保持运算的运算对象的 $\mathcal{K}$-表示，如：取交集，将运算结果转化为 $\mathcal{K}$-表示。此处的“丰富”是指 $\mathcal{K}$：

- 包含一条非负射线 $\mathbb{R}_+$；
- 取有限直积时，是封闭的：任意 $K_i\in\mathcal{K}$，$1\leqslant i\leqslant m<\infty$，有 $K_1\times\cdots\times K_m\in\mathcal{K}$；
- 从一个锥到它的对偶锥时，是封闭的：任意 $K\in\mathcal{K}$，有 $K^*\in\mathcal{K}$。

特别地，上述三个锥 $\mathcal{LO}$、$\mathcal{CQO}$、$\mathcal{SDO}$ 的族，每一个都是丰富的。

在这里我们介绍了一些最基本的和最常用的“演算规则”（更多规则及关于 $\mathcal{LO}$-表示集合、$\mathcal{CQO}$-表示集合与 $\mathcal{SDO}$-表示集合的说明示例，请参阅文献［8］）。设 $\mathcal{K}$ 是丰富的

锥族，则有如下结论。

i)【**取有限交集**】 如果集合 $Y_i \subset \mathbb{R}^n$ 是 $\mathcal{K}$-表示的，$1 \leqslant i \leqslant m$，则它们的交集 $Y = \bigcap_{i=1}^{m} Y_i$ 也是 $\mathcal{K}$-表示的。

事实上，如果 $Y_i = \{\boldsymbol{y} \in \mathbb{R}^n : \exists u_i : \boldsymbol{A}_i \boldsymbol{x} + \boldsymbol{B}_i \boldsymbol{u} - b_i \in K_i\}$ 且 $K_i \in \mathcal{K}$，则

$$
\begin{aligned}
Y = \{\boldsymbol{y} \in \mathbb{R}^n : \exists \boldsymbol{u} = [u_1 ; \cdots ; u_m] : \\
&[\boldsymbol{A}_1 ; \cdots ; \boldsymbol{A}_m]\boldsymbol{y} + \mathrm{Diag}\{\boldsymbol{B}_1, \cdots, \boldsymbol{B}_m\}[u_1 : \cdots ; u_m] - [b_1 ; \cdots ; b_m] \in \\
&K := K_1 \times \cdots \times K_m\}
\end{aligned}
$$

$K \in \mathcal{K}$，因为 $\mathcal{K}$ 对于取有限直积是封闭的。

ii)【**取有限直积**】 如果集合 $Y_i \subset \mathbb{R}^{n_i}$ 是 $\mathcal{K}$-表示的，$1 \leqslant i \leqslant m$，则它们的直积 $Y = Y_1 \times \cdots \times Y_m$ 也是 $\mathcal{K}$-表示的。

事实上，如果 $Y_i = \{\boldsymbol{y} \in \mathbb{R}^n : \exists u_i : \boldsymbol{A}_i \boldsymbol{x} + \boldsymbol{B}_i \boldsymbol{u} - b_i \in K_i\}$ 且 $K_i \in \mathcal{K}$，则

$$
\begin{aligned}
Y = \{\boldsymbol{y} = [\boldsymbol{y}_1 ; \cdots ; \boldsymbol{y}_m] \in \mathbb{R}^{n_1 + \cdots + n_m} : \exists \boldsymbol{u} = [u_1 ; \cdots ; u_m] : \\
&\mathrm{Diag}\{\boldsymbol{A}_1, \cdots, \boldsymbol{A}_m\}\boldsymbol{y} + \mathrm{Diag}\{\boldsymbol{B}_1, \cdots, \boldsymbol{B}_m\}[u_1 ; \cdots ; u_m] - [b_1 ; \cdots ; b_m] \in \\
&K := K_1 \times \cdots \times K_m\}
\end{aligned}
$$

与上面同理，$K \in \mathcal{K}$。

iii)【**取逆仿射像**】 令 $Y \in \mathbb{R}^n$ 是 $\mathcal{K}$-表示的，又令 $\boldsymbol{z} \mapsto \boldsymbol{P}\boldsymbol{z} + \boldsymbol{p} : \mathbb{R}^N \to \mathbb{R}^n$ 是一个仿射映射。则在这个映射下 Y 的逆仿射像 $Z = \{\boldsymbol{z} : \boldsymbol{P}\boldsymbol{z} + \boldsymbol{p} \in Y\}$ 是 $\mathcal{K}$-表示的。

事实上，如果 $Y = \{\boldsymbol{y} \in \mathbb{R}^n : \exists \boldsymbol{u} : \boldsymbol{A}\boldsymbol{y} + \boldsymbol{B}\boldsymbol{u} - \boldsymbol{b} \in K\}$ 且 $K \in \mathcal{K}$，则

$$
Z = \{\boldsymbol{z} \in \mathbb{R}^N : \exists \boldsymbol{u} : \underbrace{\boldsymbol{A}[Pz + \boldsymbol{p}] + \boldsymbol{B}\boldsymbol{u} - \boldsymbol{b}}_{\equiv \widetilde{A}z + Bu - \widetilde{b}} \in K\}
$$

iv)【**取仿射像**】 如果一个集合 $Y \subset \mathbb{R}^n$ 是 $\mathcal{K}$-表示的，且 $\boldsymbol{y} \mapsto \boldsymbol{z} = \boldsymbol{P}\boldsymbol{y} + \boldsymbol{p} : \mathbb{R}^n \to \mathbb{R}^m$ 是一个仿射映射，则在这个映射下 Y 的像 $Z = \{\boldsymbol{z} = \boldsymbol{P}\boldsymbol{y} + \boldsymbol{p} : \boldsymbol{y} \in Y\}$ 是 $\mathcal{K}$-表示的。

事实上，如果 $Y = \{\boldsymbol{y} \in \mathbb{R}^n : \exists \boldsymbol{u} : \boldsymbol{A}\boldsymbol{u} + \boldsymbol{B}\boldsymbol{u} - \boldsymbol{b} \in K\}$，则

$$
Z = \{\boldsymbol{z} \in \mathbb{R}^m : \exists [\boldsymbol{y} ; \boldsymbol{u}] : \underbrace{\begin{bmatrix} \boldsymbol{P}\boldsymbol{y} + \boldsymbol{p} - \boldsymbol{z} \\ -\boldsymbol{P}\boldsymbol{y} - \boldsymbol{p} + \boldsymbol{z} \\ \boldsymbol{A}\boldsymbol{y} + \boldsymbol{B}\boldsymbol{u} - \boldsymbol{b} \end{bmatrix}}_{\equiv \widetilde{A}z + B[y;u] - \widetilde{b}} \in K_+ := \mathbb{R}^m_+ \times \mathbb{R}^m_+ \times K\}
$$

其中锥 K_+ 属于 $\mathcal{K}$，是多条非负射线（每条都属于 $\mathcal{K}$）的直积，并且 $K \in \mathcal{K}$。

注意，上面的“演算规则”是一套完整算法——运算结果的 $\mathcal{K}$-表示很容易根据运算对象的 $\mathcal{K}$-表示得出。

A. 2. 4. 3　函数的锥表示

根据定义，函数 $f(\boldsymbol{y}) : \mathbb{R}^n \to \mathbb{R} \cup \{+\infty\}$ 的上境图是集合

$$
\mathrm{Epi}\{f\} = \{[\boldsymbol{y} ; t] \in \mathbb{R}^n \times \mathbb{R} : t \geqslant f(\boldsymbol{y})\}
$$

注意，一个函数是凸的，当且仅当它的上境图是凸的。

设 $\mathcal{K}$ 是一个正则锥族。一个函数 f 被称为 $\mathcal{K}$-表示的，当它的上境图

$$
\mathrm{Epi}\{f\} := \{[\boldsymbol{y}, t] : \exists \boldsymbol{u} : \boldsymbol{A}\boldsymbol{y} + t a + \boldsymbol{B}\boldsymbol{u} - \boldsymbol{b} \in K\} \tag{A.2.13}
$$

其中 $K \in \mathcal{K}$。根据定义，一个函数的 $\mathcal{K}$-表示是它的上境图的 $\mathcal{K}$-表示。因为 $\mathcal{K}$-表示的集合总是凸的，所以 $\mathcal{K}$-表示的函数也如此。

函数的 $\mathcal{K}$-表示举例如下。

- 函数 $f(y)=|y|:\mathbb{R}\to\mathbb{R}$ 是 $\mathcal{LO}$-表示的：

$$\{[y;t]:t\geqslant|y|\}=\{[y;t]:\boldsymbol{A}[y;t]:=[t-y;t+y]\in\mathbb{R}_+^2\}$$

- 函数 $f(\boldsymbol{y})=\|\boldsymbol{y}\|_2:\mathbb{R}^n\to\mathbb{R}$ 是 $\mathcal{CQO}$-表示的：

$$\{[\boldsymbol{y};t]\in\mathbb{R}^{n+1}:t\geqslant\|\boldsymbol{y}\|_2\}=\{[\boldsymbol{y};t]\in L^{n+1}\}$$

- 函数 $f(\boldsymbol{y})=\lambda_{\max}(\boldsymbol{y}):S^n\to\mathbb{R}$（对称矩阵 $\boldsymbol{y}$ 的最大特征值）是 $\mathcal{SDO}$-表示的：

$$\{[\boldsymbol{y};t]\in S^n\times\mathbb{R}:t\geqslant\lambda_{\max}(\boldsymbol{y})\}=\{[\boldsymbol{y};t]:\mathcal{A}[\boldsymbol{y};t]:=t\boldsymbol{I}_n-\boldsymbol{y}\in S_+^n\}$$

观察函数 f 的 $\mathcal{K}$-表示（A.2.13），推导出其水平集 $\{\boldsymbol{y}:f(\boldsymbol{y})\leqslant c\}$ 的 $\mathcal{K}$-表示：

$$\{\boldsymbol{y}:f(\boldsymbol{y})\leqslant c\}=\{\boldsymbol{y}:\exists\boldsymbol{u}:\boldsymbol{A}\boldsymbol{y}+\boldsymbol{B}\boldsymbol{u}-[\boldsymbol{b}-c\boldsymbol{a}]\in K\}$$

这说明了函数的 $\mathcal{K}$-表示的重要性：通常，凸问题（A.2.10）的可行集 Y 由凸约束组给出：

$$Y=\{\boldsymbol{y}:f_i(\boldsymbol{y})\leqslant 0,1\leqslant i\leqslant m\}$$

如果现在所有函数 f_i 都是 $\mathcal{K}$-表示的，那么，根据上述观察和关于交集的“演算规则”，Y 也是 $\mathcal{K}$-表示的，并且 Y 的 $\mathcal{K}$-表示很容易由 f_i 的 $\mathcal{K}$-表示得到。

$\mathcal{K}$-表示的函数具有与 $\mathcal{K}$-表示的函数相似的简单演算，算法亦然。更多信息及说明例子请参阅文献［8］。

A.3 凸规划的有效可解性

这一节的目的是解释以下（有点夸张的）非正式理论的确切含义：

具有凸的有效可计算目标和约束的优化问题是有效可解的。

这一点在书的主体部分多次被使用。我们沿用了文献［8，第5章］的论述。

A.3.1 一般凸规划和有效求解算法

在下文中，为了方便，将优化规划表示为

$$(p):\quad \mathrm{Opt}(p)=\min_{\boldsymbol{x}}\{p_0(\boldsymbol{x}):\boldsymbol{x}\in X(p)\subset\mathbb{R}^{n(p)}\}$$

其中 $p_0(\cdot)$ 和 $X(p)$ 是目标，我们假设它们分别是 $\mathbb{R}^{n(p)}$ 上的实值函数和规划（p）的可行集，而 $n(p)$ 是决策向量的维度。

A.3.1.1 一个一般优化问题

一般优化规划 $\mathcal{P}$ 是优化规划（p）（“$\mathcal{P}$ 的实例”）的集合，$\mathcal{P}$ 的每个实例都由有限维数的数据向量 $\mathrm{data}(p)$ 识别。该向量的维数称作实例的规模 $\mathrm{Size}(p)$：

$$\mathrm{Size}(p)=\mathrm{dimdata}(p)$$

例如，线性优化是一个一般优化问题 $\mathcal{LO}$，具有如下形式的实例

$$(p):\quad \min_{\boldsymbol{x}}\{\boldsymbol{c}_p^{\mathrm{T}}\boldsymbol{x}:\boldsymbol{x}\in X(p):=\{\boldsymbol{x}:\boldsymbol{A}_p\boldsymbol{x}-\boldsymbol{b}_p\geqslant 0\}\}$$
$$[\boldsymbol{A}_p:m(p)\times n(p)]$$

其中 $m(p)$，$n(p)$，$\boldsymbol{c}_p$，$\boldsymbol{A}_p$，$\boldsymbol{b}_p$ 是任意的。实例的数据可以用向量来标识

$$\mathrm{data}(p)=[m(p);n(p);\boldsymbol{c}_p;\boldsymbol{b}_p;\boldsymbol{A}_p^1;\cdots;\boldsymbol{A}_p^{n(p)}]$$

其中 $\boldsymbol{A}_p^i$ 是 $\boldsymbol{A}_p$ 的第 i 列。

相似地，锥二次优化是一个一般优化问题 $\mathcal{CQO}$，具有实例

$$(p):\quad \min_{\boldsymbol{x}}\{\boldsymbol{c}_p^{\mathrm{T}}\boldsymbol{x}:\boldsymbol{x}\in X(p)\},$$
$$X(p):=\boldsymbol{x}:\|\boldsymbol{A}_{pi}\boldsymbol{x}-\boldsymbol{b}_{pi}\|_2\leqslant\boldsymbol{e}_{pi}^{\mathrm{T}}\boldsymbol{x}-d_{pi},1\leqslant i\leqslant m(p)$$
$$[\boldsymbol{A}_{pi}:k_i(p)\times n(p)]$$

实例的数据可以定义为向量，该向量通过按固定顺序列出维数 $m(p)$，$n(p)$，$\{k_i(p)\}_{i=1}^{m(p)}$

以及实数 d_{pi} 和向量 $\boldsymbol{c}_p$，$\boldsymbol{b}_{pi}$，$\boldsymbol{e}_{pi}$ 和矩阵 $\boldsymbol{A}_{pi}^{\ell}$ 的项得到。

最后，半定优化是一个一般优化问题 $\mathcal{SDO}$，具有如下形式实例

$$(p):\quad \min_x\{\boldsymbol{c}_p^{\mathrm{T}}\boldsymbol{x}:\boldsymbol{x}\in X(p):=\{\boldsymbol{x}:\boldsymbol{A}_p^i(\boldsymbol{x})\succeq 0, 1\leqslant i\leqslant m(p)\}\}$$

$$\boldsymbol{A}_p^i(\boldsymbol{x})=\boldsymbol{A}_{pi}^0+x_1\boldsymbol{A}_{pi}^1+\cdots+x_{n(p)}\boldsymbol{A}_{pi}^{n(p)}$$

其中 $\boldsymbol{A}_{pi}^{\ell}$ 是大小为 $k_i(p)$ 的对称矩阵。实例的数据可以用与 $\mathcal{CQO}$ 相同的方式定义。

A. 3. 1. 2　近似解

为了量化一般问题 $\mathcal{P}$ 的实例 (p) 的候选解的质量，我们假设 $\mathcal{P}$ 有一个不可行测度 $\underset{\mathcal{P}}{\mathrm{Infeas}}(p,\boldsymbol{x})$，这是关于实例 $(p)\in\mathcal{P}$ 和它的候选解 $\boldsymbol{x}\in\mathbb{R}^{n(p)}$ 的一个实值非负函数，有 $\boldsymbol{x}\in X(p)$ 当且仅当 $\underset{\mathcal{P}}{\mathrm{Infeas}}(p,\boldsymbol{x})=0$。

给定一个不可行测度和一个容差 $\epsilon>0$，我们定义实例 $(p)\in\mathcal{P}$ 的一个 ϵ 解为一个点 $\boldsymbol{x}_\epsilon\in\mathbb{R}^{n(p)}$，有

$$p_0(\boldsymbol{x}_\epsilon)-\mathrm{Opt}(p)\leqslant\epsilon,\underset{\mathcal{P}}{\mathrm{Infeas}}(p,\boldsymbol{x}_\epsilon)\leqslant\epsilon$$

例如，一个具有

$$(p):\quad \min_x\{p_0(\boldsymbol{x}):\boldsymbol{x}\in X(p):=\{\boldsymbol{x}:p_i(\boldsymbol{x})\leqslant 0, 1\leqslant i\leqslant m(p)\}\}\tag{A. 3. 1}$$

形式实例的一般优化问题 $\mathcal{P}$ 的自然不可行测度为

$$\underset{\mathcal{P}}{\mathrm{Infeas}}(p,\boldsymbol{x})=\max[0,p_1(\boldsymbol{x}),p_2(\boldsymbol{x}),\cdots,p_{m(p)}(\boldsymbol{x})]\tag{A. 3. 2}$$

特别地，这个方法可以应用于一般问题 $\mathcal{LO}$ 和 $\mathcal{CQO}$。而 $\mathcal{SDO}$ 的自然不可行测度为

$$\underset{\mathcal{SDO}}{\mathrm{Infeas}}(p,\boldsymbol{x})=\max\{t\geqslant 0:\boldsymbol{A}_p^i(\boldsymbol{x})+t\boldsymbol{I}_{k_i(p)}\succeq 0, 1\leqslant i\leqslant m(p)\}$$

A. 3. 1. 3　凸一般优化问题

一个一般问题 $\mathcal{P}$，如果对于它的每个实例 (p)，$p_0(\boldsymbol{x})$ 和 $\underset{\mathcal{P}}{\mathrm{Infeas}}(p,\boldsymbol{x})$ 都是 $\boldsymbol{x}\in\mathbb{R}^{n(p)}$ 的凸函数，那么我们称 $\mathcal{P}$ 是凸的。请注意，$X(p)=\{\boldsymbol{x}\in\mathbb{R}^{n(p)}:\underset{\mathcal{P}}{\mathrm{Infeas}}(p,\boldsymbol{x})\leqslant 0\}$ 是每个实例 $(p)\in\mathcal{P}$ 的凸集。

例如，具有上文定义的不可行测度的 $\mathcal{LO}$、$\mathcal{CQO}$ 和 $\mathcal{SDO}$ 是一般凸规划。其实，对于具有实例（A. 3. 1）以及不可行测度（A. 3. 2）的一般问题也是一样的，但前提是所有实例都是凸规划，即 $p_0(\boldsymbol{x}),p_1(\boldsymbol{x}),\cdots,p_{m(p)}(\boldsymbol{x})$ 在 $\mathbb{R}^{n(p)}$ 上被限制为实值凸函数。

A. 3. 1. 4　求解算法

一个一般问题 $\mathcal{P}$ 的求解算法 $\mathcal{B}$ 是实数运算计算机的一段代码——一个能够存储实数并执行含有实参的实数运算（四则算数运算、值的比较和初等函数，如 $\sqrt{\cdot}$，$\exp\{\cdot\}$，$\sin(\cdot)$ 等）的理想计算机。在输入中给定实例 $(p)\in\mathcal{P}$ 的数据向量 $\mathrm{data}(p)$ 和容差 $\epsilon>0$，并执行这段代码 $\mathcal{B}$，计算机应该在最后停止，并且：

——要么输出向量 $\boldsymbol{x}_\epsilon\in\mathbb{R}^{n(p)}$ 是 (p) 的一个 ϵ 解，

——要么输出一个正确的声明“p 是不可行的”/“p 无下界”。

一般问题 $\mathcal{P}$ 的求解算法 $\mathcal{B}$ 的复杂度由函数 $\underset{\mathcal{P}}{\mathrm{Compl}}(p,\epsilon)$ 量化，它在 $(p)\in\mathcal{P}$，$\epsilon>0$ 处的值就是实数运算计算机在输入 $(\mathrm{data}(p),\epsilon)$ 上执行代码 $\mathcal{B}$ 的过程中的初等运算次数。

A. 3. 1. 5　多项式时间求解算法

如果在（任意的）精度 $\epsilon>0$ 内解一般问题 $\mathcal{P}$ 的实例的复杂度被一个多项式限制，其多项式具有实例的规模和 ϵ 解的精度位数 $\mathrm{Digits}(p,\epsilon)$：

$$\text{Compl}_{\mathcal{P}}(p,\epsilon)\leqslant\chi(\text{Size}(p)\text{Digits}(p,\epsilon))^{\chi},$$

$$\text{Size}(p)=\text{dimdata}(p),\text{Digits}(p,\epsilon)=\ln\left(\frac{\text{Size}(p)+\|\text{data}(p)\|_1+\epsilon^2}{\epsilon}\right)$$

那么 $\mathcal{P}$ 的求解算法就被称作多项式时间（“有效”）。现在开始，χ 代表我们所讨论的一般问题的各种“特征常数”（不一定完全相同），即依赖于 $\mathcal{P}$ 但又独立于 $(p)\in\mathcal{P}$ 且 $\epsilon>0$ 的正量。还应注意，尽管精度位数定义的分数中“奇怪”的分子是由技术原因产生的，但对很小的 $\epsilon>0$，精度位数与该分子无关，接近 $\ln(1/\epsilon)$。

一个一般问题 $\mathcal{P}$ 被称作多项式可解的（“计算上易于处理的”），当它有一个多项式时间求解算法。

A.3.2　一般凸规划问题的多项式可解性

一般凸问题之所以在优化问题中发挥如此重要的作用，主要是因为与典型的一般非凸问题相比，在较小的非限制性技术假设下，它在计算上是易于处理的。

刚刚提及的“较小的非限制性技术假设”是指多项式可计算性、多项式增长和可行集的多项式有界性。

A.3.2.1　多项式可计算性

如果我们称一个一般凸优化问题 $\mathcal{P}$ 是多项式可计算的，它应该具有两段对于实数运算计算机的代码 $\mathcal{O}$ 和 $\mathcal{C}$，见下面。

- 对于每个实例 $(p)\in\mathcal{P}$ 以及该实例的任意候选解 $\boldsymbol{x}\in\mathbb{R}^{n(p)}$，在输入 $(\text{data}(p),\boldsymbol{x})$ 上执行 $\mathcal{O}$，将需要 $\text{Size}(p)$ 数量的初等运算的多项式，并在点 $\boldsymbol{x}$ 处产生目标 $p_0(\cdot)$ 的一个值和一个次梯度；
- 对于每个实例 $(p)\in\mathcal{P}$ 以及该实例的任意候选解 $\boldsymbol{x}\in\mathbb{R}^{n(p)}$ 和任意 $\epsilon>0$，在输入 $(\text{data}(p),\boldsymbol{x},\epsilon)$ 上执行 $\mathcal{C}$，将需要 $\text{Size}(p)$ 和 $\text{Digits}(p,\epsilon)$ 数量的初等运算的多项式，结果

  i）要么是 $\text{Infeas}_{\mathcal{P}}(p,\boldsymbol{x})\leqslant\epsilon$ 的正确结论

  ii）要么是 $\text{Infeas}_{\mathcal{P}}(p,\boldsymbol{x})>\epsilon$ 的正确结论，并计算一个线性形式 $\boldsymbol{e}\in\mathbb{R}^{n(p)}$，能将 $\boldsymbol{x}$ 和集合 $\{\boldsymbol{y}:\text{Infeas}_{\mathcal{P}}(p,\boldsymbol{y})\leqslant\epsilon\}$ 分割，使得

$$\forall(\boldsymbol{y},\text{Infeas}_{\mathcal{P}}(p,\boldsymbol{y})\leqslant\epsilon):\boldsymbol{e}^{\mathrm{T}}\boldsymbol{y}<\boldsymbol{e}^{\mathrm{T}}\boldsymbol{x}$$

例如，我们考虑一个具有式（A.3.1）形式的实例和不可行测度（A.3.2）的一般凸规划 $\mathcal{P}$，假设函数 $p_0(\cdot),p_1(\cdot),\cdots,p_{m(p)}(\cdot)$ 是关于所有 $\mathcal{P}$ 的实例的实值凸函数。此外，再假设实例的目标和约束都是有效可计算的，这意味着存在实数运算计算机上的代码 $\mathcal{CO}$，当这代码被执行在形式为 $\text{data}(p)$，$\boldsymbol{x}\in\mathbb{R}^{n(p)}$ 的输入上时，它将在 $\text{Size}(p)$ 数量的初等运算的多项式内计算 $\boldsymbol{x}$ 处的函数 $p_0(\cdot),p_1(\cdot),\cdots,p_{m(p)}(\cdot)$ 的值和次梯度。在这种情况下，$\mathcal{P}$ 是多项式可计算的。事实上，代码 $\mathcal{O}$ 允许在多项式时间内计算一个在给定候选解处的目标的值和次梯度，解很容易由 $\mathcal{CO}$ 得到。为了构建 $\mathcal{C}$，让我们在输入 $(\text{data}(p),\boldsymbol{x})$ 上执行 $\mathcal{CO}$，并将 $p_i(\boldsymbol{x}),1\leqslant i\leqslant m(p)$ 与 ϵ 进行比较。如果 $p_i(\boldsymbol{x})\leqslant\epsilon,1\leqslant i\leqslant m(p)$，我们就输出结论 $\text{Infeas}_{\mathcal{P}}(p,\boldsymbol{x})\leqslant\epsilon$；否则，我们就输出结论 $\text{Infeas}_{\mathcal{P}}(p,\boldsymbol{x})>\epsilon$，并返回在约束 $p_{i(x)}(\cdot)$ 下 $\boldsymbol{x}$ 处的次梯度，作为 $\boldsymbol{e}$，其中 $p_{i(x)}(\boldsymbol{x})>\epsilon,i(\boldsymbol{x})\in\{1,2,\cdots,m(p)\}$。

由上述理由，线性和锥二次优化的一般问题 $\mathcal{LO}$ 和 $\mathcal{CQO}$ 是多项式可计算的。半定优化同样如此，请参阅文献［8，第5章］。

A.3.2.2 多项式增长

我们称 $\mathcal{P}$ 是多项式增长的，如果适当地选择 $\chi>0$ 后，有

$$\forall((p)\in\mathcal{P},\boldsymbol{x}\in\mathbb{R}^{n(p)}):$$

$$\max[|p_0(\boldsymbol{x})|,\underset{\mathcal{P}}{\text{Infeas}}(p,\boldsymbol{x})]\leqslant\chi(\text{Size}(p)+\|\text{data}(p)\|_1)^{\chi\text{Size}^{\chi}(p)}$$

例如，线性、锥二次和半定优化的一般问题显然是多项式增长的。

A.3.2.3 可行集的多项式有界性

我们称 $\mathcal{P}$ 具有多项式有界可行集，如果适当地选择 $\chi>0$ 后，有

$$\forall((p)\in\mathcal{P}):\boldsymbol{x}\in X(p)\Rightarrow\|\boldsymbol{x}\|_{\infty}\leqslant\chi(\text{Size}(p)+\|\text{data}(p)\|_1)^{\chi\text{Size}^{\chi}(p)}$$

尽管一般凸问题 $\mathcal{LO}$、$\mathcal{CQO}$ 和 $\mathcal{SDO}$ 是多项式可计算的，并具有多项式增长，但它们（与其他任何一个自然一般凸问题一样）“本来”都不具有多项式有界可行集。但我们可以将一个一般问题 $\mathcal{P}$ 变为“有界版本” $\mathcal{P}_{\text{b}}$ 以满足该条件，方法如下：$\mathcal{P}_{\text{b}}$ 的实例是由 $\mathcal{P}$ 的实例（p）在变量边界上增广而得的；因此，$\mathcal{P}_{\text{b}}$ 的实例（p_+）=（p,R）的形式为

$$(p,R):\min_{\boldsymbol{x}}\{p_0(\boldsymbol{x}):\boldsymbol{x}\in X(p,R)=X(p)\cap\{\boldsymbol{x}\in\mathbb{R}^{n(p)}:\|\boldsymbol{x}\|_{\infty}\leqslant R\}\}$$

其中（p）是 $\mathcal{P}$ 的实例且 $R>0$。（p,R）的数据由（p）的数据经 R 增广而得，且

$$\underset{\mathcal{P}_{\text{b}}}{\text{Infeas}}((p,R),\boldsymbol{x})=\underset{\mathcal{P}}{\text{Infeas}}(p,\boldsymbol{x})+\max[\|\boldsymbol{x}\|_{\infty}-R,0]$$

应注意的是，$\mathcal{P}_{\text{b}}$ 从 $\mathcal{P}$ 继承了多项式可计算性或多项式增长，并且如果有的话，总是具有多项式有界的可行集。还应注意，R 可以很大，比如 $R=10^{100}$，这使得 $\mathcal{P}_{\text{b}}$ 在实际应用中的“表达能力”与 $\mathcal{P}$ 一样强。最后，我们可以发现，$\mathcal{LO}$、$\mathcal{CQO}$ 和 $\mathcal{SDO}$ 的“有界版本”是原始一般问题的子问题。

A.3.2.4 主要结论

关于凸规划的计算可处理性的主要结论如下。

定理 A.3.1 *设 $\mathcal{P}$ 是一个多项式可计算的一般凸规划，且具有多项式增长和多项式有界的可行集，则 $\mathcal{P}$ 是多项式可解的。*

事实上，“在实际生活中”，定理 A.3.1 中唯一限制性的假设是多项式可计算性的假设。当我们讨论半无限凸规划问题常常会违背这个假设，就像与简单非多面体锥 K 相关的不确定锥问题的 RC：

$$\min_{\boldsymbol{x}}\{\boldsymbol{c}_p^{\text{T}}\boldsymbol{x}:\boldsymbol{x}\in X(p)=\{\boldsymbol{x}\in\mathbb{R}^{n(p)}:\boldsymbol{A}_{p\zeta}\boldsymbol{x}+\boldsymbol{a}_{p\zeta}\in K,\forall(\boldsymbol{\zeta}\in\mathcal{Z})\}\}$$

事实上，当 K 是洛伦兹锥时，有

$$X(p)=\{\boldsymbol{x}:\|\boldsymbol{B}_{p\zeta}\boldsymbol{x}+\boldsymbol{b}_{p\zeta}\|_2\leqslant\boldsymbol{c}_{p\zeta}^{\text{T}}\boldsymbol{x}+d_{p\zeta},\forall(\boldsymbol{\zeta}\in\mathcal{Z})\}$$

计算在给定的候选解 $\boldsymbol{x}$ 上的自然不可行测度

$$\min\{t\geqslant0:\|\boldsymbol{B}_{p\zeta}\boldsymbol{x}+\boldsymbol{b}_{p\zeta}\|_2\leqslant\boldsymbol{c}_{p\zeta}^{\text{T}}\boldsymbol{x}+d_{p\zeta}+t,\forall(\boldsymbol{\zeta}\in\mathcal{Z})\}$$

就意味着要在不确定性集 $\mathcal{Z}$ 上最大化函数 $f_x(\boldsymbol{\zeta})=\|\boldsymbol{B}_{p\zeta}\boldsymbol{x}+\boldsymbol{b}_{p\zeta}\|_2-\boldsymbol{c}_{p\zeta}^{\text{T}}\boldsymbol{x}-d_{p\zeta}$。当不确定数据被 $\boldsymbol{\zeta}$ 仿射参数化，这需要非线性凸函数 $f_x(\boldsymbol{\zeta})$ 在 $\boldsymbol{\zeta}\in\mathcal{Z}$ 上的最大值，并且这个问题（通常是）难以计算的，即使 $\mathcal{Z}$ 是一个简单凸集。上述困难没有出现在数据被 $\boldsymbol{\zeta}$ 仿射参数化的不确定线性优化中的原因也变得清晰起来：这里的 $f_x(\boldsymbol{\zeta})$ 是 $\boldsymbol{\zeta}$ 的一个仿射函数，且因此可以在 $\mathcal{Z}$ 上有效最大化，前提是 $\mathcal{Z}$ 是凸集且“不太复杂”。

A.3.3 “内部是什么”：凸优化中面向黑盒的高效算法

定理 A.3.1 是一个事实的直接结果，这个事实本身具有指导意义，它还与“面向黑盒”的凸优化有关，具体地说，是与解决优化问题

$$\min_{x\in X} f(\boldsymbol{x}) \tag{A.3.3}$$

有关，其中，

- $X\subset\mathbb{R}^n$ 是已知属于一个给定欧几里得球 $E_0=\{\boldsymbol{x}:\|\boldsymbol{x}\|_2\leqslant R\}$ 的立方体（具有非空内部的凸紧集），并由一个分离 oracle（一个例程）表示。给定输入点 $\boldsymbol{x}\in\mathbb{R}^n$，报告是否 $\boldsymbol{x}\in X$，如果不是，则返回一个向量 $\boldsymbol{e}\neq\boldsymbol{0}$，有
$$\boldsymbol{e}^{\mathrm{T}}\boldsymbol{x}\geqslant\max_{\boldsymbol{y}\in \boldsymbol{X}} \boldsymbol{e}^{\mathrm{T}}\boldsymbol{y}$$
- f 是 $\mathbb{R}^n$ 上的一个凸实值函数，由一阶 oracle 表示，给定输入点 $\boldsymbol{x}\in\mathbb{R}^n$，返回这个值和 f 在 $\boldsymbol{x}$ 处的次梯度。

此外，假设我们预先知道一个 $r>0$，使得 X 包含一个半径为 r 的欧几里得球（这个球的球心可以是未知的）。

定理 A.3.1 是下列重要事实的直接推论。

定理 A.3.2【文献［8，定理 5.2.1］】 存在一种实数运算算法（椭球法），当应用于式（A.3.3）时，要求精度为 $\epsilon>0$，它在至多经过

$$N(\epsilon)=\mathrm{Ceil}\left(2n^2\left[\ln\left(\frac{R}{r}\right)+\ln\left(\frac{\epsilon+\operatorname{Var}_R(f)}{\epsilon}\right)\right]\right)+1$$

$$\operatorname{Var}_R(f)=\max_{\|\boldsymbol{x}\|_2\leqslant R} f(\boldsymbol{x})-\min_{\|\boldsymbol{x}\|_2\leqslant R} f(\boldsymbol{x})$$

步后，找到这个问题（即 $\boldsymbol{x}_\epsilon\in X,f(\boldsymbol{x}_\epsilon)-\min_X f\leqslant\epsilon$）的一个可行的 ϵ 解 $\boldsymbol{x}_\epsilon$。其中，将一步减少为对分离和一阶 oracle 的单个调用，伴随着 $O(1)n^2$ 次额外算术运算来处理 oracle 的答案。这里的 $O(1)$ 是一个绝对常数。

最近，椭球法已经具备了“在线”精度证明，这使得上述理论得到了一个稍微加强的版本，即如下所示。

定理 A.3.3 文献［86］考虑问题（A.3.3），并假设：

- $X\in\mathbb{R}^n$ 是一个包含在已知半径为 R 的以原点为中心的欧几里得球 E_0 内的立方体，由一个分离 oracle 给出。给定输入点 $\boldsymbol{x}\in\mathbb{R}^n$，报告是否 $\boldsymbol{x}\in\operatorname{int}X$，如果不是，则返回一个非零的 $\boldsymbol{e}$，满足 $\boldsymbol{e}^{\mathrm{T}}\boldsymbol{x}\geqslant\max_{\boldsymbol{y}\in X}\boldsymbol{e}^{\mathrm{T}}\boldsymbol{y}$；
- $f:\operatorname{int}X\rightarrow\mathbb{R}$ 是一个由一阶 oracle 表示的凸函数，给定输入点 $\boldsymbol{x}\in\operatorname{int}X$，报告值 $f(\boldsymbol{x})$ 和 f 在 $\boldsymbol{x}$ 处的次梯度 $f'(\boldsymbol{x})$。此外，假设 f 在 X 上是半有界的，那这就意味着 $V_X(f)\equiv\sup_{\boldsymbol{x},\boldsymbol{y}\in\operatorname{int}X}(\boldsymbol{y}-\boldsymbol{x})^{\mathrm{T}}f'(\boldsymbol{x})<\infty$。

存在一个显式的实数运算算法，给定输入一个期望精度 $\epsilon>0$，在经过至多

$$N(\epsilon)=O(1)\left(n^2\left[\ln\left(\frac{nR}{r}\right)+\ln\left(\frac{\epsilon+V_X(f)}{\epsilon}\right)\right]\right)$$

步后，以问题（$\boldsymbol{x}_\epsilon\in\operatorname{int}X,f(\boldsymbol{x}_\epsilon)-\inf_{x\in\operatorname{int}X}f(\boldsymbol{x})\leqslant\epsilon$）的一个严格可行 ϵ 解 $\boldsymbol{x}_\epsilon$ 结束。其中，将一步减少为对分离和一阶 oracle 的单个调用，伴随着 $O(1)n^2$ 次额外算术运算来处理 oracle 的答案。这里的 r 是 X 所包含的欧几里得球的半径的上限值，$O(1)$ 是绝对常数。

与定理 A.3.1 相比的进步在于，我们现在不需要先验知识 $r>0$，使得 X 包含一个半径为 r 的欧几里得球，且 f 允许在 $\operatorname{int}X$ 之外无定义，以及 $\operatorname{Var}_R(f)$（现在可以取到 $+\infty$）的角色将由 $V_X(f)\leqslant\sup_{\operatorname{int}X}f-\inf_{\operatorname{int}X}f$ 扮演。

一些辅助证明

B.1 第 4 章的证明

B.1.1 命题 4.2.2

1⁰ 首先证明 $Z_\epsilon \subset Z_*$，其中 Z_* 是式（4.0.1）的可行集。首先我们可以观察到 $Z_\epsilon^o \subset Z_*$。设 $z=[z_0;w]\in Z_\epsilon^o$，$P$ 为 ζ 的分布。因为 $z\in Z_\epsilon^o$，存在 $\alpha>0$ 满足 $\alpha z_0+\Phi(\alpha w)\leqslant \ln(\epsilon)$。我们有

$$\mathrm{Prob}\{\zeta: z_0+w^{\mathrm{T}}\zeta>0\}\leqslant E\{\exp\{\alpha z_0+\alpha w^{\mathrm{T}}\zeta\}\}\leqslant \exp\{\alpha z_0+\Phi(\alpha w)\}\leqslant \epsilon$$

（第二个"小于或等于"根据式（4.2.3）得到），与声明相同。因为 Z_* 显然封闭，我们同样可以得到 $Z_\epsilon=\mathrm{cl}Z_\epsilon^o\subset Z_*$。

2⁰ 现在证明 Z_ϵ 就是凸不等式（4.2.6）的解集。我们需要以下内容：

引理 B.1.1 设 $H(z):\mathbb{R}^N\to\mathbb{R}\cup\{+\infty\}$ 是下半连续凸函数，且 a 是实数。现在我们假设 $H(\mathbf{0})>a$，$\mathbf{0}\in \mathrm{intDom}H$，且集合 $\{z:H(z)<a\}$ 非空。考虑集合

$$\mathcal{H}^o=\{z:\exists\beta>0:H(\beta^{-1}z)\leqslant a\},\mathcal{H}=\mathrm{cl}\mathcal{H}^o$$

于是函数 $G(z)=\inf\limits_{\beta>0}[\beta H(\beta^{-1}z)-\beta a]$ 是凸的且处处有限，

$$\mathcal{H}=\{z:G(z)\leqslant 0\} \tag{B.1.1}$$

并且 $\mathcal{H}$ 是非空闭凸锥。

引理 B.1.1⇒命题 4.2.2 令 $H(z_0,z_1,\cdots,z_L)=z_0+\Phi(z_1,\cdots,z_L)$，$a=\ln(\epsilon)$，显然满足引理 B.1.1 的前提。据此，引理的结论清晰地证明了命题 4.2.2。

引理 B.1.1 的证明：0⁰ H 是凸的，因此当（$\beta>0,z$）时函数 $\beta H(\beta^{-1}z)$ 是凸的。由此可知 $G(z)$ 也是凸的，前提是它处处有限，也确实如此。我们注意到，因为 $\mathbf{0}\in\mathrm{intDom}H$，所以无论 β 多大，$\beta H(\beta^{-1}z)$ 总是有限的，所以对任意 z 都有 $G(z)<\infty$。同样，因为 $0\in\mathrm{int}H$，对于某个 g 和任意 u，都有 $H(u)\geqslant H(\mathbf{0})+g^{\mathrm{T}}u$，由此得到 $\beta H(\beta^{-1}z)-\beta a\geqslant g^{\mathrm{T}}z+\beta(H(\mathbf{0})-a)$，又因为 $H(\mathbf{0})>a$，它还满足 $G(z)>-\infty$。因此，与声明相同，$G(z)$ 是一个实值凸函数。

1⁰ 设 $\mathcal{G}=\{z:H(z)\leqslant a\}$。$\mathcal{G}$ 是非空闭凸集，$\mathcal{H}^o=\{z:\exists\alpha>0:\alpha z\in\mathcal{G}\}$，因此 $\mathcal{H}^o$ 是非空凸集，且对于任意 $\alpha>0$ 满足关系 $\alpha\mathcal{H}^o=\mathcal{H}^o$。于是可得，$\mathcal{H}=\mathrm{cl}\mathcal{H}^o$ 是非空闭凸集。我们只需证明 $\mathcal{H}$ 支持式（B.1.1）的表示。设 $\overline{\mathcal{H}}$ 是式（B.1.1）右侧的集合，显然它包含 $\mathcal{H}^o$。

2⁰ 我们首先证明 $\overline{\mathcal{H}}$ 包含 $\mathcal{H}$。为此，我们只需证明，如果 $\beta_i>0$，并且 z_i 满足对于所有的 i 都有 $H(\beta_i^{-1}z_i)\leqslant a$ 且当 $i\to\infty$ 时 $z_i\to\bar{z}$，那么 $\bar{z}\in\overline{\mathcal{H}}$。事实上，当传递给一个子序列，我们可以假设，当 $i\to\infty$ 时，情况不外乎以下三种：

$$1)\beta_i\to\bar{\beta}\in(0,\infty),2)\beta_i\to+\infty,3)\beta_i\to+0$$

在情况（1）中，我们有 $\beta_i^{-1}z_i\to\bar{\beta}^{-1}\bar{z}$ 和 $H(\beta_i^{-1}z_i)\leqslant a$。因为 H 是下半连续的，所以我们有 $H(\bar{\beta}^{-1}\bar{z})\leqslant a$，又因为 $\bar{\beta}>0$，可得 $\bar{z}\in\mathcal{H}^o\subset\overline{\mathcal{H}}$，符合条件。

情况（2）是不可能出现的，这是因为，根据 H 在 $\mathbf{0}\in\mathrm{intDom}H$ 处的连续性，当 $i\to\infty$

时，有 $a \geqslant H(\beta_i^{-1}z_i) \to H(\mathbf{0})$，而根据假设却又得到 $H(\mathbf{0})>a$。

在情况（3）中，当 $i \to \infty$时，$\beta_i^{-1}z_i \in \mathcal{G}$，$\beta_i^{-1} \to +\infty$且 $z_i \to \bar{z}$，因此 $\bar{z}$ 是非空闭凸集 $\mathcal{G}$ 的一个回收方向。设 $z_0 \in \mathcal{G}$。因为 $H(\mathbf{0})>a$，我们有 $z_0 \neq \mathbf{0}$。因为 $\mathbf{0} \in \operatorname{intDom} H$，我们可以找到 $\lambda \in (0,1)$ 和 $w \in \operatorname{Dom} H$，使得 $\lambda z_0+(1-\lambda)w=\mathbf{0}$。因为 $z_0+\mathbb{R}_+\bar{z} \in \mathcal{G}$ 且 H 是凸的，H 在射线 $z_0+\mathbb{R}_+\bar{z}$ 和 w 的凸包上有上界，而通过构造，这个凸包包含了射线 $\mathbb{R}_+\bar{z}$。于是我们得出结论，$\beta>0$ 时 $H(\beta^{-1}\bar{z})$ 是有上界函数，使得 $\lim\limits_{\beta \to +0}[\beta H(\beta^{-1}\bar{z})-\beta\alpha] \leqslant 0$ 且 $\bar{z} \in \overline{\mathcal{H}}$，与声明相同。

3^0 还需证明 $\overline{\mathcal{H}} \subset \mathcal{H}$。设 $z \in \overline{\mathcal{H}}$，对于某个序列 $\{\beta_i>0\}$，满足

$$\lim_{i \to \infty} \beta_i[H(\beta_i^{-1}z)-a] \leqslant 0$$

我们应证明 $z \in \operatorname{cl}\mathcal{H}^o$。当传递给子序列，我们可以假设，当 $i \to \infty$，上述三种情况（1）、（2）、（3）之一必将出现。

在情况（1）中，与上文一样，我们有 $H(\bar{\beta}^{-1}z) \leqslant a$，可得 $z \in \mathcal{H}^o$，符合条件。情况（2）同样不可能出现，理由同上。在情况（3）中，对于某个 $\bar{a}$，H 在射线 $\mathbb{R}_+z:H(az) \leqslant \bar{a}<\infty$ 上显然是有上界的。现在令 z_0 满足 $H(z_0)<a$，然后选择一个合适的 $\lambda \in (0,1)$，对于所有的 $a \geqslant 0$，我们有 $H(\lambda z_0+(1-\lambda)\alpha z) \leqslant \lambda H(z_0)+(1-\lambda)\bar{a} \leqslant a$。据此，因为 $H([(1-\lambda)i]z_i) \leqslant a$，点 $z_i=[(1-\lambda)i]^{-1}[\lambda z_0+(1-\lambda)iz]$ 在 $\mathcal{H}^o$ 内。当 $i \to \infty$，我们有 $z_i \to z$，即 $z \in \operatorname{cl}\mathcal{H}^o$。■

B.1.2 命题 4.2.3

与要证明的相反，假设存在 $c \in R$ 和序列 u^i，$\|u^i\| \to \infty$，$i \to \infty$，使得 $\phi(u^i) \leqslant c$，$\forall i$。因为 $\boldsymbol{A}$ 有平凡核，序列 $\boldsymbol{A}u^i+\boldsymbol{a}$ 无界，因此我们可以找到 w，使得实数序列 $w^{\mathrm{T}}(\boldsymbol{A}u^i+\boldsymbol{a})$ 无上界。另外，由式（4.2.7）可知，对任意 w,u，有 $w^{\mathrm{T}}(\boldsymbol{A}u+\boldsymbol{a}) \leqslant \Phi(w)+\phi(u)$，因此 $w^{\mathrm{T}}(\boldsymbol{A}u^i+\boldsymbol{a}) \leqslant \Phi(w)+\phi(u^i) \leqslant \Phi(w)+c$，即序列 $w^{\mathrm{T}}(\boldsymbol{A}u^i+\boldsymbol{a})$ 有上界，矛盾。

B.1.3 定理 4.2.5

定理 4.2.5 是下列叙述的直接推论。

定理 B.1.2 设 $\Psi(z):\mathbb{R}^n \to \mathbb{R}$ 是凸函数，$\psi(u):\mathbb{R}^m \to \mathbb{R} \cup \{+\infty\}$ 是具有有界水平集的下半连续凸函数，满足

$$\Psi(z)=\sup_u\{z^{\mathrm{T}}(\boldsymbol{B}u+\boldsymbol{b})-\psi(u)\} \tag{B.1.2}$$

进一步设实数 ρ 和方向 $e \in \mathbb{R}^L$ 满足

$$\rho<\Psi(\mathbf{0}) \tag{B.1.3}$$

和

$$\lim_{t \to \infty}\Psi(z+te)<\rho, \forall z \in \mathbb{R}^n \tag{B.1.4}$$

令 $Z_o^\rho=\{z:\exists \alpha>0:\Psi(\alpha z) \leqslant \rho\}$，$Z^\rho=\operatorname{cl}Z_o^\rho$。于是集合 $\mathcal{U}^\rho=\{u:\psi(u) \leqslant -\rho\}$ 是非空凸紧集，且

$$z \in Z^\rho \Leftrightarrow z^{\mathrm{T}}(\boldsymbol{B}u+\boldsymbol{b}) \leqslant 0, \forall u \in \mathcal{U}^\rho \tag{B.1.5}$$

定理 B.1.2⇒定理 4.2.5 令 $\Psi(z_0,z_1,\cdots,z_L)=z_0+\Phi([z_1;\cdots;z_L])$，$\psi(\cdot) \equiv \phi(\cdot)$，$\boldsymbol{B}u+\boldsymbol{b}=[1;\boldsymbol{A}u+\boldsymbol{a}]$，$\rho=\ln(\epsilon)$，$e=[-1;0;\cdots;0]$。这些数据显然满足定理 B.1.2 的前提。需注意 $Z_o^\rho=Z_\epsilon^o$（从而 $Z^\rho=Z_\epsilon$），$\mathcal{U}^\rho=\mathcal{U}_\epsilon$ 和 $z^{\mathrm{T}}(\boldsymbol{B}u+\boldsymbol{b}) \equiv z_0+[z_1;\cdots;z_L]^{\mathrm{T}}(\boldsymbol{A}u+\boldsymbol{a})$。

定理 B.1.2 的证明

1^0 首先，让我们证明

$$\inf_{u} \psi(\boldsymbol{u}) = -\Psi(\mathbf{0}) \tag{B.1.6}$$

并从该关系中得到 $\mathcal{U}^\rho$ 是非空凸紧集。

根据式（B.1.2），我们可以得到

$$\Psi(\mathbf{0}) = \sup_{u}\{\mathbf{0}^{\mathrm{T}}(\boldsymbol{Bu}+\boldsymbol{b}) - \phi(\boldsymbol{u})\} = -\inf_{u} \psi(\boldsymbol{u})$$

同时得到了式（B.1.6）。现在，因为 $\rho < \Phi(\mathbf{0})$，结合式（B.1.6）就有 $-\rho > \inf_{u} \psi(\boldsymbol{u})$，因此 $\mathcal{U}^\rho$ 是非空的。因为 ψ 是一个具有有界水平集的下半连续凸函数，所以这个集合是凸的、闭的、有界的。

2^0 1^0 的结果表明 $\mathcal{U}^\rho$ 是一个非空凸紧集，这就是定理 B.1.2 的第一个陈述。为了完成证明，我们需要证明式（B.1.5）中的等价性，这就是 3^0 和 4^0 的目标。

3^0 我们说，当 $z \in Z^\rho$，有

$$\boldsymbol{z}^{\mathrm{T}}(\boldsymbol{Bu}+\boldsymbol{b}) \leqslant 0, \forall \boldsymbol{u} \in \mathcal{U}^\rho \tag{B.1.7}$$

相反地，我们假设，对于某个 $\bar{\boldsymbol{u}}$，有 $z^{\mathrm{T}}(\boldsymbol{B}\bar{\boldsymbol{u}}+\boldsymbol{b}) > 0$，其中 $\psi(\bar{\boldsymbol{u}}) \leqslant -\rho$。观察到，存在 z 的邻域 U_z 和 $\delta > 0$，对于 $\boldsymbol{z}' \in U_z$，有 $[\boldsymbol{z}']^{\mathrm{T}}(\boldsymbol{B}\bar{\boldsymbol{u}}+\boldsymbol{b}) > \delta$。因此，对于每个 $\alpha > 0$ 和 $\boldsymbol{z}' \in U_z$，我们有 $\Psi(\alpha \boldsymbol{z}') \geqslant \alpha[\boldsymbol{z}']^{\mathrm{T}}(\boldsymbol{B}\bar{\boldsymbol{u}}+\boldsymbol{b}) - \psi(\bar{\boldsymbol{u}}) \geqslant \alpha\delta + \rho > \rho$，所以 U_z 与 Z_o^ρ 不相交，因此 $\boldsymbol{z} \notin Z^\rho$，得到了我们想要的矛盾。

4^0 为了完成定理 B.1.2 的证明，只要完成下面的陈述的证明：

（!）如果 $\boldsymbol{z}$ 满足式（B.1.7），则 $\boldsymbol{z} \in Z^\rho$。

为此，我们令固定 $\boldsymbol{z}$ 满足式（B.1.7）。

4^0.1 我们要证明对于所有 $\boldsymbol{u} \in \mathrm{Dom}\psi$，有 $\boldsymbol{e}^{\mathrm{T}}(\boldsymbol{B}\bar{\boldsymbol{u}}+\boldsymbol{b}) < 0$。

相反地，我们假设存在 $\bar{\boldsymbol{u}} \in \mathrm{Dom}\psi$，满足 $\boldsymbol{e}^{\mathrm{T}}(\boldsymbol{B}\bar{\boldsymbol{u}}+\boldsymbol{b}) > 0$，则当 $t \to \infty$ 时，$\Psi(t\boldsymbol{e}) \geqslant t\boldsymbol{e}^{\mathrm{T}}(\boldsymbol{B}\bar{\boldsymbol{u}}+\boldsymbol{b}) - \psi(\bar{\boldsymbol{u}}) \to \infty$。而根据式（B.1.4），这是不可能的。

4^0.2 考虑这种情况，当 $\boldsymbol{z}$ 满足对于所有 $\boldsymbol{u} \in \mathrm{Dom}\psi$ 都有 $\boldsymbol{z}^{\mathrm{T}}(\boldsymbol{Bu}+\boldsymbol{b}) \leqslant 0$。我们要证明的是，在这种情况下，对于所有 $\delta > 0$ 都有 $\boldsymbol{z} + \delta\boldsymbol{e} \in Z_o^\rho$，则显然 $\boldsymbol{z} \in Z^\rho$。我们先固定 $\delta > 0$。

4^0.2.1 我们首先证明，对于每个 $\boldsymbol{u} \in \mathcal{U}^\rho$，都有 $(\boldsymbol{z}+\delta\boldsymbol{e})^{\mathrm{T}}(\boldsymbol{Bu}+\boldsymbol{b}) < 0$。相反地，我们假设存在 $\bar{\boldsymbol{u}} \in \mathcal{U}^\rho$ 满足 $(\boldsymbol{z}+\delta\boldsymbol{e})^{\mathrm{T}}(\boldsymbol{B}\bar{\boldsymbol{u}}+\boldsymbol{b}) \geqslant 0$。因为对所有 $\boldsymbol{u} \in \mathrm{Dom}\psi$，$\boldsymbol{z}^{\mathrm{T}}(\boldsymbol{Bu}+\boldsymbol{b}) \leqslant 0$ 且 $\boldsymbol{e}^{\mathrm{T}}(\boldsymbol{Bu}+\boldsymbol{b}) \leqslant 0$（分别根据 4^0.2 和 4^0.1 中的假设），可得 $\boldsymbol{z}^{\mathrm{T}}(\boldsymbol{B}\bar{\boldsymbol{u}}+\boldsymbol{b}) = \boldsymbol{e}^{\mathrm{T}}(\boldsymbol{B}\bar{\boldsymbol{u}}+\boldsymbol{b}) = 0$，则对于所有 $t \geqslant 0$ 有 $(\boldsymbol{z}+t\boldsymbol{e})^{\mathrm{T}}(\boldsymbol{B}\bar{\boldsymbol{u}}+\boldsymbol{b}) \geqslant 0$，因此

$$\forall t > 0: \Psi(\boldsymbol{z}+t\boldsymbol{e}) \geqslant (\boldsymbol{z}+t\boldsymbol{e})^{\mathrm{T}}(\boldsymbol{B}\bar{\boldsymbol{u}}+\boldsymbol{b}) - \psi(\bar{\boldsymbol{u}}) \geqslant 0 - (-\rho) = \rho$$

而这与式（B.1.4）相矛盾。

4^0.2.2 因为 $\mathcal{U}^\rho$ 是凸集，4^0.2.1 就意味着存在 $\gamma > 0$ 满足

$$(\boldsymbol{z}+\delta\boldsymbol{e})^{\mathrm{T}}(\boldsymbol{Bu}+\boldsymbol{b}) \leqslant -\gamma, \forall \boldsymbol{u} \in \mathcal{U}^\rho$$

现在设 $\alpha > 0$。我们有

$$\begin{aligned}
\Psi(\alpha(\boldsymbol{z}+\delta\boldsymbol{e})) &= \sup_{\boldsymbol{u} \in \mathrm{Dom}\psi}\{\alpha(\boldsymbol{z}+\delta\boldsymbol{e})^{\mathrm{T}}(\boldsymbol{Bu}+\boldsymbol{b}) - \psi(\boldsymbol{u})\} \\
&= \max\Big[\sup_{\boldsymbol{u} \in \mathcal{U}^\rho}\{\alpha(\boldsymbol{z}+\delta\boldsymbol{e})^{\mathrm{T}}(\boldsymbol{Bu}+\boldsymbol{b}) - \psi(\boldsymbol{u})\}, \\
&\qquad \sup_{\boldsymbol{u} \in (\mathrm{Dom}\psi)\backslash\mathcal{U}^\rho}\{\alpha(\boldsymbol{z}+\delta\boldsymbol{e})^{\mathrm{T}}(\boldsymbol{Bu}+\boldsymbol{b}) - \psi(\boldsymbol{u})\}\Big]
\end{aligned}$$

当 $\boldsymbol{u}\in\mathcal{U}^{\rho}$，我们有 $\alpha(\boldsymbol{z}+\delta\boldsymbol{e})^{\mathrm{T}}(\boldsymbol{B}\boldsymbol{u}+\boldsymbol{b})-\psi(\boldsymbol{u})\leqslant-\alpha\gamma+\Psi(\boldsymbol{0})$；对所有足够大的 $\alpha\geqslant 0$，这个值$\leqslant\rho$。当 $\boldsymbol{u}\in(\mathrm{Dom}\psi)\setminus\mathcal{U}^{\rho}$，由于对所有 $\boldsymbol{u}\in\mathrm{Dom}\psi$ 有 $(\boldsymbol{z}+\delta\boldsymbol{e})^{\mathrm{T}}(\boldsymbol{B}\boldsymbol{u}+\boldsymbol{b})\leqslant 0$ 和 $\psi(\boldsymbol{u})>-\rho$，所以我们有 $\alpha(\boldsymbol{z}+\delta\boldsymbol{e})^{\mathrm{T}}(\boldsymbol{B}\boldsymbol{u}+\boldsymbol{b})-\psi(\boldsymbol{u})\leqslant 0+\rho=\rho$。可以看到，对于所有足够大的 α 的值，有 $\Psi(\alpha(\boldsymbol{z}+\delta\boldsymbol{e}))<\rho$，因此 $\boldsymbol{z}+\delta\boldsymbol{e}\in Z_{o}^{\rho}$，正如在 $4^{0}.2$ 中所声明的。

$4^{0}.3$ 我们已经看到，在 $4^{0}.2$ 中有 $\boldsymbol{z}\in Z^{\rho}$。仍需验证，当 $\boldsymbol{z}^{\mathrm{T}}(\boldsymbol{B}\boldsymbol{u}+\boldsymbol{b})>0$ 时，对于某个 $\boldsymbol{u}\in\mathrm{Dom}\psi$，它仍成立。假设是后一种情况，设

$$S=\{[p;q]\in\mathbb{R}^{2}:\exists\,\boldsymbol{u}:p\geqslant\psi(\boldsymbol{u}),q\geqslant c(\boldsymbol{u})\equiv-\boldsymbol{z}^{\mathrm{T}}(\boldsymbol{B}\boldsymbol{u}+\boldsymbol{b})\}$$

$$T=\{[p;q]\in\mathbb{R}^{2}:p\leqslant-\rho,q<0\}$$

集合 S 和 T 显然是凸且非空的。让我们证明 S 与 T 不相交。假设 $[\bar{p};\bar{q}]\in S\cap T$，我们将得到 $\bar{p}\leqslant-\rho,\bar{q}<0$，且对于某个$\bar{\boldsymbol{u}}$，有 $\bar{p}\geqslant\psi(\bar{\boldsymbol{u}}),\bar{q}\geqslant c(\bar{\boldsymbol{u}})$，也就是 $\boldsymbol{z}^{\mathrm{T}}(\boldsymbol{B}\bar{\boldsymbol{u}}+\boldsymbol{b})>0$。而 $\psi(\bar{\boldsymbol{u}})\leqslant-\rho$，这就是我们预想的矛盾，因为 $\boldsymbol{z}$ 满足式（B.1.7）。

因为 S,T 是非空不相交凸集，所以它们可以被分割开：存在 $[\mu;\nu]\neq\boldsymbol{0}$ 满足

$$\inf_{[p;q]\in S}[\mu p+\nu q]\geqslant\sup_{[p;q]\in T}[\mu p+\nu q]$$

根据 S,T 的结构，这个关系意味着 $\mu,\nu\geqslant 0$ 和

$$\inf_{\boldsymbol{u}\in\mathrm{Dom}\psi}[\mu\psi(\boldsymbol{u})+\nu c(\boldsymbol{u})]\geqslant-\mu\rho \tag{B.1.8}$$

于是，我们可以得出 $\nu>0$。否则，$\mu>0$，那么式（B.1.8）将意味着，对于所有的 $\boldsymbol{u}\in\mathrm{Dom}\psi$ 都有 $\psi(\boldsymbol{u})\geqslant-\rho$，但事实并非如此（根据式（B.1.6）和式（B.1.3），有$\inf\limits_{\boldsymbol{u}}\psi(\boldsymbol{u})=-\psi(\boldsymbol{0})<-\rho$）。因此 $\nu>0$。同时还有 $\mu>0$；否则，式（B.1.8）将推出 $\inf\limits_{\boldsymbol{u}\in\mathrm{Dom}\psi}c(\boldsymbol{u})\geqslant 0$，即对所有 $\boldsymbol{u}\in\mathrm{Dom}\psi$ 都有 $\boldsymbol{z}^{\mathrm{T}}(\boldsymbol{B}\boldsymbol{u}+\boldsymbol{b})\leqslant 0$，而这与 $4^{0}.3$ 的前提是相矛盾的。因此 $\mu>0$，$\nu>0$，再根据式（B.1.8）可得 $\inf\limits_{\boldsymbol{u}\in\mathrm{Dom}\psi}[\psi(\boldsymbol{u})+\alpha c(\boldsymbol{u})]\geqslant-\rho$，其中 $\alpha=\nu/\mu>0$，即

$$\Psi(\alpha\boldsymbol{z})=\sup_{\boldsymbol{u}}\{\alpha\boldsymbol{z}^{\mathrm{T}}(\boldsymbol{B}\boldsymbol{u}+\boldsymbol{b})-\psi(\boldsymbol{u})\}\leqslant\rho$$

因此 $\boldsymbol{z}\in Z_{o}^{\rho}$。(!) 证毕。 ■

B.1.4 命题 4.3.1

集合 Γ_{ϵ}^{0}通过式（4.3.3）包含于机会约束（4.0.1）的可行集 Z_{*} 中。因为 Z_{*} 是闭的，所以它同样包含 $\Gamma_{\epsilon}=\mathrm{cl}\Gamma_{\epsilon}^{o}$。剩下所有结论都很容易由引理 B.1.1（其中应该令 $H(z)=\Psi(z)$，$a=\epsilon$，并利用式（4.3.2）来证明引理前提的有效性）以及评注 4.1.2 得到。 ■

B.1.5 命题 4.4.2，命题 4.4.4

B.1.5.1 命题 4.4.2 的证明

设 π，$\theta\in\Pi$。我们首先证明 $\theta\succeq_{\mathrm{m}}\pi$ 与关系（4.4.1）、（4.4.2）都等价。设 p,q 为密度，μ,ν 为 π,θ 的概率分布。又设 $m_{\pi}=\mathrm{Prob}\{\pi=0\},m_{\theta}=\mathrm{Prob}\{\theta=0\}$，$P(a)=\int_{a}^{\infty}p(s)\,\mathrm{d}s$，$Q(a)=\int_{a}^{\infty}q(s)\mathrm{d}s$。对于 $f\in\mathcal{M}_{b}$，我们有

$$\begin{aligned}\int f(s)\mathrm{d}\mu(s)&=m_{\pi}f(0)+2\int_{0}^{\infty}f(s)p(s)\mathrm{d}s=m_{\pi}f(0)+2\int_{0}^{\infty}f(s)\left[-\frac{\mathrm{d}}{\mathrm{d}s}P(s)\right]\mathrm{d}s\\&=m_{\pi}f(0)+2f(0)P(0)+2\int_{0}^{\infty}P(s)f'(s)\mathrm{d}s=f(0)+2\int_{0}^{\infty}P(s)f'(s)\mathrm{d}s\end{aligned}$$

相似地，还有 $\int f(s)\mathrm{d}\nu(s)=f(0)+2\int_0^\infty f'(s)Q(s)\mathrm{d}s$。因此，对于所有的 $f\in\mathcal{M}_b$，有 $\int f(s)\mathrm{d}\nu(s)\geqslant\int f(s)\mathrm{d}\mu(s)$，当且仅当对所有 $f\in\mathcal{M}_b$，有 $\int_0^\infty f'(s)(Q(s)-P(s))\mathrm{d}s\geqslant 0$。而后者显然等价于对任意 $s\geqslant 0$，有 $Q(s)\geqslant P(s)$（因为 P,Q 连续，$\mathcal{M}_b$ 在映射 $f\mapsto f'|_{s\geqslant 0}$ 下的像就是所有非负连续函数 g 在 $\mathbb{R}_+$ 上的集合，有 $g(0)=0$，$\int_0^\infty g(s)\mathrm{d}s<\infty$）。因此，式（4.4.1）等价于对任意 $s\geqslant 0$ 有 $Q(s)\geqslant P(s)$，即 $\theta\succeq_{\mathrm{m}}\pi$。观察 $2\int_0^\infty f'(s)P(s)\mathrm{d}s=\int f(s)p(s)\mathrm{d}s$，$2\int_0^\infty f'(s)Q(s)\mathrm{d}s=\int f(s)q(s)\mathrm{d}s$，可以用同样的方法证明式（4.4.2）等价于 $\theta\succeq_{\mathrm{m}}\pi$。

由式（4.4.1）得出，所有在 $\mathbb{R}_+$ 上单调的偶函数 f 的不等式

$$(a)\int f(s)\mathrm{d}\nu(s)\geqslant\int f(s)\mathrm{d}\mu(s),\quad (b)\int f(s)q(s)\mathrm{d}s\geqslant\int f(s)p(s)\mathrm{d}s \tag{B.1.9}$$

这一事实源自标准近似理论。设式（4.4.1）成立。每个具有概述属性的有界 f 是一致有界序列 $f_i\in\mathcal{M}_b$ 的逐点极限。取极限，当 $i\to\infty$，在关系 $\int f_i(s)\mathrm{d}\nu(s)\geqslant\int f_i(s)\mathrm{d}\mu(s)$ 中，我们得到式（B.1.9.a）对于所有在 $\mathbb{R}_+$ 上单调的轴上的有界偶函数都成立。取极限，当 $i\to\infty$，在关系 $\int\min[f(s),i]\mathrm{d}\nu(s)\geqslant\int\min[f(s),i]\mathrm{d}\mu(s)$ 中，我们进一步得到，对所有在 $\mathbb{R}_+$ 上单调的偶函数，目标关系都成立。通过完全相似的论证，关系（4.4.2）与已证明的关系（4.4.1）等价，由此可得式（B.1.9.b）。■

B.1.5.2　命题 4.4.4 的证明

(i) 显然成立，让我们证明 (ii)。我们声明：

(a) 如果 $\xi,\xi'\in\Pi$ 是独立的，则 $\xi+\xi'\in\Pi$。

(b) 如果 $p\in\mathcal{P}$ 且 $f\in\mathcal{M}_b$，那么 $f_+:=f*p$ 属于 $\mathcal{M}_b$，其中 $*$ 代表卷积：$(f*g)(s)=\int f(t)g(s-t)\mathrm{d}t$。

(c) 设 $\zeta,\widetilde{\zeta}\in\Pi$，$\zeta\succeq_{\mathrm{m}}\widetilde{\zeta}$，设 $\delta,\widetilde{\delta}$ 均匀分布在 $[-d,d]$ 中。同样假设 $\zeta,\widetilde{\zeta},\delta,\widetilde{\delta}$ 是独立的，则 $\zeta+\delta\in\Pi$，$\zeta+\widetilde{\delta}\in\Pi$ 这两个随机变量都是正则的，且 $\zeta+\delta\succeq_{\mathrm{m}}\widetilde{\zeta}+\widetilde{\delta}$。

让我们来证明 (a)。用 p,r 表示 $\xi,\widetilde{\xi}$ 的密度，令 $m=\mathrm{Prob}\{\xi=0\},m'=\mathrm{Prob}\{\xi'=0\}$，$\xi+\xi'$ 的密度为 $mr+m'p+p*r$。我们应该证明这个密度是偶的（很明显）且在 $s<0$ 时非降。为此，显然足以验证，在 $s<0$ 时，密度 $p*r$ 是非降的。根据标准近似理论，当 $p,r\in\mathcal{P}$ 是光滑的，就足以证实后一个事实。我们有

$$\begin{aligned}(p*r)'(s)&=\int p'(s-t)r(t)\mathrm{d}t=\int p(s-t)r'(t)\mathrm{d}s\\&=\int_{-\infty}^{0}(p(s-t)-p(s+t))r'(t)\mathrm{d}t\end{aligned} \tag{B.1.10}$$

因为 $s<0$ 和 $t<0$，我们有 $|s-t|\leqslant|s+t|=|s|+|t|$；因为 p 在 $\mathbb{R}_+$ 上是偶的且非降的，可以得到 $p(s-t)=p(|s-t|)\geqslant p(|s+t|)=p(s+t)$，所以当 $s,t\leqslant 0$ 时 $p(s-t)-p(s+t)\geqslant 0$。另外，由于 $t\leqslant 0$ 时 $r'(t)\geqslant 0$，式（B.1.10）中的值是非负的。(a) 证毕！

现在证明 (b)。显然，f_+ 是连续可微的有界的偶函数。我们要证明的只有 f_+ 在 $\mathbb{R}_+$ 上是非降的。通过标准近似理论，当 $p\in\mathcal{P}$ 是光滑的时，就足以证明这一事实。此时，我

们有 $f'_+(s)=\int f(s-t)p'(t)\mathrm{d}s=\int_{-\infty}^{0}(f(s-t)-f(s+t))p'(t)\mathrm{d}t$。假设 $s\geqslant 0$，$t\leqslant 0$，并考虑到 f 是偶函数且在 $\mathbb{R}_+$ 上非降，我们有 $f(s-t)=f(|s-t|)=f(|s|+|t|)\geqslant f(|s+t|)=f(s+t)$。因为当 $t\leqslant 0$ 时 $p'(t)\geqslant 0$，所以可以得出当 $s\geqslant 0$ 时 $\int_{-\infty}^{0}(f(s-t)-f(s+t))p'(t)\mathrm{d}t\geqslant 0$。(b) 证毕！

现在证明 (c)。我们注意到，(a) 给出了包含关系 $\zeta+\delta\in\Pi$，$\widetilde{\zeta}+\widetilde{\delta}\in\Pi$，且显然这两个随机变量都是正则的。只需证明 $\zeta+\delta\succeq_{\mathrm{m}}\widetilde{\zeta}+\widetilde{\delta}$。给定 $f\in\mathcal{M}_b$，令 $f_+(s)=\frac{1}{2d}\int_{s-d}^{s+d}f(r)\,\mathrm{d}r$，则根据 (b) 有 $f_+\in\mathcal{M}_b$。我们有 $E\{f(\zeta+\delta)\}=E\{f_+(\zeta)\}\geqslant E\{f_+(\widetilde{\zeta})\}=E\{f(\widetilde{\zeta}+\widetilde{\delta})\}$，其中$\geqslant$是由命题 4.4.2 以及 $\zeta\succeq_{\mathrm{m}}\widetilde{\zeta}$ 和 $f_+\in\mathcal{M}_b$ 得出的。由命题 4.4.2，这个不等式意味着 $\zeta+\delta\succeq_{\mathrm{m}}\widetilde{\zeta}+\widetilde{\delta}$。(c) 证毕！

现在我们完成了 (ii) 的证明。让 (ii) 的前提成立。从 (a) 可得 $\xi+\bar{\xi}\in\Pi,\eta+\bar{\eta}\in\Pi$，所以我们只需要证明 $\eta+\bar{\eta}\succeq_{\mathrm{m}}\xi+\bar{\xi}$。我们首先证明，当这四个随机变量 $\xi,\cdots,\bar{\eta}$ 都是正则时的这个结论。用 p_ω 表示正则随机变量 $\omega\in\Pi$ 的密度，考虑到该密度是偶函数，所以对 $f\in\mathcal{M}_b$，我们有

$$E\{f(\xi+\bar{\xi})\}=\int f(s)(p_\xi * p_{\bar{\xi}})(s)\mathrm{d}s=\int p_{\bar{\xi}}(s)\underbrace{(f*p_\xi)(s)}_{f_+(s)}\mathrm{d}s,$$

$$E\{f(\xi+\bar{\eta})\}=\int f(s)(p_\xi * p_{\bar{\eta}})(s)\mathrm{d}s=\int p_{\bar{\eta}}(s)\underbrace{(f*p_\xi)(s)}_{f_+(s)}\mathrm{d}s,$$

且由 (b) 得 $f_+\in\mathcal{M}_b$。因为 $\bar{\eta}\succeq_{\mathrm{m}}\bar{\xi}$ 和 $f_+\in\mathcal{M}_b$，由命题 4.4.2 可得

$$E\{f(\xi+\bar{\xi})\}\leqslant E\{f(\xi+\bar{\eta})\} \tag{B.1.11}$$

同理可得

$$E\{f(\xi+\bar{\eta})\}\leqslant E\{f(\eta+\bar{\eta})\} \tag{B.1.12}$$

结合式 (B.1.11) 和式 (B.1.12)，可得

$$E\{f(\xi+\bar{\xi})\}\leqslant E\{f(\eta+\bar{\eta})\}$$

这个不等式对所有 $f\in\mathcal{M}_b$ 都成立。应用命题 4.4.2，得到 $\xi+\bar{\xi}\preceq_{\mathrm{m}}\eta+\bar{\eta}$。

我们已经证明了 (ii) 在特殊情况下成立，即除了 (ii) 的前提外，四个随机变量 $\xi,\cdots,\bar{\eta}$ 是正则的。为证明 (ii) 在一般情况下也成立，设 $\delta_i^\kappa,\kappa=1,2,3,4,i=1,2,\cdots$ 相互独立且与变量 $\xi,\cdots,\bar{\eta}$ 无关，是均匀分布在 $[-1/i,1/i]$ 的随机变量。对于固定的 i，令 $\xi_i=\xi+\delta_i^1$，$\bar{\xi}_i=\bar{\xi}+\delta_i^2$，$\eta_i=\eta+\delta_i^3$，$\bar{\eta}_i=\bar{\eta}+\delta_i^4$，我们得到了四个独立随机变量。根据 (c)，这些变量属于 Π，是正则的，并且满足

$$\eta_i\succeq_{\mathrm{m}}\xi_i,\bar{\eta}_i\succeq\bar{\xi}_i$$

因此，根据 (ii) 已经证明的部分可得

$$\eta_i+\bar{\eta}_i\succeq_{\mathrm{m}}\xi_i+\bar{\xi}_i$$

所以，根据命题 4.4.2，对每个 $f\in\mathcal{M}_b$ 都有

$$E\{f(\eta_i+\bar{\eta}_i)\}\geqslant E\{f(\xi_i+\bar{\xi}_i)\}$$

这再与显而易见的关系

$$\lim_{i\to\infty}E\{f(\eta_i+\bar{\eta}_i)\}=E\{f(\eta+\bar{\eta})\},\quad \lim_{i\to\infty}E\{f(\xi_i+\bar{\xi}_i)\}=E\{f(\xi+\bar{\xi})\}$$

相结合，可以得到 $E\{f(\eta+\bar{\eta})\}\geqslant E\{f(\xi+\bar{\xi})\}$。由于 $f\in\mathcal{M}_b$ 是任意的，由命题 4.4.2 可以得到 $\eta+\bar{\eta}\succeq_{\mathrm{m}}\xi+\bar{\xi}$。■

B.1.6　定理 4.4.6

$L=1$ 时的情况是显然的，所以在下文中我们假设 $L>1$。

1°　我们从下面的引理开始。

引理 B.1.3　设 $p_1,\cdots,p_L,q_1,\cdots,q_L$ 是关于 0 对称且单峰的概率密度，使 $p_\ell\succeq_{\mathrm{m}}q_\ell$，$1\leqslant\ell\leqslant L$，且在 $\mathbb{R}^L$ 中 T 关于原点凸紧集对称，则

$$\int_T p_1(x_1)\cdots p_L(x_L)\mathrm{d}\boldsymbol{x}\geqslant\int_T q_1(x_1)\cdots q_L(x_L)\mathrm{d}\boldsymbol{x}\tag{B.1.13}$$

证明　有明显的理由证明当 $1\leqslant\ell\leqslant L-1$ 时，$p_\ell(\cdot)=q_\ell(\cdot)$ 的特殊情况下的引理就足够了。因此，我们想证明，如果 $p_1,\cdots,p_L,q_1,\cdots,q_L$ 是关于 0 对称且单峰的概率密度，以及 $p_\ell\succeq_{\mathrm{m}}q_\ell$，则

$$\int_T p_1(x_1)\cdots p_{L-1}(x_{L-1})p_L(x_L)\mathrm{d}\boldsymbol{x}\geqslant\int_T p_1(x_1)\cdots p_{L-1}(x_{L-1})q_L(x_L)\mathrm{d}\boldsymbol{x}\tag{B.1.14}$$

观察如果 p 在轴上是关于 0 对称且单峰的概率密度，则在轴上存在一个概率密度序列 $\{p^t\}_{t=1}^{\infty}$，有

——每个 p^t 都是一个关于 0 均匀对称分布的密度的凸组合；

——对于每个在轴上的有界分段连续函数 f，序列 $\{p^t\}$ 在

$$\int f(s)p^t(s)\mathrm{d}s\to\int f(s)p(s)\mathrm{d}s,\quad t\to\infty$$

收敛于 p。

以这种方式近似 $p_1,\cdots,p_{L-1}$，假设 $p_1,\cdots,p_{L-1}$ 是关于 0 对称的片段 $\Sigma_1,\cdots,\Sigma_{L-1}$ 上均匀分布的密度，在这种假设下，它足以验证式（B.1.14）。

为此，我们需要以下基本事实。

对称原则［Brunn-Minkowski］设 $S\in\mathbb{R}^n,n>1$ 是一个非空凸紧集，$\boldsymbol{e}\in\mathbb{R}^n$ 是一个单位向量，Δ 是 S 在轴 $\mathbb{R}e:\Delta=[\min\limits_{\boldsymbol{x}\in S}\boldsymbol{e}^{\mathrm{T}}\boldsymbol{x},\max\limits_{\boldsymbol{x}\in S}\boldsymbol{e}^{\mathrm{T}}\boldsymbol{x}]$ 上的投影。函数

$$f(s)=(\operatorname*{mes}_{n-1}\{\boldsymbol{x}\in S:\boldsymbol{e}^{\mathrm{T}}\boldsymbol{x}=s\})^{\frac{1}{n-1}}$$

在 Δ 上是连续的且凹的。

现令 $\Sigma=\Sigma_1\times\cdots\times\Sigma_{L-1}\times\mathbb{R}$，$\hat{T}=T\cap\Sigma$，则 $\hat{T}$ 是 $\mathbb{R}^L$ 中的一个凸紧集，并且设

$$f(s)=\operatorname*{mes}_{n-1}\{\boldsymbol{x}\in\hat{T}:x_L=s\}$$

函数 $f(s)$ 是偶函数，用 Δ 表示 $\hat{T}$ 在 x_L 轴上的投影，应用对称原则，可以得出 $f^{\frac{1}{L-1}}(s)$ 是在 Δ 上连续的凹的偶函数。因此，$f^{\frac{1}{L-1}}(s)$ 在 $\Delta\cap\mathbb{R}_+$ 上是非增的。我们知道函数 $f(s)$ 是非负的偶函数，且在 $\mathbb{R}_+$ 上是非增的，根据 $p_L\succeq_{\mathrm{m}}q_L$ 和命题 4.4.2，所以

$$\int f(s)p_L(s)\mathrm{d}s\geqslant\int f(s)q_L(s)\mathrm{d}s\tag{B.1.15}$$

仍需注意，当 p_ℓ 为 Σ_ℓ，$1\leqslant\ell\leqslant L-1$ 上的均匀密度时，式（B.1.14）的左右两边与式（B.1.15）的两边分别成正比，且具有公共的正比例系数。引理证毕！■

2°　引理 B.1.3 说，在所有随机变量 ζ_ℓ,η_ℓ 都是正则的这个额外的假设下，优化定理

是有效的。我们要做的就是去掉这个额外的假设。这就是我们接下来要做的。

$2^0.1$　设 $f(\boldsymbol{x})$ 是 $\mathbb{R}^L$ 上连续非负的偶函数，具有有界支持且是准凹的，所以对于所有的 $a, 0<a\leqslant f(\mathbf{0})=\max f$，集合 $\{\boldsymbol{x}: f(\boldsymbol{x})\geqslant a\}$ 是关于原点对称的凸紧集。于是我们说在优化定理的前提下，我们有

$$E\{f([\xi_1;\cdots;\xi_L])\}\geqslant E\{f([\eta_1;\cdots;\eta_L])\} \tag{B.1.16}$$

事实上，对于 $i=1,2,\cdots$，设 $\delta_\ell^i, \zeta_\ell^i, 1\leqslant\ell\leqslant L$ 是均匀分布在 $[-1/i,1/i]$ 的随机变量，且相互独立，相对于 $\boldsymbol{\xi}$ 和 $\boldsymbol{\eta}$ 也独立。对于一个固定的 i，令 $\xi_\ell^i=\xi_\ell+\delta_\ell^i$，$\eta_\ell^i=\eta_\ell+\zeta_\ell^i$，我们便从 Π 中得到 $2L$ 个独立的正则随机变量的集合，并且根据命题 4.4.4 (ii) 可得 $\xi_\ell^i\preceq_{\mathrm{m}}\eta_\ell^i$。观察到由于 f 是连续的且具有有界支持，当 $i\to\infty$，我们有

$$\begin{aligned}&E\{f([\xi_1^i;\cdots;\xi_L^i])\}\to E\{f([\xi_1;\cdots;\xi_L])\},\\&E\{f([\eta_1^i;\cdots;\eta_L^i])\}\to E\{f([\eta_1;\cdots;\eta_L])\}\end{aligned} \tag{B.1.17}$$

同时，我们有

$$E\{f([\xi_1^i;\cdots;\xi_L^i])\}\geqslant E\{f([\eta_1^i;\cdots;\eta_L^i])\}, \forall i \tag{B.1.18}$$

事实上，f 能被表示为一个一致收敛序列 $\{f^t\}_{t=1}^\infty$ 的极限，该序列是关于正值 a 的集合 $\{\boldsymbol{x}: f(\boldsymbol{x})\geqslant a\}$ 的特征函数 $\chi_a(\cdot)$ 的加权和，权值是非负的。因为这些集合是关于原点对称的凸紧集，应用于正则随机变量 ξ_ℓ^i, η_ℓ^i 的引理 B.1.3 表明

$$E\{\chi_a([\xi_1^i;\cdots;\xi_L^i])\}\geqslant E\{\chi_a([\eta_1^i;\cdots;\eta_L^i])\}$$

因此

$$E\{f^t([\xi_1^i;\cdots;\xi_L^i])\}\geqslant E\{f^t([\eta_1^i;\cdots;\eta_L^i])\}, \forall t$$

当 $t\to\infty$，这个不等式的左右两边分别收敛于式（B.1.18）的两边，所以后一个不等式成立。

合并式（B.1.18）与式（B.1.17），我们便可得到式（B.1.16）。

$2^0.2$　现在我们可以完成优化定理的证明了。S 的特征函数 χ 是与 $2^0.2$ 中的 f 具有相同性质的函数的一致有界序列 $\{\chi^t\}_{t=1}^\infty$ 的逐点极限，因此

$$E\{\chi^t([\xi_1;\cdots;\xi_L])\}\geqslant E\{\chi^t([\eta_1;\cdots;\eta_L])\}$$

当 $t\to\infty$，该不等式的左右两边分别收敛于目标不等式（4.4.7）的两边，表明了它的有效性。■

B.1.7　命题 4.5.4

正如在提出命题 4.5.4 后阐明的，该情况可以化简为 $z_0=0$ 且 $z_1=\cdots=z_L=1$ 的情况，并且从现在起我们就如此假设。此外，我们还假设 $\zeta_1,\cdots,\zeta_L$ 为随机变量（4.5.17）。

1^0　我们从下面的陈述开始：

（!）如果式（4.5.16）对所有仿射函数 f 和形式为

$$f(s)=\max[0,a+s]$$

的函数 f 都成立，则式（4.5.16）对所有分段线性凸函数 f 都成立。

事实上，所有分段线性凸函数 $f(\cdot)$ 是仿射函数 f_0 与函数 $f_i, i=1,\cdots,I=I(f)$ 的线性组合，具有非负系数 λ_i，函数形式为 $\max[0,a+s]$。在（!）的前提下，我们有

$$\Phi[f_i,\boldsymbol{z}]=E\left\{f_i\left(\sum_\ell\zeta_\ell\right)\right\}, i=0,1,\cdots,I(f) \tag{B.1.19}$$

因此，根据命题 4.5.3 的结果

$$\Phi[f,\boldsymbol{z}]=\Phi\left[\sum_{i=0}^I\lambda_i f_i,\boldsymbol{z}\right]\leqslant\sum_{i=1}^I\lambda_i\Phi[f_i,\boldsymbol{z}]=E\left\{f\left(\sum_\ell\zeta_\ell\right)\right\}$$

其中结论等式由式（B.1.19）结合 $\sum_{i=0}^{I}\lambda_i f_i = f$ 给出。所以 $\Phi[f,z]\leqslant E\left\{f\left(\sum_\ell \zeta_\ell\right)\right\}$；又因为符号相反的不等式总是成立，因此 $\Phi[f,z]=E\left\{f\left(\sum_\ell \zeta_\ell\right)\right\}$，恰如（!）中声明的。

2^0　鉴于（!），要证明命题 4.5.4，我们只需证明，当 f 是线性的或 $f(s)=\max[0,a+s]$ 时，关系（4.5.16）成立。

当 f 是线性的，无论 $\zeta_1,\cdots,\zeta_L$ 是通过式（4.5.17）相互关联还是在给定的分布上的任意随机变量，关系（4.5.16）都成立。事实上，当 $f(s)=a+bs$，令

$$\gamma_\ell(u_\ell)=\frac{1}{L}a+bu_\ell$$

那么，我们可以明确保证

$$\sum_\ell \gamma_\ell(u_\ell)=f\left(\sum_\ell u_\ell\right),\ \forall\, \boldsymbol{u}\in\mathbb{R}^L$$

根据式（4.5.12），可得 $\Phi[f,z]\leqslant \sum_\ell E\{\gamma_\ell(\zeta_\ell)\}$，而后一个量又恰好是 $E\left\{f\left(\sum_\ell \zeta_\ell\right)\right\}\leqslant \Phi[f,z]$，所以 $\Phi[f,z]=E\left\{f\left(\sum_\ell \zeta_\ell\right)\right\}$。

现在让我们证明，当 $f(s)=\max[0,a+s]$ 时，式（4.5.16）成立。不妨令 $a=0$（任意 a 的情况是完全相似的）。根据上文，我们只需验证

$$\Phi[f,z]\leqslant E\left\{\max\left[0,\sum_\ell \zeta_\ell\right]\right\} \tag{B.1.20}$$

设 $\phi(t)=\sum_\ell \phi_\ell(t)$，$t\in(0,1)$。此处存在三种可能：

a）对所有 $t\in(0,1)$，$\phi(t)\leqslant 0$；

b）对所有 $t\in(0,1)$，$\phi(t)\geqslant 0$；

c）合适地选择 $t_\pm$，$0<t_-<t_+<1$，$\phi(t_-)<0$ 且 $\phi(t_+)<0$。

在情况（a）中，非降函数 $\phi_\ell(t)$ 有上界，且 $0\geqslant \lim_{t\to 1-0}\phi(t)=\sum_\ell d_\ell$，$d_\ell=\lim_{t\to 1-0}\phi_\ell(t)$。令 $\gamma_\ell(u_\ell)=\max[0,u_\ell-d_\ell]$，我们有

$$\sum_\ell \gamma_\ell(u_\ell)\geqslant \max\left[0,\sum_\ell(u_\ell-d_\ell)\right]\geqslant \max\left[0,\sum_\ell u_\ell\right]$$

其中结论不等式由 $\sum_\ell d_\ell\leqslant 0$ 给出。应用式（4.5.12），我们得出

$$\begin{aligned}\Phi[f,z]&\leqslant \sum_\ell E\{\max[0,\zeta_\ell-d_\ell]\}=\sum_\ell\int_0^1 \max[0,\phi_\ell(t)-d_\ell]\mathrm{d}t\\&=0=\int_0^1 \max\left[0,\sum_\ell \phi_\ell(t)\right]\mathrm{d}t=E\left\{f\left(\sum_\ell \zeta_\ell\right)\right\}\end{aligned}$$

其中，第二个和第三个等式是由 $t\in(0,1)$ 时 $\phi_\ell(t)\leqslant d_\ell$ 和 $\phi(t)\leqslant 0$ 的事实而得来的。得到的不等式正是我们所需要的关系（B.1.20）。

在情况（b）中，非降函数 ϕ_ℓ 在 $(0,1)$ 有下界，并且 $0\leqslant \lim_{t\to+0}\phi(t)=\sum_\ell d_\ell$，$d_\ell=\lim_{t\to+0}\phi_\ell(t)$。令 $\gamma_\ell(u_\ell)=\max[d_\ell,u_\ell]$，由 $\sum_\ell d_\ell\geqslant 0$，我们可以确保

$$\sum_\ell \gamma_\ell(u_\ell) \geqslant \max\left[0, \sum_\ell u_\ell\right], \forall \boldsymbol{u}$$

因此，应用式（4.5.12），

$$\begin{aligned}\Phi[f,\boldsymbol{z}] &\leqslant \sum_\ell E\{\max[d_\ell,\zeta_\ell]\} = \sum_\ell \int_0^1 \max[d_\ell,\phi_\ell(t)]\mathrm{d}t \\ &= \int_0^1 \left[\sum_\ell \phi_\ell(t)\right]\mathrm{d}t = \int_0^1 \max\left[0,\sum_\ell \phi_\ell(t)\right]\mathrm{d}t = E\left\{f\left(\sum_\ell \zeta_\ell\right)\right\}\end{aligned}$$

其中，第二个和第三个等式是由 $t\in(0,1)$ 时 $\phi_\ell(t)\geqslant d_\ell$ 和 $\phi(t)\geqslant 0$ 的事实而得来的。得到的不等式正是式（B.1.20）。

在情况（c）中，$t_*=\sup\{t\in(0,1):\phi(t)\leqslant 0\}$ 有明确定义，属于 $(0,1)$。因为 ϕ_ℓ 从 t_* 的左侧开始是连续的，我们有

$$0\geqslant \phi(t_*)=\sum_\ell d_\ell^-, \quad d_\ell^-=\phi_\ell(t_*)$$

又因为 $t>t_*$ 时 $\phi(t)>0$，我们有

$$0\leqslant \lim_{t\to t_*+0}\phi(t)=\sum_\ell d_\ell^+, \quad d_\ell^+=\lim_{t\to t_*+0}\phi_\ell(t)$$

因为 ϕ_ℓ 非降，则有 $d_\ell^+\geqslant d_\ell^-$；因为 $\sum_\ell d_\ell^-\leqslant 0\leqslant \sum_\ell d_\ell^+$，则可以找到实数 $d_\ell\in[d_\ell^-,d_\ell^+]$ 满足 $\sum_\ell d_\ell=0$。令 $\gamma_\ell(u_\ell)=\max[0,u_\ell-d_\ell]$，我们有

$$\sum_\ell \gamma_\ell(u_\ell)\geqslant \max\left[0,\sum_\ell u_\ell-\sum_\ell d_\ell\right]=\max\left[0,\sum_\ell u_\ell\right]$$

因此，应用式（4.5.12），

$$\begin{aligned}\Phi[f,\boldsymbol{z}] &\leqslant \sum_\ell E\{\max[0,\zeta_\ell-d_\ell]\} = \sum_\ell \int_0^1 \max[0,\phi_\ell(t)-d_\ell]\mathrm{d}t \\ &= \sum_\ell \int_{t_*}^1 \left[\phi_\ell(t)-d_\ell\right]\mathrm{d}t = \int_{t_*}^1 \phi(t)\mathrm{d}t \leqslant \int_{t_*}^1 \max\left[0,\phi(t)\right]\mathrm{d}t = E\left\{f\left(\sum_\ell \zeta_\ell\right)\right\}\end{aligned}$$

其中，第二个等式是由 $t\leqslant t_*$ 时 $\phi_\ell(t)-d_\ell\leqslant d_\ell^- -d_\ell\leqslant 0$ 与 $t>t_*$ 时 $\phi_\ell(t)-d_\ell\geqslant d_\ell^+ -d_\ell\geqslant 0$ 的事实而得来的，第三个等式是由 $\sum_\ell d_\ell=0$ 给出的。得到的不等式正是式（B.1.20）。■

B.1.8 定理 4.5.9

根据引理 4.5.8，定理 4.5.9 需要被证明而非作为命题 4.2.2 的直接推论的唯一理由是，函数 F（现在在命题 4.2.2 中扮演函数 $z_0+\Phi(z_1,\cdots,z_L)$ 的角色）不是命题中假定的有限值。然而，F 的域不是整个空间这一事实，显然并不影响结论，即 Γ_ϵ^o（进而 Γ_ϵ）包含在机会约束（4.5.24）的可行集这一结论。所有剩下的结论都可以由引理 B.1.1（其中，应该令 $\boldsymbol{z}=(\boldsymbol{W},\boldsymbol{w})$，$H(\boldsymbol{z})=F(\boldsymbol{W},\boldsymbol{w})$ 和 $a=\ln(\epsilon)$）结合评注 4.1.2 给出。■

B.2 $\mathcal{S}$ 引理

定理 B.2.1【$\mathcal{S}$ 引理】（i）**【齐次版本】** 设 $\boldsymbol{A},\boldsymbol{B}$ 是大小相同的对称矩阵，满足对某个 $\bar{\boldsymbol{x}}$，有 $\bar{\boldsymbol{x}}^{\mathrm{T}}\boldsymbol{A}\bar{\boldsymbol{x}}>0$。则

$$\boldsymbol{x}^{\mathrm{T}}\boldsymbol{A}\boldsymbol{x}\geqslant 0\Rightarrow \boldsymbol{x}^{\mathrm{T}}\boldsymbol{B}\boldsymbol{x}\geqslant 0$$

成立，当且仅当

$$\exists \lambda \geqslant 0: \boldsymbol{B} \succeq \lambda \boldsymbol{A}$$

(ii)【非齐次版本】 设 $\boldsymbol{A},\boldsymbol{B}$ 是大小相同的对称矩阵，并且令二次型 $\boldsymbol{x}^{\mathrm{T}}\boldsymbol{A}\boldsymbol{x}+2\boldsymbol{a}^{\mathrm{T}}\boldsymbol{x}+\alpha$ 在某个点 $\bar{x}$ 处严格为正。则

$$\boldsymbol{x}^{\mathrm{T}}\boldsymbol{A}\boldsymbol{x}+2\boldsymbol{a}^{\mathrm{T}}\boldsymbol{x}+\alpha \geqslant 0 \Rightarrow \boldsymbol{x}^{\mathrm{T}}\boldsymbol{B}\boldsymbol{x}+2\boldsymbol{b}^{\mathrm{T}}\boldsymbol{x}+\beta \geqslant 0 \tag{B.2.1}$$

成立，当且仅当

$$\exists \lambda \geqslant 0: \left[\begin{array}{c|c} \boldsymbol{B}-\lambda \boldsymbol{A} & \boldsymbol{b}^{\mathrm{T}}-\lambda \boldsymbol{a}^{\mathrm{T}} \\ \hline \boldsymbol{b}-\lambda \boldsymbol{a} & \beta-\lambda \alpha \end{array}\right] \succeq 0$$

证明 (i)：从一个方向来看，这种陈述是显而易见的：如果 $\boldsymbol{B} \succeq \lambda \boldsymbol{A}$，其中 $\lambda \geqslant 0$，那么 $\boldsymbol{x}^{\mathrm{T}}\boldsymbol{B}\boldsymbol{x} \geq \lambda \boldsymbol{x}^{\mathrm{T}}\boldsymbol{A}\boldsymbol{x}$ 对所有的 $\boldsymbol{x}$ 都成立，并且因此 $\boldsymbol{x}^{\mathrm{T}}\boldsymbol{A}\boldsymbol{x} \geqslant 0$ 蕴含 $\boldsymbol{x}^{\mathrm{T}}\boldsymbol{B}\boldsymbol{x} \geqslant 0$。

现在假设 $\boldsymbol{x}^{\mathrm{T}}\boldsymbol{A}\boldsymbol{x} \geqslant 0$ 蕴含 $\boldsymbol{x}^{\mathrm{T}}\boldsymbol{B}\boldsymbol{x} \geqslant 0$，现在让我们来证明，对某个 $\lambda \geqslant 0$，有 $\boldsymbol{B} \succeq \lambda \boldsymbol{A}$。考虑优化问题

$$\mathrm{Opt}=\min_{\boldsymbol{X}}\{\mathrm{Tr}(\boldsymbol{B}\boldsymbol{X}):\mathrm{Tr}(\boldsymbol{A}\boldsymbol{X}) \geqslant 0, \mathrm{Tr}(\boldsymbol{X})=1, \boldsymbol{X} \succeq 0\} \tag{B.2.2}$$

这个问题显然是严格可行的。事实上，根据假设，存在 $\overline{\boldsymbol{X}}=\bar{x}\bar{x}^{\mathrm{T}} \succeq 0$ 满足 $\mathrm{Tr}(\boldsymbol{A}\overline{\boldsymbol{X}})>0$。添加一个小正定矩阵 $\overline{\boldsymbol{X}}$，并将结果归一化为拥有单位迹，我们就得到了式 (B.2.2) 的一个严格可行解。并且，由于它的可行集是紧的，所有该问题是有下界的。应用半定对偶性，我们证明了存在 $\lambda \geqslant 0$ 使得 $\boldsymbol{B}-\lambda \boldsymbol{A} \succeq \mathrm{Opt} \cdot \boldsymbol{I}$。这足以证明 $\mathrm{Opt} \geqslant 0$。

问题 (B.2.2) 显然可解。设 $\boldsymbol{X}_*$ 是它的最优解，并且设 $\overline{\boldsymbol{A}}=\boldsymbol{X}_*^{1/2}\boldsymbol{A}\boldsymbol{X}_*^{1/2}$，$\overline{\boldsymbol{B}}=\boldsymbol{X}_*^{1/2} \cdot \boldsymbol{B}\boldsymbol{X}_*^{1/2}$。那么，

$$\mathrm{Tr}(\overline{\boldsymbol{A}})=\mathrm{Tr}(\boldsymbol{A}\boldsymbol{X}_*) \geqslant 0, \mathrm{Tr}(\overline{\boldsymbol{B}})=\mathrm{Tr}(\boldsymbol{B}\boldsymbol{X}_*)=\mathrm{Opt}, \boldsymbol{x}^{\mathrm{T}}\overline{\boldsymbol{A}}\boldsymbol{x} \geqslant 0 \Rightarrow \boldsymbol{x}^{\mathrm{T}}\overline{\boldsymbol{B}}\boldsymbol{x} \geqslant 0$$

现在设 $\overline{\boldsymbol{A}}=\boldsymbol{U}\boldsymbol{\Lambda}\boldsymbol{U}^{\mathrm{T}}$ 是 $\overline{\boldsymbol{A}}$ 的特征值分解，使得 $\boldsymbol{U}$ 正交且 $\boldsymbol{\Lambda}$ 是对角矩阵。令 $\boldsymbol{\zeta}$ 为有独立坐标的随机向量，坐标以 1/2 的概率在 ± 1 中取值，设 $\boldsymbol{\xi}=\boldsymbol{U}\boldsymbol{\zeta}$。对于 $\boldsymbol{\zeta}$ 的所有实现，我们有

$$\boldsymbol{\xi}^{\mathrm{T}}\overline{\boldsymbol{A}}\boldsymbol{\xi}=\boldsymbol{\zeta}^{\mathrm{T}}\boldsymbol{U}^{\mathrm{T}}(\boldsymbol{U}\boldsymbol{\Lambda}\boldsymbol{U}^{\mathrm{T}})\boldsymbol{U}\boldsymbol{\zeta}=\boldsymbol{\zeta}^{\mathrm{T}}\boldsymbol{\Lambda}\boldsymbol{\zeta}=\mathrm{Tr}(\boldsymbol{\Lambda})=\mathrm{Tr}(\overline{\boldsymbol{A}}) \geqslant 0$$

由此 $\boldsymbol{\xi}^{\mathrm{T}}\overline{\boldsymbol{B}}\boldsymbol{\xi} \geqslant 0$。取期望，我们有

$$\begin{aligned} 0 &\leqslant E\{\boldsymbol{\xi}^{\mathrm{T}}\overline{\boldsymbol{B}}\boldsymbol{\xi}\}=E\{\boldsymbol{\zeta}^{\mathrm{T}}(\boldsymbol{U}^{\mathrm{T}}\overline{\boldsymbol{B}}\boldsymbol{U})\boldsymbol{\zeta}\}=E\{\mathrm{Tr}([\boldsymbol{U}^{\mathrm{T}}\overline{\boldsymbol{B}}\boldsymbol{U}][\boldsymbol{\zeta}\boldsymbol{\zeta}^{\mathrm{T}}])\} \\ &=\mathrm{Tr}([\boldsymbol{U}^{\mathrm{T}}\overline{\boldsymbol{B}}\boldsymbol{U}]\underbrace{E\{\boldsymbol{\zeta}\boldsymbol{\zeta}^{\mathrm{T}}\}}_{=\boldsymbol{I}})=\mathrm{Tr}([\boldsymbol{U}^{\mathrm{T}}\overline{\boldsymbol{B}}\boldsymbol{U}])=\mathrm{Tr}(\overline{\boldsymbol{B}})=\mathrm{Opt} \end{aligned}$$

因此，$\mathrm{Opt} \geqslant 0$。

(ii)：让我们将 $\mathbb{R}^n$ 上的原始非齐次二次型齐次化：

$$\begin{aligned} f_{\boldsymbol{A}}(\boldsymbol{x}) &\equiv \boldsymbol{x}^{\mathrm{T}}\boldsymbol{A}\boldsymbol{x}+2\boldsymbol{a}^{\mathrm{T}}\boldsymbol{x}+\alpha \\ &\mapsto \hat{f}_{\boldsymbol{A}}([\boldsymbol{x};t])=[\boldsymbol{x};t]^{\mathrm{T}}\hat{\boldsymbol{A}}[\boldsymbol{x};t] \equiv \boldsymbol{x}^{\mathrm{T}}\boldsymbol{A}\boldsymbol{x}+2t\boldsymbol{a}^{\mathrm{T}}\boldsymbol{x}+\alpha t^2 \\ f_{\boldsymbol{B}}(\boldsymbol{x}) &\equiv \boldsymbol{x}^{\mathrm{T}}\boldsymbol{B}\boldsymbol{x}+2\boldsymbol{b}^{\mathrm{T}}\boldsymbol{x}+\beta \\ &\mapsto \hat{f}_{\boldsymbol{B}}([\boldsymbol{x};t])=[\boldsymbol{x};t]^{\mathrm{T}}\hat{\boldsymbol{B}}[\boldsymbol{x};t] \equiv \boldsymbol{x}^{\mathrm{T}}\boldsymbol{B}\boldsymbol{x}+2t\boldsymbol{b}^{\mathrm{T}}\boldsymbol{x}+\beta t^2 \end{aligned}$$

前提结论 在 (ii) 的情况下，$\exists \bar{\boldsymbol{y}}:\bar{\boldsymbol{y}}^{\mathrm{T}}\hat{\boldsymbol{A}}\bar{\boldsymbol{y}}>0$，且式 (B.2.1) 等价于

$$\boldsymbol{y}^{\mathrm{T}}\hat{\boldsymbol{A}}\boldsymbol{y} \geqslant 0 \Rightarrow \boldsymbol{y}^{\mathrm{T}}\hat{\boldsymbol{B}}\boldsymbol{y} \geqslant 0 \tag{$*$}$$

前提结论⇒非齐次 $\mathcal{S}$ 引理 结合前提结论和齐次的 $\mathcal{S}$ 引理并应用于矩阵 $\hat{\boldsymbol{A}},\hat{\boldsymbol{B}}$，我们得到式 (B.2.1) 等价于存在 $\lambda \geqslant 0$ 使得 $\hat{\boldsymbol{B}} \succeq \lambda \hat{\boldsymbol{A}}$ 成立，这正是非齐次 $\mathcal{S}$ 引理所表达的。

证明前提结论成立 我们有 $[\bar{\boldsymbol{x}};1]^{\mathrm{T}}\hat{\boldsymbol{A}}[\bar{\boldsymbol{x}};1]=f_{\boldsymbol{A}}(\bar{\boldsymbol{x}})>0$。此外，如果式 ($*$) 成立，则式 (B.2.1) 也成立，因为 $f_{\boldsymbol{A}}(\boldsymbol{x})=\hat{f}_{\boldsymbol{A}}([\boldsymbol{x};1]), f_{\boldsymbol{B}}(\boldsymbol{x})=\hat{f}_{\boldsymbol{B}}([\boldsymbol{x};1])$。可以看到，我们要做的就是证明式 (B.2.1) 的成立也就意味着式 ($*$) 的成立。因此，假设式 (B.2.1)

是有效的，让我们证明式（*）成立。设 $[\boldsymbol{x};t]$ 满足 $[\boldsymbol{x};t]^{\mathrm{T}}\hat{\boldsymbol{A}}[\boldsymbol{x};t]\geqslant 0$，我们应该证明 $[\boldsymbol{x};t]^{\mathrm{T}}\hat{\boldsymbol{B}}[\boldsymbol{x};t]\geqslant 0$。$t\neq 0$ 的情况是平凡的，这是因为

$$[\boldsymbol{x};t]^{\mathrm{T}}\hat{\boldsymbol{A}}[\boldsymbol{x};t]\geqslant 0\Rightarrow\underbrace{[t^{-1}\boldsymbol{x};1]^{\mathrm{T}}\hat{\boldsymbol{A}}[t^{-1}\boldsymbol{x};1]}_{f_{\boldsymbol{A}}(\boldsymbol{x})}\geqslant 0\Rightarrow\underbrace{[t^{-1}\boldsymbol{x};1]^{\mathrm{T}}\hat{\boldsymbol{B}}[t^{-1}\boldsymbol{x};1]}_{f_{\boldsymbol{B}}(\boldsymbol{x})}\geqslant 0$$
$$\Rightarrow[\boldsymbol{x};t]^{\mathrm{T}}\hat{\boldsymbol{B}}[\boldsymbol{x};t]\geqslant 0$$

要证明 $[\boldsymbol{x};0]^{\mathrm{T}}\hat{\boldsymbol{A}}[\boldsymbol{x};0]\geqslant 0$ 能推导出 $[\boldsymbol{x};0]^{\mathrm{T}}\hat{\boldsymbol{B}}[\boldsymbol{x};0]\geqslant 0$，只需证明点 $\boldsymbol{y}=[\boldsymbol{x};0]$ 可以表示为序列 $\boldsymbol{y}^i=[\boldsymbol{x}^i;t^i]$ 的极限，其中 $t^i\neq 0$ 且 $[\boldsymbol{y}^i]^{\mathrm{T}}\hat{\boldsymbol{A}}\boldsymbol{y}^i\geqslant 0$。事实上，在这种情况下，根据式（*）中已证明的部分，我们将得到，对于所有 i，都有 $[\boldsymbol{y}^i]^{\mathrm{T}}\hat{\boldsymbol{B}}\boldsymbol{y}^i\geqslant 0$。将其取极限，$i\to\infty$时，我们将得到 $\boldsymbol{y}^{\mathrm{T}}\hat{\boldsymbol{B}}\boldsymbol{y}\geqslant 0$。

为证明上述的近似结果，让我们传递到$\hat{\boldsymbol{A}}$ 的特征基中的点 $\boldsymbol{z}$ 的坐标 z_j，有

$$\boldsymbol{y}^{\mathrm{T}}\hat{\boldsymbol{A}}\boldsymbol{y}=\sum_j\lambda_j y_j^2\geqslant 0$$

其中 $\lambda_1\geqslant\lambda_2\geqslant\cdots$是 $\hat{\boldsymbol{A}}$ 的特征值。因为存在$\bar{\boldsymbol{y}}$ 使得$\bar{\boldsymbol{y}}^{\mathrm{T}}\hat{\boldsymbol{A}}\bar{\boldsymbol{y}}>0$，可以发现有 $\lambda_1>0$。然后，将 $\boldsymbol{y}$ 的第一个坐标替换为 $(1+1/i)y_1$ 并保持剩下的坐标不变，我们可以得到点 $\hat{\boldsymbol{y}}^i$，使得 $\hat{\boldsymbol{y}}^i\to\boldsymbol{y}$，$i\to\infty$，并且 $[\hat{\boldsymbol{y}}^i]^{\mathrm{T}}\hat{\boldsymbol{A}}\hat{\boldsymbol{y}}^i>0$。因为后一个不等式是严格成立的，我们可以轻微扰动点 $\hat{\boldsymbol{y}}^i$，从而得到一个序列 $\{\boldsymbol{y}^i\}$，它仍然收敛于 $\boldsymbol{y}$，仍满足 $[\boldsymbol{y}^i]^{\mathrm{T}}\hat{\boldsymbol{A}}\boldsymbol{y}^i>0$，并且由非零的 t 坐标点组成。 ■

B.3 近似 $\mathcal{S}$引理

定理 B.3.1【文献 [11]】 设 $\rho>0$，$\boldsymbol{A},\boldsymbol{B},\boldsymbol{B}_1,\cdots,\boldsymbol{B}_J$ 是 $m\times m$ 对称矩阵，满足 $\boldsymbol{B}=\boldsymbol{b}\boldsymbol{b}^{\mathrm{T}},\boldsymbol{B}_j\succeq 0$，$j=1,\cdots,J\geqslant 1$，且 $\boldsymbol{B}+\sum_{j=1}^J\boldsymbol{B}_j\succ 0$。

考虑优化问题

$$\mathrm{Opt}(\rho)=\max_{\boldsymbol{x}}\{\boldsymbol{x}^{\mathrm{T}}\boldsymbol{A}\boldsymbol{x}:\boldsymbol{x}^{\mathrm{T}}\boldsymbol{B}\boldsymbol{x}\leqslant 1,\boldsymbol{x}^{\mathrm{T}}\boldsymbol{B}_j\boldsymbol{x}\leqslant\rho^2,j=1,\cdots,J\}\tag{B.3.1}$$

以及它的半定松弛

$$\begin{aligned}\mathrm{SDP}(\rho)&=\max_{\boldsymbol{X}}\{\mathrm{Tr}(\boldsymbol{A}\boldsymbol{X}):\mathrm{Tr}(\boldsymbol{B}\boldsymbol{X})\leqslant 1,\mathrm{Tr}(\boldsymbol{B}_j\boldsymbol{X})\leqslant\rho^2,j=1,\cdots,J,\boldsymbol{X}\succeq 0\}\\&=\min_{\lambda,\{\lambda_j\}}\left\{\lambda+\rho^2\sum_{j=1}^J\lambda_j:\lambda\geqslant 0,\lambda_j\geqslant 0,j=1,\cdots,J,\right.\\&\qquad\left.\lambda\boldsymbol{B}+\sum_{j=1}^J\lambda_j\boldsymbol{B}_j\succeq\boldsymbol{A}\right\}\end{aligned}\tag{B.3.2}$$

那么，存在 $\bar{\boldsymbol{x}}$，使得

$$\begin{aligned}&(a)\quad\bar{\boldsymbol{x}}^{\mathrm{T}}\boldsymbol{B}\bar{\boldsymbol{x}}\leqslant 1,\\&(b)\quad\bar{\boldsymbol{x}}^{\mathrm{T}}\boldsymbol{B}_j\bar{\boldsymbol{x}}\leqslant\Omega^2(J)\rho^2,j=1,\cdots,J,\\&(c)\quad\bar{\boldsymbol{x}}^{\mathrm{T}}\boldsymbol{A}\bar{\boldsymbol{x}}=\mathrm{SDP}(\rho)\end{aligned}\tag{B.3.3}$$

其中 $\Omega(J)$ 是 J 的通用函数，满足 $\Omega(1)=1$，且

$$\Omega(J)\leqslant 9.19\sqrt{\ln(J)},J\geqslant 2\tag{B.3.4}$$

特别地，

$$\mathrm{Opt}(\rho)\leqslant\mathrm{SDP}(\rho)\leqslant\mathrm{Opt}(\Omega(J)\rho)\tag{B.3.5}$$

证明 1^0 首先，让我们从一般情况派生出“特殊”情况。假定存在$\bar{x}$满足式（B.3.3），观察到$\bar{x}$是定义 $\mathrm{Opt}(\Omega(J)\rho)$ 的问题的可行解，因此，$\mathrm{Opt}(\Omega(J)\rho)\geqslant\bar{x}^{\mathrm{T}}\boldsymbol{A}\bar{x}=\mathrm{SDP}(\rho)$。式（B.3.5）中的第一个不等式显然成立。

2^0 问题

$$\mathrm{SDP}(\rho)=\max_{\boldsymbol{X}}\{\mathrm{Tr}(\boldsymbol{AX}):\mathrm{Tr}(\boldsymbol{BX})\leqslant 1,\mathrm{Tr}(\boldsymbol{B}_j\boldsymbol{X})\leqslant\rho^2,1\leqslant j\leqslant J,\boldsymbol{X}\succeq 0\}\tag{B.3.6}$$

显然是严格可行且可解的。因此这个问题的半定对偶有解，最优值为 $\mathrm{SDP}(\rho)$，而这就是式（B.3.2）中的第二个等式。

3^0 考虑 $J=1$ 的情况，这时我们要证明 $\Omega(J)=1$。这可以直接从下面的事实推导出来：

定理【文献[95]】 设 $\boldsymbol{A},\boldsymbol{B},\boldsymbol{B}_1$ 是三个 $m\times m$ 对称矩阵，且当 $m\geqslant 3$ 时，矩阵的某个线性组合$\succ 0$。则关联二次型的联合范围 $\mathcal{I}=\{(\boldsymbol{x}^{\mathrm{T}}\boldsymbol{Ax},\boldsymbol{x}^{\mathrm{T}}\boldsymbol{Bx},\boldsymbol{x}^{\mathrm{T}}\boldsymbol{B}_1\boldsymbol{x})^{\mathrm{T}}:\boldsymbol{x}\in\mathbb{R}^m\}\subset\mathbb{R}^3$ 是一个闭凸集。

然而，我们更倾向于提出一种直接的替代证明。

$3^0.0$ 因为 $\boldsymbol{B}\succeq 0,\boldsymbol{B}_1\succeq 0$ 以及 $\boldsymbol{B}+\boldsymbol{B}_1\succ 0$，问题（B.3.6）显然可解。我们只需证明这个问题有秩$\leqslant 1$的最优解 $\boldsymbol{X}_*$。事实上，对于某个向量$\bar{x}$，这样的解可以表示为$\bar{x}\bar{x}^{\mathrm{T}}$的形式。根据式（B.3.6）的约束条件，$\bar{x}$满足式（B.3.3.$a\sim b$），其中 $\Omega(1)=1$。又根据最优解 $\boldsymbol{X}_*=\bar{x}\bar{x}^{\mathrm{T}}$，$\bar{x}$同样满足式（B.3.3.$c$）。现在，为证明式（B.3.6）有满足秩$\leqslant 1$的最优解，我们不妨假设 $\boldsymbol{B}_1\succ 0$。假设在后一种情况中陈述是正确的，我们将得到，对于任何 $\epsilon>0$，优化问题

$$\mathrm{Opt}_{\epsilon}=\max_{\boldsymbol{X}}\{\mathrm{Tr}(\boldsymbol{AX}):\mathrm{Tr}(\boldsymbol{BX})\leqslant 1,\mathrm{Tr}([\boldsymbol{B}_1+\epsilon\boldsymbol{I}]\boldsymbol{X})\leqslant\rho^2,\boldsymbol{X}\succeq 0\}\tag{P_ϵ}$$

有秩$\leqslant 1$的最优解 $\boldsymbol{X}_*^{\epsilon}$。因为 $\boldsymbol{B}+\boldsymbol{B}_1\succ 0$，矩阵 $\boldsymbol{X}_*^{\epsilon}$ 是有界的，所以通过紧性理论可知，存在秩$\leqslant 1$的矩阵 $\boldsymbol{X}_*$，有

$$\mathrm{Tr}(\boldsymbol{AX}_*)\leqslant\lim\sup_{\epsilon\to+0}\mathrm{Opt}_{\epsilon},\mathrm{Tr}(\boldsymbol{BX}_*)\leqslant 1,\mathrm{Tr}(\boldsymbol{B}_1\boldsymbol{X}_*)\leqslant\rho^2$$

$\boldsymbol{X}_*$ 是式（B.3.6）的可行解，我们只需证明这个解是最优的，即证明 $\mathrm{SDP}(\rho)\leqslant\lim\inf_{\epsilon\to+0}\mathrm{Opt}_{\epsilon}$。为此，设 $\boldsymbol{Y}_*$ 是式（B.3.6）的最优解。对于每个 γ，$0<\gamma<1$，矩阵 $\gamma\boldsymbol{Y}_*$ 对于（P_ϵ）显然是可行的，其中ϵ可以是所有足够小的值，于是 $\gamma\mathrm{SDP}(\rho)\leqslant\lim\sup_{\epsilon\to+0}\mathrm{Opt}_{\epsilon}$。因为 $\gamma<1$ 是任意的，我们得到要证明的 $\mathrm{SDP}(\rho)\leqslant\lim\inf_{\epsilon\to+0}\mathrm{Opt}_{\epsilon}$。

因此，我们可以把重点放在 $\boldsymbol{B}_1\succ 0$ 的情况上。我们只需证明，在该情况中式（B.3.6）有秩$\leqslant 1$的最优解。

$3^0.1$ 将式（B.3.1）中的优化问题从变量 $\boldsymbol{x}$ 传递到变量 $\boldsymbol{B}_1^{1/2}\boldsymbol{x}$，不失一般性地，我们可以假设 $\boldsymbol{B}_1=\boldsymbol{I}$。在该情况中，传递到 $\boldsymbol{A}$ 的标准正交特征基，我们可以进一步假设 $\boldsymbol{A}$ 是对角矩阵：$\boldsymbol{A}=\mathrm{Diag}\{\lambda_1,\cdots,\lambda_m\}$，其中 $\lambda_1\geqslant\lambda_2\geqslant\cdots\geqslant\lambda_m$。

$3^0.2$ 问题（B.3.6）显然可解，我们只需证明该问题有最优解 $\boldsymbol{X}_*$，它是一个秩$\leqslant 1$的矩阵。

$3^0.3$ 假设 $\mathrm{SDP}(\rho)\leqslant 0$，式（B.3.6）中的优化问题显然有一个零秩的最优解 $\boldsymbol{X}_*=\boldsymbol{0}$。因此假设 $\mathrm{SDP}(\rho)>0$，这意味着 $\lambda_1>0$。注意到 $\boldsymbol{A}$ 是对角矩阵且 $\boldsymbol{B}_1=\boldsymbol{I}$，我们有

$$\mathrm{SDP}(\rho)\leqslant\max_{\boldsymbol{X}}\{\mathrm{Tr}(\boldsymbol{AX}):\mathrm{Tr}(\boldsymbol{X})\leqslant\rho^2,\boldsymbol{X}\succeq 0\}=\lambda_1\rho^2\tag{B.3.7}$$

$3^0.4$ 可能存在 $\lambda_1=\lambda_2$ 的情况。我们有 $\mathrm{SDP}(\rho)\leqslant\lambda_1\rho^2$；另一方面存在一个向量$\bar{x}$，$\|\bar{x}\|_2=\rho$，它在前两个正交基线性张成的空间中，且正交于 $\boldsymbol{b}$。秩为 1 的矩阵 $\boldsymbol{X}_*=\bar{x}\bar{x}^{\mathrm{T}}$

显然对式（B.3.6）是可行的，且对于该矩阵有 $\mathrm{Tr}(\boldsymbol{AX}_*)=\lambda_1\rho^2$，所以，根据式（B.3.7），$\boldsymbol{X}_*$ 是式（B.3.6）的最优解。因此，式（B.3.6）有一个秩为 1 的最优解。

3^0.5 从现在起我们假设 $\lambda_1>\lambda_2$。这里存在两种情况：一种是式（B.3.6）有 $\mathrm{Tr}(\boldsymbol{BX}_*)<1$ 的最优解 $\boldsymbol{X}_*$（“情况Ⅰ”）；另一种是对于式（B.3.6）的每个最优解 $\boldsymbol{X}_*$ 都有 $\mathrm{Tr}(\boldsymbol{BX}_*)=1$（“情况Ⅱ”）。首先，假设现在处于情况Ⅰ中，设 $\boldsymbol{X}_*$ 是式（B.3.6）的最优解，其中 $\mathrm{Tr}(\boldsymbol{BX}_*)<1$。设 $\boldsymbol{X}_*=\boldsymbol{V}^{\mathrm{T}}\boldsymbol{V}$，$\boldsymbol{v}_i$ 是 $\boldsymbol{V}$ 的列向量，p_i 是向量 $\boldsymbol{v}_i$ 的欧几里得范数，有 $\boldsymbol{v}_i=p_i\boldsymbol{f}_i,\|\boldsymbol{f}_i\|_2=1$。我们有

$$
\begin{aligned}
&(a)\quad \mathrm{SDP}(\rho)=\sum_i\lambda_i(\boldsymbol{X}_*)_{ii}=\sum_i\lambda_i p_i^2,\\
&(b)\quad \rho^2\geqslant\mathrm{Tr}(\boldsymbol{B}_1\boldsymbol{X}_*)=\mathrm{Tr}(\boldsymbol{X}_*)=\sum_i p_i^2,\\
&(c)\quad 1\geqslant\mathrm{Tr}(\boldsymbol{BX}_*)=\mathrm{Tr}(\boldsymbol{bb}^{\mathrm{T}}\boldsymbol{V}^{\mathrm{T}}\boldsymbol{V})=\Big\|\sum_i\boldsymbol{b}_i\boldsymbol{v}_i\Big\|_2^2
\end{aligned}
\tag{B.3.8}
$$

我们声明对 $i>0$ 有 $p_i=0$，使得 $\boldsymbol{X}_*$ 是一个秩为 1 的最优解。假设存在 $i_*>1$，其中 $p_{i_*}>0$，以及给定的 $\epsilon,0\leqslant\epsilon<p_{i_*}^2$，让我们按如下所示将 $\boldsymbol{V}$ 转换为一个新的矩阵 $\boldsymbol{V}_+$：我们将 $\boldsymbol{V}$ 的列向量 $\boldsymbol{v}_{i_*}=p_{i_*}\boldsymbol{f}_{i_*}$ 替换为 $\boldsymbol{v}_{i_*}^+=\gamma\boldsymbol{f}_{i_*}$，其中 $\gamma>0$，$\|\boldsymbol{v}_{i_*}^+\|_2^2=p_{i_*}^2-\epsilon$，并且将 $\boldsymbol{V}$ 中列向量 $\boldsymbol{v}_1=p_1\boldsymbol{f}_1$ 替换为 $\boldsymbol{v}_1^+=\theta\boldsymbol{f}_1$，其中 $\theta>0$，$\|\boldsymbol{v}_1^+\|_2^2=p_1^2+\epsilon$；$\boldsymbol{V}_+$ 中剩下的所有列向量都与 $\boldsymbol{V}$ 中的一样。我们令 $\boldsymbol{X}_+=[\boldsymbol{V}_+]^{\mathrm{T}}\boldsymbol{V}_+$，显然，有 $\boldsymbol{X}_+\succeq0$，$\mathrm{Tr}(\boldsymbol{B}_1\boldsymbol{X}_+)=\mathrm{Tr}(\boldsymbol{X}_+)=\mathrm{Tr}(\boldsymbol{X}_*)\leqslant\rho^2$ 以及 $\mathrm{Tr}(\boldsymbol{AX}_+)=\mathrm{Tr}(\boldsymbol{AX}_*)+(\lambda_1-\lambda_{i_*})\epsilon>\mathrm{Tr}(\boldsymbol{AX}_*)$（回忆 $\lambda_1\geqslant\lambda_2\geqslant\cdots\geqslant\lambda_m$ 和 $\lambda_1>\lambda_2$）。另一方面，对于小的 $\epsilon>0$，$\boldsymbol{X}_+$ 与 $\boldsymbol{X}_*$ 接近，使得对于小的 $\epsilon>0$，由 $\mathrm{Tr}(\boldsymbol{BX}_*)<1$，我们有 $\mathrm{Tr}(\boldsymbol{BX}_+)<1$。因此，对于小的 $\epsilon>0$，$\boldsymbol{X}_+$ 是式（B.3.6）的可行解，且就目标而言优于 $\boldsymbol{X}_*$，矛盾。因此对 $i>1$，$p_i=0$。

3^0.6 仍需考虑情况Ⅱ。设 $\boldsymbol{X}_*$ 是式（B.3.6）的可行解，又设 $\boldsymbol{V},\boldsymbol{v}_i,p_i$ 的定义与 3^0.5 中一样，使得式（B.3.8）成立。因为处于情况Ⅱ，向量 $\boldsymbol{e}=\sum_i b_i\boldsymbol{v}_i$ 的欧几里得范数是 1。设 $I=\{i:b_i\neq0\}$。我们声明所有向量 $\boldsymbol{v}_i,i\in I$ 都与 $\boldsymbol{e}$ 成比例。假设 $i\in I$，但 $\boldsymbol{v}_i$ 不与 $\boldsymbol{e}$ 成比例，则向量 $\boldsymbol{v}_i$ 和 $\boldsymbol{w}_i=\boldsymbol{e}-b_i\boldsymbol{v}_i$ 是非零向量并且相互不成比例。设 $\boldsymbol{v}_i^+$ 是与 $\boldsymbol{v}_i$ 有相同欧几里得范数且方向与向量 $b_i\boldsymbol{w}_i$ 相反的向量，$\boldsymbol{V}_+$ 是通过将 $\boldsymbol{V}$ 的列向量 $\boldsymbol{v}_i$ 替换为 $\boldsymbol{v}_i^+$ 而得的矩阵，让 $\boldsymbol{X}_+=[\boldsymbol{V}_+]^{\mathrm{T}}\boldsymbol{V}_+$。通过构造，$\boldsymbol{V}_+$ 中的列向量的欧几里得范数与 $\boldsymbol{V}$ 中列向量的欧几里得范数相同，因此

$$
\mathrm{Tr}(\boldsymbol{AX}_+)=\mathrm{Tr}(\boldsymbol{AX}_*)=\mathrm{SDP}(\rho),\mathrm{Tr}(\boldsymbol{B}_1\boldsymbol{X}_+)=\mathrm{Tr}(\boldsymbol{B}_1\boldsymbol{X}_*)\leqslant\rho^2 \tag{B.3.9}
$$

同时，根据构造

$$
\begin{aligned}
\mathrm{Tr}(\boldsymbol{BX}_+)&=\|\boldsymbol{V}_+\boldsymbol{b}\|_2^2=\|b_i\boldsymbol{v}_i^++\boldsymbol{w}_i\|_2^2=b_i^2\|\boldsymbol{v}_i^+\|_2^2+2(\boldsymbol{v}_i^+)^{\mathrm{T}}(b_i\boldsymbol{w}_i)+\|\boldsymbol{w}_i\|_2^2\\
&=b_i^2\|\boldsymbol{v}_i\|_2^2-2\|b_i\boldsymbol{v}_i\|_2\|\boldsymbol{w}_i\|_2+\|\boldsymbol{w}_i\|_2^2\\
&<b_i^2\|\boldsymbol{v}_i\|_2^2+2b_i\boldsymbol{v}_i^{\mathrm{T}}\boldsymbol{w}_i+\|\boldsymbol{w}_i\|_2^2=\|b_i\boldsymbol{v}_i+\boldsymbol{w}_i\|_2^2=1
\end{aligned}
$$

其中严格不等式由 $b_i\neq0$ 与非零向量 $\boldsymbol{v}_i$ 和 $\boldsymbol{w}_i$ 互不成比例的事实得出。回顾式（B.3.9），可以得到 $\boldsymbol{X}_+$ 是式（B.3.6）的最优解，其中 $\mathrm{Tr}(\boldsymbol{BX}_+)<1$，但这是不可能的，因为现在讨论的是情况Ⅱ。

因此，所有 $\boldsymbol{v}_i,i\in I$ 都与 $\boldsymbol{e}$ 成比例。将 $\boldsymbol{V}$ 中的列向量 $\boldsymbol{v}_i,i\notin I$ 替换为具有相同欧几里得范数的与 $\boldsymbol{e}$ 成比例的列向量，我们可以得到一个矩阵 $\boldsymbol{V}_+$，使得（a）$\boldsymbol{V}_+$ 的所有列向量都与 $\boldsymbol{e}$ 成比例，（b）$\boldsymbol{V}_+$ 的所有列向量都与 $\boldsymbol{V}$ 中对应的列向量有相同的欧几里得范数，（c）$\boldsymbol{V}_+\boldsymbol{b}=\boldsymbol{Vb}$。

由（b）、（c）可知，$\boldsymbol{X}_+=[\boldsymbol{V}_+]^{\mathrm{T}}\boldsymbol{V}_+$是式（B.3.6）的可行解，与$\boldsymbol{X}_*$有相同目标值，即是问题最优解。由（a）推导出，对于某个$\boldsymbol{f}$有$\boldsymbol{V}_+=\boldsymbol{e}\boldsymbol{f}^{\mathrm{T}}$，所以$\boldsymbol{X}_+$是秩为1的解。

4⁰ 现在考虑$J>1$的情况。设$\boldsymbol{X}_*$是定义SDP(ρ)的半定规划的最优解，以及设

$$\hat{\boldsymbol{A}}=\boldsymbol{X}_*^{1/2}\boldsymbol{A}\boldsymbol{X}_*^{1/2}$$

又设

$$\hat{\boldsymbol{A}}=\boldsymbol{U}\boldsymbol{\Lambda}\boldsymbol{U}^{\mathrm{T}}$$

是$\hat{\boldsymbol{A}}$的特征值分解，满足$\boldsymbol{U}$正交且$\boldsymbol{\Lambda}$是对角矩阵。考虑随机向量

$$\boldsymbol{\xi}=\boldsymbol{X}_*^{1/2}\boldsymbol{U}\boldsymbol{\zeta}$$

其中$\boldsymbol{\zeta}\in\mathbb{R}^m$是具有独立坐标的随机向量，其坐标以0.5的概率在$\pm1$中取值。我们有

$$\begin{aligned}(a)\quad&\boldsymbol{\xi}^{\mathrm{T}}\boldsymbol{A}\boldsymbol{\xi}=\boldsymbol{\zeta}^{\mathrm{T}}\boldsymbol{U}^{\mathrm{T}}\boldsymbol{X}_*^{1/2}\boldsymbol{A}\boldsymbol{X}_*^{1/2}\boldsymbol{U}\boldsymbol{\zeta}=\boldsymbol{\zeta}^{\mathrm{T}}\boldsymbol{U}^{\mathrm{T}}\hat{\boldsymbol{A}}\boldsymbol{U}\boldsymbol{\zeta}=\boldsymbol{\zeta}^{\mathrm{T}}\boldsymbol{\Lambda}\boldsymbol{\zeta}\\&=\mathrm{Tr}(\boldsymbol{\Lambda})=\mathrm{Tr}(\boldsymbol{U}\boldsymbol{\Lambda}\boldsymbol{U}^{\mathrm{T}})=\mathrm{Tr}(\hat{\boldsymbol{A}})=\mathrm{Tr}(\boldsymbol{A}\boldsymbol{X}_*)\\&=\mathrm{SDP}(\rho),\\(b)\quad&E\{\boldsymbol{\xi}^{\mathrm{T}}\boldsymbol{B}\boldsymbol{\xi}\}=\mathrm{Tr}(\boldsymbol{B}E\{\boldsymbol{\xi}\boldsymbol{\xi}^{\mathrm{T}}\})=\mathrm{Tr}(\boldsymbol{B}\boldsymbol{X}_*^{1/2}\boldsymbol{U}E\{\boldsymbol{\zeta}\boldsymbol{\zeta}^{\mathrm{T}}\}\boldsymbol{U}^{\mathrm{T}}\boldsymbol{X}_*^{1/2})\\&=\mathrm{Tr}(\boldsymbol{B}\boldsymbol{X}_*)\leqslant1,\\(c)\quad&E\{\boldsymbol{\xi}^{\mathrm{T}}\boldsymbol{B}_j\boldsymbol{\xi}\}=\mathrm{Tr}(\boldsymbol{B}_jE\{\boldsymbol{\xi}\boldsymbol{\xi}^{\mathrm{T}}\})=\mathrm{Tr}(\boldsymbol{B}_j\boldsymbol{X}_*^{1/2}\boldsymbol{U}E\{\boldsymbol{\zeta}\boldsymbol{\zeta}^{\mathrm{T}}\}\boldsymbol{U}^{\mathrm{T}}\boldsymbol{X}_*^{1/2})\\&=\mathrm{Tr}(\boldsymbol{B}_j\boldsymbol{X}_*)\leqslant\rho^2\end{aligned}\tag{B.3.10}$$

（此处用到$\boldsymbol{X}_*$是定义SDP(ρ)的问题的最优解这一事实）。

5⁰ 我们需要以下内容。

引理B.3.2 有

$$\mathrm{Prob}\{\boldsymbol{\xi}^{\mathrm{T}}\boldsymbol{B}\boldsymbol{\xi}>1\}\leqslant2/3\tag{B.3.11}$$

证明 回想$\boldsymbol{B}=\boldsymbol{b}\boldsymbol{b}^{\mathrm{T}}$，我们有

$$\boldsymbol{\xi}^{\mathrm{T}}\boldsymbol{B}\boldsymbol{\xi}=\zeta^{\mathrm{T}}\boldsymbol{U}^{\mathrm{T}}\boldsymbol{X}_*^{1/2}\boldsymbol{b}\boldsymbol{b}^{\mathrm{T}}\boldsymbol{X}_*^{1/2}\boldsymbol{U}\boldsymbol{\zeta}=(\boldsymbol{\beta}^{\mathrm{T}}\boldsymbol{\zeta})^2$$

其中$\boldsymbol{\beta}=\boldsymbol{U}^{\mathrm{T}}\boldsymbol{X}_*^{1/2}\boldsymbol{b}$。由式（B.3.10.$b$）可知$E\{(\boldsymbol{\beta}^{\mathrm{T}}\boldsymbol{\zeta})^2\}=\|\boldsymbol{\beta}\|_2^2\leqslant1$。此时$\mathrm{Prob}\{|\boldsymbol{\beta}^{\mathrm{T}}\boldsymbol{\zeta}|>1\}\leqslant2/3$已在文献[11]中的引理A.1中证明。■

6⁰ 我们接下来需要下述事实。

引理B.3.3 设$\boldsymbol{e}_1,\cdots,\boldsymbol{e}_m$是确定性向量，满足

$$\sum_{i=1}^m\|\boldsymbol{e}_i\|_2^2\leqslant1$$

则

$$\forall(t>1):\mathrm{Prob}\left\{\left\|\sum_{j=1}^m\zeta_i\boldsymbol{e}_i\right\|_2\geqslant t\right\}\leqslant\phi(t)=\inf_{r:1<r<t}\frac{r^2\exp\{-(t-r)^2/16\}}{r^2-1}\tag{B.3.12}$$

证明 需要下列基础事实。

Talagrand不等式【请参阅文献[67]】 设$\boldsymbol{\eta}_1,\cdots,\boldsymbol{\eta}_m$是独立随机向量，在各自的有限维向量空间$(E_1,\|\cdot\|_{(1)}),\cdots,(E_m,\|\cdot\|_{(m)})$的单位球中取值，$\boldsymbol{\eta}=(\boldsymbol{\eta}_1,\cdots,\boldsymbol{\eta}_m)\in E=E_1\times\cdots\times E_m$。让我们使$E$具有范数$\|(\boldsymbol{z}^1,\cdots,\boldsymbol{z}^m)\|=\sqrt{\sum_{i=1}^m\|\boldsymbol{z}^i\|_{(i)}^2}$，并且设$Q$为$E$的闭凸子集。则

$$E\left\{\exp\left\{\frac{\mathrm{dist}_{\|\cdot\|}^2(\boldsymbol{\eta},Q)}{16}\right\}\right\}\leqslant\frac{1}{\mathrm{Prob}\{\boldsymbol{\eta}\in Q\}}$$

让我们指定空间$(E_i,\|\cdot\|_{(i)}),i=1,\cdots,m$为$(\mathbb{R},|\cdot|)$，并且令$\boldsymbol{\eta}_i=\boldsymbol{\zeta}_i$，$i=1,\cdots,m$。更进

一步，设

$$Q_1=\left\{\boldsymbol{u}\in\mathbb{R}^m:\left\|\sum_{i=1}^m u_i\boldsymbol{e}_i\right\|_2\leqslant 1\right\}$$

观察到 Q_1 是 $\mathbb{R}^m$ 中的一个闭凸集，包含了单位$\|\cdot\|_2$ 球；事实上，

$$\left\|\sum_{i=1}^m u_i\boldsymbol{e}_i\right\|_2\leqslant\sum_{i=1}^m|u_i|\|\boldsymbol{e}_i\|_2\leqslant\|\boldsymbol{u}\|_2\sqrt{\sum_{i=1}^m\|\boldsymbol{e}_i\|_2^2}\leqslant\|\boldsymbol{u}\|_2$$

还可以观察到

$$E\left\{\left\|\sum_i\boldsymbol{\zeta}_i\boldsymbol{e}_i\right\|_2^2\right\}=\sum_i\|\boldsymbol{e}_i\|_2^2\leqslant 1$$

因此，根据切比雪夫不等式，

$$\text{Prob}\left\{\left\|\sum_i\boldsymbol{\zeta}_i\boldsymbol{e}_i\right\|_2>r\right\}\equiv\text{Prob}\{\boldsymbol{\zeta}\notin rQ_1\}\leqslant\frac{1}{r^2},\forall r>1 \tag{B.3.13}$$

对于 $t>r>1$，我们有

$$\left\|\sum_i u_i\boldsymbol{e}_i\right\|_2>t\Rightarrow\boldsymbol{u}\notin\frac{t}{r}(rQ_1)\Rightarrow\boldsymbol{u}\notin(rQ_1)+\left(\frac{t}{r}-1\right)(rQ_1)$$

$$\Rightarrow\text{dist}_{\|\cdot\|_2}(\boldsymbol{z},rQ_1)\geqslant\left(\frac{t}{r}-1\right)r=t-r$$

其中结论不等式由 Q_1 包含以原点为中心的单位欧几里得球这一事实得出。对于 $t>r>1$，我们有

$$\begin{aligned}\text{Prob}\left\{\left\|\sum_i\boldsymbol{\zeta}_i\boldsymbol{e}_i\right\|_2>t\right\}&\leqslant\text{Prob}\left\{\frac{\text{dist}^2_{\|\cdot\|_2}(\boldsymbol{\zeta},rQ_1)}{16}\geqslant\frac{(t-r)^2}{16}\right\}\\&\leqslant\exp\left\{-\frac{(t-r)^2}{16}\right\}E\left\{\frac{\text{dist}^2_{\|\cdot\|_2}(\boldsymbol{\zeta},rQ_1)}{16}\right\}&&\text{[切比雪夫不等式]}\\&\leqslant\frac{\exp\{-(t-r)^2/16\}}{\text{Prob}\{\boldsymbol{\zeta}\in rQ_1\}}&&\text{[Talagrand 不等式]}\\&\leqslant\frac{\exp\{-(t-r)^2/16\}}{1-1/r^2}\end{aligned}$$

其中，最后的“$\leqslant$”是因为

$$\text{Prob}\{\boldsymbol{\zeta}\notin rQ_1\}=\text{Prob}\left\{\left\|\sum_i\boldsymbol{\zeta}_i\boldsymbol{e}_i\right\|_2>r\right\}\leqslant\frac{1}{r^2}$$ ■

7^0 给定整数 $J>1$，设 $\Omega(J)=\inf\{t\geqslant 1:\phi(t)>1/(3J)\}$。注意到从式（B.3.12）可以直接得到

$$J>1\Rightarrow\Omega(J)\leqslant C\sqrt{\ln(J)} \tag{B.3.14}$$

其中，C 是一个绝对常数（在计算机中，它的值可以设置为 9.19）。以 $\boldsymbol{e}_i^j$ 表示矩阵 $\rho^{-1}\boldsymbol{B}_j^{1/2}\boldsymbol{X}_*^{1/2}\boldsymbol{U}$ 的列向量，我们有

$$\sum_{i=1}^m\|\boldsymbol{e}_i^j\|_2^2=E\{\|\rho^{-1}\boldsymbol{B}_j^{1/2}\boldsymbol{X}_*^{1/2}\boldsymbol{U}\boldsymbol{\zeta}\|_2^2\}\leqslant 1, \tag{B.3.15}$$

其中，得出的不等式就是式（B.3.10.c）。考虑到

$$\mathrm{Prob}\{\boldsymbol{\xi}^{\mathrm{T}}\boldsymbol{B}_j\boldsymbol{\xi}>a\}=\mathrm{Prob}\{\boldsymbol{\zeta}^{\mathrm{T}}[\boldsymbol{B}_j^{1/2}\boldsymbol{X}_*^{1/2}\boldsymbol{U}]^{\mathrm{T}}[\boldsymbol{B}_j^{1/2}\boldsymbol{X}_*^{1/2}\boldsymbol{U}]\boldsymbol{\zeta}>a\}$$
$$=\mathrm{Prob}\{\|\boldsymbol{B}_j^{1/2}\boldsymbol{X}_*^{1/2}\boldsymbol{U}\boldsymbol{\zeta}\|_2^2>a\}=\mathrm{Prob}\left\{\left\|\sum_i\boldsymbol{\zeta}_i\boldsymbol{e}_i^j\right\|_2^2>\rho^{-2}a\right\}$$

并回顾引理 B. 3. 3，可得

$$\mathrm{Prob}\{\boldsymbol{\xi}^{\mathrm{T}}\boldsymbol{B}_j\boldsymbol{\xi}>\rho^2t^2\}=\mathrm{Prob}\left\{\left\|\sum_i\boldsymbol{\zeta}_i\boldsymbol{e}_i^j\right\|_2>t\right\}\leqslant\boldsymbol{\phi}(t)$$

因此

$$t>\Omega(J)\Rightarrow\mathrm{Prob}\{\boldsymbol{\xi}^{\mathrm{T}}\boldsymbol{B}_j\boldsymbol{\xi}>\rho^2t^2\}<\frac{1}{3J}\tag{B. 3. 16}$$

引用引理 B. 3. 2，我们可以推导出，当 $t>\Omega(J)$ 时有

$$\mathrm{Prob}\{\boldsymbol{\xi}:\boldsymbol{\xi}^{\mathrm{T}}\boldsymbol{B}\boldsymbol{\xi}>1\text{ 或 }\exists j:\boldsymbol{\xi}^{\mathrm{T}}\boldsymbol{B}_j\boldsymbol{\xi}>\rho^2t^2\}<\frac{2}{3}+J\ \frac{1}{3J}=1$$

也就是说，存在 $\boldsymbol{\xi}$ 的实现 $\widetilde{\boldsymbol{\xi}}$，使得

$$\widetilde{\boldsymbol{\xi}}^{\mathrm{T}}\boldsymbol{B}\widetilde{\boldsymbol{\xi}}\leqslant1,\widetilde{\boldsymbol{\xi}}^{\mathrm{T}}\boldsymbol{B}_j\widetilde{\boldsymbol{\xi}}\leqslant t^2\rho^2,\forall j,1\leqslant j\leqslant J$$

因为 $t>\Omega(J)$ 是任意的，所以存在 $\boldsymbol{\xi}$ 的实现 $\overline{\boldsymbol{x}}$，使得

$$\overline{\boldsymbol{x}}^{\mathrm{T}}\boldsymbol{B}\overline{\boldsymbol{x}}\leqslant1,\overline{\boldsymbol{x}}^{\mathrm{T}}\boldsymbol{B}_j\overline{\boldsymbol{x}}\leqslant\Omega^2(J)\rho^2,\forall j,1\leqslant j\leqslant J$$

因为 $\overline{\boldsymbol{x}}$ 是 $\boldsymbol{\xi}$ 的一个实现，根据式（B. 3. 10. a）我们还有 $\overline{\boldsymbol{x}}^{\mathrm{T}}\boldsymbol{A}\,\overline{\boldsymbol{x}}=\mathrm{SDP}(\rho)$，因此 $\overline{\boldsymbol{x}}$ 满足式（B. 3. 3）。 ■

B. 4　矩阵立方定理

B. 4. 1　矩阵立方定理，复数情况

“复矩阵立方”问题如下所示。

复矩阵立方　设 $m,p_1,q_1,\cdots,p_L,q_L$ 是正整数，且 $\boldsymbol{A}\in H_+^m,\boldsymbol{L}_j\in\mathbb{C}^{p_j\times m},\boldsymbol{R}_j\in\mathbb{C}^{q_j\times m}$ 是给定的矩阵，$\boldsymbol{L}_j\neq\boldsymbol{0}$。又设划分 $\{1,2,\cdots,L\}=I_{\mathrm{s}}^{\mathrm{r}}\cup I_{\mathrm{s}}^{\mathrm{c}}\cup I_{\mathrm{f}}^{\mathrm{c}}$ 将索引集 $\{1,\cdots,L\}$ 分为三个互不重叠的集合，并且对于 $j\in I_{\mathrm{s}}^{\mathrm{r}}\cup I_{\mathrm{s}}^{\mathrm{c}}$，设 $p_j=q_j$。我们将这些数据与“矩阵盒”的参数族

$$\mathcal{U}[\rho]=\left\{\boldsymbol{A}+\rho\sum_{j=1}^{L}\left[\boldsymbol{L}_j^{\mathrm{H}}\boldsymbol{\Theta}^j\boldsymbol{R}_j+\boldsymbol{R}_j^{\mathrm{H}}[\boldsymbol{\Theta}^j]^{\mathrm{H}}\boldsymbol{L}_j\right]_{1\leqslant j\leqslant L}^{\boldsymbol{\Theta}^j\in\mathcal{Z}^j,}\right\}\subset H^m\tag{B. 4. 1}$$

相联系，其中 $\rho\geqslant0$ 是参数，并且

$$\mathcal{Z}^j=\begin{cases}\{\boldsymbol{\Theta}^j=\theta\boldsymbol{I}_{p_j}:\theta\in\mathbb{R},|\theta|\leqslant1\},j\in I_{\mathrm{s}}^{\mathrm{r}} & [\text{实标量扰动块}]\\\{\boldsymbol{\Theta}^j=\theta\boldsymbol{I}_{p_j}:\theta\in\mathbb{C},|\theta|\leqslant1\},j\in I_{\mathrm{s}}^{\mathrm{c}} & [\text{复标量扰动块}]\\\{\boldsymbol{\Theta}^j\in\mathbb{C}^{p_j\times q_j}:\|\boldsymbol{\Theta}^j\|_{2,2}\leqslant1\},j\in I_{\mathrm{f}}^{\mathrm{c}} & [\text{全复扰动块}]\end{cases}\tag{B. 4. 2}$$

给定 $\rho\geqslant0$，检查是否

$$\mathcal{U}[\rho]\subset H_+^m\tag{$\mathcal{A}(\rho)$}$$

评注 B. 4. 1　在下文中，我们始终假设对于 $j\in I_{\mathrm{s}}^{\mathrm{c}}$ 有 $p_j=q_j>1$。事实上，一维复标量扰动总能被认为是全复扰动。

我们的主要结果如下。

定理 B.4.2【复矩阵立方定理[12]】 考虑谓词 $\mathcal{A}(\rho)$ 和谓词

$$\left.\begin{array}{ll} \exists \boldsymbol{Y}_j \in H^m, j=1,\cdots,L \text{ 满足:} & \\ (a) \quad \boldsymbol{Y}_j \succeq \boldsymbol{L}_j^{\mathrm{H}} \boldsymbol{\Theta}^j \boldsymbol{R}_j + \boldsymbol{R}_j^{\mathrm{H}} [\boldsymbol{\Theta}^j]^{\mathrm{H}} \boldsymbol{L}_j, \forall (\boldsymbol{\Theta}^j \in \mathcal{Z}^j, 1 \leqslant j \leqslant L) & \\ (b) \quad \boldsymbol{A} - \rho \sum_{j=1}^{L} \boldsymbol{Y}_j \succeq 0 & \end{array}\right\} \mathcal{B}(\rho)$$

则

(i) 谓词 $\mathcal{B}(\rho)$ 比 $\mathcal{A}(\rho)$ 更强——前者成立可以推出后者成立。

(ii) $\mathcal{B}(\rho)$ 是易于计算的——该谓词的有效性等价于线性矩阵不等式组的可解性

$$\begin{array}{ll} (\mathrm{s}.\mathbb{R}) & \boldsymbol{Y}_j \pm [\boldsymbol{L}_j^{\mathrm{H}} \boldsymbol{R}_j + \boldsymbol{R}_j^{\mathrm{H}} \boldsymbol{L}_j] \succeq 0, j \in I_{\mathrm{s}}^{\mathrm{r}}, \\ (\mathrm{s}.\mathbb{C}) & \begin{bmatrix} \boldsymbol{Y}_j - \boldsymbol{V}_j & \boldsymbol{L}_j^{\mathrm{H}} \boldsymbol{R}_j \\ \boldsymbol{R}_j^{\mathrm{H}} \boldsymbol{L}_j & \boldsymbol{V}_j \end{bmatrix} \succeq 0, \quad j \in I_{\mathrm{s}}^{\mathrm{c}}, \\ (\mathrm{f}.\mathbb{C}) & \begin{bmatrix} \boldsymbol{Y}_j - \lambda \boldsymbol{L}_j^{\mathrm{H}} \boldsymbol{L}_j & \boldsymbol{R}_j^{\mathrm{H}} \\ \boldsymbol{R}_j & \lambda_j \boldsymbol{I}_{pj} \end{bmatrix} \succeq 0, j \in I_{\mathrm{f}}^{\mathrm{c}} \\ (^*) & \boldsymbol{A} - \rho \sum_{j=1}^{L} \boldsymbol{Y}_j \succeq 0 \end{array} \tag{B.4.3}$$

其中矩阵变量 $\boldsymbol{Y}_j \in H^m, j=1,\cdots,k$，$\boldsymbol{V}_j \in H^m, j \in I_{\mathrm{s}}^{\mathrm{c}}$，以及实变量 $\lambda_j, j \in I_{\mathrm{f}}^{\mathrm{c}}$。

(iii) $\mathcal{A}(\rho)$ 与 $\mathcal{B}(\rho)$ 之间的“差距”可以仅以标量扰动的最大尺寸

$$p^{\mathrm{s}} = \max\{p_j : j \in I_{\mathrm{s}}^{\mathrm{r}} \cup I_{\mathrm{s}}^{\mathrm{c}}\} \tag{B.4.4}$$

（根据定义，空集的最大尺寸是0）为界。具体地说，存在一个通用函数 $\vartheta_{\mathrm{C}}(\cdot)$，使得

$$\vartheta_{\mathrm{C}}(\nu) \leqslant 4\pi\sqrt{\nu}, \nu \geqslant 1 \tag{B.4.5}$$

以及

$$\text{如果 } \mathcal{B}(\rho) \text{ 无效，则 } \mathcal{A}(\vartheta_{\mathrm{C}}(p^{\mathrm{s}})\rho) \text{ 也无效。} \tag{B.4.6}$$

(iv) 最后，单个扰动块 $L=1$ 时，$\mathcal{A}(\rho)$ 与 $\mathcal{B}(\rho)$ 等价。

评注 B.4.3 从定理 B.4.2 的证明中可得 $\vartheta_{\mathrm{C}}(0)=\frac{4}{\pi}, \vartheta_{\mathrm{C}}(1)=2$。因此，

- 当没有标量扰动时：$I_{\mathrm{s}}^{\mathrm{r}} = I_{\mathrm{s}}^{\mathrm{c}} = \varnothing$，蕴含式

$$\neg \mathcal{B}(\rho) \Rightarrow \neg \mathcal{A}(\vartheta\rho) \tag{B.4.7}$$

中的因子 ϑ 可以设置为 $\frac{4}{\pi}=1.27\cdots$。

- 当没有复标量扰动（可查阅评注 B.4.1）并且所有实标量扰动都是非重复的（对所有 $j \in I_{\mathrm{s}}^{\mathrm{r}}$ 都有 $I_{\mathrm{s}}^{\mathrm{c}} = \varnothing, p_j = 1$），式（B.4.7）中的因子 ϑ 可设为 2。

在应用定理 B.4.2 时，下述简单的观察十分重要。

评注 B.4.4 假设矩阵立方问题的数据 $\boldsymbol{A}, \boldsymbol{R}_1, \cdots, \boldsymbol{R}_L$ 是参数 $\boldsymbol{y}$ 的向量的仿射，而数据 $\boldsymbol{L}_1, \cdots, \boldsymbol{L}_L$ 相对于 $\boldsymbol{y}$ 独立。则式（B.4.3）是以 $\boldsymbol{Y}_j, \boldsymbol{V}_j, \lambda_j$ 和 $\boldsymbol{y}$ 为变量的线性矩阵不等式组。

B.4.2 定理 B.4.2（i）的证明

(i) 显然成立。

B.4.3 定理 B.4.2 (ii) 的证明

$\mathcal{B}(\rho)$ 的有效性与式（B.4.3）的可解性之间的等价关系容易由下列事实给出。

引理 B.4.5 设 $\boldsymbol{B}\in\mathbb{C}^{m\times m}$ 和 $\boldsymbol{Y}\in H^m$。那么关系

$$\boldsymbol{Y}\succeq\theta\boldsymbol{B}+\bar{\theta}\boldsymbol{B}^{\mathrm{H}},\forall(\theta\in\mathbb{C},|\theta|\leqslant 1)\tag{B.4.8}$$

成立，当且仅当

$$\exists\boldsymbol{V}\in H^m:\begin{bmatrix}\boldsymbol{Y}-\boldsymbol{V} & \boldsymbol{B}^{\mathrm{H}}\\ \boldsymbol{B} & \boldsymbol{V}\end{bmatrix}\succeq 0\tag{B.4.9}$$

引理 B.4.6 设 $\boldsymbol{L}\in\mathbb{C}^{\ell\times m}$ 和 $\boldsymbol{R}\in\mathbb{C}^{r\times m}$。

(i) 假设 $\boldsymbol{L},\boldsymbol{R}$ 非零。矩阵 $\boldsymbol{Y}\in H^m$ 满足关系

$$\boldsymbol{Y}\succeq\boldsymbol{L}^{\mathrm{H}}\boldsymbol{U}\boldsymbol{R}+\boldsymbol{R}^{\mathrm{H}}\boldsymbol{U}^{\mathrm{H}}\boldsymbol{L},\forall(\boldsymbol{U}\in\mathbb{C}^{\ell\times r}:\|\boldsymbol{U}\|_{2,2}\leqslant 1)\tag{B.4.10}$$

当且仅当存在一个正实数 λ 使得

$$\boldsymbol{Y}\succeq\lambda\boldsymbol{L}^{\mathrm{H}}\boldsymbol{L}+\lambda^{-1}\boldsymbol{R}^{\mathrm{H}}\boldsymbol{R}\tag{B.4.11}$$

(ii) 假设 $\boldsymbol{L}$ 非零。矩阵 $\boldsymbol{Y}\in H^m$ 满足式（B.4.10），当且仅当存在 $\lambda\in\mathbb{R}$ 使得

$$\begin{bmatrix}\boldsymbol{Y}-\lambda\boldsymbol{L}^{\mathrm{H}}\boldsymbol{L} & \boldsymbol{R}^{\mathrm{H}}\\ \boldsymbol{R} & \lambda\boldsymbol{I}_r\end{bmatrix}\succeq 0\tag{B.4.12}$$

引理 B.4.5、引理 B.4.6⇒定理 B.4.2 (ii) 我们只需证明，矩阵 $\boldsymbol{Y}_j$ 的集合满足$\mathcal{B}(\rho)$ 的约束，当且仅当，通过适当地选择 $\boldsymbol{V}_j,j\in I_{\mathrm{f}}^{\mathrm{c}}$ 与 $\lambda_j,j\in I_{\mathrm{s}}^{\mathrm{c}}$，它能被推广到式（B.4.3）的可行解。立即得到，因为矩阵 $\boldsymbol{Y}_j,j\in I_{\mathrm{f}}^{\mathrm{c}}$ 满足 $\mathcal{B}$（ρ）相应的约束（a）当且仅当这些矩阵和某些矩阵 $\boldsymbol{V}_j$ 满足式（B.4.3.s.ℂ）（引理 B.4.5），而 $\boldsymbol{Y}_j,j\in I_{\mathrm{s}}^{\mathrm{c}}$ 满足 $\mathcal{B}(\rho)$ 相应的约束（a）当且仅当这些矩阵和某些实数 λ_j 满足式（B.4.3.f.ℂ）（引理 B.4.6(ii)）。

引理 B.4.5 的证明 “当”的部分：假设 $\boldsymbol{V}$ 满足

$$\begin{bmatrix}\boldsymbol{Y}-\boldsymbol{V} & \boldsymbol{B}^{\mathrm{H}}\\ \boldsymbol{B} & \boldsymbol{V}\end{bmatrix}\succeq 0$$

那么，对于每个 $\boldsymbol{\xi}\in\mathbb{C}^n$ 和每个 $\theta\in\mathbb{C},|\theta|=1$，我们有

$$0\leqslant\begin{bmatrix}\boldsymbol{\xi}\\ -\bar{\theta}\boldsymbol{\xi}\end{bmatrix}^{\mathrm{H}}\begin{bmatrix}\boldsymbol{Y}-\boldsymbol{V} & \boldsymbol{B}^{\mathrm{H}}\\ \boldsymbol{B} & \boldsymbol{V}\end{bmatrix}\begin{bmatrix}\boldsymbol{\xi}\\ -\bar{\theta}\boldsymbol{\xi}\end{bmatrix}=\boldsymbol{\xi}^{\mathrm{H}}(\boldsymbol{Y}-\boldsymbol{V})\boldsymbol{\xi}+\boldsymbol{\xi}^{\mathrm{H}}\boldsymbol{V}\boldsymbol{\xi}-\boldsymbol{\xi}^{\mathrm{H}}[\theta\boldsymbol{B}+\bar{\theta}\boldsymbol{B}^{\mathrm{H}}]\boldsymbol{\xi}$$

使得对于所有的 $\theta\in\mathbb{C},|\theta|=1$ 有 $\boldsymbol{Y}\succeq\theta\boldsymbol{B}+\bar{\theta}\boldsymbol{B}^{\mathrm{H}}$，然后根据明显的凸性，可以得到式（B.4.8）。

“仅当”的部分：设 $\boldsymbol{Y}\in H^m$ 满足式（B.4.8）。与要证明的相反，我们假设不存在 $\boldsymbol{V}\in H^m$ 使得 $0\preceq\begin{bmatrix}\boldsymbol{Y}-\boldsymbol{V} & \boldsymbol{B}^{\mathrm{H}}\\ \boldsymbol{B} & \boldsymbol{V}\end{bmatrix}$。让我们用它引出一个矛盾。观察我们的假设，可以发现优化规划

$$\min_{t,\boldsymbol{V}}\left\{t:\begin{bmatrix}t\boldsymbol{I}_m+\boldsymbol{Y}-\boldsymbol{V} & \boldsymbol{B}^{\mathrm{H}}\\ \boldsymbol{B} & \boldsymbol{V}\end{bmatrix}\succeq 0\right\}\tag{B.4.13}$$

没有满足 $t\leqslant 0$ 的可行解。因为问题（B.4.13）显然可解，因此它的最优值是正的。现在，我们的问题是在半正定厄米矩阵的（自对偶）锥上的锥问题；因为问题显然是严格可行的，由锥对偶定理得，对偶问题

$$\max_{\substack{\boldsymbol{Z}\in H^m,\\ \boldsymbol{W}\in\mathbb{C}^{m\times m}}}\left\{-2\Re\{\mathrm{Tr}(\boldsymbol{W}^{\mathrm{H}}\boldsymbol{B})\}-\mathrm{Tr}(\boldsymbol{Z}\boldsymbol{Y}):\begin{array}{ll}\begin{bmatrix}\boldsymbol{Z} & \boldsymbol{W}^{\mathrm{H}}\\ \boldsymbol{W} & \boldsymbol{Z}\end{bmatrix}\succeq 0, & (a)\\ \mathrm{Tr}(\boldsymbol{Z})=1 & (b)\end{array}\right\}\tag{B.4.14}$$

是可解的，且具有与式（B.4.13）相同的正的最优值。在式（B.4.14）中，我们可以很容易地消去W-变量；事实上，众所周知，约束（B.4.14.a）等价于一个事实，即$Z\succeq 0$与$W=Z^{1/2}XZ^{1/2}$，其中$X\in\mathbb{C}^{m\times m}$，$\|X\|_{2,2}\leq 1$。$W$参数化使式（B.1.14）目标中$W$项变为$-2\Re\{\mathrm{Tr}(X^{\mathrm{H}}Z^{1/2}BZ^{1/2})\}$；我们又知道关于$X$，$\|X\|_{2,2}\leq 1$的后一个表达式的最大值是$2\|\sigma(Z^{1/2}BZ^{1/2})\|_1$。因为式（B.4.14）中的最优值是正的，我们有了下面的结论：

（*）存在$Z\in H^m$，$Z\succeq 0$，使得

$$2\|\sigma(Z^{1/2}BZ^{1/2})\|_1>\mathrm{Tr}(ZY)=\mathrm{Tr}(Z^{1/2}YZ^{1/2})\tag{B.4.15}$$

我们想得到的矛盾，很容易由下面的简单观察得出。

引理 B.4.7　设$S\in H^m$，$C\in\mathbb{C}^{m\times m}$满足

$$S\succeq\theta C+\bar{\theta}C^{\mathrm{H}},\ \forall(\theta\in\mathbb{C},|\theta|=1)\tag{B.4.16}$$

则$2\|\sigma(C)\|_1\leq\mathrm{Tr}(S)$。

为了得到引理B.4.7产生的我们想要的矛盾，我们注意到，根据式（B.4.8），矩阵$S=Z^{1/2}YZ^{1/2}$，$C=Z^{1/2}BZ^{1/2}$满足该引理的前提。对于这些矩阵来说，该引理的结论与式（B.4.15）产生了矛盾。

引理 B.4.7 的证明　正如上文提到的，

$$\|\sigma(C)\|_1=\max_X\{\Re\{\mathrm{Tr}(XC^{\mathrm{H}})\}:\|X\|_{2,2}\leq 1\}$$

因为集合$\{X\in\mathbb{C}^{m\times m}:\|X\|_{2,2}\leq 1\}$的极值点是酉矩阵，所以可以选择酉矩阵：$X_*^{\mathrm{H}}=X_*^{-1}$，$X_*$使右边达到极大；因此，$X_*$是一个对角酉矩阵的酉相似变换。对于所有涉及的矩阵，应用适当的酉旋转$A\mapsto U^{\mathrm{H}}AU$，$U^{\mathrm{H}}=U^{-1}$，我们可以假设$X_*$自身就是一个对角矩阵。现在我们在如下情形中：给定了满足式（B.4.16）的矩阵C，S，以及一个对角酉矩阵X_*，使得$\|\sigma(C)\|_1=\Re\{\mathrm{Tr}(X_*C^{\mathrm{H}})\}$。换句话说，

$$\|\sigma(C)\|_1=\Re\left\{\sum_{\ell=1}^{m}(X_*)_{\ell\ell}\bar{C}_{\ell\ell}\right\}\leq\sum_{\ell=1}^{m}|C_{\ell\ell}|\tag{B.4.17}$$

（得到的不等式由X_*是酉矩阵这个事实得出）。另一方面，设e_ℓ是$\mathbb{C}^m$的标准正交基。根据式（B.4.16），我们有

$$\theta C_{\ell\ell}+\overline{\theta C}_{\ell\ell}=e_\ell^{\mathrm{H}}[\theta C+\bar{\theta}C^{\mathrm{H}}]e_\ell\leq e_\ell^{\mathrm{H}}Se_\ell=S_{\ell\ell},\ \forall(\theta\in\mathbb{C},|\theta|=1)$$

因此，最大化θ，$2|C_{\ell\ell}|\leq S_{\ell\ell}$，$\ell=1,\cdots,m$，并结合式（B.4.17）得到了$2\|\sigma(C)\|_1\leq\mathrm{Tr}(S)$。

引理 B.4.6 的证明　（参见5.3节。）

（i）中"当"的部分：设式（B.4.11）对于某些$\lambda>0$是有效的。则对于每个$\xi\in\mathbb{C}^m$，有

$$\begin{aligned}\xi^{\mathrm{H}}Y\xi&\geq\lambda\xi^{\mathrm{H}}L^{\mathrm{H}}L\xi+\lambda^{-1}\xi^{\mathrm{H}}R^{\mathrm{H}}R\zeta\geq 2\sqrt{\xi^{\mathrm{H}}L^{\mathrm{H}}L\xi}\sqrt{\xi^{\mathrm{H}}R^{\mathrm{H}}R\xi}\\&=2\|L\xi\|_2\|R\xi\|_2\\\Rightarrow\quad&\forall(U,\|U\|_{2,2}\leq 1):\\\xi^{\mathrm{H}}Y\xi&\geq 2|[L\xi]^{\mathrm{H}}U[R\xi]|\geq 2\Re\{[L\xi]^{\mathrm{H}}U[R\xi]\}\\&=\xi^{\mathrm{H}}[L^{\mathrm{H}}UR+R^{\mathrm{H}}U^{\mathrm{H}}L]\xi\end{aligned}$$

与声明的相同。

（i）中"仅当"的部分：假设Y满足式（B.4.10），并且$L\neq\mathbf{0}$，$R\neq\mathbf{0}$。我们要证明，存在$\lambda>0$使得式（B.4.11）成立。首先，观察发现，不失一般性地，我们可以假设L和R的大小都是$r\times n$（只需给L（$\ell<r$时）或R（$\ell>r$时）添加几行零行就可以把一般情况简化为这个特殊情况）。我们有以下等价链：

$$
\begin{aligned}
& \text{(B.4.10)} \\
\Leftrightarrow\quad & \forall \xi \in \mathbb{C}^m: \xi^{\mathrm{H}} \boldsymbol{Y} \xi \geqslant 2\|\boldsymbol{L}\xi\|_2 \|\boldsymbol{R}\xi\|_2 \\
\Leftrightarrow\quad & \forall (\xi \in \mathbb{C}^n, \boldsymbol{\eta} \in \mathbb{C}^r): \|\boldsymbol{\eta}\|_2 \leqslant \|\boldsymbol{L}\xi\|_2 \Rightarrow \xi^{\mathrm{H}} \boldsymbol{Y} \xi - \boldsymbol{\eta}^{\mathrm{H}} \boldsymbol{R} \xi - \xi^{\mathrm{H}} \boldsymbol{R}^{\mathrm{H}} \boldsymbol{\eta} \geqslant 0 \\
\Leftrightarrow\quad & \forall (\xi \in \mathbb{C}^m, \boldsymbol{\eta} \in \mathbb{C}^r): \\
& \xi^{\mathrm{H}} \boldsymbol{L}^{\mathrm{H}} \boldsymbol{L} \xi - \boldsymbol{\eta}^{\mathrm{H}} \boldsymbol{\eta} \geqslant 0 \Rightarrow \xi^{\mathrm{H}} \boldsymbol{Y} \xi - \boldsymbol{\eta}^{\mathrm{H}} \boldsymbol{R} \xi - \xi^{\mathrm{H}} \boldsymbol{R}^{\mathrm{H}} \boldsymbol{\eta} \geqslant 0 \qquad \text{(B.4.18)} \\
\Leftrightarrow\quad & \exists (\lambda \geqslant 0): \begin{bmatrix} \boldsymbol{Y} & \boldsymbol{R}^{\mathrm{H}} \\ \boldsymbol{R} & \end{bmatrix} - \lambda \begin{bmatrix} \boldsymbol{L}^{\mathrm{H}} \boldsymbol{L} & \\ & -\boldsymbol{I}_r \end{bmatrix} \succeq 0 \quad [\mathcal{S}\text{引理}] \\
\Leftrightarrow (a)\quad & \begin{bmatrix} \boldsymbol{Y} - \lambda \boldsymbol{L}^{\mathrm{H}} \boldsymbol{L} & \boldsymbol{R}^{\mathrm{H}} \\ \boldsymbol{R} & \lambda \boldsymbol{I}_r \end{bmatrix} \succeq 0
\end{aligned}
$$

（注意，$\mathcal{S}$引理在厄米矩阵的情况下显然成立，这是因为 $\mathbb{C}^m$ 上厄米二次型可以视作 $\mathbb{R}^{2m}$ 上的实二次型。）

由于 $\boldsymbol{R} \neq \mathbf{0}$，容易由条件（B.4.18.$a$）推导得出 $\lambda > 0$。因此，根据舒尔补引理，式（B.4.18.a）等价于 $\boldsymbol{Y} - \lambda \boldsymbol{L}^{\mathrm{H}} \boldsymbol{L} - \lambda^{-1} \boldsymbol{R}^{\mathrm{H}} \boldsymbol{R} \succeq 0$，正如所声明的。

（ii）当 $\boldsymbol{R} \neq \mathbf{0}$，（ii）显然等价于（i），无须再证明。当 $\boldsymbol{R} = \mathbf{0}$，显然，当且仅当 $\boldsymbol{Y} \succeq 0$，通过合适地选择 $\lambda \in \mathbb{R}$ 能使式（B.4.12）被满足，这正是式（B.4.10）在 $\boldsymbol{R} = \mathbf{0}$ 时所表述的。 ■

B.4.4　定理 B.4.2（iii）的证明

为了证明（iii），我们只需证明以下陈述。

引理 B.4.8　*假设 $\rho \geqslant 0$ 表示谓词 $\mathcal{B}(\rho)$ 无效。那么谓词 $\mathcal{A}(\vartheta_{\mathbb{C}}(p^s)\rho)$ 与适当定义的满足式（B.4.5）的函数 $\vartheta_{\mathbb{C}}(\cdot)$ 也无效。*

我们将要证明引理 B.4.8。$\rho = 0$ 的情况很平凡，因此从现在起，我们假设 $\rho > 0$，并且所有矩阵 $\boldsymbol{L}_j, \boldsymbol{R}_j$ 都非零（当然，后一种假设并不限制一般性）。从现在到 B.4.4.3 节结束，我们假设引理 B.4.8 的前提成立，即谓词 $\mathcal{B}(\rho)$ 无效。

B.4.4.1　第一步：对偶性

考虑优化规划

$$
\min_{\substack{t, \{\boldsymbol{Y}_j \in H^m\}_{j \in I_s^r} \\ \{\boldsymbol{U}_j, \boldsymbol{V}_j \in H^m\}_{j \in I_s^c} \\ \{\lambda_j, \nu_j \in \mathbb{R}\}_{j \in I_f^c}}} \left\{ t: \begin{array}{ll}
\boldsymbol{Y}_j \pm \underbrace{[\boldsymbol{L}_j^{\mathrm{H}} \boldsymbol{R}_j + \boldsymbol{R}_j^{\mathrm{H}} \boldsymbol{L}_j]}_{2\boldsymbol{A}_j, \boldsymbol{A}_j = \boldsymbol{A}_j^{\mathrm{H}}} \succeq 0, j \in I_s^r, & (a) \\
\begin{bmatrix} \boldsymbol{U}_j & \boldsymbol{R}_j^{\mathrm{H}} \boldsymbol{L}_j \\ \boldsymbol{L}_j^{\mathrm{H}} \boldsymbol{R}_j & V_j \end{bmatrix} \succeq 0, j \in I_s^c, & (b) \\
\begin{bmatrix} \lambda_j & 1 \\ 1 & \boldsymbol{\nu}_j \end{bmatrix} \succeq 0, j \in I_f^c, & (c) \\
t\boldsymbol{I} + \boldsymbol{A} - \rho \left[\sum_{j \in I_s^r} \boldsymbol{Y}_j + \sum_{j \in I_s^r} [\boldsymbol{U}_j + \boldsymbol{V}_j] + \sum_{j \in I_f^c} [\lambda_j \boldsymbol{L}_j^{\mathrm{H}} \boldsymbol{L}_j + \boldsymbol{\nu}_j \boldsymbol{R}_j^{\mathrm{H}} \boldsymbol{R}_j] \right] \succeq 0 & (d)
\end{array} \right\}
\tag{B.4.19}
$$

为 $j \in I_s^c$ 引入界限 $\boldsymbol{Y}_j = \boldsymbol{U}_j + \boldsymbol{V}_j$，同理，为 $j \in I_f^c$ 引入 $\boldsymbol{Y}_j \succeq \lambda_j \boldsymbol{L}_j^{\mathrm{H}} \boldsymbol{L}_j + \nu_j \boldsymbol{R}_j^{\mathrm{H}} \boldsymbol{R}_j$，然后消除变量 $\boldsymbol{U}_j$，$j \in I_s^c$，ν_j，$j \in I_f^c$，我们可以把式（B.4.19）转化为以下等价问题：

$$\min_{\substack{t,\{\boldsymbol{Y}_j\in H^m\}_{j=1}^L\\ \{\boldsymbol{V}_j\in H^m\}_{j\in I_s^c}\\ \{\lambda_j\in\mathbb{R}\}_{j\in I_f^c}}}\left\{t:\begin{array}{l}\boldsymbol{Y}_j\pm[\boldsymbol{L}_j^{\mathrm{H}}\boldsymbol{R}_j+\boldsymbol{R}_j^{\mathrm{H}}\boldsymbol{L}_j]\succeq 0, j\in I_s^r\\ \begin{bmatrix}\boldsymbol{Y}_j-\boldsymbol{V}_j & \boldsymbol{R}_j^{\mathrm{H}}\boldsymbol{L}_j\\ \boldsymbol{L}_j^{\mathrm{H}}\boldsymbol{R}_j & \boldsymbol{V}_j\end{bmatrix}\succeq 0, j\in I_s^c\\ \begin{bmatrix}\boldsymbol{Y}_j-\lambda_j\boldsymbol{L}_j^{\mathrm{H}}\boldsymbol{L}_j & \boldsymbol{R}_j^{\mathrm{H}}\\ \boldsymbol{R}_j & \lambda_i\boldsymbol{I}_{p_j}\end{bmatrix}\succeq 0, j\in I_f^c\\ t\boldsymbol{I}+\boldsymbol{A}-\rho\sum_{j=1}^{L}\boldsymbol{Y}_j\succeq 0\end{array}\right\}$$

根据（已经证明的）定理B.4.2的（ii），谓词$\mathcal{B}(\rho)$在且仅在下列条件下有效，即如果问题（B.4.19）允许可行解且$t\leqslant 0$。当$\mathcal{B}(\rho)$无效；因此，式（B.4.19）不允许$t\leqslant 0$的可行解。既然这个问题显然可解，则意味着问题中的最优值为正。问题式（B.4.19）是一个厄米矩阵锥与实对称半正定矩阵锥乘积的锥问题。由于式（B.4.19）严格可行，并且有下界，因此，锥对偶定理意味着式（B.4.19）的锥对偶问题是可解的，具有相同的正最优值。考虑到与式（B.4.19）相关的锥是自对偶的，对偶问题经过简单的简化后，就变成了锥问题

$$\begin{aligned}&\text{最大化}\quad -2\rho\left[\sum_{j\in I_s^r}\mathrm{Tr}([\boldsymbol{P}_j-\boldsymbol{Q}_j]\boldsymbol{A}_j)+\sum_{j\in I_s^c}\Re\{\mathrm{Tr}(\boldsymbol{S}_j\boldsymbol{R}_j^{\mathrm{H}}\boldsymbol{L}_j)\}+\sum_{j\in I_f^c}w_j\right]-\mathrm{Tr}(\boldsymbol{Z}\boldsymbol{A})\\&\text{受限于以下约束：}\\&\qquad(a.1)\quad \boldsymbol{P}_j,\boldsymbol{Q}_j\succeq 0, j\in I_s^r,\\&\qquad(a.2)\quad \boldsymbol{P}_j+\boldsymbol{Q}_j=\boldsymbol{Z}, j\in I_s^r,\\&\qquad(b)\qquad \begin{bmatrix}\boldsymbol{Z} & \boldsymbol{S}_j^{\mathrm{H}}\\ \boldsymbol{S}_j & \boldsymbol{Z}\end{bmatrix}\succeq 0, j\in \boldsymbol{I}_s^c,\\&\qquad(c)\qquad \begin{bmatrix}\mathrm{Tr}(\boldsymbol{L}_j\boldsymbol{Z}\boldsymbol{L}_j^{\mathrm{H}}) & w_j\\ w_j & \mathrm{Tr}(\boldsymbol{R}_j\boldsymbol{Z}\boldsymbol{R}_j^{\mathrm{H}})\end{bmatrix}\succeq 0, j\in I_f^c,\\&\qquad(d)\qquad \boldsymbol{Z}\succeq 0,\mathrm{Tr}(\boldsymbol{Z})=1\end{aligned}\tag{B.4.20}$$

其中矩阵变量$\boldsymbol{Z}\in H_+^m$，$\boldsymbol{P}_j,\boldsymbol{Q}_j\in H^m$，$j\in I_s^r$，$\boldsymbol{S}_j\in\mathbb{C}^{m\times m}$，$j\in I_s^c$和实变量$w_j$，$j\in I_f^c$。通过式（B.4.20.$c$），我们可以消除变量$w_j$，因此得出这个对偶问题的等价重新表述：

$$\begin{aligned}&\text{最大化}\ 2\rho\left[\begin{array}{l}-\sum_{j\in I_s^r}\mathrm{Tr}([\boldsymbol{P}_j-\boldsymbol{Q}_j]\boldsymbol{A}_j)\sum_{j\in I_s^c}\Re\{\mathrm{Tr}(\boldsymbol{S}_j\boldsymbol{R}_j^{\mathrm{H}}\boldsymbol{L}_j)\}+\\ \sum_{j\in I_f^c}\underbrace{\sqrt{\mathrm{Tr}(\boldsymbol{L}_j\boldsymbol{Z}\boldsymbol{L}_j^{\mathrm{H}})}}_{\|\boldsymbol{L}_j\boldsymbol{Z}^{1/2}\|_2}\underbrace{\sqrt{\mathrm{Tr}(\boldsymbol{R}_j\boldsymbol{Z}\boldsymbol{R}_j^{\mathrm{H}})}}_{\|\boldsymbol{R}_j\boldsymbol{Z}^{1/2}\|_2}\end{array}\right]-\mathrm{Tr}(\boldsymbol{Z}\boldsymbol{A})\\&\text{受限于：}\\&\quad(a.1)\quad \boldsymbol{P}_j,\boldsymbol{Q}_j\succeq 0, j\in I_s^r,\\&\quad(a.2)\quad \boldsymbol{P}_j+\boldsymbol{Q}_j=\boldsymbol{Z}, j\in I_s^r,\\&\quad(b)\qquad \begin{bmatrix}\boldsymbol{Z} & \boldsymbol{S}_j^{\mathrm{H}}\\ \boldsymbol{S}_j & \boldsymbol{Z}\end{bmatrix}\succeq 0, j\in I_s^c,\\&\quad(c)\qquad \boldsymbol{Z}\succeq 0,\mathrm{Tr}(\boldsymbol{Z})=1\end{aligned}\tag{B.4.21}$$

接下来，我们消除变量$\boldsymbol{S}_j,\boldsymbol{Q}_j,\boldsymbol{R}_j$。显然有以下结论。

1. 由式（B.4.21.a）可以得到：$\boldsymbol{P}_j=\boldsymbol{Z}^{1/2}\hat{\boldsymbol{P}}_j\boldsymbol{Z}^{1/2}$，$\boldsymbol{Q}_j=\boldsymbol{Z}^{1/2}\hat{\boldsymbol{Q}}_j\boldsymbol{Z}^{1/2}$，其中$\hat{\boldsymbol{P}}_j,\hat{\boldsymbol{Q}}_j\succeq 0,\hat{\boldsymbol{P}}_j+$

$\hat{\boldsymbol{Q}}_j=\boldsymbol{I}_m$。且用 $\boldsymbol{P}_j,\boldsymbol{Q}_j$ 的参数化表示，目标中对应的项即为 $-2\rho\mathrm{Tr}([\hat{\boldsymbol{P}}_j-\hat{\boldsymbol{Q}}_j](\boldsymbol{Z}^{1/2}\boldsymbol{A}_j\boldsymbol{Z}^{1/2}))$。注意到矩阵 $\boldsymbol{A}_j$ 是厄米矩阵（参考式（B.4.19）），我们发现如果有 $\boldsymbol{A}\in H^m$，那么

$$\max_{\boldsymbol{P},\boldsymbol{Q}\in H^m}\{\mathrm{Tr}([\boldsymbol{P}-\boldsymbol{Q}]\boldsymbol{A}):0\preceq\boldsymbol{P},\boldsymbol{Q},\boldsymbol{P}+\boldsymbol{Q}=\boldsymbol{I}_m\}=\|\lambda(\boldsymbol{A})\|_1\equiv\sum_\ell|\lambda_\ell(\boldsymbol{A})|$$

（不失一般性地，我们可以假设 $\boldsymbol{A}$ 是厄米对角矩阵，这种情况下其关系更加显而易见）。基于这一观察，我们对式（B.4.21）中 $\boldsymbol{P}_j$，$\boldsymbol{Q}_j$ 局部优化，使得在这个问题的目标中，用 $2\rho\|\lambda(\boldsymbol{Z}^{1/2}\boldsymbol{A}_j\boldsymbol{Z}^{1/2})\|_1$ 项替代了 $-2\rho\mathrm{Tr}([\boldsymbol{P}_j-\boldsymbol{Q}_j]\boldsymbol{A}_j)$ 项，并消除了约束（B.4.21.a）。

2. 与引理 B.4.5 的证明相同，约束条件（B.4.21.b）与 $\boldsymbol{S}_j=-\boldsymbol{Z}^{1/2}\boldsymbol{U}_j\boldsymbol{Z}^{1/2}$（其中 $\|\boldsymbol{U}_j\|_{2,2}\leqslant 1$）是等价的。有了这个参数化表示，目标中的相应项变为 $2\rho\Re\{\mathrm{Tr}(\boldsymbol{U}_j(\boldsymbol{Z}^{1/2}\boldsymbol{R}_j^{\mathrm{H}}\boldsymbol{L}_j\boldsymbol{Z}^{1/2}))\}$，这个关于 $\boldsymbol{U}_j(\|\boldsymbol{U}_j\|_{2,2}\leqslant 1)$ 的表达式的最大值是 $2\rho\|\sigma(\boldsymbol{Z}^{1/2}\boldsymbol{R}_j^{\mathrm{H}}\boldsymbol{L}_j\boldsymbol{Z}^{1/2})\|_1$。基于这一发现，对式（B.4.21）中 $\boldsymbol{S}_j$ 局部优化，使得 $2\rho\|\sigma(\boldsymbol{Z}^{1/2}\boldsymbol{R}_j^{\mathrm{H}}\boldsymbol{L}_j\boldsymbol{Z}^{1/2})\|_1$ 项替换成了 $-2\rho\Re\{\mathrm{Tr}(\boldsymbol{S}_j\boldsymbol{R}_j^{\mathrm{H}}\boldsymbol{L}_j)\}$ 项，并消除了约束（B.4.21.b）。

经过以上简化，问题（B.4.21）变成

$$\text{最大值}\quad 2\rho\left[\sum_{j\in I_s^r}\|\lambda(\boldsymbol{Z}^{1/2}\boldsymbol{A}_j\boldsymbol{Z}^{1/2})\|_1+\sum_{j\in I_s^c}\|\sigma(\boldsymbol{Z}^{1/2}\boldsymbol{R}_j^{\mathrm{H}}\boldsymbol{L}_j\boldsymbol{Z}^{1/2})\|_1+\sum_{j\in I_f^c}\|\boldsymbol{L}_j\boldsymbol{Z}^{1/2}\|_2\|\boldsymbol{R}_j\boldsymbol{Z}^{1/2}\|_2\right]-\mathrm{Tr}(\boldsymbol{Z}\boldsymbol{A}) \tag{B.4.22}$$

$$\text{受限于}\qquad Z\succeq 0,\ \mathrm{Tr}(Z)=1$$

如果问题（B.4.20）中的最优解为正，在问题（B.4.22）中也为正。那么我们将得出如下结论：

引理 B.4.9　在引理 B.4.8 的前提下，存在 $\boldsymbol{Z}\in H^m,\boldsymbol{Z}\succeq 0$，使得

$$2\rho\left[\sum_{j\in I_s^r}\|\lambda(\boldsymbol{Z}^{1/2}\boldsymbol{A}_j\boldsymbol{Z}^{1/2})\|_1+\sum_{j\in I_s^c}\|\sigma(\boldsymbol{Z}^{1/2}\boldsymbol{R}_j^{\mathrm{H}}\boldsymbol{L}_j\boldsymbol{Z}^{1/2})\|_1+\sum_{j\in I_f^c}\|\boldsymbol{L}_j\boldsymbol{Z}^{1/2}\|_2\|\boldsymbol{R}_j\boldsymbol{Z}^{1/2}\|_2\right]>\mathrm{Tr}(\boldsymbol{Z}^{1/2}\boldsymbol{A}\boldsymbol{Z}^{1/2}) \tag{B.4.23}$$

这里厄米矩阵 $\boldsymbol{A}_j$ 由下式给出：

$$2\boldsymbol{A}_j=\boldsymbol{L}_j^{\mathrm{H}}\boldsymbol{R}_j+\boldsymbol{R}_j^{\mathrm{H}}\boldsymbol{L}_j,\ j\in I_s^r \tag{B.4.24}$$

B.4.4.2　第二步：式（B.4.23）的概率性解释

完成定理 B.4.2（iii）证明的主要步骤是基于对式（B.4.23）的概率性解释。接下来将具体描述这一步骤。

初步准备　我们先来定义一个 $\mathbb{R}^n$ 中的标准高斯向量 $\boldsymbol{\xi}(\boldsymbol{\xi}\in\mathcal{N}_{\mathbb{R}}^n)$，作为一个具有零均值和单位协方差矩阵的随机 n 维实高斯向量。换言之，ξ_ℓ 是独立的高斯随机变量，具有零均值和单位方差，$\ell=1,\cdots,n$。类似地，我们定义一个 $\mathbb{C}^n$ 中的标准高斯向量 $\boldsymbol{\xi}(\boldsymbol{\xi}\in\mathcal{N}_{\mathbb{C}}^n)$，作为一个具有零均值和单位（复）协方差矩阵的随机 n 维复高斯向量。换句话说，$\xi_\ell=\alpha_\ell+\mathrm{i}\alpha_{n+\ell}$，其中 $\alpha_1,\cdots,\alpha_{2n}$ 是具有零均值和方差 1/2 的独立实高斯随机变量，i 是虚数单位。

我们将运用以下三个命题所确立的事实。

命题 B.4.10　令 ν 是一个正整数，$\vartheta_{\mathrm{S}}(\nu),\vartheta_{\mathrm{H}}(\nu)$ 由以下两组关系给出：

$$\begin{aligned}\vartheta_{\mathrm{S}}^{-1}(\nu)&=\min_{\alpha}\left\{E_{\boldsymbol{\xi}}\left\{\left|\sum_{\ell=1}^{\nu}\alpha_\ell\xi_\ell^2\right|\right\}:\boldsymbol{\alpha}\in\mathbb{R}^\nu,\|\boldsymbol{\alpha}\|_1=1\right\}\qquad[\boldsymbol{\xi}\in\mathcal{N}_{\mathbb{R}}^{\nu}]\\ \vartheta_{\mathrm{H}}^{-1}(\nu)&=\min_{\alpha}\left\{E_{\boldsymbol{\chi}}\left\{\left|\sum_{\ell=1}^{\nu}\alpha_\ell|\chi_\ell|^2\right|\right\}:\boldsymbol{\alpha}\in\mathbb{R}^\nu,\|\boldsymbol{\alpha}\|_1=1\right\}\qquad[\boldsymbol{\chi}\in\mathcal{N}_{\mathbb{C}}^{\nu}]\end{aligned} \tag{B.4.25}$$

则

(i) $\vartheta_S(\cdot),\vartheta_H(\cdot)$ 都是非递减函数，使

$$(a.1)\quad \vartheta_S(1)=1,\vartheta_S(2)=\frac{\pi}{2},$$

$$(a.2)\quad \vartheta_S(\nu)\leqslant\frac{\pi}{2}\sqrt{\nu},\nu\geqslant 1, \tag{B.4.26}$$

$$(b.1)\quad \vartheta_H(1)=1,\vartheta_H(2)=2,$$

$$(b.2)\quad \vartheta_H(\nu)\leqslant\vartheta_S(2\nu)\leqslant\pi\sqrt{\nu/2},\nu\geqslant 1$$

(ii) 对于每一个 $\boldsymbol{A}\in S^n$，有

$$E_{\boldsymbol{\xi}}\{|\boldsymbol{\xi}^{\mathrm{T}}\boldsymbol{A}\boldsymbol{\xi}|\}\geqslant\|\lambda(\boldsymbol{A})\|_1\vartheta_S^{-1}(\mathrm{Rank}(\boldsymbol{A}))\quad[\boldsymbol{\xi}\in\mathcal{N}_{\mathbb{R}}^n] \tag{B.4.27}$$

并且对每一个 $\boldsymbol{A}\in H^n$，有

$$E_{\boldsymbol{\chi}}\{|\boldsymbol{\chi}^{\mathrm{H}}\boldsymbol{A}\boldsymbol{\chi}|\}\geqslant\|\lambda(\boldsymbol{A})\|_1\vartheta_H^{-1}(\mathrm{Rank}(\boldsymbol{A}))\quad[\boldsymbol{\chi}\in\mathcal{N}_{\mathbb{C}}^n] \tag{B.4.28}$$

证明　1⁰ 观察到 $\vartheta_S(\cdot)$ 满足式（B.4.27），实际上，由于 $\boldsymbol{\xi}\in\mathcal{N}_{\mathbb{R}}^n$ 意味着对于正交矩阵 $\boldsymbol{U}$ 有 $\boldsymbol{U\xi}\in\mathcal{N}_{\mathbb{R}}^n$，对于一个对角矩阵 $\boldsymbol{A}=\mathrm{Diag}\{\lambda_1,\cdots,\lambda_\nu,0,\cdots,0\}$（其中 $\boldsymbol{A}$ 的秩为 ν），这足以证明式（B.4.27）。在这种情况下式（B.4.27）很容易由 $\vartheta_S(\cdot)$ 的定义给出。通过构造可得，$\vartheta_S(\cdot)$ 是非递减的。为了验证 $\vartheta_S(\cdot)$ 满足式（B.4.26.a），我们令 $\boldsymbol{\alpha}\in\mathbb{R}^\nu$，$\|\boldsymbol{\alpha}\|_1=1$，令 $\boldsymbol{\beta}=[\boldsymbol{\alpha};-\boldsymbol{\alpha}]\in\mathbb{R}^{2\nu}$，令 $\boldsymbol{\xi}\in\mathcal{N}_{\mathbb{R}}^{2\nu}$，同时令

$$p_\nu(\boldsymbol{u})=(2\pi)^{-\nu/2}\exp\{-\boldsymbol{u}^{\mathrm{T}}\boldsymbol{u}/2\}:\mathbb{R}^\nu\to\mathbb{R}$$

为 $\boldsymbol{\eta}\in\mathcal{N}_{\mathbb{R}}^\nu$ 的密度，设

$$J=\int\left|\sum_{i=1}^{\nu}u_i^2\alpha_i\right|p_\nu(\boldsymbol{u})\mathrm{d}\boldsymbol{u}$$

由此我们可以得到

$$E\left\{\left|\sum_{i=1}^{2\nu}\xi_i^2\beta_i\right|\right\}\leqslant E\left\{\left|\sum_{i=1}^{\nu}\xi_i^2\alpha_i\right|+\left|\sum_{i=\nu+1}^{2\nu}\xi_i^2\alpha_{i-\nu}\right|\right\}=2J \tag{B.4.29}$$

另设 $\eta_i=(\xi_i-\xi_{i+\nu})/\sqrt{2}$，$\zeta_i=(\xi_i+\xi_{i+\nu})/\sqrt{2}$，由此我们可以得到

$$\left|\sum_{i=1}^{2\nu}\xi_i^2\beta_i\right|=\left|\sum_{i=1}^{\nu}2\alpha_i\eta_i\zeta_i\right|=2|\hat{\boldsymbol{\eta}}^{\mathrm{T}}\boldsymbol{\zeta}|,\hat{\boldsymbol{\eta}}=[\alpha_1\eta_1;\cdots;\alpha_\nu\eta_\nu],\boldsymbol{\zeta}=[\zeta_1;\cdots;\zeta_\nu] \tag{B.4.30}$$

注意到 $\boldsymbol{\zeta}\in\mathcal{N}_{\mathbb{R}}^\nu$ 且 $\hat{\boldsymbol{\eta}}$，$\boldsymbol{\zeta}$ 是独立的，设 $\widetilde{\boldsymbol{\eta}}=[|\alpha_1\eta_1|;\cdots;|\alpha_\nu\eta_\nu|]$，则有

$$\begin{aligned}E\{|\hat{\boldsymbol{\eta}}^{\mathrm{T}}\boldsymbol{\zeta}|\}&=E\{\|\hat{\boldsymbol{\eta}}\|_2\}\int|t|p_1(t)\mathrm{d}t\quad[\text{因为}\hat{\boldsymbol{\eta}},\boldsymbol{\zeta}\text{是独立的},\boldsymbol{\zeta}\in\mathcal{N}_{\mathbb{R}}^\nu]\\&=E\{\|\hat{\boldsymbol{\eta}}\|_2\}\frac{2}{\sqrt{2\pi}}=\frac{2}{\sqrt{2\pi}}E\{\|\widetilde{\boldsymbol{\eta}}\|_2\}\\&\geqslant\frac{2}{\sqrt{2\pi}}\|E\{\widetilde{\boldsymbol{\eta}}\}\|_2=\frac{2}{\sqrt{2\pi}}\sqrt{\sum_{i=1}^{\nu}\alpha_i^2\left(\frac{2}{\sqrt{2\pi}}\right)^2}\geqslant\frac{2}{\pi\sqrt{\nu}}\end{aligned} \tag{B.4.31}$$

联立式（B.4.29）、式（B.4.30）和式（B.4.31），我们可以得到 $2J\geqslant\frac{4}{\pi\sqrt{\nu}}$，即 $\frac{1}{J}\leqslant\frac{\pi\sqrt{\nu}}{2}$，由此进一步得到式（B.4.26.$a$.2）。关系式（B.4.26.$a$.1）通过以下计算给出：

$$
\begin{aligned}
&\frac{1}{\vartheta_{\mathrm{S}}(2)}\\
&=\min_{\substack{\boldsymbol{\alpha}\in\mathbb{R}^2\\ \|\boldsymbol{\alpha}\|_1=1}}\left\{\int|\alpha_1u_1^2+\alpha_2u_2^2|p_2(\boldsymbol{u})\mathrm{d}\boldsymbol{u}\right\}=\min_{\theta\in[0,1]}\underbrace{\int|\theta u_1^2-(1-\theta)u_2^2|p_2(\boldsymbol{u})\mathrm{d}\boldsymbol{u}}_{f(\theta)}\\
&=\frac{1}{2}\int|u_1^2-u_2^2|p_2(\boldsymbol{u})\mathrm{d}\boldsymbol{u}\quad[\text{因为 } f(\theta)\text{是凸的且关于 }\theta=1/2\text{ 对称}]\\
&=\left[\int|t|p_1(t)\mathrm{d}t\right]^2=\frac{2}{\pi}
\end{aligned}
$$

2^0 由 $\vartheta_{\mathrm{H}}(\cdot)$ 的定义可以看出该函数是非递减的。与式（B.4.27）中类似，当一个对角矩阵 $\boldsymbol{A}=\mathrm{Diag}\{\lambda_1,\cdots,\lambda_\nu,0,\cdots,0\}$（其中 $\boldsymbol{A}$ 的秩为 ν）时，足以证明式（B.4.28）。在这种情况下式（B.4.28）很容易由 $\vartheta_{\mathrm{H}}(\cdot)$ 的定义给出。

式（B.4.26.b）尚未被证明，但是显然有 $\vartheta_{\mathrm{H}}(1)=1$。此外，我们显然有

$$
\vartheta_{\mathrm{H}}^{-1}(2)=\min_{\beta\in[0,1]}\psi(\beta),\quad \psi(\beta)=E_{\boldsymbol{\chi}}\{|\beta|\boldsymbol{\chi}_1|^2-(1-\beta)|\boldsymbol{\chi}_2|^2|\},\boldsymbol{\chi}\in\mathcal{N}_{\mathbb{C}}^2
$$

函数 $\psi(\beta)$ 在 $\beta\in[0,1]$ 中是凸函数，并且是对称的（$\psi(1-\beta)=\psi(\beta)$），由此可以得到其最小值在 $\beta=\frac{1}{2}$上取到，直接计算得出 $\psi(1/2)=1/2$，由此完成了对式（B.4.26.b.1）的证明。

我们仍需证明（B.4.26.b.2）中的第一个不等式，给定 $\boldsymbol{\alpha}\in\mathbb{R}^\nu$，$\|\boldsymbol{\alpha}\|_1=1$，令 $\widetilde{\boldsymbol{\alpha}}=[\boldsymbol{\alpha};\boldsymbol{\alpha}]\in\mathbb{R}^{2\nu}$。如果 $\boldsymbol{\chi}=\boldsymbol{\eta}+\imath\boldsymbol{\omega}$ 是 $\mathbb{C}^\nu$ 上的标准高斯向量，那么 $\boldsymbol{\xi}=2^{1/2}[\boldsymbol{\eta};\boldsymbol{\omega}]$ 是 $\mathbb{R}^{2\nu}$ 上的标准高斯向量，可以得到

$$
\begin{aligned}
E_{\boldsymbol{\chi}}\left\{\left|\sum_{\ell=1}^{\nu}\alpha_\ell|\chi_\ell|^2\right|\right\}&=E_{\boldsymbol{\chi}}\left\{\left|\sum_{\ell=1}^{\nu}\alpha_\ell[\eta_\ell^2+\omega_\ell^2]\right|\right\}=\frac{1}{2}E_{\xi}\left\{\left|\sum_{\ell=1}^{2\nu}\widetilde{\alpha}_\ell\xi_\ell^2\right|\right\}\\
&\geqslant\frac{1}{2}\|\widetilde{\boldsymbol{\alpha}}\|_1\vartheta_{\mathrm{S}}^{-1}(2\nu)=\vartheta_{\mathrm{S}}^{-1}(2\nu)
\end{aligned}
$$

由此可以得出 $\vartheta_{\mathrm{H}}^{-1}(\nu)\geqslant\vartheta_{\mathrm{S}}^{-1}(2\nu)$，接着得到了我们想要证明的不等式。 ■

命题 B.4.11　对于每一个 $\boldsymbol{A}\in\mathbb{C}^{n\times n}$，都有

$$
E_{\boldsymbol{\eta}}\{|\boldsymbol{\eta}^{\mathrm{H}}\boldsymbol{A}\boldsymbol{\eta}|\}\geqslant\|\sigma(\boldsymbol{A})\|_1\,\frac{1}{4}\vartheta_{\mathrm{H}}^{-1}(2\mathrm{Rank}(\boldsymbol{A}))\quad[\boldsymbol{\eta}\in\mathcal{N}_{\mathbb{C}}^n]\tag{B.4.32}
$$

证明　令 $\hat{\boldsymbol{A}}=\begin{bmatrix} & \boldsymbol{A}\\ \boldsymbol{A}^{\mathrm{H}} & \end{bmatrix}$，则 $\hat{\boldsymbol{A}}\in H^{2n}$，$\mathrm{Rank}(\hat{\boldsymbol{A}})=2\mathrm{Rank}(\boldsymbol{A})$，矩阵 $\hat{\boldsymbol{A}}$ 的特征值是 $\pm\sigma_\ell(\boldsymbol{A}),l=1,\cdots,n$。再令 $\boldsymbol{\chi}[\boldsymbol{\eta};\boldsymbol{\omega}]$ 为 $\mathbb{C}^{2n}$ 上的标准高斯向量，被分块成两个 $\mathbb{C}^n$ 中的 n 维独立标准高斯向量 $\boldsymbol{\eta},\boldsymbol{\omega}$。我们可以得到

$$
\begin{aligned}
\boldsymbol{\chi}^{\mathrm{H}}\hat{\boldsymbol{A}}\boldsymbol{\chi}&=2\,\Re\{\boldsymbol{\eta}^{\mathrm{H}}\boldsymbol{A}\boldsymbol{\omega}\}\\
&=\Re\{[(\boldsymbol{\eta}+\boldsymbol{\omega})^{\mathrm{H}}\boldsymbol{A}(\boldsymbol{\eta}+\boldsymbol{\omega})-\boldsymbol{\eta}^{\mathrm{H}}\boldsymbol{A}\boldsymbol{\eta}-\boldsymbol{\omega}^{\mathrm{H}}\boldsymbol{A}\boldsymbol{\omega}]+\\
&\quad\imath[(\boldsymbol{\eta}-\imath\boldsymbol{\omega})^{\mathrm{H}}\boldsymbol{A}(\boldsymbol{\eta}-\imath\boldsymbol{\omega})-\boldsymbol{\eta}^{\mathrm{H}}\boldsymbol{A}\boldsymbol{\eta}-\boldsymbol{\omega}^{\mathrm{H}}\boldsymbol{A}\boldsymbol{\omega}|\}\\
&\quad[\text{极化恒等式}]
\end{aligned}\tag{B.4.33}
$$

$$
\begin{aligned}
\Rightarrow\quad E_{\boldsymbol{\chi}}\{|\boldsymbol{\chi}^{\mathrm{H}}\hat{\boldsymbol{A}}\boldsymbol{\chi}|\}&\leqslant E_{\boldsymbol{\eta},\boldsymbol{\omega}}\{|(\boldsymbol{\eta}+\boldsymbol{\omega})^{\mathrm{H}}\boldsymbol{A}(\boldsymbol{\eta}+\boldsymbol{\omega})|\}+\\
&\quad E_{\boldsymbol{\eta},\boldsymbol{\omega}}\{|(\boldsymbol{\eta}-\imath\boldsymbol{\omega})^{\mathrm{H}}\boldsymbol{A}(\boldsymbol{\eta}-\imath\boldsymbol{\omega})|\}+\\
&\quad 2E_{\boldsymbol{\eta}}\{|\boldsymbol{\eta}^{\mathrm{H}}\boldsymbol{A}\boldsymbol{\eta}|\}+2E_{\boldsymbol{\omega}}\{|\boldsymbol{\omega}^{\mathrm{H}}\boldsymbol{A}\boldsymbol{\omega}|\}
\end{aligned}
$$

因为 $\boldsymbol{\eta},\boldsymbol{\omega}$ 是 $\mathbb{C}^n$ 上的独立标准高斯向量，$2^{-1/2}(\boldsymbol{\eta}+\boldsymbol{\omega})$ 和 $2^{-1/2}(\boldsymbol{\eta}-\imath\boldsymbol{\omega})$ 也是标准高斯向

量。因此，式（B.4.33）就意味着

$$E_{\chi}\{|\boldsymbol{\chi}^{\mathrm{H}}\hat{\boldsymbol{A}}\boldsymbol{\chi}|\}\leqslant 8E_{\boldsymbol{\eta}}\{|\boldsymbol{\eta}^{\mathrm{H}}\boldsymbol{A}\boldsymbol{\eta}|\} \tag{B.4.34}$$

因为 $\hat{\boldsymbol{A}}$ 是厄米矩阵，$\mathrm{Rank}(\hat{\boldsymbol{A}})=2\mathrm{Rank}(\boldsymbol{A})$ 且 $\|\lambda(\hat{\boldsymbol{A}})\|_1=2\|\sigma(\boldsymbol{A})\|_1$。由式（B.4.28）可知，式（B.4.34）的左边 $\geqslant 2\|\sigma(\boldsymbol{A})\|_1\vartheta_{\mathrm{H}}^{-1}(2\mathrm{Rank}(\boldsymbol{A}))$，继而由式（B.4.34）可以得出式（B.4.32）。 ■

命题 B.4.12 (i) 令 $\boldsymbol{L}\in\mathbb{C}^{p\times n}$，$\boldsymbol{R}\in\mathbb{C}^{q\times n}$，设 $\boldsymbol{\chi}$ 为 $\mathbb{C}^n$ 上的标准高斯向量，那么

$$E_{\chi}\{\|\boldsymbol{L}\boldsymbol{\chi}\|_2\|\boldsymbol{R}\boldsymbol{\chi}\|_2\}\geqslant\frac{\pi}{4}\|\boldsymbol{L}\|_2\|\boldsymbol{R}\|_2 \tag{B.4.35}$$

(ii) 令 $\boldsymbol{L}\in\mathbb{R}^{p\times n}$，$\boldsymbol{R}\in\mathbb{R}^{q\times n}$，设 ξ 为 $\mathbb{R}^n$ 上的标准高斯向量，那么

$$E_{\xi}\{\|\boldsymbol{L}\boldsymbol{\xi}\|_2\|\boldsymbol{R}\boldsymbol{\xi}\|_2\}\geqslant\frac{2}{\pi}\|\boldsymbol{L}\|_2\|\boldsymbol{R}\|_2 \tag{B.4.36}$$

证明 (i)：当 $\boldsymbol{L}$ 或 $\boldsymbol{R}$ 为零矩阵的时候，无须证明；因此，假设 $\boldsymbol{L},\boldsymbol{R}$ 都为非零矩阵。

首先，当 $\boldsymbol{L},\boldsymbol{R}$ 均为秩为 1 的矩阵时，足以证明式（B.4.35）。将 $\boldsymbol{L}^{\mathrm{H}}\boldsymbol{L}$ 进行特征值分解得到 $\boldsymbol{L}^{\mathrm{H}}\boldsymbol{L}=\boldsymbol{U}^{\mathrm{H}}\mathrm{Diag}\{\boldsymbol{\lambda}\}\ \boldsymbol{U}$，$\boldsymbol{U}$ 是一个酉矩阵且 $\boldsymbol{\lambda}\geqslant\boldsymbol{0}$，我们可以得到

$$\begin{aligned}
E\{\|\boldsymbol{L}\boldsymbol{\xi}\|_2\|\boldsymbol{R}\boldsymbol{\xi}\|_2\}&=E\{\sqrt{\boldsymbol{\xi}^{\mathrm{H}}\boldsymbol{L}^{\mathrm{H}}\boldsymbol{L}\boldsymbol{\xi}}\,\|\boldsymbol{R}\boldsymbol{\xi}\|_2\}\\
&=E\left\{((\boldsymbol{U}\boldsymbol{\xi})^{\mathrm{H}}\mathrm{Diag}\{\lambda\}\underbrace{(\boldsymbol{U}\boldsymbol{\xi})}_{\chi})^{1/2}\underbrace{\|\boldsymbol{R}\boldsymbol{U}^{\mathrm{H}}\boldsymbol{\chi}\|_2}_{\phi(\chi)\geqslant 0}\right\}\\
&=E\left\{\phi(\chi)\sqrt{\sum_{\ell=1}^{n}\lambda_{\ell}|\chi_{\ell}|^2}\right\}=\Phi(\boldsymbol{\lambda})\\
\Phi(\boldsymbol{x})&=E\left\{\phi(\chi)\sqrt{\sum_{\ell=1}^{n}x_{\ell}|\chi_{\ell}|^2}\right\}
\end{aligned} \tag{B.4.37}$$

函数 $\Phi(\boldsymbol{x})$ 在 $\boldsymbol{x}\in\mathbb{R}_+^n$ 上是凹函数，因此它在单纯形

$$S=\left\{\boldsymbol{x}\in\mathbb{R}_+^n:\sum_{\ell}x_{\ell}=\sum_{\ell}\lambda_{\ell}\right\}$$

上的最大值于顶点处取到，令顶点为 $\boldsymbol{e}$。令 $\hat{\boldsymbol{L}}\in\mathbb{C}^{d\times n}$ 满足 $\hat{\boldsymbol{L}}^{\mathrm{H}}\hat{\boldsymbol{L}}=\boldsymbol{U}^{\mathrm{H}}\mathrm{Diag}\{\boldsymbol{e}\}\boldsymbol{U}$。注意到 $\hat{\boldsymbol{L}}$ 是一个秩为 1 的矩阵（因为 $\boldsymbol{e}$ 是 S 的顶点），且有

$$[\|\hat{\boldsymbol{L}}\|_2^2=]\quad \mathrm{Tr}(\hat{\boldsymbol{L}}^{\mathrm{H}}\hat{\boldsymbol{L}})=\sum_{\ell}e_{\ell}=\sum_{\ell}\lambda_{\ell}=\mathrm{Tr}(\boldsymbol{L}^{\mathrm{H}}\boldsymbol{L})\quad[=\|\boldsymbol{L}\|_2^2]$$

因为 $\boldsymbol{U}$ 是 $\hat{\boldsymbol{L}}^{\mathrm{H}}\hat{\boldsymbol{L}}$ 的特征值分解中的酉因子，当 $\boldsymbol{L},\boldsymbol{\lambda}$ 分别被 $\hat{\boldsymbol{L}},\boldsymbol{e}$ 替换时，式（B.4.37）成立，因此

$$E\{\|\hat{\boldsymbol{L}}\boldsymbol{\chi}\|_2\|\boldsymbol{R}\boldsymbol{\chi}\|_2\}=\Phi(\boldsymbol{e})\leqslant\Phi(\boldsymbol{\lambda})=E\{\|\boldsymbol{L}\boldsymbol{\chi}\|_2\|\boldsymbol{R}\boldsymbol{\chi}\|_2\}$$

同理，对于 $E\{\|\hat{\boldsymbol{L}}\boldsymbol{\chi}\|_2\|\boldsymbol{R}\boldsymbol{\chi}\|_2\}$，$\boldsymbol{R}$ 和 $\boldsymbol{L}$ 作用一致，存在一个秩为 1 的矩阵 $\hat{\boldsymbol{R}}$，我们可以得到

$$\|\hat{\boldsymbol{R}}\|_2=\|\boldsymbol{R}\|_2,E\{\|\hat{\boldsymbol{L}}\boldsymbol{\chi}\|_2\|\hat{\boldsymbol{R}}\boldsymbol{\chi}\|_2\}\leqslant E\{\|\hat{\boldsymbol{L}}\boldsymbol{\chi}\|_2\|\boldsymbol{R}\boldsymbol{\chi}\|_2\}$$

当我们用秩为 1 的矩阵 $\hat{\boldsymbol{L}}$，$\hat{\boldsymbol{R}}$ 替换 $\boldsymbol{L}$ 和 $\boldsymbol{R}$，并不会增加式（B.4.35）左边的值，也不会改变右边，所以这确实证明了当 $\boldsymbol{L},\boldsymbol{R}$ 是秩为 1 的矩阵时，式（B.4.35）成立。但同时也注意到，此时我们的推理证明过程并未用到"$\boldsymbol{\chi}$ 是一个标准高斯向量"这一条件。

现在回到不等式（B.4.35）中关于秩为 1 的矩阵 $\boldsymbol{L},\boldsymbol{R}$ 的情况。同理，可以进一步假设 $\|\boldsymbol{L}\|_2=\|\boldsymbol{R}\|_2=1$。通过归一化，对于秩为 1 的矩阵 $\boldsymbol{L},\boldsymbol{R}$，显然有 $\boldsymbol{L}\boldsymbol{\chi}=z\boldsymbol{\ell}$，$\boldsymbol{R}\boldsymbol{\chi}=w\boldsymbol{r}$（单位确定性向量 $\boldsymbol{\ell},\boldsymbol{r}$，随机高斯向量 $[z;w]\in\mathbb{C}^2=\mathbb{R}^4$）使得 $E\{|z|^2\}=E\{|w|^2\}=1$，z 和

w 都是 $\boldsymbol{\chi}$ 中的项的线性组合，有合适的确定性系数。由于 $E\{|z|^2\}=E\{|w|^2\}=1$，我们可以用标准高斯向量 $[\eta;\xi]\in\mathbb{C}^2$ 的形式将（z,w）表示成 $z=\eta,w=\cos(\theta)\eta+\sin(\theta)\xi$，其中 $\theta\in\left[0,\frac{\pi}{2}\right]$，$\cos(\theta)$ 是表征 z 与 w 之间相关性 $E\{z\overline{w}\}$ 的绝对值。根据这种表示方法，不等式（B.4.35）变为

$$\phi(\theta)\equiv\int_{\mathbb{C}\times\mathbb{C}}|\eta||\cos(\theta)\eta+\sin(\theta)\xi|\,\mathrm{d}G(\eta,\xi)\geqslant\frac{\pi}{4}\equiv\phi\left(\frac{\pi}{2}\right)\tag{B.4.38}$$

其中 $G(\eta,\xi)$ 表示的是 $[\eta;\xi]$ 的分布。我们应在 $\theta\in\left[0,\frac{\pi}{2}\right]$ 的范围下证明式（B.4.38），事实上，我们应在更大的范围 $\theta\in[0,\pi]$ 上证明该式。令 $\theta\in[0,\pi]$，设

$$u=\cos(\theta/2)\eta+\sin(\theta/2)\xi,\quad v=-\sin(\theta/2)\eta+\cos(\theta/2)\xi$$

可以很快发现 G 确实表示（u,v）的分布，同时，

$$\eta=\cos(\theta/2)u-\sin(\theta/2)v,\quad \cos(\theta)\eta+\sin(\theta)\xi=\cos(\theta/2)u+\sin(\theta/2)v$$

由此

$$\begin{aligned}\phi(\theta)&=\int_{\mathbb{C}\times\mathbb{C}}|\cos(\theta/2)u-\sin(\theta/2)v||\cos(\theta/2)u+\sin(\theta/2)v|\,\mathrm{d}G(u,v)\\&=\int_{\mathbb{C}\times\mathbb{C}}|\cos^2(\theta/2)u^2-\sin^2(\theta/2)v^2|\,\mathrm{d}G(u,v)\end{aligned}$$

我们可以发现

$$\min_{\theta\in[0,\pi]}\phi(\theta)=\min_{0\leqslant\alpha\leqslant1}\psi(\alpha),\quad \psi(\alpha)=\int_{\mathbb{C}\times\mathbb{C}}|\alpha u^2-(1-\alpha)v^2|\,\mathrm{d}G(u,v)$$

函数 $\psi(\alpha)$ 显然是凸函数且有 $\psi(1-\alpha)=\psi(\alpha)$（$[u;v]$ 的分布是对称的），所以，当 $\alpha=1/2$ 时 ψ 达到最小值，当 $\cos^2(\theta/2)=1/2$ 时 ϕ 达到最小值，也就是说，当 $\theta=\pi/2$，如式（B.4.38）中所述。

(ii) 与 (i) 中证明同理，当 $\boldsymbol{L},\boldsymbol{R}$ 都是秩为 1 的矩阵时，足以证明式（B.4.36）。与上文类似的论述证明式（B.4.36）等价于如下事实，即当 ξ,η 为独立实标准高斯变量且 $G(\xi,\eta)$ 表示的是 $[\xi;\eta]$ 的分布，则函数

$$\phi(\theta)=\int_{\mathbb{R}\times\mathbb{R}}|\xi||\cos(\theta)\xi+\sin(\theta)\eta|\,\mathrm{d}G(\xi,\eta)\tag{B.4.39}$$

当 $\theta\in[0,\pi]$ 时，以上函数在 $\theta=\frac{\pi}{2}$ 上取得最小值。为了证明这一结论，我们可以重复在复数情况下的推理过程，并做较大改动。 ■

B.4.4.3　定理 B.4.2 (iii) 的证明

我们现在需要完成对定理 B.4.2 (iii) 的证明，设

$$\begin{aligned}&p_{\mathbb{R}}^{\mathrm{s}}=2\max\{p_j:j\in I_{\mathrm{s}}^{\mathrm{r}}\},\\&p_{\mathbb{C}}^{\mathrm{s}}=2\max\{p_j:j\in I_{\mathrm{s}}^{\mathrm{c}}\},\\&\vartheta_{\mathrm{S}}=\max\left[\vartheta_{\mathrm{H}}(p_{\mathbb{R}}^{\mathrm{s}}),4\vartheta_{\mathrm{H}}(p_{\mathbb{C}}^{\mathrm{s}}),\frac{4}{\pi}\right]\end{aligned}\tag{B.4.40}$$

根据定义，空集上的最大值为 0，$\vartheta_{\mathrm{H}}(0)=0$，注意到根据式（B.4.26），有

$$\vartheta_{\mathrm{S}}\leqslant4\pi\sqrt{p^{\mathrm{s}}}$$

（参考式（B.4.4）、式（B.4.5））。

令 $\boldsymbol{\chi}$ 为 $\mathbb{C}^n$ 上的标准高斯向量，引用命题 B.4.10～命题 B.4.12，（关于符号表示，见

引理 B.4.9）我们有

$$\|\lambda(\boldsymbol{Z}^{1/2}\boldsymbol{A}_j\boldsymbol{Z}^{1/2})\|_1$$
$$\leqslant\vartheta_{\mathrm{H}}(\mathrm{Rank}(\boldsymbol{Z}^{1/2}\boldsymbol{A}_j\boldsymbol{Z}^{1/2}))E_{\boldsymbol{\chi}}\{|\boldsymbol{\chi}^{\mathrm{H}}\boldsymbol{Z}^{1/2}\boldsymbol{A}_j\boldsymbol{Z}^{1/2}\boldsymbol{\chi}|\}$$
$$\leqslant\vartheta_{\mathrm{S}}E_{\boldsymbol{\chi}}\{|\boldsymbol{\chi}^{\mathrm{H}}\boldsymbol{Z}^{1/2}\boldsymbol{A}_j\boldsymbol{Z}^{1/2}\boldsymbol{\chi}|\},j\in I_{\mathrm{s}}^{\mathrm{r}}$$

[根据命题 B.4.10: $\boldsymbol{A}_j=\boldsymbol{A}_j^{\mathrm{H}}$ 且 $\mathrm{Rank}(\boldsymbol{A}_j)=\mathrm{Rank}([\boldsymbol{L}_j^{\mathrm{H}}\boldsymbol{R}_j+\boldsymbol{R}_j^{\mathrm{H}}\boldsymbol{L}_j])\leqslant 2p_j$]

$$\|\sigma(\boldsymbol{Z}^{1/2}\boldsymbol{R}_j^{\mathrm{H}}\boldsymbol{L}_j\boldsymbol{Z}^{1/2}\|_1$$
$$\leqslant 4\vartheta_{\mathrm{H}}(2\mathrm{Rank}(\boldsymbol{Z}^{1/2}\boldsymbol{R}_j^{\mathrm{H}}\boldsymbol{L}_j\boldsymbol{Z}^{1/2}))E_{\boldsymbol{\chi}}\{|\boldsymbol{\chi}^{\mathrm{H}}\boldsymbol{Z}^{1/2}\boldsymbol{R}_j^{\mathrm{H}}\boldsymbol{L}_j\boldsymbol{Z}^{1/2}\boldsymbol{\chi}|\}$$
$$\leqslant\vartheta_{\mathrm{S}}E_{\boldsymbol{\chi}}\{|\boldsymbol{\chi}^{\mathrm{H}}\boldsymbol{Z}^{1/2}\boldsymbol{R}_j^{\mathrm{H}}\boldsymbol{L}_j\boldsymbol{Z}^{1/2}\boldsymbol{\chi}|\},j\in I_{\mathrm{s}}^{\mathrm{c}}$$

[根据命题 B.4.11: $\mathrm{Rank}(\boldsymbol{R}_j^{\mathrm{H}}\boldsymbol{L}_j)\leqslant p_j$]

$$\|\boldsymbol{L}_j\boldsymbol{Z}^{1/2}\|_2\|\boldsymbol{R}_j\boldsymbol{Z}^{1/2}\|_2$$
$$\leqslant\frac{4}{\pi}E_{\boldsymbol{\chi}}\{\|\boldsymbol{L}_j\boldsymbol{Z}^{1/2}\boldsymbol{\chi}\|_2\|\boldsymbol{R}_j\boldsymbol{Z}^{1/2}\boldsymbol{\chi}\|_2\}$$
$$\leqslant\vartheta_{\mathrm{S}}E_{\boldsymbol{\chi}}\{\|\boldsymbol{L}_j\boldsymbol{Z}^{1/2}\boldsymbol{\chi}\|_2\|\boldsymbol{R}_j\boldsymbol{Z}^{1/2}\boldsymbol{\chi}\|_2\}$$

[根据命题 B.4.12(i)]

并且

$$E_{\boldsymbol{\chi}}\{\boldsymbol{\chi}^{\mathrm{H}}\boldsymbol{Z}^{1/2}\boldsymbol{A}\boldsymbol{Z}^{1/2}\boldsymbol{\chi}\}=\mathrm{Tr}(\boldsymbol{Z}^{1/2}\boldsymbol{A}\boldsymbol{Z}^{1/2})$$

基于以上发现，式（B.4.23）意味着

$$\rho\vartheta_{\mathrm{S}}\Big[\sum_{j\in I_{\mathrm{s}}^{\mathrm{r}}}E_{\boldsymbol{\chi}}\{|\boldsymbol{\chi}^{\mathrm{H}}\boldsymbol{Z}^{1/2}[\boldsymbol{L}_j^{\mathrm{H}}\boldsymbol{R}_j+\boldsymbol{R}_j^{\mathrm{H}}\boldsymbol{L}_j]\boldsymbol{Z}^{1/2}\boldsymbol{\chi}|\}+\sum_{j\in I_{\mathrm{s}}^{\mathrm{c}}}E_{\boldsymbol{\chi}}\{2|\boldsymbol{\chi}^{\mathrm{H}}\boldsymbol{Z}^{1/2}\boldsymbol{R}_j^{\mathrm{H}}\boldsymbol{L}_j\boldsymbol{Z}^{1/2}\boldsymbol{\chi}|\}+\sum_{j\in I_{\mathrm{f}}^{\mathrm{c}}}E_{\boldsymbol{\chi}}\{2\|\boldsymbol{L}_j\boldsymbol{Z}^{1/2}\boldsymbol{x}\|_2\|\boldsymbol{R}_j\boldsymbol{Z}^{1/2}\boldsymbol{\chi}\|_2\}\Big]>E_{\boldsymbol{\chi}}\{\boldsymbol{\chi}^{\mathrm{H}}\boldsymbol{Z}^{1/2}\boldsymbol{A}\boldsymbol{Z}^{1/2}\boldsymbol{\chi}\}$$

（见式（B.4.24），我们已经用表达式代替了 $\boldsymbol{A}_j$）。存在 $\boldsymbol{\chi}$ 的实现 $\hat{\boldsymbol{\chi}}$，使 $\boldsymbol{\xi}=\boldsymbol{Z}^{1/2}\hat{\boldsymbol{\chi}}$，有

$$\rho\vartheta_{\mathrm{S}}\Big[\sum_{j\in I_{\mathrm{s}}^{\mathrm{r}}}|\boldsymbol{\xi}^{\mathrm{H}}[\boldsymbol{L}_j^{\mathrm{H}}\boldsymbol{R}_j+\boldsymbol{R}_j^{\mathrm{H}}\boldsymbol{L}_j]\boldsymbol{\xi}|+\sum_{j\in I_{\mathrm{s}}^{\mathrm{c}}}2|\boldsymbol{\xi}^{\mathrm{H}}\boldsymbol{R}_j^{\mathrm{H}}\boldsymbol{L}_j\boldsymbol{\xi}|+\sum_{j\in I_{\mathrm{f}}^{\mathrm{c}}}2\|\boldsymbol{L}_j\boldsymbol{\xi}\|_2\|\boldsymbol{R}_j\boldsymbol{\xi}\|_2\Big]>\boldsymbol{\xi}^{\mathrm{H}}\boldsymbol{A}\boldsymbol{\xi} \tag{B.4.41}$$

观察到

- $\boldsymbol{\xi}^{\mathrm{H}}[\boldsymbol{L}_j^{\mathrm{H}}\boldsymbol{R}_j+\boldsymbol{R}_j^{\mathrm{H}}\boldsymbol{L}_j]\boldsymbol{\xi}$ 的值是实数，因此我们可以让 $\theta_j=\pm1$，$j\in I_{\mathrm{s}}^{\mathrm{r}}$，且有 $\boldsymbol{\chi}^j=\theta_j\boldsymbol{I}_{p_j}$，则
$$\boldsymbol{\xi}^{\mathrm{H}}[\boldsymbol{L}_j^{\mathrm{H}}\boldsymbol{\chi}^j\boldsymbol{R}_j+\boldsymbol{R}_j^{\mathrm{H}}[\boldsymbol{\chi}^j]^{\mathrm{H}}\boldsymbol{L}_j]\boldsymbol{\xi}=|\boldsymbol{\xi}^{\mathrm{H}}[\boldsymbol{L}_j^{\mathrm{H}}\boldsymbol{R}_j+\boldsymbol{R}_j^{\mathrm{H}}\boldsymbol{L}_j]\boldsymbol{\xi}|,j\in I_{\mathrm{s}}^{\mathrm{r}}$$
- 对于 $j\in I_{\mathrm{s}}^{\mathrm{c}}$，我们可以让 $\theta_j\in\mathbb{C},|\theta_j|=1$，且 $\boldsymbol{\Theta}^j=\theta_j\boldsymbol{I}_{p_j}$，则
$$\boldsymbol{\xi}^{\mathrm{H}}[\boldsymbol{L}_j^{\mathrm{H}}\boldsymbol{\Theta}^j\boldsymbol{R}_j+\boldsymbol{R}_j^{\mathrm{H}}[\boldsymbol{\Theta}^j]^{\mathrm{H}}\boldsymbol{L}_j]\boldsymbol{\xi}=2|\boldsymbol{\xi}^{\mathrm{H}}\boldsymbol{R}_j^{\mathrm{H}}\boldsymbol{L}_j\boldsymbol{\xi}|,j\in I_{\mathrm{s}}^{\mathrm{c}}$$
- 对于 $j\in I_{\mathrm{f}}^{\mathrm{c}}$，我们可以让 $\boldsymbol{\Theta}^j\in\mathbb{C}^{p_j\times q_j}$，$\|\boldsymbol{\Theta}^j\|_{2,2}\leqslant1$，则
$$\boldsymbol{\xi}^{\mathrm{H}}[\boldsymbol{L}_j^{\mathrm{H}}\boldsymbol{\Theta}^j\boldsymbol{R}_j+\boldsymbol{R}_j^{\mathrm{H}}[\boldsymbol{\Theta}^j]^{\mathrm{H}}\boldsymbol{L}_j]\boldsymbol{\xi}=2\|\boldsymbol{L}_j\boldsymbol{\xi}\|_2\|\boldsymbol{R}_j\boldsymbol{\xi}\|_2,j\in I_{\mathrm{f}}^{\mathrm{c}}$$

加上我们之前定义过的 $\boldsymbol{\Theta}^j$，式（B.4.41）写成

$$\underbrace{\xi^{\mathrm{H}}\left[\boldsymbol{A}-\rho\vartheta_{\mathrm{S}}\sum_{j=1}^{L}[\boldsymbol{L}_j^{\mathrm{H}}\boldsymbol{\Theta}^j\boldsymbol{R}_j+\boldsymbol{R}_j^{\mathrm{H}}[\boldsymbol{\Theta}^j]^{\mathrm{H}}\boldsymbol{L}_j]\right]\xi}_{c}<0$$

$\boldsymbol{C}$ 不是半正定的，另一方面，通过构造 $\boldsymbol{C}\in\mathcal{U}[\vartheta_{\mathrm{S}}\rho]$。因此谓词 $\mathcal{A}(\vartheta_{\mathrm{S}}\rho)$ 是无效的，回忆对 ϑ_{S} 的定义，即完成了对引理 B. 4. 8 的证明，从而也完成了定理 B. 4. 2（iii）的证明。■

B. 4. 5　定理 B. 4. 2（iv）的证明

当所讨论的唯一扰动块是实标量时，在 $L=1$ 的条件下显然有 $\mathcal{A}(\rho)$ 与 $\mathcal{B}(\rho)$ 等价。当为复标量块时，此结论很容易由引理 B. 4. 5 给出；当为全块时，由引理 B. 4. 6 给出。■

B. 4. 6　矩阵立方定理，实数情况

以下是实矩阵立方问题。

实矩阵立方　令 $m,p_1,q_1,\cdots,p_L,q_L$ 是正整数，且 $\boldsymbol{A}\in S^m,\boldsymbol{L}_j\in\mathbb{R}^{p_j\times m}$，$\boldsymbol{R}_j\in\mathbb{R}^{q_j\times m}$ 为给定矩阵，$\boldsymbol{L}_j\neq\boldsymbol{0}$。索引集 $\{1,\cdots,L\}$ 划分成两个不重叠的集合 $\{1,2,\cdots,L\}I_{\mathrm{s}}^{\mathrm{r}}\cup I_{\mathrm{f}}^{\mathrm{r}}$。有了这些数据，我们关联了一个“矩阵盒”的参数族：

$$\mathcal{U}[\rho]=\left\{\boldsymbol{A}+\rho\sum_{j=1}^{L}[\boldsymbol{L}_j^{\mathrm{T}}\boldsymbol{\Theta}^j\boldsymbol{R}_j+\boldsymbol{R}_j^{\mathrm{T}}[\boldsymbol{\Theta}^j]^{\mathrm{T}}\boldsymbol{L}_j]:\boldsymbol{\Theta}^j\in\mathcal{Z}^j,1\leqslant j\leqslant L\right\}\subset S^m \tag{B. 4. 42}$$

其中 $\rho\geqslant0$ 是参数，并且有

$$\mathcal{Z}^j=\begin{cases}\{\theta\boldsymbol{I}_{p_j}:\theta\in\mathbb{R},|\theta|\leqslant1\},j\in\Gamma_{\mathrm{s}}^{\mathrm{r}} & [\text{标量扰动块}]\\ \{\boldsymbol{\Theta}^j\in\mathbb{R}^{p_j\times q_j}:\|\boldsymbol{\Theta}^j\|_{2,2}\leqslant1\},j\in I_{\mathrm{f}}^{\mathrm{r}} & [\text{全扰动块}]\end{cases} \tag{B. 4. 43}$$

给定 $\rho\geqslant0$，检验是否满足

$$\mathcal{U}[\rho]\subset S_+^m \tag*{$\mathcal{A}(\rho)$}$$

评注 B. 4. 13　在下文中，我们总是假设 $p_j>1,j\in I_{\mathrm{s}}^{\mathrm{r}}$。实际上，非重复（$p_j=1$）标量扰动总是可以被视为全扰动。

连同 $\mathcal{A}(\rho)$，考虑谓词

$$\begin{aligned}&\exists\boldsymbol{Y}_j\in S^m,j=1,\cdots,L:\\&(a)\quad \boldsymbol{Y}_j\succeq\boldsymbol{L}_j^{\mathrm{T}}\boldsymbol{\Theta}^j\boldsymbol{R}_j+\boldsymbol{R}_j^{\mathrm{T}}[\boldsymbol{\Theta}^j]^{\mathrm{T}}\boldsymbol{L}_j,\forall(\boldsymbol{\Theta}^j\in\mathcal{Z}^j,1\leqslant j\leqslant L)\\&(b)\quad \boldsymbol{A}-\rho\sum_{j=1}^{L}\boldsymbol{Y}_j\succeq0\end{aligned} \tag*{$\mathcal{B}(\rho)$}$$

定理 B. 4. 2 的实数版本如下。

定理 B. 4. 14【实矩阵立方定理 [10,12]】　有

(i) 谓词 $\mathcal{B}(\rho)$ 比 $\mathcal{A}(\rho)$ 更强——前者的有效性可以推出后者的有效性。

(ii) $\mathcal{B}(\rho)$ 是可计算处理的——谓词的有效性与线性矩阵不等式组的可解性等价。

$$\begin{aligned}&(\mathrm{s})\quad \boldsymbol{Y}_j\pm[\boldsymbol{L}_j^{\mathrm{T}}\boldsymbol{R}_j+\boldsymbol{R}_j^{\mathrm{T}}\boldsymbol{L}_j]\succeq0,j\in I_{\mathrm{s}}^{\mathrm{r}},\\&(\mathrm{f})\quad \begin{bmatrix}\boldsymbol{Y}_j-\lambda_j\boldsymbol{L}_j^{\mathrm{T}}\boldsymbol{L}_j & \boldsymbol{R}_j^{\mathrm{T}}\\ \boldsymbol{R}_j & \lambda_j\boldsymbol{I}_{p_j}\end{bmatrix}\succeq0,j\in I_{\mathrm{f}}^{\mathrm{r}},\\&(*)\quad \boldsymbol{A}-\rho\sum_{j=1}^{L}\boldsymbol{Y}_j\succeq0\end{aligned} \tag{B. 4. 44}$$

其中矩阵变量 $\boldsymbol{Y}_j\in S^m,j=1,\cdots,L$，实变量 $\lambda_j,j\in I_{\mathrm{f}}^{\mathrm{r}}$。

(iii) $\mathcal{A}(\rho)$ 和 $\mathcal{B}(\rho)$ 之间的“差距”可以仅用标量扰动的最大秩来界定：

$$p^s=\max_{j\in I_s^r}\mathrm{Rank}(\boldsymbol{L}_j^{\mathrm{T}}\boldsymbol{R}_j+\boldsymbol{R}_j^{\mathrm{T}}\boldsymbol{L}_j)$$

具体而言，存在一个通用函数 $\vartheta_{\mathbb{R}}(\cdot)$ 满足以下关系：

$$\vartheta_{\mathbb{R}}(2)=\frac{\pi}{2};\vartheta_{\mathbb{R}}(4)=2;\vartheta_{\mathbb{R}}(\mu)\leqslant\pi\sqrt{\mu}/2,\forall\mu\geqslant 1$$

其中 $\mu=\max[2,p^s]$，则有

$$\text{如果 }\mathcal{B}(\rho)\text{ 无效，那么 }\mathcal{A}(\vartheta_{\mathbb{R}}(\mu)\rho)\text{ 也无效。}\tag{B.4.45}$$

(iv) 最后，在单个扰动块 $L=1$ 的情况下，$\mathcal{A}(\rho)$ 等价于 $\mathcal{B}(\rho)$。

实矩阵立方定理的证明过程重复复数情况下的证明过程，并进行了明显的简化，因此其证明被省略。注意评注 B.4.4 在实数情况下仍然有效。

B.5 第 10 章的证明

B.5.1 定理 10.1.2 的证明

令

$$\mathrm{Erf}(t)=\frac{1}{\sqrt{2\pi}}\int_t^{\infty}\exp\{-s^2/2\}\mathrm{d}s,$$

$$\mathrm{ErfInv}(r):\frac{1}{\sqrt{2\pi}}\int_{\mathrm{ErfInv}(r)}^{\infty}\exp\{-s^2/2\}\mathrm{d}s=r$$

定理 B.5.1 令 $\boldsymbol{\zeta}\sim\mathcal{N}(\mathbf{0},\boldsymbol{I}_m)$，令 Q 是 $\mathbb{R}^m$ 上的闭凸集，使

$$\mathrm{Prob}\{\boldsymbol{\zeta}\in Q\}\geqslant\chi>\frac{1}{2}\tag{B.5.1}$$

则

(i) Q 包含以原点为中心的 $\|\cdot\|_2$ 球，其半径为

$$r(\chi)=\mathrm{ErfInv}(1-\chi)>0\tag{B.5.2}$$

(ii) 如果 Q 包含以原点为中心的 $\|\cdot\|_2$ 球，其半径 $r\geqslant r(\chi)$，则有

$$\begin{aligned}&\forall\alpha\in[1,\infty):\mathrm{Prob}\{\boldsymbol{\zeta}\notin\alpha Q\}\leqslant\mathrm{Erf}(\mathrm{ErfInv}(1-\chi)+(\alpha-1)r)\leqslant\\&\mathrm{Erf}(\alpha\mathrm{ErfInv}(1-\chi))\leqslant\frac{1}{2}\exp\left\{-\frac{\alpha^2\mathrm{ErfInv}^2(1-\chi)}{2}\right\}\end{aligned}\tag{B.5.3}$$

特别地，对于一个闭凸集 Q，$\boldsymbol{\zeta}\sim\mathcal{N}(\mathbf{0},\boldsymbol{\Sigma})$ 且 $\alpha\geqslant 1$，有

$$\begin{aligned}&\mathrm{Prob}\{\zeta\notin Q\}\leqslant\delta<\frac{1}{2}\Rightarrow\\&\mathrm{Prob}\{\zeta\notin\alpha Q\}\leqslant\mathrm{Erf}(\alpha\mathrm{ErfInv}(\delta))\leqslant\frac{1}{2}\exp\left\{-\frac{\alpha^2\mathrm{ErfInv}^2(\delta)}{2}\right\}\end{aligned}\tag{B.5.4}$$

证明 (i) 很容易得到。使用反证法，引用分离定理，Q 包含在一个封闭半空间内 $\Pi=\{\chi:\boldsymbol{e}^{\mathrm{T}}\chi\leqslant r\}$，其中 $\boldsymbol{e}$ 为单位向量，$r<\mathrm{ErfInv}(\chi)$。因此有 $\mathrm{Prob}\{\boldsymbol{\eta}\notin Q\}\geqslant\mathrm{Prob}\{\boldsymbol{\eta}\notin\Pi\}=\mathrm{Erf}(r)>\chi$，这是与假设相矛盾的。

(ii) 这是由 C. Borell[31] 提出的下列事实的直接推论：

(!) 对于每一个 $\alpha>0,\epsilon\geqslant 0$ 和每一个闭集 $X\subset\mathbb{R}^k$，满足 $\mathrm{Prob}\{\boldsymbol{\zeta}\in X\}\geqslant\alpha$，则有

$$\mathrm{Prob}\{\mathrm{dist}(\boldsymbol{\zeta},X)>\epsilon\}\leqslant\mathrm{Erf}(\mathrm{ErfInv}(1-\alpha)+\epsilon)$$

其中 $\mathrm{dist}(\boldsymbol{\alpha},X)=\min_{x\in X}\|\boldsymbol{\alpha}-\boldsymbol{x}\|_2$。

从（!）得到的关于（ii）的推论如下。因为 Q 包含了以原点为中心且半径为 r 的 $\|\cdot\|_2$ 球，集合 $\alpha Q,\alpha\geqslant 1$ 包含了 $Q+(\alpha-1)Q\supset Q+(\alpha-1)B_r$，因此也包含了集合 $\{\boldsymbol{x}:\mathrm{dist}(\boldsymbol{x},Q)\leqslant\epsilon=(\alpha-1)r\}$。引用（!），我们可以得到式（B.5.3）的第一个不等式，第二个不等式是由于 $r\geqslant r(\chi)=\mathrm{ErfInv}(1-\chi)$，第三个不等式是众所周知的。

这里是关于不等式 $\mathrm{Erf}(s)\leqslant\frac{1}{2}\exp\{-s^2/2\},s\geqslant 0$ 的证明。这等价于 $\frac{1}{2}\geqslant\int_s^{\infty}\exp\{(s^2-r^2)/2\}\cdot(2\pi)^{-1/2}\mathrm{d}r$，也就是 $\frac{1}{2}\geqslant\int_0^{\infty}\exp\{(s^2-(s+t)^2)/2\}(2\pi)^{-1/2}\mathrm{d}t$，后一个积分 $\leqslant\int_0^{\infty}\exp\{-t^2/2\}\cdot(2\pi)^{-1/2}\mathrm{d}t=1/2$，这显然成立。 ■

B.5.2　命题 10.3.2 的证明

（i），（ii），（iii）显然成立，我们从（iv）开始证明。

（iv）令 $f(\boldsymbol{x},\boldsymbol{y})\in\mathcal{CF}_{r+s}(\boldsymbol{x}\in\mathbb{R}^r,\boldsymbol{y}\in\mathbb{R}^s)$，函数 $p(\boldsymbol{x})=\int f(\boldsymbol{x},\boldsymbol{y})\mathrm{d}P_2(\boldsymbol{y})$，$q(\boldsymbol{x})=\int f(\boldsymbol{x},\boldsymbol{y})\mathrm{d}Q_2(\boldsymbol{y})$ 明显属于 $\mathcal{CF}_r$ 且 $p\leqslant q$，因为 $P_2\preceq_c Q_2$。我们有 $\int f(\boldsymbol{x},\boldsymbol{y})\mathrm{d}(P_1\times P_2)(\boldsymbol{x},\boldsymbol{y})=\int p(\boldsymbol{x})\mathrm{d}P_1(\boldsymbol{x})\leqslant\int p(\boldsymbol{x})\mathrm{d}Q_1(\boldsymbol{x})\leqslant\int q(\boldsymbol{x})\mathrm{d}Q_1(\boldsymbol{x})=\int f(\boldsymbol{x},\boldsymbol{y})\mathrm{d}(Q_1\times Q_2)(\boldsymbol{x},\boldsymbol{y})$，其中第一个 $\leqslant$ 遵循 $P_1\preceq_c Q_1$，第二个 $\leqslant$ 由 $p\leqslant q$ 给出。最终结果的不等式说明了 $P_1\times P_2\preceq_c Q_1\times Q_2$。 ■

（v）给定 $f\in\mathcal{CF}_m$，设 $g(\boldsymbol{u}_1,\cdots,\boldsymbol{u}_k)=f\left(\sum_{i=1}^{k}\boldsymbol{S}_i\boldsymbol{u}_i\right)$，所以 $g\in\mathcal{CF}_{kn}$。根据（iv），我们有 $[\boldsymbol{\xi}_1;\cdots;\boldsymbol{\xi}_k]\preceq_c[\boldsymbol{\eta}_1;\cdots;\boldsymbol{\eta}_k]$，因此 $E\{g(\boldsymbol{\xi}_1,\cdots,\boldsymbol{\xi}_k)\}\leqslant E\{g(\boldsymbol{\eta}_1,\cdots,\boldsymbol{\eta}_k)\}$，或 $E\left\{f\left(\sum_i\boldsymbol{S}_i\boldsymbol{\xi}_i\right)\right\}\leqslant E\left\{f\left(\sum_i\boldsymbol{S}_i\boldsymbol{\eta}_i\right)\right\}$。因为对于所有 $f\in\mathcal{CF}_m$，后一个不等式成立，我们看到 $\sum_i\boldsymbol{S}_i\boldsymbol{\xi}_i\preceq_c\sum_i\boldsymbol{S}_i\boldsymbol{\eta}_i$。 ■

（vi）给定 $f\in\mathcal{CF}_1$，我们需证明：

$$\int f(s)\mathrm{d}P_{\xi}(s)\leqslant\int f(s)\mathrm{d}P_{\eta}(s)\qquad(*)$$

当我们把一个仿射函数加到 f 上，我们比较的两个量的变化量是相同的（回想 $\mathcal{R}_1$ 是由均值为零的概率分布组成的）。不失一般性地，我们可以假设 $f(-1)=0$ 且 $f'(-1+0)=0$，所以 f 在 -1 的左边都是非负的。用 0 代替这个域中的 f，我们保持了凸性，保持量 $\int f(s)\mathrm{d}P_{\xi}(s)$ 不变，不增加 $\int f(s)\mathrm{d}P_{\eta}(s)$ 的值；由此可见，当 f 在 -1 的左边都为零，且有 $f'(-1+0)=f(-1)=0$ 时，足以证明我们的不等式。现在，要么 f 在 $[-1,1]$ 上同为零，要么 $f(1)$ 为正。在第一种情况下，式（$*$）左侧是 0，而右侧是非负的（因为 $f(-1)=f'(-1+0)=0$，所以 f 是非负的），并且式（$*$）成立。当 $f(1)>0$ 时，我们可以通过缩放 f，将情况简化为 $f(1)=1$。在这种情况下，由其凸性可知，在 $[-1,1]$ 上有 $f(s)\leqslant(s+1)/2$。由此，回想 ξ 在 $[-1,1]$ 上并且均值为零，我们有

$$\int f(s)\mathrm{d}P_{\xi}(s)\leqslant\int\frac{1}{2}(1+s)\mathrm{d}P_{\xi}(s)=\frac{1}{2}$$

另一方面，设 $\alpha=f'(1+0)$，则 $a>0$。此外，f 是非负的且有对于所有的 s 满足 $f(s)\geqslant 1+\alpha(s-1)$，其中

$$f(s)\geqslant\max[0,1-\alpha+\alpha s],\forall s$$

接着，设 $\sigma=\sqrt{\pi/2}$，我们可以得到

$$\begin{aligned}\int f(s)\mathrm{d}P_{\eta}(s)&\geqslant\int\max[0,1-\alpha+\alpha s]\frac{1}{\sqrt{2\pi}\sigma}\exp\{-s^2/(2\sigma^2)\}\mathrm{d}s\\&\geqslant\min_{\alpha\geqslant 0}\int\max[0,1-\alpha+\alpha s]\underbrace{\frac{1}{\sqrt{2\pi}\sigma}\exp\{-s^2/(2\sigma^2)\}\mathrm{d}s}_{p(s)}\end{aligned}$$

函数 $g(\alpha)=\int\max[0,1-\alpha+\alpha s]p(s)\mathrm{d}s$ 在 $\alpha\geqslant 0$ 上显然是凸函数，且有 $g'(\alpha)=\int_{\frac{\alpha-1}{\alpha}}^{\infty}(s-1)p(s)\mathrm{d}s$。考虑到 $\int_0^{\infty}p(s)\mathrm{d}s=\int_0^{\infty}sp(s)\mathrm{d}s=1/2$，我们可以得出结论 $g'(1)=0$，也就是说 $\alpha=1$ 是使函数 g 达到最小的值，当 $\alpha>0$ 都有 $g(\alpha)\geqslant g(1)=1/2$。因此，式（$*$）的右侧大于或等于 1/2，所以式（$*$）成立。 ■

(vii) 用 μ,ν 分别表示 ξ,η 的概率分布，我们需要证明

$$\int f(s)\mathrm{d}\mu(s)\leqslant\int f(s)\mathrm{d}\nu(s)$$

对于所有 $f\in\mathcal{CF}_1$。由于 ξ 和 η 都关于 0 对称分布，当偶函数 $f\in\mathcal{CF}_1$ 时（原 $f(x)$ 可以变为 $\frac{1}{2}(f(x)+f(-x))$），足以证明该不等式。偶凸函数在非负射线上是单调的，仍需使用到命题 4.4.2。 ■

(viii) 由于绝对对称，在弱收敛意义下，ξ 的分布是立方体 $\{\boldsymbol{u}:\|\boldsymbol{u}\|_{\infty}\leqslant r\},r\leqslant 1$ 顶点上均匀分布的凸组合序列的极限。根据（vi），所有分布都由 $\mathcal{N}(\mathbf{0},(\pi/2)\boldsymbol{I}_n)$ 支配。仍需运用（ii）。 ■

(ix) 由于 $0\preceq\boldsymbol{\Sigma}\preceq\boldsymbol{\Theta}$，存在一个非奇异变换 $\boldsymbol{x}\mapsto\boldsymbol{A}\boldsymbol{x}:\mathbb{R}^r\to\mathbb{R}^r$ 使得随机向量 $\widetilde{\boldsymbol{\xi}}=\boldsymbol{A}\boldsymbol{\xi}$ 和 $\widetilde{\boldsymbol{\eta}}=\boldsymbol{A}\boldsymbol{\eta}$ 分别为 $\mathcal{N}(\mathbf{0},\mathrm{Diag}\{\lambda\})$ 和 $\mathcal{N}(\mathbf{0},\mathrm{Diag}\{\mu\})$。由于 $\boldsymbol{\Sigma}\preceq\boldsymbol{\Theta}$，有 $\lambda\leqslant\mu$，因此根据（iii），$\widetilde{\boldsymbol{\xi}}\preceq_c\widetilde{\boldsymbol{\eta}}$，这显然等价于 $\boldsymbol{\xi}\preceq_c\boldsymbol{\eta}$。 ■

B.5.3 定理 10.3.3 的证明

设 $\boldsymbol{\zeta}\in\mathcal{R}_L$，$\boldsymbol{\eta}\sim\mathcal{N}(\mathbf{0},\boldsymbol{I}_L)$，$\boldsymbol{\zeta}\preceq_c\boldsymbol{\eta}$，再设 $Q\subset\mathbb{R}^n$ 为闭凸集，使得 $\chi\equiv\mathrm{Prob}\{\boldsymbol{\eta}\in Q\}\in(1/2,1)$。接下来我们只需证明当 $\gamma>1$ 时，有

$$\mathrm{Prob}\{\boldsymbol{\zeta}\notin\gamma Q\}\leqslant\inf_{1\leqslant\beta<\gamma}\frac{1}{\gamma-\beta}\int_{\beta}^{\infty}\mathrm{Erf}(r\,\mathrm{ErfInv}(1-\chi))\mathrm{d}r \tag{B.5.5}$$

由于 Q 是凸的且有 $\mathrm{Prob}\{\boldsymbol{\eta}\in Q\}>1/2$，原点在 Q 的内部。设 $\beta\in[1,\gamma)$，令

$$\theta(\boldsymbol{x})=\inf\{t:t^{-1}\boldsymbol{x}\in Q\}$$

为 Q 的 Minkowski 函数，令 $\delta(\boldsymbol{x})=\max[\theta(\boldsymbol{x})-\beta,0]$。显然有 $\delta(\cdot)\in\mathcal{CF}_n$，使得

$$\int\delta(\boldsymbol{x})\mathrm{d}P_{\zeta}(\boldsymbol{x})\leqslant\int\delta(\boldsymbol{x})\mathrm{d}P_{\boldsymbol{\eta}}(\boldsymbol{x}) \tag{a}$$

对于 $r\geqslant\beta$，设 $p(r)=\mathrm{Prob}\{\boldsymbol{\eta}\notin rQ\}=\mathrm{Prob}\{\delta(\boldsymbol{\eta})>r-\beta\}$。根据定理 B.5.1，$r\geqslant\beta$ 时有

$$p(r)\leqslant\mathrm{Erf}(r\,\mathrm{ErfInv}(1-\chi)) \tag{b}$$

我们有

$$\int\delta(\boldsymbol{x})\mathrm{d}P_{\boldsymbol{\eta}}(\boldsymbol{x})=-\int_{\beta}^{\infty}(r-\beta)\mathrm{d}p(r)=\int_{\beta}^{\infty}p(r)\mathrm{d}r\leqslant\int_{\beta}^{\infty}\mathrm{Erf}(r\,\mathrm{ErfInv}(1-\chi))\mathrm{d}r$$

因此根据式（a），有

$$\int \delta(\boldsymbol{x})\mathrm{d}P_{\zeta}(\boldsymbol{x}) \leqslant \int_{\beta}^{\infty} \operatorname{Erf}(r\operatorname{ErfInv}(1-\chi))\mathrm{d}r$$

现在，当 $\boldsymbol{\zeta} \notin \gamma Q$，我们有 $\delta(\boldsymbol{\zeta}) \geqslant \gamma - \beta$。引用切比雪夫不等式，可以得到结论：

$$\operatorname{Prob}\{\boldsymbol{\zeta} \notin \gamma Q\} \leqslant \frac{E\{\delta(\boldsymbol{\zeta})\}}{\gamma-\beta} \leqslant \frac{1}{\gamma-\beta}\int_{\beta}^{\infty} \operatorname{Erf}(r\operatorname{ErfInv}(1-\chi))\mathrm{d}r$$

得到的这个不等式对所有 $\beta \in [1,\gamma)$ 成立，然后可以得出式（B.5.5）。 ■

B.5.4 猜想 10.1

关于猜想10.1的正确性（其中 $\kappa=\frac{3}{4}$，$\Upsilon=4\sqrt{\ln(\max[m,3])}$）由以下陈述给出（为了应用于矩阵 $\boldsymbol{B}_{\ell}=\boldsymbol{A}^{-\frac{1}{2}}\boldsymbol{A}_{\ell}\boldsymbol{A}^{-\frac{1}{2}}$，我们不失一般性地假设 $\boldsymbol{A}>0$）。

命题 B.5.2 设 $\boldsymbol{B}_1,\cdots,\boldsymbol{B}_L$ 为确定性对称的 $m\times m$ 矩阵，使得 $\sum_{\ell=1}^{L}\boldsymbol{B}_{\ell}^2 \preceq \boldsymbol{I}$，设 ζ_{ℓ} 满足猜想 A.Ⅰ或 A.Ⅱ。且 $\Upsilon=4\sqrt{\ln(\max[m,3])}$，有

$$\operatorname{Prob}\left\{-\Upsilon\boldsymbol{I} \preceq \sum_{\ell=1}^{L}\xi_{\ell}\boldsymbol{B}_{\ell} \preceq \Upsilon\boldsymbol{I}\right\} \geqslant \frac{3}{4} \tag{B.5.6}$$

证明 由 Lust-Piquard[78]、Pisier[93]、Buchholz[35]，证明很容易由以下泛函分析的深度结果给出，见文献［111，命题10］。

设 $\epsilon_{\ell}, \ell=1,\cdots,L$ 是以概率1/2取值±1的独立随机变量，设 $\boldsymbol{Q}_1,\cdots,\boldsymbol{Q}_L$ 是确定性矩阵。对于每个 $p\in[2,\infty)$，有

$$\begin{aligned}
&E\left\{\left|\sum_{\ell=1}^{L}\epsilon_{\ell}\boldsymbol{Q}_{\ell}\right|_p^p\right\} \\
&\leqslant [2^{-1/4}\sqrt{p\pi/\mathrm{e}}]^p \max\left[\left|\sum_{\ell=1}^{L}\boldsymbol{Q}_{\ell}\boldsymbol{Q}_{\ell}^{\mathrm{T}}\right|_{\frac{p}{2}}, \left|\sum_{\ell=1}^{L}\boldsymbol{Q}_{\ell}^{\mathrm{T}}\boldsymbol{Q}_{\ell}\right|_{\frac{p}{2}}\right]^{\frac{p}{2}}
\end{aligned} \tag{B.5.7}$$

其中 $|\boldsymbol{A}|_p=\|\sigma(\boldsymbol{A})\|_p$，$\sigma(\boldsymbol{A})$ 是矩阵 $\boldsymbol{A}$ 的奇异值向量。

首先，注意到当左侧的随机变量 ϵ_{ℓ} 被 ζ_{ℓ} 代替时，式（B.5.7）仍有效。实际上，首先假设我们在 A.Ⅰ所述条件下——ζ_{ℓ} 是独立的且均值为零，取值范围为［−1,1］。我们很快就能发现，如果 μ 是一个均值为零，取值范围为［−1,1］的随机变量，ν 是一个以概率1/2取值±1，的随机变量，那么就有 $\nu \succeq_{c} \mu$（见定义10.3.1）。运用命题10.3.2.5，我们可以得出结论：如果 $\boldsymbol{\zeta}=[\zeta_1;\cdots;\zeta_L]$，$\boldsymbol{\epsilon}=[\epsilon_1;\cdots;\epsilon_L]$，其中 ϵ_i 如式（B.5.7），那么则有 $\boldsymbol{\epsilon}\succeq_{c}\boldsymbol{\zeta}$。根据 $\succeq_{c}$ 的定义，可以得知对于每一个凸函数 f（特殊地，对于函数 $f(\boldsymbol{z})=\left|\sum_{\ell=1}^{L}z_{\ell}\boldsymbol{Q}_{\ell}\right|_p^p$）都有 $E\{f(\boldsymbol{\epsilon})\}\geqslant E\{f(\boldsymbol{\xi})\}$。在 A.Ⅱ的情况下，设 $\epsilon_{\ell i}(1\leqslant \ell\leqslant L, 1\leqslant i\leqslant N)$ 是一个以概率1/2取值±1，的独立随机变量，设 $\boldsymbol{Q}_{\ell i}=\frac{1}{N}\boldsymbol{Q}_{\ell}$，$1\leqslant i\leqslant N$。根据式（B.5.7），我们有

$$\begin{aligned}
&E\left\{\left|\sum_{\ell=1}^{L}\overbrace{\sum_{i=1}^{N}\epsilon_{\ell i}\boldsymbol{Q}_{\ell i}}^{\zeta_{\ell}^{N}\boldsymbol{Q}_{\ell}}\right|_p^p\right\} \\
&\leqslant [2^{-1/4}\sqrt{p\pi/\mathrm{e}}]^p \max\left[\left|\sum_{\ell=1}^{L}\sum_{i=1}^{N}\boldsymbol{Q}_{\ell i}\boldsymbol{Q}_{\ell i}^{\mathrm{T}}\right|_{\frac{p}{2}}, \left|\sum_{\ell=1}^{L}\sum_{i=1}^{N}\boldsymbol{Q}_{\ell i}^{\mathrm{T}}\boldsymbol{Q}_{\ell i}\right|_{\frac{p}{2}}\right]^{\frac{p}{2}}
\end{aligned}$$

$$=[2^{-1/4}\sqrt{p\pi/\mathrm{e}}]^{p}\max\left[\left|\sum_{\ell=1}^{L}\boldsymbol{Q}_{\ell}\boldsymbol{Q}_{\ell}^{\mathrm{T}}\right|_{\frac{p}{2}},\left|\sum_{\ell=1}^{L}\boldsymbol{Q}_{\ell}^{\mathrm{T}}\boldsymbol{Q}_{\ell}\right|_{\frac{p}{2}}\right]^{\frac{p}{2}} \tag{B.5.8}$$

随机变量 $\zeta_{\ell}^{N}=\frac{1}{\sqrt{N}}\sum_{i=1}^{N}\epsilon_{\ell i}$，$\ell=1,\cdots,L$ 是独立的，根据中心极限定理，它们的分布趋近于标准高斯分布，因此当 ϵ_{ℓ} 被独立 $\mathcal{N}(0,1)$ 随机变量代替时，由式（B.5.8）可以推出式（B.5.7）的有效性。

把式（B.5.7）运用于矩阵 $\boldsymbol{B}_{\ell}$ 和随机变量 ζ_{ℓ}，分别替换 $\boldsymbol{Q}_{\ell}$ 和 ϵ_{ℓ}，我们可以得到

$$E\left\{\left|\sum_{\ell=1}^{L}\zeta_{\ell}\boldsymbol{B}_{\ell}\right|_{p}^{p}\right\}\leqslant[2^{-1/4}\sqrt{p\pi/\mathrm{e}}]^{p}m$$

考虑到 $|\boldsymbol{A}|_{\infty}=\|\boldsymbol{A}\|$（$\|\boldsymbol{A}\|$是 $\boldsymbol{A}$ 的最大奇异值）并且运用切比雪夫不等式，我们可以得到

$$\forall(\alpha>0,p\geqslant 2):\mathrm{Prob}\left\{\left\|\sum_{\ell=1}^{L}\zeta_{\ell}\boldsymbol{B}_{\ell}\right\|>\alpha\right\}\leqslant\left[\frac{2^{-1/4}m^{1/p}\sqrt{p\pi/\mathrm{e}}}{\alpha}\right]^{p}$$

令 $\overline{m}=\max[m,3]$，$p=2\ln\overline{m}$，$\alpha=4\sqrt{\ln\overline{m}}$，我们可以得到

$$\mathrm{Prob}\left\{\left\|\sum_{\ell=1}^{L}\zeta_{\ell}\boldsymbol{B}_{\ell}\right\|>4\sqrt{\ln\overline{m}}\right\}\leqslant\left[\frac{2^{-1/4}\sqrt{2\pi\ln\overline{m}}}{4\sqrt{\ln\overline{m}}}\right]^{p}\leqslant\left[\frac{\sqrt{2\pi}}{2^{9/4}}\right]^{2\ln 3}\leqslant 1/4$$

■

部分练习的答案

C.1 第 1 章

练习 1.1 设 $c_j^+=c_j^n+\sigma_j/2$，$c_j^-=c_j^n-\sigma_j/2$，同理设 $A_{ij}^{\pm}$，$b_j^{\pm}$。鲁棒对等等价于

$$\min_{u\geqslant 0, v\geqslant 0}\left\{\sum_j[c_j^+u_j-c_j^-v_j]:\sum_j[A_{ij}^+u_j-A_{ij}^-v_j]\leqslant b_i^-,1\leqslant i\leqslant m\right\}$$

鲁棒最优解为 u_*-v_*，其中 u_* 和 v_* 是后一个问题最优解中的分量。

练习 1.2 鲁棒对等分别等价于

$$[\boldsymbol{a}^n;\boldsymbol{b}^n]^T[\boldsymbol{x};-1]+\rho\|\boldsymbol{P}^T[\boldsymbol{x};-1]\|_q\leqslant 0,q=\frac{p}{p-1}\qquad(a)$$

$$[\boldsymbol{a}^n;\boldsymbol{b}^n]^T[\boldsymbol{x};-1]+\rho\|(\boldsymbol{P}^T[\boldsymbol{x};-1])_+\|_q\leqslant 0,q=\frac{p}{p-1}\qquad(b)$$

$$[\boldsymbol{a}^n;\boldsymbol{b}^n]^T[\boldsymbol{x};-1]+\rho\|\boldsymbol{P}^T[\boldsymbol{x};-1]\|_\infty\leqslant 0\qquad(c)$$

其中对于向量 $\boldsymbol{u}=[u_1;\cdots;u_k]$，向量 $(\boldsymbol{u})_+$ 有坐标 $\max[u_i,0]$，$i=1,\cdots,k$。

对于式（c）的补充：问题中所讨论的不确定性集是非凸的，由于当给定的不确定性集被其凸包替换时，鲁棒对等保持不变，我们可以用约束 $\boldsymbol{\zeta}\in\text{Conv}\{\boldsymbol{\zeta}:\|\boldsymbol{\zeta}\|_p\leqslant p\}=\{\|\boldsymbol{\zeta}\|_1\leqslant\rho\}$ 替换式（c）中的 $\|\boldsymbol{\zeta}\|_p\leqslant\rho$，其中，前者等式由于以下原因得到：一方面，对于 $p\in(0,1)$，我们有

$$\|\boldsymbol{\zeta}\|_p\leqslant\rho\Leftrightarrow\sum_i(|\zeta_i|/\rho)^p\leqslant 1\Rightarrow|\zeta_i|/\rho\leqslant 1,\forall i\Rightarrow|\zeta_i|/\rho\leqslant(|\zeta_i|/\rho)^p$$

$$\Rightarrow\sum_i|\zeta_i|/\rho\leqslant\sum_i(|\zeta_i|/\rho)^p\leqslant 1$$

其中 $\text{Conv}\{\|\boldsymbol{\zeta}\|_p\leqslant\rho\}\subset\{\|\boldsymbol{\zeta}\|_1\leqslant\rho\}$，要证明这个逆包含关系，注意到后一个集合（即除了一个向量坐标为 0，其余所有向量的坐标都为 $\pm\rho$）的所有极值点都满足 $\|\boldsymbol{\zeta}\|_p\leqslant 1$。

练习 1.3 RC 可以用变量 $\boldsymbol{x},\{\boldsymbol{u}_j\}_{j=1}^J$ 中的锥二次约束组来表示：

$$[\boldsymbol{a}^n;\boldsymbol{b}^n]^T[\boldsymbol{x};-1]+\rho\sum_j\|\boldsymbol{u}_j\|_2\leqslant 0$$

$$\sum_j\boldsymbol{Q}_j^{1/2}\boldsymbol{u}_j=\boldsymbol{P}^T[\boldsymbol{x};-1]$$

C.2 第 2 章

练习 2.1 不失一般性地我们假设 $t>0$，设 $\phi(s)=\cosh(ts)-[\cosh(t)-1]s^2$，我们得到一个偶函数满足 $\phi(-1)=\phi(0)=\phi(1)=1$。当 $-1\leqslant s\leqslant 1$ 时，$\phi(s)\leqslant 1$。

事实上，假设 ϕ 在 $[-1,1]$ 上的最大值在 $\bar{s}$ 处取到（$\bar{s}\in(0,1),\phi''(\bar{s})\leqslant 0$）。函数 $g(s)=\phi'(s)$ 在 $[0,1]$ 上是凸函数且有 $g(0)=g(\bar{s})=0$。由于 $g'(\bar{s})\leqslant 0$，后式可以推出 $g(s)=0,0\leqslant s\leqslant\bar{s}$。因此，$\phi$ 在非平凡部分是恒定的，但是实际上并不是这样。

对于一个在区间 $[-1,1]$ 上的对称函数 P，且有 $\int s^2 dP(s) \equiv \bar{\nu}^2 \leqslant \nu^2$，由于 $\phi(s) \leqslant 1$，$-1 \leqslant s \leqslant 1$。我们可以得到：

$$\begin{aligned}\int \exp\{ts\} dP(s) &= \int_{-1}^{1} \cosh(ts) dP(s) \\ &= \int_{-1}^{1} [\cosh(ts) - (\cosh(t)-1)s^2] dP(s) + (\cosh(t)-1) \int_{-1}^{1} s^2 dP(s) \\ &\leqslant \int_{-1}^{1} dP(s) + (\cosh(t)-1)\bar{\nu}^2 \leqslant 1 + (\cosh(t)-1)\nu^2\end{aligned}$$

如式（2.4.33）中所述。令 $h(t) = \ln(\nu^2 \cosh(t) + 1 - \nu^2)$，得到 $h(0) = h'(0) = 0, h''(t) = \frac{\nu^2(\nu^2 + (1-\nu^2)\cosh(t))}{(\nu^2 \cosh(t) + 1 - \nu^2)^2}$，$\max_t h''(t) = \begin{cases} \nu^2 & \nu^2 \geqslant \frac{1}{3} \\ \frac{1}{4}\left[1 + \frac{\nu^4}{1-2\nu^2}\right] \leqslant \frac{1}{3}, & \nu^2 \leqslant \frac{1}{3} \end{cases}$，其中 $\Sigma_{(3)}(\nu) \leqslant 1$。

练习 2.2　以下为结果：

n	ϵ	t_{tru}	t_{Nrm}	t_{Bll}	t_{BllBx}	t_{Bdg}
16	5. e-2	3. 802	3. 799	9. 791	9. 791	9. 791
16	5. e-4	7. 406	7. 599	15. 596	15. 596	15. 596
16	5. e-6	9. 642	10. 201	19. 764	16. 000	16. 000
256	5. e-2	15. 195	15. 195	39. 164	39. 164	39. 164
256	5. e-4	30. 350	30. 396	62. 383	62. 383	62. 383
256	5. e-6	40. 672	40. 804	79. 054	79. 054	79. 054

n	ϵ	t_{tru}	$t_{\text{E. 2. 4. 11}}$	$t_{\text{E. 2. 4. 12}}$	$t_{\text{E. 2. 4. 13}}$	t_{Unim}
16	5. e-2	3. 802	6. 228	5. 653	5. 653	10. 826
16	5. e-4	7. 406	9. 920	9. 004	9. 004	12. 502
16	5. e-6	9. 642	12. 570	11. 410	11. 410	13. 705
256	5. e-2	15. 195	24. 910	22. 611	22. 611	139. 306
256	5. e-4	30. 350	39. 678	36. 017	36. 017	146. 009
256	5. e-6	40. 672	50. 282	45. 682	45. 682	150. 821

练习 2.3　以下为结果：

n	ϵ	t_{tru}	t_{Nrm}	t_{Bll}	t_{BllBx}	t_{Bdg}	$t_{\text{E. 2. 4. 11}}$	$t_{\text{E. 2. 4. 12}}$
16	5. e-2	4. 000	6. 579	9. 791	9. 791	9. 791	9. 791	9. 791
16	5. e-4	10. 000	13. 162	15. 596	15. 596	15. 596	15. 596	15. 596
16	5. e-6	14. 000	17. 669	19. 764	16. 000	16. 000	19. 764	19. 764
256	5. e-2	24. 000	26. 318	39. 164	39. 164	39. 164	39. 164	39. 164
256	5. e-4	50. 000	52. 649	63. 383	62. 383	62. 383	62. 383	62. 383
256	5. e-6	68. 000	70. 674	79. 054	79. 054	79. 054	79. 053	79. 053

练习 2.4　在（A）的情况下，最优值为 $t_a = \sqrt{n}\,\text{ErfInv}(\epsilon)$，因为对于可行的 $\boldsymbol{x}$，我们有 $\xi^n[\boldsymbol{x}] \sim \mathcal{N}(0,n)$。在（B）的情况下，最优值为 $t_b = n\,\text{ErfInv}(n\epsilon)$。实际上，$\boldsymbol{B}_n$ 中的行具有相同的欧几里得长度并且彼此正交，列也彼此正交。由于 $\boldsymbol{B}_n$ 的第一列是全 1 向量，

$\xi=\sum_j \hat{\zeta}_j$ 中 η 的条件分布在点 $n\eta$ 处质量为 $1/n$，在原点处质量为 $(n-1)/n$。由此可见，ξ 的分布是高斯分布 $\mathcal{N}(0,n^2)$ 和单位质量的凸组合，位于原点，权重分别为 $1/n$ 和 $(n-1)/n$。数值结果如下：

n	ϵ	t_a	t_b	t_b/t_a
10	1. e-2	7.357	12.816	1.74
100	1. e-3	30.902	128.155	4.15
1000	1. e-4	117.606	1281.548	10.90

C.3　第 3 章

练习 3.1　一个可能的模型如下：我们将不确定数据（价格的向量 $\boldsymbol{c}$）的正常范围 $\mathcal{Z}$ 定义为 $\{\boldsymbol{c}:\boldsymbol{0}\leqslant\boldsymbol{c}\leqslant\bar{\boldsymbol{c}}\}$，其中 $\bar{\boldsymbol{c}}$ 是当前价格的向量。因此所有“物理上可能的”价格向量构成了集合 $\mathcal{Z}+\mathbb{R}_n^+$。考虑到波动性，我们在范数 $\|\boldsymbol{c}\|=\max_j |c_j|/d_j$ 中理应度量价格向量与其正常范围之间的偏差。我们现在可以通过以下不确定线性优化问题中的 GRC 来对决策问题进行建模：

$$\min_{\boldsymbol{x}}\{\boldsymbol{c}^{\mathrm{T}}\boldsymbol{x}:\boldsymbol{P}\boldsymbol{x}\geqslant\boldsymbol{b},\boldsymbol{x}\geqslant\boldsymbol{0}\}$$

其中 $\boldsymbol{c}$ 为不确定数据。根据命题 3.2.1，不确定问题中的 GRC 就是半无限线性优化问题：

$$\min_{\boldsymbol{x},t} t$$

受限于

$$\begin{array}{ll}\boldsymbol{P}\boldsymbol{x}\geqslant\boldsymbol{b} & (a)\\ \boldsymbol{x}\geqslant\boldsymbol{0} & (b)\\ \boldsymbol{c}^{\mathrm{T}}\boldsymbol{x}\leqslant t,\forall\boldsymbol{c}\in\mathcal{Z} & (c)\\ \boldsymbol{\Delta}^{\mathrm{T}}\boldsymbol{x}\leqslant\alpha,\forall(\boldsymbol{\Delta}\geqslant 0:\|\boldsymbol{\Delta}\|\leqslant 1) & (d)\end{array}$$

其等价于线性优化问题

$$\min_{\boldsymbol{x}}\left\{\bar{\boldsymbol{c}}^{\mathrm{T}}\boldsymbol{x}:\begin{array}{l}\boldsymbol{P}\boldsymbol{x}\geqslant\boldsymbol{b},\boldsymbol{x}\geqslant\boldsymbol{0}\\ \boldsymbol{d}^{\mathrm{T}}\boldsymbol{x}\leqslant\alpha\end{array}\right\}$$

根据给出的数据，灵敏度的有意义范围（GRC 可行且条件 $\boldsymbol{d}^{\mathrm{T}}\boldsymbol{x}\leqslant\alpha$ 有约束力）是 [0.16, 0.32]，在这个范围内，当前价格下每月的供应成本从 8000 到 6400 变化。

C.4　第 4 章

练习 4.1　在 4.2 节的注释中，我们得到：

$$\begin{aligned}\Phi(\boldsymbol{w})&\equiv\ln\left(E\left\{\exp\left\{\sum_\ell w_\ell\zeta_\ell\right\}\right\}\right)=\sum_\ell\lambda_\ell(\exp\{w_\ell\}-1)\\&=\max_{\boldsymbol{u}}[\boldsymbol{w}^{\mathrm{T}}\boldsymbol{u}-\phi(\boldsymbol{u})]\end{aligned}$$

$$\phi(\boldsymbol{u})=\max_{\boldsymbol{w}}[\boldsymbol{u}^{\mathrm{T}}\boldsymbol{w}-\Phi(\boldsymbol{w})]=\begin{cases}\sum_\ell[u_\ell\ln(u_\ell/\lambda_\ell)-u_\ell+\lambda_\ell], & \boldsymbol{u}\geqslant 0\\ +\infty, & \boldsymbol{u}<0\end{cases}$$

因此，Bernstein 近似为

$$\inf_{\beta>0}\left[z_0+\beta\sum_\ell\lambda_\ell(\exp\{w_\ell/\beta\}-1)+\beta\ln(1/\epsilon)\right]\leqslant 0$$

或表示成鲁棒对等形式

$$z_0+\max_{u}\left\{\boldsymbol{w}^{\mathrm{T}}\boldsymbol{u}:\boldsymbol{u}\in\mathcal{Z}_\epsilon=\left\{\boldsymbol{u}\geqslant\boldsymbol{0},\sum_{\ell}[u_\ell\ln(u_\ell/\lambda_\ell)-u_\ell+\lambda_\ell]\leqslant\ln(1/\epsilon)\right\}\right\}\leqslant 0$$

练习 4.2 $w(\epsilon)$ 是以下机会约束优化问题中的最优值：

$$\min_{w_0}\left\{w_0:\mathrm{Prob}\left\{-w_0+\sum_{\ell=1}^{L}c_\ell\zeta_\ell\leqslant 0\right\}\geqslant 1-\epsilon\right\}$$

其中 ζ_ℓ 是参数为 λ_ℓ 的独立泊松随机变量。

当所有 c_ℓ 在一定范围内积分时，随机变量 $\zeta^L=\sum_{\ell=1}^{L}c_\ell\zeta_\ell$ 在同样范围内积分，我们可以递归计算它的分布：

$$p_0(i)=\begin{cases}1, i=0\\0, i\neq 0\end{cases}, p_k(i)=\sum_{j=0}^{\infty}p_{k-1}(i-c_\ell j)\frac{\lambda_k^j}{j!}\exp\{-\lambda_k\}$$

(在计算中，应用 $\sum_{j=0}^{N}$ 替换 $\sum_{j=0}^{\infty}$，其中 N 为适当较大的)

有了问题中的数据，每天所需现金的预期值为 $\boldsymbol{c}^{\mathrm{T}}\boldsymbol{\lambda}=7000$，剩余所需的量如下：

	ϵ					
	1. e-1	1. e-2	1. e-3	1. e-4	1. e-5	1. e-6
$w(\epsilon)$	8900	10800	12320	13680	14900	16060
CVaR	9732 +9.3%	11451 +6.0%	12897 +4.7%	14193 +3.7%	15390 +3.3%	16516 +2.8%
BCV	9836 +10.5%	11578 +7.2%	13047 +5.9%	14361 +5.0%	15572 +4.5%	16709 +4.0%
B	10555 +18.6%	12313 +14.0%	13770 +11.8%	15071 +10.2%	16270 +9.2%	17397 +8.3%
E	8900 +0.0%	10800 +0.0%	12520 +1.6%	17100 +25.0%	—	—

注："BCV" 代表桥接的 Bernstein-CvaR，"B" 代表 Bernstein，"E" 代表 $w(\epsilon)$ 上的 $(1-\epsilon)$ 可靠经验界。BCV 界对应于生成函数 $\gamma_{16,10}(\cdot)$。百分比表示界限和 $w(\epsilon)$ 之间的相对差异。所有界限都被右舍到最近的整数。

练习 4.3 计算结果如下（作为基准，我们同样呈现练习 4.2 中与独立的 $\zeta_1,\cdots,\zeta_L$ 相关的结果）：

	ϵ					
	1. e-1	1. e-2	1. e-3	1. e-4	1. e-5	1. e-6
练习 4.2	8900	10800	12320	13680	14900	16060
练习 4.3，下界	11000 +23.6%	15680 +45.2%	19120 +55.2%	21960 +60.5%	26140 +75.4%	28520 +77.6%
练习 4.3，上界	13124 +47.5%	17063 +58.8%	20507 +66.5%	23582 +72.4%	26588 +78.5%	29173 +81.7%

注：百分比显示了界限与 $w(\epsilon)$ 之间的差别。

练习 4.4 (1) 根据练习 4.1，$w(\epsilon)$ 的 Bernstein 上界为

$$B_{\lambda}(\epsilon)=\inf\left\{w_0:\inf_{\beta>0}\left[-w_0+\beta\sum_{\ell}\lambda_{\ell}(\exp\{c_{\ell}/\beta\}-1)+\beta\ln(1/\epsilon)\right]\leqslant 0\right\}$$
$$=\inf_{\beta>0}\left[\beta\sum_{\ell}\lambda_{\ell}(\exp\{c_{\ell}/\beta\}-1)+\beta\ln(1/\epsilon)\right]$$

因此，$w(\epsilon)$ 的“模糊”Bernstein 上界为

$$B_{\Lambda}(\epsilon)=\max_{\lambda\in\Lambda}\inf_{\beta>0}\left[\beta\sum_{\ell}\lambda_{\ell}(\exp\{c_{\ell}/\beta\}-1)+\beta\ln(1/\epsilon)\right]$$
$$=\inf_{\beta>0}\beta\left[\max_{\lambda\in\Lambda}\sum_{\ell}\lambda_{\ell}(\exp\{c_{\ell}/\beta\}-1)+\ln(1/\epsilon)\right] \qquad (*)$$

其中函数 $\beta\sum_{\ell}\lambda_{\ell}(\exp\{c_{\ell}/\beta\}-1)+\beta\ln(1/\epsilon)$ 在 λ 上是凹的，在 β 上是凸的，这和 Λ 的紧性与凸性都证明了 $\inf\limits_{\beta>0}$ 与 $\max\limits_{\lambda\in\Lambda}$ 交换的合理性。

(2) 我们应当证明 Λ 是一个域为 $\boldsymbol{\lambda}\geqslant\mathbf{0}$ 的凸紧集，因此对于每一个仿射形式 $f(\boldsymbol{\lambda})=f_0+\boldsymbol{e}^{\mathrm{T}}\boldsymbol{\lambda}$，有

$$\max_{\boldsymbol{\lambda}\in\Lambda}f(\boldsymbol{\lambda})\leqslant 0\Rightarrow\mathop{\mathrm{Prob}}_{\boldsymbol{\lambda}\sim P}\{f(\boldsymbol{\lambda})\leqslant 0\}\geqslant 1-\delta \qquad (!)$$

接着，令 $w_0=B_{\Lambda}(\epsilon)$，有

$$\mathop{\mathrm{Prob}}_{\boldsymbol{\lambda}\sim P}\left\{\boldsymbol{\lambda}:\mathop{\mathrm{Prob}}_{\boldsymbol{\zeta}\sim P_{\lambda_1}\times\cdots\times P_{\lambda_L}}\left\{\sum_{\ell}\zeta_{\ell}c_{\ell}>w_0\right\}>\epsilon\right\}\leqslant\delta \qquad (?)$$

在我们对 Λ 的假设之下，足以证明不等式（?）对所有 $w_0>B_{\Lambda}(\epsilon)$ 都成立。给定 $w_0>B_{\Lambda}(\epsilon)$，引用式（*）中的第二个表达式，我们可以找到 $\bar{\beta}>0$ 使得：

$$\bar{\beta}\left[\max_{\boldsymbol{\lambda}\in\Lambda}\sum_{\ell}\lambda_{\ell}(\exp\{c_{\ell}/\bar{\beta}\}-1)+\ln(1/\epsilon)\right]\leqslant w_0$$

或者表示成

$$\left[-w_0+\bar{\beta}\ln(1/\epsilon)\right]+\max_{\boldsymbol{\lambda}\in\Lambda}\sum_{\ell}\lambda_{\ell}\left[\bar{\beta}(\exp\{c_{\ell}/\bar{\beta}\}-1)\right]\leqslant 0$$

根据式（!），用于仿射形式：

$$f(\boldsymbol{\lambda})=\left[-w_0+\bar{\beta}\ln(1/\epsilon)\right]+\sum_{\ell}\lambda_{\ell}\left[\bar{\beta}(\exp\{c_{\ell}/\bar{\beta}\}-1)\right]$$

可以推导出

$$\mathop{\mathrm{Prob}}_{\boldsymbol{\lambda}\sim P}\{f(\boldsymbol{\lambda})>0\}\leqslant\delta \qquad (**)$$

又注意到当 $\boldsymbol{\lambda}\geqslant\mathbf{0}$ 时有 $f(\boldsymbol{\lambda})\leqslant 0$，练习 4.1 的结果表明：

$$\mathop{\mathrm{Prob}}_{\boldsymbol{\zeta}\sim P_{\lambda_1}\times\cdots\times P_{\lambda_m}}\left\{-w_0+\sum_{\ell}\zeta_{\ell}c_{\ell}>0\right\}\leqslant\epsilon$$

因此，当 $w_0>B_{\Lambda}(\epsilon)$ 时，式（?）左侧的有关 $\boldsymbol{\lambda}$ 的集合包含于集合 $\{\boldsymbol{\lambda}\geqslant\mathbf{0}:f(\boldsymbol{\lambda})>0\}$ 中，因此式（?）很容易由式（**）给出。

练习 4.5 使 $\boldsymbol{x}$ 满足式（4.6.2）的充分必要条件显然是

$\forall(P\in\mathcal{P})$:

$$\mathop{\mathrm{Prob}}_{\boldsymbol{\eta}\sim P}\left\{\sup_{\boldsymbol{\xi}\in\mathcal{Z}_{\boldsymbol{\xi}}}\left\{[\boldsymbol{a}^0]^{\mathrm{T}}\boldsymbol{x}-b^0+\sum_{\ell=1}^{L}\xi_{\ell}[[\boldsymbol{a}^{\ell}]^{\mathrm{T}}\boldsymbol{x}-b^{\ell}]\right\}+\sum_{\ell=1}^{L}\eta_{\ell}[[\boldsymbol{a}^{\ell}]^{\mathrm{T}}\boldsymbol{x}-b^{\ell}]\leqslant 0\right\}\geqslant 1-\epsilon$$

现在，根据锥对偶，当且仅当 $t \geqslant g(\boldsymbol{x})$，一对 $\boldsymbol{x}, t$ 可以被特定的 $\boldsymbol{y}$ 推广成式（4.6.4.a～d）的解（参照定理 1.3.4 的证明）。回顾 f 的来源，我们可以得出结论，如果 $\boldsymbol{x}$ 可以成为式（4.6.4）的解，那么 $\boldsymbol{x}$ 满足式（4.6.2）。

练习 4.7 确定预期收益 $\boldsymbol{\mu}$ 的真实向量。练习中提到的鲁棒对等是（随机）优化问题

$$\max_{\boldsymbol{x}, t}\left\{t-\operatorname{ErfInv}(\epsilon)\sigma(\boldsymbol{x}): \begin{array}{l}\boldsymbol{\nu}^{\mathrm{T}}\boldsymbol{x} \geqslant t, \forall \boldsymbol{\nu} \in \mathcal{M}(\widetilde{\boldsymbol{\zeta}}) \\ \boldsymbol{x} \geqslant \mathbf{0}, \sum_{\ell} x_{\ell}=1\end{array}\right\}$$

设 $\mathcal{M}(\widetilde{\boldsymbol{\zeta}})$ 包含了 $\boldsymbol{\mu}$ 的下界 $\boldsymbol{\nu}=\boldsymbol{\nu}(\widetilde{\boldsymbol{\zeta}})$，请注意，这种情况发生的概率大于或等于 $1-\delta$。那么鲁棒对等可行解 $(\boldsymbol{x}, t)$ 的分量 t 满足关系 $t \leqslant \boldsymbol{\nu}^{\mathrm{T}}\boldsymbol{x} \leqslant \boldsymbol{\mu}^{\mathrm{T}}\boldsymbol{x}$，其中最优值 $\mathrm{VaR}(\widetilde{\boldsymbol{\zeta}})$ 和最优解 $(\boldsymbol{x}_*, t_*)$ 中的 $\boldsymbol{x}$ 分量 $\boldsymbol{x}_*=X(\widetilde{\boldsymbol{\zeta}})$ 满足以下关系：

$$\mathrm{VaR}(\widetilde{\boldsymbol{\zeta}})=t_*-\operatorname{ErfInv}(\epsilon)\sigma(\boldsymbol{x}_*) \leqslant \boldsymbol{\mu}^{\mathrm{T}}\boldsymbol{x}_*-\operatorname{ErfInv}(\epsilon)\sigma(\boldsymbol{x}_*)$$

遵循式（4.6.6）。

练习 4.8 我们有 $\hat{\boldsymbol{\mu}}=\boldsymbol{\mu}+\boldsymbol{\Sigma\eta} \sim \mathcal{N}(\mathbf{0}, \boldsymbol{I}_n)$。因此由式（4.6.9）给出的集合 $\mathcal{M}$ 可以表示成

$$\mathcal{M}=\boldsymbol{\mu}+[\boldsymbol{\Sigma\eta}+\mathcal{O}]$$

该集合包含向量 $\leqslant \boldsymbol{\mu}$，当且仅当集合 $\boldsymbol{\Sigma\eta}+\mathcal{O}$ 包含非正向量（即 $\mathcal{O}+\mathbb{R}_+^n$ 包含向量 $-\boldsymbol{\Sigma\eta}$）。在式（4.6.10）的情况下，后一个条件满足概率 $\geqslant 1-\delta$。

练习 4.9 与球-盒近似相关的鲁棒对等为

$$\max_{\boldsymbol{x}, \boldsymbol{u}, \boldsymbol{v}}\left\{\sum_{\ell=1}^{n}\hat{\mu}_{\ell}x_{\ell}-\rho_2 N^{-1/2}\sigma(\boldsymbol{u})-\rho_{\infty}N^{-1/2}\sum_{\ell=1}^{n}\sigma_i v_i: \begin{array}{l}\boldsymbol{x} \in \Delta_n \\ \boldsymbol{u}+\boldsymbol{v}=\boldsymbol{x}, \boldsymbol{u}, \boldsymbol{v} \geqslant \mathbf{0}\end{array}\right\} \tag{C.4.1}$$

（参照命题 2.3.3）。

练习 4.10 随机问题（C.4.1）的解 $\boldsymbol{x}_*$ 取决于 $\widetilde{\boldsymbol{\zeta}}: \boldsymbol{x}_*=\boldsymbol{x}_*(\widetilde{\boldsymbol{\zeta}})$。概率 $\geqslant 1-\delta$ 的在每一个固定点 $\boldsymbol{x} \in \Delta_n$ 上的问题目标值是“真实”问题（4.6.5）在 $\boldsymbol{x}$ 处的目标值的下限，这并不意味着在 $\boldsymbol{x}_*(\widetilde{\boldsymbol{\zeta}})$ 处也是如此。在 $\boldsymbol{x}_*=\boldsymbol{x}_*(\widetilde{\boldsymbol{\zeta}})$ 处被评估的软鲁棒对等近似大于同一点处的“真实目标”，这个情况发生的概率明显大于 δ。每当这种不良情况发生时，近似最优值（也就是在 $\boldsymbol{x}_*$ 处的目标值）大于 $\mathrm{VaR}_{\epsilon}[V^{\boldsymbol{x}_*}]$（这只不过是真实目标在 $\boldsymbol{x}_*$ 处的值）。也就是说，我们的目标关系 $\mathrm{VaR} \leqslant \mathrm{VaR}_{\epsilon}[V^{\boldsymbol{x}_*}]$ 发生的概率小于期望概率 $1-\delta$。我们可以通过如下方法挽救：确保近似目标在任意 Δ_n 上低估真实的目标，其概率 $\geqslant 1-\delta$，但这比软近似所保证的要多得多。

练习 4.6～4.11，数值结果 实验中的结果已在表 C-1 中呈现，在表格中：

- “Inv”是投资于“真实资产”（$\ell \geqslant 2$）的资本的经验均值；
- $M(\cdot), S(\cdot), P(\cdot)$ 分别是由 100 个历史数据和相关投资组合选择的样本计算得出的经验均值、标准差和概率；
- “Id”是式（4.6.5）的最优解所给出的最佳投资组合，而“Bl”“Bx”“BB”“S”和“CS”分别代表“球”“盒”“球-盒”“软近似”和“修正的软近似”。

表 C-1 练习 4.6～4.11 数据集（4.6.7.a～c）的数值结果

Portf	Inv	M(VaR)	S(VaR)	$\mathrm{M}(\mathrm{VaR}_{\epsilon}[V^x])$	$\mathrm{S}(\mathrm{VaR}_{\epsilon}[V^x])$	$\mathrm{P}(\mathrm{VaR}>\mathrm{VaR}_{\epsilon}[V^x])$
Id	1.000	1.053	0.000	1.053	0.000	0.000
Bl	1.000	1.032	0.001	1.044	0.001	0.000
Bx	0.000	1.000	0.000	1.000	0.000	0.000
BB	1.000	1.032	0.001	1.044	0.001	0.000

（续）

Portf	Inv	M(VaR)	S(VaR)	M($\mathrm{VaR}_\epsilon[V^x]$)	S($\mathrm{VaR}_\epsilon[V^x]$)	P(VaR>$\mathrm{VaR}_\epsilon[V^x]$)
S	1.000	1.062	0.002	1.042	0.001	1.000
CS	1.000	1.046	0.002	1.052	0.000	0.000

数据（4.6.7.*a*）

Portf	Inv	M(VaR)	S(VaR)	M($\mathrm{VaR}_\epsilon[V^x]$)	S($\mathrm{VaR}_\epsilon[V^x]$)	P(VaR>$\mathrm{VaR}_\epsilon[V^x]$)
Id	1.000	1.053	0.000	1.053	0.000	0.000
Bl	0.990	1.002	0.001	1.013	0.006	0.000
Bx	1.000	1.040	0.003	1.053	0.000	0.000
BB	1.000	1.040	0.003	1.053	0.000	0.000
S	1.000	1.046	0.003	1.053	0.000	0.020
CS	1.000	1.040	0.003	1.053	0.000	0.000

数据（4.6.7.*b*）

Portf	Inv	M(VaR)	S(VaR)	M($\mathrm{VaR}_\epsilon[V^x]$)	S($\mathrm{VaR}_\epsilon[V^x]$)	P(VaR>$\mathrm{VaR}_\epsilon[V^x]$)
Id	1.000	1.018	0.000	1.018	0.000	0.000
Bl	0.680	1.001	0.001	1.008	0.006	0.000
Bx	0.000	1.000	0.000	1.000	0.000	0.000
BB	0.620	1.001	0.001	1.008	0.006	0.000
S	1.000	1.020	0.002	1.012	0.001	1.000
CS	1.000	1.011	0.002	1.018	0.000	0.000

数据（4.6.7.*c*）

C.5 第5章

练习5.1 证明是正确的，但也有局限：当存在以原点为中心，相似比为$\sqrt{L}$的相似椭球时，“$\mathcal{Z}$”就不够了。我们所需的近似是易处理的，因此，我们需要一个对这些椭球的明确描述，比如，由二次不等式明确给出的描述。这些描述能否被找出，取决于$\mathcal{Z}$是如何给出的。

例如，当$\mathcal{Z}$被“黑盒表示”，也就是说，由一个成员oracle（一个可以检查一个给出点$\boldsymbol{\zeta}$是否属于$\mathcal{Z}$的“黑盒”）或者一个分离oracle（一个在条件$\boldsymbol{\zeta}\notin\mathcal{Z}$下返回向量$\boldsymbol{e}$使得$\boldsymbol{e}^{\mathrm{T}}\boldsymbol{\zeta}>\max\limits_{\zeta'\in\mathcal{Z}}\boldsymbol{e}^{\mathrm{T}}\boldsymbol{\zeta}'$的成员oracle）给出的时候，我们不知道如何在因子$\vartheta=(1+\epsilon)\sqrt{d}$范围内有效地对$\mathcal{Z}$进行四舍五入，换言之，如何找到一对相似比为$\vartheta$且以原点为中心的椭球，其中$\mathcal{Z}$在关于$L$的多项式中，$\ln(1-\epsilon)$次访问oracle，在这么多次的访问中，每次访问都运用到有关L的多项式和额外的算法操作。到目前为止，使得黑盒表示$\mathcal{Z}=-\mathcal{Z}$中的ϑ舍入可以被有效找到的最佳ϑ满足$\vartheta=O(1)L$，并且用该ϑ代替$\sqrt{d}$时，在5.3节末的式（5.3.3）、式（RC_ρ）中的保守易处理近似的紧性因子从L跃至$O(1)L^{3/2}$。为了获得更好的结果，我们需要一个含更多信息量的$\mathcal{Z}$的表示。例如，我们可以要求除了成员（分离）oracle，还有一个可以处理的“包含”oracle——输入一个以原点为中心的椭球E（由显式二次不等式表示），可以知道$\mathcal{Z}$是否包含该椭球，如果不包含，则从$E\setminus\mathcal{Z}$中返回一个点。在这种情况下，我们可以有效地近似$\mathcal{Z}$中包含的最大体积的椭球，从而对任意$\epsilon>0$，我们可以在因子$\vartheta=(1+\epsilon)\sqrt{L}$内有效舍入$\mathcal{Z}$（关于这一点和后续主张的理由，见文献[8，4.9节]），注意到当$\mathcal{Z}$是由显式二次不等式表示的有限多个椭球的交集时，包含oralce

很容易实现。实际上，在这种情况下，建立一个包含 oralce 即被简化成为一对由显式二次不等式给出的椭球建立一个相似的 oralce，并且后一个问题容易求解。请注意，本书中的包含 oralce 可以被“覆盖”oralce 替换——输入一个以原点为中心的椭球 E，可以得知是否 $E \supset \mathcal{Z}$，如果不是，则从 $\mathcal{Z} \setminus E$ 中返回一个点。在这种情况下，我们可以有效地近似包含 $\mathcal{Z}$ 的最大体积的椭球，从而再次得出 $\mathcal{Z}$ 的有效 ϑ 舍入，其中 $\vartheta=(1+\epsilon)\sqrt{L}$，$\epsilon>0$。为了使覆盖 oracle 容易获得，我们只需假设 $\mathcal{Z}$ 是有限多个椭球并集的凸包即可。

练习 5.2 令 $\mathcal{S}[\cdot]$ 是（$C_{\mathcal{Z}_*}[\cdot]$）在因子 ϑ 内紧的保守易处理近似，我们需要证明 $\mathcal{S}[\lambda\gamma\rho]$ 是（$C_{\mathcal{Z}}[\rho]$）在因子 $\lambda\vartheta$ 内紧的保守易处理近似。我们所需证明的是：(a) 如果 $\boldsymbol{x}$ 能够推广成为 $\mathcal{S}[\lambda\gamma\rho]$ 的可行解，那么 $\boldsymbol{x}$ 对（$C_{\mathcal{Z}}[\rho]$）也是可行的；(b) 如果 $\boldsymbol{x}$ 不能推广成 $\mathcal{S}[\lambda\gamma\rho]$ 的可行解，那么 $\boldsymbol{x}$ 对（$C_{\mathcal{Z}}[\lambda\vartheta\rho]$）是不可行的。当 $\boldsymbol{x}$ 可以推广成 $\mathcal{S}[\lambda\gamma\rho]$ 的可行解，$\boldsymbol{x}$ 对于（$C_{\mathcal{Z}_*}[\lambda\gamma\rho]$）是可行的，并且由于 $\rho\mathcal{Z}\subset\lambda\gamma\rho\mathcal{Z}_*$，$\boldsymbol{x}$ 对于（$C_{\mathcal{Z}}[\rho]$）也是可行的，如同 (a) 中所述。现在假设 $\boldsymbol{x}$ 不能被推广成 $\mathcal{S}[\lambda\gamma\rho]$ 的可行解，那么 $\boldsymbol{x}$ 对（$C_{\mathcal{Z}_*}[\vartheta\lambda\gamma\rho]$）不可行，由于集合 $\vartheta\lambda\gamma\rho\mathcal{Z}_*$ 被 $\vartheta\lambda\rho\mathcal{Z}$ 包含，则 $\boldsymbol{x}$ 对于（$C_{\mathcal{Z}}[(\vartheta\lambda)\rho]$）不可行，如 (b) 中所述。 ■

练习 5.3 (i) 考虑椭球

$$\mathcal{Z}_*=\left\{\boldsymbol{\zeta}:\boldsymbol{\zeta}^{\mathrm{T}}\left[\sum_i \boldsymbol{Q}_i\right]\boldsymbol{\zeta}\leqslant M\right\}$$

我们显然有 $M^{-1/2}\mathcal{Z}_*\subset\mathcal{Z}\subset\mathcal{Z}_*$；根据假设，（$C_{\mathcal{Z}_*}[\cdot]$）在因子 ϑ 内允许一个保守易处理的近似。我们仍需使用到练习 5.2 中得出的结果。

(ii) 这是 (i) 对应于 $\boldsymbol{\zeta}^{\mathrm{T}}\boldsymbol{Q}_i\boldsymbol{\zeta}=\zeta_i^2(1\leqslant i\leqslant M=\dim\boldsymbol{\zeta})$ 的特殊情况。

(iii) 设 $\mathcal{Z}=\bigcap\limits_{i=1}^{M}E_i$，其中 E_i 是椭球。由于 $\mathcal{Z}$ 关于原点对称，则有 $\mathcal{Z}=\bigcap\limits_{i=1}^{M}[E_i\cap(-E_i)]$。我们推断，对于每一个 i，集合 $E_i\cap(-E_i)$ 包含了以原点为中心的椭球 F_i，满足 $E_i\cap(-E_i)\subset\sqrt{2}F_i$，且这个椭球 F_i 可以很容易被找到。基于这一推断，我们可以得到

$$\mathcal{Z}_*\equiv\bigcap_{i=1}^{M}F_i\subset\mathcal{Z}\subset\sqrt{2}\bigcap_{i=1}^{M}F_i$$

根据 (i)，（$C_{\mathcal{Z}_*}[\cdot]$）允许紧性因子为 $\vartheta\sqrt{M}$ 的保守易处理近似；根据练习 5.2，对（$C_{\mathcal{Z}}[\cdot]$）允许紧性因子为 $\vartheta\sqrt{2M}$ 的保守易处理近似。

我们的推断仍需证明。对于给定的 i，运用关于变量的非奇异线性变换，我们可以把问题化简为如下情形：$E_i=B+\boldsymbol{e}$，其中 $\boldsymbol{B}$ 为以原点为中心的单位欧几里得球，且 $\|\boldsymbol{e}\|_2<1$（后一个不等式由条件 $\boldsymbol{0}\in\operatorname{int}\mathcal{Z}\in\operatorname{int}(E_i\cap(-E_i))$ 得到）。交集 $G=E_i\cap(-E_i)$ 绕 $\mathbb{R}_e$ 轴旋转不变；被包含轴的二维平面 Π 从 G 上所截的二维横截面 H 是一个关于原点对称的二维立体。根据在第 5 章末尾提到的关于内接椭球和外接椭球的结论，存在一个椭圆 I，以原点为中心，包含于 H 且 H 包含于 $\sqrt{2}I$。I 可以很容易找到，见练习 5.1 的解决过程。现在 I 是椭球 F_i 和平面 Π 的交集，绕 $\mathbb{R}_e$ 轴旋转不变，且 F_i 显然满足关系式 $F_i\subset E_i\cap(-E_i)\subset\sqrt{2}F_i$。[⊖]

C.6 第 6 章

练习 6.1 对于一个给定的 $\boldsymbol{y}$，我们知道存在 $\boldsymbol{\Delta}\in\mathbb{R}^{p\times q}$，其中 $\|\boldsymbol{\Delta}\|_{2,2}\leqslant\rho$，使得 $\boldsymbol{y}=$

⊖ 事实上，后一个关系式中的因子 $\sqrt{2}$ 可以简化为 $2/\sqrt{3}<\sqrt{2}$，见练习 7.1 的解。

$\boldsymbol{B}_{\mathrm{n}}[\boldsymbol{x};1]+\boldsymbol{L}^{\mathrm{T}}\boldsymbol{\Delta R}[\boldsymbol{x};1]$；或者表示成 $\boldsymbol{w}=\boldsymbol{\Delta R}[\boldsymbol{x};1]$，存在 $\boldsymbol{w}\in\mathbb{R}^{p}$，其中 $\boldsymbol{w}^{\mathrm{T}}\boldsymbol{w}\leqslant\rho^{2}[\boldsymbol{x};1]^{\mathrm{T}}\boldsymbol{R}^{\mathrm{T}}\boldsymbol{R}[\boldsymbol{x};1]$ 使得 $\boldsymbol{y}=\boldsymbol{B}_{\mathrm{n}}[\boldsymbol{x};1]+\boldsymbol{L}^{\mathrm{T}}\boldsymbol{w}$。表示 $\boldsymbol{z}=[\boldsymbol{x};\boldsymbol{w}]$，我们已知向量 $\boldsymbol{z}$ 属于一个给定的仿射平面 $\mathcal{A}\boldsymbol{z}=\boldsymbol{a}$，并且满足二次不等式 $\boldsymbol{z}^{\mathrm{T}}\mathcal{C}\boldsymbol{z}+2\boldsymbol{c}^{\mathrm{T}}\boldsymbol{z}+d\leqslant 0$，其中 $\mathcal{A}=[\boldsymbol{A}_{\mathrm{n}},\boldsymbol{L}^{\mathrm{T}}]$，$\boldsymbol{a}=\boldsymbol{y}-\boldsymbol{b}_{\mathrm{n}}$，且有

$$[\boldsymbol{\xi};\boldsymbol{\omega}]^{\mathrm{T}}\mathcal{C}[\boldsymbol{\xi};\boldsymbol{\omega}]+2\boldsymbol{c}^{\mathrm{T}}[\boldsymbol{\xi};\boldsymbol{\omega}]+d\equiv\boldsymbol{\omega}^{\mathrm{T}}\boldsymbol{\omega}-\rho^{2}[\boldsymbol{\xi};1]^{\mathrm{T}}\boldsymbol{R}^{\mathrm{T}}\boldsymbol{R}[\boldsymbol{\xi};1],[\boldsymbol{\xi};\boldsymbol{\omega}]\in\mathbb{R}^{n+p}$$

运用方程 $\mathcal{A}\boldsymbol{z}=\boldsymbol{a}$，我们可以通过 $k(\leqslant n+p)$ 个 $\boldsymbol{u}$ 变量来表示 $n+p$ 个 $\boldsymbol{z}$ 变量：

$$\mathcal{A}\boldsymbol{z}=\boldsymbol{a}\Leftrightarrow\exists\,\boldsymbol{u}\in\mathbb{R}^{k}:\boldsymbol{z}=\boldsymbol{E}\boldsymbol{u}+\boldsymbol{e}$$

将 $\boldsymbol{z}=E\boldsymbol{u}+\boldsymbol{e}$ 代入二次约束 $\boldsymbol{z}^{\mathrm{T}}\mathcal{C}\boldsymbol{z}+2\boldsymbol{c}^{\mathrm{T}}\boldsymbol{z}+d\leqslant 0$，我们可以得到 $\boldsymbol{u}$ 上的二次约束 $\boldsymbol{u}^{\mathrm{T}}\boldsymbol{F}\boldsymbol{u}+2\boldsymbol{f}^{\mathrm{T}}\boldsymbol{u}+g\leqslant 0$。最后，我们要估计的向量 $\boldsymbol{Q}\boldsymbol{x}$ 可以通过易计算的矩阵 $\boldsymbol{P}$ 表示为 $\boldsymbol{P}\boldsymbol{u}$，过程总结如下：

（!）给定 $\boldsymbol{y}$ 和描述 $\mathcal{B}$ 的数据，我们可以建立 k、矩阵 $\boldsymbol{P}$ 和在 $\mathbb{R}^{k}$ 上的二次型 $\boldsymbol{u}^{\mathrm{T}}\boldsymbol{F}\boldsymbol{u}+2\boldsymbol{f}^{\mathrm{T}}\boldsymbol{u}+g\leqslant 0$，因此可以转化成求在最坏情况下的 $\boldsymbol{P}\boldsymbol{u}$ 的最优 $\|\cdot\|_{2}$ 近似问题，其中未知向量 $\boldsymbol{u}\in\mathbb{R}^{k}$ 满足不等式 $\boldsymbol{u}^{\mathrm{T}}\boldsymbol{F}\boldsymbol{u}+2\boldsymbol{f}^{\mathrm{T}}\boldsymbol{u}+g\leqslant 0$。

根据式（!），我们的目标是求解半无限优化规划：

$$\min_{t,\boldsymbol{v}}\{t:\|\boldsymbol{P}\boldsymbol{u}-\boldsymbol{v}\|_{2}\leqslant t,\forall(\boldsymbol{u}:\boldsymbol{u}^{\mathrm{T}}\boldsymbol{F}\boldsymbol{u}+2\boldsymbol{f}^{\mathrm{T}}\boldsymbol{u}+g\leqslant 0)\}\qquad(*)$$

假设 $\inf\limits_{\boldsymbol{u}}[\boldsymbol{u}^{\mathrm{T}}\boldsymbol{F}\boldsymbol{u}+2\boldsymbol{f}^{\mathrm{T}}\boldsymbol{u}+g]<0$，运用 $\mathcal{S}$ 引理的非齐次形式，问题转化为

$$\min_{t,\boldsymbol{v},\lambda}\left\{t\geqslant 0:\left[\begin{array}{c|c}\lambda\boldsymbol{F}-\boldsymbol{P}^{\mathrm{T}}\boldsymbol{P} & \lambda\boldsymbol{f}-\boldsymbol{P}^{\mathrm{T}}\boldsymbol{v}\\ \hline \lambda\boldsymbol{f}^{\mathrm{T}}-\boldsymbol{v}^{\mathrm{T}}\boldsymbol{P} & \lambda g+t^{2}-\boldsymbol{v}^{\mathrm{T}}\boldsymbol{v}\end{array}\right]\succeq 0,\lambda\geqslant 0\right\}$$

从 t 的最小化到 $\tau=t^{2}$ 的最小化，则后一个问题变成了半定规划：

$$\min_{\tau,\boldsymbol{v},\lambda,s}\left\{\boldsymbol{\tau}:\begin{array}{c}\boldsymbol{v}^{\mathrm{T}}\boldsymbol{v}\leqslant s,\lambda\geqslant 0\\ \left[\begin{array}{c|c}\lambda\boldsymbol{F}-\boldsymbol{P}^{\mathrm{T}}\boldsymbol{P} & \lambda\boldsymbol{f}-\boldsymbol{P}^{\mathrm{T}}\boldsymbol{v}\\ \hline \lambda\boldsymbol{f}^{\mathrm{T}}-\boldsymbol{v}^{\mathrm{T}}\boldsymbol{P} & \lambda g+\boldsymbol{\tau}-s\end{array}\right]\succeq 0\end{array}\right\}$$

事实上，问题可以用纯线性代数工具来解决，而不需要半定优化。事实上，暂时假设 $\boldsymbol{P}$ 有平凡核。那么式（$*$）是可行的，当且仅当关于变量 $\boldsymbol{u}$ 的二次不等式 $\phi(\boldsymbol{u})\equiv\boldsymbol{u}^{\mathrm{T}}\boldsymbol{F}\boldsymbol{u}+2\boldsymbol{f}^{\mathrm{T}}\boldsymbol{u}+g\leqslant 0$ 的解集 S 是非空且有界的，这种情况发生当且仅当这个集是一个椭球 $(\boldsymbol{u}-\boldsymbol{c})^{\mathrm{T}}\boldsymbol{Q}(\boldsymbol{u}-\boldsymbol{c})\leqslant r^{2}$，其中 $\boldsymbol{Q}\succ 0,r\geqslant 0$。情况是否是这样，$\boldsymbol{c},\boldsymbol{Q},r$ 分别是什么（如果有的话），都可以通过线性代数工具很容易地找到。映射 P 下 S 的像 PS 也是以 $\boldsymbol{v}_{*}=\boldsymbol{P}\boldsymbol{c}$ 为中心的椭球（也许是“平的”），而式（$*$）的最优解是 $(t_{*},\boldsymbol{v}_{*})$，其中 t_{*} 是椭球 PS 最大的半轴。在 P 有核的情况下，设 E 是 $\mathrm{Ker}P$ 的正交补，$\hat{P}$ 是 P 对 E 的限制；这个映射有一个平凡核。问题（$*$）显然等价于

$$\min_{t,\boldsymbol{v}}\{t:\|\hat{\boldsymbol{P}}\hat{\boldsymbol{u}}-\boldsymbol{v}\|_{2}\leqslant t,\forall(\hat{\boldsymbol{u}}\in E:\exists\,\boldsymbol{w}\in\mathrm{Ker}P:\phi(\hat{\boldsymbol{u}}+\boldsymbol{w})\leqslant 0)\}$$

集合

$$\hat{U}=\{\hat{\boldsymbol{u}}\in E:\exists\,\boldsymbol{w}\in\mathrm{Ker}P:\phi(\hat{\boldsymbol{u}}+\boldsymbol{w})\leqslant 0\}$$

显然由变量 $\hat{\boldsymbol{u}}\in E$ 的单个二次不等式给出，式（$*$）化简成为一个相似的问题，其中 E 作为 $\boldsymbol{u}$ 所在空间，$\hat{\boldsymbol{P}}$ 作为 $\boldsymbol{P}$，我们已经知道如何解决由此产生的问题。

C.7 第 7 章

练习 7.1 鉴于定理 7.2.1，我们需要证明的是：$\mathcal{Z}$ 可以通过以原点为中心的 $O(1)J$ 个椭球的交集 $\hat{\mathcal{Z}}$ 在因子 $O(1)$ 内被“保守近似”，存在 $\hat{\mathcal{Z}}=\{\boldsymbol{\eta}:\boldsymbol{\eta}^{\mathrm{T}}\hat{Q}_{j}\boldsymbol{\eta}\leqslant 1,1\leqslant j\leqslant\hat{J}\}$，其

中 $\hat{\boldsymbol{Q}}_j \geq 0, \sum_j \hat{\boldsymbol{Q}}_j > 0$，使得

$$\theta^{-1}\hat{\mathcal{Z}} \subset \mathcal{Z} \subset \hat{\mathcal{Z}}$$

其中 θ 为绝对常数，且 $\hat{J} \leqslant O(1)J$，让我们来证明在 $\hat{J}=J, \theta=\sqrt{3}/2$ 的情况下刚才的表述成立。由于 $\mathcal{Z}$ 关于原点对称，设 $E_j=\{\boldsymbol{\eta}:(\boldsymbol{\eta}-\boldsymbol{a}_j)^{\mathrm{T}}\boldsymbol{Q}_j(\boldsymbol{\eta}-\boldsymbol{a}_j)\leqslant 1\}$，我们有

$$\mathcal{Z}=\bigcap_{j=1}^{J} E_j=\bigcap_{j=1}^{J}(-E_j)=\bigcap_{j=1}^{J}(E_j \cap [-E_j])$$

我们需要证明的是集合 $E_j \cap [-E_j]$ 中的每一个元素都在以原点为中心的两个成比例的椭球之间（大椭球是小椭球的 $2/\sqrt{3}$ 倍），在对空间进行适当的线性一对一变换后，我们所需证明的是如果有 $E=\left\{\boldsymbol{\eta}\in\mathbb{R}^d:(\eta_1-r)^2+\sum_{j=2}^{k}\eta_j^2\leqslant 1\right\}$（其中 $0\leqslant r<1$），那么我们可以指出集合 $F=\left\{\boldsymbol{\eta}:\eta_1^2/a^2+\sum_{j=2}^{k}\eta_j^2/b^2\leqslant 1\right\}$，使得

$$\frac{\sqrt{3}}{2}F \subset E \cap [-E] \subset F$$

当证明后一个表述时，我们可以任意假定 $k=2$。将 η_1, η_2 分别重命名为 y, x，设 $h=1-r\in(0,1]$，我们应该证明 $\mathcal{L}=\{[x;y]:[|y|+(1-h)^2]+x^2\leqslant 1\}$ 在两个以原点为中心的成比例的椭圆之间，线性大小比例为 $\theta\leqslant 2/\sqrt{3}$。接着证明可以把较小的一个作为椭圆：

$$\mathcal{E}=\{[x;y]:y^2/h^2+x^2/(2h-h^2)\leqslant\mu^2\}, \mu=\sqrt{\frac{3-h}{4-2h}}$$

令 $\theta=\mu^{-1}$（使得由于 $0<h\leqslant 1$，有 $\theta\leqslant 2/\sqrt{3}$）。首先，让我们证明 $\mathcal{E}\subset\mathcal{L}$，当 $h=1$ 时，这个包含关系显然成立，所以我们可以假设 $0<h<1$。令 $[x;y]\in\mathcal{E}, \lambda=\dfrac{2(1-h)}{h}$，我们有

$$y^2/h^2+x^2/(2h-h^2)\leqslant\mu^2 \Rightarrow \begin{cases} y^2\leqslant h^2[\mu^2-x^2/(2h-h^2)] & (a) \\ x^2\leqslant\mu^2 h(2-h) & (b) \end{cases}$$

$$\begin{aligned}(|y|+(1-h))^2+x^2 &= y^2+2|y|(1-h)+(1-h)^2\leqslant y^2+\left[\lambda y^2+\frac{1}{\lambda}(1-h)^2\right]+(1-h)^2 \\ &= y^2\,\frac{2-h}{h}+\frac{(2-h)(1-h)}{2}+x^2 \\ &\leqslant\left[\mu^2-\frac{x^2}{h(2-h)}\right](2h-h^2)+\frac{(2-h)(1-h)}{2}+x^2\equiv q(x^2)\end{aligned}$$

其中结论中的$\leqslant$是因为式（a）。由于根据（b）有 $0\leqslant x^2\leqslant\mu^2(2h-h^2)$，$q(x^2)$ 介于当 $x^2=0$ 和 $x^2=\mu^2(2h-h^2)$ 的两个值间，两个值加上 μ 等于 1。因此，有 $[x;y]\in\mathcal{L}$。

仍需证明 $\mu^{-1}\mathcal{E}\supset\mathcal{L}$（或者证明当 $[x;y]\in\mathcal{L}$ 时，我们有 $[\mu x;\mu y]\in\mathcal{E}$，二者是一样的）。证明如下：

$$\begin{aligned}&[|y|+(1-h)^2]+x^2\leqslant 1\Rightarrow|y|\leqslant h \;\&\; x^2\leqslant 1-y^2-2|y|(1-h)-(1-h)^2 \\ &\Rightarrow x^2\leqslant 2h-h^2-y^2-2|y|(1-h) \\ &\Rightarrow\mu^2\left[\frac{y^2}{h^2}+\frac{x^2}{2h-h^2}\right]=\mu^2\,\frac{y^2(2-h)+hx^2}{h^2(2-h)}\leqslant\mu^2\,\frac{h^2(2-h)+2(1-h)\overbrace{[y^2-|y|h]}^{\leqslant 0}}{h^2(2-h)}\leqslant\mu^2 \\ &\Rightarrow[x;y]\in\mathcal{E}\end{aligned}$$

C.8 第8章

练习 8.1 1）我们有

$$\begin{aligned}\text{EstErr}&=\sup_{v\in V,A\in\mathcal{A}}\sqrt{\boldsymbol{v}^{\mathrm{T}}(\boldsymbol{GA}-\boldsymbol{I})^{\mathrm{T}}(\boldsymbol{GA}-\boldsymbol{I})\boldsymbol{v}+\operatorname{Tr}(\boldsymbol{G}^{\mathrm{T}}\boldsymbol{\Sigma G})}\\&=\sup_{A\in\mathcal{A}}\sup_{u:u^{\mathrm{T}}u\leqslant 1}\sqrt{\boldsymbol{u}^{\mathrm{T}}\boldsymbol{Q}^{-1/2}(\boldsymbol{CA}-\boldsymbol{I})^{\mathrm{T}}(\boldsymbol{CA}-\boldsymbol{I})\boldsymbol{Q}^{-1/2}\boldsymbol{u}+\operatorname{Tr}(\boldsymbol{G}^{\mathrm{T}}\boldsymbol{\Sigma G})}\\&=\sqrt{\sup_{A\in\mathcal{A}}\|(\boldsymbol{GA}-\boldsymbol{I})\boldsymbol{Q}^{-1/2}\|_{2,2}^{2}+\operatorname{Tr}(\boldsymbol{G}^{\mathrm{T}}\boldsymbol{\Sigma G})}\end{aligned}$$

根据舒尔补定理，关系式$\|(\boldsymbol{GA}-\boldsymbol{I})\boldsymbol{Q}^{-1/2}\|_{2,2}\leqslant\tau$ 等价于 LMI $\left[\begin{array}{c|c}\tau\boldsymbol{I} & [(\boldsymbol{GA}-\boldsymbol{I})\boldsymbol{Q}^{-1/2}]^{\mathrm{T}}\\\hline(\boldsymbol{GA}-\boldsymbol{I})\boldsymbol{Q}^{-1/2} & \tau\boldsymbol{I}\end{array}\right]$，因此问题可以转化为半无限半正定规划

$$\min_{t,\tau,\delta,G}\left\{t:\begin{array}{c}\sqrt{\tau^2+\delta^2}\leqslant t,\sqrt{\operatorname{Tr}(\boldsymbol{G}^{\mathrm{T}}\boldsymbol{\Sigma G})}\leqslant\delta\\\left[\begin{array}{c|c}\tau\boldsymbol{I} & [(\boldsymbol{GA}-\boldsymbol{I})\boldsymbol{Q}^{-1/2}]^{\mathrm{T}}\\\hline(\boldsymbol{GA}-\boldsymbol{I})\boldsymbol{Q}^{-1/2} & \tau\boldsymbol{I}\end{array}\right]\succeq 0,\forall\boldsymbol{A}\in\mathcal{A}\end{array}\right\}$$

这就是不确定半定规划的鲁棒对等：

$$\left\{\min_{t,\tau,\delta,G}\left\{t:\begin{array}{c}\sqrt{\tau^2+\delta^2}\leqslant t,\sqrt{\operatorname{Tr}(\boldsymbol{G}^{\mathrm{T}}\boldsymbol{\Sigma G})}\leqslant\delta\\\left[\begin{array}{c|c}\tau\boldsymbol{I} & [(\boldsymbol{GA}-\boldsymbol{I})\boldsymbol{Q}^{-1/2}]^{\mathrm{T}}\\\hline(\boldsymbol{GA}-\boldsymbol{I})\boldsymbol{Q}^{-1/2} & \tau\boldsymbol{I}\end{array}\right]\succeq 0\end{array}\right\}:\boldsymbol{A}\in\mathcal{A}\right\}$$

为了将问题中唯一的半无限约束转化为易处理的形式，注意到$\boldsymbol{A}=\boldsymbol{A}_{\mathrm{n}}+\boldsymbol{L}^{\mathrm{T}}\boldsymbol{\Delta R}$，我们有

$$\begin{aligned}\mathcal{N}(\boldsymbol{A}):&=\left[\begin{array}{c|c}\tau\boldsymbol{I} & [(\boldsymbol{GA}-\boldsymbol{I})\boldsymbol{Q}^{-1/2}]^{\mathrm{T}}\\\hline(\boldsymbol{GA}-\boldsymbol{I})\boldsymbol{Q}^{-1/2} & \tau\boldsymbol{I}\end{array}\right]\\&=\underbrace{\left[\begin{array}{c|c}\tau\boldsymbol{I} & [(\boldsymbol{GA}_{\mathrm{n}}-\boldsymbol{I})\boldsymbol{Q}^{-1/2}]^{\mathrm{T}}\\\hline(\boldsymbol{GA}_{\mathrm{n}}-\boldsymbol{I})\boldsymbol{Q}^{-1/2} & \tau\boldsymbol{I}\end{array}\right]}_{\mathcal{B}_{\mathrm{n}}(\boldsymbol{G})}+\mathcal{L}^{\mathrm{T}}(\boldsymbol{G})\boldsymbol{\Delta}\mathcal{R}+\mathcal{R}^{\mathrm{T}}\boldsymbol{\Delta}^{\mathrm{T}}\mathcal{L}(\boldsymbol{G})\end{aligned}$$

$$\mathcal{L}(\boldsymbol{G})=[\boldsymbol{0}_{p\times n},\boldsymbol{LG}^{\mathrm{T}}],\mathcal{R}=[\boldsymbol{RQ}^{-1/2},\boldsymbol{0}_{q\times n}]$$

引用定理 8.2.3，半无限线性矩阵不等式$\mathcal{N}(\boldsymbol{A})\succeq 0,\forall\boldsymbol{A}\in\mathcal{A}$ 等价于

$$\exists\lambda:\left[\begin{array}{c|c}\lambda\boldsymbol{I}_p & \rho\mathcal{L}(\boldsymbol{G})\\\hline\rho\mathcal{L}^{\mathrm{T}}(\boldsymbol{G}) & \mathcal{B}_{\mathrm{n}}(\boldsymbol{G})-\lambda\mathcal{R}^{\mathrm{T}}\mathcal{R}\end{array}\right]\succeq 0$$

因此鲁棒对等等价于半定规划

$$\min_{\substack{t,\tau,\\\delta,\lambda,G}}\left\{t:\begin{array}{l}\sqrt{\tau^2+\delta^2}\leqslant t,\sqrt{\operatorname{Tr}(\boldsymbol{G}^{\mathrm{T}}\boldsymbol{\Sigma G})}\leqslant\delta\\\left[\begin{array}{c|c|c}\lambda\boldsymbol{I}_p & & \rho\boldsymbol{LG}^{\mathrm{T}}\\\hline & \tau\boldsymbol{I}_n-\lambda\boldsymbol{Q}^{-1/2}\boldsymbol{R}^{\mathrm{T}}\boldsymbol{RQ}^{-1/2} & \boldsymbol{Q}^{-1/2}(\boldsymbol{A}_{\mathrm{n}}^{\mathrm{T}}\boldsymbol{G}^{\mathrm{T}}-\boldsymbol{I}_n)\\\hline\rho\boldsymbol{GL}^{\mathrm{T}} & (\boldsymbol{GA}_{\mathrm{n}}-\boldsymbol{I}_n)\boldsymbol{Q}^{-1/2} & \tau\boldsymbol{I}_n\end{array}\right]\succeq 0\end{array}\right\}$$

2）设$\boldsymbol{v}=\boldsymbol{U}^{\mathrm{T}}\hat{\boldsymbol{v}},\hat{\boldsymbol{y}}=\boldsymbol{W}^{\mathrm{T}}\boldsymbol{y},\hat{\boldsymbol{\xi}}=\boldsymbol{W}^{\mathrm{T}}\boldsymbol{\xi}$，我们的估计问题被简化为一个与之相同的问题，只不过对角矩阵 $\operatorname{Diag}\{\boldsymbol{a}\}$ 代替了上式中的$\boldsymbol{A}_{\mathrm{n}}$，$\operatorname{Diag}\{\boldsymbol{q}\}$ 代替了上式中的$\boldsymbol{Q}$，新问题中$\hat{\boldsymbol{v}}$的线性估计$\hat{\boldsymbol{G}}\hat{\boldsymbol{y}}$对应于原问题中相同量的线性估计$\boldsymbol{U}^{\mathrm{T}}\hat{\boldsymbol{G}}\boldsymbol{W}^{\mathrm{T}}\boldsymbol{y}$。换句话说，情况被简化为：$\boldsymbol{A}_{\mathrm{n}}$和$\boldsymbol{Q}$分别为半正定对角矩阵和正定对角矩阵，对于这个特殊情况，我们所需证明的就是当限制$\boldsymbol{G}$为对角时，对问题没有影响。在这个情况下，问题中的 RC 变为

$$\min_{\substack{t,\tau,\\ \delta,\lambda,G}}\left\{t:\begin{array}{l}\sqrt{\tau^2+\delta^2}\leqslant t,\delta\sqrt{\mathrm{Tr}(G^{\mathrm{T}}G)}\leqslant\delta\\ \left[\begin{array}{c|c|c}\lambda I_n & & \rho G^{\mathrm{T}}\\ \hline & \tau I_n-\lambda\mathrm{Diag}(\mu) & \mathrm{Diag}(\nu)G^{\mathrm{T}}-\mathrm{Diag}\{\eta\}\\ \hline \rho G & G\mathrm{Diag}(\nu)-\mathrm{Diag}\{\eta\} & \tau I_n\end{array}\right]\succeq 0\end{array}\right\}\quad(*)$$

其中 $\mu_i=q_i^{-1}$，$\nu_i=a_i/\sqrt{q_i}$，$\eta_i=1/\sqrt{q_i}$。用 EGE 替换可行解中的 G（其中 E 是对角项为 ±1 的对角矩阵），我们保留了其可行性（看看当线性矩阵不等式中的矩阵右乘和左乘对角矩阵 $\mathrm{Diag}\{I,I,E\}$ 时会发生什么）。由于这是一个凸问题，因此每当集合（t,τ,δ,λ,G）对 RC 可行时，通过用矩阵 $E^{\mathrm{T}}GE$ 对对角项为 ±1 的 2^n 个 n 阶矩阵的平均替换原来的 G 所获得的集合也是可行的，且这个平均是一个与 G 中之一有着相同对角线元素的对角矩阵。因此，当 A_n 和 Q 都是对角矩阵且 $L=R=I_n$（或者，L,R 都是正交的），我们可以任意假定 G 是对角的。

设对角矩阵 $G=\mathrm{Diag}\{g\}$，式（$*$）中的线性矩阵不等式约束变成了变量 λ,τ,g_i 的 3×3 线性矩阵不等式：

$$\left[\begin{array}{c|c|c}\lambda & 0 & \rho g_i\\ \hline 0 & \tau-\lambda\mu_i & \nu_i g_i-\eta_i\\ \hline \rho g_i & \nu_i g_i-\eta_i & \tau\end{array}\right]\succeq 0,i=1,\cdots,n$$

不失一般性地假设 $\lambda>0$，运用舒尔补引理，3×3 线性矩阵不等式可以化简为 2×2 矩阵不等式：

$$\left[\begin{array}{c|c}\tau-\lambda\mu_i & \nu_i g_i-\eta_i\\ \hline \nu_i g_i-\eta_i & \tau-\rho^2 g_i^2/\lambda\end{array}\right]\succeq 0,i=1,\cdots,n$$

对于给定的 τ,λ，这些不等式中的每一个都指定了可能值 g_i 的一段 $\Delta_i(\tau,\lambda)$，在该段中 g_i 值的最佳选择是段中的 $g_i(\tau,\lambda)$ 离 0 最近（当段为空集，我们令 $g_i(\tau,\lambda)=\infty$），注意到 $g_i(\tau,\lambda)\geqslant0$，因此式（$*$）可以被简化为凸问题（根据其起源），其中凸非负函数 $g_i(\tau,\lambda)$ 易于计算：

$$\min_{\tau,\lambda\geqslant0}\left\{\sqrt{\tau^2+\sigma^2\sum_i g_i^2(\tau,\lambda)}\right\}$$

C.9 第9章

练习 9.1 注意到（1）和（2）正是引理 B.4.6 所对应的实数情况。出于完整性的考量，我们同样也给出相应的证明。

1）令 $\lambda>0$，对于每一个 $\xi\in\mathbb{R}^n$，我们有 $\xi^{\mathrm{T}}[pq^{\mathrm{T}}+qp^{\mathrm{T}}]\xi=2(\xi^{\mathrm{T}}p)(\xi^{\mathrm{T}}q)\leqslant\lambda(\xi^{\mathrm{T}}p)^2+\frac{1}{\lambda}(\xi^{\mathrm{T}}q)^2=\xi^{\mathrm{T}}\left[\lambda pp^{\mathrm{T}}+\frac{1}{\lambda}qq^{\mathrm{T}}\right]\xi$，其中 $pq^{\mathrm{T}}+qp^{\mathrm{T}}\preceq\lambda pp^{\mathrm{T}}+\frac{1}{\lambda}qq^{\mathrm{T}}$。根据类似的论证，可以证明 $-[pq^{\mathrm{T}}+qp^{\mathrm{T}}]\preceq\lambda pp^{\mathrm{T}}+\frac{1}{\lambda}qq^{\mathrm{T}}$。（1）得证。

2）最先观察到，如果 $\lambda(A)$ 是对称矩阵 A 的特征值向量，则有 $\|\lambda(pq^{\mathrm{T}}+qp^{\mathrm{T}})\|_1=2\|p\|_2\|q\|_2$。实际上，$p=0$ 或 $q=0$ 时，我们无须证明；当 $p,q\neq0$，我们可以将该情况归一化，令 p 为一个单位向量，然后选择一个在 $\mathbb{R}^n$ 上的正交坐标系，这样 p 是第一个正

交基，并且 $\boldsymbol{q}$ 在前两个正交基的线性张成的空间内。经过该归一化，$\boldsymbol{A}$ 的非零特征值和二阶矩阵 $\begin{bmatrix}2\alpha & \beta\\ \beta & 0\end{bmatrix}$ 的特征值正好相等，其中 α 和 β 是在新的规范正交基下 $\boldsymbol{q}$ 的前两个坐标。问题中二阶矩阵的特征值是 $\alpha\pm\sqrt{\alpha^2+\beta^2}$，其绝对值之和是 $2\sqrt{\alpha^2+\beta^2}=2\|\boldsymbol{q}\|_2=2\|\boldsymbol{p}\|_2\|\boldsymbol{q}\|_2$，如上所述。

为了证明（2），我们引出一个矛盾的假设：对于 $\boldsymbol{Y},\boldsymbol{p},\boldsymbol{q}\neq\boldsymbol{0}$，$\boldsymbol{Y}\succeq\pm[\boldsymbol{p}\boldsymbol{q}^{\mathrm{T}}+\boldsymbol{q}\boldsymbol{p}^{\mathrm{T}}]$，不存在 $\lambda>0$，使得 $\boldsymbol{Y}-\lambda\boldsymbol{p}\boldsymbol{p}^{\mathrm{T}}-\frac{1}{\lambda}\boldsymbol{q}\boldsymbol{q}^{\mathrm{T}}\succeq 0$，或者根据舒尔补定理，关于变量 λ 的 LMI

$$\begin{bmatrix}\boldsymbol{Y}-\lambda\boldsymbol{p}\boldsymbol{p}^{\mathrm{T}} & \boldsymbol{q}\\ \boldsymbol{q}^{\mathrm{T}} & \lambda\end{bmatrix}\succeq 0$$

没有解，或者等价地，（严格可行的）SDO 规划

$$\min_{t,\lambda}\left\{t:\begin{bmatrix}t\boldsymbol{I}+\boldsymbol{Y}-\lambda\boldsymbol{p}\boldsymbol{p}^{\mathrm{T}} & \boldsymbol{q}\\ \boldsymbol{q}^{\mathrm{T}} & \lambda\end{bmatrix}\succeq 0\right\}$$

中的最优解是正的。根据半定对偶，后者等价于一个具有对偶目标正值可行解的对偶问题。观察该对偶，这等价于存在一个矩阵 $\boldsymbol{Z}\in S^n$ 和一个向量 $\boldsymbol{z}\in\mathbb{R}^n$，使得

$$\begin{bmatrix}\boldsymbol{Z} & \boldsymbol{z}\\ \boldsymbol{z}^{\mathrm{T}} & \boldsymbol{p}^{\mathrm{T}}\boldsymbol{Z}\boldsymbol{p}\end{bmatrix}\succeq 0,\mathrm{Tr}(\boldsymbol{Z}\boldsymbol{Y})<2\boldsymbol{q}^{\mathrm{T}}\boldsymbol{z}$$

如果有必要，给 $\boldsymbol{Z}$ 加上一个单位矩阵的正小倍数，我们可以假设 $\boldsymbol{Z}\succ 0$。令

$$\overline{\boldsymbol{Y}}=\boldsymbol{Z}^{1/2}\boldsymbol{Y}\boldsymbol{Z}^{1/2},\overline{\boldsymbol{p}}=\boldsymbol{Z}^{1/2}\boldsymbol{p},\overline{\boldsymbol{q}}=\boldsymbol{Z}^{1/2}\boldsymbol{q},\overline{\boldsymbol{z}}=\boldsymbol{Z}^{1/2}\boldsymbol{z}$$

以上关系式变为

$$\begin{bmatrix}\boldsymbol{I} & \overline{\boldsymbol{z}}\\ \overline{\boldsymbol{z}}^{\mathrm{T}} & \overline{\boldsymbol{p}}^{\mathrm{T}}\overline{\boldsymbol{p}}\end{bmatrix}\succeq 0,\mathrm{Tr}(\overline{\boldsymbol{Y}})<2\overline{\boldsymbol{q}}^{\mathrm{T}}\overline{\boldsymbol{z}} \qquad (*)$$

观察到，根据 $\boldsymbol{Y}\succeq\pm[\boldsymbol{p}\boldsymbol{q}^{\mathrm{T}}+\boldsymbol{q}\boldsymbol{p}^{\mathrm{T}}]$ 可以得到 $\boldsymbol{Y}\succeq\pm[\overline{\boldsymbol{p}}\,\overline{\boldsymbol{q}}^{\mathrm{T}}+\overline{\boldsymbol{q}}\,\overline{\boldsymbol{p}}^{\mathrm{T}}]$。观察矩阵 $[\overline{\boldsymbol{p}}\,\overline{\boldsymbol{q}}^{\mathrm{T}}+\overline{\boldsymbol{q}}\,\overline{\boldsymbol{p}}^{\mathrm{T}}]$ 中的特征基，我们可以得到 $\mathrm{Tr}(\overline{\boldsymbol{Y}})\geqslant\|\lambda(\overline{\boldsymbol{p}}\,\overline{\boldsymbol{q}}^{\mathrm{T}}+\overline{\boldsymbol{q}}\,\overline{\boldsymbol{p}}^{\mathrm{T}})\|_1=2\|\overline{\boldsymbol{p}}\|_2\|\overline{\boldsymbol{q}}\|_2$。另一方面，由式（*）中的矩阵不等式可以得到 $\|\overline{\boldsymbol{z}}\|_2\leqslant\|\overline{\boldsymbol{p}}\|_2$，因此有 $\mathrm{Tr}(\overline{\boldsymbol{Y}})<2\|\overline{\boldsymbol{p}}\|_2\|\overline{\boldsymbol{q}}\|_2$，根据式（*）中的第二个不等式，我们可以得到预期中的矛盾。

3）假设 $\boldsymbol{x}$ 使得所有的 $L_\ell(\boldsymbol{x})$ 都是非零的。假设 $\boldsymbol{x}$ 可以扩展为式（9.2.2）中的可行解 $\boldsymbol{Y}_1,\cdots,\boldsymbol{Y}_L,\boldsymbol{x}$。引用（2），我们可以找到 $\lambda_\ell>0$ 使得 $\boldsymbol{Y}_\ell\succeq\lambda_\ell\boldsymbol{R}_\ell^{\mathrm{T}}\boldsymbol{R}_\ell+\frac{1}{\lambda_\ell}L_\ell^{\mathrm{T}}(\boldsymbol{x})L_\ell(\boldsymbol{x})$。由于 $\mathcal{A}_{\mathrm{n}}(\boldsymbol{x})-\rho\sum_\ell\boldsymbol{Y}_\ell\succeq 0$，我们可以得到 $\left[\mathcal{A}_{\mathrm{n}}(\boldsymbol{x})-\rho\sum_\ell\lambda_\ell\boldsymbol{R}_\ell^{\mathrm{T}}\boldsymbol{R}_\ell\right]-\sum_\ell\frac{\rho}{\lambda_\ell}L_\ell^{\mathrm{T}}(\boldsymbol{x})L_\ell(\boldsymbol{x})\succeq 0$，其中，根据舒尔补定理，$\lambda_1,\cdots,\lambda_L,\boldsymbol{x}$ 对于式（9.2.3）是可行的。反之亦然，如果 $\lambda_1,\cdots,\lambda_L$，$\boldsymbol{x}$ 对于式（9.2.3）是可行的，那么由于 $L_\ell(\boldsymbol{x})\neq\boldsymbol{0}$，对于所有的 ℓ 都有 $\lambda_\ell>0$，同样根据舒尔补定理，设 $\boldsymbol{Y}_\ell=\lambda_\ell\boldsymbol{R}_\ell^{\mathrm{T}}\boldsymbol{R}_\ell+\frac{1}{\lambda_\ell}L_\ell^{\mathrm{T}}(\boldsymbol{x})L_\ell(\boldsymbol{x})$，当 $\boldsymbol{Y}_\ell\succeq\pm[L_\ell^{\mathrm{T}}(\boldsymbol{x})\boldsymbol{R}_\ell+\boldsymbol{R}_\ell^{\mathrm{T}}L_\ell(\boldsymbol{x})]$ 时，我们有

$$\mathcal{A}_{\mathrm{n}}(\boldsymbol{x})-\rho\sum_\ell\boldsymbol{Y}_\ell\succeq 0$$

也就是说，$\boldsymbol{Y}_1,\cdots,\boldsymbol{Y}_L,\boldsymbol{x}$ 对式（9.2.2）是可行的。

在 $L_\ell^{\mathrm{T}}(\boldsymbol{x})\neq\boldsymbol{0}$（对于所有 ℓ）情况下，我们已经证明了式（9.2.2）和式（9.2.3）等价，当个别 $L_\ell(\boldsymbol{x})$ 缺失时的情况留给读者进行讨论。

练习 9.2　解决方案可能如下。问题为

$$\min_{\boldsymbol{G},t}\{t: t \geqslant \|(\boldsymbol{GA}-\boldsymbol{I})\boldsymbol{v}+\boldsymbol{G}\boldsymbol{\xi}\|_2, \forall (\boldsymbol{v}\in V, \boldsymbol{\xi}\in \Xi, \boldsymbol{A}\in\mathcal{A})\}$$

$$\Updownarrow$$

$$\min_{\boldsymbol{G},t}\left\{t: \boldsymbol{u}^{\mathrm{T}}(\boldsymbol{GA}-\boldsymbol{I})\boldsymbol{v}+\boldsymbol{u}^{\mathrm{T}}\boldsymbol{G}\boldsymbol{\xi}\leqslant t, \forall \left(\boldsymbol{u},\boldsymbol{v},\boldsymbol{\xi}: \begin{array}{l} \boldsymbol{u}^{\mathrm{T}}\boldsymbol{u}\leqslant 1 \\ \boldsymbol{v}^{\mathrm{T}}\boldsymbol{P}_i\boldsymbol{v}\leqslant 1 \\ 1\leqslant i\leqslant I \\ \boldsymbol{\xi}^{\mathrm{T}}\boldsymbol{Q}_j\boldsymbol{\xi}\leqslant \rho_{\xi}^2 \\ 1\leqslant j\leqslant J \end{array}\right), \forall \boldsymbol{A}\in\mathcal{A}\right\} \tag{$*$}$$

注意到

$$\boldsymbol{u}^{\mathrm{T}}[\boldsymbol{GA}-\boldsymbol{I}]\boldsymbol{v}+\boldsymbol{u}^{\mathrm{T}}\boldsymbol{G}\boldsymbol{\xi}=[\boldsymbol{u};\boldsymbol{v};\boldsymbol{\xi}]^{\mathrm{T}}\left[\begin{array}{c|c|c} & \frac{1}{2}[\boldsymbol{GA}-\boldsymbol{I}] & \frac{1}{2}\boldsymbol{G} \\ \hline \frac{1}{2}[\boldsymbol{GA}-\boldsymbol{I}]^{\mathrm{T}} & & \\ \hline \frac{1}{2}\boldsymbol{G}^{\mathrm{T}} & & \end{array}\right][\boldsymbol{u};\boldsymbol{v};\boldsymbol{\xi}]$$

对于一个固定的 $\boldsymbol{A}$，式（$*$）中半无限约束有效的充分条件是存在非负的 $\boldsymbol{\mu},\nu_i,\omega_i$ 使得

$$\left[\begin{array}{c|c|c} \mu\boldsymbol{I} & & \\ \hline & \sum_i \nu_i\boldsymbol{P}_i & \\ \hline & & \sum_j \omega_j\boldsymbol{Q}_j \end{array}\right] \succeq \left[\begin{array}{c|c|c} & \frac{1}{2}[\boldsymbol{GA}-\boldsymbol{I}] & \frac{1}{2}\boldsymbol{G} \\ \hline \frac{1}{2}[\boldsymbol{GA}-\boldsymbol{I}]^{\mathrm{T}} & & \\ \hline \frac{1}{2}\boldsymbol{G}^{\mathrm{T}} & & \end{array}\right]$$

且 $\mu+\sum_i\nu_i+\rho_{\xi}^2\sum_j\omega_j\leqslant t$，接着，变量 $t,\boldsymbol{G},\mu,\nu_i,\omega_j$ 的半无限约束组

$$\begin{array}{l} \mu+\sum_i\nu_i+\rho_{\xi}^2\sum_j\omega_j\leqslant t, \mu\geqslant 0, \nu_i\geqslant 0, \omega_j\geqslant 0 \\ \left[\begin{array}{c|c|c} \mu\boldsymbol{I} & & \\ \hline & \sum_i \nu_i\boldsymbol{P}_i & \\ \hline & & \sum_j \omega_j\boldsymbol{Q}_j \end{array}\right] \succeq \left[\begin{array}{c|c|c} & \frac{1}{2}[\boldsymbol{GA}-\boldsymbol{I}] & \frac{1}{2}\boldsymbol{G} \\ \hline \frac{1}{2}[\boldsymbol{GA}-\boldsymbol{I}]^{\mathrm{T}} & & \\ \hline \frac{1}{2}\boldsymbol{G}^{\mathrm{T}} & & \end{array}\right], \forall \boldsymbol{A}\in\mathcal{A} \end{array} \tag{!}$$

的有效性是（$\boldsymbol{G},t$）对式（$*$）可行的充分条件。（!）中唯一的半无限约束实际上是一个具有结构化范数有界不确定性的 LMI：

$$\left[\begin{array}{c|c|c} \mu\boldsymbol{I} & & \\ \hline & \sum_i \nu_i\boldsymbol{P}_i & \\ \hline & & \sum_j \omega_j\boldsymbol{Q}_j \end{array}\right] - \left[\begin{array}{c|c|c} & \frac{1}{2}[\boldsymbol{GA}-\boldsymbol{I}] & \frac{1}{2}\boldsymbol{G} \\ \hline \frac{1}{2}[\boldsymbol{GA}-\boldsymbol{I}]^{\mathrm{T}} & & \\ \hline \frac{1}{2}\boldsymbol{G}^{\mathrm{T}} & & \end{array}\right] \succeq 0, \forall \boldsymbol{A}\in\mathcal{A}$$

$$\Updownarrow$$

$$\underbrace{\left[\begin{array}{c|c|c} \mu \boldsymbol{I} & -\frac{1}{2}[\boldsymbol{G}\boldsymbol{A}_{\mathrm{n}}-\boldsymbol{I}] & -\frac{1}{2}\boldsymbol{G} \\ \hline -\frac{1}{2}[\boldsymbol{G}\boldsymbol{A}_{\mathrm{n}}-\boldsymbol{I}]^{\mathrm{T}} & \sum_{i}\nu_{i}\boldsymbol{P}_{i} & \\ \hline -\frac{1}{2}\boldsymbol{G}^{\mathrm{T}} & & \sum_{j}\omega_{j}\boldsymbol{Q}_{j} \end{array}\right]}_{\mathcal{B}(\mu,\boldsymbol{\nu},\boldsymbol{\omega},\boldsymbol{G})}+$$

$$\sum_{\ell=1}^{L}[\mathcal{L}_{\ell}^{\mathrm{T}}(\boldsymbol{G})\boldsymbol{\Delta}_{\ell}\boldsymbol{R}_{\ell}+\mathcal{R}_{\ell}^{\mathrm{T}}\boldsymbol{\Delta}_{\ell}^{\mathrm{T}}\mathcal{L}_{\ell}(\boldsymbol{G})]\succeq 0$$

$$\forall(\|\boldsymbol{\Delta}_{\ell}\|_{2,2}\leqslant\rho_{\boldsymbol{A}},1\leqslant\ell\leqslant L)$$

$$\mathcal{L}_{\ell}(\boldsymbol{G})=\frac{1}{2}[L_{\ell}\boldsymbol{G}^{\mathrm{T}},\boldsymbol{0}_{p_{\ell}\times n},\boldsymbol{0}_{p_{\ell}\times m}],\mathcal{R}_{\ell}=[\boldsymbol{0}_{p_{\ell}\times n},\boldsymbol{R}_{\ell},\boldsymbol{0}_{p_{\ell}\times m}]$$

引用定理 9.1.2，我们最终得到式（ * ）的保守易处理近似：

$$\min_{t,\boldsymbol{G},\mu,\nu_{i},\omega_{j},\lambda_{\ell},\boldsymbol{Y}_{\ell}} t$$

受限于

$$\mu+\sum_{i}\nu_{i}+\rho_{\xi}^{2}\sum_{j}\omega_{j}\leqslant t,\mu\geqslant 0,\nu_{i}\geqslant 0,\omega_{j}\geqslant 0$$

$$\left[\begin{array}{c|c} \lambda_{\ell}\boldsymbol{I} & \mathcal{L}_{\ell}(\boldsymbol{G}) \\ \hline \mathcal{L}_{\ell}^{\mathrm{T}}(\boldsymbol{G}) & \boldsymbol{Y}_{\ell}-\lambda_{\ell}\mathcal{R}_{\ell}^{\mathrm{T}}\mathcal{R}_{\ell} \end{array}\right]\succeq 0,1\leqslant\ell\leqslant L$$

$$\mathcal{B}(\mu,\boldsymbol{\nu},\boldsymbol{\omega},\boldsymbol{G})-\rho_{\boldsymbol{A}}\sum_{\ell=1}^{L}\boldsymbol{Y}_{\ell}\succeq 0$$

C.10　第 12 章

练习 12.1　对于每一个 $i\in\{1,\cdots,m\}$，条件

$$\forall\,\delta\boldsymbol{w},\|\delta\boldsymbol{w}\|_{\infty}\leqslant\rho\|\boldsymbol{w}\|_{2}:y_{i}((\boldsymbol{w}+\delta\boldsymbol{w})^{\mathrm{T}}\boldsymbol{x}_{i}+b)\geqslant 0$$

等价于

$$y_{i}(\boldsymbol{w}^{\mathrm{T}}\boldsymbol{x}_{i}+b)\geqslant\rho\|\boldsymbol{w}\|_{2}$$

这与条件（12.1.2）相似。寻找最大鲁棒分类器的处理方法与数据不确定性的情况相同。

练习 12.2　对于给定的向量 $\boldsymbol{u},\boldsymbol{v}$，我们有

$$\begin{aligned}\max_{\boldsymbol{\Delta}\in\mathcal{D}}\boldsymbol{u}^{\mathrm{T}}\boldsymbol{\Delta}\boldsymbol{v}&=\max_{\boldsymbol{\alpha}\geqslant\boldsymbol{0}:\|\boldsymbol{\alpha}\|_{q}\leqslant 1}\ \max_{\boldsymbol{\delta}_{i}:\|\boldsymbol{\delta}_{i}\|_{p}\leqslant\alpha_{i}}\sum_{i=1}^{m}v_{i}(\boldsymbol{u}^{\mathrm{T}}\boldsymbol{\delta}_{i})\\&=\max_{\boldsymbol{\alpha}\geqslant\boldsymbol{0}:\|\boldsymbol{\alpha}\|_{q}\leqslant 1}\sum_{i=1}^{m}\max_{\boldsymbol{\delta}:\|\boldsymbol{\delta}\|_{p}\leqslant 1}\alpha_{i}|v_{i}|\cdot|\boldsymbol{u}^{\mathrm{T}}\boldsymbol{\delta}|\\&=\|\boldsymbol{u}\|_{p^{*}}\cdot\max_{\boldsymbol{\alpha}:\|\boldsymbol{\alpha}\|_{q}\leqslant 1}\sum_{i=1}^{m}|v_{i}||\alpha_{i}|\\&=\|\boldsymbol{u}\|_{p^{*}}\|\boldsymbol{v}\|_{q^{*}}\end{aligned}$$

练习 12.3　i）如果 $i\in\mathcal{J}$，那么我们需要计算

$$\max_{y_{i}\in\{-1,1\}}[1-y_{i}(\boldsymbol{w}^{\mathrm{T}}\boldsymbol{x}_{i}+b)]_{+}=1+|\boldsymbol{w}^{\mathrm{T}}\boldsymbol{x}_{i}+b|$$

因此，鲁棒对等表示为

$$\min_{(\boldsymbol{w},b)}\left\{\sum_{i\in\mathcal{I}}[1-y_{i}(\boldsymbol{z}_{i}^{\mathrm{T}}\boldsymbol{w}+b)]_{+}+\sum_{i\in\mathcal{J}}|\boldsymbol{z}_{i}^{\mathrm{T}}\boldsymbol{w}+b|\right\}$$

这可以被表示成一个线性优化问题。以上对应一个具有加权 ℓ_1 范数的正则化的 SVM，其中权重包含了数据点。

ii）由于 $\Theta_k:=\{\boldsymbol{\theta}\in\{0,1\}^m:\mathbf{1}^{\mathrm{T}}\boldsymbol{\theta}=k\}$，这个问题可以写成

$$\min_{x}\left\{\max_{\boldsymbol{\theta}\in\Theta_k}\sum_{i=1}^{m}[(1-\theta_i)p_i^{+}+\theta_i p_i^{-}]:p_i^{\pm}=[1\mp y_i(\boldsymbol{z}_i^{\mathrm{T}}\boldsymbol{w}+b)]_+,1\leqslant i\leqslant m\right\}$$

据此，我们可以用凸不等式代替等式约束且不失一般性，我们得到公式

$$\min_{x}\left\{\mathbf{1}^{\mathrm{T}}\boldsymbol{p}^{+}+\max_{\boldsymbol{\theta}\in\Theta_k}\sum_{i=1}^{m}\theta_i(p_i^{-}-p_i^{+}):p_i^{\pm}\geqslant[1\mp y_i(\boldsymbol{z}_i^{\mathrm{T}}\boldsymbol{w}+b)]_+,1\leqslant i\leqslant m\right\}$$

或者，等价地，

$$\min_{x}\left\{\mathbf{1}^{\mathrm{T}}\boldsymbol{p}^{+}+\sum_{i=1}^{k}(p_i^{-}-p_i^{+})_{[i]}:p_i^{\pm}\geqslant[1\mp y_i(\boldsymbol{z}_i^{\mathrm{T}}\boldsymbol{w}+b)]_+,1\leqslant i\leqslant m\right\}$$

该式可以通过下式转化成线性优化形式：

$$\min_{x,\mu}\left\{\mathbf{1}^{\mathrm{T}}\boldsymbol{p}^{+}+k\mu+\sum_{i=1}^{m}[p_i^{-}-p_i^{+}-\mu]_+:p_i^{\pm}\geqslant[1\mp y_i(\boldsymbol{z}_i^{\mathrm{T}}\boldsymbol{w}+b)]_+,1\leqslant i\leqslant m\right\}$$

练习 12.4 i）需要解决以下问题，其中给定 $i,y_i,\boldsymbol{x}_i$：

$$\max_{\boldsymbol{\delta}\in\Theta_k}[1-y_i(\boldsymbol{w}^{\mathrm{T}}(\boldsymbol{x}_i+\boldsymbol{\delta}_i)+b)]_+$$

其中 $\Theta_k:=\{\boldsymbol{\delta}\in\{-1,0,1\}^n:\|\boldsymbol{\delta}\|_1\leqslant k\}$，反过来，我们遇到了一个问题：

$$\max_{\boldsymbol{\delta}\in\Theta_k}\boldsymbol{\delta}^{\mathrm{T}}\boldsymbol{r}$$

其中给定了 $\boldsymbol{r}\in\mathbb{R}^n$，不失一般性地，我们可以用 Θ_k 的凸包代替它本身。利用对偶性，我们可以很容易地把上述问题转化为：

$$\min_{\boldsymbol{u}}\{\|\boldsymbol{r}-\boldsymbol{u}\|_1+k\|\boldsymbol{u}\|_\infty\}$$

因此，我们的问题的鲁棒对等为

$$\min_{\boldsymbol{w},b}\sum_{i=1}^{m}[1-y_i(\boldsymbol{x}_i^{\mathrm{T}}\boldsymbol{w}+b)+\boldsymbol{\phi}(\boldsymbol{w})]_+$$

其中

$$\boldsymbol{\phi}(\boldsymbol{w}):=\min_{\boldsymbol{u}}\{k\|\boldsymbol{u}\|_\infty+\|\boldsymbol{w}-\boldsymbol{u}\|_1\}$$

ii）同样的方法得到问题：

$$\boldsymbol{\phi}(\boldsymbol{r},\boldsymbol{x}):=\max_{\boldsymbol{\delta}}\{\boldsymbol{\delta}^{\mathrm{T}}\boldsymbol{r}:\mathbf{0}\leqslant\boldsymbol{\delta}+\boldsymbol{x}\leqslant\mathbf{1},\|\boldsymbol{\delta}\|_1\leqslant k\}$$

其中给定了 $\boldsymbol{r}\in\mathbb{R}^n$。再次根据对偶，我们得到上述问题的值是

$$\boldsymbol{\phi}(\boldsymbol{r},\boldsymbol{x}):=\min_{\boldsymbol{u}}\{\mathbf{1}^{\mathrm{T}}(\boldsymbol{r}-\boldsymbol{u})-(\boldsymbol{r}-\boldsymbol{u})^{\mathrm{T}}\boldsymbol{x}+k\|\boldsymbol{u}\|_\infty\}$$

因此，鲁棒对等可以表示为

$$\min_{\boldsymbol{w},b}\sum_{i=1}^{m}[1-y_i(\boldsymbol{z}_i^{\mathrm{T}}\boldsymbol{w}+b)+\boldsymbol{\phi}(y_i\boldsymbol{w},\boldsymbol{x}_i)]_+$$

其中函数 $\boldsymbol{\phi}$ 在上面已给出。

练习 12.5 令 $\boldsymbol{z}_i=[y_i\boldsymbol{x}_i;y_i],i=1,\cdots,m$，$\boldsymbol{Z}=[z_1,\cdots,z_m]$。对于新的数据点/标签对 (x_{m+1},y_{m+1})，我们可以写成 $[y_{m+1}\boldsymbol{x}_{m+1};y_{m+1}]=\boldsymbol{Z}\boldsymbol{u}+[\boldsymbol{v};0]$，其中 $\boldsymbol{u}\in\{0,1\}^m$，$\sum_{i=1}^{m}u_i=1,\boldsymbol{v}\in\mathbb{R}^n,\|\boldsymbol{v}\|_2\leqslant 1$。用 $\mathcal{U}$ 表示这组数据点/标签对，我们可以得到

$$\max_{(x_{m+1},y_{m+1})\in\mathcal{U}}[1-y_{m+1}(\boldsymbol{x}_{m+1}^{\mathrm{T}}\boldsymbol{w}+b)]_+=[1-\min_i y_i(\boldsymbol{x}_i^{\mathrm{T}}\boldsymbol{w}+b)+\rho\|\boldsymbol{w}\|_2]_+$$

这意味着鲁棒对等可以被表示为

$$\min_{\boldsymbol{w},b}\left\{\sum_{i=1}^{m}[1-y_i(\boldsymbol{w}^{\mathrm{T}}\boldsymbol{x}_i+b)]_++[1-\min_i y_i(\boldsymbol{x}_i^{\mathrm{T}}\boldsymbol{w}+b)+\rho\|\boldsymbol{w}\|_2]_+\right\}$$

以上可以被表示为二阶锥优化问题：

$$\min_{\boldsymbol{w},b,\tau}\left\{\sum_{i=1}^{m}[1-y_i(\boldsymbol{w}^{\mathrm{T}}\boldsymbol{x}_i+b)]_++[1-\tau+\rho\|\boldsymbol{w}\|_2]_+:\tau\leqslant y_i(\boldsymbol{x}_i^{\mathrm{T}}\boldsymbol{w}+b),1\leqslant i\leqslant m\right\}$$

C.11 第 14 章

练习 14.1 根据状态方程（14.5.1）和控制律（14.5.3），我们可以得到

$$\boldsymbol{w}^N=\boldsymbol{W}_N[\boldsymbol{\Xi}]\boldsymbol{\zeta}+\boldsymbol{w}_N[\boldsymbol{\Xi}]$$

其中 $\boldsymbol{\Xi}=\{\boldsymbol{U}_t^z,\boldsymbol{U}_t^d,\boldsymbol{u}_y^0\}_{t=0}^N$ 是控制律（14.5.3）的参数，$\boldsymbol{W}_N[\boldsymbol{\Xi}],\boldsymbol{w}_N[\boldsymbol{\Xi}]$ 是仿射依赖于 $\boldsymbol{\Xi}$ 的矩阵和向量。将式（14.5.2）改写为线性约束组：

$$\boldsymbol{e}_j^{\mathrm{T}}\boldsymbol{w}^N-f_i\leqslant 0,j=i,\cdots,J$$

引用命题 3.2.1，问题中的 GRC 是一个半无限优化问题：

$$\min_{\boldsymbol{\Xi},\alpha}\quad \alpha$$

受限于

$$\boldsymbol{e}_j^{\mathrm{T}}[\boldsymbol{W}_N[\boldsymbol{\Xi}]\boldsymbol{\zeta}+\boldsymbol{w}_N[\boldsymbol{\Xi}]]-f_j\leqslant 0,\forall(\boldsymbol{\zeta}:\|\boldsymbol{\zeta}-\bar{\boldsymbol{\zeta}}\|_s\leqslant R)\quad (a_j)$$

$$\boldsymbol{e}_j^{\mathrm{T}}\boldsymbol{W}_N[\boldsymbol{\Xi}]\boldsymbol{\zeta}\leqslant\alpha,\forall(\boldsymbol{\zeta}:\|\boldsymbol{\zeta}\|_r\leqslant 1)\quad (b_j)$$

$$1\leqslant j\leqslant J$$

问题可以被改写成：

$$\min_{\boldsymbol{\Xi},\alpha}\quad \alpha$$

受限于

$$R\|\boldsymbol{W}_N^{\mathrm{T}}[\boldsymbol{\Xi}]\boldsymbol{e}_j\|_{s_*}+\boldsymbol{e}_j^{\mathrm{T}}[\boldsymbol{W}_N[\boldsymbol{\Xi}]\bar{\boldsymbol{\zeta}}+\boldsymbol{w}_N[\boldsymbol{\Xi}]]-f_j\leqslant 0,1\leqslant j\leqslant J$$

$$\|\boldsymbol{W}_N^{\mathrm{T}}[\boldsymbol{\Xi}]\boldsymbol{e}_j\|_{r_*}\leqslant\alpha,1\leqslant j\leqslant J$$

其中

$$s_*=\frac{s}{s-1},\quad r_*=\frac{r}{r-1}$$

练习 14.2 AAGRC 等价于凸规划

$$\min_{\boldsymbol{\Xi},\alpha}\quad \alpha$$

受限于

$$R\|\boldsymbol{W}_N^{\mathrm{T}}[\boldsymbol{\Xi}]\boldsymbol{e}_j\|_{s_*}+\boldsymbol{e}_j^{\mathrm{T}}[\boldsymbol{W}_N[\boldsymbol{\Xi}]\bar{\boldsymbol{\zeta}}+\boldsymbol{w}_N[\boldsymbol{\Xi}]]-f_j\leqslant 0,1\leqslant j\leqslant J$$

$$\|[\boldsymbol{W}_N^{\mathrm{T}}[\boldsymbol{\Xi}]\boldsymbol{e}_j]_{d,+}\|_{r_*}\leqslant\alpha,1\leqslant j\leqslant J$$

其中

$$s_*=\frac{s}{s-1},\quad r_*=\frac{r}{r-1}$$

对于向量 $\boldsymbol{\zeta}=[z;d_0;\cdots;d_N]\in\mathbb{R}^K$，$[\boldsymbol{\zeta}]_{d,+}$ 是将 $\boldsymbol{\zeta}$ 中的 z 分量替换成了 $\mathbf{0}$，将所有的 d 分量替换成它坐标正部分的向量，实数 a 的正部分定义为 $\max[a,0]$。

练习 14.3 i）对于 $\boldsymbol{\zeta}=[\boldsymbol{z};d_0;\cdots;d_{15}]\in\mathcal{Z}+\mathcal{L}$，式（14.5.3）中的控制律可以被写成

$$u_t=u_t^0+\sum_{\tau=0}^{t}u_{t\tau}d_\tau$$

因此我们有 $x_{t+1}=\sum_{\tau=0}^{t}\left[u_\tau^0-d_\tau+\sum_{s=0}^{\tau}u_{\tau s}d_s\right]=\sum_{\tau=0}^{t}u_\tau^0+\sum_{s=0}^{t}\left[\sum_{\tau=s}^{t}u_{\tau s}-1\right]d_s$

引用命题 3.2.1，问题中的 AAGRC 是一个半无限问题

$$\min_{\{u_t^0,u_{t\tau}\},\alpha}\ \alpha$$

受限于

$$(a_x)\quad \left|\theta\left[\sum_{\tau=0}^{t}u_\tau^0\right]\right|\leqslant 0,0\leqslant t\leqslant 15$$

$$(a_u)\quad |u_t^0|\leqslant 0,0\leqslant t\leqslant 15$$

$$(b_x)\quad \left|\theta\sum_{s=0}^{t}\left[\sum_{\tau=s}^{t}u_{\tau s}-1\right]d_s\right|\leqslant\alpha$$

$$\forall(0\leqslant t\leqslant 15,[d_0;\cdots;d_{15}]:\|[d_0;\cdots;d_{15}]\|_2\leqslant 1)$$

$$(b_u)\quad \left|\sum_{\tau=0}^{t}u_{t\tau}d_\tau\right|\leqslant\alpha$$

$$\forall(0\leqslant t\leqslant 15,[d_0;\cdots;d_{15}]:\|[d_0;\cdots;d_{15}]\|_2\leqslant 1)$$

我们想要的控制律是线性的（对于所有 t，都有 $u_t^0=0$），AAGRC 等价于锥二次问题

$$\min_{\{u_{t\tau}\},\alpha}\left\{\alpha:\begin{array}{l}\sqrt{\sum_{s=0}^{t}\left[\sum_{\tau=s}^{t}u_{\tau s}-1\right]^2}\leqslant\theta^{-1}\alpha,0\leqslant t\leqslant 15\\ \sqrt{\sum_{\tau=0}^{t}u_{\tau t}^2}\leqslant\alpha,0\leqslant t\leqslant 15\end{array}\right\}$$

ii）在控制方面，我们希望“关闭”线性动态系统，通过一种基于状态的线性非预期控制律，其初始状态一次性就永远设定为 0。这样，使得闭环系统中的状态 $x_1,\cdots,x_{16}$ 和控制 $u_1,\cdots,u_{15}$ 尽可能地对扰动 $d_0,\cdots,d_{15}$ 不敏感，同时测量状态-控制轨迹的变化

$$\boldsymbol{w}^{15}=[0;x_1;\cdots;x_{16};u_1;\cdots;u_{15}]$$

在加权一致范数 $\|\boldsymbol{w}^{15}\|_{\infty,\theta}=\max[\theta\|\boldsymbol{x}\|_\infty,\|\boldsymbol{u}\|_\infty]$ 中，并且测量在“能量”范数 $\|[d_0;\cdots;d_{15}]\|_2$ 中干扰序列 $[d_0;\cdots;d_{15}]$ 的变化。具体来说，我们希望找到一个基于状态的线性非预期控制律，使得最小可能常数 α 满足关系

$$\forall\Delta\boldsymbol{d}^{15}:\|\Delta\boldsymbol{w}^{15}\|_{\infty,\theta}\leqslant\alpha\|\Delta\boldsymbol{d}^{15}\|_2$$

其中 $\Delta\boldsymbol{d}^{15}$ 是干扰序列的偏移，$\Delta\boldsymbol{w}^{15}$ 是状态-控制轨迹中的感应偏移。

iii）数值结果如下：

θ	α
1.e6	4.0000
10	3.6515
2	2.8284
1	2.3094

练习 14.4 1）用 x_γ^{ij} 表示从 i 到 j 通过 γ 的信息量，用 q_γ 表示弧 γ 容量的增加，用 $O(k)$、$I(k)$ 分别表示节点 k 的输出弧和输入弧的集合，问题就变成了

$$\min_{\substack{\{x_\gamma^{ij}\},\\ \{q_\gamma\}}} \left\{ \sum_{\gamma\in\Gamma} c_\gamma q_\gamma : \begin{array}{l} \sum\limits_{(i,j)\in\mathcal{J}} x_\gamma^{ij} \leqslant p_\gamma + q_\gamma, \forall \gamma \\ \sum\limits_{\gamma\in O(k)} x_\gamma^{ij} - \sum\limits_{\gamma\in I(k)} x_\gamma^{ij} = \begin{cases} d_{ij}, & k=i \\ -d_{ij}, & k=j \\ 0, & k\notin\{i,j\} \end{cases} \\ \qquad\qquad \forall((i,j)\in\mathcal{J}, k\in V) \\ q_\gamma \geqslant 0, x_\gamma^{ij} \geqslant 0, \forall((i,j)\in\mathcal{J}, k\in V) \end{array} \right\} \quad (*)$$

2）为了在不确定通信 d_{ij} 的情况确立式（$*$）的 AARC，只需将 $\boldsymbol{d}=\{d_{ij}:(i,j)\in\mathcal{J}\}$ 的仿射函数 $X_\gamma^{ij}(\boldsymbol{d})=\xi_\gamma^{ij,0}+\sum\limits_{(\mu,\nu)\in\mathcal{J}}\boldsymbol{\xi}_\gamma^{ij\mu\nu}d_{\mu\nu}$，（而不是决策变量 x_γ^{ij}）代入式（$*$）（在式（a）的情况下，函数应限制为 $X_\gamma^{ij}(\boldsymbol{d})=\xi_\gamma^{ij,0}+\xi_\gamma^{ij}d_{ij}$ 形式）并要求产生的关于变量 $q_\gamma,\xi_\gamma^{ij\mu\nu}$ 的约束对于 $\boldsymbol{d}\in\mathcal{Z}$ 中的所有实现都成立。得到的半无限线性优化在计算上是易处理的（如同具有固定资源的不确定线性优化中的 AARC，见 14.3.1 节）。

3）将所指示类型的仿射决策规则 $X_\gamma^{ij}(\boldsymbol{d})$（而不是变量 x_γ^{ij}）代入式（$*$），所得问题的约束条件可以分为以下三组：

$$\begin{array}{ll} (a) & \sum\limits_{(i,j)\in\mathcal{J}} X_\gamma^{ij}(\boldsymbol{d}) \leqslant p_\gamma + q_\gamma, \forall\gamma\in\Gamma, \\ (b) & \sum\limits_{\substack{(i,j)\in\mathcal{J}\\ \gamma\in\Gamma}} \mathcal{R}_\gamma^{ij} X_\gamma^{ij}(\boldsymbol{d}) = r(\boldsymbol{d}), \\ (c) & q_\gamma \geqslant 0, X_\gamma^{ij}(\boldsymbol{d}) \geqslant 0, \forall((i,j)\in\mathcal{J}, \gamma\in\Gamma) \end{array}$$

为了确保该系统的给定候选解的可行性概率至少为 $1-\epsilon,\epsilon<1$，当 $\boldsymbol{d}$ 均匀分布在一个盒中，所有的 $\boldsymbol{d}$ 均须满足线性等式（b），即式（b）在仿射决策规则 $X_\gamma^{ij}(\boldsymbol{d})$ 的系数向量 $\boldsymbol{\xi}$ 上引入线性等式约束组 $\boldsymbol{A\xi}=\boldsymbol{b}$。如果可行，为了将 $\boldsymbol{\xi}$ 表示为“自由”决策变量中较短向量 $\boldsymbol{\eta}$ 的仿射函数，我们可以使用该线性方程组，也就是说，我们可以很容易找到 $\boldsymbol{H},\boldsymbol{h}$，使得 $\boldsymbol{A\xi}=\boldsymbol{b}$ 等价于存在 $\boldsymbol{\eta}$，有 $\boldsymbol{\xi}=\boldsymbol{H\eta}+\boldsymbol{h}$。我们现在可以将 $\boldsymbol{\xi}=\boldsymbol{H\eta}+\boldsymbol{h}$ 代入式（a）和（c），略去式（b），因此我们最终可以得到如下形式的约束组：

$$\begin{array}{ll} (a') & a_\ell(\boldsymbol{\eta},\boldsymbol{q})+\boldsymbol{\alpha}_\ell^{\mathrm{T}}(\boldsymbol{\eta},\boldsymbol{q})\boldsymbol{d}\leqslant 0, 1\leqslant\ell\leqslant L=\mathrm{Card}(\Gamma)(\mathrm{Card}(\mathcal{J})+1), \\ (b') & \boldsymbol{q}\geqslant\boldsymbol{0} \end{array}$$

其中 $a_\ell,\boldsymbol{\alpha}_\ell$ 仿射于 $[\boldsymbol{\eta};\boldsymbol{q}]$（式（$a'$）中的约束来自在式（$a$）中的 $\mathrm{Card}(\Gamma)$ 约束，并且在式（c）中，有 $\mathrm{Card}(\Gamma)\mathrm{Card}(\mathcal{J})$ 约束 $X_\gamma^{ij}(\boldsymbol{d})\geqslant 0$）。

为了确保受不确定性影响的约束（a'）的有效性，以候选解 $[\boldsymbol{\eta};\boldsymbol{q}]$ 为例，其概率至少为 $1-\epsilon$。我们可以使用第 2 章和第 4 章中提到的方法，或者是 10.4.1 式中涉及的技巧。

参 考 文 献

[1] Barmish, B.R., Lagoa, C.M. The uniform distribution: a rigorous justification for the use in robustness analysis, *Math. Control, Signals, Systems* **10** (1997), 203–222.

[2] Bendsøe, M. *Optimization of Structural Topology, Shape and Material.* Springer-Verlag, Heidelberg, 1995.

[3] Ben-Tal, A., Nemirovski, A., Stable Truss Topology Design via Semidefinite Programming. *SIAM J. on Optimization* **7:4** (1997), 991–1016.

[4] Ben-Tal, A., Nemirovski, A. Robust Convex Optimization. *Math. of Oper. Res.* **23:4** (1998), 769–805.

[5] Ben-Tal, A., Nemirovski, A. Robust solutions of uncertain linear programs. *OR Letters* **25** (1999), 1–13.

[6] Ben-Tal, A., Kočvara, M., Nemirovski, A., and Zowe, J. Free Material Design via Semidefinite Programming. The Multiload Case with Contact Conditions. *SIAM J. on Optimization* **9** (1999), 813–832, and *SIAM Review* **42** (2000), 695–715.

[7] Ben-Tal, A., Nemirovski, A. Robust solutions of Linear Programming problems contaminated with uncertain data. *Math. Progr.* **88** (2000), 411–424.

[8] Ben-Tal, A., Nemirovski, A. *Lectures on Modern Convex Optimization: Analysis, Algorithms and Engineering Applications.* SIAM, Philadelphia, 2001.

[9] Ben-Tal, A., Nemirovski, A. Robust Optimization — methodology and applications. *Math. Progr. Series B* **92** (2002), 453–480.

[10] Ben-Tal, A., Nemirovski, A. On tractable approximations of uncertain linear matrix inequalities affected by interval uncertainty. *SIAM J. on Optimization* **12** (2002), 811–833.

[11] Ben-Tal, A., Nemirovski, A., Roos, C. Robust solutions of uncertain quadratic and conic-quadratic problems, *SIAM J. on Optimization* **13** (2002), 535–560.

[12] Ben-Tal, A., Nemirovski, A., Roos, C. Extended matrix cube theorems with applications to μ-theory in control. *Math. of Oper. Res.* **28** (2003), 497–523.

[13] Ben-Tal, A., Goryashko, A., Guslitzer, E. Nemirovski, A. Adjustable robust solutions of uncertain linear programs. *Math. Progr.* **99** (2004), 351–376.

[14] Ben-Tal, A., Golany, B., Nemirovski, A., Vial, J.-P. Supplier-retailer flexible commitments contracts: A robust optimization approach. *Manufacturing & Service Operations Management* **7:3** (2005), 248–271.

[15] Ben-Tal, A., Boyd, S., Nemirovski, A. Extending scope of robust optimization: Comprehensive robust counterparts of uncertain problems. *Math. Progr. Series B* **107:1-2** (2006), 63–89.

[16] Ben-Tal, A., Nemirovski, A. Selected topics in robust convex optimization. *Math. Progr. Series B* **112:1** (2008), 125–158.

[17] Ben-Tal, A., Margalit, T., Nemirovski, A. Robust modeling of multi-stage portfolio problems. In: H. Frenk, K. Roos, T. Terlaky, S. Zhang, eds. *High Performance Optimization*, Kluwer Academic Publishers, 2000, 303–328.

[18] Ben-Tal, A., El Ghaoui, L., Nemirovski, A. Robust semidefinite programming. In: R. Saigal, H. Wolkowitcz, L. Vandenberghe, eds. *Handbook on Semidefinite Programming*. Kluwer Academic Publishers, 2000, 139–162.

[19] Ben-Tal, A., Nemirovski, A., Roos, C. Robust versions of convex quadratic and conic-quadratic problems. In: D. Li, ed. *Proceedings of the 5th International Conference on Optimization Techniques and Applications (ICOTA 2001)*, **4** (2001), 1818–1825.

[20] Ben-Tal, A., Golany, B., Shtern, S. (2008). Robust multi-echelon, multi-period inventory control. Submitted to *Operations Research*.

[21] Bernussou, J., Peres, P.L.D., Geromel, J.C. A linear-programming oriented procedure for quadratic stabilization of uncertain systems. *Syst. Control Letters* **13** (1989), 65–72.

[22] Bertsimas, D., Sim, M. Tractable approximations to robust conic optimization problems. *Math. Progr. Series B* **107:1-2** (2006), 5–36.

[23] Bertsimas, D., Pachmanova, D. Sim, M. Robust linear optimization under general norms. *OR Letters* **32:6** (2004), 510–516.

[24] Bertsimas, D., Sim, M. The price of robustness. *Oper. Res.* **32:1** (2004), 35–53.

[25] Bertsimas, D., Sim, M. Robust discrete optimization and network flows. *Math. Progr. Series B* **98** (2003), 49–71.

[26] Bertsimas, D., Popescu, I. Optimal inequalities in probability theory: A convex optimization approach. *SIAM J. on Optimization* **15:3** (2005), 780–804.

[27] Bertsimas, D., Popescu, I., Sethuraman, J. Moment problems and semidefinite programming. In: H. Wolkovitz, R. Saigal, eds. *Handbook on Semidefinite Programming*, Kluwer Academic Publishers, 2000, 469–509.

[28] Bertsimas, D., Fertis, A. 2008. On the equivalence between robust optimization and regularization in statistics. To appear in *Oper. Res.*

[29] Bhattacharrya, C., Grate, L., Mian, S., El Ghaoui, L., Jordan, M. Robust sparse hyperplane classifiers: Application to uncertain molecular profiling data. *Journal of Computational Biology* **11:6** (2003), 1073–1089.

[30] Blanchard, O.J. The production and inventory behavior of the American automobile industry. *Journal of Political Economy* **91:3** (1983), 365–400.

[31] Borell, C. The Brunn-Minkowski inequality in Gauss space. *Inventiones Mathematicae* **30:2** (1975), 207–216.

[32] Boyd, S., El Ghaoui, L., Feron, E., Balakrishnan, V. *Linear Matrix Inequalities in System and Control Theory*. SIAM, Philadelphia, 1994.

[33] Boyd, S., Vandenberghe, L. *Convex Optimization*. Cambridge University Press, 2004.

[34] Brown, R.G., Hwang, P.Y.C. *Introduction to Random Signals and Applied Kalman Filtering.* 3rd ed. John Wiley & Sons, New York, 1996.

[35] Buchholz, A., Operator Khintchine inequality in the non-commutative probability. *Mathematische Annalen* **391** (2001), 1–16.

[36] Cachon, G.P., Taylor, R., Schmidt, G.M. (2005). In search of the bullwhip effect. Manufacturing & Service Operations Management **9:4** (2007), 457–479.

[37] Calafiore, G., Campi, M.C. Uncertain convex programs: Randomized solutions and confidence levels. *Math. Progr.* **102:1** (2005), 25–46.

[38] Calafiore, G., Campi, M.C. Decision making in an uncertain environment: The scenario-based optimization approach. In: J. Andrysek, M. Karny, J. Kracik, eds. *Multiple Participant Decision Making.* Advanced Knowledge International, 2004, 99–111.

[39] Calafiore, G., Topcu, U., El Ghaoui, L. 2009. Parameter estimation with expected and residual-at-risk criteria. To appear in *Systems and Control Letters.*

[40] Charnes, A., Cooper, W.W., Symonds, G.H. Cost horizons and certainty equivalents: An approach to stochastic programming of heating oil. *Management Science* **4** (1958), 235–263.

[41] Chen, F., Drezner, Z., Ryan, J., Simchi-Levi, D. Quantifying the bullwhip effect in a simple supply chain: The impact of forecasting, lead times and information. *Management Science* **46** (2000), 436–443.

[42] Dan Barb, F., Ben-Tal, A., Nemirovski, A. Robust dissipativity of interval uncertain system. *SIAM J. Control and Optimization* **41** (2003), 1661–1695.

[43] Dantzig, G.B. Linear Programming. In: J.K. Lenstra, A.H.G. Ronnooy Kan, A. Schrijver, eds. *History of Mathematical Programming. A Collection of Personal Reminiscences.* CWI, Amsterdam and North-Holland, New York 1991.

[44] De Farias, V.P., Van Roy, B. On constraint sampling in the linear programming approach to approximate dynamic programming. *Math. of Oper. Res.* **29:3** (2004), 462–478.

[45] Dentcheva, D., Prékopa, A., Ruszczynski, A. Concavity and efficient points of discrete distributions in probabilistic programming. *Mathematical Programming* **89** (2000), 55–77.

[46] Dhaene, J., Denuit, M., Goovaerts, M.J., Kaas, R., Vyncke, D. The concept of comonotonicity in actuarial science and finance: theory. *Insurance: Mathematics and Economics* **31** (2002), 3–33.

[47] Diamond, P., Stiglitz, J.E. Increases in risk and in risk aversion. *Journal of Economic Theory* **8** (1974), 337–360.

[48] Eldar, Y., Ben-Tal, A., Nemirovski, A. Robust mean-squared error estimation in the presence of model uncertainties. *IEEE Trans. on Signal Processing* **53** (2005), 168–181.

[49] El Ghaoui, L., Lebret, H. Robust solution to least-squares problems with uncertain data. *SIAM J. of Matrix Anal. Appl.* **18** (1997), 1035–1064.

[50] El Ghaoui, L., Oustry, F., Lebret, H. Robust solutions to uncertain semidefinite programs. *SIAM J. on Optimization* **9** (1998), 33–52.

[51] El Ghaoui, L., Lanckriet, G.R.G., Natsoulis, G. Robust classification with interval data. Technical Report # UCB/CSD-03-1279, EECS Department, University of California, Berkeley, Oct. 2003.
http://www.eecs.berkeley.edu/Pubs/TechRpts/2003/5772.html.

[52] Falk, J.E., Exact solutions to inexact linear programs. *Oper. Res.* **24:4** (1976), 783–787.

[53] Genin, Y., Hachez, Y., Nesterov, Yu., Van Dooren, P. Optimization problems over positive pseudopolynomial matrices. *SIAM J. Matrix Anal. Appl.* **25** (2003), 57–79.

[54] Lanckriet, G.R.G., El Ghaoui, L., Bhattacharyya, C., Jordan, M.I. A robust minimax approach to classification. *J. Mach. Learn. Res.* **3** (2003), 555–582.

[55] Goulart, P.J., Kerrigan, E.C., Maciejowski, J.M. Optimization over state feedback policies for robust control with constraints. *Automatica* **42:4** (2006), 523–533.

[56] Grotschel, M., Lovasz, L., Schrijver, A. *Geometric Algorithms and Combinatorial Optimization.* Springer-Verlag, Berlin, 1987.

[57] Forrester, J.W. *Industrial Dynamics.* MIT Press, 1973.

[58] Hadar, J., Russell, W. Rules for ordering uncertain prospects. *American Economic Review* **59** (1969), 25–34.

[59] Hammond, J. Barilla SpA (A). Harvard Business School. Case No. 9-694-046 (1994).

[60] Hanoch, G., Levy, H. The efficiency analysis of choices involving risk. *Review of Economic Studies* **36** (1969), 335–346.

[61] Håstad, J. Some optimal inapproximability results. *J. of ACM* **48** (2001), 798–859.

[62] Hildebrand, R. An LMI description for the cone of Lorentz-positive maps. *Linear and Multilinear Algebra* **55:6** (2007), 551–573.

[63] Hildebrand, R. An LMI description for the cone of Lorentz-positive maps II. To appear in *Linear and Multilinear Algebra.* 2008. E-print:
http://www.optimization-online.org/DB_HTML/2007/08/1747.html.

[64] Holt, C.C., Modigliani, F., Shelton, J.P. The transmission of demand fluctuations through distribution and production systems: The tv-set industry. *Canadian Journal of Economics* **14** (1968), 718–739.

[65] Huber, P.J. *Robust Statistics.* John Wiley & Sons, New York 1981.

[66] Iyengar, G., Erdogan, E. Ambiguous chance constrained problems and robust optimization. *Math. Progr. Series B* **107:1-2** (2006), 37–61.

[67] Johnson, W.B., Schechtman, G. Remarks on Talagrand's deviation inequality for Rademacher functions. Banach Archive 2/16/90. *Springer Lecture Notes* 1470 (1991), 72–77.

[68] Khachiyan, L.G. The problem of calculating the volume of a polyhedron is enumerably hard. *Russian Math. Surveys* **44** (1989), 199–200.

[69] Kirkwood, C.W. *System Dynamics Methods: A Quick Introduction.* Arizona State University, 1998.

[70] Kouvelis, P., Yu, G. *Robust Discrete Optimization and its Applications.* Kluwer Academic Publishers, London, 1997.

[71] Lagoa, C.M., Li, X., Sznaier, M. Probabilistically constrained linear programs and risk-adjusted controller design. *SIAM J. on Optmization* **15** (2005), 938–951.

[72] Lebret, H., Boyd, S. Antenna array pattern synthesis via convex optimization. *IEEE Trans. on Signal Processing* **45:3** (1997), 526–532.

[73] Lee, H., Padmanabhan, V., Whang, S. Information distortion in a supply chain: The bullwhip effect. *Management Science* **43** (1997), 546–558.

[74] , Lee, H., Padmanabhan, V., Whang, S. The bullwhip effect in supply chains. *MIT Sloan Management Review* **38** (1997), 93–102.

[75] Lee, H., Padmanabhan, V., Whang, S. Comments on information distortion in a supply chain: The bullwhip effect. *Management Science* **50** (2004), 1887–1893.

[76] Lewis, A.S. Robust regularization. Technical Report, Department of Mathematics, University of Waterloo, 2002.

[77] Love, S. *Inventory Control.* McGraw-Hill, 1979.

[78] Lust-Piquard, F., Inégalités de Khintchine dans C_p $(1 < p < \infty)$. *Comptes Rendus de l'Académie des Sciences de Paris, Série I* **393:7** (1986), 289–292.

[79] Miller, L.B., Wagner, H. Chance-constrained programming with joint constraints. *Oper. Res.* **13** (1965), 930–945.

[80] Morari, M., Zafiriou, E. *Robust Process Control.* Prentice-Hall, 1989.

[81] Nemirovski, A., Roos, C., Terlaky, T. On maximization of quadratic form over intersection of ellipsoids with common center. *Math. Progr.* **86** (1999), 463–473.

[82] Nemirovski, A. On tractable approximations of randomly perturbed convex constraints. *Proceedings of the 42nd IEEE Conference on Decision and Control Maui, Hawaii. December 2003*, 2419–2422.

[83] Nemirovski, A., Shapiro, A. Convex approximations of chance constrained programs. SIAM J. on Optimization **17:4** (2006), 969–996.

[84] Nemirovski, A., Shapiro, A. Scenario approximations of chance constraints. In: G. Calafiore, F. Dabbene, eds. *Probabilistic and Randomized Methods for Design under Uncertainty.* Springer, 2006.

[85] Nemirovski, A. Sums of random symmetric matrices and quadratic optimization under orthogonality constraints. *Math. Progr. Series B* **109** (2007), 283–317.

[86] Nemirovski, A., Onn, S., Rothblum, U. Accuracy certificates for computaTIONAL problems with convex structure. E-print: http://www.optimization-online.org/DB_HTML/2007/04/1634.html.

[87] Nesterov, Yu. Squared functional systems and optimization problems. In: H. Frenk, T. Terlaky and S. Zhang, eds. *High Performance Optimization*, Kluwer, 1999, 405–439.

[88] Nesterov, Yu. Semidefinite relaxation and nonconvex quadratic optimization. *Optim. Methods and Software* **9** (1998), 141–160.

[89] Nikulin, Y. Robustness in combinatorial optimization and scheduling theory: An extended annotated bibliography. Working paper (2006). Christian-Albrechts University in Kiel, Institute of Production and Logistics. E-print: http://www.optimization-online.org/DB_HTML/2004/11/995.html.

[90] Nilim, A., El Ghaoui, L. Robust control of Markov decision processes with uncertain transition matrices. *Oper. Res.* **53:5** (2005), 780–798.

[91] Packard, A., Doyle, J.C. The complex structured singular value. *Automatica* **29** (1993), 71–109.

[92] Pinter, J. Deterministic approximations of probability inequalities, *ZOR Methods and Models of Operations Research, Series Theory* **33** (1989), 219–239.

[93] Pisier, G. Non-commutative vector valued L_p spaces and completely p-summing maps. - *Astérisque* **247** (1998).

[94] Pólik, I., Terlaky, T. A survey of the S-Lemma. - *SIAM Review* **49:3** (2007), 371–418.

[95] Polyak, B.T. Convexity of quadratic transformations and its use in control and optimization, *J. on Optimization Theory and Applications* **99** (1998), 553–583.

[96] Prékopa, A. On probabilistic constrained programming. In: *Proceedings of the Princeton Symposium on Mathematical Programming.* Princeton University Press, 1970, 113–138.

[97] Prékopa, A. *Stochastic Programming,* Kluwer, Dordrecht, 1995.

[98] Prékopa, A., Vizvari, B., Badics, T. Programming under probabilistic constraint with discrete random variables. In: L. Grandinetti et al., eds. *New Trends in Mathematical Programming.* Kluwer, 1997, 235–257.

[99] Ringertz, J. On finding the optimal gistribution of material properties. *Structural Optimization* **5** (1993), 265–267.

[100] Rockafellar, R.T., *Convex Analyis.* Princeton University Press, 1970.

[101] Rothschild, M., Stiglitz, J.E. Increasing risk I: a definition. *Journal of Economic Theory* **2:3** (1970), 225–243.

[102] Rothschild, M., Stiglitz, J.E. Increasing Risk II: its economic consequences. *Journal of Economic Theory* **3:1** (1971), 66–84.

[103] Saab, J., Corrêa, E. Bullwhip effect reduction in supply chain management: One size fits all? *Int. J. Logistics Systems and Management* **1:2-3** (2005), 211–226.

[104] Shapiro, A. Stochastic programming approach to optimization under uncertainty. *Math. Program. Series B* **112** (2008), 183220.

[105] Shivaswamy, P.K., Bhattacharyya, C., Smola, A.J. Second order cone programming approaches for handling missing and uncertain data. *J. Mach. Learn. Res.* **7** (2006), 1283–1314.

[106] Singh, C. Convex programming with set-inclusive constraints and its applications to generalized linear and fractional programming. *J. of Optimization Theory and Applications* **38:1** (1982), 33–42.

[107] Sterman, J.B. Modeling managerial behavior: Misperceptions of feedback in a dynamic decision making experiment. *Management Science* **35** (1989), 321–339.

[108] Stinstra, E., den Hertog, D. Robust optimization using computer experiments. CentER Discussion Paper 2005–90, July 2005. CentER, Tilburg University, P.O. Box 90153, 5000 LE Tilburg, The Netherlands. To appear in *European Journal of Operational Research.* http://arno.uvt.nl/show.cgi?fid=53788.

[109] Soyster, A.L. Convex programming with set-inclusive constraints and applications to inexact linear programming. *Oper. Res.* (1973), 1154–1157.

[110] Special Issue on Robust Optimization. *Math. Progr. Series B* **107:1-2** (2006).

[111] Tropp, J.A. The random paving property for uniformly bounded matrices. *Studia Mathematica* **185** (2008), 67–82.

[112] Terwiesch, C., Ren, J., Ho, T.H., Cohen, M. Forecast sharing in the semiconductor equipment supply chain. *Management Science* **51** (2005), 208–220.

[113] Tibshirani, R. Regression shrinkage and selection via the LASSO. *Journal of the Royal Statistical Society, Series B* **58:1** (1996), 267–288.

[114] Trafalis, T.B., Gilbert, R.C. Robust classification and regression using support vector machines. *European Journal of Operational Research* **173:3** (2006), 893–909.

[115] H. Wolkowicz, R. Saigal, L. Vandenberghe, eds. *Handbook of Semidefinite Programming.* Kluwer Academic Publishers, 2000.

[116] Xu, H., Mannor, S., Caramanis, C. 2008. Robustness, risk, and regularization in support vector machines. In preparation.

[117] Youla, D.C., Jabr, H.A., Bongiorno Jr., J.J. Modern WienerHopf design of optimal controllers, Part II: The multivariable case. *IEEE Trans. Automat. Control* **21:3** (1976), 319338.

[118] Zhang, X. Delayed demand information and dampened bullwhip effect. *Operations Research Letters* **33** (2005), 289–294.

推荐阅读

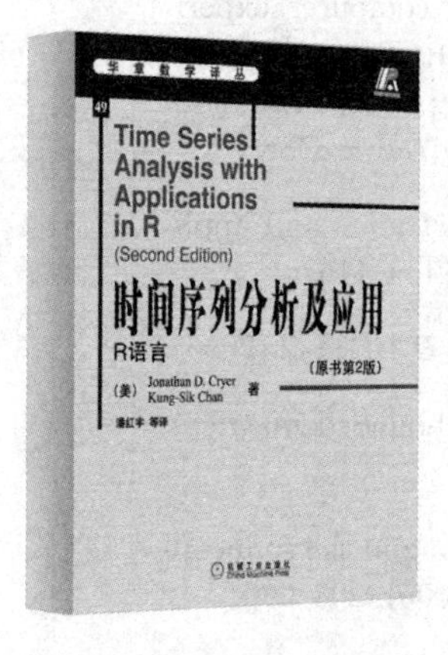

■ **时间序列分析及应用：R语言（原书第2版）**
作者：Jonathan D. Cryer Kung-Sik Chan
ISBN：978-7-111-32572-7
定价：48.00元

■ **随机过程导论（原书第2版）**
作者：Gregory F. Lawler
ISBN：978-7-111-31544-5
定价：36.00元

■ **数学分析原理（原书第3版）**
作者：Walter Rudin
ISBN：978-7-111-13417-6
定价：28.00元

■ **实分析与复分析（原书第3版）**
作者：Walter Rudin
ISBN：978-7-111-17103-9
定价：42.00元

■ **数理统计与数据分析（原书第3版）**
作者：John A. Rice
ISBN：978-7-111-33646-4
定价：85.00元

■ **统计模型：理论和实践（原书第2版）**
作者：David A. Freedman
ISBN：978-7-111-30989-5
定价：45.00元

推荐阅读

人工智能：原理与实践

作者：[美] 查鲁・C. 阿加沃尔(Charu C. Aggarwal) 著
译者：杜博 刘友发 ISBN：978-7-111-71067-7

通用人工智能：初心与未来

作者：[美] 赫伯特・L.罗埃布莱特（Herbert L. Roitblat）著
译者：郭斌 ISBN：978-7-111-72160-4

因果推断导论

作者：俞奎 王浩 梁吉业 编著 ISBN：978-7-111-73107-8

人工智能安全基础

作者：李进 谭毓安 著 ISBN：978-7-111-72075-1

推荐阅读

人工智能：计算Agent基础

作者：David L. Poole 等 ISBN：978-7-111-48457-8 定价：79.00元

人工智能：智能系统指南（原书第3版）

作者：Michael Negnevitsky ISBN：978-7-111-38455-7 定价：79.00元

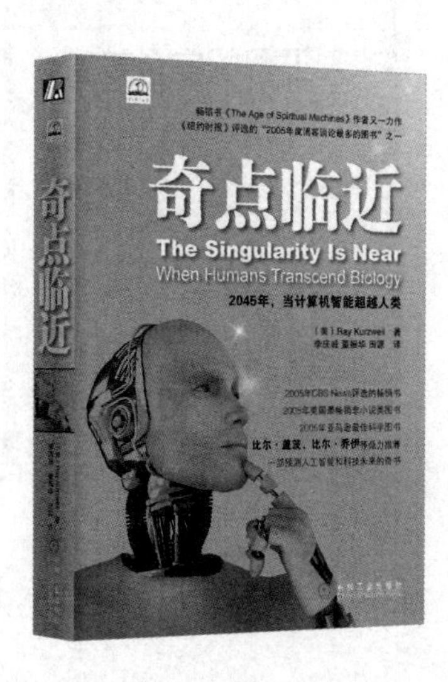

奇点临近

作者：Ray Kurzweil ISBN：978-7-111-35889-3 定价：69.00元

机器学习

作者：Tom Mitchell ISBN：978-7-111-10993-7 定价：35.00元